[제 4 판]

미생물 생리학

대표저자 김병홍

김건수 · 방성호 · 신재호 · 이정국 · 장인섭 · G. M. Gadd 공저

미생물 생리학 [제4판]
Microbial Physiology

초　　판 발행 | 1988년 8월, 도서출판 아카데미서적
제2개정판 발행 | 1996년 3월, 도서출판 아카데미서적
제3개정판 발행 | 2003년 8월, 도서출판 아카데미서적
영 문 판 발행 | 2008년 Cambridge University Press
제4개정판 발행 | 2014년 1월 10일, 월드사이언스

대표저자 | 김병홍
공 저 자 | 김건수, 방성호, 신재호, 이정국, 장인섭, G. M. Gadd

발행인 | 박선진
발행처 | (주) 월드사이언스
주　소 | 서울특별시 서초구 방배4동 864−31 월드빌딩 1층
등록일자 | 1988년 2월 12일
등록번호 | 제 16−1601호
대표전화 | (02) 581−5811~3
팩　스 | (02) 521−6418

E−mail | worldscience@hanmail.net
U R L | http://www.worldscience.co.kr

정　가 | 32,000원
ISBN | 978−89−5881−225−8

이 도서의 국립중앙도서관 출판시도서목록(CIP)은 서지정보유통지원시스템 홈페이지(http://seoji.nl.go.kr)와 국가자료공동목록시스템(http://www.nl.go.kr/kolisnet)에서 이용하실 수 있습니다.(CIP 제어번호: CIP2013025928)

머리말

1988년 초판을 발행한 이후 두 번의 개정판에 이어 제3판을 바탕으로 2008년에는 영국 Dundee 대학의 Gadd교수와 함께 Cambridge University Press를 통해 Bacterial Physiology & Metabolism이라는 제목으로 영문판을 출판하였다. 이 후 많은 새로운 내용이 발표되는 등 개정판의 필요성이 있어 이 분야의 저명한 교수님들과 함께 제4판을 준비하게 되었다. 혼자 집필한 기존의 내용에 비해 많은 내용이 추가되고 수정된 개정판을 출간할 수 있게 되어 참여하여 주신 여러 선생님들께 감사드린다.

제3장 물질의 막 투과 부분에 많은 보완이 있었으며, 호염성 archaea에서 최근에 알려진 anaplerotic sequence인 methylaspartate 회로를 제5장에, 그리고 새로운 이산화탄소 고정 경로인 4-hydroxybutyrate 회로를 제10장에 추가하였다. 특히 최근에 많은 논문이 발표되고 있는 대사 조절 내용을 제12장에 보강하였다. 미생물도 고등생물처럼 개개 세포가 아닌 집단으로 생장과 생존한다는 최근의 연구 동향에서 따라 제13장에 programmed cell death와 toxin/antitoxin에 의한 stress 반응을 통해 미생물 집단의 생존을 논의하였다. 또한 phage 등 외래 유전체로부터 자신을 보호하는 bacterial immune system과 외래 유전물질을 흡수하는 competence를 소개하였다.

끝으로 원고 준비 중에 물심양면으로 후원을 아끼지 않은 가족과 (주)월드사이언스 사장님과 직원 특히 정창기 실장께 감사드린다.

차 례

1장

서론

지구상에는 다양한 형태의 생물들이 서식하고 있다. 이 생물은 생장하면서 서로 다른 생물의 생장에 영향을 주기도 하고 다른 생물의 영향을 받기도 하면서 생장한다. 이와 같은 생물의 상호 작용으로 지구상의 물질들은 평형을 이루면서 순환한다. 그 중에서도 미생물은 종류가 매우 다양하고, 고등 생물이 서식할 수 없는 환경에서도 생장하며 물질 순환의 중요한 역할을 담당한다.

토양, 하천, 호수 등 고등 생물이 서식하는 생태계에는 고등 생물이 합성하는 유기물을, 에너지 및 탄소원으로 이용하는 미생물이 생장하고, 온천수, 유황천, 깊은 바닷속 온천 분출구 주변 등에는 유황 화합물을 비롯한 환원된 무기물을 산화하는 미생물이 서식하면서 물질 순환의 일부를 담당한다. 온천수에서 생장하는 고온성 미생물 외에도 저온성, 호알칼리성, 호산성, 호염성 미생물 등 극한 환경에서 생장하는 미생물도 많이 있다.

이처럼 극한 환경에서 생장하는 미생물은 자신이 처한 환경에서 생장하기 위해서 주어진 환경에서 공급되는 물질을 균체로 전환시킬 수 있는 유전 정보를 보유하고 있기 때문에 생장이 가능하다. 물질 전환에는 항상 에너지의 변화가 수반되므로 생명 현상은 유전 정보, 물질, 에너지의 상호 작용으로 이루어진다고 말할 수 있다.

이 책에서는 미생물이 생태계에서 공급하는 물질과 에너지를 이용하여 생장하면서 환경에 어떠한 영향을 미치는지를 이해하기 위하여, 미생물이 이용하는 물질과 에너지의 변화를 중심으로 미생물의 대사를 요약하였다.

여러 미생물의 완전한 DNA 염기 서열이 결정되었으며, 앞으로 더 많은 미생물의 DNA 염기 서열이 밝혀질 것으로 예상된다. 이와 같이 생물의 완전한 유전 정보가 알려지면 모든 분야의 생물학에 큰 변화가 생길 것으로 예상된다. 이러한 배경을 바탕으로 post genome era라는 말이 사용되고 있다. *Escherichia coli*의 DNA 염기 서열을 분석하여 확인된 open reading frame 중에서 그 역할이 알려진 것은 약 30%로 알려지지 않은 부분이 더 많다. 이러한 현실을 바탕으로 post genome era에도 미생물 생리학 분야에 대한 더 많은 연구가 요구되고 있음을 알 수 있다.

뿐만 아니라 생물은 상호 작용을 통해 생태계를 이루고 있는데, 혐기성 생태계에서 잘 알려진 메탄 생산 archaea와 아세트산 생산 세균의 상호 작용(9.8 참조) 등 특히 미생물의 경우에는 상호 작용의 역할이 중요하다. 단일 생물의 유전 정보 또는 단일 생물의 유전 정보의 집합으로는 이와 같은 상호 작용을 이해하는 데 한계가 있다. 자연계에는 실험실에서 배양할 수 없는 미생물이 많아서 지금까지 전체 미생물의 1~5% 정도 밖에는 분리되지 않은 것으로 판단하고 있다. Polymer chain reaction(PCR) 등은 분자생물학적 방법으로 생태계를 분석하고 있으나 실험상 오류의 가능성이 높다. 따라서 생태계에서 미생물의 역할과 기능을 바로 이해하기 위해서는 새로운 미생물 배양 방법 등 생리학적으로 해결하여야 할 부분이 많다.

1.1 이 책의 구성

고등 생물과 달리 단세포인 미생물은 균체 전체가 환경에 노출되어 있으며, 환경을 변화시키는 능력에도 한계가 있다. 따라서 미생물은 수시로 변하는 환경에 적응하기 위해서 고등 생물과는 다른 세포 구조를 갖는다. 이들의 특징을 제2장에 소개하였다.

제3장에서는 미생물이 물질을 전환시키는 경로를 공부하기 전에 물질이 세포 안으로 운반되는 메커니즘을 설명하였다. 많은 미생물은 포도당과 무기 염류 배지에서 생육할 수 있으며, 이들은 포도당의 중간 대사 산물로부터 균체를 이루는 모든 물질을 합성할 수 있다. 따라서 포도당의 대사 경로를 중심 대사 경로라고 한다. 미생물의 중심 대사 경로를 제4장(해당 및 당 합성 경로), 제5장(TCA 회로와 전자 전달계를 통한 ATP 합성 그리고 관련 대사 경로), 제6장(균체 합성과 생장)으로 나누어 요약하였다. 당 이외의 유기물을 탄소 및 에너지원으로 이용하는 호기성 미생물이 각각의 기질을 어떠한 경로를 통해 중심 대사 경로로 연결하여 균체의 합성과 에너지원으로 이용하는가를 제7장에 요약하였다.

중심 대사 경로를 바탕으로 혐기적 조건에서의 발효와 혐기적 호흡으로 생장하는 미생물의 대사 경로를 제8장과 제9장에서 수소(전자) 대사를 중심으로 기술하였다.

무기물을 산화하면서 발생하는 에너지를 이용하는 chemolitho-troph(화학 무기 영양 세균)의 에너지 대사와 이산화탄소를 균체로 합성하는 대사 경로를 제10장에서, 그리고 광합성에 있어서 에너지 및 탄소 대사 경로를 제11장에서 고찰하였다.

미생물은 에너지를 효율적으로 이용하기 위해 보유하는 유전 정보 중에서 주어진 환경에 필요한 정보만을 발현한다. 이러한 현상은 유전 정보의 발현을 조절하거나 반응을 촉매하는 효소의 활성을 조절하기 때문에 일어나는 것임을 제12장에서 기술하였다.

마지막으로 미생물이 수시로 변하는 환경에 적응하면서 생장하고, 영양 성분이 공급되지 않을 때에도 생명을 유지할 수 있는 기작을 제13장에서 다루었다.

1.2 이 책의 이용

미생물의 에너지 및 물질 대사 경로를 상세하게 고찰하는 것은 많은 시간과 지면을 필요로 할 뿐만 아니라, 특히 필자의 능력 한계를 넘는 일이라 이 책에서는 일반 미생물학과 생화학, 그리고 물리화학 과정을 이수한 학부 3, 4학년과 대학원 과정을 밟고 있는 학생을 대상으로 하여 서술하였다.

또한 미생물 실험실에서 연구에 종사하는 연구원들이 참고 서적으로 편리하게 이용할 수 있도록 하기 위하여 균주, 한글 색인, 영문 색인을 충실하려 노력하였다.

이 책을 쓰면서 참고로 이용한 문헌은 대부분 여러 잡지에 수록된 총설들로, 각 장의 말미에 참고로 이용한 총설과 논문을 열거하였다. 특히 다음의 잡지를 많이 참고하였다.

1. Annual Review of Microbiology
2. Annual Review of Biochemistry
3. Current Opinion in Microbiology
4. FEMS Microbiology Reviews
5. Journal of Bacteriology
6. Microbiology and Molecular Biology Reviews
7. Trends in Microbiology

다음은 참고로 한 단행본이다.

1. Caldwell, D. R. (2000) : Microbial Physiology and Metabolism, 2nd ed. Star Publishing Co., Belmont.
2. Dawes, D. A. (1986) : Microbial Energetics. Blackie, Glasgow and London.
3. Dawes, I. W. and I. W. Sutherland (1992) : Microbial Physiology, 2nd ed. Basic Microbiology series volume 4. Blackwell, Oxford.
4. Gottschalk, G. (1985) : Bacterial Metabolism, 2nd ed. Springer-Verlag, New York, Berlin, Heidelberg and Tokyo.
5. Ingraham, J. L., O. Maaloe and F. C. Neidhardt (1983) : Growth of Bacterial Cell. Sinauer Associates Inc., Sunderland, USA.
6. Mandelstam, J., K. Mcquillin and I. Dawes (1982) : Biochemistry of Bacterial Growth, 3rd ed. Blackwell, Oxford.
7. Neidhardt, F. C., J. L. Ingraham and M. Schaechter (1990) : Physiology of the Bacterial cell. A Molecular Approach. Sinauer Associates Inc., Sunderland.
8. Neidhardt, F. C., et al (ed) (1996) : Escherichia coli and Salmonella; Cellular and Molecular Biology, 2nd ed. ASM Press, Washington, DC.
9. Moat, A. G. and J. W. Foster (1988) : Microbial Physiology, 2nd ed.

10. Stanier, R. J., J. L. Ingraham, M. K. Wheelis and P. R. Painter (1986) : The Microbial World, 5th ed. Prentice-Hall, New Jersey.

이 책을 저술하면서 어려웠던 것은 영문으로 된 용어를 우리말로 옮기는 일로 공식적인 용어집의 필요성을 절감하였다. 여기서는 정확한 번역이 어려운 경우에는 영문을 그대로 표기하였으며, 가능한 한 괄호로 우리 말을 삽입하려 애썼다. 앞으로 공식적인 용어집이 출간되면 증보판을 내면서 모든 영문 용어를 한글로 표기하기로 하겠다.

참고 문헌

1. R. A. Clayton, O. White and C. M. Fraser(1998) Findings emerging from complete microbial genome sequences. *Curr. Opin. Microbiol.* **1**:562~566
2. W. E. Krumbein(1983) Microbial Geochemistry. 330pp Blackwell Scientific Publications. Oxford, London, Edinburgh, Boston and Melbourne.
3. J. R. Postgate(1992) Microbes and Man, 3rd ed. 297pp Cambridge University Press, Cambridge.

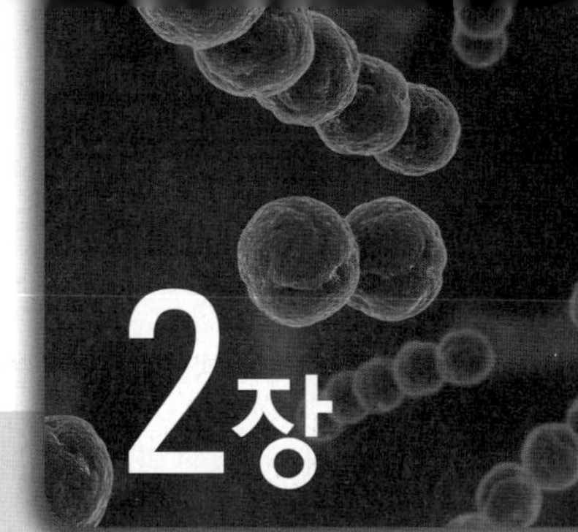

미생물의 구조와 조성

미생물은 환경에 주어진 물질을 생합성에 필요한 물질로 대사하고, 이를 자기복제에 이용한다. 생명 현상을 이해하기 위해서는 영양물질이 생체로 합성되는 물질변환 과정을 알아야 한다. 이러한 물질변환을 이해하기 위해서는 복제의 산물인 미생물체의 구성 성분을 알아야 한다. 그리고 이들이 어떠한 구조로 미생물체를 이루는 가를 알면 그 기능도 쉽게 이해할 수 있을 것이다.

이번 장에서는 미생물체, 즉 세포의 구조와 성분을 살펴보고, 이들을 합성하는 데 필요한 영양물질을 공부한다.

2.1 원소 구성

미생물체에는 자연계에 알려진 100여 종의 원소 중 12개의 원소가 비교적 높은 농도로 존재한다. 이들이 미생물에 의해서 이용되는 형태와 그 기능은 표 2.1과 같다. 탄소(C), 산소(O), 수소(H)는 유기물을 이루는 기본이 되며, 질소(N)는 단백질, 핵산, 각종 조효소 등을 이루고 있다.

또한 유황(S)도 cysteine과 methionine의 형태로 단백질을 이루고 있으며, coenzyme A를 비롯한 각종 조효소를 합성하는 데 이용된다. 인(P)은 핵산, 인지질, teichoic acid 등에 포함되어 있으며, nucleotide계 조효소의 성분으로서 생체 반응에 중요한 역할을 한다. 칼륨(K)과 염소(Cl)는 세포 내에 무기염류로 존재하면서 삼투압을 조절한다. 또한 칼륨은 효소의 보조 인자(예, pyruvate kinase)이며, 염소는 호염성 archaea가 수행하는 에너지 대사에도 관여한다(제11장, 11.6). 나트륨(Na)은 수소이온 (H^+)과 함께 ATP 합성, 물질의 막 투과 등 에너지 대사에 관여하고 호알칼리성 미생물의 생장에 결정적인 역할을 한다(제5장, 5.7.4).

이 외에도 마그네슘(Mg), 칼슘(Ca), 철(Fe) 등 2가 양이온이 비교적 높은 농도로 세포 내에 존재한

표 2.1 미생물체를 이루는 주요 원소 및 이들이 미생물에 의해 이용되는 형태와 기능.

원소	미생물이 이용하는 형태	기능
C	유기물, CO, CO_2	유기물 형태로 여러 기능을 갖는다.
O	유기물, CO_2, H_2O, O_2	
H	유기물, H_2O, H_2	
N	유기물, NH_3, NO_3^-, N_2	
S	유기유황, SO_4^{2-}, HS^-, S^0, $S_2O_3^{2-}$	단백질 및 조효소의 구성
P	HPO_4^{2-}	핵산, 인지질, teichoic acid, 조효소의 구성
K	K^+	삼투압 유지, 효소의 보조 인자
Mg	Mg^{2+}	효소의 보조 인자, 세포벽과 원형질막 및 핵산과 ATP에 있는 인산 에스테르에 결합
Ca	Ca^{2+}	효소의 보조 인자, 세포벽과 결합
Fe	Fe^{2+}, Fe^{3+}	cytochrome, ferredoxin, Fe-S단백질 등 전자 전달체 구성, 효소의 보조 인자
Na	Na^+	삼투압 조절, 물질 운반, 에너지 대사
Cl	Cl^-	삼투압 조절

다. 마그네슘은 핵산, ATP, 인지질, lipopolysaccharide 등 생체 인산 에스테르 화합물에 결합하여 복합체를 이룬다. 칼슘은 각종 효소의 일부분이며, 철은 cytochrome, Fe-S 단백질 등의 전자 전달체 구성 성분으로 산화 · 환원 반응에서 핵심적 역할을 한다. 이 밖에 생체 반응에서 없어서는 안 될 미량 원소와 이들의 기능을 표 2.2에 열거하였다.

효소의 cofactor로 이용되는 미량원소들이 부족한 환경에서 서식하는 미생물들은 해당 미량원소를 그들과 화학적 성질은 비슷하지만 독성이 있는 원소로 대체하여 사용한다. 해양 규조류인 *Thalasslolra wessflogii*는 광합성을 수행하는 효소 carbonic anhydrase의 보조인자로 Zn 대신에 cadmium(Cd)을 지닌 Cd-carbonic anhydrase을 합성하며, *Azotobacter vinelandii*는 Mo가 부족할 때 Mo 대신에 V(vanadium)을 cofactor로 하는 nitrogenase를 합성한다(제6장, 6.2.1.2). 이외에도

표 2.2 미량 원소와 이들이 미생물에 의해 이용되는 형태 및 기능.

원소	미생물이 이용하는 형태	기능(포함되어 있는 효소)
Zn	Zn^{2+}	alcohol dehydrogenase, aldolase, alkaline phosphatase, RNA 및 DNA polymerase, arsenate reductase
Mn	Mn^{2+}	superoxide dismutase
Mo	MoO_4^{2-}	nitrogenase, nitrate reductase, formate dehydrogenase, arsenate reductase
Se	SeO_3^{2-}	formate dehydrogenase, glycine reductase
Co	Co^{2+}	coenzyme B_{12}
Cu	Cu^{2+}	cytochrome oxidase, oxygenase, methane monooygenase
Ni	Ni^+	hydrogenase, urease, CO dehydrogenase, glyoxylase
W	WO_4^{2-}	formate dehydrogenase, aldehyde oxidoreductase

Fe를 Cu 또는 Mn으로 대체하는 경우도 있다. 심지어 최근에 호염성 archaea *Halomonadacea*에 속에 속하는 한 균주가 6대 구성 원소인 P(PO_4^{2-}) 대신에 As(AsO_4^{3-})를 이용하여 핵산을 합성하여 생장할 수 있다는 주장도 있었다.

2.2 영양 요구성에 따른 미생물의 분류

2.2.1 5대 구성 원소

앞에서 나열한 모든 원소는 미생물이 이용할 수 있는 형태로 공급되어야 한다. 탄소는 모든 유기물의 기본이며, 생체 중 그 양이 가장 많은 원소이다. 미생물은 그들이 이용할 수 있는 탄소원 및 에너지원에 따라 다음과 같이 분류할 수 있다.

Chemoorganotroph(화학 유기 영양성) : 유기물을 에너지원 및 탄소원으로 이용하는 미생물
Chemolithotroph(화학 무기 영양성) : 환원된 무기물을 에너지원으로, 이산화탄소를 탄소원으로 이용하는 미생물
Photoorganotroph(광 유기 영양성) : 빛 에너지와 유기물을 필요로 하는 미생물
Photolithotroph(광 무기 영양성) : 빛 에너지와 이산화탄소로 생육이 가능한 미생물

이상의 분류에서 미생물이 이용할 수 있는 탄소, 수소, 산소의 형태를 알 수 있다. 미생물이 사용할 수 있는 질소원으로는 아미노산과 같은 유기 질소와 암모니아, 질산염, 기체 질소(N_2)와 같은 무기 질소이다. N_2 형태의 질소를 이용할 수 있는 능력은 극히 소수의 원핵세포 생물에 제한되어 있으며(제6장, 6.2.1), 암모니아, 질산염 등 무기 질소나 아미노산, 핵산 염기 등 유기 질소는 질소를 고정하는 능력이 없는 미생물에 의해 이용된다. 일부 chemolithotroph는 암모니아를 에너지원(전자 공여체, 제10장, 10.2)으로 이용할 수 있으며 질산염은 탈질세균에 의해 전자 수용체로도 이용될 수 있다(제9장, 9.1).

유황은 대부분의 경우 황산염 형태로 이용되나, 미생물에 따라서 HS^-, S^0, $S_2O_3^{2-}$의 형태로 이용되기도 하며, 경우에 따라서 유기 유황을 필요로 할 수도 있다. Chemolithotroph인 유황 세균은 HS^-, S^0를 전자 공여체로 이용할 수 있고(제10장, 10.3), 황산염과 S^0는 황화수소 생산(sulfidogenic) 세균과 archaea에서 전자 수용체로 이용되어 HS^-로 환원된다(제9장, 9.3). 이상의 탄소, 수소, 산소, 질소 그리고 유황을 5대 구성 원소라 한다. 이 외의 원소들은 표 2.1과 2.2에 표시한 이온 형태로 이용된다.

2.2.2 산소와 미생물

산소는 생체를 구성하는 중요한 원소로서 대부분 유기물, 물(H_2O), 이산화탄소(CO_2) 형태로 생합성에 이용된다. 분자 상태의 산소(O_2)가 생합성에 이용되는 반응은 각종 oxygenase에 의해 촉매되

며, 그 양은 극히 적다. 호기성 미생물에서는 산소가 최종 전자 수용체로서 필수 불가결한 요소인 반면, 분자 상태의 산소가 있는 환경에서는 사멸하거나 생장하지 못하는 미생물도 있다. 미생물을 산소에 대한 반응에 따라 다음과 같이 분류할 수 있다.

호기성(aerobe) : 분자 상태의 산소를 필요로 하는 미생물
통성 혐기성(facultative anaerobe) : 산소를 최종 전자 수용체로 이용할 수 있으며, 혐기 상태에서는 산소 이외의 산화물을 전자 수용체로 이용하거나 발효로 에너지를 얻는 미생물
편성 혐기성(obligate anaerobe) : 분자 상태의 산소를 최종 전자 수용체로 이용할 수 없는 미생물

편성 혐기성 중에서 산소가 있으면 생장할 수 없거나 사멸하는 미생물을 strict anaerobe라하고, 산소가 있어도 생장할 수 있는 미생물을 aerotolerant anaerobe라 한다. Aerotolerant anaerobe에는 산소에 의해 전혀 영향을 받지 않는 미생물과 산소에 의해 생장이 부분적으로 저해되는 미생물이 있다.

2.2.3 영양 요구성

*Escherichia coli*와 같은 미생물은 에너지원인 포도당과 균체를 형성하는 각종 원소를 함유하는 무기염류를 공급하면 이들이 필요로 하는 모든 유기물을 합성하여 자랄 수 있는 반면, 젖산균(lactic acid bacteria)처럼 각종 비타민, 아미노산 그리고 핵산 염기 등을 공급해야만 생장이 가능한 미생물도 있다.

젖산균은 이들 생체 고분자 물질의 단량체(monomer)나 각종 조효소의 구성 성분을 포도당과 무기염류로부터 합성할 수 없기 때문이다. 이처럼 미생물이 합성하지 못하지만 대사에 필수적인 유기물을 growth factor라 한다. 미생물의 종류에 따라 필요로 하는 growth factor들은 다르다. 가장 보편적으로 필요로 하는 비타민을 포함한 각종 growth factor를 표 2.3에 열거하였다. 비타민의 경우 고등생물에서와 같이 미생물의 각종 생화학 반응에서도 조효소로 이용된다.

2.3 미생물의 구조

미생물은 그들의 세포 구조에 따라 원핵세포 생물(prokaryote)과 진핵세포 생물(eukaryote)로 나뉜다. 이들은 구조적으로 큰 차이를 보인다. 진핵세포에는 세포내 소기관(subcellular organelle)이 있으나 원핵세포에는 알려진 예가 적다. 여기서는 생리학을 공부하는 데 필요한 정도로 미생물의 구조를 살펴보기로 한다.

2.3.1 Flagella, Pili

운동성을 갖는 미생물은 flagella나 cilia를 체외 구조물로 갖고 있으며, 세균에는 기능은 다르나

표 2.3 미생물이 필요로 하는 각종 Growth Factor와 이들의 기능.

Growth Factor	기능
p-aminobenzoate	tetrahydrofolate의 구성
biotin	carboxylation, 탈탄산화 반응 및 mutase의 조효소
coenzyme M	methane 생산 세균의 methyl기 운반체
folate	tetrahydrofolate 형태로 일 탄소 화합물의 운반체
hemin	젖산균에서 cytochrome의 전구물질
lipoate	2-keto 산 탈수소 효소의 조효소
nicotinate	pyridine nucleotides(NAD^+, $NADP^+$)의 전구물질
pantothenate	coenzyme A의 전구물질, 지방산 합성 계의 acyl carrier protein의 구성
pyridoxine	pyridoxal-phosphate 형태로 아미노산 대사 효소(transaminase, 탈탄산화 효소)의 조효소
riboflavin	flavin계 전자 전달체(FAD, FMN) 및 flavoprotein 구성
thiamine	thiamine pyrophosphate 형태로 탈탄산화 효소 및 transketolase의 조효소
vitamin B_{12}	coenzyme B_{12} 형태로 탄소 구조 재구성 효소(각종 mutase)의 조효소
vitamin K	menaquinone의 전구물질

형태가 비슷한 fimbriae와 pili가 있다. 이들 중 세균의 flagella가 가장 많이 연구되고 있으며, 이는 basal body와 hook 그리고 filament의 세 부분으로 구성되어 있다(그림2.1a). Basal body는 세포막과 세포벽에 묻혀 있으며, 직경이 20~50nm인 2개(그람양성 세균) 또는 4개(그람음성 세균)의 원판과 축으로 이루어져 있다. 이 축을 단백질로 구성된 고리형의 hook이 main filament와 연결시킨다. Mot 단백질 복합체가 basal body의 cytoplasmic membrane ring을 싸고 있으며, 이 복합체가 proton motive(또는 sodium motive) force를 소비하면서 원형질막 밖에서 들어오는 H^+ (또는 Na^+)가 공급하는 에너지를 이용하여 basal body를 회전시킨다. Basal boby의 원형질체 쪽에는 물질 운반 기구가 연결되어 있으며, 이 장치의 작용으로 flilament를 구성하는 성분들이 운반된다. Filament는 직경이 10~20nm로 pH 3~4 정도에서 계면활성제로 처리하면 flagellin이라는 단일 단백질의 용액을 얻을 수 있다. Flagellin 용액의 pH를 6.0 이상으로 높이면 스스로 flagella 형태로 돌아간다. Flagellin의 분자량은 균주에 따라 다르지만 대개 20~65kDa이며, 3만~5만 개 정도의 flagellin이 filament를 이룬다. Hook와 filament는 tube형의 통로를 형성하며 이를 통해 flagellin이 flagella의 신장말단으로 운반되어 첨가되면서 filament는 길어지고 신장된 filament의 말단은 cap 단백질로 막혀 있다. Cap 단백질이 발현되지 않는 돌연변이체에서는 flagellin이 배지로 방출된다. Flagella의 수와 위치는 미생물의 종류에 따라 다르다.

Flagella보다 직경과 길이가 짧은 세포 표면 구조물이 많은 그람음성 세균, 특히 장내 세균에서 발견되며, 그람양성 세균도 이들을 드물게 보유한다. 이를 fimbriae 또는 pili라고 한다. 전통적으로 fimbriae를 pili로 부르기도 하지만, 미생물이 표면에 부착하도록 역할을 하는 섬유상 구조를 fimbriae로 제안되었기 때문에 pili라고 하는 용어는 conjugation에 관여하는 F-pili에만 사용할 필요가 있다. 많은 종류의 fimbriae가 알려져 있으며, 한 균주에서도 생장 환경과 생장 단계에 따라 이들의 종류와 양이 서로 다르다. Fimbriae는 섬유 구조를 이루는 주 단백질과 소량의 adhesin으로 구

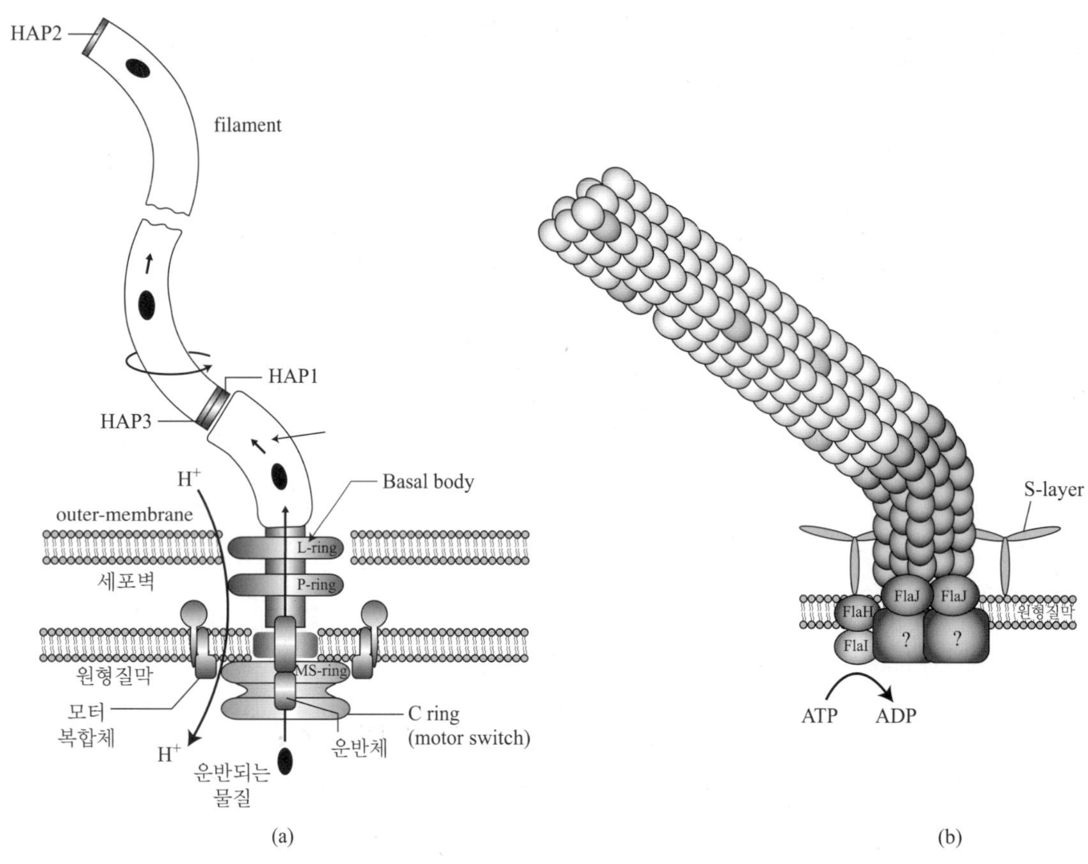

그림 2.1 그람음성 세균과 Archaea의 Flagella 구조(Nature Rev. Microbiol. 2008, 6:466-476).

(a) 그람음성 세균의 flagella. Basal body를 이루는 여러 개의 ring은 원형질막, 세포벽 그리고 outer membrane에 걸려 있으며, main filament와는 hook에 의해 연결되어 있다. Basal body와 원형질막 사이에 Mot 단백질 복합체가 있으며, 이 복합체가 proton motive (또는 sodium motive) force를 이용하여 basal body를 회전시키는 터빈 작용으로 flagella를 통해 세균 세포를 움직인다. Flagellin은 flagella 내부의 channel을 통해 flagella의 말단으로 운반된다(Type III 단백질 운반 경로, 제3장, 3.9.2.4).

(b) Arcahaea의 flagella. 여러 종류의 flagelin이 Hook(FlaB3)와 filament(FlaB1, FlaB2, FlaA)를 이루며, 원형질막에 묻혀있는 원반형의 층상구조가 basal body를 이룬다. flagellin은 Sec 경로(제3장, 3.9.1.1)로 운반된 뒤 filament의 기부에서 첨가된다.

CCW : 시계 반대방향, CW : 시계 방향, HAP : hook-associated protein, HAP2 : filament cap

성되어 있다. adhesin은 적절한 수용체 분자를 인식하여 세균이 표면에 부착하도록 하는 단백질이다. Fimbriae가 수용체를 인식하는 특징에 따라 type I – IV로 분류한다. Mannose와 galactose 그리고 이들의 oligomer가 세균의 부착능을 억제하는 것으로 보아 자연 상태에서의 수용체는 탄수화물인 것으로 판단된다.

Fimbriae는 1) 세포 상호 작용, 2) 숙주에 흡착하여 병원성을 유발하기도 하며, 3) 담체에 흡착하여 biofilm을 형성하는 등 주로 흡착에 관여하지만 4) DNA을 흡수하는 데도 관여한다. Type IV fimbriae(또는 type IV pili)는 물체의 표면을 따라 움직이는 gliding 작용을 갖는다. Conjugation이 알려진 세균에는 보통 pili보다 크고 긴 F-pili가 존재한다. Donor cell의 F-pili는 recipient cell을 인지하여 두 세포를 연결하는 역할을 갖는다.

Archaea의 flagella는 세균의 flagella 만큼 자세히 밝혀지진 않았지만, 기본적인 형태는 세균의 그것과 유사하다. 그러나 중요한 차이점이 있다. Archaea의 flagella는 세균의 flagella 보다 가늘고, filament가 여러 종류의 flagellin 단백질로 구성되어 있고 tube형도 아니다. 또한 Hook와 filament가 명백히 구분되지 않는다. Basal body는 ring 구조가 아닌 원형질막에 묻혀 있는 구조를 하고 있어 세균의 flagella 보다는 type IV pili와 유사한 구조를 하고 있다. Flagella의 회전에 사용되는 에너지도 proton motive force가 아닌 ATP가 사용된다(그림 2.1b).

진핵세포의 flagella는 원핵세포의 그것보다 10배 이상 크며, main filament의 지름이 150~300nm 정도이다. 운동성이 있는 진핵세포, 특히 원생동물에는 보통 flagella보다 작은 크기의 cilia가 존재한다. 대부분의 경우 cilia는 세포 전체를 덮고 있으며, 그 수가 flagella보다 훨씬 많은 것이 특징이다. Cilia는 세포의 이동보다 세포 주위의 액체를 유동시키는 역할을 한다. Cilia는 물결 형태로 움직여 세포 주위의 액체를 유동시키므로 회전하는 flagella와는 운동 방식이 다르다.

2.3.2 Capsule과 Slime 층

많은 미생물에서 균체의 형태를 결정하는 세포벽이나 outer membrane의 외부를 감싸는 물질의 존재가 확인된다. 이들은 형태나 두께에 따라 capsule과 slime 층으로 구분된다(그림 2.2). Capsule은 그 형태와 표면이 뚜렷이 구별되는 반면 slime 층은 밀집되어 있지 않으며, 배양액에 용해되어 분리되는 성질이 있다. Capsule과 slime 층의 합성은 배양 조건에 따라 크게 좌우되며, 그 주성분은 다당류이다. 이들의 생물학적 기능은 동 · 식물에 기생하는 미생물의 경우 숙주 내로의 침입을 위한 부착과 식세포 작용에 대한 저항성 부여 등과 같은 병원성에 관여하며, biofilm의 형성과 안정화를 위한 표면 흡착성, phage 감수성을 좌우하는 것으로 믿어지고 있다. Capsule이나 slime 층은 함수성이 크

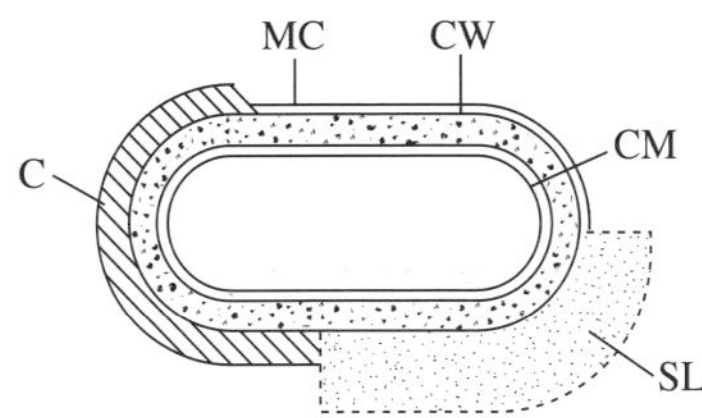

그림 2.2 Capsule과 slime 층의 형태.

C; capsule, SL; slime 층, MC: microcapsule, CW; 세포벽, CM; 원형질막

기 때문에 건조 상태에서 세포를 보호하는 역할도 한다.

Glycocalyx는 capsule과 2.3.3에서 설명할 S-layer를 포함한 세포 외부의 구조를 설명할 때 사용하는 용어이다.

2.3.3 S-layer, Outer membrane, 세포벽

미생물은 고등생물과 달리 단세포로 이루어져 있다. 따라서 미생물 세포는 외부 환경의 변화를 직접 받는다. 외부 환경 변화의 영향을 줄이기 위해 미생물, 특히 세균은 복잡한 세포 표면 구조를 갖고 있다. 이러한 세포 표면 구조로는 S-layer와 outer membrane 그리고 세포벽이 있다.

미생물 세포의 고유 형태는 강도가 높은 세포벽이 세포를 싸고 있기 때문에 유지된다. 진핵세포의 세포벽은 cellulose, glucan, chitin, chitosan, mannan, galactan, polygalatosamine 등 다당류가 그 주성분이며, 소량의 단백질이 포함되어있다.

원핵세포 생물은 그 세포벽의 형태에 따라 크게 4종으로 나뉜다. 이들은 세포벽이 없으며 합성할 수 있는 능력도 없는 mycoplasma, 세포벽이 murein으로 이루어지고 outer membrane이 있는 그람음성 세균, outer membrane이 없는 그람양성 세균, 그리고 세포벽이 없거나 있어도 murein이 아닌 것으로 이루어진 archaea이다. 그람음성 세균과 그람양성 세균 그리고 mycoplasma를 진정한 세균이라는 뜻으로 eubacteria라 부르기도 한다.

Mycoplasma를 제외한 모든 형태의 원핵세포에서 세포벽이나 outer membrane의 외측에 단백질 층의 존재가 확인되었다. 이를 표면 층이라는 뜻으로 S-layer(surface layer)라고 부른다(그림 2.3).

2.3.3.1 S-layer

그림 2.3에서 보는 바와 같이 mycoplasma를 제외한 모든 원핵세포 생물의 표면은 단백질인 S-layer로 싸여 있다. S-layer를 갖는 세균을 실험실에서 배양하면 이를 합성하는 능력을 상실하는 예가 많다. 이러한 현상은 생장 조건이 좋은 실험실 환경에서 균체의 전체 단백질의 10% 정도를 생산해야 하는 부담이 덜어진 변이주가 야생주보다 생장이 빨라 우세하기 때문이다. 이러한 사실로부터 우리는 자연계에서 S-layer가 archaea와 세균이 생존하는 데 중요한 역할을 하는 구조임을 알 수 있다. S-layer는 세포의 가장 외측에 위치하는 구조이므로 그 기능을 다음과 같이 생각할 수 있다.

1) 외부 환경으로부터 세포를 보호하는 역할
2) 물체의 표면에 흡착하는 역할.
3) Phage의 수용체(receptor).
4) 다른 세포 표면 층과 함께 물리적 형태를 유지하는 역할
5) 세포외 효소를 결합하는 역할

S-layer가 외부 환경으로부터 세포를 보호하는 기능은 S-layer가 있는 그람양성 세균이 murein 분해효소, protein 분해효소 등에 내성을 갖는 것으로서 확인되었다. 물체의 표면에 균체가 흡착되었

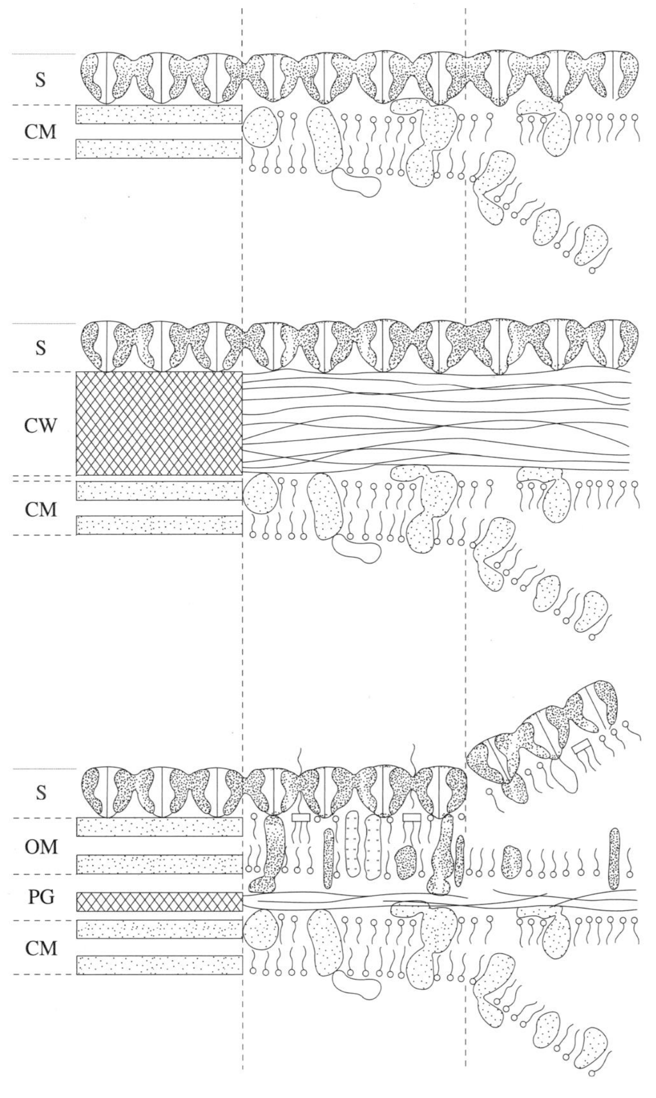

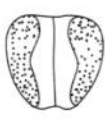 단백질 또는 당단백질

 막단백질

 murein(그밖의 중합체)

lipoprotein

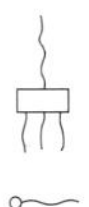 lipopolysaccharide

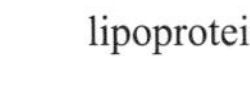 인지질

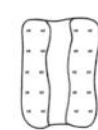 porin: 단백질

그림 2.3 원핵세포의 S-layer를 비롯한 세포벽, 원형질막 등 세포 표면의 구조.

(a) archaea, (b) 그람양성 세균, (c) 그람음성 세균
S : S-Layer, OM : outer membrane, CW : 세포벽,
PG : peptidoglycan(murein) CM : 원형질막

을 때 S-layer를 합성하지 못하는 변이주는 pH 등 환경 변화에 쉽게 분리되지만, 야생주는 분리되지 않는다. 세포벽이 없는 일부의 archaea에서 특히 S-layer가 물리적으로 형태를 유지하는 역할이 중요할 것으로 생각되며, *Bacillus stearothermophilus*의 amylase 등 고분자 물질을 분해하는 효소가 S-layer에 결합된 상태로 작용하는 예도 있다.

S-layer를 이루는 단일 단백질은 전 세포 단백질의 5~10% 정도를 차지하는 많은 양이며, 한 세포에 5×10^5 분자가 존재한다. 이 숫자는 S-layer를 합성하는 세균들의 세포 분열 시간을 20분으로 잡을 때 초당 400 분자 이상의 단백질이 합성되어야 함을 의미하며(제12장, 12.1.8), 원형질체에서 합성된 단백질이 원형질막, 세포벽, outer membrane 등을 통과하여 S-layer로 형성되어야 하므로 막 투과도 매우 효율적이어야 한다. S-layer를 이루는 단백질은 원형질막 밖으로 분비되는 단일 단백질로서는 가장 양이 많은 것 중의 하나이다. 따라서 단백질의 세포외 분비 메커니즘의 이해를 위한 model로 S-layer가 이용될 수 있을 것이다.

S-layer를 효율적으로 막을 통과시키는 signal sequence에 필요한 유전자를 연결하여 재조합 단백질을 세포 밖에 고농도로 축적하려는 시도가 있으며, 이를 이루는 단백질 결정이 스스로 물체 표면에 규칙적인 단일 층을 형성하는 성질이 nanotechnology에 활용성이 있을 것으로 예상된다.

그람음성 세균의 outer membrane이나 archaea의 원형질막에 S-layer의 C-terminal transmembrane helix가 묻혀 있어서 S-layer가 세포의 구조적 안정성에 기여를 한다. 그람양성 세균에서 S-layer는 murein 층의 구조를 안정화하는 teichoic acid, techuronic acid 등과 같은 secondary cell wall polymer(SCWP)와 공유적 또는 비공유적으로 연결되어 있다. 이와 유사하게 *Bacillus*속에 속하는 여러 그람양성 세균은 S-layer의 구조적 안정화를 위해 heteropolysaccharide로 이루어진 여러 비전형적인 SCWP가 murein층과 S-layer를 연결하며, 방사선에 대한 내성이 있는 *Deinococcus radiodurans*는 S-layer와 원형질막 사이에 S-layer 관련 단백질(Hpi, SlpA)로 이루어진 층을 보유하여 S-layer를 안정화시킨다.

2.3.3.2 Outer Membrane

그람음성 세균은 양성 세균에 비해 lysozyme, 백혈구의 용균 단백질 등 각종 분해효소, 담즙산염(bile salts) 등 계면활성제, 그리고 친유성 항생물질에 대한 내성이 강하다. 이는 세포벽 외측에 존재하는 outer membrane(OM, 세포외막) 때문이다. 원형질막(cytoplasmic membrane)이 2중의 인지질로 이루어진 것과 달리, OM은 외측이 (−)전기를 띠는 lipopolysaccharide(LPS)로 이루어지고 안쪽은 원형질막과 같은 인지질로 이루어진 비대칭형 막이다. LPS가 위에 열거한 친유성 화합물에 대한 투과 장벽으로 작용한다. LPS과 인지질 외에도 단백질과 lipoprotein이 OM에 있다. OM의 구성 및 기능을 표 2.4에 요약하였다.

Lipopolysaccharide(LPS)는 lipidA, core polysaccharide, O-항원으로 이루어져 있다.Core polysaccharide가 지용성의 lipid A와 동일한 구성의 과당류가 반복되는 O-항원을 연결하고 있는 구조를 가진다. LPS의 다당류 부분은 세균의 종에 따라, 그리고 같은 종에서도 균주에 따라 다르지만

표 2.4 *Escherichia coli*에 있어서 Outer Membrane(OM)의 구성 성분과 그 기능.

구성 성분	기능
인지질	막 내층의 주성분
Lipopolysaccharide	막 외층의 구성 성분으로 (−)를 띠고 있어 Mg^{2+} 등 2가 금속과 결합하여 OM을 안정화시키며, 친수성이 강해 친유성 물질이나 계면 활성제의 접근을 방지함
지단백질(Lipoprotein)	지질 부분이 OM의 지질 부분에 묻혀 있고 단백질 부분이 murein과 결합하여 OM과 세포벽의 구조를 유지함
OM 단백질 A	OM 구조 유지, 아미노산 및 peptide 흡수, phage 수용체
Porin	친수성 영양물질 투과공으로 OmpC, OmpF, PhoE의 3 종류가 있으며, 이들은 각각 3분자의 peptide로 구성되어 있고, 투과시키는 물질에 대한 특이성이 있는 porin과 특이성이 없는 porin이 있다.
영양물질 수용체 (receptors)	당, 아미노산, 비타민 등을 특이적으로 투과시키는 수용체 단백질
기타	Phospholipase, protease 등 효소, 단백질 운반체

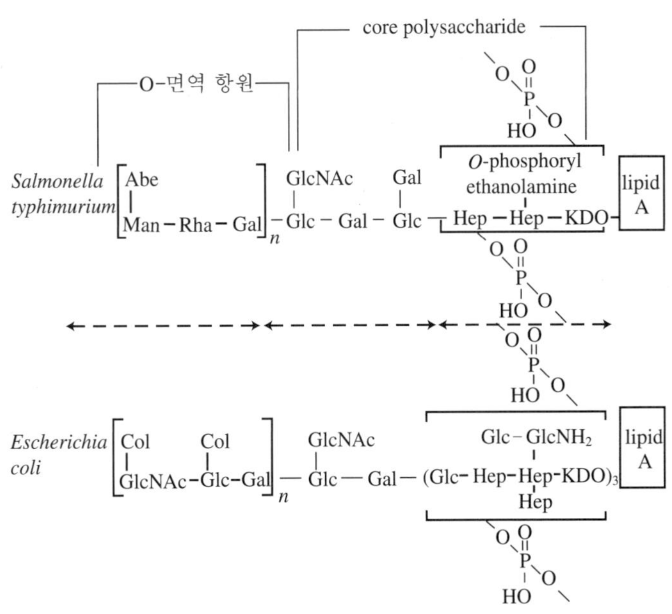

그림 2.4 *Salmonella typhimurium*과 *Escherichia coli*의 Lipopolysaccharide 중 당 부분의 구조.

Lipopolysaccharide는 지질 부분인 lipid A에 당 부분이 결합되어 있다. 지질 부분은 outer membrane의 외측을 이루며, 당 부분은 세포 표면으로 돌출된다. 당 부분 중 지질과 결합한 부분을 core polysaccharide라 하며, 과당류가 반복된 끝은 O-면역 항원으로 작용한다. LPS의 polysaccharide는 특유의 당인 L-glycero-D-mannoheptose(Hep)와 2-keto-3-deoxyoctonate(KDO)를 비롯하여 abequose(Abe), colitose(Col) 등 희귀한 당과 galactose(Gal), glucose(Glc), mannose(Man), rhamnose(Rha) 등으로 이루어져 있다.

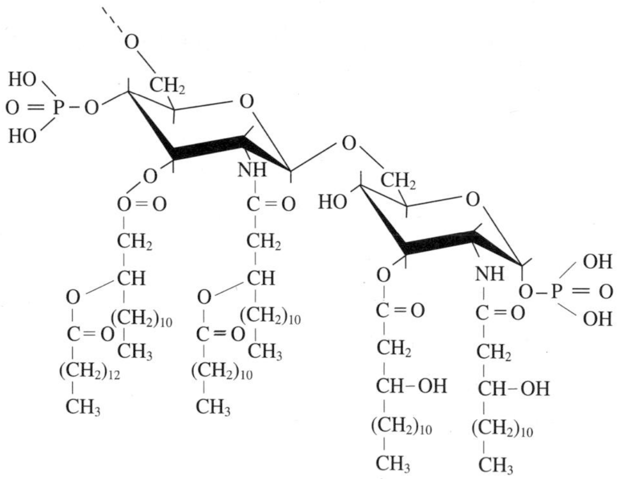

그림 2.5 *Salmonella typhimurium*에서 LPS의 Lipid A 구조.

LPS의 당 부분은 점선으로 표시한 glucosamine의 6번 탄소 위치에 연결되어 있다. 6분자의 지방산이 연결되어 있는 lipid A를 그림에서 볼 수 있으나 균주에 따라서는 7분자의 지방산이 연결되어 있는 경우도 있다.

모두 육탄당, hexosamine, deoxyhexose, keto당 등으로 이루어져 있다. 그 예를 그림 2.4에 나타내었다.

병원성 세균의 O-항원이 없는 변이주는 병원성이 없는 것으로 보아 LPS가 세균의 병원성에 관여하는 것을 알 수 있다. Phage 내성이 있는 변이주에서 O-항원이 없는 경우가 많아 O-항원이 phage의 수용체로도 작용하며, 온도 등 생장 환경에 따라 구조가 변하는 것으로 보아 O-항원이 환경으로부터 자신을 보호하는 역할도 있음을 알 수 있다.

보통 lipid A라 부르는 LPS 지질 부분의 구조는 그림 2.5에서 보는 바와 같이 glucosamine 2분자에 6-7분자의 3-hydorxy fatty acid와 인산이 결합되어 있다. 원형질막에서 인지질이 배열되어 있는 것과 같이(2.3.4) LPS도 lipidA의 친유성인 탄화수소 사슬이 막의 안쪽을 형성하고 당 부분은 외부로 노출되어 있다.

LPS의 인산과 카르복시기 때문에 그람음성 세균의 표면은 전기적으로 (−)를 띠며, Mg^{2+}과 같은 2가 양이온이 LPS와 LPS를 결합하여 OM의 구조를 안정화시킨다. EDTA와 같은 강력한 chelating agent로 처리하여 LPS로부터 Mg^{2+}를 분리하면, LPS가 분리되면서 OM의 구조가 불안정해져 친유성 물질의 투과성이 높아진다.

OM에는 지질 외에 균주와 생장 조건에 따라 50~100 종류의 단백질이 있다. 이 중에서 주된 단백질은 세포 당 50,00~100,00 분자가 될 정도로 많은 양이 발견된다.

각종 영양물질을 세포 안으로 운반하는 운반장치(transport system)는 원형질막에 있다. 따라서 영양물질이 세포 안으로 운반되기 위해서는 OM을 통과해야 한다. OM에는 active transport에 관여하는 단백질이 없지만 각종 영양물질을 통과시키는 투과공(channel)인 porin과 영양물질과 선택적으로 결합하는 수용체(receptor)가 있다. 이들에 의해 영양물질은 선택적 또는 비선택적으로 OM을 통과하여 periplasm(OM과 원형질막 사이)에 도달할 수 있다. 이 중 porin은 3분자의 peptide가 결합된 단백질로서 분자 내에 친수성의 작은 통로가 있다. 균주에 따라 그 통로의 크기가 다르며, 주위의 분자 배열에 따라 조절된다. *Escherichia coli*의 porin은 분자량이 600Da 이하인 친수성 물질이 통과할 수 있는 크기로 보고되었다. *E. coli*에는 OmpC, OmpF, PhoE 등 3 종류의 porin이 있다. OmpC와 OmpF는 투과 물질에 대한 특이성이 없다. OmpF는 OmpC 보다 약간 크며 삼투압이 높은 환경에서 OmpF의 발현은 억제되고 OmpC의 발현은 활성화된다(제12장, 12.2.10). 인산염 결핍 환경에서 만들어지는 PhoE를 통해서는 음이온이 특이적으로 통과한다. 분자량이 큰 영양물질은 수용체에 의해 OM을 통과한다. 물질이 통과하는 통로를 형성하는 porin과 수용체에는 통과하는 물질에 특이성이 있는 것과 비특이성인 것이 있다. 비특이성 통로를 통해 통과하는 물질의 통과 속도는 OM 양쪽의 농도 차이에 비례하지만 특이성 통로에서는 효소-기질에서 보는 포화점이 있기 때문에 농도가 높을 때는 통과 속도가 농도 차에 비례하지 않는다.

OmpA는 구조 물질로 알려졌으나 여러 종류의 아미노산과 peptide 및 F-pili의 수용체(receptor)로도 작용한다. Outer membrane에는 두 종류의 lipoprotein(Lpp)이 있다. 그 하나는 C-말단이 murein과 공유결합하고 지질 부위는 OM의 내측 지질층을 이루는 형태로 periplasm에 위치하는 결합형 Lpp이며, 다른 하나는 OM에 transmembrane 형태로 있으면서 세포 외부 표면으로 돌출된 free Lpp이다. 이들은 세포 외막을 포함한 세포 외층의 구조를 안정화하는 순수한 구조 물질로 알려져 왔으나 식물병원성 세균인 *Erwinia chrysanthemi*에서는 lipoprotein의 일종이 pectin methylesterase의 활성을 갖기도 한다. OM 구성 물질들의 구조를 그림 2.6에 도식화하였다.

고분자 물질을 탄소 및 에너지원으로 이용하는 세균은 이들을 분해하는 효소를 세포 밖으로 분비한다(제7장, 7.1). 이같이 단백질을 OM을 통해 분비하기 위해 여러 종류의 OM 단백질이 관여한다(제3장, 3.9.2). 또한 channel을 이루는 OM 단백질을 OM에 삽입시키는 Omp85, capsule을 구성하는 다당류를 세포 밖으로 운반하는 Wza, LPS를 OM 바깥층으로 수송하는 Imp, 다약제 내성 세균이 다약제를 세포 밖으로 운반하는 TolC, TonB-dependent active transport를 수행하는 BtuB 또는 FecA와 같은 OM 단백질들이 있다(제3장, 3.8).

*Shewanella putrefaciens*는 혐기성 상태에서 Fe^{3+} 또는 Mn^{4+}를 전자 수용체로 이용한다(제9장, 9.2.1). 이들 전자 수용체는 물에 대한 용해도가 낮아 세포 안으로 운반되지 않고 세포 밖에서 환원된다. 이 세균은 outer membrane에 cytochrome과 ferric reductase를 보유한다. Archaea 중에 유일하게 OM을 보유하는 것으로 알려진 초호열성 절대혐기성인 *Ignicoccus hospitalis*는 OM에 ATPase와 H_2:sulfur oxidoreductase 복합체를 갖고 있어 OM에서 에너지 대사를 수행하여 periplasm에서 ATP가 생성되는 과정을 수행한다.

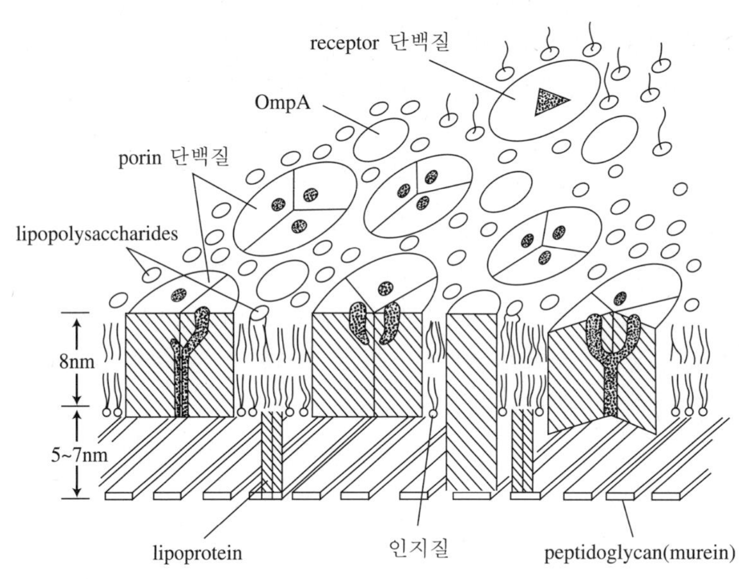

그림 2.6 그람음성 세균의 세포 외막 구조.
Omp A : outer membrane 단백질 A

2.3.3.3 세포벽과 Periplasm

S-layer와 outer membrane이 원핵세포에서만 알려진 구조인 데 비해 세포벽은 진핵세포와 원핵세포 모두에 존재하며, 이 세포벽이 각 세포의 고유 형태를 물리적으로 유지하고 삼투압의 차이에 의한 세포막의 파괴를 방지하는 역할을 한다. 그람음성 세균의 세포벽은 outer membrane과 원형질막 사이에 있다. 이들 두 막 사이에는 세포벽 물질인 murein 외에도 많은 종류의 단백질 등이 gel 형태를 이루고 있다. 이 부위를 periplasm이라 부른다. 그람양성 세균에서도 세포벽과 원형질막 사이를 periplasm이라 부르기도 한다.

원핵세포 중 그람양성 세균과 그람음성 세균의 세포벽은 murein(peptidoglycan)이 주성분으로 이루어져 있으며, 그람양성 세균에서는 그람음성 세균보다 murein 층이 두껍다(그림 2.3). 그람양성 세균의 세포벽은 murein과 함께 teichoic acid, teichuronic acid, lipoteichoic acid, lipoglycan 등으로 이루어진다. Murein은 *N*-acetylglucosamine과 *N*-acetylmuramic acid가 β-1.4 결합한 다당류가 축(back bone)을 이루고 있으며(그림 2.7), *N*-acetylmuramic acid 중의 lactyl 기가 tetrapeptide와 결합하여 다당류 축 간을 얽어매고 있는 그물 모양의 구조를 하고 있다(그림 2.8). *Lactobacillus acidophilus, Staphylococcus aureus* 등 몇몇 그람양성 세균의 세포벽을 이루고 있는 murein은 6위치의 -OH기가 *O*-acetyl로 치환된 *N*-acetylmuramic acid를 함유하고 있기 때문에 lysozyme에 의해 잘 분해되지 않는다.

Murein 중 tetrapeptide의 *N*-terminal 쪽으로부터 2번과 4번 위치의 아미노산은 대부분의 균주

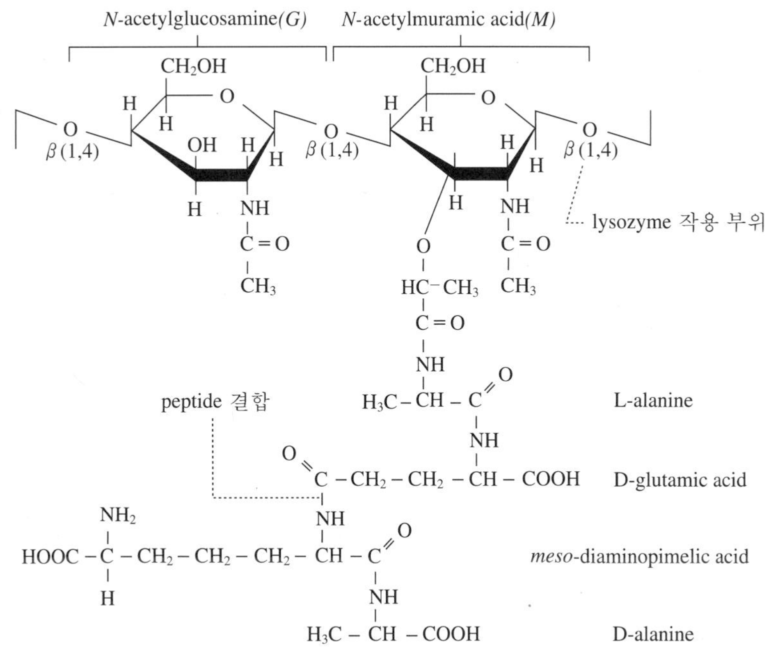

그림 2.7 *Escherichia coli*의 murein을 이루는 기본 골격.

N-acetylglucosamine과 *N*-acetylmuramic acid가 β-1.4-결합으로 murein의 축을 이룬다. 이 축 중 *N*-acetylmuramic acid의 lactyl기에 tetrapeptide가 결합한 기본 골격이 반복되어 세포벽을 이룬다.

에서 공통적으로 단백질에서 보기 드문 D-glutamate와 D-alanine이 연결되어 있으며, 1번 위치에는 L-serine이나 glycine이 균주에 따라 달리 연결된다. 3번 위치에는 L-ornithine, L-lysine, L,L-diaminopimelate, 또는 *meso*-diaminopimelate가 연결되어 있으며, 드물게는 L-homoserine으로 연결되어 있는 예도 있다. 3번 위치에 연결된 아미노산의 종류가 세균의 분류에 중요한 기준이 된다. Murein chain 축에 결합한 tetrapeptide 중 3번 위치의 아미노산과 4번 위치의 아미노산이 교차결합으로 연결되어 murein 층이 형성된다. 그람음성 세균은 3번과 4번 위치의 아미노산이 직접 교차결합하지만, 그람양성 세균은 glycine, L-alanine 또는 L-alanine과 serine 등의 아미노산이 1-7개로 연결된 interpeptide bridge를 사이에 두고 교차결합을 한다(그림 2.8b, c). Coryneform 세균 특히 식물병원성 corynebacteria는 2번과 4번 위치의 아미노산이 교차결합을 한다. 세균의 종류에 따라 murein chain 간의 교차결합 정도가 다르며, 교차결합의 정도가 낮을수록 분해효소의 작용을 쉽게 받는다. 한 세포에서도 생장점의 교차결합 정도가 다른 부위에 비해 낮다.

Outer membrane이 없는 그람양성 세균의 세포벽은 murein과 함께 murein의 골격 사이를 메우는 teichoic acid 또는 teichuronic acid, lipoteichoic acid, lipoglycan 등으로 이루어진다. Teichoic acid는 인산화된 5탄당 alcohol인 ribitol phosphate 또는 glycerol phosphate의 중합체로 세균의 종류에 따라 수산화기에 당이나 아미노산이 탈수 결합되어 있으며, 연결부(linkage unit)를 통해 murein

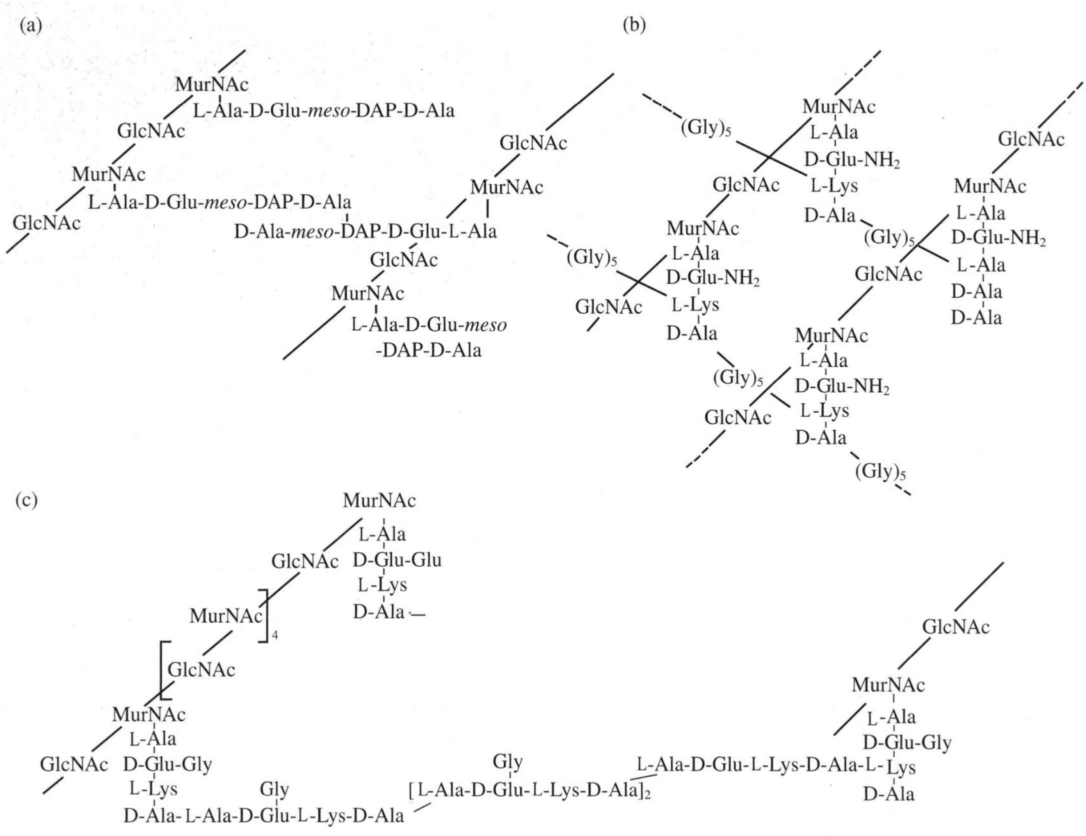

그림 2.8 Eubacteria의 세포벽을 이루는 Murein의 구조.

N-acetylglucosamine(GlcNAc)과 *N*-acetylmuramic acid(MurNAc)가 반복하여 축을 이루고 여기에 결합한 tetrapeptide가 이웃의 축에 연결된 tetrapeptide와 교차결합(cross-link)하여 그물 모양의 murein이 된다.

a) *Escherichia coli*

b) *Staphylococcus aureus*

c) *Micrococcus luteus* (*M. lysodeikticus*)

또는 원형질막 지질에 연결되어 있다(그림 2.9). 원형질막 지질에 연결된 teichoic acid를 lipoteichoic acid라 한다. lipoteichoic acid의 지질 부분은 원형질막의 일부로 작용하며 polyalcohol phosphate 부분은 세포벽의 일부를 이룬다.

인산 제한 조건에서는 teichoic acid 대신 그와 유사한 성질을 갖는 teichuronic acid가 합성된다.

Murein이 세포벽의 강도를 결정한다는 것 외에는 생물학적 기능이 알려지지 않아서 순수한 구조물로 인정되고 있는 반면, teichoic acid는 그림 2.9에서 보는 바와 같이 인산이 포함되어 있기 때문에 세포 표면을 전기적으로 (−)를 띠게 하므로 주위에 양이온, 특히 Mg^{2+}를 농축하는 역할을 갖는다. Teichoic acid는 Mg^{2+}의 흡수를 돕고 세포벽의 안정성을 유지시키는 기능, 즉 그람음성 세균의 LPS가 갖는 기능 일부를 담당하는 것으로 생각되고 있다. 또한 periplasm에 위치하는 세포벽 형성

(a) 세포벽에 결합된 teichoic acid

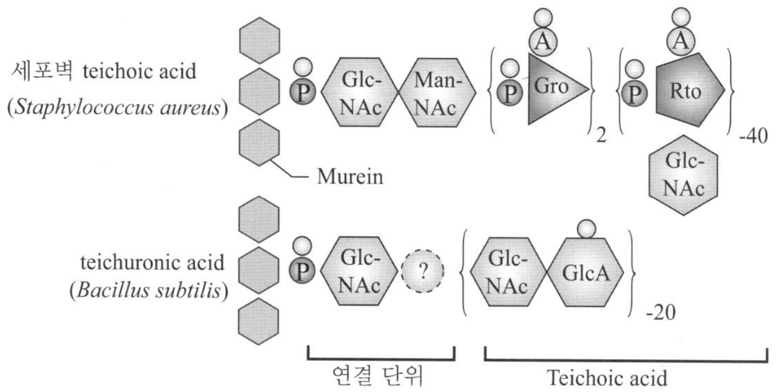

(b) 원형질막에 결합된 teichoic acid

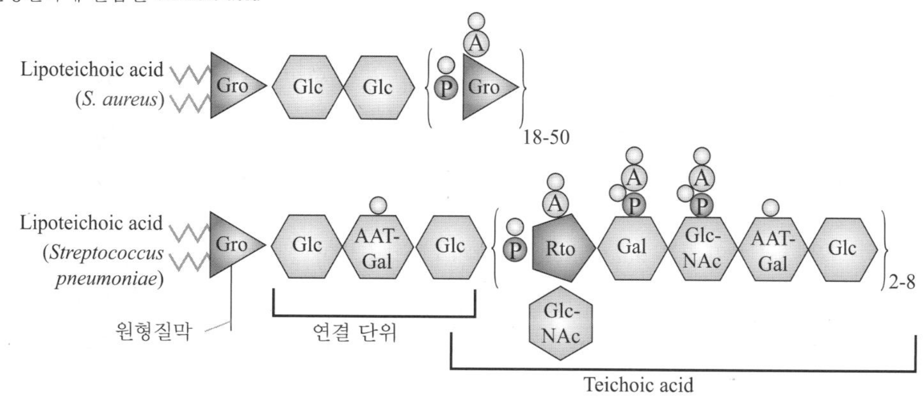

그림 2.9 그람양성 세균의 세포벽에 있는 Teichoic Acid의 구조(Nature Rev. Microbiol. 2008, 6:276-286).

Teichoic acid는 ribitol phosphate나 glycerol phosphate의 중합체이며, alcohol기에 alanine, galactose, *N*-acetylglucosamine 등이 결합되어 있다. Teichoic acid는 다양한 구조의 연결 단위를 통해 murein 또는 원형질막에 결합하고 있다.
A; D-alanine, C; choline, P; phosphate, Gal; galactose,
GlcNAc; *N*-acetylglucosamine, ManNAc; *N*-acetylmannosamine,
GalNAc; *N*-acetylgalactosamine, GlcA; glucuronic acid,
AAT-Gal; 2-acetamido-4-amino-2,4,6-trideoxy-D-galactose
Gro; glycerol, Rto; ribitol.

효소, 세포 분열 과정에서 중요한 역할을 담당하는 세포벽 분해효소(autolytic enzyme) 등과 결합하여 이들 효소가 분리되는 것을 방지하며, 그 활성을 조절한다. Teichoic acid는 숙주 표면의 부착과 biolfilm 형성에도 관여하며 phage 수용체로도 작용한다. *Staphylococcus aureus*에서 teichoic acid는 murein에 있는 *N*-acetylmuramic acid의 6위치 -OH기와 phosphoester 결합으로 연결되어 있기 때문에 lysozyme에 의해 잘 분해되지 않는다. 이렇게 다양한 기능을 하는 teichoic acid가 그람양성 세균의 생명력 유지에 필수적이라고 판단했지만 최근에 *Staphylococcus aureus*와 *Bacillus subtilis*

에서 세포벽에 연결된 teichoic acid(wall teichoic acid, WTA)가 세균의 생명력에 필수적 요소는 아니라는 것이 확인됐다. 이는 teichoic acid가 직접적으로 세균의 생명력을 유지시키는 것이 아니라 세포벽의 다른 성분들과 상호작용하면서 간접적으로 세균의 생명력 유지에 관여하는 것으로 판단하고 있다. 그러나 세포분열 기구와 연관된 lipoteichoic acid(LTA)는 생명 유지에 필수적 요소이다.

그람양성 세균의 세포 표면에도 많은 종류의 단백질이 있다. 이들은 Sec 경로(제3장, 3.9.1)를 통해 원형질막을 통과한 뒤에 sortase의 작용으로 murein에 공유적으로 결합하거나 murein과 비공유적 결합으로 연관된 상태로 존재한다. 또한 원형질막에 transmembrane 형태로 연결된 단백질과 lipoprotein도 세포 표면을 구성한다. 세포 표면의 단백질은

1) 병원성 미생물이 숙주 조직에 침투하는 역할,
2) 다당류, 단백질 등 고분자 물질의 분해효소,
3) 세균 세포 간 또는 고체 표면에 흡착하는 등의 역할을 갖는다.

항산성 염색(acid-fast stain) 양성 반응을 보이는 *Mycobacterium*속, *Nocardia*속 세균 등은 그람양성의 세포벽 구조에 mycolic acid를 함유하고 있다. Mycolic acid를 높은 농도로 함유하고 있는 이들 세균의 세포벽은 그람음성 세균의 outer membrane과 비슷한 성질을 갖는다. 따라서 이들 그람양성 세균의 세포벽에도 porin이 있다.

그람음성 세균의 세포벽은 outer membrane과 세포벽 사이인 periplasm의 일부이며, 전자현미경으로도 관찰이 쉽지 않을 정도로 두께가 그람양성 세균보다 훨씬 얇다. 주로 murein으로만 이루어져 있다. 그람음성 세균의 periplasm에는 외부 환경을 감지하여 원형질체로 전달하는 sensor, 세포 표면 구조물의 합성, 고분자 물질의 분해, 물질의 운반, 전자 전달계 등에 관여하는 많은 단백질과 oligosaccharide가 gel 형태로 존재한다. Periplasm은 외부의 삼투압이 증가하면 이를 완충하기 위해 다당류(osmoregulated periplasmic glucan)를 합성한다. *Pseudomonas aeruginosa*는 생장 중에 outer membrane의 일부가 periplasm에 있는 murein 분해효소를 함유하는 vesicle형태로 세포와 분리되어 주위에 있는 다른 세균을 용균하는 성질이 있다.

Mycoplasma와 chlamydia는 대부분 동물 세포 내에 기생하며, 세포벽을 갖지 않는 것으로 알려지고 있다. 그러나 chlamydia의 genome에는 거의 완벽한 murein 합성에 필요한 유전자가 있으며, murein 합성을 저해하는 페니실린이나 D-cycloserine 등 ß-lactam 계 항생물질에 의해 그 생장이 저해된다. Murein층이 관찰되지 않는 이들이 murein을 합성하는 저해제의 영향을 받으며 합성에 필요한 유전자들을 보유하고 있는 이유는 확실하지 않다. 그러나 최근에 chlamydia에서 murein 합성의 전구물질인 bactoprenyl-P-*N*-acetylmuramate-*N*-acetylglucosamine(lipid II, 제6장, 6.9.2.2)의 합성이 세포분열 기구(divisome)의 형성에 요구된다는 것이 확인되었다. 이는 murein 층이 없는 절대기생성 세균이 세포분열을 위해서 murein층 합성에 관여하는 효소의 활성이 필요하다는 것을 나타낸다. 또한 murein 층이 없는 이 세균들이 다른 세균과 같은 정도의 삼투압에서 용균되지 않는 이유는 outer membrane에 cyteine rich protein이 disulfide 결합으로 형성하는 구조를 갖기 때문이다.

초기 진화 단계에서 세균 영역(domain Bacteria)으로부터 분지된 주요 분류군 중에 하나인 *Planctomycetes* 문(phylum)의 세균은 murein으로 이루어진 세포벽이 없으며 S-layer로 추정되는 단백질로 이루어진 세포 표면 구조를 갖고 있다.

Archaea의 세포벽은 eubacteria와는 전혀 다른 구조를 갖는다. 지금까지 연구된 archaea에는 세포벽이 없거나 murein과 그 구조가 다른 물질로 이루어져 있다. 지금까지 알려진 archaea의 세포벽 물질은 pseudomurein(pseudopeptidoglycan), 다당류, sulfon기를 갖는 다당류 그리고 당단백질 등이다.

Methanobacterium 속 archaea의 세포벽을 이루는 pseudomurein은 murein과 달리 *N*-acetylmuramic acid 대신 *N*-acetyltalosaminuronic acid가 *N*-acetylglucasamine과 β-1,3 결합으로 축을 형성하며, peptide에는 D-아미노산이 없다. 따라서 murein의 β-1,4 결합을 분해하는 lysozyme은 pseudomurein을 분해하지 못한다.

Methanosarcina 속 archaea는 다당류를 세포벽으로 가지며, 호염성 archaea인 *Halococcus*의 세포벽은 sulfon기를 갖는 다당류로 이루어진다. 호염성 archaea인 *Halobacterium*과 호열성 archaea에서는 당단백질로 이루어진 S-layer 층이 세포벽의 기능을 갖는다.

원핵세포 미생물에 비해 효모, 곰팡이 등 진핵세포 미생물의 세포벽에 관해서는 잘 알려지지 않았다. 진핵미생물의 세포벽은 주로 cellulose, glucan, chitin, chitosan 등으로 이루어지며, mannan, galactan, polygalactosamine도 진핵세포의 세포벽에서 발견된다. 이들 세포벽 다당류의 종류는 진핵세포 미생물의 분류에 있어서 중요한 지표가 된다. 당류 외에도 진핵세포의 세포벽에는 소량의 단백질과 지질이 있다. 효모 *Saccharomyces cerevisiae*의 세포벽의 주요 성분은 표 2.5에서 보는 바와 같이 glucan, mannoprotein 그리고 chitin으로 이루어져 있다. 이들이 β-1,3 glucan을 중심으로 표의 몰농도 비율로 한 단위를 만들고 이들 단위들이 공유 결합과 비 공유 결합으로 세포벽을 형성한다. 이때 mannoprotein이 세포 표면으로 정열되어 있으며, mannose가 인산화되어 효모의 세포도 전기적으로 (−)를 띤다. 이들 구조 물질 외에도 invertase 등 효소, 응집 관련 단백질, cAMP binding protein 등 여러 종류의 단백질이 세포벽 구조 물질 사이에 묻혀 있다.

표 2.5 *Saccharomyces cerevisiae*의 주요 세포벽 구조 물질.

조성	평균 분자량(kDA)	무게 비율	몰 비율
β-1,3 glucan	240	50	1.0
β-1,6 glucan	24	10	2.0
Mannoprotein	100−200	40	1.2−2.4
Chitin	25	1−3	0.1−0.3

2.3.4 원형질막

2.3.4.1 성질

모든 생물의 세포는 세포 내용물이 외부와 분리되지 않고는 생명을 유지할 수 없다. 원형질막(세포막, plasma membrane, cytoplasmic membrane)이 이러한 분리 기능을 담당한다. 원형질막은 그람음성 세균의 outer membrane과 유사하게 주로 인지질로 이루어져 있으며, 이 인지질이 세포막의 기능을 수행할 수 있는 특징을 갖고 있다. 인지질은 한 분자가 친수성의 머리 부분(head group)과 친유성의 탄화수소 부분(tail group)을 갖고 있는 amphipathic compound(양극성 물질)로서, 물에 혼합시키면 스스로 머리 부분이 바깥쪽으로 배열되고 탄화수소 부분이 안쪽에 배열되는 이중막을 형성한다(그림 2.10). 이러한 성질로 인해 세포막이 손상되어도 곧 회복이 가능하며, 세포를 파괴하면 원형질막 부분은 작은 구형을 스스로 형성한다. 이를 vesicle이라 한다.

세포를 sonication, French press 등의 방법으로 물리적 힘을 가하여 파괴하면 원형질체 쪽 원형질막 면이 외측으로 되는 inside-out vesicle이 형성되고, 세포벽을 효소 등으로 제거한 다음에 삼투압으로 원형질막을 붕괴시키면 대체로 right-side-out vesicle이 얻어진다(그림 2.11). 원형질체의 생리 활동을 제거한 단순한 조건에서 원형질막의 기능을 연구할 때 vesicle이 사용된다. Inside-out 또는 right side-out vesicle을 만드는 방법의 개발이 현재 우리가 알고 있는 막 기능을 이해하는 데 크게 기여하였다.

원형질막은 outer membrane과 달리 내 · 외측 모두 인지질로 이루어져 있으나, 원형질막의

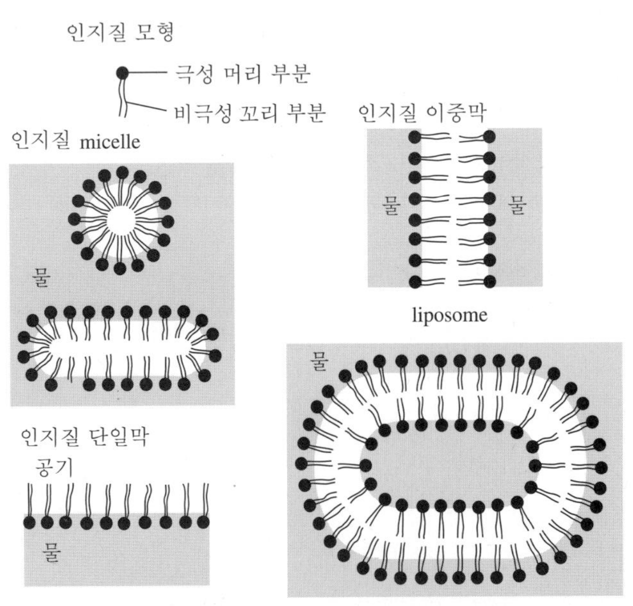

그림 2.10 양극성을 띠는 인지질이 물과 혼합되었을 때 형성하는 Micelle과 Liposome.

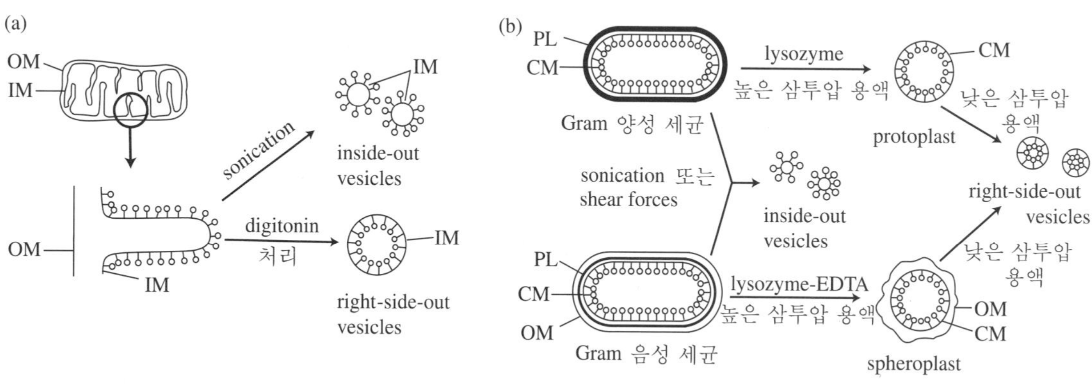

그림 2.11 Mitochondria와 세균으로부터 Membrane Vesicle을 만드는 방법.

Mitochondria나 세균을 높은 삼투압 용액에서 적당한 방법으로 처리하여 세포 외막과 세포벽을 제거하고 낮은 삼투압 용액으로 처리하면 삼투압에 의해 원형질막이 파괴되면서 막을 이루는 인지질이 다시 모이면서 right-side out vesicle이 만들어진다. Sonication이나 French press법 등 물리적인 방법으로 처리하면 세포가 파괴되면서 원형질막을 이루는 인지질이 다시 모이고, 이때 원형질체 쪽의 세포막 면이 외부를 이루는 inside-out vesicle이 만들어진다.
CM : 원형질막, PL : 세포벽, IM : 내막, OM : 외막
(a) mitochondria (b) 세균

50~65%를 차지하는 단백질이 막의 외부와 내부에 비대칭적으로 존재하기 때문에 원형질막도 outer membrane과 같이 비대칭적 이중막이 된다.

인지질로 이루어진 이중 막은 물이나 친유성 물질을 통과시키지만 각종 이온 등 대전된(charged) 친수성 물질이나 고분자 물질은 통과시키지 않는다. 그러나 원형질막에 존재하는 각종 단백질의 작용으로 영양 물질과 대사산물은 막을 통과할 수 있게 된다(제3장).

2.3.4.2 구조

원형질막의 35~50%는 인지질로 이루어져 있고 나머지는 단백질로 이루어져 있다. 원형질막의 인지질 부분은 미생물이 생장하는 온도에서 반유동성이며, 단백질은 인지질 이중 막 사이에 묻혀서 항상 이동하는 형태를 이룬다. 이러한 원형질막을 유동 모자이크 모델(fluid mosaic model)이라 부른다. 세포의 박층 시료를 금속으로 염색하여 전자현미경으로 관찰하면 전자 흡수가 강한 두 줄의 가는 선이 흐린 중앙 부분으로 분리된 막이 보인다(그림 2.3). 흐린 부분은 금속을 흡수하지 않는 지방산 부분이며, 진한 부분은 금속 흡수가 많은 인지질의 머리 부분이다.

Freeze fracture법으로 시료를 준비한 경우에는 막에서 단백질 부분을 볼 수 있다(그림 2.3). 막에 묻혀 있는 막단백질 부분은 친유성이 강한 부분으로서 인지질의 탄화수소에 녹아 있다. Fluid mosaic model에서 인지질 막에 묻혀 있는 단백질이 녹아 있다는 표현을 쓰는 것은 막에서 이들 단백질의 위치가 고정된 것이 아니고 움직일 수 있다는 뜻이다. 원형질막에 관련된 단백질 중 막에 묻혀져 있는(integral) 단백질 외에 막 표면에 존재하는(peripheral) 단백질도 있다.

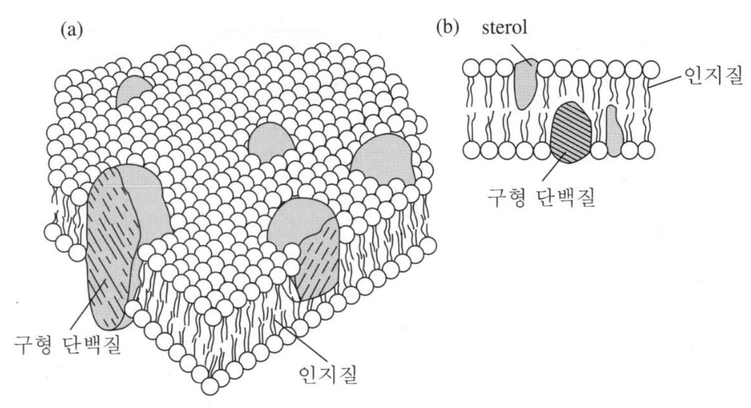

그림 2.12 원형질막의 구조.

원형질막의 50~65%는 단백질이다. 막에 있는 단백질은 기능적으로 연계된 단백질들끼리 모여 집합체를 이루고, 이들이 인지질 층에 녹아 있는 fluid mosaic model(a)로 원형질막의 구조를 설명한다. Steroid계 지질은 진핵세포의 원형질막과 원핵세포 중 절대 기생성 병원균인 mycoplasma에서만 발견되며 다른 원핵세포에는 없다(b). 많은 종류의 세균에는 isoprenoid계 지질인 hopanoid가 원형질막에서 발견된다.

인지질의 유동성은 지방산의 융점(melting point)에 의해 결정된다. 포화도가 낮은 지방산의 융점이 낮기 때문에 저온균의 원형질막에 많이 함유되어 있으며, 포화도가 높은 지방산이 많은 고온균의 원형질막은 낮은 온도에서 유동성이 없어지기 때문에 물질의 운반 등 원형질막의 기능이 낮아진다.

2.3.4.3 기능

원형질막은 다음의 기능을 가지고 있다.

1) 원형질을 외부로부터 격리하는 기능
2) 영양 물질을 세포 안으로, 대사산물을 세포 밖으로 운반하는 기능(제3장)
3) 원형질막 외부 구조의 합성
4) 세포내 조직과 결합하여 그 기능을 돕는 역할
5) 세포외 환경을 감지하여 대사 조절에 필요한 정보를 전달하는 기능(제12장, 12.2.11)

이상의 일반적 원형질막 기능 외에, 원핵세포 생물의 원형질막은 호흡에 관계하는 전자 전달체를 포함하며, 호흡 작용을 통해 H^+의 농도 차를 형성하고 이를 이용하여 ATP를 합성하는 등 에너지 대사에 중요한 역할을 담당한다(제5장, 5.8). 이 전자대사를 산화적 인산화(oxidative phosphorylation 또는 electron transport phosphorylation)라고 하며, 진핵세포에서는 mitochondria의 내막에서 이루어진다.

2.3.4.4 원형질막 지질

원형질막을 형성하는 인지질의 구조를 그림 2.13에 표시하였다. 인지질 외에 진핵세포의 원형질막에는 steroid 계통의 지질이 다량 포함되어 있다. 원핵세포 중에서는 mycoplasma의 원형질막에서만 steroid계 지질이 발견되었다. 많은 종류의 세균에서 steroid와 유사한 구조를 갖는 isoprenoid 화합물인 hopanoid계 지질이 발견된다(그림 2.13g). 세균의 원형질막을 이루는 인지질은 대부분 glycerophospholipid이지만, 많은 세균의 원형질막에서 sphingolipid가 발견된다(그림 2.13f). 편성 혐기성 세균인 *Prevotella melaninogenicus*(*Bacteroides melaninogenicus)* 의 원형질막 지질의 반 이상이 sphingolipid로 이루어져 있으며, 이외에도 *Prevotella ruminicola, Bdellovibrio bacterivorus, Flectobh major, Bacteroides fragilis, Shingobacterum spiritivorum, Porphyromonas gingivalis*(*Bacteroides gingivalis*) 등이 sphingolipid를 원형질막 인지질 성분으로 갖고 있다.

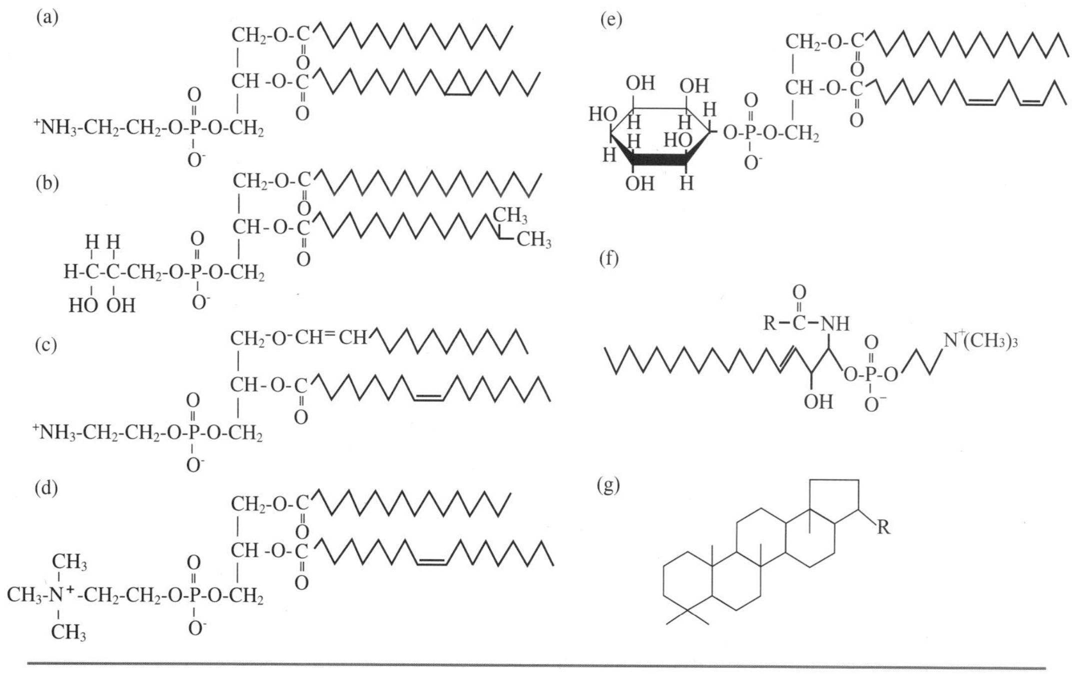

그림 2.13 대표적인 원형질막 지질.

포화, 불포화, branched, 그리고 cyclopropane을 포함하는 지방산 등이 친유성 부분(hydrophobic tail)을 이룬다. 인지질(phospholipid)이 세균의 원형질막을 구성하는 일반적인 지질이며, 대부분의 인지질은 glycerol에 지방산이 ester 결합으로 연결되어 있다. *Clostridium butyricum*을 비롯한 편성혐기성 세균은 1,2번 탄소 사이가 2중 결합으로 이루어진 고급 alcohol이 ether 결합한 plasmalogen을 함유하고 있다. 많은 편성혐기성 세균에서 sphingolipid가 주된 인지질로 존재하며, hopanoid는 많은 종류의 세균에서 발견된다.

(a) phosphatidylethanolamine (b) phosphatidylglycerol (c) phosphatidylethanolamine plasmalogen (d) phosphatidylcholine (e) phosphatidylinositol (f) sphingomyellin (g) hopanoid

그림 2.13에서 보는 바와 같이 인지질을 구성하는 지방산은 탄소 수가 주로 10~20이며, 16~20개 정도의 탄소 수를 갖는 지방산의 양이 가장 많다.

발효로 생장하는 편성 혐기성 세균인 *Sarcina ventriculi*는 정상적인 배양 조건에서는 탄소 수가 14~18인 지방산이 주성분인 원형질막을 갖지만, 낮은 pH, 높은 온도, 높은 농도의 알코올 등 생장 조건이 좋지 않은 조건에서는 탄소 수가 28~36인 α,ω-dicarboxylic acid가 원형질막의 주성분이 되는 것으로 밝혀졌다. Dicarboxylic acid는 diglycerol tetraester를 형성하여 한 분자의 인지질이 원형질막을 형성하기 때문에 막 유동성을 낮춘다. *Desulfotomaculum, Butyrivibrio,* 고온성 *Clostridium* 속 세균 등을 포함하는 혐기성 세균에서 diglycerol tetraester 구조가 발견되었으며, 여러 종류의 archaea에서는 이와 유사한 diglycerol tetraether 구조가 있다.

지금까지 살펴본 glycerophospholipid는 glycerol의 -OH기와 지방산의 -COOH기가 탈수반응으로 이루어진 ester 화합물들이다. 원핵세포의 원형질막에는 glycerol에 ester로 결합된 지방산 대신 고급 alcohol이 ether로 결합하여 형성된 지질이 많이 발견된다. 이와 같이 glycerol에 2분자의 지방산 대신 1분자는 1,2번 탄소 사이에 2중 결합을 갖는 고급 알코올이 ether 결합으로 이루어진 지질인 plasmalogen이 *Bateroides*속, *Clostridium*속, *Desulfovibrio*속, *Peptostreptococcus*속, *Propionibacterium*속, *Ruminococcus*속, *Selenomonas*속, *Veillonella*속 등에 속하는 편성 혐기성 세균(strict anaerobic bacteria)의 원형질막에서 발견된다(그림 2.13(c)).

미생물의 생장 환경에 따라 원형질막 인지질의 지방산 조성과 그 비율이 변한다. 잘 알려진 바와 같이 높은 온도에서는 포화 지방산과 탄소 사슬이 긴 지방산의 농도가 높아진다. 온도 이외에도 삼투압, pH, 유기 용매, 압력 등도 원형질막 지방산의 조성에 영향을 준다. 많은 종류의 세균에서 cyclopropane ring(그림 2.13a)을 갖는 지방산이 발견된다. 이들은 특정한 배양 조건이나 생장기에 합성된다. *Lactobacillus arabinosus*에서 처음 발견되어 lactobacillic acid라 부르는 이 지방산은 *Azotobacter vinelandii*의 vegetative cell에는 없으나 cyst에서는 가장 많은 지방산으로 분석된다.

일부 세균들은 항미생물제에 노출되거나, 산성 pH 등의 환경에서 적응 전략으로 인지질에 아미노산이 결합된 aminoacyl-phosphatidylglycerol(A-PG)이 원형질막 성분으로 포함된다. A-PG는 음성(−) 하전 상태의 원형질막 표면을 더 양성인 하전을 띠도록 변화시키고 결국 원형질막의 생리학적 상태를 변화시켜 미생물을 환경 변화에 적응시키는 것으로 판단하고 있다. 이러한 특징을 지닌 세균으로는 *Staphylococcus aureus, Enterocccus faecalis, Clostridium perfringens, Listeria monocytogenes, Pseudomonas aeruginosa* 등이 알려져 있다. 세균의 종류에 따라 다른 종류의 아미노산(alanine, lysne, arginine, glycin 등)이 결합된 A-PG를 갖고 있다.

Archaea의 원형질막은 모두 ether 결합으로 만들어진 인지질로 이루어져 있다. Archaea는 그 생리적 특성에 따라 다음과 같이 3군으로 나뉜다.

Euryarchaeota

호염성균(halophiles)

Methane 생산균(methanogens)

Crenarchaeota

호열성균(thermophiles)

이처럼 생장 환경이나 생리적으로 거리가 먼 미생물들이 archaea로 동일하게 분류되는 이유는 이들이 일반 세균(eubacteria)과 다른 다음과 같은 특징이 있기 때문이다.

1) Ribosome의 구조를 비롯한 단백질 합성 메커니즘이 세균과 다르다.
2) 원형질막의 지질 등이 세균과 다르다.
3) 세포벽에 murein이 없다.

지금까지 알려진 모든 archaea 즉, 호염성, methane 생산, 호열성 archaea 등의 원형질막은 모두 ether 형태의 phospholipid로 이루어져 있다(그림 2.14).

Archaea의 원형질막 지질의 특징을 종합하면 다음과 같다.

1) Glycerol과 알코올이 ether 결합에 의해 형성된 glyceride이다(그림 2.14).
2) Methyl 가지를 지닌 5탄소 화합물 isoprenoid(C_5)가 4 또는 5 분자가 중합된 탄소 수 20 또는 25인 알코올(C_{20} : phytanol, C_{25} : sesterterpanol)이 친유성 부분을 이룬다(그림 2.14a, b, c).
3) Glycerol dialkyl diether(archaeol, 그림 2.14 a, b, c) 2 분자가 지질이중층을 이루지만, 균주와 생장 조건에 따라 다양한 구성으로 이루어진 원형질막을 가지고 있다.
4) Methane 생산 archaea와 호열성 archaea에서는 한 분자의 지질, 즉 glycerol dialkyl glycerol tetraether(di-biphytanyl-diglycerol-tetraether)가 원형질막의 외측과 내측에 걸쳐 있다. 이 지질은 glycerol dialkyl diether 2분자의 말단 methyl기가 연결되어 있는 diphyanol(C_{40})을 함유하고 있다(그림 2.14f).
5) 호열성 archaea에서는 특히 glycerol dialkyl glycerol tetraether형태의 lipid가 주종을 이루며, 친유성 부위의 지방족 사슬에 환상의 cyclopentane이 포함되어 있다(caldarchaeol, 그림 2.14g).
6) 호열성 archaea 중에는 glycerol dialkyl glycerol tetraether의 두 지방족 사슬의 가지에 있는 methyl기 사이에서 cross-link가 이루어진 glycerol monoalkyl glycerol tetraether를 원형질막의 지질성분으로 가지고 있어 C_{80} isoprenoid를 함유하고 있다(그림 2.14 h, i).
7) 메탄 생산 archaea에서는 glycerol과 함께 탄소 수가 4인 tetritol diether(그림 2.14e)가, 그리고 호열성 archaea에서는 탄소 수가 9인 nonitol(그림 2.14j)이 친수성 부분을 이룬다.
8) 친수성 부분은 eubacteria와 달리 인산화합물이나 glucose, mannose, galactose 등으로 이루어진 mono 또는 oligosaccharide, 또는 황산화된 oligosaccharide 등으로 이루어져 있다.

세균에서와 같이 archaea에서도 높은 온도 등 생장 조건이 좋지 않을 때 원형질막의 지질 조성 및 지질 구조가 변화하여 환경에 적응한다. Archaea가 100℃에 가까운 고온에서 어떻게 원형질막의 안정성과 유동성을 유지하는 지는 알려진 것이 많지 않지만, *Archaeoglobus fulgidus, Acidilobus sulfurireducens, Theromophililus acidophilm, Methanocaldococcus jannaschii, Ignisphaera*

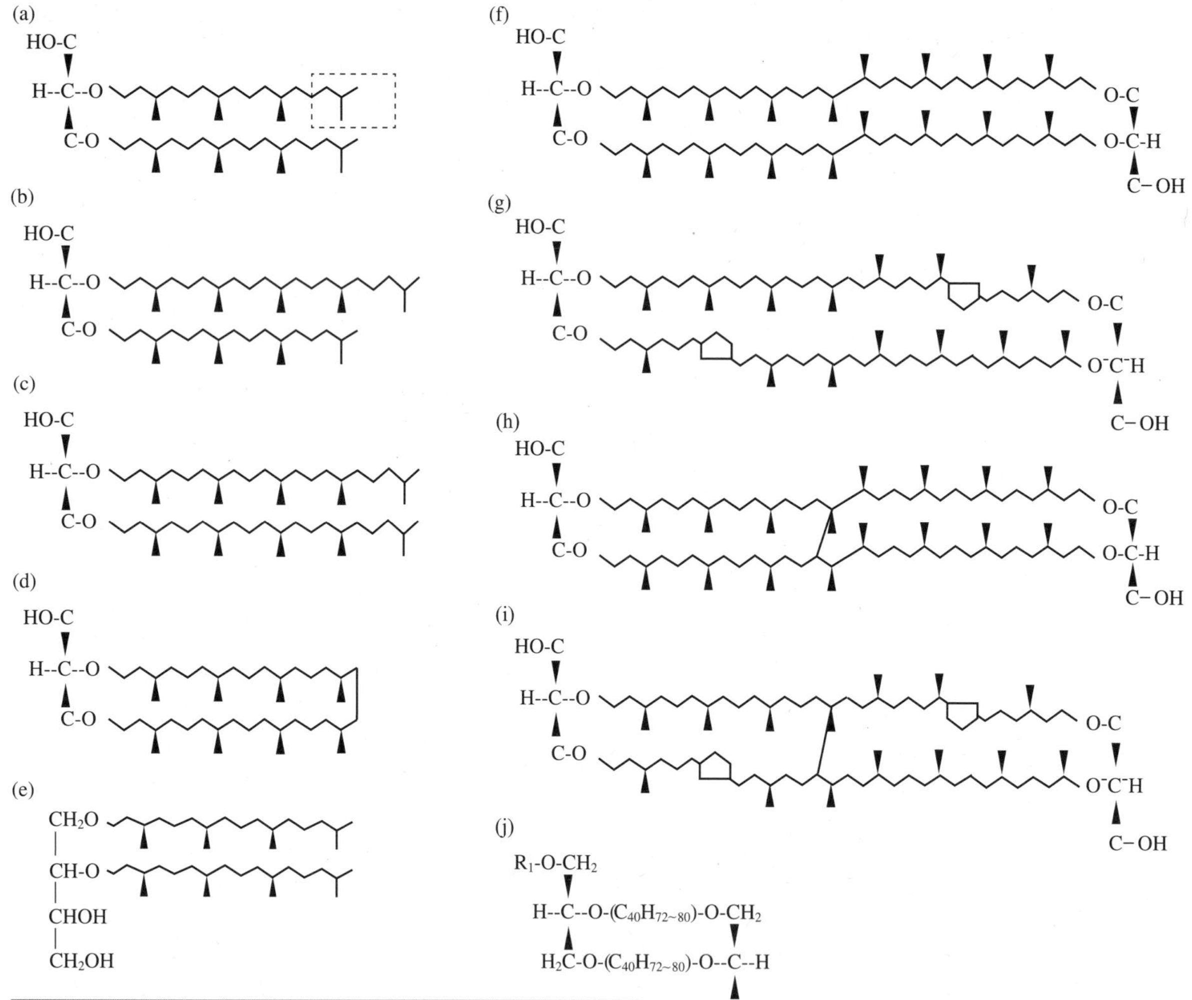

(a)
HO-C
H--C--O
C-O

(b)
HO-C
H--C--O
C-O

(c)
HO-C
H--C--O
C-O

(d)
HO-C
H--C--O
C-O

(e)
CH_2O
CH-O
CHOH
CH_2OH

(f)
HO-C
H--C--O
C-O
O-C
O-C-H
C-OH

(g)
HO-C
H--C--O
C-O
O-C
O-C-H
C-OH

(h)
HO-C
H--C--O
C-O
O-C
O-C-H
C-OH

(i)
HO-C
H--C--O
C-O
O-C
O-C-H
C-OH

(j)
R_1-O-CH_2
H--C--O-($C_{40}H_{72\sim80}$)-O-CH_2
H_2C-O-($C_{40}H_{72\sim80}$)-O--C--H
H-C-OH
H_2C-C-CH-CH-CH-CH_2
OH OH OH O OH OH
R_2

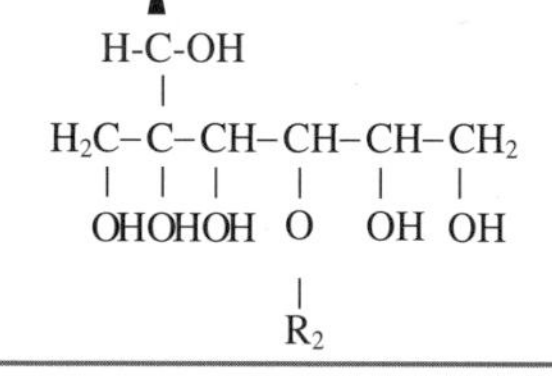

그림 2.14 Archaea의 원형질막 지질.

Archaea의 원형질막 지질의 친유성 부분은 isoprenoid(C_5, 점선) 4분자가 중합한 phytanyl(C_{20})기, 또는 5분자가 중합한 sesterterpanyl(C_{25})기로 이루어져 있으며, 이 화합물은 glycerol이나 polyol에 ether 결합으로 연결되어 있다. Archaea의 glycerolipid는 glycerol 2,3번 위치의 -OH기에 친유성 부분의 화합물이 결합한 2,3-di-*O*-*sn*-glycerol이다. 호염성 archaea의 원형질막 지질은 2,3-di-*O*-phytanyl-*sn*-glycerol (a), 2-*O*-sesterterpanyl-3-*O*-phytanyl-*sn*-glycerol (b), 그리고 2,3-di-*O*- sesterterpanyl-*sn*-glycerol (c) 등의 친수성 부분으로 인산화합물, 과당류 또는 황산화된 과당류가 1 번 위치의 -OH기에 결합한 복합지질이 주성분이다. 심해 열수공에서 분리한 호열성 *Methanocaldococcus jannaschii*는 glycerol dialkyl diether의 두 말단에 있는 메틸기가 결합한 glycerol monoalkyl diether(d)도 원형질막의 지질 성분으로 가지고 있다. Methane 생산 archaea의 원형질막에는 glycerol dialkyl diether(a) 두 분자가 phytanyl기의 마지막 methyl기 끼리 결합하여 형성된 glycerol dialkyl glycerol tetraether(di-diphytanyl-diglycerol-tetraether) (f)의 1 번 -OH기에 과당류 혹은 인산화합물이 결합한 지질이 많다. Methane 생산 archaea에는 tetritol이 glycerol을 대신하는 예도 있다(e). 호열성 archaea의 원형질막은 glycerol dialkyl glycerol tetraether가 주축이 되어 있으며, 친유성 부분에는 cyclopentane이 포함되어 있다 (g). 또한 호열성 archaea 중에는 높은 온도에서의 생장을 위해 glycerol dialkyl glycerol tetraether의 지방족 사슬 가지에 있는 methyl기끼리 cross-link하여 형성된 glycerol monoalkyl glycerol tetraether를 원형질막의 지질성분으로 상당량 포함하고 있다(h). 이 지질의 친유성 부분에 cyclopentane이 포함된 것도 있다(i). Tetraether의 한쪽이 glycerol인 것이 가장 많으나, 드물게 glycerol 대신 nonitol($C_6H_{13}O_6$)이 결합한 지질도 있다 (j). 그림에 나타낸 glycerol tetraether에 있는 cyclopantene의 수는 2개이지만 균주에 따라 0~8개의 cyclopantene을 보유하는 glycerol tetraether들도 있다.

aggregans 등의 호열성 archaea의 경우 일반적으로 온도가 높아지면 glycerol dialkyl glycerol tetraether의 함유 비율이 증가(glycerol dialkyl glycerol tetraether : glycerol dialkyl glycerol diether 비율이 약 1 : 1 까지)하고, C_{40} biphytanyl 분자 당 cyclopentane의 수가 증가(4개 까지)하여 고온에서의 원형질막의 반유동성은 유지하고 열안정성은 커진다. 또한 고온에서는 glycerol monoalkyl glycerol tetraether의 함유 비율과 glycerol monoalkyl glycerol tetraether 내의 cyclopentane 수가 증가하여 고온에서 원형질막을 안정화시킨다. 또한 고온성 archaea일수록 친수성 부분에 인산화합물보다 당이 포함된 비율이 높다. 친수성 부분의 당 잔기 사이에서의 수소결합이 원형질막의 열안정성에 기여하는 것으로 판단된다.

2.3.4.5 단백질

전술한 바와 같이 원형질막의 50~65%는 단백질이다. 원형질막은 세포 내 · 외를 격리하는 역할과 막을 통한 물질의 운반과 환경을 감지하여 대사 조절에 필요한 정보의 전달이라는 서로 상반되는 역할을 한다. 격리의 역할은 전술한 양극성을 띠는 인지질이 담당하며, 운반(제3장)과 정보 전달(제12장, 12.2.11)의 역할은 단백질이 담당한다.

원형질막에 관련된 단백질은

1) 운반에 관여하는 것 외에,
2) 원형질막과 그 외부 구조를 합성하는 효소와 이들을 분해하는 phospholipase, protease, peptidase 등과 같은 효소도 원형질막에 있다.
3) 또한, 지금까지 조사된 모든 원형질막에는 ATPase가 존재하는 것으로 확인되었으며,
4) 원핵세포에서는 DNA 복제와 분리(segregation)에 관여하는 효소들이 원형질막에 존재하는 것으로 알려지고 있다.
5) 환경을 감지하는 sensor 단백질도 원형질막에 있다(제12장, 12.2.11).

원형질막에는 물질 운반과 단백질의 분비에 관여하는 많은 단백질이 있다(제3장). 물은 지질 이중층을 통해 확산되지만 확산 속도가 매우 낮아 급격한 삼투압 변화에 대처하는 빠른 물의 이동을 감당하기 어렵다. 세균을 포함한 많은 생물들은 신속한 물의 이동을 담당하는 aquaporin이라고 하는 물 통과공을 갖고 있다. *E. coli*에서 aquaporin 유전자(*aqpZ*)의 발현은 생장 단계와 삼투압에 따라 조절된다. AqpZ는 단시간 또는 장시간 동안 삼투압조절 반응을 수행하며 빠른 생장에 필요한 단백질이다. Aquaporin은 병원성 미생물의 병원성 발현, 포자형성 및 발아에 요구되는 것으로 알려져 있다. 물의 수송 통로인 aquaporin과 더불어 환경의 삼투압이 감소하면 세포내 삼투압을 유지하기 위해 K^+, glutamate 등의 compatible solute를 빠르게 방출하는 mechanosensitive channel이 존재한다. 이 단백질(*E. coli*에서는 MscL과 MscS)은 원형질막의 팽압(membrane tension)에 반응하여 개폐되며 미생물을 포함한 모든 생물에서 발견된다.

Peptidase는 세포외 단백질이 원형질막을 통과할 때 signal peptide를 절단하는 역할을 담당한

다(제3장, 3.9). Phospholipase와 protease는 막의 turnover에 관여하는 것으로 생각된다.

ATPase는 ATP의 합성과 분해 그리고 물질 운반에 필요한 에너지를 공급한다(제3장, 3.4).

전술한 바와 같이 원핵세포에는 산화적 인산화(oxidative phosphorylation)에 필요한 단백질이 원형질막에 존재한다. 이들 단백질은 호흡에서 발생하는 에너지를 이용하여 H^+을 막 밖(periplasmic region)으로 방출할 수 있게 막내에 배열되어 있다(제5장, 5.8.3). 진핵세포에서는 이들이 mitochondria의 내막에 존재한다. 대부분의 광합성 세균의 원형질막에는 광합성에 필요한 단백질들이 있다(제11장, 11.3). 호염성 *Halobacterium* 속 archaea는 용존산소의 농도가 낮은 조건에서 빛을 받으면 원형질막에 보라색 부분이 형성된다. 이것은 bacteriorhodopsin이 원형질막에 나타나기 때문이다. Bacteriorhodopsin은 빛 에너지를 이용하여 H^+를 세포 밖으로 방출하거나 Cl^-을 세포 안으로 운반하여 electrochemical gradient를 형성하며, phototaxis에도 관여한다(제11장, 11.6).

원핵생물은 환경 변화에 대응하여 대사과정을 조절하기 위해 two-component system을 이용하는데, 이 system의 sensor 단백질이 원형질막에 존재한다(제12장, 12.2.11).

2.3.5 원형질체

핵, mitochondria, chloroplast 등 세포내 구조가 원형질체(cytoplasm)와 막으로 분리되어 있는 세포를 진핵세포라 하며, 세포 안에 막으로 분리되어 있는 구조가 없는 것을 원핵세포라 한다.

2.3.5.1 원핵세포의 원형질체

원핵세포의 원형질에는 유전물질인 DNA을 비롯해 RNA, 각종 단백질과 이들의 합성에 관여하는 물질이 물리적인 분리 없이 함께 존재한다. 비록 원형질체가 구획화(compartmentalization)되어 있지는 않지만 이러한 물질들이 원형질체 내에 자유로이 혼합되어 무질서하게 위치하지는 않는다.

대부분의 원핵세포 염색체는 핵막으로 분리되지 않고 많은 단백질과 RNA가 결합하여 이루어진 nuceloid로 존재한다. Nucleoid-associated protein(NAP)들은 DNA folding, replication, 염색체 분리, 발현 조절 등에 관여한다. *E. coli*의 NAP로는 H-NS(histone-like nucleoid structuring protein), HU, Fis(factor for inversion stimulation), IHF(integration host factor), Dps(during starvation protein), CbpA(Curved-DNA-binding protein) 등이 알려져 있으며, 그람양성 세균과 archaea에도 이들에 상응하는 NAP가 DNA와 결합하고 있다. 진핵세포와 달리 대부분의 원핵세포 DNA는 환상의 구조로 이루어지며, 원형질막에 고정되어 있고, 일반적으로 intervening sequence가 없다. *Streptomyces lividans* 등 몇몇 종류의 세균에서 환상 구조의 DNA가 linear plasmid와 결합하여 선형으로 유지되는 경우도 있다. 원핵세포에서는 transcription과 translation이 원형질체에서 진행되므로 messenger RNA(mRNA)가 합성되면서 단백질의 합성이 동시에 일어난다. 이런 이유로 원핵세포의 일부 유전자는 attenuation 메커니즘으로 발현이 조절될 수 있다(제12장, 12,1.4.2). 그러나 최근 archaea를 비롯한 많은 종류의 원핵세포에서 intervening sequence가 발견되었다. 원핵세포에는 chromosome 외에 plasmid로 알려진 크기가 작은 DNA 분자가 흔하게 발견된다. Plasmid를 보유한 원핵세포는 특정 항생 물질과 독성 금속에 대한 내성, bateriocin과 독소 또는 병원성 인자의 합성, conjugation 등의 형질을 나타낸다. 지금까지 완전한 genome을 해독한 원핵세포 미생물의 약 1/10에서 생장에 필수적인 유전자가 대형의 plasmid(megaplasmid)에 있는 경우도 발견되었다. 따라서 이 megaplasmid를 제2의 chromosome이라고 명명했다. Megaplasmid는 chromosome과 plasmid의 특징을 혼합하여 갖기 때문에 chromid 라 부르기도 하는데, G+C 비율과 생장에 필수적인 유전자를 보유한다는 것이 chromosome의 특징과 같으며, replication과 partition은 plasmid와 같은 메커니즘으로 이루어진다.

원형질체에 있는 대부분의 RNA는 ribosome에 존재한다. Ribosome은 50종의 단백질과 3종류의 RNA(23S, 16S, 5S rRNA)로 이루어진 복합체로 단백질이 합성되는 곳이다. mRNA에 다수의 ribosome이 결합된 것을 polysome이라 한다.

원형질체에 높은 농도로 함유되어 있는 단백질은 상호 작용으로 어느 정도의 구조를 형성하고 있으며, 하나의 대사 경로에 작용하는 효소 군이 원형질막 등에 고정화되지 않은 상태에서도 상호 작용이 가능한 거리에 위치하는 것으로 밝혀지고 있다. 이러한 효소 군을 metabolon이라 부른다. 이처럼 효소 단백질이 원형질체에서 상호 작용하는 것은 효소의 활성 부위(active site)나 기질 결합 부위(substrate binding site)와는 다른 단백질 부위의 구조에서 기인하는 것으로 생각된다. 동일한 활성 부위와 기질 결합 부위를 갖는 한 종류의 효소가 생물에 따라 단백질 구조가 서로 다른 것은 각각의 원형질체 환경에 적합하게 진화된 결과로 생각된다. 열대어의 일종인 surgeonfish의 장내에 공생하는 *Epulopiscium fishelsoni*는 육안으로 관찰할 수 있을 정도로 큰(80×600μm) 단세포의 원핵세포 생물이다. 세포내 소기관이 없는 이처럼 큰 세포의 원형질체에 핵산과 단백질 등이 무질서하게 분포하고 있다면 대사가 제대로 이루어 질 수 없을 것이다.

소수이지만 원핵세포에도 intracytoplasmic membrane(ICM)으로 구성되거나 싸여 있는 세포내 소기관(subcellular organelle)과 세포내 구획(intracellular compartment)들이 있다. ICM은 원형질막의 특정 부위가 함입되면서 형성되어 원형질막과 연결되어 있거나 원형질막과는 별개로 존재한다.

많은 종류의 세균들이 원형질막과 연결된 ICM 구조를 갖고 있다. 질소고정균(제6장. 6.2.1), methanotroph(제7장, 7.9.2), 질화 세균(제10장, 10.2), 광합성 세균(제11장, 11.3) 등에 이 구조가 발견된다. 이들의 ICM에는 고유의 대사과정을 수행하는 특정 단백질들이 포함되어 있다.

원핵세포의 세포내 소기관 중 가장 대표적인 예가 cyanobacteria의 thylakoid이다. Thylakoid에는 광합성 색소와 빛에너지를 proton motive force로 전환시키는 전자 전달계가 존재한다(제11장, 11.3.1) 또 다른 예로는 세균 영역(domain)에서 계통발생학적으로 초기에 분지된 *Planctomycetaceae*의 원형질체에 있는 세포내 소기관이다(그림 2.15). 이 소기관은 원형질막과 연결되지 않은 별개의 intracytoplasmic membrane(ICM)으로 원형질체와 분리되어 있으며, ICM으로 둘러싸인 구획을 riboplasm이라 하며 여기에는 nucleoid와 ribosome이 존재한다. ICM과 원형질막 사이를 paryphoplasm이라고 하며 이 부분의 기능은 알려진 바가 거의 없다. 담수에서 최초로 분리된 planctomycete인 *Gemmata obscuriglobus*는 다른 세균에서는 발견되지 않은 독특한 세포내 소기

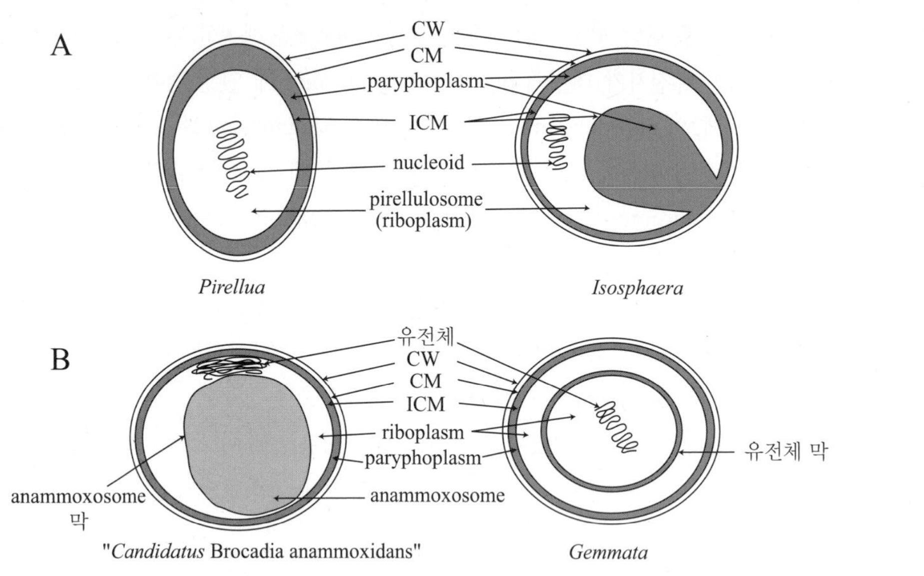

그림 2.15 Planctomycete의 세포 구조와 세포내 소기관(FEMS Microbiol. Lett, 2004, 233: 7-13).

A. *Pirellula staleyi*와 *Isosphaera pallida*(*Planctomyces maris*),

B. "*Candidatus* Brocadia anammoxidans"와 *Gemmata obscuriblobus*. Paryphplasm과 ICM 등의 유사한 세포내 소기관을 갖고 있지만 서로 다른 planctomycetes들은 다른 종류의 세포내 소기관을 지니고 있다.

CW : 세포벽, CM : 원형질막, ICM : intracytoplasmic membrane

관을 갖고 있다. 이 소기관은 ICM 안쪽에 두 겹의 막(nuclear body envelope)으로 구분되며, 그 안에 nucleoid를 포함하는 nuclear body가 들어 있다. 존재가 확인되었으나 아직 순수 분리되어 그 특성이 밝혀지지 않은 또 다른 planctomycete인 *Candidatus* Brocadia anammoxidans는 ICM의 안쪽에 anammox 반응(제9장, 9.1.4, 제10장, 10.2.3)을 수행하는 anammoxosome을 둘러싼 소기관이 있다. Anammoxosome을 싸고 있는 anammoxosome membrane은 3개 또는 4개의 cyclobutane이 직선상으로 연결되어 생성된 계단형 구조의 ladderane lipid라고 하는 특이한 지질로 구성되어 있다(제10장, 10.2.3).

원핵세포에서 막으로 분리된 또 다른 세포내 소기관으로는 acidocalcisome, magnetosome, polyhydroxylalkanoate(PHA) granule 등이 있다. 이들은 발견 초기에 대사 능력이 없는 미립(granule)으로 판단했지만 모두 막으로 분리된 대사 능력이 있는 세포내 소기관으로 확인되고 있다.

Pyrophosphate(PP*i*)와 polyphosphate(poly P, 제13장, 13.2.4) 형태의 인산염과 Ca^{2+}을 고농도로 축적하고 내부의 pH가 산성인 세포내 소기관을 acidocalcisome이라 한다. 이 소기관은 세균에서 사람까지 다양한 생물에서 확인된다. 세균에서 최초로 발견된 acidocalcisome은 염기성 염료로 붉게 염색되는 특성으로 인해 metachrome, 또는 *Spirillum volutans*를 확인할 때 사용했다는 특성 때문에 volutin이라고 명명되었고 그 뒤에 polyphosphate 미립으로 확인되었다. 이 미립에 vacuolar proton pump와 Ca^{2+} pump가 존재하고 이로 인해 내부가 산성이고 Ca^{2+}를 포함하는 막으로 분리된 소기관으로 확인되어 acidocalcisome으로 명명되었다. 진핵생물의 acidocalcisome를 둘러 싼 막의 존재는 처음부터 확인되었지만 세균의 acidocalcisome 막은 *Agrobacterium tumefaciens*와 *Rhodospirillum rubrum*의 연구에서 입증되었다. Acidocalcisome은 양이온과 인산염의 저장, 인산염 대사, Ca^{2+} 항상성, 삼투 조절 등의 역할을 하며 병원성에도 관여한다(제13장, 13.2.4).

Magnetotactic bacteria는 자기장에 반응하는 magnetite 결정으로 이루어진 magnetosome 입자를 합성하는데, 이들의 형태, 크기, 세포내 배열 등은 세균에 따라 다르며 원형질막의 함입으로 형성된 막으로 분리되어 있다. 그러나 magnetosome을 형성하는 분자적 메커니즘을 연구하는 데 이용되는 *Desulfovibrio magneticus* RS-1은 막으로 분리되지 않은 magnetite 결정체를 갖고 있으며 막으로 분리된 별도의 세포내 구조인 iron-phosphorus granule을 갖고 있다.

많은 세균들이 저장물질로 polyhydroxyalkanoate(PHA), 글리코겐 등을 축적한다. PHA 미립은 막으로 분리되어 있으며 막에는 PHA의 합성, 축적, 합성 조절, 분해 등을 수행하는 단백질이 존재한다(제13장, 13.2.2). 따라서 저장물질 미립을 단순한 입자가 아닌 탄소와 에너지를 저장하는 세포내 소기관, 즉 carbonosome으로 제안하고 있다.

바이러스의 capsid와 유사한 단백질 껍질로 싸여 있고 그 내부에 연관된 대사 기능을 수행하는 multienzyme을 함유하는 polyhedral organelle 즉, bacterial microcompartment(BMC)를 지니고 있는 다양한 세균들이 알려지고 있다. BMC는 연계된 대사 작용을 최적화해서 수행하기 위한 세포내 소기관으로 판단하고 있다. BMC의 대표적인 예는 carboxysome이다. CO_2를 탄소원으로 이용하는 호기성 유황세균 *Halobacillus neapolitanus*를 포함하는 많은 chemolithotroph와 cyanobacteria는 CO_2 고정하는 Calvin 회로(제10장, 10.8.1)의 ribulose-diphosphate carboxylase와 carbonic anhydrase를 지닌 carboxysome이라는 BMC를 갖고 있다. 또한 cyanobacteria의 carboxysome은 cytoskeleton의 작용으로 규칙적으로 배열되어 있어 탄소고정이 효율적으로 이루어진다. 이외에도 *Salmonella enterica*를 비롯한 장내 세균에서 1,2-propanediol 이용(Pdu)과 ethanolamine 이용(Eut)에 관여하는 BMC가 알려지고 있다. Pdu BMC는 식물 세포벽, 세균의 capsule 등에 포함된 당의 주된 발효 산물인 1,2-propanediol을 탄소원과 에너지원으로 이용하는 데 필요한 효소와 cofactor, 그리고 독성 대사 중간 산물(propionaldehyde)을 무독성 화합물로 전환시키는 효소를 갖고 있어 carboxysome 보다도 더 복잡한 구조를 갖는다. Eut BMC에는 ethanolamine을 대사하는 효소가 들어 있다. 일부 cellulose 분해 세균에 cellulosome이 있는데, 이는 BMC와 유사하지만 흥미롭게도 세포외에 존재한다.

많은 세균이 세포 안에 아미노산, 당, betaine 등 저분자 유기물의 농도를 높여 삼투압이 높은 환경에서 생장할 수 있다. 이러한 저분자 유기물을 compatible solute라 부른다. 최고 생장 온도가 110°C인 초고온성 메탄 생산 archaea인 *Methanopyrus kandleri*는 compatible solute로 cyclic 2,3-diphosphoglycerate(cDPG)를 합성한다. 이 archaeon에서 cDPG는 인산염, 황산염 등 무기염과 함께 높은 온도에서 단백질을 보호하며, 효소 활성에도 필요하다. 호열성 archaea인 *Pyrococcus* *woesei, Pyrococcus furiosus* 등과 *Thermotoga* 속 초고온성 세균에서는 di-myo-inositol-1,1′-phosphate가 같은 작용을 갖는다.

진핵세포는 세포 분열, 세포 모양, 운동 등에 관여하는 cytoskeleton을 갖고 있으며, cytoskeleton은 actin 중합체인 microfilament, tubulin 중합체인 microtuble, 여러 종류의 단백질 중합체인 intermediate filament로 구성된다. 원핵세포도 진핵세포의 cytoskeleton을 이루는 단백질들과 구조와 기능이 유사한 단백질(MreB, FtsZ, crescentin 등)을 갖고 있으며 이들의 작용으로 세포 분열, 세포 모양, 특정 단백질의 위치 선정, 세포내 소기관의 위치 또는 배열 등이 이루어진다. 또한 원핵세포는 진핵세포에는 없는 ParA와 MinD를 갖고 있는데, 이들은 세포 분열 과정에서 격벽의 정확한 위치 선정, 염색체와 plasmid의 분리에 관여한다. 세균에서 세포 모양을 결정하는 cytoskeleton의 종류와 세포내 위치는 그림 2.16에 나타나 있으며, cytoskeleton을 구성하는 단백질의 종류와 기능은 표 2.6에 요약되어 있다.

표 2.6 세균의 cytoskeleton 단백질의 종류와 기능 및 작용 메커니즘(Trends Cell Biol. 2007, 17:239–245)

단백질	진핵세포의 상동체	존재 생물	기능	작용 메커니즘
AlfA	actin	*B. subtilis,* plasmid pLS32	plasmid DNA의 분리	알려지지 않음
FtsA	actin	많은 종류의 세균, archaea	세포 분열	알려지지 않음
MamK	actin	magnetotactic species	magnetosome의 위치 선정	골격(scaffold) 형성
MreB	actin	거의 모든 간균	세포 모양 유지, chromosome의 분리, 단백질의 위치 선정	세포 길이 방향으로 나선형의 골격 형성
ParM	actin	*E. coli* plasmid R1	plasmid DNA의 분리	중합체 형성으로 이동
FtsZ	tubulin	거의 모든 세균, archaea	분열판(FtsZ ring)의 형성, 세포를 압축하여 딸 세포로 분리	골격형성
CreS (crescentin)	intermediate filament	*Caulobacter crescentus*	세포의 구부러짐 유도	알려지지 않음
MinD	없음	*E. coli, B. subtilis*를 포함한 많은 세균	세포의 중앙이 아닌 곳에 FtsZ ring이 형성되는 것을 억제	FtsZ ring 형성의 억제자인 MinC를 위한 골격 형성
ParA, chromosome-encoded	없음	*Vibrio cholerea, C. crescentin,*	chromosome의 분리	세포의 극과 replication origin에 연결된 ParA의 중합체가 분해되면서 이동
ParA, plasmid-encoded	없음	모든 종의 plasmid	plasmid 분리	알려지지 않음

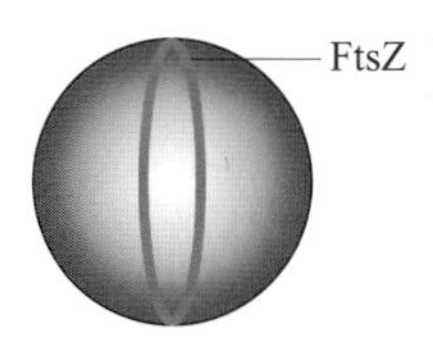

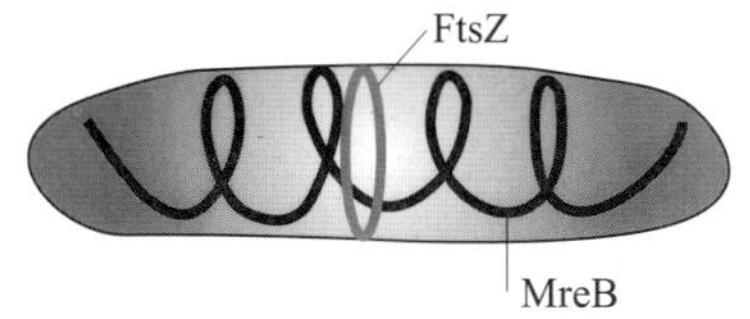

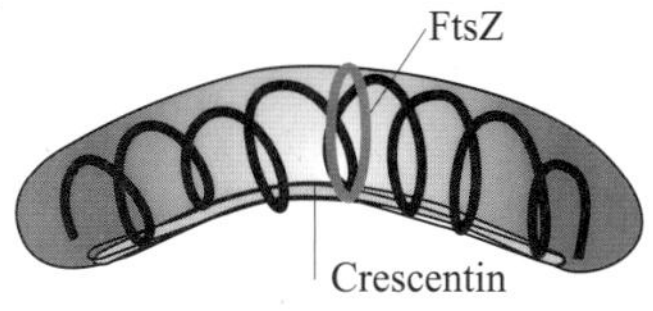

a. *Staphylococcus aureus* **b.** *Escherichia coil* **C.** *Caulobacter crescentus*

그림 2.16 Cytoskeleton 성분과 세포 모양(Nature Rev. Microbiol. 2005, 3:601-610).

세포 분열에 관여하는 FtsZ은 모든 세균에서 존재하지만 *Staphylococcus aureus*와 같은 구균은 MreB가 없기 때문에 구균의 형태를 이루며(a). *E. coli*는 acitin-like MreB가 길이 방향으로 intracellular helical 구조를 이루기 때문에 간균이 된다(b). *Caulobacter crescentus*는 FtsZ과 MreB외에 intermediate filament-like crescentin이 세포의 길이를 따라 한쪽에 배열되어 구부러진 세포 형태를 한다(c).

2.3.5.2 진핵세포 생물의 원형질체

진핵세포에서는 각종 대사가 mitochondria 등 세포내 소기관과 원형질에서 일어나며, 이들 대사간에 기질과 산물의 교환이 이루어져야 한다. 이때 이들이 막을 통과해야 하므로 세포내 구조의 막에는 각종 대사산물의 운반에 필요한 단백질이 있다(제3장, 3.11).

진핵세포 미생물의 중요한 세포내 소기관(subcellular organelle)을 표 2.7에 열거하였다.

2.3.5.3 Mitochondria

원핵세포에서 원형질막에 존재하는 전자 전달체와 산화적 인산화(oxidative phosphorylation)를 담당하는 효소가 진핵세포에서는 mitochondria 내막에 있다. 미생물의 mitochondria는 대부분 고등생물의 그것보다 크기가 작다. 식물의 mitochondria는 폭이 0.2~0.5μm, 길이가 0.7~4.0μm인 데 비해 효모의 경우 길이가 0.6μm 정도 밖에 되지 않는다. 세포가 큰 경우에는 한 세포내 mitochondria의 수도 많으며, 미생물의 경우에는 10~20개가 있다. 산소의 농도가 낮을 때 발효로 생장할 수 있는 효모의 경우 혐기 상태에서 배양하면 mitochondria의 수가 줄어 들며, 그 모양도 가지형으로 변한다.

표 2.7 진핵세포의 주요 세포내 소기관(Subcellular Organelle).

구 조	특 징	기 능
핵	세포내 소기관 중 가장크며, 세포 중앙에 위치	유전물질 포함, RNA 합성
mitochondrion	원핵세포의 크기, 복잡한 내막 구조	TCA 회로, 호흡
chloroplast	chlorophyll함유	광합성
endoplasmic reticulum	무정형	단백질 합성
Hydrogenosome	혐기성 진핵세포 생물	수소 생산

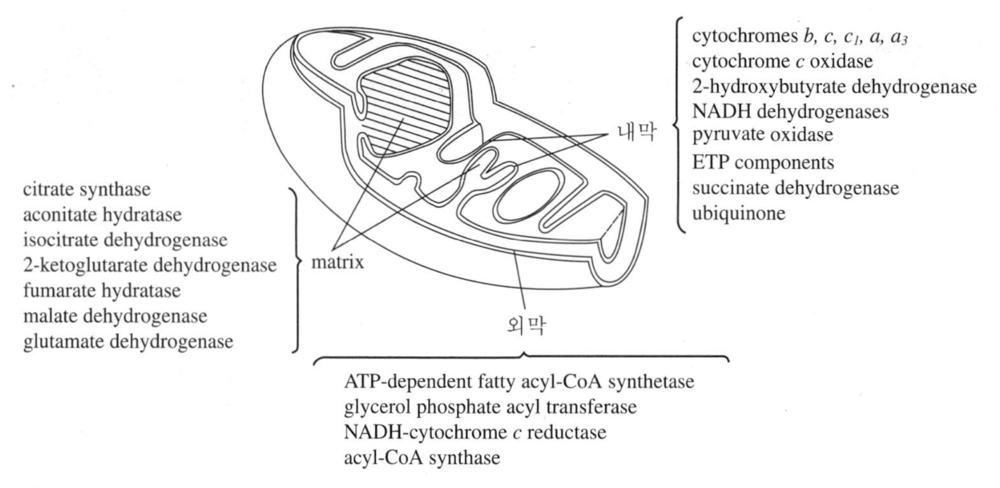

그림 2.17 Mitochondrion의 구조와 각 부위에 존재하는 효소.

호기성 상태에서 mitochondria가 TCA 회로와 산화적 인산화의 역할을 담당하지만 혐기적 조건에서는 불완전 TCA 경로(제5장, 5.4.1)를 통해 생합성에 필요한 탄소 골격을 공급하는 역할을 갖는다.

Mitochondria는 그림 2.17에서 보는 바와 같이 이중막으로 형성되어 있다. 진핵세포의 원형질막에는 steroid 계통의 지질이 포함되어 있으나 mitochondria의 막에는 이들이 없다. 내막은 많은 주름이 잡혀있는데, 이를 cristae라 한다. 그림 2.17에 표시한 바와 같이 전자 전달체 및 산화적 인산화 반응의 효소가 여기에서 작용한다. 내막의 안쪽을 matrix라 하며, TCA 회로가 일어나는 부위이다.

Mitochondria는 자체의 DNA와 ribosome을 갖고 있기 때문에 mitochondria 내에서 작용하는 단백질의 일부를 독립적으로 합성한다. 세포의 생장 주기에 따라 mitochondria가 만들어지나 그 과정은 세포내 다른 부분의 도움 없이 독립적으로 일어난다.

Protozoa 등 혐기성 진핵세포 생물에는 mitochondria와 유사한 hydrogenosome이 있다.

2.3.5.4 Chloroplast

광합성을 하는 진핵세포 미생물을 조류(algae)라고 부르며, 이 조류에서는 광합성 작용이 chloroplast에서 이루어진다. Chloroplast는 mitochondria보다는 크며, 종류에 따라 모양이나 크기가 다양하다. Chloroplast는 이중의 지질 막으로 싸여 있으며, 내부는 stroma라 한다. 이 stroma에는 광합성 색소를 포함하는 막 구조인 thylakoid가 존재한다(그림 2.18). Thylakoid는 양쪽의 막이 아주 가까이 위치하며, 빛에너지를 받아서 ATP와 NADPH 형태의 에너지로 전환시키는 역할을 한다. Stroma에는 이들 에너지를 이용해서 이산화탄소를 당으로 합성하는 효소들이 존재한다(제11장, 11.5).

Chloroplast는 mitochondria와 같이 DNA와 ribosome을 갖고 있다.

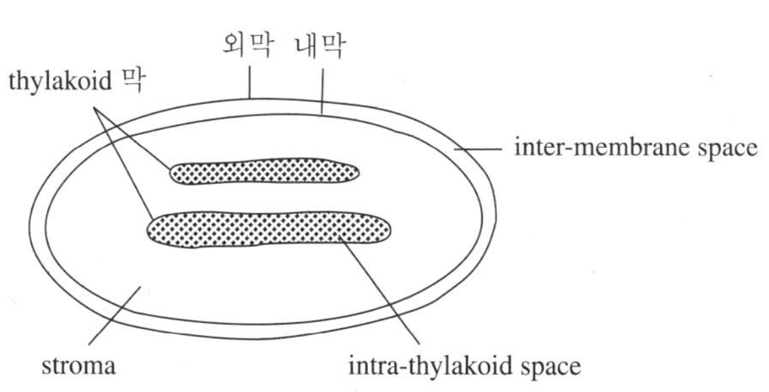

그림 2.18 Chloroplast의 구조.

2.3.6 휴면 상태의 미생물 세포

여러 종류의 세균은 영양 성분이 고갈되는 등 생장 환경이 열악한 조건에서는 휴면 상태로 분화하는 것이 알려져 있다(제13장, 13.3). 이 중에서 호기성 *Bacillus*속과 혐기성인 *Clostridium*속 세균의 포자(spore)가 가장 잘 알려져 있으며, 이들 외에도 많은 세균이 포낭(cyst)을 형성한다. 이들은 건조 상태에서 수년 동안 최소의 대사 활동으로 생명을 유지할 수 있다. 포자와 포낭은 건조, 자외선 등에 내성을 가지는 유사한 성질이 있으나 포자가 내열성이 있는 반면 포낭은 내열성이 없다.

포자는 그람양성인 *Bacillus*속과 *Clostridium*속 외에 그람음성인 *Sporomusa*속 등이 형성한다. 포자의 구조는 균주에 따라 서로 다르다. 지금까지 가장 많이 연구된 *Bacillus subtilis*의 포자는 주로 단백질로 이루어진 outer coat와 inner coat라 불리는 두 겹의 껍질(coat)로 싸여 있으며, 그 안쪽에 murein으로 이루어진 cortex가 있다. 이 cortex가 여러 종류의 화학적 및 물리적 충격에 내성을 갖는 역할을 담당한다.

포낭은 원형질체, 원형질막 그리고 엷은 murein층 바깥에 polymannuronic acid로 이루어진 cyst 내벽(intine)과 alginate, 단백질 지질 등으로 이루어진 cyst 외벽(exine)으로 이루어진다. Exine은 그람음성 세균의 outer membrane과 같이 Ca^{2+} 등 2가 금속이 alginate의 carboxyl기를 연결하는 형태를 이루고 있다. EDTA, citrate 등 chelating agent로 처리하면 exine이 없는 cyst central body를 얻을 수 있다. Citrate로 만든 cyst central body는 환경이 좋은 조건에서 vegetative cell로 전환되지만 건조나 자외선에 대한 내성이 없는 것으로 보아 exine이 이들에 대한 내성을 갖는 것을 알 수 있다. 휴면 상태의 세포에 대한 자세한 내용은 제13장, 13.3에 설명되어 있다.

요점 정리

1. 미생물 체는 유기물을 이루는 탄소, 산소, 수소, 질소, 유황, 인을 비롯하여 칼륨, 마그네슘, 칼슘, 철, 나트륨, 염소 등 12 종의 원소를 비교적 높은 농도로 함유하고 있다.

2. 미생물을 그들이 사용하는 탄소원 및 에너지원에 따라 다음과 같이 분류된다.
   1) Chemoorganotroph(화학 유기 영양성)
   2) Chemolithotroph(화학 무기 영양성)
   3) Photoorganotroph(광 유기 영양성)
   4) Photolithotroph(광 무기 영양성)

3. 미생물을 산소에 대한 반응에 따라 산소를 필요로 하는 호기성, 산소가 있을 때는 이를 전자 수용체로 이용하고, 없을 때도 생장할 수 있는 통성 혐기성 그리고 산소를 전자 수용체로 이용하지 못하는 편성 혐기성으로 구분한다. 편성혐기성 중에서 산소가 있을 때 생장하지 못하는 절대혐기성과 그렇지 않은 내기성 편성혐기성이 있다.

4. 운동성이 있는 미생물은 운동에 필요한 flagella와 cilia를 갖는다.

5. 다당류로 이루어진 capsule이나 slime 층을 세포 표면에 갖는 미생물이 많다. 이들 다당류는 병원성에 관여하며, 고체 표면 흡착과 phage의 receptor로도 작용한다.

6. Mycoplasma를 제외한 많은 세균의 표면에는 결정형의 단백질로 이루어진 S-layer가 있다.

7. 세포벽의 유무와 형태에 따라 세균을 다음과 같이 분류한다.
   1) Mycoplasma : 세포벽이 없고 형성하는 능력도 없다.
   2) 그람음성 세균 : 세포벽이 murein으로 이루어져 있으며, 세포벽 밖에 세포 외막(OM)이 있다.
   3) 그람양성 세균 : 세포벽이 murein과 teichoic acid(또는 이의 유도체)로 이루어져 있다.
   4) Archaea : 세포벽이 없거나 있어도 성분이 murein과 구조가 다른 pseudomurein, 다당류, 당단백질로 이루어져 있다.

8. 그람음성 세균은 그람양성 세균에 비해 담즙산염이나 친유성 항생 물질에 대한 내성이 강하다. 이러한 내성은 outer membrane을 이루는 lipopolysaccharide에 친수성이 강한 다당류가 있기 때문이다.

9. 원형질막은 양극성인 인지질과 단백질로 이루어지며, 인지질이 원형질체를 외부와 분리하는 역할을 담당하며, 단백질은 물질의 운반, 외부 환경의 인식 등의 역할을 담당한다.

10. 세균의 원형질막은 ester 결합의 인지질로 이루어져 있으며, ether 결합의 인지질이 archaea의 원형질막을 이룬다.

11. 원핵세포 중에는 막으로 분리된 세포내 소기관(intracellular organelle)으로 thylakoid, intracytoplasmic membrane, acidocalcisome, manetosome, PHA granule(또는 carbonosome) 등을 보유하는 것들이 있고, chemolithotroph와 cyanobateria는 단백질 껍질로 둘러싸인 polyhedral organelle인 carboxysome이 존재한다.

12. 원핵세포에도 세포 모양 유지, 세포 분열, 단백질 및 세포내 구조물의 위치 선정을 위한 cytoskeleton이 존재

한다. Cytoskeleton을 구성하는 대표적인 단백질로는 FtsZ, MreB, crescentin 등이 있다.

11. 진핵세포에서는 핵, mitochondria, chloroplast 등 세포내 구조가 원형질체로부터 막으로 분리되어 있다.

12. 포자와 포낭 등 미생물의 휴면 세포는 대체로 건조, 자외선 등에 내성이 있다. 이러한 내성은 이들 휴면 세포의 표면 구조에서 유래한다.

참고 문헌

| 원소 구성

Beinert, H. 2000. A tribute to sulfur. Eur. J. Biochem. **267**:5657-5664.

Bellenger, J. P., T. Wichard and **A. M. L. Kraepiel.** 2008. Vanadium requirements and uptake kinetics in the dinitrogen-fixing bacterium *Azotobacter vinelandii*. Appl. Environ. Microbiol. **74**:1478-1484.

Dosanjh, N. S. and **S. L. J. Michel.** 2006. Microbial nickel metalloregulation; NikRs for nickel ions. Curr. Opinion. Chem. Biol. **10**:123-130.

Hille, R. 2002. Molybdenum and tungsten in biology. Trends Biochem. Sci. **27**:360-367.

Itoh, S. 2006. Mononuclear copper active-oxyygen complexes. Curr. Opinion. Chem. Biol. **10**:115-122.

Jakubovics, N. S. and **H. F. Jenkinson.** 2001. Out of the iron age: new insights into the critical role of manganese homeostasis in bacteria. Microbiol.-UK. **147**:1709-1718.

Kobayashi, M. and **S. Shimizu**. 1999. Cobalt proteins. Eur. J. Biochem. **261**:1-9.

Lane, T. W., M. A. Saito, G. N. George, I. J. Pickering, R. C. Prince and **F. M. M. Morell.** 2005. A cadmium enzyme from a marine diatom. Nature. **435**(7038):42.

Maroney, M. J. 1999. Structure/function relationships in nickel metallobiochemistry. Curr. Opin. Chem. Biol. **3**:188-199.

Stadtman, T. C. 2002. Discoveries of vitamin B12 and selenium enzymes. Annu. Rev, Biochem. **71**:1-16.

Wolfe-Simon, F., J. S. Blum, T. R. Kulp, G. W. Goedon, S. E. Goeft, J. Pett-Ridge, J. F. Stolz, S. M. Webb, P. K. Webber, P. W. Davies, A. D. Anbar and **R. S. Oremland.** 2011. A bacterium that can grow by arsenic instead phosphorus. Science. **332**(6034):1163-1166.

| 세포 외부 구조

Beaston, S. A., T. Minamino and **M. J. Pallen.** 2006. Variation in bacterial flagellins; from sequence to structure. Trends Microbiol. **14**:151-155.

Chen S., M. Beeby, G. E. Murphy, J. R. Leadbetter, D. R. Hendrixson, A. Briegel, Z. Li, J. Shi, E. I. Tocheva and **G. J. Jensen.** 2011. Structural diversity bacterial flagellar motors. EMBO J. **30**:2972-2981.

Corbett, D. and **I. S. Roberts**. 2008. Capsular polysaccharides in *E. coli*. Adv. Appl. Microbiol. **65**:1-26

Dubey, G. P. and **S. B. Yehuda.** 2011. Intercellular nanotubes mediate bacterial communication. Cell. **144**:590-600.

Jarrell, K. F. and **M. J. McBride.** 2008. The surprisingly diverse ways that prokaryotes move. Nature Rev. Microbiol. **6**:466-476.

Kalkum, M., R. Eisenbrandt, R. Lurz and **E. Lanka.** 2002. Tying rings for sex. Trends Microbiol. **10**: 382-387.

Kline, K. A., K. W. Dodson, M. G. Caparon and **S. J. Hultgren.** 2010. A tale of two pili; assembly and function of pili in bacteria. Trends Microbiol. **18**:224-232.

Ng, S. Y. M., B. Zolghadr, A. J. M. Driessen, S. V. Albers and **K. F. Jarrel.** 2008. Cell surface structures of archaea. J. Bacteriol. **190**:6039-6047.

Pallen, M. J., C. W. Penn and **R. R. Chaudhuri.** 2005. Bacterial flagellar diversity in the post-genoneic era. Trends Microbiol. **13**:143-149.

Scott, J. R. and **D. Zahner.** 2006. Pili with strong attachments : Gram-positive bacteria do it differently. Mol. Microbiol. **62**:320-330.

| S-Layer

Desvaux, M., E. Dumas, I. Chafsey and **M. Hebraud.** 2006. Protein cell surface display in Gram positive bacteria; from single protein to macromolecular protein structure. FEMS Microbiol. Lett. **256**:1-15.

Gentle, I. E., L. Burri and **T. Lithgow.** 2005. Molecular archtecture and function of the Omp85 family of proteins. Mol. Microbiol. **58**:1216-1225.

Ilk, N., E. M. Egelseer and **U. B. Sleytr.** 2011. S-layer fusion proteins–construction principles and applications. Curr. Opinion. Biotech. **22**:824-831.

Lasa, I. and **J. R. Penades.** 2006. Bap: a familiy of surface proteins involved in biofilm formation. Res. Microbiol. **157**:99-107.

Rothfuss, H., J. C. Lara and **A. K. Schmid.** 2006. Involvement of the S-layer proteins Hpi and SlpA in the maintenance of cell envelope integrity in *Deinococcus radiodurans* R1. Microbiol.-UK. **152**:2779-2787.

Schaffer, C. and **P. Messener.** 2005. The structure of secondary cell wall polymers; How G^+ bacteria stick their cell walls together. Microbiol.-UK **151**:643-651.

Sleytr, U. B., C. Huber, N. Ilk, D. Pum, B. Schuster and **E. M. Egelseer.** 2007. S-layers as a tool kit for nanobiotechnological applications. FEMS Microbiol. Rev. **267**:131-144.

| Outer Membrane

Achouak, W., T. Heulin and **J. M. Pages**. 2001. Multiple facets of bacterial porins [Review]. FEMS Microbiol. Lett. **199**:1-7.

Begley, M., C. G. M. Gahan and **C. Hill.** 2005. The interaction between bacteria and bile. FEMS Microbiol. Rev. **29**:625-651.

Bitter, W. 2003. Secretins of *Pseudomonas aeruginosa*; large holes in the outer membrane. Arch. Microbiol. **179**:307-314.

Chatterjee, S. N. and **K. Chaudhuri.** Lipopolysaccharides of *Vibrio cholerae*; Physical and chemical characterization. Biochim. Biophy. Acta.-Mol. Bas. Dis. **1639**:65-79.

Cowles, C. E., Y. Li, M. F. Semmelhack, I. M. Cristea and **T. J. Silhavy.** 2011. The free and bound forms of Lpp occupy distinct subcellular location in *Escherichia coli*. Mol. Microbiol. **79**:1168-1181.

Cullen, P. A., D. Haake and **B. Adler.** 2004. Outer membrane proteins of pathogenic spirochetes. FEMS Microbiol. Rev. **28**:291-318.

Helander, I. M., A. Haikara, I. Sadovskaya, E. Vinogradov and **M. S. Salkinoja-Salonen.** 2004. Lipopolyssaccharides of anaerobic beer spoilage bacteria of the genus *Pectinatus*–lipopolysaccharides of a Gram-positive genus. FEMS Microbiol. Rev. **28**:543-552.

Koebnik, R., K. P. Locher and **P. Van Gelder.** 2000. Structure and function of bacterial outer membrane proteins; barrels in a nutshell. Mol. Microbiol. **37**:239-253.

Kuper, U., C. Meyer, V. Muller, R. Rachel and **H. Huber**. 2010. Energized outer membrane and spatial separation of metabolic process in the hyperthermophilic archaeon *Ignicoccus hospitalis*. Proc. Natl. Acad. Sci. USA. **107**:3152-3156.

Mogensen, J. E. and **D. E. Otzen**. 2005. Interaction between folding factors and bacterial outer membrane proteins. Mol. Microbiol. **57:** 326-346.

Nikaido. H. 2003. Molecular basis of bacterial outer membrane permeability revisited. Microbiol. Mol. Biol. Rev. **67**:593-656.

Sutcliffe, I. C. 2010. A phylum level perspective on bacterial cell envelope architecture. Trends Microbiol. **18**:464-470.

| 세포벽과 Periplasm

Bera A., R. Biswas, S. Herbert, E. Kulauzovic, C. Weidenmaier, A. Peschel and **F. Gotz.** 2007. Influence of wall teichoic acid on lysozyme resistance in *Staphylococcus aureus*. J. Bacteriol. **189**:280-283.

Beveridge, T. J. 1999. Structures of Gram-negative cell walls and their derived membrane vesicles. J. Bacteriol. **181**:4725-4733.

Bohin, J. P. 2000. Osmoregulated periplasmic glucans in Proteobacteria. FEMS Microbiol. Lett. **186**:11-19.

D'Elia, M. A., K. E. Millar, T. J. Beveridge and **E. D. Brown.** 2006. Wall teichoic acid polymers are dispensable for cell viability in *Bacillus subtilis*. J. Bacteriol. **188**:8313-8316.

Desvaux, M., E. Dumas, I. Chafsey and **M. Hebraud.** 2006. Protein cell surface display in gram-positive bacteria; from single protein to macromolecular protein structure. FEMS Microbiol. Lett. **256**:1-15.

Dmitriev, B. F. Toukach and **S. Ehlers.** 2005. Towards a comprehensive view of the bacterial cell wall. Trends Microbiol. **13:**569-574.

Hatch, T. P. 1996. Disulfide cross-linked envelope proteins: The functional equivalent of peptidoglycan in chlamydiae? J. Bacteriol. **178**:1-5.

Hendrickx, A. P. A., J. M. Budzik, S. Y. Oh and **O. Schneewind.** 2011. Architects at the bacterial surface-sortase and the assembly of pili with isopeptide bonds. Nature Rev. Microbiol. **9**:166-176.

Henrichfreise, B., A. Schiefer, T. Schneider, E. Nzukou, C. Poellinger, T. J. Hoffmann, K. L. Johnston, K. Moelleken, I. Wiedemann, K. Pfarr and **A. Hoerauf.** 2009. Functional conservation of the lipid II biosynthesis pathway in the cell wall-less bacteria *Chlamydia* and *Wolbachia*; why is lipid II needed? Mol. Microbiol. **73**:913-923.

Keep, N. H., J. M. Cohen-Gonsaud and **B. Henderson.** 2006. Wake up! Peptidoglycan lysis and bacterial non-growth states. Trends Microbiol. **14**:271-276.

Koch, A. L. 1998. The biophysics of the Gram-negative periplsmic space. Crit. Rev. Microbiol. **24**:23-59.

McCoy, A. J. and **A. T. Maurelli.** 2006. Building the invisible wall; updating the chlamydial peptidoglycan anomaly. Trends Microbiol. **14**:70-77.

Spirig, T., E. M. Weiner and **R. T. Clubb.** 2011. Sortase enzymes in gram-positive bacteria. Mol. Microbiol.

82:1044-1059.

Ton-That, H., L. A. Marraffini and **O. Schneewind.** 2004. Protein sorting to the cell wall envelope of Gram-positive bacteria. Biochim. Biophy. Acta-Mol. Cell Res. **1694**:269-278.

Vollmer, W. and **S. J. Seligman.** 2010. Architecture of peptidoglycan; more data and more models. Trends Microbiol. **18**:59-66.

Vollmer, W. and **U. Bertsche.** 2008. Murein(peptidoglycan) structure, architecture and biosynthesis in *Escherichia coli.* Biochim. Biophy. Acta-Biomembr. **1778**:1714-1734.

Weidenmaier, C. and **A. Peschel.** 2008. Teichoic acids and related cell-wall glycopolymers in gram-positive physiology and host interactions. Nature Rev. Microbiol. **6:**276-287.

| 원형질막

Bernstein, H. D. 2000. The biogenesis and assembly of bacterial membrane proteins. Curr. Opin. Microbiol. **3**:203-209.

Blumenberg, M., B. I. Oppermann, R. Guyoneaud and **W. Michaelis.** 2009. Hopanoid production by *Desulfovibrio bastinii* isolated from oilfield formation water. FEMS Microbiol. Lett. **293**:73-78.

Booth, I. R., M. D. Edwards, S. Black, U. Schumann and **S. Miller.** 2007. Mechanosensitive channels in bacteria; signs of closure? Nature Rev. Microbiol. **5**:431-440.

Boyd, E. S., A. Pearson, Y. Pi, W. J. Li, Y. G. Zhang, L. He, C. L. Zhang and **G. G. Geesey**. 2011. Temperature and pH controls glycerol dibiphytanyl glycerol tetraether lipid composition in the hyperthermophilic crenarchaeon *Acidilobus sulfurireducens*. Extremophiles. **15**:59-65.

Cronan, J. E. 2006. A bacterium that has three pathways to regulate membrane lipid fluidity. Mol. Microbiol. **60**:256-259.

Engelman, D. M. 2005. Membranes are more mosaic than fluid. Nature. **438**(7068):578-580.

Haswell, E. S., R. Phillipse and **D. C. Rees.** 2011. Mechnosensitive channels; What can they do and How do they do it? Structure. **19**:1356-1369.

Hebecker, S., W. Arendt, I. U. Heinemann, J. H. Tiefenau, M. Nimtz, M. Rohde, D. Soll and **J. Moser.** 2011. Alanyl-phophatidylglycerol synthase; mechanism of substrate recognition during tRNA-dependent lipid modification in *Pseudomonas aeruginosa*. Mol. Microbiol. **80**:935-950.

Knappy, C. S., C. E. M. Nunn, H. W. Morgan and **B. J. Keely**. 2011. The major lipid cores of the archaeon *Ignisphaera aggregan*s : implications for the phylogeny and biosynthesis of glycerol monoalkyl glycerol tetraether isoprenoid lipids. Extremophiles. **15**: 517-528.

Kung, C., B. Martinac and **S. Sukharev.** 2010. Mechanosensitive channel in microbes. Annu. Rev. Microbiol. **64**:313-329.

Lai, D., J. R. Springstead and **H. G. Monbouquette.** 2008. Effect of growth temperature on ether lipid biochemistry in *Archaeoglobus fulgidus.* Extremophiles. **12:**271-278.

Mykytczuk, N. C. S., J. T. Trevors, G. D. Ferroni and **L. G. Ledue.** 2010. Cytoplasmic membrane fluidity and fatty acid composition of *Acidithiobacillus ferrooxidans* in response to pH stress. Extremophiles. **14:**427-441.

Olsen, I. and **E. Janrzen.** 2001. Sphingolipids in bacteria and fungi. Anaerobe. **7:**103-112.

Pitcher, A., N. Rychlik, E. C. Hopmans, E. Spieck, W. I. C. Rijpstra, J. Ossebaar, S. Schouten, M. Wagner and **J. S. S. Damste**. 2011. Crenarchaeol dominates the membrane lipids of *Candidatus*

Nitrososphaera gargensis, a thermophilic group I.1b archaeon. ISME J. **4**:542-552.

Sajbidor, J. 1997. Effect of some environmental factors on the content and composition of microbial membrane lipids. Crit. Rev. Biotechnol. **17**:87-103.

Sargent F. 2007. Constructing the wonders of the bacterial world–biosynthesis of complex enzymes. Microbiol. **153**:633-651.

Zhang, Y. M. and **C. O. Rock.** 2008. Membrane lipid homeostasis in bacteria. Nature Rev. Microbiol. **6**:222-233.

| 원형질체와 유전체

Boccard, F., E. Esnault and **M. Valens.** 2005. Spatial arrangement and macrodomain organization of bacterial chromosome. Mol. Microbiol. **57**:9-16.

Browing, D. F., D. C. Grainger and **S. J. Busby.** 2010. Effects of nucleoid-associated proteins on bacterial chromosome structure and gene expression. Curr. Opin. Microbiol. **13**:773-780.

Byrne, M. E., D. A. Ball, J. Guerquin, I. Rouiller, T. D. Wu, K. H. Downing, H. Vali and **A. Komeili.** 2010. *Desulfovibrio magneticus* RS-1 contains iron- and phosphorus-rich organelle distinct from its bullet-shaped magnetosomes. Proc. Natl. Acad. Sci. USA. **107**:12263-12268.

Cabeen, M. T. and **C. Jacobs-Wagner.** 2005. Bacterial cell shape. Nature Rev. Microbiol. **3**:601-610.

Carballido-Lopez, R. 2006. The bacterial actin-like cytoskeleton. Microbiol. Mol. Biol. Rev. **70**:888-909.

Carballido-Lopez, R. and **A. Formstone.** 2007. Shape determination in *Bacillus subtilis*. Curr. Opin. Microbiol. **10**: 611-616.

Dame, R. T. 2005. The role of nucleoid-associated proteins in the organization and compaction of bacterial chromatin. Mol. Microbiol. **56**:858-870.

Dillon, S. C. and **C. J. Dorman.** 2010. Bacterial nucleoid-associated protein, nucleoid structure and gene expression. Nature Rev. Microbiol. **8**:185-195.

Docampo, R. and **S. N. J. Moreno.** 2011. Acidocalcisomes. Cell Calcium. **50**:113-119.

Docampo, R., W. de Souza, K. Miranda, P. Rohloff and **S. N. J. Moreno.** 2005. Acidocalcisomes–conserved from bacteria to man. Nature Rev. Microbiol. **3**:251-261.

Dye, N. A. and **L. Shapiro**. 2007. The push and pull of the bacterial cytoskeleton. Trends Cell Biol. **17:**239-245..

Erickson, H. P., D. E. Anderson and **M. Osawa.** 2010. FtsZ in bacterial cytokinesis; cytoskeleton and force generator all in one. Microbiol. Mol. Biol. Rev. **74**:504-528.

Frankel, R. B. and **D. A. Bazylinsky.** 2006. How magnetotactic bacteria make magnetosomes queue up. Trends Microbiol. **14:**329-331.

Fuerst, J. A. 2005. Intracellular compartmentation in *Planctomycetes*. Annu. Rev. Microbiol. **59**:299-328.

Gital, Z. 2007. Diversification and specialization of the bacterial cytoskeleton. Curr. Opin. Cell Biol. **19**:5-12.

Harrison, P. W., R. P. J. Lower, N. K. D. Kim and **J. P. W. Young.** 2010. Introducing the bacterial 'chromid'; not a chromosome, not a plasmid. Trends Microbiol. **18**:141-148.

Jendrossek, D. 2009. Polyhydroxyalkanoate granules are complex subcellular organelles(carbonosome). J. Bacteriol. **191**:3195-3202.

Jetten, M. S. M., L. Niftrik, M. Strous, B. Kartal, J. T. Keltjens and **H. J. M. Op den Camp.** 2009. Biochemistry and molecular biology of anammox bacteria. Crit. Rev. Biochem. Mol. Biol. **44:**65-84.

Luijsterburg, M. S., M. F. White, R. van Driel and **R. T. Dame.** 2008. The major architect of chromatin; architectural proteins in bacteria, archaea, and eukaryotes. Crit. Rev. Biochem. Mol. Biol. **43**:393-418.

Mignot, T. and **J. W. Shaevitz.** 2008. Active and passive mechanisms of intracellular transport and localization in bacteria. Curr. Opin. Microbiol. **11**:580-585.

Pogliano, J. 2008. The bacterial cytoskeleton. Curr. Opin. Cell Biol. **20**:19-27.

Savage, D. F., B. Afonso, A. H. Chen and **P. A. Silvert.** 2010. Spatially ordered dynamics of the bacterial carbon fixation machinery. Science. **327**(5970):1258-1261.

Schuler, D. 2008. Genetics and cell biology of magnetosome formation in magnetotactic bacteria. FEMS Microbiol. Rev. **32**:654-672.

Shih, Y. L. and **L. Rothfield.** 2006. The bacterial cytoskeleton. Microbiol. Mol. Biol. Rev. **70**:729-754.

van Niftrik, L., M. van Helden, S. Kirchen, E. G. van Donselaar, H. R. Harhangi, R. I. Webb, J. A. Fuerst, H. J. M. Op den Camp, M. S. M. Jetten and **M. Strous.** 2010. Intracellular localization of membrane-bound ATPases in the compartmentalized anammox bacterium '*Candidatus* Kuenenia stuttgartiensis. Mol. Microbiol. **77**:701-715.

Welsh, D. T. 2000. Ecological significance of compatible solute accumulation by micro-organisms: from single cells to global climate. FEMS Microbiol. Rev. **24**:263-290.

Yeates, T. O., M. C. Thompson and **T. A. Bobik.** 2011. The protein shells of bacterial microcompartment organelles. Curr. Opin. Struc. Biol. **21**:223-231.

Yeates, T. O., C. A. Kerfeld, S. Heinhorst, G. C. Cannon and **J. M. Shively.** 2008. Protein-based organelles in bacteria : carboxysomes and related microcomparments. Nature Rev. Microbiol. **6:**681-691.

| 휴면 상태의 미생물 세포

Driks, A. 1999. *Bacillus subtilis* spore coat. Microbiol. Mol. Biol. Rev. **63:** 1-20.

3장

물질의 막 투과

미생물은 생장과 생존을 위해 필요로 하는 영양 물질을 환경으로부터 세포 안으로 운반하고 대사 산물은 세포 밖으로 방출한다. 제2장에서 공부한 바와 같이 미생물의 원형질막은 인지질과 단백질로 이루어져 있어서 친수성 물질의 투과가 어려운 구조를 갖고 있다. 이러한 막투과 장벽 때문에 거의 대부분의 친수성 물질들은 원형질막에 있는 운반체(carrier), transporter 또는 permease라고 하는 막 단백질을 통해서 운반된다.

미생물에서 대부분의 영양 물질은 수용액 상태로 흡수되며, 영양 물질은 전기적으로 중성이거나 이온 형태이다. 이러한 영양 물질의 막 투과는 에너지의 소비 없이 일어나는 확산(diffusion)과 에너지를 필요로 하는 능동 운반(active transport), 그리고 막을 투과하면서 구조가 변하는 group translocation 등의 메커니즘으로 이루어진다.

3.1 Ionophore-운반체를 통한 막 투과의 모형

운반체를 통한 물질의 막 투과(facilitated diffusion, active transport) 메커니즘을 설명하기 위해 두 가지 모형이 제안되었다. 하나는 운반체가 막 밖에서 통과하는 물질과 결합하고 막을 통과하여 막 내부에서 결합이 끊어지는 mobile carrier 메커니즘으로서, uncoupler(제5장, 5.8.5)가 H^+의 mobile carrier의 예이다. 다른 하나는 막의 내부와 외부에 걸쳐 있는 운반체의 내부가 친수성인 통로(pore)를 형성하여 수용성 물질의 이동을 용이하게 한다는 pore 모형이다. 특정 항생 물질들이 막을 통해 이온을 투과시키는 ionophore의 기능을 수행한다. 이러한 항생물질들은 막을 통한 물질 운반의 모형으로 이용된다.

Mobile carrier의 예로 uncoupler 외에 항생 물질 valinomycin(그림 3.1)을 들 수 있다. Valinomycin

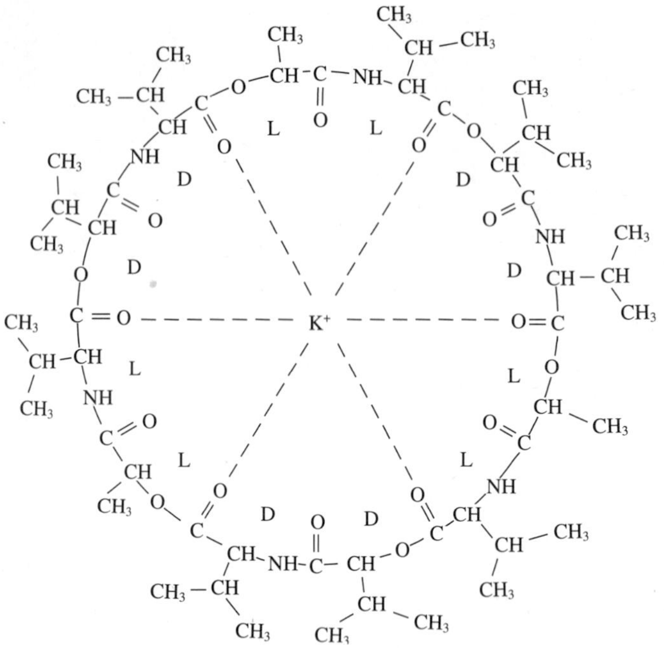

그림 3.1 Mobile Carrier 모형의 운반체 Valinomycin의 구조.

분자 외부가 친유성이고 내부가 친수성인 구조를 갖는 valinomycin은 막의 한쪽에서 운반되는 물질 (K^+, Rb^+, Cs^+ 등)과 결합하고, 결합한 상태로 막을 통과하여 다른 쪽에서 분리하는 성질을 갖는다.

은 그림에서 보는 바와 같이 valine, lactate, 그리고 hydroxy isovalerate로 이루어져 있으며, 친유성이 강한 측쇄인 methyl기와 isopropyl기가 분자의 외부에 위치하므로 외부는 친유성이며, 내부는 친수성인 구조를 갖는다. 친수성인 내부 구조는 K^+, Rb^+, Cs^+ 등과 강하게 결합하나, Li^+나 Na^+와는 결합하지 않기 때문에 선택적으로 앞의 것들을 통과시킬 수 있다. Valinomycin은 구조상 막의 내 · 외부에 걸쳐서 존재할 수 없으므로 K^+, Rb^+, Cs^+ 등의 운반은 막 한쪽에서 이들과 결합하여 막을 통과하고 다른 쪽에서 분리되는 메커니즘으로 이들을 운반한다. 인지질의 유동성이 유지되는 정상적인 생장 온도에서는 valinomycin이나 protonophore 등 mobile carrier에 의한 물질 운반이 잘 일어나며, 인지질이 낮은 유동성을 유지하는 저온에서는 물질 운반 능력이 낮아진다.

다른 항생 물질 gramicidin A는 pore 모형의 좋은 모형이 된다. 이 항생 물질은 15개의 아미노산이 연결된 peptide(그림 3.2)로서 valinomycin보다 특이성이 낮게 각종 양이온의 막 투과를 증진시킨다. Gramicidin에 의한 물질 운반은 온도에 영향을 받지 않는다. 따라서 이 항생 물질에 의한 물질 운반은 mobile carrier 모형이 아님을 알 수 있으며, 원형질막에 (−)로 대전된 친수성의 통로(pore)를 형성하여 양이온을 통과시키는 것으로 생각되고 있다. 즉, 2분자의 gramicidin이 친수성 면을 사이에 두고 결합하면 표면이 친유성으로 된다. 표면이 친유성인 이 결합체는 친유성 상호작용(hydrophobic interaction)으로 막 인지질과 결합하여 막의 외부와 내부를 연결한다. 따라서 막에 gramicidin 분자

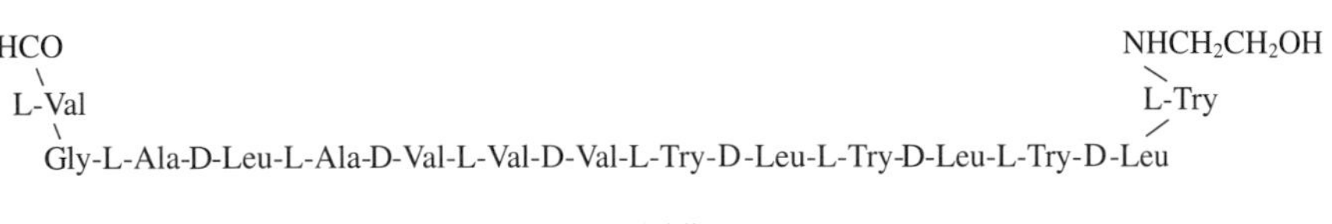

그림 3.2 Pore 모형의 Ionophore인 Gramicidin의 구조.
15개의 아미노산이 연결된 gramicidin 2분자가 결합하면 친유성이 강한 측쇄(side chain)들이 서로 멀리 분리되어 막의 인지질 층에 묻히게 되며, 2분자 사이에 형성되는 친수성 통로를 통해 물에 녹아 있는 물질이 쉽게 막을 통과할 수 있다.

사이의 친수성 통로(pore)가 형성된다.

운반되는 물질에 따라 mobile carrier의 작용으로 운반되는 것도 있고, pore가 운반하는 예도 있다. 물질의 운반에 관여하는 단백질을 체계적으로 분류한 web site가 있다 (http://www.tcdb.org/).

3.2 확산에 의한 물질 이동

확산은 막에 있는 특이적인 운반체에 의한 확산(facilitated diffusion)과 비특이적으로 지질 부분을 통해 확산되는 simple diffusion으로 구분된다. 운반체를 통한 확산은 효소 반응에서와 같이 운반되는 물질의 농도에 따른 포화 상태를 볼 수 있다. 전기적으로 중성인 물질의 확산에 의한 운반은 세포 내 · 외의 농도 차에 따라 이루어진다. 이때 free energy 변화는 (3.1)식으로 표시된다(제5장, 5.5.3). (3.1)식은 농도 차이가 클수록 운반이 잘 이루어진다는 것을 나타낸다.

$$\Delta G = 2.303RT\,\log[\mathrm{S}]_i\,/\,[\mathrm{S}]_o \qquad (3.1)$$

$[\mathrm{S}]_i$: 세포내 농도 $[\mathrm{S}]_o$: 세포외 농도.

전기적으로 대전된 물질이 확산으로 운반될 때(막 전위 차가 형성되어 있는 상태에서 대전된 물질의 이동은 확산이 아님.) 일어나는 free energy의 변화는 물질 운반에 일반적으로 적용되는 (3.2)식으로 계산할 수 있다.

$$\Delta G = 2.303RT\,\log[\mathrm{S}]_i\,/\,[\mathrm{S}]_o - mF\Delta\varphi \qquad (3.2)$$

R : 기체상수 T : 절대온도
m : 영양 물질의 대전 수 F : Faraday상수
$\Delta\varphi$: 막 전위 차

확산에 의한 물질 운반에서 평형이 이루어지면 free energy의 변화가 없어진다. 즉 $\Delta G = 0$인 상태가 된다. 이때 (3.2)식을 (3.3)식으로 정리할 수 있다. 여기에 제5장(5.7.1)에서 정의한 $Z = 2.303RT/$

F를 대입하면 후술하는 uniport 메커니즘에 의한 물질 운반에 필요한 free energy를 계산하는 (3.11) 식과 같아진다. 이는 대전된 물질이 확산에 의해 운반될 때도 carrier를 통해 운반될 때와 같이 막 전위 차($\Delta\varphi$) 형태의 proton motive force를 소비하게 된다는 뜻이다. 이때 물질의 운반에 소비되는 에너지는 대전된 정도와 막 전위 차에 의해 결정됨을 알 수 있다.

$$\log[S]_i/[S]_o = \frac{mF\Delta\varphi}{2.303RT} = m\Delta\varphi/Z \qquad (3.3)$$

3.3 Electrochemical Gradient를 이용하는 능동 운반

능동 운반에 필요한 free energy는 electrochemical gradient(proton motive force 또는 sodium motive force), 또는 고에너지 인산 결합의 형태로 공급된다. 호흡 과정 등에서 H^+이 원핵세포 미생물의 원형질막이나 mitochondria막 외부로 방출되어 proton motive force를 형성하는 현상(제5장, 5.8), 빛에너지를 이용하여 thylakoid 내부로 H^+ 가 이동되어 proton motive force를 형성하는 현상(제11장, 11.4.3), 호염성 archaea에서 빛에너지에 의해 원형질막 밖으로 H^+를 수송하는 현상(제11장, 11.6)도 물질의 막 투과이므로 이를 1차 능동 운반이라 한다. 이외에도 혐기성 호흡과 혐기성 발효에서 proton motive force를 형성하는 현상, 그리고 Na^+－요구성 탈탄산 반응에서 sodium motive force가 형성되는 현상(제5장, 5.8.6)에서도 1차 능동 운반이 수행된다.

1차 능동 운반에서 형성된 proton motive force 형태로 에너지가 공급되는 물질의 막 투과를 2차 능동 운반이라고도 한다. 호흡 작용에서 H^+대신 Na^+이 막 밖으로 운반되기도 하고 H^+/Na^+ antiporter에 의해 proton motive force가 sodium motive force로 전환될 수도 있다(제5장, 5.7.4). 능동 운반에서 proton motive force 뿐 아니라 sodium motive force도 이용될 수 있다. 이들을 electrochemical gradient(전기화학적 농도 차이)로 표현할 수 있다. 지금까지 조사된 모든 2차 능동 운반체 단백질은 12 부위의 helix로 막에 묻혀 있으며, 이들 중 일부가 각각 기질 결합 부위와 $H^+(Na^+)$ 결합 부위로 작용한다.

Proton motive force는 반투과성 생체막을 사이에 두고 형성되는 H^+의 농도 차이(ΔpH)와 막 전위 차($\Delta\varphi$)로 이루어진다(제5장, 5.7). 능동 운반에서 운반되는 물질의 성질에 따라 ΔpH, $\Delta\varphi$, 또는 이들 두 형태의 에너지가 모두 운반에 이용된다. 이용하는 운반체의 형태에 따라 능동 운반을 symport, antiport와 uniport로 구분한다(그림 3.3).

Symport는 영양 물질이 세포 안으로 운반될 때 H^+(또는 Na^+)과 함께 이동하는 것을 말한다. 운반되는 물질이 (−)로 대전되어 있고 그 대전수가 symport되는 H^+과 동일하면 막 전위 차에 변화가 없는 electroneutral한 운반이 되지만, 그렇지 않은 경우에는 막 전위 차($\Delta\varphi$)를 변화시키는 electrogenic한 운반이 된다.

Antiport란 세포 안의 물질이 세포 밖의 H^+과 운반체를 통해 교환되는 것을 말하며, H^+/Na^+

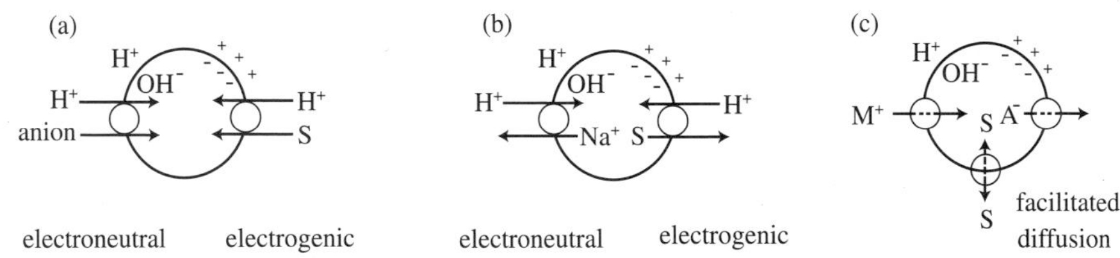

그림 3.3 Proton Motive Force를 에너지원으로 이용하는 능동 운반.

막 전위 차를 변화시키지 않고 능동 운반되는 electroneutral한 운반과 능동 운반으로 막 전위 차가 변하는 electrogenic한 운반이 있다.

(a) symport (b) antiport (c) uniport

antiport가 대표적인 예이다. 교환되는 물질의 대전수가 H^+과 동일하면 이 antiport도 electroneutral한 물질 운반이 되나, 그렇지 않은 antiport는 electrogenic한 물질 운반이 된다.

(+)로 대전된 물질이 운반체를 통해 막을 통과하면서 막 전위 차 형태의 energy를 이용하는 물질 운반을 uniport라 한다.

Proton motive force를 에너지원으로 이용하는 물질 운반에서 필요한 free energy는 (3.4)식으로 나타낸다.

$$\Delta G = nF\Delta \mathrm{p} \tag{3.4}$$

(3.4)식을 물질 운반에 일반적으로 적용되는 (3.2)식에 대입하면 (3.5)식을 얻을 수 있다.

$$\Delta G = 2.303RT \log[\mathrm{S}]_i / [\mathrm{S}]_o - mF\Delta\varphi = nF\Delta \mathrm{p} \tag{3.5}$$

n : 기질(S) 1 mole를 운반하는 데 필요한 H^+의 mole 수

F : Faraday상수

(3.5)식에 다음 장(제5장, 5.7.1)에서 공부할 (3.6)식을 대입하여 $\log[\mathrm{S}]_i / [\mathrm{S}]_o$를 남기고 정리하면 (3.7)식이 된다.

$$\Delta \mathrm{p} = \Delta\varphi - Z\Delta\mathrm{pH}$$
$$(Z = 2.303RT/F) \tag{3.6}$$

$$\log[\mathrm{S}]_i / [\mathrm{S}]_o = (n+m)\Delta\varphi/Z - n\Delta\mathrm{pH} \tag{3.7}$$

(3.7)식은 proton motive force를 에너지원으로 이용하는 모든 물질 운반, 즉 symport, antiport 및 uniport에서 세포 안으로 축적되는 물질의 농도는 물질을 운반하는 세포의 proton motive force의 크기에 의해 결정된다는 것을 뜻한다.

1가의 음이온과 H^+이 1:1로 symport되는 경우에 (3.7)식은 n=1, m=−1이므로 (3.8)식으로 정리된다.

$$\log[S]_i / [S]_o = -\Delta pH \tag{3.8}$$

즉, 1가 음이온이 H^+과 symport될 때(electroneutral) 세포 안에 농축되는 정도는 단지 세포 내외의 pH 차이에만 영향을 받는다.

1가의 양이온과 H^+이 antiport될 때 (3.7)식은 $n=-1$, $m=1$이므로 (3.9)식으로 정리된다.

$$\log[S]_i / [S]_o = \Delta pH \tag{3.9}$$

즉, (3.8)식과 부호만 바뀐 것으로서 그 내용은 동일하다.

중성의 물질이 하나의 H^+과 symport될 때 (3.7)식은 $n=1$, $m=0$이므로 (3.10)식으로 줄일 수 있다.

$$\log[S]_i / [S]_o = \Delta\varphi/Z - \Delta pH = \Delta p/Z \tag{3.10}$$

(3.10)식으로부터 중성인 물질이 symport될 때 세포 안에 농축되는 농도는 총 proton motive force에 의해 결정된다는 것을 알 수 있다.

Uniport의 경우 $n=0$이므로 (3.11)식으로 정리되며, 정의에서 알 수 있는 바와 같이 uniport에 의한 이온의 운반은 막 전위 차에 의해 이루어진다.

$$\log[S]_i / [S]_o = m\Delta\varphi/Z \tag{3.11}$$

3.4 ATP와 고에너지 인산 화합물에 의한 능동 운반 -ATP Binding Cassette(ABC) 경로-

지금까지는 electrochemical gradient가 에너지원으로 이용되는 능동 운반을 살펴보았다. 원형질막의 ATPase 활성이 없는 원핵세포 미생물의 변이주(*Escherichia coli*의 *unc* 돌연변이주) 즉, 호흡작용으로 형성된 proton motive force를 이용하여 ATP를 생산할 수 없는 변이주를 이용한 실험에서 다음과 같은 흥미 있는 실험 결과가 발표되었다.

즉, 야생주에서 능동 운반 메커니즘으로 운반되는 maltose가 이 변이주에서는 충분한 proton motive force가 형성되었을 때도 운반되지 않았으며, 기질 수준 인산화 메커니즘으로 ATP를 생산할 수 있는 1.3-diphosphoglycerate나 phosphoenolpyruvate, 그리고 이들을 생산할 수 있는 기질을 공급한 경우에는 maltose가 세포 안으로 흡수되었다.

이 실험 결과는 electrochemical gradient 뿐만 아니라 고에너지 인산 결합도 능동 운반의 에너지원으로 이용될 수 있음을 나타낸다.

그람음성 세균은 periplasm에는 각종 영양물질과 결합하는 단백질[receptor 또는 solute-binding protein(SBP)]이 있어서 물질의 막 투과를 촉진시킨다(제2장, 2.3.3). 균체를 EDTA와 $MgCl_2$로 처리하면(cold osmotic shock) 이들 SBP가 분리되어 운반이 저해되므로 SBP에 의해 운반이 촉진되는 영양 물질을 shock-sensitive, 그렇지 않은 것을 shock-insensitive라 한다. 그리고 SBP-dependent transport를 shock-sensitive transport system이라고 한다. 당, 아미노산, 이온 등 다양한 영양 물질이 shock-sensitive transport system으로 운반된다. 외막의 porin을 통과한 물질은 periplasm의 특정 SBP에 결합한 다음에 원형질막에 있는 막단백질 복합체를 통해 세포 안으로 운반된다. 이 막단백질 복합체는 영양 물질을 세포 안으로 운반(import)하거나, 세포외 성분(예, capsule 등의 다당류)과 세포외 단백질을 세포 밖으로 방출(export)하는 단백질이다. 이 막단백질 복합체는 transmembrane domain과 ATP-binding motif를 보유하고 있으며, ATP-binding motif에 결합된 ATP가 분해되면서 공급되는 free energy를 이용하여 물질 운반이 이루어진다. 이 막단백질 복합체를 ATP-binding cassette(ABC) transporter라 하며 이를 통한 물질 운반을 ABC 경로에 의한 능동 운반이라 한다(그림 3.4). 이 ABC transporter는 모든 생물에서 알려져 있다. Periplasm이 없는 그람양성 세균의 ABC 경로에서는 SBP가 원형질막의 외부 표면에 solute-binging lipoprotein 형태로 부착되어 있다. ABC 경로를 통한 세포외 물질의 운반(export)은 세포 표면의 수용체, periplasm을 가로지르는 membrane fusion protein 그리고 원형질막에 있는 ATP-binding cassette 등 세 종류의 단백질에 의해 이루어진다. 이러한 ABC에 대해서는 다음에 공부할 단백질의 막 통과(3.9.1.3)와 세포외 다당류의 합성과 운반(제6장, 6.9.3.2)에서 상세히 공부하기로 한다.

*Rhodobacter sphaeroides*는 periplasm에 glutamate binding protein을 보유하고 있으나 이 세균에서 glutamate는 Na^+와 symport된다. 이와 같이 물질 운반에 SBP가 관여하지만 운반의 에너지로 electrochemical gradient를 이용하는 이러한 운반체를 TRAP(tripartite ATP-independent periplasmic) 운반체라 한다. TRAP 운반체는 세균과 archaea에서 널리 알려지고 있다.

최근 생물정보학 분야의 연구를 통해서 SBP를 요구하지 않는 ABC impoter가 알려지고 있다. 이

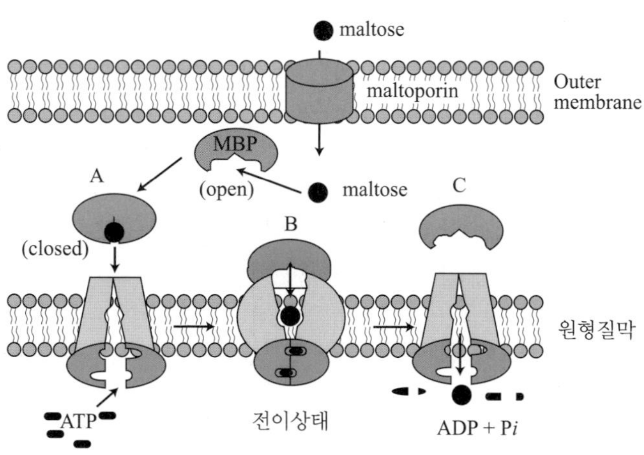

그림 3.4 ATP-binding Cassette(ABC) Transporter를 통한 Maltose의 운반(Mol. Microbiol. 2010, 77:1354-1366)

Outer membrane의 maltoporin을 통과한 maltose가 (A) Maltose-binding protein(MBP)과 결합하면 MBP는 open conformation에서 closed conformation의 구조로 변한다. Closed conforamation 상태의 MBP가 maltose ATP-binding cassette(ABC)에 결합하면 운반과 ATP의 가수분해가 시작된다. (B) 전이 상태 : ATP가 가수분해되면서 MBP는 maltose ABC에 견고하게 결합하고 당이 운반된다. (C) Maltose가 운반되고 MBP는 분리된다.

운반체를 energy-coupling factor(ECF)-type ABC impoter라 한다. 이 운반체를 통해 수용성 비타민, 이온, 아미노산 등이 운반되며, 이 운반체는 ATPase module을 보유하고 있어 운반에 필요한 에너지로 ATP를 이용한다.

이상의 능동 운반에서 미생물은 에너지를 소비하여 영양 성분을 환경으로부터 흡수할 수 있음을 알았다. 그러므로 미생물은 매우 낮은 농도의 영양 성분이 주어진 환경에서도 잘 적응하여 생장할 수 있다. 능동 운반의 특징을 요약하면 다음과 같다.

1) 운반체가 효소 작용과 같이 기질 특이성을 보인다.
2) 대사 에너지를 필요로 하며, 이 에너지는 막 내외에서 기질에 대한 운반체의 친화력을 바꾸는 데 이용된다.
3) 낮은 농도의 기질을 높은 농도 쪽으로 운반한다.
4) 운반 전후에 물질의 화학 변화를 초래하지 않는다(group translocation과 다름)

3.5 Group Translocation

영양 물질이 세포 안으로 흡수될 때 화학적 변화를 받는 운반을 group translocation이라 한다. 많은 미생물, 특히 편성 혐기성 및 통성 혐기성 세균들은 대부분의 당을 group translocation으로 흡수한다. 지금까지 group translocation은 원핵세포 생물에서만 알려져 있다.

Group translocation에 의한 당의 흡수는 phosphoenolpyruvate(PEP) 형태의 energy를 이용하며, 여기에 관여하는 단백질들을 phosphotransferase(PT) system이라 한다. PT system에 의한 당의 group translocation은 원형질체에 있는 enzyme I과 HPr(histidine containing protein), 그리고 원형질막 단백질인 enzyme II_A, II_B, II_C에 의해서 이루어진다. Enzyme I이 PEP로부터 인산기를 HPr에 이전시키며, 이어서 이 인산기는 enzyme II_A로 전달된다. Enzyme II_B가 원형질막에 묻혀있는 enzyme II_C를 통해 이동하는 당에 enzyme II_A의 인산기를 이전시켜 당을 세포 안으로 운반하면서 인산화한다(그림 3.5). 원형질체에 있는 enzyme I과 HPr은 기질에 대한 특이성이 없어서 모든 당의 group translocation에 공통으로 작용한다. 그러나 막 단백질인 enzyme II_A, II_B, II_C 등은 기질에 대한 특이성이 있다. 기질 특이성을 갖는 효소를 표시하기 위해 포도당의 운반에 관여하는 효소를 enzyme II_A^{Glu} 등으로 표시한다. Fructose, mannose의 PT system에는 enzyme II_D도 관여한다.

그람음성 세균은 당의 운반에 관여하는 phosphotransferase system(sugar phosphotransferase system, sugar PTS) 이외에도 nitrogen-related phosphotransferase system(nitrogen PTS, PTS^{Ntr})을 보유하고 있다. Nitrogen PTS의 기능은 이를 보유한 세균의 종류에 따라 차이가 있지만 질소 대사와 탄수화물 대사의 조절 작용, 병원성, K^+ 이온의 항상성 조절 등의 작용을 한다(제12장, 12.2.2). Nitrogen PTS의 인산기 전달은 sugar PTS의 인산기 전달에 관여하는 효소들과 상동성 있는 효소들에 의해 촉매된다. EI^{Ntr}가 EI을 대신하며, NPr이 HPr을 대체한다. 그러나 nitrogen PTS의 EII_A^{Ntr}은

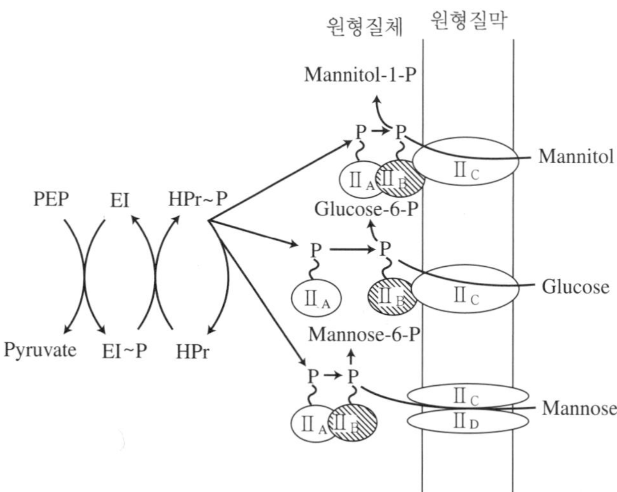

그림 3.5 세균에서 당이 Phosphotransferase System에 의해 Group Translocation되는 메커니즘(Curr. Opion. Microbiol. 2002, 5:187-193).

Phosphoenolpyruvate에서 유래된 고에너지 인산 결합이 HPr과 enzyme II_A을 거쳐, enzyme II_B의 작용으로 당으로 전달되면서 인산화당이 원형질체로 운반된다.

인산기를 전달하는 기능이 없어 당의 수송에는 관여하지 않는다. PEP → EI^{Ntr} → NPr → EII_A^{Ntr}로 인산기를 전달하며 nitrogen PTS는 자신의 기능을 수행할 뿐 아니라 sugar PTS와 인산기를 교환하는 교차적인 신호전달을 통해 sugar PTS와 함께 대사 조절체계를 구성한다.

3.6 기질/대사 산물 교환

세포 안에 높은 농도로 축적되는 대사산물이 갖는 잠재 에너지를 능동 운반에 이용하는 물질의 운반도 알려지고 있다. 운반되는 물질이 세포 안으로 운반되면서 그 물질의 대사산물이 세포 밖으로 운반된다. 이러한 물질 운반을 기질/산물 교환(precursor/product antiport)이라 하며, 대부분 젖산균에서 알려지고 있다(그림 3.6).

Malate/lactate antiport는 *Lactobacillus, Streptococcus, Leuconostoc, Pediococcus*속 등 젖산균에 의한 malolactic 발효에서 잘 알려진 물질 운반 메커니즘으로서 이 과정에서 proton motive force가 형성된다(제5장, 5.8.6.3).

Arginine을 이용하는 *Streptococcus*속 세균은 이 아미노산을 citrulline을 통해 ornithine으로 분해하여 세포 밖으로 분비한다. 이때 arginine과 ornithine은 1:1로 교환된다.

Streptococcus thermophilus, Lactobacillus bulgaricus 등 젖산균은 lactose를 H^+-symporter의

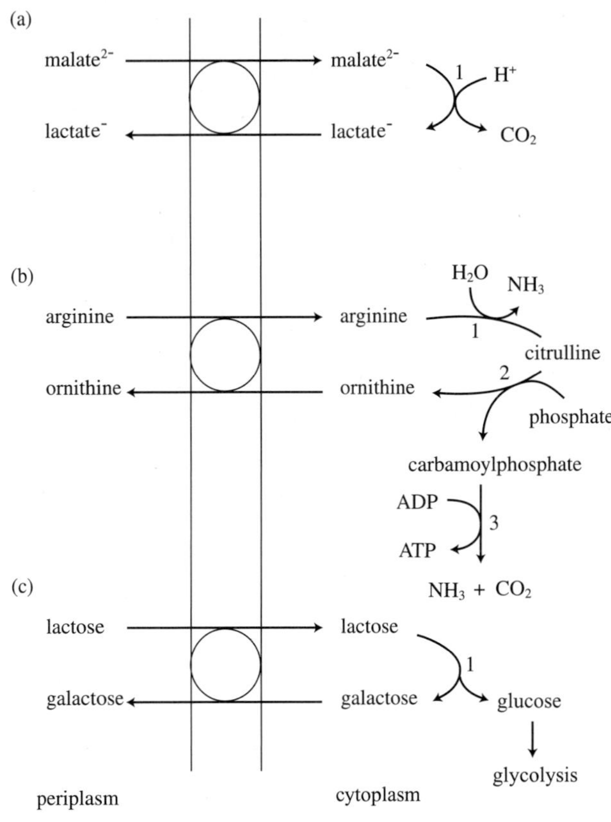

그림 3.6 기질/대사 산물 교환에 의한 물질 운반(Mol. Microbiol. 1990, 4:1629-1636).

젖산균 등 일부의 혐기성 세균이 세포 내에서 기질을 대사하여 생산하는 대사산물의 높은 농도가 갖는 잠재 에너지를 이용하여 기질을 운반하는 메커니즘이다.

a: Malate/lactate antiport. 1. malolactic enzyme
b: Arginine/ornithine antiport. 1, arginine deiminase
2, ornithine carbamoyltransferase
3, carbamate kinase
c: Lactose/galactose antiport. 1. β-galactosidase

작용으로 운반하기도 하지만, lactose의 농도가 높은 환경에서는 lactose/galactose antiporter의 작용으로 이 당을 운반한다. Galactose는 운반된 lactose가 β-galactosidase의 작용을 받아 생산되며, 이 때 같이 생산되는 포도당은 해당 경로를 통해 대사된다. 환경으로 분비된 galactose는 lactose가 모두 소비된 다음에 다시 이용된다.

젖산균 이외에도 *Oxalobacter formigenes*의 oxalate/formate antiporter, *Eubacterium limosum*의 betaine/*N,N*-dimethyl glycine antiporter가 알려져 있다. 진핵세포에서 원형질체와 mitochondria 등 세포내 구조물과의 물질 운반에서도 이와 비슷한 antiport 메커니즘이 많이 알려져 있다.

이상의 각 물질 운반 메커니즘을 간단히 요약하면 그림 3.7과 같다.

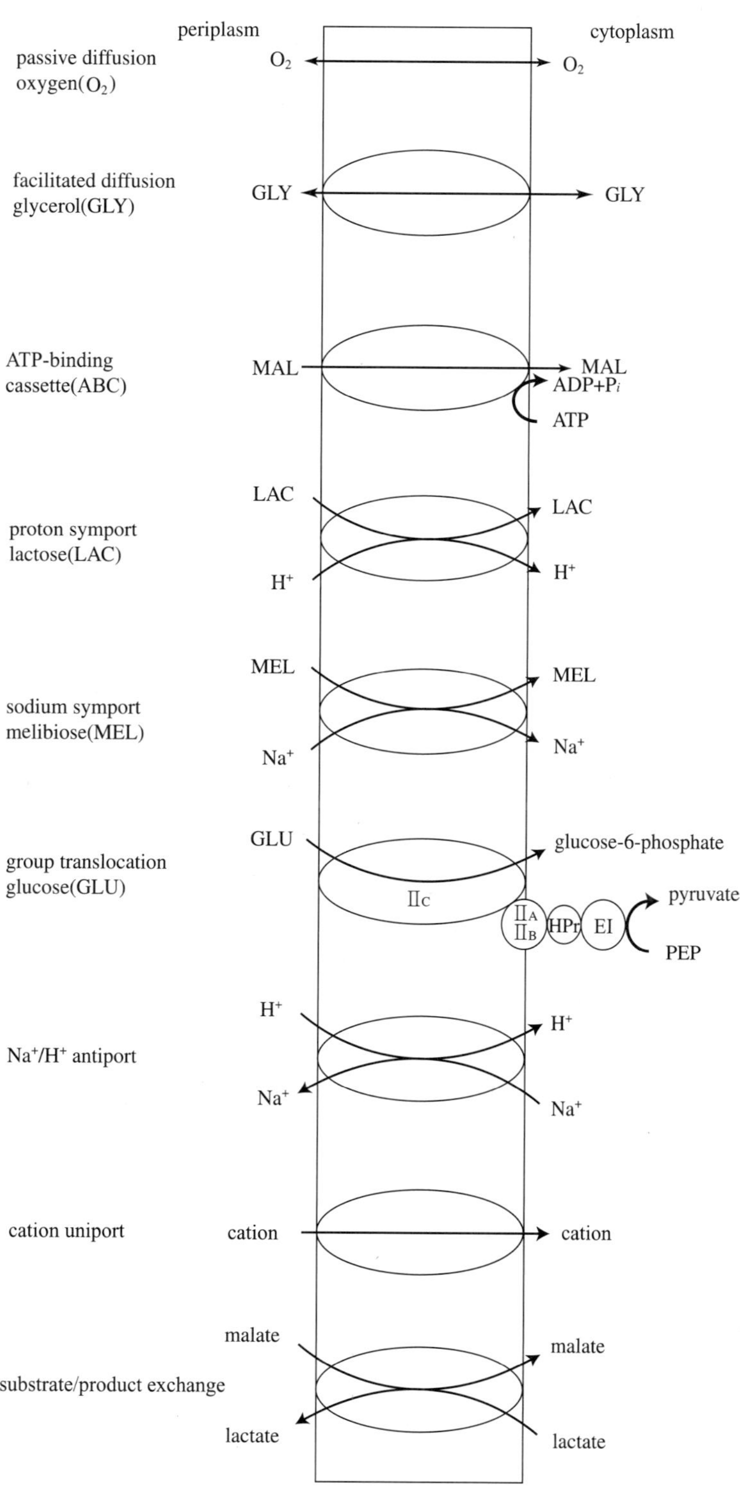

그림 3.7 미생물의 물질 운반

3.7 철 이온 흡수

Fe^{2+}는 용존 산소가 있는 수용액에서 pH가 4.0 이상이면 쉽게 Fe^{3+} 형태로 산화된다. Fe^{3+}는 용해도가 낮아 10^{-20}M 단위의 농도로 용해된다. 이 농도는 미생물이 필요로 하는 Fe^{3+}의 농도 1μM보다 훨씬 낮다. 생장에 필수적이면서 이처럼 낮은 농도로 용해되는 Fe^{3+}의 흡수를 쉽게 하기 위해 많은 미생물들은 Fe^{3+}와 특이적으로 결합할 수 있는 물질(chelator)을 합성하여 세포 밖으로 분비한다. 이들은 이 chelator에 결합된 Fe^{3+}를 선택적으로 흡수하여 Fe^{3+} 결핍 현상을 극복한다. 미생물이 Fe^{3+}의 chelator로 생산하는 물질을 총칭하여 siderophore(희랍어로 철 운반체라는 뜻)라 한다. 그람음성 세균에서 siderophore-Fe^{3+} 복합체는 TonB-dependent active transport(3.8) 작용으로 외막을 통과하여 운반되고, 그 후 siderophore-Fe^{3+} 복합체는 ATP-binding cassette 메커니즘으로 원형질체로 흡수된다. Siderophore는 그 화학적 구조가 다양하나 대체로 hydroxamate나 catecholamide 형태이다(그림 3.8). 균주에 따라서 두 가지 형태의 siderophore 중 한 가지를 생산하지만 둘 다를 생산하는 예도 있다.

Siderophore가 철 이온과 효과적으로 결합하여 siderophore-Fe^{3+} 복합체를 형성하므로, siderophore를 합성하는 미생물은 이 결합체를 흡수하지 못하는 미생물의 생장을 억제할 수 있다. 이러한 성질을 이용하여 siderophore를 생산하는 세균을 식물 병원균의 길항균으로 사용한다.

많은 세균에서 siderophore의 생산은 ferric uptake regulator(Fur) 단백질의 작용으로 조절된

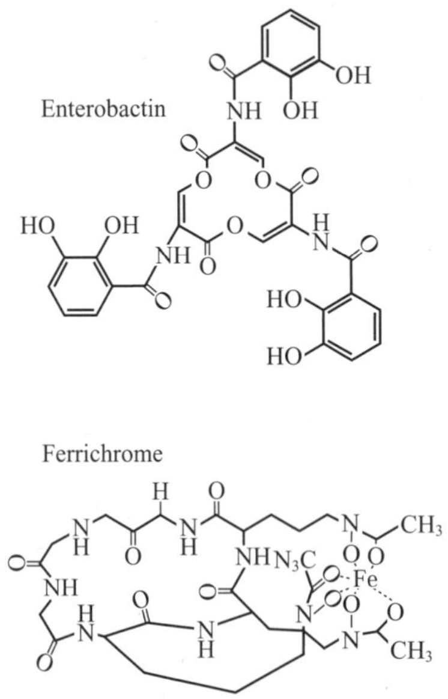

Enterobactin

Ferrichrome

그림 3.8 철 이온의 흡수를 돕는 Siderophore, Enterobactin(Catecholamide계)과 Ferrichrome(Hydroxamate계)의 구조 (FEMS Microbiol. Rev. 2003, 27:215-237).

다(제12장, 12.2.4).

3.8 TonB-dependent active transport

그람음성 세균은 다른 미생물과는 달리 세포벽 외부에 outer membrane(OM, 세포외막)을 가지고 있다. OM은 물질 운반의 또 다른 장벽으로 작용한다. OM에는 크기가 600Da 이하의 작은 물질이 통과할 수 있는 porin이 있다. 그러나 세포 밖에 극히 낮은 농도로 존재하는 영양 물질 또는 siderophore-철 복합체, 비타민 B_{12}, heme 등과 같이 크기가 커서 porin을 통과할 수 없는 물질은 TonB-dependent active transport 메커니즘으로 통해 OM을 통과한다. 이때 proton motive force 형태의 에너지가 소비된다. TonB-dependent active transport에는 OM의 TonB-dependent outer membrane transporter(TBDT)와 원형질막의 TonB-ExbB-ExbD 복합체가 작용한다. TonB-dependent active transport를 통해 세포 외에서 periplasm으로 운반된 물질들은 ABC-binding cassette 메커니즘으로 세포 내로 수송된다(그림 3.9).

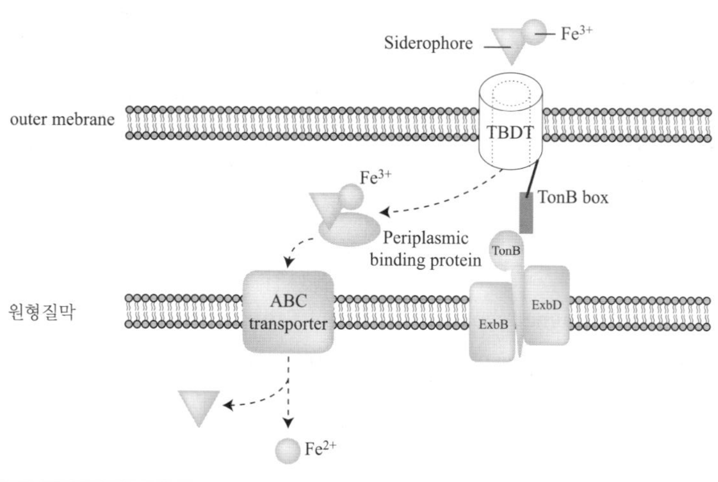

그림 3.9 TonB-dependent Active Transport로 운반되는 Siderophore-Fe^{3+} 복합체(Annu. Rev. Microbiol. 2010, 64:43-60).

세포 밖에서 Fe^{3+}는 siderophore와 복합체(siderophore-Fe^{3+})를 형성한 다음에 outer membrane(OM)에 있는 TonB-dependent outer membrane transporter(TBDT)를 통해 periplasm으로 운반된다. 운반에 필요한 에너지는 proton motive force가 TonB-ExbB-ExbD 복합체와 TBDT의 TonB box의 상호작용으로 전달되어 이용된다. Periplasm으로 운반된 siderophore-Fe^{3+}복합체는 periplasmic binding protein과 결합한 다음에 ATP-binding cassette 메커니즘(ABC transporter)으로 세포 안으로 운반된다.

3.9 단백질과 세포 표면 구조물의 막 통과

세균에서 원형질막 외부 구조를 이루는 capsule, S-layer, outer membrane, periplasm, 세포벽 등은 다당류와 단백질로 이루어져 있다. 세균은 이러한 세포 표면 구조 물질과 더불어 고분자 물질을 분해하는 세포외 효소와 각종 단백질 독소 등을 세포 밖으로 분비한다. 원형질체에서 합성되는 이들은 원형질막을 통과해야 한다. 원형질막을 통해 단백질들이 세포 표면과 세포 외로 분비(secretion)되는 메커니즘은 general secretary pathway(GSP), ABC pathway, twin-arginine translocation(TAT) pathway 등의 3 가지 방법 중 1 가지로 이루어진다.

그람음성 세균에서는 outer membrane 또한 고분자 물질의 분비에 장애가 된다. 이런 장애를 극복한 여러 가지 단백질 분비 메커니즘들이 알려져 있다(3.9.2).

3.9.1 단백질의 세포 외 운반

3.9.1.1 General Secretary Pathway(GSP)

세균에서 단백질이 원형질막을 통과하는 일반적인 과정을 general secretary pathway(GSP) 경로 또는 Sec system이라고 한다.

Sec system을 통해 원형질막을 통과하는 모든 단백질들은 독특한 친유성 *N*-terminal 서열을 가지고 있다. 이 서열을 signal sequence(또는 signal peptide)라 한다. Signal peptide는 *N*-terminal의 염기성 부위(*N*-region), 중앙의 소수성 부위(hydrophobic region, H-region), peptidase에 의해 절단되는 부위(cleavage site, C-region)의 3 부분으로 구성되어 있다. *N*-region은 생리적 pH에서 양성 하전을 띠고 있어서 (−)로 하전된 원형질막 인지질에 부착하는 것으로 판단하고 있다. H-region은 단백질 운반이 촉진되도록 원형질막에 삽입되며, C-region은 단백질이 원형질막을 통과한 후(동안) signal peptidase에 의해 절단된다. Signal sequence는 단순히 단백질이 원형질막을 쉽게 통과하도록 하는 역할만 하는 것이 아니라 단백질 운반의 방법 선택, 운반의 효율 조절, 통과되는 동안의 절단 시기 조절 등의 중요한 조절 역할을 담당하는 것으로 알려져 있다. 이러한 signal sequence의 기능은 운반될 단백질의 서열과 상호 작용한다고 제안되었다.

Folded 단백질은 GSP 경로로 운반될 수 없다. GSP 경로는 운반되는 단백질이 운반되기 전에 원형질체에서 운반이 가능한 상태로 유지되는 메커니즘에 따라 SRP(signal recognition particle) 경로와 SecB 경로로 구분된다(그림 3.10). 운반될 peptide가 합성되면서 folding되는 것을 방지하기 위해 SecB 경로에서는 합성 중인 peptide에 chaperone의 일종인 SecB가 결합하여 실제로 막을 통한 통과가 이루어지는 SecY 복합체로 이동한 다음 원형질막을 통과(posttranslational export)한다(그림 3.10a). SRP 경로에서는 peptide 합성이 시작되면 SRP가 합성 중인 peptide의 *N*-terminal인 signal peptide에 결합하여 SRP-ribosome 복합체를 형성한 다음 원형질막에 있는 수용체(FtsY)로 이동하여 결합한다. 이어서 FtsY와 함께 SecY 복합체로 이동한 다음에 peptide 합성을 계속하며, 합성 중

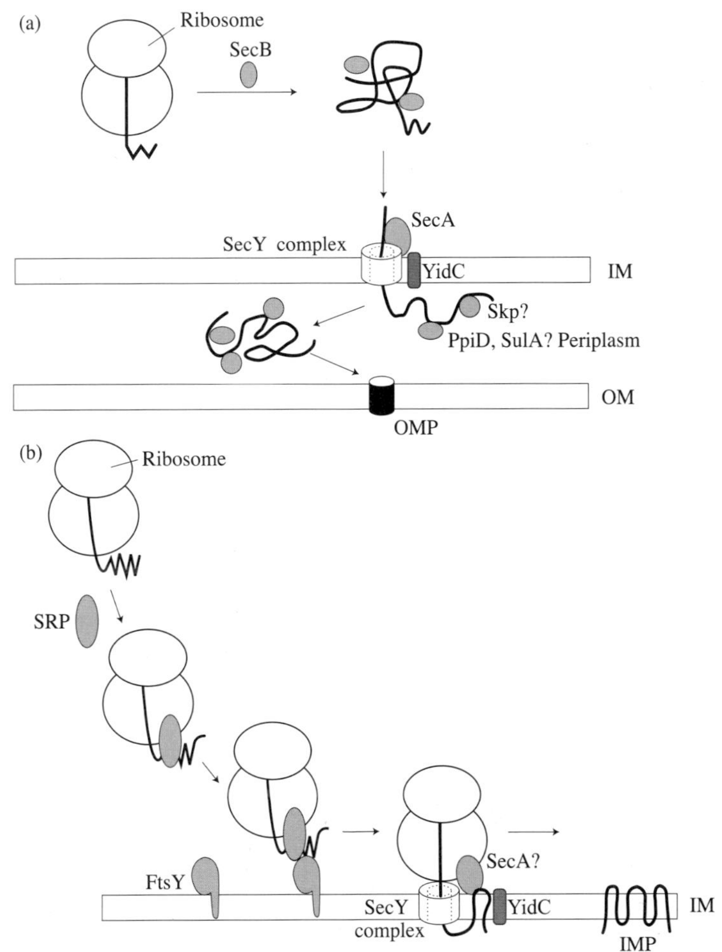

그림 3.10 General Secretary Pathway로 운반되는 단백질이 원형질체에서 운반 가능 형태로 유지되는 (a) SecB 경로와 (b) SRP 경로(Curr. Opin. Micribiol. 2000, 3:203-209).

운반될 peptide가 합성되면서 원형질체에서 folding되는 것을 방지하여 운반이 가능한 상태로 유지하기 위해 (a) SecB 경로에서는 합성된 peptide가 chaperone의 일종인 SecB와 결합하여 실제 막을 통과하는 SecY 복합체로 이동한다. (b) SRP 경로에서는 peptide 합성이 시작되면 SRP(signal recognition particle)라는 단백질이 ribosome과 결합하고 막에 있는 수용체(FstY)와 함께 SecY 복합체로 이동한다.
SecY복합체에서는 ATPase 활성이 있는 SecA가 ATP를 분해로 얻어지는 에너지로 peptide를 SecY를 통해 운반한다. 세포외 또는 outer membrane 단백질은 SecB 경로로, 원형질막 단백질은 주로 SRP 경로로 운반된다. YidC는 원형질 막단백질이 지질이중층으로 삽입되는 것을 도와 준다.

인 peptide는 SecY 복합체를 통해 원형질막을 통과(cotranslational export)한다(그림 3.10b). 원형질막 단백질인 SecY 복합체를 translocon이라 부르기도 한다. ATPase 활성이 있는 SecA가 ATP의 분해로 발생하는 에너지를 이용하여 SecY 복합체를 통해 peptide를 운반한다. 이 과정에서 *N*-terminal의 친유성 signal peptide는 원형질막에 있는 signal peptidase의 작용으로 분리된다. 그람음성 세균에서 periplasm과 outer membrane 단백질 그리고 세포 밖으로 분비되는 단백질은 SecB 경로로 운반되며, 원형질막 단백질은 SRP 경로로 운반된다. 그람양성 세균은 GSP 유사 경로로 단백질을 운반하지만 SecB는 확인되지 않았다. GSP 경로로 운반되는 peptide는 periplasm과 outer membrane에 있는 다양한 단백질의 작용을 받아 각각의 위치로 이동한다.

3.9.1.2 Tat 경로를 통한 단백질의 운반

*Escherichia coli*에서 dimethyl sulfoxide reductase와 formate dehydrogenase 등은 molybdenum과 iron-sulfur cluster 같은 cofactor를 갖는 원형질막 단백질이다. 이들은 GSP 또는 ABC 경로와 다른 twin-arginine translocation(Tat) 경로로 운반된다. Tat 경로로 운반되는 단백질로 가장 널리 알려진 단백질들은 molypterin, Fe-S, Ni-Fe 등과 같은 redox cofactor를 보유한 periplasmic 단백질들로 원형질체에서 cofactor와 결합하고 folding된 다음 원형질막으로 이동히여 Tat 경로를 통해 운반된다. 또한 cofactor를 갖고 있지는 않지만 원형질체에서 너무 빨리 folding되어 Sec 경로로 운반되지 못하는 단백질도 Tat 경로로 운반된다.

Tat 경로로 운반되는 단백질도 GSP 경로의 단백질처럼 *N*-terminal에 친유성의 signal peptide를 갖는다. Tat 경로로 운반되는 단백질의 signal peptide는 GSP의 그것보다 길고 친유성이 낮으며, 중간 부분에 arginine 2잔기가 나란히(twin-arginine) 배열되어 있는 것이 특징이다(그림 3.11).

*E. coli*에서 Tat 경로에 의한 단백질 운반은 막에 있는 TatA, TatB, TatC, TatE 단백질과 원형질체 단백질 TatD에 의해 이루어진다. TatD는 Tat 경로에 대한 특징적인 기능이 없으며, TatA와 TatE는 기능이 같아서 TatA 만으로도 충분한 기능을 한다. TatA와 TatB는 구조가 비슷하며 원형질막에서 single transmembrane helix를 지닌 반면에 TatC는 six transmembrane helix를 하고 있다(그림 3.12 a). Tat 경로에 의한 단백질의 운반에 필요한 에너지는 proton motive force가 공급하는 것으로 판단된다. Tat 경로의 정확한 단백질 운반 메커니즘은 잘 알려지지 않지만, 최근 연구에 따르면 TatA는 단백질 운반의 channel을 구성하는 복합체를 이루며, TatB와 TatC는 TatBC 복합체를 이루어 Tat signal peptide를 인식하고 결합하여 TatA로 운반하는 역할을 하며, TatABC 복합체가 형성되면 proton motive force를 이용하여 단백질 운반이 진행된다고 판단하고 있다(그림 3.12 b).

E. coli 이외에도 다양한 세균에서 Tat 경로가 알려지고 있다. 이들은 *Dehalospirillum multivorans*의 tetrachloroethene dehalogenase, *Desulfovibrio vulgaris*의 hydrogenase, *Pseudomonas stutzeri*의 nitrous oxide reductase, *Wolinella succinogenes*의 hydrogenase, *Zymomonas mobilis*의 glucose-fructose oxidoreductase 등이다.

*Bacillus subtilus*의 peroxidase(YwbN)와 phosphodiesterase, *Staphylococcus*의 iron-dependent peroxidase(FepB) 등 그람양성 세균 단백질도 Tat 경로로 운반이 이루어진다. 그람음성 세균과는 달리 그람양성 세균의 Tat 경로는 TatA가 TatB의 기능을 보유하고 있기 때문에 TatA와 TatC로만 구성되어 있다.

이들 외에도 *tat* 유전자가 archaea를 포함하는 많은 원핵세포 생물에서 발견되고 있다. 진핵세포

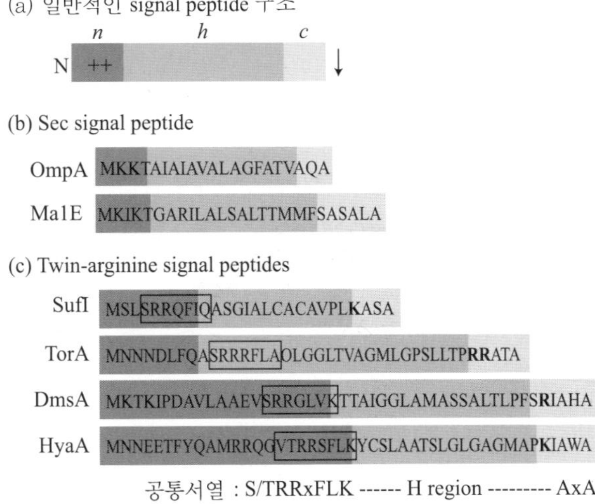

그림 3.11 Sec Signal Peptide와 Tat Signal Peptide의 3 부위(Trend Microbiol. 2005, 13:175-180).

(a) Sec signal peptide와 Tat signal peptide의 일반적 구조는 유사하다. 두 가지 모두 길이는 다양하지만 N-region(*N*-terminal positively charged 부위; ++, 왼쪽 n), H-region(친유성 부위, 중간 h), C-region(AxA 포함하는 극성의 절단 부위, 오른쪽 c) 등의 3부분으로 구성되어 있다. (b) *E. coli*의 outer membrane protein A(OmpA)와 periplasmic maltose binding protein(MalE)의 Sec signal peptide, (c) *E. coli*에 있는 Tat signal peptide들. N-region과 H-region의 경계 부근에 두 개의 arg(R)를 포함하는 twin-arginine motif가 모든 Tat signal peptide에 포함되어 있으며(n box 부분), 운반된 뒤에 peptidase에 의해 C-region의 ala-x-alag(AxA)에서 절단이 일어난다. C-region 에 있는 'Sec-avoidance motif'의 기능을 하는 염기성 잔기[arg(R) 또는 lys(K), bold체)와 친유성이 낮은 H-region이 Tat signal peptide를 지닌 단백질이 Sec 경로로 운반되지 못하게 하는 것으로 판단하고 있다.
x: 모든 아미노산,
SufI : multicopy suppressor of an *ftsI* mutation, TorA : trimethylamine *N*-oxide(TMAO) reductase, DmsA : dimethyl sulfoxide(DMSO) reductase, HyaA : hydrogenase, 화살표 : 절단 부위

의 세포 내에 기생하는 mycoplasma, methanogen 등의 유전체에는 *tat* 유전자가 발견되지 않았다.

Co-factor와 결합한 단백질 외에 원형질체에서 folding되는 막단백질도 Tat 경로로 운반된다. 두 가지 이상의 peptide로 이루어지는 복합단백질의 경우 원형질체에서 복합체가 형성된 다음 운반되기 때문에 복합체를 이루는 peptide 중에서 하나 만이 signal peptide를 갖는다(그림 3.12 b).

3.9.1.3 ATP-binding cassette(ABC) 경로

ABC 경로는 세균에서 진핵 세포 생물에 이르기까지 광범위하게 진화되었고 ABC transporter는 다양한 기능을 수행한다. 앞(3.4)에서 설명한 바와 같이 원핵생물에서 ABC 경로는 당류, 아미노산, 이온 등을 포함하는 영양물질들을 운반한다. 또한 ABC 경로는 단백질 분해효소와 lipase 등의 효소, 독소 단백질 등의 세포외 단백질을 운반할 뿐만 아니라 lipoploysaccharide, capsular polysaccharide(제6장, 6.9) 등 원형질막 밖의 구조물의 전구물질을 비롯하여 항생 물질을 세포 밖으

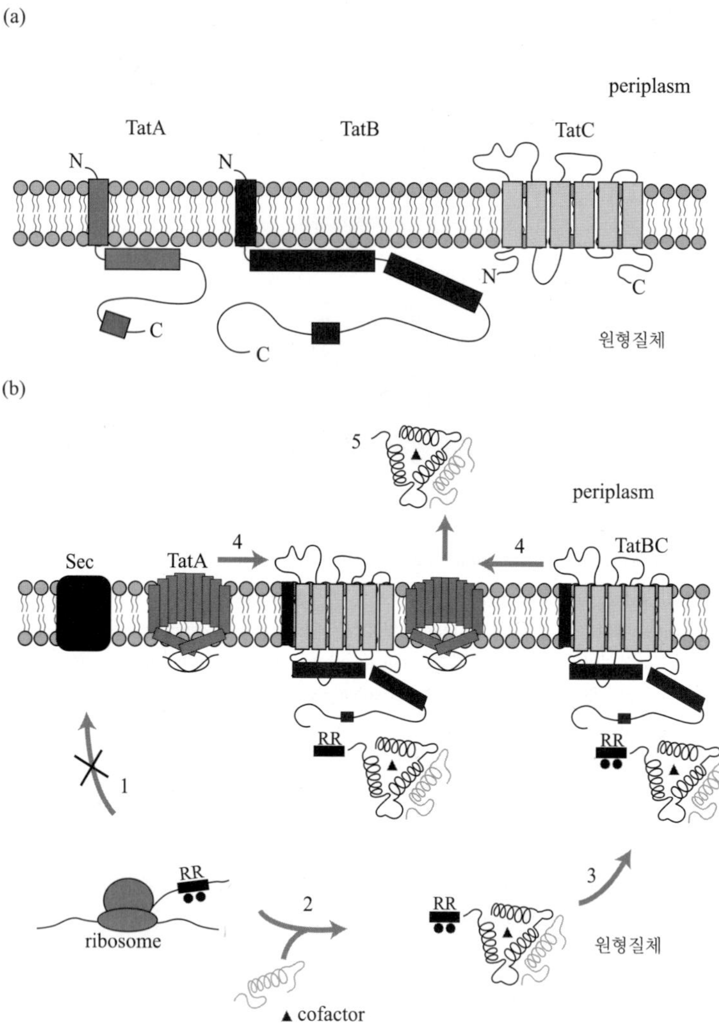

그림 3.12 Tat 경로를 수행하는 단백질과 Tat 경로를 통한 단백질 운반 모식도(Res. Microbiol. 2004, 155:803-810).

(a) 원형질막에 존재하는 TatA, TatB, TatC의 모식도. 지질 이중층 내의 helical region(box). (b) 운반되는 단백질의 Tat 경로 선택과 운반 메커니즘.

1. ribosome에서 초기 합성된 Tat signal peptide에 있는 Twin-arg(RR)과 Tat-specific chaperone(작은 원)의 작용으로 Sec 경로를 통한 단백질 운반이 진행되지 않는다. **2.** 합성된 peptide가 Tat BC 복합체로 전달되기 전에 cofactor(작은 삼각형)의 삽입과 다른 polypeptide의 결합 등의 folding이 진행된다. **3.** Folded protein은 Tat BC 복합체에 결합한다. **4.** Proton motive force를 이용하여 단백질 운반을 수행하는 TatABC 복합체(active translocon)가 형성되고 이를 통한 단백질 운반이 진행된다. **5.** Signal peptide가 제거되면서 periplasm으로 단백질이 운반된다.

로 운반하는 등 다양한 기능을 갖는다. ABC transporter는 그람음성 세균에서 많은 연구가 이루어졌는데, 이 내용은 다음(3.9.2.2)에 설명한다.

3.9.2 그람음성 세균의 단백질 운반

그람음성 세균에서 일부 단백질은 원형질막을 통과한 다음 outer membrane을 통과하여 운반되어야 한다. 그람음성 세균에서 단백질 운반은 outer membrane을 통과하는 메커니즘에 따라 다음과 같이 나눈다.

1. Chaperone/usher 경로
2. Type I 경로; ATP binding cassette(ABC) 경로
3. Type II 경로
4. Type III 경로
5. Type IV 경로
6. Type V 경로 : autotransporter 또는 단일 보조 인자가 참여하는 경로
7. Type VI 경로

General secretary pathway(GSP)를 통해 원형질막을 통과하는 단백질은 chaperone/usher 경로, type II 경로 또는 type V경로를 통해 outer membrane을 통과한다. GSP를 통한 원형질막 통과는 단백질이 합성될 때 *N*-terminal에 친유성의 signal peptide가 합성되며, 원형질체와 원형질막에 분산되어 있는 Sec 단백질이 관여한다(그림 3.10). Type I경로, type III 경로, type IV 경로, type VI 경로 등은 Sec 단백질이 관여하지 않는 Sec-independent 경로로 단백질을 운반한다. Type I 경로로 운반되는 단백질에는 signal peptide가 없으며 앞에서 기술한 ATP binding cassette(ABC)를 통해 원형질막을 통과한다. 많은 병원성 세균들은 type III 경로를 이용하여 flagella 등 세포외 구조물을 이루는 단백질을 운반할 뿐 아니라 동물과 식물의 병원성에 관여하는 단백질을 숙주의 원형질체로 직접 운반한다. Type III 경로에서는 세균의 원형질막과 outer membrane 그리고 숙주의 원형질막에 걸쳐지는 특수한 구조를 통해 단백질을 직접 숙주의 원형질체로 운반한다. 이와 유사하지만 특징적인 구조를 지닌 type IV 경로와 type VI 경로로도 다양한 단백질이 운반된다. Type IV 경로로 운반되는 단백질들은 일반적으로 Sec-independent 경로를 이용하지만, *Bordetella pertusis*의 Pt 독소와 *Brucella* sp.의 VirB 등과 같은 일부 단백질은 Sec-dependent 경로를 통해 원형질막을 통과한 다음 type VI 경로를 통해 세포 밖으로 운반된다. 이외에도 *Mycobacterium tuberculosis*에서 숙주의 T-cell 면역반응을 유도하는 early secreted antigenic target(ESAT-6)와 culture filtrate protein(CFP-12)을 운반하는 WXG 100 secretion system이 type VI 경로를 통해 세포 밖으로 운반되는 것으로 알려져 있다. Tat 경로로 원형질막을 통과한 단백질은 type II 경로를 통해 세포 밖으로 운반된다.

3.9.2.1 Chaperone/usher 경로

병원성에 관여하는 여러 종류의 그람음성 세균의 세포 표면 단백질이 이 경로를 통해서 운반된다. GSP 경로를 통해 periplasm으로 운반된 단백질은 periplasm의 chaperone인 PapD와 결합하고 원형질막에 있는 usher를 통해서 outer membrane을 통과한다(그림 3.13). 이 과정은 에너지 소비 없이

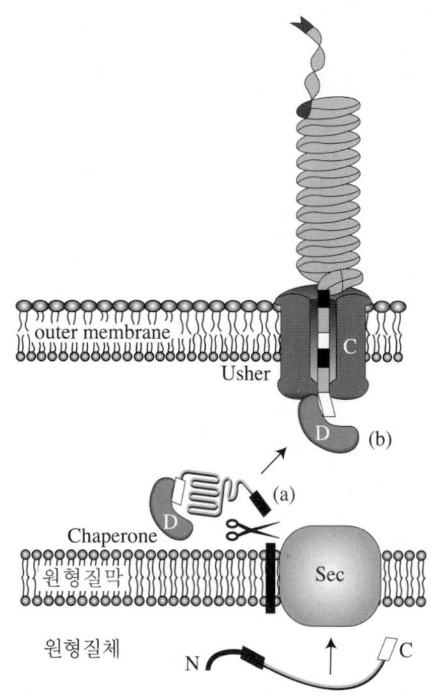

그림 3.13 Chaperone/usher 경로를 통한 Pilus 단백질의 운반(Curr. Opin. Cell Biol, 2000, 12:420-430).
Pilus를 이루는 단백질 pilin은 GSP 경로를 통해 원형질막을 통과한 다음 2차 구조를 형성한다. 이어서 periplasm에 있는 chaperone PapD가 *C*-terminal(흰색 막대) 부위에 결합하여 pilin 간의 결합을 방지한다(a). PapD에 결합한 pilin은 outer membrane에 있는 usher인 PapC로 이동하여 기존의 pilus가 형성하는 통로를 따라 pilus의 끝으로 이동한 다음(b) pilus 끝 부분에 있는 pilin의 *N*-terminal(검은 막대)과 이동하는 pilin의 *C*-terminal이 결합하여 pilus를 형성한다.
D : chaperone PapD, C : usher PapC, Sec : translocon

진행되며, pili도 이 경로로 형성된다.

3.9.2.2 Type I 경로; ATP binding cassette(ABC) 경로

많은 종류의 그람음성 세균에서 단백질 분해효소와 lipase 등 효소, 독소 단백질 등의 세포외 단백질은 이 경로를 통해 운반된다. 이 경로를 통해 운반되는 단백질은 *N*-terminal signal peptide가 없는 대신 운반 중에 분리되지 않는 *C*-terminal secretion signal을 갖는다. ABC 경로의 단백질 운반은 원형질막에 있는 ABC exporter, 원형질막 바깥쪽에서 periplasm을 가로지르는 membrane fusion protein(MFP) 그리고 outer membrane protein(OMP) 등 3 종류의 단백질에 의해 이루어진다. 운반되는 단백질의 *C*-terminal부터 일렬로 정렬되어 있는 이들 단백질을 통해 periplasm에서 멈추지 않고 바로 세포 바깥으로 운반된다(그림 3.14). 이때 필요한 에너지는 ATPase 활성이 있는 ABC exporter가 분해하는 ATP로부터 제공된다.

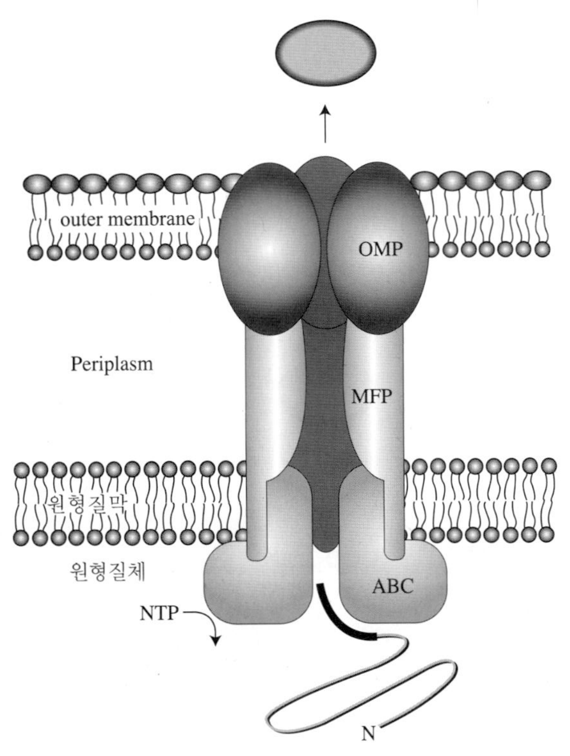

그림 3.14 ABC 경로와 Type I 경로를 통해 각각 원형질막과 Outer Membrane을 통과하는 단백질(Curr. Opin. Cell Biol, 2000, 12:420-430).

ABC 경로를 통해 원형질막을 통과하는 peptide는 *N*-terminal의 signal sequence 대신 *C*-terminal에 secretion sequence를 갖는다. ATP를 소비하면서 원형질막에 있는 ABC exporter를 통해 운반되는 peptide는 outer membrane의 OMP를 통해 세포 밖으로 운반된다. 이때 이 두 단백질을 잇는 membrane fusion protein(MFP)을 통과하기 때문에 periplasm에서 멈추지 않는다.

ABC : ATP-binding cassette, MFP : membrane fusion protein, NTP : ATP 등 nucleotide triphosphate

3.9.2.3 Type II 경로

GSP 경로로 원형질막을 통과한 대부분의 단백질(세포외 효소, 독소 단백질 등)과 Tat 경로 운반되는 단백질들이 type II 경로를 통해 세포 밖으로 운반된다. 많은 종류의 그람음성 세균에 이 경로가 존재하며 *Klebsiella oxytoca*의 pullulanase도 이 경로로 운반된다. Type II 경로는 type V 경로나 chaperone/usher 경로처럼 GSP 경로로 원형질막을 통과하는 단백질을 outer membrane을 통과시키는 메커니즘이지만 이 두 가지 경로보다 훨씬 복잡하다. 원형질막에서 outer membrane에 이르기까지 산재하여 있는 12종 이상의 단백질이 이 경로에 관여한다. 이들을 통틀어 secreton이라 부른다. GSP 경로를 통해 periplasm으로 운반된 단백질은 여기서 folding되고 secreton 중에서 outer membrane에 기질이 있을 때 열리고 없을 때 닫히는 투과공(GspD channel)을 통해 세포 밖으로 운

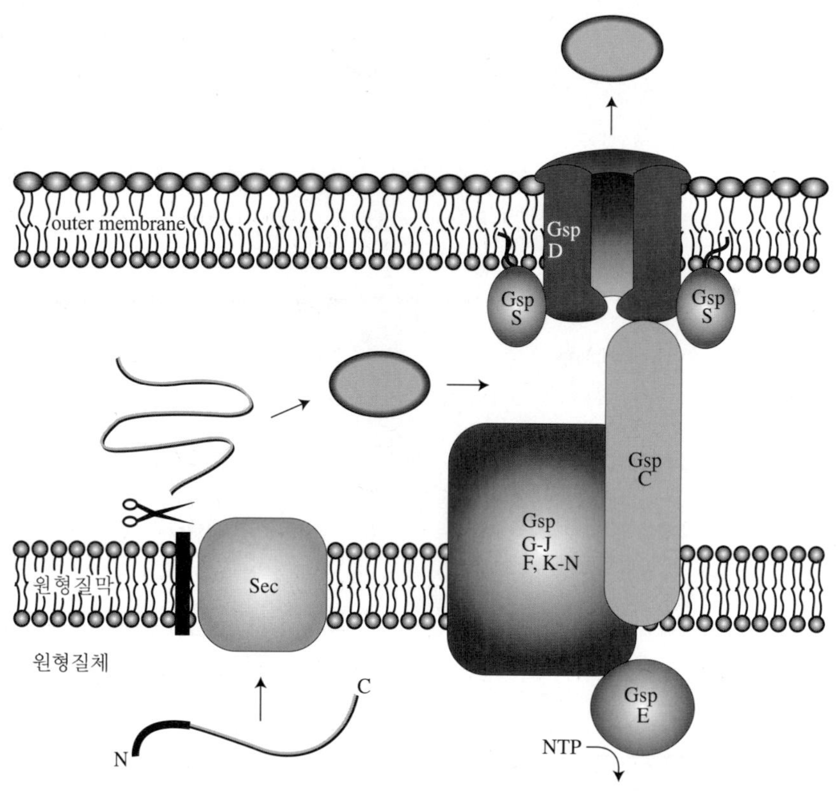

그림 3.15 Type II 경로를 통해 Outer Membrane을 통과하는 단백질(Curr. Opin. Cell Biol, 2000, 12:420-430).

Type II로 운반되는 단백질은 Sec 경로로 원형질막을 통과하면서 signal peptide가 분리되고 periplasm에서 folding된 다음 원형질막에서 outer membrane에 이르기까지 산재하여 있는 12종 이상의 단백질이 형성하는 secreton이라는 복합체의 작용으로 outer membrane을 통과한다. Lipoprotein인 GspS와 복합체를 이루고 있는 GspD가 단백질을 세포 밖으로 운반하는 통로를 형성하고, 운반에 필요한 에너지는 GspE가 ATP를 가수분해한 에너지를 GspC를 통해 공급된다.
Gsp : general secretion pathway protein, NTP : ATP 등 nucleotide triphosphate

반된다(그림 3.15). 이 과정에 필요한 에너지는 원형질막에 있는 GspE가 ATP를 분해하여 periplasm을 가로지르는 GspC를 통해 전달된다. *Pseudomonas aeruginosa*의 type 4 pilin도 이와 유사한 과정으로 운반된다.

3.9.2.4 Type III 경로

많은 종류의 동물과 식물 병원성 그람음성 세균이 숙주의 원형질체로 질병과 관련되는 단백질과 flagella의 filament를 이루는 flagellin을 운반하는 메커니즘이다. 이 경로에 관여하는 20 종류 이상의 단백질은 세균의 원형질막, outer membrane 그리고 숙주의 원형질막에 걸치는 복합체 구조를 형성하여 세균의 원형질체에서 합성되는 단백질을 직접 숙주의 원형질체로 운반한다(그림 3.16). Outer

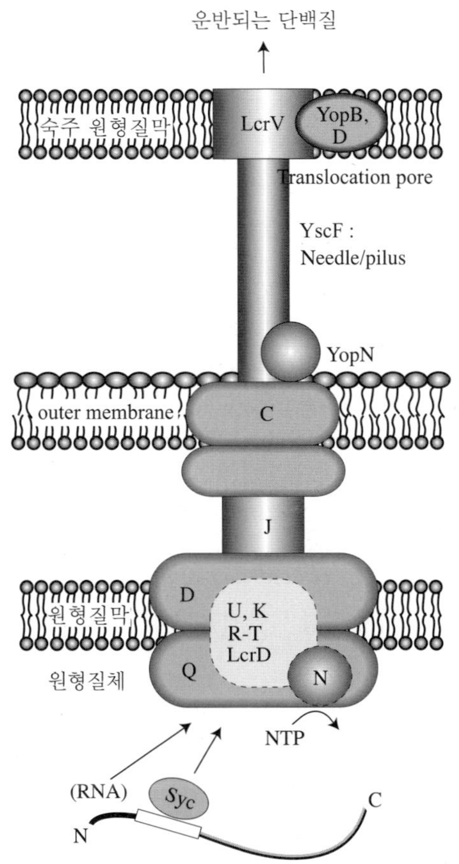

그림 3.16 Type III 경로를 통해 숙주 세포 안으로 단백질이 운반되는 과정(Curr. Opin. Cell Biol, 2000, 12:420-430.).
동 · 식물의 병원성 세균이 독소 단백질을 직접 숙주 세포로 운반하는 메커니즘으로 운반되는 단백질과 이를 생산하는 mRNA에 각각 secretion signal이 있다. mRNA가 가지는 secretion signal은 mRNA-ribosome 복합체가 원형질막에 있는 type III 운반체로 이동하는 데 작용하여 단백질 합성과 동시에 운반이 시작되게 하는 작용을 가지며, 다른 secretion signal은 원형질체의 chaperone인 Syc와 결합하는 부위이다. Flagellar 단백질과 상동성을 바탕으로 YscK(K), YcsR-U, LcrD(YscV) 등의 단백질은 중심 분비 기구를 이루고 ATPase인 YscN(N)이 ATP를 분해하여 운반에 필요한 에너지를 공급한다. YscC(C)는 outer membrane(OM)에서 단백질 운반의 통로의 기능을 하며 OM 표면에 있는 YopN은 channel gate로의 역할을 하는 것으로 판단된다. Flagella 형성 과정과 유사하게 type III 경로로 운반되는 단백질은 type III needle을 통해 운반된다. 독소 단백질의 숙주 세포 주입은 LcrV와 YopB 그리고 YopD로 구성된 translocation pore를 통해 이루어진다.

membrane에 통로를 형성하는 단백질은 type II 경로의 GspD와 상동성이 있으며, 운반되는 단백질은 이 복합체의 needle을 통해 숙주의 원형질체로 운반된다. 이때도 운반에 필요한 에너지는 세균의 원형질체 쪽 복합체에서 ATP가 분해되면서 제공된다. 세균의 flagella는 type III 경로를 수행하는 복합체와 구조가 매우 유사하며 flagellin도 이 경로로 운반된다.

Type III 경로를 통한 단백질 운반은 두 종류의 secretion signal에 의해 조절되는 것으로 알려졌다. 운반되는 단백질을 생산하는 mRNA에 있는 secretion signal은 mRNA-ribosome 복합체가 원형질막에 있는 type III 운반체로 이동하는 데 작용하여 단백질 합성과 동시에 운반이 시작되게 하며, 운반될 단백질에 있는 다른 secretion signal은 원형질체의 chaperone인 Syc와 결합하여 type III 경로를 통해 숙주로 운반되도록 작용한다.

3.9.2.5 Type IV 경로

*Legionella pneumophila*와 *Helicobacter pylori* 등에서 최근에 알려진 경로로 독소 단백질을 숙주의 원형질체로 직접 운반하는 경로이다. 이 경로에 작용하는 단백질은 type III 경로와 유사한 복합체를 이루지만 단백질의 상동성은 없다. 이 경로로 운반되는 단백질은 *C*-terminal positive-charge tail 또는 *C*-trminal hydrophobic tail의 secretion signal을 갖고 있으며 이외에도 추가적인 intrinsic motif와 chaperone이 관여하여 type IV 경로의 운반이 결정된다. 이 경로로 outer membrane을 통과하는 단백질들은 일반적으로 Sec-independent 경로를 통해 원형질막을 통과하지만, *Bordetella pertussis* Pt와 *Brucella* sp. VirB 등은 GSP로 periplasm으로 운반된 다음 type IV를 통해 세포 밖으로 운반된다(그림 3.17).

또한 식물에서 tumor를 유발하는 *Agrobacterium tumefaciens*에서 DNA가 이 경로로 숙주로 운반된다. DNA의 운반은 원형질체에서 직접 복합체를 통해 운반되며, 세균의 conjugation도 이 경로와 유사한 메커니즘으로 이루어진다.

이 경로를 통해 단백질과 DNA를 세포 밖으로 운반하거나 또는 DNA를 세포 안으로 운반하는 예도 있다. Type IV 경로는 그람음성 세균뿐만 아니라 그람양성 세균과 archaea에서도 작용하는 단백질 및 DNA 운반 메커니즘이다.

3.9.2.6 Type V경로 : Autotransporter 또는 단일 보조 인자가 참여하는 경로

그람음성 세균에서 단백질 분해효소, 독소 단백질, 표면 흡착(adhesin)과 숙주 침입(invasin)에 관여하는 세포 표면 단백질 등이 type V 경로로 운반된다. 이 경로로 운반되는 단백질은 3부분으로 이루어져 있다. GSP에 필요한 *N*-terminal의 signal peptide가 있는 부위와 *C*-terminal에 *C*-terminal β-domain이 있고, 이 두 부위 사이에 실제로 세포 밖으로 운반되는 internal passenger 또는 functional domain이라고 하는 중간 부위가 연결되어 있다. Signal peptide가 분리되면서 원형질막을 통과(그림 3.18a)한 peptide의 *C*-terminal β-domain이 outer membrane에 도달하면 porin과 유사한 투과공 즉, autotransporter를 형성하여 functional domain을 통과시킨다. 통과된 functioanl domain은 outer membrane protease에 의해 절단되어 세포 밖으로 분비된다(그림 3.18b). 유전자 조작 기법으로 signal peptide와 *C*-terminal β-domain을 결합시킨 외래 단백질도 운반되는 것으로 보아 운반되는 단백질의 구조가 autotransporter에 영향을 주지 않는 것을 알 수 있다.

C-terminal β-domain이 없는 단백질의 경우에는 outer membrane에 있는 별개의 단백질인 보조 인자가 *C*-terminal β-domain의 역할을 대신한다. 이러한 운반 메커니즘을 two-partner secretion(TSP) 경로라고 한다(그림 3.18c).

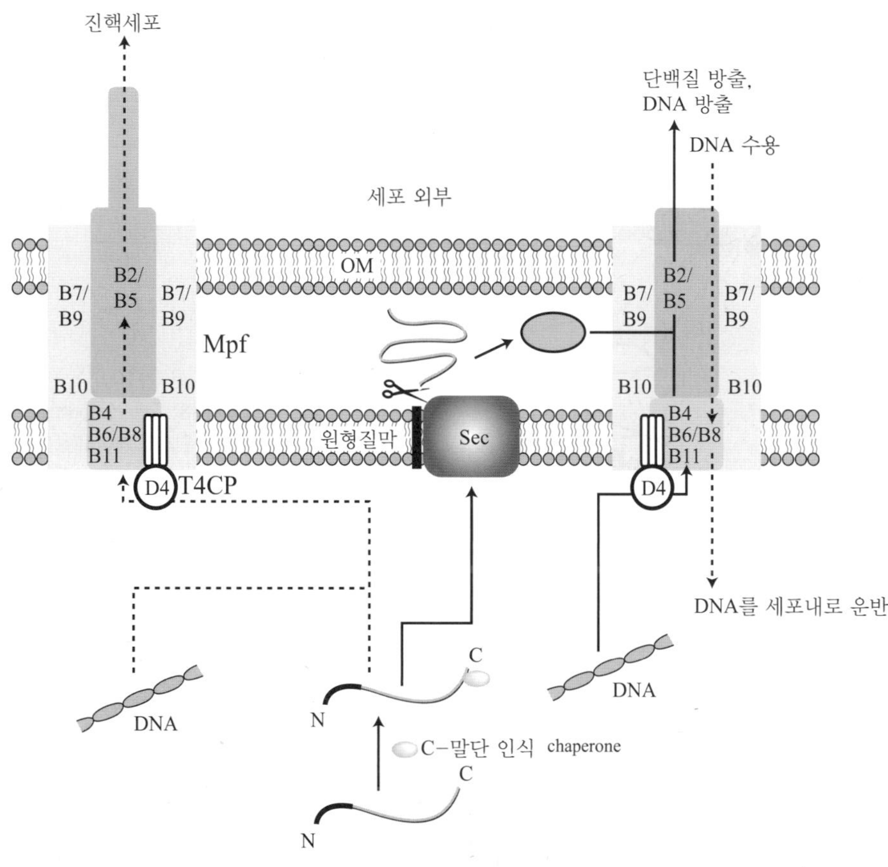

그림 3.17 동 · 식물의 병원성 세균이 단백질 또는 DNA를 운반하는 Type IV Secretion System

Type IV 경로는 DNA 또는 단백질을 숙주 세포 안으로 운반(왼쪽 점선 화살표)하는 메커니즘이다. Conjugation과 *Agrobacterium tumefaciens*에서의 DNA 전달이 이 과정으로 진행된다. 다른 경우 이 경로를 통해 DNA 또는 단백질이 세포 밖으로 운반되기도 하고(오른쪽 실선 화살표, 예 ; pertusis toxin의 분비, *Neisseria gonorrhoeae*의 DNA 방출) DNA가 세포 안으로 운반되기도 한다(오른쪽 점선 화살표, 예 ; *Helicobacter pylori*의 DNA 수용). Type IV 경로로 운반되는 단백질은 일반적으로 Sec-independent 경로로 운반되지만, pertusis toxin(PT)는 Sec-dependent 경로로 periplasm으로 운반된 다음 type IV channel을 통해 운반된다.

D4 : 운반될 DNA와 단백질을 Type IV 경로로 연결하는 type IV coupling protein(T4CP)

B1 ~ B11 : 원형질막과 OM을 연결하는 mating pair formation(Mpf) 성분, 이 중에서 B2와 B5는 분비 channel과 pilus를 형성하고 B4와 B11은 운반에 필요한 에너지를 공급하는 ATPase이다.

단일의 polypeptide가 autotransporter를 형성하며 functional domain을 운반하는 전형적인 autotranspoter 경로와는 달리 3개의 polypeptide가 autotranspoter를 형성하는 trimeric autotransporter를 이용한 단백질 운반 메커니즘 최근에 알려졌다(그림 3.18d). Trimeric autotransporter를 구성하는 단백질의 *C*-terminal domain은 전형적인 autotranspoter에 비해 짧으며, 이를 통해 운반되는 단백질은 세포 밖으로 분비되지 않고 adhesin처럼 세포 외층에 부착되어 있

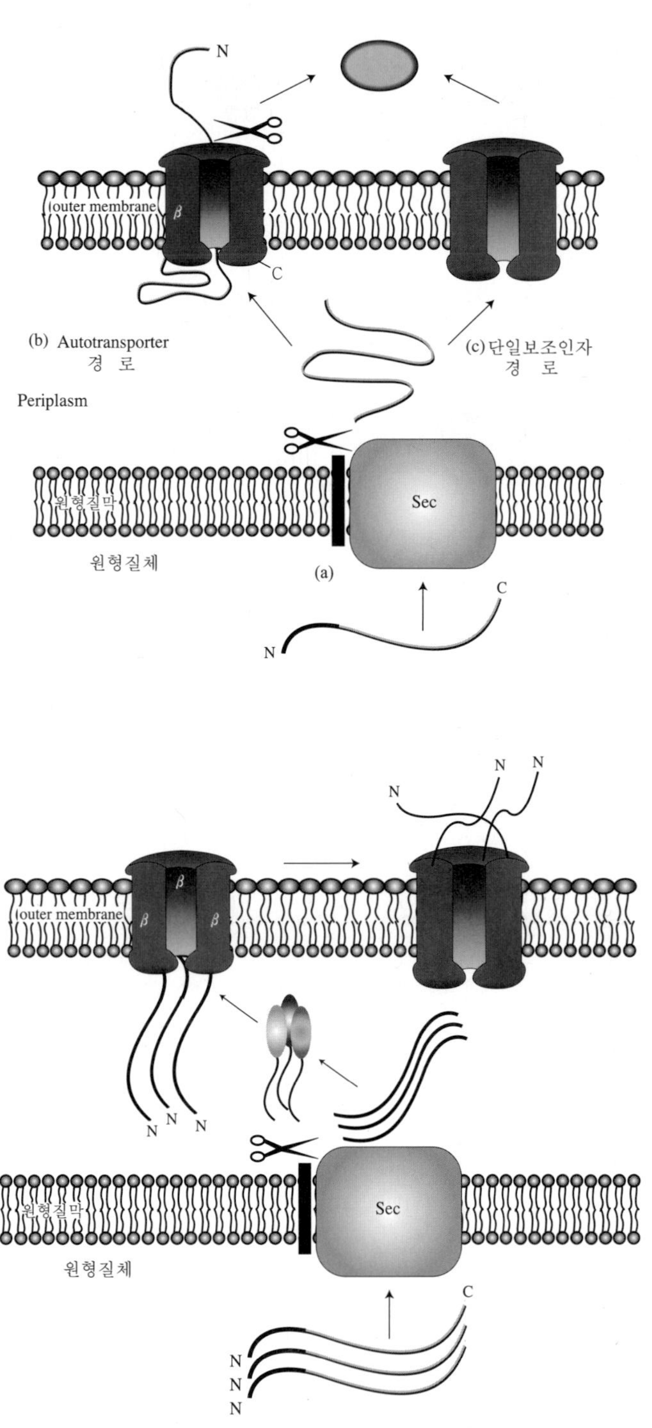

그림 3.18 Autotransporter 또는 단일 보조 인자가 참여하는 단백질 운반 경로.

(a) 이 경로로 운반되는 peptide는 GSP 경로를 통해 원형질막을 통과하면서 signal peptidase의 작용을 받아 signal peptide와 분리된다. (b) 운반된 peptide의 *C*-terminal에 특정한 구조의 *C*-terminal *β*-domain이 있는 경우 이 *β*-domain이 outer membrane에 *β*-barrel 형태의 구조를 만들고 나머지 internal passenger peptide가 이 구조를 통해 운반된다. *β*-barrel 형태의 구조가 autotransporter로 작용한다. 운반된 passenger domain은 protease의 작용으로 세포 밖으로 분비된다. (c) *C*-terminal *β*-domain이 없는 peptide가 outer membrane을 통과하기 위해서는 별개의 보조 인자가 작용한다. 이를 Two-partner secretion이라고 한다.
(d) 단일의 polypeptide가 autotransporter를 형성하며 functional domain을 운반하는 전형적인 autotranspoter 경로와는 달리 3개의 polypeptide가 autotranspoter를 형성하는 trimeric autotransporter. 이 경로로 운반되는 단백질은 세포 밖으로 분비되지 않고 세포외층에 부착되어 있다.
C : *C*-terminal
N : *N*-terminal
Sec : translocon

다. *Yersinia enterocolitica*의 YadA adhesin과 *Haemophilus influenzae*의 Hia adhesin이 이 경로를 통해 운반되는 단백질의 예이다.

3.9.2.7 Type VI 경로

Vibrio cholera, Salmonella typhimurium, Pseudomonas aeruginosa, Francisella tularensis, Rhizobium leguminosarum 등의 여러 그람음성 세균에서 숙주세포의 병원성에 관여하거나 공생에 필요한 단백질의 운반 경로를 type VI 경로라 한다. 이 경로에도 다양한 단백질이 작용한다. 이들은 운반 channel을 형성하는 IcmF-associated homologous protein(IAHP), 운반에 필요한 에너지를 공급하는 ATPase인 ClpV, effector 단백질인 Hcp(hemolysin coregulated protein)와 VgrG(valine-glycine repeat protein G), 신호 전달을 하는 regulatory FHA 단백질로 구성된다. Type IV 경로로 단백질을 운반하지 않는 세균은 signal peptide를 가지지 않은 단백질을 type VI 경로로 숙주의 원형질체로 직접 운반한다. 운반 메커니즘은 자세히 알려지지 않았지만, type IV 경로와 유사한 방법으로 단백질을 운반하는 것으로 판단하고 있다. Type VI system의 발현은 숙주의 방어 메커니즘을 피하기 위해 전사 및 번역 수준에서 정확하게 조절된다.

3.9.3 다당류와 Lipopolysaccharide의 운반

Capsule과 outer membrane을 이루는 lipopolysaccharide(LPS)의 구성 성분은 원형질체에서 합성되어 원형질막을 통과하여 제 위치로 이동한다. LPS의 구성 성분인 lipidA, core polysaccaride 그리고 O-면역 항원(repeating oligosaccharide)은 원형질막의 원형질체 쪽에서 합성된 다음에 core polysaccharide는 lipid A의 작용으로 원형질막을 통과하며, 원형질막에 있는 undecaprenyl phosphate에 결합한 생태로 합성되는 O-면역 항원은 undecaprenyl phosphate의 작용으로 원형질막을 통과한 다음 periplasm에서 LPS로 조립된다. 조립된 LPS는 type I 경로(ATP-binding cassette 경로)로 outer membrane으로 이동한다(제6장, 6.9.3.2).

3.9.4 Archaea에서의 단백질 운반

Archaea의 세포 구조는 세균과 비슷하지만 원형질막 지질과 세포벽의 조성 등이 세균과 다르다. 이러한 다른 세포 외부 구조를 가진 archaea의 기본적인 단백질 운반 기구 및 메커니즘은 세균과 유사하지만 약간의 차이가 있다.

Archaea도 원형질막을 통해 단백질을 운반하기 위해 세균과 같이 Sec 경로(GSP), Tat 경로 그리고 ABC 경로를 이용한다. 그러나 Sec 경로를 수행하는 기구들은 원핵생물과 진핵생물의 특징이 섞여 있는 형태이다(표 3.1). Archaea의 Sec translocase(SecYGβ)는 진핵생물의 Sec translocase와 유사한 특징을 갖고 있다. 또한 SecYE도 세균의 SecYE보다 진핵생물의 Sec61α와 비슷하고 세균의 SecG는 없는 반면 진핵생물의 Sec61β를 갖고 있다. 또한 Archaea의 Sec translocase에는 세균과

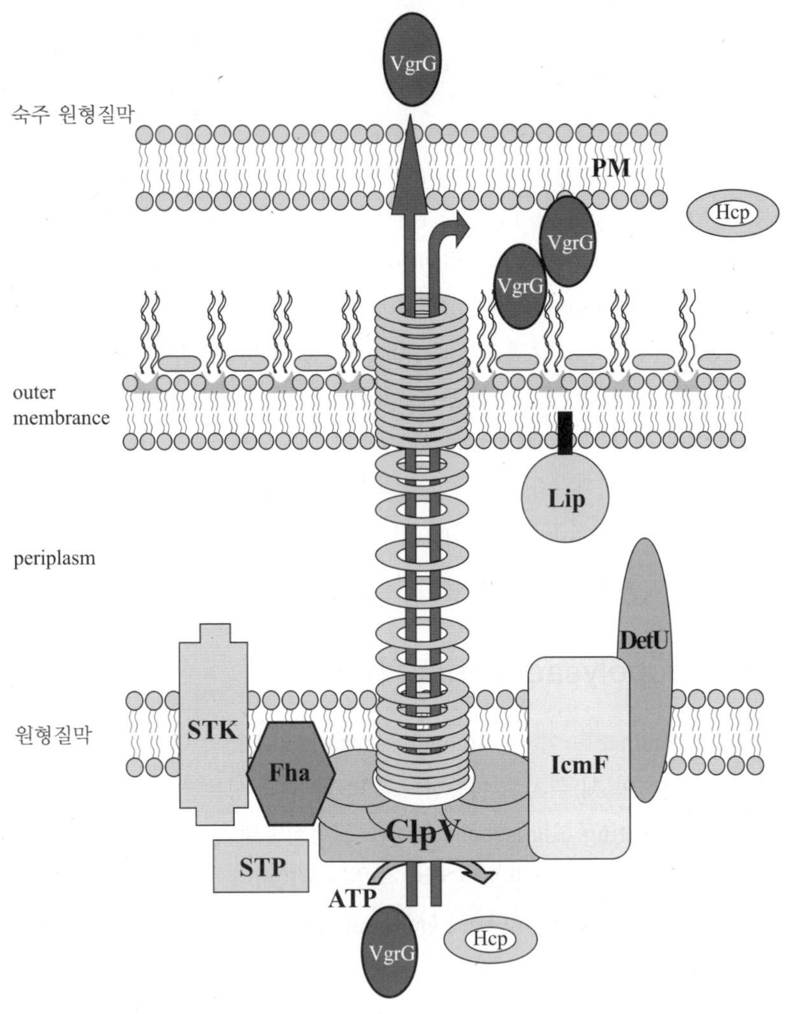

그림 3.19 *Vibrio cholera*에서 VgrG 단백질이 Outer Membrane을 통과하는 Type VI System(Microbiol.-UK. 2008, 154:1570-1583).

ATPase인 ClpV는 ATP를 분해하여 Hcp와 VgrG의 운반에 필요한 에너지를 공급한다. Hcp monomer는 원형질체에서 periplasm으로 운반된 다음 ring으로 중합되고 새로 합성되는 Hcp가 원형질체 쪽에서 첨가되어 원형질막과 OM을 거쳐 세포 밖으로 연결된 channel을 형성하는 것으로 판단하고 있다. VgrG는 Hcp과 함께 운반되고 puncturing 메커니즘으로 숙주에 주입되거나 Hcp channel을 통해 운반된다. IcmF와 DotU는 원형질막 단백질이며, Fha는 Type VI 경로의 활성을 조절한다.
PM : 숙주 원형질막, STK : Ser/Thr kinase, STP : Ser/Thr phosphatase

달리 SecB와 ATPase인 SecA가 없다. 그러나 세균에서 SecA를 안정화시키고 SecG와 상호작용하여 Sec translocase를 통한 단백질 운반을 촉진하는 보조 요소인 SecD와 SecF는 archaea에 존재한다. 이외에 archaea는 아직 밝혀지지 않은 다른 chaperone과 motor protein을 보유하는 것으로 알려

표 3.1 진핵세포의 Endoplasmic reticulum과 Archaea 및 세균에 존재하는 단백질 운반 기구와 조성

Translocation and targeting componcnts	Endoplasmic reticulum	Archaea	*Escherichia coli*	*Bacillus subtilis*
SRP RNA	7S	7S	4.5S	scRNA
SRP protein subunits	SRP54, SRP19, SRP9/14. SRP 68/72	Ffh, SRP19	Ffh	Ffh, HBsu
SR	α, β	FtsY	FtsY	FtsY
Scc translocase	Sec61$\alpha\beta\gamma$	SecYEβ	SecYEG	SeeYEG
Associated subunits	Sec62/63, Sec71/72, TRAM	SecDF	SecDFYajC	SeeDFYajC
Motor ATPase	Bip	/	SecA	SecA
YidC system	/	YidC	YidC	SpolIU, YajG
Tat translocase	/	TatA, TatC	TatA, TatB, TatE, TatC	TatAdCd, TatAyCy

SRP: Signal recognition prticlc, SR: Endoplasmic reticulum(ER) SRP recoptor, scRNA: small cytoplasmic RNA, TRAM : translocating chain-associated membrane protein
(Cell. Mol. Life. Sci. 2010, 67: 179-199)

져 있다. Sec 경로 중 단백질의 co-translational translocation를 수행하는 SRP 경로의 SRP(signal recognition particle)는 진핵생물의 SRP와, SRP receeptor(SR)는 세균의 SR(FtsY)과 특징이 같다. 그리고 archaea는 원형질막 단백질의 원형질막 지질층 삽입을 촉진하는 YidC를 갖고 있다.

Archaea의 Tat 경로는 TatA와 TatC로 이루어져 있고 TatB는 갖고 있지 않다(표 3.1). 많은 종류의 archaea에서도 cofactor를 가진 단백질의 운반이 Tat 경로로 이루어진다. 호염성 archaea인 *Halobacterium salinarum, Haloacilar marismortui, Haloferax volcanii* 등의 유전체 분석으로 Tat 경로가 대부분의 단백질 운반을 수행하는 것으로 확인되었다. 이는 단백질들이 빠르게 folding되는 고염 조건에서 호염성 archaea가 단백질 운반을 용이하게 하기 위한 수단인 것으로 판단하고 있다.

Arcahaea에도 ABC transporter(type I 경로)를 통한 단백질 운반 메커니즘이 있다. 또한 완벽한 그람음성 세균의 type II 경로의 운반체는 아니지만 archeae도 Sec를 통해 periplasm으로 운반된 단백질을 세균의 GspE와 유사한 ATPase와 pilus-like filamentous를 이용하는 type II 경로 또는 type IV 경로를 통해 운반한다. 그러나 Type III 경로는 archaea에서 알려지지 않았으며, twitching 운동과 부착에 관여하는 type IV pilus와 flagellin이 type II 또는 type IV 경로와 비슷한 경로로 운반된다.

3.10 진핵세포 미생물의 물질 운반

앞에서 서술한 바와 같이 진핵세포에서는 group translocation 메커니즘이 알려지지 않고 있으며, facilitated diffusion과 능동 운반에 의해 물질을 운반한다. 능동 운반은 대부분 원형질막에 있는 F_1F_o-ATPase가 일차적으로 H^+을 세포 외로 방출하고, 이때 형성된 proton motive force를 이용하여 각종 영양 성분을 symport, uniport 메커니즘으로 세포 안으로 흡수한다.

효모 *Saccharomyces cerevisiae*는 포도당, fructose 등 단당류를 facilitated diffusion으로 흡수하

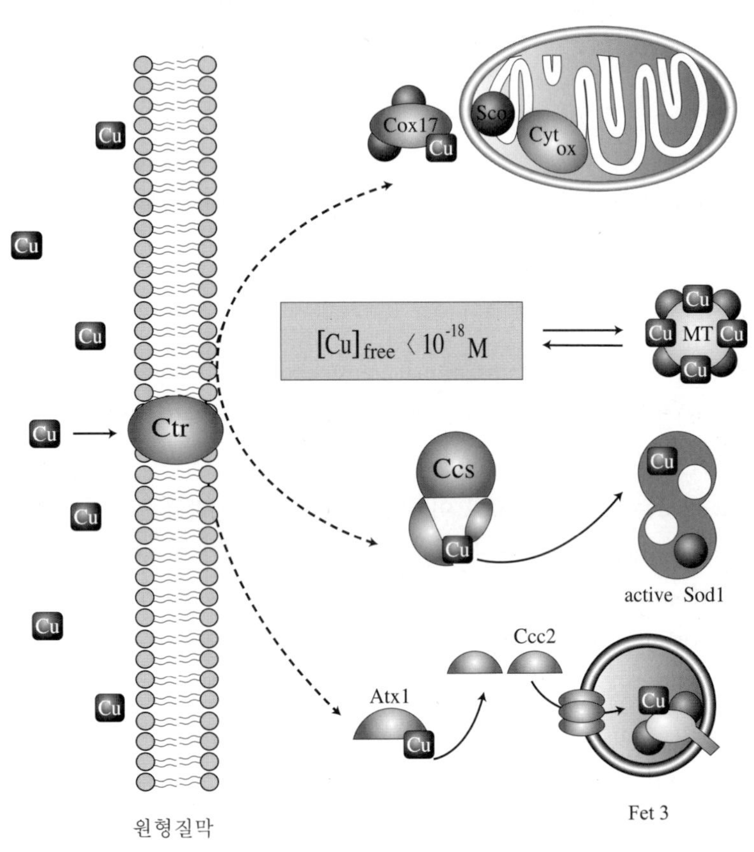

그림 3.20 효모 *Saccharomyces cerevisiae*의 구리 대사에 작용하는 Metallochaperone의 작용

구리, 아연, 니켈 등 독성이 있는 금속이 많은 효소의 co-factor로 작용한다. 원형질체 효소인 superoxide dismutase(SOD1)와 mitochondria 내막에 있는 효소인 cytochrome oxidase(cyt_{ox})의 co-factor로 작용하는 구리는 원형질막에 있는 Ctr(copper transporter)에 의해 흡수되면서 metallochaperone인 Cox17, Ccs, Atx1과 결합하여 각각 cyt_{ox}, SOD1 그리고 multicopperer oxidase(Fet3)로 전달된다. 이때 단백질 상호 작용으로 금속 이온이 서로 다른 위치로 전달된다. MT(metallothionein)과 Fet3은 과량의 구리 이온을 세포 밖으로 운반한다.

Sco : mitochondrial inner membrane copper ion transport

며, maltose 등 이당류는 H^+ symport 메커니즘으로 운반된다. 이 효모가 diffusion으로 단당류를 효율적으로 운반할 수 있는 이유는 세포 안으로 운반된 당이 *K*m 값이 10^{-4}M로 기질에 대한 친화성이 매우 높은 hexose kinase에 의해 인산화되어 세포 안의 유리 당 농도를 낮게 유지하기 때문이다. 능동 운반으로 흡수되는 maltose는 *K*m 값이 이보다 100배 정도 높은 glucosidase의 작용을 받는다.

아연, 구리 니켈 등 독성이 있는 금속이 많은 단백질의 co-factor로 작용한다(제2장, 2.1). 이들은 세포 안으로 운반된 다음 특정 단백질에 결합한 상태로 필요한 부위로 전달된다. 필요한 금속 이온이 세포 안의 각종 고분자 물질과 비특이적으로 결합하는 것을 방지하여 독성이 없는 상태로 필요한 부위에 전달하는 이러한 단백질을 metallochaperone이라 부른다. 효모 *Saccharomyces cerevisiae*의 superoxide dismutase(SOD1)와 mitochondria 내막에 있는 효소인 cytochrome oxidase(cyt_{ox})는 구리를 co-factor로 이용한다. 원형질막에 있는 Ctr(copper transporter)에 의해 흡수되는 구리는 metallochaperone인 Cox17, Ccs, Atx1과 결합하여 각각 cyt_{ox}, SOD1 그리고 multicopper oxidase(Fet3)로 전달된다(그림 3.20). 이때 금속 이온이 정해진 위치로 전달되기 위해 서로 다른 metallochaperone은 각각 다른 단백질과 상호 작용한다. Fet3는 metallothionein과 함께 과량의 구리 이온을 세포 밖으로 배출하는 데도 이용된다.

3.11 진핵세포의 Mitochondria 막을 통한 물질의 이동

Mitochondria는 진핵세포의 원형질체에 있는 이중막으로 분리된 세포내 구조이다. 그 외막은 모든 저분자 물질이 쉽게 통과할 수 있지만, 내막은 원핵세포의 원형질막과 같이 전기적으로 대전된 물질은 통과할 수 없으며, 모두 운반체에 의해 운반된다. 인산염, 황산염, 아황산염, ADP, ATP, pyruvate, TCA cycle의 유기산 일부, 아미노산, PEP 등은 운반체를 통해 mitochondria의 내막을 통과할 수 있으나, $NAD(P)^+$, NAD(P)H, coenzyme A, acyl-CoA, AMP, GMP, GDP, GTP, Cl^-, NO_3^-, NH_4^+ 등은 운반되지 않는다. 그러나 물, 산소, 이산화탄소, NH_3, HCOOH, CH_3COOH 등은 운반체 없이 내막을 쉽게 통과할 수 있다.

3.11.1 대사산물의 이동

Mitochondria에서 산화적 인산화(5장, 5.8)에 의해 형성된 ATP와 원형질체에서 분해된 ADP와 인산은 각각 mitochondria의 내막을 통과하여야 한다. 인산은 mitochondria의 호흡으로 이루어진 proton motive force의 에너지를 이용하여 $H_2PO_4^-/H^+$ symport(phosphate translocase)에 의해 mitochondria 안으로 운반된다. ATP와 ADP는 adenine nucleotide translocase에 의해 교환된다.

Mitochondria 내막에는 TCA 회로의 일부 유기산을 통과시키는 dicarboxylate translocase, tricarboxylate translocase가 존재한다. 이상의 mitochondria 내막의 물질 이동을 종합하면 그림 3.21과 같다.

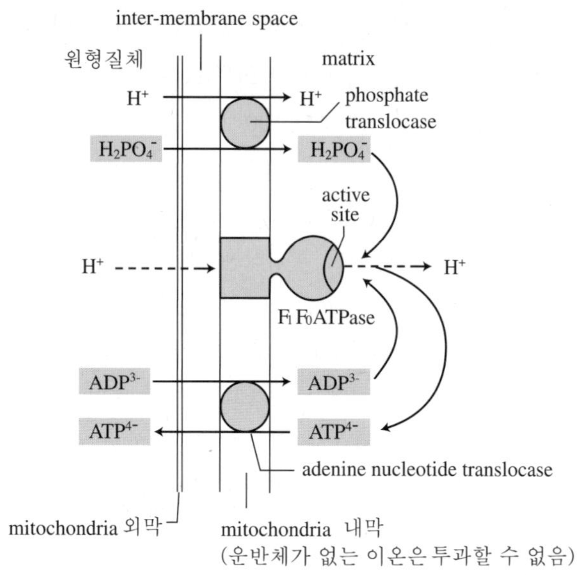

그림 3.21 Mitochondria 내막의 물질 통과.

3.11.2 환원력과 Acetyl기의 운반

진핵세포에서 EMP 경로를 통한 pyruvate의 생산과, acetyl-CoA로부터 지질의 합성은 원형질체에서 이루어지며, pyruvate의 산화적 탈탄산 반응과, TCA 회로 및 산화적 인산화 반응은 mitochondria에서 이루어진다. 이들 반응이 각각 주어진 위치에서 이루어지기 위해서는 pyruvate와 NADH(또는 환원력)는 원형질체에서 mitochondria로, acetyl-CoA는 mitochondria에서 원형질체로 운반되어야 한다. Pyruvate는 운반체의 도움으로 이동이 가능하나, NADH와 acetyl-CoA는 이동이 불가능하다.

해당 경로 등 원형질체에서 발생하는 NADH의 환원력은 malate-aspartate shuttle 메커니즘에서 malate 형태로 mitochondria로 이동한다(그림 3.22). 효모 *Saccharomyces cerevisiae*의 mitochondria 내막에는 다른 진핵세포와 달리 oxaloacetate 운반체가 있어서 이보다 간단한 malate-oxaloacetate shuttle도 같은 역할을 갖는다(그림 3.23). 이 효모가 혐기적으로 생장하면서 생합성에 필요한 탄소 골격을 공급하기 위해 유지하는 불완전 TCA 경로(제5장, 5.4.1)에서 발생하는 환원력은 ethanol-acetaldehyde shuttle(그림 3.24)을 통해 원형질체로 운반된다. Ethanol과 acetaldehyde는 운반체 없이 확산으로 mitochondria 내막을 통과한다.

Acetyl-CoA는 carnitine{$(CH_3)_3$-N^+-CH_2-CH(OH)-CH_2-COO^-}이 운반체가 되어 acetyl carnitine 형태로 운반되거나 acetyl group shuttle에서 citrate 형태로(그림 3.25) 이동한다. 대부분의 진핵세포 미생물에서는 carnitine의 작용으로 acetyl-CoA가 운반되며, 저장 물질로 triglyceride를 합성하는 효모는 acetyl group shuttle 활성이 강하다(제13장, 13.2.2)

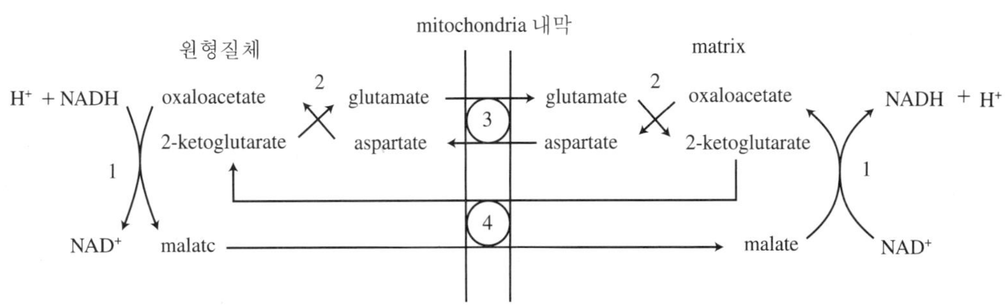

그림 3.22 해당 경로에서 발생하는 환원력을 Mitochondria로 운반하기 위한 Malate-Aspartate Shuttle.

Mitochondria와 원형질체는 각각의 pyridine nucleotide pool을 갖고 있으며, 이들은 mitochondria의 내막을 통과하지 못한다. 해당 경로에서 발생하는 환원력을 mitochondria로 운반하기 위해 양측에 malate dehydrogenase (1), 그리고 aspartate aminotransferase(2)의 활성이 필요하다. 환원력은 malate형태로 malate-2-ketoglutarate(dicarboxylate) translocase(4)를 통해 운반되며, glutamate와 aspartate는 glutamate-aspartate translocase(3)의 작용으로 운반된다.

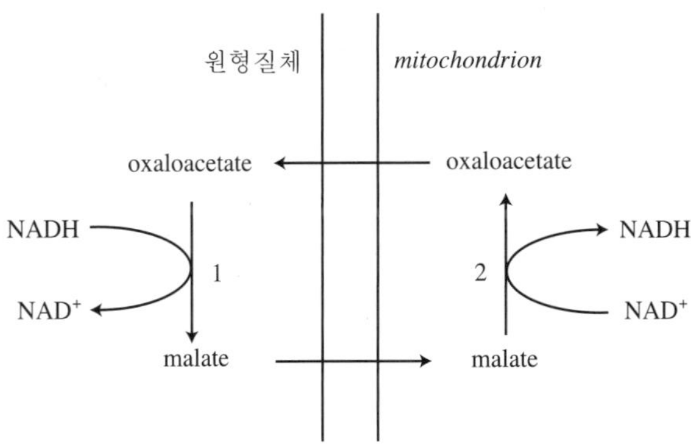

그림 3.23 *Saccharomyces cerevisiae*가 호기적으로 생장할 때 원형질체로부터 환원력을 mitochondria로 운반하는 Malate-Oxaloacetate Shuttle (FEMS Microbiol. Rev. 2001, 25:15-37).

*Saccharomyces cerevisiae*는 mitochondria 내막에 oxalate 운반체를 보유하고 있어서 malate-aspartate shuttle과 함께 malate-oxaloacetate shuttle로도 환원력을 운반할 수 있다.

1. 원형질체 malate dehydrogenase; **2.** mitochondrial malate dehydrogenase

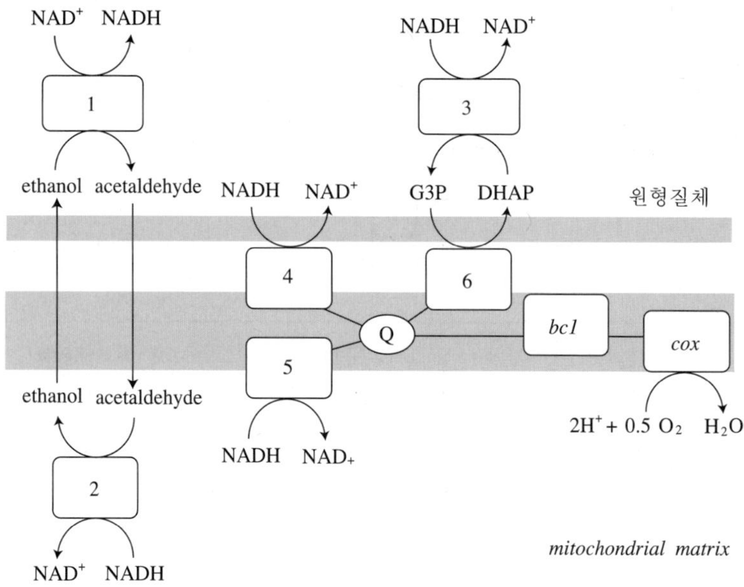

그림 3.24 혐기성 상태에서 생장하는 *Saccharomyces cerevisiae*가 mitochondria에서 발생하는 환원력을 원형질체로 운반하는 Ethanol-Acetaldehyde shuttle(FEMS Microbiol. Rev. 2001, 25:15-37)

탄소 골격을 공급하는 불완전 TCA 회로에서 발생하는 환원력을 mitochondria에서 원형질체로 운반하는 메커니즘. Ethanol과 acetaldehyde는 막을 통해 확산으로 이동한다.

1. alcohol dehydrogenase 1과 2; **2.** alcohol dehydrogenase 3; **3.** soluble glycerol-3-phosphate dehydrogenase; **4.** external NADH dehydrogenase 1과 2; **5.** internal NADH dehydrogenase; **6.** membrane-bound glycerol-3-phosphate dehydrogenase

Q: ubiquinone, bc1: cytochrome bc_1 complex, COX: cytochrome *c* oxidase

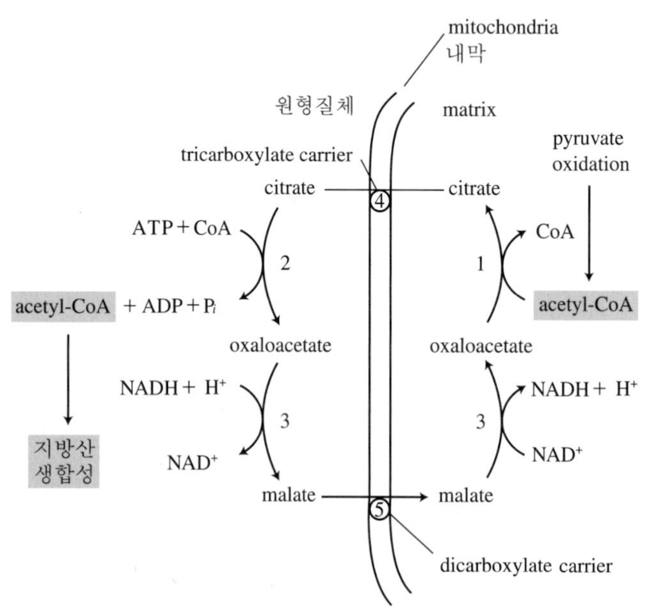

그림 3.25 Acetyl-CoA를 Mitochondria로부터 원형질체로 운반하는 Acetyl Group Shuttle.

Mitochondria안에서 acetyl-CoA가 citrate synthase(1)의 작용으로 citrate로 합성되어 tricarboxylate translocase(4)를 통해 원형질체로 운반된다. 원형질체에서 citrate는 citrate lyase(2)의 작용으로 acetyl-CoA와 oxaloacetate로 분해된다. Oxaloacetate는 malate로 환원된 후 dicarboxylate translocase(5)의 작용으로 mitochondria 내막을 통과한다.

요점 정리

1. 미생물이 환경으로부터 물질을 세포 안으로 운반하는 메커니즘을 확산(diffusion), 능동 운반(active transport) 그리고 group translocation으로 분류한다.
2. 확산과 능동 운반을 담당하는 막 단백질은 물질 운반 메커니즘에 따라 mobile carrier와 pore 형으로 나뉜다.
3. 물질의 능동 운반에는 에너지를 필요로 한다. electrochemical gradient 형태의 에너지를 필요로 하는 능동 운반과 고에너지 인산 결합을 필요로 하는 능동 운반 메커니즘이 있다.
4. Group translocation 메커니즘으로 운반되는 물질은 운반 도중에 구조가 변한다. Group translocation은 원핵세포 생물에서만 알려져 있다.
5. 물에 거의 녹지 않는 철을 세포 안으로 운반하기 위해 많은 미생물은 siderophore로 알려진 chelator를 세포 밖으로 분비한다. Siderophore-Fe^{3+} 복합체는 ATP-binding cassette 메커니즘으로 흡수된다. 그람음성 세균에서 Siderophore-Fe^{3+} 복합체는 TonB-dependent transporter에 의해 outer membrane에서 peroplasm으로 운반된 다음 ATP-binding cassette 메커니즘으로 원형질로 흡수된다.
6. 세포 안에서 합성되는 많은 종류의 단백질이 원형질막 밖으로 운반된다. 단백질은 general secretion pathway(GSP), non-GSP pathway 그리고 twin-arginine translocation(Tat) 경로, ABC 경로 등을 통해 운반된다.
7. 그람음성 세균에서 단백질이 다양한 메커니즘을 통해 outer membrane을 통과한다.
8. 진핵세포의 세포내 구조물(subcellular organelle)은 원형질체와 막으로 분리되어 있다. 따라서 원형질체와 세포내 구조물간의 물질 교환은 능동 운반과 확산 메커니즘으로 이루어진다.

참고 문헌

| Ionophore

Kelkar, D. A. and **C. Amitabha.** 2007. The gramicidine ion channel: A model membrane protein. Biochim Biophys Acta-Biomembr. **1678**:2011-2025.

| 확산

Calamita, G. 2000. The *Escherichia coli* aquaporin-Z water channel. Mol. Microbiol. **37**:254-262.

| 능동 운반

Busch, W. and **M. H. Saier.** 2002. The transporter classification (TC) system, Crit. Rev. Biochem. Mol. Biol. **37**:287-337.

Klebba, P. E. and **S. M. C. Newton**. 1998. Mechanisms of solute transport through outer membrane porins–

Burning down the house. Curr. Opin. Microbiol. **1**:238-247.

Lemieux, M. J. 2008. A prospective on the structural studies of inner membrane electrochemical potential-driven transporters. Biochim. Biophy. Acta-Biomembr. **1778**:1805-1813.

Lolkema, J. S., B. Poolman and **W. N. Konings**. 1998. Bacterial solute uptake and efflux systems. Curr. Opin. Microbiol. **1**:248-253.

O'Halloran, T. V. and **V. C. Culotta**. 2000. Metallochaperones, an intracellular shuttle service for metal ions. J. Biol. Chem. **275**:25057-25060.

Saier, M. H. 2000. Families of transmembrane sugar transport proteins. Mol. Microbiol. **35**:699-710.

Sobczak, I. and **J. S. Lolkema.** 2005. Structural and mechanistic diversity of secondary transporters. Curr. Opin. Microbiol. **8:**161-167.

Sobczak, I. and **J. S. Lolkema.** 2005. The 2-hydroxycarboxylate transporter family : physiology, structure, and mechanism. Microbiol. Mol. Biol. Rev. **69**:665-695.

| ATP-binding cassette(ABC) pathway

Bordignon, E., M. Grote and **E. Schneider.** 2010. The maltose ATP-biding cassette transporter in the 21th century–toward a structural dynamic perspective in its mode of action. Mol. Microbiol. **77**:1354-1366.

Davidson, A. L. 2002. Mechanism of coupling of transport to hydrolysis in bacterial ATP-binding cassette transporters. J. Bacteriol. **184**(5):1225-1233.

Dawson. R. J. P., K. Hollenstein and **K. P. Locher.** 2007. Uptake or extrusion : crystal structures of full ABC transporters suggest a common mechanism. Mol. Microbiol. **65**:250-257.

Eitinger, T., D. A. Rodionov, M. Grote and **E. Schneider.** 2011. Canonical and ECF-type ATP-binding cassette importers in prokaryotes: diversity in modular organization and cellular functions. FEMS Microbiol. Rev. **35**:3-67.

Higgins, C. F. 2007. Mutiple molecular mecahanisms for multidrug resistance transporters. Nature. **446**(7137):749-757.

Lubelski, J., W. N. Konings and **A. J. M. Driessen.** 2007. Distribution and physiology of ABA-type transporter contributing to multidrug resistance in bacteria. Microbiol. Mol. Biol. Rev. **71**:463-476.

Mulligan, C., M. Fischer and **G. H. Thomas.** 2011. Tripatite ATP-independent periplasmic(TRAP) transporters in bacteria and archaea. FEMS Microbiol. Rev. **35**:68-86.

| Group translocation

Barabote, R. D. and **M. H. Saier.** 2005. Comparative genomic analysis of the bacterial phosphotransferase system. Microbiol. Mol. Biol. Rev. **69**:608-634.

Jahreis, K., E. F. Schmitt, R. Bruckner and **F. Titgemeyer.** 2008. Ins and outs of glucose transport systems in eubacteria. FEMS Microbiol. Rev. **32**:891-907.

Pfuger-Grau, K. and **B. Gorke.** 2010. Regulatory roles of the bacterial nitrogen-related phophotransferase system. Trends Microbiol. **18**:205-214.

Postma, P. W., J. W. Lengeler and **G. R. Jacobson.** 1993. Phosphoenolpyruvate–carbohydrate phosphotransferase systems of bacteria. Microbiol. Rev. **57**:543-594.

| 기질/대사 산물 교환

Konings, W. N., J. S. Lolkema, H. Bolhuis, H. W. Vanveen, B. Poolman and **A. J. M. Driessen**. 1997. The role of transport processes in survival of lactic acid bacteria–Energy transduction and multidrug resistance. Anton. Leeuwenhoek Int. J. Gen. Microbiol. **71**:117-128.

Kakinuma, Y. 1998. Inorganic cation transport and energy transduction in *Enterococcus hirae* and other streptococci. Microbiol. Mol. Biol. Rev. **62**:1021-1045.

Poolman, B. 1990. Precursor/product antiport in bacteria. Mol. Microbiol. **4**:1629-1636

| 철 운반

Andrews, S. C., A. K. Robinson and **F. Rodriguez-Quinones.** 2003. Bacterial iron homeostasis. FEMS Microbiol. Rev. **27**(2-3):215-237.

Braun, V. and **M. Braun.** 2002. Active transport of iron and siderophore antibiotics. Curr. Opin. Microbiol. **5**:194-201.

Cornelis, P. 2010. Iron uptake and metabolism in pseudomonads. Appl. Microbiol. Biotechnol. **86**:1637-1645.

Noinaj. N. M. Guillier, T. J. Barnard and **S. K. Buchanan.** 2010. TonB-dependent transporter : Regulation, structure, and function. Annu. Rev. Microbiol. **64**:43-60

Schalk, I. J., M. Hannauer and **A. Braud**. 2011. New roles for bacterial siderophores in metal transport and tolerance. **13**:2844-2854.

Wiener, M. C. 2005. TonB-dependent outer membrane transport : going for BaroQue ? Curr. Opin. Struc. Biol. **15**:394-400.

| 단백질의 막 통과 – General secretion pathway

Alder, N. N. and **S. M. Theg.** 2003. Energy use by biological protein transport pathways. Trends Biochem. Sci. **28**: 442-451.

Bernstein, H. D. 2000. The biogenesis and assembly of bacterial membrane proteins. Curr. Opin. Microbiol. **3**:203-209.

Driessen, A. J. and **N. Neuwen.** 2008. Protein translocation across the bacterial cytoplasmic membrane. Annu. Rev. Biochem. **77**:643-667.

Flower, A. M. 2007. The SecY translocation complex: Convergence of genetics and structure. Trends Microbiol. **15**:203-210.

Hegde, R. S. and **H. D. Bernstein.** 2006. The suprising complexity of signal sequences. Trends Biochem. Sci. **31**:563-571.

Navarre, W. W. and **O. Schneewind**. 1999. Surface proteins of Gram-positive bacteria and mechanisms of their targeting to the cell wall envelope. Microbiol. Mol. Biol. Rev. **63**:174-229.

Pohlschroder, M., E. Hartmann, N. J. Hand, K. Dilks and **A. Haddad.** 2005. Diversity and evolution of protein translocation. Annu. Rev. Microbiol. **59**:91-111.

Yuan, J., J. C. Zweers, J. M. Dijl, and **R. E. Dalbey.** 2010. Protein transport across and into cell membranes in bacteria and archaea. Cell. Mol. Life. Sci. **67**:179-199.

| 단백질의 막 통과–ATP-binding cassette systems

Davidson, A. L., E. Dassa, C. Orelle and **J. Chen.** 2008. Structure, function, and evolution of bacterial ATP-binding cassette systems. Microbiol. Mol. Biol. Rev. **72**:317-364.

Detmers, F. J. M., F. C. Lanfermeijier and **B. Poolman.** 2001. Peptides and aTP binding cassette peptide transporters. Res. Microbiol. **152**:245-258.

| 단백질의 막 통과–Tat

Berks, B. C., F. Sargent and **T. Palmer**. 2000. The Tat protein export pathway. Mol. Microbiol. **35**:260-274.

Buck, E. D., E. Lammertyn and **J. Anne.** 2008. The importance of the twin-arginine translocation pathway for bacterial virulence. Trends Microbiol. **16**:442-453.

DeLisa M. P., D. Tullman and **G. Georgiou.** 2003. Folding quality control in the export of proteins by the bacterial twin-arginine translocation pathway**.** Proc. Natl. Acad. Sci. USA. **100**:6115-6120.

Kwan, D. and **A. Bolhuis.** 2010. Analysis of the twin-arginine motif of a haloarchaeal Tat substrate. FEMS Microbiol. Lett. **308**:138-143.

Lee, P. A., D. Tullman and **G. Georgiou.** 2006. The bacterial twin-arginine translocation pathway. Annu. Rev. Microbiol. **60**:373-395.

Palmer, T., F. Sargent and **B. C. Berks.** 2005. Export of complex cofactor-containing proteins by the bacterial Tat pathway. Trends Microbiol. **13**:175-180.

Robinson, C., C. F.R.O. Matos, D. Beck, C. Ren, J. Lawrence, N. Vasisht and **S. Mendel.** 2011. Transport and proofreading of proteins by the twin-arginine translocation(Tat) system in bacteria. Biochim. Biophys. Acta-Biomembr. **1808**:876-884.

| 단백질의 막 통과 – 그람음성 세균

Aizawa, S. 2001. Bacterial flagella and type III secretion systems. FEMS Microbiol. Lett. **202:**157-164.

Alvarez-Martinez, C. E. and **P. J. Christie.** 2009. Biological diversity of prokaryotic type IV secretion systems. Microbiol. Mol. Biol. Rev. **73**:775-808**.**

Bernstein, H. D. 2007. Are bacterial 'autotransporters' really transporters? Trends Microbiol. **15**:441-447.

Bingle, L. EH., C. M. Bailey and **M. J. Pallen.** 2008. Type VI: A beginner's guide. Curr. Opin. Microbiol. **11**:3-8.

Bitter, W., E. N. G. Houben, J. Luirink and **B. J. Appelmelk.** 2009. Type VII secretion in mycobacteria : classification in line with cell envelope structure. Trends Microbiol. **17**:337-338.

Chatterjee, S., S. Chaudhury, A. C. McShan, K. Kaur and **R. N. De Guzman.** 2013. Structure and biophysics of type III secretion in bacteria. Biochem. **52**(15):2508-2517.

Cianciotto, N. P. 2005. Type II secretion : a protein secretion system for all seasons. Trends Microbiol. **13**:581-588.

Cornelis, G. R. 2006. The type III secretion injectisome. Nature Rev. Microbiol. **4**:811-825.

Cotter. S. E., N. K. Surana and **J. W. St. Geme III.** Trimeric autotransporters: A distinct subfamily of autotransporter proteins. Trends Microbiol. **13**:199-205.

Dautin, N. and **H. D. Bernstein.** 2007. Protein secretion in gram-negative bacteria via the autotransporter pathway. Annu. Rev. Microbiol. **61**:89-112.

Desvaux, M., M. Hebraud, R. Talon and **I. R. Henderson.** 2009. Secretion and subcellular localizations of bacterial proteins: A semantic awareness issue. Trends Microbiol. **17**:139-145.

Economous, A., P. J. Christie, R. C. Fernandez, T. Palmer, G. V. Plano and **A. P. Pugsley.** 2006. Secretion by numbers: Protein traffic in prokaryotes. Mol. Microbiol. **62**:308-319.

Filoux, A., A. Hachani and **S. Bleves.** 2008. The bacterial type VI secretion machine : yet another player for protein transport across membranes. Microbiol.-UK **154**:1570-1583.

Karuppiah, V., J. Berry and **J. P. Derrick. 2011.** Outer membrane translocons : structural insights into channel formation. Trends Microbiol. **19**:40-48.

Kostakioti, M., C. L. Newman, D. G. Thanassi, and **C. Stathopoulos.** 2005. Mechanisms of protein export across the bacterial outer membrane. J. Bacteriol. **187**:4306-4314.

Linhartova, I., L. Bumba, J. Masn, M. Basler, R. Osicka, J. Kamanova, K. Prochazkova, I. Adkins, J. H. Holubova, L. Sadilkova, J. Morova and **P. Sebo.** 2010. RTX proteins: A highly diverse family secreted by a common mechanism. FEMS Microbiol. Rev. **34**:1076-1112.

Pukatzki, S., S. B. McAuley and **S. T. Miyata.** 2009. The type VI secretion system: Translocation of effectors and effector-domains. Curr. Opin. Microbiol. **12**:11-17.

Sutcliffe, I. C. 2011. New insights into the distribution of WXG 100 protein secretion systems. Antonie van Leeuwenhoek. **99**:127-131.

Thanassi, D. G. and **S. J. Hultgren**. 2000. Multiple pathways allow protein secretion across the bacterial outer membrane. Curr. Opin. Cell Biol. **12**:420-430.

Wallden, K. A. R. Calzada and **G. Waksman.** 2010. Type IV secretion systems: Versatility and diversity in function. Cellular Microbiol. **12**:1203-1212.

| 다당류 및 Lipopolysaccharide의 운반

Cuthbertson, L., V. Kos and **C. Whitfield.** 2010. ABC transporters involved in export of cell surface glycoconjugates. Microbiol. Mol. Biol. Rev. **74**:341-362.

Cuthbertson, L., I. L. Mainprize, J. H. Naismith and **C. Whitfield.** 2009. Pivotal roles of the outer membrane polysaccharide export and polysaccharide copolymerase protein families in export of extracellular polysacchaide in gram-negative bacteria. Microbiol. Mol. Biol. Rev. **73**:155-177.

Chen, Y., B. Peng, Q. Yang, M. D. Glew, P. D. veith, K. J. Cross, K. N. Goldie, D. Chen, N. O. Simpson, S. G. Dashper and **E. C. Reynolds.** 2011. The outer membrane protein LptO is essential for the O-deacylation of LPS and the co-ordinated secretion and attachment of A-LPS and CTD proteins in *Porphyromonas gingivalis*. Mol. Microbiol. **79**.1380-1401.

Doerrler, W. T. 2006. Lipid trafficking to the outer membrane of Gram-negative bacteria. Mol. Microbiol. **60**:542-552.

Whithfield, C. and **J. H. Naismith.** 2008. Periplasmic export machines for outer membrane assembly. Curr. Opin. Struc. Biol. **18**:466-474.

Whitney, J. C. and **P. L. Howell.** 2013. Synthase-dependent exopolysaccharide secretion in Gram-negative bacteria. Trends Microbiol. **21**(2):63-72.

| Archaea에서의 단백질 운반

Albers, S. V., Z. Szabo and **A. J. M. Driessen.** 2006. Protein secretion in the archaea: Multiple paths towards a unique cell surface. Nature Rev. Microbiol. **4**:537-547.

Pohlschroder, M., M. I. Gimenez and **K. F. Jarrell.** 2005. Protein transport in Archaea: Sec and twin-arginine translocation pathways. Curr. Opin. Microbiol. **8**:713-719.

| 진핵세포

Bakker, B. M., K. M. Overkamp, A. J. A. van Maris, P. Kotter, M. A. H. Luttik, J. P. van Dijken and **J. T. Pronk**. 2001. Stoichiometry and compartmentation of NADH metabolism in *Saccharomyces cerevisiae*. FEMS Microbiol. Rev. **25**:15-37.

Herrmann, J. M. and **W. Neupert**. 2000. Protein transport into mitochondria. Curr. Opin. Microbiol. **3**:210-214.

4장

포도당 대사와 ATP 수율

Escherichai coli 등 많은 미생물은 포도당과 무기염류로 구성된 배지에서 생장할 수 있다. 이들은 포도당을 Embden-Meyerhof-Parnas(EMP) 경로와 Hexose Monophosphate(HMP) 경로를 통해 대사하여 pyruvate를 생산한다. Pyruvate는 acetyl-CoA로 산화된 다음 tricarboxylic acid(TCA) 회로를 통해서 CO_2와 H_2O로 완전히 산화된다. 이들 경로에서 발생하는 12가지의 대사 중간 산물은 세포 구성 물질의 생합성을 위한 전구물질로 이용된다(표 4.1). 당이 아닌 다른 유기물을 대사하는 heterotroph는 주어진 기질을 이들 12가지 대사 중간 산물로 전환시켜 이용한다. 따라서 glycolysis와 TCA 회로는 중심 대사 경로(central metabolism)라 한다.

진핵세포 미생물은 6탄당을 Embden-Meyerhof-Parnas(EMP) 경로로 대사하여 ATP, pyruvate, 그리고 NADH를 생산하고, EMP 경로에서 생산할 수 없는 pentose-phosphate와 erythrose-phosphate,

표 4.1 중심 대사 경로에서 공급되는 생합성 전구물질

전구물질	생산되는 대사 경로	생합성
glucose-6-phosphate	해당 경로	다당류
fructose-6-phosphate	해당 경로	Murein
ribose-5-phosphate	HMP	핵산
erythrose-4-phosphate	HMP	아미노산
triose phosphate	해당 경로	지질
3-phosphoglycerate	해당 경로	아미노산
phosphoenolpyruvate	해당 경로	아미노산
pyruvate	해당 경로	아미노산
acetyl-CoA	pyruvate의 산화	지방산
2-ketoglutarate	TCA	아미노산
succinyl-CoA	TCA	아미노산
oxaloacetate	TCA	아미노산

NADPH를 생산하기 위해서는 hexose monophosphate(HMP) 경로로 당을 대사한다. 원핵세포 미생물 중에서는 진핵세포 생물과 같이 당을 EMP 경로와 HMP 경로를 통해 대사하는 것이 가장 많이 알려지고 있으며, EMP 경로 대신 Entner-Doudoroff(ED) 경로, 또는 phosphoketolase(PK) 경로로 당을 대사하는 예도 많이 알려져 있다. 어떤 종류의 원핵세포 미생물은 EMP 경로와 함께 ED 경로에 필요한 유전자들은 함께 갖고 있는 경우도 있다.

호열성 세균 *Thermotoga maritima*, 호열성 archaea인 *Thermoproteus tenax* 그리고 *Halococcus saccharolyticus* 등 호염성 archaea가 이에 속하는 미생물이다. *Escherichia coli*는 보통 당을 EMP 경로로 대사하지만 gluconate를 공급하면 ED 경로를 통해 이를 대사한다. Archaea의 해당 경로에서 또 다른 특징으로 세균이나 진핵세포 생물의 전형적인 해당 경로와 다른 EMP 변형 경로, ED 변형 경로가 많이 발견된다. 이들에 대해서는 각 항에서 상세히 설명한다.

대부분의 경우 당은 대사되기 전에 인산화가 된다. 이것은 아마도 인산화된 중간 산물은 음이온 상태이기 때문에 세포막을 통한 확산을 방지하여 운반에 소비되는 에너지의 낭비를 줄이기 위한 것으로 보인다.

본 장에서는 포도당이 pyruvate로 분해되는 과정과 이와 관련된 대사 경로를 살펴보고, pyruvate의 대사 경로는 제5장, 제8장, 제9장에서 설명하기로 한다.

4.1 Embden-Meyerhof-Parnas 경로

대부분의 혐기성 세균이나 장내 세균은 포도당을 group translocation을 통해 glucose-6-phosphate의 형태로 흡수한다. 능동 운반에 의해 포도당이 흡수되면 hexokinase에 의해 다음 반응으로 인산화된다.

$$\text{glucose} + \text{ATP} \xrightarrow{\text{hexokinase}} \text{glucose-6-phosphate} + \text{ADP}$$

Mannose와 같은 다른 6탄당도 hexokinase에 의해 대사되며 이때 Mg^{2+}를 필요로 한다. 이 효소는 역반응을 촉매하지 못한다.

한편, 저장 물질인 glycogen으로부터도 두 단계의 효소 작용을 통해 glucose-6-phosphate가 얻어진다.

$$\underset{\text{(glycogen)}}{[\text{glucose}]_n} + P_i \xrightarrow{\text{phosphorylase}} \underset{\text{(glycogen)}}{[\text{glucose}]_{n\text{-}1}} + \text{glucose-1-phosphate}$$

$$\text{glucose-1-phosphate} \xrightarrow{\text{phosphoglucomutase}} \text{glucose-6-phosphate}$$

Glucose-6-phosphate는 모든 탄수화물 생합성과 EMP 경로를 비롯한 해당 경로의 출발점이 된다. EMP 경로는 동물, 식물 등 모든 생물에서 가장 보편적으로 이용되는 해당 경로이다(그림 4.1).

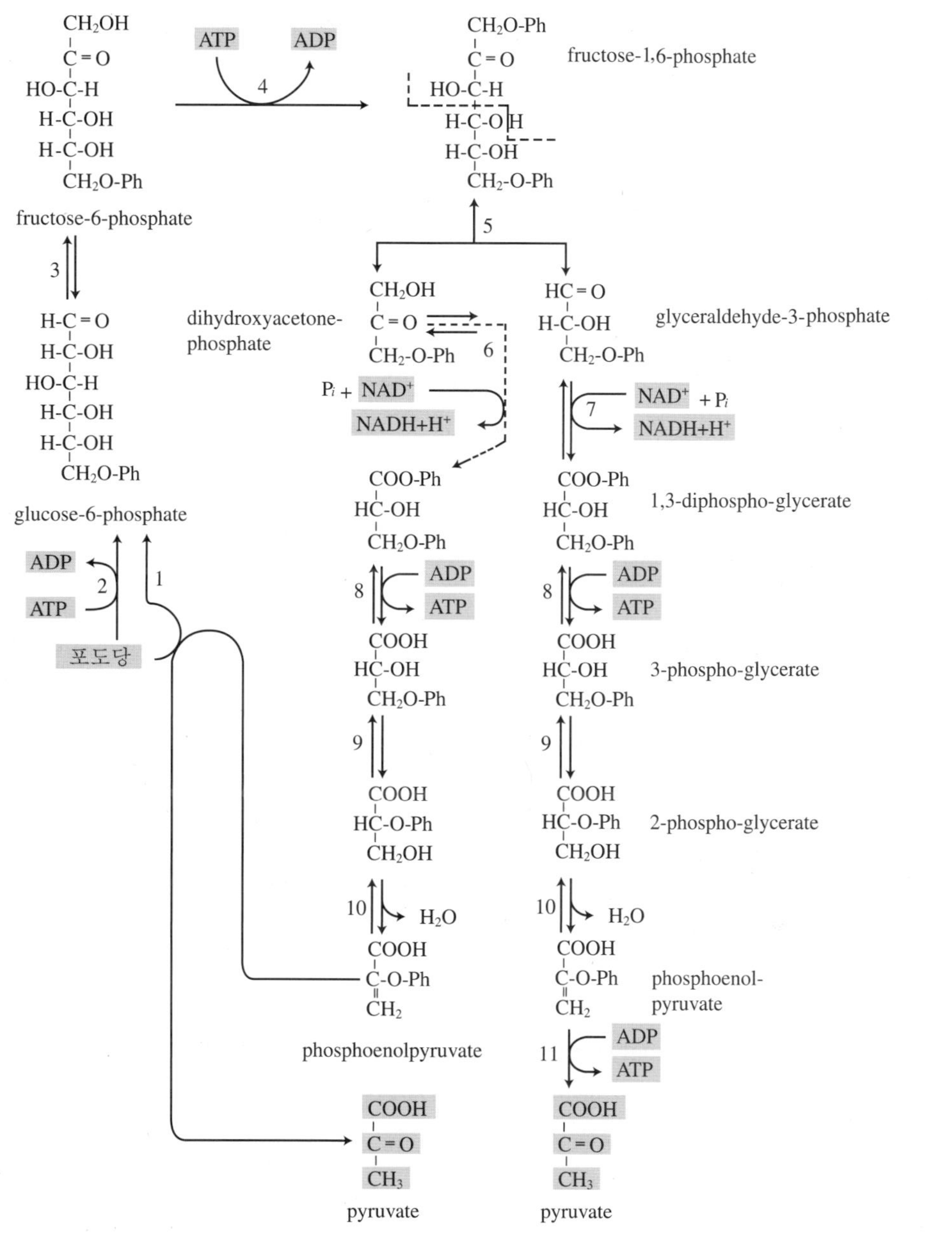

그림 4.1 Embden-Meyerhof-Parnas 경로를 통한 포도당의 대사 경로.

Group translocation을 통해 흡수되는 포도당은 원형질막에 있는 PEP:glucose phosphotransferase(1)에 의해, 그리고 능동 운반으로 당이 흡수되면 hexokinase(2)의 작용을 받아 glucose-6-phosphate로 인산화된다.

3. glucose-6-phosphate isomerase **4.** phosphofructokinase **5.** fructose diphosphate aldolase **6.** triose-phosphate isomerase **7.** glyceraldehyde-3-phosphate dehydrogenase **8.** 3-phosphoglycerate kinase **9.** phosphoglycerate mutase **10.** enolase **11.** pyruvate kinase

4.1.1 Phosphofructokinase-EMP 경로의 Key Enzyme

Glucose-6-phosphate는 isomerase에 의해 fructose-6-phosphate로 이성화된 다음 phosphofructokinase의 작용으로 fructose-1.6-diphosphate로 인산화된다. 이들 두 반응은 Mg^{2+}을 필요로 한다. Glucose-6-phosphate isomerase는 역반응을 촉매할 수 있으나 phosphofructokinase는 열역학적 이유로 역반응을 촉매할 수 없다. 많은 대사 경로들의 조절이 역반응을 촉매하지 못하는 효소의 조절을 통해 이루어지는 것과 같이 phosphofructokinase도 EMP 경로를 조절하는 key enzyme이다. 어떤 원핵세포 미생물에서 이 효소가 발견되면 이 생물은 포도당을 EMP 경로를 통해 분해한다고 판단할 수 있다. Fructose-6-phosphate는 amino sugar와 murein의 전구물질로 이용된다(제6장, 6.8.2).

Fructose-1,6-phosphate는 fructose-1.6-diphosphate aldolase에 의해 2분자의 triose-phosphate로 된다. 이 aldolase는 역반응을 촉매할 수 있기 때문에 해당 작용뿐만 아니라 대사 중간 산물로부터 6탄당을 합성하는 데도 작용한다(gluconeogenesis, 4.2).

4.1.2 ATP합성과 Pyruvate 생산

Fructose-1.6-diphosphate의 분해로 생산되는 같은 농도의 dihydroxyacetone-phosphate와 glyceraldehyde-3-phosphate는 triose-phosphate isomerase에 의해 평형을 이룬다. 같은 농도이면 dihydroxyacetone-phosphate를 합성하는 쪽으로 반응이 진행되지만($\Delta G^{\circ\prime}$ = −7.7KJ/mole), glyceraldehyde-3-phosphate가 계속해서 대사되므로 실제 반응은 glyceraldehyde-3-phosphate를 합성하는 쪽으로 진행된다.

Glyceraldehyde-3-phosphate는 dehydrogenase의 작용으로 aldehyde기가 탈수소화되면서 P_i와 결합하여 고에너지 인산 결합을 형성하여 1,3-diphosphoglycerate가 된다. 이 반응의 free energy 변화는 +6.3KJ/mole로서 자유에너지 소비(endergonic) 반응이나, 곧바로 이어지는 3-phosphoglycerate kinase가 촉매하는 반응이 아래와 같이 자유에너지 형성(exergonic) 반응이므로 전체적으로 반응이 쉽게 이루어진다. 3-phosphoglycerate kinase는 모든 kinase처럼 Mg^{2+}을 필요로 하는 효소이며, substrate-level-phosphorylation의 한 예로서 EMP 경로에서 처음 이루어지는 ATP 합성 과정이다. 3-phosphoglycerate는 amino acids, serine, glycine, cysteine 등의 합성에 이용된다(제6장, 6.4.2).

$$\text{1.3-diphosphoglycerate + ADP} \xleftrightarrow{\text{3-phosphoglycerate kinase}} \text{3 phosphoglycerate + ATP}$$

$$(\Delta G^{\circ\prime} = -12.5\text{KJ/mole 1,3-diphosphoglycerate})$$

3-phosphoglycerate는 2,3-diphosphoglycerate를 조효소로 이용하는 phosphoglyceromutase의 작용으로 3위치의 인산기가 2위치로 옮겨져 2-phosphoglycerate로 된다. 이어서 Mg^{2+}, Mn^{2+} 등 2가의 금속 이온을 필요로 하는 enolase에 의해 탈수되어 phosphoenolpyruvate(PEP)로 된다.

PEP는 EMP 경로의 마지막 효소인 pyruvate kinase의 작용으로 pyruvate와 ATP 합성에 이용된다. 이 반응은 Mg^{2+}와 K^+를 필요로 한다. Group translocation에 의해 당이 흡수될 때는 원형질막에 있는 PEP:glucose phosphotransferase의 작용으로 이 PEP가 당의 인산화 반응에 이용되며, 방향족 아미노산의 생합성에도 PEP가 이용된다(제6장, 6.4.4). Glyceraldehyde-3-phosphate는 HMP 경로와 ED 경로에서도 대사 중간 산물로 생산된다. 따라서 triose-phosphate가 pyruvate로 되는 경로는 다른 해당 경로에서도 공통적이다.

포도당 한 분자가 산화되어 최종적으로 네 분자의 ATP가 합성되지만, 초기 단계에 두 개의 고에너지 인산 결합이 소비되기 때문에 결과적으로 두 분자의 ATP 만이 합성된다. 이때 같이 환원되는 NADH는 호기(제5장, 5.8)와 혐기 호흡(제9장)을 통해서는 산화되어 ATP를 생성하지만, 호흡이 불가능할 경우에는 발효를 통해 pyruvate를 비롯한 대사 중간 산물을 전자 수용체로 이용하여 NAD^+로 산화된다(제8장).

4.1.3 EMP 변형 경로

진핵세포 생물에서와는 달리 많은 원핵세포 생물은 종과 생장 환경에 따라 변형된 EMP 경로로 당을 대사한다.

4.1.3.1 Methylglyoxal Bypass

많은 종류의 세균은 당을 대사하면서 methylglyoxal을 생산한다. 특히 *Escherichia coli, Pseudomonas saccharophila* 등은 인산 제한 조건에서 생장할 때 포도당을 EMP 경로로 대사하여 생산하는 dihydroxyacetone phosphate를 methylglyoxal을 통해 pyruvate로 대사한다(그림 4.2). 인산 제한 조건에서 methylglyoxal 합성은, EMP경로에서 P_i를 기질로 이용하는 glyceraldehyde-3-phosphate dehydrogenase가 그 역할을 담당할 수 없을 때, triose-phosphate로부터 ATP 수율은 낮으나 acetyl-CoA로 연결해 줄 수 있는 역할을 한다. Methylglyoxal은 guanine, adenine 등 핵산 염기 그리고 arginine, lysine, cysteine 등 아미노산과 작용하여 핵산과 단백질을 파괴하기 때문에 독성이 대단히 강하다. 따라서 이 대사 산물이 세포 안에 축적되면 이를 세포 밖으로 운반하는 막 단백질, DNA를 보호하는 단백질은 물론 이를 분해하는 glyoxalase의 합성이 촉진되어 세포 안의 methylglyoxal 농도는 매우 낮게 유지된다.

Methylglyoxal synthase는 P_i에 의해 feedback inhibition 작용을 받으며, 기질인 dihydroxyacetone phosphate에 의해 activation된다. 인산 제한 조건에서도 기질인 dihydroxyacetone phosphate의 세포 내 농도가 0.5mM 정도로 이 효소의 K*m* 값보다 낮기 때문에 인산 제한 조건에서도 소량의 methylglyoxal이 생산되지만, 당이 질소 등 다른 영양 성분보다 과량으로 공급되어 세포 안에 당 대사 중간 산물이 축적될 때 높은 농도의 methylglyoxal이 축적된다. Rumen bacterium인 *Prevotella ruminicola*의 경우 질소 결핍 조건에서 과량의 당을 공급하면 세포 안에 methylglyoxal이 축적되어 사멸되는 것을 볼 수 있다.

고온성 혐기성 세균인 *Clostridium thermosaccharolyticum*은 methylglyoxal을 acetol (CH_3COCH_2OH)을 통해 1,2-propanediol로 환원시킨다.

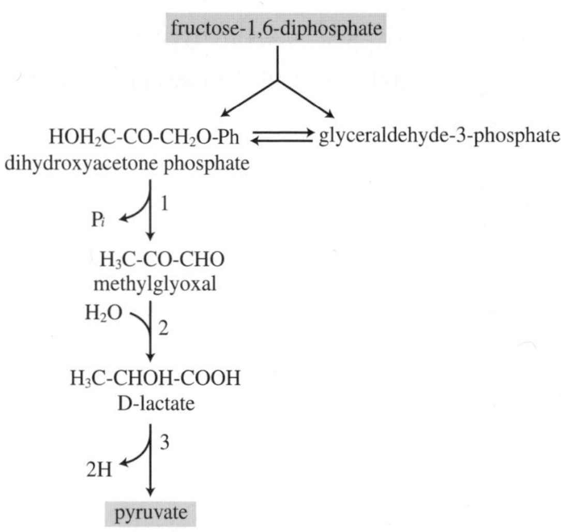

그림 4.2 인산 제한 조건에서 EMP 경로의 변형으로 이루어지는 Methylglyoxal Bypass.
인산의 공급이 여의치 않은 조건에서 *Escherichia coli* 등의 세균은 ATP의 수율은 낮지만 생합성에 필요한 탄소 골격을 공급하기 위해 EMP 경로의 중간 산물인 dihydroxyacetone phosphate를 탈인산화하여 pyruvate를 생산한다.
1. methylglyoxal synthase **2.** glyoxalase **3.** lactate oxidase

4.1.3.2 Archaea의 EMP 변형 경로

당을 이용할 수 있는 대부분의 archaea는 ED 변형 경로를 통해 당을 대사하지만 일부의 호염성 archaea는 정상적인 EMP 경로와는 약간 다른 경로를 통해 fructose를 분해한다. *Haloarcula vallismortis*는 fructose를 능동 운반 메커니즘으로 운반하여 ketohexokinase의 작용을 통해 fructose-1-phosphate로 인산화한다. 이어서 1-phosphofructokinase가 fructose-1,6-diphosphate로 합성하여 정상적인 EMP 경로로 대사된다(제7장, 7.2.1).

$$\text{Fructose + ATP} \xrightarrow{\text{ketohexokinase}} \text{Fructose-1-phosphate + ADP}$$

$$\text{Fructose-1-phosphate + ATP} \xrightarrow{\text{1-phosphofructokinase}} \text{Fructose-1,6-diphosphate + ADP}$$

호기적 또는 혐기적 호흡으로 생장하는 호열성 archaea는 당을 ED 변형 경로로 대사하며, 발효로 생장하는 호열성 archaea인 *Pyrococcus furiosus, Thermococcus celer, Desulfurococcus amylolyticus* 등은 변형된 EMP 경로로 당을 발효한다. 이 중에서 *Pyrococcus furiosus*의 당 대사가 가장 잘 밝혀졌다(그림 4.3). *P. furiosus*는 포도당을 이용하지 못하나 전분을 분해하여 maltose 등 올리고당을 세포 안으로 운반하여 이용한다. 이들은 세포 안에서 α-glucosidase의 작용을 통해 포도당으로 분해되어 대사된다. 포도당과 fructose-6-phosphate를 각각 인산화하는

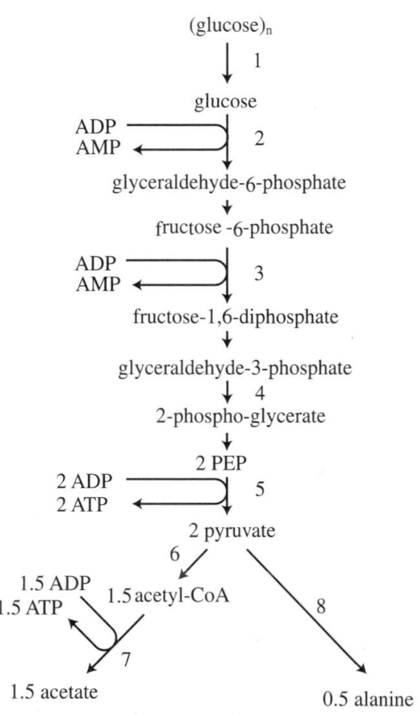

그림 4.3 *α*-amylase의 작용으로 생산되는 oligo당을 대사하는 *Pyrococcus furiosus*의 EMP 변형 경로

세포외 *α*-amylase(1)의 작용으로 생산되는 oligo당을 흡수하고 세포내 *α*-glucosidase(2)의 작용을 통해 생산되는 포도당은 ADP-dependent glucokinase(3)의 작용으로 인산화된다. Fructose-6- phosphate도 ADP를 기질로 이용하는 ADP-dependent phosphofructokinase(4)에 의해 인산화된다. Aldolase의 작용으로 생산되는 glyceraldehyde-3-phosphate도 특이 효소인 glyceraldehyde-3-phosphate:ferredoxin oxidoreductase(5)의 작용으로 ATP를 생산하지 않고 3-phosphoglycerate로 환원된다.

6. pyruvate kinase **7.** pyruvate:ferredoxin oxidoreductase **8.** acetyl-CoA synthetase **9.** alanine aminotransferase

glucokinase와 phosphofructokinase는 ATP 대신 ADP를 이용하며, glyceraldehyde-3-phosphate가 glyceraldehyde-3-phosphate:ferredoxin oxidoreductase의 작용으로 ATP를 생산하지 않고 직접 3-phosphoglycerate로 산화되는 것이 이 변형 경로의 특징이다. 이처럼 ADP가 kinase의 기질로 이용되는 이유를 고온에서 ADP가 ATP보다 안정하기 때문이라는 가설이 있다. 정상적인 EMP 경로에서 glyceraldehyde-3-phosphate는 1,3-diphosphoglycerate를 거치면서 기질수준인산화로 ATP를 생산하지만 여기서는 NAD^+ 대신 ferredoxin을 환원하면서 ATP를 생산하지 않는다,

ADP를 이용하는 glucokinase와 phosphofructokinase는 *Thermococcus celer*와 *Th. litoralis*에서도 알려졌으며, *Thermoproteus tenax*의 phosphofructokinase는 ADP 또는 ATP 대신 pyrophosphate(PP_i)를 기질로 이용한다. PP_i를 이용하는 phosphofructokinase는 ATP나 ADP를 이용하는 효소와 달리 역반응을 촉매할 수 있으며, AMP, PEP 등에 의해 조절되지 않는다. 전형적인 EMP 경로에서 phosphofructokinase가 key enzyme으로 이 경로를 조절하는 데 반해 ED 변형 경

로가 주되는 당 대사 경로인 *Thermoproteus tenax*에서 이 효소의 역할이 당 합성인 것으로 보인다.

P. furiosus 등은 일부의 pyruvate를 전자 수용체로 이용하여 alanine을 생산하고 나머지의 pyruvate는 acetyl-CoA를 통해 acetate로 분해한다. 상세한 내용은 제8장(8.10)에서 소개한다.

4.1.4 EMP 경로의 대사 조절

EMP 경로의 주된 기능은 ATP 합성이며, 이때 생산되는 pyruvate는 다음 대사 경로를 통해 생합성에 필요한 탄소 골격의 공급에도 이용된다(표 4.1). ATP 합성을 위한 EMP 경로는 세포 내 energy 상태를 나타내는 adenylate energy charge(EC)가 중요한 조절 인자가 된다(제5장, 5.6.2).

EMP 경로에서는 포도당이 glucose-6-phosphate로 인산화되는 반응을 포함해서 3가지 반응이 비가역 반응이다. 각종 대사에서 이 같은 비가역 반응은 대부분 열역학적으로 불가능하기 때문이며, 여러 가지 복잡한 조절을 받는다(제12장, 12.3).

4.1.4.1 Phosphofructokinase 활성의 조절

ATP를 이용하여 fructose-6-phosphate를 fructose-1,6-diphosphate로 인산화하는 phosphofructokinase는 EMP 경로에서 가장 복잡한 조절을 받는 효소로서 효모에서는 AMP에 의해 촉진되며, ATP와 citrate에 의해 저해된다. 그러나 세균의 경우, AMP는 영향을 주지 못하나 ADP, GDP에 의해 촉진되며, ATP에 의해 저해 받지 않고 PEP에 의해 저해를 받는다. 전반적으로 phosphofructokinase는 adenylate energy charge(제5장, 5.6.2)가 높거나 생합성에 이용되는 대사 중간 산물이 축적되면 저해를 받아 해당 경로의 속도가 느려지며 그 반대의 경우, 즉 생합성에 필요한 ATP나 탄소 골격이 필요할 때는 효소의 활성이 높아져 해당이 촉진된다.

Gluconeogenesis 과정에서 fructose-1.6-diphosphate는 fructose diphosphatase의 작용으로 fructose-6-phosphate와 P*i*로 분해된다. 만약 glycolysis와 gluconeogenesis 과정에 필요한 효소가 같은 세포 안에서 동시에 작용하면 생합성과 관계없이 ATP가 소모될 것이다. 이러한 현상을 futile cycle(무익회로)이라 하며, 대사 조절 작용을 통해 이를 방지한다(4.2.4).

4.1.4.2 Pyruvate Kinase의 조절

Pyruvate kinase의 활성은 fructose-1.6-diphosphate에 의해 촉진된다. 이러한 촉진 작용을 feedforward activation 또는 precursor activation이라 한다. Feedforward activation은 첫 대사 반응물이 마지막 반응을 촉매하는 효소의 활성을 촉진시키는 현상으로서, 아미노산의 합성 등 합성 반응에서 마지막 산물이 합성 과정의 첫 반응을 촉매하는 효소의 활성을 저해하는 feedback inhibition에 반대되는 조절 작용이다(제12장, 12.3.1).

4.1.4.3 Global Regulation

지금까지 알려진 개별 효소의 활성 조절에 의한 대사 조절 메커니즘 이외에 최근 하나의 단백질이 여러 대사 조절에 관여하는 global regulation 메커니즘을 통해 해당 경로를 촉매하는 효소의 합성이 조절되는 것으로 알려지고 있다. *Bacillus subtilis* 등과 같은 그람양성 세균에서 CcpA(Catabolite Control Protein A)는 해당 과정에 관여하는 효소의 전사를 촉진하며, *Escherichia coli*에서는 CsrA(Carbon Storage Regulator A)가 해당 경로 효소 유전자의 전사를 촉진하고 gluconeogenesis와 glycogen 합성에 관여하는 효소 유전자의 전사를 저해한다(제12장, 12.1.3). *Bacillus subtilis*나 이와 유사한 낮은 G+C 함량의 그람양성 세균에서는 glyceraldehyde-3-phosphate를 phosphoenolpyruvate로 전환하는 효소의 유전자가 operon을 이루고 있으며, 이 오페론은 gluconeogenesis가 일어나는 조건에서는 CggR(Central Glycolytic Gene Regulator)에 의해 억제된다. 이러한 CggR의 억제 능력은 fructose-1,6-diphosphate에 의해 해지된다(제12장, 12.1.3).

4.2 Glucose-6-phosphate의 합성: gluconeogenesis

당 이외의 유기물을 탄소원 및 에너지원으로 이용하는 미생물(제7장)들은 세포벽 합성 등 생합성을 위해 이용하는 기질로부터 인산화된 6탄당을 합성하여야 한다. 전술한 바와 같이 EMP에 의한 해당 경로에서 phosphofructokinase와 pyruvate kinase는 역반응을 촉매하지 못하기 때문에 인산화된 6탄당을 합성하기 위해서 EMP 경로를 정확히 반대 방향으로 이용할 수 없다.

$$\text{Fructose-6-phosphate + ATP} \longrightarrow \text{Fructose-1.6-diphosphate + ADP}$$
$$(\Delta G^{\circ\prime} = -14.2\text{KJ/mole fructose-6-phosphate})$$

$$\text{Phosphoenolpyruvate + ADP} \longrightarrow \text{pyruvate + ATP}$$
$$(\Delta G^{\circ\prime} = -23.8\text{KJ/mole phosphoenolpyruvate})$$

위의 식들에서 보는 바와 같이 표준 상태에서 free energy 변화가 정반응 쪽으로 크게 치우치는 자유에너지 형성(exergonic) 반응이므로 역반응이 일어날 수 없다. 이를 극복하기 위해 gluconeogenesis에서는 다음의 반응이 이루어진다.

4.2.1 PEP 합성

당 이외의 유기물을 탄소원으로 생장하는 미생물은 기질을 대사하여, pyruvate, oxaloacetate 또는 malate를 생산하고(제7장, 7.3), 이들로부터 다음의 반응을 통해 PEP를 합성한다.

많은 미생물들은 pyruvate로부터 ATP의 고에너지 인산 결합 모두를 소비하면서 PEP를 생산한다.

$$\text{Pyruvate} + \text{ATP} \xrightarrow{\text{PEP synthetase}} \text{PEP} + \text{AMP} + \text{P}_i$$

$$(\Delta G^{\circ\prime} = -8.4\text{KJ/mole pyruvate})$$

Ethanol을 탄소원으로 생장하는 *Acetobacter xylinum*과 lactate를 이용하는 *Propionibacterium shermanii* 등은 pyruvate-phosphate dikinase의 작용으로 ATP와 P_i로부터 PP_i를 생산하면서 PEP를 합성한다.

$$\text{pyruvate} + \text{ATP} + \text{P}_i \xrightleftharpoons{\text{pyruvate-phosphate dikinase}} \text{PEP} + \text{AMP} + \text{PP}_i$$

TCA 회로의 중간 산물인 oxaloacetate로부터 phosphoenolpyruvate carboxykinase의 촉매 작용으로 PEP가 합성된다.

$$\text{oxaloacetate} + \text{ATP} \xrightleftharpoons{\text{PEP carboxykinase}} \text{PEP} + \text{CO}_2 + \text{ADP}$$

Malate에서 생장하는 세균은 malate를 oxaloacetate로 탈수소화시킨 다음 PEP carboxykinase의 작용으로 PEP를 생산하거나, malate enzyme으로 탈탄산화시켜 pyruvate를 통해 PEP를 합성한다.

$$\text{malate} + \text{NAD} \xrightleftharpoons{\text{malate enzyme}} \text{pyruvate} + \text{NADH} + \text{CO}_2$$

4.2.2 Fructose Diphosphatase

PEP로부터 fructose-1.6-diphosphate에 이르는 모든 EMP 경로의 효소는 역반응을 촉매할 수 있기 때문에 gluconeogenesis에서도 EMP 경로의 효소들이 작용한다. 그러나 Fructose-6-phosphate를 fructose-1.6-diphosphate로 인산화시키는 phosphofructokinase는 역반응을 촉매하지 못하기 때문에 fructose-1.6-diphosphate는 fructose diphosphatase에 의해 비가역적으로 fructose-6-phosphate와 P_i로 분해된다.

$$\text{fructose-1.6-diphosphate} \xrightarrow{\text{fructose diphosphatase}} \text{fructose-6-phosphate} + \text{P}_i$$

호열성 archaea인 *Thermoproteus tenax*에서는 PP_i-dependent phosphofructokinase가 발견되는데, 이 효소는 일반적인 phosphofructokinase와는 달리 역반응을 촉매할 수 있으며, 유사한 반응이 식물과 세균 등에서도 알려져 있다. 이 효소는 gluconeogenesis에서도 역할을 할 것으로 보인다.

$$\text{fructose-1.6-diphosphate} + \text{P}_i \xrightleftharpoons{\text{PP}_i\text{-dependent phosphofructokinase}} \text{fructose-6-phosphate} + \text{PP}_i$$

4.2.3 Archaea의 Gluconeogenesis

Archaea 중에서 methane 생산균은 당을 이용하지 못하며, 호염성 archaea와 산소를 전자 수용체로 이용하는 호열성 archaea는 대부분 당을 ED 변형 경로를 통해 이용한다(4.4.3). 그러나 ED 변형 경로로 당을 이용하는 호열성 archaea도 대부분의 EMP 경로의 효소를 합성하여 정상적인 gluconeogenesis 경로를 통해 glucose-6-phosphate를 합성한다. 이처럼 당 대사와 관련되는 두 경로의 효소를 다 보유하는 것이 어떠한 이점이 있는지는 알려지지 않았으나, eubacteria 중에서도 당을 이용하는 EMP 경로와 ED 경로의 유전 정보를 모두 보유하고 있는 경우가 발견된다.

많은 종류의 methane 생산균은 다른 생물에서 알려지지 않은 cyclic 2,3-diphosphoglycerate(cDPG)를 합성하여 세포 안에 높은 농도로 유지한다. cDPG는 methane 생산균의 gluconeogenesis 과정에서 생산되는 2-phosphoglycerate가 인산화되어 2,3-diphosphoglycerate를 거쳐 합성된다. cDPG는 2위치의 인산이 분리되면서 poly-3-phosphoglycerate로 합성되어 저장 물질로 작용하는 것으로 믿어지고 있다.

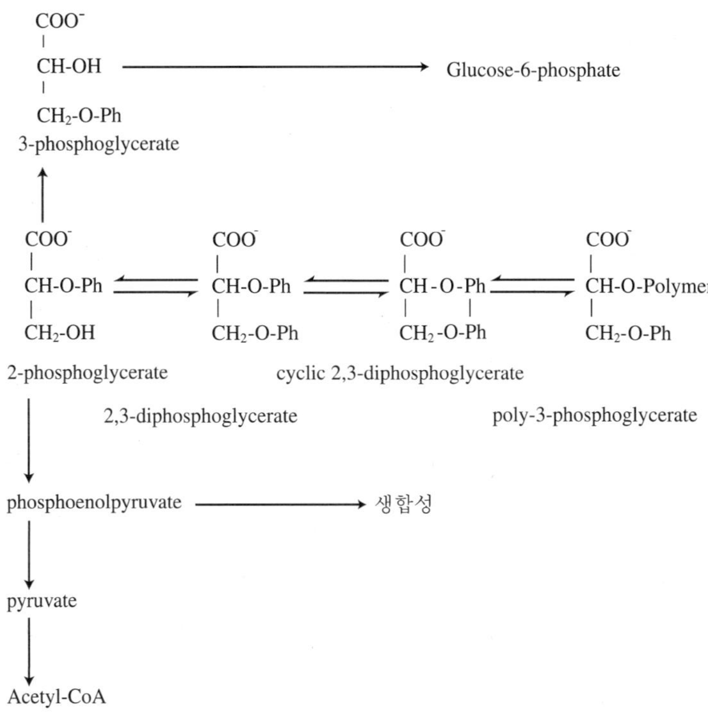

4.2.4 Gluconeogenesis의 대사 조절

Gluconeogenesis는 fructose diphosphatase의 활성 조절에 의한 조절을 받는다. 세포 내에 에너지 상태가 좋을 때 ATP는 fructose diphosphatase를 활성화시켜 생장에 필요한 carbon skeleton을 만들기 위해 gluconeogenesis를 활성화한다. 반면 세포내 에너지 상태가 좋지 못할 때에 생성되는 AMP

는 이 효소의 활성을 억제한다. 이러한 조절을 통해서 glycolysis와 gluconeogenesis가 동시에 일어나는 futile cycle(무익회로)이 방지된다.

PEP
↓ ADP → ATP　　pyruvate kinase
pyruvate
↓ ATP → AMP + P_i　　PEP synthetase
PEP
(결과 : ADP ⟶ AMP + P_i)

fructose-6-phosphate
↓ ATP → ADP　　phosphofructokinase
fructose-1,6-diphosphate
↓ → P_i　　fructose diphosphatase
fructose-6-phosphate
(결과 : ATP ⟶ ADP + P_i)

4.3 Hexose Monophosphate 경로

*Escherichia coli*가 포도당을 탄소원 및 에너지원으로 생장할 때 당의 약 72%는 EMP 경로로 분해되고 나머지 28% 정도는 hexose monophosphate(HMP) 경로로 분해된다. 이는 EMP 경로에서 생합성에 필요한 모든 탄소 골격을 공급할 수 없기 때문이다. HMP 경로를 pentose phosphate 경로라고도 한다. HMP 경로의 중요한 역할은 생합성에 필요한 인산화된 5탄당과 erythrose의 공급, 환원력인 NADPH를 재생하는 것이다.

포도당이 EMP 경로와 TCA 회로를 통해 대사하는 과정에서 발생하는 환원력은 TCA 회로의 isocitrate dehydrogenase(제5장, 5.2) 이외에 모두 NAD^+나 FAD를 환원시키는데 이용된다. 이들은 산화적 인산화 메커니즘을 통해 ATP 생산에 이용되며, 생합성에서 이용되는 대부분의 환원력은 NADPH 형태로 HMP 경로에서 얻게 된다.

HMP 경로에서 공급되는 생합성에 필요한 탄소 골격은 다른 해당 경로를 통해서 얻을 수 없기 때문에 HMP 경로가 모든 생물에서 필수적으로 판단되었으나, *Thermococcus kodakaraensis, Pyrococcus horikoshii* 등 일부의 호열성 archaea는 HMP 경로로 당을 대사할 수 없으며, 생합성에 필요한 ribose-5-phsophate와 erythrose-4-phosphate는 methylotroph의 생합성 경로의 일종인 ribulose monophosphate 경로(제7장, 7.9.3.1)를 통해 합성되는 것이 최근에 밝혀졌다.

Methylotroph에서는 해당 경로와 TCA 회로가 알려지지 않았다.

4.3.1 HMP 경로의 3 단계

HMP 경로는 3단계로 나눌 수 있다.

1) Glucose-6-phosphate가 $NADP^+$의 환원 및 이산화탄소 생산과 더불어 ribulose-5-phosphate로 산화되는 과정으로서, glucose-6-phosphate dehydrogenase, lactonase 그리고 6-phosphogluconate dehydrogenase가 이 반응들을 촉매한다.
2) Ribulose-5-phosphate가 ribose-5-phosphate isomerase와 ribulose-5-phosphate-3-epimerase의 작용으로 각각 ribose-5-phosphate와 xylulose-5-phosphate로 되는 단계이다.
3) Transketolase, transaldolase의 작용에 의한 pentose-5-phosphate가 glucose-6-phosphate 및 glyceraldehyde-3-phosphate로 되는 과정이다. 이때 transaldonase는 3-carbon의 이전을 촉매하며 transketolase는 2-carbon을 전달한다. 전체 HMP 경로는 다음 식으로 표시된다(그림 4.4).

$$\text{glucose-6-phosphate} + 2NADP^+ \longrightarrow$$

$$\text{glyceraldehyde-3-phosphate} + 3CO_2 + 2NADPH + 2H^+$$

Ribose-5-phosphate는 nucleotide의 생합성에 이용되며(제6장, 6.5) erythrose-4-phosphate는 방향족 아미노산의 합성(제6장, 6.4.4)에 이용된다. 이러한 생합성을 위한 환원력은 NADPH로부터 얻는다. *Aspergillus* 속 곰팡이 등과 같은 진핵 미생물들은 질소원으로 질산염을 사용할 때 암모니아를 이용할 때보다 많은 glucose를 HMP 경로를 통해 대사한다. 이들은 질산염을 환원하여 동화하기 위해 NADPH의 환원력을 사용하기 때문이다(제6장, 6.2.2).

4.3.2 HMP 경로의 또 다른 기능

대부분의 미생물은 생합성에 필요한 5탄당과 NADPH를 얻기 위해 HMP 경로로 당을 대사한다. HMP 경로는 상기한 기능 외에도, (1) 5탄당을 이용하는 미생물, (2) EMP 경로나 ED 경로가 알려지지 않은 세균, (3) TCA 회로를 통해 해당 경로의 산물을 완전히 산화시키지 못하는 미생물에서 주된 해당 경로로서 작용한다.

4.3.2.1 5탄당의 이용

5탄당을 탄소원 및 에너지원으로 이용하는 미생물은 이들을 인산화시킨 다음, HMP 경로의 2), 3) 단계를 거쳐 fructose-6-phosphate와 glyceraldehyde-3-phosphate로 대사하여 EMP 경로를 통해 분해한다. 상세한 대사 경로는 제7장, 7.2.2에서 다룬다.

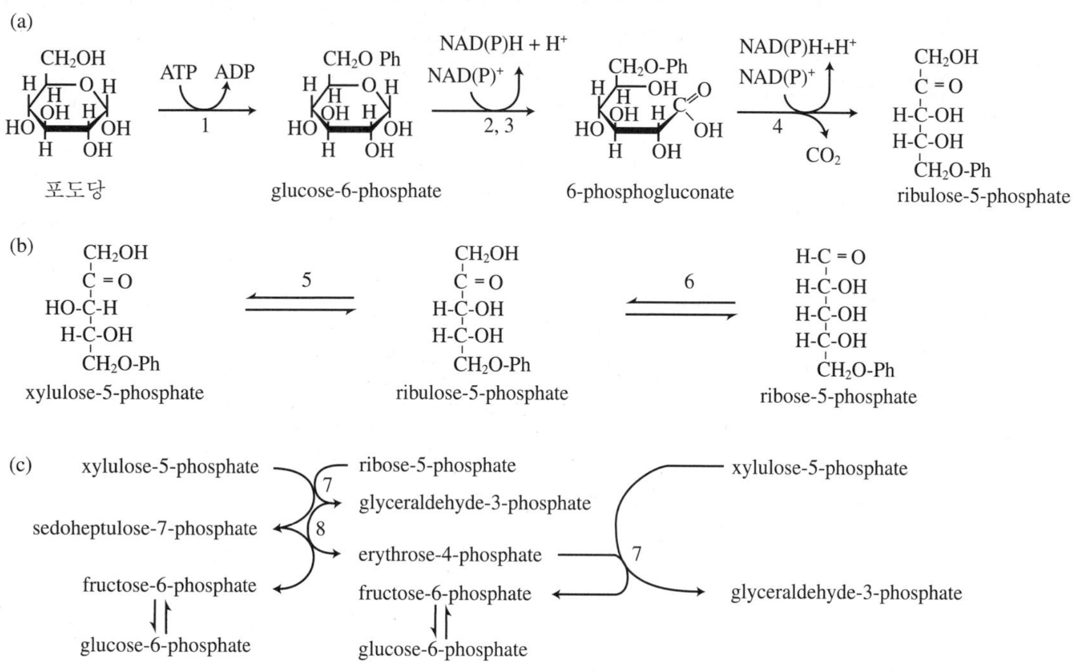

그림 4.4 Hexose Monophosphate 경로.

핵산 합성에 필요한 5탄당과 방향족 아미노산 합성에 이용되는 erythrose-4-phosphate 그리고 생합성에 이용되는 환원력인 NADPH를 공급하기 위해 포도당이 산화 과정(a)을 통해 2분자의 NADPH와 ribulose-5-phosphate를 생산한다. Ribulose-5-phosphate는 ribose-5-phosphate와 xylulose-5-phosphate로 이성화된다(b). Ribose-5-phosphate는 핵산 합성에 이용되거나, 2분자의 xylulose-5-phosphate와 ribose-5-phosphate가 탄소 골격 재조합 과정(c)을 통해 hexose-6-phosphate 2분자와 triose-3-phosphate 1분자를 생산한다. Pentose-5-phosphate의 공급이 필요 이상으로 많을 때는 (c)과정을 거쳐 생산되는 hexose-6-phosphate가 EMP 경로를 통해 대사된다.

1. hexokinase **2.** glucose-6-phosphate dehydrogenase **3.** lactonase **4.** 6-phosphogluconate dehydrogenase **5.** ribulose-5-phosphate-3-epimerase **6.** ribose-5-phosphate isomerase **7.** transketolase **8.** transaldolase

4.3.2.2 산화적 HMP 회로

*Thiobacillus novellus*나 *Brucella abortus*는 EMP 경로나 ED 경로의 주요 효소가 없음에도 불구하고 당을 탄소원 및 에너지원으로 이용한다. 이는 그림 4.5에서 보는 바와 같이 산화적 HMP 회로로 당을 대사할 수 있기 때문이다. 이때 생산되는 glyceraldehyde-3-phosphate는 EMP 경로 일부를 통해 pyruvate로 산화된다. 이러한 HMP 회로는 완전한 TCA 회로를 가지지 않는 *Gluconobacter*속 세균에서도 발견되며, 이들은 불완전한 TCA 경로를 통해 생합성에 필요한 전구물질을 공급한다(제5장, 5.4.1).

4.3.3 HMP 경로의 대사 조절

HMP 경로에서 비가역 반응은 lactonase에 의해 촉매되는 반응뿐이지만(그림 4.4), 대사조절은

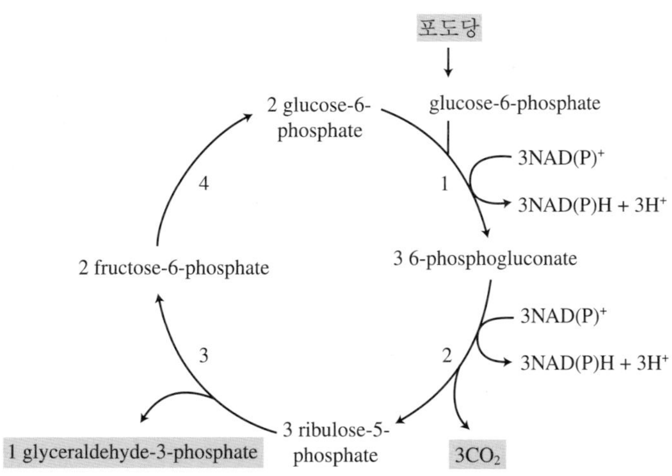

그림 4.5 산화적 HMP 회로.

산화적 HMP 회로는 중심 대사 경로인 EMP 경로나 ED 경로로 당을 대사할 수 없는 세균이나 이들 경로의 대사산물인 pyruvate를 TCA 회로로 산화하지 못하는 세균의 당 대사에 이용된다. Glyceraldehyde-3-phosphate는 직접 pyruvate로 대사되거나 glucose-6-phosphate로 합성된 후 다시 HMP 회로로 대사된다.

1. glucose-6-phosphate dehydrogenase **2.** 6-phosphogluconate dehydrogenase **3.** HMP 경로의 탄소 골격 재조합 과정 **4.** glucose-6-phosphate isomerase

glucose-6-phosphate dehydrogenase와 6-phosphogluconate dehydrogenase가 촉매하는 탈수소 반응에서 이루어진다. EMP 경로가 주되는 해당 경로인 미생물에서는 NADPH와 NADH가 축적되면 이들 효소들의 활성이 저해된다.

Glucose-6-phosphate의 탈수소 반응은 HMP 경로와 Entner-Doudoroff(ED) 경로에서 공통되는 반응으로 ED 경로를 주되는 당 대사 경로로 이용하는 세균은 두 종류의 glucose-6-phosphate dehydrogenase를 보유한다. ED 경로의 첫 반응을 촉매하는 dehydrogenase는 NAD^+를 조효소로 이용한다. NAD^+를 조효소로 이용하는 ED 경로의 효소는 ATP, PEP 등에 의해 저해된다. 그러나 HMP 경로의 첫 반응을 촉매하는 효소, 즉 $NADP^+$를 조효소로 이용하는 glucose-6-phosphate dehydrogenase의 활성은 EMP 경로가 주된 해당 경로인 미생물에서와 같이 NAD(P)H에 의해 저해되나 ATP의 영향은 받지 않는다.

4.3.4 F_{420}-Dependent Glucose-6-phosphate Dehydrogenase

F_{420}은 methanogen에서 처음 발견되고 *Sulfolobus, Archaeoglobus* 등 호열성 archaea도 보유하는 archaea 특유의 전자 전달체(제9장, 9.4.2)로 알려졌으나, 최근 방선균에서 tetracycline 합성에 중요한 역할을 담당하는 것으로 보고되는 등 여러 종류의 세균에서도 발견되었다. *Mycobacterium smegmatis* 등 여러 종류의 *Mycobacterium*에서 NAD^+를 이용하는 glucose-6-phosphate dehydrogenase와 함께 F_{420}-dependent glucose-6-phosphate dehydrogenase가 발견되었다. 이 효소의 역할은 알려지지 않았으나 HMP 경로의 일부로 믿어지고 있다. 동물에는 없는 이 효소를 저해하는 물질을 찾아 *Mycobacterium*속 세균에 의해 유발되는 질병의 치료제로 활용하기 위해 연구가 진행되고 있다. 결핵균 *Mycobacterium tuberculosis*은 oxidative stress의 방어에 F_{420}을 이용한다.

F_{420} 이외에도 methanogen의 특이 조효소로 알려진 coenzyme M이 eubacteria인 propylene을 산화하는 *Rhodococcus rhodochrous*와 *Xanthobacter*의 한 균주에서 발견되었으며(제7장, 7.7) methylotroph인 *Methylobacterium extorquens*에서 또 다른 methanogen 특이 조효소인 tetrahydromethanopterin이 발견되었다(제7장, 7.9.2).

4.4 Entner-Doudoroff (ED) 경로

4.4.1 일부 그람음성 세균의 해당 경로

EMP 경로 외에도 원핵세포 생물에서만 알려진 주된 해당 경로가 있다. 이 경로는 *Pseudomonas saccharophila*에서 처음으로 Entner와 Doudoroff에 의해 발견된 다음 EMP 경로를 갖지 않는 세균의 주된 해당 경로인 것으로 밝혀졌다.

주된 당 대사 과정이 ED 경로인 세균들은 EMP 경로로 해당하는 생물과는 다른 진화 과정을 거쳐 온 것으로 추정된다. *Pseudomonas* 외에 *Zymomonas, Azotobacter, Rhizobium, Agrobacterium* 등의 그람음성 토양 세균에는 EMP 경로가 없고 ED 경로로 당을 분해하며, *Escherichia coli* 등 많은 그람음성 세균은 gluconate를 ED 경로로 분해할 수 있다. 그람양성 세균에서는 ED 경로가 거의 알려지지 않았지만 몇몇 예외적인 경우도 있다. Coryne형 세균인 *Arthrobacter*와 *Cellulomonas*속 세균은 gluconate를 ED 경로를 통해 대사하며 장내 세균인 *Enterococcus faecalis*에도 ED 경로가 알려졌다(표 4.2).

4.4.2 ED 경로의 Key Enzyme

ED 경로의 처음 두 반응은 HMP 경로에서와 같이 glucose-6-phosphate가 6-phosphogluconolactone을 거쳐 6-phosphogluconate로 산화된다. 이어서 6-phosphogluconate dehydratase가 6-phosphogluconate를 탈수하여 2-keto-3-deoxy-6-phosphogluconate(KDPG)를 생산하고 KDPG는 aldolase에 의해 pyruvate와 glyceraldehyde-3-phosphate로 분해된다(그림 4.6). 이 triose-phosphate는 EMP 경로에서와 같이 pyruvate로 대사된다. 6-phosphogluconate dehydratase와 KDPG aldolase가 ED 경로의 key enzyme이다. ED 경로를 통하여 두 분자의 ATP와 하나의 고에너지 인산 결합이 소비되면서 최종적으로는 한 분자의 glucose로부터 한 분자의 ATP를 얻을 수 있다.

표 4.2 세균의 주된 해당 경로.

세균	EMP	ED
Arthrobacter species	+	+/−[a]
Azotobacter chroococcum	+	−
Alcaligenes eutrophus	−	+
Bacillus subtilis	+	−
Cellulomonas flavigena	+	+/−[a]
Escherichia coli 및 장내 세균	+	+/−[a]
Pseudomonas saccharophila	−	+
Rhizobium japonicum	−	+
Thiobacillus ferrooxidans	−	+
Xanthomonas phaseoli	−	+
Thermotoga maritima	+	+[b]
Thermoproteus tenax	+[c]	+[b, d]
Halococcus saccharolyticus	+[c, e]	+[b, d, f]
Halobacterium saccharovorum	−	+[d]
Clostridium aceticum	−	+[d]
Sulfolobus acidocaldarius	−	+[d]

+ : 있다, − : 없다
a : Gluconate를 탄소원 및 에너지원으로 사용할 때
b : EMP 경로의 효소와 동시에 생산된다.
c : EMP 변형 경로
d : ED 변형 경로
e : Fructose 대사 경로
f : 포도당 대사 경로

4.4.3 ED 변형 경로

많은 원핵세포 생물은 ED 경로의 중간 단계에서 기질을 인산화하는 변형 경로를 통해 glucose를 산화한다.

4.4.3.1 그람음성 세균에 의한 유리당의 산화

전술한 바와 같이 대개의 경우 원형질체로 운반된 당은 먼저 인산화가 된 다음에 대사된다. 그러나 *Pseudomonas* 속의 많은 세균은 포도당의 농도가 높은 조건에서 원형질막 외부에 있는 glucose dehydrogenase와 gluconate dehydrogenase의 작용을 통해 포도당을 인산화하기 전에, 세포 밖에서 gluconate 또는 2-ketogluconate로 산화한다. 이들 세균은 포도당이 소비된 다음 gluconate와 2-ketogluconate를 흡수하여 이용한다(그림 4.7). Gluconate와 2-ketogluconate는 각각 특이한 운반체로 흡수되어 ATP와 kinase에 의해 인산화되어 ED 경로로 대사된다. 2-keto-6-phosphogluconate는 NADPH의 환원력을 이용하여 6-phosphogluconate로 환원되어 대사된다.

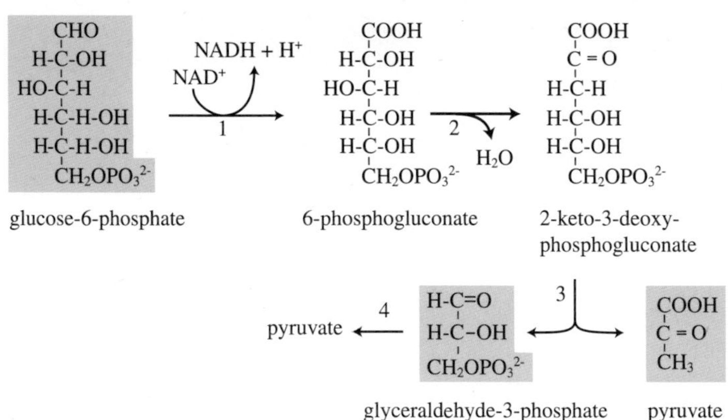

그림 4.6 Entner-Doudoroff 경로를 통한 해당.

EMP 경로로 당을 대사하지 못하는 일부 그람음성 세균들의 해당 경로

1. glucose-6-phosphate dehydrogenase; **2.** 6-phosphogluconate dehydratase; **3.** 2-keto-3-deoxy-6-phosphogluconate aldolase. **4.** EMP 경로와 동일

원형질막에 있는 glucose dehydrogenase와 gluconate dehydrogenase는 pyrroloquinoline quinone(PQQ, 일명 methoxatin, 제7장, 7.9.2)을 prosthetic group으로 갖는 quinoprotein으로 기질을 산화시키면서 전자를 cytochrome *c*를 통해 전자 전달계로 연결시킨다.

Gluconate나 2-ketogluconate를 이용할 수 있는 미생물이 포도당을 이용하는 것보다 희귀하므로, 당이 높은 농도로 존재하는 조건에서는 유리 당을 직접 산화하는 *Pseudomonas*가 다른 미생물에 비

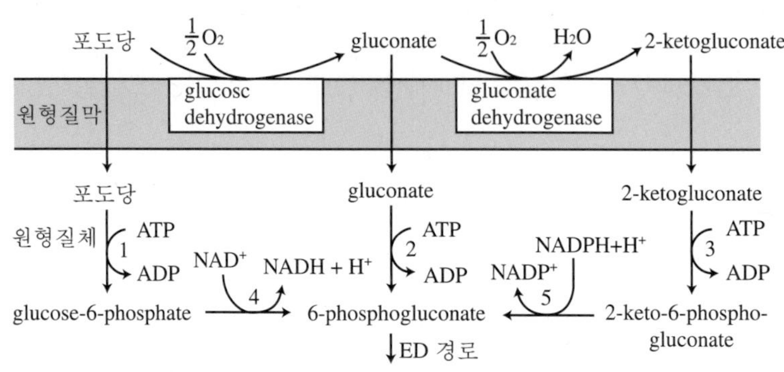

그림 4.7 당의 농도가 높은 환경에서 *Pseudomonas*속 세균들이 당을 이용하는 경로.

ED 경로로 당을 이용하는 *Pseudomonas*속 세균들은 높은 농도로 주어진 당을 원형질막에 있는 glucose dehydrogenase와 gluconate dehydrogenase의 작용으로 세포 밖에서 산화한다. 이들 산화 효소는 PQQ를 전자 수용체로 이용한다. 당이 소비된 다음 gluconate와 2-ketogluconate는 세포 안으로 운반되어 kinase의 작용으로 인산화된다.

1. hexokinase **2.** gluconate kinase **3.** 2-ketogluconate kinase **4.** glucose-6-phosphate dehydrogenase **5.** 2-keto-6-phosphogluconate reductase

해 우세할 수 있다.

*Escherichia coli*는 PQQ를 공급하면 *Pseudomonas* 등 일부 그람음성 세균이 보유하고 있는 glucose dehydrogenase를 합성할 수 있다. 이 세균은 PQQ를 합성하는 능력이 없는 것으로 알려져 왔으며, glucose dehydrogenase의 apoenzyme의 역할은 분명하지 않았다. 그러나 최근 포도당을 group translocation하는 phosphotransferase system을 상실한 변이주가 PQQ도 합성할 수 있으며, 활성이 있는 glucose dehydrogenase를 생산하여 포도당을 *Pseudomonas*속 세균처럼 이용할 수 있는 것으로 밝혀졌다.

4.4.3.2 Archaea의 ED 변형 경로

*Sulfolobus, Thermoplasma, Thermoproteus*속 등 호열성 archaea는 당을 인산화하지 않고 pyruvate와 glyceraldehyde까지 분해한다. 호염성 archaea인 *Halobacterium saccharovorum*은 포도당을 2-keto-3-deoxygluconate까지 대사한 다음 인산화한다(그림 4.8). 그람음성 세균과 달리 이들 archaea의 glucose dehydrogenase는 $NAD(P)^+$를 조효소로 이용한다. *Clostridium aceticum, Rhodopseudomonas spheroides* 등 일부 eubacteria도 호염성 archaea와 같이 당을 대사한다.

4.5 Phosphoketolase 경로

젖산 발효균에는 발효 산물이 단일 젖산인 homofermentative 젖산균과 젖산 외에 acetate, ethanol 등을 함께 생산하는 heterofermentative 젖산균이 있다. Homofermentative 젖산균은 당을 EMP 경로로 대사하며, heterofermentative 젖산균은 phosphoketolase(PK)라는 효소가 관여하는 특수한 경로로 당을 대사한다. PK 경로는 *Leuconostoc mesenteroides*에서와 같이 젖산과 ethanol을 생산하는 경로(그림 4.9)와 *Bifidobacterium bifidum*에서와 같이 젖산과 아세트산을 생산하는 경로(그림 4.10)가 있다.

Homofermentative 젖산균 중에 facultatively homofermentative 세균은 5탄당과 낮은 농도의 6탄당이 공급되는 조건에서는 PK가 유도되어 젖산 이외에 ethanol이나 아세트산을 생산한다(제8장, 8.4.1).

전통적으로 heterofermentative 젖산균과 *Bifidobacterium*속 세균에서 알려진 PK 경로가 다양한 미생물에서 알려지고 있다. 각종 당을 대사하여 butanol 등 solvent를 생산하는 혐기성 세균 *Clostridium acetobutylicum*(제8장, 8.5.2)이 xylose를 HMP 경로와 동시에 PK 경로로 대사하는 것으로 나타났다. 또한 *Penicillium chrysogenum, Aspergillus nidulans* 등 진핵생물에서도 대사체와 유전체 분석을 통하여 PK 경로가 있는 것으로 추정되고 있다.

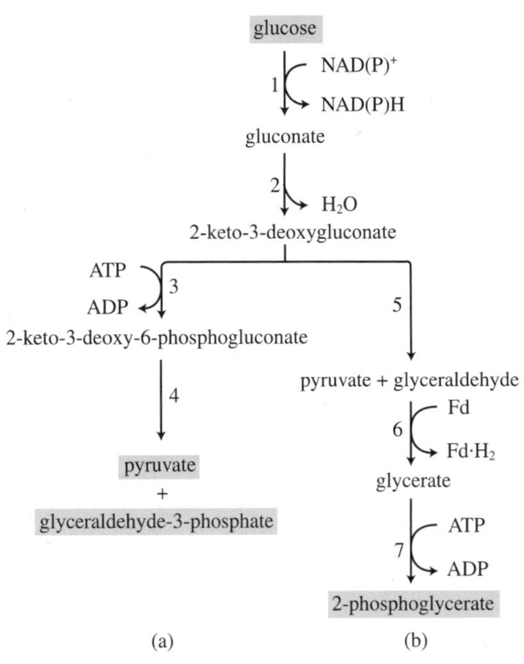

그림 4.8 Archaea의 ED 변형 경로.

(a) *Halobacterium saccharovorum*

(b) *Sulfolobus acidocaldarius, Thermoproteus tenax*

1. glucose dehydrogenase 또는 glucose:ferredoxin oxidoreductase **2.** gluconate dehydratase **3.** 2-keto-3-deoxygluconate kinase **4.** 2-keto-3-deoxy-6-phosphogluconate aldolase **5.** 2-keto-3-deoxygluconate aldolase **6.** glyceraldehyde:ferredoxin oxidoreductase **7.** glycerate kinase

4.5.1 *Leuconostoc*의 당 대사

Heterofermentative 젖산균의 한 종류인 *Leuconostoc mesenteroides*는 포도당을 발효하여 lactate, ethanol 그리고 이산화탄소를 생산한다.

$$C_6H_{12}O_6 \longrightarrow CH_3CHOHCOOH + CH_3CH_2OH + CO_2$$

이 세균은 HMP 경로에서처럼 glucose-6-phosphate를 ribulose-5-phosphate로 산화시킨 다음 epimerase의 활성을 통해 xylulose-5-phosphate로 전환시킨다. Phosphoketolase는 xylulose-5-phosphate를 glyceraldehyde-3-phosphate와 acetyl-phosphate로 분해한다. 이어서 acetyl-phosphate는 ethanol로 환원되면서 NAD^+를 재생시키고, triose-phosphate는 EMP 경로의 일부를 이용해 pyruvate로 대사된 다음 lactate로 환원된다(그림 4.9).

편성 혐기성 발효 세균인 젖산균은 pyruvate와 acetyl-phosphate를 전자 수용체로 이용하여 lactate

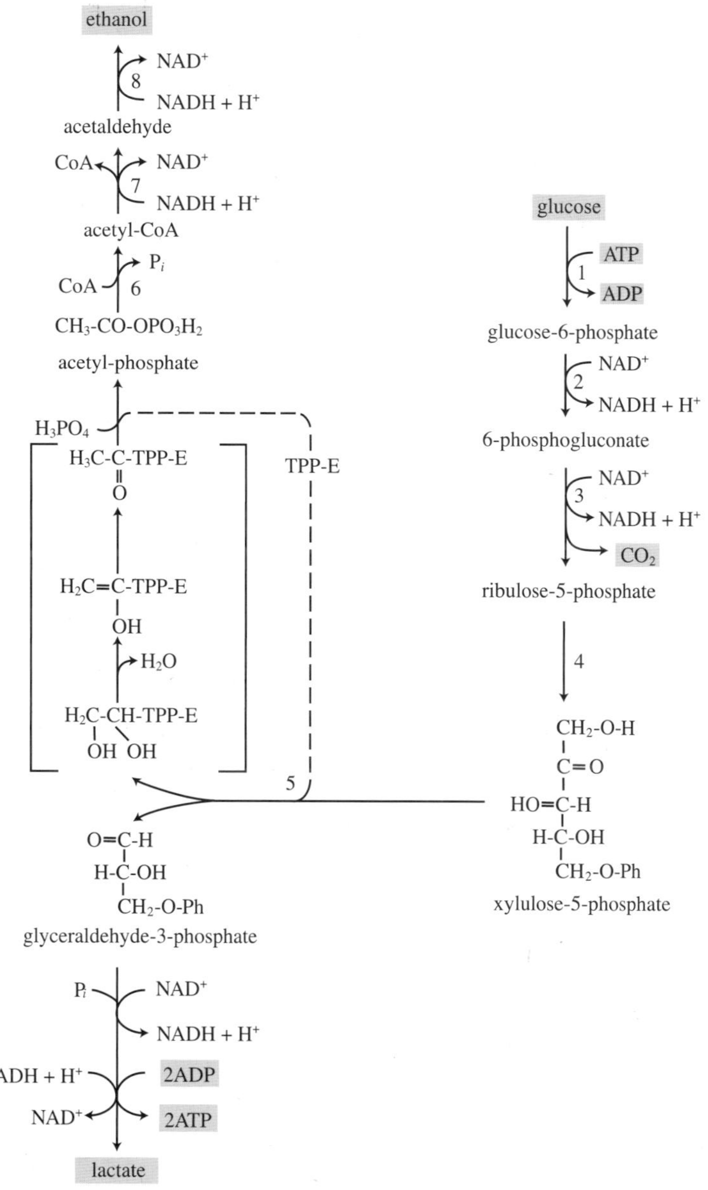

그림 4.9 *Leuconostoc*속을 비롯한 Heterofermentative 젖산균의 phosphoketolase 경로.

1. hexokinase **2.** glucose-6-phosphate dehydrogenase **3.** 6-phosphogluconate dehydrogenase **4.** ribulose-5-phosphate-3-epimerase **5.** phosphoketolase **6.** phosphotransacetylase **7.** acetaldehyde dehydrogenase **8.** alcohol dehydrogenase **9.** EMP 경로의 효소들과 lactate dehydrogenase

TPP: thiaminepyrophosphate

dehydrogenase와 acetaldehyde dehydrogenase 그리고 alcohol dehydrogenase의 작용을 통해 NADH를 NAD^+로 산화한다(제8장, 8.4.4). 이러한 이유로, *L. mesenteroides*은 6탄당에서보다 5탄당에서 하나의 ATP를 더 생산한다. 이 세균이 6탄당을 발효할 때, acetyl-phosphate는 두 분자의 NADH로부터 환원력을 얻어 ethanol로 환원된다(그림 4.9의 7, 8번 반응). NADH가 산화되어 생산된 NAD^+는 glucose-6-phosphate dehydrogenase(그림 4.9의 2번 반응)와 6-phosphogluconate dehydrogenase(그림 4.9의 3번 반응)에 의해 다시 두 분자의 NADH로 환원된다. 5탄당의 발효에서는 glucose-6-phosphate dehydrogenase와 6-phosphogluconate dehydrogenase가 작용할 필요가 없기 때문에 NAD^+를 NADH로 환원하지 않아 acetyl-phosphate가 acetate kinase에 의해 ATP를 생

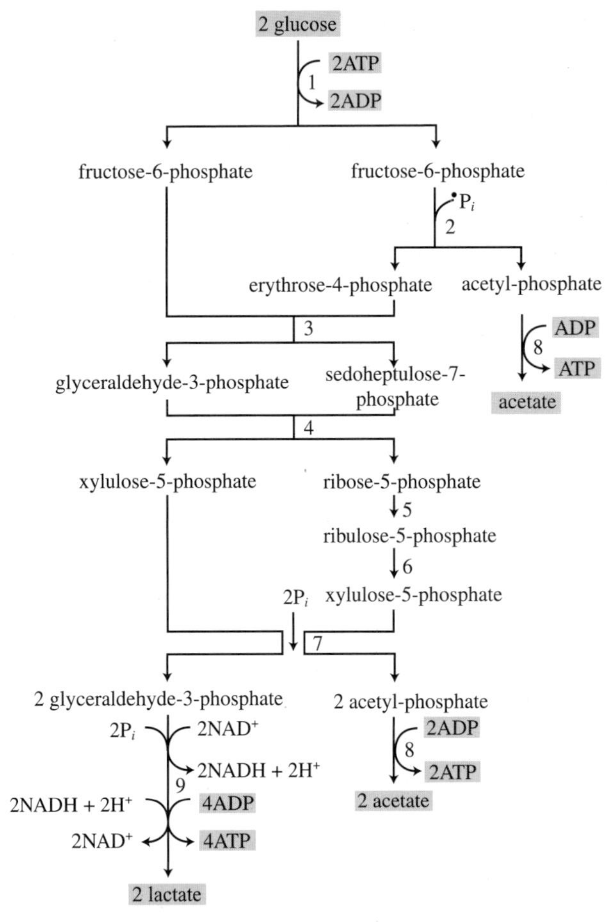

그림 4.10 *Bifidobacterium bifidum*의 당 발효 경로(bifidum 경로).

Fructose-6-phosphate와 xylulose-5-phosphate를 각각 기질로 이용하는 두 종류의 phosphoketolase 활성을 보유하고 있는 *Bifidobacterium*은 포도당을 젖산과 acetate로 발효하면서 2.5 ATP를 생산한다.

1. hexokinase와 glucose-6-phosphate isomerase; **2.** fructose-6-phosphate phosphoketolase; **3.** transaldolase; **4.** transketolase; **5.** ribose-5-phosphate isomerase; **6.** ribulose-5-phosphate-3-epimerase; **7.** xylulose-5-phosphate phosphoketolase; **8.** acetate kinase; **9.** EMP 경로의 효소들과 lactate dehydrogenase

산하는 데 쓰인다.

Phosphoketolase는 thiamine pyrophosphate(TPP)를 조효소로 갖는 효소로서 당으로부터 glycoaldehyde를 받아 탈수한 다음 인산화하는 작용을 통해 반응을 촉매한다. *Leuconostoc*의 phosphoketolase는 xylulose-5-phosphate에 특이적이며, fructose-6-phosphate에는 작용하지 않는다. 이 경로를 통한 6탄당의 대사로는 최종적으로 1ATP를 얻게 된다.

4.5.2 Bifidum 경로

*Bifidobacterium bifidum*은 fructose-6-phosphate와 xylulose-5-phosphate에 각각 특이적으로 작용하는 두 종류의 phosphoketolase를 생산하여 *Leuconostoc*과는 다른 경로, 즉 bifidum 경로로 당을 발효한다. 그림 4.10에서 보는 바와 같이 2분자의 포도당으로부터 젖산 2분자와 아세트산 3분자를 생산한다. Fructose-6-phosphatase가 *Bifidobacterium*속 세균 특유의 fructose-6-phosphate phosphoketolase에 의해 erythrose-4-phosphate와 acetyl-phosphate로 분해되고, 이 4탄당 인산은 HMP 경로에서와 같이 transketolase, transaldolase의 작용으로 다른 1분자의 fructose-6-phosphate와 재조합하여 2분자의 xylulose-5-phosphate로 된다. Xylulose-5-phosphate는 xylulose-5-phosphate 특유의 phosphoketolase의 작용으로 acetyl-phosphate와 glyceraldehyde-3-phosphate로 분해된다. 이 경로로 6탄당이 대사되면 2.5 ATP를 합성된다.

*Bifidobacterium*속 세균 특유의 대사 경로로 알려진 Bifidum 경로의 key enzyme인 fructose-6-phosphate phosphoketolase 활성이 *Gardnerella vaginalis*에서도 발견되었다.

4.6 동위원소를 이용한 해당 경로의 해석

원핵세포 생물에는 EMP 경로 외에도 ED 경로와 PK 경로를 통해 당을 대사하는 에가 있다. 특정 생물의 당 이용 경로를 밝히기 위해서는 각 해당 경로의 key enzyme의 활성을 측정하면 된다. 예를 들어, 어떤 세균의 cell-free extract에 6-phosphogluconate dehydrogenase와 2-keto-3-deoxy-6-phosphogluconate aldolase의 활성은 있으나 phosphofructokinase의 활성이 없다면, 우선 이 세균은 ED 경로를 통해 당을 분해한다고 결론내릴 수 있다.

방사능 표지를 이용하여 당 이용 경로를 밝히는 방법도 있다. 포도당의 여러 탄소 자리에 ^{14}C를 표지하면 해당 경로를 규명할 수 있을 뿐만 아니라 당이 어떠한 비율로 주된 당 대사 경로와 HMP 경로로 대사되는 가를 정량적으로 측정할 수도 있다(radiorespirometry). 이 방법에서는 포도당의 어떤 탄소가 먼저 CO_2로 산화되는지를 밝혀 이 미생물이 포도당을 어떤 경로를 통해 이용하는지 알 수 있다. 예를 들어 포도당이 HMP나 PK 경로로 산화될 때는 1번 탄소가 6-phosphogluconate dehydrogenase의 작용으로 탈탄산된다. EMP와 ED 경로에서는 pyruvate의 카르복실기가 pyruvate

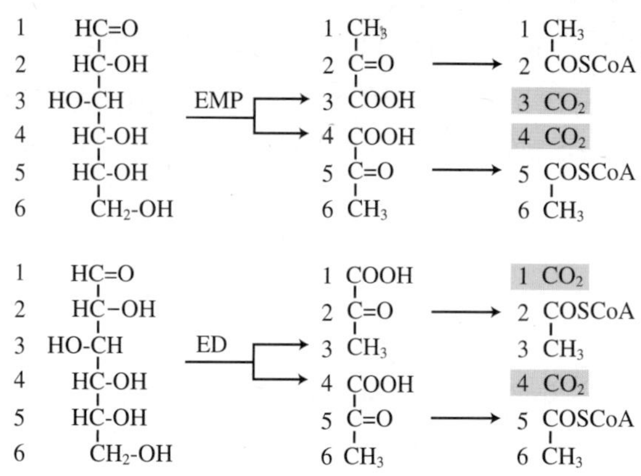

그림 4.11 Pyruvate Dehydrogenase의 작용으로 Pyruvate가 탈 탄산될 때 이산화탄소로 발생되는 탄소의 포도당 내 위치. Pyruvate dehydrogenase의 작용에서 이산화탄소로 발생되는 pyruvate의 카르복실기는 EMP 경로로 대사되면 포도당 중의 3,4번 탄소에서, ED 경로로 대사되면 1,4번 탄소에서 유래된다.

dehydrogenase의 산화적 탈탄산화 반응에서 CO_2로 전환된다(제5장, 5.1). EMP 경로를 통해 생산되는 pyruvate의 카르복실기는 포도당의 3번과 4번 탄소에서 유래된다. 반면 포도당이 ED 경로를 통해 대사되면 pyruvate의 카르복실기는 포도당의 1번과 4번 탄소에서 유래된다(그림 4.11).

따라서 각각 다른 탄소 위치에 표지된 포도당으로 시험하고자 하는 미생물을 배양하면서 발생하는 이산화탄소를 시간별로 알칼리에 포집하여 그 방사능(radioactivity)을 측정하면 그림 4.12, 4.13과 같은 결과를 얻을 수 있다. 그림 4.12는 다양한 탄소에 방사능표지를 한 포도당을 탄소원으로 생장하는 *Escherichia coli* 배양으로부터의 방사능 발생 양상을 관찰한 결과이다. 3, 4번 탄소에 표지된 포도당을 사용한 경우 초기에 많은 양의 ^{14}C가 이산화탄소로 발생되었다. 이러한 현상은 당이 주로 EMP 경로로 분해됨을 의미한다. 반면 1번 탄소에 표지된 포도당으로부터는 두 번에 걸쳐 이산화탄소가 발생하였다. 첫 번째는 glucose가 HMP 경로를 통해 분해되는 것을 나타내는 것이고, 두 번째 이산화탄소는 TCA cycle을 통한 산화에서 생성되는 것이다. 이러한 일련의 실험을 통하여 EMP와 HMP 경로를 통한 glucose 대사의 양을 비교할 수 있는데 그 양은 각각 72%와 28%로 나타났다(4.3).

EMP 경로가 주된 해당 경로인 *Bacillus subtilis*와 ED 경로로 당을 분해하는 *Xanthomonas phaseoli*를 $^{14}C(1)$-포도당, $^{14}C(3)$-포도당, $^{14}C(4)$-포도당을 함유하는 배지에서 각각 배양하면 그림 4.13과 같은 결과를 얻을 수 있다. ED 경로로 생산된 pyruvate의 카르복실기는 포도당의 1번 및 4번 탄소에서, EMP 경로로는 3번 및 4번 탄소에서 유래한다. 그러므로 *B. subtilis*는 3번 4번 탄소에 표지한 포도당으로부터, *X. phaseoli*는 1번, 4번 탄소에 표지한 포도당으로부터 많은 $^{14}CO_2$를 발생시킨다. *B. subtilis*가 $^{14}C(1)$-포도당으로부터, *X. phaseoli*가 $^{14}C(3)$-포도당으로부터 적은 양의 $^{14}CO_2$를 늦게 발생시키는 것은 생합성에 사용된 나머지 acetyl-CoA가 TCA 회로로 대사되면서 산화되기 때문이다.

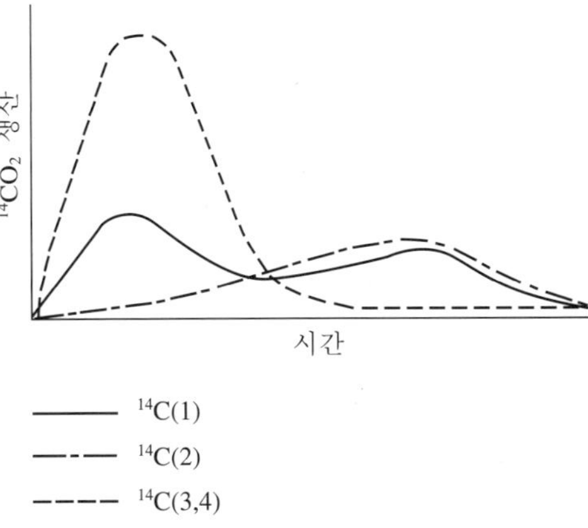

그림 4.12 Radiorespirometry법에 의한 *Escherichia coli*의 당 분해 경로 해석.

1번과 2번 그리고 3. 4번 탄소에 ^{14}C로 표지된 포도당을 포함하는 배지에서 세균을 배양하면서 발생하는 이산화탄소 중의 방사능을 시간 별로 측정하여 당 대사 경로를 해석한다. 1번 탄소에서 초기에 발생하는 이산화탄소는 HMP 경로의 6-phosphogluconate dehydrogenase의 작용 산물이며, EMP 경로로 생산된 pyruvate가 pyruvate dehydrogenase의 작용을 받아서 탈탄산될 때는 3, 4번 탄소가 이산화탄소로 발생한다. 시간이 경과된 후에 acetyl-CoA가 TCA 회로를 통해 산화될 때 1번과 2번 탄소로부터 이산화탄소가 발생한다.

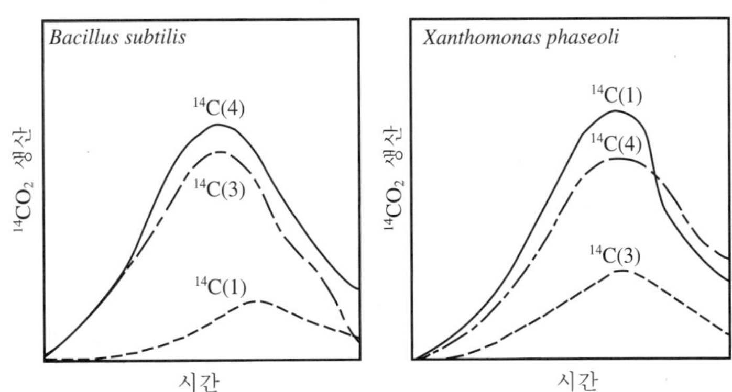

그림 4.13 Radiorespirometry법을 이용한 *Bacillus subtilis*와 *Xanthomonas phaseoli*의 해당 경로 결정.

*B. subtilis*는 EMP 경로를 통해 당을 pyruvate로 분해하므로 pyruvate dehydrogenase의 작용으로 당의 3번, 4 번 탄소를 이산화탄소로 발생시키며, *X. phaseoli*는 ED 경로로 당을 대사하므로 1번, 4번 탄소가 이산화탄소로 산화된다. *B. subtilis*가 1번 탄소로부터, *X. phaseoli*가 3번 탄소로부터 발생시키는 이산화탄소는 TCA 회로에서 발생하는 것이다.

4.7 해당 경로의 ATP 수율

미생물에 있어서 해당 경로는 고등생물에서 알려진 EMP, HMP 경로 이외에 원핵세포 생물 특유의 ED 경로와 PK 경로가 있다. 이들 각각에서 6탄당(포도당) 1mole을 대사하여 pyruvate로 분해할 때 생산되는 ATP의 수율이 서로 다르다(표 4.2).

ATP 수율이 가장 높은 해당 과정은 *Bifidobacterium*의 PK 경로로서 1mole의 포도당으로부터 2.5ATP를 생산하며, EMP 경로는 2ATP, 그 나머지 경로는 1ATP로 ATP 수율이 낮다.

표 4.3 해당 과정의 ATP 수율

해당 경로	ATP 수율 (ATP mole/ 소비된 포도당 mole)
EMP	2
EMP 변형	0[a]
HMP	1[b]
ED	1
PK(*Leuconostoc*)	1[c]
PK(*Bifidobacterium*)	2.5[d]

a: 그림 4.3, *Pyrococcus furiosus*의 EMP 변형 경로
b: 그림 4.5의 HMP 회로를 표준
c: glucose ⟶ lactate + ethanol + CO_2
d: glucose ⟶ lactate + 1.5 acetate

요점 정리

1. 많은 종류의 원핵세포 미생물과 모든 진핵세포 미생물은 당을 EMP 경로와 HMP 경로로 분해한다.
2. 그람음성 세균의 일부는 당을 EMP 경로를 통해 대사하지 못하며, 이들은 ED 경로와 HMP 경로를 통해 당을 분해한다. EMP 경로로 당을 대사하는 세균의 일부도 gluconate를 유일한 탄소원 및 에너지원으로 이용할 때는 ED 경로를 통해 gluconate를 분해한다.
3. 많은 원핵세포 생물에서는 당을 변형된 EMP 경로 또는 변형된 ED 경로를 통해 대사한다.
4. 당 이외의 기질을 이용하여 생장하는 미생물은 기질로부터 생합성에 필요한 당을 합성한다. 이를 gluconeogenesis라 한다. Gluconeogenesis는 EMP 경로의 역반응으로 이루어지며, EMP 경로에서 역반응을 촉매하지 못하는 phosphofructokinase와 pyruvate kinase 대신에 gluconeogenesis에서는 fructose-1,6-diphosphatase와 PEP synthetase가 작용한다.
5. 주되는 해당 경로가 EMP 경로가 아닌 원핵세포 생물과 당을 이용하지 못하는 메탄 생산균 등을 포함하여 지금까지 조사된 모든 생물에서 당의 생합성은 EMP 경로의 일부 효소를 이용하는 gluconeogenesis 경로를 통해 이루어진다.
6. HMP 경로는 생합성에 필요한 5탄당과 NADPH를 공급하기 위해 주된 당 대사 경로와 함께 이루어진다.
7. 5탄당을 기질로 이용하는 미생물, EMP 경로와 ED 경로로 당을 대사하지 못하는 세균, 그리고 pyruvate를 TCA 회로로 대사하지 못하는 호기성 세균은 HMP 경로를 통해 당을 산화시킨다.
8. Heterofermentative 젖산 발효균은 ketose-phosphate에 작용하여 acetyl-phosphate를 생산하는 phosphoketolase(PK)가 작용하는 PK 경로를 통해 당을 대사한다.
9. 각 해당 경로를 통해 포도당이 대사될 때의 ATP 수율은 표 4.3과 같다.

참고 문헌

| General

Bruckner, R. and **F. Titgemeyer.** 2002. Carbon catabolite repression in bacteria: Choice of the carbon source and autoregulatory limitation of sugar utilization. FEMS Microbiol. Lett. **209**:141–148.

Plantinga, T.H., C. van der Does and **A. J. M. Driessen.** 2004. Transporter's evolution and carbohydrate metabolic clusters. Trends Microbiol. **12**:4–7.

| EMP 경로

Asanuma, N. and **T. Hino.** 2006. Presence of NADP$^+$-specific glyceraldehyde-3-phosphate dehydrogenase and CcpA-dependent transcription of its gene in the ruminal bacterium *Streptococcus bovis*. FEMS Microbiol. Lett. **257**:17–23.

Brunner, N. A., B. Siebers and **R. Hensel.** 2001. Role of two different glyceraldehyde-3-phosphate dehydrogenases in controlling the reversible Embden-Meyerhof-Parnas pathway in *Thermoproteus tenax*: regulation on protein and transcript level. Extremophiles. **5**:101–109.

Hansen, T. and **P. Schoenheit.** 2001. Sequence, expression, and characterization of the first archaeal ATP-dependent 6-phosphofructokinase, a nonallosteric enzyme related to the phosphofructokinase-B sugar kinase family, from the hyperthermophilic crenarchaeote *Aeropyrum pernix*. Arch. Microbiol. **177**:62–69.

Hansen, T., B. Reichstein, R. Schmid and **P. Schonheit.** 2002. The first archaeal ATP-dependent glucokinase, from the hyperthermophilic crenarchaeon *Aeropyrum pernix*, represents a monomeric, extremely thermophilic ROK glucokinase with broad hexose specificity. J. Bacteriol. **184**:5955–5965.

Kengen, S. W. M., A. J. M. Stams and **W. M. Devos.** 1996. Sugar metabolism of hyperthermophiles. FEMS Microbiol. Rev. **18**:119–137.

Kim, J. W. and **C. V. Dang.** 2005. Multifaceted roles of glycolytic enzymes. Trends Biochem. Sci. **30**:142–150.

Labes, A. and **P. Schonheit.** 2001. Sugar utilization in the hyperthermophilic, sulfate-reducing archaeon *Archaeoglobus fulgidus* strain 7324: starch degradation to acetate and CO_2 via a modified Embden-Meyerhof pathway and acetyl-CoA synthetase (ADP-forming). Arch. Microbiol. **176**:329–338.

Labes, A. and **P. Schonheit.** 2003. ADP-dependent glucokinase from the hyperthermophilic sulfate-reducing archaeon *Archaeoglobus fulgidus* strain 7324. Arch. Microbiol. **180**:69–75.

Marsh, J. J. and **H. G. Lebherz.** 1992. Fructose-bisphosphate aldolases: an evolutionary history. Trends Biochem. Sci. **17**:110–113.

Nishimasu, H., S. Fushinobu, H. Shoun and **T. Wakagi.** 2006. Identification and characterization of an ATP-dependent hexokinase with broad substrate specificity from the hyperthermophilic archaeon *Sulfolobus tokodaii*. J. Bacteriol. **188**:2014–2019.

Ogawa, T., H. Mori, M. Tomita and **M. Yoshino.** 2007. Inhibitory effect of phosphoenolpyruvate on glycolytic enzymes in *Escherichia coli*. Res. Microbiol. **158:**159-163.

Sakuraba, H. and **T. Ohshima.** 2002. Novel energy metabolism in anaerobic hyperthermophilic archaea: a modified Embden-Meyerhof pathway. J. Biosci. Bioeng. **93**:441–448.

Tanaka, S., S. O. Lee, K. Hamaoka, J. Kato, N. Takiguchi, K. Nakamura, H. Ohtake and **A. Kuroda.** 2003. Strictly polyphosphate-dependent glucokinase in a polyphosphate-accumulating bacterium, *Microlunatus phosphovorus*. J. Bacteriol. **185**:5654–5656.

Tjaden, B., A. Plagens, C. Dorr, B. Siebers and **R. Hensel.** 2006. Phosphoenolpyruvate synthetase and pyruvate, phosphate dikinase of *Thermoproteus tenax*: key pieces in the puzzle of archaeal carbohydrate metabolism. Mol. Microbiol. **60**:287–298.

Verhees, C. H., J. E. Tuininga, S. W. M. Kengen, A. J. M. Stams, J. van der Oost and W. M. de Vos. 2001. ADP-dependent phosphofructokinases invmesophilic and thermophilic methanogenic archaea. J. Bacteriol. **183**:7145–7153.

Villamon, E., V. Villalba, M. M. Nogueras, J. M. Tomas, D. Gozalbo and **M. L. Gil.** 2003. Glyceraldehyde-3-phosphate dehydrogenase, a glycolytic enzyme present in the periplasm of *Aeromonas hydrophila*. Antonie van Leeuwenhoek **84**:31–38.

Zakharchuk, L. M., M. A. Egorova, I. A. Tsaplina, T. I. Bogdanova, E. N. Krasil'nikova, V. S. Melamud and **G. I. Karavaiko.** 2003. Activity of the enzymes of carbon metabolism in *Sulfobacillus sibiricus* under various conditions of cultivation. Microbiol.-Moscow. **72**:553–557.

Zheng, P., J. Sun, J. van den Heuvel and **A. Zeng.** 2006. Discovery and investigation of a new, second triose phosphate isomerase in *Klebsiella pneumoniae.* J. Biotechnol. **125**:462–473.

| Modified EMP 경로

de Vos, W. M., S. W. Kengen, W. G. Voorhorst and **J. van der Oost**. 1998. Sugar utilization and its control in hyperthermophiles. Extremophile. **2**(3):201-205.

Ferguson, G. P., S. Totemeyer, M. J. Maclean and **I. R. Booth.** 1998. Methylglyoxal production in bacteria: suicide or survival. Arch. Microbiol. **170**:209–219.

Grant, A. W., G. Steel, H. Waugh and **E. M. Ellis.** 2003. A novel aldo-keto reductase from *Escherichia coli* can increase resistance to methylglyoxal toxicity. FEMS Microbiol. Lett. **218**:93–99.

Hansen, T. and **P. Schonheit.** 2004. ADP-dependent 6-phosphofructokinase, an extremely thermophilic, non-allosteric enzyme from the hyperthermophilic, sulfate-reducing archaeon *Archaeoglobus fulgidus* strain 7324. Extremophiles. **8**:29–35.

Imanaka, H., A. Yamatsu, T. Fukui, H. Atomi and **T. Imanaka.** 2006. Phosphoenolpyruvate synthase plays an essential role for glycolysis in the modified Embden-Meyerhof pathway in *Thermococcus kodakarensis.* Mol. Microbiol. **61**:898–909.

Ko, J., I. Kim, S. Yoo, B. Min, K. Kim and **C. Park.** 2005. Conversion of methylglyoxal to acetol by *Escherichia coli* aldo-keto reductases. J. Bacteriol. **187**:5782–5789.

Liyanage, H., S. Kashket, M. Young and **E. R. Kashket.** 2001. *Clostridium beijerinckii* and *Clostridium difficile* detoxify methylglyoxal by a novel mechanism involving glycerol dehydrogenase. Appl. Environ. Microbiol. **67**:2004–2010.

Maiden, M. F. J., C. Pham and **S. Kashket.** 2004. Glucose toxicity effect and accumulation of methylglyoxal by the periodontal anaerobe *Bacteroides forsythus.* Anaerobe **10**:27–32.

Matsubara, K., Y. Yokooji, H. Atomi and **T. Imanaka.** 2011. Biochemical and genetic characterization of the three metabolic routes in *Thermococcus kodakarensis* linking glyceraldehyde 3-phosphate and 3-phosphoglycerate." Mol. Microbiol. **81**:1300-1312.

Reher, M., S. Gebhard and **P. Schonheit.** 2007. Glyceraldehyde-3-phosphate ferredoxin oxidoreductase (GAPOR) and nonphosphorylating glyceraldehyde-3-phosphate dehydrogenase (GAPN), key enzymes of the respective modified Embden-Meyerhof pathways in the hyperthermophilic crenarchaeota *Pyrobaculum aerophilum* and *Aeropyrum pernix*. FEMS Microbiol. Lett. **273**:196-205

Rozova, O. N., V. N. Khmelenina, S. Vuilleumier and **Y. A. Trotsenko.** 2010. Characterization of recombinant pyrophosphate-dependent 6-phosphofructokinase from halotolerant methanotroph *Methylomicrobium alcaliphilum* 20Z. Res. Microbiol. **161**:861-868.

Weber, J., A. Kayser and **U. Rinas.** 2005. Metabolic flux analysis of *Escherichia coli* in glucose-limited continuous culture. II. Dynamic response to famine and feast, activation of the methylglyoxal pathway and oscillatory behaviour. Microbiol. **151**:707–716.

Xu, D., X. Liu, C. Guo and **J. Zhao.** 2006. Methylglyoxal detoxification by an aldo-keto reductase in the cyanobacterium *Synechococcus* sp. PCC 7002. Microbiol.-UK. **152**:2013–2021.

Gluconeogenesis

Alves, A. M. C. R., G. J. W. Euverink, H. Santos and **L. Dijkhuizen.** 2001. Different physiological roles of ATP- and PPi-dependent phosphofructokinase isoenzymes in the methylotrophic actinomycete

Amycolatopsis methanolica. J. Bacteriol. **183**:7231–7240.

Fillinger, S., S. Boschi-Muller, S. Azza, E. Dervyn, G. Branlant and **S Aymerich.** 2000. Two glyceraldehyde-3-phosphate dehydrogenases with opposite physiological roles in a nonphotosynthetic bacterium. J. Biol. Chem. **275**:14031–14037.

Grochowski, L. L., H. Xu and **R. H. White.** 2005. Ribose-5-phosphate biosynthesis in *Methanocaldococcus jannaschii* occurs in the absence of a pentose phosphate pathway. J. Bacteriol. **187**:7382–7389.

Pernestig, A. K., D. Georgellis, T. Romeo, K. Suzuki, H. Tomenius, S. Normark and **O. Melefors.** 2003. The *Escherichia coli* BarA-UvrY two-component system is needed for efficient switching between glycolytic and gluconeogenic carbon sources. Journal of Bacteriology **185**:843–853.

Say, R. F. and **G. Fuchs.** 2010. Fructose 1,6-bisphosphate aldolase/phosphatase may be an ancestral gluconeogenic enzyme. Nature **464**(7291):1077-1081.

Tjaden, B., A. Plagens, C. Dorr, B. Siebers and **R. Hensel.** 2006. Phosphoenolpyruvate synthetase and pyruvate, phosphate dikinase of *Thermoproteus tenax*: key pieces in the puzzle of archaeal carbohydrate metabolism. Mol. Microbiol. **60**:287–298.

Verhees, C. H., J. Akerboom, E. Schiltz, W. M. de Vos, and **J. van der Oost.** 2002. Molecular and biochemical characterization of a distinct type of fructose-1,6-bisphosphatase from *Pyrococcus furiosus.* J. Bacteriol. **184**:3401–3405.

Wolfe, A. J. 2005. The acetate switch. Microbiol. Mol. Biol. Rev. **69**:12–50.

| HMP 경로

Christensen, J., T. Christiansen, A. K. Gombert, J. Thykaer and **J. Nielsen.** 2001. Simple and robust method for estimation of the split between the oxidative pentose phosphate pathway and the Embden-Meyerhof-Parnas pathway in microorganisms. Biotechnol. Bioeng. **74**:517–523.

Hanke, T., K. Nöh, S. Noack, T. Polen, S. Bringer, H. Sahm, W. Wiechert and **M. Bott.** 2013. Combined fuxomics and transcriptomics analysis of glucose catabolism via a partially cyclic pentose phosphate pathway in *Gluconobacter oxydans* 621H. Appl. Environ. Microbiol. **79:**2336-2348.

Orita, I., T. Sato, H. Yurimoto, N. Kato, H. Atomi, T. Imanaka and **Y. Sakai.** 2006. The ribulose monophosphate pathway substitutes for the missing pentose phosphate pathway in the archaeon *Thermococcus kodakaraensis.* J. Bacteriol. **188**:4698–4704.

| ED 경로

Conway, T. 1992. The Entner-Doudoroff pathway: history, physiology and molecular biology. FEMS Microbiol. Rev. **103**:1–28.

Egan, S. E., R. Fliege, S. X. Tong, A. Shibata, R. E. Wolf and **T. Conway.** 1992. Molecular characterization of the Entner-Doudoroff pathway in *Escherichia coli* – sequence analysis and localization of promoters for the *edd-eda* operon. J. Bacteriol. **174**:4638–4646.

Fuhrer, T., E. Fischer and **U. Sauer.** 2005. Experimental identification and quantification of glucose metabolism in seven bacterial species. J. Bacteriol. **187**:1581–1590.

Garnova, E. S. and **E. N. Krasil'nikova.** 2003. Carbohydrate metabolism of the saccharolytic alkaliphilic anaerobes *Halonatronum saccharophilum, Amphibacillus fermentum*, and *Amphibacillus tropicus.*

Microbiol.-Moscow **72**:558–563.

Gunnarsson, N., U. H. Mortensen, M. Sosio and **J. Nielsen.** 2004. Identification of the Entner-Doudoroff pathway in an antibiotic-producing actinomycete species. Mol. Microbiol. **52**:895–902.

Hong, S. H., S. J. Park, S. Y. Moon, J. P. Park and **S. Y. Lee.** 2003. *In silico* prediction and validation of the importance of the Entner-Doudoroff pathway in poly(3-hydroxybutyrate) production by metabolically engineered *Escherichia coli.* Biotechnol. Bioeng. **83**:854–863.

Johnsen, U., M. Selig, K. B. Xavier, H. Santos and **P. Schonheit.** 2001. Different glycolytic pathways for glucose and fructose in the halophilic archaeon *Halococcus saccharolyticus.* Arch. Microbiol. **175**:52–61.

Murray, E. L. and **T. Conway.** 2005. Multiple regulators control expression of the Entner-Doudoroff aldolase (Eda) of *Escherichia coli.* J. Bacteriol. **187**:991–1000.

Oren, A. and **L. Mana.** 2003. Sugar metabolism in the extremely halophilic bacterium *Salinibacter ruber*. FEMS Microbiol. Lett. **223**:83–87.

Patra, T., H. Koley, T. Ramamurthy, A. C. Ghose and R. K. Nandy. 2012. The Entner-Doudoroff pathway is obligatory for gluconate utilization and contributes to the pathogenicity of *Vibrio cholerae*. J. Bacteriol. **194**(13):3377-3385.

Pruss, B. M., J. W. Campbell, T. K. van Dyk, C. Zhu, Y. Kogan and **P. Matsumura.** 2003. FlhD/FlhC is a regulator of anaerobic respiration and the Entner-Doudoroff pathway through induction of the methyl-accepting chemotaxis protein Aer. J. Bacterio. **185**:534–543.

Reher, M., T. Fuhrer, M. and **Bott P. Schonheit.** 2010. The nonphosphorylative Entner-Doudoroff Pathway in the thermoacidophilic Euryarchaeon *Picrophilus torridus* involves a novel 2-keto-3-deoxygluconate-specific aldolase. J. Bacteriol. **192**(4):964-974.

Siebers, B., B. Tjaden, K. Michalke, C. Dorr, H. Ahmed, M. Zaparty, P. Gordon, C. W. Sensen, A. Zibat, H.-P. Klenk, S. C. Schuster and **R. Hensel.** 2004. Reconstruction of the central carbohydrate metabolism of *Thermoproteus tenax* by use of genomic and biochemical data. J. Bacteriol. **186**:2179–2194.

| PK 경로

Fleige, C., J. Kroll, and **A. Steinbüchel.** 2011. Establishment of an alternative phosphoketolase-dependent pathway for fructose catabolism in *Ralstonia eutropha* H16. Appl. Microbiol. Biotechnol. **91:**769-776.

Liu, L., L. Zhang, W. Tang, Y. Gu, Q. Hua, S. Yang, W. Jiang and **C. Yang.** 2012. Phosphoketolase pathway for xylose catabolism in *Clostridium acetobutylicum* revealed by ^{13}C metabolic flux analysis. J. Bacteriol. **194**:5413-5422.

Panagiotou, G., I. Kouskoumvekaki, S. O. Jonsdottir and **L. Olsson.** 2007. Monitoring novel metabolic pathways using metabolomics and machine learning: induction of the phosphoketolase pathway in *Aspergillus nidulans* cultivations. Metabolomics **3**:503–516.

Panagiotou, G., M. R. Andersen, T. Grotkjaer, T. B. Regueira, G. Hofmann, J. Nielsen and **L. Olsson.** 2008. Systems analysis unfolds the relationship between the phosphoketolase pathway and growth in *Aspergillus nidulans.* PLoS ONE **3**:e3847. doi; 10.1371/journal.pone.0003847

Panagiotou, G., M .R. Andersen, T. Grotkjaer, T. B. Regueira, G. Hofmann, J. Nielsen and **L. Olsson.** 2009. Studies on the production of fungal polyketides in *Aspergillus nidulans* using systems biology tools. Appl Environ Microbiol **75**:2212–2220

Papini, M., I. Nookaew, V. Siewers and **J. Nielsen.** 2012. Physiological characterization of recombinant

Saccharomyces cerevisiae expressing the *Aspergillus nidulans* phosphoketolase pathway: validation of activity through ^{13}C-based metabolic flux analysis. Appl. Microbiol. Biotechnol. **95**:1001-1010.

Posthuma, C. C., R. Bader, R. Engelmann, P. W. Postma, W. Hengstenberg and **P. H. Pouwels.** 2002. Expression of the xylulose-5-phosphate phosphoketolase gene, *xpkA,* from *Lactobacillus pentosus* MD363 is induced by sugars that are fermented via the phosphoketolase pathway and is repressed by glucose mediated by CcpA and the mannose phosphoenolpyruvate phosphotransferase system. Appl. Environ. Microbiol. **68**:831–837.

Richter, H., I. Hamann and **G. Unden.** 2003. Use of the mannitol pathway in fructose fermentation of *Oenococcus oeni* due to limiting redox regeneration capacity of the ethanol pathway. Arch. Microbiol. **179**:227–233.

Thykaer, J. and **J. Nielsen.** 2007. Evidence, through ^{13}C-labelling analysis, of phosphoketolase activity in fungi. Process Biochem **42**:1050–1055.

| 대사 경로 분석

Cocaign-Bousquet, M., S. Even, N. D. Lindley and **P. Loubiere.** 2002. Anaerobic sugar catabolism in *Lactococcus lactis*: genetic regulation and enzyme control over pathway flux. Applied. Microbiol. Biotechnol. **60**:24–32.

Klamt, S. and **J. Stelling.** 2003. Two approaches for metabolic pathway analysis? Trends Biotechnol. **21**:64–69.

Portais, J. C. and **A. M. Delort.** 2002. Carbohydrate cycling in microorganisms: what can ^{13}C-NMR tell us? FEMS Microbiol. Rev. **26**:375–402.

Romano, A. H. and **T. Conway.** 1996. Evolution of carbohydrate metabolic pathways. Res. Microbiol. **147**:448–455.

Schilling, C. H., S. Schuster, B. O. Palsson and **R. Heinrich.** 1999. Metabolic pathway analysis: basic concepts and scientific applications in the postgenomic era. Biotechnol. Progress. **15**:296–303.

Siebers, B. and **P. Schonheit.** 2005. Unusual pathways and enzymes of central carbohydrate metabolism in archaea. Curr. Opin. Microbiol. **8**:695–705.

5장

Tricarboxylic Acid(TCA) 회로와 산화적 인산화

해당 과정이나 다른 대사 경로를 통하여 생산되는 pyruvate는 미생물과 그들의 생육 조건에 따라 여러 경로를 통하여 대사된다. Pyruvate는 생합성의 전구물질로 이용되거나 호기적 조건에서는 완전히 이산화탄소로 산화된다. 본 장에서는 pyruvate의 산화와 전자 전달계, 산화적 인산화 과정을 정리한다.

5.1 Pyruvate의 산화적 탈탄산화

Pyruvate는 호기 상태에서 pyruvate dehydrogenase complex에 의해 산화되어 acetyl-CoA와 CO_2를 생산하면서 NAD^+를 환원한다. 이 효소 복합체는 thiamine pyrophosphate(TPP)를 함유하는 24분자의 pyruvate dehydrogenase, dihydrolipoate를 갖는 24 분자의 dihydrolipoate acetyltransferase, 그리고 flavin adenine dinucleotide(FAD)를 조효소로 갖는 12분자의 dihydrolipoate dehydrogenase로 이루어진다. 진핵생물에서는 미토콘드리아에서 일어나는 이 반응은 그림 5.1과 같이 NAD^+와 coenzyme A가 참여하며, 다음 식으로 요약할 수 있다.

$$\text{pyruvate} + \text{CoA-SH} + \text{NAD}^+ \longrightarrow \text{acetyl-CoA} + \text{NADH} + \text{H}^+$$

$$(\Delta G^{\circ\prime} = -33.5 \text{ kJ/mole pyruvate})$$

효소에 포함된 TPP, dihydrolipoate와, FAD 그리고 CoA-SH와 NAD^+ 등 5종의 조효소를 필요로 하는 이 반응은 비가역 반응이다. 진핵세포에서는 이 반응이 mitochondria 안에서 일어나므로 원형질체에서 당의 분해 등으로 생산되는 pyruvate가 mitochondria로 운반되어야 한다.

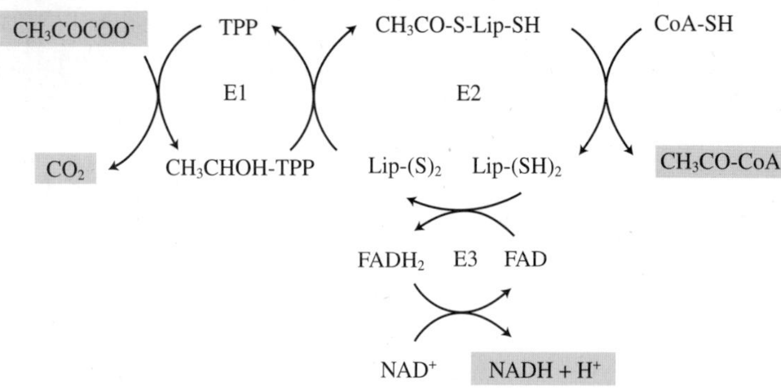

그림 5.1 Pyruvate Dehydrogenase 복합체의 작용 메커니즘.

Pyruvate가 탈탄산되면서 pyruvate dehydrogenase(E1)에 결합되어 있는 thiamine pyrophosphate (TPP)에 hydroxyethyl기로 결합한다. 이어서 hydroxyethyl기가 dihydrolipoate acetyltransferase(E2)에 결합되어 있는 산화된 상태의 lipoate(Lip)로 이전된다. 다음 반응에서 lipoate에 결합되어 있는 acetyl기가 CoA와 결합하여 acetyl-CoA를 합성하면서 lipoate를 환원시킨다. 환원된 lipoate는 dihydrolipoate dehydrogenase(E3)의 FAD를 환원하면서 산화되고 $FADH_2$의 수소는 최종적으로 NAD^+로 이전된다.

2-ketoglutarate(그림 5.2의 4번 반응), 2-ketobutyrate 등 2-keto 산이 산화되면서 acyl-CoA로 합성되는 모든 반응은 pyruvate dehydrogenase 복합체와 유사한 효소 복합체에 의해 촉매되지만(제7장, 7.5.5), 그 활성은 다르게 조절된다.

Pyruvate dehydrogenase의 활성은 이 효소의 기질과 산물, 그리고 adenylate energy charge에 의해 조절된다. Pyruvate와 AMP는 이 효소의 활성을 촉진하고 acetyl-CoA, NADH와 ATP는 활성을 저해한다. Pyruvate와 acetyl-CoA는 각각 아미노산과 지방산 생합성의 전구물질로 이용된다.

5.2 TCA 회로

Krebs 등이 동물 조직에서 발견한 이 대사 경로를 tricarboxylic acid cycle(TCA 회로), Krebs 회로 또는 citric acid가 중요한 대사 중간 산물이 되므로 citric acid 회로라고도 한다.

Pyruvate dehydrogenase에 의해 생산된 acetyl-CoA가 이 회로에 의해 이산화탄소로 완전히 산화되면서 NAD^+, $NADP^+$ 그리고 FAD를 환원시킨다. 환원된 전자 전달체들은 electron transport(oxidative) phosphorylation 과정에서 산화되면서 proton motive force를 형성하여 ATP를 생산한다.

TCA 회로는 ATP 생산을 위한 환원력과 더불어 대사 과정에서 생산되는 중간 산물을 생합성에 필요한 탄소 골격으로 공급하는 기능을 갖는다. 따라서 필요한 탄소 골격을 숙주로부터 공급받는 고등

생물의 기생 세균인 mycoplasma 등 일부의 예외를 제외한 거의 모든 생물은 TCA 회로 또는 이 회로와 관련되는 대사 경로를 보유한다.

5.2.1 Citrate의 합성과 TCA 회로의 대사 경로

Acetyl-CoA는 citrate synthase의 작용으로 oxaloacetate와 결합되어 citrate를 생산하면서 Co-SH가 유리된다(그림 5.2). 이 반응의 자유에너지 변화는 −32.2kJ/mole로서 자유에너지 형성반응(exergonic reaction)이며, 생체 내에서 비가역 반응이다. Reductive TCA 회로에서 이 반응의 역반응은 다른 효소인 ATP:citrate lyase에 의해 촉매된다(5.4.2). 이어서 citrate는 aconitase에 의해 isocitrate로 이성화된다. Isocitrate dehydrogenase는 isocitrate를 2-ketoglutarate로 산화하면서 $NAD(P)^+$를 환원시킨다. 대부분의 세균에서는 $NADP^+$가 이 효소의 전자 전달체로 작용하나 진핵세포 생물에서는 $NADP^+$와 NAD^+ 각각 특이적으로 필요로 하는 별개의 효소들이 있다.

2-ketoglutarate는 2-ketoglutarate dehydrogenase 복합체에 의해 succinyl-CoA로 산화된다. 이 효소복합체는 pyruvate dehydrogenase 복합체와 같이 많은 subunit로 이루어져 있으며, 5종의 조효

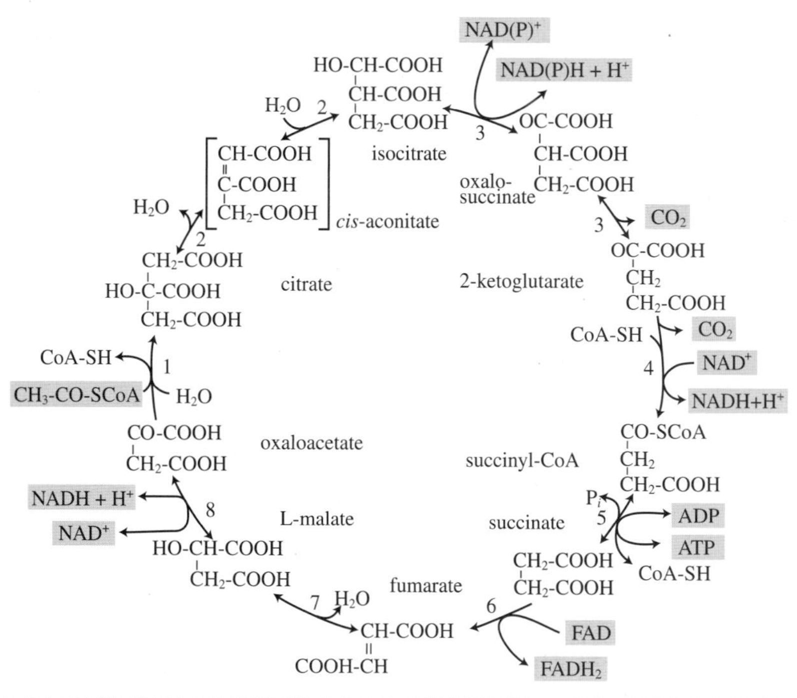

그림 5.2 Tricarboxylic Acid 회로에 의한 Acetyl-CoA의 산화.

1. citrate synthase **2.** aconitase **3.** isocitrate dehydrogenase **4.** 2-ketoglutarate dehydrogenase complex **5.** succinate thiokinase(succinyl-CoA synthetase) **6.** succinate dehydrogenase **7.** fumarase(fumarate hydratase) **8.** malate dehydrogenase

소를 필요로 하는 효소로서, 이들은 기질인 2-keto 산에 작용하여 탈탄산 작용과 탈수소 작용을 동시에 수행하면서 acyl-CoA를 생산한다. 2-ketoglutarate는 dehydrogenase의 작용으로 탈수소되면서 succinyl-CoA로 된다. 이 반응은 비가역 반응으로서 reductive TCA 회로를 통해 이산화탄소를 고정할 때는 2-ketoglutarate synthase(2-ketoglutarate:ferredoxin oxidoreductase)가 역반응을 촉매한다(5.4.2).

혐기성 발효 세균 등 일부의 미생물은 2-ketoglutarate dehydrogenase를 합성하지 않는다. 이 미생물들은 불완전 TCA 경로를 통해서 생합성에 필요한 탄소 골격을 얻는다(5.4.1). 2-ketoglutarate는 glutamate 등 여러 종류의 아미노산 합성에 이용된다(제6장, 6.4.3). 반응 산물인 succinyl-CoA는 cytochrome, chlorophyll 등의 핵이 되는 heme의 합성에 이용된다(제6장, 6.7). Citrate가 succinyl-CoA까지 산화되면서 acetyl-CoA에서 유래한 모든 탄소는 이산화탄소로 분리된다. 다른 모든 acyl-CoA와 마찬가지로 succinyl-CoA도 고에너지 결합을 갖는 대사 중간 산물이다. 이 에너지는 succinate thiokinase(succinyl-CoA synthetase)의 작용을 통해 ATP 합성에 이용되며, 그 결과 succinate가 생산된다. 이 반응은 기질수준 인산화의 한 예로 진핵세포의 mitochondria에서는 ATP 대신 GTP의 형태로 에너지를 보전한다.

Succinate는 succinate dehydrogenase의 작용으로 fumarate로 환원된다. Fumarate/succinate의 산화 · 환원 전위는 −0.03V로서 NAD^+/NADH(−0.32V)보다 높기 때문에 $NAD(P)^+$를 전자 전달체로 이용하지 못하고, succinate의 산화는 succinate dehydrogenase의 prosthetic group인 FAD의 환원으로 연결된다. 환원된 succinate dehydrogenase의 전자는 전자 전달계의 coenzyme Q로 전달된다(5.8.2).

Fumarate는 fumarase의 작용으로 malate가 되고, 다시 malate dehydrogenase의 작용을 받아 oxaloacetate로 산화되어 TCA 회로를 1회 끝내면서 NAD^+를 환원시킨다.

Oxaloacetate는 aspartate 등 아미노산 합성에 필요한 탄소 골격이 되며(제6장, 6.4.1), gluconeogenesis에서는 탈탄산되어 PEP 합성에 이용된다(제4장, 4.2.1). 이상의 TCA 회로를 종합하면 다음과 같이 정리된다.

$$CH_3-CO-CoA + 3NAD(P)^+ + FAD + ADP + Pi + 3H_2O \longrightarrow$$
$$2CO_2 + 3NAD(P)H + FADH_2 + ATP + 3H^+ + CoA-SH$$

이때 환원되는 NAD(P)H나 $FADH_2$는 산화적 인산화 메커니즘을 통해 ATP 합성에 이용된다(5.8).

5.2.2 Cyanobacteria의 변형된 TCA Cycle

Cyanobacteria는 광합성을 통해 proton motive force를 형성하여 ATP를 생산할 수 있으며, 2-ketoglutarate dehydrogenase 활성이 없기 때문에 탄소 골격을 공급하기 위해 incomplete TCA 경로만을 갖는 것으로 알려져 왔으나, 최근 *Synechococcus*속을 비롯한 많은 cyanobacteria에

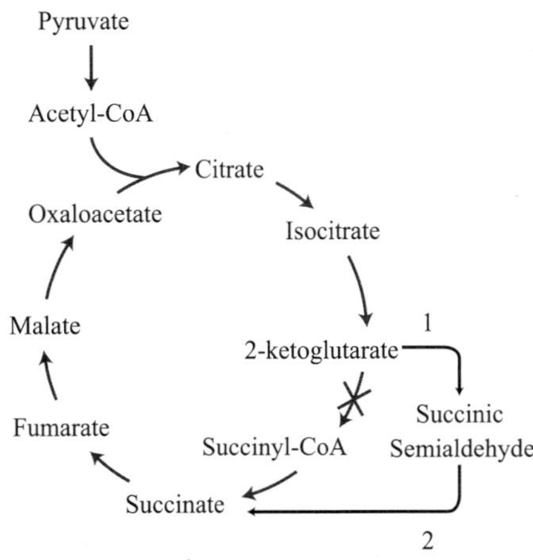

그림 5.3 Cyanobacteria에서 알려진 변형된 TCA 회로(Science. 2011, 334(6062):1551-1553).
2-ketoglutarate dehydrogenase의 활성이 알려지지 않은 cyanobacteria는 2-ketoglutarate decarboxylase(1)와 succinic semialdehyde dehydrogenase(2)가 작용하는 변형된 TCA 회로를 갖는다.

서 2-ketoglutarate decarboxylase와 succinic semialdehyde dehydrogenase 활성이 알려지면서 cyanobacteria는 그림 5.3과 같은 변형된 TCA 회로를 갖는 것으로 나타났다.

5.2.3 TCA 회로의 대사 조절

TCA 회로의 주된 기능은 ATP 생산과 생합성에 필요한 탄소 골격을 제공하는 것이다. 이처럼 ATP 생산을 위한 분해 반응(catabolism) 과정에서 합성(anabolism)에 필요한 전구물질을 동시에 생산하는 대사 경로를 양성 대사 경로(amphibolic pathway)라 한다. 이 대사 과정은 세포의 에너지 상태와 생합성 전구물질의 공급 상태에 따라 조절된다.

산소도 TCA 회로 효소의 유전자 발현을 조절한다. 통성 혐기성 세균은 질산염과 같은 전자 수용체가 공급되지 않는 혐기성 상태에서는 2-ketoglutarate dehydrogenase를 합성하지 않는다. 또한 질산염 등 산소 이외의 전자 수용체가 공급되는 환경에서도 이들 효소의 합성은 호기 조건에서보다 낮게 발현된다. *Escherichia coli* 등의 그람음성 세균에서는 FNR 단백질과, Arc 단백질에 의해 이러한 호기성과 혐기성 대사에 관여하는 많은 유전자의 전사가 조절된다(제12장, 12.2.5). 그람양성 세균인 *Bacillus subtilis*에서도 FNR 단백질과 유사 기능을 갖는 단백질이 알려져 있다.

TCA 회로의 대사 조절은 주로 citrate synthase가 citrate를 합성하는 첫 단계에서 이루어진다. 일반적으로 NADH와 ATP가 축적되어 에너지 공급 상태가 좋을 때와 2-ketoglutarate 등 생합성에 필요한 탄소 골격의 공급이 과잉일 때는 citrate synthase의 활성이 저해된다. 그람음성 세균은 두 종류의 citrate synthase, 즉 NADH에 의해 저해되는 효소와 그렇지 않은 효소를 보유하고 있으며, 그람양성 세균은 NADH에 의해 저해되지 않는 citrate synthase만을 생산한다. NADH에 의해 저해를 받지 않는 citrate synthase는 ATP에 의해 저해된다. NADH에 의해 저해되는 호기성 세균의 citrate synthase는 AMP에 의해 활성이 촉진되며, 통성 혐기성 세균에서는 촉진되지 않는다.

5.3 대사 중간 산물의 보충

TCA 회로는 acetyl-CoA를 산화하면서 산화적 인산화에서 ATP를 생산하는 데 이용할 수 있는 환원력을 생산하는 것과 동시에 대사 중간 산물인 2-ketoglutarate, succinyl-CoA, oxaloacetate 등은 생합성에 이용되는 양성 대사 경로(amphibolic pathway)이다. 만약 이들 TCA 회로의 중간 산물이 생합성에 이용되고 보충되지 않으면, oxaloacetate의 농도가 낮아져서 citrate가 합성되지 못하며, 이 때문에 TCA 회로는 중단될 것이다. 따라서 TCA 회로의 지속을 위해 생합성에 이용된 중간 산물을 보충하는 반응이 있으며, 이를 anaplerotic sequence라 한다.

5.3.1 Anaplerotic sequence

미생물이 당을 기질로 생장할 때는 pyruvate 또는 phosphoenolpyruvate(PEP)로부터 oxaloacetate를 합성할 수 있다(그림 5.4). 세균에서 포유류에 이르는 많은 생물에서 ATP를 소모하는 pyruvate carboxylase의 작용으로 pyruvate를 탄산화하여 oxaloacetate를 합성한다.

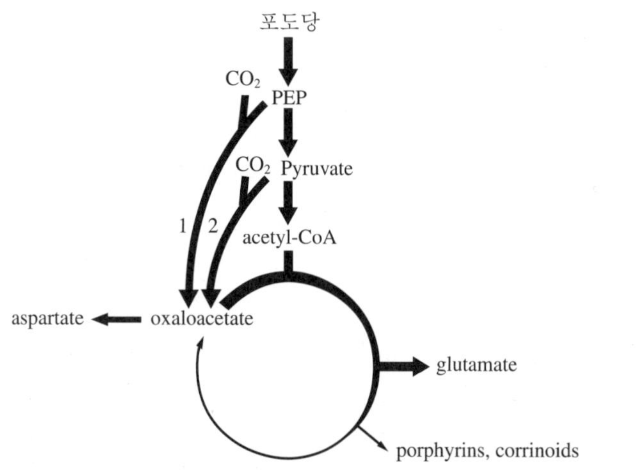

그림 5.4 당을 탄소원 및 에너지원으로 생육하는 미생물의 Anaplerotic Sequence.

1. PEP carboxylase **2.** Pyruvate carboxylase

$$\text{pyruvate} + HCO_3^- + \text{ATP} \xrightleftharpoons{\text{Pyruvate carboxylase}} \text{oxaloacetate} + \text{ADP} + P_i$$

Pyruvate carboxylase는 biotin을 조효소로 이용한다. *Pseudomonas aeruginosa* 등 *Pseudomonas* 속 세균의 pyruvate carboxylase는 acetyl-CoA에 의해 촉진되지 않으나, *Bacillus, Acinetobacter, Rhodopseudomonas*속 등 많은 미생물은 고등동물에서와 같이 acetyl-CoA에 의해 활성이 촉진되는 pyruvate carboxylase를 보유한다.

$$\text{PEP} + HCO_3^- \xrightleftharpoons{\text{PEP carboxylase}} \text{oxaloacetate} + P_i$$

PEP carboxylase를 합성하지 못하는 *Escherichia coli*의 변이주는 포도당-염류 배지에서 자라지 못하지만, TCA 회로의 중간 산물을 첨가하면 생장이 가능한 것으로 보아 PEP carboxylase가 oxaloacetate의 보충을 담당하는 것으로 판단되며, *Bacillus anthracis, Thiobacillus novellus, Acetobacter xylinum, Azotobacter vinelandii* 등도 이 효소를 이용하여 oxaloacetate를 보충한다.

5.3.2 Glyoxylate 회로

Pyruvate나 PEP를 통하지 않고 acetyl-CoA로 대사되는 탄소원을 이용하는 미생물은 당을

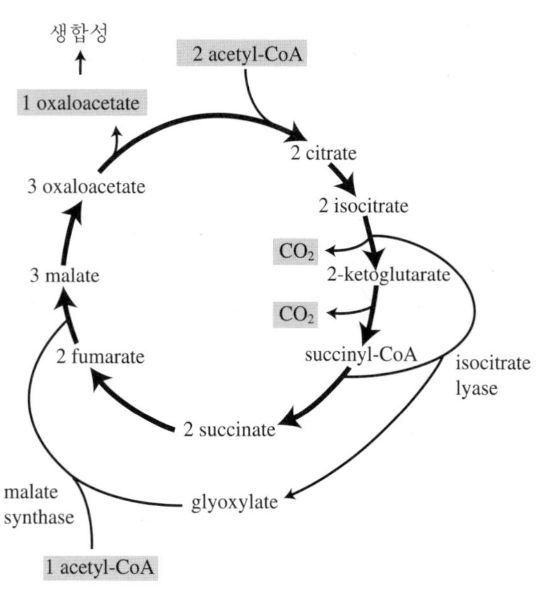

그림 5.5 Glyoxylate 회로를 통한 Oxaloacetate의 보충.

Pyruvate나 PEP를 통하지 않고 직접 acetyl-CoA로 대사되는 탄소원을 이용하는 미생물은 acetyl-CoA로부터 TCA 회로의 대사 중간 산물을 보충하여 생합성에 필요한 탄소 골격을 제공하여야 한다. 이를 위해 TCA 회로와 함께 isocitrate lyase와 malate synthase를 이용하는 glyoxylate 회로를 통해 2분자의 acetyl-CoA로부터 malate 1분자를 합성한다.

이용할 때 이루어지는 anaplerotic sequence로는 TCA 회로의 중간 산물을 보충하지 못하며, gluconeogenesis 메커니즘을 통해 당을 합성하기 위해 TCA 회로의 중간 산물인 oxaloacetate를 PEP 합성에 이용하므로(제4장, 4.2.1), 더 많은 중간 대사 산물의 보충이 필요하게 된다. 따라서 pyruvate나 PEP를 통하지 않고 대사되는 탄소원에서 생장하는 미생물은 또 다른 대사 중간 산물의 보충 대사 과정이 필요하게 된다.

미생물이 PEP나 pyruvate를 거치지 않고 TCA 회로로 들어가는 탄소원, 예를 들어 acetate를 기질로 자랄 때는 isocitrate lyase와 malate synthase가 TCA 회로의 효소들과 함께 glyoxylate 회로에 참여하여 acetyl-CoA로부터 TCA 회로 중간 산물을 보충하게 된다(그림 5.5). Glyoxylate 회로는 acetyl-CoA를 완전히 산화시키는 TCA 회로와는 달리 2분자의 acetyl-CoA로부터 1분자의 malate를 합성한다.

$$\text{isocitrate} \xrightarrow{\text{isocitrate lyase}} \text{succinate} + \text{glyoxylate}$$

Succinate는 TCA 회로를 통해 대사되고, glyoxylate는 malate synthase에 의해 acetyl-CoA와 결합하여 malate 합성에 이용된다.

$$\text{glyoxylate} + \text{acetyl}-\text{CoA} \xrightarrow{\text{malate synthase}} \text{malate} + \text{CoA}-\text{SH}$$

Glyoxylate 회로는 아래와 같이 요약할 수 있다.

$$2\text{Acetyl}-\text{CoA} + 3\text{H}_2\text{O} + \text{FAD} \longrightarrow \text{Malate} + \text{FADH}_2 + 2\text{CoA}-\text{SH}$$

5.3.2.1 Glyoxylate 회로의 대사 조절

Glyoxylate 회로는 pyruvate carboxylase나 PEP carboxylase의 작용을 통해 TCA 회로의 대사 중간 산물의 보충이 불가능할 때 이를 대신하는 기능을 갖는다. 따라서 아세트산 등 PEP나 pyruvate를 거치지 않고 대사되는 탄소원이 공급되면 isocitrate lyase와 malate synthase의 합성이 촉진된다. *Escherichia coli*에서 이들 효소의 합성은 CsrA(Carbon Storage Regulator) 단백질에 의해 조절된다(제12장, 12.1.9.3). 아미노산 발효 생산에 이용되는 *Corynebacterium glutamicum*의 경우 acetyl-CoA의 농도가 높아지면 isocitrate lyase와 malate synthase 유전자의 transcription이 촉진된다. 합성된 isocitrate lyase의 활성은 당이 공급되어 해당 경로에서 PEP가 생산되거나 glyoxylate 회로를 거쳐 충분한 PEP가 합성되면 저해되며, succinate와 pyruvate도 같은 이유에서 isocitrate lyase의 활성을 저해한다.

Isocitrate는 glyoxylate 회로와 TCA 회로의 분기점이 되므로 같은 기질에 작용하는 isocitrate lyase와 isocitrate dehydrogenase의 활성 조절이 불가피하다. PEP나 pyruvate를 거치지 않고 대사되는 기질에서 미생물이 자랄 때, TCA 회로보다는 glyoxylate 회로를 통해 isocitrate가 대사되

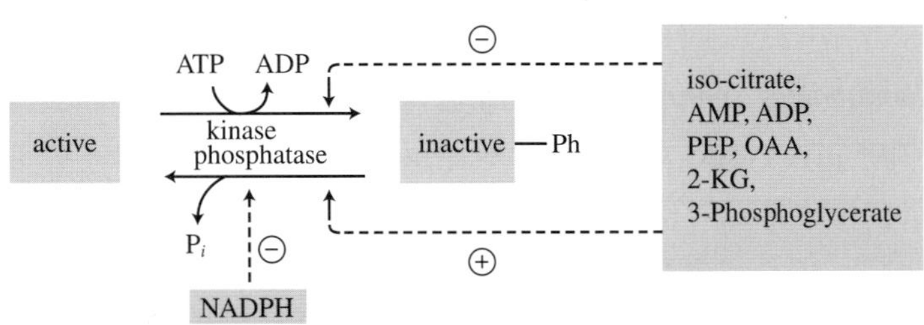

그림 5.6 Kinase-Phosphatase System에 의한 Isocitrate Dehydrogenase의 활성 조절.

Isocitrate dehydrogenase는 glyoxylate 회로를 촉매하는 isocitrate lyase보다 기질에 대한 친화성이 훨씬 높기 때문에 glyoxylate 회로의 필요성에 따라 인산화 및 탈 인산화 반응을 통해 그 활성이 조절된다. AMP와 ADP가 축적되어 ATP 합성이 필요할 때와 pyruvate, PEP 등이 축적되어 생합성을 위한 탄소 골격의 공급이 충분하면 isocitrate를 TCA 회로를 통해 대사하기 위해 isocitrate dehydrogenase를 활성화 시킨다. 이를 위해 isocitrate dehydrogenase kinase 활성은 저해되고(−), phosphatase 활성은 촉진되어(+) 효소가 탈인산화되어 활성이 있는 isocitrate dehydrogenase의 농도를 높게 유지한다. 그 반대의 조건에서는 인산화되어 활성이 없는 상태로 되며, isocitrate는 lyase의 작용을 받아 glyoxylate 회로를 통해 대사된다.

어야 한다. Isocitrate lyase의 기질에 대한 친화성(Km=3mM)이 isocitrate dehydrogenase의 그것(Km=1∼2μM)보다 훨씬 낮기 때문에 isocitrate를 효과적으로 glyoxylate 회로로 대사하기 위해서는 isocitrate dehydrogenase의 활성이 저해되어야 한다. Isocitrate dehydrogenase는 kinase-phosphatase의 두 가지 기능을 가지는 효소에 의해 인산화되거나 탈인산화되어 그 활성이 조절된다(그림 5.6, 제12장, 12.3.2.1). 따라서 isocitrate dehydrogenase는 활성이 있는 유리 단백질 형태와 활성이 없는 인산화된 형태가 있다.

TCA 회로의 대사 조절은 citrate synthase 활성의 조절로 이루어지며, isocitrate dehydrogenase의 활성은 glyoxylate 회로가 필요할 때, 즉 acetate나 지방산 등 acetyl-CoA로 직접 대사되는 기질에서 생장하기 위해 isocitrate lyase의 활성이 필요할 경우에 kinase-phosphatase system의 작용으로 조절된다.

그림 5.6에서 보는 바와 같이 kinase-phosphatase에 의한 조절은 다음과 같이 이루어진다.

1) 생합성에 필요한 전구물질인 PEP, pyruvate, oxaloacetate, 3-phosphoglycerate 등이 축적되거나 adenylate energy charge가 낮으면(AMP, ADP의 농도가 높다), kinase 활성이 저해되고 phosphatase 활성이 증진되어 isocitrate가 TCA 회로로 대사되어 ATP를 합성하는 쪽으로 조절된다.
2) NADPH가 축적되면 생합성에 필요한 탄소 골격을 제공하기 위해 phosphatase의 활성이 저해되어 isocitrate는 glyoxylate 회로를 통해 대사된다.

*Escherichia coli*에서 glyoxylate 회로의 효소인 isocitrate lyase 유전자와 malate synthase 유전자는 isocitrate dehydrogenase kinase/phosphatase 유전자와 하나의 operon을 이루고 있다.

5.3.3 Ethylmalonyl-CoA 경로

광합성 세균 *Rhodobacter sphaeroides*를 비롯한 몇 종류의 세균은 acetate를 유일한 탄소원으로 생장할 수 있지만 glyoxylate 회로의 key enzyme인 isocitrate lyase의 활성이 확인되지 않았다. 이들은 glyoxylate 회로 대신 3분자의 acetyl-CoA와 2분자의 이산화탄소로부터 malate와

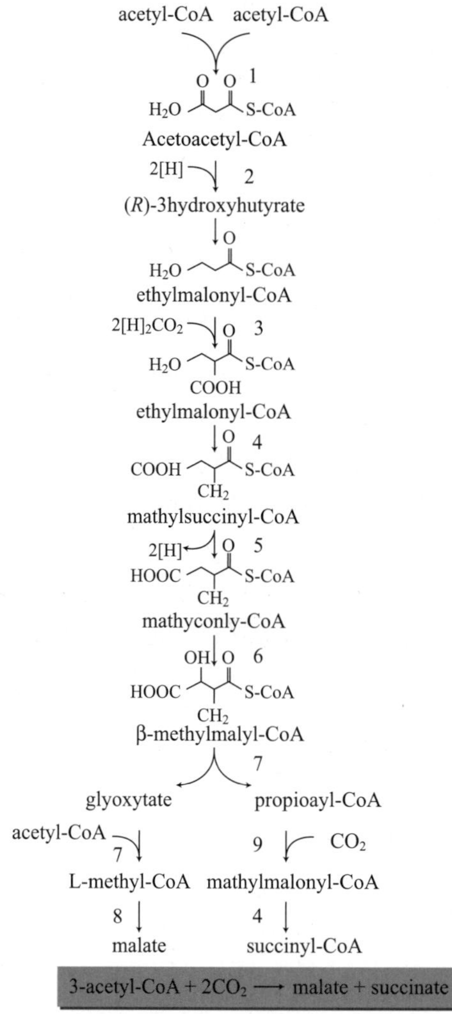

그림 5.7 광합성 세균 *Rhodobacter sphaeroides*에서 알려진 TCA 회로의 대사 중간 산물을 공급하는 Ethylmalonyl-CoA 경로(Mol. Microbiol. 2009, 73(6):992-1008).

1. *β*-ketothiolase; **2.** acetoacetyl-CoA reductase; **3.** crotonyl-CoA carboxylase/reductase; **4.** ethylmalonyl-CoA/methylmalonyl-CoA epimerase와 ethylmalony-CoA mutase; (9번 다음 반응도 촉매) **5.** methylsuccinyl-CoA dehydrogenase; **6.** mesaconyl-CoA hydratase; **7.** *β*-methylmalonyl-CoA/malyl-CoA lyase;(두 반응을 촉매) **8.** malyl-CoA thioesterase; **9.** propionyl-CoA carboxylase.

succinate를 합성하는 ethylmalonyl-CoA 경로를 통해 TCA 회로의 중간 대사산물을 보충한다(그림 5.7). Methyltroph(제7장, 7.9)의 일종인 *Methylobacterium extorquens*와 방선균 *Streptomyces coelicolor*에서도 이 경로가 확인되었다.

5.3.4 Methylaspartate 회로

호염성 archaea인 *Haloarcula marismortui*는 acetate에 생장하지만 glyoxylate 회로나 ethylmalonyl-CoA 경로가 알려지지 않았다. 이 호염성 미생물은 그림 5.8과 같은 methylaspartate 회로를 통해 2분자의 acetyl-CoA로부터 malate 1분자를 생산한다.

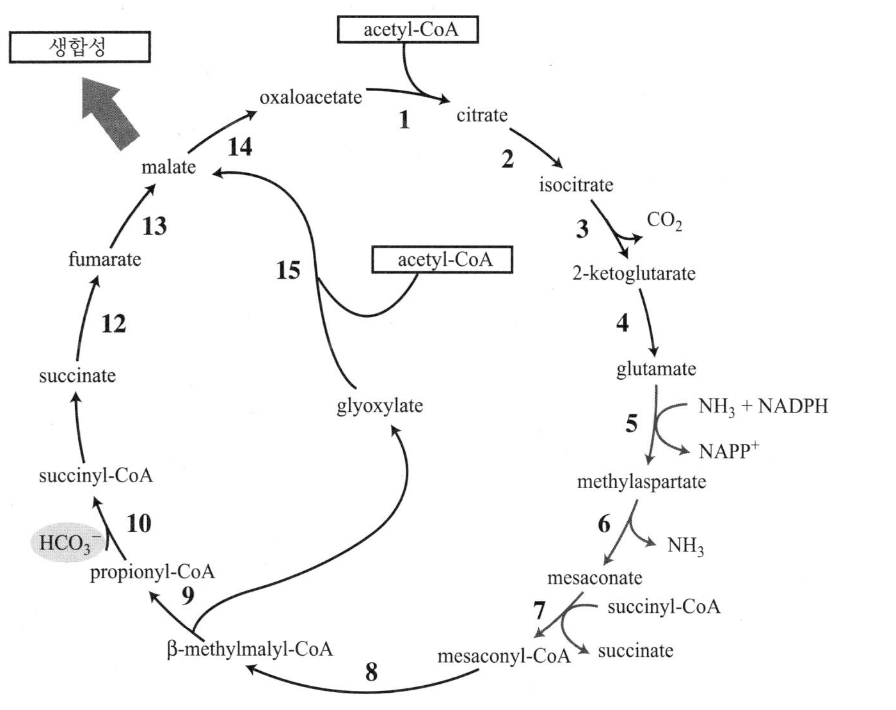

그림 5.8 호염성 Archaea, *Haloarcula marismortui*가 acetate에서 생장하면서 TCA 회로 중간 산물을 공급하는 Methylaspartate 회로(Science. 2011, **331**(6015):334-337).

1. citrate synthase; **2.** aconitase; **3.** isocitrate dehydrogenase; **4.** glutamate dehydrogenase; **5.** glutamate mutase; **6.** methylaspartate ammonia lyase; **7.** CoA transferase; **8.** mesaconyl-CoA hydratase; **9.** β-methylmalyl-CoA lyase; **10.** propionyl-CoA carboxylase; **11.** succinate thiokinase; **12.** succinate dehydrogenase; **13.** fumarase; **14.** malate dehydrogenase; **15.** malate synthase

5.4 불완전 TCA 경로와 Reductive TCA 회로

TCA 회로는 ATP 생산과 생합성에 필요한 탄소 골격을 제공하는 두 가지 기능을 갖는다. NADH를 산화적으로 인산화하여 ATP를 생산하지 못하는 발효로 생장하는 미생물은 불완전 TCA 경로로 알려진 TCA 회로의 변형 경로를 통해 생합성의 전구물질을 생산한다. 일부의 chemolithotroph는 reductive TCA 회로를 통해 CO_2를 고정한다(제10장, 10.8.4)

5.4.1 불완전 TCA 경로

많은 세균의 경우 생육 조건에 따라 완전한 TCA 회로를 통해 탄소원을 대사하지 못한다. *Escherichia coli* 등 장내 세균은 발효 조건에서는 NADH가 산화적 인산화를 통해 재생될 수 없기 때문에 2-ketoglutarate dehydrogenase를 생산하지 않는다(제12장, 12.2.5).

이러한 조건에서 생합성에 필요한 탄소 골격을 생산하기 위해 2-ketoglutarate는 정상적인 TCA 회로와 같은 방향으로 합성되며, succinyl-CoA는 oxaloacetate로부터 환원 반응을 통해 합성된다(그림 5.9). 이러한 대사 경로를 불완전 TCA 경로(incomplete TCA fork)라 한다.

Succinate dehydrogenase는 fumarate를 succinate로 환원시키지 못하기 때문에 불완전 TCA 경

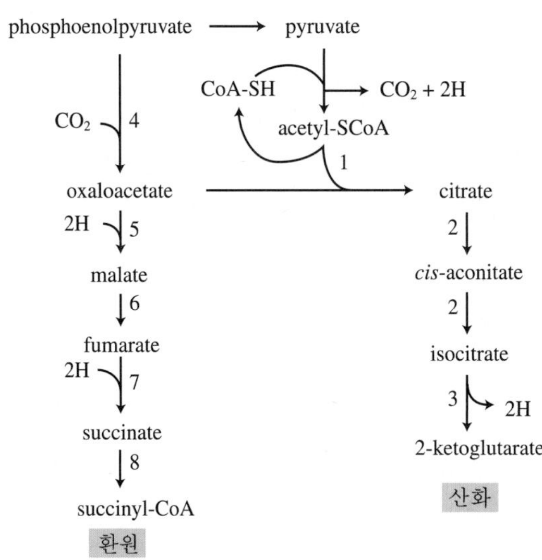

그림 5.9 2-Ketoglutarate Dehydrogenase를 합성하지 못하는 조건에서 미생물이 탄소 골격의 공급을 위해 갖는 불완전 TCA 경로(Incomplete TCA Fork).

통성 혐기성 세균이나 편성 혐기성 세균 등 발효균은 TCA 회로에 필요한 효소 중에서 2-ketoglutarate dehydrogenase를 합성하지 못하므로 불완전 TCA 경로로 탄소 골격을 합성한다

1. pyruvate dehydrogenase와 citrate synthase **2.** aconitase **3.** isocitrate dehydrogenase **4.** PEP carboxylase **5.** malate dehydrogenase **6.** fumarase **7.** fumarate reductase **8.** succinyl-CoA synthetase

로에서는 fumarate reductase가 대신 작용한다. Fumarate reductase는 혐기 상태에서만 합성되는 효소로서 FNR 단백질에 의해 합성이 유도되는 혐기성 효소의 일종이다(제8장, 8.6.2, 제12장, 12.2.5).

Cyanobacteria도 2-ketoglutarate dehydrogenase를 합성하지 않지만 2-ketoglutarate decarboxylase와 succinic semialdehyde dehydrogenase가 작용하는 변형된 TCA 회로를 갖는다(5.2.2, 그림 5.3).

5.4.2 Reductive TCA 회로

생합성을 위해 이산화탄소를 고정하는 대부분의 chemolithotroph들은 Calvin 회로(제10장, 10.8.1)를 통해 이산화탄소를 고정한다. 그러나 photosynthetic green sulfur bacteria와 *Hydrogenobacter thermophilus*와 같은 chemolithotroph나 *Sulfolobus acidocaldarius*와 같은 archaea에서는 Calvin 회로의 효소들이 발견되지 않는다. 이들은 대신에 TCA 회로와 반대되는 방향의 대사 경로를 통해서 이산화탄소를 고정한다. 이를 reductive TCA 회로라 한다(제10장, 10.8.4). 전술한 바와 같이, TCA 회로에서 역반응을 촉매하지 못하는 세 효소는 다음과 같은 효소들로 대체된다.

- citrate synthase : ATP-citrate lyase
- 2-ketoglutarate dehydrogenase : 2-ketoglutarate:ferredoxin oxidoreductase
- succinate dehydrogenase : fumarate reductase

Reductive TCA 회로에 의한 이산화탄소 고정 방식은 원핵세포 생물에서만 알려졌다. 원핵세포 생물에서만 알려진 또 다른 이산화탄소 고정 방식은 acetyl-CoA 경로(carbon monoxide dehydrogenase 경로, 제10장, 10.8.5), 3-hydroxypropionate 경로(제10장, 10.8.6), decarboxylate/4-hydroxybutyrate 회로(제10장, 10.8.7) 그리고 3-Hydroxypropionate/4-hydroxybutyrate 회로(제10장, 10.8.7)가 있다. 상세한 사항은 제10장에서 다룬다.

5.5 에너지와 미생물 대사

제1장에서 논의한 바와 같이 생명 현상은 정보, 에너지, 물질로 이루어진다. 생물이 생장할 때는 물론, 생명을 유지할 때도 에너지를 필요로 하며, 에너지가 공급되지 않는 평형 상태란 생명 현상이 정지된 것을 의미한다. 생체 고분자 물질의 합성, 영양 물질의 세포내 운반, 그리고 운동 등에 에너지가 필요하다.

환경에 주어진 에너지를 미생물이 이용 가능한 에너지 형태로 전환시키는 반응을 광합성, 발효, 호흡으로 나눌 수 있다. 빛 에너지를 생물학적 에너지로 전환시켜 유기물을 생산하는 광합성(제11장)과 광합성으로 생산된 유기물을 산화시킬 때 얻어지는 에너지를 이용하는 발효(제8장), 그리고 발효 과

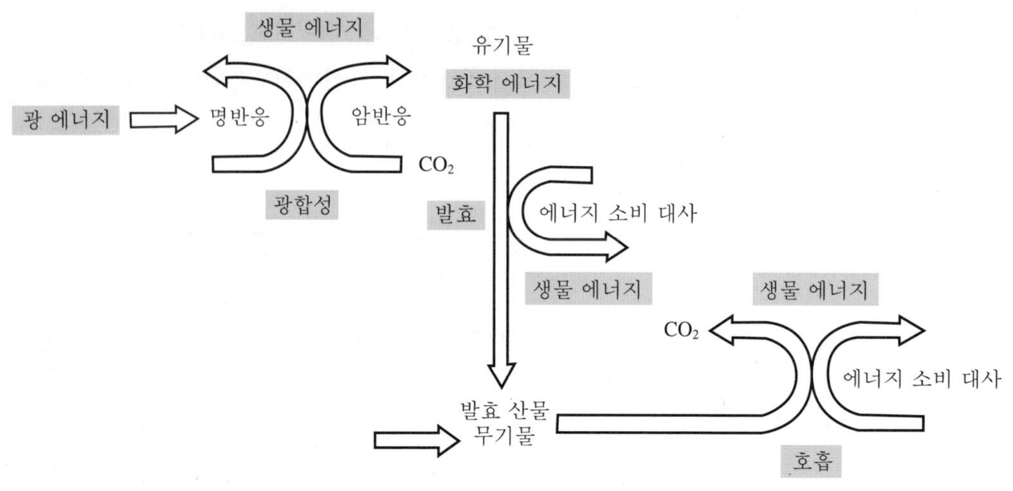

그림 5.10 생물의 에너지 대사.

광합성 : 생물이 광 에너지를 생물학적 에너지로 전환시키고 이를 이용하여 이산화탄소를 환원시켜 유기물로 합성하는 과정
발 효 : 유기물을 혐기 상태에서 분해하여 생물학적 에너지를 얻는 과정
호 흡 : 유기물이나 환원된 무기물을 산화시키면서 발생하는 free energy를 생물학적 에너지로 전환시키는 과정

정에서 발생하는 환원력을 산소 등 전자 수용체로 전달시킬 때 발생하는 에너지를 보전하는 호흡(5.8, 제9장)이 지금까지 알려진 생물학적 에너지 대사이다(그림 5.10). 유기물 뿐 아니라 환원된 무기물도 호흡작용의 에너지원(전자 공여체)으로 이용된다(제10장).

광합성에서 생산된 유기물이 여러 생물의 에너지원으로 이용되기 때문에 이를 1차 생산이라 부른다. 에너지는 화학, 빛, 열, 기계, 전기 등 여러 형태로 존재하며, 현재까지 알려진 바로는 화학 에너지와 빛 에너지만이 생물에 의해 이용된다. 해당 경로와 TCA 회로 등 중심 대사 경로를 통해 환원된 NAD(P)H가 산화적 인산화 과정을 통해서 ATP를 합성에 이용되는 것을 공부하기 전에 에너지 전환에 대해 살펴보기로 한다.

5.5.1 Free energy 변화

화학 반응에서 free energy의 변화는 반응이 일어날 때의 조건에 따라 달라지므로 특정 화학 반응의 free energy를 표시하기 위해서는 조건이 같은 표준 상태를 설정할 필요가 있다. 표준 상태는 반응에 관여하는 모든 물질의 농도가 1 활성 단위(모든 물질이 활성형이라고 가정할 때 1M 농도는 1 활성 단위에 해당한다)이고 온도는 25°C인 상태로 정의한다. 표준 상태의 free energy 변화를 ΔG°로 표시하며, pH가 7이고 다른 조건은 표준 상태와 같을 때 $\Delta G^{\circ\prime}$로, 그리고 주어진 조건에서의 free energy 변화를 ΔG로 표시한다. 생물 반응은 거의 중성에서 이루어지기 때문에 $\Delta G^{\circ\prime}$이 생물학에서 자주 사용된다. $\Delta G^{\circ\prime}$는 여러 가지 방법으로 계산이 가능하다.

5.5.1.1 Free Energy of Formation을 이용한 Free Energy 변화의 계산

많은 물질들의 free energy of formation($\Delta G_f^{\circ\prime}$)을 각종 화학 또는 물리학 handbook에서 쉽게 찾을 수 있다. $\Delta G^{\circ\prime}$은 $\Delta G_f^{\circ\prime}$의 값을 이용하여 다음과 같은 식으로 계산할 수 있다.

$$\Delta G^{\circ\prime} = (\text{산물 } \Delta G_f^{\circ\prime}\text{의 합}) - (\text{반응물 } \Delta G_f^{\circ\prime}\text{의 합}) \tag{5.1}$$

예를 들어 포도당의 산화에서 $\Delta G^{\circ\prime}$은 다음과 같이 계산한다.

$$C_6H_{12}0_6 + 6O_2 \longrightarrow 6CO_2 + 6H_2O$$

각 물질들의 free energy of formation($\Delta G_f^{\circ\prime}$)는 아래와 같으므로

$\Delta G_f^{\circ\prime}$ glucose = −917.22kJ
$\Delta G_f^{\circ\prime}$ O_2 = 0kJ
$\Delta G_f^{\circ\prime}$ H_2O = −237.18kJ
$\Delta G_f^{\circ\prime}$ CO_2 = −386.02kJ

$\Delta G^{\circ\prime}$ 값은 다음과 같이 정리된다.

$$\Delta G^{\circ\prime} = [(-237.18 \times 6) + (-386.02 \times 6)] - (-917.22)$$
$$= -2821.98\text{kJ/mole 포도당}$$

5.5.1.2 평형 상수를 이용한 Free Energy 변화의 계산

화학 반응의 평형 상수로부터도 ΔG° 또는 $\Delta G^{\circ\prime}$를 계산할 수 있다. 평형 상수 (K'_{eq})는 아래식과 같이 표시된다.

$$A + B \rightleftharpoons C + D$$
$$K'_{eq} = ([C][D]) / ([A][B]) \tag{5.2}$$

이 반응의 K'_{eq}는 표준 상태, 즉 25°C에서 A, B, C, D의 각 농도를 1 활성 단위인 상태에서 평형이 이루어질 때까지 어느 쪽으로 반응이 진행되는가를 표시하며, 또한 이로부터 발생하는 free energy도 계산할 수 있다.

$K'_{eq} > 1.0$ 일 때 $\Delta G^{\circ\prime} < 0$으로 정반응이 일어난다.
$K'_{eq} = 1.0$ 일 때 $\Delta G^{\circ\prime} = 0$으로 정반응과 역반응의 속도가 같다.
$K'_{eq} < 1.0$ 일 때 $\Delta G^{\circ\prime} > 0$으로 역반응이 일어난다.

평형 상수로부터 free energy의 변화는 다음 식으로 계산할 수 있다.

$$\Delta G^{\circ\prime} = -2.303\ RT \log K'_{eq} \tag{5.3}$$

R : 기체상수 (8.314 J/K · mole)
T : 절대온도 (25° C = 298°K)

5.5.1.3 주어진 조건에서의 Free Energy 변화

$\Delta G°$나 $\Delta G°'$는 반응물과 산물이 1 활성 단위 농도($\simeq 1M$)인 조건에서의 free energy 변화를 표시하는 것으로서 세포 내의 각 화합물의 농도는 그보다 훨씬 낮다. 주어진 조건에서 free energy 변화는 ΔG로 표시한다. A와 B가 반응하여 C와 D라는 산물이 생산되는 반응에서 ΔG는 $\Delta G°'$와 각 반응물 및 산물의 농도를 알면 다음과 같이 계산할 수 있다.

$$\Delta G = \Delta G°' + 2.303RT \log([C][D] / [A][B]) \qquad (5.4)$$

ATP가 ADP와 P_i로 분해되는 반응의 $\Delta G°' = -30.5$kJ이며, 세포내 ATP, ADP 및 P_i 의 농도를 각각 2.25, 0.25 및 1.65mM로 가정했을 때 ΔG는 다음과 같다.

$$\Delta G = -30.5 + (8.314\times298\times2.303\times\log[2.5\times10^{-4}\times1.65\times10^{-3}] / [2.25\times10^{-3}])$$
$$= -51.8 \text{ kJ/mol ATP}$$

이 값은 실제 세포내에서 ATP의 합성 또는 분해에서 일어나는 free energy 변화를 나타내며, phosphorylation potential이라 하고, ΔGp로 표시한다(5.6.3).

5.5.1.4 중성에서의 Free Energy 변화

어떤 반응에서 H^+이 생산되거나 소비될 때 표준 상태란 H^+의 농도가 $1M$이고 pH가 0인 상태이다. 실제 세포내 pH는 중성으로서 pH가 7.0이고 다른 조건은 표준 상태와 동일할 때 free energy의 변화를 $\Delta G°'$로 표시하는데 $\Delta G°$로부터 $\Delta G°'$를 계산할 수 있는 식은 다음과 같다.

$$\Delta G°' = \Delta G° - 2.303RT\times7 \qquad (5.5)$$

5.5.2 산화 · 환원 반응의 Free Energy 변화

각종 물질이 산화되면서 에너지가 발생하는 것을 알고 있다. 생물의 호흡 작용도 산화 · 환원 반응으로 이때 발생하는 free energy를 생물이 이용한다. 반응에서 발생하는 에너지의 양은 산화물과 환원물의 산화 · 환원 전위(potential) 차이에 의해 결정된다.

5.5.2.1 산화 · 환원 전위

화학 반응 중에서 전자를 잃는 것을 산화라 하고, 전자를 얻는 반응을 환원 반응이라 한다. 전자 자체는 홀로 존재할 수는 없기 때문에 산화와 환원 반응은 항상 서로 연결되어 일어난다. 어떤 물질이 특정 반응에서는 산화제가 되었다가 또 다른 반응에서는 환원제가 될 수도 있다. 이러한 성질은 물질의 전자에 대한 상대적인 친화력에 기인하는 것으로 이때 전자에 대한 친화도를 산화 · 환원 전위(redox potential)라고 한다. 주어진 반응에서 반응물 간에 전자에 대한 친화력 차이가 클수록 더 큰 산화 · 환원 전위차를 가진다.

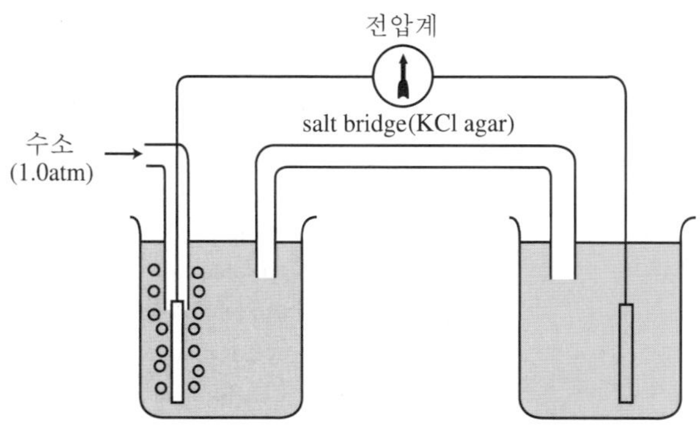

그림 5.11 산화 · 환원 전위의 측정.

알려진 산화·환원 전위를 갖는 물질의 산화형 및 환원형을 1M씩 혼합한 용액을 측정하고자 하는 물질의 용액과 그림에서 보는 바와 같이 KCl agar로 연결하고, 각 용액에 담근 백금 전극을 전류계에 연결하여 원하는 물질의 산화·환원 전위를 측정한다. 1기압의 수소(환원형)로 포화시킨 1M의 H^+(산화형) 용액의 산화 · 환원 전위를 임의적으로 0V로 정하였다. 측정하고자 하는 물질의 산화 · 환원 전위가 표준 물질보다 높으면 전자가 측정하고자 하는 물질 쪽으로, 그 반대일 때는 전자가 표준 물질 쪽으로 흐른다.

표준 상태에서 아래 반응의 산화 · 환원 전위를 임의로 0V로 정하여, 이를 기준으로 모든 산화 · 환원 반응의 전위를 상대적으로 표시한다(그림 5.11).

$$\frac{1}{2}H_2 \rightleftharpoons H^+ + e^- \tag{5.6}$$

표준 상태의 산화 · 환원 전위를 $E°$로 표시하고, pH 7.0의 표준 상태에서는 $E°'$로 표시한다. 생리적인 pH가 중성이므로 생물학에서는 $E°'$가 자주 사용된다. $E°'$은 $E°$로부터 다음 공식을 이용하여 계산이 가능하다.

$$E°' = E° - 2.303(RT/nF) \times 7 \tag{5.7}$$

R : 기체상수 (8.314 J/K mole)　　T : 절대온도 (25°C = 298°K)

n : 반응하는 전자 수　　F : Faraday 상수 (96,487 J/V · mole)

H^+/H_2 반 반응의 $E°'$는 다음과 같이 계산된다.

$$E°' = E° - 2.303 \times (8.314 \times 298/1 \times 96487) \times 7 = -0.41\text{V}$$

온도를 30°C로 계산하면 $E°'$는 0.42V가 된다. 표 5.1은 생물학적으로 중요한 반 반응의 $E°'$ 값을 나열하였다.

5.5.2.2 산화 · 환원 반응에서 Free Energy 변화

산화 · 환원 반응을 통해서 발생되는 에너지는 산화되고 환원되는 반응물의 산화 · 환원 전위의 차

표 5.1 산화 · 환원 물질의 표준 산화 · 환원 전위

	$E^{\circ\prime}$ (mV)		$E^{\circ\prime}$ (mV)
전자 전달체		발효 산물	
O_2/H_2O	816	fumarate/succinate	31
cytochrome *f*	365	crotonyl CoA/butyryl CoA	190
cytochrome *a*	290	pyruvate/lactate	−185
cytochrome *c*	254	acetaldehyde/ethanol	−197
ubiquinone	113	acetoin/2,3-butanediol	−244
cytochrome *b*	77	acetone/isopropanl	−286
rubredoxin	−57	CO_2/formate	−413
cytochrome c_3	−205	$H+/H_2$	−414
FMn/$FMNH_2$	−190	gluconate/glucose	−440
FAD/$FADH_2$	−219	CO_2/CO	−540
glutathione	−230	acetate/acetaldehyde	−581
$NAD(P)^+$/NAD(P)H	−320		
ferredoxin	−413		
인공 전자 전달체			
toluidine	224	methylene blue	11
2,6-dichlorophenolindophenolo (DCPIP)	217	janus green	−225
		neutral red	−325
phenazine methosulfate(PMS)	80	benzyl viologen	−359
		methyl viologen	−446

이($\Delta E^{\circ\prime}$)와 정비례한다. 산화 · 환원 반응의 free energy의 변화는 다음 식으로 계산할 수 있다.

$$\Delta G^{\circ\prime} = -nF\Delta E^{\circ\prime} \tag{5.8}$$

n : 산화 · 환원 반응에 관여하는 전자의 수,
F : Faraday 상수(96.487kJ/V · mole)
$\Delta E^{\circ\prime}$: 반응에 관여하는 물질의 산화 · 환원 전위 차

Succinate가 산소와 작용하여 fumarate와 H_2O로 산화되는 반응에서 $\Delta G^{\circ\prime}$를 예로 계산하면 다음과 같다.

$$\text{Succinate} + \tfrac{1}{2}O_2 \longrightarrow \text{fumarate} + H_2O$$

이 산화 · 환원 반응에서 각각의 산화 · 환원 전위를 식 5.8에 대입하여 다음과 같이 계산할 수 있다.

Fumarate/succinate의 $E^{\circ\prime} = +\ 0.03V$

$\tfrac{1}{2}O_2/H_2O$ 의 $E^{\circ\prime} = +\ 0.82V$

$\Delta G^{\circ\prime} = -2\times 96.487\times(0.82-0.03) = -152.45\text{kJ/mole}$

5.5.3 삼투압의 Free Energy

미생물이 필요로 하는 영양 물질을 세포 안으로 운반하는 여러 가지 메커니즘 중 능동 운반(active transport, 제3장, 3.3)에 의한 운반에서 원형질막을 사이에 두고 농도 차가 클 때는 100배 이상으로 영양 물질이 세포 안에 농축된다. 원형질막은 반투막이므로 이농도 차이로 삼투압이 형성된다. 따라서 영양 물질을 세포 안으로 운반하기 위해서는 에너지를 필요로 한다. 이때 필요한 free energy는 아래의 (5.9)식으로 계산한다. 삼투압에 의해서 생긴 free energy는 동일 조건에서 1 mole의 용질을 운반하기 위해 필요한 에너지이다.

$$\Delta G^{\circ\prime} = 2.303\ RT \log[\mathrm{S}]_i / [\mathrm{S}]_o \tag{5.9}$$

R : 기체상수 (8.314 J/K·mole)

T : 절대온도 (298°K)

$[\mathrm{S}]_o$, $[\mathrm{S}]_i$: 각각 세포 안과 밖의 물질의 농도

5.5.4 다단계의 반응에서 Free Energy의 합계

생물 반응에서 과다한 열의 발생은 생명체에 치명적인 해를 주므로 모든 대사 반응은 다단계로 이루어진다. 이때 각 대사 반응에서 얻어지는 free energy의 변화를 합산하면 전체 반응의 free energy가 되며, 대사 경로가 달라도 처음 반응물과 최종 산물이 같을 경우에는 이들 반응에서 얻어지는 free energy의 합은 같다. 예를 들어, 포도당이 EMP 경로 또는 ED 경로로 대사되더라도 두 경로의 최종 산물이 이산화탄소와 물로 같으면, 이들 대사에서 얻어지는 free energy의 합은 대사 경로와는 관계없이 −2,821.98kJ/mole이 된다.

5.6 ATP는 생물 에너지 대사의 중심

생물 대사는 생물학적 에너지를 얻는 이화 작용(catabolism)과 이 에너지를 소비하는 동화 작용(anabolism)으로 나눌 수 있다. 이화 작용에서 얻어지는 free energy는 adenosine triphosphate(ATP)와 proton motive force(양자 동력, 5.7) 형태의 생물학적 에너지로 전환되어 동화작용에 이용된다(그림 5.12). 따라서 ATP는 proton motive force와 함께 이화 작용과 동화 작용을 연결하는 생물 에너지 대사의 중심이 된다.

ATP가 이화 작용과 동화 작용을 연결하는 에너지 대사를 담당하게 된 것은 ATP의 합성과 분해에서 발생하는 free energy의 양이 이화 작용에서 발생하는 free energy 단위보다 작고 동화 작용에서 필요로 하는 단위보다 크기 때문에 free energy가 감소하는 방향으로 이들을 효과적으로 연결시킬 수 있고, 핵산 합성에 필수적인 물질로서 모든 생물이 합성하기 때문일 것으로 생각된다.

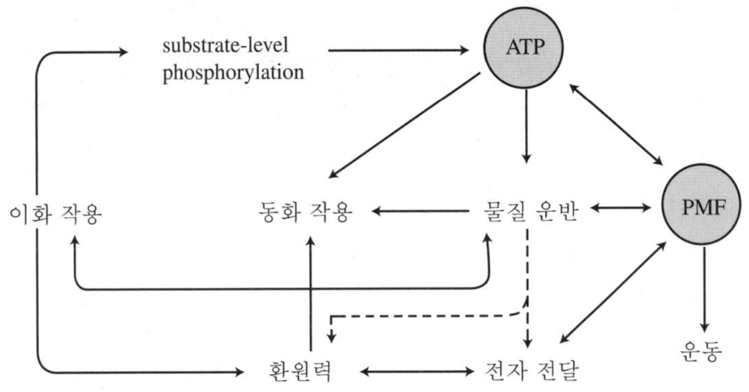

그림 5.12 미생물의 에너지 대사.

이화 작용에서 발생하는 free energy는 생물학적 에너지인 ATP와 proton motive force의 형태로 보전되고, 이들이 에너지를 필요로 하는 대사에 이용된다.

ATP는 그림 5.13에서 보는 바와 같이 nucleoside인 adenosine에 3분자의 인산이 결합된 것으로서 ribose에 가까운 인산기부터 α, β, γ로 명명한다. ATP는 아래 식에 따라 가수분해되면서 free energy를 생산한다. 대부분의 경우 이들 반응은 에너지를 소비하는 반응에 에너지를 공급하기 위해 연계되어 일어난다. ATP가 ADP로 분해(반응식 5.10)되는 반응에서보다 더 많은 에너지를 소비하는 반응과 연결되어 ATP가 AMP와 PP_i로 가수분해(반응식 5.12)된다. 이러한 반응을 열역학적으로 더욱 쉽게 하기 위해 대부분의 경우 pyrophospate(PP_i)는 pyrophosphatase에 의해 에너지가 보전되지 않고 가수분해되어 그 농도가 낮게 유지된다.

$$ATP + H_2O \longrightarrow ADP + P_i \qquad (5.10)$$
$$(\Delta G^{\circ\prime} = -30.5 \text{ kJ/mole ATP})$$

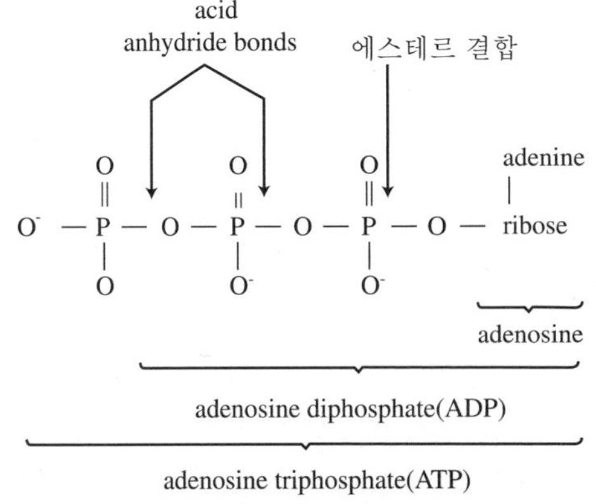

그림 5.13 Adenosine Triphosphate(ATP)의 구조.

$$ATP + H_2O \longrightarrow AMP + PP_i \quad (\Delta G^{\circ\prime} = -32.2 \text{ kJ/mole ATP}) \tag{5.11}$$

$$ADP + H_2O \longrightarrow AMP + P_i \quad (\Delta G^{\circ\prime} = -30.5 \text{ kJ/mole ADP}) \tag{5.12}$$

$$PP_i + H_2O \longrightarrow 2P_i \quad (\Delta G^{\circ\prime} = -28.8 \text{ kJ/mole } PP_i) \tag{5.13}$$

*Thermoproteus tenax*와 같은 일부 archaea에서는 PP_i가 ATP나 ADP 대신 사용되는 예도 있다(제 4장, 4.1.3.2).

5.6.1 고에너지 인산 결합

ATP에서 γ-인산기, ADP에서 β-인산기가 가수분해되면서 free energy가 발생함을 앞에서 설명하였다. ATP의 γ-β 인산 결합과 β-α 인산 결합처럼 높은 potential energy(잠재 에너지)를 갖는 결합을 고에너지 결합이라 한다. ATP 외에도 여러 종류의 고에너지 결합을 대사 중간 산물에서 찾을 수 있다(표 5.2).

Phosphoenolpyruvate, 1.3-diphosphoglycerate 등 ADP에서 ATP를 생산하는 데 이용되는 이화 작용의 대사 중간 산물은 ATP보다 높은 free energy를 갖고 있으며, ATP에서 인산을 받아 생성되는 glucose-6-phosphate 등은 ATP보다 낮은 free energy를 갖는다. ATP의 합성 반응(이화 작용)과 소비 반응(동화 작용)은 모두 free energy가 감소하는 쪽으로 일어나므로 이들 반응이 쉽게 일어나리라는 것을 알 수 있다. 이러한 사실은 ATP가 이화 작용과 동화 작용을 연결시켜 주는 에너지 전달체로 이용되는 데 적합함을 의미한다.

ATP는 세포내 조건에서 인산기의 모든 H^+이 전리된 상태이며, 실제 2가 금속 이온 즉 Mg^{2+}와 결합한 상태로 존재한다. 미생물 세포내 Mg^{2+}의 농도는 1~10mM로서 AMP + ADP + ATP(total adenylate)의 농도 0.5~5.0mM보다 높다. ATP의 가수 분해로 발생하는 free energy는 1mM의 Mg^{2+}이 존재하면 없을 때보다 약 4KJ/mole 낮아지게 된다.

Adenylate는 ATP, ADP 그리고 AMP로 구분되며, ATP 생산을 촉매하는 모든 효소는 ADP를 기

표 5.2 생물 에너지 대사에 작용하는 고에너지 결합 화합물.

화합물	$\Delta G^{\circ\prime}$(kJ/mole)	화합물	$\Delta G^{\circ\prime}$(kJ/mole)
phosphoenolpyruvate	−61.9	ATP(→ AMP+PPi)	−37.7
1,3-diphosphoglycerate	−49.4	PPi(PPi → 2Pi)	−28.8
creatine phosphate	−43.1	carbamyol phosphate	−51.5
ATP(→ ADP+Pi)	−30.5	acetyl phosphate	−47.3
ADP(→ AMP+Pi)	−30.5	arginine phosphate	−38.1

질로 사용한다. ATP를 소비할 때는 AMP + PP_i로 분해되는 수도 있다. 이때 AMP는 (5.14) 반응에 따라 ADP로 합성된다.

$$\text{ATP} + \text{AMP} \xrightleftharpoons{\text{adenylate kinase}} 2\ \text{ADP}\ (\Delta G^{\circ\prime} = 0\text{kJ}) \tag{5.14}$$

위 반응의 $\Delta G^{\circ\prime}$는 0kJ로서 반응의 방향은 세포 내의 에너지 상태를 반영하는 ATP, ADP, AMP 각각의 농도에 의해 결정된다.

5.6.2 Adenylate Energy Charge

높은 ATP 농도는 에너지 상태가 좋다는 것을 뜻한다. 만약 에너지 공급이 수요에 미치지 못한다면 ADP와 AMP의 농도가 높아질 것이다. 세포의 에너지 상태를 나타내기 위해 임의의 adenylate energy charge(EC)라는 개념이 도입되었다. EC는 다음 식에 의해 계산될 수 있다.

$$\text{EC} = ([\text{ATP}] + \tfrac{1}{2}[\text{ADP}]) / ([\text{ATP}] + [\text{ADP}] + [\text{AMP}]) \tag{5.15}$$

위의 식에서 분자는 전체 adenosine nucleotide 중의 고에너지 결합을 ATP 형태로 표현한 것이며, 분모는 전체 adenosine nucleotide의 합을 나타낸 것이다. EC값이 1인 것은 전체 adenosine nucleotide가 ATP인 것을 말하며, 모두가 AMP의 형태일 때는 그 값이 0이 된다.

ATP와 AMP가 반응하여 2ADP를 생산하는 가역 반응의 $\Delta G^{\circ\prime}$가 0이므로 free energy 변화가

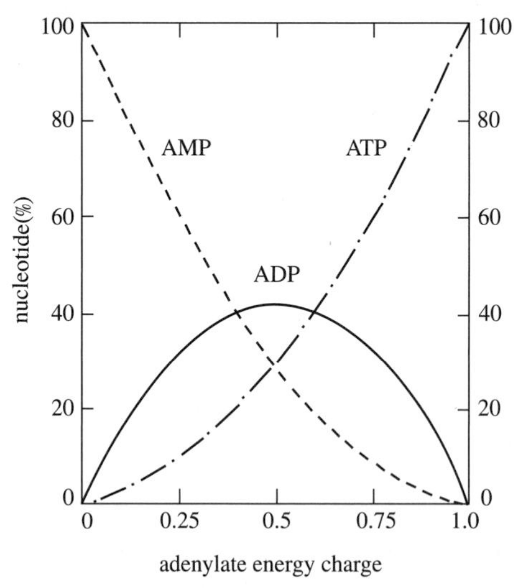

그림 5.14 Adenylate Energy Charge(EC) 값에 따른 ATP, ADP, AMP의 상대 농도.

Adenylate kinase가 촉매하는 (5.14) 반응의 $\Delta G^{\circ\prime}$가 0이므로, 이 반응의 방향은 낮은 농도의 nucleotide를 생산하는 쪽으로 진행될 것이며 ATP, ADP, AMP의 상대 농도는 이들의 비율로 표시되는 EC값에 따라 결정된다.

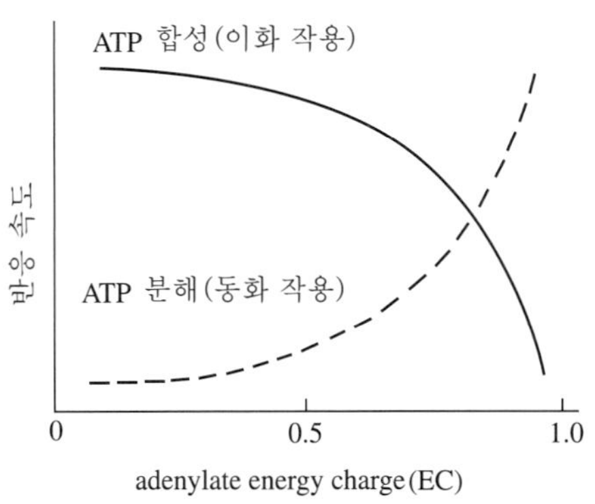

그림 5.15 Adenylate Energy Charge에 따른 이화 작용과 동화 작용의 조절.
Adenylate Energy Charge(EC)가 ATP를 합성하는 이화 작용과 ATP를 소비하는 동화 작용을 촉매하는 효소의 활성을 조절하여 미생물의 생장을 조절한다.

AMP, ADP 및 ATP의 농도에 따라 반응의 방향이 결정되며, 세포 안의 adenylate kinase 활성이 높기 때문에 각 adenosine nucleotide의 농도는 EC 값에 따라 결정되리라는 것을 알 수 있다(그림 5.14). 그림에서 보는 바와 같이 EC 값에 따라 ATP, ADP, AMP의 농도가 결정된다.

EC 값이 높을 때는 ATP에 의해 ATP를 합성하는 이화 작용은 저해되고 동화 작용은 촉진되며, EC 값이 낮을 때는 AMP와 ADP에 의해 반대의 조절을 받아 전반적인 생물 반응이 조절된다(제12장, 12.4). 생물 반응을 ATP를 생산하는 이화 작용과 ATP를 소비하는 동화 작용으로 나눌 때 ATP와 AMP에 의한 조절 작용, 즉 EC 값에 의한 조절 작용은 전 생물 반응을 조절한다고 할 수 있다(그림 5.15).

많은 세균이 acetate를 유일한 탄소 및 에너지원으로 생육할 때 acetate는 TCA 회로의 이화 작용을 통해 대사되고 glyoxylate 회로의 동화 작용을 통해 생합성에 필요한 탄소 골격을 제공한다(5.3.2). AMP와 ADP는 isocitrate dehydrogenase를 활성화시켜 기질을 TCA cycle을 통해 산화시킨다(그림 5.6). 이 효소의 활성화에는 AMP와 ADP 자체가 작용하는 것이 아니라 EC 값이 작용한다. 즉, EC 값이 0.8 이하일 때에 효소가 활성화되고 EC 값이 0.8 이상일 때 불활성화된다. Threonine, methionine, lysine 등의 합성에 작용하는 aspartate kinase(제6장, 6.4.1)도 역시 높은 EC 값에 의해 활성화되고 낮은 EC 값에 의해 불활성화 된다.

영양배지에서 자라던 세균을 영양이 제한된 배지로 옮기면 ATP 합성 속도가 낮아지기 때문에 ADP와 AMP의 농도가 높아지고 낮은 EC값을 유지하게 될 것이다. 이러한 환경에서 적정 EC 값을 유지하여 효율적인 대사 조절을 위해 전체 adenylate의 농도를 낮게 유지한다. 이를 위해 AMP를 세포 밖으로 배출하거나 adenosine으로 가수분해한다. EC는 따로 단위가 없는 값이므로 이를 통해 adenylate pool의 규모, 각각의 adenosine nucleotide 농도, turnover 속도 등을 알 수 없다. 미생물이 빨리 자랄 때 낮은 생장 속도에서보다 큰 adenylate pool과 높은 ATP turnover rate을 가지지만,

EC 값은 미생물의 생육에 관계없이 비슷하게 유지하기 때문에 주어진 생장 조건에서 전체적인 대사 조절이 잘 이루어질 수 있다.

정상적으로 생장하는 세균의 EC 값은 대략 0.8~0.95 정도로 유지된다. 에너지 공급이 낮거나 중단된 상태에서 EC 값은 0.5 부근까지 서서히 감소하다가 그 이후 급격히 떨어진다. 이때 0.5 이상의 EC 값을 유지하는 세균은 취락 형성 능력(colony forming ability)을 갖지만, 그 이하의 EC 값을 갖는 경우 생명력이 없다. 따라서 0.5 이상의 EC 값이 세균의 생명력 유지에 필수적이라는 것을 알 수 있다.

5.6.3 Phosphorylation Potential

생물에서 ATP가 ADP와 P_i로 분해되거나 반대로 ATP가 합성될 때 나타나는 free energy의 변화를 phosphorylation potential(ΔG_p)이라 하며, 이는 세포내 ATP, ADP 및 P_i의 농도에 의해 아래의 식과 같이 결정됨을 앞(5.5.1.3)에서 공부하였다.

$$\Delta G_p = \Delta G^{\circ\prime} + 2.303 \log([\text{ADP}][\text{P}_i] / [\text{ATP}]) \qquad (5.16)$$

ΔG_p의 값은 상기한 ATP, ADP 그리고 P_i의 농도뿐만 아니라 Mg^{2+} 등 adenosine nucleotide와 결합하여 존재하는 금속 이온의 농도에도 영향을 받는다. 금속 이온의 결합으로 ΔG_p 값은 증가한다. 금속 이온과 P_i의 농도는 생장 조건에 따라 크게 다를 수 있다. ATP 가수분해를 위한 $\Delta G^{\circ\prime}$의 값은 −30.5 kJ/mol이고, ΔGp 값은 −51.8kJ/mol ATP이다(5.5.1.3).

5.6.4 Proton Motive Force(Δp)와 ATP의 상호 전환

그림 5.12에서 ATP와 Δp가 이화 작용과 동화 작용을 연결하는 역할을 가지며, 상호 전환이 가능하다는 것을 알 수 있다. 막에 결합해 있는 ATP synthase(ATPase)가 이러한 상호 전환 반응을 촉매한다(5.8.4.1). 미생물이 외부에서 공급되는 전자 수용체가 없는 환경에서 발효로 생장할 때는 기질수준 인산화를 통해 ATP를 생산하고 이를 분해하여 Δp를 형성한다. 반대로 외부에서 공급되는 산소 등 전자 수용체를 이용하는 호흡으로 생장할 경우에는 Δp를 먼저 형성하고, 이를 소비하면서 ATP를 합성한다. ATP synthetase가 생장 조건에 관계없이 각각 다른 대사에 필요한 에너지 형태인 ATP와 Δp의 수준을 적정한 수준으로 유지한다(그림 5.12).

5.6.5 기질수준 인산화(SLP)

SLP는 ETP와 달리 막과는 관계없이 원형질체에서 ATP를 합성하는 메커니즘이다. 기질의 분해 과정에서 생산되는 대사 중간 산물 중에서 고에너지 인산 결합을 갖는 1.3-diphosphoglycerate, phosphoenolpyruvate, acyl-phosphate 등으로부터 인산기가 ADP로 이전되어 ATP를 합성한다. TCA 회로 중 succinyl-CoA도 succinyl-CoA synthetase의 작용을 통해서 SLP 메커니즘으로 ATP(GTP) 합성에 이용된다.

$$\text{Succinyl-CoA} + P_i + \text{ATP(GDP)} \longrightarrow \text{succinate} + \text{ATP(GTP)} + \text{CoA-SH}$$

5.7 Proton Motive Force (Δp) - 에너지 대사의 중심

빛 에너지와 화학 에너지는 광합성, 발효, 호흡을 통하여 생물학적 형태의 에너지로 전환된다(그림 5.10). 산화 · 환원 반응을 통해 생성된 free energy는 호흡이나 광합성을 통하여 Δp의 형태로 보존되는데, 이것을 전자 전달 인산화(ETP) 또는 산화적 인산화라고 표현한다. ETP에서 발생하는 free energy가 H^+을 cytoplasm에서 막을 통해 periplasm으로의 방출하여 원형질막(진핵세포의 경우 mitochondria의 내막)을 사이에 둔 proton gradient를 형성한다. H^+은 (+)로 하전되어 있으므로 proton 방출은 proton gradient(ΔpH)를 생성시킬 뿐만 아니라 막 내부가 (−)로 하전되는 막 전위차 ($\Delta\varphi$)도 형성한다. 이처럼 막 내부가 (−)로, 외부가 (+)로 대전되고 H^+의 농도, 즉 pH의 차이를 나타내는 것을 proton motive force(Δp 또는 $\Delta\tilde{u}_{H^+}$)라고 한다. 이 Δp가 ATP 합성, 능동 운반, 이동성, reverse electron transport 등에 이용된다(그림 5.12).

5.7.1 수소 이온 농도 차와 막 전위 차

호알칼리성 세균 등 일부의 예외를 제외하면, 원핵세포 생물은 원형질막을 사이에 두고 H^+의 농도 차이, 즉 외부가 높고(pH가 낮음) 내부가 낮은(pH가 높음) H^+ 농도를 유지한다. 이와 동시에 내부가 (−)로, 외부가 (+)로 대전된 막전위 차이도 동시에 형성된다. 이러한 H^+ 농도와 전위 차이는 소수성이고 전기적으로 절연성이 높은 막 인지질의 hydrocarbon 꼬리에 의해 유지될 수 있다. ΔpH와 $\Delta\varphi$로 이루어진 Δp는 volt로 표현된다.

$$\Delta p = \Delta\varphi + Z\Delta pH \qquad (5.17)$$

$\Delta\varphi$: 막을 사이에 둔 전압 차이(mV)
ΔpH : pH의 차이
Z : 2.303 RT/F
  R : 기체상수
  T : 절대온도 (25°C = 298°K)
  F : Faraday 상수

정상적으로 생장하는 세균은 Δp를 0.15~0.45V로 유지한다. 호흡으로 생장하는 원핵세포 생물은 호흡 작용으로 발생하는 free energy를 이용하여 H^+을 세포 밖으로 방출하는 메커니즘에 의해 proton motive force를 형성한다. 발효로 ATP를 생산하는 혐기성 미생물이나 호흡 작용이 mitochondria에

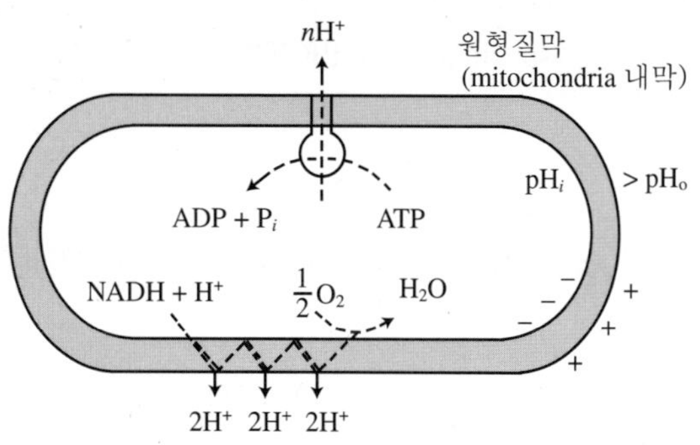

그림 5.16 원핵세포와 Mitochondria의 Proton Motive Force.

Proton motive force는 물질의 운반, 운동성 등 여러 가지의 생물 반응에 이용되는 에너지 형태로 안쪽이 낮고(inside alkaline), 외부가 높은(outside acidic) H^+ 농도 차이(proton gradient)와 안쪽이 (−)이고(inside negative) 외측이 (+)인 (outside positive) 막전위 차(membrane potential)로 이루어진다. 호흡으로 에너지를 보전하는 세균이나 mitochondria에서는 호흡 작용으로 proton motive force를 형성하여 membrane-bound ATPase의 작용으로 ATP를 합성할 수 있으나, 발효로 생장하는 혐기성 미생물은 ATPase가 ATP를 분해하면서 H^+을 막 밖으로 방출하여 proton motive force를 형성한다.

서 이루어지는 진핵세포의 경우에는 막에 있는 F_1F_o-ATPase의 작용에 의해 ATP를 소비하면서 H^+을 세포 밖으로 방출하여 Δp를 형성한다(그림 5.16). 모든 세포의 원형질체와 막의 내부에는 수많은 효소가 그 역할을 수행하며, 이로 인해 생명 현상이 유지된다. 이들 효소는 모두 그 활성이 중성 부근에서 가장 강하며, 이들 효소를 비롯한 RNA, DNA 등 생체 고분자 물질들은 강한 산성이나 알카리성에서는 변성되는 성질이 있다. 따라서 미생물을 비롯한 모든 세포는 세포내 pH를 중성으로 유지할 필요가 있으며, 실제로 잘 유지되고 있다.

5.7.2 미생물의 내산성과 내알칼리성

대부분의 미생물은 중성 pH에서 잘 자라지만 많은 미생물들은 최적 pH가 극히 높은 산성이나 알칼리성인 것들도 있다. 이들을 각각 중성 미생물, 호산성 미생물, 호알칼리성 미생물이라 한다. 모든 미생물은 세포 안의 pH를 중성으로 유지하기 위해 외부의 pH 변화에 따라 다양한 반응을 보인다. 중성 세균인 *Salmonella typhimurium*은 약 산성인 pH 5.8로 순화시키면 50여 종의 acid shock 단백질을 합성하여 내부 pH를 중성으로 유지하며, 강산성(pH 3.0)에서도 생존하는 능력을 갖는다. 이들 중에서 lysine, arginine, glutamate 등 아미노산의 탈탄산에 의한 pH 조절 메커니즘이 가장 잘 알려졌다. 낮은 pH에서 lysine이 공급되면 lysine decarboxylase(CadA)와 lysine/cadaverine antiporter(CadB)가 합성된다. 흡수된 lysine이 CadB의 작용으로 cadaverine으로 탈탄산되면서 H^+을 소비하여 세포내 pH를 높이는 작용을 갖는다. 생합성에 필요한 탄소 골격을 공급하기 위해 작용하는 아미노산 탈탄산 효소와 달리 이들은 낮은 pH에서 합성된다.

많은 미생물이 pH가 높은 환경에서는 호알칼리성 미생물과 같이 Na^+/H^+ antiporter의 작용으로

proton motive force를 sodium motive force로 전환하는 메커니즘으로 세포내 pH를 중성으로 유지한다(5.7.4).

5.7.3 호산성 세균의 Proton Motive Force

Thiobacillus ferrooxidans, Thermoplasma acidophilum, Sulfolobus acidocaldarius 등은 pH 1~4 정도의 산성에서 가장 잘 생장하며, 낮은 pH에서 자라면서도 세포 내부 pH는 중성으로 유지한다. 내부 pH를 외부보다 높게 유지하는 호산성 세균은 일정한 proton motive force를 유지하기 위해 막 전위 차를 낮게 유지하거나 내부가 (+)인 상태로 유지하여야 한다. 호산성 세균의 막을 사이에 두고 H^+의 농도 차가 높게 유지되므로 H^+의 농도 차가 낮을 때보다 쉽게 원형질막을 통과할 수 있다. 원형질막의 내부가 (+)로 유지되면 막을 통해 조금씩 스며드는(leaked-in) H^+을 전기적으로 배척하므로 호산성 세균이 세포내 pH를 중성으로 유지할 수 있다(그림 5.17).

이들 호산성 세균들은 그들이 가장 잘 생장하는 조건에서 초산 등 유기산이 낮은 농도(5~10mM)로 존재해도 생장이 중지된다. 그 이유는 이들 호산성 세균의 생장 pH가 유기산의 pK_a(초산의 경우 4.8)보다 낮거나 그 부근이어서 대부분의 유기산이 전리되지 않은 상태로 존재하며, 전리되지 않은 상태의 유기산은 친유성이 강해 막을 쉽게 통과하고, 통과한 후 높은 세포내 높은 pH에서 전리되어

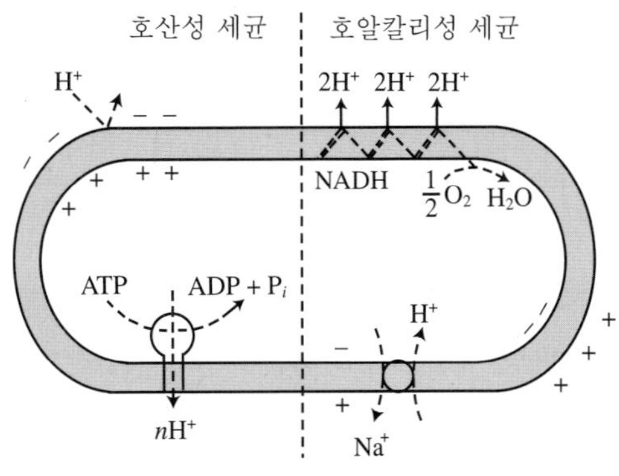

그림 5.17 호산성 세균과 호알카리성 세균의 세포내 pH 조절 메커니즘.

호산성 미생물은 pH가 낮은 환경, 즉 H^+의 농도가 높은 환경에서 잘 생장하지만 세포내 pH는 중성으로 유지한다. 원형질막을 통한 H^+의 투과성은 대단히 낮으나 호산성 미생물처럼 세포 내외의 농도 차가 클 때는 그렇지 않을 때보다 투과성이 높아진다. 호산성 미생물은 이러한 H^+의 투과성을 낮추기 위해 막 내부가 (+)인 막 전위(inside positive membrane potential)를 유지하여 투과되는 H^+을 전기적으로 배척한다. 막 내부가 (+)인 막전위와 높은 H^+의 농도 차이때문에 호산성 미생물은 일정한 proton motive force를 유지한다.

호알카리성 미생물은 높은 pH에서 잘 생장할 수 있다. 호알카리성 미생물이 proton motive force를 유지하기 위해 세포내 pH를 세포외 pH보다 높게 유지하지 않고 호흡으로 세포 밖으로 방출되는 H^+이 Na^+/H^+ antiporter의 작용으로 Na^+와 교환되어 sodium motive force를 형성한다.

Na^+/H^+ antiporter 외에도 호알칼리성 미생물과 호염성 archaea 중에는 H^+ 대신 Na^+를 세포 밖으로 방출하는 전자 전달계를 보유하고 있다. 이러한 전자 전달계를 primary sodium pump라 한다.

세포내 pH를 낮추는 protonophore로 작용하기 때문이다(5.8.5). 낮은 pH에서 유기산이 미생물의 생장을 저해하는 이유가 유기산이 세포 안에 축적되어 팽압(turgor pressure)이 증가하기 때문이라는 해석도 있다.

당을 발효하는 혐기성 세균(saccharolytic anaerobe)은 당을 발효하여 유기산을 생산한다(제8장, 8.5). 당을 발효하는 혐기성 세균의 경우 높은 농도의 발효 산물(유기산)이 존재하는 조건에서 내부 pH는 외부 pH의 변화에 따라 변하는 것으로 밝혀졌으며, 이들은 세포내 pH가 5.5~8.0의 넓은 범위에서도 생장이 가능하다. 그러나 *Clostridium acetobutylicum*의 세포내 pH는 5.5 이하로 내려가지 않는 것으로 측정되었는데, 이는 원형질막이나 세포벽에서 친유성이 강한 전리되지 않은 유기산이 세포 안으로 유입되는 것을 막는 메커니즘이 있기 때문일 것으로 추측된다.

초산균에 의한 식초 발효(제7장, 7.11.1)에서 산소의 공급이 대단히 중요하며, 산소의 공급이 일시적으로 중단되면 대부분의 균체가 사멸한다. 이 이유는 생산된 아세트산이 protonophore(또는 uncoupler, 5.8.5)로 작용하여 H^+을 세포 안으로 운반하기 때문으로 산소가 공급되는 조건에서는 호흡 작용을 통해 계속해서 H^+을 세포 밖으로 운반하기 때문에 정상적인 생장이 가능하다.

5.7.4 호알칼리성 미생물의 Proton Motive Force와 Sodium Motive Force

pH가 10 이상인 알칼리 조건에서 생장이 왕성한 호알칼리성 미생물의 경우 정상적인 Δp를 유지하기 위해서는, 세포 안의 pH를 외부보다 높은 pH 10이상으로 유지해야 한다. 그러나 이렇게 높은 pH에서는 각종 생체 고분자 물질, 특히 핵산이 분해되기 때문에 호알칼리성 미생물의 세포 안의 pH도 중성으로 유지된다.

호알칼리성 미생물이 높은 pH에서 생장할 때는 Na^+ 요구성이 강하다. Na^+이 이들 미생물이 높은 pH에서 생장하면서도 내부 pH를 중성으로 유지하는 데 필수적인 역할을 담당한다.

Na^+/H^+ antiporter는 막을 사이에 두고 H^+과 Na^+을 교환시킨다(그림 5.17, 제3장, 3.3). 호흡 작용으로 방출되는 H^+은 즉시 Na^+/H^+ antiporter에 의해 세포 안으로 유입되면서 Na^+이 세포 밖으로 방출된다. 일부의 호알칼리성 미생물에는 Na^+/H^+ antiporter 외에 전자 전달 과정에서 H^+ 대신 Na^+를 직접 방출하는 전자 전달계도 확인되었다. 이러한 전자 전달계를 primary sodium pump라 한다. Primary sodium pump로 Na^+ 요구성 NADH-quinone reductase 등이 확인되었다.

호알카리성 미생물은 Na^+/H^+ antiporter와 primary sodium pump의 작용을 통해 호흡 작용으로 proton motive force 대신 sodium motive force를 형성하게 되며, $1H^+$에 대해 nNa^+이 교환되므로 ($n>1.0$) 막 전위 차가 크게 유지된다.

Escherichia coli 등 중성 미생물에서도 Na^+/H^+ antiporter의 존재가 확인되었다. Na^+/H^+ antiporter 활성이 없는 변이주가 알칼리 환경에서 생장할 수 없으며, 야생주도 Na^+이 없는 알칼리 조건에서 자라지 못하는 것으로 보아 Na^+/H^+ antiporter가 중성 미생물의 내알칼리 작용에도 이용되는 것을 알 수 있다. Sodium motive force는 호알칼리성 미생물에서만 발견되는 것이 아니라 호염성 archaea에서도 발견된다. 호알칼리성 미생물 외에도 sodium motive force가 이용되는 예가 있다. 혐

기성 대사에서 유기산 또는 그 유도체의 Na^+-요구성 탈탄산 효소가 여기에 속한다(5.8.6).

5.8 Electron Transport(Oxidative) Phosphorylation(ETP)-산화적 인산화

해당 과정과 TCA 회로에서 당이 산화되면서 모든 전자(환원력)는 $NAD(P)^+$, FAD, PQQ 등의 전자 전달체를 환원하는 데 사용된다. 이들은 호기 상태에서 산소를 환원하면서 산화되는 과정에서 발생하는 free energy를 전술한 proton motive force (Δp) 형태로 보전하고, 이를 이용하여 ATP를 합성한다(그림 5.23).

5.8.1 Chemiosmotic Theory

환원된 전자 전달체로부터 전자가 산소까지 전달되면서 이루어지는 일련의 산화 · 환원 반응에서 얻어지는 free energy가 ATP 합성으로 연결되는 메커니즘을 밝히는 데 많은 시간이 걸렸다. 전자 전달 과정에서는 기질 수준 인산화에서 발견되는 고에너지 결합을 가진 화합물이 확인되지 않았다. 또한 전자 전달을 통한 ATP의 합성을 위해서는 온전한 생체막이 필수적이며, uncoupler나 ionophore가 있을 때에는 합성이 저해된다.

이러한 여러 가지 실험 결과 산화 · 환원 반응에서 발생하는 free energy가 H^+을 막 밖으로 방출하여 막을 사이에 두고 H^+의 농도 차(pH 차이)와 막 전위 차($\Delta\varphi$)로 이루어지는 proton motive force를 형성하고, 이를 이용하여 ATP를 합성한다는 chemiosmosis 메커니즘을 통해 산화 · 환원 반응에서 발생하는 energy가 ATP 형태로 보전된다는 것이 밝혀졌다.

Chemiosmosis 메커니즘에 의해 ATP가 합성되기 위해서는 다음과 같은 가정이 필요하다.

1. 원형질막이나 mitochondria 내막은 H^+이나 OH^-에 대한 투과성이 매우 낮다.
2. ETP에 이용되는 각종 전자 전달체는 산화 · 환원 반응 중에 H^+을 외부로 방출할 수 있도록 막에 배열되어 있다.
3. ATP를 합성하는 효소는 막에 있어서, H^+의 농도 차에 따른 free energy를 이용하여 ADP와 P_i로부터 ATP를 합성할 수 있는 능력이 있다.

5.8.2 전자 전달체와 전자 전달 경로

NADH로부터 전자를 산소 분자로 전달하는 데 관여하는 전자 전달체는 진핵세포 생물에서는 mitochondria의 내막에 위치하고 원핵세포 생물에서는 원형질막에 존재한다. Mitochondria에서 전자의 전달은 그림 5.18에서와 같이 이루어지며, 원핵세포 생물의 전자 전달계는 그림 5.21과 같이 균주와 최종 전자 수용체에 따라서 매우 다양하다.

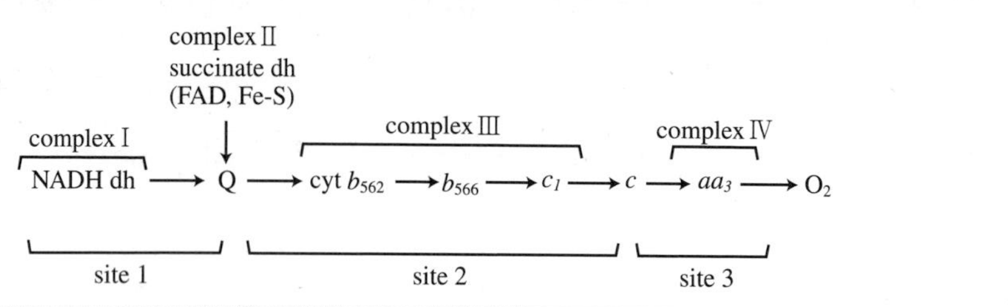

그림 5.18 진핵세포 생물의 Mitochondria의 내막에 있는 전자 전달계.

Mitochondria에서 NADH로부터 전자를 산소(O_2)까지 전달하는 데 참여하는 전자 전달체들은 내막에 4개의 집합체로 모여 있다. 이들을 산화 · 환원 전위가 낮은 것부터 complex I, II, III, IV라 한다. Complex I은 FMN을 prosthetic group으로 갖고 있는 NADH dehydrogenase(NADH dh)와 Fe-S 단백질의 복합체로 NADH-ubiquinone reductase라고도 한다. TCA 회로의 succinate dehydrogenase(succinate dh)는 FAD를 prosthetic group으로 갖고 있으며, Fe-S 단백질 등과 복합체를 이루어 complex II (succinate-ubiquinone reductase)를 형성한다. Complex I, II는 각각 NADH나 succinate로부터 coenzyme Q로 전자를 전달하는 역할을 담당한다. Complex III은 coenzyme Q로부터 전자를 cytochrome *c*로 전달하는 ubiquinol-cytochrome *c* reductase이며, cytochrome b_{562}, cytochrome b_{566}, cytochrome c_1, 그리고 하나의 Fe-S 단백질로 이루어져 있다.

Complex IV는 cytochrome *c* oxidase이다. 이상의 산화 · 환원 반응에서 ADP와 P_i로부터 ATP를 합성할 수 있는 충분한 free energy를 발생시키는 3단계가 있다. 이들을 site 1, 2, 3으로 표시한다.

5.8.2.1 Mitochondria의 전자 전달체

Mitochondria에 있는 전자 전달체들은 4개의 복합체로 존재한다. 이들을 complex I, II, III, IV라 부른다. 이화 대사(catabolism)에서 많은 탈수소 효소의 조효소로 이용되어 환원되는 NADH가 먼저 NADH dehydrogenase의 작용을 받아 coenzyme Q를 환원시키면서 NAD^+로 산화된다. NADH dehydrogenase는 FMN을 prosthetic group으로 갖는 단백질로서 2개의 [Fe-S] centre를 가진 단백질, 그리고 4개의 [Fe-S] centre를 가진 단백질과 함께 복합체를 이루고 있다. 이를 complex I 또는 NADH-ubiquinone reductase라 한다.

NADH가 산화되면서 FMN이 $FMNH_2$로 환원되고, 이어서 Fe-S 단백질의 작용으로 전자가 coenzyme Q로 전달된다. NAD^+/NADH와 coenzyme Q계의 산화 · 환원 전위 차이가 ATP 1분자를 합성하는 데 필요한 free energy를 충분히 발생시키므로, NADH에서 ubiquinone(coenzyme Q)까지의 전자 전달계를 ETP의 site 1이라 한다.

Succinate로부터 전자는 succinate dehydrogenase의 prosthetic group인 FAD로 이동하여 바로 coenzyme Q로 전달된다. Succinate dehydrogenase는 FAD와 4개의 [Fe-S] centre를 갖고 있으며, 또 다른 4개의 [Fe-S] centre를 갖는 단백질, cytochrome b_{558}, 그리고 저분자의 peptide가 복합체를 이루고 있다. 이를 succinate-ubiquinone reductase 복합체 또는 complex II라 한다. FAD를 prosthetic group으로 갖는 다른 dehydrogenase들, 즉 glycerol-3-phosphate dehydrogenase, acyl-CoA dehydrogenase 등도 ubiquinone으로 전자를 전달한다.

Ubiquinone은 친유성이 강한 C_5인 isoprenoid 단위를 6, 8 또는 10개씩을 side chain으로 갖는

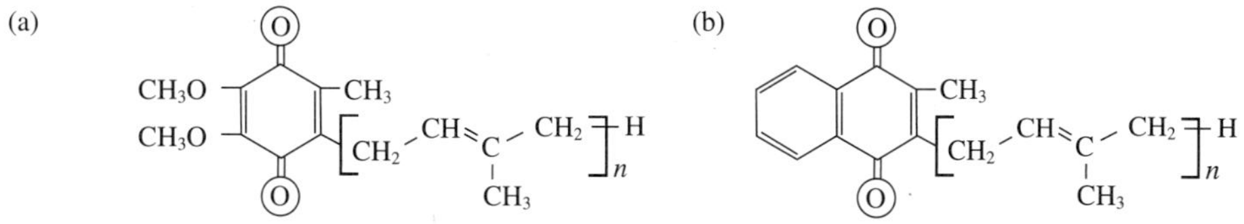

그림 5.19 Ubiquinone과 Menaquinone의 구조.
a; ubiquinone, b; menaquinone
n은 4, 6, 8 또는 10이다.

quinone으로서 그 수에 따라 Q_6, Q_8, Q_{10} 등으로 명명한다. Mitochondria에는 ubiquinone 형태로, 대부분의 그람양성 세균과 혐기성 그람음성 세균에는 menaquinone 형태로 존재한다(그림 5.19). 통성 혐기성 그람음성 세균은 두 가지 형태의 quinone을 모두 갖고 있다. 이들을 모두 coenzyme Q라 부르며, 세균에서 이들의 종류가 분류에 이용된다. Quinone은 proton과 전자를 모두 운반할 수 있다.

Coenzyme Q로부터 전자는 일련의 적갈색 단백질, 즉 cytochrome으로 전달된다. 그림 5.18에서 보는 바와 같이 mitochondria에서는 $b_{562}-b_{566}-c_1-c-aa_3$의 차례를 따라 전자가 이동한다.

Coenzyme Q로부터 cytochrome c로 전자를 전달하는 복합체를 ubiquinol-cytochrome c reductase 또는 complex III이라 한다(site 2). Complex III은 2개의 [Fe-S] centre를 갖는 단백질과 cytochrome b_{562}, b_{566}, 그리고 c_1이 포함된다. 환원된 cytochrome c는 cytochrome oxidase(cytochrome aa_3 또는 complex IV)에 의해 전자를 산소로 전달한다. 이때 ATP가 합성될 수 있는 free energy가 발생하므로 ETP의 site 3이라고 한다.

Cytochrome oxidase complex는 cytochrome a와 cytochrome a_3을 포함하며, 이들의 산화 · 환원 전위는 각각 +0.245V, +0.34V이다. Cytochrome aa_3은 cytochrome c로부터 4개의 전자를 받아서 산소로 전달하면서 막 안에서 4개의 H^+을 소비하여 전자 전달을 마무리한다.

5.8.2.2 Electron carriers

전자 전달계에는 flavoprotein, quinones, [Fe-S] protein, cytochrome과 같은 다양한 전자 전달체(electron carriers)가 관여한다. Flavoprotein들은 보결분자단으로 riboflavin(vitamin B_2) 계열의 분자와 FAD(flavin adenine dinucleotide)을 가지고 있다. Flavoprotein들의 산화 · 환원 전위는 다양한데, 이것은 flavin의 구조 때문이 아니라 이들 단백질의 구성이 각각 다르기 때문이다.

[Fe-S] 단백질은 보통 [2Fe-2S]나 [4Fe-4S]의 [Fe-S] cluster를 가지고 있다. 비햄철(non-heme irons)은 단백질에 있는 cysteine의 sulfide 잔기와 acid-labile sulfur에 결합된다(제8장, 8.5.1). Acid-labile sulfur는 산성 pH에서 H_2S로 방출된다. [Fe-S] 단백질은 전자만을 운반하면서 전자 전달계에 관여한다. 많은 종류의 [Fe-S] 단백질들은 생체막의 전자 전달 과정 뿐 아니라 다양한 원형질체의 산화 · 환원 반응을 매개한다. [Fe-S] 단백질의 산화 · 환원 전위는 그 종류에 따라 다양하다. 낮게

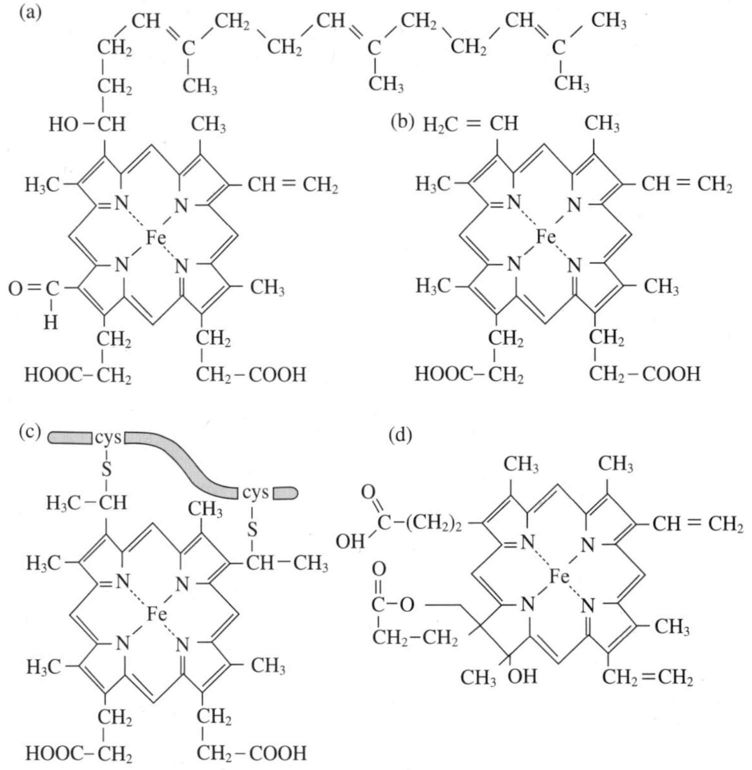

그림 5.20 Cytochrome의 Prosthetic Group인 Heme의 구조.
(a)~(d)는 각각 cytochrome a, b, c, d의 heme 구조이다.

는 −410mV (clostridial ferredoxin, 제8장, 8.5)으로부터 높게는 +350mV에 이른다. Hydrogenase, formate dehydrogenase, pyruvate:ferredoxin oxidoreductase, nitrogenase와 같이 산화 · 환원 반응을 촉매하는 많은 효소들은 [Fe-S] 단백질이다.

Cytochrome은 heme 핵을 갖는 단백질로서 heme에 연결되어 있는 side chain의 구조에 따라 *a, b, c* 등으로 나뉘며(그림 5.20), 이들은 550~650nm 사이에서 서로 다른 흡광도를 나타낸다. Cytochrome b_{562}는 562nm에서 최고 흡광도를 나타낸다. Cytochrome *c*의 haem 기는 단백질과 공유 결합을 하고 있으며, 다른 cytochrome 에서는 비공유 결합으로 연결되어 있다. Quinone은 2개의 전자와 H^+를 받아 quinol이 되며, cytochrome은 1개의 전자만을 전달하므로 quinol로부터 cytochrome으로 전자가 전달될 때는 2회에 걸쳐 이루어진다(5.8.3).

5.8.2.3 원핵세포의 다양한 전자 전달계

미토콘드리아의 전자 전달계와 같이, 원핵세포 생물의 전자 전달계도 quinone과 연결되는 기질 탈수소 효소와 terminal oxidase로 구성되어 있다. 그러나 원핵세포 생물은 진핵세포 생물이 사용하지 못하는 다양한 전자 공여체와 전자 수용체를 이용할 수 있기 때문에 진핵세포 생물에 비해 전자 전달계가 훨씬 더 다양하다. 기질 이용성의 다양성에 관해서는 제7장(유기 전자 공여체)과 제10장(무기 전자 공여체, chemolithotrophs)에서 별도로 다룰 것이다. 제9장에서는 산소 이외의 전자 수용체가 이용되는 혐기 호흡을 공부한다. 여기서는 호기적 호흡으로 생장하는 원핵세포 생물의 전자 전달계에 대해서 서술한다.

원핵세포 생물의 전자 전달계가 진핵세포 생물의 그것과 다른 점은 앞에서 서술한 바와 같이 ubiquinone과 더불어 menaquinone도 coenzyme Q로 이용되며, 산소의 농도에 따라 cytochrome aa_3 이외에 다양한 종류의 cytochrome이 최종 전자 전달체로 작용하는 것이다. 따라서 원핵세포 생물에서는 산소의 농도에 따른 여러 경로의 전자 전달계가 형성될 수 있다.

Paracoccus denitrificans, Alcaligenes eutrophus 등 일부 세균의 전자 전달체는 mitochondria의 그것과 비슷하다(그림 5.21). 이들은 cytochrome aa_3를 최종 전자 전달체로 이용하지만 cytochrome *d*나 *o*를 최종 전자 전달체로 이용하는 세균이 많다. Cytochrome *o*는 *b*-type heme을 가지고 있고 cytochrome *d*는 또 다른 heme 구조를 가진다(그림 5.20). 이들은 구조적으로 다를 뿐만 아니라 호흡 저해제들에 대하여 다른 반응을 보인다. 이러한 전자 전달계의 다양성은 다양한 환경에 노출되는 세균의 생육과 밀접한 관계가 있다.

세균의 최종 전자 전달체들은 산소에 대한 각각 다른 친화력을 가지고 있다. *Klebsiella pneumoniae*와 *Haemophilus parainfluenzae*에서는 산소가 제한되는 조건에서 cytochrome *d*가 일반적인 최종 전자 전달체인 cytochrome aa_3를 대신한다. 이와 유사하게 *Paracoccus denitrificans* 와 *Alcaligenes eutrophus* 등도 cytochrome *o*를 최종 전자 전달체로 사용한다. 이들 세균은 산소에 대한 친화력이 높은 cytochrome *d*와 *o*의 역할을 통해 낮은 농도의 산소를 전자 수용체로 쉽게 이용할 수 있다. 질소고정 세균인 *Azotobacter vinelandii*는 질소를 고정하는 조건에서는 산소로부터 nitrogenase를 보호하기 위해 산소에 대한 친화력이 높은 cytochrome *d*를 최종 전자 전달체로 사용하여 세포내 산소 농도를 낮게 유지한다(제6장, 6.2.1.2).

그림 5.21에서 보는 바와 같이 미토콘드리아의 전자 전달계 경로에서는 3단계에서 에너지가 보존되지만, 세균의 경우 2단계에서 에너지가 보전되는 예가 많다. 이것은 아마도 주어진 환경에서 효율적으로 생장하기 위한 전략일 것으로 판단된다.

극히 일부의 예외를 제외하고는 chemolithotroph의 dehydrogenase는 무기 전자 공여체를 산화하면서 quinone이나 cytochrome을 환원시킨다. 이들은 전자 공여체를 산화하면서 생합성을 위해 필요한 $NAD(P)^+$를 직접 환원시키지는 못한다. 이들은 reverse electron transport 메커니즘을 통해 proton motive force를 소비하면서 환원된 quinone이나 cytochrome으로부터 전자를 $NAD(P)^+$로 전달한다(제10장, 10.1). Reverse electron transport는 complex I과 III이 역반응들을 촉매할 수 있기 때문에 가능하다. 물을 전자 공여체로 이용하는 complex IV는 역반응을 촉매하지 못한다. 물은 호기적 광합성에서 다른 메커니즘을 통해 전자 공여체로 이용된다(제11장, 11.4.3.1).

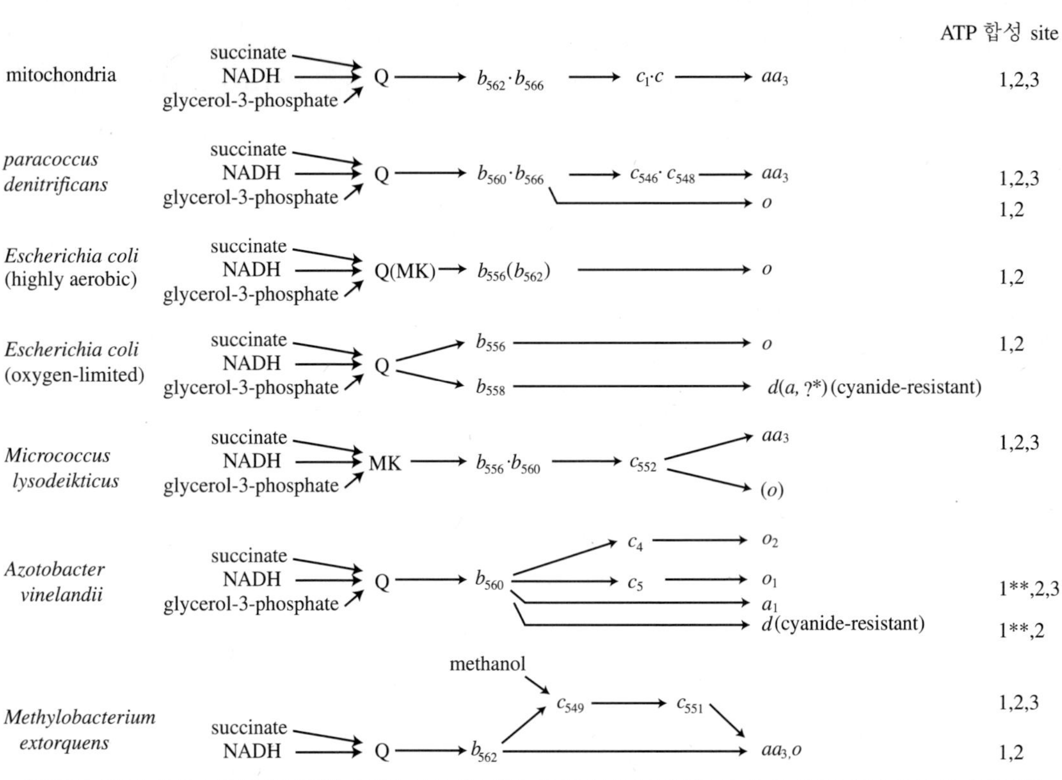

그림 5.21 Mitochondria와 세균의 전자 전달체 비교.

* 확실하지 않다.

***Azotobacter vinelandii*는 용존산소의 농도가 높은 조건에서 질소를 고정할 때 nitrogenase가 산소에 의해 비활성화되는 것을 방지하기 위해 site 1에서 에너지를 보전하지 않고 산소를 빨리 소비시킨다(제6장, 6.2.1.2).

5.8.2.4 산화적 인산화의 저해제

ETP에 의한 ATP의 합성을 저해하는 물질을 그들의 작용 메커니즘에 따라 3종으로 나눌 수 있다. 이들은 uncoupler, 전자 전달 저해제 그리고 ATP synthase 저해제이다.

전자 전달을 저해하여 ATP의 합성을 저해하는 물질들도 많이 알려지고 있다. 이들은 대부분 전자 전달체와 반응하여 특정 단계의 산화 · 환원 반응을 저해하는 것들로서 전자 전달체 연구에 많이 이용된다(그림 5.22). Rotenone, amytal, piericidin A 등은 NADH의 산화를 저해하며, 2-*n*-heptyl-4-hydroquinoline-*N*-oxide(HQNO), antimycin A, cyanide(CN^-), 일산화탄소 등도 전자 전달계에서 각각 특정 위치에서 저해 작용을 갖는다.

Uncoupler는 H^+의 막 투과성을 증진시켜 proton motive force를 낮게 유지시키는 작용을 한다. 왕성하게 호흡하는 배양에 uncoupler를 첨가하면 proton motive force가 낮아지고 이로 인해 전자 전달과 산소 소비는 증가하지만 ATP의 합성은 이루어지지 않는다. 이처럼 산소의 소비와 ATP 합성의

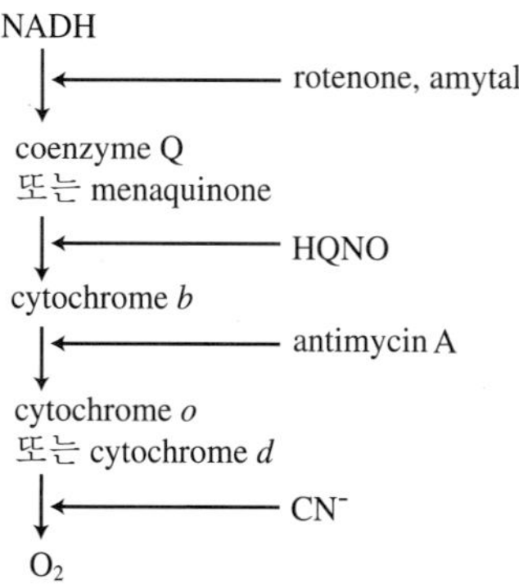

그림 5.22 *Escherichia coli*의 전자 전달을 저해하는 물질과 이들이 작용하는 부위.
HQNO ; 2-*n*-heptyl-4-hydroquinoline-*N*-oxide

연결을 분리한다는 뜻으로 "uncoupler"라는 용어가 이용된다(5.8.5)

ATP synthase 저해제는 membrane bound ATPase와 작용하여 proton motive force가 높게 유지되더라도 ATP의 합성을 저해하는 물질을 말한다. *N,N'*-Dicyclohexylcarbodiimide(DCCD), oligomycin 등은 잘 알려진 ATPase 저해제이다. 이들은 membrane bound F_1F_o-ATPase의 F_o 부분에 결합하여 H^+의 통로를 차단하는 메커니즘으로 ATP의 합성을 저해한다. F_1F_o-ATPase의 F_o는 oligomycin 결합 부위임을 나타낸다.

5.8.2.5 Transhydrogenase

많은 원핵세포의 원형질막이나 mitochondria의 내막에는 다음 반응을 촉매하는 nicotinamide nucleotide transhydrogenase가 존재한다.

$$NADPH + NAD^+ \rightleftharpoons NADP^+ + NADH \quad (\Delta G^{\circ\prime} = 0 kJ/mol\ NADPH) \tag{5.18}$$

이 반응은 H^+의 막 투과와 연결된 반응으로 NADH로부터 hydride 이온(H^-)이 $NADP^+$로 이전될 때는 H^+이 막 안으로 들어오게 되어 에너지를 소비하게 되고, 그 반대 반응, 즉 NADPH가 산화될 경우에는 H^+을 막 밖으로 방출하게 되어 에너지를 얻게 된다. 위 반응의 $\Delta G^{\circ\prime}$는 0kJ이지만, 세포내 NADPH와 NAD^+의 농도가 $NADP^+$와 NADH의 농도보다 높기 때문에 이 반응에서 free energy의 변화가 발생한다. 생합성에 이용되는 환원력 형태인 NADPH를 NADH로부터 공급받기 위해 proton motive force를 소비하면서 이 반응이 진행되지만, 어떠한 경우에는 그 반대 방향으로, 즉 NADPH로부터 전자가 NAD^+로 전달되기도 한다. 이 반응으로 proton motive force가 형성되므로 이를 ETP의 site 0으로 부르기도 한다.

5.8.3 전자 전달체의 배열

전자 전달 과정에서 어떻게 막을 통한 H^+의 이동이 이루어지는 명확히 설명할 수는 없지만 대체로 H^+의 이동은 전자 전달체들의 서로 다른 특성(Q-loop와 Q-cycle)과 proton pump를 통해 이루어진다는 것이 공통적인 판단이다. 전자 전달체들 중에서 [Fe-S] 단백질과 cytochrome은 전자만을 운반하며, coenzyme Q는 전자와 H^+을 동시에 또는 전자만을 운반할 수 있다. 이러한 H^+과 전자를 동시에 전달하는 coenzyme Q는 막의 안쪽에 위치하고 전자만을 전달하는 전자 전달체들은 막의 바깥쪽에 위치하고 있어서 전자가 전달되는 과정에서 H^+이 막 밖으로 방출될 수 있다고 믿어지고 있다 (그림 5.23a). 이들 막단백질들의 배치를 밝히기 위해 전자현미경, 면역학, 저해제와 단백질 분해효소 등을 포함한 다양한 기법이 동원되어 연구되었으며, 그 결과로 NADH dehydrogenase는 막의 원형질체 쪽에 존재하며, cytochrome *c*는 periplasm 쪽에 위치하는 것 등이 밝혀졌다.

5.8.3.1 Q Cycle과 Q-loop

Ubiquinol-cytochrome *c* reductase(complex III)에 의해 촉매되는 site 2에서의 H^+의 이동을 설명하기 위해서 Q-cycle과 Q-loop라는 가설이 제안되었다. Q-loop 메커니즘에 의하면 NADH dehydrogenase의 FMN은 막의 원형질체 쪽에서 NADH를 산화하면서 $FMNH_2$로 환원된다. $FMNH_2$의 전자는 막 바깥쪽에 위치하는 [Fe-S] 단백질로 전달되면서 $2H^+$는 막의 외부에 남게 된다. 이러한 과정은 complex I에 의해 촉매된다. 환원된 [Fe-S] 단백질로부터 전자만이 coenzyme Q

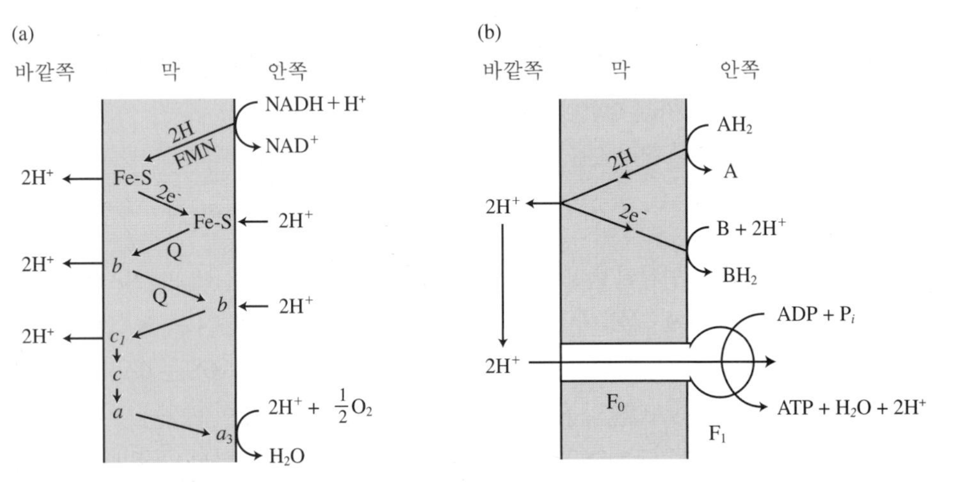

그림 5.23 전자 전달에 의한 Proton Motive Force의 형성과 ATP의 합성.

Mitochondria와 원핵세포 생물에서 전자가 막의 내부에서 외부 쪽으로 이동할 때는 H^+과 전자를 동시에 전달하는 전자 전달체가 이용되도록, 그리고 반대 방향으로 전자가 이동할 때는 전자만을 전달하는 전달체가 이용되도록 막에 배열되어 있기 때문에 전자 전달 과정에서 H^+이 막 밖으로 방출된다(a). 호흡 과정에서 방출된 H^+은 막에 있는 ATPase를 통해 막 안으로 들어오면서 H^+의 농도 차에서 얻어지는 에너지를 이용하여 ATP를 합성한다(b).

로 전달되고 환원된 coenzyme Q는 막의 안쪽에서 $2H^+$과 결합한다. 이렇게 환원된 coenzyme Q는 막의 바깥쪽으로 이동해서 cytochrome *b*를 통해 cytochrome *c*를 환원시키면서 $2H^+$를 바깥쪽으로 방출한다.

$2H^+$이 ubiquinol-cytochrome *c* reductase(complex III)에 의해 이동된다는 Q-loop 메커니즘은 *Escherichia coli*를 비롯한 많은 세균에서 얻어진 실험 결과와 잘 일치한다. 그러나 미토콘드리아와 다른 세균에서는 complex III를 통해 $4H^+$이 이동한다. 어떻게 $2H^+$가 추가로 방출되는지 설명하기 위해서, Q-cycle 가설이 제안되었다. 이 메커니즘에서는 환원된 quinol(QH_2)이 quinone(Q)으로 완전히 산화되기 전에 하나의 전자를 cytochrome *b*로 전달하면서 semiquinol(QH)로 산화되고 이어서 나머지 전자를 [Fe-S] 단백질로 전달하면서 Q로 산화된다. 환원된 [Fe-S] 단백질은 전자를 cytochrome *c*로 전달하는 반면, 환원된 cytochrome *b*는 Q로 전자를 전달한다. 이 과정에서 $1H^+$이

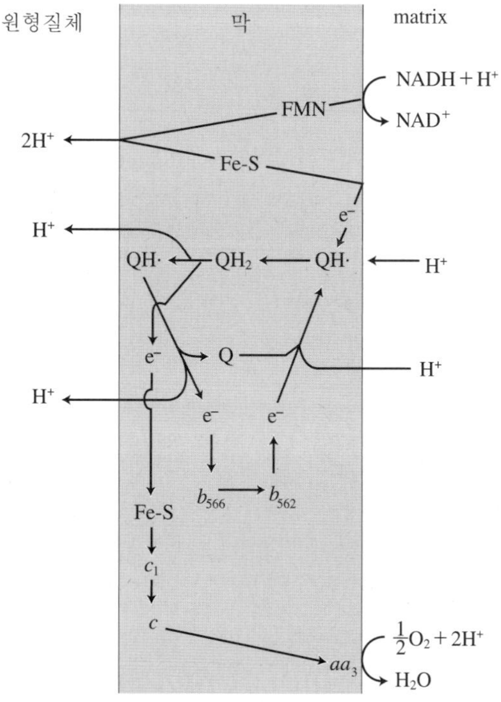

그림 5.24 전자 전달 과정에서 Ubiquinol-Cytochrome Reductase의 작용 메커니즘(Q Cycle).

미토콘드리아와 일부의 세균에서는 complex III를 통해 $4H^+$이 이동하는 것을 설명하기 위해서 제안된 가설이다. 이 메커니즘에서는 환원된 quinol(QH_2)이 하나씩의 전자를 cytochrome *b*와 [Fe-S] 단백질로 전달하면서 차례로 semiquinol(QH)과 quinone(Q)로 산화된다. 환원된 [Fe-S] 단백질은 전자를 cytochrome *c*로 전달하는 반면, 환원된 cytochrome *b*는 Q로 전자를 전달한다. 이 과정에서 $1H^+$이 막의 안쪽에서 소비되면서 Q가 QH로 환원된다. QH는 막의 안쪽에서 [Fe-S] 단백질로부터 하나의 전자를 받고 $1H^+$과 결합하면서 QH_2로 완전히 환원된다. 이 가설에 의하면 하나의 전자가 $QH_2 \rightarrow QH \rightarrow Q \rightarrow QH \rightarrow QH_2$ 의 회로로 전달되면서 $2H^+$를 막 밖으로 운반하기 때문에 $2e^-$당 $4H^+$을 운반하게 된다.

막의 안쪽에서 소비되면서 Q가 QH로 환원된다. QH는 막의 안쪽에서 [Fe-S] 단백질로부터 하나의 전자를 받고 $1H^+$과 결합하면서 QH_2로 완전히 환원된다(그림 5.24). 이 가설에 의하면 하나의 전자가 $QH_2 \rightarrow QH \rightarrow Q \rightarrow QH \rightarrow QH_2$ 의 회로로 전달되면서 $2H^+$를 막 밖으로 운반하기 때문에 $2e^-$당 $4H^+$을 운반하게 된다.

5.8.3.2 Proton Pump

Complex I (NADH-ubiquinone reductase)와 complex IV (cytochrome oxidase)는 H^+을 이동시키지만 이들 복합체에서는 Q-loop나 Q-cycle과 같은 메커니즘이 알려지지는 않았다. 이들 복합체는 proton pump이며, 아마도 H^+을 단백질의 구조 변화를 통해서 외부로 방출하는 것으로 믿어진다.

5.8.4 ATP 합성

막에 있는 ATP synthase(ATPase)가 전자 전달 과정에서 형성된 proton motive force를 이용하여 ATP를 합성한다(그림 5.23b).

5.8.4.1 ATP Synthase

Proton motive force를 이용하여 ATP를 합성하는 ATP synthase는 mitochondria의 내막이나 원핵세포의 원형질막에 존재하며, 그 구조와 기능이 매우 유사하다. 이들은 막에 묻혀 있는 F_o부분과 막 내부로 돌출한 F_1부분으로 이루어진다. F_o는 H^+의 통로 구실을 담당하며, F_1은 실제 촉매 역할을 담당한다. F_1은 5종의 다른 polypeptide($\alpha_3\beta_3\gamma\Delta\epsilon$)로 이루어져 있으며, F_o는 a, b, c 세 polypeptide로

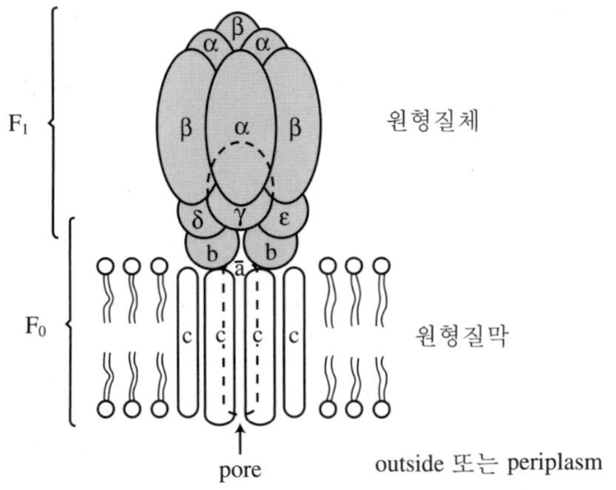

그림 5.25 원핵세포의 원형질막에 있는 ATP Synthase의 모형.

ATP synthase의 Fo부분은 친유성의 polypeptide a, b, c로 이루어져 있으며, 막에 H^+의 통로를 형성하여 H^+을 F_1부분까지 통과시킨다. 실제 촉매 능력을 갖는 F_1부분은 5종의 polypeptide로 이루어져 있다.

이루어져 있다(그림 5.25).

Oligomycin과 dicyclohexylcarbodiimide(DCCD)는 ATP synthase의 저해제로 알려져 있으며, 이들은 F_o부분과 결합하여 H^+의 투과성을 변화시키는 메커니즘으로 효소 작용을 저해한다. F_o에서 O는 "zero"가 아니라 oligomycin과 결합한다는 뜻의 "O"이다. 세균의 원형질막이나 mitochondria의 내막에 있는 ATPase를 F_1F_o-ATPase, H^+-ATPase 등으로 부른다.

F_1F_o-ATPase(F-ATPase)는 진핵세포의 chloroplast나 mitochondria 그리고 세균에서 주로 작용한다. 대부분의 F-ATPase는 proton motive force를 ATP 합성에 이용하며, 여러 종류의 미생물에서는 sodium motive force를 ATP로 전환하는 예도 있다(5.7.4, 제9장, 9.4.3). 이들을 구분하기 위해 앞의 것을 H^+-ATPase로 뒤의 것을 Na^+-ATPase라 부른다.

진핵세포의 원형질막과 chloroplast나 mitochondria 이외의 세포내 구조물의 막에는 F-ATPase와 구조가 다른 ATPase가 확인되었다. 이들의 기능은 mitochondria나 chloroplast에서 생산된 ATP를 이용하여 이들 구조물이 필요로 하는 proton motive force를 형성하는 것으로 ATP의 합성이 주되는 기능인 F-ATPase와 다르다. 진핵세포의 vacuole에서 처음 발견되어 이를 V-ATPase라 부른다. V-ATPase도 ATP 분해를 촉매하는 V_1부위와 막에 묻혀 있는V_o 부위로 구성되어 있으나, V_1은 8종의 peptide(A, B, C, D, E, F, G, H)로 구성되어 있고, V_o은 5종의 peptide(a, d, c, c′, c″)로 이루어지는 것이 F-ATPase와 다르다. *Clostridium fervidum, Enterococcus hirae, Thermus thermophilus* 등 일부의 세균과 많은 종류의 archaea에서 V-ATPase 구조의 효소가 발견되었다. 세균과 archaea의 V-ATPase는 주로 sodium motive force를 ATP 합성에 이용하는 기능을 갖는다.

5.8.4.2 H^+/O Ratio

전자 전달 과정에서 H^+이 운반되는 메커니즘이 아직 잘 정립되지 못했을 뿐만 아니라 이동하는 H^+의 수도 역시 잘 알려져 있지 않았다. NADH-ubiquinone reductase 복합체는 $4H^+$을 막 밖으로 방출하고, ubiquinol-cytochrome *c* reductase는 2 또는 $4H^+$을 방출하며, cytochrome oxidase는 $2H^+$을 방출한다는 이론이 일반적으로 받아들여지고 있다(그림 5.23a). 2개의 전자가 하나의 산소 원자를 환원시키므로 이러한 수적 관계를 H^+/O ratio라고 부른다. Mitochondria에서는 이 ratio가 10으로 생각되며, 원핵세포 생물에서는 전자 전달계에 관여하는 전자 전달체에 따라서 (그림 5.21) 10이거나 이보다 적은 것으로 생각된다.

5.8.4.3 H^+/ATP Stoichiometry

막에 결합된 ATP synthase는 proton motive force(Δp)를 소비하면서 ATP 합성하는 반응과 ATP를 분해하면서 Δp를 형성하는 반응을 촉매한다(그림 5.23b). 하나의 ATP를 합성하기 위해 몇 개의 H^+이 막에 결합된 이 효소를 통과하는지(H^+/ATP stoichiometry) 확실히 알려져 있지는 않지만, phosphorylation potential(ΔGp, 5.6.3)과 Δp의 크기에 의해 결정되는 것은 확실하다. 다양한 실험에서 이 수치가 2~5로 측정되었으며, 3이 일반적으로 받아들여지고 있다.

이 숫자는 생물계에서의 보전될 수 있는 최소 free energy가 얼마인지 계산하는 데 이용될 수 있다. 생물계에서 에너지는 발효(기질수준 인산화), 호흡, 광합성을 통해 보전된다. 열역학적 이유로 기질수준 인산화에서는 ΔGp 보다 큰 free energy 변화 만이 보전될 수 있다. 이와 유사하게 호흡과 광합성에서는 ΔGp/[H^+/ATP stoichiometry]보다 큰 free energy의 변화가 보존될 수 있다. Δp 대신 sodium motive force를 통해 에너지가 보전되는 경우, ΔGp/[Na^+/ATP stoichiometry]보다 큰 free energy 변화가 보전될 수 있다. H^+/Na^+ antiporter에 의해 $1H^+$이 n/Na^+($n>1$)과 교환된다면 생물계에서 보전될 수 있는 최소 free energy 변화는 ΔGp/[Na^+/ATP stoichiometry]임을 알 수 있다.

5.8.5 Uncoupler

Uncoupler로 알려진 여러 종류의 화합물은 원핵세포나 mitochondria의 호흡(산소 소비)을 증가시키지만 이에 연결된 ATP의 생산을 저해하는 능력을 갖는다. 이들 화합물은 약산으로 전리되지 않은 형태나 전리된 형태가 모두 친유성이 강해 막을 쉽게 통과할 수 있는 것이 특징이다. 전술한 바와 같이 호흡 작용으로 형성된 Δp 때문에 막 내부의 pH는 외부보다 높다. pH가 낮은 외부에서 전리되지 않은 형태의 uncoupler가 막 내부로 들어가면 높은 내부 pH로 인해 전리되면서 H^+이 분리된다. 세포 안에서 전리된 형태의 uncoupler는 막 외부로 방출된다. 이러한 작용으로 uncoupler는 Δp를 감소시킨다(그림 5.26). Uncoupler가 존재하면 Δp가 낮게 유지되므로 ATP의 합성은 이루어질 수 없으며, Δp를 유지하기 위해 호흡(산소의 소비)은 촉진된다.

이온의 막 투과를 쉽게 해주는 작용을 갖는 화합물을 ionophore라 하며, uncoupler를 H^+의 ionophore라는 뜻으로 protonophore라고도 한다. Uncoupler의 예로 그림 5.27에 그 구조식과 함께 나타내었다.

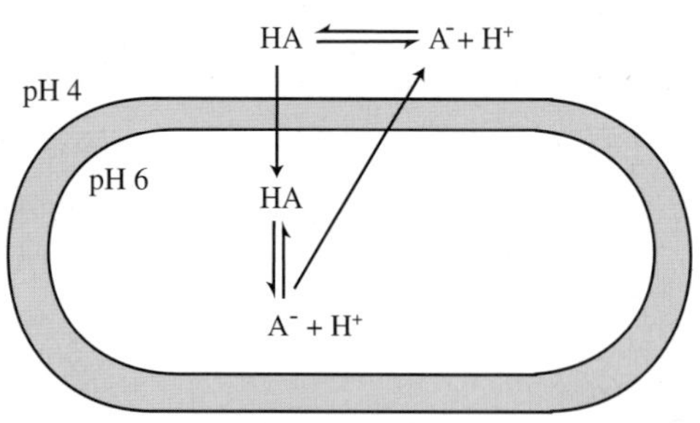

그림 5.26 Uncoupler의 작용 메커니즘.

Uncoupler는 약산으로서 전리되거나 전리되지 않은 상태로 원형질막을 쉽게 통과할 수 있는 성질을 갖고 있다. 세포 안의 pH(pH_i)가 높게 유지되는 정상 상태에서 전리되지 않은 산이 세포 안으로 들어가서 전리된다. 세포 안의 pH가 높기 때문에 세포내 전리된 산의 농도가 외부보다 높다. 따라서 전리되지 않은 산은 세포 안으로, 전리된 산은 세포 밖으로 이동하면서 세포 안의 수소 이온 농도를 외부와 같게 만든다.

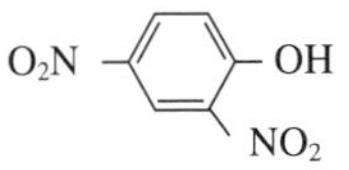

2,4-dinitrophenol
p*Ka*=4.1

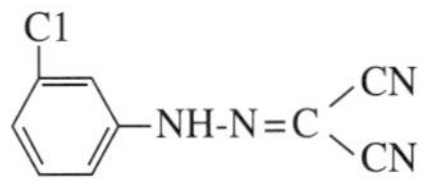

carbonylcyanide-*m*-chlorophenylhydrazone(CCCP)
p*Ka*=6.55

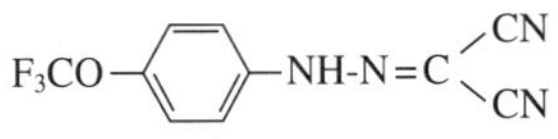

carbonylcyanide *p*-trifluoromethoxy-phenylhydrazone ; *p*-CF_3O-CCP(FCCP)
p*Ka*=5.8

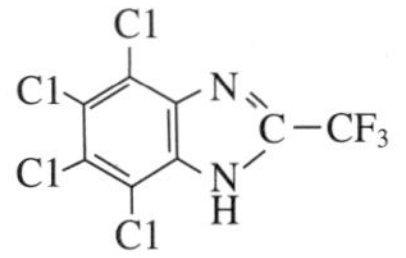

4,5,6,7-tetrachloro-2-trifluoro-methylbenzimidazole(TTFB)
p*Ka*=5.6

그림 5.27 Uncoupler의 구조.
Uncoupler는 친유성이 강한 약산으로서 전리된 상태로도 친유성이 강하기 때문에 원형질막을 통과할 수 있다.

5.8.6 혐기성 발효의 Primary H^+(Na^+) Pump

호흡과 광합성의 산화·환원반응에서 발생하는 free energy 변화는 Δp의 형태로 보존된다. 원핵세포 생물에서는 호흡을 위해 산소 뿐만 아니라 여러 가지 다른 전자 수용체를 이용한다. 산소가 아닌 전자 수용체를 이용하는 에너지의 보존 과정을 혐기호흡이라 한다(제9장). 대사 과정에서 발생하는 중간 산물을 전자 수용체로 이용하는 발효 과정에서도 1차 H^+(Na^+) 운반 과정이 알려져 있다(제8장, 8.1).

5.8.6.1 Fumarate Reductase

일부의 *Propionibacterium*속 세균은 succinate-propionate 경로를 통하여 lactate를 propionate로 발효한다(제8장, 8.7.1). 이 경로의 fumarate reductase는 fumarate를 succinate로 환원시키면서 H^+을 막 밖으로 운반한다. 이와 유사한 에너지 보존 과정이 *Vibrio succinogenes, Desulfovibrio gigas, Clostridium formicoaceticum* 등에서 알려져 있다. 이들에서 막에 결합된 fumarate reductase는 menaquinone과 cytochrome *b*를 조효소로 하여, H_2와 formate를 전자 공여체로 fumarate를 환원시킨다(그림 5.28). 이 경우 전자 수용체인 fumarate는 대사 중간 산물이 아니기 때문에 엄밀히 말하면 혐기호흡에 해당한다.

5.8.6.2 Na^+-요구성 Decarboxylase

*Klebsiella aerogenes*의 methylmalonyl-CoA decarboxylase는 원형질막에 결합되어 있으며, 그 활성을 위해 Na^+를 필요로 한다. 이 세균의 막 vesicle을 이용한 실험에서 효소 작용으로 Na^+가 막을 통과하여 방출됨이 발견되었으며, 이어서 ATP가 합성되었다. 그림 5.29에서 보는 바와 같이 탈

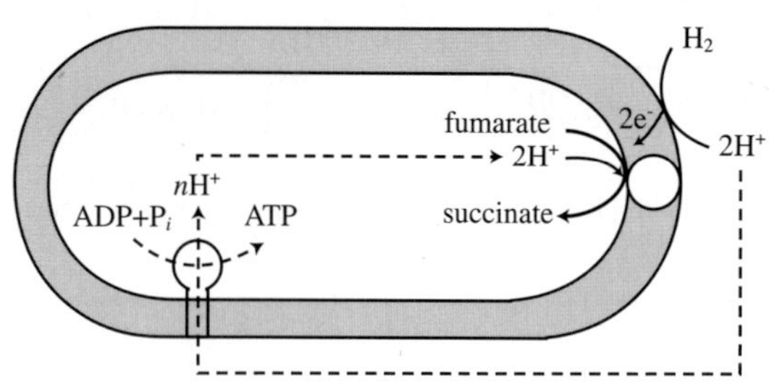

그림 5.28 혐기성 세균의 Fumarate Reductase에 의한 ATP의 합성.

원형질막에 있는 전자 전달체는 수소로부터 전자만을 전달받고 $2H^+$을 세포 밖에 남겨 둔다. 그리고 이 전자 전달체는 원형질체로 이동하여 fumarate가 succinate로 환원될 때 산화되면서 $2H^+$을 소비한다. 결과적으로 이 반응은 $2H^+$을 세포 밖으로 이동시키는 효과가 있다(제8장, 그림 8.7.1).

탈탄산 작용이 막에서 일어나며, 이때 Na^+가 세포 밖으로 방출된다. 탈탄산 작용의 free energy의 변화(-30kJ/mole)가 sodium motive force로 변환되고 이어서 Na^+/H^+ antiporter에 의해 Δp로 전환되어 ATP 생산에 이용된다.

Methylmalonyl-CoA decarboxylase 외에 *Acidamicoccus fermentans*와 *Clostridium symbiosum*의 glutaconyl-CoA decarboxylase, *Veillonella parvula*의 succinate decarboxylase 등도 Na^+를 요구하는 효소들로 같은 메커니즘으로 탈탄산 반응에서 발생하는 free energy 변화를 Δp 형성에 연결시킨다.

Pediococcus halophilus, Lactococcus lactis(제8장, 8.4.6) 등 젖산균의 citrate 발효 경로에 관여하는 oxaloacetate decarboxylase는 탈탄산 작용으로 발생하는 free energy를 보전하지 못하는 것으

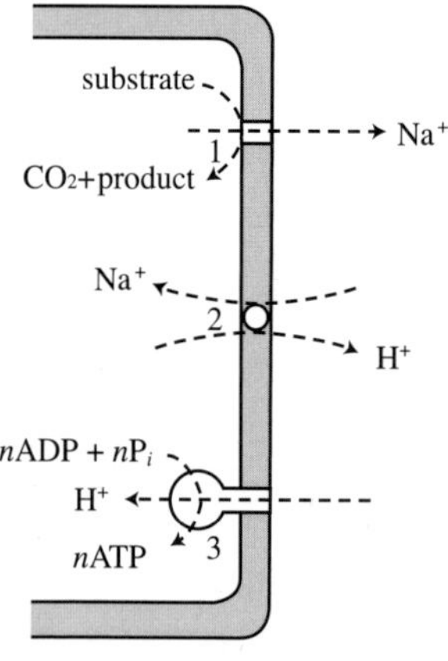

그림 5.29 Na^+를 요구하는 Decarboxylase에 의한 ATP의 합성.

1. oxaloacetate decarboxylase; **2.** Na^+/H^+ antiporter; **3.** F_1F_o-ATPase.

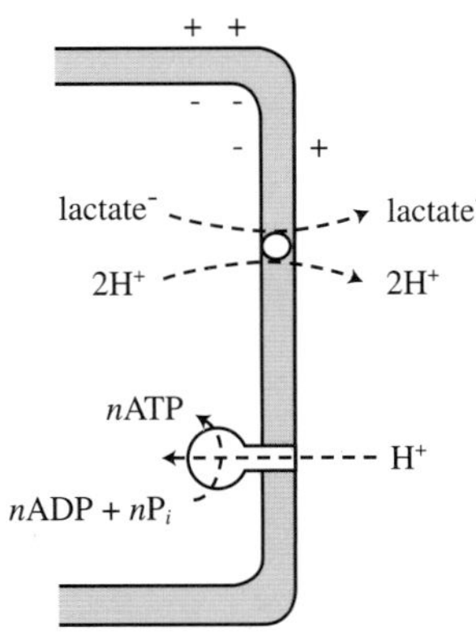

그림 5.30 젖산균에서 젖산의 세포외 방출에 연결된 Proton Motive Force의 형성과 ATP의 합성.

로 알려지고 있다.

5.8.6.3 발효 산물과 H^+ Symport에 의한 Δp 형성

젖산균 *Lactococcus cremoris*는 원형질체에서 당을 발효하여 젖산을 생산하고, 세포 안에 축적되는 젖산이 세포 밖의 젖산 농도보다 높아서 그 농도 차이에 따른 잠재에너지를 이용하여 H^+을 세포 밖으로 방출하여(symport) Δp를 형성할 수 있다고 한다(그림 5.30). 발효가 진행되어 세포 밖의 젖산 농도가 높아지면 세포 내 · 외의 젖산 농도 차가 낮아지기 때문에 이때는 H^+이 symport되지 않는다.

포도주 숙성 중에 malate를 lactate로 분해하는 malolactic 발효에 관여하는 젖산균(제8장, 8.4.6)은 기질인 2가의 malate와 산물인 1가의 lactate를 1:1로 교환하는 $malate^{2-}$/$lactate^-$ antiporter의 작용으로 Δp를 형성할 수 있다. 이러한 반응으로 $malate^{2-}$는 내부로 들어오고 $lactate^-$는 외부로 방출되어 $\Delta\varphi$가 형성된다.

5.9 미생물에 의한 에너지 전환

그림 5.10에 미생물의 에너지 전환 과정을 도식화하였다. Chemotroph은 화학 에너지를 생물학적 에너지로 전환하며 빛 에너지는 phototroph에 의해 이용된다. ATP와 Δp 형태의 생물학적 에너지는 물질 운반(3장), 생합성(6장), 운동 등의 에너지가 필요한 과정에 사용된다. 그림 5.10에서는 일부 세균에서 발견되는 생물발광(bioluminescence)이 포함되어 있지 않다.

5.9.1 미생물의 발광(Bioluminescence)

광합성 미생물은 빛 에너지를 생물학적 에너지로 전환시키는 능력을 갖고 있으며, 일군의 세균은 생물학적 에너지를 빛 에너지 형태로 전환시킨다. 이들을 발광 세균이라고 한다. 많은 발광 세균은 해양 세균으로서 물고기와 공생하는 *Photobacterium*속과 비공생 유리 발광 세균 *Vibrio*속이 있으며, 담수에도 비공생의 *Vibrio*속 세균이 있다. 토양 선충류와 공생하는 발광 세균 *Xenorhabdus nematophilus*도 있다(표 5.3)

표 5.3 대표적인 발광세균

서식	균주명	공생 여부
해양	*Photobacterium fischerii*	물고기
해양	*Vibrio harveyi*	비공생
담수	*Vibrio cholerae biotype albensis*	비공생
토양	*Xenorhabdus nematophilus*	선충류 유충

발광 세균에서 발광은 균체 농도가 일정 이상일 때만 일어난다. 이는 이들 세균이 저분자 물질을 환경에 분비하고 이 물질이 어느 농도 이상일 경우에만 발광이 일어나기 때문이다. 이러한 조절 메커니즘을 quorum sensing이라 한다(제12장, 12.2.9). 발광에서 이용되는 에너지는 NADH와 $FMNH_2$ 형태의 환원력이다. 우선 bacterial luciferase 효소 단백질에 $FMNH_2$와 산소가 결합한 다음 탄소수가 8~16인 직쇄상의 지방족 aldehyde(long chain aliphatic aldehyde)와 작용하여 빛을 발한다(그림 5.31). 이 luciferase는 일종의 monooxygenase(제7장, 7.7)로서 발광을 위해 aldehyde를 절대적

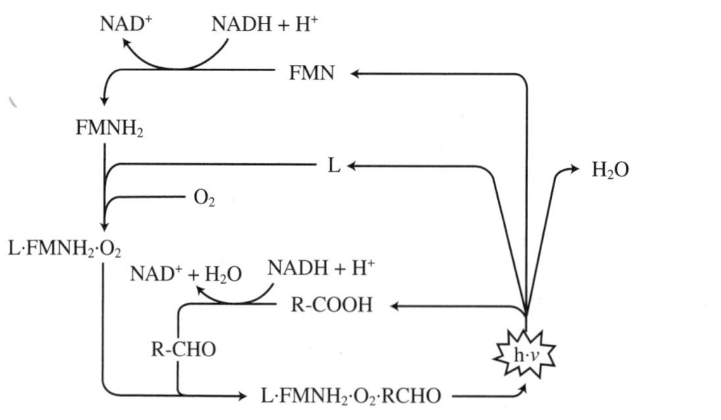

그림 5.31 *Photobacterium fischerii*의 발광 메커니즘.

L; bacterial luciferase

R-CHO; 지방족 aldehyde

으로 필요로 한다. Acetaldehyde 등 저분자 aldehyde도 luciferase의 기질이 될 수 있음이 밝혀졌다. 발광 과정에서 aldehyde의 산화로 생산되는 유기산은 NADH로부터 전자를 받아 환원되어 다음 발광 반응에 이용된다.

5.9.2 생물에 의한 전기 에너지 이용

Chemotroph은 에너지원으로 화학 에너지를 사용하며, phototroph은 빛 에너지를 사용한다. 이때 화학 에너지와 빛 에너지는 생물학적 에너지로 전환되며, 이 생물학적 에너지는 생합성(화학 에너지), 물질 운반(잠재 에너지), 운동성(기계적 에너지), 생물발광(빛 에너지) 등의 다양한 생물학적 기능을 수행하는 데 이용된다. 전기 물고기에서는 생물학적 에너지가 전기 에너지로 전환된다.

탈질 과정에서 전기가 에너지원으로 이용될 수 있다는 것이 밝혀졌다. *Geobacter*속의 세균은 전극을 전자 공여체로 nitrate를 환원한다. 또한 전극을 유일한 전자 공여체로 이용하는 농화 배양에서 질산염이 전자 수용체로 이용되는 것이 관찰되었다. 미생물연료전지(제9장, 9.2.1)의 양극부에 산소를 공급하면서 장기간 운전한 결과 양극 표면에 양극으로부터 공급되는 전자를 에너지원으로 생장하는 호기적 농화 배양이 얻어졌으며, 질산염을 공급하고 메탄 생산용 혐기성 소화조의 sludge를 첨가한 경우에는 전극을 전자 공여체로 이용하는 탈질세균군이 농화 배양되었다. 이러한 연구 결과로부터 전기 에너지가 직접 미생물의 에너지원으로 이용될 수 있음을 알 수 있다.

$$NO_3^- \xrightarrow{(2e^- + 2H^+)\ H_2O} NO_2^-$$

많은 종류의 세균이 methyl viologen, neutral red 등과 같은 인공 전자 전달체를 전기화학적으로 환원할 수 있는 장치에서 배양하면 대조구에 비해 더 환원된 산물을 생산하는 것이 오래 전부터 알려져 왔다. 이들 전자 전달체는 전극으로부터 전자를 받아 환원된 다음 세균 세포로 전자를 전달하는 매개체로 작용한다. *Brevibacterium flavum*은 전기화학장치에서 neutral red와 함께 배양하면 대조군에 비해 더 많은 glutamate를 생산한다. 이때 전극에서 공급되는 전자가 glutamate dehydrogenase에 의해 이용되기 때문에 더 많은 양의 glutamate가 생산된다. 이와 유사하게 혐기 세균인 *Clostridium acetobutylicum*, *Desulfovibrio desulfuricans*, *Propionibacterium freudenreichii* 등은 전기화학적으로 공급된 전자를 그들의 정상적인 전자 대사에 이용할 수 있다. 자연의 생태계에서 humic substance는 토양 표면과 미생물 세포 간에 작용하는 전자 매개체로 잘 알려져 있다.

요점 정리

1. 호기 상태에서 생장하는 미생물은 해당 경로에서 발생하는 pyruvate를 pyruvate dehydrogenase의 작용을 통해 acetyl-CoA로 산화한다.

2. Acetyl-CoA는 TCA 회로의 대사산물 형태로 생합성에 이용되며, 그 나머지는 TCA 회로를 통해 산화되면서 $3NAD^+$와 1FAD를 환원시키고 1ATP(GTP)를 합성한다.

3. TCA 회로에서 발생하는 환원력은 ATP의 합성에 이용되며, 이 대사의 중간 산물은 생합성에 필요한 탄소 골격으로 이용되므로 TCA 회로를 양성 대사 경로(amphibolic pathway)라고 한다.

4. 생합성에 이용되는 TCA 회로의 대사 중간 산물을 보충하는 반응을 anaplerotic sequence라 하며, pyruvate와 PEP로부터는 pyruvate carboxylase와 PEP carboxylase의 작용을 통해 oxaloacetate를 합성한다. Acetyl-CoA로부터 TCA 회로의 대사 중간 산물을 보충하는 경로로는 glyoxylate 회로와 ethylmalonyl-CoA 경로 그리고 methyl aspantate경로가 있다.

5. 혐기 상태에서 발효로 생장하는 미생물은 2-ketoglutarate dehydrogenase를 합성하지 않기 때문에 불완전 TCA 경로(incomplete TCA fork)를 통해 PEP와 acetyl-CoA로부터 생합성에 필요한 탄소 골격을 합성한다.

6. 이산화탄소를 고정하는 미생물 중에는 Calvin 회로를 이용하는 미생물이 많으며, reductive TCA 회로로 이산화탄소를 고정하는 미생물도 있다.

7. 생물 반응에서 일을 할 수 있는 에너지는 free energy이다.

8. 표준 상태에서 일어나는 생물 반응의 free energy 변화는 다음과 같이 계산 할 수 있다.
   1) 반응물과 반응 산물의 free energy of formation을 (5.1) 식에 대입한다.
   2) 반응의 평형 상수를 (5.3) 식에 대입한다.
   3) 산화 · 환원 반응에서 반응물과 산물의 산화 · 환원 전위차를 (5.8) 식에 대입한다.

9. 표준 상태 일어나는 free energy의 변화를 $\Delta G°$로 표시하고, pH 7.0인 표준 상태의 free energy 변화를 $\Delta G°'$로, 그리고 주어진 조건에서의 free energy 변화를 ΔG로 표시한다.

10. (5.4) 식을 이용하면 $\Delta G°$로부터 ΔG를 계산할 수 있다.

11. 생물학적인 에너지 형태에는 proton motive force와 ATP 등이 있다.

12. Adenylate energy charge는 생체의 에너지 대사 상태를 표시하기 위한 것으로 다음 식으로 계산한다.

$$EC = ([ATP] + \frac{1}{2}[ADP]) / ([ATP] + [ADP] + [AMP])$$

13. 화학 에너지를 생물학적 에너지로 전환시키는 과정을 발효와 호흡으로 구분하며, 빛 에너지를 생물학적 에너지로 전환하는 과정이 광합성이다.

14. 고에너지 결합을 갖는 대사 중간 산물을 이용하여 ATP를 합성하는 과정을 substrate-level phosphorylation(SLP)이라 하며, 산화 · 환원 반응에서 발생하는 free energy를 ATP의 합성에 연결시키는 과정을 electron transport phosphorylation(ETP)이라 한다.

15. Proton motive force는 막 전위 차($\Delta\varphi$)와 H^+의 농도 차(ΔpH)의 합으로 표시된다.

16. 기질의 산화 경로에서 환원되는 NADH, flavoprotein, $PQQH_2$ 등 전자 전달체는 전자를 전자 전달 경로를 통해 산소까지 전달하여 산화된다. 생물은 이때 발생하는 에너지를 이용하여 proton motive force를 형성하고, proton motive force는 막에 있는 ATPase에 의해 ATP 합성에 이용된다.

17. Mitochondria의 전자 전달은 단일 경로로 이루어지지만 원핵세포의 전자 전달 경로는 다양하다. 세균의 생장 조건이 다를 때는 다른 전자 전달 경로를 통해 호흡이 이루어지며, ATP 수율이 달라진다.

18. 호흡을 통해 이루어지는 ATP의 합성을 저해하는 물질을 uncoupler, 전자 전달 저해제 및 ATPase 저해제로 나눌 수 있다.

19. H^+/O ratio는 8 또는 10이며, H^+/ATP ratio는 2~5이다.

20. 혐기성 발효에서 ATP를 거치지 않고 protonvmotive force를 형성하는 메커니즘이 있다. 이들은 fumarate reductase, Na^+-요구성 decarboxylase, 그리고 산물의 농도 차를 이용하는 H^+의 symport 메커니즘 등이다.

참고 문헌

| TCA 회로

Bott, M. 2007. Offering surprises: TCA cycle regulation in *Corynebacterium glutamicum.* Trends Microbiol. **15**(9):417-425.

Brasen, C. and **P. Schonheit.** 2004. Unusual ADP-forming acetyl-coenzyme A synthetases from the mesophilic halophilic euryarchaeon *Haloarcula marismortui* and from the hyperthermophilic crenarchaeon *Pyrobaculum aerophilum.* Arch. Microbiol. **182**:277–287.

Camacho, M., A. Rodriguez-Arnedo and **M. J. Bonete.** 2002. NADP-dependent isocitrate dehydrogenase from the halophilic archaeon *Haloferax volcanii*: cloning, sequence determination and overexpression in *Escherichia coli.* FEMS Microbiol. Lett. **209**:155–160.

Hu, Y. and **J. F. Holden.** 2006. Citric acid cycle in the hyperthermophilic archaeon *Pyrobaculum islandicum* grown autotrophically, heterotrophically, and mixotrophically with acetate. J. Bacteriol. **188**:4350–4355.

Lefebre, M. D., R. S. Flannagan and **M. A. Valvano.** 2005. A minor catalase/peroxidase from *Burkholderia cenocepacia* is required for normal aconitase activity. Microbiol. **151**:1975–1985.

Makarova, K. S. and **E. V. Koonin.** 2003. Filling a gap in the central metabolism of archaea: prediction of a novel aconitase by comparative-genomic analysis. FEMS Microbiol. Lett. **227**:17–23.

Molenaar, D., M. E. van der Rest, A. Drysch and **R. Yucel.** 2000. Functions of the membrane-associated and cytoplasmic malate dehydrogenases in the citric acid cycle of *Corynebacterium glutamicum.* J. Bacteriol. **182**:6884–6891.

Muschko, K., G. Kienzlen, H.-P. Fiedler, W. Wohlleben and **D. Schwartz.** 2002. Tricarboxylic acid cycle aconitase activity during the life cycle of *Streptomyces viridochromogenes* Tu494. Arch. Microbiol. **178**:499–505.

Nakano, M. M., P. Zuber and **A. L. Sonenshein.** 1998. Anaerobic regulation of *Bacillus subtilis* Krebs cycle genes. J. Bacteriol. **180**:3304–3311.

Pechter, K. B., F. M. Meyer, A. W. Serio, J. Stülke and **A. L. Sonenshein.** 2013. Two roles for aconitase in the regulation of tricarboxylic acid branch gene expression in *Bacillus subtilis*. J. Bacteriol. **195**(7):1525-1537.

Serio, A. W., K. B. Pechter and **A. L. Sonenshein.** 2006. *Bacillus subtilis* aconitase is required for efficient late-sporulation gene expression. J. Bacteriol. **188**:6396–6405.

Tang, Y., J. R. Guest, P. J. Artymiuk, R. C. Read and **J. Green.** 2004. Posttranscriptional regulation of bacterial motility by aconitase proteins. Mol. Microbiol. 51:1817–1826.

van der Rest, M. E., C. Frank and **D. Molenaar.** 2000. Functions of the membrane-associated and cytoplasmic malate dehydrogenases in the citric acid cycle of *Escherichia coli.* J. Bacteriol. **182**:6892–6899.

Zamboni, N. and **U. Sauer.** 2003. Knockout of the high-coupling cytochrome aa_3 oxidase reduces TCA cycle fluxes in *Bacillus subtilis.* FEMS Microbiol. Lett. **226**:121–126.

Zhang, S. and **D. A. Bryant.** 2011. The tricarboxylic acid cycle in cyanobacteria. Science **334**(6062):1551-1553

| Anaplerotic sequence

Alber, B. E., R. Spanheimer, C. Ebenau-Jehle and **G. Fuchs.** 2006. Study of an alternate glyoxylate cycle for acetate assimilation by *Rhodobacter sphaeroides.* Mol. Microbiol. **61**:297-309.

El-Mansi, M., A. J. Cozzone, J. Shiloach and **B. J. Eikmanns.** 2006. Control of carbon flux through enzymes of central and intermediary metabolism during growth of *Escherichia coli* on acetate. Curr. Opin. Microbiol. **9**:173-179.

Ensign, S. A. 2006. Revisiting the glyoxylate cycle: alternate pathways for microbial acetate assimilation. Mol. Microbiol. **61**:274-276.

Erb, T. J., G. Fuchs and **B. E. Alber.** 2009. (2*S*)-Methylsuccinyl-CoA dehydrogenase closes the ethylmalonyl-CoA pathway for acetyl-CoA assimilation. Mol. Microbiol. **73**(6):992-1008.

Fukuda, W., T. Fukui, H. Atomi and **T. Imanaka.** 2004. First characterization of an archaeal GTP-dependent phosphoenolpyruvate carboxykinase from the hyperthermophilic archaeon *Thermococcus kodakaraensis* KOD1. J. Bacteriol. **186**:4620-4627.

Gould, T. A., H. van de Langemheen, E. J. Munoz-Elias, J. D. McKinney and **J. C. Sacchettini.** 2006. Dual role of isocitrate lyase 1 in the glyoxylate and methylcitrate cycles in *Mycobacterium tuberculosis*. Mol. Microbiol. **61**:940-947.

Kim, H. J., T. H. Kim, Y. Kim and **H. S. Lee.** 2004. Identification and characterization of *glx*R, a gene involved in regulation of glyoxylate bypass in *Corynebacterium glutamicum.* J. Bacteriol. **186**:3453-3460.

Koebmann, B. J., H. V. Westerhoff, J. L. Snoep, D. Nilsson and **P. R. Jensen.** 2002. The glycolytic flux in *Escherichia coli* is controlled by the demand for ATP. J. Bacteriol. **184**:3909-3916.

Khomyakova, M., Ö. Bükmez, L. K. Thomas, T. J. Erb and **I. A. Berg.** 2011. A Methylaspartate cycle in haloarchaea. Science **331**(6015):334-337.

Maharjan, R. P., P. L. Yu, S. Seeto and **T. Ferenci.** 2005. The role of isocitrate lyase and the glyoxylate cycle in *Escherichia coli* growing under glucose limitation. Res. Microbiol. **156**:178-183.

Netzer, R., M. Krause, D. Rittmann, P. G. Peters-Wendisch, L. Eggeling, V. F. Wendisch and **H. Sahm.**

2004. Roles of pyruvate kinase and malic enzyme in *Corynebacterium glutamicum* for growth on carbon sources requiring gluconeogenesis. Arch. Microbiol. **182**:354-363.

Sauer, U. and **B. J. Eikmanns.** 2005. The PEP-pyruvate-oxaloacetate node as the switch point for carbon flux distribution in bacteria. FEMS Microbiol. Rev. **29**:765-794.

Wang, Z. X., C. O. Bramer and **A. Steinbuchel.** 2003. The glyoxylate bypass of *Ralstonia eutropha*. FEMS Microbiol. Lett. **228**:63.71.

| Incomplete TCA fork와 Reductive TCA 회로

Atomi, H. 2002. Microbial enzymes involved in carbon dioxide fixation. J. Biosci. Bioeng. **94**:497–505.

Campbell, B. J. and **S. C. Cary.** 2004. Abundance of reverse tricarboxylic acid cycle genes in free-living microorganisms at deep-sea hydrothermal vents. Appl. Environ. Microbiol. **70**:6282–6289.

Hugler, M., H. Huber, S. J. Molyneaux, C. Vetriani and **S. M. Sievert.** 2007. Autotrophic CO_2 fixation via the reductive tricarboxylic acid cycle in different lineages within the phylum Aquificae : evidence for two ways of citrate cleavage. Environmental Microbiology **9**(1):81-92.

Yamamoto, M., H. Arai, M. Ishii and **Y. Igarashi.** 2006. Role of two 2-oxoglutarate:ferredoxin oxidoreductases in *Hydrogenobacter thermophilus* under aerobic and anaerobic conditions. FEMS Microbiol. Lett. **263**:189–193.

| 원핵세포 생물의 에너지 전환

Amend, J. P. and **E. L. Shock.** 2001. Energetics of overall metabolic reactions of thermophilic and hyperthermophilic Archaea and Bacteria. FEMS Microbiol. Revi. **25**:175–243.

Battistuzzi, G., M. D'Onofrio, M. Borsari, M. Sola, A. L. Macedo, J. J. G. Moura and **P. Rodrigues.** 2000. Redox thermodynamics of low-potential iron-sulfur proteins. J. Biol. Inorg. Chem. **5**:748–760.

Schaefer, G., M. Engelhard, and **V. Mueller.** 1999. Bioenergetics of the archaea. Microbiol. Mol. Biol. Rev. **63**:570–620.

von Stockar, U., T. Maskow, J. Liu, I. W. Marison and **R. Patino.** 2006. Thermodynamics of microbial growth and metabolism: an analysis of the current situation. J. Bacteriol. **121**:517–533.

Yumoto, I. 2002. Bioenergetics of alkaliphilic *Bacillus* spp. J. Bioenerg. Biomembranes **93**:342–353.

| Adenosine triphosphate(ATP)와 ATPase

Barriuso-Iglesias, M., C. Barreiro, F. Flechoso and **J. F. Martin.** 2006. Transcriptional analysis of the F_1F_o ATPase operon of *Corynebacterium glutamicum* ATCC 13032 reveals strong induction by alkaline pH. Microbiol. **152**:11–21.

Brusilow, W. S. A. 1993. Assembly of the *Escherichia coli* F_1F_o ATPase, a large multimeric membrane-bound enzyme. Mol. Microbiol. 9:419–424.

Capaldi, R. and **R. Aggeler.** 2002. Mechanism of the F_1F_o-type ATP synthase, a biological rotary motor. Trends Biochem. Sci. **27**:154–160.

Deckershebestreit, G. and **K. Altendorf.** 1996. The F_1F_o-type ATP synthases of bacteria: structure and function of the F_o complex. Ann. Revi. Microbiol. **50**:791–824.

Dimroth, P. and **G. M. Cook.** 2004. Bacterial Na^+- or H^+-coupled ATP synthases operating at low electrochemical potential. Adv. Microb. Physiol. **49**:175–218.

Ferguson, S. A., S. Keis and **G. M. Cook.** 2006. Biochemical and molecular characterization of a Na^+-translocating F_1F_0-ATPase from the thermoalkaliphilic bacterium *Clostridium paradoxum.* J. Bacteriol. **188**:5045–5054.

Iida, T., K. Inatomi, Y. Kamagata and **T. Maruyama.** 2002. F- and V-type ATPases in the hyperthermophilic bacterium *Thermotoga neapolitana.* Extremophiles. **6**:369–375.

Kinosita, K. Jr., K. Adachi and **H. Itoh.** 2004. Rotation of F1-ATPase: how an ATP-driven molecular machine may work. Ann. Rev. Biophys. Biomol. Struct. **33**:245–268.

Lapierre, P., R. Shial and **J. P. Gogarten.** 2006. Distribution of F- and A/V-type ATPases in *Thermus scotoductus* and other closely related species. Systemat. Appl. Microbiol. **29**:15–23.

Muller, V., T. Lemker, A. Lingl, C. Weidner, U. Coskun and **G. Gruber.** 2005. Bioenergetics of archaea: ATP synthesis under harsh environmental conditions. J. Mol. Microbiol. Biotechnol. **10**:167–180.

Noda, S., Y. Takezawa, T. Mizutani, T. Asakura, E. Nishiumi, K. Onoe, M. Wada, F. Tomita, K. Matsushita and **A. Yokota.** 2006. Alterations of cellular physiology in *Escherichia coli* in response to oxidative phosphorylation impaired by defective F1-ATPase. J. Bacteriol. **188**:6869–6876.

Pitryuk, A. V. and **M. A. Pusheva.** 2001. Different ionic specificities of ATP synthesis in extremely alkaliphilic sulfate-reducing and acetogenic bacteria. Microbiol-Moscow **70**:398–402.

Schafer, I. B., S. M. Bailer, M. G. Duser, M. Borsch, R. A. Bernal, D. Stock and **G. Gruber.** 2006. Crystal structure of the archaeal A_1A_0 ATP synthase subunit B from *Methanosarcina mazei* Go1: implications of nucleotide-binding differences in the major A1Ao subunits A and B. J. Mol. Biol. **358**:725–740.

| Proton (sodium) motive force와 산 · 알칼리 내성

Arnold, C. N., J. McElhanon, A. Lee, R. Leonhart and **D. A. Siegele.** 2001. Global analysis of *Escherichia coli* gene expression during the acetate induced acid tolerance response. J. Bacteriol. **183**:2178–2186.

Azcarate-Peril, M. A., E.,Altermann, R. L. Hoover-Fitzula, R. J. Cano and **T. R. Klaenhammer.** 2004. Identification and inactivation of genetic loci involved with *Lactobacillus acidophilus* acid tolerance. Appl. Environ. Microbiol. **70**:5315–5322.

Baker-Austin, C. and **M. Dopson.** 2007. Life in acid: pH homeostasis in acidophiles. Trends Microbiol. **15**(4):165-171.

Borden, J. R., S. W. Jones, D. Indurthi, Y. Chen and **E. T. Papoutsakis.** 2010. A genomic-library based discovery of a novel, possibly synthetic, acid-tolerance mechanism in *Clostridium acetobutylicum* involving non-coding RNAs and ribosomal RNA processing. Metabolic Engineering **12**(3):268-281.

Chong, W. L., M. I. Rosli, M. Nor Muhammad and **N. Nazalan.** 2007. Expression of the Na^+/H^+ antiporter gene (g1- nhaC) of alkaliphilic *Bacillus* sp. G1 in *Escherichia coli.* FEMS Microbiol. Lett. **276**(1):114-122.

Cotter, P. D. and **C. Hill.** 2003. Surviving the acid test: responses of Gram positive bacteria to low pH. Microbiol. Mol. Biol. Rev. **67**:429–453.

Dover, N. and **E. Padan.** 2001. Transcription of *nha*A, the main Na^+/H^+ antiporter of *Escherichia coli,* is regulated by Na^+ and growth phase. J. Bacteriol. **183**:644–653.

Flythe, M. D. and **J. B. Russell.** 2005. The ability of acidic pH, growth inhibitors, and glucose to increase the proton motive force and energy spilling of amino acid-fermenting *Clostridium sporogenes* MD1 cultures.

Arch. Microbiol. **183**:236–242.

Foster, J. W. 1999. When protons attack: microbial strategies of acid adaptation. Cur. Opin. Microbiol. **2**:170–174.

Fozoa, E. M., J. K. Kajfasza, and **R. G. Quivey, Jr.** 2004. Low pH-induced membrane fatty acid alterations in oral bacteria. FEMS Microbiol. Lett. **238**:291–295.

Herz, K., S. Vimont, E. Padan and **P. Berche.** 2003. Roles of NhaA, NhaB, and NhaD Na^+/H^+ antiporters in survival of *Vibrio cholerae* in a saline environment. J. Bacteriol. **185**:1236–1244.

Hunte, C., E. Screpanti, M. Venturi, A. Rimon, E. Padan and **H. Michel.** 2005. Structure of a Na^+/H^+ antiporter and insights into mechanism of action and egulation by pH. Nature. **435**(7046):1197–1202.

Kieboom, J. and **T. Abee.** 2006. Arginine-dependent acid resistance in *Salmonella enterica serovar typhimurium*. J. Bacteriol. **188**:5650–5653.

Kim, J. S., M. H. Sung, D. H. Kho and **J. K. Lee.** 2005. Induction of manganese containing superoxide dismutase is required for acid tolerance in *Vibrio vulnificus.* J. Bacteriol. **187**:5984–5995.

Kitada, M., S. Kosono and **T. Kudo.** 2000. The Na^+/H^+ antiporter of alkaliphilic *Bacillus* sp. Extremophiles. **4**:253–258.

Krulwich, T. A., G. Sachs and **E. Padan.** 2011. Molecular aspects of bacterial pH sensing and homeostasis. Nature Rev. Microbiol. **9**(5):330-343.

Leaphart, A. B., D. K. Thompson, K. Huang, E. Alm, X. F. Wan, A. Arkin, S. D. Brown, L. Wu, T. Yan, X. Liu, G. S. Wickham and **J. Zhou.** 2006. Transcriptome profiling of *Shewanella oneidensis* gene expression following exposure to acidic and alkaline pH. J. Bacteriol. **188**:1633–1642.

Liu, J., Y. Xue, Q. Wang, Y. Wei, T. H. Swartz, D.,B. Hicks, M. Ito, Y. Ma and T. A. Krulwich. 2005. The activity profile of the NhaD-type $Na^+(Li^+)/H^+$ antiporter from the soda lake haloalkaliphile *Alkalimonas amylolytica* is adaptive for the extreme environment. J. Bacteriol. **187**:7589–7595.

Ma, Z., H. Richard, D. L. Tucker, T. Conway and **J. W. Foster.** 2002. Collaborative regulation of *Escherichia coli* glutamate-dependent acid resistance by two AraC-like regulators, GadX and GadW (YhiW). J. Bacteriol. **184**:7001–7012.

Ma, Z., S. Gong, H. Richard, D. L. Tucker, T. Conway and **J. W. Foster.** 2003. GadE(YhiE) activates glutamate decarboxylase-dependent acid resistance in *Escherichia coli* K-12. Mol. Microbiol. **49**:1309–1320.

Ma, Z., H. Richard and **J. W. Foster.** 2003. pH-dependent modulation of cyclic AMP levels and GadW-dependent repression of RpoS affect synthesis of the GadX regulator and *Escherichia coli* acid resistance. J. Bacteriol. **185**:6852–6859.

Martin-Galiano, A. J., K. Overweg, M. J. Ferrandiz, M. Reuter, J. M. Wells and **A. G. de la Campa.** 2005. Transcriptional analysis of the acid tolerance response in *Streptococcus pneumoniae.* Microbiol.-UK. **151**:3935–3946.

Miwa, T., T. Abe, S. Fukuda, S. Ohkawara and **T. Hino.** 2001. Regulation of H^+-ATPase synthesis in response to reduced pH in ruminal bacteria. Curr. Microbiol. **42**:106–110.

Padan, E., T. Tzubery, K. Herz, L. Kozachkov, A. Rimon and **L. Galili.** 2004. NhaA of *Escherichia coli*, as a model of a pH-regulated Na^+/H^+ antiporter. Biochim. Biophys. Acta – Bioenerg. **1658**:2–13.

Padan, E., E. Bibi, M. Ito and **T. A. Krulwich.** 2005. Alkaline pH homeostasis in bacteria: new insights. Biochim. Biophy. Acta – Biomembranes. **1717**:67–88.

Rhee, J. E., K. S. Kim and **S. H. Choi.** 2005. CadC activates pH-dependent expression of the *Vibrio vulnificus* *cad*BA operon at a distance through direct binding to an upstream region. J. Bacteriol. **187**:7870–7875.

Rhee, J. E., H. G. Jeong, J. H. Lee and **S. H. Choi.** 2006. AphB influences acid tolerance of *Vibrio vulnificus* by activating expression of the positive regulator CadC. J. Bacteriol. **188**:6490–6497.

Small, P. L. and **S. R. Waterman.** 1998. Acid stress, anaerobiosis and gadCB: lessons from *Lactococcus lactis* and *Escherichia coli.* Trends Microbiol. **6**:214–216.

| 산화적 인산화

Branden, G., R. B. Gennis and **P. Brzezinski.** 2006. Transmembrane proton translocation by cytochrome *c* oxidase. Biochim. Biophys. Acta – Bioenerg. **1757**:1052–1063.

Brandt, U. 2006. Energy converting NADH : quinone oxidoreductase (complex I). Ann. Rev. Biochem. **75**:69–92.

Brandt, U. and **B. Trumpower.** 1994. The proton motive Q cycle in mitochondria and bacteria. Crit. Rev. Biochem. Mol. Biol. **29**:165–197.

Brzezinski, P. and **P. Adelroth.** 2006. Design principles of proton-pumping haem-copper oxidases. Curr. Opin. Struct. Bio. **16**:465–472.

Brzezinski, P. and **G. Larsson.** 2003. Redox-driven proton pumping by hemecopperoxidases. Biochim. Biophys. Acta–Bioenerg. **1605**:1–13.

Brzezinski, P. and **A.-L. Johansson.** 2010. Variable proton-pumping stoichiometry in structural variants of cytochrome c oxidase. Biochim. Biophys. Acta–Bioenerg. **1797**:710-723.

Cosseau, C. and **J. Batut.** 2004. Genomics of the *ccoNOQP*-encoded *cbb* 3 oxidase complex in bacteria. Arch. Microbiol. **181**:89–96.

Cramer, W. A., S. S. Hasan and **E. Yamashita.** 2011. The Q cycle of cytochrome *bc* complexes: A structure perspective. Biochim. Biophys. Acta–Bioenerg. **1807**(7):788-802.

Crofts, A. R. 2004. The cytochrome *bc*1 complex: function in the context of structure. Ann. Rev. Physiol. **66**:689–733.

Crofts, A. R., S. Lhee, S. B. Crofts, J. Cheng and **S. Rose.** 2006. Proton pumping in the *bc*1 complex: a new gating mechanism that prevents short circuits. Biochim. Biophys. Acta – Bioenerg. **1757**:1019–1034.

Degier, J. W. L., M. Lubben, W. N. M. Reijnders, C. A. Tipker, D. J. Slotboom, R. J. M. Vanspanning, A. H. Stouthamer and **J. Vanderoost.** 1994. The terminal oxidases of *Paracoccus denitrificans.* Mol. Microbiol. **13**:183–196.

Efremov, R. G., R. Baradaran and **L. A. Sazanov.** 2010. The architecture of respiratory complex I. Nature **465**(7297):441-445.

Fadeeva, M., E. Yakovtseva, G. Belevich, Y. Bertsova and **A. Bogachev.** 2007. Regulation of expression of Na^+-translocating NADH:quinone oxidoreductase genes in *Vibrio harveyi* and *Klebsiella pneumoniae.* Arch. Microbiol. **188**(4):341-348.

Faxen, K., G. Gilderson, P. Adelroth and **P. Brzezinski.** 2005. A mechanistic principle for proton pumping by cytochrome *c* oxidase. Nature. **437**(7056):286–289.

Friedrich, T. and **B. Bottcher.** 2004. The gross structure of the respiratory complex I: a Lego System. Biochim. Biophys. Acta – Bioenerg. **1608**:1–9.

Friedrich, T. and **P. Hellwig.** 2010. Redox-induced conformational changes within the *Escherichia coli* NADH ubiquinone oxidoreductase (complex I): An analysis by mutagenesis and FT-IR spectroscopy.

Biochim. Biophys. Acta–Bioenerg. **1797**(6-7):659-663.

Hickman, J. W., R. D. Barber, E. P. Skaar and **T. J. Donohue.** 2002. Link between the membrane-bound pyridine nucleotide transhydrogenase and glutathione dependent processes in *Rhodobacter sphaeroides.* J. Bacteriol. **184**:400–409.

Hinsley, A. P. and **B. C. Berks.** 2002. Specificity of respiratory pathways involved in the reduction of sulfur compounds by *Salmonella enterica.* Microbiol.-UK. **148**:3631–3638.

Hosler, J. P., S. Ferguson-Miller and **D. A. Mills.** 2006. Energy transduction: proton transfer through the respiratory complexes. Annu. Rev. Biochem. **75**:165–187.

Hunte, C., H. Palsdottir and **B. L. Trumpower.** 2003. Proton motive pathways and mechanisms in the cytochrome *bc*1 complex. FEBS Lett. **545**:39–46.

Ishikawa, R., Y. Ishido, A. Tachikawa, H. Kawasaki, H. Matsuzawa and **T. Wakagi.** 2002. *Aeropyrum pernix* K1, a strictly aerobic and hyperthermophilic archaeon, has two terminal oxidases, cytochrome *ba*3 and cytochrome *aa*3. Arch. Microbiol. **179**:42–49.

Johnson, D. C., D. R. Dean, A. D. Smith and **M. K. Johnson.** 2005. Structure, function and formation of iron-sulfur clusters. Annu. Rev. Biochem. **74**:247–281.

Lalucque, H. and **P. Silar.** 2003. NADPH oxidase: an enzyme for multicellularity? Trends Microbiol. **11**:9–12.

Lanyi, J. K. and **A. Pohorille.** 2001. Proton pumps: mechanism of action and applications. Trends Biotechnol. **19**:140–144.

Melo, A., T. Bandeiras and **M. Teixeira.** 2004. New insights into Type II NAD(P)H:quinone oxidoreductases. Microbiol. Mol. Biol. Rev. **68**:603–616.

Mulkidjanian, A. Y. 2005. Ubiquinol oxidation in the cytochrome bc1 complex: reaction mechanism and prevention of short-circuiting. Biochim. Biophys. Acta–Bioenerg. **1709**:5–34.

Mulkidjanian, A. Y., K. S. Makarova, M. Y. Galperin and **E. V. Koonin.** 2007. Inventing the dynamo machine: the evolution of the F-type and V-type ATPases. Nature Rev. Microbiol. **5**(11):892-899.

Osyczka, A., C. C. Moser and **P. L. Dutton.** 2005. Fixing the Q cycle. Trends Biochem. Sci. **30**:176–182.

Otten, M. F., D. R. Stork, W. N. M. Reijnders, H. V. Westerhoff and **R. J. M. van Spanning.** 2001. Regulation of expression of terminal oxidases in *Paracoccus denitrificans*. Eur. J. Biochem. **268**:2486–2497.

Rich, P. R. 1986. A perspective on Q-cycles. J Bioenerg. Biomembr. **18**:145–156.

Rich, P. R. 2004. The quinone chemistry of *bc* complexes. Biochim. Biophys. Acta–Bioenerg. **1658**:165–171.

Richardson, D. J. 2000. Bacterial respiration: a flexible process for a changing environment. Microbiol.-UK. **146**:551–571.

Schneider, D. and **C. L. Schmidt.** 2005. Multiple Rieske proteins in prokaryotes : where and why? Biochim. Biophys. Acta–Bioenerg. **1710**:1–12.

Shimada, H., Y. Shida, N. Nemoto, T. Oshima and **A. Yamagishi.** 2001. Quinone profiles of *Thermoplasma acidophilum* HO-62. J. Bacteriol. **183**:1462–1465.

Snyder, C. H., T. Merbitz-Zahradnik, T. A. Link and **B. L. Trumpower.** 1999. Role of the Rieske iron-sulfur protein midpoint potential in the proton motive Q-cycle mechanism of the cytochrome *bc*1 complex. J. Bioenerg. Biomembr. **31**:235–242.

Wikstrom, M. and **M. I. Verkhovsky.** 2006. Towards the mechanism of proton pumping by the haem-copper oxidases. Biochim. Biophys. Acta–Bioenerg. **1757**:1047–1051.

Wikstrom, M. and **M. I. Verkhovsky.** 2007. Mechanism and energetics of proton translocation by the respiratory heme-copper oxidases. Biochim. Biophys. Acta–Bioenerg. **1767**(10):1200-1214.

Williams, H. D., J. E. A. Zlosnik and **B. Ryall.** 2006. Oxygen, cyanide and energy generation in the cystic fibrosis pathogen *Pseudomonas aeruginosa.* Adv. Microb. Physiol. **52**:1–71.

Zlosnik, J. E. A., G. R. Tavankar, J. G. Bundy, D. Mossialos, R. °'Toole and **H. D. Williams.** 2006. Investigation of the physiological relationship between the cyanide-insensitive oxidase and cyanide production in *Pseudomonas aeruginosa.* Microbiol.-UK. **152**:1407–1415.

| 기타 에너지 전환

Abe, K., F. Ohnishi, K. Yagi, T. Nakajima, T. Higuchi, M. Sano, M. Machida, R. I. Sarker and **P. C. Maloney.** 2002. Plasmid-encoded *asp* operon confers a proton motive metabolic cycle catalyzed by an aspartate-alanine exchange reaction. J. Bacteriol. **184**:2906–2913.

Dimroth, P. and **B. Schink.** 1998. Energy conservation in the decarboxylation of dicarboxylic acids in fermenting bacteria. Arch. Microbiol. **170**:69–77.

Gregory, K. B., D. R. Bond and **D. R. Lovley.** 2004. Graphite electrodes as electron donors for anaerobic respiration. Environ. Microbiol. **6**:596–604.

Miyashiro, T. and **E. G. Ruby.** 2012. Shedding light on bioluminescence regulation in *Vibrio fischeri*. Mol. Microbiol. **84**(5):795-806.

Nevin, K. P., T. L. Woodard, A. E. Franks, Z. M. Summers and **D. R. Lovley.** 2010. Microbial electrosynthesis: Feeding microbes electricity to convert carbon dioxide and water to multicarbon extracellular organic compounds. mBio **1**(2). doi;10.1128/mBio.00103-10.

Wolken, W. A. M., P. M. Lucas, A. Lonvaud-Funel and **J. S. Lolkema.** 2006. The mechanism of the tyrosine transporter TyrP supports a proton motive tyrosine decarboxylation pathway in *Lactobacillus brevis.* J. Bacteriol. **188**:2198–2206.

6장

미생물의 생합성과 생장

지금까지 미생물의 구조와 미생물이 어떠한 메커니즘을 통하여 주어진 기질을 생합성에 필요한 에너지인 ATP와 NADPH, 그리고 탄소 골격을 합성하는가를 살펴보았다. *Escherichia coli*를 비롯한 chemoorganotroph는 포도당-염류 배지에서 약 1/2의 당을 이산화탄소로 산화하고 그 나머지를 균체 합성에 이용한다. 본 장에서는 이화 작용에서 공급되는 탄소 골격, ATP 그리고 NADPH를 이용하여 균체를 합성하는 생합성과 미생물의 생장을 공부한다.

6.1 미생물 체의 구성

제2장에서 미생물의 영양을 살펴보기 위해 원소 구성에 대해 공부하였다. 미생물의 생합성을 공부하기 위해서는 미생물 세포가 어떠한 물질로 이루어져 있는가를 알아야 한다. 건조 미생물 세포의 95% 이상이 유기물로서 각 유기물의 함량은 균주에 따라, 그리고 같은 균주에서도 생장 조건에 따라 차이가 난다.

표 6.1은 *Escherichia coli*의 균체 분석 결과와 각 성분의 종류를 표시하고 있다. 단백질의 함량이 가장 많아서 55% 정도이며, 그 종류도 1,000 종 정도로 각종 생화학 반응의 촉매로서 이용된다. RNA는 균체의 20% 정도로서 생장 속도가 낮을 때는 그 농도가 10% 정도로 낮아진다. DNA 함량은 일정하게 유지되며, 균주에 따라 가장 많은 차이를 보이는 것이 저장 물질인 지질이다. Poly-β-hydroxybutyrate나 triglyceride를 저장 물질로서 균체의 70% 이상 축적하는 수도 있으며, glycogen 등 다당류를 저장 물질로 축적하는 미생물도 있다(제13장, 13.2).

제4장과 제5장에서 당이 중심 대사 경로를 통해 대사되어 생합성에 필요한 ATP, NADPH, 그리고 탄소 골격을 합성하는 데 이용된다는 것을 알았다. 미생물의 생장은 이화작용(catabolism)과 동

표 6.1 *Escherichia coli*의 균체 조성[a]

구성 성분	함량(%)	평균 분자량	분자수/세포	종류
단백질	55.0	40,000	2,360,000	1,050
RNA	20.5			
23S rRNA		1,000,000	18,700	1
16S rRNA		500,000	18,700	1
5S rRNA		39,000	18,700	1
tRNA		25,000	205,000	60
mRNA		1,000,000	1,380	400
DNA	3.1	2.5×10^9	2.13	1
지질	9.1	705	22,000,000	4[b]
LPS	3.4	4,346	1,200,000	1[b]
Murein	2.5	?	1	1
Glycogen	2.5	1,000,000	4,360	1
저분자 유기물	2.9	?	?	?
무기 이온	1.0	?	?	?

단세포의 건조 중량 0.28 pico g
단세포의 수분 함량 0.67 pico g
단세포의 전체 중량 0.95 pico g
a; Log phase에 있는 세포의 조성.
배양 조건; 포도당 최소 배지, 37°C(mass doubling time 40분)
b; 인지질을 지방산의 종류에 관계없이 4종으로 대별함.
LPS; lipopolysaccharide

화작용(anabolism)으로 구분할 수 있는데, 편의상 동화작용을 다음과 같이 세 과정으로 나누어 생각하기로 한다.

1) 세포를 구성하는 고분자 물질의 단량체(monomer) 합성
2) 단량체의 중합에 의한 고분자 물질의 합성
3) 고분자 물질의 세포 구조 형성

그림 6.1에 이화 작용에서 탄소 골격이 공급되고 이를 이용하여 단량체의 합성과 중합 그리고 고분자 물질의 세포 구조 형성을 간단히 도식화 하였다. 탄소 골격 외에 동화작용에서는 질소, 유황, 인 등 다양한 원소가 사용된다.

6.2 무기 질소원의 이용

단백질을 합성하기 위해서는 탄소 골격 외에 질소와 유황 성분을 필요로 하며, RNA와 DNA의 합

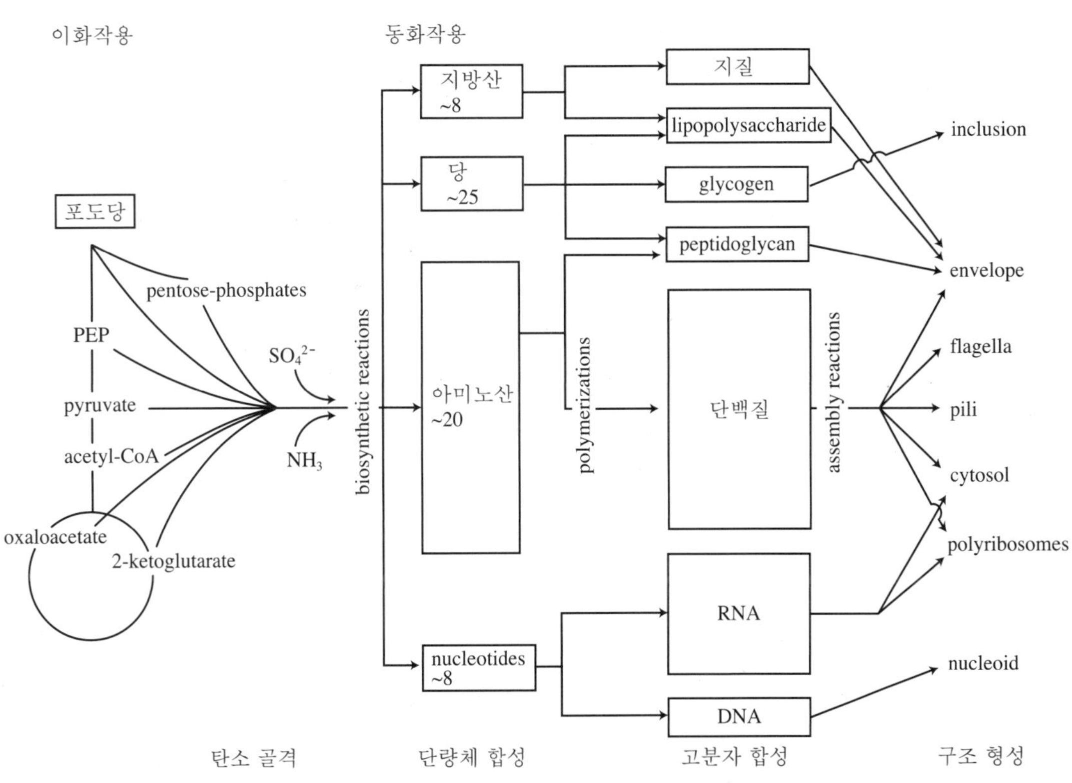

그림 6.1 미생물 균체 합성에 연결되는 대사 경로.

이화작용에서 생산되는 탄소 골격과 황산염, 암모니움 염 등으로부터 단량체(monomer)를 합성하고, 이들을 중합하여 단백질, 핵산 등 고분자 물질을 합성하여 세포를 형성한다. 합성 과정에 필요한 에너지는 이화작용에서 합성된 ATP 형태로 공급되며, 환원력은 NADPH 형태로 공급된다. 그림 중 사각형의 크기는 표 6.1에서 보인 *E. coli*의 균체를 합성하기 위해 필요한 상대량과 비례한다. 단량체에 표시한 숫자는 생합성에 필요한 종류를 나타낸 것이다.

성에도 질소를 필요로 한다. 미생물들은 질소의 필요량을 채우기 위해 아미노산 등 유기 질소원을 이용하며, 무기 질소원으로서 질산염이나 암모니아를 이용한다. 일부의 세균과 archaea는 분자 상태의 N_2를 암모니아로 환원하여 질소원으로 사용하는 능력이 있다. 진핵세포 생물에서 질소 고정이 알려지지 않았다.

6.2.1 질소 고정

단백질을 비롯한 많은 생체 물질은 질소를 함유한다. 질소는 암모니아 형태로 glutamate나 glutamine을 통해 생합성에 이용된다(6.2.4). 진핵세포 생물은 기체 상태의 질소(N_2)를 암모니아로 환원시킬 수 없기 때문에 N_2를 질소원으로 이용할 수 없다. 원핵세포 생물(세균과 고세균) 중 일부가 N_2를 암모니아로 환원하여 질소원으로 이용하며, 이 질소가 모든 생물의 질소원으로 이용된다. 이러

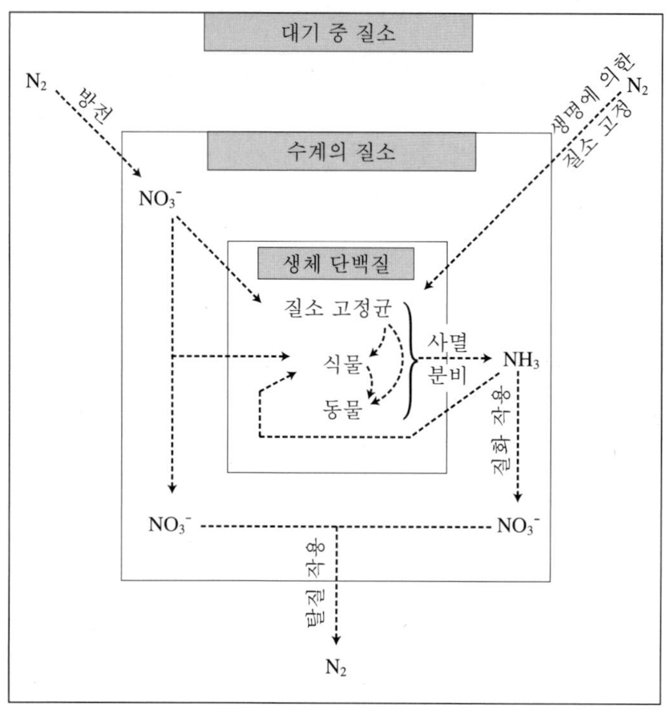

그림 6.2 지구 상의 질소 순환(Nitrogen Cycle).

한 이유로 N_2의 환원을 질소 고정이라 한다. 화학 질소 비료가 합성되기 전에는 광물질로 채취된 질산염이 농업에서 소량 비료로 이용되었을 뿐 모든 생물의 질소는 대부분 원핵세포 생물에 의한 질소 고정에서 유래되었다. 연간 생물에 의해 고정되는 질소는 1.3×10^{14}g으로 추정되고 있다. 이는 공업적으로 생산되는 인공 질소 비료와 대기 중 방전에 의해 고정되는 질소량(연간 5×10^{13}g)의 2배가 넘는 양이다. 이렇게 고정된 질소는 생태계에 축적되는 것이 아니라 다른 종류의 세균에 의한 암모니아의 산화(제10장, 10.2.1)와 탈질반응(제9장, 9.1) 통해 N_2로 되돌아간다(그림 6.2).

6.2.1.1 질소 고정균

질소 고정은 원핵세포 생물에서만 알려져 있다. Cyanobacteria 비롯한 광합성 세균, *Clostridium* 등 혐기성 세균 및 많은 호기성 세균이 질소를 고정할 수 있다(표 6.2). Methanogen을 위시한 많은 종류의 archaea에서 질소 고정 능력이 밝혀지고 있다. 표에는 질소 고정 능력이 있는 원핵세포 생물의 일부만을 수록하였으며, 질소 고정 능력이 여러 종류의 세균에서 계속 밝혀지고 있다.

질소 고정균은 식물과 공생하면서 질소를 고정하는 공생균과 그렇지 않은 비공생 질소 고정균으로 분류한다. 잘 알려진 바와 같이 *Rhizobium*속의 세균은 콩과식물과 공생하면서 숙주가 공급하는 에너지로 질소를 고정하여 숙주에 공급한다. 아열대 지방의 논에서 서식하는 양치류(fern)인 azolla는

표 6.2 질소를 고정하는 능력이 있는 원핵세포 생물.

Bacteria	
Cyanobacteria	*Anabaena azollae* *Gloeocapsa alpinus* *Mastigocladus laminosus*
광합성 세균	*Chromatium vinosum* *Rhodopseudomonas viridis* *Rhodospirillum rubrum* *Heliobacterium chlorum*
편성 혐기성 세균	*Acetobacterium woodii* *Clostridium pasteurianum* *Desulfovibrio vulgaris* *Desulfotomaculum ruminis*
호기성 및 통성 혐기성 세균	*Azotobacter paspali* *Azotobacter vinelandii* *Azospirillum lipoferum* *Bacillus polymyxa* *Beijerinkia indica* *Derxia gummosa* *Frankia alni* *Halobacterium halobium* *Klebsiella pneumoniae* *Methylococcus capsulatus* *Methylosinus trichosporium* *Mycobacterium flavum* *Pseudomonas azotoformans* *Rhizobium japonicum* *Thiobacillus ferrooxidans*
Archaea	
Methanogen	*Methanosarcina barkeri* *Methanococcus maripaludis* *Methanobacterium thermoautotrophicum*

cyanobacteria의 일종인 *Anabaena azollae*와 공생하면서 볏과 식물에 질소를 공급한다. 화산 폭발로 새로 이루어진 토양, 사막 지방의 모래땅은 고정된 질소의 양이 극히 낮다. 이러한 토양에서 오리나무 등 특수한 나무들이 다른 나무들보다 더 잘 생장하는 것은 이들 수목이 방선균에 속하는 *Frankia alni*와 공생하면서 이 세균이 고정하는 질소를 이용할 수 있기 때문이다. 이러한 수목을 actinorhizal이라 한다. *Azospirillum lipoferum*은 열대 지방에서 생장하는 수종의 풀과 공생한다. 이들 외에 균류와 공생체로 지의류를 이루는 cyanobacteria가 질소를 고정하는 것으로 알려지고 있다.

6.2.1.2 질소 고정의 생화학

질소 고정은 다음 식으로 나타낼 수 있다.

$$N_2 + 3H_2 + 2H^+ \longrightarrow 2NH_4^+$$

$$\Delta G^{\circ\prime} = -39.3\text{KJ/mole } NH_4^+$$

위의 식에서 보는 바와 같이 질소의 환원은 많은 양의 free energy를 발생시키는 반응이지만, 3중 결합으로 이루어진 질소 분자를 분리하는 데 높은 activation energy를 요구하므로 상온 · 상압에서는 반응이 일어나지 않는다. 공업적으로 위의 반응이 고온(300~600℃), 고압(200~800 기압)에서 이루어지는 것은 이때문이다. 질소 고정균은 낮은 activation energy를 이용하여 질소를 환원시키는 효소 nitrogenase를 생산한다.

■ **Nitrogenase**

질소의 고정은 nitrogenase라는 효소 복합체에 의해서 촉매된다. Nitrogenase 복합체는 두 종류의 단백질 즉 azoferredoxin과 molybdoferredoxin이 2:1의 비율로 만들어지는 복합 단백질이다. Azoferredoxin은 질소와 결합하지 않고 질소 환원에 필요한 환원력을 공급하므로 dinitrogenase reductase라고 도 부른다. Molybdenum을 함유하는 molybdoferredoxin은 직접 질소의 환원에 참여하므로 dinitrogenase라 한다(표 6.3).

Azoferredoxin은 [4Fe-4S] cluster를 가진 동일한 단백질 2분자로 이루어져 있다. Molybdoferredoxin은 2종류의 단백질 각 2분자씩 모여 4개의 peptide로 이루어지는 단백질로서 2분자의 molybdenum과 각각 28분자의 철과 유황이 포함되어 있다.

지금까지 알려진 모든 nitrogenase는 산소에 의해 비가역적으로 불활성화된다. 최초로 정제된 *Clostridium pasteurianum*의 nitrogenase는 저온에서도 비가역적으로 활성을 잃는 것으로 밝혀졌다.

질소를 환원하기 위해서는 azoferredoxin과 molybdoferredoxin이 분리된 상태에서, azoferredoxin이 환원된 다음 ATP와 결합한다. Azoferredoxin의 산화 · 환원 전위가 −0.43V로 낮기 때문에

표 6.3 *Rhizobium*의 Nitrogenase 복합체를 구성하는 단백질.

성 질	azoferredoxin (dinitrogenase reductase)	molybdoferredoxin (dinitrogenase)
분자량	70,000	230,000
subunit 수	2	4*
철 원자 수	8**	28
molybdenum 원자수	0	2
acid-labile sulfide	8	28

*;분자량이 각각 55,000과 60,000인 두 종류의 peptide가 2분자씩 존재.

**;subunit 당 [4Fe-4S]가 하나씩 존재.

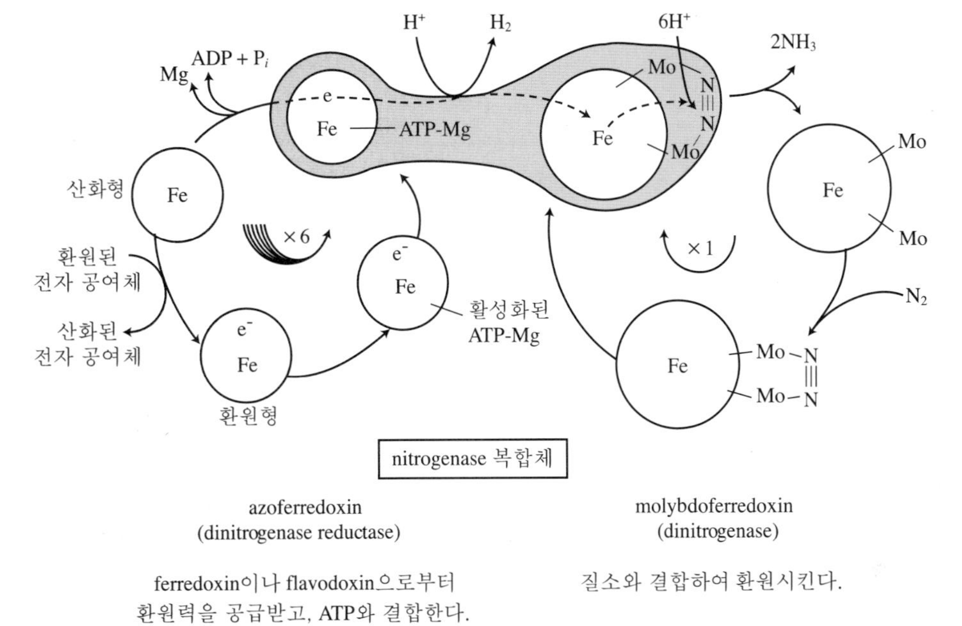

그림 6.3 Nitrogenase 복합체의 작용 메커니즘.

Azoferredoxin(dinitrogenase reductase)이 ferredoxin이나 flavodoxin으로부터 전자를 받아 환원되고 ATP와 결합한다. Molybdoferredoxin(dinitrogenase)은 질소와 결합한 다음 환원된 azoferredoxin-ATP와 복합체를 형성하여서 질소의 환원을 시작한다. 질소의 환원에 필요한 전자는 azoferredoxin으로부터 molybdoferredoxin으로 전달되며, 하나의 전자를 전달하는 azoferredoxin은 1분자의 질소를 환원시키기 위해서 환원 · 산화 반응을 6회 반복한다.

ferredoxin이나 flavodoxin으로부터 전자를 받아 환원된다. Molybdoferredoxin은 질소와 결합한 다음 환원된 azoferredoxin-ATP 복합체와 nitrogenase 복합체를 형성하여 질소의 환원이 시작된다(그림 6.3). 일단 nitrogenase 복합체가 형성되면 전자가 azoferredoxin으로부터 molybdoferredoxin에 결합된 질소에 전달되면서 ATP가 ADP와 P_i로 분해된다. Azoferredoxin은 하나의 전자를 전달하므로 1분자의 질소를 환원하기 위해 azoferredoxin은 산화 · 환원 반응을 6회 반복하면서 최소한 16ATP를 분해한다. ATP가 분해되면서 발생하는 free energy는 azoferredoxin에 결합된 전자의 환원력을 높여 주는 것으로 생각되며, 이때 필요한 정확한 ATP 분자 수는 알려지지 않았다.

Nitrogenase는 질소 외에 여러 가지 기질을 환원시킨다(표 6.4). 광합성 세균이나 cyanobacteria를 argon 기체 상태와 질소 제한 조건에서 배양하면 H^+을 환원시켜 수소를 발생시킨다. Acetylene이 nitrogenase에 의해 ethylene으로 환원되는 성질을 이용하여 이 효소의 활성을 측정하는 간편한 방법으로 개발되었다.

질소를 고정하는 많은 미생물이 molybdenum이 없는 환경에서는 vanadium-철 또는 철만을 함유하는 nitrogenase를 합성한다. 이들은 molybdenum을 갖는 nitrogenase에 비해 활성이 낮다. Alternative nitrogenase라 부르는 이들은 아마도 molybdenum이 없는 조건에서도 질소를 고정하

표 6.4 Nitrogenase에 의해 환원되는 기질

Substrate	Product(s)
N_2	$2NH_4^+$
N_3^-	N_2, NH_4^+
N_2O	N_2, H_2O
HCN	CH_4, NH_4^+, CH_3NH_2
CH_3CN	C_2H_6, NH_4^+
CH_3NC	CH_3NH_2, CH_4, C_2H_6, C_2H_4, C_3H_8, C_3H_6
CH_2CHCN	C_3H_6, NH_4^+ C_3H_8
C_2H_2	C_2H_4
$2H^+$	H_2

기 위해 보조 기능을 갖는 것으로 판단된다. 이들은 각각 다른 유전자에서 생산된다. Molybdenum을 갖는 효소를 Nif, vanadium 효소를 Vnf, 그리고 철을 보유하는 효소를 Anf라 부른다. Alternative nitrogenase도 molybdenum을 함유하는 nitrogenase와 유사한 구조로 이루어져 있다.

■ 환원력의 공급

Azoferredoxin은 ferredoxin이나 flavodoxin으로부터 전자를 받아 환원된다. 질소를 고정하는 능력이 있는 모든 원핵세포 생물은 이들 전자 전달체를 보유한다. 광합성 세균은 광반응에서 ferredoxin을 환원시키며, 편성 혐기성 세균은 pyruvate:ferredoxin oxidoreductase 또는 hydrogenase의 작용을 통해서 ferredoxin을 환원시킨다.

호기성 세균은 ferredoxin 또는 flavodoxin을 환원시키기 위해 NAD(P)H를 전자 공여체로 이용한다. NAD(P)H로부터 낮은 산화 · 환원 전위의 전자 전달체인 ferredoxin이나 flavodoxin으로 전자를 전달시키기 위해 질소를 고정하는 호기성 세균은 reverse electron transport 메커니즘(제10장, 10.1)을 통해 에너지를 소비한다.

질소 고정이 정상적으로 이루어 질 때도 nitrogenase는 수소를 발생시킨다. 이 수소는 다시 hydrogenase에 의해 산화되면서 ferredoxin을 환원시킨다.

■ 질소 고정의 Bioenergetics

*Klebsiella pneumoniae*는 혐기 상태에서 포도당을 EMP 경로를 통해 분해하며, 질소를 고정할 수 있다. 암모니아와 N_2를 질소원으로 사용하여 혐기 상태에서 *K. pneumoniae*를 배양하면서 각각의 Y_{ATP}를 측정하여 이를 비교하면 질소 고정에 필요한 ATP의 양을 계산할 수 있다. 암모니아를 질소원으로 배양했을 때 $Y_{ATP} = 10.9 \pm 1.5$(g/mole ATP)였고, 질소를 고정하는 조건에서 $Y_{ATP} = 4.2 \pm 0.2$(g/mole ATP)로 측정되었다. 이들 수치로부터 질소를 고정하는 데 29ATP가 소비되는 것으로 계산된다. 29ATP는 전술한 16ATP보다 매우 큰 수치이다. 그 이유는 실제 nitrogenase에 의한 ATP 소비 외에도 전자를 산화 · 환원 전위가 −0.32V인 NADH로부터 −0.41V인 ferredoxin으로 효율적으로 전

달시키기 위한 reverse electron transport 메커니즘에서 많은 에너지가 소비되기 때문일 것으로 생각된다.

■ 질소 고정과 산소

지금까지 알려진 모든 nitrogenase 복합체는 산소에 의해 비가역적으로 활성을 잃는다. 질소 고정 과정에서 많은 양의 에너지가 ATP 형태로 필요하며, 호기성 세균은 ATP를 주로 호흡에서 얻는다. 그러므로 이들은 질소 고정을 위해 산소를 필요로 하며, 산소로부터 nitrogenase를 보호해야 한다. Photosystem II를 보유하는 cyanobacteria는 광합성 과정에서 산소를 생산하므로 이로부터 nitrogenase를 보호해야 한다. 이러한 문제점을 해결하기 위해 여러 가지 형태의 질소 고정 메커니즘이 진화되었다.

콩과식물과 공생하는 *Rhizobium*속 세균은 호기성 세균으로서 산소를 이용하는 호흡 작용을 통해 생산하는 ATP와 환원력을 이용하여 질소를 고정한다. 세균이 콩과식물의 뿌리에 접촉하면 숙주의 뿌리 형태가 변하여 근류(nodule)를 형성한다. 근류에서 생장하는 세균은 보통의 간균 형태와 다른 비정형의 bacteroid 형태로 변한다. 세균은 숙주로부터 에너지원 및 탄소원, 산소 등 모든 영양 성분을 공급받고, 고정한 질소를 숙주에 공급한다(그림 6.4). 세균의 nitrogenase를 보호하기 위해 숙주가 산소를 공급할 때 동물의 myoglobin과 구조와 기능이 비슷한 leghaemoglobin을 산소 운반체로 이용

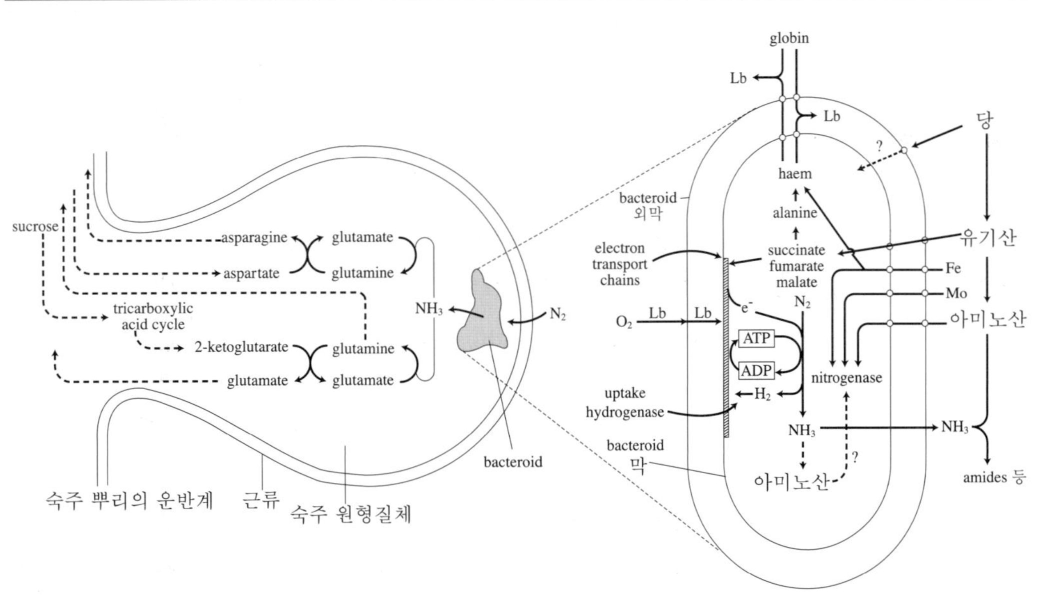

그림 6.4 콩과식물과 *Rhizobium*간의 공생에 의한 질소 고정.

*Rhizobium*이 숙주인 콩과식물의 뿌리에 접촉하면 뿌리는 근류를 형성하고, 세균은 bacteroid 형태로 변형된다. 숙주는 뿌리 세포의 운반 메커니즘을 통해서 유기물과 leghaemoglobin(Lb)에 결합한 산소를 공급하고, 세균은 이들을 이용하여 생장하면서 질소를 고정하여 숙주에게 공급한다.

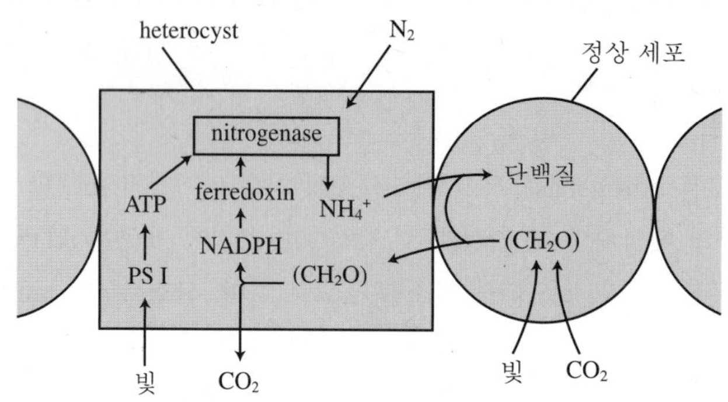

그림 6.5 Cyanobacteria의 Heterocyst에서 이루어지는 질소 고정.
Heterocystous cyanobacteria는 질소를 고정하기 위해 filament 중에서 약 5~10%의 세포가 heterocyst 형태로 변형되면서 산소를 발생시키는 photosystem II에 의한 광합성 능력을 상실한다. Heterocyst는 인접한 정상 세포로부터 유기물을 공급받아서 질소를 고정하고, 암모니아를 정상 세포로 공급한다.

한다. 식물과 공생하면서 질소를 고정하는 *Frankia* 등 모든 공생균들도 숙주와의 관계가 *Rhizobium* 과 비슷하다.

Cyanobacteria는 photosystem II의 작용을 통해 물을 전자 공여체로 이용하여 산소를 생산하는 호기적 광합성(제11장, 11.1.1)을 통해 환원력과 ATP를 얻어 질소 고정에 이용한다. Filament 형태로 생장하는 heterocystous group(*Anabaena cylindrica*)은 질소 고정이 필요한 조건에서는 filament 중에서 일부의 세포(약 5~10%)가 heterocyst로 변하고 photosystem I만을 갖게 된다. 이 heterocyst는 인접한 정상 세포로부터 유기물을 공급받고, photosystem I을 통해서 질소 고정에 필요한 ATP와 환원력을 생산한다. Heterocyst에서 고정된 질소는 인접한 정상 세포로 공급된다(그림 6.5).

단세포 형태로 생장하는 cyanobacteria가 질소를 고정할 필요가 있을 때에는 생장 초기에 photosystem I만을 이용하여 heterocyst처럼 질소를 고정하고, 고정된 질소의 양이 충분히 축적한 후에 photosystem II를 형성하여 정상적으로 생장한다(그림 6.6). 따라서 생장 초기에는 photosystem II가 없기 때문에 산소는 발생되지 않는다. 따라서 nitrogenase는 영향을 받지 않는다.

비공생 유리 상태(free-living)에서 질소를 고정하는 호기성 세균인 *Azotobacter vinelandii, Mycobacterium flavum, Derxia gummosa* 등은 낮은 용존산소 농도에서 생장하면서 질소를 고정한다. 이들은 다음 두 가지 메커니즘을 통해 용존산소의 농도가 높을 때에도 nitrogenase를 보호할 수 있다.

1) 호흡에 의한 보호 : *Azotobacter vinelandii*는 cytochrome oxidase로 cytochrome o_1, o_2, a_1 및 d를 갖고 있기 때문에 산소를 최종 전자 수용체로 이용하는 전자 전달계에서 3ATP 또는 2ATP를 생산할 수 있다(제5장 5.8.4). 질소를 고정할 필요가 있을 때에는 cytochrome d 등 2ATP를 생산하는 전자 전달계를 통해 산소를 빨리 소비한다.

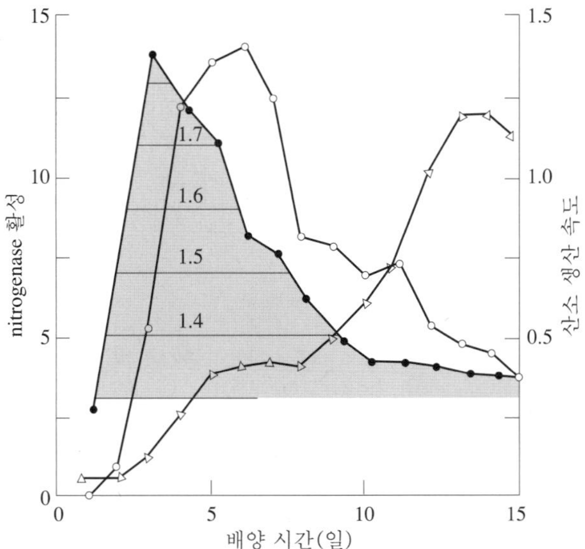

그림 6.6 단세포 Cyanobacteria의 질소 고정과 생장.

단세포 cyanobacteria는 자신의 광합성 작용으로 생산되는 산소로부터 nitrogenase를 보호해야 한다. 따라서 질소를 고정해야 하는 조건에서는 산소를 생산하지 않는 photosystem I만을 운영하면서 질소를 고정하고, 고정된 질소가 충분히 축적된 후에 정상적인 photosystem I과 II를 운영하는 광합성을 통해서 생장한다.

○ ; nitrogenase 활성

△ ; 산소 생산

● ; chlorophyll/phycocyanin 비율(phycocyanin은 photosystem II의 antenna molecule인 phycobilisome의 구성 성분)

2) 구조 변화에 의한 보호 : *Azotobacter chroococcum*, *Derxia gummosa* 등은 용존산소의 농도가 낮을 때는 nitrogenase의 활성을 유지하지만, 용존산소의 농도를 높이면 효소 활성이 정지된다. 다시 원래 상태로 용존산소의 농도를 낮추면 즉시 활성이 다시 나타난다(그림 6.7). 이는 nitrogenase가 세포내 막 조직에 존재하면서 산소 농도가 높아지면 이들 막 조직이 효소를 보호하므로 산소에 의해 활성을 잃지 않으며, 그 활성도 나타나지 않기 때문이다.

6.2.1.3 질소 고정의 대사 조절

한 분자의 질소를 환원시키는 데 29ATP나 되는 많은 에너지를 소비하기 때문에 에너지가 결핍되거나 고정된 질소 화합물이 공급되는 조건에서는 nitrogenase의 활성을 유지할 필요가 없어진다. 질소 고정의 대사 조절은 다른 대사 조절과 마찬가지로 효소 합성 단계의 조절과 합성된 효소의 활성 조절로 이루어진다. 용존산소의 농도가 높을 때에도 nitrogenase 유전자의 발현이 저해된다.

Nitrogenase의 활성은 암모니아가 공급되거나 에너지원의 공급이 제한되어 adenylate energy charge(EC, 제5장, 5.6.2) 값이 낮아질 때 저해된다. 암모니아에 의한 nitrogenase의 저해는 가역적으로 이루어지며, 그 조절 속도가 대단히 빠르다. 이 조절 작용을 ammonia switch라 한다. 암모니아

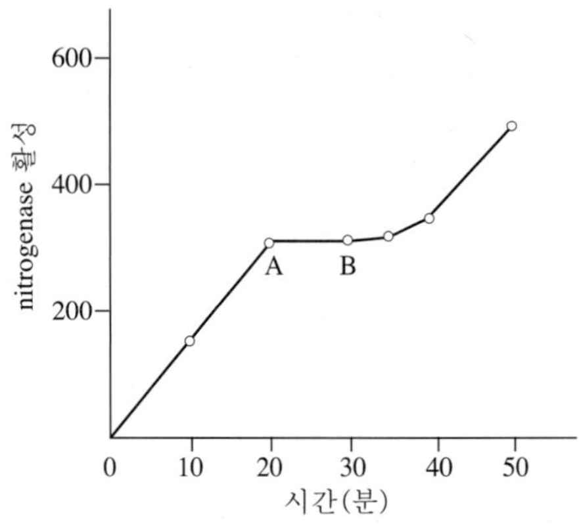

그림 6.7 비공생 질소 고정 세균의 질소 고정과 용존산소 농도와의 관계.

용존산소의 농도가 낮고 질소를 고정하는 조건에서 *Azotobacter chroococcum*을 배양하면 nitrogenase의 활성이 유지되나, 용존산소의 농도를 높이면 즉시 활성이 없어진다(A). 다시 용존산소의 농도를 낮추어 주면 nitrogenase의 활성이 즉시 회복된다(B). 이러한 현상은 용존산소의 농도가 높을 때 막이 효소를 산소로부터 보호하기 때문이다.

에 의한 nitrogenase의 활성 조절은 azoferredoxin(dinitrogenase reductase)의 화학적 변형으로 이루어진다. 단백질의 arginine기에 ADP-ribose가 결합하여 활성이 없어지고 분리되면 활성을 갖는다. ADP-ribose는 NAD^+의 분해로 공급된다.

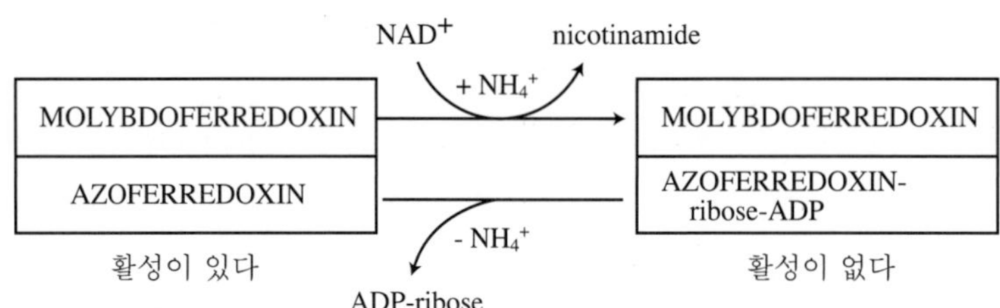

ATP와 ADP의 농도 비가 1:1일 때(EC 값이 약 0.6)도 nitrogenase의 활성은 10%이하로 저해된다. 생장하는 세균은 EC 값을 0.8 이상으로 유지하므로 질소 고정 세균은 EC 값이 0.6인 상태에서 ATP를 생명 유지에 사용하기 위해 질소 고정을 멈출 필요가 있기 때문이다.

고정된 질소 화합물, 즉 암모니아와 용존산소가 nitrogenase의 합성을 저해한다. Nitrogenase의 합성은 아주 복잡한 메커니즘을 통해서 조절된다. *Klebsiella pneumonia*의 질소 고정 유전자(*nif* regulon)는 20개의 유전자가 7개의 operon으로 이루어져 있다(그림 6.8). *Azotobacter vinelandii*의 경우 이보다 더 복잡하여 세 종류의 nitrogenase와 조절에 관여하는 단백질을 coding하는 82개의 유전자가 16 operon으로 유전체 상에 4개의 위치에 모여 있다. 이들 외에 nitrogenase의 합성 조절에는 질소 대사 조절 유전자(nitrogen control gene, *ntr*, 제12장, 12.2.2)도 관여한다.

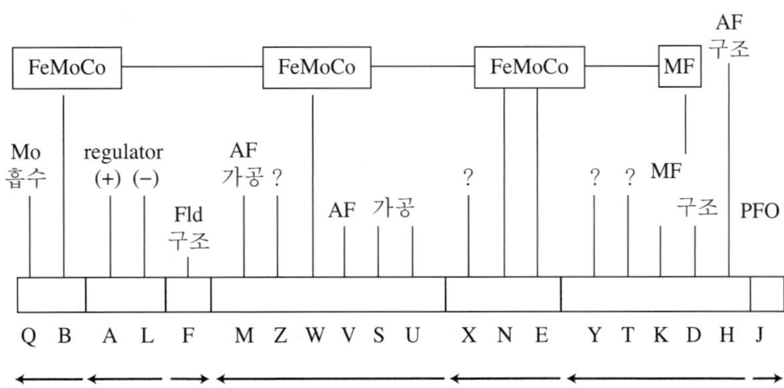

그림 6.8 *Klebsiella pneumoniae*의 *nif* Regulon의 구조.

20개의 유전자가 7개의 operon으로 이루어진 *nif* regulon에는 azoferredoxin(AF)과 molybdoferredoxin(MF)의 구조 유전자는 물론, MF의 일부인 철-몰리브덴 cofactor(FeMo-Co)의 합성과 몰리브덴(Mo)의 흡수, 그리고 이들을 가공하여 효소 복합체를 형성하는 데 필요한 정보가 모두 포함되어 있다. 뿐만 아니라 질소 고정에 필요한 환원력을 공급하는 pyruvate:flavodoxin oxidoreductase(PFO)와 flavodoxin(Fld)의 구조 유전자도 여기에 포함되어 있다. Regulon의 조절을 담당하는 *nifA*와 *nifL*이 하나의 operon으로 여기에 포함되어 있다. 아래쪽 화살표는 transcription 방향을 표시한다.

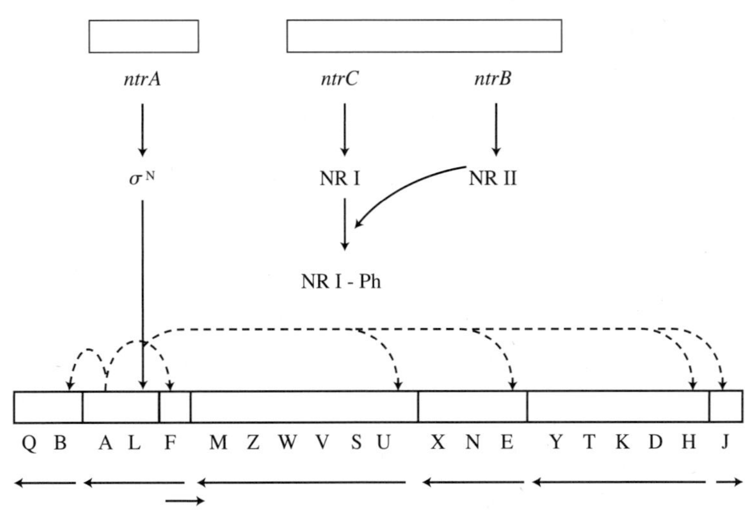

그림 6.9 *Klebsiella pneumoniae* 질소 고정 유전자(*nif* regulon)의 조절 메커니즘.

질소를 고정하는 데 필요한 20개의 유전자는 7개의 operon에 분산, 배열되어 있다. 이들 20개 유전자 이외에도 질소 대사를 전반적으로 조절하는 *ntr* 유전자(nitrogen control gene)가 *nif* 유전자의 조절에 관여한다.

질소를 고정할 필요가 있는 조건에서는 *ntrC* 유전자 산물(NR_I)이 인산화되어 *nifA*와 *nifL*의 enhancer 부분에 결합한다. *nif* 유전자의 enhancer에 NR_I이 결합하면 *ntrA* 유전자의 산물(σ^N)과 결합한 RNA polymerase가 *nifA*와 *nifL*의 promoter와 작용하여 이들을 발현시킨다. *nifA*와 *L* 유전자 산물이 나머지 *nif* 유전자의 발현을 조절한다. 질소를 고정할 필요가 없을 때는 NtrC가 탈인산화되어 enhancer에 결합하는 능력을 상실하기 때문에 *nif* 유전자의 발현이 억제된다. NR_I(NtrC)의 인산화와 탈인산화에 대해서는 제12장(12.2.2)에서 상세히 설명한다.

*ntr*은 암모니아를 생산하는 모든 효소의 합성을 조절하는 유전자로서 *ntr A, B, C*로 이루어져 있다. NtrA는 $\sigma^N(\sigma^{54})$이며, NtrB와 NtrC는 각각 NR_I, NR_{II}로도 불리는 단백질이다(제12장, 12.2.2). 암모니아의 농도가 낮은 조건에서 NtrB(NR_{II}) 단백질이 4분자의 UMP와 결합하여 NtrC(NR_I)를 인산화한다. 인산화된 NtrC는 *nifA*와 *nifL* 유전자의 enhancer에 결합하여 NtrA(σ^N)와 결합한 RNA polymerase가 이들 유전자를 전사하는 작용을 돕는다. NtrB와 NtrC의 상세한 작용은 제12장(12.2.2)에서 설명한다. *ntr* operon에서 생산되는 단백질은 nitrogenase를 비롯하여, glutamine synthetase, arginine의 흡수, proline 및 histidine의 흡수와 이용 등에 필요한 효소 생산의 조절에 작용한다. 이와 같이 하나의 조절 물질이 여러 operon에 작용하는 것을 global control system 또는 mutigene system이라 한다(제12장, 12.2).

NifA는 다른 *nif* 유전자의 전사에 작용하는 enhancer 결합 단백질이며, NifL은 repressor 단백질이다. 용존산소의 농도가 높을 때는 NifL이 산화되어 NifA와 복합체를 형성하여 그 작용을 저해하기 때문에 *nif* 유전자의 발현이 일어나지 않는다(그림 6.9).

*nifK*와 *nifD*의 유전 정보로부터 생산된 peptide가 nitrogenase 복합체를 이루는 molybdoferedoxin의 subunit를 이루며, *nifH*는 azoferredoxin의 구조 유전자이다. *nifB, nifW, nifN,* 그리고 *nifE*는 molybdoferredoxin의 철-몰리브덴 cofactor 부분(FeMo-Co)의 합성과 apoprotein과의 결합에 관여하는 유전인자이며, azoferredoxin의 활성을 위해서는 *nifM, nifV, nifS* 그리고 *nifU*의 산물이 필요한

표 6.5 *K. pneumoniae nif* 유전자들의 기능

유전자	산물의 기능
Q	Mo의 운반
B	Molybdoferredoxin의 FeMo-Co 합성 또는 결합
A	조절, *nif* 유전자 transcription activator
L	조절, repressor
F	Flavodoxin의 structural gene
M	Azoferredoxin의 가공
Z	불명
W	B와 동일
V	Molybdoferredoxin의 기질 특이성 조절
S	M과 동일
U	M과 동일
X	불명
N	B와 동일
E	B와 동일
Y	불명
T	불명
K	Molybdoferredoxin β subunit의 structural gene
D	Molybdoferredoxin a subunit의 structural gene
H	Azoferredoxin의 structural gene
J	pyruvate:flavodoxin oxidoreductase

것으로 알려져 있다. 이들 외 *nif* 유전자 중 *Z, X, Y, T* 유전자의 기능은 아직 알려지지 않았다(표 6.5).

*K. pneumoniae*의 *nif* 유전자를 probe로 사용하여 다른 질소 고정균의 *nif* 유전자를 분석한 결과 homology가 매우 높은 것으로 밝혀졌다. 따라서 이 유전자가 진화 과정에서 잘 보존되었음을 알 수 있다.

콩과식물의 줄기에 공생하는 *Bradyrhizobium* 속 세균의 질소 고정 활성은 암모니아의 농도가 높을 때도 저해되지 않는다.

6.2.2 질산염의 환원

질소 고정 능력이 없는 미생물이 유기 질소원이 없는 당과 무기 염류에서 생장할 때 단백질이나 핵산의 생합성을 위해 무기 질소원인 암모니아나 질산염을 이용한다. 암모니아나 유기 질소원이 없는 상태에서 많은 미생물은 nitrate reductase와 nitrite reductase를 생산하여 질산염을 암모니아로 환원시켜 생합성에 이용한다. 이를 혐기 상태에서 질산염을 전자 수용체로 이용하는 dissimilatory nitrate reduction(이화형 질산염 환원, 제9장, 9.1)과 구별하기 위해 assimilatory nitrate reduction(동화형 질산염 환원)이라 하며, 이들은 서로 다른 조절을 받는다.

$$NO_3^- + XH_2 \xrightarrow{\text{nitrate reductase}} NO_2^- + H_2O + X$$

$$NO_2^- + 3NADH + 4H^+ \xrightarrow{\text{nitrite reductase}} NH_3 + 3NAD^+ + 2H_2O$$

많은 미생물의 assimilatory nitrate reductase는 NAD(P)H 형태의 환원력을 이용하나 *Pseudomonas* 등 균주에 따라서는 환원된 cytochrome을 전자 공여체로 이용한다. 아질산염은 다시 nitrite reductase의 작용을 받아서 암모니아로 환원된다. Dissimilatory nitrate reduction에서는 일부의 예외는 있으나 대개 산소에 의해 강한 저해 작용을 받으나(제9장, 9.1.3), assimilatory nitrate reduction에서는 산소의 영향을 받지 않는다. Assimilatory nitrate reduction을 촉매하는 nitrate reductase와 nitrite reductase는 암모니아에 의해 강한 저해를 받는다(제12장, 12.2.2).

질산염을 전자 수용체로 이용하는 혐기적 호흡에서는 대개 NO_3^-를 N_2로 환원시키지만 *Desulfovibrio gigas* 등 일부의 편성 혐기성 세균은 질산염을 전자 수용체로 이용하여 NH_4^+를 생산한다. 이처럼 NH_4^+를 생산하는 질산염 환원을 dissimilatory nitrate reduction이라 하는 이유는 이 과정에서 proton motive force를 형성하며, NH_4^+에 의해 저해를 받지 않기 때문이다(제9장, 9.1.4).

6.2.3 Cyanide의 이용

일부의 토양 세균은 2차 대사 경로로 glycine을 산화하여 cyanide를 생산하는 능력이 있다. 다른 종류의 토양 세균 *Pseudomonas pseudoalcaligenes*은 cyanide를 질소원으로 이용할 수 있다. Cyanide를 생산하거나 소비하는 세균은 cyanide에 의해 저해되지 않는 호흡계를 보유하고 있으며,

cyanide는 원형질체에서 화학적으로 oxaloacetate와 결합하여 cyanohydrin(2-hydroxynitrile)를 통해 ammonia로 분해된다.

6.2.4 암모니아의 이용

암모니아는 2가지 경로를 통해 glutamate로 합성되어 생합성에 이용된다.

1) 2-ketoglutarate + NH_3 + NADPH + H^+ $\xrightarrow{\text{glutamate dehydrogenase}}$ glutamate + $NADP^+$ + H_2O

2) glutamate + NH_3 + ATP $\xrightarrow{\text{glutamine synthetase}}$ glutamine + ADP + P_i

glutamine + NADPH + H^+ + 2-ketoglutarate $\xrightarrow{\text{glutamate synthase}}$ 2glutamate + $NADP^+$

Glutamate dehydrogenase는 암모니아에 대한 친화도가 낮다(Km = 0.1M). 따라서 암모니아의 농도가 높을 때는 ATP의 소모 없이 이 효소에 의해 암모니아가 이용될 수 있으나, 암모니아의 농도가 낮을 때는 암모니아에 대한 친화도가 높은(Km = 0.1mM) glutamine synthetase의 작용을 통해서 암모니아가 glutamine으로 합성되고, 이어서 glutamate synthase(일명 glutamine:2-oxoglutarate aminotranferase; GOGAT)의 작용을 통해 glutamine으로부터 $-NH_2$가 2-ketoglutarate로 이전되어 glutamate를 합성한다.

Glutamate는 transaminase에 의해 $-NH_2$를 2-keto 산에 이전시켜 각종 아미노산을 생산한다(그림 6.10). *Escherichia coli* 등 세균은 특이성이 낮은 transaminase A, B 및 C를 이용하여 10종 이상의 아미노산을 생산할 수 있다.

Glutamine으로부터 $-NH_2$기를 받아 합성되는 각종 산물이 축적되면 glutamine synthetase가 adenylylation되어 활성이 저해된다(제12장, 12.3.2).

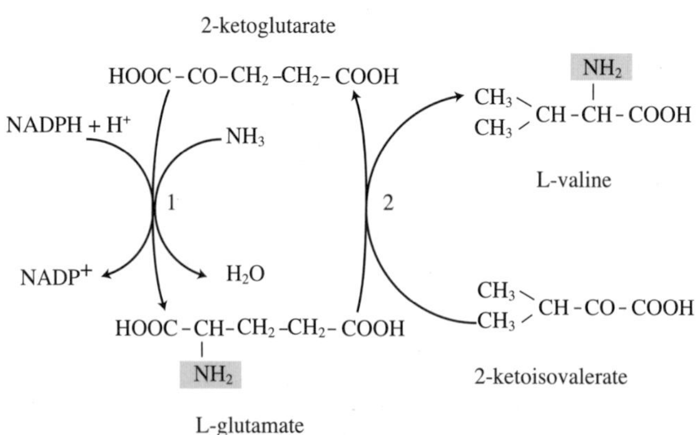

그림 6.10 Glutamate Dehydrogenase(1)와 Transaminase(2)에 의한 암모니아의 이용.

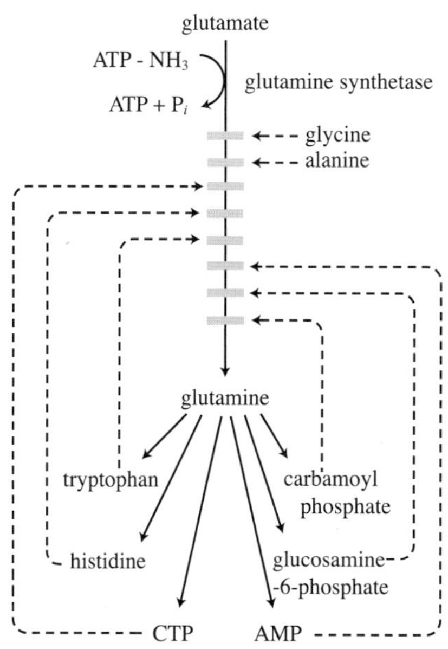

그림 6.11 Glutamine Synthetase의 Feedback Inhibition.

Glutamate와 glutamine은 다른 아미노산의 합성뿐만 아니라 핵산 염기, 세포벽 구성 물질인 murein의 *N*-acetyl-glucosamine, *N*-acetylmuramic acid 등의 합성에 필요한 $-NH_2$도 공급한다. 생물에서 모든 질소 화합물은 이들 두 아미노산에서 유래한다. *Escherichia coli*의 경우 glutamate가 85%의 유기 질소 화합물의 합성에 이용되며, 나머지 15%의 합성에는 glutamine이 이용된다.

Glutamine은 암모니아 농도가 낮을 때 glutamate 합성의 중간 산물로 작용할 뿐 아니라 유기 질소 화합물의 15%를 합성할 때 이용되기 때문에 glutamine synthetase 유전자는 암모니아의 농도에 따라 다른 sigma factor에 의해 발현된다. 암모니아가 충분할 때는 house keeping sigma factor, $\sigma^D(\sigma^{70})$의 작용으로 발현되며, 부족할 때는 다른 sigma factor, $\sigma^N(\sigma^{54})$의 작용으로 더 많은 효소가 합성된다(제12장, 12.1.1). 암모니아의 농도가 충분할 때 생산된 glutamine synthase의 활성은 glutamine의 transamination으로 생산되는 각종 아미노산과 nucleotide에 의해 강한 조절 작용을 받아 ATP의 소모를 줄인다(그림 6.11). 상세한 질소 대사 조절은 제12장, 12.2.2와 12.3.2에서 공부한다.

6.3 황산염의 이용

생물에서 유황은 methionine과 cysteine 형태로 단백질 합성에 이용될 뿐 아니라 각종 조효소 형태로도 중요한 역할을 담당한다. 이러한 유황 화합물에서 유황은 가장 환원된 S^{2-} 상태이다. 미생물

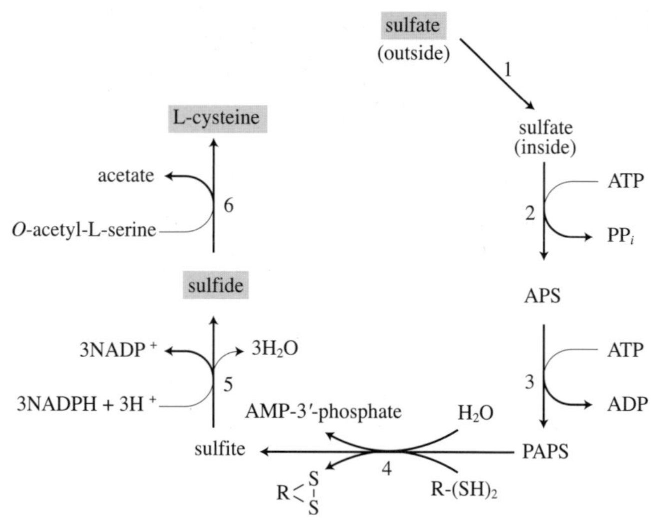

그림 6.12 생합성을 위한 황산염의 환원과 Cysteine의 합성.

1. 능동 운반; **2.** ATP sulfurylase; **3.** APS phosphokinase; **4.** PAPS reductase; **5.** sulfite reductase; **6.** *O*-acetyl-L-serine sulfhydrylase.

APS ; adenosine-5′-phosphosulfate, PAPS ; adenosine-3′-phosphate-5′-phosphosulfate, R(SH)$_2$; 환원형 thioredoxin

에서 주된 유황 공급원은 황산염 형태로서 생합성을 위해 황산염이 S^{2-}로 환원되어야 한다. 생합성을 위한 황산염의 환원도 dissimilatory reduction(제9장, 9.3)에서와 같이 황산염이 먼저 ATP에 의해 활성화되어야 한다(그림 6.12). HSO_4^-/HSO_3^-의 산화 · 환원 전위($E°'$)가 −454mV로 낮기 때문에 NADH 등 $E°'$가 높은 전자 전달체를 이용하여 황산염을 환원시키는 것이 열역학적으로 불리하다. 이때문에 황산염이 활성화되는 것으로 생각된다.

환경에서 황산염이 세포 안으로 흡수되면 ATP sulfurylase(sulfate adenyltransferase)에 의해 adenine-5′-phosphosulfate(APS)로 합성된다. 이 반응에서 생산되는 PP$_i$는 phosphatase에 의해 2P$_i$로 분해되어 APS의 합성 쪽으로 반응을 촉진시킨다. APS는 다시 APS kinase의 작용으로 ATP를 이용하여 adenosine-3′-phosphate-5′-phosphosulfate(PAPS)로 인산화된다.

APS kinase
ATP → ADP

adenosine-5′-phosphosulfate(APS) → adenosine-3′-phosphate-5′-phosphosulfate(PAPS)

PAPS는 PAPS reductase의 작용으로 환원된 thioredoxin으로부터 환원력을 받아 아황산염으로 환원되면서 AMP-3′-phosphate가 분리된다. 이어서 NADPH를 조효소로 이용하는 sulfite reductase의 작용으로 아황산염이 황화수소로 환원된다. 황화수소는 반응력이 강하여 세포 안에서 독성이 강하므로 생성과 동시에 *O*-acetyl-L-serine sulfhydrylase의 작용을 통해 cysteine의 합성에 이용된다(그림 6.12). Glutamate과 glutamine이 $-NH_2$원으로 이용되듯 cysteine이 생물 반응에서 $-SH$의 공급원이 된다.

황산염이나 유황 함유 아미노산이 공급되지 않는 환경에서 많은 종류의 세균은 유기성 sulfonate, thiol, sulfide, thiophene 계통의 유기 유황 화합물을 황산염으로 산화하여 유황원으로 이용한다. 이러한 성질을 이용하여 석탄이나 석유로부터 유황을 제거할 수 있다. *Escherichia coli*를 황산염 결핍 환경에서 배양하면 일련의 유전자가 발현되는 것이 확인되어 sulfate starvation induced(SSI) stimulon이라 부르고 있으나 암모니아 결핍에서 작용하는 *ntr*(제12장, 12.2.2)과 유사한 조절 유전자는 발견되지 않았다.

6.4 아미노산의 합성

단백질을 구성하는 모든 아미노산의 합성에 필요한 탄소 골격은 해당 과정과 TCA 회로로 이루어지는 중심 대사 경로에서 공급된다. Pyruvate, oxaloacetate, 2-ketoglutarate, 3-phosphoglycerate, phosphoenolpyruvate, erythrose-4-phosphate, ribose-5-phosphate 등이 아미노산 생합성의 탄소 골격으로 이용된다(표 6.6).

아미노산은 생물에 따라 약간씩 다른 경로를 통해 합성되는 예가 있다. 편의상 *Escherichia coli*의 아미노산 합성 경로를 중심으로 소개하면서 각 아미노산의 다른 합성 경로를 공부하기로 한다.

표 6.6 중심 대사 경로에서 공급되는 아미노산 생합성의 탄소 골격.

탄소 골격	아미노산
Pyruvate	alanine, valine, leucine
Oxaloacetate	aspartate, asparagine, methionine, lysine, isoleucine, threonine, pyrrolysine
2-ketoglutarate	glutamate, glutamine, arginine, proline
3-phosphoglycerate	serine, glycine, cysteine, selenocysteine
PEP and erythrose-4-phosphate	phenyalanine, tyrosine, tryptophan
Ribose-5-phosphate	histidine

6.4.1 Pyruvate 및 Oxaloacetate 계열

Pyruvate와 oxaloacetate는 transaminase의 작용을 통해 glutamate로부터 $-NH_2$기를 받아 alanine과 aspartate로 된다. Aspargine synthetase는 glutamine synthetase와 유사한 반응을 통해 ATP의 에너지를 이용하여 aspartate와 암모니아로부터 aspargine을 합성한다.

pyruvate ($COOH-CO-CH_3$) + L-glutamate →(transaminase)→ alanine ($COOH-CH(H_2N)-CH_3$) + 2-ketoglutarate

oxaloacetate ($COOH-CO-CH_2-COOH$) + L-glutamate →(transaminase)→ aspartate ($COOH-CH(H_2N)-CH_2-COOH$) + 2-ketoglutarate

aspartate ($COOH-CH(H_2N)-CH_2-COOH$) + NH_3 + ATP →(asparagine synthetase)→ asparagine ($COOH-CH(H_2N)-CH_2-CO-NH_2$) + ADP + P_i

Aspartate는 aspargine을 합성하는 데 이용될 뿐만 아니라, aspartate kinase의 작용으로 aspartate-4-phosphate, aspartate semialdehyde를 거쳐 threonine, methionine 및 lysine을 합성하는 데에도 이용된다(그림 6.13).

Lysine 생합성 중간 산물인 diamino-pimelate는 arginine 생합성 중간 산물인 ornithine(그림 6.17)과 같이 단백질의 합성에는 이용되지 않으나 세균에서 세포벽을 이루는 murein 합성에 이용된다.

대부분의 원핵세포 생물은 그림 6.13의 경로(diamino-pimelate 경로)로 lysine을 합성하지만 효모나 곰팡이 등 진핵세포 미생물은 2-ketoglutarate를 출발 물질로 하는 2-aminoadipate 경로를 통해 lysine을 합성한다(그림 6.14).

일반적으로 알려진 20종의 amino산 외에 selenocysteine과 pyrrolysine이 21번과 22번 amino산으로 알려져 있다. Pyrrolysine은 methylamines을 대사하는 methanogen에서 발견된다. Pyrrolysine은 두분자의 lysine이 결합하여 합성된다(그림 6.15). Pyrrolysine operon은 *pylTSBCD*로 이루어져 있으며 *pylT*와 *pylS*는 각각 $tRNA^{Pyl}$와 pyrrolysyl-tRNA synthetase를 coding 하며, *pylBCD*는 pyrrolysine의 합성에 이용되는 세 효소를 coding한다. Pyrrolysine은 mRNA의 stop codon인 UAG를 codon으로 사용한다(표 6.8). UAG를 translation 과정에서 pyrrolusine의 codon으로 사용하기 위

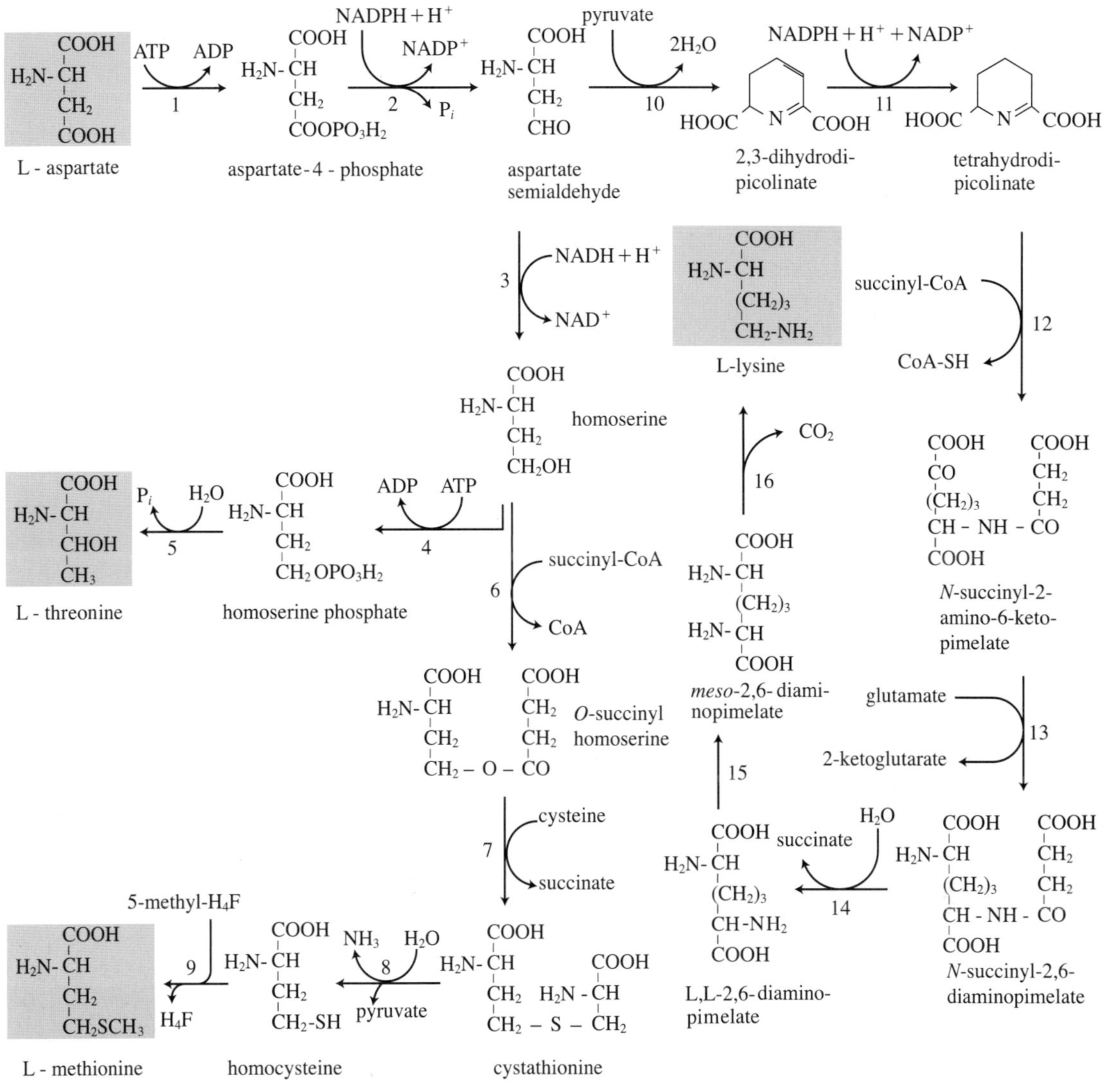

그림 6.13 Aspartate를 전구물질로 하여 합성되는 Threonine, Methionine, Lysine의 생합성 경로.

1. aspartate kinase; **2.** aspartate semialdehyde dehydrogenase; **3.** homoserine dehydrogenase; **4.** homoserine kinase; **5.** threonine synthase; **6.** homoserine acyltransferase; **7.** cystathionine synthase; **8.** cystathionine lyase; **9.** homocysteine : 5-methyl-tetrahydrofolate methyltransferase; **10.** dihydrodipicolinate synthase; **11.** dihydrodipicolinate reductase; **12.** tetrahydrodipicolinate succinylase; **13.** glutamate : succinyl-diaminopimelate aminotransferase; **14.** succinyl-diaminopimelate desuccinylase; **15.** diaminopimelate epimerase; **16.** diaminopimelate decarboxylase. H_4F ; tetrahydrofolate.

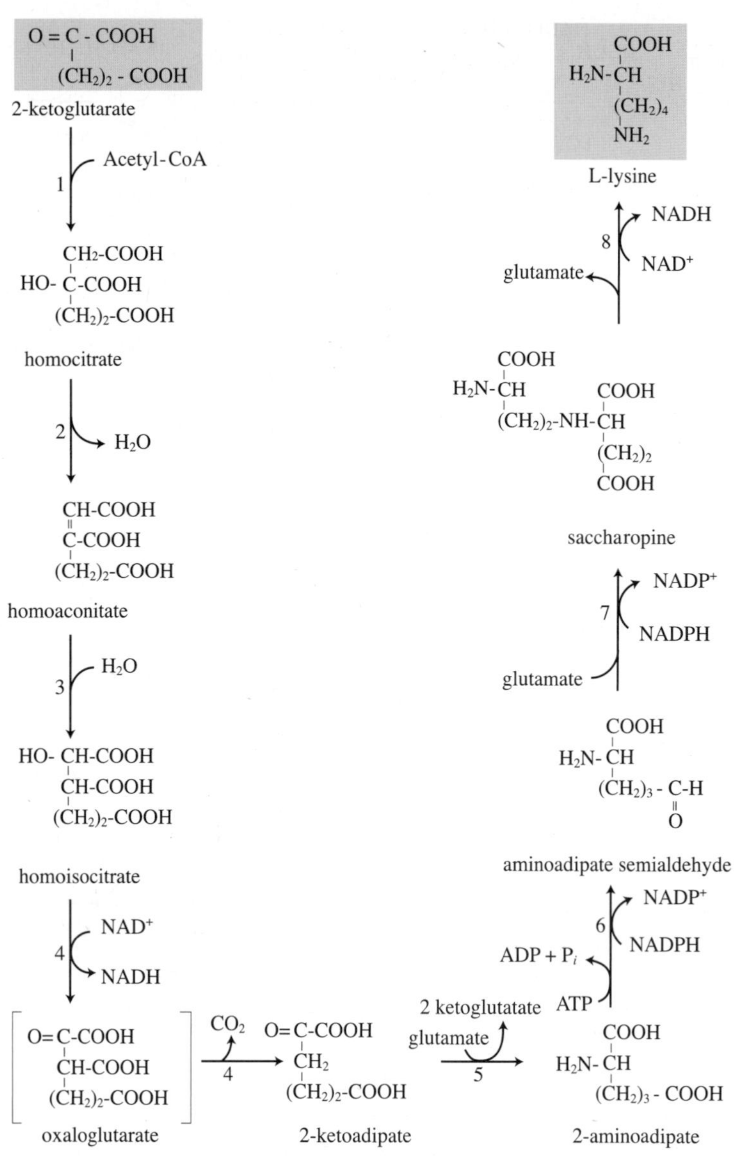

그림 6.14 효모와 곰팡이가 Lysine을 합성하는 2-Aminoadipate 경로.

1. homocitrate synthase; **2.** homocitrate dehydratase; **3.** homoaconitate hydratase; **4.** homoisocitrate dehydrogenase; **5.** aminoadipate aminotransferase; **6.** 2-aminoadipate semialdehyde dehydrogenase; **7.** saccharopine dehydrogenase (glutamate forming); **8.** saccharopine dehydrogenase (lysine forming)

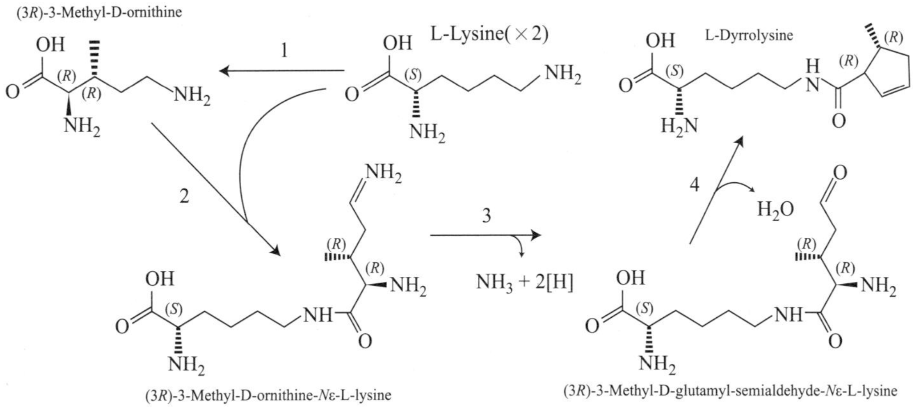

그림 6.15 22번째 아미노산인 pyrrolysine의 합성 경로(Nature, 2011, 471(7340):647-650).

1. 3-methylornithine synthase; **2.** 3-methylornithine—L-lysine ligase; **3.** 3-methylornithyl-N6-L-lysine dehydrogenase; **4.** 자발적 탈수 반응

해 pyrrolysine insertion element, 특정한 translation factors 등이 관여하는 것으로 알려지고 있다.

Aspartate로부터 합성된 threonine은 isoleucine 합성의 전구물질로 이용된다. 한편, valine과 leucine은 2분자의 pyruvate가 중합하여 합성된 2-acetolactate를 거쳐 합성된다(그림 6.16). Isoleucine의 합성 중간 산물들은 valine이나 leucine의 그것들과 다르지만 화학적인 구조가 비슷하여 동일한 효소들에 의해 이들 아미노산이 합성된다.

Threonine dehydratase를 보유하지 않은 *Leptospira interrogans* 등 일부 세균과 메탄생산 archaea의 경우 isoleucine을 합성하기 위해 pyruvate와 acetyl-CoA를 축합하여 citramalate를 통해 2-ketobutyrate를 생산한다. 이를 pyruvate pathway 또는 citramalate pathway라 한다.

6.4.2 3-Phosphoglycerate 계열

EMP 경로의 중간 산물인 3-phosphoglycerate는 transaminase의 작용으로 $-NH_2$기를 받아 serine을 거쳐 glycine과 cysteine으로 합성된다. Cysteine은 serine으로부터 *O*-acetyl-L-serine을 거쳐 전술한 *O*-acetyl-L-serine sulfhydrylase의 작용으로 합성된다(그림 6.17).

21번 amino산으로 알려져 있는 selenocysteine는 원핵세포와 진핵세포 모두에서 발견되며, glutathione peroxidase, thioredoxin reductase, formate dehydrogenase, glycine reductase 등 여러 효소의 합성에 이용된다. Selenocysteine은 반응성이 강하기 때문에 유리 상태로 발견되지 않는다. Archaea에서는 serine이 Serine-tRNA ligase의 작용으로 selenocysteine 고유의 $tRNA_{UCA}$와 결합하여 seryl-tRNA로 합성된다. 이때 생산되는 seryl-$tRNA_{UCA}$는 단백질 합성에 이용되지 않는다. 이어서 seryl-tRNA는 kinase의 작용으로 phosphoseryl-tRNA로 활성화된다. 별도로 selenide도 kinase

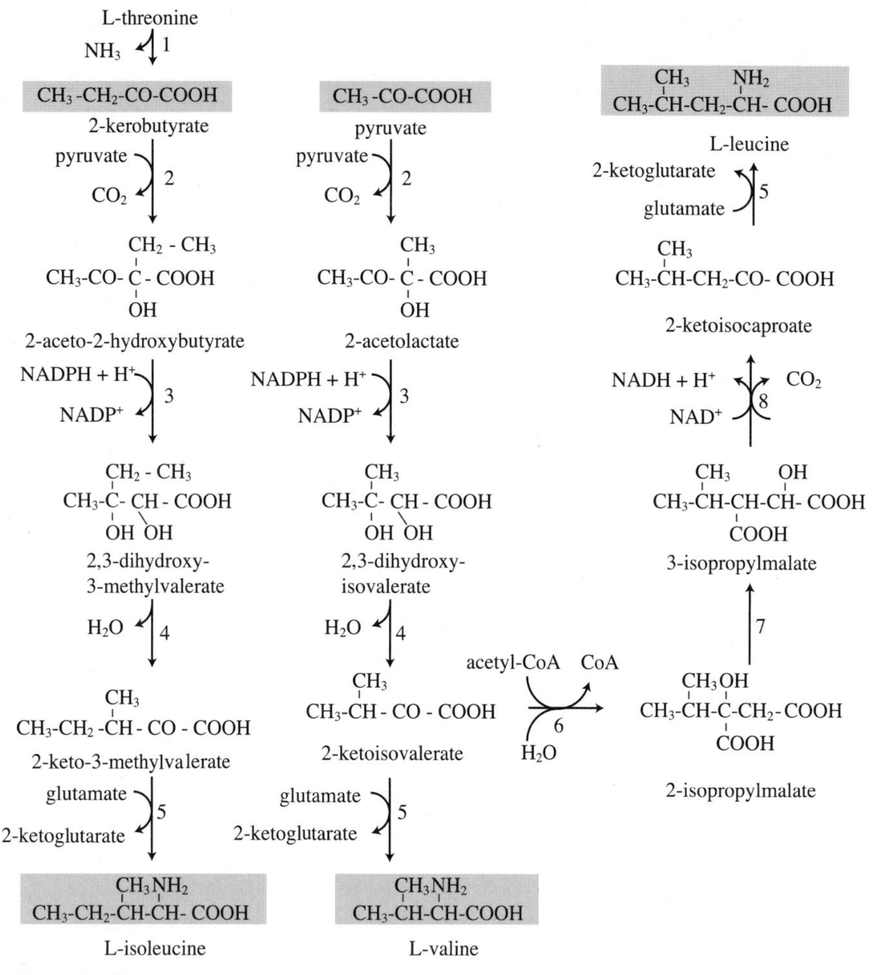

그림 6.16 Isoleucine, Valine, Leucine의 생합성 경로.

Isoleucine 합성에 이용되는 2-ketobutyrate와 valine 합성의 전구물질인 pyruvate는 구조적으로 유사하므로 동일한 효소의 작용을 통해 촉매된다.

1. threonine dehydratase; **2.** acetohydroxy acid synthase; **3.** acetohydroxy acid isomeroreductase; **4.** dihydroxy acid dehydratase; **5.** transaminase; **6.** alpha-isopropylmalate synthase; **7.** isopropylmalate isomerase; **8.** beta-isopropylmalate dehydrogenase.

의 작용을 받아서 selenomonophosphate로 활성화된다. 마지막으로 selenocysteine synthase가 두 전구물질을 결합하여 selenocysteinyl-tRNA을 합성한다(그림 6.18). 한편 세균에서는 seryl-tRNA가 활성화되지 않고 바로 selenocysteine synthase의 작용을 받아 selenocysteinyl-tRNA로 합성된다. 단백질의 합성에서 selenocysteinyl-tRNA가 stop codon인 UGA(표 6.8)를 이용하기 위해 합성과 동시에 일종의 translation elongation factor(SelB)와 결합하여 단백질 합성에 참여한다.

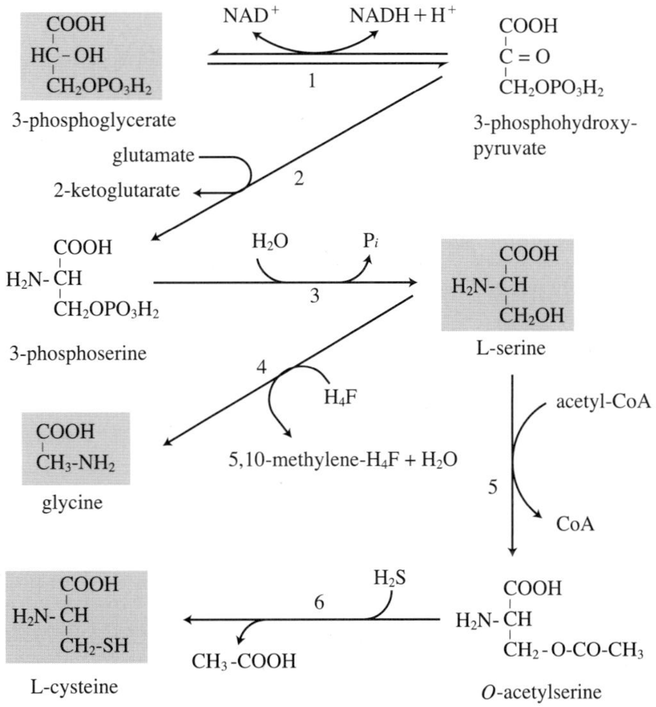

그림 6.17 3-Phosphoglycerate를 전구물질로 합성되는 Serine, Glycine, Cysteine의 생합성 경로.

1. phosphoglycerate dehydrogenase; **2.** phosphoserine aminotransferase; **3.** phosphoserine phosphatase; **4.** serine hydroxymethyltransferase; 5, serine transacetylase; **6.** O-acetylserinesulfhydrylase.

H_4F : tetrahydrofolate

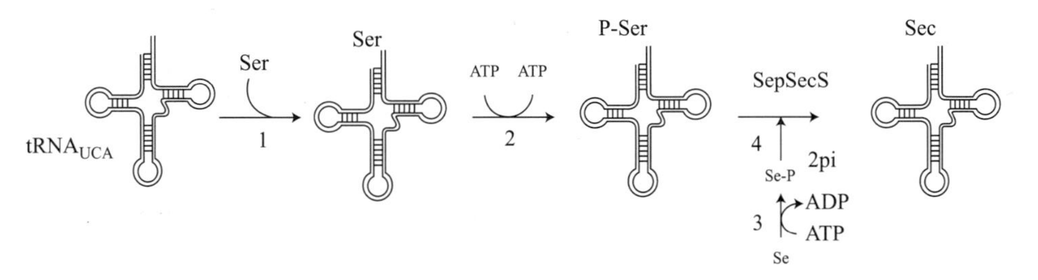

그림 6.18 Archaea의 selenocysteine 생합성 경로

Serine이 selenocysteine 고유의 $tRNA_{UCA}$에 결합한 다음 ATP를 소비하면서 활성화된다. 별도로 selenide도 selenomonophosphate로 활성화된다. Selenocysteine synthase가 활성화된 두 전구물질을 결합하여 selenocysteinyl-tRNA로 합성한다. Stop codon인 UCA를 이용하기 위해 합성과 동시에 selenocysteinyl-tRNA는 일종의 translation elongation factor(SelB)와 결합하여 단백질 합성에 참여한다.

세균에서는 seryl-tRNA가 활성화되지 않고 바로 selenocysteine synthase의 작용을 받아 selenocysteinyl-tRNA로 합성된다.

1. serine-tRNA ligase; **2.** seryl-tRNA(Sec) kinase; **3.** selenocysteine synthase; **4.** selenide kinase

SelB; translation elongation factor

6.4.3 2-Ketoglutarate 계열

2-Ketoglutarate는 glutamate dehydrogenase나 GOGAT에 의해 glutamate를 거쳐 proline, arginine, glutamine의 합성에 이용된다(그림 6.19).

Coryne형 세균, *Pseudomonas aeruginosa* 그리고 여러 종류의 효모는 *N*-acetylornithine을 ornithine과 acetate로 분해하는 *N*-acetylornithine deacetylase(그림 6.19의 9번 반응) 대신 *N*-acetylglutamate-acetylornithine acetyltransferase를 보유하고 있기 때문에 glutamate를 acetyl화할 때(그림 6.19의 6번 반응) acetyl-CoA 대신 *N*-acetylornithine이 acetyl기를 공급한다. 따라서 이들 미생물에서는 *N*-acetylglutamate-acetylornithine acetyltransferase가 그림 6.19의 6번 반응과 9번 반응을 coupling시킨다.

6.4.4 방향족 아미노산

Phenylalanine과 tyrosine의 benzene핵은 HMP 경로의 중간 산물인 erythrose-4-phosphate와 phosphoenolpyruvate가 축합되어 합성된 shikimate를 통해 만들어진다. Shikimate는 chorismate를 거쳐 transaminase의 작용으로 glutamate로부터 $-NH_2$기를 받아 이들 아미노산으로 합성된다(그림 6.20).

또한, chorismate는 그림 6.20에서 보는 바와 같이 anthranilate를 거쳐 5-phosphoribose-1-pyrophosphate와 함께 tryptophan 합성에도 이용된다.

메탄 생산 archaea인 *Methanococcus maripaludis*의 경우 tetrahydromethanopterin 생합성 경로의 중간 산물인 3-dehydroquinic acid로부터 shikimate를 생산하여 방향족아미노산의 합성에 이용한다.

6.4.5 Histidine의 합성 경로

Histidine은 HMP 경로에서 생산되는 ribose-5-phosphate가 ATP를 이용하는 5-phosphoribosyl-1-pyrophosphate(PRPP) synthetase의 작용으로 1위치에 PP_i를 추가하고, PRPP는 다시 ATP와 작용하여 합성되는 *N*′-(5′-phosphoribosyl)-ATP를 거쳐 생산된다(그림 6.21).

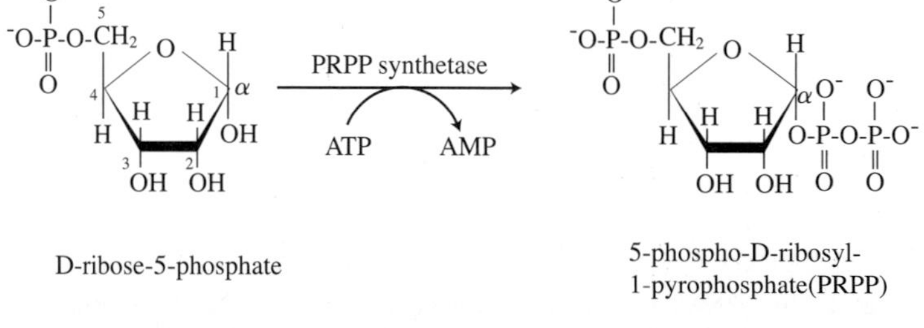

PRPP synthetase

ATP → AMP

D-ribose-5-phosphate → 5-phospho-D-ribosyl-1-pyrophosphate(PRPP)

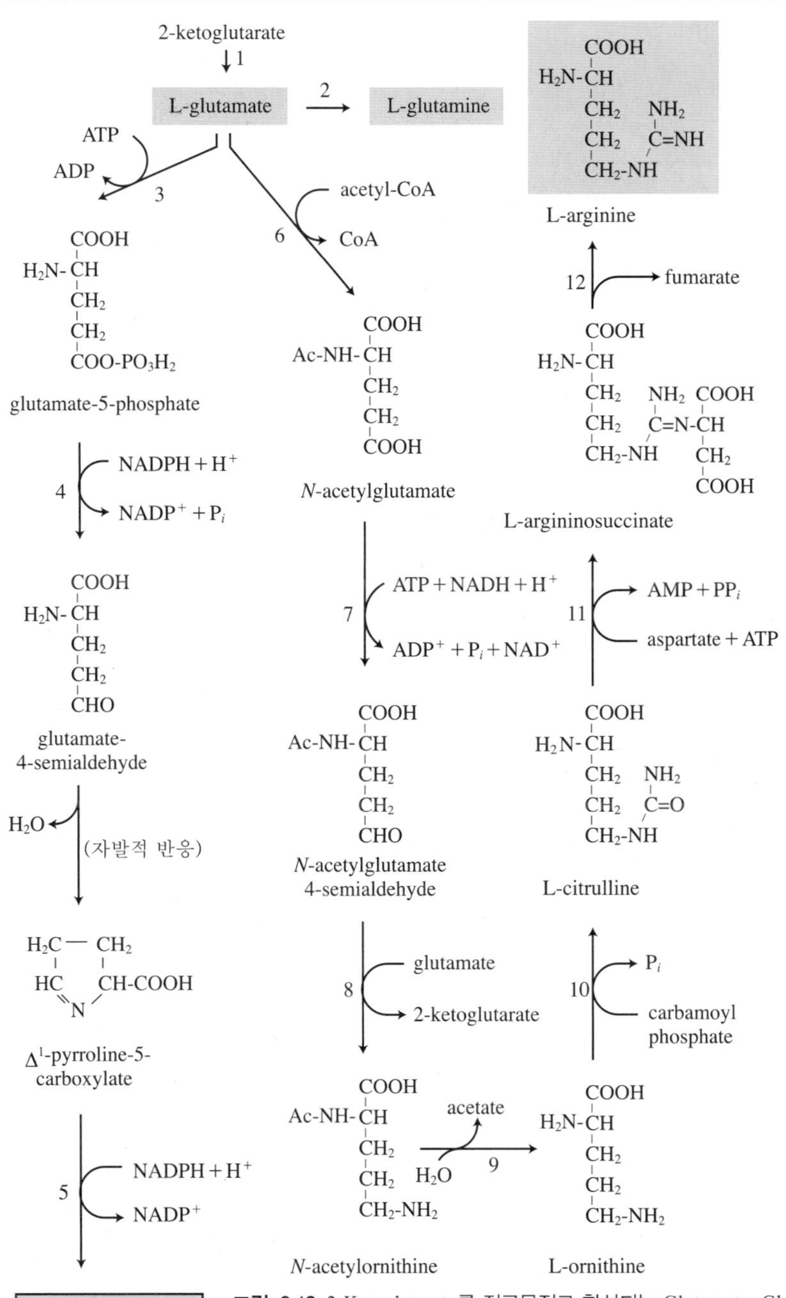

그림 6.19 2-Ketoglutarate를 전구물질로 합성되는 Glutamate, Glutamine, Proline, Arginine의 생합성 경로.

1. glutamate dehydrogenase 또는 glutamate synthase; **2.** glutamate synthetase; **3.** glutamate kinase; **4.** glutamate semialdehyde dehydrogenase; **5.** Δ^1-pyrroline-5-carboxylate reductase; **6.** amino acid acetyltransferase; **7.** *N*-acetlglutamate kinase와 *N*-acetylglutamate semialdehyde dehydrogenase (3, 4번 효소와 기질은 다르나 반응은 동일); **8.** *N*-acetylornithine transaminase; **9.** *N*-acetylornithine deacetylase; **10.** ornithine transcarbamoylase; **11.** argininosuccinate synthetase; **12.** argininosuccinate lyase.

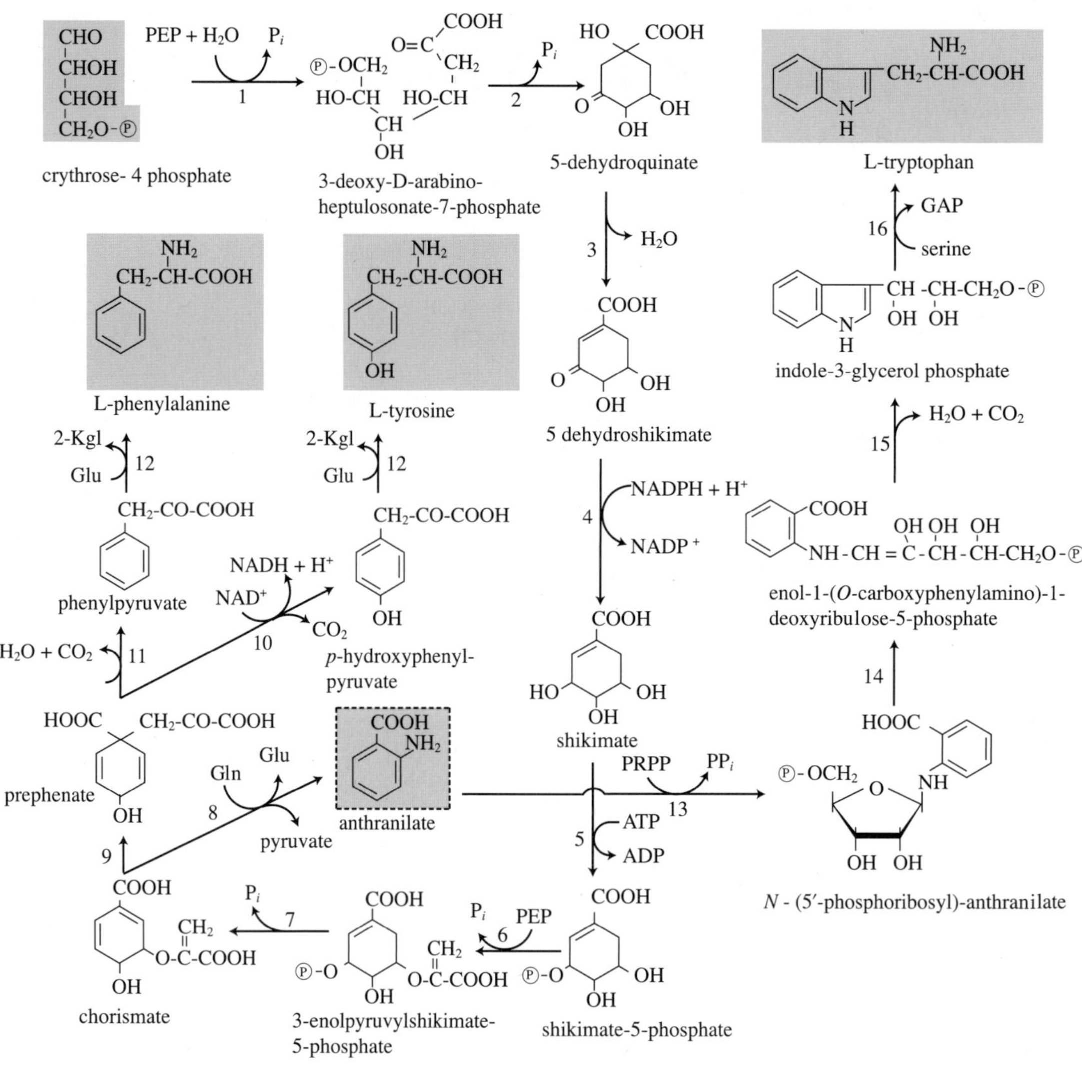

그림 6.20 방향족 아미노산의 생합성 경로.

1. 3-deoxy-D-arabinoheptulosonate synthase; **2.** 5-dehydroquinate synthase; **3.** 5-dehydroquinate dehydratase; **4.** shikimate dehydrogenase; **5.** shikimate kinase; **6.** enolpyruvylshikimate-5-phosphate synthase; **7.** chorismate synthetase; **8.** anthranilate synthase; **9.** chorismate mutase; **10.** prephenate dehydrogenase; **11.** prephenate dehydratase; **12.** transaminase B; **13.** anthranilate phosphoribosyl transferase; **14.** phosphoribosyl-anthranilate isomerase; **15.** indole-3-glycerol phosphate synthase; **16.** tryptophan synthase.

PEP ; phosphoenolpyruvate, gln ; glutamine, glu ; glutamate, 2-kgl ; 2-ketoglutarate, PRPP ; 5-phosphoribosyl-1-pyrophosphate, GAP ; glyceraldehyde-3-phosphate

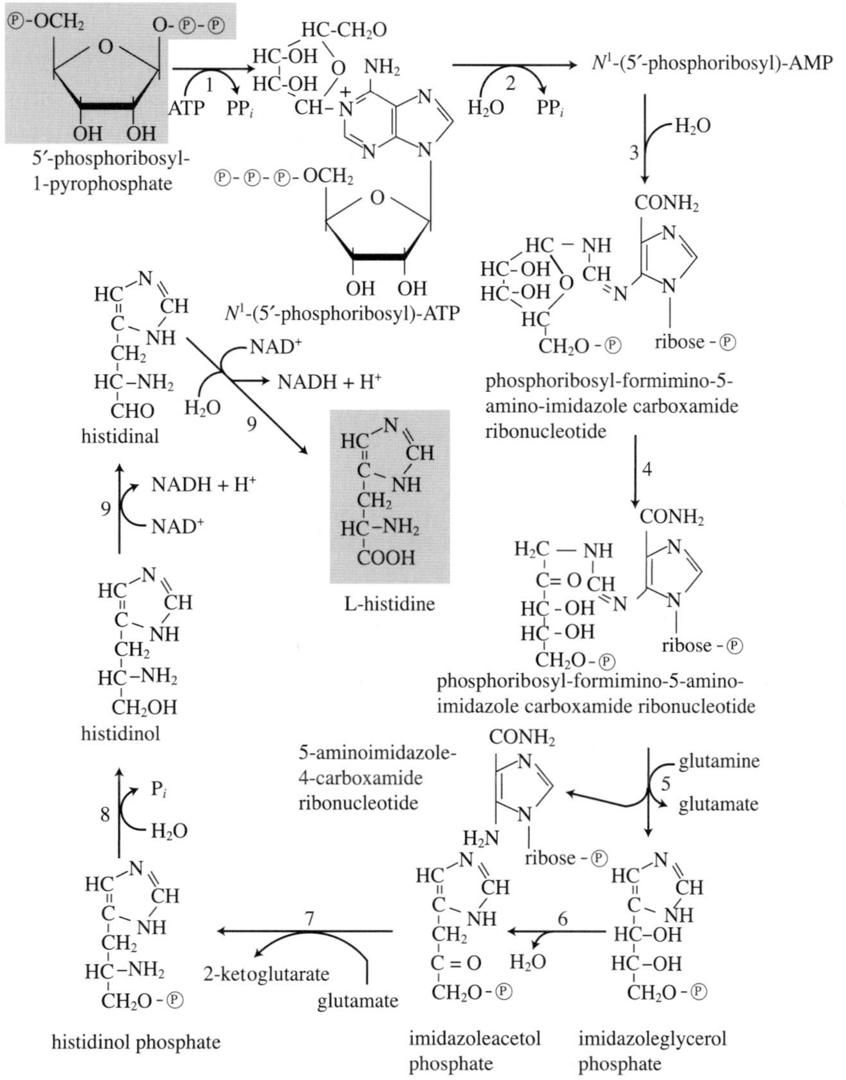

그림 6.21 Histidine의 생합성 경로.

1. phosphoribosyl : ATP pyrophosphorylase; **2.** phosphoribosyl-ATP pyrophosphohydrolase; **3.** phosphoribosyl-AMP cyclohydrolase; **4.** phosphoribosyl formimino-5-aminoimidazole carboxamide ribonucleotide isomerase; **5.** phosphoribosyl-formimino-5-aminoimidazole carboxamide ribonucleotide : glutamine aminotransferase와 cyclase; **6.** imidazoleglycerol phosphate dehydratase; **7.** histidinol phosphate transaminase; **8.** histidinol phosphatase; **9.** histidinol dehydrogenase(한 효소가 두 반응을 촉매함).

PRPP는 핵산을 구성하는 nucleotide 합성의 전구물질로도 이용된다. 각종 nucleotide 등 PRPP를 전구물질로 합성되는 대사산물이 feedback inhibition 메커니즘을 통해 PRPP synthetase의 활성을 저해한다.

6.4.6 아미노산 합성의 대사 조절

아미노산 생합성은 많은 ATP를 소비하는 대사 경로이기 때문에, 미생물은 아미노산이 풍부한 조건에서 이들 ATP의 소비를 줄이기 위해서 효과적인 대사 조절 메커니즘을 갖는다. 아미노산의 합성 조절은 두 단계에 걸쳐서 이루어진다. 최종 산물이 생합성 경로의 최초 효소의 allosteric site에 결합하여 활성을 저해하는 feedback inhibition에 의한 단기적인 대사 조절과 mRNA의 합성, 즉 transcription 과정을 조절하는 장기적 대사 조절 작용이 있다. 이들에 대한 상세한 논의는 제12장에서 다룬다.

6.5 Nucleotide의 합성

6.5.1 Salvage 경로

핵산을 이루는 nucleotide는 처음부터 시작한다는 뜻의 *de novo* 경로를 통해 PRPP로부터 합성되거나, 핵산의 분해로 얻어지는 염기를 nucleotide로 합성하는 salvage 경로를 통해 합성된다. Nucleotide의 합성에도 많은 ATP를 필요로 한다. 따라서 핵산의 분해로 핵산 염기의 농도가 높을 때는 ATP의 소비를 줄이기 위해 이들 염기와 PRPP로부터 각 염기에 특이한 phosphoribosyltransferase의 작용으로 nucleotide를 합성한다. 이를 salvage 경로라 한다.

$$\text{adenine} + \text{PRPP} \xrightarrow{\text{adenine phosphoribosyltranferase}} \text{AMP} + \text{PP}_i$$

6.5.2 *de novo* 경로에 의한 pyrimidine nucleotide의 합성

이산화탄소(탄산염)가 ATP로부터 에너지를 공급받아 glutamine의 $-NH_2$기와 함께 carbamoyl phosphate를 형성한 다음 pyridine nucleotide의 합성에 이용된다.

$$\text{HCO}_3^- + 2\text{ATP} \xrightarrow[\text{glutamine} \;\; \text{glutamate}]{\text{carbamoyl phosphate synthetase}} \underset{\text{carbamoyl phosphate}}{\text{H}_2\text{N}-\overset{\displaystyle \text{O}}{\overset{\|}{\text{C}}}-\text{O}-\text{PO}_3^{2-}} + 2\text{ADP} + \text{P}_i + \text{H}^+$$

그림 6.22에서 보는 바와 같이 pyrimidine nucleotide의 합성은 염기의 전구물질인 orotate가 합성된 다음 salvage 경로와 같이 phosphoribosyltransferase의 작용을 통해 합성된다.

Mononucleotide는 kinase의 작용으로 ATP로부터 인산기를 받아 dinucleotide와 trinucleotide로 된 다음 핵산 합성에 이용된다. Pyrimidine nucleotide 생합성 경로의 최종 산물인 cystidine

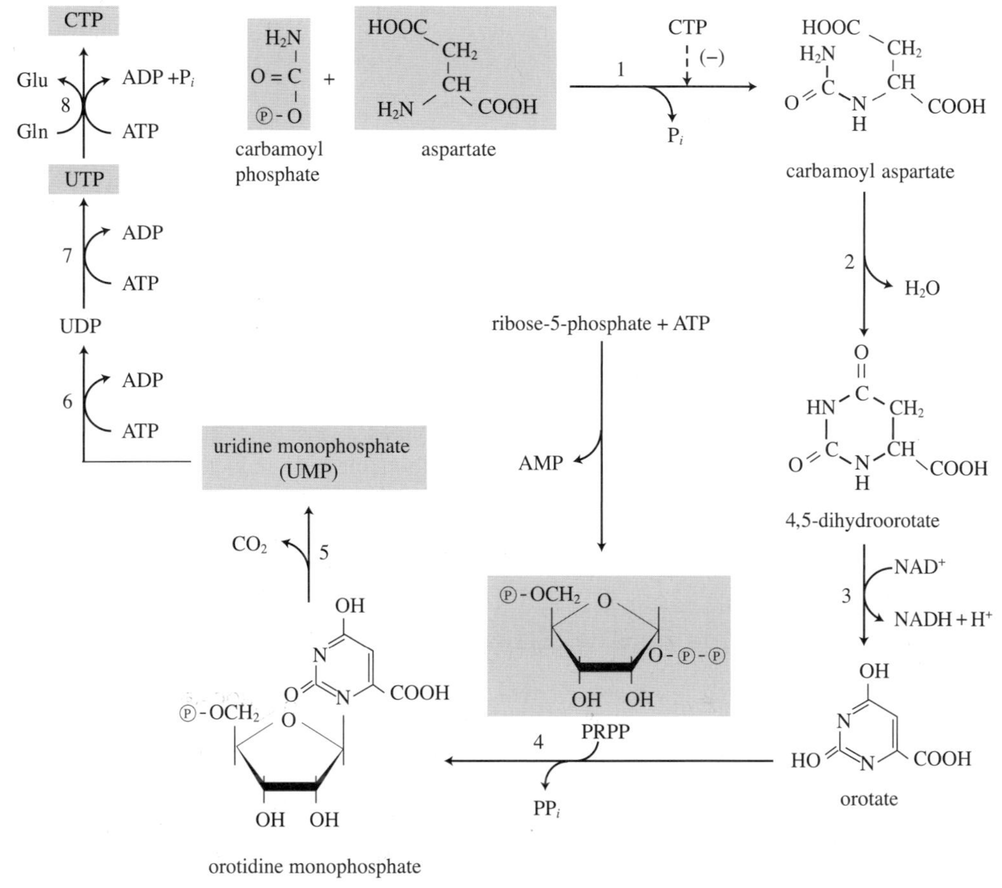

그림 6.22 Pyrimidine Nucleotide의 생합성 경로.

1. aspartate transcarbamoylase; **2.** dihydroorotase; **3.** dihydroorotate dehydrogenase; **4.** orotate phosphoribosyl transferase; **5.** orotidine-5-phosphate decarboxylase; **6.** nucleoside monophosphate kinase; **7.** nucleoside diphosphate kinase; **8.** CTP synthetase.
Gln:glutamine, Glu:glutamate

trinucleotide는 그 첫 효소인 aspartate transcarbamoylase의 활성을 feedback inhibition 메커니즘을 통해서 저해한다.

6.5.3 Purine Nucleotide의 *de novo* 합성

Purine nucleotide의 합성 경로는 pyrimidine보다 복잡하다. PRPP가 glutamine으로부터 $-NH_2$ 기를, methenyl tetrahydrofolate로부터 formyl기를 받고 glycine과 함께 5′-phosphoribosyl-5-aminoimidazole을 거쳐 inosinic acid(IMP)로 합성된다. 이어서 IMP는 AMP와 GMP로 각각 대

사된다(그림 6.23). 이 대사 경로는 최종 산물인 AMP와 GMP에 의한 PRPP amidotransferase의 feedback inhibition 메커니즘을 통해 조절된다.

6.5.4 Deoxynucleotide의 합성

AMP는 adenylate kinase에 의해 ADP로 그리고 SLP와 ETP를 통한 정상적인 ATP 합성 과정을 통해 ATP로 합성되고, GMP, UMP는 nucleoside monophosphate kinase와 nucleoside diphosphate kinase의 작용으로 ATP로부터 인산기를 받아 각각 GTP, UTP로 된다. CTP synthetase의 작용을 통해 UTP가 CTP로 되어 RNA 합성에 이용된다.

DNA의 합성을 위해 ribonucleoside diphosphate의 2번 탄소의 −OH기가 ribonucleotide reductase의 작용을 통해 환원된다. Ribose의 −OH기는 대단히 안정된 구조이기 때문에 이를 환원시키기 위해서는 반응성이 강한 radical이 필요하다. Ribonucleotide reductase는 반응에 필요한 radical을 보유하고 있다. 이들은 radical의 종류, 사용하는 환원력 등에 따라 분류된다. 지금까지 3 group(group I, II, III)에 속하는 4종류(Ia, Ib, II, III)의 ribonucleoside reductase가 알려져 있다(표 6.7). Group I에 속하는 효소는 산소가 있는 조건에서 활성을 가지며, group III의 효소는 산소가 없는 조건에서, 그리고 group II는 산소와 관계없이 활성을 갖는다. 진핵세포 생물은 ribonucleotide reductase Ia 만을 보유하고 있으며, 세균은 한 종류 이상의 효소를 보유하고 있다. 그람음성 통성 혐

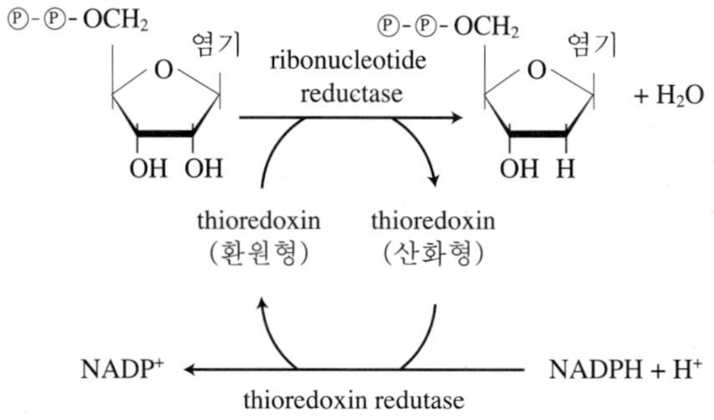

표 6.7 Ribonucleotide Reductase의 종류와 특징(Trends Biochem. Sci. 1997. 22:81–85).

종류	Ia	Ib	II	III
생물	진핵세포 그람음성 통성 혐기성 세균	그람음성 통성 혐기성 세균	그 밖의 세균 호염성 archaea 호열성 archaea	그람음성 통성 혐기성 세균 Methanogen
호기/혐기	호기	호기	호기/혐기	혐기
Radical	tyrosine	tyrosine	coenzyme B_{12}	glycine
환원력	Thioredoxin 1 Glutaredoxin	Thioredoxin 1 Glutaredoxin	Thioredoxin 1 Glutaredoxin	Formate

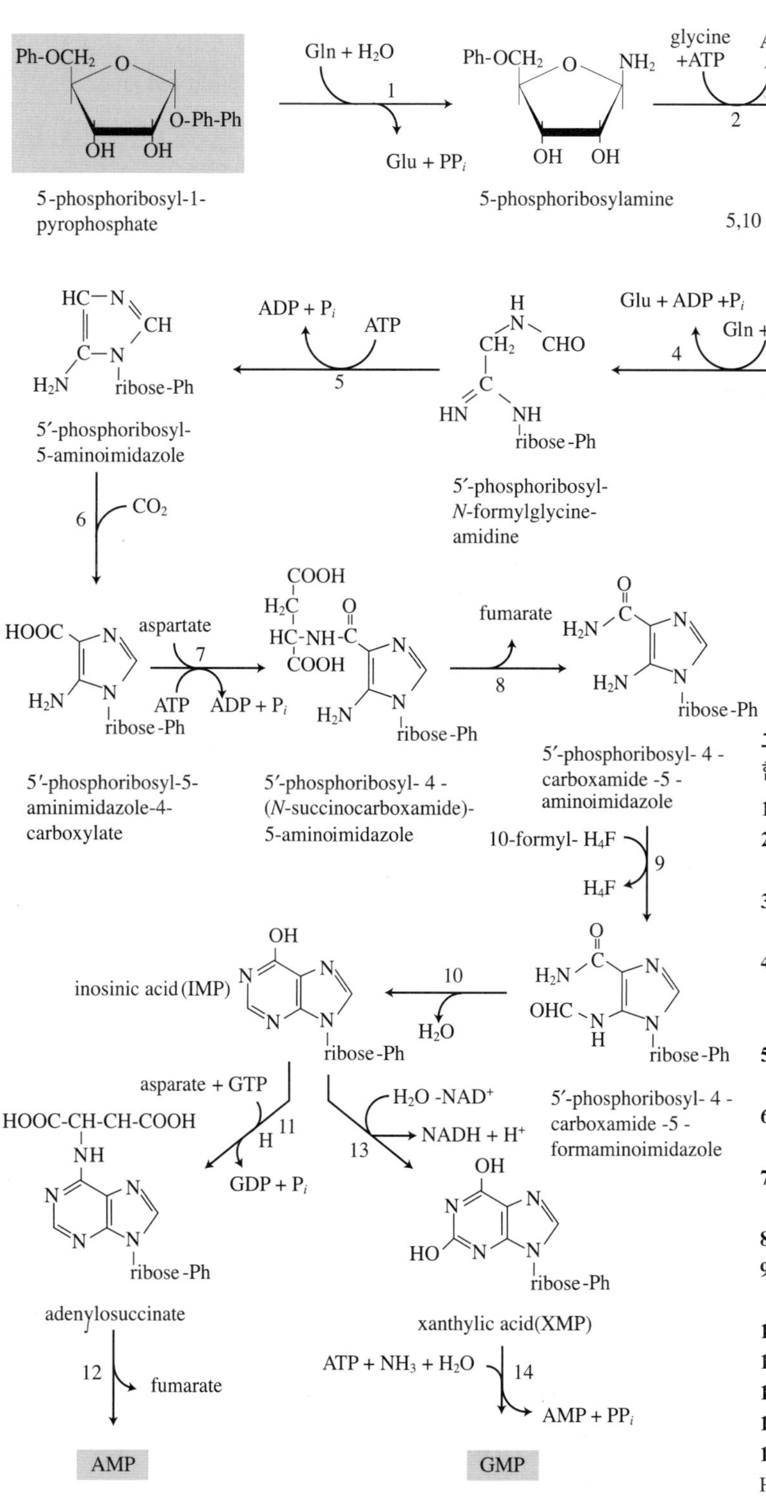

그림 6.23 Purine Nucleotide의 생합성 경로.

1. amidophosphoribosyltransferase;
2. phosphoribosylglycineamide synthetase;
3. phosphoribosylglycineamide formyltransferase;
4. phosphoribosyl-formylglycineamidine synthetase;
5. phosphoribosyl-aminoimidazole synthetase;
6. phosphoribosyl-aminoimidazole carboxylase;
7. phosphoribosylaminoimidazole succinocarboxamide synthetase;
8. adenylosuccinate lyase;
9. phosphoribosylaminoimidazole-carboxamide formyltransferase;
10. IMP cyclohydrolase;
11. adenylosuccinate synthetase;
12. adenylosuccinate lyase;
13. IMP dehydrogenase
14. GMP synthetase.
H_4F : tetrahydrofolate,
Gln : glutamine, Glu : glutamate

기성 세균인 *Escherichia coli*는 세가지 효소, 즉 Ia, Ib 그리고 III형 효소를 보유하고 있다. III형 효소는 혐기상태에서 발현되며, 철을 필요로 하는 Ia형 효소는 철이 있을 때 작용하지만 철 결핍 상태에서는 망간을 필요로 하는 Ib형 효소가 발현된다. 많은 세균은 II 형 ribonucleotide reductase를 갖고 있다. Archaea 중에서 methanogen은 III 형을, 호염성과 호열성 archaea에는 II 형의 효소가 발견되었다. 혐기적 조건에서 작용하는 ribonucleotide reductase III은 formate를 환원력으로 이용하며, 다른 효소들은 thioredoxin과 glutaredoxin을 통해 NADPH로부터 공급받는다.

Deoxyuridine nucleotide는 thymidylate synthase의 작용으로 dTMP로 methylate되어 DNA합성에 이용된다.

dUDP → (dUDP phosphatase, P_i) → dUMP (deoxyribose-Ⓟ) → (5,10 - methylene -H_4F → dihydrofolate; thymidylate synthase) → dTMP (deoxyribose-Ⓟ)

6.6 지질의 합성

지질, 특히 인지질은 생물에서 막을 형성하는 중요한 생체 성분으로서 원핵세포나 진핵세포 모두 원형질체에서 합성된다. Glycerol과 지방산이 에스테르 결합으로 이루어진 acylglyceride가 가장 보편적인 지질이다.

지방산은 acetyl-CoA로부터 합성된다. 지방산 합성에 있어서 원핵세포와 진핵세포의 차이점은 지방산 합성에 관여하는 7종의 효소가 진핵세포에 있어서는 fatty acid synthase 복합체로 작용하지만, 원핵세포에서는 각 효소가 유리된 상태로 독립적으로 작용한다는 점이다.

6.6.1 지방산 합성

6.6.1.1 진핵세포에서 Acetyl-CoA의 운반

진핵세포 생물에 있어서 acetyl-CoA는 mitochondria에서 pyruvate dehydrogenase 복합체의 작용으로 합성되며, acetyl-CoA를 이용하는 지방산의 합성은 원형질체에서 이루어진다. 진핵세포 미생물은 지방산을 합성하기 위해서 mitochondria로부터 acetyl-CoA를 원형질체로 운반한다(제3장, 3.11.2). Coenzyme A와 이의 유도체는 mitochondria 내막을 통과할 수 없으므로 acetyl-CoA는 carnitine acyltransferase의 작용으로 carnitine과 결합하여 acetyl-carnitine으로 합성된 다음 원형질체로 운반된다. 원형질체로 운반된 acetyl-carnitine은 원형질체에 있는 carnitine acyltranferase II의 작용으로 carnitine을 유리하면서 다시 acetyl-CoA로 합성된다.

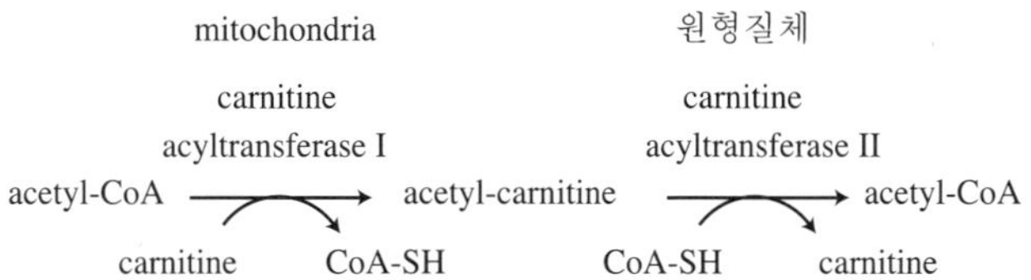

Triacylglycerol을 저장 물질로 합성하는 진핵세포 미생물은 acetyl group shuttle 메커니즘으로 acetyl-CoA를 citrate 형태로 운반한다(제13장, 13.2.2).

6.6.1.2 포화 Acyl-ACP의 합성

Acyl-ACP는 7종의 효소 작용을 통해 acetyl-CoA의 중합으로 합성된다. 원핵세포에서 이들 효소는 독립적으로 작용하지만 진핵세포에서는 하나의 효소 복합체로 작용한다. 먼저 acetyl transacetylase에 의해 acetyl-CoA의 acetyl기가 acyl carrier protein(ACP)으로 이전된다.

$$\text{acetyl-CoA} + \text{ACP} \xrightleftharpoons{\text{acetyl transacetylase}} \text{acetyl-ACP} + \text{CoA-SH}$$

또한, 다른 acetyl-CoA는 acetyl-CoA carboxylase의 작용을 받아서 malonyl-CoA로 carboxylate되어 malonyl transacylase에 의해 malonyl-ACP가 된다. Acetyl-CoA carboxylase는 biotin carboxylase, biotin carboxyl carrier protein(BCCP) 각 1분자와 2분자의 carboxyltransferase로 이루어지는 복합체이다.

$$\text{BCCP} + HCO_3^- + \text{ATP} \xrightarrow{\text{biotin carboxylase}} \text{BCCP}-COO^- + \text{ADP} + P_i$$

$$\underset{\text{acetyl-CoA}}{CH_3-CO-\text{CoA}} + \text{BCCP}-COO^- \xrightarrow{\text{carboxyltransferase}} \underset{\text{malonyl-CoA}}{\underset{|\atop COO^-}{CH_2}-CO-\text{CoA}} + \text{BCCP}$$

$$\underset{\text{malonyl-CoA}}{\underset{|\atop COOH}{CH_2}\text{-CO-CoA}} + \text{ACP} \xrightleftharpoons{\text{malonyl transacylase}} \underset{\text{malonyl-ACP}}{\underset{|\atop COOH}{CH_2}\text{-CO-ACP}} + \text{CoA-SH}$$

3-ketoacyl-ACP synthase는 malonyl-ACP의 카복실기 자리에 acetyl-ACP의 acetyl기를 결합시키면서 탈탄산하여 acetoacetyl-ACP를 합성한다. 이어서 NADPH를 조효소로 이용하는 3-ketoacyl-

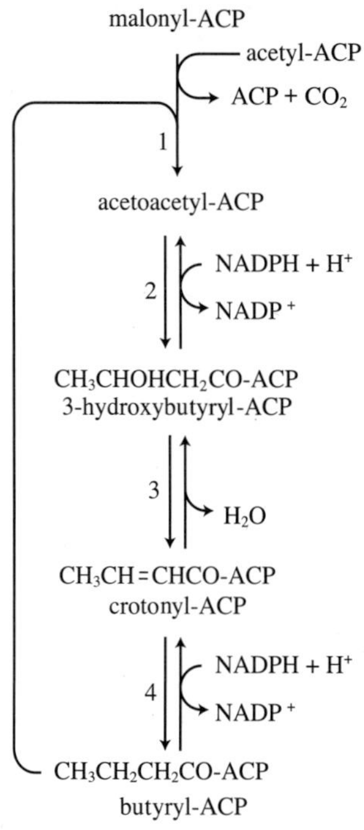

그림 6.24 지방산 합성의 효소 반응.

1. 3-ketoacyl-ACP synthase; **2.** 3-ketoacyl-ACP reductase; **3.** 3-hydroxyacyl-ACP dehydratase; **4.** enoyl-ACP reductase

ACP reductase가 acetoacetyl-ACP를 3-hydroxybutyryl-ACP로 환원시킨다. 3-hydroxybutyryl-ACP는 3-hydroxyacyl-ACP dehydratase의 작용으로 탈수되어 crotonyl-ACP로 된다. Enoyl-ACP reductase는 NADPH를 이용하여 crotonyl-ACP를 butyryl-ACP까지 환원시킨다. Butyryl-ACP는 다시 malonyl-ACP와 반응하여 탈탄산하면서 다음 cycle의 반응이 계속된다(그림 6.24).

그림 6.24의 4반응 중에서 3-ketoacyl-ACP synthase가 촉매하는 1번 중합 반응만이 비가역 반응이다. 따라서 합성되는 지방산의 분자량의 결정은 이 효소 반응의 조절로 이루어진다.

6.6.1.3 Branched Acyl-ACP의 합성

Branched fatty acid의 합성은 acetyl-ACP 대신 isobutyryl-ACP, isovaleryl-ACP 등을 이용하여 그림 6.24과 같이 합성된다.

6.6.1.4 불포화 Acyl-ACP의 합성

포화 지방산이 합성될 때 3-hydroxyacyl-ACP dehydratase(FabZ)는 2, 3번 탄소 사이에 *trans* 형의 이중 결합을 형성하기 때문에 enoyl-ACP reductase의 작용을 받아 환원될 수 있다.

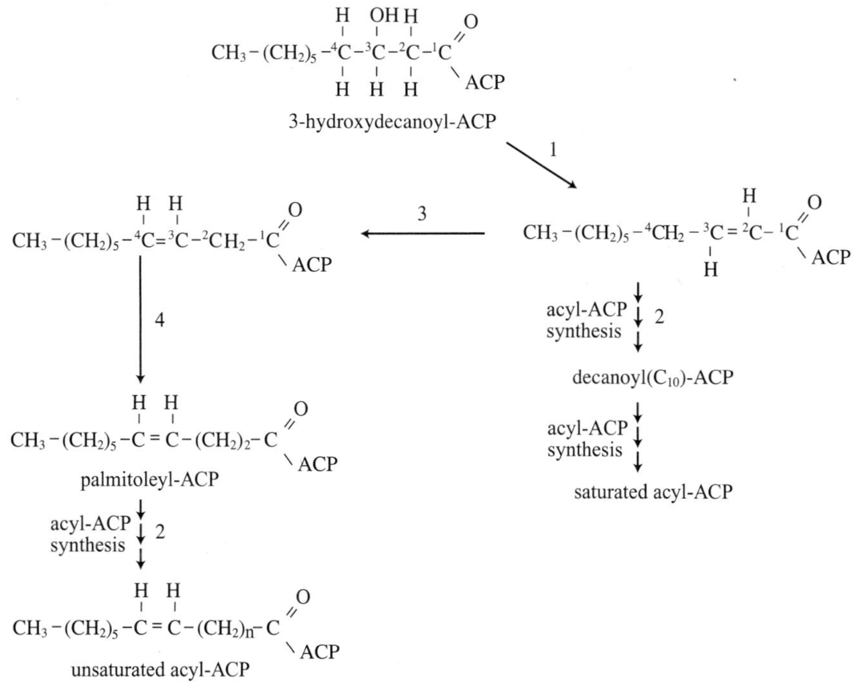

그림 6.25 원핵세포 생물의 혐기적 불포화 지방산 합성 메커니즘(Ann. Rev. Biochem. 2005, 74:791-831).
두가지의 기능을 가진 3-hydroxydecanoyl-ACP dehydratase(FabA)가 3-hydroxydecanoyl-ACP를 탈수하여 trans-2,3-enoyl-ACP를 생산한다(1). 포화 지방산을 생산할 때는 enoyl-ACP reductase(FabI)가 trans-2,3-enoyl-ACP의 이중 결합을 환원한다(2, 그림의 오른쪽). 반면에 불포화 지방산을 합성하기 위해서(그림의 왼쪽)는 FabA가 trans-2,3-enoyl-ACP를 cis-3,4-enoyl-ACP로 이성화(3)한다. Cis-3,4-enoyl-ACP는 enoyl-ACP reductase (FabI)에 의해 환원되지 않고 hydroxyacyl-ACP synthase I(FabB)의 작용으로 malonyl-ACP와 중합한다(4). FabA와 FabB는 불포화 지방산 합성의 key enzyme으로 항상 생산되며(constitutive), 정상적인 생장온도에서는 안정하지 못하고 낮은 온도에서는 안정하다.

3-hydroxydecanoyl-ACP는 두 가지의 기능을 가진 3-hydroxydecanoyl-ACP dehydratase (FabA)의 작용을 통해 trans-2,3-enoyl-ACP로 탈수된다(그림 6.25. 1번 반응). 포화 지방산을 생산할 때는 enoyl-ACP reductase (FabI)가 trans-2,3-enoyl-ACP의 이중 결합을 환원하지만(그림 6.25. 2번 반응), 불포화 지방산을 합성하기 위해서(그림의 왼쪽)는 FabA의 다른 기능을 통해 trans-2,3-enoyl-ACP가 cis-3,4-enoyl-ACP로 이성화(그림 6.25. 3번 반응)된다. Cis-3,4-enoyl-ACP는 enoyl-ACP reductase (FabI)에 의해 환원되지 않고 hydroxyacyl-ACP synthase I (FabB)의 작용으로 malonyl-ACP와 중합한다(그림 6.25, 4번 반응). FabA와 FabB는 불포화 지방산 합성의 key enzyme으로 항상 생산되며(constitutive), 정상적인 생장 온도에서는 안정하지 못하고 낮은 온도에서는 안정하다.

이상의 불포화 지방산 합성 과정은 세균에서만 일어난다. 이 합성 과정에서 분자 상태의 산소가 관여하지 않기 때문에 혐기적 불포화 지방산 합성이라 하며, 포화 지방산이 합성된 다음 desaturase라 불리는 monooxygenase의 반응으로 불포화되는 반응을 호기적 불포화 지방산 합성이라 한다.

*Bacillus subtilis*의 desaturase는 ferredoxin 또는 flavodoxin을 전자 공여체로 이용한다.

$$\text{Palmitoyl}-\text{ACP} + XH_2 + H^+ + O_2 \xrightarrow{\text{acyl-ACP oxidase}} \text{Palmitoleyl}-\text{ACP} + X + 2H_2O$$

효모 등 진핵세포 미생물은 혐기적 불포화 지방산 합성 능력이 없기 때문에 효모가 혐기적으로 생장할 때 불포화 지방산을 growth factor로 요구한다.

6.6.1.5 Cyclopropane 지방산의 합성

세균의 세포막 인지질에는 cyclopropane을 가진 지방산이 많이 발견된다(제2장, 2.3.4). Cyclopropane은 cyclopropane fatty acid synthase의 작용을 통해 불포화 지방산의 이중 결합 부분에 *S*-adenosylmethionine의 methyl기가 이전되어 형성된다. 이 반응은 불포화 지방산이 인지질로 합성된 후에 일어난다. *Lactobacillus arabinosus*에서 처음 발견되어 lactobacillic acid라 부르기도 한다.

```
                                      cyclopropane fatty acid synthase
                         H  H                                                   H  H
                         |  |                                                   |  |
  CH2-O-CO-(CH2)9-C = C-(CH2)5-CH3 → CH2-O-(CH2)9-C-C-(CH2)5-CH3
  |                                        |                                    \ /
H-C-O-                                   H-C-O-                                 CH2
  |                                        |
-O-CH2                                   -O-CH2

  cis-vaccenic acid residue                     lactobacillic  acid residue
```

6.6.1.6 지방산 합성의 조절

미생물은 생장 조건에 따라서 원형질막을 이루는 인지질의 종류와 지방산의 구성이 달라진다. 온도가 높아지면 포화 지방산의 함량이 높아지며, 반대로 낮은 온도에서는 불포화 지방산을 많이 생산한다. 낮은 온도에서 불포화 지방산의 합성이 촉진되는 것은 새로운 효소의 합성을 통하지 않고 기존의 효소가 낮은 온도에서 안정하여 활성이 높아지기 때문이다.

지방산의 분자량은 3-ketoacyl-ACP synthase의 기질에 대한 친화성에 의해 결정된다.

*Escherichia coli*는 정지기에서 생장기보다 많은 양의 cyclopropane fatty acid(CFA)를 합성한다. CFA를 합성하지 못하는 변이주는 냉동-해동 처리에 쉽게 사멸하는 등 원형질막의 CFA가 세균의 생명 유지에 관계가 있다. CFA synthase의 promotor는 정지기에 작용하는 RNA polymerase의 σ factor(σ^s)에 의해 더 잘 식별되기 때문에 정지기에 많이 생산된다(제12장, 12.1.1).

극한 조건에서 생장하는 세균의 원형질막에는 한 분자의 dicarboxylic acid가 막의 안과 밖을 연결한 것으로 알려지고 있으나(제2장, 2.3.4), 어떠한 경로로 합성되며, 어떠한 메커니즘으로 합성이 조절되는지는 아직 연구되지 않았다.

6.6.2 인지질의 합성

EMP 경로의 중간 산물인 dihydroxyacetone phosphate가 NADPH의 환원력을 이용하여 glycerol-3-phosphate로 환원되어 지질 합성에 이용된다.

```
CH2-OH
|
C=O   O        dihydroxy acetone phosphate
|     ||
CH2-O-P-OH
      |
      OH
      |
      |— NADPH + H+
      |    glycerol-3-phosphate dehydrogenase
      |→ NADP+
      ↓
CH2 - OH
|
CHOH  O        glycerol-3-phosphate
|     ||
CH2-O-P-OH
      |
      OH
```

6.6.2.1 Phosphatidic Acid 합성

Phosphatidic acid는 1분자의 glycerol-3-phosphate와 2분자의 acyl-ACP가 glycerol phosphate acyltransferase의 작용을 받아 결합하여 합성된다. 미생물 균체의 분석에서 phosphatidic acid가 발견되나, 이 자체가 기능을 갖는 것이 아니고 triglyceride와 인지질 합성의 전구물질로 생각된다. Triglyceride는 phosphatidic acid가 phosphatase에 의해 탈인산화된 다음 제3의 Acyl-ACP와 결합하여 합성된다.

```
CH2 - OH                          glycerol phosphate        CH2 - O - CO - R
|                                   acyltransferase         |
CHOH + 2R - CO - ACP           ------------------------->   CH - O - CO - R
|         O                              ↓                  |         O
|         ||                                                |         ||
CH2 - O - P-OH                         2ACP                 CH2 - O - P-OH
          |                                                           |
          OH                                                          OH
glycerol -3 - phosphate                                     phosphatidic acid
```

6.6.2.2 인지질 합성

미생물을 포함한 많은 생물의 막 인지질은 phosphatidyl ethanolamine, phosphatidyl serine, phosphatidyl choline, phosphatidyl inositol, phosphatidyl glycerol, cardiolipin 등으로 이루어져 있다. 이들은 phosphatidic산의 인산에 알코올이 에스테르 결합을 한 phosphatidic 산의 유도체들이다.

에스테르 결합을 형성하기 전에 phosphatidic 산은 CTP와 작용하여 PP*i*를 생산하면서 CDP-diacylglyceride로 활성화된다.

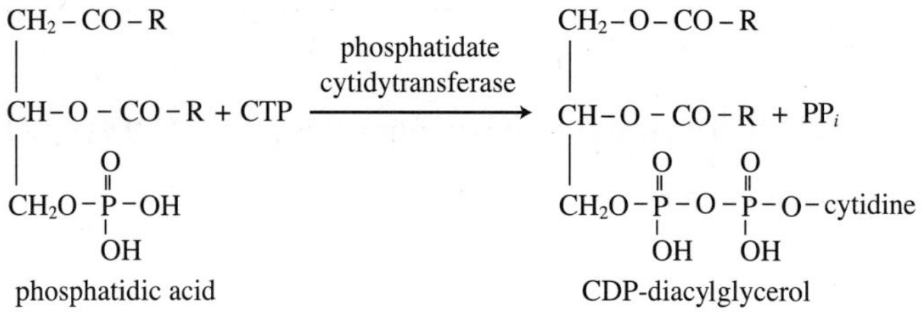

$$\begin{array}{l} CH_2-CO-R \\ | \\ CH-O-CO-R \\ | \\ CH_2O-P(=O)(OH)-OH \end{array} + CTP \xrightarrow{\text{phosphatidate cytidytransferase}} \begin{array}{l} CH_2-O-CO-R \\ | \\ CH-O-CO-R \\ | \\ CH_2O-P(=O)(OH)-O-P(=O)(OH)-O-\text{cytidine} \end{array} + PP_i$$

phosphatidic acid → CDP-diacylglycerol

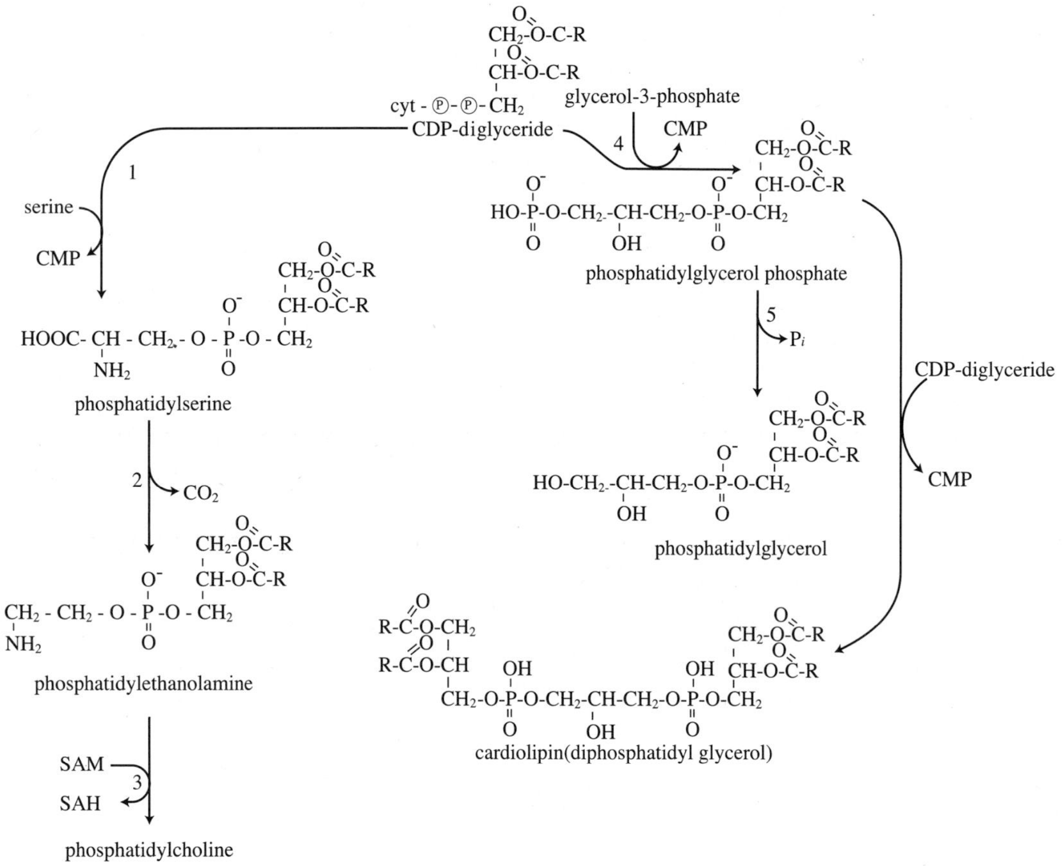

cyt-Ⓟ-Ⓟ-CH_2 CDP-diglyceride

1: serine → CMP; phosphatidylserine

2: → CO_2; phosphatidylethanolamine

3: SAM → SAH; phosphatidylcholine

4: glycerol-3-phosphate → CMP; phosphatidylglycerol phosphate

5: → P_i; phosphatidylglycerol

CDP-diglyceride → CMP; cardiolipin(diphosphatidyl glycerol)

그림 6.26 인지질의 합성 경로.

Phosphatidic acid가 CTP와 작용하여 CDP-diglyceride로 활성화되어 인지질의 친수성 부분을 이루는 알코올과 결합하여 ester를 이룬다.

1. CDP-diacylglyceride:serine *O*-phosphatidyltransferase; **2.** phosphatidylserine decarboxylase;
3. phosphatidylethanolamine methyltransferase; **4.** CDP-diacylglyceride:glycerol-3-phosphate 3-phosphatidyltransferase;
5. phosphatidylglycerol phosphatase

SAM : *S*-adenosylmethionine

SAH : *S*-adenosylhomocysteine

활성화된 CDP-diacylglyceride는 serine, inositol, glycerol-3-phosphate 등의 alcohol기와 결합하면서 CMP를 분리한다. 이때 각각의 alcohol에 특이한 phosphatidyltransferase가 작용한다.

Phosphatidylserine은 탈탄산화되어 phosphatidylethanolamine이 되고, *S*-adenosylmethionine으로부터 methyl기가 phosphatidylethanolamine에 이전되어 phosphatidyl choline이 된다. Phosphatidylinositol, phosphatidyl glycerol, cardiolipin 등도 비슷한 반응으로 합성된다(그림 6.26).

6.6.2.3 일탄소 화합물 Donor

아미노산(methionine, glycine)과 purine nucleotide의 합성에서 필요한 일탄소 화합물은 tetrahydrofolate의 일탄소 유도체로부터 공급되며, phosphatidylcholine 합성에서 methyl기는 *S*-adenosylmethionine(SAM)으로부터 공급된다.

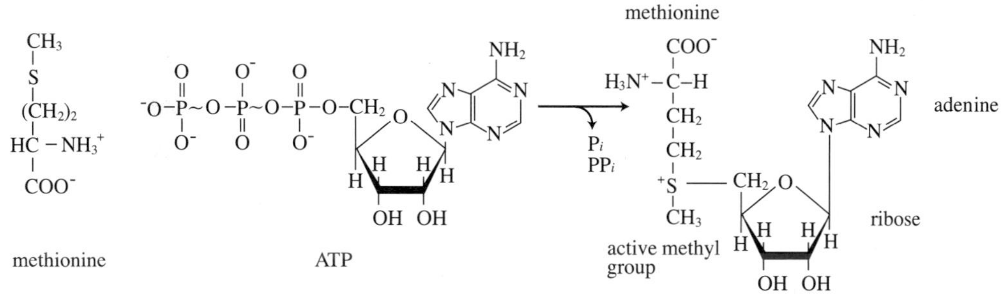

Tetrahydrofolate는 이산화탄소 이외에 탄소 원자 하나를 갖는 methyl기($-CH_3$), methylene기($-CH_2^-$), methenyl기($-CH=$), formyl기($-CHO$) 및 formimino기($-CH=NH$)의 공급이나 제거에 이용되며, SAM은 methyl기($-CH_3$)의 공급에 이용된다. 메탄 생산 archaea(제9장, 9.4.2)를 제외한 대부분의 미생물에서 일탄소 화합물의 대사에 이들 두 조효소가 이용된다. 메탄 생산 archaea의 특이 조효소로 알려진 일탄소 운반체인 coenzyme M과 tetrahydromethanopterin(H_4MTP)이 세균에서도 이 발견되었다 (제7장, 7.7, 7.9.2).

Tetrahydrofolate는 folate의 pteridine 잔기가 환원된 형태로서 pteridine 잔기 외에 *p*-aminobenzoate와 glutamate가 결합한 형태이다(그림 6.27).

SAM은 methionine과 ATP로부터 methionine adenosyltransferase에 의해 합성된다.

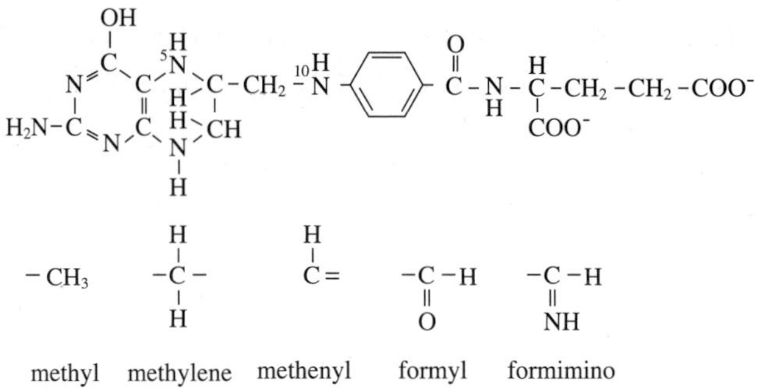

$-CH_3$	$-CH_2-$	$-CH=$	$-CH=O$	$-CH=NH$
methyl	methylene	methenyl	formyl	formimino

그림 6.27 C_1기의 공급이나 제거에 이용되는 조효소 Tetrahydrofolate와 C_1기.

6.6.3 Isoprenoid계 지질의 합성

Archaea의 원형질막 지질의 친유성 부분인 phytanyl기, sesterterpanyl기 등은 isoprenoid계 화합물로, 이들 외에도 quinone, carotenoid, steroid, hopanoid 등이 isoprenoid계 화합물이다.

모든 isoprenoid계 화합물은 isopentenyl pyrophosphate가 중합되어 합성된다(그림 6.28). Isopentenyl pyrophosphate는 오래 동안 acetyl-CoA 3분자가 중합하여 만들어지는 mevalonate를 거치는 mevalonate 경로를 통해서 합성되는 것으로 알려져 왔으나, 최근 별도의 mevalonate independent 경로가 알려졌다. *Escherichia coli* 등 그람음성 세균은 대부분 mevalonate independent 경로로 그리고 그람양성 세균은 균주에 따라 서로 다른 경로로 이를 합성하며, 대부분의 archaea는 mevalonate 경로를 보유하고 있다.

6.7 Heme 화합물의 합성

Cytochromes, chlorophylls 등 heme기를 함유하는 많은 종류의 단백질이 있다. Heme기는 5-aminolevulinate를 전구물질로 합성된다. 이 전구물질은 glutamyl-tRNA 또는 succinyl-CoA로부터 합성된다. *Alphaproteobacteria*는 succinyl-CoA로부터 5-aminolevulinate를 합성한다.

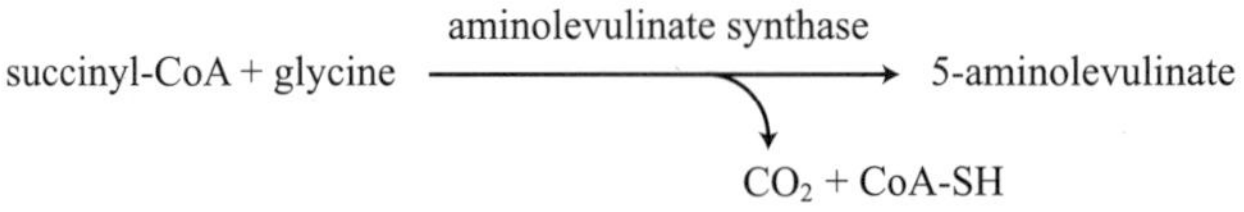

$$\text{succinyl-CoA} + \text{glycine} \xrightarrow{\text{aminolevulinate synthase}} \text{5-aminolevulinate} \quad (\rightarrow CO_2 + \text{CoA-SH})$$

그 외의 원핵세포 생물은 glutamyl-tRNA를 원료로 이용한다.

Heme 기의 생합성은 두분자의 5-aminolevulinate가 porphobilinogen으로 축합되면서 시

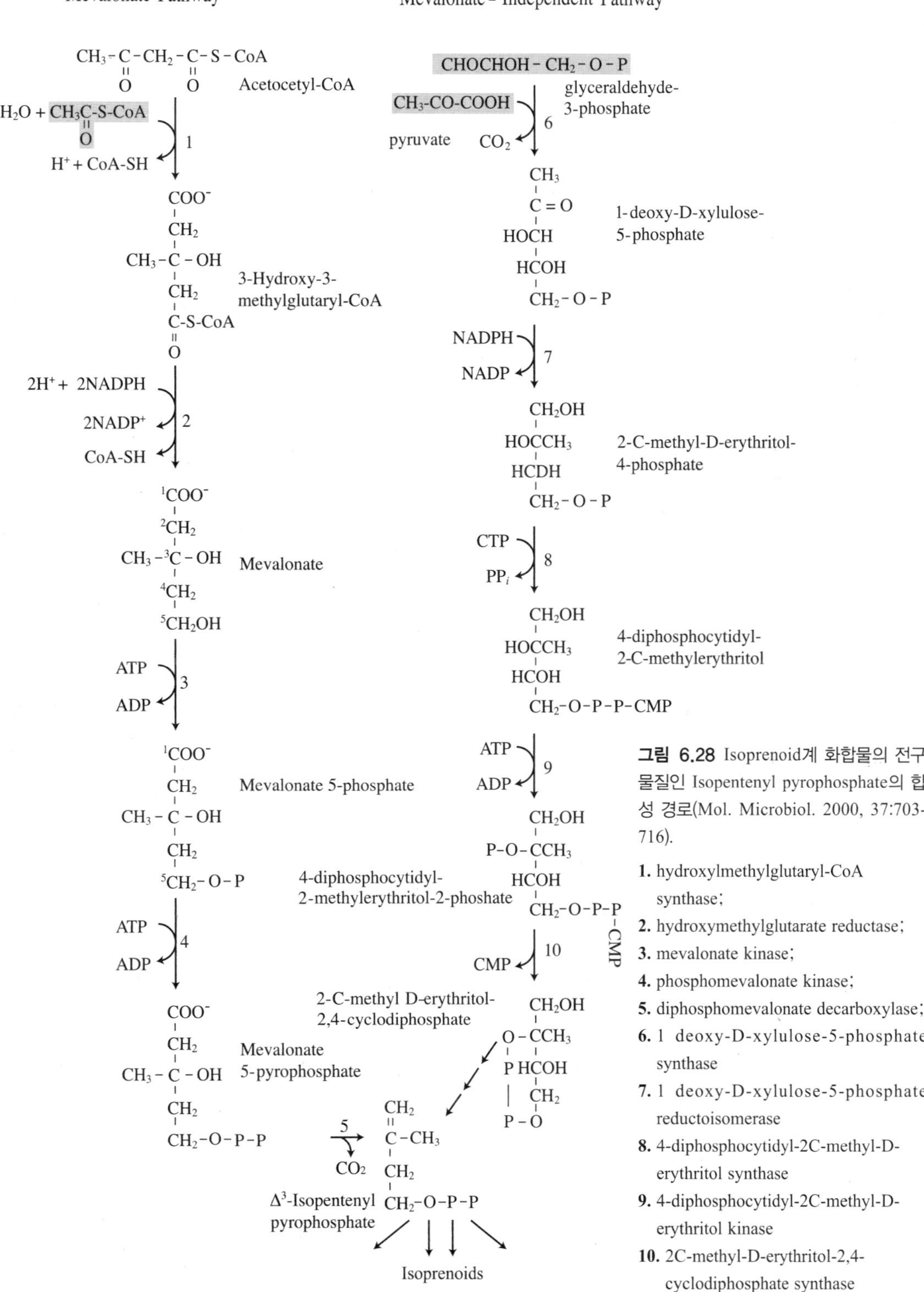

그림 6.28 Isoprenoid계 화합물의 전구물질인 Isopentenyl pyrophosphate의 합성 경로(Mol. Microbiol. 2000, 37:703-716).

1. hydroxylmethylglutaryl-CoA synthase;
2. hydroxymethylglutarate reductase;
3. mevalonate kinase;
4. phosphomevalonate kinase;
5. diphosphomevalonate decarboxylase;
6. 1 deoxy-D-xylulose-5-phosphate synthase
7. 1 deoxy-D-xylulose-5-phosphate reductoisomerase
8. 4-diphosphocytidyl-2C-methyl-D-erythritol synthase
9. 4-diphosphocytidyl-2C-methyl-D-erythritol kinase
10. 2C-methyl-D-erythritol-2,4-cyclodiphosphate synthase

그림 6.29 Heme기의 합성 경로(Microbiol.-UK. 2002, 148:2273-2282).

1. 5-aminolevulinate dehydratase; **2.** porphobilinogen deaminase; **3.** uroporphyrinogen III synthase; **4.** uroporphyrinogen III decarboxylase; **5.** coproporphyrinogen III oxidase; **6.** protoporphyrinogen IX oxidase; **7.** ferrochelatase.

ALA, 5-aminolevulinate.

작된다. 이어서 4분자의 porphobilinogen이 탈아민되면서 tetrapyrrole의 기본 구조를 갖는 uroporphyrinogen III로 합성된다. Corrinoids와 coenzyme F_{430} 등은 uroporphyrinogen III으로부터 합성되며, Chlorophylls과 bacteriochlorophylls은 protoporphyrin IX로부터, 그리고 Cytochromes과 phycobilins은 protoheme으로부터 합성된다(그림 6.29).

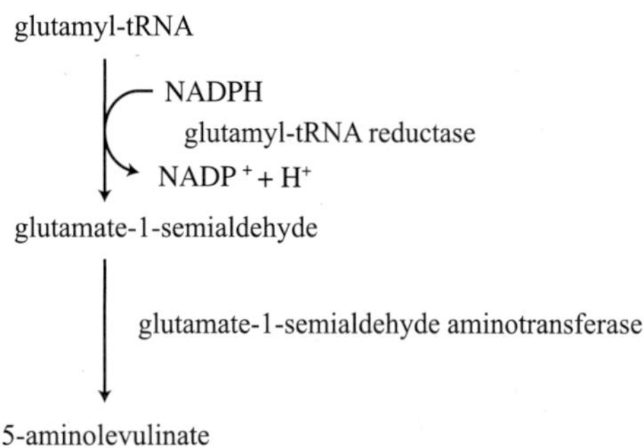

6.8 단당류 및 그 유도체의 합성

미생물에서 다당류는 세포벽, outer membrane의 lipopolysaccharide, capsule의 다당류 등 구조 물질과 glycogen 등 저장 물질로 나눌 수 있다. 해당 과정을 소개하면서 gluconeogenesis 경로를 통해 acetate, pyruvate 등 유기산으로부터 hexose-6-phosphate가 생산될 수 있음을 공부하였다(제4장, 4.2). 여기에서는 hexose-6-phosphate로부터 murein 등 다당류를 합성하는 데 필요한 단량체(monomer)의 합성을 살펴보기로 한다.

6.8.1 인산화당과 UDP-당의 합성

Mannose-6-phosphate는 isomerase의 작용을 통해 fructose-6-phosphate로부터 만들어진다.

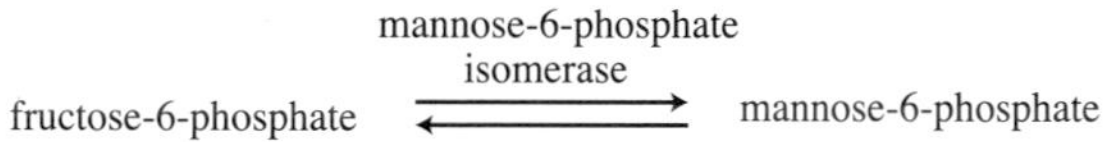

Galactose가 포함되는 polymer의 합성은 UDP-galactose로부터 합성되며, UDP-galactose는 glucose-6-phosphate로부터 3단계의 반응을 거쳐 생산된다.

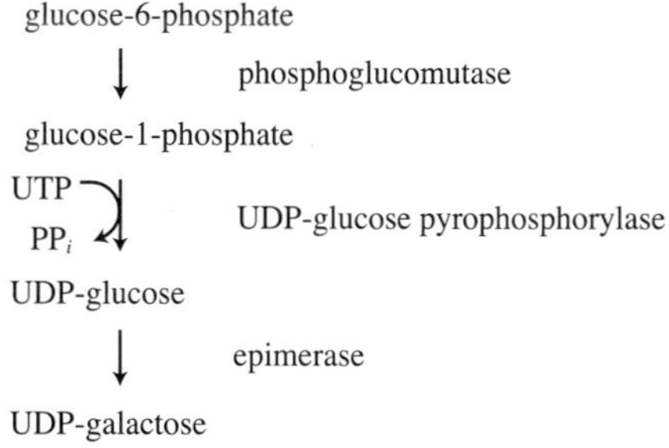

이 경로의 마지막 반응을 촉매하는 epimerase는 NAD^+를 조효소로 이용하여 UDP-glucose를 4번 탄소 위치에서 탈수소화한 다음 UDP-galactose로 환원시킨다.

6.8.2 Murein 단량체의 합성

Murein의 합성에 이용되는 단량체는 fructose-6-phosphate로부터 합성된다. Fructose-6-phosphate가 glutamine으로부터 $-NH_2$기를 받고 acetyl-CoA로부터 acetyl기를 받아 합성되는 *N*-acetylglucosamine-6-phosphate가 UTP와 작용하여 UDP-*N*-acetylglucosamine 형태로 murein의 합성에 이용된다. 또한 UDP-*N*-acetylglucosamine이 PEP로부터 enolpyruvate를 받고 NADPH의 환원력을 이용하여 환원되면 UDP-*N*-acetylmuramate로 합성된다(그림 6.30).

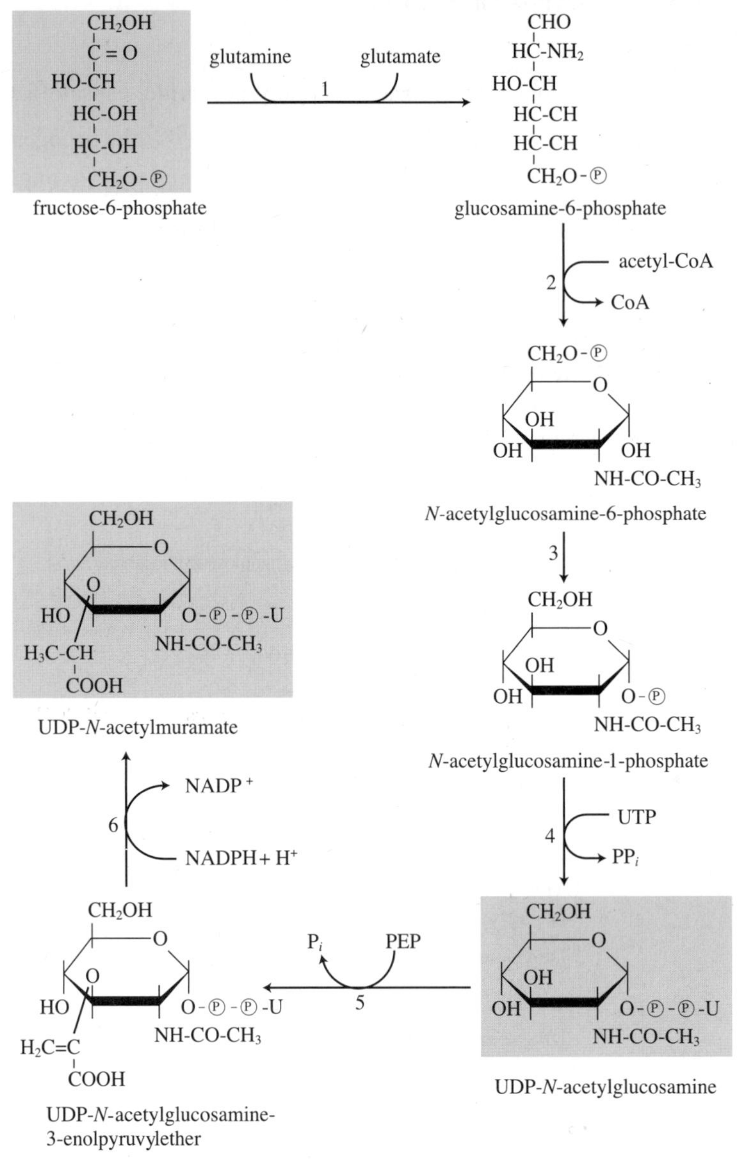

그림 6.30 Murein의 전구물질인 UDP-*N*-acetylglucosamine과 UDP-*N*-acetylmuramate의 합성 경로.

1. glutamine:fructose-6-phosphate aminotransferase; **2.** glucosamine phosphate transacetylase; **3.** *N*-acetylglucosamine phosphomutase; **4.** UDP-*N*-acetylglucosamine pyrophosphorylase; **5.** UDP-*N*-acetylglucosamine-3-enolpyruvylether synthase; **6.** UDP-*N*-acetylenolpyruvylglucosamine reductase.

Murein의 전구물질인 UDP-*N*-acetylglucosamine과 UDP-*N*-acetylmuramylpentapeptide는 원형질체에서 합성된다. UDP-*N*-acetylmuramylpentapeptide는 단백질 합성과는 다른 메커니즘에 의해서 ATP가 ADP와 P_i로 분해되는 반응에서 발생하는 에너지를 이용하여 UDP-*N*-acetylmuramate의

lactyl기에 L-alanine, D-glutamate, *meso*-diaminopimelate, D-alanyl-D-alanine의 차례로 peptide 결합을 형성하여 합성된다(그림 6.31). 이처럼 m-RNA와 ribosome이 작용하지 않는 peptide의 합성은 효소의 특이성이 아미노산의 서열을 결정한다. 이러한 경로는 non-ribosomal peptide 합성이라 한다.

6.8.3 Teichoic Acid의 단량체 합성

Ribitol teichoic acid와 glycerol teichoic acid의 전구물질인 CDP-ribitol과 CDP-glycerol은 ribose-phosphate와 glycerol-phosphate가 UDP-sugar 합성과 유사한 반응을 통해 CTP와 작용하여 합성된다.

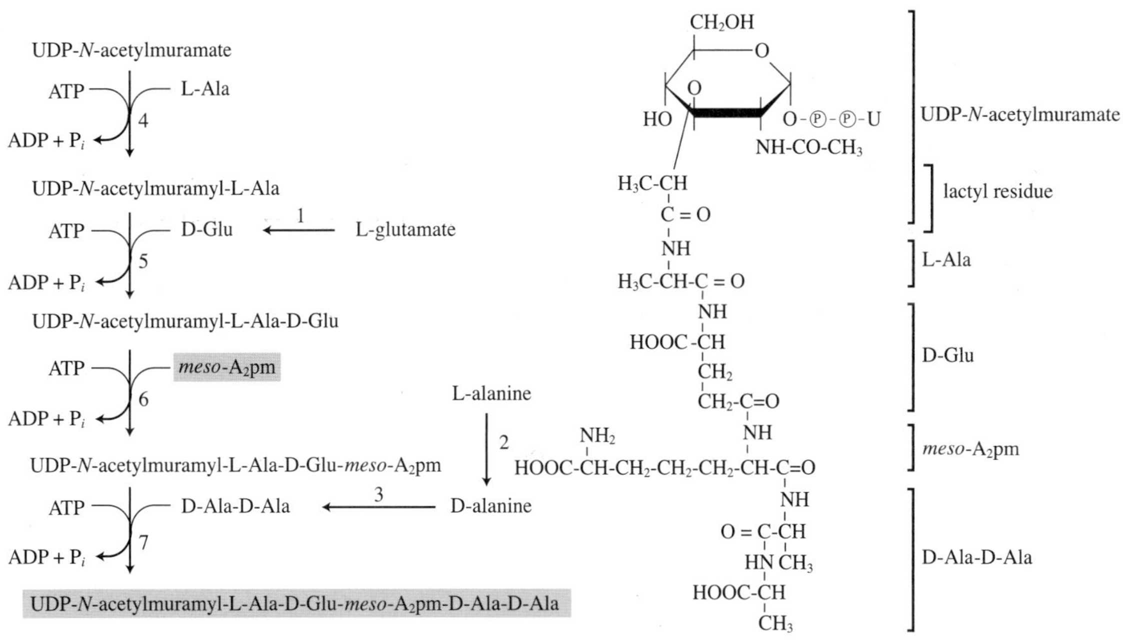

그림 6.31 UDP-*N*-acetylmuramate에 아미노산이 차례로 결합하여 합성되는 UDP-*N*-acetylmuramylpentapeptide.

세균의 세포벽을 이루는 murein을 합성하기 위해 전구물질로 이용되는 UDP-*N*-acetylmuramylpentapeptide의 peptide는 단백질 합성과 달리 mRNA를 필요로 하지 않으며, 아미노산도 활성화되지 않은 형태로 이용된다. 이러한 non-ribosomal peptide합성 경로는 특유의 합성 효소에 의해 ATP의 에너지를 이용하여 이루어진다. 균주에 따라 2번과 3번 위치의 아미노산이 다른 예가 많다.

1. glutamate isomerase; **2.** alanine racemase; **3.** D-alanine-D-alanine ligase; **4.** UDP-*N*-acetylmuramate-alanine ligase; **5.** UDP-*N*-acetylmuramoyl-alanine-D-glutamate ligase; **6.** UDP-*N*-acetylmuramoyl-alanyl-D-glutamate-2,6-diaminopimelate ligase; **7.** D-alanyl-D-alanine adding enzyme

meso-A_2pm : 2,6-diaminopimelate

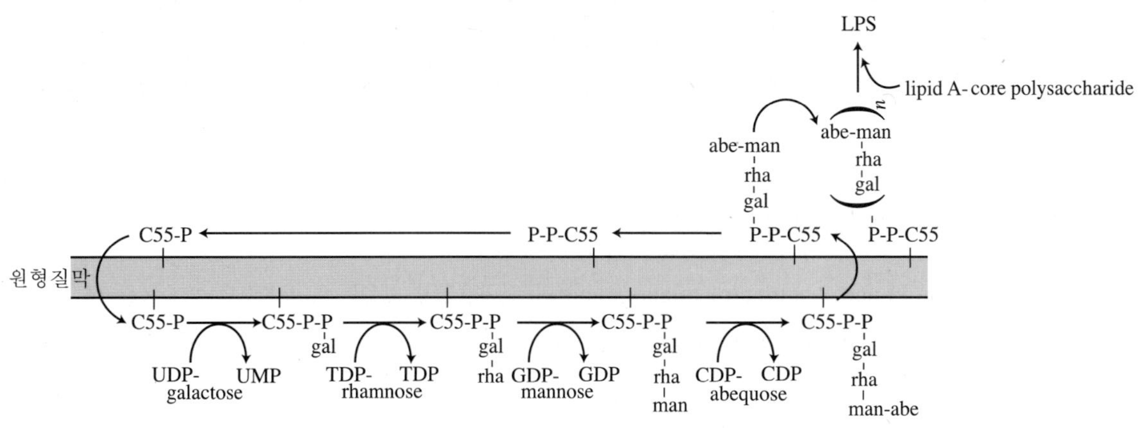

그림 6.32 *Salmonella enterica*의 *O*-면역 항원 전구물질과 lipopolysaccharide의 합성.

반복되는 구조를 갖는 *O*-면역 항원의 전구물질은 원형질막의 안쪽에서 운반체인 undecaprenyl phosphate에 nucleotide-당에서 당을 차례로 이전하여 합성한다. Core polysaccharide는 원형질체에서 합성된 다음 원형질막에서 합성된 lipid A와 결합하여 원형질막을 통과한다. 원형질체 쪽 원형질막에 있는 undecaprenyl phosphate(그림 6.35)에 결합된 상태로 합성되는 *O*-면역 항원은 periplasm으로 운반된 다음 Lipid A-core polysaccharide와 결합하여 LPS로 합성된다. LPS는 ATP-binding cassette(ABC)의 일종인 LPS exporter의 작용으로 outer membrane의 외측으로 운반된다.
C55-P: undecaprenyl phosphate

6.8.4 Lipopolysaccharide의 *O*-면역 항원 전구물질의 합성

Lipopolysaccharide는 lipid A, core polysaccharide 그리고 *O*-면역 항원으로 이루어진다(제2장, 2.3.3.2). *O*-면역 항원은 과당류가 반복되는 구조를 갖는다. 이 과당류는 murein이나 teichoic acid에서와 같이 원형질막의 안쪽에서 undecaprenyphosphate(그림 6.35)에 당-nucleotide가 차례로 결합하여 합성되고 원형질막을 통과한다(그림 6.32)

6.9 다당류의 합성과 세포벽, 원형질막 그리고 Outer Membrane의 형성

미생물에서 발견되는 주된 다당류는 저장 물질인 glycogen과 구조물인 세포벽, 그리고 outer membrane의 다당류들이다. 원형질막 외부를 이루는 물질들의 전구물질은 원형질체에서 합성되어 막을 통과한 다음 고유의 구조를 형성하므로 이들의 합성은 막 투과와 밀접한 관계가 있다. 여기에서는 다당류의 합성과 원형질막 외부에서 발견되는 다당류의 합성, 그리고 이들을 포함하는 원형질막 외부 구조물의 형성을 함께 다루기로 한다.

6.9.1 Glycogen 합성

진핵세포에서 glycogen 합성의 전구물질은 UDP-glucose이며, 원핵세포에서는 ADP-glucose 형태로 활성화된 포도당이 다당류의 합성에 이용된다.

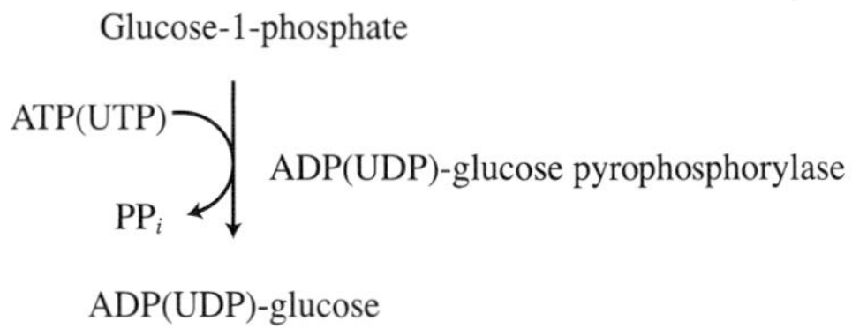

Glucose-1-phosphate

ATP(UTP) → PP_i ADP(UDP)-glucose pyrophosphorylase

ADP(UDP)-glucose

Glycogen은 두 단계의 효소 작용에 의해 합성된다. 먼저 glycogen synthase의 작용을 통해 UDP-glucose 또는 ADP-glucose의 포도당 부분이 기존 glycogen의 비환원성 말단 포도당의 4번 탄소 위치에 α-1,4-결합을 형성하여 중합된다(그림 6.33). α-1,4 결합의 사슬 길이가 길어지면 glycosyl(4→6)transferase의 작용을 받아 비환원성 말단 부분이 α-1,6 결합으로 transglycosylation 된다(그림 6.34).

6.9.2 세포벽 합성

6.9.2.1 전구물질의 막 통과

그람음성 세균의 세포벽은 murein으로 구성되어 있으며, 그람양성 세균은 murein과 teichoic acid로 이루어져 있다. 원형질막 외부에 위치하고 있는 세포벽의 합성에 이용되는 전구물질은 원형질체에서 합성되며, 이들은 친유성이 약해 원형질막을 통과할 수 없다. 따라서 친유성이 강한 운반체인

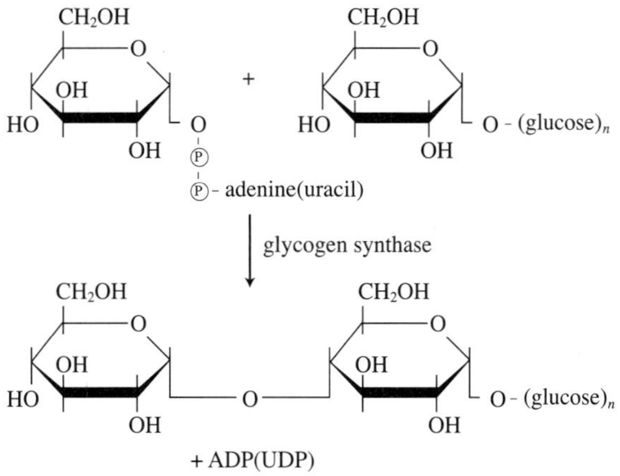

CH_2OH ... O ... OH ... HO ... OH ... O-Ⓟ-Ⓟ- adenine(uracil) + CH_2OH ... O ... OH ... HO ... OH ... O - $(glucose)_n$

↓ glycogen synthase

CH_2OH ... HO ... OH ... OH — O — CH_2OH ... OH ... OH ... O - $(glucose)_n$

+ ADP(UDP)

그림 6.33 Glycogen Synthase의 작용에 의한 Glycogen의 α-1,4 사슬의 형성.

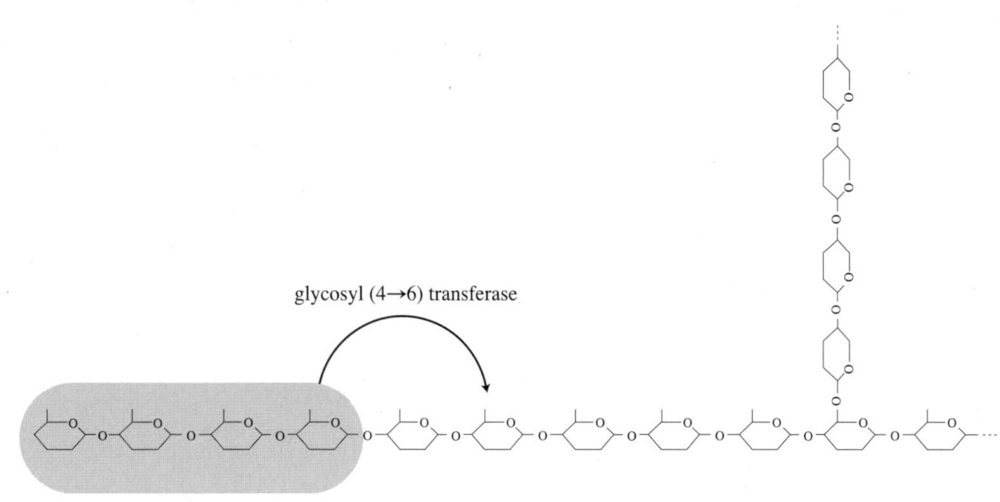

그림 6.34 Glycosyl(4-6)transferase의 작용에 의해 Glycogen의 α-1,4 사슬이 α-1,6 측쇄를 형성하는 메커니즘.

undecaprenyl(bactoprenol) phosphate(그림 6.35)와 결합하여 원형질막을 통과한 다음 중합된다.

Archaea와 진핵세포 생물에서는 유사한 구조를 갖는 dolichol phosphate가 undecaprenyl phosphate의 역할과 단백질의 glycosylation에 관여한다. Dolichol phosphate는 20개 내외의 isoprenoid로 이루어지며 인산기가 결합되어 있는 α-isoprenoid group에는 2중 결합이 없는 구조를 갖는다.

6.9.2.2 Murein의 합성

원형질막에 있는 undecaprenyl phosphate는 원형질체에서 합성된 UDP-*N*-acetylmuramylpentapeptide와 결합하여 UMP를 분리한다. 이어서 UDP-*N*-acetylglucosamine과 결합하면서 다시 UDP를 분리한다. Undecaprenyl에 결합된 *N*-acetylglucosaminyl-*N*-acetylmuramylpentapeptide pyrophosphate는 원형질막의 외측으로 이동하여 이미 존재하는 murein에 결합하면서 undecaprenyl pyrophosphate를 분리한다. Undecaprenyl pyrophosphate는 phosphatase의 작용으로 undecaprenyl phosphate로 분해되어 다음 합성에 이용된다(그림 6.36).

Transglycosylation 반응을 통해 기존의 murein에 새로이 결합한 *N*-acetylglucosamyl-*N*-acetylmuramate-pentapeptide의 peptide 부분은 이웃의 murein 사슬과 transpeptidation 반응으로

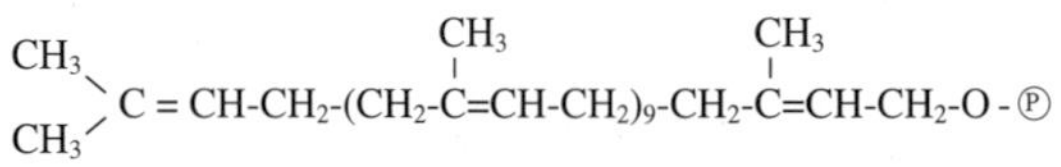

$$(CH_3)_2C=CH\text{-}CH_2\text{-}(CH_2\text{-}\overset{CH_3}{\overset{|}{C}}=CH\text{-}CH_2)_9\text{-}CH_2\text{-}\overset{CH_3}{\overset{|}{C}}=CH\text{-}CH_2\text{-}O\text{-}Ⓟ$$

그림 6.35 Undecaprenyl(Bactoprenyl) phosphate의 구조.

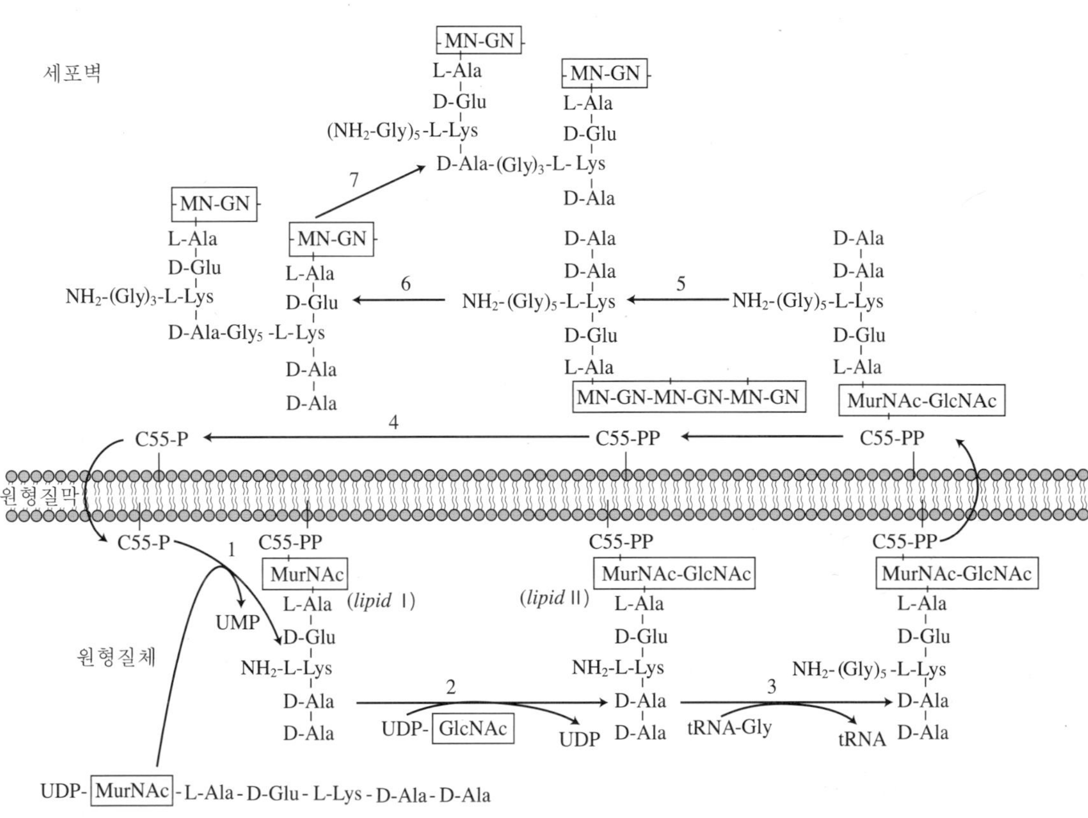

그림 6.36 그람양성 세균, *Staphylococcus aureus*의 murein 합성 메커니즘.

Murein 합성의 전구물질인 *N*-acetylglucosamine-UDP(GlcNAc)와 UDP-*N*-acetylmuramate(MurNAc)-pentapeptide는 원형질체에서 합성된다(그림 6.30, 6.31). UDP-MurNAc-pentapeptide가 undecaprenyl phosphate와 작용하면서 UMP가 분리된다(1). 이어서 UDP-GlcNAc가 결합하면서 UDP가 분리된다(2). 그람양성 세균에서는 pentapeptide의 제3 아미노산인 lysine이 tRNA와 결합하여 활성화된 glycine 5분자를 차례로 받는다(3). Undecaprenyl phosphate에 결합한 전구물질들은 원형질막을 막을 통과하여 transglycosylation 반응을 통해 기존의 murein에 결합한다(5). Murein의 합성을 저해하는 ristocetin, vancomycin 등은 이 반응을 저해하며, bacitracin은 undecaprenyl diphosphatase(4)를 저해하므로 undecaprenyl pyrophosphate가 축적되고 undecaprenyl phosphate의 농도가 낮아 전구물질이 원형질막을 통과하지 못한다. β-lactam 계열의 항생 물질은 pentapeptide가 transpeptidation 작용을 통해 D-alanine을 분리하면서 인접하는 peptide와 결합하는 transpeptidation(6)과 carboxypeptidation(7) 과정을 저해한다.

1. phospho-*N*-acetylmuramoyl pentapeptide transferase; **2.** *N*-acetylglucosamine transferase; **3.** glycyl transferase; **4.** undecaprenyl diphosphatase; **5.** transglycosylase; **6.** transpeptidase; **7.** carboxypeptidase

연결된다. Transpeptidation 반응은 새로 결합한 pentapeptide의 마지막 D-alanine이 분리되면서 네 번째 D-alanine과 이웃 사슬에 연결된 peptide의 아미노산이 결합하여 이루어진다(제2장, 2.3.3.3).

여러 가지 murein의 합성 저해제는 각각 다른 합성 반응에서 작용하며, penicillin 등 β-lactam계 항생 물질은 마지막 transpeptidation 반응을 저해한다.

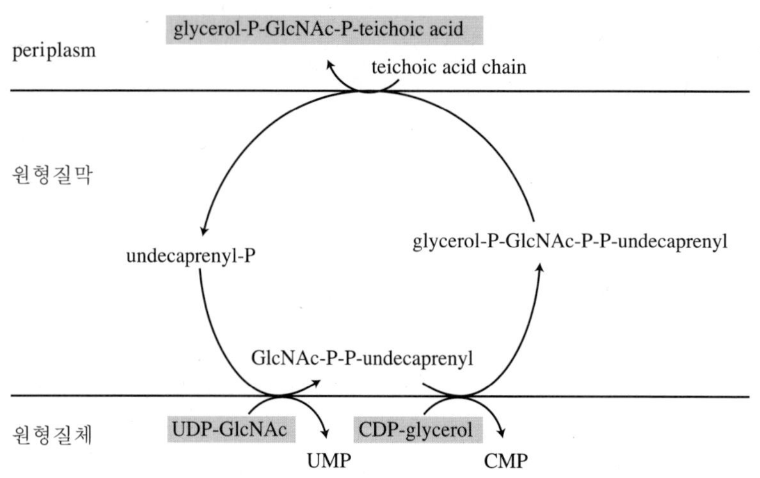

그림 6.37 Glycerol Teichoic Acid의 합성 경로.

Teichoic acid와 murein 생합성 전구물질의 원형질막 통과에서 운반체로 이용되는 undecaprenyl-phosphate가 원형질막의 원형질체 쪽에서 UDP-*N*-acetylglucosamine, CDP-glyceride와 차례로 결합하면서 UMP와 CMP를 각각 분리한다. 합성된 glycerol-P-*N*-acetylglucosamine-P-P-undecaprenyl은 periplasm 쪽으로 이동하여 기존의 teichoic acid에 glycerol-P-*N*-acetylglucosamine-P를 결합시키면서 undecaprenyl-phosphate로 분리된다.

6.9.2.3 Teichoic Acid의 합성

그람양성 세균의 teichoic acid 합성도 murein 합성과 유사한 과정을 통해 이루어진다(그림 6.37). 원형질체에서 undecaprenyl phosphate가 UDP-*N*-acetylglucosamine, 그리고 CDP-glyceride와 차례로 결합하여 glycerol-P-*N*-acetylglucosamine-P-P-undecaprenyl로 합성된 다음 원형질막을 통과한다. Glycerol-P-*N*-acetylglucosamine-P가 teichoic acid의 합성에 이용되므로 undecaprenyl phosphate가 분리된다.

Murein 합성에서는 undecaprenyl pyrophosphate가 phosphatase의 작용을 받아 다음 cycle의 합성에 이용되지만, teichoic acid 합성에서는 phosphatase가 작용하지 않는다. 따라서 phosphatase의 작용을 억제하는 항생 물질 bacitracin은 murein의 합성을 저해하지만 teichoic acid의 합성은 저해하지 않는다.

6.9.2.4 그람양성 세균의 세포벽 단백질

그람양성 세균의 세포 표면에도 그람음성 세균과 같이 많은 종류의 단백질이 있다. 이들은 제3장(3.9)에서 공부한 메커니즘으로 운반되어 sortase라는 효소의 촉매 작용을 통해 murein에 공유결합으로 연결된다. 이러한 세포 표면 단백질은 원형질막을 통한 운반에 필요한 *N*-terminal의 signal peptide와 함께 *C*-terminal에 특유의 sorting signal을 보유하고 있어서 sortase가 이를 인지하여 분해하면서 murein의 peptide와 결합시킨다(그림 6.38).

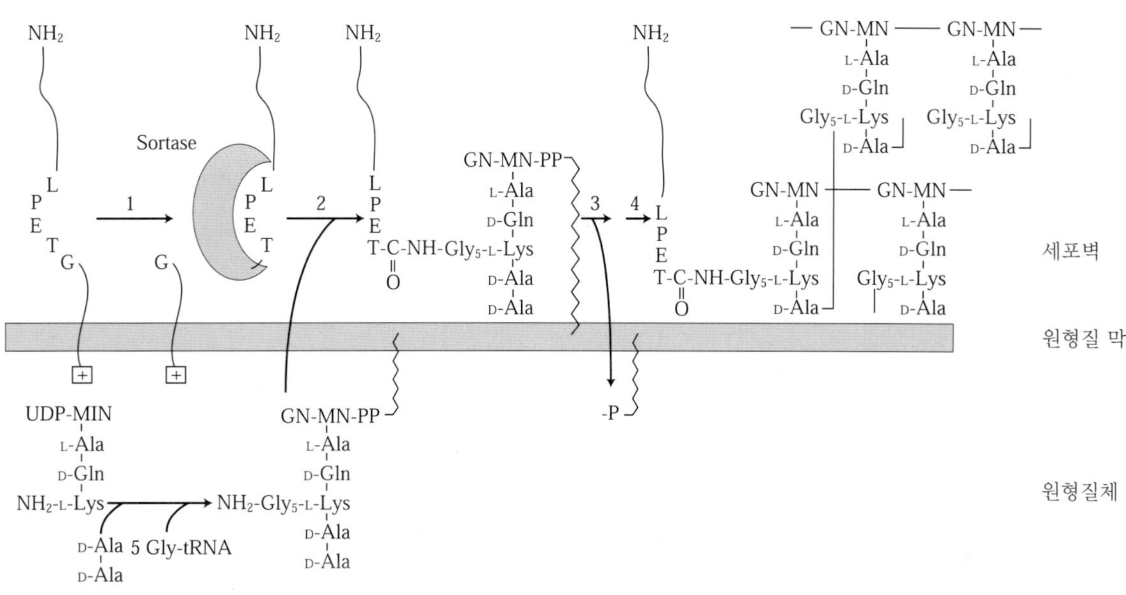

그림 6.38 그람양성 세균에서 sortase가 세포벽 단백질을 murein에 결합시키는 경로(Trends Microbiol. 2000, 8:148-151). 세포먹 단백질을 4단계를 통해 원형질막을 통과하여 murein에 결합한다. 1) 전체 peptide가 원형질막을 통과한 다음 2) signal peptide가 원형질막과 친유성 상호작용으로 완전히 세포와 분리되지 않고, 3) sortase와 결합하여 threonine과 glycine 잔기 사이가 분해된다. 4) 마지막으로 sortase가 threonine잔기와 murein의 amino 기를 결합시킨다.

6.9.3 Outer Membrane의 형성

그람음성 세균의 outer membrane은 바깥쪽의 lipopolysaccharide(LPS)와 안쪽의 phospholipid, 그리고 각종 단백질로 이루어져 있다. LPS의 구성성분과 단백질은 원형질체에서 합성되어 원형질막과 murein층을 지나 제 자리에 배치된다. 전자현미경 사진에서 그람음성 세균의 outer membrane과 원형질막이 규칙적으로 결합되어 있는 구조가 확인된 다음 오래 동안 원형질막 외측 인지질 층과 outer membrane의 안쪽 인지질 층이 murein 층을 지나 서로 연결되어 형성된 Bayer's junction이라는 구조를 통해 이들이 운반되는 것으로 믿었으나 전자현미경으로 관찰되는 구조는 시료 준비 과정에서 발생한 오류로 밝혀졌다. 따라서 이와 유사한 구조가 있을 가능성은 있으나 murein 층에 구멍이 난 형태는 아닐 것이라는 견해가 지배적이다. Outer membrane의 기능으로 볼 때 합성 과정에서도 그 고유의 기능을 유지해야 하므로 각 구성물이 따로 따로 형성되는 것이 아니고 동시에 이루어질 것으로 판단된다.

6.9.3.1 단백질의 운반

단백질의 합성은 mRNA가 DNA로부터 복제한 정보에 따라 원형질체에 있는 ribosome에서 이루어진다(6.12). 원형질체에서 합성된 고분자 물질인 단백질이 체외 효소 또는 periplasm이나 outer membrane의 구성원이 되기 위해 SecB 경로(제3장, 3.9.1.1)를 통해 원형질막을 통과한다. 이들 단백질의 운반은 제3장, 3.9에서 상세히 공부하였다.

제3장, 3.9에서 공부한 메커니즘으로 원형질막을 통과한 peptide는 outer membrane의 외측 부분인 lipopolysaccharide와 작용하여 단백질 고유의 2차, 3차 구조를 형성한다. 단백질의 합성은 여러 가지의 조절 작용을 받는다(제12장). 이러한 조절 작용과 더불어 그람음성 세균의 outer membrane을 이루는 단백질은 outer membrane의 합성이 필요치 않은 조건에서 LPS의 합성이 중단되면 peptide가 작용할 LPS가 없기 때문에 ribosome에서 peptide가 분리되지 않아서 peptide의 합성이 중단되는 메커니즘으로도 조절이 이루어 질 것으로 생각되고 있다.

6.9.3.2 LPS의 합성과 운반

LPS를 이루는 lipid A와 core polysaccharide(제2장, 2.3.3.2)는 원형질체 쪽 원형질막에서 합성되어 원형질막을 통과한다. 이때 lipid A가 core polysaccharide의 carrier로 작용한다. 따라서 core polysaccharide의 막 통과에는 undecaprenyl phosphate가 carrier로서 작용하지 않는다. 이미 공부(그림 6.32)한 바와 같이 LPS의 repeating oligosaccharide는 murein 합성과 유사한 과정으로 합성되어 undecaprenyl phosphate와 결합한 상태로 원형질막을 통과한 다음 lipid A-core polysaccharide와 결합한다. 즉, nucleoside-diphosphate로 활성화된 당이 원형질막에 있는 undecaprenyl phosphate와 작용하여 undecaprenyl-P-당으로 합성된 다음 원형질막을 통과하여 periplasm에서 중합된다. Periplasm에서 중합된 LPS는 ATP-binding cassette(ABC, 제3장, 3.4, 3.9.3)의 일종인 LPS exporter의 작용으로 outer membrane의 외측으로 운반된다.

6.9.3.3 Outer membrane 안쪽 인지질의 운반

Outer membrane의 외측은 LPS로 그리고 안쪽은 인지질로 이루어져 있다. 원형질체에서 합성되는 인지질이 어떠한 경로로 원형질막에서 murein층을 거쳐 outer membrane의 안쪽을 이루는지는 잘 알려지지 않고 있으나 원형질막의 안쪽에서 바깥쪽으로 인지질이 이동할 때 작용하는 flippase(6.9.4)가 작용하는 것으로 믿어지고 있다.

6.9.4 원형질막의 형성

원형질막을 이루는 인지질은 원형질체에서 합성되어(6.6.2) 원형질막의 안쪽에 들어가고 원형질막에 있는 효소 flippase의 작용으로 에너지를 소비하지 않고 안쪽의 인지질을 외측으로 이동(flip)시킨다.

인지질과 함께 많은 종류의 단백질이 원형질막을 형성한다. 원형질체에서 합성된 고분자 물질인 단백질이 signal recognition particle (SRP) 경로(제3장, 3.9.1)를 통해 원형질막에 들어간다. 이들 단백질의 운반은 제3장, 3.9에서 상세히 공부하였다.

6.9.5 Capsule의 형성

Capsule은 종류에 따라 Wzy-dependent 생합성 경로 또는 ABC transporter-dependent 생합성 경로를 통해 합성되고 outer membrane으로 운반된다. Wzy-dependent 생합성 경로에서는 capsule polysaccaride의 repeating unit가 원형질막의 원형질체 쪽에서 undecaprenyl phosphate에 결합 형태로 합성된 다음 이 carrier의 작용으로 원형질막의 원형질체 쪽에서 periplasm으로 반복적으로 운반된다. 운반된 repeating unit는 Wzy의 중합반응을 통해 capsule polysaccharide(group 1)로 합성된 다음 세포 외층으로 운반된다. ABC transporter-dependent 생합성 경로는 원형질막의 원형질

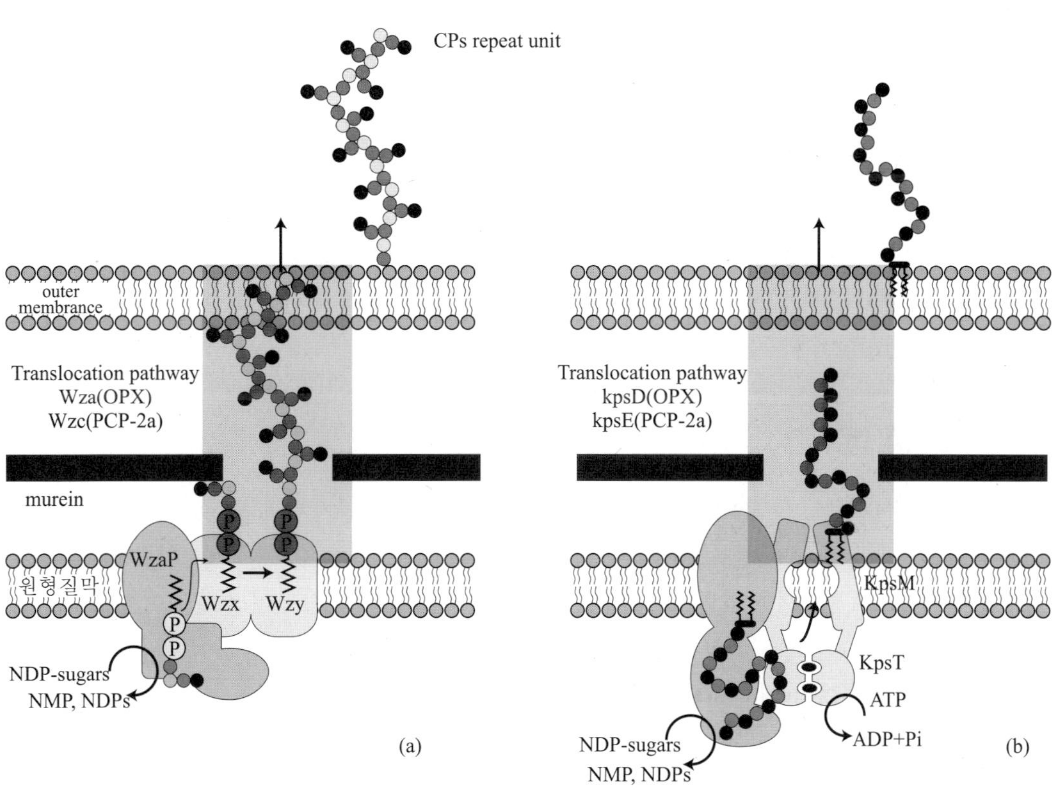

그림 6.39 Capsular polysaccharide의 생합성와 운반하는 2가지 과정.

(a) Wzy-dependent 합성 과정 : *E. coli*의 group 1 capsule polysaccharide(CP)가 이 과정으로 합성되고 운반된다. WzaP(glycosyltransferase)에 의해 원형막의 원형질체 쪽에서 합성되는 다당류가 Wzx(flippase)의 작용으로 periplasm쪽으로 운반된다. 이어서 Wzy(polymerase)가 undecapreyl-phosphate-tetrasaccharidecapsule로부터 tetrasaccharide를 받아 capsule polysaccharide(CP)로 중합한다. 합성된 CP는 원형질막에서 periplasm에 걸쳐 존재하는 Wzc(PCP-2a)와 outer membrane에 있는 lipoprotein Wza(OPX)에 의해 형성된 channel을 통해 세포 외층으로 운반된다. (b) ABC transporter-dependent 합성 과정이다. 운반될 CP는 원형질막의 원형질체 쪽에서 합성이 완료된 다음에 ABC transporter(KpsT-KpsM)에 의해 periplasm으로 운반되고, 이어서 KpsD(OPX)와 KpxE(PCP-3)의 channel을 통해 세포 외층으로 운반된다.

OPX : outer membrane polysaccharide export protein

PCP : polysaccharide coplymerase

체 쪽에서 완전히 합성된 capsule polysaccharide(group 2)가 ABC transporter를 통해 원형질막을 통과한 다음 세포외층으로 운반되는 과정이다. Capsule polysaccharide가 periplasm을 지나 outer membrane을 통과하기 위해 두 과정 모두는 outer membrane polysaccharide export protein(OPX)과 polysaccharide copolymerase(PCP)로 이루어진 translocation pathway를 이용한다. 그러나 두 과정의 OPX와 PCP의 분자적 구조, 역할 등은 다르다(그림 6.39).

6.10 DNA의 합성

지금까지 살펴본 다당류의 합성은 이들을 이루는 단일 물질 또는 3~4종류의 물질들이 반복해서 이루어진 것들로서 항상 동일한 순서로 합성된다. DNA를 비롯해서 이의 정보를 받아 합성되는 RNA와 단백질의 합성에 있어서 monomer의 결합 순서는 DNA의 정보에 따라 이루어지므로 그 합성이 더욱 복잡하다.

원핵세포 생물에서는 DNA, RNA 그리고 단백질이 모두 원형질체에서 합성되며, 일부 원형질막 밖에서 작용하는 단백질도 원형질체 안에서 합성되어 원형질막을 통해 운반된다. 진핵세포의 DNA와 RNA는 핵에서 합성되고, 단백질은 원형질체에서 합성된다. 따라서 단백질 합성에 필요한 RNA는 핵 안에서 합성되어 핵막을 통해 원형질체로 운반된다.

6.10.1 DNA 복제

DNA는 이중 나선형으로 존재하는데, 그 이유는 DNA를 이루는 염기 중 adenine과 thymine, 그리고 guanine과 cytosine 사이에 수소 결합이 형성되기 때문이다(그림 6.40). 원핵세포의 DNA는 이중 나선형이 환상으로 연결되어 있으며, 일부분이 원형질막에 결합되어 있고, 여러 번 꼬여서 supercoil 형으로 존재한다.

DNA 복제의 시작점(replication origin, *oriC*)이 원형질막에 결합하는 DNA 부위이다. 이 복제의 시작점이 여러 종류의 단백질로 이루어지는 복합체, replisome이 작용하여 DNA 복제를 시작하는 염기 서열이며, 세포가 분열할 때 새로운 세포에 복제된 DNA를 포함시키는 역할(chromosome segregation)도 갖는 것으로 알려지고 있다

세균에서는 하나의 복제 시작점이 알려진 반면 archaea는 균주에 따라 복수의 복제 시작점이 있다.

DNA의 supercoil은 topoisomerase(gyrase)가 ATP의 에너지를 이용하여 형성한다. 진핵세포에서 이중 나선형의 DNA는 선상으로 존재하며, 염기성 단백질 histone과 복잡하게 결합되어 있다.

원핵세포에서 DNA가 복제되는 메커니즘을 그림 6.41에 도식화하였다. 진핵세포의 DNA 복제 메커니즘도 원핵세포와 비슷하나, 한 chromosome에 여러 개의 복제 시작점이 있는 것이 원핵세포와 다르다. Archaea의 복제 메커니즘은 세균보다 진핵세포의 그것과 더욱 유사하다.

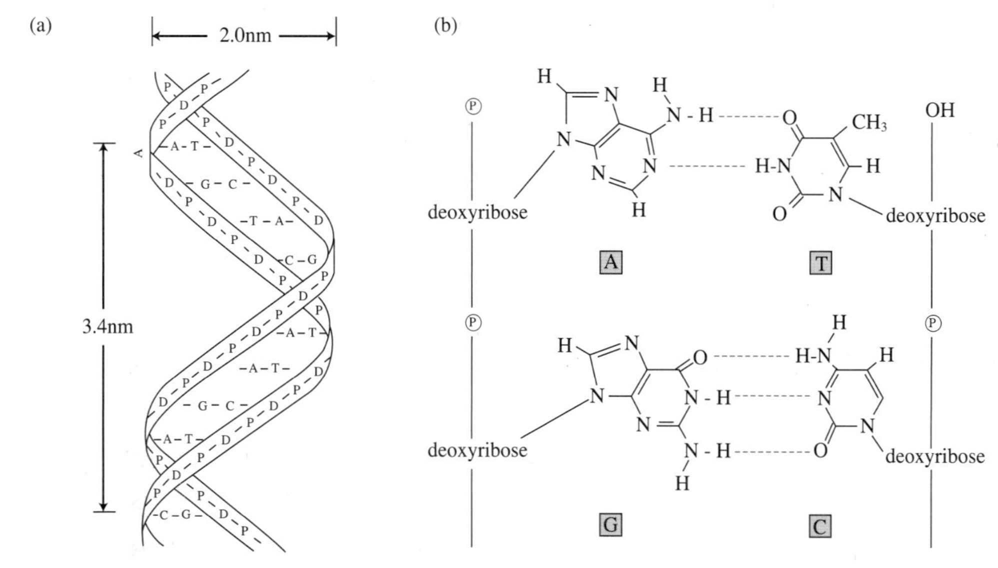

그림 6.40 DNA의 이중 나선형 구조.
(a) 이중 나선형 구조; (b) DNA 가닥 사이의 수소 결합
D: deoxyribose 잔기, P: 인산 잔기, A: adenine, C: cytosine, G: guanine, T: thymine.

6.10.1.1 RNA Primer

DNA 복제는 30종 이상의 효소와 단백질이 관여하는 복잡한 과정이다. 먼저 supercoil 상태의 DNA가 DNA topoisomerase의 작용에 의해 꼬임이 풀린 선상의 형태로 된 다음 helicase의 작용에 의해 수소 결합한 염기가 분리되면서 이중의 DNA가 두 사슬의 단일 DNA로 된다. DNA binding 단백질(DBP 또는 helix destabilizing protein, HDP)이 이들 단일 DNA를 분리 상태로 유지시킨다.

DNA 합성을 촉매하는 DNA polymerase는 그 작용을 위해 base pair로 결합할 수 있는 DNA(이를 template라 함)와 합성을 계속할 수 있는 핵산(이를 primer라고 함)을 필요로 한다. 이중 나선형이 풀어진 형태의 DNA가 template로 이용되므로 primer만 있으면 DNA polymerase가 작용할 수 있다.

DNA polymerase에 의해 DNA가 합성되기 전에 primase로 알려진 RNA polymerase가 단일 DNA와 base pair를 형성할 수 있는 ribonucleoside triphosphate들로부터 10~30개 정도의 염기로 이루어진 RNA primer를 합성한다. Helicase의 작용으로 3′→ 5′ 방향으로 분리된 단일 DNA인 leading strand에서는 RNA polymerase에 의해 RNA primer가 합성되며, 반대 방향으로 분리되는 lagging strand에서는 primase에 의해 합성된다. DNA polymerase는 template DNA와 base pair를 이룰 수 있는 deoxynucleoside triphosphate를 RNA primer에 연결시켜 DNA를 합성한다. RNA primer의 크기는 종에 따라 다르다.

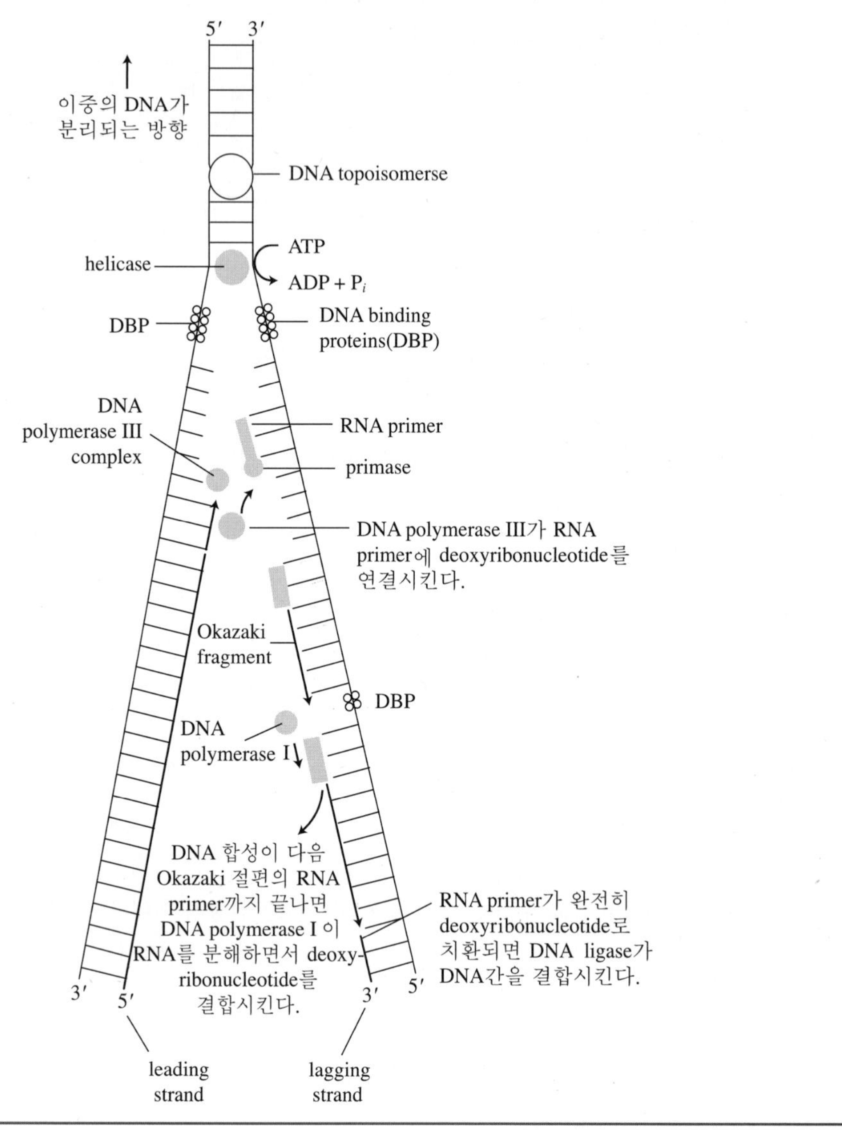

그림 6.41 DNA 복제(Replication) 메커니즘.

Topoisomerase(gyrase)에 의해 이중 나선형의 DNA가 선상으로 되면 helicase의 작용으로 단일 사슬의 DNA로 분리된다. DNA 중에서 한 쪽은 3′ → 5′ 방향, 다른 쪽은 5′ → 3′ 방향으로 분리되므로 한 쪽은 계속적으로 복제되며, 다른 쪽은 분리되는 반대 방향으로 합성되어야 하므로 부분적으로 합성된 다음, 이 부분(Okazaki fragment)들이 연결된다.

6.10.1.2 Okazaki 절편

DNA 합성은 5′쪽에서 3′쪽으로만 가능하다. 이중 나선형의 DNA가 helicase로 분리되면 한쪽은 DNA 합성 방향과 같은 방향으로 풀리지만(leading strand), 다른 쪽(lagging strand)은 DNA 합성 방향과 반대 방향으로 풀리기 때문에 DNA polymerase가 계속적으로 작용할 수 없다. 따라서 leading strand에서는 DNA 합성이 계속해서 이루어지며, lagging strand 쪽에서는 DNA가 열릴 때마다 짧은 polydeoxynucleotide가 합성되어 이들이 결합된다. 이 짧은 polynucleotide를 발견한 사람의 이름을 붙여 Okazaki 절편이라 한다. Okazaki 절편의 크기는 *Escherichia coli*의 경우 1,000~2,000 nucleotide 정도이며, 진핵세포에서는 이보다 짧아 300 nucleotide 정도이다.

6.10.1.3 DNA Polymerase

*Escherichia coli*에는 3종의 DNA polymerase가 있으며, 이들을 각각 DNA polymerase I, II, III complex라 한다. 이들은 모두 5′→ 3′ 방향의 polymerase 활성과 3′쪽으로부터 nucleotide를 분해하는 exonuclease의 활성이 있으며, I과 III은 5′쪽으로부터의 exonuclease 활성도 갖고 있다. RNA primer에 Okazaki 절편을 합성하는 효소는 DNA polymerase III이며, 이미 합성이 끝난 Okazaki 절편의 RNA primer까지 DNA 합성이 진행되면 DNA polymerase I의 5′→ 3′ exonuclease 활성으로 ribonucleotide가 분해되면서 deoxyribonucleotide가 그 자리를 채워서 primer RNA가 완전히 DNA로 대체된다. Primer RNA가 완전히 제거된 Okazaki 절편끼리 인산 에스테르 결합을 이루면 DNA의 합성이 끝난다. 이 반응은 DNA ligase에 의해 촉매된다.

6.10.2 자연 돌연 변이

미생물의 생장은 고등생물에 비해 훨씬 빠르며, DNA의 합성 또한 빨라 분당 15,000 nucleotide까지 합성될 수 있다. 이는 RNA 합성 속도의 10배 정도이다. 이렇게 빠른 합성에서도 오차가 거의 발생하지 않는다. 오차의 확률은 약 10^{-10} 정도이다. 이처럼 오차 확률이 적은 이유는 DNA 합성 과정에서 base pair가 정확하게 이루어지며, 5′→ 3′ exonuclease 활성을 갖는 DNA polymerase I과 III가 합성 과정에서 잘못 들어간 염기를 제거하고 교정할 수 있는 능력을 갖고 있기 때문이다. DNA 합성 과정에서 발생한 오차가 교정되지 못하면 자연 돌연 변이(spontaneous mutation)로 나타난다. DNA 합성에 관여하는 모든 단백질을 DNA replicase system 또는 replisome이라고도 한다.

6.10.3 Postreplicational Modification

DNA를 분해하여 염기를 분석하면 5-methyl cytosine과 6-methyl adenine의 존재가 확인된다. 이들은 DNA가 합성된 후 DNA methyltransferase의 작용으로 DNA 중의 cytosine과 adenine 기가 methylation되어서 합성된다. 이처럼 DNA가 합성된 다음에 이루어지는 수식을 postreplicational modification이라 한다.

원핵세포의 DNA는 상당 부분의 base가 methylation되어 있다. 이는 외부로부터 들어오는 DNA를 분해하는 효소인 restriction enzyme으로부터 자신의 DNA를 보호하기 위해서 DNA가 합성된 다음에 이루어진다.

Restriction enzyme은 원핵세포 생물에서 200종 이상 알려져 있으며, 각 효소는 특이한 DNA 배열을 인식하여 분해한다. Restriction enzyme은 type I, II, III 세 종류가 알려져 있다. 이들 중에서 type I과 III에 속하는 효소는 이들이 인식하는 DNA 배열을 분해하는 능력과 배열 중에 있는 adenine이나 cytosine을 methylation 시키는 능력을 모두 갖고 있다. 한편, type II에 속하는 효소는 인식하는 DNA 배열을 분해하는 능력만을 갖고 있으며, methylation은 같은 DNA 배열을 인식하는 별도의 효소에 의해 이루어진다. 따라서 type I과 III에 속하는 효소를 restriction-modification enzyme 이라 한다. *S*-adenosylmethionine이 modification에 필요한 methyl기의 공여체로 이용된다.

DNA의 methylation이 단순한 restriction-modification enzyme에 의한 자신의 유전 정보를 보호하는 기능 외에 DNA replication, 세포 주기, 유전 정보의 발현 등의 조절에 작용하는 것으로 밝혀지고 있으며, DNA 합성 과정에서 발생하는 염기의 mismatch를 교정하는 데에도 중요한 역할을 하는 것으로 알려져 있다.

새로 합성된 DNA가 modification되면 topoisomerase에 의해 supercoil 형태로 된다.

6.10.4 Chromosome segregation

세균에서 DNA의 복제는 replication origin(*oriC*)에서 시작되어 양 방향으로 진행된다. 환상의 DNA 복제는 *oriC*의 반대편에 있는 terminator 서열에서 끝난다. DNA가 복제되는 과정에 단백질이 *oriC*에 결합하여 복합체를 만들고 이 복합체가 세포 분열을 위해 격막(septum)을 형성하는 부위에서 가장 먼 위치로 이동하여 분열하는 두 개의 자 세포에 각각 하나의 chromosome이 배치된다. *Bacillus subtilis*에서는 SpoIIIE가 *oriC*와 복합체를 형성하며, ParB 단백질이 *Caulobacter crescentus*에서 같은 역할을 담당한다. *Escherichia coli*에서는 FtsK 단백질이 이러한 역할을 담당한다. 이러한 단백질은 원형질막에 위치하며 DNA transporter라 부른다.

6.11 RNA 합성

RNA에는 mRNA, rRNA, tRNA가 있다. 기능이 서로 다른 이들 RNA의 합성은 같은 메커니즘을 통해 이루어지며, 합성된 다음 각각의 특성에 따라 가공된다(posttranscriptional processing). 진핵세포에서는 DNA가 있는 핵 안에서 RNA가 합성되어 가공된 다음 핵막을 통과하여 원형질체로 이동한다.

6.11.1 RNA의 합성

RNA 합성도 replication과 같이 복잡한 과정을 통해 이루어진다. RNA polymerase(DNA-dependent RNA polymerase)가 DNA의 정보에 따라 GTP, CTP, ATP 그리고 UTP를 기질로 RNA를 합성한다. RNA는 DNA 중 한쪽만을 이용하여 base pair를 이루는 ribonucleotide를 연결시켜

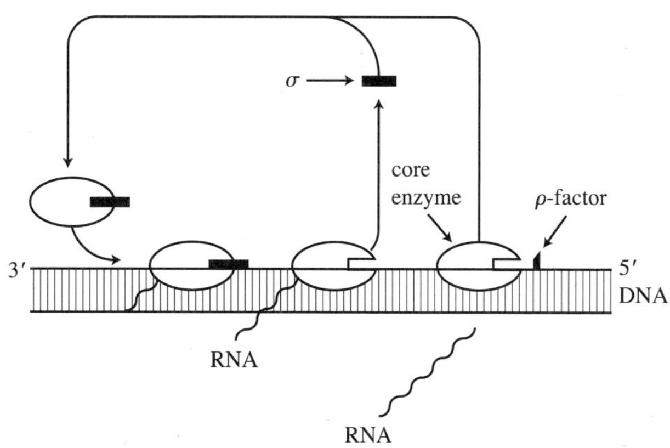

그림 6.42 RNA Polymerase의 작용 메커니즘.

RNA polymerase complex는 core enzyme($\alpha_2\beta\beta'$)과 σ factor로 이루어져 있으며, σ factor가 DNA의 promotor 부분을 인식하여 enzyme complex가 결합하면 RNA의 합성이 시작된다. σ factor는 RNA 합성 과정에서 분리되고 core enzyme이 RNA의 합성을 담당한다. RNA 합성의 시작, 속도, 끝은 DNA와 RNA의 염기 서열과 여러 종류의 단백질에 의해 조절된다. ρ factor가 transcription을 끝내는 데 작용하는 단백질의 한 예다.

DNA합성과 유사한 메커니즘을 통해 5′→ 3′ 방향으로 합성된다.

DNA에는 RNA polymerase와 강한 친화력을 갖는 염기 배열이 있다. 이러한 염기 배열을 promoter라 한다(제12장, 12.1.1). RNA polymerase가 DNA의 promoter를 식별하여 결합하면 RNA의 합성이 시작된다. RNA polymerase는 5개의 subunit로 이루어져 있으며, 이들은 두개의 α-subunit와 각각 하나씩의 β, β' 그리고 σ이다. σ factor가 DNA 상의 promoter 부분을 식별하면 전체 enzyme complex가 DNA와 결합하면서 σ factor가 분리되고 $\alpha_2\beta\beta'$로 이루어진 core enzyme이 DNA를 따라 움직이면서 DNA와 base pair를 이루는 ribonucleotide를 연결시켜서 RNA를 합성한다(그림 6.42).

세균은 여러 종류의 σ factor를 보유하고 있으며, 이들이 식별하는 promoter의 DNA 염기 배열도 다르다. 또한 promoter에 따라서는 σ factor가 스스로는 식별하지 못하지만 활성화 단백질이 결합하면 σ factor에 대한 친화력이 향상되는 예도 있다(제12장, 12.1.1).

RNA polymerase가 RNA의 합성을 계속하여 termination site로 알려진 특정 DNA 부위에 도달하면 합성이 끝난다. 이러한 조절을 intrinsic input이라 하며, ρ factor 등 외부 인자에 의해서도 비슷한 조절을 받는다(extrinsic input). 이러한 조절은 제12장에서 공부하기로 한다. 이중 나선형의 DNA 중 어느 한쪽만이 이용되는 것이 아니라 어느 쪽이나 promoter가 존재하면 RNA 합성에 이용된다.

6.11.2 Posttranscriptional Processing

합성이 끝난 RNA는 기능을 갖고 있는 rRNA 또는 tRNA보다 길이가 길다. 기능을 갖고 있는 RNA

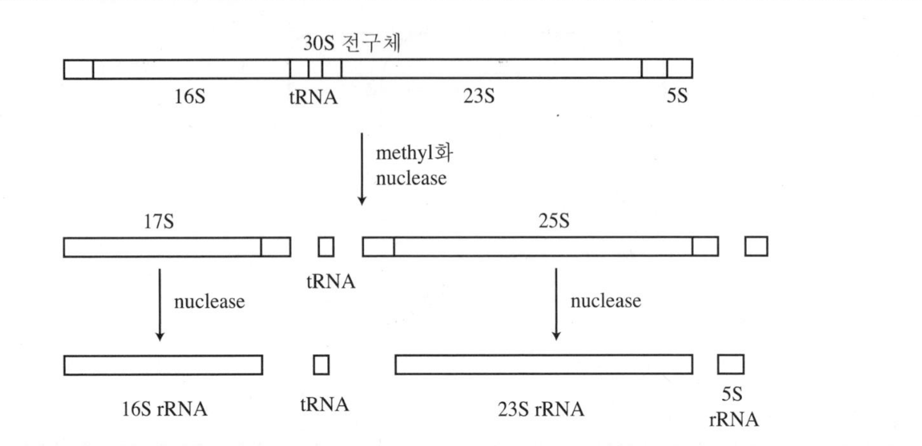

그림 6.43 RNA의 Posttranscriptional Processing.

는 methylation된 염기를 비롯하여 특이한 염기가 많이 포함되어 있다. 이러한 특이 염기는 RNA의 합성이 끝난 다음에 만들어지며, 그 다음 endonuclease에 의해 각각의 RNA 크기로 절단된다(그림 6.43). tRNA에서 발견되는 특이 염기들은 endonuclease에 의해서 절단된 다음 염기에 methyl기가 추가되는 등 수식되어 만들어진다. 이렇게 합성이 끝난 RNA가 변화를 받는 것을 RNA modification 이라 한다.

mRNA는 원핵세포에서 transcription과 동시에 단백질 합성에 이용되므로 posttranscriptional processing이 필요치 않으나, 진핵세포에서 합성된 mRNA의 전구물질은 단백질 합성에 필요한 정보를 갖는 exon과 필요치 않는 intron이 함께 존재하므로 핵 안에서 intron이 절단되어야 핵막을 통과할 수 있다.

진핵세포에서는 RNA가 합성된 다음 그 염기 서열이 완전히 바뀌는 예도 있다. 이러한 변화를 RNA editing이라 한다. RNA editing은 posttranscriptional processing이나 RNA modification과 달리 uridine nucleotide가 추가 또는 제거되거나 cytosine과 adenosine이 uridine과 inosine으로 탈아민되기도 한다. RNA editing은 원핵세포 생물에서는 알려지지 않았다.

6.12 단백질의 합성

DNA와 RNA가 합성될 때 DNA가 template로 이용되므로 DNA의 정보에 따라 이들이 합성된다. 단백질의 합성(translation)도 mRNA의 정보에 따라 아미노산의 순서가 결정되면서 이루어진다. 세포 안에서 단백질은 효소로서 모든 반응을 촉매하는 중요한 역할을 담당하며, 이들의 성질은 아미노산의 배열 순서에 의해 결정된다. 여기에 관여하는 aminoacyl-tRNA synthetase는 각 아미노산에 특이한 효소로서 각 아미노산을 인식할 뿐 아니라 tRNA도 인식한다.

6.12.1 아미노산의 활성화

아미노산은 단백질로 합성되기 전에 ATP 형태의 에너지를 이용하여 활성화된 다음 tRNA와 결합한다.

$$\underset{\displaystyle NH_2}{\text{R-CH-COOH}} + \text{ATP} + \text{enzyme} \longrightarrow [\underset{\displaystyle NH_2}{\text{R-CH-CO-}}\ \text{AMP}] + \text{enzyme} + PP_i$$

$$[\underset{\displaystyle NH_2}{\text{R-CH-CO-}}\ \text{AMP}] + \text{enzyme} + \text{tRNA} \longrightarrow \underset{\displaystyle NH_2}{\text{R-CH-CO-}}\ \text{tRNA} + \text{enzyme} + \text{AMP}$$

enzyme : aminoacyl-tRNA synthetase

6.12.2 mRNA의 Codon

각 아미노산과 결합하는 tRNA는 1~4종이 있다. 그 이유는 mRNA상에 3염기(codon)가 하나의 아

표 6.8 mRNA에서 아미노산의 순서를 결정하는 유전 정보(Genetic Code).

UUU Phe	UCU Ser	UAU Tyr	UGU Cys
UUC Phe	UCC Ser	UAC Tyr	UGC Cys
UUA Leu	UCA Ser	UAA Term[1]	UGA (Sec[2]) Term[1]
UUG Leu	UCG Ser	UAG (Pyl[3]) Term[1]	UGG Trp
CUU Leu	CCU Pro	CAU His	CGU Arg
CUC Leu	CCC Pro	CAC His	CGC Arg
CUA Leu	CCA Pro	CAA Gln	CGA Arg
CUG Leu	CCG Pro	CAG Gln	CGG Arg
AUU Ile	ACU Thr	AAU Asn	AGU Ser
AUC Ile	ACC Thr	AAC Asn	AGC Ser
AUA Ile	ACA Thr	AAA Lys	AGA Arg
AUG Met[4]	ACG Thr	AAG Lys	AGG Arg
GUU Val	GCU Ala	GAU Asp	GGU Gly
GUC Val	GCC Ala	GAC Asp	GGC Gly
GUA Val	GCA Ala	GAA Glu	GGA Gly
GUG Val	GCG Ala	GAG Glu	GGG Gly

1. Term으로 표시된 UAA, UAG, UGA는 peptide의 합성이 끝나는 codon으로 termination codon 또는 nonsense codon이라 한다.
2. 21번 아미노산 Selenocysteine (Mol. Microbiol. 2005, 55(2):339-348)
3. 22번 아미노산 Pyrrolysine (Mol. Microbiol. 2005, 55(2):339-348)
4. 시작 codon으로 세균에서는 *N*-formymethionine으로부터 translation이 시작된다.

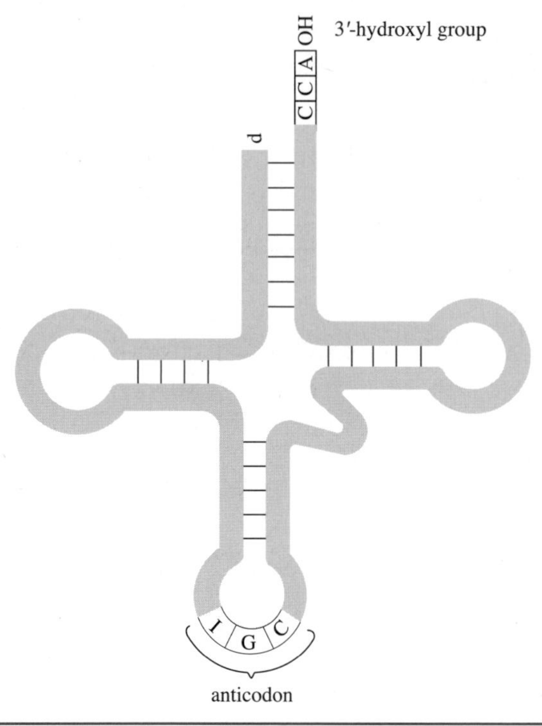

그림 6.44 tRNA의 구조.

tRNA는 분자 내 base pair로 머리핀(hair pin) 모양을 이루고 있으며, 그 한쪽 끝이 mRNA의 codon을 인식하는 anticodon 이다.

미노산을 결정하고, 한 아미노산에 대해 여러 codon이 있으며(표 6.8), 이 3염기와 base pair를 형성할 수 있는 염기 배열(anticodon)을 tRNA가 갖고 있기 때문이다(그림 6.44).

Termination codon인 UGA가 21번 아미노산인 selenocysteine의 codon으로도 작용하며, 다른 termination codon인 UAG는 methanogen에서 22번 아미노산 pyrrolysine의 codon으로 작용한다. UGA는 대부분 termination codon으로 작용하나 downstream에 hairpin을 형성하는 조절부위에 selenocysteine insertion sequence(SECIS)가 위치하면 selenocysteine codon으로 작용한다. 이때 selenocystein-specific elongation factor(SelB) 단백질이 selenocysteinyl-$tRNA^{sec}$와 결합한 복합체가 SECIS의 작용으로 UGA 위치에 들어간다(6.4.2). UAG가 pyrrrolysine의 codon으로 이용되는 것도 selenocysteine과 비슷하게 pyrrolysine insertion element, 특정한 translation factors 등이 관여하는 것으로 알려지고 있다(6.4.1).

6.12.3 단백질 합성 - Initiation, Elongation, Termination

진핵세포에서 모든 단백질의 합성은 methionine으로 시작되며, 원핵세포에서는 *N*-formylmethionine

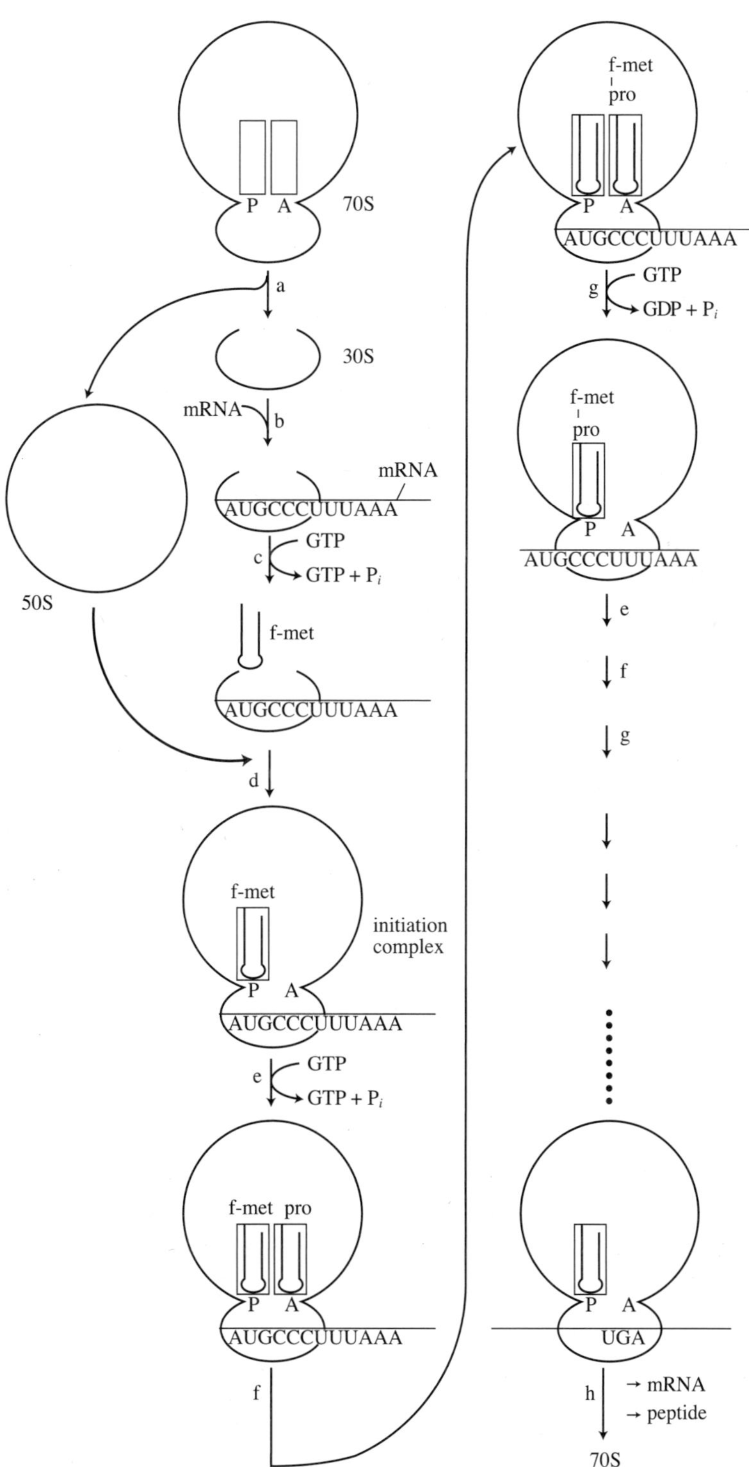

그림 6.45 Peptide의 합성(Translation).

Ribosome이 30S와 50S로 분리되고(a), 30S subunit가 mRNA의 ribosome binding site(Shine-Dalgarno sequence)를 인식하여 initiation codon에 결합한(b) 다음 *N*-formylmethionyl-tRNA가 peptidyl site(P)에 결합한다(c). 마지막으로 50S subunit가 결합하여 initiation complex를 형성한다(d). 이 반응에서는 initiation factor(IF-1, IF-2, IF-3)들과 GTP 형태의 에너지가 필요하다.

Initiation complex의 aminoacyl site(A site)에 mRNA의 codon과 결합하는 aminoacyl-tRNA가 결합한(e) 다음 *N*-formylmethionyl 기가 aminoacyl site에 결합된 aminoacyl기의 amino 기와 peptide 결합을 형성한다(f). Peptide 결합이 이루어지면 ribosome이 mRNA를 따라 이동하여 합성된 peptide의 위치가 peptidyl site로 이동한다(g). Peptide 결합이 형성되는 elongation과정에서는 elongation factor(Tu, Ts, G)와 GTP 형태의 에너지가 필요하며, ribosome이 termination codon까지 이동하면 peptide의 합성이 끝나고 releasing factor(R1, R2, S)에 의해 peptide와 ribosome이 분리된다(h).

이 그 첫 아미노산이 된다. Methionine의 codon은 mRNA에서 AUG(DNA 상에서는 TAC)로 이를 initiation codon이라 한다.

6.12.3.1 Ribosome

단백질 합성은 ribosome에서 이루어진다. 진핵세포와 세균의 ribosome은 크기와 구조가 약간씩 다르다. 진핵세포의 ribosome은 그 크기가 80S로서 60S의 큰 subunit와 40S의 작은 subunit가 결합되어 있으며, 세균에서는 50S, 30S subunit가 70S의 ribosome을 형성한다. 진핵세포의 mitochondria나 chloroplast는 세균과 같이 70S ribosome을 갖는다. Archaea의 ribosome는 세균과 비슷한 크기로 이루어져 있으나 구조는 진핵세포와 유사한다.

6.12.3.2 Initiation과 Elongation

작은 ribosomal subunit가 mRNA와 결합하고 mRNA의 initiation codon에 *N*-formylmethionine-tRNA, 그리고 큰 ribosomal subunit가 차례로 결합하여 peptide의 합성이 시작되며, 계속해서 mRNA 상의 codon과 base pair를 형성할 수 있는 aminoacyl-tRNA가 결합하여 peptide 결합이 형성된다. 이때 initiation factor(IF-1, IF-2, IF-3), elongation factor(EF-Tu, EF-Ts, EF-G), peptidyl transferase 등의 단백질이 필요하고, 에너지원으로 GTP를 필요로 한다(그림 6.45).

6.12.3.3 Termination

Translation이 계속되어 ribosome이 mRNA 상에 termination codon까지 도달하면 peptide 합성이 끝나며, 합성된 peptide는 releasing factor(R1, R2, S)의 작용으로 ribosome과 분리된다.

한 분자의 mRNA에 여러 ribosome이 결합하여 동시에 여러 분자의 peptide를 합성하게 된다. 이때 mRNA에 결합된 여러 ribosome을 polysome이라 한다.

6.12.3.4 Transfer-messenger RNA(tmRNA)에 의한 ribosome rescue

세균에서 transcription이 일찍 종료(premature transcription)되거나 mRNA가 부분 분해 등으로 인해 termination codon이 없는 mRNA(non-stop mRNA)가 translation될 때 또는 translation 과정에서 aminoacyl site(A site) codon과 base pair할 수 있는 aminoacyl-tRNA의 농도가 낮을 때는 ribosome이 mRNA 상에 정지(stall)된다. 이때 ribosome을 mRNA로부터 분리하고 합성 중이던 peptide를 분해하기 위해 tmRNA와 tmRNA 결합 단백질, SmpB 등 여러 단백질의 복합체가 작용한다(그림 6.46). tmRNA는 anticodon이 위치하는 stem-loop가 없는 tRNA 유사 부위와 짧은 open reading frame(ORF)으로 이루어진 mRNA 유사 부위로 이루어져 있다. Alanyl-tmRNA가 mRNA 상에 정지된 ribosome의 A-site에 들어가 tmRNA 상의 ORF에 따라 termination codon까지 translation이 계속된다. 이렇게 합성된 peptide는 ribosome과 분리되어 분해된다. *Neisseria gonorrhoeae, Mycoplasma species, Haemophilus influenzae* 등의 세균에서는 tmRNA 활성이 필

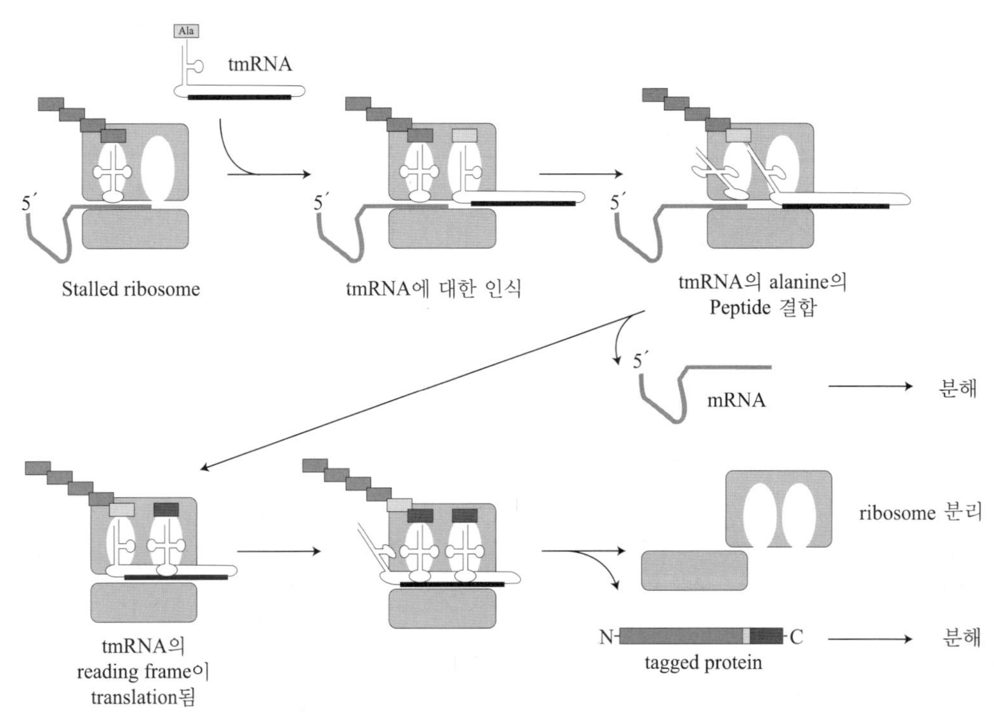

그림 6.46 tmRNA에 의한 ribosome rescue[Curr. Opin. Microbiol. 2007, 10(2):169-175].

Alanyl-tmRNA가 stalled ribosome을 인식하고 A-site에 들어가며, 합성 중인 peptide 사슬이 tmRNA의 alanine으로 이전된다. 이때 mRNA는 분리되어 분해되고 tmRNA의 open reading frame을 따라 termination codon까지 translation되어 ribosome이 분리되고 합성된 peptide(tagged peptide)는 분해된다.

수적인 반면 많은 세균에서는 tmRNA 활성이 없을 때 생장 속도가 늦어지거나(*Escherichia coli*) stress 내성이나(*Bacillus subtilis*) 병원성이 낮아지는(*Salmonella enterica*) 등의 표현형을 나타내지만 생명 유지에는 영향을 미치지 않는다.

6.12.4 Posttranslational Modification과 Folding

합성된 peptide는 구조의 변경과 단백질 특유의 2, 3차 구조를 형성하여 그 고유의 기능을 가진다. 합성된 peptide가 화학적으로 변형되기도 하며, 아미노산의 서열에 따라 스스로 또는 다양한 단백질의 작용을 통해 고유의 형태로 된다.

원형질막 외부에 위치하는 단백질은 합성과 동시에 원형질막을 통과하면서 signal peptide가 절단된다(6.9.2, 제3장, 3.9.1). 원형질체 단백질도 peptide 합성이 끝나면 다음과 같은 변화를 받아 각 단백질 특유의 구조와 기능을 갖게된다.

먼저 *N*-terminal의 initiation residue와 *C*-terminal의 terminal residue가 절단되고 조효소 등과 결

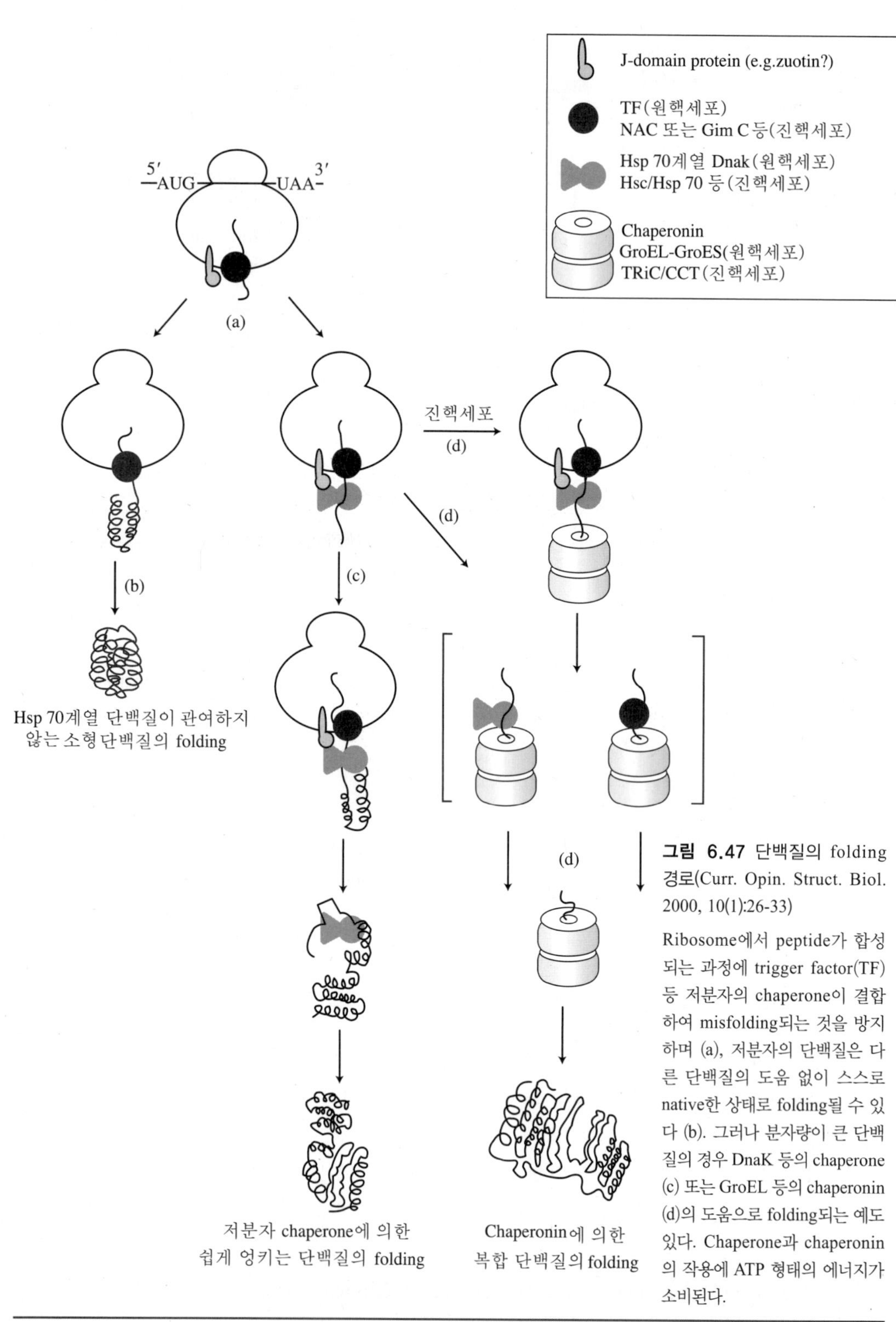

그림 6.47 단백질의 folding 경로(Curr. Opin. Struct. Biol. 2000, 10(1):26-33)

Ribosome에서 peptide가 합성되는 과정에 trigger factor(TF) 등 저분자의 chaperone이 결합하여 misfolding되는 것을 방지하며 (a), 저분자의 단백질은 다른 단백질의 도움 없이 스스로 native한 상태로 folding될 수 있다 (b). 그러나 분자량이 큰 단백질의 경우 DnaK 등의 chaperone (c) 또는 GroEL 등의 chaperonin (d)의 도움으로 folding되는 예도 있다. Chaperone과 chaperonin의 작용에 ATP 형태의 에너지가 소비된다.

합한다. 이때 단백질 중에 발견되는 특수한 형태의 아미노산은 효소의 작용을 받아서 peptide 중의 아미노산이 변형되어 만들어진다.

단백질의 2, 3차 구조의 형성은 현재 많은 연구가 진행되고 있는 분야이다. 많은 종류의 저분자 단백질은 스스로 folding되어 기능을 갖는 형태(native)로 될 수 있는 반면 분자량이 큰 단백질은 chaperone과 chaperonin의 도움을 받아 folding되는 것으로 알려지고 있다(그림 6.47). 분자량이 비교적 적은 RNase를 화학적으로 불활성화시킨 다음 희석 용액으로 두면 스스로 활성을 갖는 원래의 형태로 folding되는 것이 밝혀진 후, 오랫동안 peptide는 아미노산 배열 순서에 따라 단백질의 고유한 2차, 3차 구조를 이루게 된다고 알려져 왔으나 분자량이 큰 단백질의 경우 이와는 다른 것으로 밝혀졌다. 합성되는 peptide는 아미노산의 서열에 따라서 결정되는 친유성 부분은 친유성 상호작용에 의해 합성이 끝나기 전에 원래의 모습과 다른 형태로 서로 엉키게 될 수도 있으며, 특히 원형질에 많은 단백질이 높은 농도로 있는 환경에서는 이러한 비정상적인 구조를 이룰 확률이 높다. 각종 chaperone이 peptide가 형성되는 과정에 결합하여 이러한 현상을 방지한다. 이는 세포외 단백질이 운반되기 전에 chaperone과 결합하여 운반 가능한 생태(제3장, 3.9.1)로 유지되는 것과 같다. Chaperone과 결합한 일부의 peptide는 chaperone의 작용만으로 folding되지만 다른 종류의 peptide는 원통형 구조를 갖는 chaperonin의 작용을 받아 folding된다. Chaperone과 chaperonin의 작용에는 ATP 형태의 에너지를 필요로 한다.

Disulfide 구조를 갖는 단백질의 경우 thiol:disulfide oxidoreductase의 작용을 통해 정확한 위치의 cysteine 잔기를 연결한다. 세균에서 많은 종류의 세포외 단백질이 disulfide 구조를 갖고 있다. 이들은 운반된 다음 periplasm에 있는 효소의 작용으로 형성된다.

6.13 세포 구조의 형성

지금까지 이화 대사로 생산되는 탄소 골격으로부터 세포를 이루는 고분자 물질의 monomer 합성과 이들 monomer들로부터 고분자 물질이 합성되는 경로를 공부하였다. 이 고분자 물질들은 특유의 기능을 발휘하기 위해서 구조를 형성한다.

Polypeptide가 합성되어 posttraslational modification과 folding 경로를 거쳐 특유의 구조를 형성하는 것을 앞에서 공부하였다. 이와 같이 이미 합성된 고분자 물질들이 세포 구조를 형성할 때 어떠한 정보에 따라 에너지를 소비하면서 이루어지는지, 아니면 고분자 물질들이 스스로 세포 구조를 형성하는지를 규명하기 위해서 더 많은 연구가 필요하다. 특히 구조가 복잡한 진핵세포의 구조 형성이나 세포내 소기관(subcellular organelle)의 형성은 더욱 알려지지 않았다.

6.13.1 세포 외 구조물의 형성

원형질막 외부에 있는 구조를 편의상 세포 외 구조물(extracellular structure)로 분류하기로 한다.

이들은 flagella, cilia, fimbriae, pili, slime 층이나 capsule, outer membrane, 그리고 세포벽 등이다.

6.13.1.1 Outer Membrane과 세포벽

Outer membrane이나 세포벽의 경우, 이들을 이루는 고분자 물질의 합성과 구조 형성이 동시에 이루어진다는 것을 당류의 합성에서 이미 공부하였다. 전술한 바와 같이 원형질체에서 합성된 monomer가 운반체인 undecaprenyl phosphate와 결합하여 원형질막을 통과하고 기존의 구조에 연결된다. 그람음성 세균의 outer membrane을 이루는 인지질은 flippase의 작용으로 원형질막에서 공급되며, lipopolysaccharide를 이루는 *O*-antigen은 undecaprenyl phosphate에 의해 그리고 core saccharide는 lipid A와 함께 원형질막을 통과하여 periplasm에서 LPS로 합성된 다음 ABC 경로로 운반된다.

6.13.1.2 Flagella

Flagella는 모두 단백질인 basal structure, hook 그리고 main filament로 이루어져 있다. Basal structure와 hook을 이루는 단백질들이 유리 상태로는 발견되지 않는 것으로 보아 단백질 합성과 동시에 이들 구조로 형성되는 것이 확실하다. Main filament를 이루는 단백질 flagellin은 원형질막에서 합성되어 단백질 운반 메커니즘 중 type III 경로로 flagella 내부의 공간을 통해 main filament의 끝으로 운반되어 스스로 filament를 형성한다(그림 6.48).

6.13.1.3 Fimbriae

Fimbriae는 세균 상호작용, 숙주 흡착 그리고 담체에 흡착하여 biofilm을 형성하는 등 상호작용이 강한 단백질로 이루어져 있다. 이를 이루는 단백질이 원형질체에서 합성된 다음 다른 세포 구성 물질

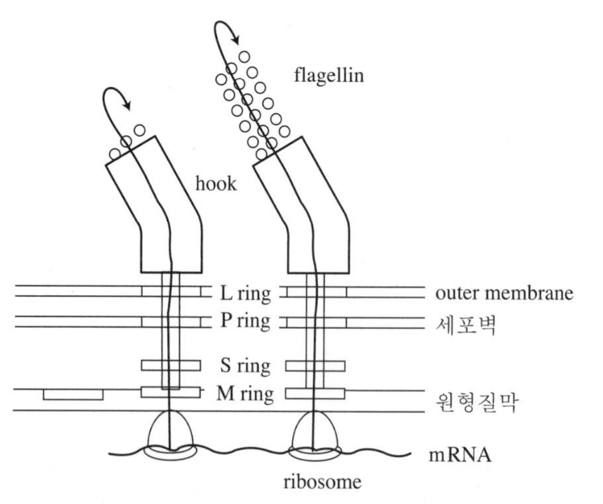

그림 6.48 그람음성 세균의 Flagella Filament 형성.

과 작용하지 않고 구조를 형성하기 위해 그람음성 세균에서는 구성 단백질이 chaperone/usher 경로로 운반되어 구조를 형성한다. 그람양성 세균에서는 general secretion pathway를 통해 원형질을 통과한 다음 sortase의 작용으로 구조를 형성한다. 그람양성 세균에서 S-layer의 형성도 sortase의 작용으로 이루어진다.

6.13.1.4 Capsule과 Slime층

이들은 모두 다당류로 이루어진 세포외 구조물로서 outer membrane과 비슷한 메커니즘으로 형성된다. Monomer는 원형질체에서 합성되어 ATP binding cassette(ABC) 메커니즘 또는 운반체인 undecaprenyl phosphate에 의해 원형질막 밖으로 운반되어 고분자 물질로 합성된다(6.9.5) .

6.13.2 핵물질의 형성

원핵세포의 핵물질(nucleoid)은 진핵세포와는 달리, 막으로 분리되지 않은 상태로 원형질체에 존재한다. 그러나 원핵세포의 DNA에도 각종 단백질이 결합되어 있으며, DNA의 일부가 원형질막에 연결되어 있다. DNA의 합성은 원형질막에 결합한 형태로 이루어진다. 또한 합성과 동시에 각종 단백질이 DNA와 결합하므로 원핵세포에 있어서 핵물질의 형성은 DNA합성과 동시에 이루어진다고 볼 수 있다.

6.13.3 Ribosome의 형성

세균의 ribosome은 전술한 바와 같이 50S와 30S의 두 subunit가 70S의 크기로 형성되어 있다. 30S subunit는 21종의 단백질과 1종(16S)의 RNA로 이루어져 있고, 50S subunit는 34종의 단백질과 2종(5S, 23S)의 RNA로 이루어져 있다. Ribosome을 이루는 55종의 단백질과 3종의 RNA를 적당한 조건으로 처리하면 단백질을 합성할 수 있는 ribosome으로 형성될 수도 있다. 최근의 연구 결과 세균의 ribosome 형성에도 진핵세포 생물에서와 비슷하게 많은 종류의 단백질이 관여하는 것으로 밝혀지고 있다. 이 중 GTPase가 중요한 역할을 담당하는 것으로 알려지고 있다. 원핵세포 생물에서도 종에 따라 ribosome을 이루는 단백질의 숫자가 다르다.

6.13.4 진핵세포의 세포내 구조 형성

진핵세포에는 핵을 비롯한 많은 세포내 소기관(subcellular organelle)이 있다. 이들은 이들 특유의 기능을 갖기 위해 대단히 복잡한 구조를 갖는다.

핵은 핵막으로 원형질체와 분리되어 있다. 핵 안에는 유전물질인 DNA가 histone을 비롯한 수많은 단백질과 결합된 상태로 존재한다. 얼마나 많은 단백질이 핵 안에 있는지 조차 확실하지 않으며, 이들이 어디에서 합성되고 어떻게 핵 안으로 이동하여 핵물질로 형성되는지도 아직 알려지지 않고 있다.

제2장에서 공부한 바와 같이 mitochondria나 chloroplast는 이들 자체의 DNA와 이 DNA의 정보에 따라 단백질을 합성할 수 있는 ribosome도 보유하고 있다. 이들의 형성은 세포내 다른 구조의 형성과 관계없이 독립적으로 원핵세포의 분열과 유사한 과정을 통해 진행된다.

Mitochondria와 chloroplast에는 chromosomal DNA의 정보에 따라 합성되는 단백질도 있다. 이들은 원형질체에서 합성되어 mitochondria나 chloroplast 안으로 운반된다. 이들 단백질은 general secretary pathway(GSP, 제3장, 3.9.1) 경로를 통해 운반된다.

6.14 미생물의 생장

필요한 영양 성분을 고루 공급한 용액(액체 배지)에 미생물을 접종하면 유도기를 거쳐 대수기에서 대수 증식하고 영양 성분의 고갈이나 대사 폐기물의 축적으로 인해 생장이 정지하게 된다. 대수기에서 생장 속도는 여러 가지 환경 인자에 의해 결정된다. 환경 인자에 의해 결정되는 생장 속도에 따라 모든 대사 속도가 생장 속도에 맞게 조절된다. 이러한 조절은 다양한 메커니즘을 통해 이루어진다. 이러한 조절은 제12장에서 상세히 살펴보기로 한다.

지금까지 미생물이 생합성을 위해서 환경에 주어진 유기물을 대사하여 NADPH 형태의 환원력, ATP 형태의 에너지, 그리고 생체 구성 성분의 탄소 골격을 생산하고, ATP와 NADPH를 이용하여 무기물과 탄소 골격으로부터 생체를 합성하는 경로를 공부하였다.

미생물이 생장하는 데에는 생합성을 비롯한 여러 과정에서 에너지를 필요로 하므로, 미생물의 생장은 에너지 대사와 밀접한 관계가 있다. 여기에서는 에너지 대사를 중심으로 하여 미생물의 생장 현상을 살펴보기로 한다.

미생물의 생장에서 에너지를 필요로 하는 과정을 생합성과 생명 유지로 구분하여 생각할 수 있다. 생합성에서 다음과 같은 과정에서 에너지가 소비된다.

1) 영양분의 흡수
2) 무기물의 이용
3) Monomer 합성
4) 고분자 물질 합성
5) 구조 형성(assembly into structure) 등

또한, 생명을 유지하기 위해 다음과 같은 과정에서 에너지를 소비한다. 균체 증식과 직접적인 관계가 없는 이들 에너지를 maintenance 에너지라 하는데, 다음과 같은 작용에 소비된다.

1) 세포내 pH 및 삼투압 유지
2) 고분자 물질의 분해 및 합성(turnover)
3) 운동

모든 생명 현상의 궁극적 목표는 생합성을 통한 자기복제이다. 상기한 바와 같이 생합성 과정과 생명 유지를 위해 에너지를 필요로 한다. 미생물의 생장과 에너지 대사의 상관관계를 살펴보기로 한다.

6.14.1 세포 분열

원핵세포생물은 무성적(asexually)으로 분열한다. 이들의 증식 과정에서 세포 분열은 적정 시간에 정확한 위치에서 이루어지며, 분열된 세포 각각은 완전한 유전체와 세포 구성 성분을 갖게 된다.

6.14.1.1 이분분열(Binary fission)

극히 일부의 예외를 제외하면 대부분의 원핵세포는 이분법으로 분열한다. 증식 과정 중에 세포의 크기가 증가하며, 간균의 경우 길이가 길어진다. 그 길이가 처음의 2배 정도가 되면 중간 부위에서 분열이 이루어진다. 세포의 증식과 동시에 유전체가 복제되어 다른 세포 구성성분과 함께 새로운 자 세포로 정확하게 분리된다. *Caulobacter crescentus*의 경우 master cell-cycle regulator인 CtrA(cell-cycle transcriptional regulator)에 의해 유전체의 복제 시작과 위치를 위시하여 모든 세포 분열 과정이 결정된다.

복제가 끝난 유전체는 chromosome partition protein(MukB 단백질), 유전체 구조 유지 복합체(structural maintenance of chromosome, SMC), rod-shape determining protein(TreB) 등 여러 DNA 결합 단백질의 작용을 통해 세포의 끝 부분으로 이동한다.

세포 분열을 위해 분열에 관여하는 각종 단백질이 분열 부위에 모여 분열 복합체를 형성한다. 진핵세포의 tubulin과 같은 기능을 갖는(homologue) FtsZ 단백질(filamentous temperature sensitive protein Z)이 세포의 중앙에 고리 모양의 구조를 형성한다. 높은 온도에서 FtsZ가 발현되지 않는 변이주는 고온에서 분열하지 못하기 때문에 균사체(filament)를 형성한다. 세포 분열에 관여하는 다른 단백질, FtsA, FtsI, FtsK, FtsL, FtsN, FtsQ, FtsW, MinC(septum site-determining protein C), MinD, MinE(cell division topological specificity factor E) SulA(cell division inhibitor A) 등이 FtsZ 단백질 고리에 결합한다. 이들은 새로운 세포 격막에 세포벽을 합성하며, 유전체가 새로운 세포로 이동할 때 DNA를 보호하는 등 여러 기능을 갖는다. 마지막으로 거의 동일한 두 개의 자 세포로 분리한다. 세포 분열에 관여하는 많은 유전자가 확인되었으나 이들에서 생산되는 단백질의 작용 메커니즘에 관해서 현재에도 연구가 진행되고 있다. 세포 분열 부위에 제일 먼저 결합하는 FtsZ 단백질은 이분분열로 분열하는 모든 원핵세포에서 높은 유사성이 있다.

수종의 원핵세포에서 이분분열에 관여하는 유전자들이 확인되지 않았다. 이들은 이분분열과 다른 multiple intracellular offspring, mutiple fission, 출아(budding) 등의 가작으로 분열한다. 이분분열하는 원핵세포 중에도 환경에 따라 이같은 대체 분열법으로 증식하는 예가 있으며, 일부의 세균은 이들 대체 분열법으로만 증식한다.

6.14.1.2 Multiple intracellular offspring

Firmicute로 알려진 일부의 그람양성 세균이 생장 환경이 좋지 않을 때 내생포자(endospore)를 형성하는 것은 잘 알려져 있다. *Bacillus subtilis*에서 가장 잘 알려진 것과 같이 하나의 세포에서 하나의 포자가 형성된다(제13장, 13.3.1). 논 토양에서 분리된 혐기성 세균 *Anaerobacter polyendosporus*를 위시한 몇 종의 그람양성 세균은 이분분열로 증식하면서 복수의 포자를 형성하는 예가 있다. 실험실 환경에서 이 세균은 하나의 세포에서 7개 정도의 포자를 만든다. 한편 guinea pig의 장관에서 발견되지만 순수 분리되지 않은 *Metabacterium polyspora*는 정상적인 세포 주기에서 9개 정도의 포자를 형성한다. 이 세균의 포자가 발아하여 정상적인 세포 주기를 시작하면 극히 일부는 이분분열로 증식하지만 대부분의 세포는 복수의 포자를 만든다. *Metabacterium polyspora*의 포자 형성 과정은 *Bacillus subtilis* 등 다른 세균에서와는 다르다. 포자 형성 과정에서 *B. subtilis*에서는 한 쪽에서 비대칭 세포 분열이 이루어지는(제13장, 13.3.1) 반면, *M. polyspora*에서는 양쪽에서 비대칭 분열이 일어나며, 여기서 발생한 전포자(forespore)는 분열하여 여러 개의 포자로 성숙한다. 따라서 포자 형성이 시작될 때 *B. subtilis*는 두 개의 유전체를 합성하지만 *M. polyspora*는 세 개 또는 그 이상의 유전체를 합성한다. 다른 종류의 설치류 동물에서도 *M. polyspora*와 비슷한 형태의 공생 세균이 발견되었으나, 순수 배양된 예는 없다.

많은 종류의 동물 장관 벽에 다세포 형태의 균사체로 부착하여 생장하는 다른 종류의 그람양성 세균 segmented filamentous bacteria(SFB)와 열대어의 일종인 surgeonfish(검은쥐치)의 장내 세균 *Epulopiscium fishelsoni*(제2장, 2.3.5) 등도 다수의 포자를 형성하여 증식한다.

6.14.1.3 Multiple offspring by multiple fission

Cyanobacteria(제11장, 11.1.1)와 호기적 무산소 광합성 세균(제11장, 11.1.3)을 위시한 proteobacteria 그리고 actinobacteria 등 세균은 다수의 유전체를 보유하는 거대 세포가 여러 차례의 분열을 통해 다수의 포자 또는 vegetative cell을 만드는 방법으로 증식한다. 이 같은 multiple fission에 의한 증식은 대개 영양 성분의 고갈 상태에서 이루어지며, 자손 분산을 목적으로 한다.

Pleurocapsa 속과 *Stanieria* 속의 cyanobacteria는 이분분열로 증식도 하지만 대개 multiple fission을 통해 지름이 1~2μm 크기의 baeocyte(작은 세포라는 뜻의 희랍어)를 생산한다. Baeocyte는 F layer로 알려진 균체 외 구조를 형성한다. F layer는 baeocyte가 고체 표면에 부착하여 증식할 수 있게 한다. 부착한 상태로 지름이 30μm 크기까지 증식하며, 동시에 DNA도 복제되어 원형질체에 각각의 유전체로 분리된다. 이어서 여러번의 분열로 증식된 세포의 크기에 따라 4~1,000 개의 baeocyte를 만든다. 분열 중에는 세포의 크기는 증가하지 않기 때문에 분열될 때마다 baeocyte의 크기가 작아진다. 이러한 점이 이분분열과 다르다. 분열이 끝나면 F layer가 열리면서 baeocyte가 방출된다. *Synechocystis* 속의 cyanobacteria는 비대칭 분열과 multiple fission을 통해 분열한다.

방선균에서 기균사(aerial mycelium)에 형성되는 포자 사슬은 잘 알려져 있다. 방선균의 포자가 발아하면 격막이 있고 복수의 유전체를 갖는 균사로 생장하며, 영양 성분이 고갈되면 기균사를 형성하여 그 끝에 포자 사슬을 만든다. 복잡한 신호 전달 체계를 통해 항생물질 생산 등 이차 대사와 포자 형성 과정이 조절된다. 이때 기균사의 일부에서 동시에 많은 세포 분열이 이루어져 많은 수의 단일 유전체를 갖는 세포가 생기고 이들이 포자로 성숙한다, 방선균의 포자 형성 과정에서 일어나는 세포 분열에는 일반 세균에서와 달리 Fts 단백질은 관여하지 않는 것으로 알려져 있다.

Bdellovibrio 속 세균은 다른 세균을 기질로 이용하여 생장하는 *Deltaproteobacteria*에 속하는 아주 작은 세균이다. 공격형(attack phase) *Bdellovibrio* 세포는 운동성이 있어 기질 세균을 찾을 수 있다. 일단 기질 세균에 도달하면 *Bdellovibrio* 세포는 기질 세균의 outermembrane을 통과하여 periplasm에서 기질 세균의 세포벽을 분해하여 spheroplast 형태로 만든 다음 원형질체의 유기물은 대사하면서 생장한다. 기질 세균의 원형질체를 대사하여 생장하는 동안에 *Bdellovibrio* 속 세균은 분열하지 않고 길이만 길어진다. 기질 세포의 원형질체를 완전히 대사한 다음 긴 균사체 형태의 세포가 multiple fission으로 분열하고 운동성이 있는 공격형 세포로 성숙한다.

6.14.1.4 출아(Budding)

출아에 의한 증식도 firmicute, cyanobacteria, prosthecate proteobacteria, 호기적 무산소 광합성 세균, *Planctomycetes* 등 여러 종류의 세균에서 알려져 있다. 출아 메커니즘에 대한 많은 가설이 제안되었으나 아직 증명되지는 않았다. 출아로 증식하는 prosthecate *Alphaproteobacteria*에는 *Caulobacter crescentus*, *Hyphomonas*, *Pedomicrobium*, *Ancalomicrobium* 속 등이 알려져 있다. 이들은 형태학적으로 다양하다. 이 중 *C. crescentus*에서 DNA 복제, 세포 분열 등 발생 과정이 잘 알려져 있다. CtrA(cell cycle transcriptional regulator), GcrA(cell cycle regulator) 등 발생 과정을 결정하는 주요 global regulator 들이 확인되었다. *C. crescentus*의 이러한 메커니즘들이 다른 prosthecate *Alphaproteobacteria*에도 적용되는 것으로 믿어진다.

6.14.2 생장 수율 계수

대부분의 경우 미생물을 배양할 때 그 최종 균체(G) 수율은 사용하는 기질의 양(C)에 비례한다.

$$G = KC$$

이때 K는 상수로서 미생물과 사용하는 기질에 따라 결정되며, 단위는 'g cell/소비된 기질의 mole'로 표시된다. *Escherichia coli*를 포도당-무기염류 배지에서 호기적으로 배양하면 사용한 포도당 1g으로부터 약 0.50g의 균체가 얻어진다. 따라서 이때 K는 90g cell/mole glucose가 된다. 기질의 농도를 mole로 표시할 때는 K를 Y(molar growth yield)로 표시하고, 사용한 기질이 포도당일 때는 Y_{glucose}로 표시한다.

혐기성 발효와 같이 기질의 대사 경로를 정확히 알면 발효 중에 생산되는 mole ATP/mole substrate를 알 수 있으므로, 혐기성 발효에서 $Y_{\text{substrate}}$를 측정하면 ATP mole 당 생산되는 균체량을 계산할 수 있다. 이를 Y_{ATP}라 한다. Homolactic acid 발효에서 포도당 1mole이 발효되면서 2mole의 ATP를 생

표 6.9 혐기성 발효 미생물의 균체 수율.

미생물	기 질	$Y_{substrate}$	ATP/기질 mole	Y_{ATP}
Streptococcus faecalis	glucose	20.0~37.5	2.0~3.0	10.9
	gluconate	17.6~20.0	1.8	10.4
	2-ketogluconate	19.5	2.3	8.5
	ribose	21.0	1.67	12.6
	arginine	10.2	1	10.2
	pyruvate	10.4	1	10.4
Streptococcus agalactiae	glucose	20.8	2.25	9.3
	pyruvate	7.5	0.72	10.4
Streptococcus pyogenes	glucose	25.5	2.6	9.8
Streptococcus lactis	glucose	19.5	2.0	9.8
Lactobacillus plantarum	glucose	20.4	2	10.2
	galactose	32.5	2.97	10.9
Lactobacillus casei L3	glucose	42.9	2.05	20.9
	mannitol	40.5	2.22	18.2
	citrate	18.2	0.96	19.0
Bifidobacterium bifidum	glucose	37.4	2.85	13.1
	lactose	52.8	5.08	10.4
	galactose	27.8	2.80	9.9
	mannitol	27.8	2.35	11.8
Saccharomyces cerevisiae	glucose	18.8~22.3	2	10.2
Saccharomyces rosei	glucose	22.0~24.6	2	11.6
Zymomonas mobilis	glucose	8.0~9.3	1	8.5
Zymomonas anaerobia	glucose	5.9	1	5.9
Sarcina ventriculi	glucose	30.5	2.62	11.7
Aerobacter aerogenes	glucose	26.1	3	10.2
	fructose	26.7	3	10.7
	mannitol	21.8	2.5	10.8
	gluconate	21.4	2.5	11.0
Aerobacter cloacae	glucose	17.7~27.1	1.5~2.5	11.9
Escherichia coli	glucose	25.8	3.0	11.2
Ruminococcus flavefaciens	glucose	29.1	2.75	10.6
Actinomyces israeli	glucose	24.7	2.0	12.3
Clostridium tetanomorphum	glutamate	6.8	0.62	10.9
Clostridium aminobutyricum	4-aminobutyrate	7.6	0.5	15.2
	4-hydroxybutyrate	8.9	0.5	17.8
Clostridium glycolicum	ethyleneglycol	7.7	0.5	15.4
Clostridium kluyveri	crotonate	4.8	0.5	9.6
	ethanol+acetate			9.2
Clostridium pasteurianum	sucrose	73.1	6.64	11.0
Clostridium thermoaceticum	glucose	50		16.6

산할 수 있으므로 Y_{ATP}=1/2 $Y_{glucose}$가 된다.

1960년대에 많은 미생물의 Y_{ATP}를 측정한 결과 그 값이 10.5 g/mole ATP로서 거의 비슷하게 계산되었다. 따라서 Y_{ATP}=10.5가 하나의 상수로 생각되어 왔다. 그러나 그 후 여러 연구 결과 Y_{ATP}의 값이 *Zymomonas anaerobia*의 4.7에서 *Lactobacillus casei*의 20.9까지 큰 차이가 있는 것으로 나타났다(표 6.9).

생장 조건에 따라 주어진 기질의 대사 경로가 달라질 때 ATP의 수율이 달라지므로 $Y_{substrate}$도 달라진다. *Clostridium butyricum*은 당을 발효하여 acetate와 butyrate를 생산한다(제8장, 8.5). Acetate를 생산할 때는 EMP 경로로 생산되는 2 ATP 외에 다음의 과정에서 substrate-level phosphorylation으로 포도당 1mole 당 2mole의 ATP를 더 생산한다.

pyruvate ⟶ acetyl-CoA ⟶ (P → CoA-SH) acetyl-phosphate ⟶ (ADP → ATP) acetate

Butyrate를 생산할 때는 다음의 과정에서 포도당 1mole 당 1ATP 만을 더 생산한다.

2pyruvate ⟶ butyryl-CoA ⟶ butyryl-phosphate ⟶ butyrate

또한 *Streptococcus*의 경우, 기질인 포도당의 농도가 높을 때는 해당 경로로 생산된 pyruvate로부터 lactate 만을 생산하므로 glucose로부터 2ATP를 생산하지만, 낮은 기질 농도에서는 lactate 외에 acetate를 생산하므로 ATP 생산량을 산출할 때는 이용된 기질의 양과 생산된 발효 산물의 종류와 양도 함께 분석하여야 한다.

6.14.3 Y_{ATP}의 이론적 최고치

아미노산, 핵산 염기 등의 합성에 많은 ATP가 소요된다(표 6.10). 따라서 생체 고분자 물질을 이루는 monomer를 포함한 배지에서 미생물을 배양할 때는 포도당-무기염 배지에서 배양할 때보다 훨씬 높은 Y_{ATP}값을 예상할 수 있다. 표 6.10에서 계산한 각 monomer 합성에 필요한 ATP의 양과, 이들을 고분자로 합성하는 데 필요한 ATP의 양(표 6.11)으로부터 균체 성분이 알려진 미생물의 이론적인 Y_{ATP}의 최고치 Y_{ATP}^{max}를 계산할 수 있다.

표 6.12에 배지 성분을 달리하는 조건에서 계산한 Y_{ATP}^{max}를 열거하였다. 가장 낮은 Y_{ATP}^{max}값은 chemolithotroph가 이산화탄소를 탄소원으로 생장할 때의 6.5g/mole ATP이며, 가장 높은 값은 chemoheterotroph가 포도당을 첨가한 complex medium에서 생장할 때 계산된 31.9g/mole ATP로서 로 많은 차이를 보인다. 이론적으로 미생물의 Y_{ATP}^{max}는 사용하는 탄소원에 따라 크게 달라짐을 알 수 있다. 예를 들어 무기염 배지에서 *Escherichia coli*를 배양할 때 사용하는 탄소 및 에너지원에 따라 Y_{ATP}의 최고 이론치 Y_{ATP}^{max}가 포도당에서 28.8g, pyruvate에서 13.5g, malate에서 15.4g, acetate에서 10.0g 인 것을 표 6.12에서 볼 수 있다.

표 6.10 *Escherichia coli* 균체 1g이 함유하는 각종 고분자 물질의 구성 성분과 이들의 합성에 필요한 물질과 에너지.

구성 성분	함유량 (μmole/g cell)	합성에 필요한 물질과 에너지(μmole/μmole)						
		탄소 골격	ATP	NADH	NADPH	C_1	NH_3	S
아미노산, 핵산 염기								
alanine	488	1 pyr	0	0	1	0	1	0
arginine	281	1 2kg	7	−1	4	0	4	0
asparagine	229	1 oaa	3	0	1	0	2	0
aspartate	229	1 oaa	0	0	1	0	1	0
cysteine	87	1 pga	4	−1	5	0	1	1
glutamate	250	1 2kg	0	0	1	0	1	0
glutamine	250	1 2kg	1	0	1	0	2	0
glycine	282	1 pga	0	−1	1	−1	1	0
histidine	90	1 penP	6	−3	1	1	3	0
isoleucine	276	1 oaa,1 pyr	2	0	5	0	1	0
leucine	428	2 pyr, 1 acCoA	0	−1	2	0	1	0
lysine	326	1 oaa, 1 pyr	2	0	4	0	2	0
methionine	146	1 oaa	7	0	8	1	1	1
phenylalanine	176	1 eryP, 2 pep	1	0	2	0	1	0
proline	210	1 2kg	1	0	3	0	1	0
serine	205	1 pga	0	−1	1	0	1	0
threonine	241	1 oaa	2	0	3	0	1	0
tryptophan	54	1 penP, 1 eryP, 1 pep	5	−2	3	0	2	0
tyrosine	131	1 eryP, 2 pep	1	−1	2	0	1	0
valine	402	1 pyr	0	0	2	0	1	0
RNA nucleotides								
ATP	165	1 penP, 1 pga	11	−3	1	1	5	0
GTP	203	1 penP, 1 pga	13	−3	0	1	5	0
CTP	126	1 penp, 1 oaa	9	0	1	0	3	0
UTP	136	1 penP, 1 oaa	7	0	1	0	2	0
DNA nucleotides								
dATP	24.7	1 penP, 1 pga	11	−3	2	1	5	0
dGTP	25.4	1 penP, 1 pga	13	−3	1	1	5	0
dCTP	25.4	1 penP, 1 pga	9	0	2	0	3	0
dTTP	24.7	1 penP, 1 oaa	10.5	0	3	1	2	0
지질								
glycerol phosphate	129	1 triosP	0	0	1	0	0	0
serine	129	1 pga	0	−1	1	0	0	0
average fatty acid	258	8.2 acCoA	7.2	0	14	0	0	0
lipopolysaccharide								
UDP-glucose	15.7	1 gluP	1	0	0	0	0	0
(CDP)ethanolamine	23.5	1 pga	3	−1	1	0	1	0
OH-myristic acid	23.5	7 acCoA	6	0	11	0	0	0
$C_{14:0}$ fatty acid	23.5	7 acCoA	6	0	12	0	0	0

표 6.10 *Escherichia coli* 균체 1g이 함유하는 각종 고분자 물질의 구성 성분과 이들의 합성에 필요한 물질과 에너지.(계속)

구성 성분	함유량 (μmole/g cell)	합성에 필요한 물질과 에너지(μmole/μmole)						
		탄소 골격	ATP	NADH	NADPH	C_1	NH_3	S
(CMP)KDO	23.5	1 penP, 1 pep	2	0	0	0	0	0
(NDP)heptose	23.5	1.5 gluP	1	0	−4	0	0	0
(TDP)glucosamine	15.7	1 fruP	2	0	0	0	1	0
Murein								
UDP-N-acetyl-glucosamine	27.6	1 fruP, 1 acCoA	3	0	0	0	1	0
UDP-N-acetylmu-ramic acid	27.6	1 fruP, 1 pep, 1 acCoA	4	0	1	0	1	0
alanine	55.2	1 pyr	0	0	1	0	1	0
diaminopimelate	27.6	1 oaa, 1 pyr	2	0	3	0	2	0
glutamate	27.6	1 2kg	0	0	1	0	1	0
polyamine								
ornithine equivalents	59.3	1 2kg	2	0	3	0	2	0

acCoA; acetyl-CoA
fru P; fructose-6-phosphate
2kg; 2-ketoglutarate
penP; pentose-5-phosphate
pga; 3-phosphoglycerate
triosP; triose phosphate
eryP; erythrose-4-phosphate
gluP; glucose-6-phosphate
oaa; oxaloacetate
pep; phosphoenolpyruvate
pyr; pyruvate
KDO; 2-keto--3-deoxyoctonate.

표 6.11 포도당-무기염류 배지에서 생체 고분자 물질 합성에 필요한 ATP.

고분자 물질	균체 1g 중의 고분자 물질 합성에 필요한 ATP (mmole/g cell)
다당류	2.1
단백질	
포도당 → 아미노산	1.4
중합	19.1
지질	0.1
RNA	
포도당 → nucleoside monophosphates	3.5
중합	0.9
DNA	
포도당 → deoxyribonucleoside monophosphates	0.9
중합	0.2
운반에 필요한 ATP	5.2
RNA turnover에 필요한 ATP	1.4
총 ATP 필요량	34.8

표 6.12 배지 조성을 달리한 조건에서 균체 합성에 필요한 ATP.

고분자 물 질	고분자 물질의 균체 내 함량(g/100g cell)	ATP 요구량(10mole/mg cell)						
		A	B	C	D	E	F	G
다당류	16.6	20.6	20.6	71.8	71.8	51.0	92.0	195.0
단백질	52.4	191.4	205.0	191.4	339.4	285.0	427.0	907.0
지질	9.4	1.4	1.4	27.0	27.0	25.0	50.0	172.0
RNA	15.7	24.0	43.7	46.2	71.2	70.0	101.0	
DNA	3.2	5.7	10.5	9.9	15.9	13.0	19.0	212.0
mRNA turnover		13.9	13.9	13.9	13.9	13.9	13.9	13.9
소계		257.0	295.1	360.2	539.2	457.9	702.9	1499.9
물질 운반		57.4	52.0	115.5	200.0	200.0	306.0	52.0
총계		314.4	347.1	475.7	739.2	657.9	1008.9	1551.9
Y_{ATP}		31.9	28.8	21.0	13.5	15.4	10.0	6.5

균체의 고분자 물질 함량은 Escherichia coli를 기준

배지 성분 A : 포도당+아미노산+핵산 염기+무기 염류

B : 포도당+무기 염류

C : Pyruvate+아미노산+핵산 염기+무기 염류

D : Pyruvate+무기 염류

E : Malate+무기 염류

F : Acetate+무기 염류

G : 이산화탄소+무기 염류(lithotrophic growth)

표 6.12의 Y_{ATP}^{max}값은 단순히 monomer의 합성과 이들의 중합에 필요한 ATP를 기준으로 계산한 것으로 물질의 운반, 단백질의 folding에서 chaperone의 작용으로 소비되는 ATP 등을 감안하지 않았기 때문에 실제보다 높게 나타난 것을 알 수 있다.

세포내 저장 물질인 glycogen, poly-β-hydroxybutyrate 등의 합성에서는 다른 생체 고분자 물질의 합성에서보다 ATP 소비가 낮기 때문에 저장 물질을 합성하는 경우 높은 Y_{ATP}값을 나타낸다.

6.14.4 호기적 생장 수율 계수

호기 상태, 혐기 상태 그리고 전자 수용체를 공급했을 때와 하지 않았을 때 통성 혐기성 세균의 $Y_{substrate}$가 서로 다른 것은 각각의 조건에서 ATP 수율이 다르기 때문이다. *Proteus mirabilis*의 $Y_{glucose}$가 호기 상태에서 58.1, 질산염을 공급한 혐기 상태에서 30.1, 질산염의 공급이 없는 혐기 상태에서 14인 것으로도 분명해진다.

호기 상태에서 NADH가 ETP로 산화될 때 ATP 수율 즉 H^+/O Ratio와 H^+/ATP stoichiometry(제5장, 5.8.4)가 분명치 않기 때문에 Y_{ATP}를 계산할 수 없다. 호기 상태에서 (6.1)식을 응용하여 산소 소비에 대한 균체 수율의 이론적 최고치(Yo_2^{max})를 계산하고, 이 수치를 표 6.12에서 사용한 배지 성분

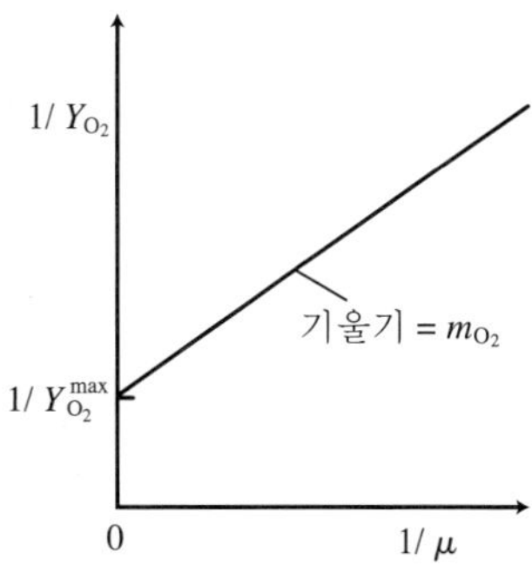

그림 6.49 호기적 호흡으로 생육하는 미생물의 산소에 대한 최고 균체 수율(Yo_2^{max})을 계산하는 방법.

연속 배양법으로 미생물을 배양하면서 각 비생장 속도(μ)에서 산소에 대한 균체 수율(Yo_2)을 측정하면 산소에 대한 최고 균체 수율과 생명 유지를 위해 필요로 하는 산소의 양(mo_2)을 계산할 수 있다. 산소 이외의 기질에 대해서도 같은 값들을 구할 수 있다.

의 Y_{ATP}^{max} 값을 찾아 나누면 P/2e⁻ 계수를 계산할 수 있다. Yo_2를 이 값으로 나누면 호기 상태에서의 Y_{ATP}를 계산할 수 있다.

$$\frac{1}{Yo_2} = mo_2\frac{1}{\mu} + \frac{1}{Yo_2^{max}} \tag{6.1}$$

Yo_2 : 각 비생장 속도에서 소비된 산소에 대한 균체 수율(g cell/mole 소비된 O_2)

m_{O2} : 생명 유지를 위해 소비하는 산소량 (mole O_2/g cell)

μ : 비생장 속도

Yo_2^{max} : Yo_2의 이론적 최고치

$1/Yo_2$를 y축에 $1/\mu$를 x축에 plot하면 직선을 얻을 수 있다. 이때 y축의 절편이 Yo_2^{max}이며, 직선의 기울기가 m_{O2}이다(그림 6.49). 이렇게 계산한 Yo_2^{max}을 표 6.11에서 계산한 Y_{ATP}^{max}으로 나누면 P/O계수(P/2e⁻), 즉 2개의 전자가 산소로 산화되면서 합성되는 ATP 수를 예측할 수 있다. (6.1)식을 이용하여 계산된 Yo_2를 P/2e⁻로 나누면 Y_{ATP}를 얻게된다. 그러나 이 수치는 substrate-level phosphorylation에 의한 ATP 합성을 감안하지 않았기 때문에 정확한 ATP의 수율을 계산하기 위해서는 SLP를 통해서 합성되는 ATP의 양도 감안하여야 한다.

(6.1)식은 maintenance 에너지 계산식과 같은 형으로서 다음 항에서 상세히 살펴보기로 한다.

6.14.5 Maintenance Energy

생물의 에너지 소비를 자기 복제와 생명 유지로 구분하였다. 생명 유지에 필요한 에너지를

maintenance energy라 하고, 그 크기가 생장 조건에 관계없이 균주에 따라 일정하다고 가정하여 (6.2) 식의 관계가 제안되었다.

$$\frac{1}{Y_{\text{sub}}} = m_s \frac{1}{\mu} + \frac{1}{Y_{\text{sub}}^{\text{max}}} \tag{6.2}$$

이미 공부한 바와 같이 (6.2)식은 (6.1)식과 비슷하여 산소 대신 기질에 대한 수율과 maintenance 에너지를 표시하고 있다. 각 증식 속도(μ)에서 $Y_{\text{substrate}}$를 구한 다음, $1/\mu$과 $1/Y_{\text{sub}}$를 x, y축에 나타내면 m_s와 $Y_{\text{sub}}^{\text{max}}$를 구할 수 있다(그림 6.49). (6.2)식의 substrate 대신 ATP에 대한 수율과 maintenance 에너지를 대입하면 $Y_{\text{ATP}}^{\text{max}}$도 계산할 수 있다.

Maintenance 에너지는 공부한 바와 같이 세포내 pH와 삼투압 유지, 고분자 물질의 분해 및 합성(turnover), 그리고 운동 등에 이용된다.

Maintenance 에너지도 생장 조건에 따라 변하며, 특히 수율 계산을 위해 이용되는 chemostat에서 에너지원 외의 영양분이 제한되는 조건에서 에너지원이 과량일 때는 다음과 같은 현상이 일어나 maintenance 에너지의 소비가 증가한다.

1) 에너지가 보전되지 않는 uncoupled oxidation이 많이 일어난다.
2) 중간 대사 산물이 체외로 방출되는 불완전 산화 반응이 일어난다.
3) 중간 대사 산물, 특히 유기산은 uncoupler로 작용한다.

따라서 다음과 같은 관계식으로 표시되는 maintenance 에너지는 에너지원 제한 조건에서보다 훨씬 높게 나타난다.

[maintenance 에너지] = [기질에서 얻는 총 에너지] − [생장에 이용되는 에너지]

Maintenance 에너지를 생장 속도에 영향을 받지 않는 상수의 maintenance 에너지(m_s)와 생장 속도에 따라 변하는 maintenance 에너지(m_s')를 구분하여 생각할 수 있으며, 비증식 속도가 최고치인 조건에서는 m_s'가 0이 된다.

요점 정리

1. 미생물 세포는 대략 단백질 55%, RNA 20%, 지질 9%, DNA 3% 그리고 소량의 다당류와 미량 성분으로 이루어져 있다.
2. 미생물 체에서 해당 경로, TCA 회로 등 중심 대사 경로에서 공급되는 탄소 골격과 무기 질소원, 황산염 등을 이용하는 동화 작용은 단량체의 합성, 단량체의 중합에 의한 고분자 물질의 합성, 그리고 세포 구조 형성의 3단계로 이루어진다.
3. 기체 상태의 질소를 질소원으로 이용하는 질소 고정은 원핵세포 생물에서만 알려져 있다. 3중 결합을 갖는 기체 상태의 질소(N_2)를 암모나아로 환원하는 nitrogenase는 환원력과 함께 많은 양의 ATP를 소비한다.
4. 암모니아는 glutamate dehydrogenase 또는 glutamine synthetase – glutamate synthase system의 작용을 통해 생합성에 이용된다.
5. 아미노산의 합성에 이용되는 모든 탄소 골격은 중심 대사 경로의 대사 중간 산물이다.
6. 핵산 합성에 이용되는 단량체인 nucleotide는 *de novo* 경로나 salvage 경로를 통해 합성된다.
7. 단량체의 합성에는 많은 에너지가 필요하기 때문에, 환경에 단량체가 공급되면 이들의 합성은 저해되어 에너지의 소비가 억제된다.
8. 지방산은 acetyl-CoA, isobutyryl-CoA, isovaleryl-CoA 등으로부터 합성되며, 불포화 지방산은 혐기적 합성 경로 또는 호기적 합성 경로를 통해 합성된다. 진핵 세포는 불포화 지방산의 혐기적 합성 능력이 없다.
9. 원형질막 외부에 위치하는 구조물의 합성에 필요한 단량체는 원형질체에서 합성되고 undecaprenyl phosphate 등 운반체의 도움으로 원형질막을 통과한다.
10. 다당류, 지질 등 미생물 체의 구조 물질은 단순한 단량체의 반복으로 만들어지지만 DNA, RNA, 단백질은 유전 정보에 따라 단량체의 순서가 결정된다. 따라서 이들의 합성 경로는 다른 고분자 물질의 합성보다 복잡하다.
11. 미생물의 균체 수율은 이용하는 기질의 종류에 따라 다르며, 동일한 기질에서 생산되는 균체량은 이용되는 기질의 양에 비례한다.
12. 이화 작용(catabolism)에서 얻어지는 에너지는 생합성과 생명 유지에 이용된다. 생명 유지에 필요한 에너지를 maintenance 에너지라 한다.
13. *Escherichia coli*의 경우 생합성에 사용되는 에너지보다 maintenance 에너지의 양이 더 크다.

참고 문헌

| 질소와 유황 이용

Amon, J., F. Titgemeyer and **A. Burkovski.** 2010. Common patterns–unique features: nitrogen metabolism and regulation in Gram-positive bacteria. FEMS Microbiol. Rev. **34**(4):588-605.

Arcondeguy, T., R. Jack and **M. Merrick**. 2001. P-II signal transduction proteins, pivotal players in microbial nitrogen control. Microbiol. Mol. Biol. Rev. **65**:80-105.

Beinert, H. 2000. A tribute to sulfur. Eur. J. Biochem. **267**:5657-5664.

Bender, R. A. 2010. A NAC for regulating metabolism: the nitrogen assimilation control protein (NAC) from *Klebsiella pneumoniae*. J. Bacteriol. **192**(19):4801-4811.

Bergman, B., G. Sandh, S. Lin, J. Larsson and **E. J. Carpenter.** 2013. *Trichodesmium* – a widespread marine cyanobacterium with unusual nitrogen fixation properties. FEMS Microbiol. Rev. **37**(3):286-302.

Bothe, H., O. Schmitz, M. G. Yates and **W. E. Newton.** 2010. Nitrogen fixation and hydrogen metabolism in cyanobacteria. Microbiol. Mol. Biol. Rev. **74**(4):529-551.

Bothe, H., H. Tripp and **J. Zehr.** 2010. Unicellular cyanobacteria with a new mode of life: the lack of photosynthetic oxygen evolution allows nitrogen fixation to proceed. Arch. Microbiol. **192**(10):783-790.

Burkovski, A. 2003. Ammonium assimilation and nitrogen control in *Corynebacterium glutamicum* and its relatives: an example for new regulatory mechanisms in actinomycetes. FEMS Microbiol. Rev. **27:**617-628.

Burkovski, A. 2003. I do it my way: regulation of ammonium uptake and ammonium assimilation in *Corynebacterium glutamicum*. Arch. Microbiol. **179:**83-88.

Cook, A. M. and **K. Denger.** 2002. Dissimilation of the C_2 sulfonates. Arch. Microbiol. **179:**1-6.

Dixon, R. and **D. Kahn.** 2004. Genetic regulation of biological nitrogen fixation. Nature Rev. Microbiol. **2:**621-631.

Dubbs, J. M. and **F. R. Tabita.** 2004. Regulators of nonsulfur purple phototrophic bacteria and the interactive control of CO_2 assimilation, nitrogen fixation, hydrogen metabolism and energy generation. FEMS Microbiol. Rev. **28:**353-376.

Forchhammer, K. 2008. PII signal transducers: novel functional and structural insights. Trends Microbiol. **16**(2):65-72.

Gonzalez, J. E. and **M. M. Marketon.** 2003. Quorum sensing in nitrogen-fixing rhizobia. Microbiol. Mol. Biol. Rev. **67:**574-592.

Huergo, L. F., G. Chandra and **M. Merrick**. 2013. PII signal transduction proteins: nitrogen regulation and beyond. FEMS Microbiol. Rev. **37**(2):251-283.

Kertesz, M. A. 2000. Riding the sulfur cycle–metabolism of sulfonates and sulfate esters in Gram-negative bacteria. FEMS Microbiol. Rev. **24**:135-175.

Lin, J. T. and **V. Stewart**. 1998. Nitrate assimilation by bacteria. Adv. Microb. Physiol. **39**:1-30

Prell, J. and **P. Poole.** 2006. Metabolic changes of rhizobia in legume nodules. Trends Microbiol. **14:**161-168.

Reitzer, L. 2003. Nitrogen assimilation and global regulation in *Escherichia coli*. Annu. Rev. Microbiol. **57:**155-176.

Richardson, D. J. and **N. J. Watmough**. 1999. Inorganic nitrogen metabolism in bacteria. Curr. Opin. Chem. Biol. **3**:207-219.

Seefeldt, L. C., B. M. Hoffman and **D. R. Dean.** 2012. Electron transfer in nitrogenase catalysis. Curr. Opin. Chem. Biol. **16**(1–2):19-25.

Ye, R. W. and **S. M. Thomas**. 2001. Microbial nitrogen cycles: physiology, genomics and applications. Curr. Opin. Microbiol. **4**:307-312.

Zehr, J. P., B. D. Jenkins, S. M. Short and **G. F. Steward.** 2003. Nitrogenase gene diversity and microbial community structure: a cross-system comparison. Environ. Microbiol. **5:**539-554.

Zhang, C. C., Laurent, S. Sakr, S. Peng and **S. Bedu.** 2006. Heterocyst differentiation and pattern formation in cyanobacteria: a chorus of signals. Mol. Microbiol. **59:**367-375.

| 단량체 합성

Alifano, P., R. Fani, P. Lio, A. Lazcano, M. Bazzicalupo, M. S. Carlomagno and **C. B. Bruni**. 1996. Histidine biosynthetic pathway and genes: Structure, regulation, and evolution. Microbiol. Rev. **60**:44-69.

Aguilar, P. S. and **D. de Mendoza.** 2006. Control of fatty acid desaturation: a mechanism conserved from bacteria to humans. Mol. Microbiol. **62**(6):1507-1514.

Begley, T. P., A. Chatterjee, A. Chatterjee, J. W. Hanes, A. Hazra and **S. E. Ealick.** 2008. Cofactor biosynthesis – still yielding fascinating new biological chemistry. Curr. Opin. Chem. Biol. **12**(2):118-125.

Behrouzian, B. and **P. H. Buist.** 2002. Fatty acid desaturation: variations on an oxidative theme. Curr. Opin. Chem. Biol. **6:**577-582.

Boucher, Y. and **W. F. Doolittle**. 2000. The role of lateral gene transfer in the evolution of isoprenoid biosynthesis pathways. Mol. Microbiol. **37**:703-716.

Buckel, W. and **B. T. Golding.** 2006. Radical enzymes in anaerobes. Annu. Rev. Microbiol. **60**,27-49.

Cobucci-Ponzano, B., M. Rossi and **M. Moracci.** 2012. Translational recoding in archaea. Extremophiles **16**(6):793-803.

Cronan, J. E. 2006. A bacterium that has three pathways to regulate membrane lipid fluidity. Mol. Microbiol. **60:**256-259.

Frankenberg, N., J. Moser and **D. Jahn.** 2003. Bacterial heme biosynthesis and its biotechnological application. Appl. Microbiol. Biotechnol. **63:**115-127.

Franken, A., B. Lokman, A. Ram, P. Punt, C. van den Hondel and **S. de Weert.** 2011. Heme biosynthesis and its regulation: towards understanding and improvement of heme biosynthesis in filamentous fungi. Appl Microbiol Biotechnol **91**(3):447-460.

Fujita, Y., H. Matsuoka and **K. Hirooka.** 2007. Regulation of fatty acid metabolism in bacteria. Mol. Microbiol. **66**(4):829-839.

Gago, G., L. Diacovich, A. Arabolaza, S.-C. Tsai and **H. Gramajo.** 2011. Fatty acid biosynthesis in actinomycetes. FEMS Microbiol. Rev. **35**(3):475-497.

Gaston, M. A., L. Zhang, K. B. Green-Church and J. A. Krzycki. 2011. The complete biosynthesis of the genetically encoded amino acid pyrrolysine from lysine. Nature. **471**(7340):647-650.

Holden, H. M., P. D. Cook and **J. B. Thoden.** 2010. Biosynthetic enzymes of unusual microbial sugars. Curr. Opin. Struct. Biol. **20**(5):543-550.

Jordan, A. and **P. Reichard**. 1998. Ribonucleotide reductase. Annu. Rev. Biochem. **67**:71-98.

Koenigsknecht, M. J. and **D. M. Downs.** 2010. Thiamine biosynthesis can be used to dissect metabolic integration. Trends Microbiol. **18**(6):240-247.

Kuzuyama, T. 2002. Mevalonate and nonmevalonate pathways for the biosynthesis of isoprene units. Biosci. Biochem. Biotechnol. **66:**1619-1627.

Lendzian, F. 2005. Structure and interactions of amino acid radicals in class I ribonucleotide reductase studied by ENDOR and high-field EPR spectroscopy. Biochim. Biophys. Acta–Bioenerg. **1707:**67-90.

Malumbres, M. and **J. F. Martin**. 1996. Molecular control mechanisms of lysine and threonine biosynthesis in amino acid-producing corynebacteria: Redirecting carbon flow. FEMS Microbiol. Lett. **143**:103-114.

Mansilla, M. C. and **D. de Mendoza. 2005.** The *Bacillus subtilis* desaturase: a model to understand phospholipid modification and temperature sensing. Arch. Microbiol. **183:**229-235.

Matsumi, R., H. Atomi, A. J. M. Driessen and **J. van der Oost.** 2011. Isoprenoid biosynthesis in Archaea–Biochemical and evolutionary implications. Res. Microbiol. **162**(1):39-52.

Meganathan, R. 2001. Ubiquinone biosynthesis in microorganisms. FEMS Microbiol. Lett. **203:**131-139.

Nordlund, P. and **P. Reichard.** 2006. Ribonucleotide reductase. Annu. Rev. Biochem. **75**,681-706.

O'Brian, M. R. and **L. Thony-Meyer.** 2002. Biochemistry, regulation and genomics of haem biosynthesis in prokaryotes. Adv. Microb. Physiol. **46:**257-318.

Panek, H. and **M. R. O'Brian.** 2002. A whole genome view of prokaryotic haem biosynthesis. Microbiol.-UK. **148**(8):2273-2282.

Park, J. H. and **S. Y. Lee.** 2010. Metabolic pathways and fermentative production of *L*-aspartate family amino acids. Biotechnol. J. **5**(6):560-577.

Reichard, P. 1997. The evolution of ribonucleotide reduction. Trends Biochem. Sci. **22**:81-85.

Schujman, G. E. and **D. de Mendoza. 2005.** Transcriptional control of membrane lipid synthesis in bacteria. Curr. Opin. Microbiol. **8:**149-153.

Tian, B. and **Y. Hua.** 2010. Carotenoid biosynthesis in extremophilic *Deinococcus-Thermus* bacteria. Trends Microbiol. **18**(11):512-520.

Torrents, E., A. Jordan, M. Karlsson and **I. Gibert**. 2000. Occurrence of multiple ribonucleotide reductase classes in gamma- proteobacteria species. Curr. Microbiol. **41**:346-351.

Umeno, D., A. V. Tobias and **F. H. Arnold.** 2005. Diversifying carotenoid biosynthetic pathways by directed evolution. Microbiol. Mol. Biol. Rev. **69:**51-78.

White, S. W., J. Zheng, Y.-M. Zhang and **C. O. Rock.** 2005. The structural biology of type II fatty acid biosynthesis. Ann. Rev. Biochem. **74**(1):791-831.

Xu, Y., B. Labedan and **N. Glansdorff.** 2007. Surprising arginine biosynthesis: a reappraisal of the enzymology and evolution of the pathway in microorganisms. Microbiol. Mol. Biol. Rev. **71**(1):36-47.

| 세포 표면 구조

Aizawa, S. 2001. Bacterial flagella and type III secretion systems. FEMS Microbiol. Lett. **202**:157-164.

Barreteau, H., A. Kovac, A. Boniface, M. Sova, S. Gobec and **D. Blanot.** 2008. Cytoplasmic steps of peptidoglycan biosynthesis. FEMS Microbiol. Rev. **32**(2):168-207.

Bhavsar, A. P. and **E. D. Brown.** 2006. Cell wall assembly in *Bacillus subtilis*: how spirals and spaces challenge paradigms. Mol. Microbiol. **60**(5):1077-1090.

Bernstein, H. D. 2000. The biogenesis and assembly of bacterial membrane proteins. Curr. Opin. Microbiol. **3**:203-209.

Bouhss, A., A. E. Trunkfield, T. D. H. Bugg and **D. Mengin-Lecreulx.** 2008. The biosynthesis of peptidoglycan lipid-linked intermediates. FEMS Microbiol. Rev. **32**(2):208-233.

Cuthbertson, L., I. L. Mainprize, J. H. Naismith and **C. Whitfield.** 2009. Pivotal roles of the outer membrane polysaccharide export and polysaccharide copolymerase protein families in export of extracellular polysaccharides in Gram-negative bacteria. Microbiol. Mol. Biol. Rev. **73**(1):155-177.

Duong, F., J. Eichler, A. Price, M. R. Leonard and **W. Wickner**. 1997. Biogenesis of the gram-negative bacterial envelope. Cell **91**:567-573.

Fekkes, P. and **A. J. M. Driessen**. 1999. Protein targeting to the bacterial cytoplasmic membrane. Microbiol. Mol. Biol. Rev. **63**:161-173.

Feldman, D. E. and **J. Frydman**. 2000. Protein folding in vivo: the importance of molecular chaperones. Curr. Opin. Struct. Biol. **10**:26-33.

Frydman, J. 2001. Folding of newly translated proteins in vivo: The role of molecular chaperones. Annu. Rev. Biochem. **70**:603-647.

Hendrickx, A. P. A., J. M. Budzik, S.-Y. Oh and **O. Schneewind.** 2011. Architects at the bacterial surface – sortases and the assembly of pili with isopeptide bonds. Nature Rev. Microbiol. **9**(3):166-176.

Jarrell, K. F. 2012. Control of archaellation in *Sulfolobus acidocaldarius*: unravelling of the regulation of surface structure biosynthesis in Archaea begins. Mol. Microbiol. **86**(1):1-5.

Kang, H. J. and **E. N. Baker.** 2012. Structure and assembly of Gram-positive bacterial pili: unique covalent polymers. Curr. Opin. Struct. Biol. **22**(2):200-207.

Matteï, P.-J., D. Neves and **A. Dessen.** 2010. Bridging cell wall biosynthesis and bacterial morphogenesis. Curr. Opin. Struct. Biol. **20**(6):749-755.

Mazmanian, S. K., I. T. Hung and **O. Schneewind**. 2001. Sortase-catalysed anchoring of surface proteins to the cell wall of *Staphylococcus aureus*. Mol. Microbiol. **40**:1049-1057.

Moffitt, M. C. and **B. A. Neilan. 2000.** The expansion of mechanistic and organismic diversity associated with non-ribosomal peptides. FEMS Microbiol. Lett. **191:**159-167.

Navarre, W. W. and **O. Schneewind**. 1999. Surface proteins of gram-positive bacteria and mechanisms of their targeting to the cell wall envelope. Microbiol. Mol. Biol. Rev. **63**:174-229.

Novick, R. P. 2000. Sortase: the surface protein anchoring transpeptidase and the LPXTG motif. Trends Microbiol. **8**(4):148-151.

Rahman, O., L. G. Dover and **I. C. Sutcliffe.** 2009. Lipoteichoic acid biosynthesis: two steps forwards, one step sideways? Trends Microbiol. **17**(6):219-225.

Rocchetta, H. L., L. L. Burrows and **J. S. Lam**. 1999. Genetics of O-antigen biosynthesis in *Pseudomonas aeruginosa*. Microbiol. Mol. Biol. Rev. **63**:523-553.

Sauvage, E., F. Kerff, M. Terrak, J. A. Ayala and **P. Charlier.** 2008. The penicillin-binding proteins: structure and role in peptidoglycan biosynthesis. FEMS Microbiol. Rev. **32**(2):234-258.

Silver, R. P., K. Prior, C. Nsahlai and **L. F. Wright**. 2001. ABC transporters and the export of capsular polysaccharides from Gram-negative bacteria. Res. Microbiol. **152**:357-364.

Spirig, T., E. M. Weiner and **R. T. Clubb.** 2011. Sortase enzymes in Gram-positive bacteria. Mol. Microbiol. **82**(5):1044-1059.

Stachelhaus, T. and **M. A. Marahiel. 1995.** Modular structure of genes encoding multifunctional peptide synthetases required for non-ribosomal peptide synthesis. FEMS Microbiol. Lett. **125**,3-14.

Stewart, G. C. 2005. Taking shape: control of bacterial cell wall biosynthesis. Mol. Microbiol. **57:**1177-1181.

Vollmer, W. and **U. Bertsche.** 2008. Murein (peptidoglycan) structure, architecture and biosynthesis in *Escherichia coli*. Biochim. Biophys. Acta–Biomembr **1778**(9):1714-1734.

White, C. L. and **J. W. Gober.** 2012. MreB: pilot or passenger of cell wall synthesis? Trends Microbiol. **20**(2):74-79.

Whitfield, C., P. A. Amor and **R. Koplin** . 1997. Modulation of the surface architecture of Gram-negative bacteria by the action of surface polymer: Lipid A-core ligase and by determinants of polymer chain length. Mol. Microbiol. **23**:629-638.

| 핵산과 단백질

Bachellerie, J. P. and **J. Cavaille.** 1997. Guiding ribose methylation of rRNA. Trends Biochem. Sci. **22:**257-261.

Baker, D. and **W. Lim.** 2002. From folding towards function. Curr. Opin. Struct. Biol. **12:**11-13.

Barras, F., L. Loiseau, and **B. Py.** 2005. How *Escherichia coli* and *Saccharomyces cerevisiae* build Fe/S proteins. Adv. Microb. Physiol. **50:**41-101.

Barry, R. M. and **Z. Gitai.** 2011. Self-assembling enzymes and the origins of the cytoskeleton. Curr. Opin. Microbiol. **14**(6):704-711.

Bell, S. D. and **S. P. Jackson**. 1998. Transcription and translation in Archaea: A mosaic of eukaryal and bacterial features. Trends Microbiol. **6**:222-228.

Bock, A., P. W. King, M. Blokesch and **M. C. Posewitz.** 2006. Maturation of hydrogenases. Adv. Microb. Physiol. **51**,1-225.

Boeneman, K. and **E. Crooke.** 2005. Chromosomal replication and the cell membrane. Curr. Opin. Microbiol. **8:**143-148.

Booth, P. J. and **P. Curnow.** 2006. Membrane proteins shape up: understanding in vitro folding. Curr. Opin. Struct. Biol. **16:**480-488.

Boni, I.V. 2006. Diverse molecular mechanisms of translation initiation in prokaryotes. Mol. Biol. **40:**587-596.

Borukhov, S., J. Lee and **O. Laptenko.** 2005. Bacterial transcription elongation factors: new insights into molecular mechanism of action. Mol. Microbiol. **55:**1315-1324.

Boni, I. V. 2006. Diverse molecular mechanisms of translation initiation in prokaryotes. Mol. Biol. **40**(4):587-596.

Bowie, J. U. 2005. Solving the membrane protein folding problem. Nature. **438:**581-589.

Bravo, A., G. Serrano-Heras and **M. Salas.** 2005. Compartmentalization of prokaryotic DNA replication. FEMS Microbiol. Rev. **29**,:25-47.

Bulaj, G. 2005. Formation of disulfide bonds in proteins and peptides. Biotechnol. Adv. **23:**87-92.

Caldon, C. E., P. Yoong and **P. E. March** . 2001. Evolution of a molecular switch: universal bacterial GTPases regulate ribosome function. Mol. Microbiol. **41**:289-297.

Cobucci-Ponzano, B., M. Rossi and **M. Moracci.** 2012. Translational recoding in archaea. Extremophiles **16**(6):793-803.

Cobucci-Ponzano, B., M. Rossi and M. Moracci. 2005. Recoding in Archaea. Mol. Microbiol. **55**(2):339-348.

Condon, C. 2007. Maturation and degradation of RNA in bacteria. Cur. Opin. Microbiol. **10**(3):271-278.

Craig, E. A., H. C. Eisenman and **H. A. Hundley.** 2003. Ribosome-tethered molecular chaperones: the first line of defense against protein misfolding? Curr. Opin. Microbiol. **6:**157-162.

Daggett, V. and **A. R. Fersht.** 2003. Is there a unifying mechanism for protein folding? Trends Biochem. Sci. **28:**18-25.

Das, G. and **U. Varshney.** 2006. Peptidyl-tRNA hydrolase and its critical role in protein biosynthesis. Microbiol.-UK. **152:**2191-2195.

Dehaseth, P. L., M. L. Zupancic and **M. T. Record**. 1998. RNA polymerase-promoter interactions–The comings and goings of RNA polymerase. J. Bacteriol. **180**:3019-3025.

Denamur, E. and **I. Matic.** 2006. Evolution of mutation rates in bacteria. Mol. Microbiol. **60:**820-827.

Deuerling, E. and **B. Bukau.** 2004. Chaperone-assisted folding of newly synthesized proteins in the cytosol. Crit. Rev. Biochem. Mol. Bio. **39:**261-277.

Dill, K. A. and **J. L. MacCallum.** 2012. The protein-folding problem, 50 years on. Science. **338**(6110):1042-1046.

Ellis, R. J. 1994. Protein folding: chaperoning nascent proteins. Nature. **370:**96-97.

Feldman, D. E. and **J. Frydman.** 2000. Protein folding in vivo: the importance of molecular chaperones. Curr. Opin. Struct. Biol. **10**(1):26-33.

Ferguson, N. and **A. R. Fersht.** 2003. Early events in protein folding. Curr. Opin. Struct. Biol. **13:**75-81.

Frydman, J. 2001. Folding of newly translated proteins *in vivo*: the role of molecular chaperones. Annu. Rev. Biochem. **70:**603-647.

Genest, O., V. Mejean and **C. Iobbi-Nivol.** 2009. Multiple roles of TorD-like chaperones in the biogenesis of molybdoenzymes. FEMS Microbiol Lett **297**(1):1-9.

Gerber, A. P. and **W. Keller**. 2001. RNA editing by base deamination: more enzymes, more targets, more mysteries. Trends Biochem. **26**:376-384.

Gillet, R. and **B. Felden**. 2001. Emerging views on tmRNA-mediated protein tagging and ribosome rescue. Mol. Microbiol. **42**:879-885.

Grohmann, D. and **F. Werner.** 2011. Recent advances in the understanding of archaeal transcription. Curr. Opin. Microbiol. **14**(3):328-334.

Hesterkamp, T. and **B. Bukau**. 1996. The Escherichia coli trigger factor. FEBS Lett. **389**:32-34.

Hirokawa, G., N. Demeshkina, N. Iwakura, H. Kaji and **A. Kaji.** 2006. The ribosome-recycling step: consensus or controversy? Trends Biochem. Sci. **31:**143-149.

Ibba, M. and **D. Soll**. 2000. Aminoacyl-tRNA synthesis. Annu. Rev. Biochem. **69**:617-650.

Johnson, J. L. and **E. A. Craig**. 1997. Protein folding in vivo: Unraveling complex pathways. Cell **90**:201-204.

Kaguni, J. M. 2006. DnaA: controlling the initiation of bacterial DNA replication and more. Annu. Rev. Microbiol. **60:**351-371.

Keiler, K. C. 2007. Physiology of tmRNA: what gets tagged and why? Curr. Opin. Microbiol. **10**(2):169-175.

Kelman, L. M. and **Z. Kelman.** 2004. Multiple origins of replication in archaea. Trends Microbiol.**12:**399-401.

Kranz, R., R. Lill, B. Goldman, G. Bonnard and **S. Merchant**. 1998. Molecular mechanisms of cytochrome c biogenesis–Three distinct systems. Mol. Microbiol. **29**:383-396.

Laursen, B. S., H. P. Sorensen, K. K. Mortensen and **H. U. Sperling-Petersen.** 2005. Initiation of protein synthesis in bacteria. Microbiol. Mol. Biol. Rev. **69:**101-123.

Lin, Z. and **H. S. Rye.** 2006. GroEL-mediated protein folding: making the impossible, possible. Cri. Rev. Biochem. Mol. Biol. **41:**211-239.

Lund, P. A. 2001. Microbial molecular chaperones. Adv. Microb. Physiol. **44:**93-140.

McGlynn, P., N. J. Savery and **M. S. Dillingham.** 2012. The conflict between DNA replication and transcription. Mol. Microbiol. **85**(1):12-20.

Milón, P. and **M. V. Rodnina.** 2012. Kinetic control of translation initiation in bacteria. Crit. Rev. Biochem. Mol. Biol. **47**(4):334-348.

Missiakas, D. and **S. Raina**. 1997. Protein folding in the bacterial periplasm. J. Bacteriol. **179**:2465-2471.

Mott, M. L. and **J. M. Berger.** 2007. DNA replication initiation: mechanisms and regulation in bacteria. Nature Rev. Microbiol. **5**(5):343-354.

Muto, A., C. Ushida and **H. Himeno**. 1998. A bacterial RNA that funtions as both a tRNA and an mRNA. Trends Biochem. Sci. **23**:25-29.

Nakayama, H., K. Kurokawa and **B. L. Lee.** 2012. Lipoproteins in bacteria: structures and biosynthetic pathways. FEBS J. **279**(23):4247-4268.

Pallen, M. J., A. C. Lam, M. Antonio and **K. Dunbar**. 2001. An embarrassment of sortases–a richness of substrates? Trends Microbiol. **9**:97-101.

Paulsson, J. and **D. K. Chattoraj.** 2006. Origin inactivation in bacterial DNA replication control. Mol. Microbiol. **61**,9-15.

Petry, S., A. Weixlbaumer and **V. Ramakrishnan.** 2008. The termination of translation. Curr. Opin. Struct. Biol. **18**(1):70-77.

Phillips, G. and **V. de Crécy-Lagard.** 2011. Biosynthesis and function of tRNA modifications in Archaea. Curr. Opin. Microbiol. **14**(3):335-341.

Piette, F., C. Struvay and **G. Feller.** 2011. The protein folding challenge in psychrophiles: facts and current issues. Environ. Microbiol. **13**(8):1924-1933.

Py, B. and F. Barras. 2010. Building Fe–S proteins: bacterial strategies. Nature Rev. Microbiol. **8**(6):436-446.

Raina, S. and **D. Missiakas.** 1997. Making and breaking disulfide bonds. Annu.Rev.Microbiol. **51**:179-202.

Reisenauer, A., L. S. Kahng, S. McCollum and **L. Shapiro**. 1999. Bacterial DNA methylation: a cell cycle regulator? J. Bacteriol. **181**:5135-5139.

Stuart, K. and **A. K. Panigrahi. 2002.** RNA editing: complexity and complications. Mol. Microbiol. **45:**591-596.

Stubbe, J. 2000. Ribonucleotide reductases: the link between an RNA and a DNA world? Curr. Opin. Struct. Biol. **10**:731-736.

Thony-Meyer, L. 1997. Biogenesis of respiratory cytochromes in bacteria. Microbiol. Mol. Biol. Rev. **61**:337-376.

Toor, N., K. S. Keating and **A. M. Pyle.** 2009. Structural insights into RNA splicing. Curr. Opin. Struct. Biol. **19**(3):260-266.

| Assembly 그리고 증식

Adams, D. W. and **J. Errington.** 2009. Bacterial cell division: assembly, maintenance and disassembly of the Z ring. Nature Rev. Microbiol. **7**(9):642-653.

Angert, E. R. 2005. Alternatives to binary fission in bacteria. Nature Rev. Microbiol. **3:**214-224.

Barak, I. and **A. J. Wilkinson** 2007. Division site recognition in *Escherichia coli* and *Bacillus subtilis*. FEMS Microbiol. Rev. **31**(3):311-326.

Bates, D. 2008. The bacterial replisome: back on track? Mol. Microbiol. **69**(6):1341-1348.

Bernander, R. 2007. The cell cycle of *Sulfolobus*. Mol. Microbiol. **66**(3):557-562.

Bernander, R. and **T. J. G. Ettema.** 2010. FtsZ-less cell division in archaea and bacteria. Curr. Opin. Microbiol. **13**(6):747-752.

Bigot, S., V. Sivanathan, C. Possoz, F. X. Barre and F. Cornet. 2007. FtsK, a literate chromosome segregation machine. Mol. Microbiol. **64**(6):1434-1441.

Bouche, J. P. and **S. Pichoff**. 1998. On the birth and fate of bacterial division sites. Mol. Microbiol. **29**:19-26.

Bramkamp, M. and **S. van Baarle.** 2009. Division site selection in rod-shaped bacteria. Curr. Opin. Microbiol. **12**(6):683-688.

Cabeen, M. T. and **C. Jacobs-Wagner.** 2005. Bacterial cell shape. Nature Rev. Microbiol. **3:**601-610.

Carballido-Lopez, R. 2006. Orchestrating bacterial cell morphogenesis. Mol. Microbiol. **60:**815-819.

Collier, J. 2009. Epigenetic regulation of the bacterial cell cycle. Curr. Opin. Microbiol. **12**(6):722-729.

Cooper, S. 2001. Size, volume, length and the control of the bacterial division cycle. Microbiol.-UK. **147**:2629-2630.

de Boer, P. A. J. 2010. Advances in understanding *E. coli* cell fission. Curr. Opin. Microbiol. **13**(6):730-737.

Dewar, S. J. and **R. Dorazi**. 2000. Control of division gene expression in *Escherichia coli*. FEMS Microbiol. Lett. **187**:1-7.

Donachie, W. D. 2001. Co-ordinate regulation of the *Escherichia coli* cell cycle or The cloud of unknowing. Mol. Microbiol. **40**:779-785.

Dramsi, S., P. Trieu-Cuot and **H. Bierne.** 2005. Sorting sortases: a nomenclature proposal for the various sortases of Gram-positive bacteria. Res. Microbiol. **156:**289-297.

Erickson, H. P., D. E. Anderson and **M. Osawa.** 2010. FtsZ in bacterial cytokinesis: Cytoskeleton and force generator all in one. Microbiol. Mol. Biol. Rev. **74**(4):504-528.

Fishov, I. and **V. Norris.** 2012. Membrane heterogeneity created by transertion is a global regulator in bacteria. Curr. Opin. Microbiol. **15**(6):724-730.

Fatica, A. and **D. Tollervey.** 2002. Making ribosomes. Curr. Opin. Cell.Biol. **14:**313-318.

Ghosh, S. K., S. Hajra, A. Paek and **M. Jayaram.** 2006. Mechanisms for chromosome and plasmid segregation. Annu. Rev. Biochem. **75:**211-241.

Grainge, I. 2010. FtsK – a bacterial cell division checkpoint? Mol. Microbiol. **78**(5):1055-1057.

Hayes, F. and **D. Barilla.** 2006. Assembling the bacterial segrosome. Trends Biochem. Sci. **31:**247-250.

Kirkpatrick, C. L. and **P. H. Viollier.** 2011. New(s) to the (Z-)ring. Curr. Opin. Microbiol. **14**(6):691-697.

Kline, K. A., K. W. Dodson, M, G. Caparon and **S, J. Hultgren.** 2010. A tale of two pili: assembly and function of pili in bacteria. Trends Microbiol. **18**(5):224-232.

Lundgren, M. and **R. Bernander.** 2005. Archaeal cell cycle progress. Curr. Opin. Microbiol. **8:**662-668.

Lutkenhaus, J. 1998. The regulation of bacterial cell division–A time and place for it. Curr. Opin. Microbiol. **1**:210-215.

MaCnab, R. M. 2003. How bacteria assemble flagella. Annu. Rev. Microbiol. **57:**77-100.

Margolin, W. 2000. Themes and variations in prokaryotic cell division. FEMS Microbiol. Rev. **24:**531-548.

Marraffini, L. A., A. C. DeDent and **O. Schneewind.** 2006. Sortases and the art of anchoring proteins to the envelopes of Gram-positive bacteria. Microbiol. Mol. Biol. Rev. **70:**192-221.

Martos, A., M. Jiménez, G. Rivas and **P. Schwille.** 2012. Towards a bottom-up reconstitution of bacterial cell division. Trends Cell Biol. **22**(12):634-643.

Mazmanian, S. K., I. T. Hung and **O. Schneewind.** 2001. Sortase-catalysed anchoring of surface proteins to the cell wall of *Staphylococcus aureus*. Mol. Microbiol. **40:**1049-1057.

Paterson, G. K. and **T. J. Mitchell.** 2004. The biology of Gram-positive sortase enzymes. Trends Microbiol. **12:**89-95.

Pogliano, K., J. Pogliano and **E. Becker.** 2003. Chromosome segregation in Eubacteria. Curr. Opin. Microbiol. **6:**586-593.

Reisenauer, A., L. S. Kahng, S. McCollum and **L. Shapiro**. 1999. Bacterial DNA methylation: a cell cycle regulator? J. Bacteriol. **181**:5135-5139.

Romberg, L. and **P. A. Levin.** 2003. Assembly dynamics of the bacterial cell division protein FTSZ: poised at the edge of stability. Annu. Rev. Microbiol. **57:**125-154.

Rothfield, L. 2003. New insights into the developmental history of the bacterial cell division site. J. Bacteriol. **185:**1125-1127.

Rothfield, A., L. Taghbalout and **Y. L. Shih. 2005.** Spatial control of bacterial division-site placement. Nature Rev. Microbiol. **3:**959-968.

Prozorov, A. A. 2005. The bacterial cell cycle: DNA replication, nucleoid segregation, and cell division. Microbiol.-Moscow. **74:**375-387.

Rachel, R. 2009. Another way to divide: the case of anammox bacteria. Mol. Microbiol. **73**(6):978-981.

Ruiz, N., D. Kahne and **T. J. Silhavy. 2006.** Advances in understanding bacterial outer-membrane biogenesis. Nature Revi. Microbiol. **4:**57-66.

Samson, R. Y. and **S. D. Bell.** 2011. Cell cycles and cell division in the archaea. Curr. Opin. Microbiol. **14**(3):350-356.

Sauer, F. G., M. Barnhart, D. Choudhury, S. D. Knight, G. Waksman and **S. J. Hultgren.** 2000. Chaperone-assisted pilus assembly and bacterial attachment. Curr. Opin. Struct. Biol. **10:**548-556.

Scheffers, D. J. and **M. G. Pinho.** 2005. Bacterial cell wall synthesis: new insights from localization studies. Microbiol. Mol. Biol. Rev. **69:**585-607.

Sciochetti, S. A. and **P. J. Piggot.** 2000. A tale of two genomes: resolution of dimeric chromosomes in *Escherichia coli* and *Bacillus subtilis*. Res. Microbiol. **151:**503-511.

Scott, J. R. and **T. C. Barnett.** 2006. Surface proteins of Gram-positive bacteria and how they get there. Annu. Rev. Microbiol. **60:**397-423.

Sherratt, D., I. Lau and **F. Barre.** 2001. Chromosome segregation. Curr. Opin. Microbiol. **4:**653-659.

Smith, T. J., S. A. Blackman and **S. J. Foster.** 2000. Autolysins of *Bacillus subtilis*: multiple enzymes with multiple functions. Microbiol.-UK. **146:**249-262.

Smith, C. A. 2006. Structure, function and dynamics in the Mur family of bacterial cell wall ligases. J. Mole. Biol. **362:**640-655.

Ton-That, H. and **O. Schneewind.** 2004. Assembly of pili in Gram-positive bacteria. Trends Microbiol. **12:**228-234.

Typas, A., M. Banzhaf, C. A. Gross and **W. Vollmer.** 2012. From the regulation of peptidoglycan synthesis to bacterial growth and morphology. Nature Rev. Microbiol. **10**(2):123-136.

Viollier, P. H. and **L. Shapiro.** 2004. Spatial complexity of mechanisms controlling a bacterial cell cycle. Curr. Opin. Microbiol. **7**:572-578.

Viollier, P. H. 2009. Growth and development: prokaryotes. Curr. Opin. Microbiol. **12**(6):664-666.

Vollmer, W. and **J. Holtje, (2001).** Morphogenesis of *Escherichia coli*. Curr. Opin. Microbiol. **4:**625-633.

von Stockar, U., T. Maskow, J. Liu, I. W. Marison and **R. Patino.** 2006. Thermodynamics of microbial growth and metabolism: an analysis of the current situation. J. Biotechnol. **121:**517-533.

White, S. H. and **G. von Heijne.** 2005. Transmembrane helices before, during, and after insertion. Curr. Opin. Struct. Biol. **15:**378-386.

Whitfield, C. 2006. Biosynthesis and assembly of capsular polysaccharides in *Escherichia coli*..Annu. Rev. Biochem. **75:**39-68.

Wirtz, K. W. A. 2006. Phospholipid transfer proteins in perspective. FEBS Lett. **580:**5436-5441.

Yonekura, K., S. Maki-Yonekura and **K. Namba.** 2002. Growth mechanism of the bacterial flagellar filament. Res. Microbiol. **153:**191-197.

7장

Heterotroph의 호기적 대사

자연계에는 수많은 종류의 유기물이 있으며, 이들은 끊임없이 합성되고 분해되므로 축적되지 않는다. 대부분의 유기물 분해는 미생물에 의해 이루어진다. 본 장에서는 미생물이 잡다한 유기물을 기질로 이용하여 생장하는 경로를 살펴보기로 한다.

제4장과 제5장, 그리고 제6장에서 미생물이 당을 기질로 생장할 때는 해당 경로와 TCA 회로를 거치는 중심 대사 경로(central metabolic pathway)에서 발생하는 대사 중간 산물이 생합성에 필요한 모든 탄소 골격을 제공할 수 있으며, 생합성에 필요한 ATP와 NADPH를 공급하는 것을 공부하였다. 또한 중심 대사 경로의 모든 반응의 역반응이 같은 효소 또는 다른 효소의 작용으로 가능하다는 것을 알았다. 따라서 한 미생물이 어떠한 물질을 중심 대사 경로의 대사 중간 산물로 대사할 수 있다면, 이 미생물은 해당 물질을 탄소원 및 에너지원으로 이용하여 생장할 할 수 있다는 것을 알 수 있다. 본 장에서는 자연계에서 발견되는 각종 유기물을 이용하는 미생물이 이들을 어떠한 경로를 통해서 중심 대사 경로에 연결시키는가를 살펴보기로 한다.

Pseudomonas, Bacillus, Azotobacter, Acinetobacter 등의 호기성 heterotroph들은 많은 종류의 유기물을 유일한 탄소원 및 에너지원으로 이용하여 생장하는 능력이 있으며, 특히 fluorescent group의 *Pseudomonas*속 세균들은 방향족 화합물을 포함하여 많은 종류의 유기물을 탄소원 및 에너지원으로 이용할 수 있다. *Pseudomonas putida*는 200종 이상의 유기물을 탄소원 및 에너지원으로 이용하여 생장할 수 있다. 한편, purine 염기 대사 산물인 urate 만을 유일한 탄소원 및 에너지원으로 이용하는 *Bacillus fastidiosus*와 같이 극히 제한된 기질만을 이용하고 다른 유기물을 이용할 수 없는 특수한 세균도 있다.

7.1 고분자 물질의 분해

생체를 구성하는 가장 대표적인 고분자 물질에는 전분, cellulose 등과 같은 다당류와 단백질, 그리고 핵산인 RNA와 DNA 등이 있다. 이들 고분자 물질은 미생물이 그대로 흡수할 수 없으므로 체외효소로 이들을 분해하여 monomer 또는 oligomer 형태로 흡수 · 이용한다.

7.1.1 전분의 분해

전분은 포도당이 α-1.4-결합으로 연결된 직쇄상의 amylose와 이 amylose에 α-1.6-결합으로 측쇄를 형성하는 amylopectin으로 이루어져 있다. 전분은 식물이 합성하는 가장 보편적인 저장 물질로서 많은 미생물이 이를 분해하는 효소 amylase를 생산한다. 특히 세균인 *Bacillus stearothermophilus*와 곰팡이 *Aspergillus oryzae* 등은 공업적으로 amylase를 생산하는 공정에 이용된다. α-amylase는 α-1.4 결합을 무작위로 가수분해하는 endoglucanase로서 α-1.6 결합에는 작용하지 못하며, 전분을 dextrin, maltose, 포도당의 혼합물로 분해한다. α-amylase는 전분을 이용하는 많은 미생물 특히 *Bacillus, Pseudomonas, Clostridium, Aspergillus*속 등에서 많이 발견된다.

β-amylase는 amylose의 비환원성 말단으로부터 포도당 2분자, 즉 maltose 단위로 분해하는 exoglucanase로서 α-amylase와 동시에 작용하면 그 활성이 높아진다. β-amylase는 *Bacillus, Pseudomonas*속 세균과 *Rhizopus*속 곰팡이가 생산한다. Glucoamylase는 amylose의 비환원성 말단으로부터 포도당을 제거하는 exoglucanase로서 *Aspergillus, Rhizopus*속 등 곰팡이가 많이 생산한다.

α-1.6 결합을 분해하는 효소에는 pullulanase와 isoamylase가 있다. 이들은 다같이 α-1.6결합을 가수분해한다. Pullulanase는 pullulan(*Pullularia pullulans*가 생산하는 α-glucan)을 잘 분해하며, isoamylase는 amylopectin과 glycogen을 잘 분해한다. 이들을 debranching 효소라 한다. *Aerobacter aerogenes, Bacillus cereus* 등은 pullulanase를, *Bacillus amyloliquefaciens*는 isoamylase를 생산한다.

혐기성 고온 세균인 *Thermoanaerobacter ethanolicus*(*Clostridium thermohydrosulfuricum*)와 고온성 archaea인 *Pyrococcus furiosus, Thermococcus litoralis* 등은 α-1.4 결합과 α-1.6 결합을 다같이 분해할 수 있는 amylase를 생산한다. 이러한 효소를 amylopullulanase 또는 neopullulanase라 부르며, 열에 대한 내성이 강하다.

7.1.2 Cellulose의 분해

Cellulose는 자연계에서 가장 풍부한 유기물로서 전분이 식물의 저장 물질인 데 반해, 구성 물질인 cellulose는 포도당이 β-1.4 결합으로만 이루어진 직쇄상의 다당류이다. Cellulose에는 측쇄가 없기 때문에 인접하는 분자 사이에 많은 수소 결합이 이루어져 자연 상태의 cellulose는 결정형으로 존재하며, 효소의 작용을 잘 받지 않는다. Cellulose의 분해는 endo-β-glucanase, exo-β-glucanse 및 cellobiase(β-glucosidase) 등 최소 3종 이상의 효소로 이루어지며, 곰팡이 *Trichoderma reesei, Aspergillus niger* 등과, 세균 *Cellulomonas flavigena, Clostridium thermocellum* 등이 생산한다. 이들 효소는 cellulose를 분해하는 능력이 없는 다른 여러 종류의 단백질과 함께 cellulosome complex를 이루고 있다.

Cellulase의 기질이 되는 cellulose는 결정으로 이루어져 있으며, 이 결정 구조 내부에 존재하는 효소 반응 부위인 β-1.4 결합이 고분자인 cellulase 단백질과 접촉되지 않는 상태에서 어떻게 가수 분해

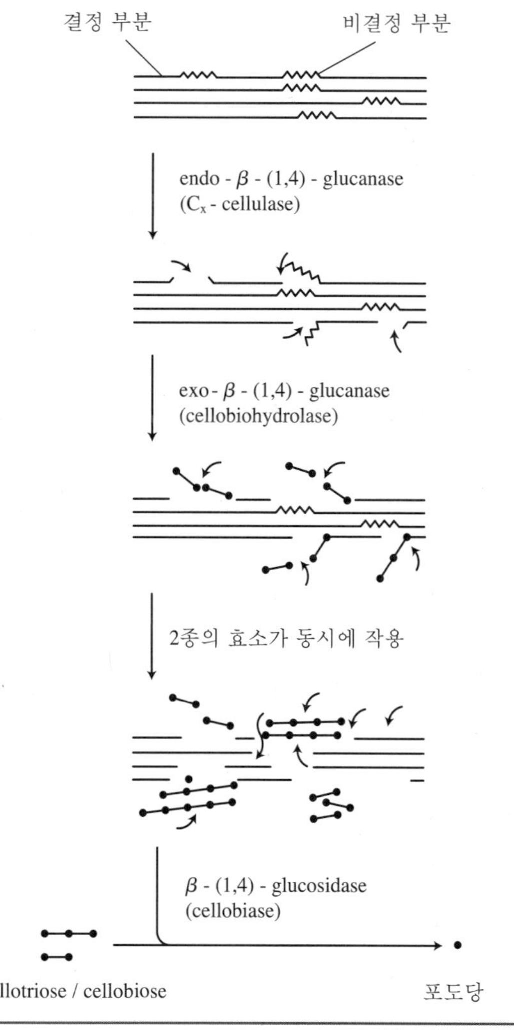

그림 7.1 결정성 Cellulose의 가수 분해 메커니즘.

Cellulose 분해에 작용하는 3종의 효소 중에서 endo-β-(1,4)-glucanase의 작용을 통해 비결정 부분의 cellulose가 분해되어 exo-β-(1,4)-glucanase의 작용 부위가 증가된 상태에서 exoglucanase가 작용하여 기질의 결정 부분을 분해한다는 가설이다. Exoglucanase의 작용으로 생산되는 cellobiose는 cellobiase에 의해 포도당으로 분해된다.

결정성 cellulose $\xrightarrow[\text{불안정한 glycopyranose환의 생성}]{C_1\text{(swollenin)}}$ reactive cellulose $\xrightarrow[\text{가수 분해}]{C_x\text{(가수분해효소)}}$ 수용성 당

그림 7.2 결정성 Cellulose의 결정도를 감소시키는 특수한 효소(swollenin 또는 C1)에 의한 Cellulose의 분해 메커니즘. 가수 분해 능력이 없거나 아주 약한 swollenin 또는 C_1 효소가 cellulose의 결정도를 감소시키면 가수분해효소가 작용한다는 가설.

반응이 이루어지는가에 대해 많은 논란이 있었다. 현재까지도 확실한 정설은 없으나 그림 7.1에 나타낸 과정을 통해 결정성 cellulose가 분해된다고 믿는 사람이 많다. 즉 endo-β-1.4-glucanase가 비결정 부분에 작용하여 cellulose 분자의 말단을 많이 생산한 다음 exo-β-1.4-glucanase인 β-glucan cellobiohydrolase가 비환원성 말단으로부터 cellobiose를 분리하여 결정성이 낮아지므로 분해가 계속된다는 주장이다.

반면, 결정성의 cellulose를 분해하는 미생물은 결정성 cellulose에 작용하여 비결정성의 기질로 만들어 가수분해효소의 작용을 쉽게 하는 특수한 능력을 갖는 효소(swollenin, 또는 C_1)를 생산한다는 주장도 있다. Swollenin 효소는 식물의 세포벽에서 다당류를 가수분해하지 않고 수소 결합을 감소시키는 expansin과 아미노산 유사성이 있는 단백질로 곰팡이인 *Trichderma reesei*에서 처음 알려졌다. Swollenin 효소는 가수 분해력이 전혀 없거나 아주 약하며, 가수분해효소의 작용은 향상시킨다. X-ray crystallography 등으로 swollenin과 유사한 효소의 존재도 확인되었다. Swollenin이 작용하는 결정성 cellulose의 분해 메커니즘을 그림 7.2와 같이 설명한다. 곰팡이 *Trichoderma asperellum*, 세균 *Cellulomonas flavigena, Clostridium thermocellum, Clostridium cellulovorans* 등이 생산하는 cellulase 중에서 기질에 강하게 결합하는 능력이 있는 효소가 swollenin에 속하는 것으로 판단된다.

Cellulase는 유도효소의 일종으로 기질이 있을 때에만 그 유전자가 발현된다. 물에 녹지않는 고분자 물질인 cellulose에 의한 cellulase 유전자 발현의 조절은 sigma-factor와 anti-sigma factor의 작용으로 이루어진다. *Clostridium thermocellum*에서 cellulase 유전자의 promoter는 σ^I에 의해 인지되며, 막단백질인 anti-σ^I, RsgI의 조절을 받는다. 기질이 없을 때 σ^I가 RsgI와 결합한 상태로 활성이 없으나, cellulose가 있을 때는 RsgI가 이를 인식하여 σ^I가 분리되어 cellulase 유전자가 발현된다 (12장, 12.1.1).

7.1.3 가인산분해효소에 의한 이당류의 분해

다당류가 미생물의 체외 효소로 분해될 때 포도당, 이당류, 과당류의 혼합물을 생산한다. 이들 과당류를 세포 밖에서 포도당으로 분해하는 glucosidase를 생산하여 포도당 형태로 흡수, 대사하는 미생

물도 많지만, 이당류를 직접 흡수하는 미생물도 있다. 이당류를 직접 흡수하는 세균은 glucoside 결합을 가인산분해효소(phosphorylase)의 작용을 통해 분해하여서 이당류를 인산화된 당과 유리 당으로 분해하는 예도 있다. 인산화된 당은 계속되는 해당 과정에서 hexokinase의 작용을 받을 필요가 없으므로 1분자의 ATP 소비를 줄일 수 있다. 이러한 가인산분해효소의 반응은 다음과 같다.

$$\text{cellobiose} + \text{P}_i \xrightarrow[]{\text{cellobiose phosphorylase}} \text{glucose-1-phosphate} + \text{glucose}$$

$$\text{maltose} + \text{P}_i \xrightarrow[]{\text{maltose phosphorylase}} \text{glucose-1-phosphate} + \text{glucose}$$

$$\text{sucrose} + \text{P}_i \xrightarrow[]{\text{sucrose hosphorylase}} \text{glucose-1-phosphate} + \text{fructose}$$

Sucrose phosphorylase는 *Pseudomonas saccharophila*에서 발견되었으며, *Cellulomonas flavigena*의 균체 수율이 2mole의 포도당에서보다 1mole의 cellobiose에서 더 높은 것은 이 세균이 cellobiose를 phosphorylase의 작용으로 분해하기 때문이다.

7.1.4 Amylase, Cellulase 외의 다당류 분해 효소

전분과 cellulose 외에 다당류로서 hemicellulose, pectin, chitin, agar 등이 각종 동 · 식물과 조류들에 의해 상당량 생산된다. Hemicellulose는 heteropolysaccharide로서 cellulose를 분해하는 거의 모든 미생물이 이를 이용할 수 있다. Hemicellulose를 분해하는 효소를 총칭하여 hemicellulase라고 도하며, hemicellulose를 이루는 단일 고분자 물질인 xylan 등을 분해하는 효소라는 뜻으로 xylanase 등으로 부르기도 한다.

Pectin은 α-1.4-polygalacturonate의 methyl ester로서 pectin esterase가 methanol을 분리하고 endo 및 exo형의 pectinase가 galacturonate까지 가수 분해한다. Pectin 분해 효소는 *Aspergillus niger, Bacillus polymyxa, Erwinia carotovora* 등이 생산한다.

Poly-β-1.4-*N*-acetylglucosamine의 구조를 갖는 chitin은 하등 동물과 균류의 외피를 이루는 다당류로 지구 상에 cellulose 다음으로 많은 양이 있다. Chitin도 cellulose처럼 결정성을 이루고 있어 이를 기질로 생장하는 미생물은 2종 이상의 효소를 생산한다. Chitin을 분해하는 chintinase는 *Chromobacterium violaceum*, *Serratia marcescens*, *Serratia plymuthica*, *Serratia liquefaciens*, *Aeromonas hydrophila*, *Enterobacter agglomerans*, *Pseudomonas aeruginosa*, *Pseudomonas chitinovorans*, *Bacillus circulans*, *Bacillus pumilus*, *Streptomyces lividans*, *Streptomyces griseus* 등 다양한 토양 세균이 생산하며, β-1.4 결합을 가수 분해하여 *N*-acetylglucosamine을 생산한다. 또한, chitin은 chitin deacetylase의 작용을 통해 chitosan으로 탈아세틸화된 다음 glucosamine으로

가수 분해되기도 한다. Chitin deacetylase는 *Absidia cierulea, Colletotrichum lindemuthanum, Mucor rouxii* 등 곰팡이가 생산한다. Chitin을 분해하는 미생물이 식물 병원성 곰팡이의 생장을 억제하는 것이 밝혀져 철 운반체인 siderophore를 생산하는 세균(제3장, 3.7)과 함께 생물 농약(biocontrol agent)으로 사용하기 위한 연구가 활발하다. Cyanobacteria의 일종인 *Anabaena fertilissima*는 항곰팡이 작용이 있으며, 이 작용은 chitosan을 분해하는 chitosanase에 의한 것이다.

이 밖에 당단백, 당지질 중에는 여러 형태의 다당류가 있으며, 이들도 모두 체외 효소의 작용을 받아 분해되어 미생물에 의해 이용된다.

다당류를 분해하는 효소는 매우 다양하여 이들을 아미노산 서열 또는 구조에 따라 체계적으로 분류한 내용이 internet으로 공개되어 있다.(URL: http://www.cazy.org/)

7.1.5 단백질, 핵산 및 지질의 분해

모든 생물은 체내 단백질의 turnover를 위해 세포내 단백질 분해 효소를 생산한다. 단백질을 기질로 이용하여 생장하는 미생물은 세포 외 단백질 분해 효소의 작용으로 단백질을 분해하여 oligopeptide 또는 아미노산 형태로 흡수 · 이용한다.

세포 외 protease는 최적 pH에 따라 산성 protease, 중성 protease, 알칼리성 protease로 분류한다. *Bacillus licheniformis*가 생산하는 subtilisin은 pH 8~11에서 활성이 강한 알칼리성 protease이며, *Bacillus megaterium, Pseudomonas aeruginosa*는 중성 protease를 생산한다. *Aspergillus niger, Rhizopus*속 곰팡이가 생산하는 산성 protease는 pH 4~6에서 활성이 강하다.

대부분의 alkaline protease는 단백질의 모든 peptide 결합을 가수 분해하는 비특이성 효소들이며, 산성 protease 중에는 peptide에서 특이한 아미노산의 peptide 결합만을 가수 분해하는 효소가 많다. 이들은 *Mucor pusillus, Bacillus, Lactobacillus* 등이 생산한다. *Aspergillus* 속 곰팡이는 비특이적인 산성 protease를 생산한다.

DNA와 RNA를 분해하는 효소도 세포 내 핵산의 turnover 등을 위해 모든 생물이 생산하지만, 체외 효소로 생산하는 미생물은 그 수가 많지 않다. DNase는 *Staphylococcus aureus*가, RNase는 *Bacillus subtilis, Penicillium citrinum, Streptomyces*속 미생물이 생산한다. 지질도 직접 흡수되지 않고 지방산과 glycerol로 분해되어 흡수된다. 지질의 분해는 lipase에 의해 이루어진다.

7.2 당류의 이용

다당류는 가수분해효소의 작용으로 포도당을 비롯한 fructose, mannose, galactose 등 6탄당과 이들의 유도체, 그리고 5탄당인 xylose, arabinose, ribose 및 이들의 유도체로 분해된다. 이들은 세포 안으로 흡수되어 대사된다.

7.2.1 6탄당의 이용

6탄당 중에서 가장 일반적인 fructose, galactose, mannose가 중심 대사 경로로 연결되는 과정을 그림 7.3에 나타내었다.

Group translocation 메커니즘을 통해 세포 안으로 흡수되는 fructose는 흡수되면서 fructose-1-phosphate로 합성되고, 이어서 1-phosphofructokinase의 작용으로 fructose-1.6-diphosphate를 통해 EMP 경로로 대사된다. 능동 운반(active transport) 등의 흡수 경로로 세포 안으로 들어온 fructose는 hexokinase의 작용으로 fructose-6-phosphate로 인산화된다. Mannose는 hexokinase의 작용으로

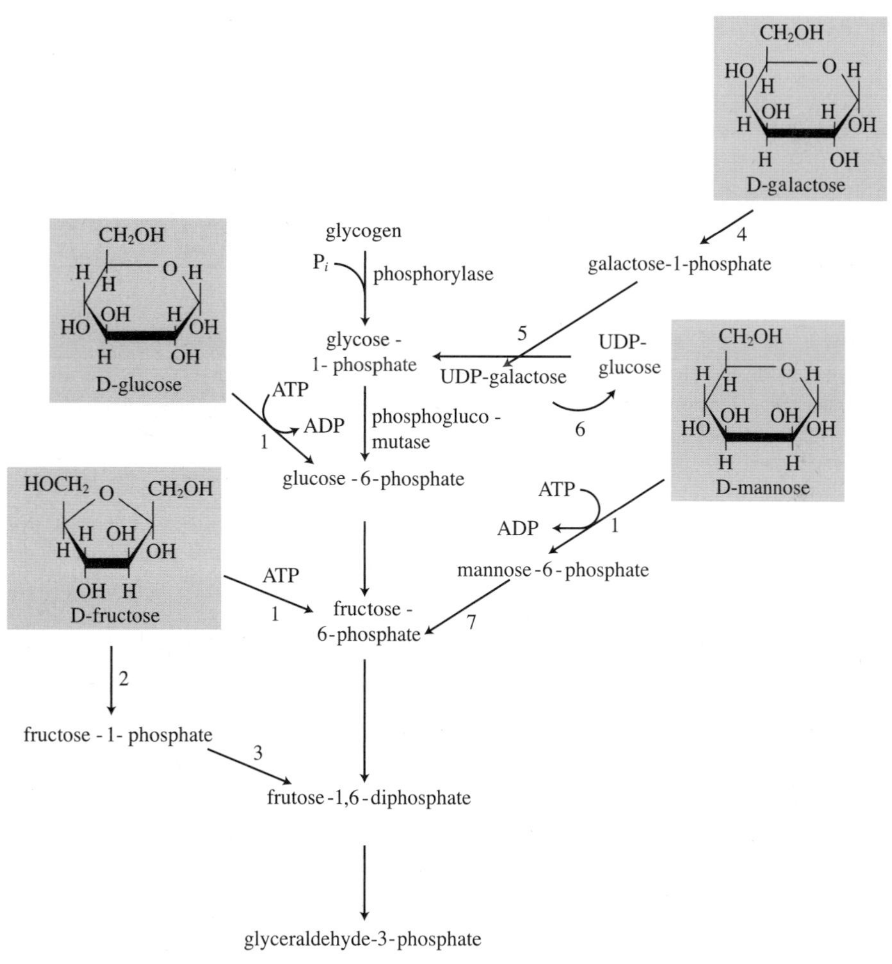

그림 7.3 6탄당이 EMP 경로로 연결되는 대사 경로.

1. hexokinase; **2.** group translocation system; 또는 ketohexokinase **3.** 1-phosphofructokinase; **4.** galactokinase; **5.** glucose:galactose-1-phosphate uridylyltransferase; **6.** uridine diphosphate glucose epimerase; **7.** mannose-6-phosphate isomerase

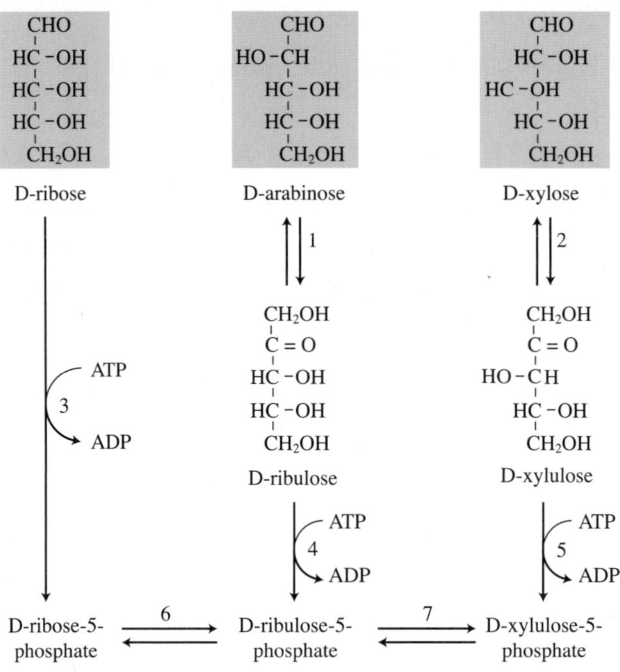

그림 7.4 5탄당의 대사 경로.

5탄당은 kinase의 작용을 통해 인산화된 다음에 HMP 경로의 transaldolase와 transketolase의 작용을 받아 fructose-6-phosphate와glyceraldehyde-3-phosphate 형태로 EMP 경로를 통해 분해된다.

1. arabinose isomerase; **2.** xylose isomerase; **3.** ribokinase; **4.** ribulokinase; **5.** xylulokinase; **6.** ribose-5-phosphate isomerase; **7.** ribulose-5-phosphate-3-epimerase

mannose-6-phosphate를 거쳐 phosphomannoisomerase에 의해 fructose-6-phosphate 형태로 EMP 경로로 연결된다.

Galactose는 galactokinase에 의해 galactose-1-phosphate, 그리고 glucose:galactose-1-phosphate uridylyltransferase에 의해 UDP-glucose와 작용하여 UDP-galactose와 glucose-1-phosphate로 된다. UDP-galactose는 UDP-glucose epimerase에 의해 UDP-glucose로 된다. Glucose-1-phosphate는 phosphoglucomutase에 의해 glucose-6-phosphate로 전환된다. 이 같은 galactose의 이용 경로를 Leloir 경로라 부른다. Glycogen이 분해될 때 glucose-1-phosphate를 통해 대사된다.

이당류인 maltose, sucrose, cellobiose 등은 능동 운반(active transport) 메커니즘으로 흡수되어 전술한 바와 같이 가인산분해효소에 의해 glucose-1-phosphate를 형성하거나 α-glucosidase, invertase 및 β-glucosidase(cellobiase)의 작용을 받아서 포도당과 fructose로 분해되어 대사된다. Lactose는 능동 운반된 다음 β-galactosidase로 분해되어 포도당과 galactose의 형태로 대사된다.

7.2.2 5탄당의 이용

Xylose, arabinose, ribose 등은 자연계에서 가장 많이 발견되는 5탄당이다. Arabinose와 xylose는 isomerase의 작용을 받아서 ribulose와 xylulose로 이성화된다. 이들은 각각의 kinase에 의해 pentose-5-phosphate로 인산화되어서(그림 7.4), HMP 경로의 transketolase, transaldolase에 의해 fructose-6-phosphate와 glyceraldehyde-3-phosphate를 거쳐 EMP 경로로 대사된다(제4장, 4.3.2).

7.2.3 Uronic acid의 이용

Glucouronate, galactouronate 등 각종 hexouronate는 *Escherichia coli* 등 장내 세균의 탄소 및 에너지원으로 이용된다. 이들은 isomerase, oxidoreductase 그리고 hydrolase의 작용을 받아서 Entner-Doudoroff 경로의 중간 산물인 2-keto-3-desoxy-6-phosphogluconate로 대사된다 (그림 7.5). 이 경로를 Ashwell 경로라 한다.

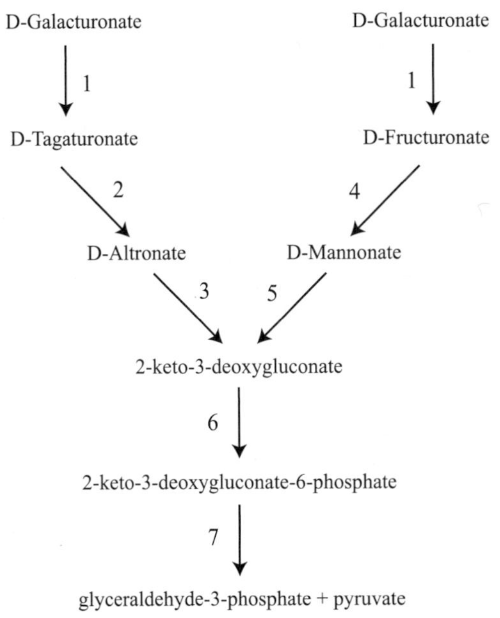

그림 7.5 각종 uronate가 2-keto-3-deoxy-6-phosphoglucoante로 대사되는 Ashwell 경로.

1. D-glucouronate/D-galactouronate isomerase, **2.** D-altronate oxidoreductase, **3.** D-altronate hydrolase, **4.** D-mannoate oxidoreductase, **5.** D-mannoate hydrolase, **6.** 2 keto-3-deoxygluconate kinase, **7.** 2keto-3-deoxy-6-phosphogluconate aldolase

7.3 유기산의 이용

7.3.1 지방산의 이용

Acetate를 비롯한 모든 지방산은 acyl-CoA synthetase의 작용을 통해 acyl-CoA로 활성화된 다음 β-oxidation 메커니즘을 통해 acetyl-CoA로 분해되고, acetyl-CoA는 TCA 회로를 통해 산화되어 ATP를 생산한다. Acetyl-CoA를 통해 대사되는 기질을 이용하는 미생물은 생합성에 필요한 탄소 골격을 공급하기 위해 제5장(5.3)에서 공부한 glyoxylate 회로, ethylmalonyl-CoA 경로 또는 methylaspartate 회로를 통해 TCA 회로의 중간 산물을 보충한다. 그리고 oxaloacetate는 ATP와 PEP carboxykinase의 작용을 받아 PEP로 합성된다(그림 7.6).

β-oxidation은 acyl-CoA synthetase를 비롯한 5종의 효소가 작용하여 지방산으로부터 탄소 2단위를 분리하여 acetyl-CoA로 활성화시킨다(그림 7.7). 짝수의 탄소를 갖는 지방산이 산화될 때는 모든 탄소가 acetyl-CoA로 전환되며, 홀수의 탄소를 갖는 지방산이 β-oxidation으로 분해되면 propionyl-CoA가 최종적으로 남게 된다.

탄소 사슬이 긴(long chain) 지방산의 경우, 지방족 탄화수소의 산화(7.7)에 관여하는 monooxigenase와 유사한 효소의 작용을 받아 dicarboxylic acid로 산화된 다음 양방향으로 β-oxidation되는 ϖ-oxidation으로 대사되기도 한다.

Propionyl-CoA는 홀수의 탄소를 갖는 지방산이 분해되어 생산될 뿐 아니라, propionate를 탄소원

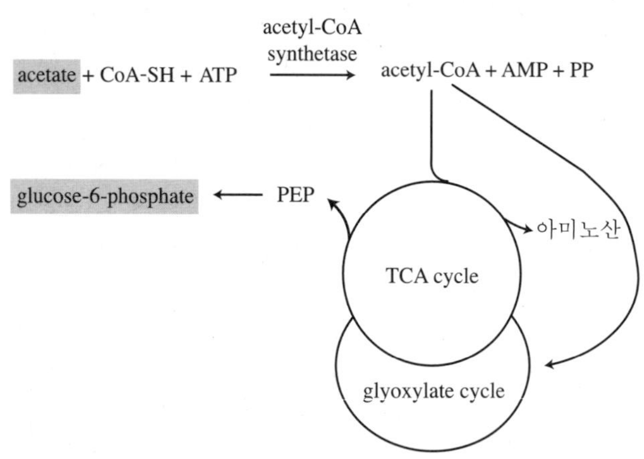

그림 7.6 Glyoxylate 회로로 TCA 회로의 대사 중간 산물을 공급하는 미생물이 Acetyl-CoA를 통해 대사되는 기질을 이용하는 대사 경로.

Acetate가 활성화되거나, fatty acyl-CoA가 β-oxidation으로 생산되는 acetyl-CoA는 ATP의 합성을 위해 TCA 회로로 산화되고, glyoxylate 회로를 통해 생합성에 필요한 탄소 골격을 공급한다.

Glyoxylate 회로 이외에도 균주에 따라 ethylmalonyl-CoA 경로 또는 methylaspartate 회로를 통해 TCA 회로의 대사 중간 산물을 공급하는 예도 있다(제5장, 5.3).

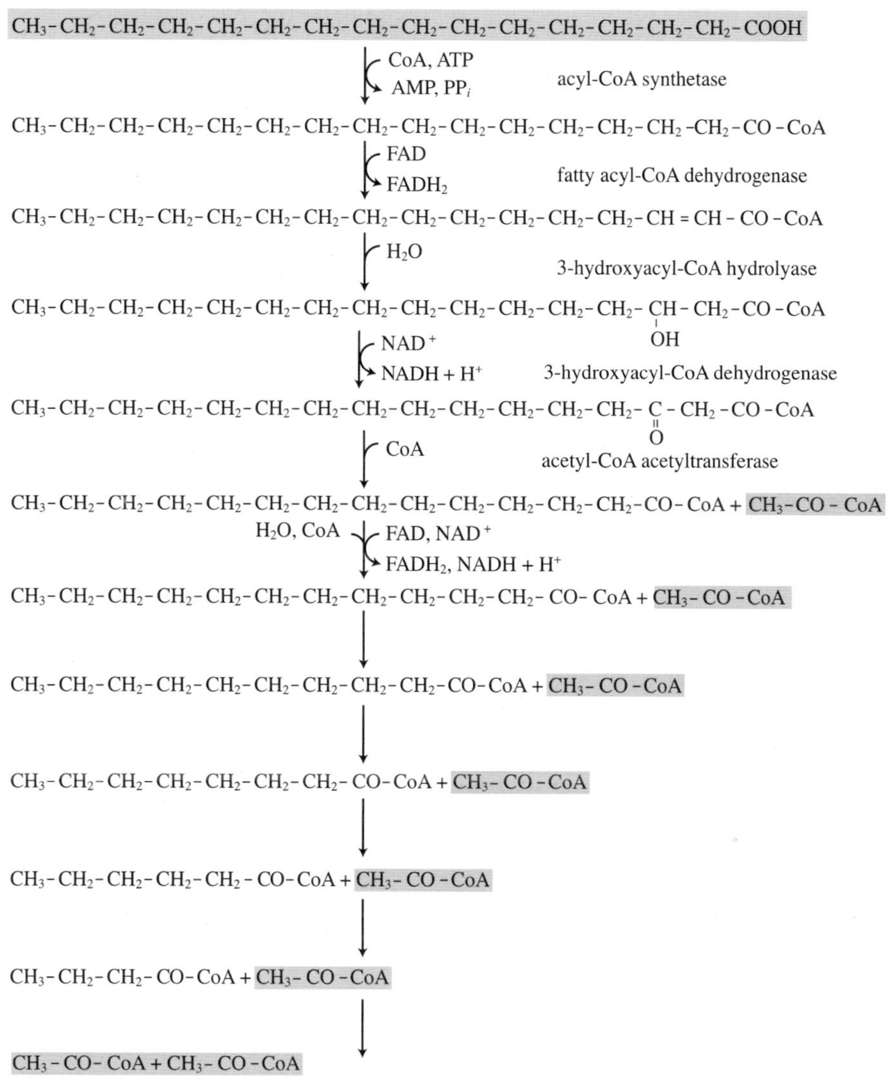

그림 7.7 β-Oxidation 메커니즘을 통한 Palmitate의 분해.

및 에너지원으로 생장하는 미생물도 acyl-CoA synthetase의 작용을 통하여 propionyl-CoA로 활성화 시킨다. 또한 아미노산 L-valine과 L-isoleucine도 propionyl-CoA를 통해 이용된다.

Propionyl-CoA는 균주에 따라 다른 경로를 통해 중심 대사로 연결된다. 많은 미생물에서 propionyl-CoA는 acrylate 경로(그림 7.8) 또는 methylmalonyl-CoA 경로(그림 7.9)를 통해 pyruvate나 succinyl-CoA 형태로 중심 대사로 연결된다. 이 두 경로는 당이나 lactate를 발효하여 propionate를 생산하는 propionate 발효 경로의 역반응으로 이루어진다. *Escherichia coli, Salmonella typhimurium, Ralstonia eutropha, Saccharomyces cerevisiae, Aspergillus nidulans*

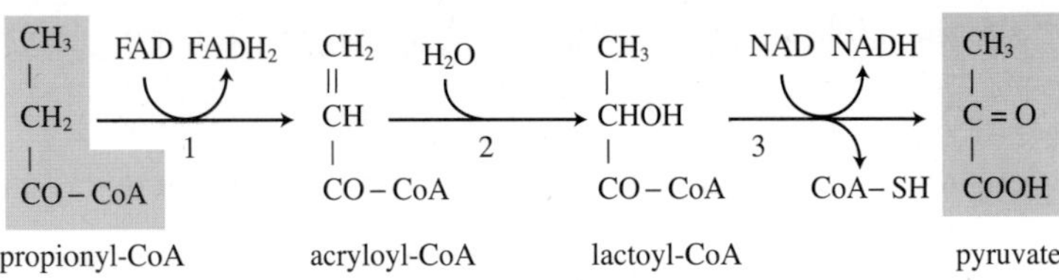

그림 7.8 Acrylate 경로를 통한 Propionyl-CoA의 대사.

1. acyl-CoA dehydrogenase; **2.** lactoyl-CoA dehydratase; **3.** lactoyl-CoA dehydrogenase

등은 propionyl-CoA를 methylcitrate 회로를 통해 pyruvate로 산화시킨다(그림 7.10). *Aspergillus nidulans*는 항곰팡이제로 알려진 propionate를 유일한 탄소 및 에너지원으로 이용할 수 있지만 포도당 등에서 생장할 때는 propionate에 의해 생장이 저해된다.

Succinate dehydrogenase의 저해제로 잘 알려진 malonate는 *Pseudomonas fluorescens, Acinetobacter calcoaceticus* 등에 의해 malonyl-CoA synthetase의 작용으로 활성화된 다음 acetyl-CoA로 대사된다.

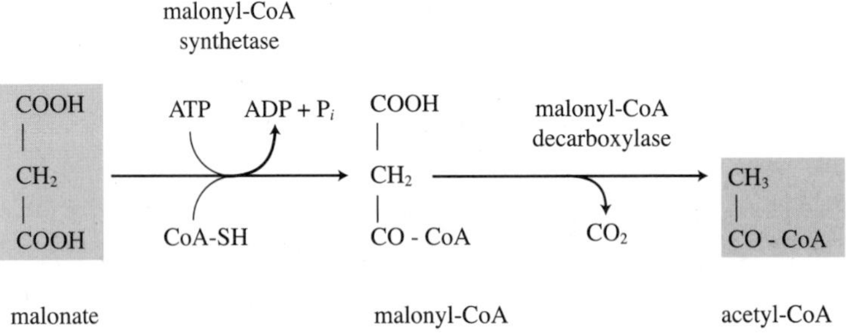

한편 *Klebsiella pneumoniae*와 혐기성 세균 *Malonomonas rubra*는 acyl-carrier protein(ACP)과 결합한 형태로 활성화하여 acetyl-ACP로 탈탄산화 한다.

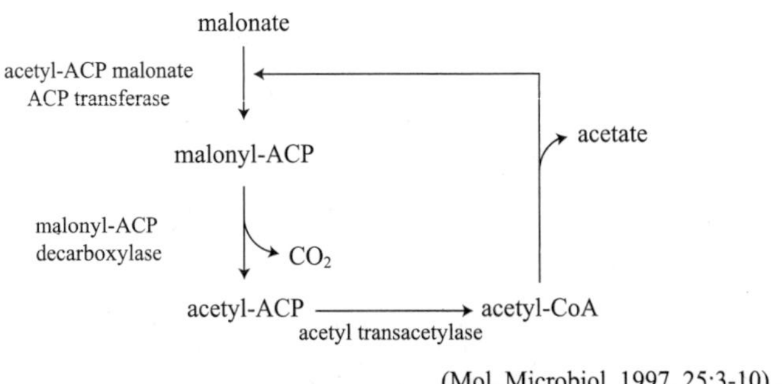

(Mol. Microbiol. 1997, 25:3-10)

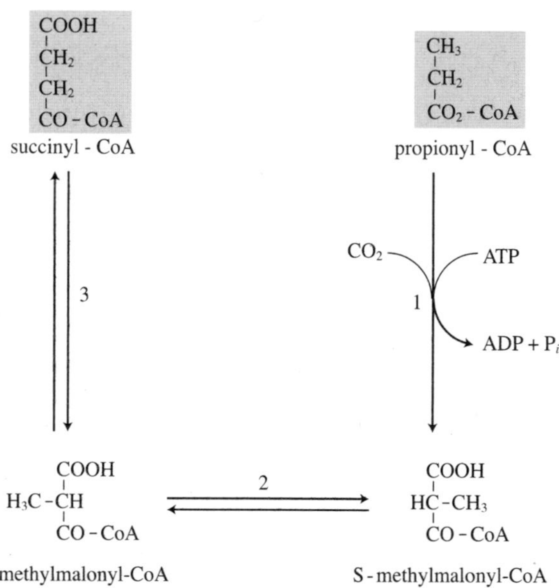

그림 7.9 Propionyl-CoA로부터 이산화탄소를 고정하여 Succinyl-CoA를 합성하는 methylmalonyl-CoA 경로.
1. propionyl-CoA carboxylase; **2.** methylmalonyl-CoA racemase; **3.** methylmalonyl-CoA mutase;

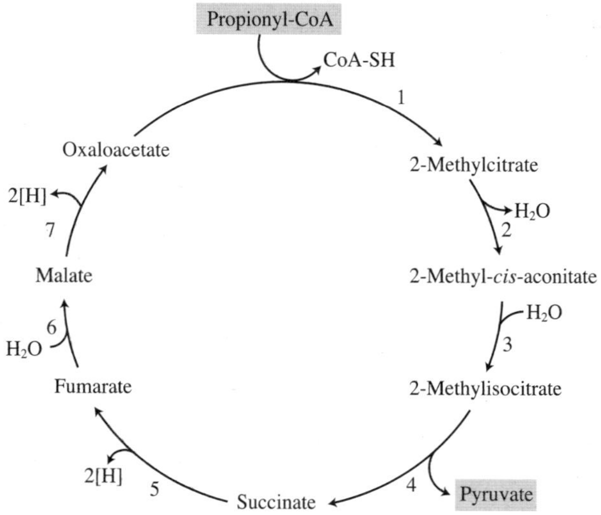

그림 7.10 Propionyl-CoA를 pyruvate로 산화시키는 methylcitrate 회로(Microbiol.-UK. 2001, 147(8):2203-2214).
1. methylcitrate synthase; **2.** 2-methyl-*cis*-aconitate dehydratase; **3.** 2-methyl-*cis*-aconitate hydratase; **4.** methylisocitrate lyase; **5.** succinate dehydrogenase; **6.** fumarase; **7.** malate dehydrogenase.

7.3.2 Acetate보다 더 산화된 이탄소 화합물의 대사

Acetate는 acetyl-CoA 형태로 TCA 회로를 통해 대사될 수 있으나 purine계 핵산 염기 분해 산물인 glyoxylate를 비롯한 이탄소 화합물인 glycolate, oxalate 등은 acetate 보다 더 산화된 형태이기 때문에 직접 acetyl-CoA로 활성화될 수는 없다.

*Escherichia coli, Pseudomonas*속 세균 등 glycolate나 glyoxylate를 이용하는 미생물들은 이들을 dicarboxylic acid 회로를 통해 energy를 얻고, glycerate 경로를 통해 생합성에 필요한 탄소 골격을 공급한다(그림 7.11).

Dicarboxylic acid 회로는 제5장, 5.3.2에서 공부한 glyoxylate 회로와 유사한 경로이다. Glyoxylate 회로에서 glyoxylate는 isocitrate lyase의 작용으로 isocitrate가 분해되어 만들어지지만, dicarboxylic acid 회로에서는 외부로부터 공급되는 것이 서로 다른 점이다.

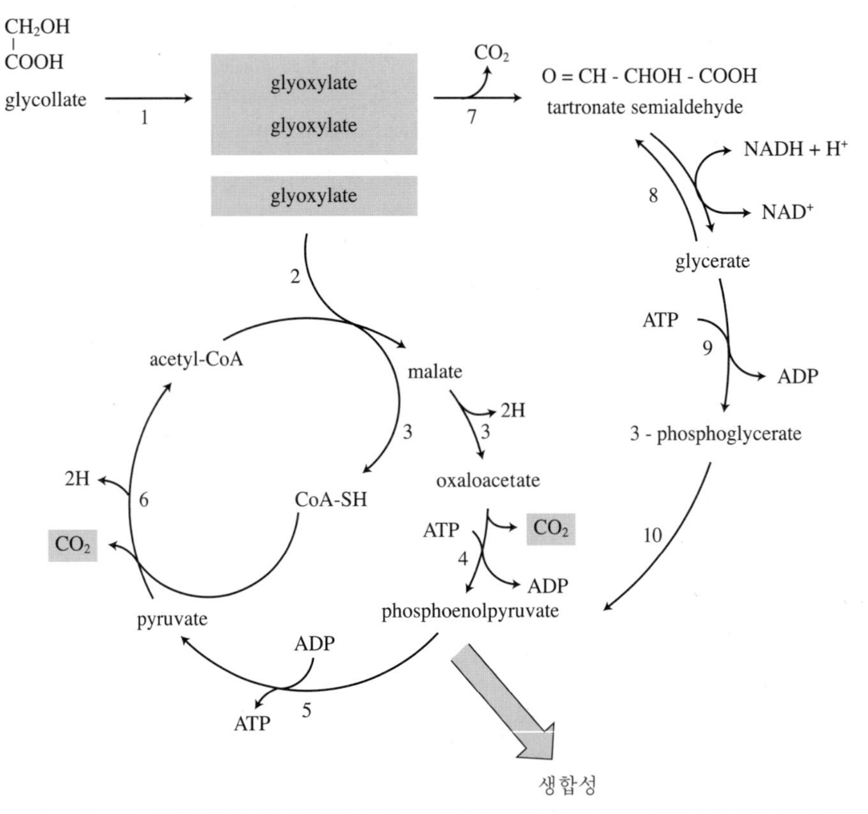

그림 7.11 Dicarboxylic Acid 회로와 Glycerate 경로를 통한 Glyoxylate의 이용 경로.

Escherichia coli, Pseudomonas 등은 dicarboxylic acid 회로(그림의 왼쪽)를 통해 glyoxylate를 산화하여 에너지를 얻고, 2분자의 glyoxylate로부터 PEP를 합성하는 glycerate 경로를 통해 균체 합성에 필요한 탄소 골격을 공급한다.

1. glycolate dehydrogenase; **2.** malate synthase; **3.** malate dehydrogenase; **4.** PEP carboxykinase; **5.** pyruvate kinase; **6.** pyruvate dehydrogenase; **7.** glyoxylate carboligase; **8.** tartronate semialdehyde reductase; **9.** glycerate kinase. **10.** phosphoglycerate mutase와 enolase.

Dicarboxylic acid 회로(그림 7.11의 왼쪽)는 회로로 이루어지는 대사이므로 대사 중간 산물이 생합성에 이용되면 이를 보충할 필요가 있다. Glycolate나 glyoxylate에서 생장하는 미생물은 glyoxylate 2분자를 결합시켜 3-phosphoglycerate를 통해 PEP를 합성하는 glycerate 경로를 대사 중간 산물을 보충한다(그림 7.11의 오른쪽).

*Paracoccus denitrificans*는 glyoxylate를 3-hydroxyaspartate 경로를 통해 TCA 회로 대사 중간 산물인 oxaloacetate로 대사한다(그림 7.12). 3-hydroxyaspartate 경로에서는 glyoxylate가 transaminase의 작용을 받아서 glycine으로 합성되고, glycine은 다시 glyoxylate와 작용하여 oxaloacetate 형태로 중심 대사 경로로 연결된다.

Erythro-3-hydroxyaspartate dehydratase를 deaminase라 하지 않는 이유는 이 반응이 먼저 탈수된 다음 다시 물 1분자가 결합하면서 탈아민 반응이 일어나기 때문이다. 이 반응은 −OH기를 갖는 아미노산의 특징적인 반응이다(7.5.3).

*Pseudomonas oxalaticus*는 이탄소 화합물 중 가장 많이 산화된 형태인 oxalate를 유일한 탄소원 및 에너지원으로 이용한다. 이 세균은 에너지를 얻기 위해 oxalate를 formate로 탈탄산화 시킨 다음에 이를 formate dehydrogenase의 작용으로 산화시키면서 NAD^+를 환원시킨다. 생합성을 위한 탄소 골격은 oxalyl-CoA가 glyoxylate로 환원되어 glycerate 경로를 통해 공급된다(그림 7.13). *Bacillus oxalophilus, Methylobacterium extorquens, Pandoraea oxalativorans*, *Pandoraea faecigallinarum, Pandoraea vervacti* 등도 oxalate를 유일한 탄소원 및 에너지원으로 이용한다.

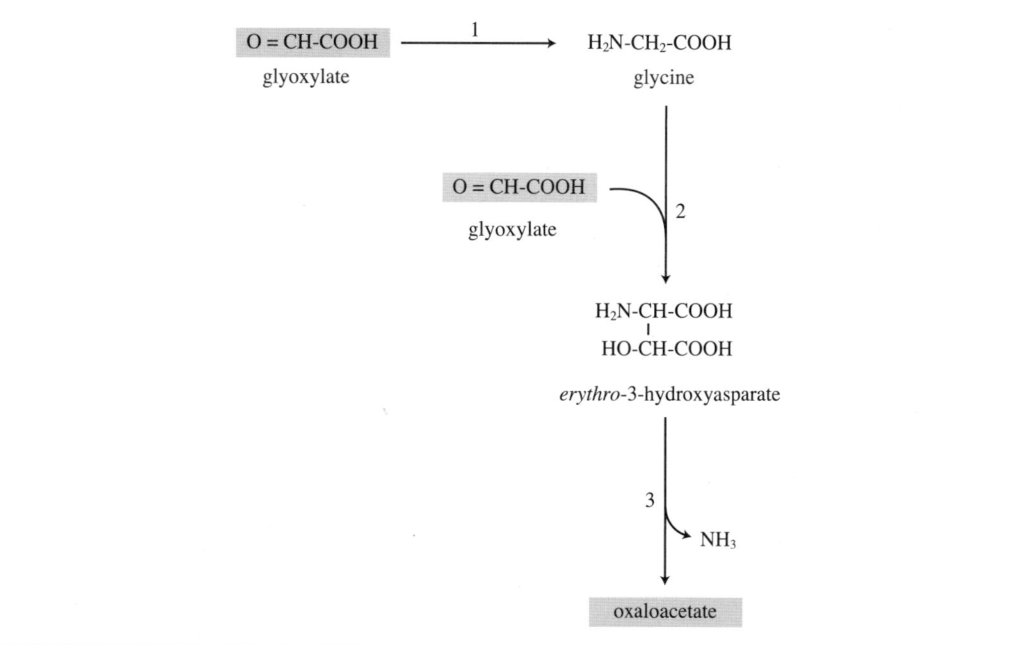

그림 7.12 *Paracoccus denitrificans*가 Glyoxylate를 이용하는 3-Hydroxyaspartate 경로.

1. transaminase; **2.** *erythro*-3-hydroxyaspartate aldolase; **3.** *erythro*-3-hydroxyaspartate dehydratase.

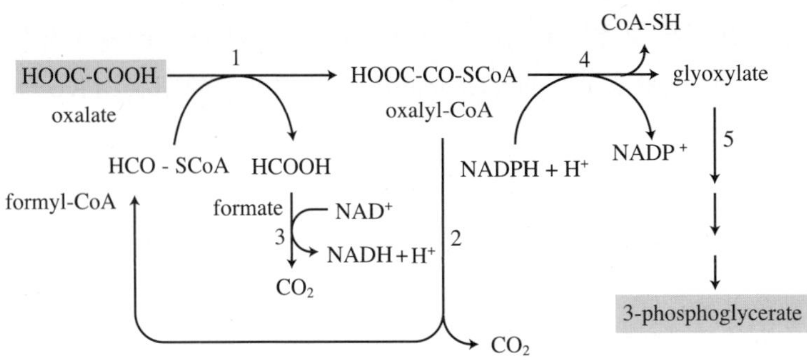

그림 7.13 *Pseudomonas oxalaticus*가 Oxalate를 기질로 이용하는 경로.

Oxalate는 coenzyme A transferase(1)의 작용을 통해 formyl-CoA와 작용하여 oxalyl-CoA와 formate로 된 후에 oxalyl-CoA는 formyl-CoA로 탈탄산되고(2), formate는 formate dehydrogenase(3)의 작용으로 산화된다. Formyl-CoA는 (1)반응에 이용된다. 생합성에 필요한 탄소 골격은 oxalyl-CoA가 glyoxylate로 환원되어서(4) glycerate 경로(5)를 통해 공급된다.

7.4 알코올의 이용

당과 아미노산의 혐기성 대사에서 에탄올, butanol을 비롯한 많은 종류의 알코올이 생산된다. 1급 알코올은 alcohol dehydrogenase와 aldehyde dehydrogenase의 작용을 받아 지방산으로 산화된다.

$$RCH_2CH_2OH + NAD^+ \xrightarrow{\text{alcohol dehydrogenase}} RCH_2CHO + NADH + H^+$$

$$RCH_2CHO + NAD^+ + H_2O \xrightarrow{\text{aldehyde dehydrogenase}} RCH_2COOH + NADH + H^+$$

2급 알코올은 secondary alcohol dehydrogenase의 작용을 받아 ketone으로 산화되고 이어서 monooxygenase와 esterase의 작용으로 에스테르를 거쳐 지방산과 1급 알코올로 분해된다. 이 반응은 일부의 세균이 지방족 탄화수소를 산화하는 경로와 비슷하다(7.7).

혐기성 세균에 의한 glycerol의 발효에서 propanediol(제8장, 8.5.1.5)이 그리고 젖산균(제8장, 8.4.6)과 *Bacillus*속 세균(제장, 7.11.2)의 발효에서 butanediol 등이 생산되며, acetoin, acetone 등 ketone도 생산된다. *Salmonella typhymurium*은 propanediol을 propionyl-CoA를 통해 methylcitrate 회로(그림 7.10)로 산화한다.

$$\text{Propanediol} \xrightarrow[\text{H}_2\text{O}]{\text{propanediol dehydratase}} \text{propionaldehyde} \xrightarrow[\text{CoA-SH NAD}^+ \;\; \text{NADH}]{\text{propionaldehyde dehydrogenase}} \text{propionyl-CoA}$$

*Bacillus*속 세균을 비롯하여 *Alcaligenes eutrophus, Pelobacter carbinolicus* 등은 butanediol을 acetaldehyde와 acetyl-CoA로 대사한다. Acetoin dehydrogenase enzyme complex는 pyruvate dehydrogenase complex(제5장, 5.1) 등과 같은 2-keto acid dehydrogenase 복합체의 일종이다.

$$\text{Butanediol} \xrightarrow{\text{diol dehydrogenase}} \text{acetoin} \xrightarrow[\text{CoA-SH NAD}^+ \quad \text{NADH}]{\text{acetoin dehydrogenase complex}} \text{acetaldehyde} + \text{acetyl-CoA}$$

Saccharolytic clostridia의 발효(제8장, 8.5.2)에서 생산되는 acetone과 isopropanol은 많은 미생물에 의해 산화되는 것이 오래 전부터 알려져 왔으나 그 산화 경로는 최근에 밝혀졌다. 한 종류의 *Xanthobacter*속 세균은 isopropanol을 acetone으로 산화하고 acetoacetate로 탄산화한다. Acetone을 이용하는 통성 혐기성 세균인 *Rhodobacter capsulatus, Rhodomicrobium vanielii, Thiosphaera pantotropha* 등도 acetone을 탄산화한다.

$$\text{isopropanol} \xrightarrow[\text{NAD}^+ \quad \text{NADH}]{\text{secondary alcohol dehydrogenase}} \text{acetone} \xrightarrow[\text{CO}_2 \text{ ATP} \quad \text{AMP} + 2\text{Pi}]{\text{acetone carboxylase}} \text{acetoacetate}$$

7.5 아미노산의 이용

실험실에서 호기성 세균을 배양할 때 가장 일반적으로 이용되는 nutrient 배지는 아미노산과 저분자 peptide를 주성분으로 하는 peptone과 beef extract로 만들어진다. 이는 호기성 세균들이 아미노산이나 저분자 peptide를 쉽게 흡수, 대사하여 중심 대사 경로의 대사 중간 산물로 전환시킬 수 있기 때문이다.

아미노산을 이용하는 미생물은 아미노산을 탈아민 반응을 통해 2-keto산으로 분해하여 대사를 시작한다. 아미노산에 따라 다음과 같이 여러 가지의 탈아민 반응이 미생물에서 발견된다.

7.5.1 산화적 탈아민

아미노산의 산화적 탈아민(oxidative deamination) 반응은 flavoprotein인 아미노산 oxidase 또는 NAD(P)를 조효소로 이용하는 아미노산 dehydrogenase에 의해 촉매된다.

아미노산 oxidase에 의한 아미노산의 탈아민 반응에서는 전자가 기질로부터 효소의 prosthetic group인 flavin에 전달된다. 환원된 아미노산 oxidase는 전자를 전자 전달계의 cytochrome으로 전달한다.

$$\text{R}-\underset{\underset{\text{NH}_2}{|}}{\text{CH}}-\text{COOH} + \text{H}_2\text{O} \longrightarrow \text{R}-\underset{\underset{\text{O}}{\|}}{\text{C}}-\text{COOH} + \text{NH}_3 + 2\text{e}^- + 2\text{H}^+$$

아미노산 oxidase는 기질에 대한 특이성이 낮기 때문에 한 효소가 10여 종류의 다른 아미노산을 기질로 이용한다. 세균의 세포벽은 D-아미노산을 함유하고 있어서 세균은 L-아미노산 oxidase와 함께 D-아미노산 oxidase도 보유한다.

한편 $NAD(P)^+$를 전자 수용체로 이용하는 아미노산 dehydrogenase는 L-alanine 또는 L-glutamate를 기질로 이용한다. Transamination 작용을 통해 생산되는 glutamate와 alanine이 이 효소의 작용을 통해 탈아민되므로 transaminase와 alanine dehydrogenase 또는 glutamate dehydrogenase의 작용을 통해 모든 아미노산이 탈아민될 수 있다.

$$\text{alanine} + NAD^+ + H_2O \xrightleftharpoons[]{\text{alanine dehydrogenase}} \text{pyruvate} + NADH + NH_4^+$$

$$\text{glutamate} + NAD^+ + H_2O \xrightleftharpoons[]{\text{glutamate dehydrogenase}} \text{2-ketoglutarate} + NADH + NH_4^+$$

원핵세포 생물은 alanine dehydrogenase와 glutamate dehydrogenase 외에 다양한 아미노산 dehydrogenase를 보유하고 있다. NAD^+를 환원시키면서 2-keto 산을 생산하는 이들 효소에는 특이성이 낮은 L-amino acid dehydrogenase와 한 종류의 아미노산에만 작용하는 특이성이 있는 효소가 있다.

7.5.2 Transamination

Transamination이란 아미노산으로부터 $-NH_2$기를 pyruvate나 2-ketoglutarate에 이전하는 효소 반응으로서 여기서 생산된 alanine이나 glutamate는 상기한 dehydrogenase의 작용으로 다시 pyruvate나 2-ketoglutarate로 탈아민된다. 따라서 전체적으로 볼 때 아미노산이 transamination, deamination되면서 물 1분자와 작용하여 NH_3가 분리되고 1분자의 $NAD(P)^+$가 환원된다.

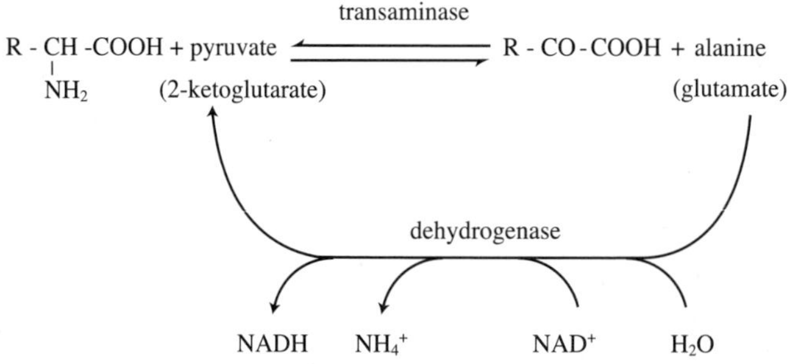

7.5.3 아미노산 Dehydratase

아미노산 중 수산기(−OH)를 갖는 serine과 threonine은 2번 탄소 위치의 $-NH_2$를 분리하고 동시에 3번 탄소 위치의 $-OH$기를 제거하는 dehydratase의 작용을 받아서 탈아민된다.

$$\underset{\text{serine}}{\underset{OH\quad NH_2}{CH_2-CH-COOH}} \xrightarrow{\text{serine dehydratase}} \underset{\text{pyruvate}}{\underset{O}{\overset{}{CH_3-\overset{}{C}-COOH}}} + NH_3$$

$$\underset{\text{threonine}}{\underset{OH\quad NH_2}{CH_3-CH-CH-COOH}} \xrightarrow{\text{threonine dehydratase}} \underset{\text{2-ketobutyrate}}{\underset{O}{CH_3-CH_2-C-COOH}} + NH_3$$

이미 3-hydroxyaspartate 경로(7.3.2)에서 살펴본 바와 같이 이들 반응은 실제 2단계로 이루어진다. 첫 단계에서 탈수하고, 이어서 물 1분자를 결합하면서 탈아민하므로 이 효소를 dehydratase라 한다.

$$\underset{OH\quad NH_2}{R-CH-CH-COOH} \xrightarrow{H_2O} \underset{NH_2}{R-CH=C-COOH} \xrightarrow{H_2O\quad NH_3} \underset{O}{RCH_2-C-COOH}$$

Isoleucine 생합성 경로는 threonine이 탈아민되어 2-keto butyrate로 되는 반응으로부터 시작된다(제6장, 6.4.1). *Escherichia coli*에서 threonine 분해 반응에 관여하는 dehydratase와 isoleucine 합성에 관여하는 dehydratase는 그 allosteric regulation이 다르다.

Aspartate와 histidine은 dehydratase의 작용과 유사한 반응을 통해 대사된다. 즉, 2번 탄소 위치의 $-NH_2$기와 3번 탄소 위치의 $-H$가 제거되면서 탈아민 반응이 이루어지므로 2-keto 산 대신 2번과 3번 탄소 사이에 이중 결합을 갖는 지방산을 생산한다.

$$\underset{\text{aspartate}}{\begin{matrix} COOH \\ | \\ CH_2 \\ | \\ HC-NH_2 \\ | \\ COOH \end{matrix}} \overset{\text{aspartase}}{\rightleftharpoons} \underset{\text{fumarate}}{\begin{matrix} COOH \\ | \\ CH \\ \| \\ CH \\ | \\ COOH \end{matrix}} + NH_3$$

$$\underset{\text{histidine}}{\begin{matrix} COOH \\ | \\ H_2NCH \\ | \\ CH_2 \\ | \\ \text{imidazole (N, NH)} \end{matrix}} \xrightarrow[NH_3]{\text{histidase}} \underset{\text{urocanate}}{\begin{matrix} COOH \\ | \\ CH \\ \| \\ CH \\ | \\ \text{imidazole (N, NH)} \end{matrix}}$$

7.5.4 Cysteine과 Methionine의 대사

Methionine은 transmethylase의 작용을 받아서 homocysteine으로 탈methyl화된다. Cysteine과 homocysteine은 desulfhydrase의 작용을 통해 황화수소와 암모니아가 동시에 제거되면서 각각 pyruvate와 2-ketobutyrate로 대사된다.

$$\underset{\text{cysteine}}{\underset{\begin{array}{cc}|&|\\ SH & NH_2\end{array}}{CH_2-CH-COOH}} + H_2O \xrightarrow{\text{cysteine desulfhydrase}} \underset{\text{pyruvate}}{\underset{\begin{array}{c}\|\\ O\end{array}}{CH_3-C-COOH}} + NH_3 + H_2S$$

$$\underset{\text{homocysteine}}{\underset{\begin{array}{cc}|&|\\ SH & NH_2\end{array}}{CH_3-CH_2-CH-COOH}} + H_2O \xrightarrow{\text{homocysteine desulfhydrase}} \underset{\text{2-ketobutyrate}}{\underset{\begin{array}{c}\|\\ O\end{array}}{CH_3-CH_2-C-COOH}} + NH_3 + H_2S$$

Desulfhydrase는 *Escherichia coli, Proteus vulgaris, Bacillus subtilis* 등 호기성과 통성 혐기성균에 널리 분포되어 있다.

7.5.5 아미노산의 탈아민 반응 산물의 대사

이상의 탈아민 반응으로 다음과 같은 반응 생성물이 생산된다.

glycine ⟶ glyoxylate
alanine ⟶ pyruvate
cysteine ⟶ pyruvate
aspartate ⟶ oxaloacetate, fumarate
aspargine ⟶ oxaloacetate, fumarate
glutamate ⟶ 2-ketoglutarate
glutamine ⟶ 2-ketoglutarate
threonine ⟶ 2-ketobutyrate
methionine ⟶ 2-ketobutyrate
serine ⟶ pyruvate
histidine ⟶ urocanate
valine ⟶ 2-ketoisovalerate
leucine ⟶ 2-ketoisocaproate
isoleucine ⟶ 2-keto-3-methylvalerate

이들 탈아민 반응 산물 중 pyruvate, oxaloacetate, fumarate, 2-ketoglutarate 등은 EMP 경로나

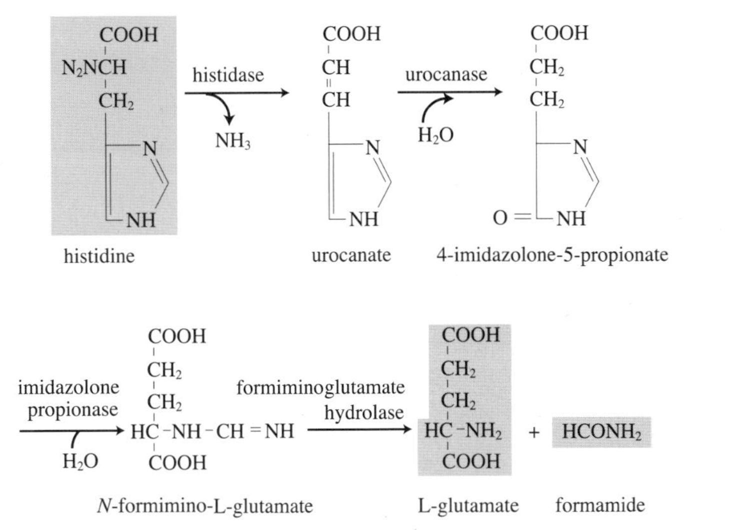

그림 7.14 Histidine의 분해 경로.

TCA 회로의 중간 산물로서, 호기적 조건에서 쉽게 ATP 생산과 생합성에 이용될 수 있다.

Glyoxylate는 dicarboxylic acid 회로-glycerate 경로(그림 7.11) 또는 3-hydroxyaspartate 경로(그림 7.12)를 통해 대사된다.

Histidine에서 유래된 urocanate는 그림 7.14의 경로를 통해 glutamate의 형태로 대사되어 glutamate dehydrogenase의 작용을 받아서 2-ketoglutarate로 탈아민된다.

2-ketobutyrate는 pyruvate나 2-ketoglutarate와 같은 2-keto 산으로서 dehydrogenase complex의 작용을 통해 탈탄산과 탈수소 반응이 동시에 일어나면서 propionyl-CoA로 합성된다. Propionyl-CoA는 전술한 바와 같이(7.3.1) succinyl-CoA, pyruvate 등을 통해 중심 대사에 연결된다.

Side chain이 있는 아미노산의 탈아민 반응 산물인 2-ketoisovalerate, 2-ketoisocaproate 그리고 2-keto-3-methylvalerate는 모두 2-keto 산으로서, 이들은 pyruvate dehydrogenase와 유사한 2-keto 산 특유의 dehydrogenase complex의 작용을 받아서 탈탄산, 탈수소화된다. 이 반응으로 합성된 acyl-CoA는 acyl-CoA dehydrogenase의 작용을 받아서 2번과 3번 탄소 사이에 이중 결합을 형성한다(그림 7.15). 이중 결합을 형성하는 탈수소 반응까지는 동일한 효소의 작용으로 이루어지며, 이어서 각 물질의 특이 효소의 반응으로 valine은 propionyl-CoA로, isoleucine은 propionyl-CoA와 acetyl-CoA로, 그리고 leucine은 acetoacetate와 acetyl-CoA로 대사된다. Acetoacetate는 acetoacetyl-CoA를 거쳐 2분자의 acetyl-CoA로 분해되어 TCA 회로에 들어간다.

7.5.6 그 밖의 아미노산 대사

Arginine은 그림 7.16에서 보는 바와 같이 이용하는 미생물에 따라 여러 경로를 통해 succinate나

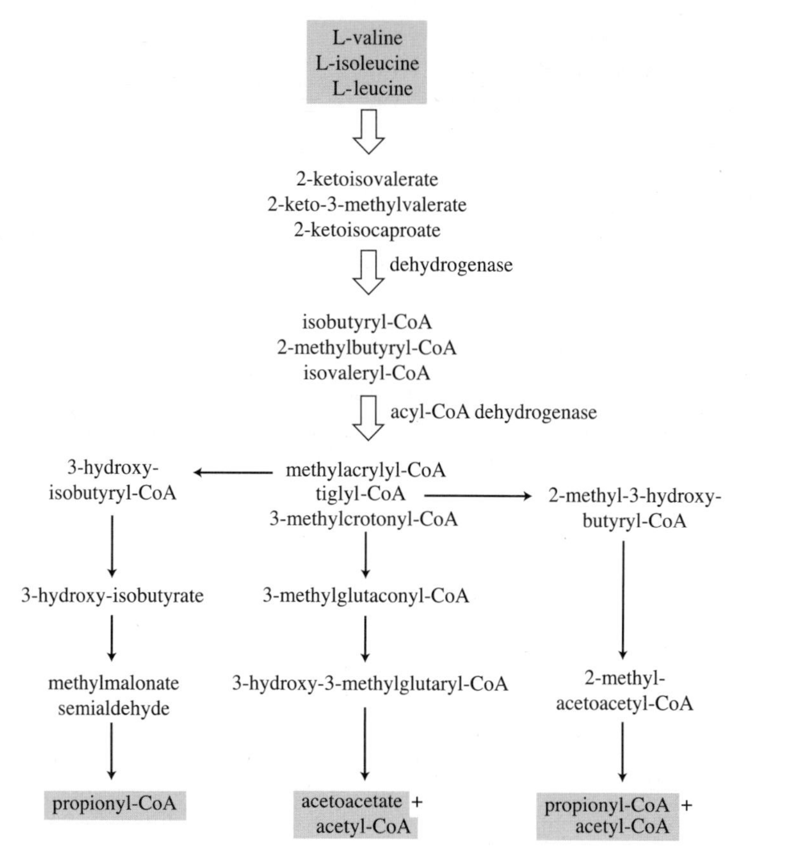

그림 7.15 Side chain을 갖는 아미노산 Valine, Isoleucine, Leucine의 분해 경로.

glutamate의 형태로 중심 대사 경로에 연결된다.

장내 세균에서 proline은 proline oxidase 활성과 Δ′-pyrroline-5-carboxylate(P5C) dehydrogenase 활성을 갖는 proline dehydrogenase의 작용을 통해 glutamate로 산화된다. Proline은 먼저 이 효소의 proline oxidase 작용으로 P5C로 산화된다. 이때 환원력은 FAD를 통해 전자 전달계로 전달된다. P5C는 이 효소의 P5C dehydrogenase의 작용으로 NAD^+를 환원시키면서 glutamate로 산화된다(그림 7.17). Proline을 기질로 이용하여 생장할 때 이 효소는 원형질막에 결합하여 기질을 산화하며, 기질이 없을 때는 chromosome의 *put*(proline dehydrogenase와 proline permease) operon에 결합하여 transcription을 저해한다(제12장, 12.1.8) 이와 달리 *Bacillus subtilis*에서는 두 번째 반응이 다른 효소 Δ^1-pyrroline-5-carboxylate dehydrogenase에 의해 촉매된다.

Lysine은 transamination 반응으로 2-keto-6-aminocaproate로 되고, 이어서 여러 단계의 반응을 통해 2-aminoadipate, glutaryl-CoA, acetoacetyl-CoA를 거쳐 acetyl-CoA로 대사된다(그림 7.18)

Tryptophan은 20여 종의 아미노산 중에서 가장 복잡한 경로를 통해 분해된다(그림 7.19).

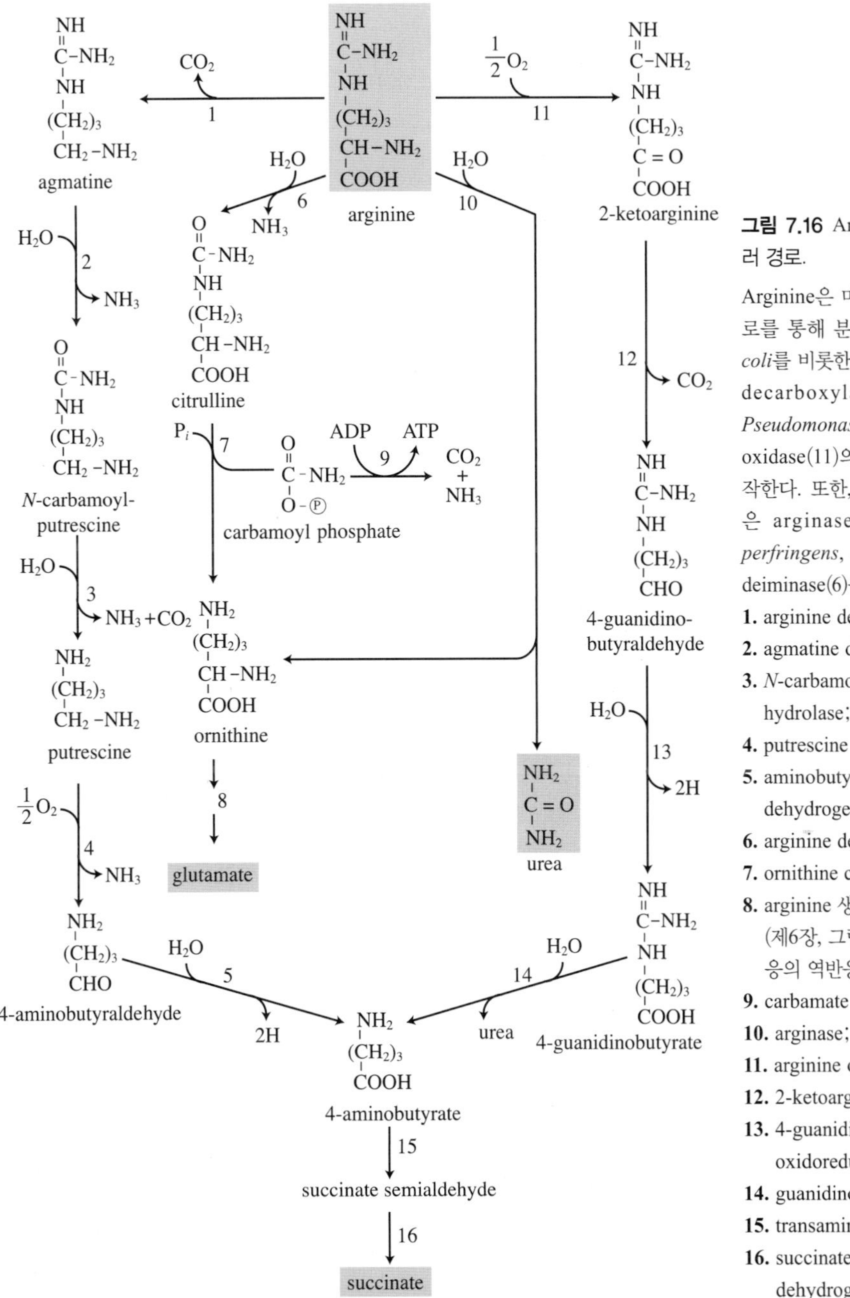

그림 7.16 Arginine이 분해되는 여러 경로.

Arginine은 미생물에 따라 여러 경로를 통해 분해된다. *Escherichia coli*를 비롯한 장내 세균은 arginine decarboxylase(1)의 작용으로, *Pseudomonas putida* 등은 arginine oxidase(11)의 작용으로 분해를 시작한다. 또한, *Bacillus subtilis* 등은 arginase(10), *Clostridium perfringens*, 젖산균 등은 arginine deiminase(6)를 보유하고 있다.

1. arginine decarboxylase;
2. agmatine deiminase;
3. *N*-carbamoylputrescine hydrolase;
4. putrescine oxidase;
5. aminobutyraldehyde dehydrogenase;
6. arginine deiminase;
7. ornithine carbamoyltransferase;
8. arginine 생합성 경로의 반대방향(제6장, 그림 6.19의 6, 7, 8, 9 반응의 역반응);
9. carbamate kinase;
10. arginase;
11. arginine oxidase;
12. 2-ketoarginine decarboxylase;
13. 4-guanidinobutyraldehyde oxidoreductase;
14. guanidinobutyrase;
15. transaminase;
16. succinate semialdehyde dehydrogenase

먼저 tryptophan-2,3-dioxygenase의 작용으로 pyrrol ring이 열려 formylkynurenine이 되고 kynurenine을 거쳐 alanine과 anthranilate로 분해된다. *Bacilllus cepacia*에서는 kynurenine이 monooxygenasem의 작용을 받아 3-hydroxy kynurenines으로 산화된 다음 kuneruninase의 작용으

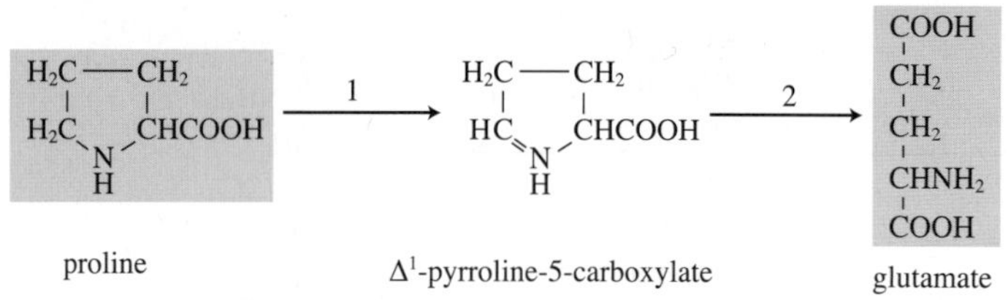

proline —1→ Δ[1]-pyrroline-5-carboxylate —2→ glutamate

그림 7.17 Proline의 분해 경로.

1. proline dehydrogenase(FAD); **2.** proline dehydrogenase(NAD^+)(한 효소가 두 반응을 촉매함)

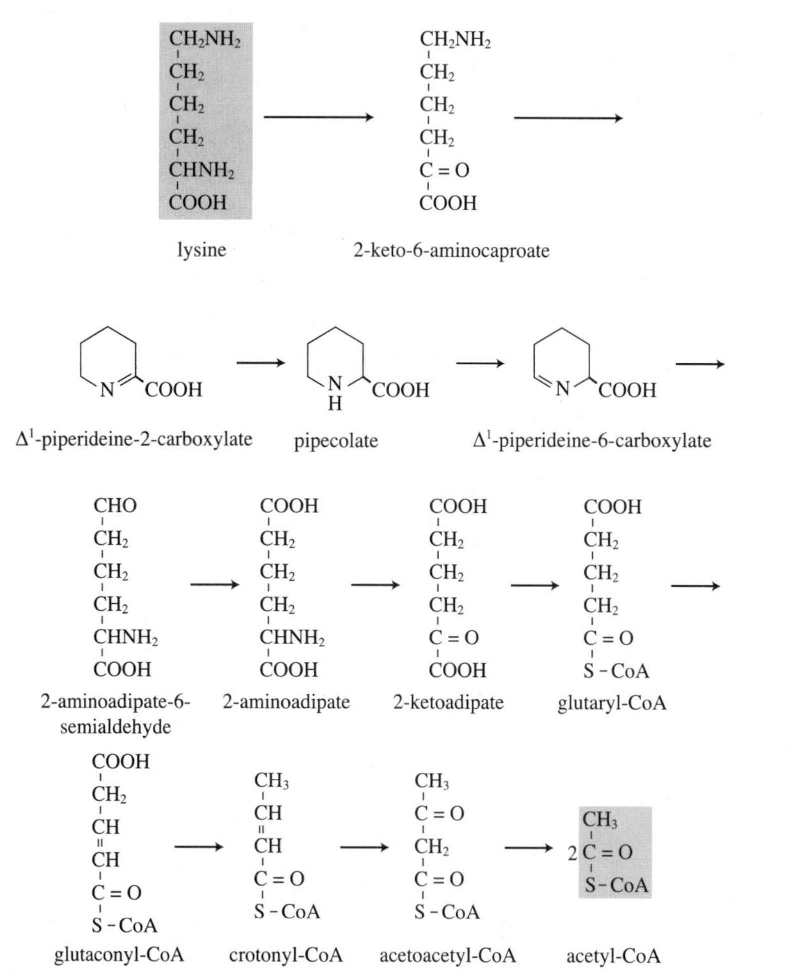

그림 7.18 Lysine의 분해 경로.

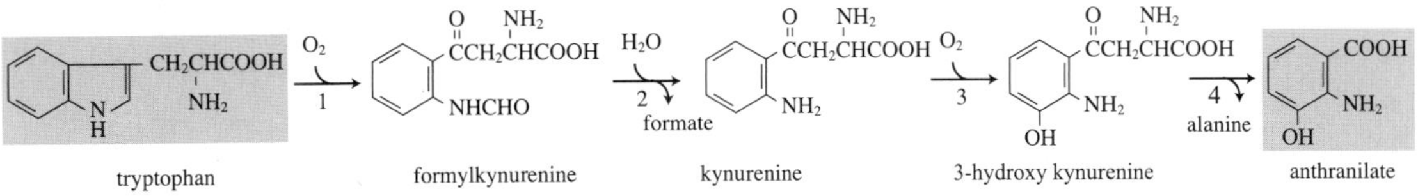

tryptophan —(O_2, 1)→ formylkynurenine —(H_2O, 2; formate)→ kynurenine —(O_2, 3)→ 3-hydroxy kynurenine —(4; alanine)→ anthranilate

그림 7.19 Tryptophan의 분해 경로.

1. tryptophan-2,3-dioxygenase; **2.** formylkynureninase (kynurenine formaamidase); **3.** kynurenine monooxygenase; **4.** kynureninase.

로 3-hydroxy anthranilate와 alanine으로 분해된다. Anthranilate와 3-hydroxy anthranilate는 방향족 화합물의 분해 경로를 통해 산화된다. 이들의 분해는 phenylalanine, tyrosine과 함께 방향족 화합물의 대사 경로(7.8.1)에서 공부하기로 한다.

7.6 핵산 염기의 이용

핵산은 nuclease의 작용으로 ribonucleoside monophosphate나 deoxyribonucleoside monophosphate로 분해된다. 이들은 nucleotidase와 nucleosidase의 작용으로 P_i, ribose(deoxyribose) 그리고 염기로 분해된다.

nucleotide —(nucleotidase)→ nucleoside —(nucleosidase)→ 염기
(nucleotidase 단계에서 P_i, nucleosidase 단계에서 5탄당 유리)

Purine 염기의 guanine은 guanine deaminase의 작용으로 xanthine으로 탈아민되며, adenine은 adenine deaminase와 xanthine dehydrogenase의 작용을 통해 hypoxanthine을 거쳐 xanthine으로 된다. Xanthine dehydrogenase는 xanthine를 urate로 산화한다. Hypoxanthine과 xanthine의 산화는 균주에 따라 xanthine dehydrogenase 또는 xanthine oxidase의 작용으로 이루어진다. Xanthine dehydrogenase는 $NAD(P)^+$ 또는 ferredoxin을 전자 수용체로 이용하며, xanthine oxidase는 산소를 직접 환원시켜 superoxide를 생산한다.

Urate는 여러 단계를 거쳐 glyoxylate와 요소로 분해된다(그림 7.20). Glyoxylate는 이미 공부한 dicarboxylic acid 회로-glycerate 경로 또는 hydroxyaspartate 경로를 통해 탄소원 및 에너지원으로 이용된다(7.3.2). 많은 미생물이 purine 염기를 대사하여 질소원이나 탄소원으로 이용한다. 이들 중에는 그림 7.20에 표시한 대사의 일부만을 이용하는 미생물이 많다.

이미 밝힌 바와 같이 *Bacillus fastidiosus*는 urate만을 유일한 탄소원 및 에너지원으로 이용할 수

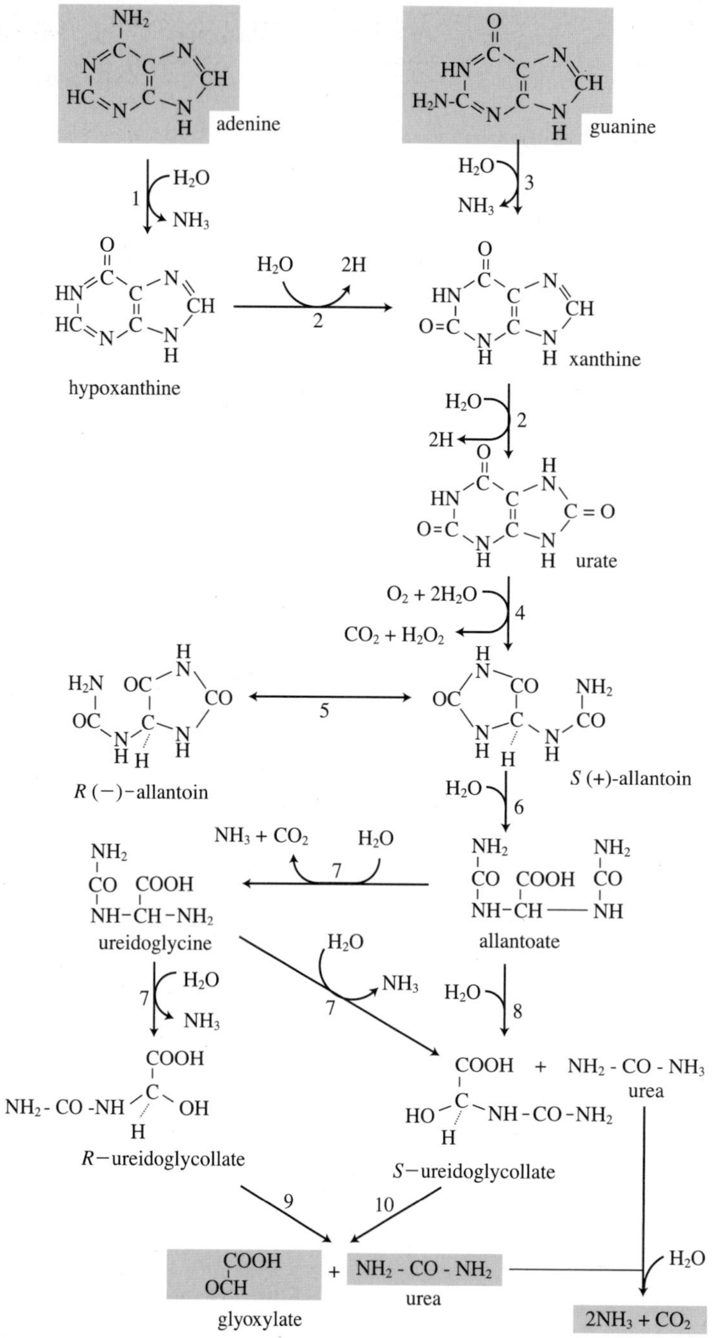

그림 7.20 호기성 미생물에 의한 Purine염기의 분해 경로.

1. adenine deaminase; **2.** xanthine dehydrogenase 또는 xanthine oxidase; **3.** guanine deaminase; **4.** uricase; **5.** allantoin racemase; **6.** S(+)-allantoinase; **7.** allantoate amidohydrolase; **8.** allantoicase; **9.** S-ureidoglycolase; **10.** urease.

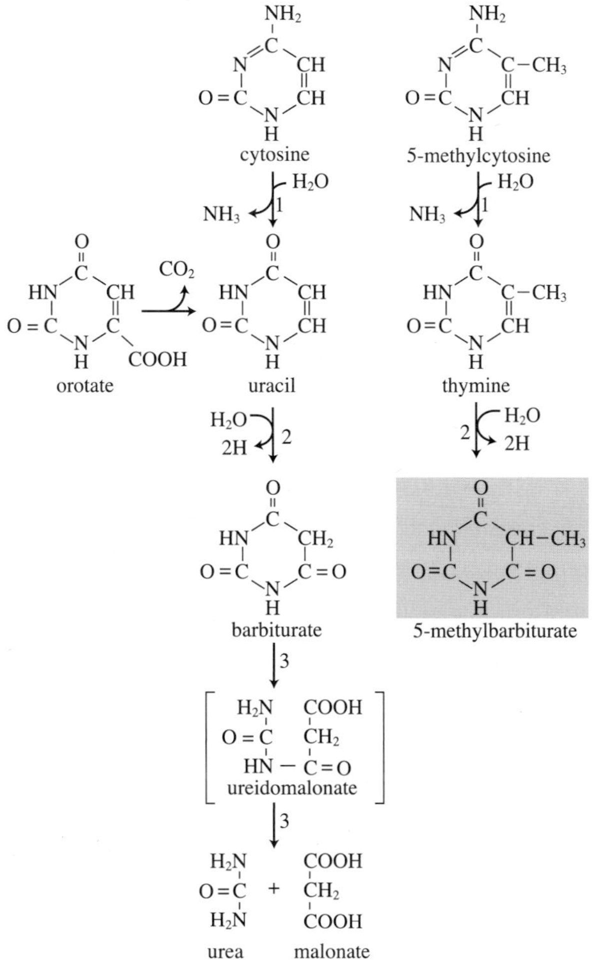

그림 7.21 호기적 미생물에 의한 Pyrimidine 염기의 분해 경로.
1. cytosine deaminase; **2.** uracil dehydrogenase; **3.** barbiturase.

있으나 다른 유기물은 이용하지 못한다.

Pyrimidine 염기를 이용하는 미생물은 그 종류가 purine 염기 이용균보다 적다. Cytosine은 탈아민 반응을 거쳐 uracil이 되고, uracil은 barbiturate를 통해 요소와 malonate로 분해된다(그림 7.21).

7.7 지방족 탄화수소의 이용

1960년대에는 낮은 석유 값과 단백질 사료의 부족 현상 때문에 탄화수소(alkane)를 이용하는 미생물을 이용한 단세포 단백질(single-cell protein) 생산에 관한 연구가 활발하였다. 이러한 과정을 통해 호기 상태에서 탄화수소를 유일한 탄소원 및 에너지원으로 이용하여 생장할 수 있는 많은 미생물이 분리되었다.

탄소 수가 2 이상인 탄화수소 중 상온에서 기체인 것을 포함하여 탄소 수가 8까지의 것을 이용하는 미생물은 그 수가 많지 않으나, 탄소 수가 10이상인 *n*-alkane을 이용하는 미생물은 세균, 효모, 곰팡이에 두루 존재한다(표 7.1).

Methane을 이용하는 미생물의 대사 과정은 다른 탄화수소의 대사 경로와 다르므로 따로(7.9) 다룬다.

탄화수소는 물에 녹지 않기 때문에 이들이 미생물에 의해 흡수, 대사되는 메커니즘은 수용성 기질과 다르다. 미생물이 석유 중에서는 생장할 수 없으므로 물에 녹지 않는 기질인 탄화수소의 흡수는 물과의 경계 면에서 이루어 질 수밖에 없다. 탄화수소를 기질로 이용하는 효모나 세균은 친유성 glycolipid를 세포벽에 축적한다. 이 glycolipid에 탄화수소가 용해되어 세포막을 통과한 다음에 대사가 시작된다. *Acinetobacter calcoaceticus*는 탄화수소와 물의 경계 면을 높이기 위해 계면 활성이 있는 세포벽 성분을 분비하여 탄화수소를 emulsion으로 만든다.

탄화수소의 산화는 원형질막에 있는 hydrocarbon monooxygenase의 작용으로 1급 알코올로 산화되면서 시작된다. 이 반응과 같이 산소 한 분자를 이용하여 두 종류의 기질을 산화하는 효소를 monooxygenase, hydroxylase 또는 mixed function oxidase라고 한다.

$$\text{substrate}-\text{H} + \text{AH}_2 + \text{O}_2 \xrightarrow{\text{monooxygenase}} \text{substrate}-\text{OH} + \text{A} + \text{H}_2\text{O}$$

알코올은 계속해서 alcohol dehydrogenase, aldehyde dehydrogenase의 작용(그림 7.22)을 받아서 지방산으로 산화되어 β-oxidation(7.3.1)을 통해 분해된다. 이들 dehydrogenase의 전자 수용체는

표 7.1 액체 탄화수소를 기질로 이용하는 미생물*.

Pseudomonas fluorescens
Pseudomonas aeruginosa
Acinetobacter calcoaceticus
Mycobacterium smegmatis
Nocardia petroleophila
Candida lipolytica
Torulopsis colliculosa
Cephalosporium roseum
Arthrobacter paraffineus
Arthrobacter simplex
Corynebacterium glutamicum
Cladosporium resinae

*; 기체상태의 저분자 탄화수소 이용균 제외

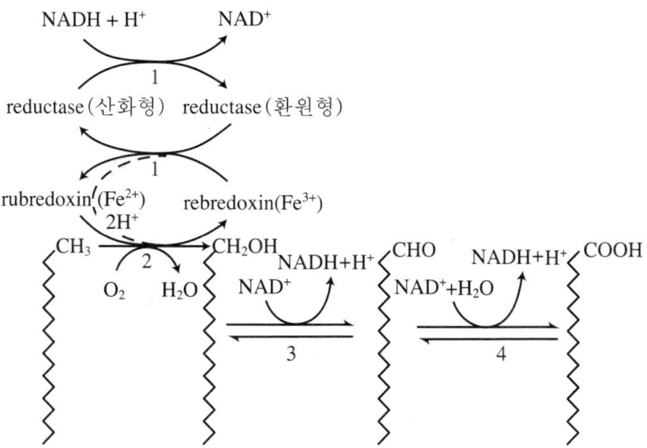

그림 7.22 *Pseudomonas oleovorans*에 의한 탄화수소(Alkane)의 산화.

1. rubredoxin:NADH oxidoreductase; **2.** *n*-alkane monooxygenase; **3.** alcohol dehydrogenase; **4.** aldehyde dehydrogenase.

NAD^+이다. 고분자의 탄화수소는 양 말단이 동시에 산화되는 수도 있다.

*Pseudomonas putida*의 경우 propane과 *n*-butane 등 기체 상태의 탄화수소를 산화하는 monooxygenase가 알려졌으며, 해양 세균, *Alcanivorax dieselolei*는 탄소수가 5-36인 지방족 탄화

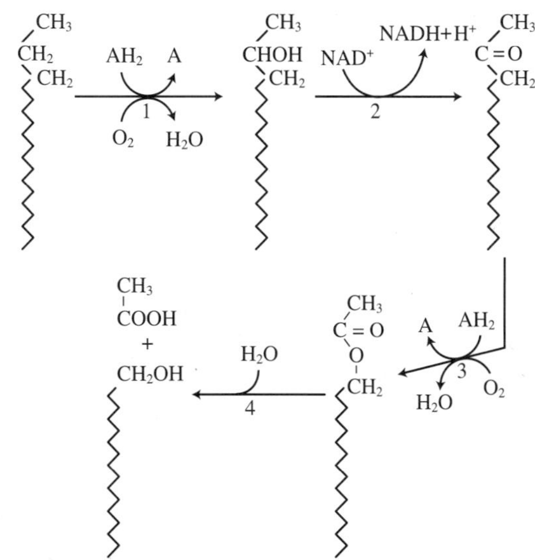

그림 7.23 *Nocardia petroleophila*에 의한 탄화수소(Alkane)의 산화.

1. monooxygenase; **2.** secondary alcohol dehydrogenase; **3.** monooxygenase; **4.** acetylesterase.

수소를 잘 이용하며, 탄소 수에 따라 특이성이 다른 4종류의 alkane hydroxylase를 보유하고 있다.

*Nocardia petroleophilia*는 탄화수소의 2번 탄소를 산화하여 2급 알코올을 생산하고, 2급 알코올 탈수소 효소가 이를 산화하여 ketone으로, 그리고 제2의 monooxygenase와 acetylesterase가 차례로 작용하여 1급 alcohol과 acetate를 생산한다(그림 7.23).

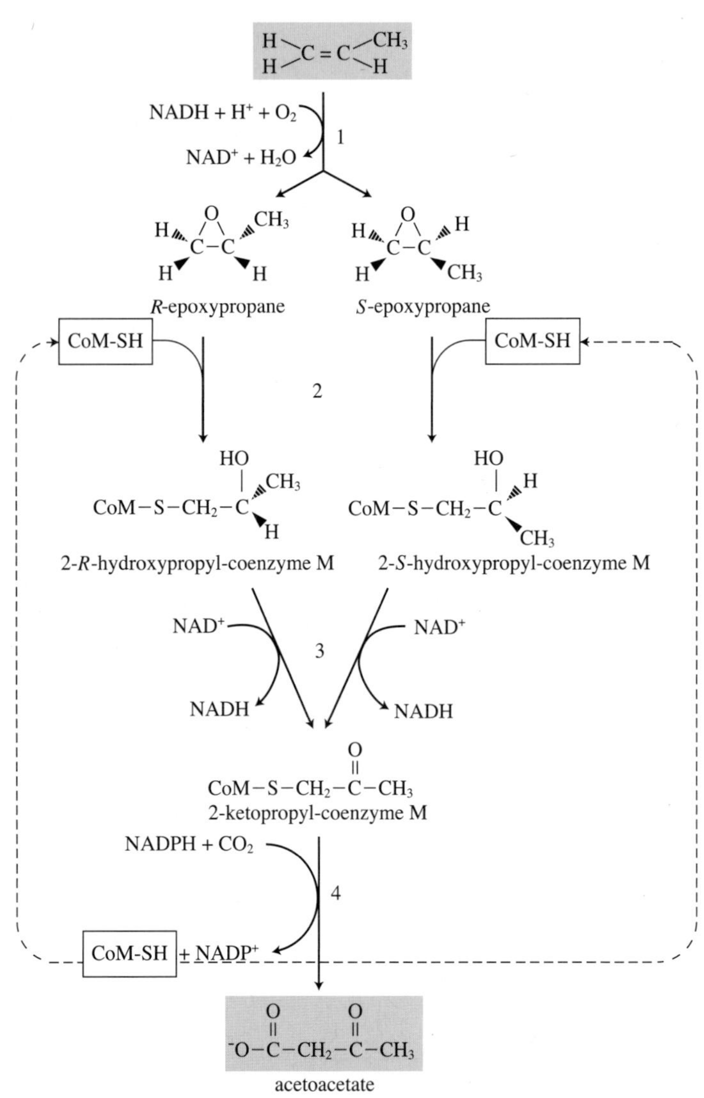

그림 7.24 *Rhodococcus rhodochrous*가 propyelene을 산화하는 경로.

Eubacteria에는 드물게 coenzyme M이 관여하는 대사 경로. 이 외에 methanogen의 특이 조효소로 알려진 F_{420}이 tetracycline을 합성하는 방선균과 *Mycobacterium smegmatis*에서 발견되었으며(제4장, 4.3.4) methylotroph인 *Methylobacterium extorquens*에서 또 다른 methanogen의 특이 조효소인 tetrahydromethanopterin이 발견되었다(7.9.2).

1. alkane monooxygenase; **2.** epoxyalkane:coenzyme M transferase; **3.** hydroxypropyl-CoM dehydrogenase; **4.** NADPH:2-ketopropyl-CoM dehydrogenase

불포화 탄화수소인 propylene을 산화하는 *Rhodococcus rhodochrous*와 *Xanthobacter*의 한 균주는 monooxygenase의 작용으로 epoxypropane으로 산화하여 acetoacetate를 통해 대사한다(그림 7.24). 이들은 methanogen에서 C_1 운반체로 알려진 coenzyme M(2-mercaptoethanesulfonic acid)을 조효소로 이용한다(제9장, 9.4.2).

7.8 방향족 화합물의 이용

식물체의 약 25%를 이루는 lignin은 방향족 화합물의 중합체이며, 유사한 구조의 고분자 물질이 석탄과 석유에 포함되어 있다.

이들 방향족 화합물의 많은 양이 자연계에서 미생물에 의해 산화된다. 방향족 화합물은 그 구조상 대단히 안정한 화합물로서 대부분 호기 조건에서 산화된다.

석유 중의 *n*-alkane은 자연계에서 쉽게 분해되지만, 방향족 계통의 석유 성분이 오래 남아 생태계를 위협한다. 방향족 화합물을 분해하는 성질은 *Pseudomonas*속 세균 특히 *Pseudomonas acidovorans, Pseudomonas putida*에서 많이 알려지고 있으며, 이들을 이용하여 석유에 의한 환경오염을 제거하기 위해 많은 연구가 진행되고 있다.

방향족 아미노산인 phenylalanine과 tyrosine을 위시한 방향족 화합물이 호기적 미생물에 의해 분해되는 경로를 공부하기로 한다.

7.8.1 방향족 아미노산의 이용

Phenylalanine은 NADPH를 제2의 기질로 하는 monooxygenase에 의해 tyrosine으로 산화된다. Tyrosine은 transaminase의 작용을 받아서 *p*-hydroxyphenylpyruvate로 탈아민된다. 이어서 dioxygenase의 작용으로 탈탄산되고, side chain의 이동과 −OH의 도입이 이루어져 homogentisate로 분해된다(그림 7.25). Dioxygenase의 반응은 monooxygenase와 달리 산소 2원자를 모두 하나의 기질에 소비하므로 dioxygenase 또는 oxidase라 한다.

Homogentisate는 다시 oxidase의 작용으로 −OH기와 −COOH기 사이의 탄소간 결합이 산화되어 benzene 환이 열리고, 최종적으로 fumarate와 acetoacetate로 분해되어 중심 대사 경로로 연결된다.

7.8.2 *Ortho, Meta* Cleavage, 그리고 Gentisate, Phenylacetate 경로

호기성 미생물에 의한 방향족 화합물의 산화는 oxygenase의 작용으로 benzene 환에 −OH기를 도입하는 단계와 protocatechuate, catechol 그리고 gentisate 형태에서 benzene 환이 열리는 단계로 나눌 수 있다. 수산기를 갖는 방향족 화합물은 대개 protocatechuate로 산화되고(그림 7.26) 방향족

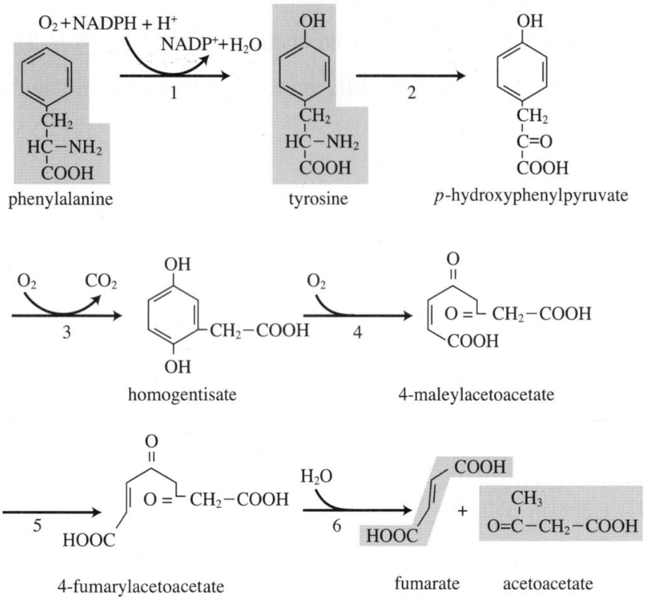

O_2+NADPH + H^+ → NADP$^+$+H_2O (1)

phenylalanine → tyrosine → (2) *p*-hydroxyphenylpyruvate

O_2 → CO_2 (3) → homogentisate → O_2 (4) → 4-maleylacetoacetate

(5) → 4-fumarylacetoacetate → H_2O (6) → fumarate + acetoacetate

그림 7.25 방향족 아미노산의 분해 경로.

1. phenylalanine monooxygenase;
2. transaminase;
3. *p*-hydroxyphenylpyruvate oxidase;
4. homogentisate oxidase;
5. maleylacetoactate isomerase;
6. fumarylacetoacetate hydrolase.

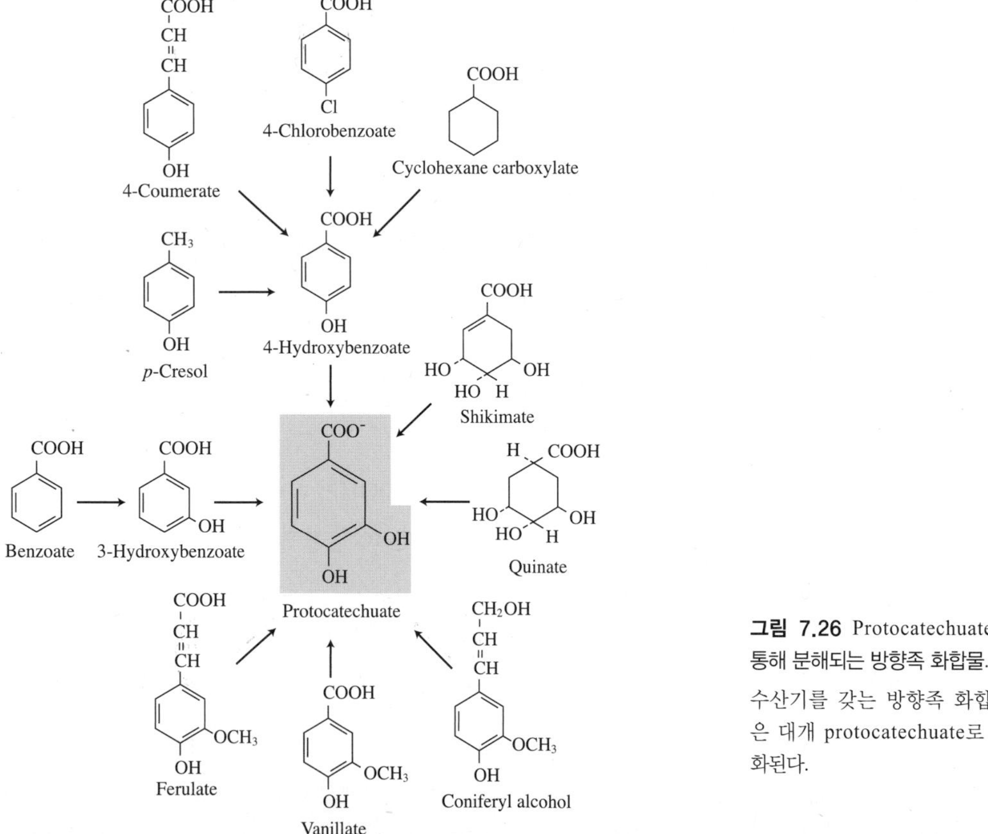

그림 7.26 Protocatechuate를 통해 분해되는 방향족 화합물.

수산기를 갖는 방향족 화합물은 대개 protocatechuate로 산화된다.

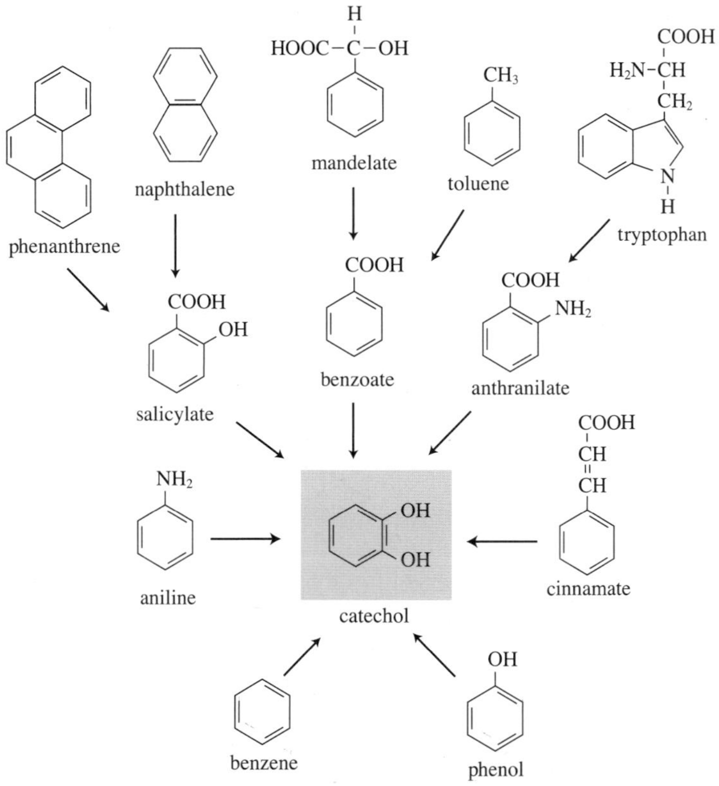

그림 7.27 Catechol을 통해 분해되는 방향족 화합물(Annu. Rev. Microbiol. 1996. 50:553-590).
방향족 탄화수소, lignin의 단량체, 아미노기를 갖는 방향족 화합물은 catechol로 산화된다.

탄화수소, lignin의 단량체, 아미노기를 갖는 방향족 화합물은 catechol로 산화된다(그림 7.27). 또한 naphthalene, 3-hydroxybenzoate, phenol 유도체, 3,6-dichloro-2-methoxybenzoate 등은 gentisate 또는 그 유도체로 산화된다.

Benzene 환의 분해를 −OH기의 위치와 환이 열리는 위치에 따라 *ortho* cleavage, *meta* cleavage, gentisate 경로 그리고 phenylacetate 경로로 나눌 수 있다. Protocatechuate나 catechol에서 −OH기 사이의 탄소 결합이 dioxygenase의 작용으로 열리는 반응을 *ortho* cleavage라 하며, 이때 대사 중간 산물로 3-ketoadipate가 생산되므로 3-ketoadipate 경로라고도 한다(그림 7.28). 3-ketoadipate는 계속 대사되어 acetyl-CoA와 succinate 형태로 중심 대사 경로로 연결된다.

Protocatechuate나 catechol에 있어서 2개의 −OH기 다음의 탄소 결합에 dioxygenase가 작용하여 benzene 환이 열리는 반응도 방향족 화합물을 이용하는 *Pseudomonas*속 세균에서 일어난다. 이를 *meta* cleavage라 한다(그림 7.29). *Meta* cleavage로 분해되면 catechol은 formate, pyruvate acetaldehyde 각 1분자로 분해되고, protocatechuate는 formate 1분자와 2분자의 pyruvate로 분해

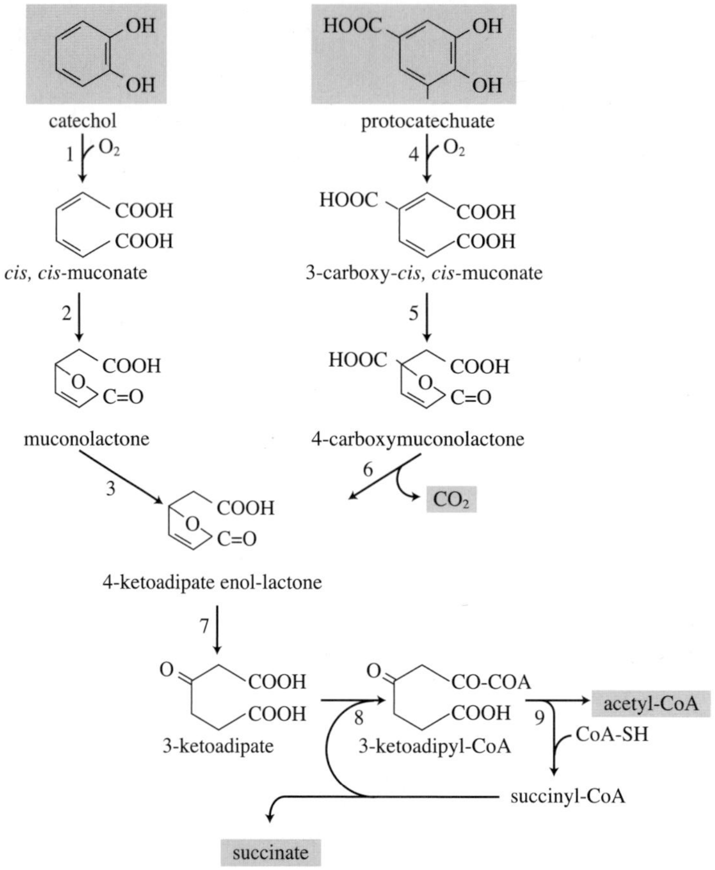

catechol
1 O_2
cis, cis-muconate
2
muconolactone
3
4-ketoadipate enol-lactone
7
3-ketoadipate
8
3-ketoadipyl-CoA
9
acetyl-CoA
CoA-SH
succinyl-CoA
succinate

protocatechuate
4 O_2
3-carboxy-cis, cis-muconate
5
4-carboxymuconolactone
6
CO_2

그림 7.28 *Ortho* cleavage(3-Ketoadipate 경로)를 통한 Catechol과 protocatechuate의 분해 경로.

1. catechol 1,2-dioxygenase; **2.** muconate-lactonizing enzyme; **3.** muconolactone isomerase; **4.** protocatechuate 3,4-dioxygenase; **5.** 3-carboxymuconate-lactonizing enzyme; **6.** 4-carboxymuconolactone decarboxylase; **7.** 4-ketoadipate enol-lactone hydrolase; **8.** 3-ketoadipate succinyl-CoA transferase; **9.** 3-ketoadipate-CoA thiolase.

표 7.2 Pseudomonas속 세균이 갖고 있는 Degradative Plasmid

Plasmid 이름	분해되는 물질	최종 산물*
CAM	camphor	isobutyrate
OCT	*n*-cotane	*n*-octanol
SAL	salicylate	acetaldehyde+pyruvate
NAH	naphthalene	acetaldehyde+pyruvate
TOL	xylene/toluene	acetaldehyde+pyruvate
ASL	4-alkyl benzene sulfonate	acetaldehyde+pyruvate
pJP4	2,4-dichlorophenoxyacetate	succinate+acetyl-CoA
pAC21	*p*-chlorobiphenyl	4-chlorobenzoate

* Plasmid로부터 합성된 효소들의 최종 산물

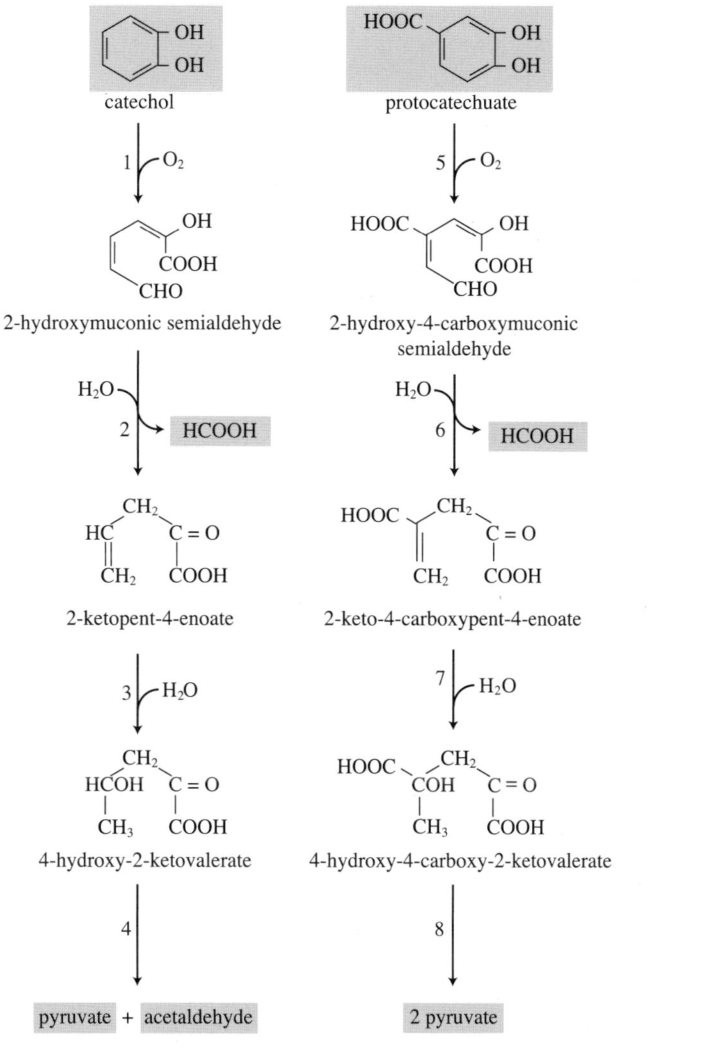

그림 7.29 *Meta* Cleavage를 통한 Catechol과 Protocatechuate의 분해.

1. catechol 2,3-dioxygenase; **2.** 2-hydroxymucoic semialdehyde hydrolase; **3.** 2-ketopent-4-enoic acid hydrolase; **4.** 4-hydroxy-2-ketovalerate aldolase; **5.** protocatechuate 4,5-dioxygenase; **6.** 2-hydroxy-4-carboxymucoic semialdehyde hydrolase; **7.** 2-keto-4-carboxypent-4-enoic acid hydrolase; **8.** 4-hydroxy-4-carboxy-2-ketovalerate aldolase.

된다. Formate와 acetaldehyde는 각각의 dehydrogenase에 의해 이산화탄소와 acetate로 산화된다.

Ortho cleavage 경로에 관여하는 유전 정보는 대개 chromosome에 있으며, *Meta* cleavage에 필요한 효소들은 대부분의 경우 plasmid가 갖는 유전 형질에 따라 합성되는 것으로 밝혀지고 있다. 이처럼 분해에 필요한 유전 정보를 갖고 있는 plasmid를 항생 물질의 내성 등에 필요한 plasmid와 구별하기 위해 degradative plasmid라 한다. 탄화수소 분해에 관여하는 대표적인 degradative plasmid의 예를 표 7.2에 나열하였다.

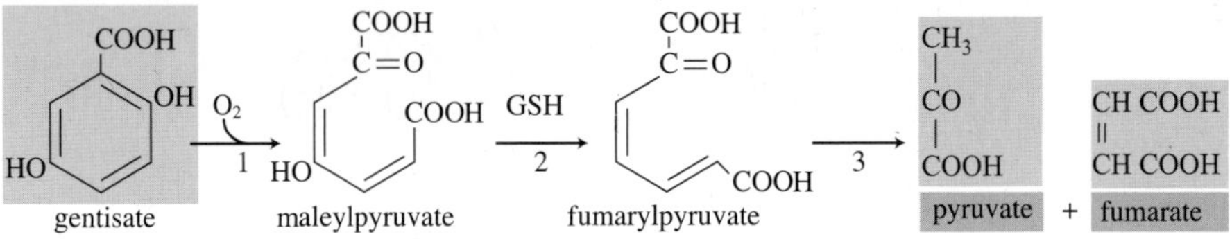

그림 7.30 Naphthalene 등 gentisate로 산화되는 일부의 방향족 화합물이 분해되는 gentisate 경로(J. Bacteriol. 2001. 183:700-708).

균주에 따라서는 maleylpyruvate가 isomerase의 작용으로 fumarylpyruvate로 이성화되어 분해되는 예도 있으며, 직접 hydrolase의 작용으로 분해되기도 한다.

1. gentisate dioxygenase; **2.** maleylpyruvate isomerase; **3.** fumarylpyruvate hydrolase

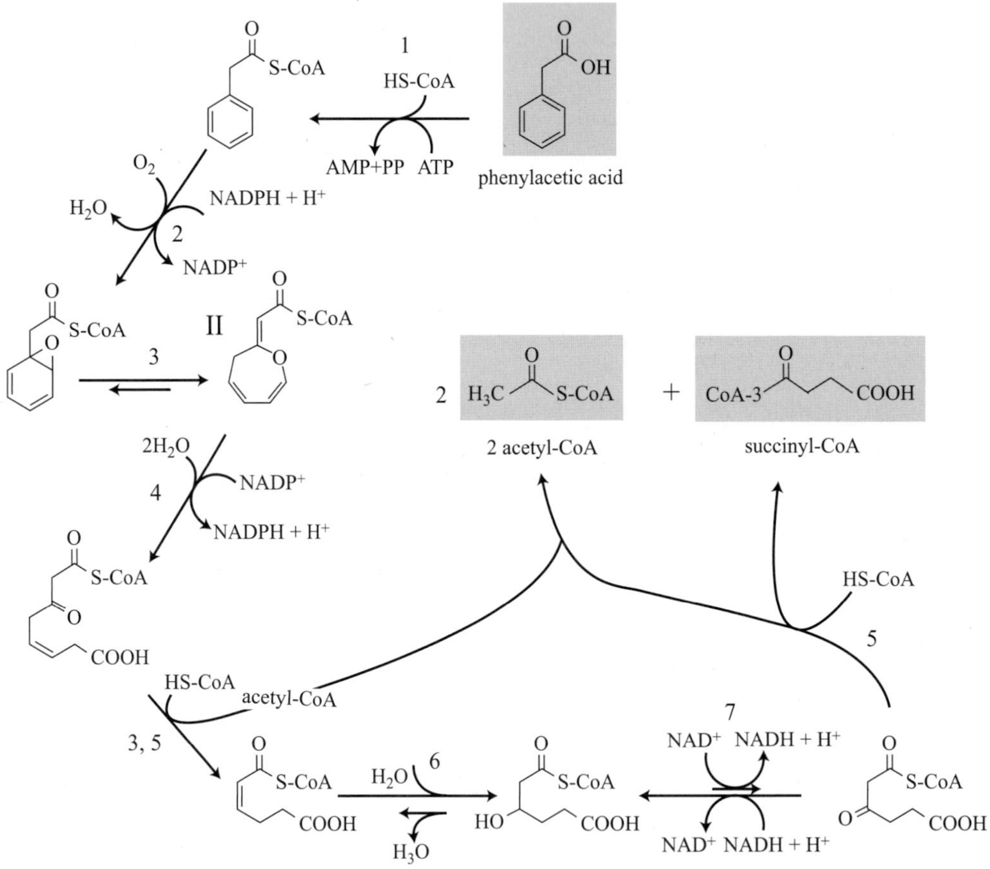

그림 7.31 Styrene, ethylbenzene, tropate, phenylethylamine 등의 대사에서 phenylacetate가 분해되는 phenylacetate 경로(PNAS, 2010, 107(32):14390-14395).

1. phenylcaetyl-CoA ligase; **2.** ring 1,2-phenylacetyl-CoA epoxidase; **3.** ring 1,2-epoxyphenylacetyl-CoA isomerase; **4.** oxepin-CoA hydrolase/3-oxo-5,6-dehydrosuberyl-CoA semialdehyde dehydrogenase; **5.** 3-oxoadipyl-CoA/3-oxo-5,6-dehydrosuberyl-CoA thiolase; **6.** 2,3-dehydroadipyl-CoA hydratase; **7.** 3-hydroxyadipyl-CoA dehydrogenase

Gentisate와 그 유도체는 gentisate dioxygenase가 작용하는 gentisate 경로를 통해 pyruvate와 fumarate로 분해된다(그림 7.30). 균주에 따라서는 maleylpyruvate가 isomerase의 작용으로 fumarylpyruvate로 이성화되어 분해되는 예도 있으며, 직접 hydrolase의 작용으로 분해되기도 한다.

Styrene, ethylbenzene, tropate, phenylethylamine 등을 대사하는 다양한 세균들은 이들을 phenylacetate로 전환한 다음 또 다른 경로인 phenylacetate 경로로 bezene 환을 분해한다. 먼저 phenylacetate는 phenylacetyl-CoA로 활성화된 다음 monooxygenase의 작용을 통해 bezene 환이 분해되어 acetyl-CoA와 succinyl-CoA로 대사된다(그림 7.31). 호기적 조건에서 polychlorinated biphenyl(PCB)를 분해하는 *Burkholderia xenovorans*는 PCB를 phenylacetate로 분해하여 이 경로를 통해 대사한다.

7.8.3 Oxygenase와 방향족 화합물의 산화

미생물에 의한 지방족 및 방향족 탄화수소의 이용은 이처럼 산소를 제2의 기질로 이용하는 oxygenase의 작용으로 시작되기 때문에 오랫동안 분자 상태의 산소가 없는 혐기 조건에서는 탄화수소가 분해되지 않는 것으로 믿었으나, 최근 혐기성 생태계에서도 탄화수소의 분해가 이루어진다는 연구 결과가 많이 발표되고 있다(제9장, 9.9.1).

7.9 메탄과 Methanol 이용

호기 상태에서 메탄, methanol, methylamine 등 일탄소 화합물을 유일한 탄소원 및 에너지원으로 이용하여 생장하는 미생물(methylotroph)이 세균과 효모에서 많이 알려져 있다. 이들에 대한 연구는 유기화합물 중에서 값이 가장 저렴한 methanol을 기질로 균체 단백질(single-cell protein, SCP)을 생산하기 위해 많이 진행되었으며, methanol을 기질로 SCP를 생산하는 공정을 산업화한 예도 있다. Methylotroph들이 이용하는 메탄, methanol, methylamine 등 일탄소 화합물을 이용하는 경로가 다른 유기물의 대사 경로와 다르며, 이들 중 일부는 일탄소 화합물을 이산화탄소로 산화하여 Calvin 회로를 통해 균체를 합성하기도 한다.

7.9.1 Methylotroph의 분류

메탄, methanol, methylamine 등을 기질로 이용하여 생장하는 미생물을 총칭하여 methylotroph라하며, 메탄의 이용성에 따라 methanotroph(메탄 이용균)와 메탄을 이용하지 못하는 methylotroph로 구분된다.

Methanotroph는 메탄을 이용할 수 있으며, 탄소-탄소 결합을 갖는 화합물을 기질로서 이용할 수 없기 때문에 편성 methylotroph(obligate methylotroph)라고도 한다. Methylotroph는 일탄소 화합물을 생합성에 이용하는 경로에 따라 heterotrophic methylotroph와 autotrophic methylotroph로 분류된다. 통성 methylotroph는 메탄을 이용할 수 없으며, heterotrophic methylotroph는 일탄소 화합물을 ribulose monophosphate 경로나 serine-isocitrate lyase경로를 통해 대사하여 생합성에 이용하고, autotrophic methylotroph는 일탄소 화합물을 완전히 산화하여 발생하는 이산화탄소를 Calvin 회로를 통해 고정한다(표 7.3).

일탄소 화합물을 이용하는 효모는 모두 heterotrophic methylotroph로서 일탄소 화합물을 xylulose monophosphate 경로를 통해서 생합성에 이용한다.

표 7.3 일탄소 화합물 이용균(Methylotroph)의 분류

생리적 특성	탄소 대사 경로	균주	이용하는 일탄소 화합물
heterotrophic	1. serine-isocitrate lyase 경로	Methylobacterium extorquens AM1	methanol, MMA, formate
methylotrophs		Pseudomonas MA	MMA
		Methylobacterium organophilum	methane, methanol
	2. ribulose monophosphate 경로	Arthrobacter P1	MMA, DMA, TMA
		Bacillus PM6	MMA, DMA, TMA, TAMO, tetramethylammonium
autotrophic	Calvin cycle	group 1. phototrophs:	
methylotrophs		Rhodopseudomonas spp.	methanol, CO, formate
		group 2. chemoautotrophs:	
		Thiobacillus A2	methanol, MMA, formate
		Paracoccus denitrificans	methanol, MMA, formate
		Paracoccus carboxydovorans	CO
		group 3.	
		Pseudomonas oxalaticus	formate
obligate methylotrophs	1. serine-isocitrate lyase 경로	Methylobacterium	
		Methylocystic	
		Methylomonas methanooxidans	methane, methanol only
		Methylosinus trichosporium	methane, methanol only
	2. ribulose monophosphate 경로	Methylomonas methanica	methane, methanol only
		Methylophilus methylotrophus	methanol, MMA, DMA,
		Methylococcus capsulatus	TMA

MMA : monomethylamine
DMA : dimethylamine
TMAO : trimethyl-*N*-oxide

7.9.2 Methanotroph

탄소-탄소 결합을 갖는 유기물을 이용할 수 없으며, 일탄소 화합물을 유일한 탄소원 및 에너지원으로 이용하는 methanotroph(obligate methylotroph)는 기질 이용성과 더불어 여러 특성을 갖는다. 이들은 모두 그람음성 세균으로서 질화 세균과 같이 세포내 막 조직을 많이 함유하고 있으며, 이 막 조직의 형태가 이들의 분류에 이용된다(표 7.4).

*Methylobacterium*속 세균을 제외한 모든 편성 methylotroph들은 포자나 cyst 형태의 휴면 세포를 형성하는 능력이 있다. 메탄은 NADH를 co-substrate로 이용하는 monooxygenase의 작용을 받아서 methanol로 산화된다(그림 7.32). 메탄이나 methanol을 산화하면서 얻어지는 전자를 전자 전달계를 통해 산소까지 전달하여서 ATP를 합성하고, formaldehyde나 이산화탄소를 균체 합성에 이용한다.

Methanol dehydrogenase는 methanol을 formaldehyde로 산화시키면서 pyrroloquinoline quinone(PQQ)를 환원시킨다(그림 7.33). PQQ의 산화·환원 전위는 +0.12V로서 각종 산화 반응에서 기질 농도가 낮을 때 PQQ를 전자 전달체로 이용하는 반응이 NAD^+를 이용하는 반응보다 쉽게 이루어진다. 따라서 *Pseudomonas putida*가 세포 밖에서 포도당을 인산화하기 전에 산화시키는 glucose dehydrogenase(제4장, 4.4.3)나 ethanol을 acetate로 산화시키는 초산균의 alcohol dehydrogenase(7.11.1)는 PQQ를 전자 전달체로 이용한다.

Formaldehyde는 균주에 따라 서로 다른 경로를 통해 이산화탄소로 산화된다. *Amycolatopsis methanolica* 등 그람양성 methylotroph와 autotrophic methylotroph인 *Paracoccus denitrificans* 등은 formaldehyde dehydrogenase와 formate dehydrogenase의 작용으로 formate를 통해 이산화탄소로 산화한다.

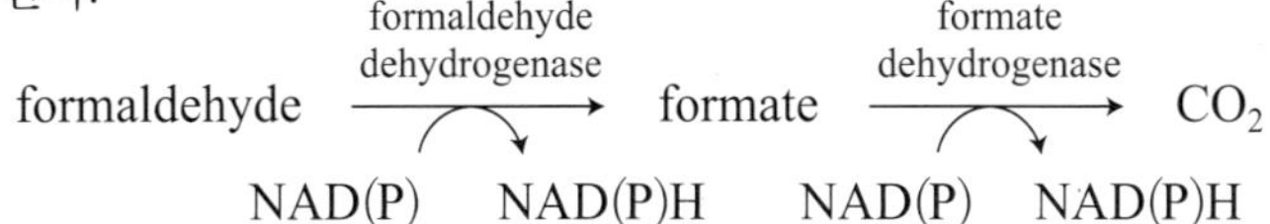

표 7.4 메탄 이용 세균(Mtehanotroph)의 특성

세균	형태	편모	휴면 세포	세포내 막 구조*	탄소 대사 경로	DNA의 G+C
Methylomonas	rod	polar	cystlike body	I	RMP 경로	50~54
Methylobacter	rod	polar	thick-walled cyst	I	RMP 경로	50~54
Methylococcus	coccus	none	cystilke body	I	RMP 경로	62
Methylosinus	rod, vibrioid	polar tuft	exospore	II	serine 경로	62~66
Methylocystis	vibrioid	none	poly-β-hydroxy-butyrate-rich cyst	II	serine 경로	–
Methylobacterium	rod	nonmotile	none	II	serine 경로	58~66

* I 여러 겹의 막이 세포 전체에 고루 분포
II 두 겹의 막이 세포 표면 쪽에 분포

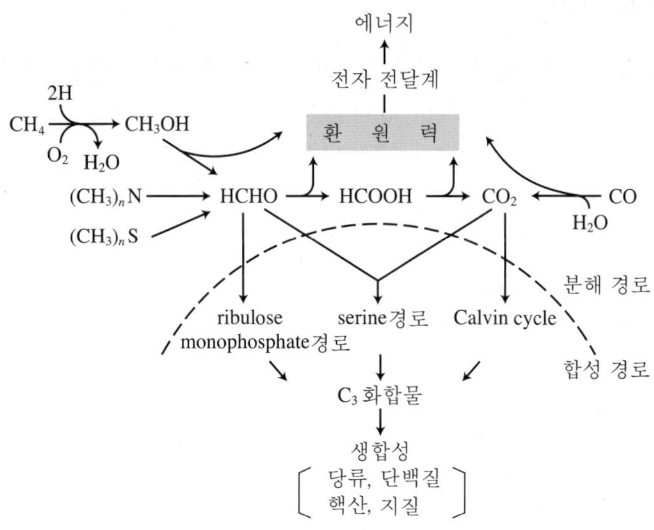

그림 7.32 일탄소 화합물을 이용하는 세균의 대사 경로.

Ribulose monophosphate 경로와 serine-isocitrate lyase 경로를 통해 formaldehyde를 자화하는 여러 종류의 그람음성 세균은 tetrahydrofolate(H_4F)와 함께 methanogen(제9장, 9.4.2)에서 알려진 조효소인 tetrahydromethanopterin(H_4MTP)과 이들에 결합한 일탄소 화합물에 작용하는 효

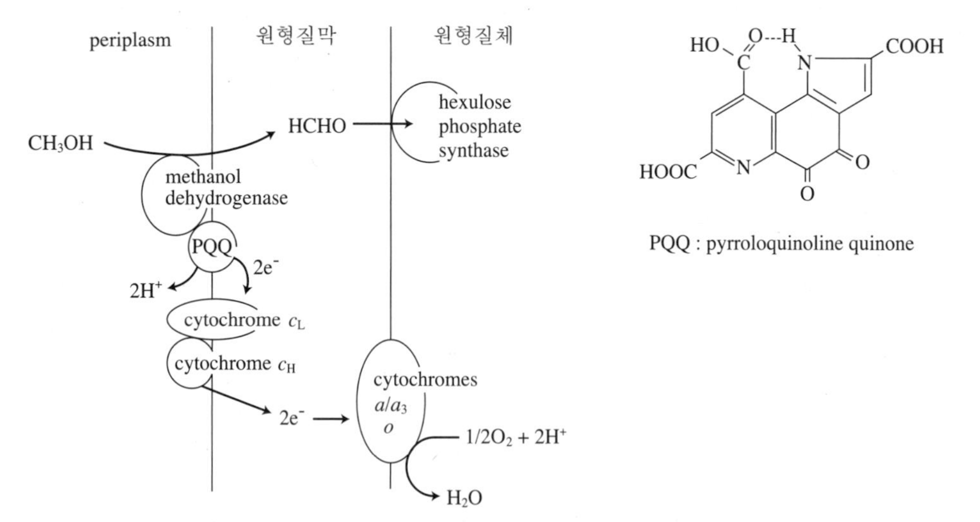

그림 7.33 원형질막에 있는 Methanol 산화 효소와 전자 전달계.

cytochrome C_L : 낮은 등전점 cytochrome *c*

cytochrome C_H : 높은 등전점 cytochrome *c*

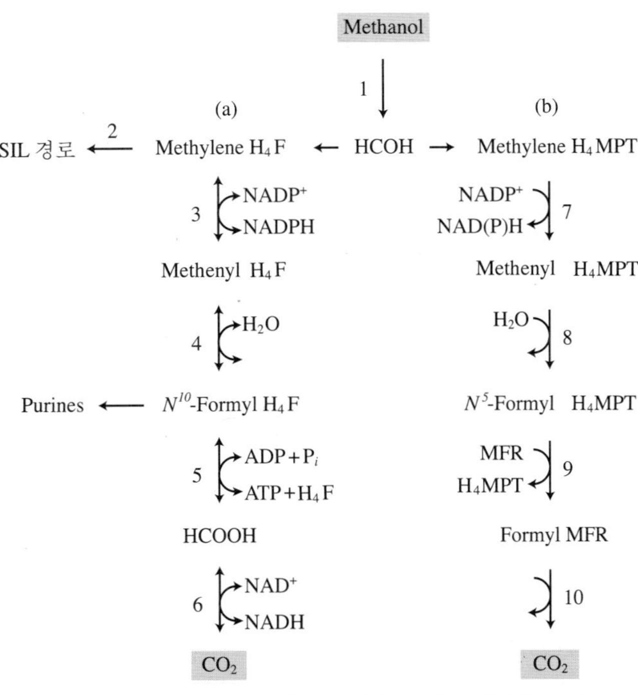

그림 7.34 *Methylobacterium extorquens*가 formaldehyde를 이산화탄소로 산화하는 경로.

Ribulose monophosphate 경로와 serine-isocitrate lyase 경로를 통해 formaldehyde를 자화하는 그람음성 세균은 H_4F와 더불어 methanogen에서 알려진 조효소인 tetrahydromethanopterin(H_4MTP)과 여기에 결합한 일탄소 화합물에 작용하는 효소를 보유한다. 이 중에서 *Methylobacterium extorquens*는 H_4MTP를 주로 이용한다(b). Formaldehyde를 H_4F에 결합한 형태로 산화하는 것(a)으로 알려진 세균도 많다.

1. methanol dehydrogenase; **2.** serine H_4F hydroxymethyltransferase; **3.** methylene H_4F dehydrogenase; **4.** methenyl H_4F cyclohydrolase; **5.** formyl H_4F synthetase; **6.** formate dehydrogenase; **7.** methylene THMP dehydrogenase; **8.** methenyl THMP cyclohydrolase; **9.** formyl methanofuran THMP formytransferase; **10.** formyl methanofuran dehydrogenase

소를 보유한다(그림 7.34). *Methylobacterium extorquens*의 경우 H_4MTP와 관련되는 효소의 활성이 높은 것으로 보아 formaldehyde를 H_4MTP에 결합한 상태로 대사하는 것으로 판단된다(그림 7.34b). Serine-isocitrate lyase 경로를 통해 formaldehyde를 생합성에 이용하는 methylotroph 들은 formaldehyde를 H_4F에 결합한 형태로 formate까지 산화(그림 7.34a)하는 것으로 알려지고 있으나 확실하지는 않다.

한편 *Methylophilus methylotrophus*는 ribulose monophosphate 회로를 통해 formaldehyde를 산화한다(그림 7.35).

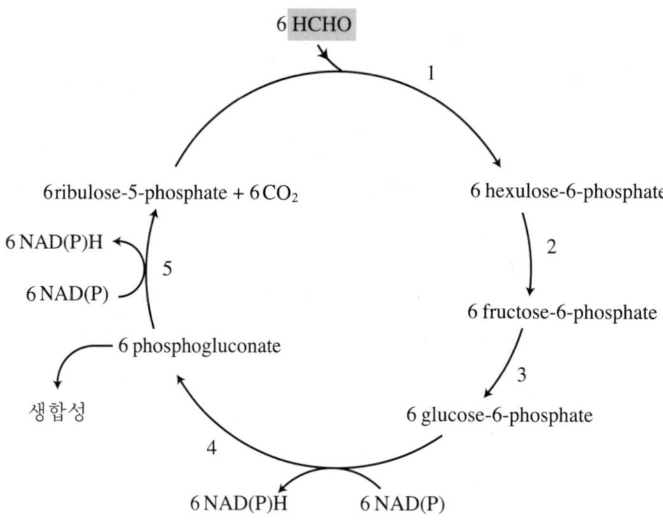

그림 7.35 *Methylophilus methylotrophus*가 formaldehyde를 산화하는 ribulose monophosphate 회로.
1. hexulose phosphate synthase; **2.** hexulose-6-phosphate isomerase; **3.** fructose-6-phosphate isomerase; **4.** glucose-6-phosphate dehydrogenase; **5.** 6-phosphogluconate dehydrogenase

7.9.3 Methylotroph의 동화 작용

C-C 결합이 없는 일탄소 화합물을 탄소원으로 이용하는 편성 methylotroph와 heterotrophic methylotroph는 생합성에 필요한 유기물을 합성하기 위해 지금까지 살펴 본 경로와는 완전히 다른 경로, 즉 ribulose monophosphate(RMP) 경로 또는 serine-isocitrate lyase(SIL) 경로를 통해 formaldehyde와 이산화탄소를 대사한다. Autotrophic methylotroph는 Calvin 회로를 통해 균체에 필요한 탄소 골격을 합성하고, methanol을 이용하는 효모는 xylulose monophosphate(XMP) 경로를 활용한다.

7.9.3.1 Ribulose Monophosphate(RMP) 경로

Obligate methylotroph와 heterotrophic methylotroph가 formaldehyde로부터 triose-phosphate를 합성하는 RMP 경로는 대사 중간 산물인 fructose-6-phosphate가 triosephosphate로 분해되는 반응에 따라서 fructose-1.6-phosphate aldolase를 필요로 하는 RMP-EMP 변형 경로와 2-keto-3-deoxy-6-phosphogluconate aldolase가 작용하는 RMP-ED 변형 경로가 있다(그림 7.36).

Ribulose-5-phosphate는 hexulose phosphate synthase의 작용을 통해 formaldehyde와 결합하여 hexulose-6-phosphate로 합성되고, 계속해서 hexulose-6-phosphate isomerase가 작용하여 fructose-6-phosphate로 이성화된다. Fructose-6-phosphate는 EMP 경로를 통해 두 분자의 triose phosphate로 분해되거나(그림 7.36a), ED 경로를 통해 triose phosphate와 pyruvate로 분해된다

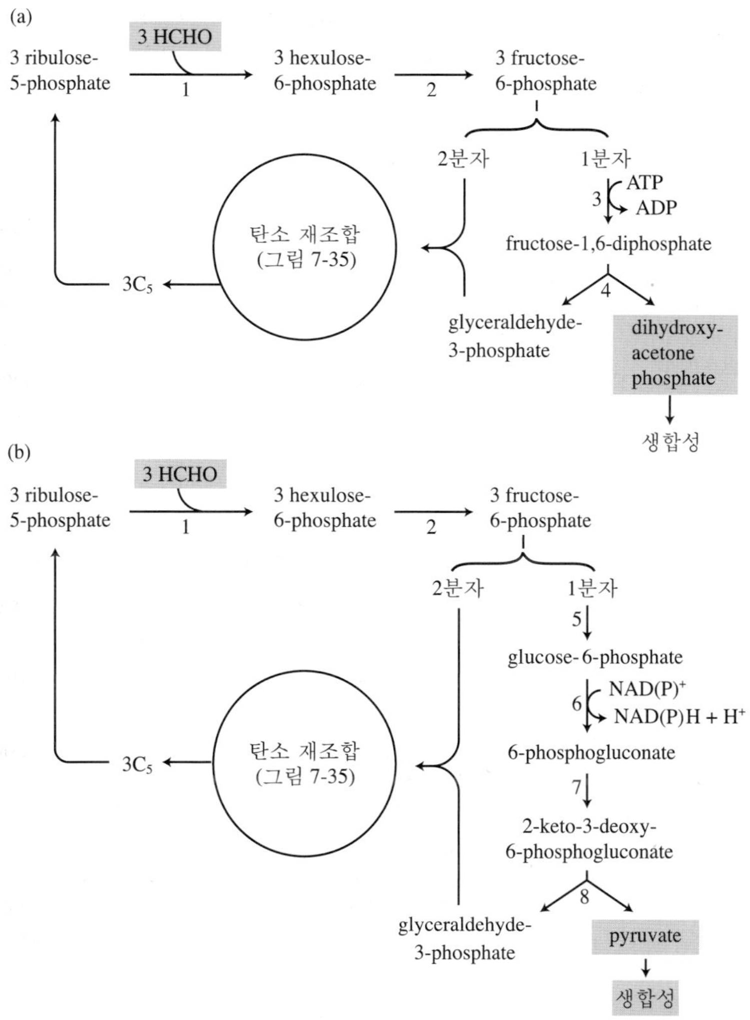

그림 7.36 Ribulose Monophosphate 경로.

원으로 표시한 탄소 재조합 경로는 그림 7.37에 상세히 설명되어 있다.

(a) RMP – EMP 변형 경로 (b) RMP – ED 변형 경로

1. hexulose phosphate synthase; **2.** hexulose phosphate isomerase; **3.** phosphofructokinase; **4.** fructose-1,6-diphosphate aldolase; **5.** hexose phosphate isomerase; **6.** glucose-6-phosphate dehydrogenase; **7.** 6-phosphogluconate dehydratase; **8.** 2-keto-3-deoxy-6-phosphogluconate aldolase;

(그림 7.36b). 이들 반응으로부터 생산된 fructose-6-phosphate 2분자와 triose-phosphate 1분자는 HMP 경로와 유사한 탄소의 재조합 과정에서 3분자의 ribulose-5-phosphate로 대사된다(그림 7.37). 탄소의 재조합 과정도 transaldolase(TA)와 transketolase가 작용하는 TA 경로와 fructose-1.6-diphosphate aldolase(FDA)와 transketolase가 작용하는 FDA 경로가 있다.

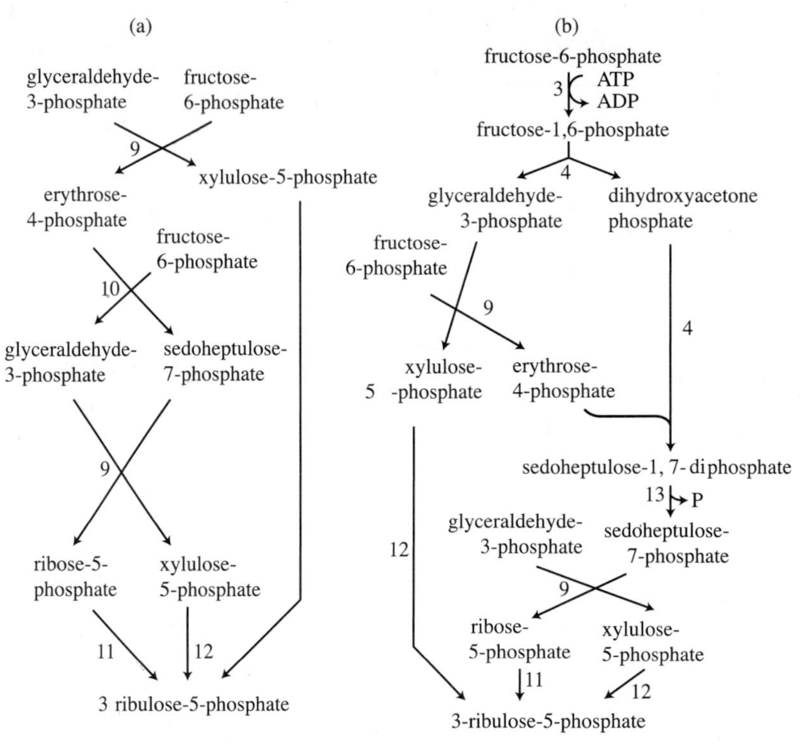

그림 7.37 RMP 경로(그림 7-36)의 탄소 재조합 과정.

(a) Transketolase와 transaldolase의 작용을 통해 이루어지는 탄소 재조합(TA) 과정.

(b) Transketolase와 fructose-1,6-diphosphatase aldolase의 작용을 통해 이루어지는 탄소 재조합(FAD) 과정

3. 4. 그림 7.36에서와 동일; **9.** transketolase; **10.** transaldolase; **11.** ribose-5-phosphate isomerase; **12.** ribulose-5-phosphate-3-epimerase.

Ribulose monophosphate 각 변형 경로의 전체 반응을 요약하면 다음과 같다.

EMP – TA 경로

$$3HCHO + ATP \longrightarrow \text{glyceraldehyde-3-phosphate}$$

EMP – FDA 경로

$$3HCHO + 2ATP \longrightarrow \text{dihydroxyacetone-phosphate}$$

ED – TA 경로

$$3HCHO \longrightarrow \text{pyruvate} + NAD(P)H$$

ED – FDA 경로

$$3HCHO + ATP \longrightarrow \text{pyruvate} + NAD(P)H$$

완전한 HMP 경로가 알려져 있지 않은 *Thermococcus kodakaraensis, Pyrococcus horikoshii*

등 일부의 호열성 archaea의 경우(제4장, 4.3.1) 생합성에 필요한 5탄당을 공급하기 위해 ribulose monophosphate 경로의 역반응을 통해 fructose-6-phosphate로부터 pentose-5-phosphate를 공급한다.

7.9.3.2 Serine-Isocitrate Lyase(SIL) 경로

Ribulose monophosphate 경로에서 합성되는 triose phosphate의 모든 탄소는 formaldehyde에서 유래하지만, *Methylosinus trichosporium*은 formaldehyde와 이산화탄소를 고정하여 acetyl-CoA를 거쳐 triosephosphate로 합성하는 serine-isocitrate lyase(SIL) 경로를 통해 생합성에 필요한 탄소 골격을 공급한다. SIL 경로는 다음과 같이 두 부분으로 나눌 수 있다.

1) formaldehyde와 이산화탄소가 acetyl-CoA로 합성되는 부분(그림 7.38)
2) Acetyl-CoA가 glyoxylate로 산화되는 부분(그림 7.39)

2)의 반응에서 생산된 glyoxylate는 1)의 반응을 거치면서 HCHO와 작용하여 3-phosphoglycerate

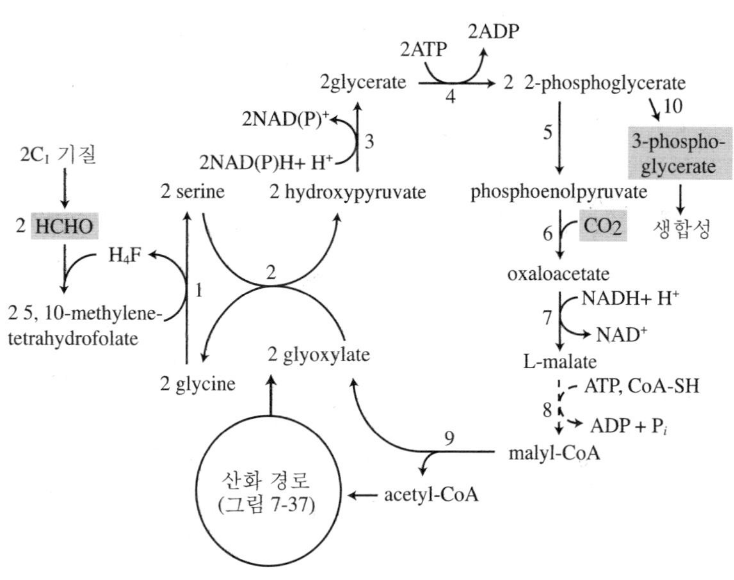

그림 7.38 Serine-Isocitrate Lyase(SIL) 경로.

SIL 경로는 formaldehyde와 이산화탄소로부터 acetyl-CoA가 합성되는 과정, acetyl-CoA가 glyoxylate를 거쳐 serine으로 합성되는 과정 그리고 formaldehyde와 serine이 3-phosphoglycerate로 합성되는 과정으로 이루어진다. 원으로 표시된 부분은 acetyl-CoA가 glyoxylate로 환원되는 과정으로서 그림 7.39에서 보는 바와 같이 acetyl-CoA가 citrate로 합성되는 glyoxylate 회로와 homocitrate로 합성되는 경로가 있다.

1. serine hydroxymethyltransferase; **2.** serine:glyoxylate aminotransferase; **3.** hydroxypyruvate reductase; **4.** glycerate kinase; **5.** PEP hydratase; **6.** PEP carboxylase; **7.** malate dehydrogenase; **8.** malyl-Co A synthetetase; **9.** malyl-CoA lyase; **10.** phosphoglycerate mutase.

H_4F;tetrahydrofolate

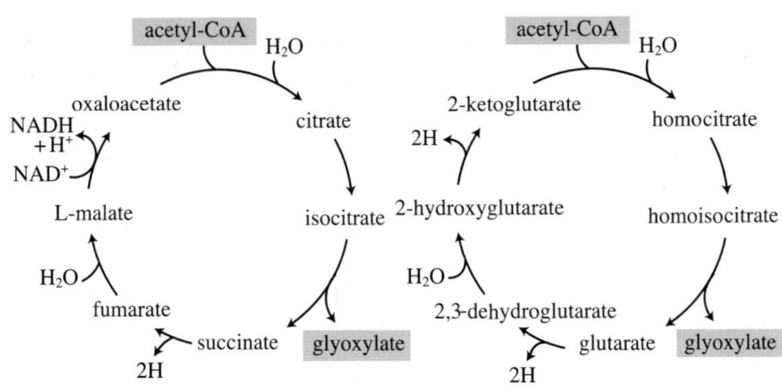

그림 7.39 SIL 경로(그림 7.38)에서 Acetyl-CoA가 Glyoxylate로 산화되는 과정.

를 합성한다.

먼저 formaldehyde가 tetrahydrofolate(H_4F)와 결합하여, methylene-H_4F의 형태로 활성화되어 glycine과 작용하여 serine이 된다. Serine은 aminotransferase의 작용을 통해서 hydroxypyruvate가 되면서 glyoxylate를 glycine으로 아미노화시킨다. 이어서 hydroxypyruvate는 PEP로 환원된다. PEP는 PEP carboxylase의 작용을 통해 이산화탄소와 결합하여 oxaloacetate로 된다. Oxaloacetate는 malyl-CoA를 거쳐 acetyl-CoA와 glyoxylate로 분해된다. Glyoxylate는 다시 serine으로 합성되며, acetyl-CoA는 다음 단계에서 glyoxylate로 산화된다.

이상의 경로를 통해 formaldehyde와 이산화탄소가 acetyl-CoA로 합성된다. SIL 경로에서 acetyl-CoA가 합성되는 과정을 다음과 같이 요약할 수 있다.

$$HCHO + CO_2 + 2ATP + 2NAD(P)H + 2H^+ + CoASH \longrightarrow CH_3CO\text{-}CoA + 2ADP + 2P_i + 2NAD(P)^+$$

Acetyl-CoA는 glyoxylate 회로(제5장, 5.3.2) 또는 이와 유사한 경로(그림 7.39)를 거쳐 glyoxylate로 산화된다. 이 잉여의 glyoxylate는 glycine을 거쳐 formaldehyde와 결합하여 2-phosphoglycerate, 3-phosphoglycerate까지 합성되어 생합성에 이용된다. 이들의 반응을 식으로 나타내면 다음과 같다.

$$CH_3-CO-CoA + NAD^+ + FAD + 2H_2O \longrightarrow CHO-COOH + NADH + H^+ + FADH_2$$

$$CHO-COOH + HCHO + NAD(P)H + H^+ + ATP \longrightarrow 3\text{-phosphoglycerate} + ADP + NAD(P)^+$$

SIL 경로의 결과는 다음 식으로 요약된다.

$$2HCHO + CO_2 + 3ATP + 2NAD(P)H + 2H^+ + FAD \longrightarrow$$
$$\text{3-phosphoglycerate} + 2NAD(P)^+ + FADH_2 + 3ADP + 2P_i + H_2O$$

7.9.3.3 Xylulose Monophosphate 경로

Methylotrophic bacteria들은 일탄소 화합물로부터 Calvin 회로, RMP 경로 또는 SIL 경로를 통해 생합성에 필요한 탄소 골격을 합성하지만 효모는 xylulose monophosphate(XMP) 경로를 통해 formaldehyde를 dihydroxyacetone phosphate로 합성한다(그림 7.40).

Formaldehyde와 xylulose-5-phosphate는 dihydroxyacetone synthase의 작용을 받아서 glyceraldehyde-3-phosphate와 dihydroxyacetone으로 대사된다. Dihydroxyacetone synthase는 formaldehyde를 기질로 이용하는 일종의 transketolase이다. 이 경로에서 dihydroxyacetone이 대사 중간 산물로 이용되므로 이 경로를 dihydroxyacetone 경로라고도 한다.

Dihydroxyacetone은 triokinase에 의해 dihydroxyacetone phosphate로 인산화되어 그 일부는 생합성에 이용되고 나머지는 glyceraldehyde-3-phosphate와 작용하여 fructose-6-phosphate로 합성된다. 이어서 2분자의 fructose-6-phosphate와 1분자의 glyceraldehyde-3-phosphate가 그림 7.37와 비슷한 탄소 재조합 반응으로 3분자의 xylulose-5-phosphate가 되어 다음 회로를 시작한다.

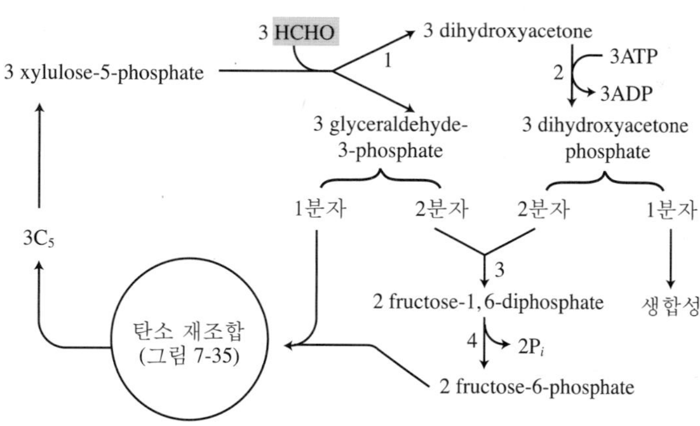

그림 7.40 효모 일탄소 화합물을 이용하는 Xylulose Monophosphate 경로.

원으로 표시한 탄소 재조합은 RMP 경로와 유사한 과정(그림 7.37)을 거쳐 이루어진다.

1. dihydroxyacetone synthase; **2.** dihydroxyacetone kinase(triokinase); **3.** fructose-1,6-diphosphate aldolase; **4.** fructose diphosphatase.

$$\begin{array}{c} CH_2OH \\ | \\ C{=}O \\ | \\ HOCH \\ | \\ HCOH \\ | \\ CH_2O\text{-}Ph \\ \text{xylulose-5-phosphate} \end{array} + HCHO \xrightarrow[\text{synthase}]{\text{dihydroxyacetone}} \begin{array}{c} CHO \\ | \\ HCOH \\ | \\ CH_2O\text{-}Ph \\ \text{glyceraldehyde-} \\ \text{3-phosphate} \end{array} + \begin{array}{c} CH_2{-}OH \\ | \\ C{=}O \\ | \\ CH_2{-}OH \\ \text{dihydroxy-} \\ \text{acetone} \end{array}$$

Xylulose monophosphate 경로는 다음 식으로 요약된다.

$$3HCHO + 3ATP \longrightarrow \text{dihydroxyacetone phosphate} + 3ADP + 2P_i$$

메탄을 이용하는 효모는 아직 알려지지 않고 있으며, methanol도 *Candida, Hansenula, Ogataea, Torulopsis* 등 몇몇 속에 속하는 효모만이 이용할 수 있다. 효모에 의한 methanol의 산화는 세균에서와 같은 PQQ 요구성 dehydrogenase에 의해서가 아닌 methanol oxidase로 이루어지며 과산화수소가 발생한다.

$$CH_3OH + O_2 \xrightarrow{\text{methanol oxidase}} HCHO + H_2O$$

Methanol oxidase와 과산화수소를 분해하는 catalase는 peroxisome이라는 세포내 구조에 존재한다.

7.9.4 일탄소 화합물 대사의 에너지 효율

일탄소 화합물이 미생물에 의해 생합성에 필요한 다탄소 화합물로 합성되는 경로는 RMP, SIL, Calvin 회로, XMP 경로 등 다양하며, RMP 경로에 있어서는 여러 변형이 있다. 이들 경로를 통해 다

표 7.5 일탄소 화합물 대사 경로의 에너지 효율.

경로	변형	기질	환원력과 ATP 증감*		
			NAD(P)H	$FADH_2$	ATP
Calvin 회로		$3CO_2$	5	0	−7
RMP 경로	EMP − TA	3HCHO	+ 1	0	+ 1
	EMP − FDA	3HCHO	+ 1	0	0
	ED − TA	3HCHO	+ 1	0	0
	ED − FDA	3HCHO	+ 1	0	− 3
SIL 경로		$2HCHO + CO_2$	− 2	+ 1	− 2
XMP 경로		3HCHO	+ 1	0	− 1

* +; 생산, −; 소비

탄소 화합물이 합성될 때 NAD(P)H와 ATP 형태로 소비되는 에너지가 서로 다르다. 각 경로의 효율을 비교하기 위해 이들 경로를 통해 일탄소 화합물이 pyruvate로 합성될 때 소비되고 생산되는 ATP와 환원력을 계산할 수 있다(표 7.5).

여러 대사 경로 중에서 3분자의 formaldehyde로부터 fructose-1,6-diphosphate를 거치는 RMP-EMP 변형 경로에서 탄소 재조합 과정이 transketolase에 의해 이루어지는 경로가 에너지 효율이 가장 좋고, Calvin 회로가 에너지 효율이 가장 낮다.

7.9.5 일탄소 화합물의 혐기적 산화

탈질반응(denitrification)에 의한 폐수의 고도 처리에서 질산염을 환원시키기 위해 메탄올을 전자 공여체로 널리 이용되고 있으나 혐기성 methylotroph에 관한 연구는 많이 이루어지지 않았다. 메탄은 이산화탄소에 비해 온실 효과가 20배 이상 강하다. 이러한 메탄의 혐기적 산화는 열역학적으로 어렵지만, nitrite를 전자 수용체로 이용하는 세균 그리고 황산염 환원 세균과 archaea의 syntrophic association(제9장, 9.8)에 의해 이루어지는 것으로 알려지고 있다.

7.10 인공화합물의 분해

많은 종류의 인공화합물이 합성되어 일상생활에서 널리 이용되고 있다. 이들은 자연계에서 잘 분해되지 않고 축적된다. 이들 인공화합물이 자연에 노출된 시간이 미생물이 이들을 분해하는 능력을 가지는 방향으로 진화하기에는 짧기 때문으로 판단하고 있다. 그러나 polychlorinated biphenyl,

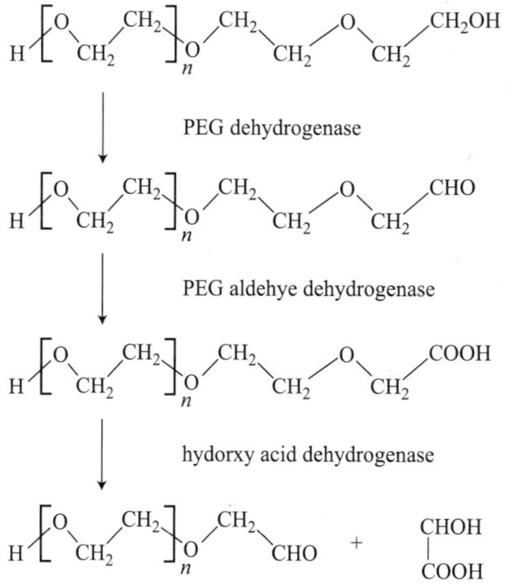

$H[O-CH_2-CH_2]_n-O-CH_2-CH_2-O-CH_2-CH_2OH$

PEG dehydrogenase

$H[O-CH_2-CH_2]_n-O-CH_2-CH_2-O-CH_2-CHO$

PEG aldehye dehydrogenase

$H[O-CH_2-CH_2]_n-O-CH_2-CH_2-O-CH_2-COOH$

hydorxy acid dehydrogenase

$H[O-CH_2-CH_2]_n-O-CH_2-CHO$ + CHOH–COOH

pentachlorophenol 등 유기 할로겐 화합물, trinitrotoluene 등 방향족 니트로 화합물, 각종 살충제로 이용되는 유기 인산 화합물, polyethylene을 위시한 플라스틱 등 다양한 인공화합물이 미생물에 의해서 분해되는 것으로 밝혀지고 있으나, 이들의 대사 경로는 알려지지 않았다.

Polyethylene glycol(PEG)은 glycol이 ether 결합으로 만들어진 고분자 물질로 의약품, 화장품 등 당양한 용도로 이용되는 인공화합물로 물에 잘 녹는다. PEG는 자연계에서 잘 분해되지 않지만 이를 분해하는 세균이 분리되었다. *Sphingopyxis macrogoltabida*와 *Sphingopyxis terrae* 등은 순수 배양 또는 다른 세균과의 혼합 배양에서 다음과 같이 PEG를 glycolate로 분해하여 유일한 탄소 및 에너지원으로 이용한다.

7.11 불완전 산화

미생물이 호기적 상태에서 생장할 때 기질을 에너지원 또는 균체 생산의 탄소원으로 완전히 이용하므로, 대사산물을 세포 밖으로 분비하는 예는 드물다. 그러나 대사 과정에서 기질을 완전히 이용하는 효소를 생산할 능력이 유전적으로 없거나, 있더라도 환경의 영향으로 발현이 되지 않는 경우에는 많은 양의 대사 중간 산물이 세포 밖으로 분비되어 환경에 축적된다. 이들 중간 대사 산물 중에는 산업적으로 유용한 물질이 많기 때문에 발효 공업에서 이들 미생물이 이용된다.

7.11.1 초산 발효

Ethanol이나 포도당으로부터 acetate를 생산하는 호기성 세균을 초산균(acetic acid bacteria)이라 부르며, 이들 중에서 acetate를 이산화탄소로 산화하는 능력이 있는 세균을 *Acetobacter*, 그렇지 못한 세균을 *Gluconobacter*로 분류한다.

제4장, 4.3.3에서 공부한 바와 같이 *Gluconobacter* 속 세균은 당을 HMP 경로로 분해하며, 생산되는 glyceraldehyde-3-phosphate를 pyruvate, acetyl-CoA를 통해 acetate로 산화시킨다. 이 세균은 TCA 회로의 succinate dehydrogenase를 합성하지 않으므로 acetyl-CoA가 TCA 회로로 산화되지 못한다. 생합성에 필요한 탄소 골격, 즉 2-ketoglutarate, succinyl-CoA는 불완전한 TCA 경로(제5장, 5.4.1)를 통해 합성되고, oxaloacetate는 PEP로부터 합성된다.

Ethanol은 *Gluconobacter oxydans*나 *Acetobacter aceti* 등 모든 초산균에 의해서 acetate로 산화된다.

$$\underset{\text{ethanol}}{CH_3CH_2OH} + PQQ \xrightarrow{\text{alcohol dehydrogenase}} \underset{\text{acetaldehyde}}{CH_3CHO} + PQQH_2$$

$$CH_3CHO + PQQ \xrightarrow{\text{aldehyde dehydrogenase}} CH_3COOH + PQQH_2$$

이들 산화 반응에서는 pyrroloquinoline quinone(PQQ)이 전자 수용체로 이용되며, 환원된 PQQ는 전자를 전자 전달계의 quinone을 통해 cytochrome *c*로 전달한다. PQQ의 산화 · 환원 전위는 +0.12V로서 NAD^+의 −0.34V 보다 훨씬 높다.

*Gluconobacter oxydans*는 TCA 회로의 succinate dehydrogenase를 합성하지 못하기 때문에 acetate를 이산화탄소로 완전히 산화하지 못하며, *Acetobacter aceti*의 경우에는 ethanol의 농도가 높은 환경에서 TCA 회로 효소들의 활성이 저해되기 때문에 acetate가 완전히 산화되지 않는다.

Ethanol이 완전히 소비된 후에는 TCA 회로의 효소들의 활성이 높아지기 때문에 *Acetobacter aceti*는 acetate를 TCA 회로를 통해 이산화탄소와 물로 완전히 산화시킬 수 있다. 이때 통상적인 anaplerotic sequence로 pyruvate, PEP 등을 합성하지만(그림 7.41) 대부분의 경우 아미노산 등을 포함하는 배지에서만 ethanol을 탄소원 및 에너지원으로 이용하여 생장할 수 있다.

초산균은 ethanol 외에 많은 alcohol을 산이나 ketone으로 산화시키는 능력이 있다. 이러한 성질

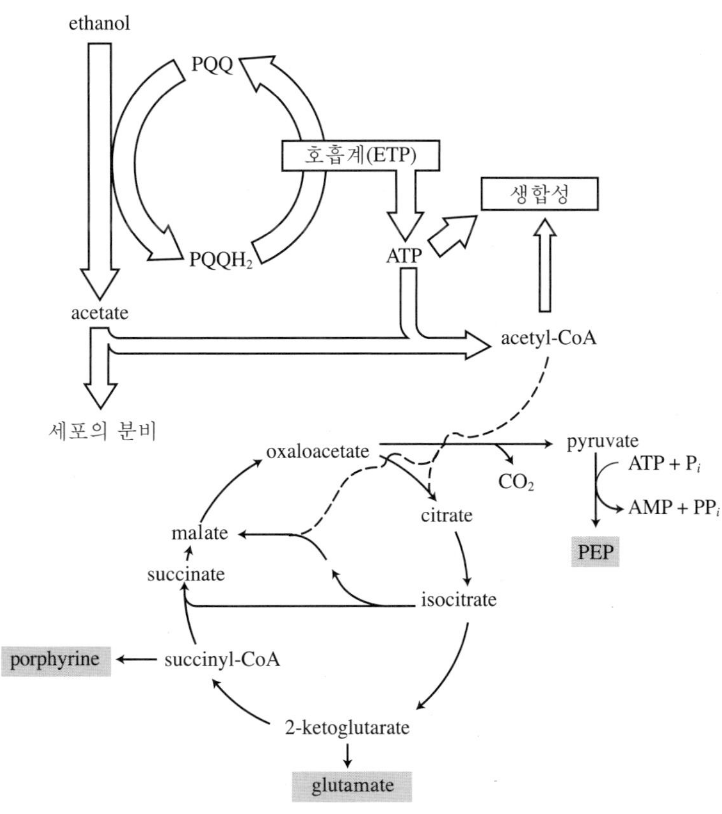

그림 7.41 Ethanol을 탄소원 및 에너지원으로 이용하여 생장하는 *Acetobacter aceti*의 대사 경로.

Ethanol이 산화될 때 환원되는 PQQ가 ETP를 통해 ATP 생산에 이용되고, 생합성을 위해 acetate는 acetyl-CoA synthetase의 작용을 받아서 acetyl-CoA로 합성된다. Acetyl-CoA는 glyoxylate 회로를 통해 대사되어서 생합성에 필요한 탄소 골격을 제공한다.

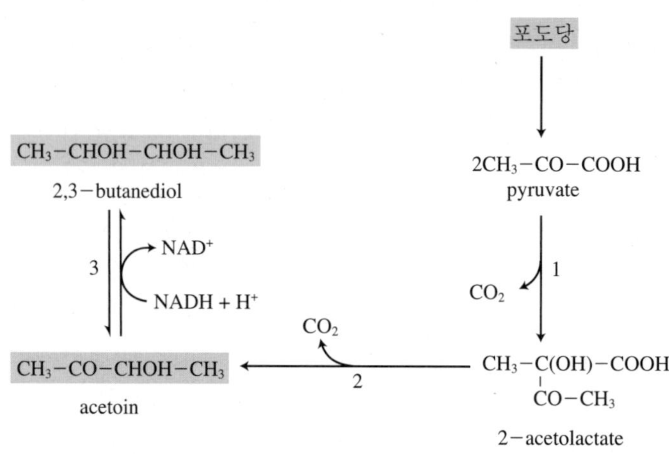

그림 7.42 *Bacillus*속 세균이 당을 기질로 생육할 때 Acetoin과 2,3-butanediol의 합성 경로.
생장이 왕성할 때 합성하는 acetoin과 butanediol은 포자 형성 과정에서 에너지원으로 다시 이용된다.
1. 2-acetolactate synthase; **2.** 2-acetolactate decarboxylase; **3.** 2,3-butanediol dehydrogenase.

을 이용하여 vitamin C 합성 공정에서 D-sorbitol을 L-sorbose로 산화시키는 데 초산균을 이용한다.

7.11.2 Acetoin과 Butanediol

Bacillus polymyxa, B. subtilis 등 *Bacillus*속 세균이 당을 기질로 생장할 때 TCA 회로 효소들의 합성이 억제되어 acetate, pyruvate, acetoin, 2,3-butanediol 등을 생산한다(그림 7.42). 이 발효는 장내 통성 혐기성 세균들이 당을 발효하여 혼합산을 생산하는 발효(제8장, 8.6.1)와 대사 경로가 유사하지만, 장내 세균은 용존산소의 농도가 낮은 상태에서만 이들 발효 산물을 생산하는 것이 *Bacillus*와 다르다. *Bacillus*는 생장이 왕성할 때 합성한 acetoin과 2,3-butanediol을 TCA 회로의 효소들이 합성되는 포자 형성 과정에서 ATP 생산에 이용한다(7.4).

2,3-butanediol은 화학 공업에서 각종 고분자 합성의 원료로 이용될 수 있기 때문에 이를 발효법으로 생산하기 위한 연구가 활발하게 진행되고 있다.

7.11.3 그 밖의 호기적 발효 산물

Acetate와 butanediol 외에 호기적 조건에서 불안전 산화로 생산되는 물질에는 여러 가지가 있다. 현재 산업적으로 생산되고 있는 화합물을 표 7.6에 나열하였다.

당과 용존산소의 농도가 높은 조건에서 *Aspergillus niger*는 소비된 당의 80% 이상을 gluconate로 산화시킨다. Glucose oxidase가 포도당을 gluconate로 산화하면서 FAD를 $FADH_2$로 환원시킨다. $FADH_2$는 산소와 결합하여 과산화수소를 생산한다. 과산화수소는 catalase에 의해 분해된다.

표 7.6 당을 기질로 생육할 때 미생물들이 생산하는 불완전 산화의 산물.

산물	생산균	생산 조건
gluconate	*Aspergillus niger*	당과 용존산소의 농도가 높고, pH가 4.0 부근
citrate	*Aspergillus niger*	높은 당 농도, Fe^{+3}이 부족, pH가 3 이하
glutamate	*Corynebacterium glutamicum*	biotin의 농도가 5μg/l 이하
kojic acid	*Aspergillus flavus*	낮은 용존산소
itaconate	*Aspergillus itaconicus*	낮은 용존산소

Citrate는 당의 농도가 높고 pH가 낮은 조건에서 *Aspergillus niger*에 의해서 생산된다. 이러한 조건에서 TCA 회로 효소 중 일부의 활성이 낮기 때문에 pyruvate가 pyruvate carboxylase의 작용을 통해 oxaloacetate로 합성되어 citrate 합성에 이용된다(그림 7.43).

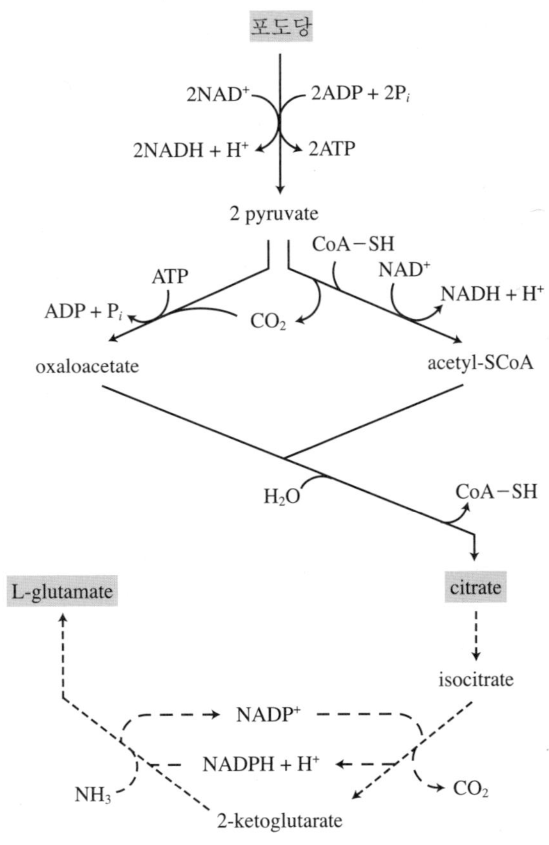

그림 7.43 당으로부터 *Aspergillus niger*가 Citrate를, *Corynebacterium glutamicum*이 Glutamate를 생산하는 경로.
Citrate나 glutamate를 생산하는 조건에서 이들을 생산하는 미생물은 TCA 회로의 효소 활성이 낮게 유지되므로 pyruvate로부터 합성된 oxaloacetate가 citrate나 glutamate로 대사된다.

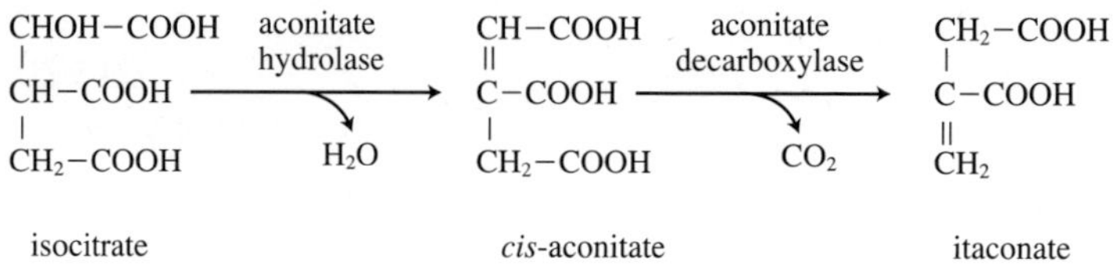

isocitrate	aconitate hydrolase	*cis*-aconitate	aconitate decarboxylase	itaconate
CHOH−COOH | CH−COOH | CH_2−COOH	⟶ H_2O	CH−COOH ‖ C−COOH | CH_2−COOH	⟶ CO_2	CH_2−COOH | C−COOH ‖ CH_2

그림 7.44 TCA 회로의 중간 산물인 Isocitrate로부터 Itaconate가 합성되는 경로.

Corynebacterium glutamicum, Brevibacterium flavum 등 coryne형 세균은 biotin이 모자라는 상태에서 glutamate를 세포 외로 분비한다. 이때에도 TCA 회로 일부의 활성이 약하기 때문에 2-ketoglutarate가 glutamate 합성으로 연결되며, PEP로부터 oxaloacetate가 공급된다.

Glutamate 외에도 lysine, methionine, histidine, leucine 등 많은 종류의 아미노산이 coryne형 세균에 의해 생산된다. 이들은 아미노산 생합성 경로의 조절 작용을 받지 않거나, 다음 생합성 반응을 촉매하는 효소의 생산이 결여된 변이주에 의해 생산된다(제12장, 12.6.2).

Kojic acid는 2,3-butanediol에서처럼 산소의 농도가 낮을 때 pyruvate, ethanol, glycerol, acetate로부터 생산된다.

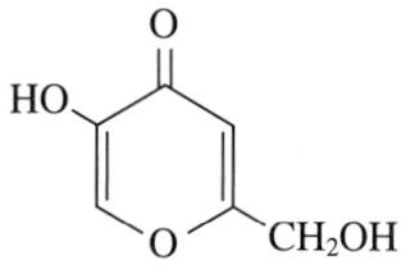

O
HO
O
CH_2OH

kojic acid

Itaconic acid는 citrate 생산에서와 같이 TCA 회로의 일부를 거쳐 *cis*-aconitate decarboxylase의 작용으로 생산된다(그림 7.44).

각종 항생물질은 2차 대사 산물(secondary metabolite)로서, 지금까지 살펴본 불완전 산화에 의해 생산되는 1차 대사 산물(primary metabolite)과는 그 생산 조절 메커니즘이 다르다(제12장, 12.5).

요점 정리

1. 자연계에서 합성되는 많은 종류의 유기물이 축적되지 않는 것은 미생물들이 이들을 완전히 산화할 수 있기 때문이다.

2. 미생물의 기질로 이용되는 유기물은 이용하는 미생물에 의해 중심 대사 경로의 대사 중간 산물로 대사되어 생장에 필요한 에너지와 탄소 골격을 공급한다.

3. 미생물이 고분자 물질을 세포 안으로 직접 흡수하지 못하기 때문에 체외 효소를 분비하여 분해시킨 후에 흡수, 대사시킨다.

4. 지방산은 acetyl-CoA나 propionyl-CoA로 분해되고, acetyl-CoA는 TCA 회로와 glyoxylate 회로를 통해 대사되며, propionyl-CoA는 succinyl-CoA나 pyruvate로 대사된다.

5. Acetate보다 더 산화된 형태의 glyoxylate와 oxalate는 직접 acetyl-CoA로 합성되지 못한다. Glyoxylate는 dicarboxylic acid 회로-glycerate 경로 또는 3-hydroxyaspartate 경로를 통해 대사된다.

6. 아미노산은 탈아민되어 유기산 형태로 대사된다.

7. Purine 염기는 urate를 거쳐 분해되고, pyrimidine 염기는 barbiturate를 거쳐서 분해된다.

8. 지방족 탄화수소는 monooxygenase의 작용을 통해서 지방산으로 산화되어 대사된다.

9. 방향족 화합물은 oxygenase의 작용을 받아서 *ortho* cleavage, *meta* cleavage 메커니즘, phenylacetate 경로 또는 gentisate 경로를 통해 분해된다.

10. 메탄, methanol 등 일탄소 화합물을 이용하는 미생물, 즉 methylotroph 중에서 메탄을 이용하는 methanotroph는 다탄소 화합물을 이용하지 못하기 때문에 편성 methylotroph라 한다.

11. 일탄소 화합물을 이용하는 세균은 ribulose monophosphate(RMP) 경로, serine isocitrate lyase(SIL) 경로, 또는 Calvin 회로를 통해 균체를 합성하며, 효모에 있어서는 xylulose monophosphate(XMP) 경로가 생합성에 이용된다.

12. 일상생활에서 널리 이용되고 있는 많은 종류의 인공화합물 중 일부는 자연계에서 미생물에 의해서 분해된다. 대부분의 인공화합물이 잘 분해되지 않는 것은 이들이 자연에 노출된 시간이 미생물이 이들을 분해하는 능력을 가지는 방향으로 진화하기에는 짧기 때문으로 판단하고 있다.

13. 호기성 미생물도 유전적으로나 환경의 영향으로 기질을 완전히 산화하는 데 필요한 효소를 생산하지 못하면 대사 중간 산물을 환경에 축적한다.

참고 문헌

| 고분자 물질 분해

Ara, K., K. Saeki, K. Igarashi, M. Takaiwa, T. Uemura, H. Hagihara, S. Kawai and **S. Ito**. 1995. Purification and characterization of an alkaline amylopullulanase with both alpha-1,4 and alpha-1,6 hydrolytic activity from alkalophilic Bacillus sp KSM-1378. Bba-Gen. Subjects. **1243**:315-324.

Ballschmiter, M., M. Armbrecht, K. Ivanova, G. Antranikian and **W. Liebl.** 2005. AmyA, an a-amylase with b-cyclodextrin-forming activity, and AmyB from the thermoalkaliphilic organism *Anaerobranca gottschalkii* two a-amylases adapted to their different cellular localizations. Appl. Environ. Microbiol. **71**(7):3709-3715.

Bhattacharya, D., A. Nagpure and **R. K. Gupta.** 2007. Bacterial chitinases: properties and potential. Crit. Rev. Biotechnol. **27**(1):21-28.

Bauer, M. W., L. E. Driskill and **R. M. Kelly**. 1998. Glycosyl hydrolase from thermophilc microorganisms. Curr. Opin. Biotechnol. **9**:141-145.

Bertoldo, C. and **G. Antranikian.** 2002. Starch-hydrolyzing enzymes from thermophilic archaea and bacteria. Curr. Opin. Chem. Biol. **6:**151-160.

Collins, T., C. Gerday and **G. Feller.** 2005. Xylanases, xylanase families and extremophilic xylanases. FEMS Microbiol. Rev. **29:**3-23.

Dahiya, N., R. Tewari and **G. S. Hoondal.** 2006. Biotechnological aspects of chitinolytic enzymes: a review. Appl. Microbiol. Biotechnol. **71:**773-782.

Dubeau, M.-P., D. Poulin-Laprade, M. G. Ghinet and **R. Brzezinski.** 2011. Properties of CsnR, the transcriptional repressor of the chitosanase gene, *csnA*, of *Streptomyces lividans*. J. Bacteriol. **193**(10):2441-2450.

Desvaux, M. 2005. The cellulosome of *Clostridium cellulolyticum*. Enzyme Microb. Technol. **37:**373-385.

Felse, P. A. and **T. Panda**. 1999. Regulation and cloning of microbial chitinase genes. Appl. Microbiol. Biotechnol. **51**:141-151.

Gao, J., M. W. Bauer, K. R. Shockley, M. A. Pysz and **R. M. Kelly.** 2003. Growth of hyperthermophilic archaeon *Pyrococcus furiosus* on chitin involves two family 18 chitinases. Appl. Environ. Microbiol. **69:**3119-3128.

Hatada, Y., K. Igarashi, K. Ozaki, K. Ara, J. Hitomi, T. Kobayashi, S. Kawai, T. Watabe and **S. Ito**. 1996. Amino acid sequence and molecular structure of an alkaline amylopullulanase from *Bacillus* that hydrolyzes alpha-1,4 and alpha-1,6 linkages in polysaccharides at different active sites. J. Biol. Chem. **271**:24075-24083.

Jayani, R. S., S. Saxena and **R. Gupta.** 2005. Microbial pectinolytic enzymes: a review. Process Biochem. **40:**2931-2944.

Jiao, Y.-L., S.-J. Wang, M.-S. Lv, Y.-W. Fang and **S. Liu.** 2013. An evolutionary analysis of the GH57 amylopullulanases based on the DOMON_glucodextranase_like domains. J. Basic Microbiol. **53**(3):231-239.

Kang, S., C. Vieille and **J. G. Zeikus.** 2005. Identification of *Pyrococcus furiosus* amylopullulanase catalytic residues. Appl. Microbiol. Biotechnol. **66:**408-413.

Kim, C. H. and **Y. S. Kim**. 1995. Substrate specificity and detailed characterization of a bifunctional amylase pullulanase enzyme from *Bacillus circulans* F- 2 having two different active sites on one polypeptide. Eur. J. Biochem. **227**:687-693.

Kim, H. Y. and **Y. J. Choi**. 2001. Molecular characterization of cycloinulooligosaccharide fructanotransferase from *Bacillus macerans*. Appl. Environ. Microbiol. **67**:995-1000.

Marín-Navarro, J. and **J. Polaina.** 2011. Glucoamylases: structural and biotechnological aspects. Appl. Microbiol. Biotechnol. **89**(5):1267-1273.

Murashima, K., A. Kosugi and **R. H. Doi.** 2002. Synergistic effects on crystalline cellulose degradation between cellulosomal cellulases from *Clostridium cellulovorans*. J. Bacteriol. **184:**5088-5095.

Naidu, G. S. N. and **T. Panda**. 1998. Production of pectolytic enzymes–a review. Bioprocess. Eng. **19**:355-361.

Patil, R. S., V. Ghormade and **M. V. Deshpande**. 2000. Chitinolytic enzymes: an exploration. Enzyme Microb. Technol. **26**:473-483.

Saloheimo, M., M. Paloheimo, S. Hakola, J. Pere, B. Swanson, E. Nyyssönen, A. Bhatia, M. Ward and **M. Penttilä.** 2002. Swollenin, a *Trichoderma* protein with sequence similarity to the plant expansins, exhibits disruption activity on cellulosic materials. Eur. J. Biochem. **269**(17):4202-4211.

Staufenberger, T., J. F. Imhoff and **A. Labes.** 2012. First crenarchaeal chitinase found in *Sulfolobus tokodaii*. Microbiol. Res. **167**(5):262-269.

Wang, Y., R. Tang, J. Tao, G. Gao, X. Wang, Y. Mu and **Y. Feng.** 2011. Quantitative investigation of non-hydrolytic disruptive activity on crystalline cellulose and application to recombinant swollenin. Appl. Microbiol. Biotechnol. **91**(5): 1353-1363.

Wu, J.-W. and **X.-L. Chen.** 2011. Extracellular metalloproteases from bacteria. Appl. Microbiol. Biotechnol. **92**(2):253-262.

Yadav, S., P. K. Yadav, D. Yadav and **K. D. S. Yadav.** 2009. Pectin lyase: A review. Process Biochem. **44**(1):1-10.

Zhang, Y. H. P. and **L. R. Lynd.** 2004. Kinetics and relative importance of phosphorolytic and hydrolytic cleavage of cellodextrins and cellobiose in cell extracts of *Clostridium thermocellum*. Appl. Environ. Microbiol. **70:**1563-1569.

┃당류의 이용

Bausch, C., M. Ramsey and **T. Conway.** 2004. Transcriptional organization and regulation of the L-idonic acid pathway (GntII system) in *Escherichia coli*. J. Bacteriol. **186:**1388-1397.

Chow, V., G. Nong and **J. F. Preston.** 2007. Structure, function, and regulation of the aldouronate utilization gene cluster from *Paenibacillus* sp. strain JDR-2. J. Bacteriol. **189**(24):8863-8870.

Kawaguchi, T., Y. Ikeuchi, N. Tsutsumi, A. Kan, J. I. Sumitani and **M. Arai**. 1998. Cloning, nucleotide sequence, and expression of the *Clostridium thermocellum* cellodextrin phosphorylase gene and its applicaton to synthesis of cellulase inhibitors. J. Ferment. Bioeng. **85**:144-149.

Kitaoka, M., T. Sasaki and **H. Taniguchi** . 1992. Phosphorolytic reaction of *Cellvibrio gilvus* cellobiose phosphorylase. Biosci. Biotechnol. Biochem. **56**:652-655.

Suvorova, I. A., M. N. Tutukina, D. A. Ravcheev, D. A. Rodionov, O. N. Ozoline and **M. S. Gelfand.** 2011. Comparative genomic analysis of the hexuronate metabolism genes and their regulation in

Gammaproteobacteria. J. Bacteriol. **193**(15):3956-3963.

Xavier, K. B., R. Peist, M. Kossmann, W. Boos and **H. Santos**. 1999. Maltose metabolism in the hyperthermophilic archaeon *Thermococcus litoralis*: Purification and characterization of key enzymes. J. Bacteriol. **181**:3358-3367.

❙유기산의 이용

Aoshima, M., M. Ishii and **Y. Igarashi.** 2004. A novel enzyme, citryl-CoA lyase, catalysing the second step of the citrate cleavage reaction in *Hydrogenobacter thermophilus* TK-6. Mol. Microbiol. **52:**763-770.

Bramer, C. O. and **A. Steinbuchel**. 2001. The methylcitric acid pathway in *Ralstonia eutropha*: new genes identified involved in propionate metabolism. Microbiol.-UK. **147**:2203-2214.

Brasen, C. and **P. Schonheit.** 2004. Unusual ADP-forming acetyl-coenzyme A synthetases from the mesophilic halophilic euryarchaeon *Haloarcula marismortui* and from the hyperthermophilic crenarchaeon *Pyrobaculum aerophilum*. Arch. Microbiol. **182:**277-287.

Brock, M., R. Fischer, D. Linder and **W. Buckel**. 2000. Methylcitrate synthase from *Aspergillus nidulans*: implications for propionate as an antifungal agent. Mol. Microbiol. **35**:961-973.

Claes, W. A., A. Puhler and **J. Kalinowski.** 2002. Identification of two *prpDBC* gene clusters in *Corynebacterium glutamicum* and their involvement in propionate degradation via the 2-methylcitratecycle. J. Bacteriol. **184:**2728-2739.

Cornick, N. A. and **M. J. Allison**. 1996. Assimilation of oxalate, acetate, and CO_2 by *Oxalobacter formigenes*. Can. J. Microbiol. **42**:1081-1086.

Cronan, J. E. and **S. Subrahmanyam**. 1998. FadR, transcriptional co-ordination of metabolic expediency [Review]. Mol.Microbiol. **29**:937-943.

Dimroth, P. and **H. Hilbi**. 1997. Enzymic and genetic basis for bacterial growth on malonate. Mol. Microbiol. **25**:3-10.

Gerstmeir, R., V. F. Wendisch, S. Schnicke, H. Ruan, M. Farwick, D. Reinscheid and **B. J. Eikmanns.** 2003. Acetate metabolism and its regulation in *Corynebacterium glutamicum*. J. Biotechnol. **104:**99-122.

Lau, W. W. Y. and **E. V. Armbrust.** 2006. Detection of glycolate oxidase gene *glcD* diversity among cultured and environmental marine bacteria. Environ. Microbiol. **8:**1688-1702.

London, R. E., D. L. Allen, S. A. Gabel and **E. F. DeRose**. 1999. Carbon-13 nuclear magnetic resonance study of metabolism of propionate by *Escherichia coli*. J. Bacteriol. **181**:3562-3570.

Lutke-Eversloh, T. and **A. Steinbuchel**. 1999. Biochemical and molecular characterization of a succinate semialdehyde dehydrogenase involved in the catabolism of 4-hydroxybutyric acid in *Ralstonia eutropha*. FEMS Microbiol. Lett. **181**:63-71.

Munoz-Elias, E. J., A. M. Upton, J. Cherian and **J. D. McKinney.** 2006. Role of the methylcitrate cycle in *Mycobacterium tuberculosis* metabolism, intracellular growth, and virulence. Mol. Microbiol. **60:**1109-1122.

Pronk, J. T., A. Vanderlindenbeuman, C. Verduyn, W. A. Scheffers and **J. P. Vandijken**. 1994. Propionate metabolism in *Saccharomyces cerevisiae*–Implications for the metabolon hypothesis. Microbiol.-UK **140**:717-722.

Sahin, N. 2003. Oxalotrophic bacteria. Res. Microbiol. **154:**399-407.

Textor, S., V. F. Wendisch, A. Degraaf, U. Muller, M. I. Linder, D. Linder and **W. Buckel**. 1997.

Propionate oxidation in *Escherichia coli*: evidence for operation of a methylcitrate cycle in bacteria. Arch. Microbiol. **168**:428-436.

Wolfe, A. J. 2005. The acetate switch. Microbiol. Mol. Biol. Rev. **69:**12-50.

| 알코올의 이용

Ali, N. O., J. Bignon, G. Rapoport and **M. Debarbouille**. 2001. Regulation of the acetoin catabolic pathway is controlled by sigma L in *Bacillus subtilis*. J.Bacteriol. **183**:2497-2504.

Anthony, C. and **Ghosh, M**. 1997 The structure and function of PQQ-containing quinoproteins. Current Science **72**:716-727.

Bobik, T. A., Y. P. Xu, R. M. Jeter, K. E. Otto and **J. R. Roth**. 1997. Propanediol utilization genes (pdu) of *Salmonella typhimurium*: Three genes for the propanediol dehydratase. J. Bacteriol. **179**:6633-6639.

Brigham, C. J., C. F. Budde, J. W. Holder, Q. Zeng, A. E. Mahan, C. Rha and **A. J. Sinskey.** 2010. Elucidation of b-oxidation pathways in *Ralstonia eutropha* H16 by examination of global gene expression. J. Bacteriol. **192**(20):5454-5464.

Chattopadhyay, A., K. Förster-Fromme and **D. Jendrossek.** 2010. PQQ-dependent alcohol dehydrogenase (QEDH) of *Pseudomonas aeruginosa* is involved in catabolism of acyclic terpenes. J. Basic Microbiol. **50**(2):119-124.

de Faveri, D., P. Torre, F. Molinari and **A. Converti.** 2003. Carbon material balances and bioenergetics of 2,3-butanediol bio-oxidation by *Acetobacter hansenii*. Enzyme Microb. Technol. **33:**708-719.

Deng, W. L., H. Y. Chang and **H. L. Peng** . 1994. Acetoin catabolic system of *Klebsiella pneumoniae* CG43: Sequence, expression, and organization of the *aco* operon. J. Bacteriol. **176**:3527-3535.

Fujita, Y., H. Matsuoka and **K. Hirooka.** 2007. Regulation of fatty acid metabolism in bacteria. Mol. Microbiol. **66**(4):829-839.

Havemann, G. D. and **T. A. Bobik.** 2003. Protein content of polyhedral organelles involved in coenzyme B_{12}-dependent degradation of 1,2-propanediol in *Salmonella enterica* serovar typhimurium LT2. J. Bacteriol. **185:**5086-5095.

Hosaka, T., T. Ohtsuki, A. Mimura and **M. Ohkuma**. 2001. Characterization of the NADH-Linked acetylacetoin reductase/2,3-butanediol dehydrogenase gene from *Bacillus cereus* YUF-4. J. Biosci. Bioeng. **91**:539-544.

Huang, M., F. B. Oppermann-Sanio and **A. Steinbuchel**. 1999. Biochemical and molecular characterization of the *Bacillus subtilis* acetoin catabolic pathway. J. Bacteriol. **181**:3837-3841.

Palacios, S., V. J. Starai and **J. C. Escalante-Semerena.** 2003. Propionyl coenzyme A is a common intermediate in the 1,2-propanediol and propionate catabolic pathways needed for expression of the *prpBCDE* operon during growth of *Salmonella enterica* on 1,2-propanediol. J. Bacteriol. **185:**2802-2810.

Peng, X., H. Taki, S. Komukai, M. Sekine, K. Kanoh, H. Kasai, S. K. Choi, S. Omata, S. Tanikawa, S. Harayama and **N. Misawa.** 2006. Characterization of four *Rhodococcus* alcohol dehydrogenase genes responsible for the oxidation of aromatic alcohols. Appl. Microbiol. Biotechnol. **71:**824-832.

Rondon, M. R. and **J. C. Escalantesemerena**. 1997. Integration host factor is required for 1,2-propanediol-dependent transcription of the *cob/pdu* regulon in *Salmonella typhimurium* LT2. J. Bacteriol. **179**:3797-3800.

Sluis, M. K., F. J. Small, J. R. Allen and **S. A. Ensign**. 1996. Involvement of an ATP-dependent carboxylase in a CO_2-dependent pathway of acetone metabolism by *Xanthobacter* strain Py2. J. Bacteriol. **178**:4020-4026.

Tachibana, S., N. Kuba, F. Kawai, J. A. Duine and **M. Yasuda.** 2003. Involvement of a quinoprotein (PQQ-containing) alcohol dehydrogenase in the degradation of polypropylene glycols by the bacterium *Stenotrophomonas maltophilia*. FEMS Microbiol. Lett. **218:**345-349.

van Bogaert, I. N. A., S. Groeneboer, K. Saerens and **W. Soetaert.** 2011. The role of cytochrome P450 monooxygenases in microbial fatty acid metabolism. FEBS J. **278**(2):206-221.

| 아미노산과 핵산 염기의 이용

Colabroy, K. L. and **T. P. Begley.** 2005. Tryptophan catabolism: identification and characterization of a new degradative pathway. J. Bacteriol. **187:**7866-7869.

Dickinson, J. R. and **I. W. Dawes**. 1992. The Catabolism of Branched-Chain Amino Acids Occurs via 2-Oxoacid Dehydrogenase in *Saccharomyces-Cerevisiae*. J. Gen. Microbiol. **138**:2029-2033.

Grabowski, R., A. E. M. Hofmeister and **W. Buckel**. 1993. Bacterial L-serine dehydratases–A new family of enzymes containing iron sulfur clusters. Trends Biochem. Sci. **18**:297-300.

Hoschle, B., V. Gnau and **D. Jendrossek.** 2005. Methylcrotonyl-CoA and geranyl-CoA carboxylases are involved in leucine/isovalerate utilization (Liu) and acyclic terpene utilization (Atu), and are encoded by *liuB/liuD* and *atuC/atuF*, in *Pseudomonas aeruginosa*. Microbiol.-UK. **151:**3649-3656.

Lan, J. and **E. B. Newman.** 2003. A requirement for anaerobically induced redox functions during aerobic growth of *Escherichia coli* with serine, glycine and leucine as carbon source. Res. Microbiol. **154:**191-197.

Nemecek-Marshall, M., C. Wojciechowski, W. P. Wagner and **R. Fall**. 1999. Acetone formation in the vibrio family: a new pathway for bacterial leucine catabolism. J. Bacteriol. **181**:7493-7499.

Teufel, R., V. Mascaraque, W. Ismail, Voss, M. J. Perera, W. Eisenreich, W. Haehnel and **G. Fuchs.** 2010. Bacterial phenylalanine and phenylacetate catabolic pathway revealed. Proc. Natl. Acad. Sci. USA. **107**(32):14390-14395.

| 탄화수소의 이용

Basu, A., S. K. Apte and **P. S. Phale.** 2006. Preferential utilization of aromatic compounds over glucose by *Pseudomonas putida* CSV86. Appl. Environ. Microbiol. **72:**2226-2230.

Corvini, P., A. Schaeffer and **D. Schlosser.** 2006. Microbial degradation of nonylphenol and other alkylphenols–our evolving view. Appl. Microbiol. Biotechnol. **72:**223-243.

Ensign, S. A., F. J. Small, J. R. Allen and **M. K. Sluis**. 1998. New roles for CO_2 in the microbial metabolism of aliphatic epoxides and ketones. Arch. Microbiol. **169**:179-187.

Funhoff, E. G., U. Bauer, I. Garcia-Rubio, B. Witholt and **J. B. van Beilen.** 2006. CYP153A6, a soluble P450 oxygenase catalyzing terminal-alkane hydroxylation. J. Bacteriol. **188:**5220-5227.

Harwood, C. S. and **R. E. Parales**. 1996. The beta-ketoadipate pathway and the biology of self-identity. Annu. Rev. Microbiol. **50**:553-590.

Jimenez, J. I., B. Minambres, J. L. Garcia and **E. Diaz.** 2002. Genomic analysis of the aromatic catabolic pathways from *Pseudomonas putida* KT2440. Environ. Microbiol. **4:**824-841.

Krishnakumar, A. M., D. Sliwa, J. A. Endrizzi, E. S. Boyd, S. A. Ensign and **J. W. Peters.** 2008. Getting a handle on the role of coenzyme M in alkene metabolism. Microbiol. Mol. Biol. Rev. **72**(3):445-456.

Krum, J. G. and **S. A. Ensign.** 2000. Heterologous expression of bacterial epoxyalkane: Coenzyme M transferase and inducible coenzyme M biosynthesis in *Xanthobacter* strain Py2 and *Rhodococcus rhodochrous* B276. J. Bacteriol. **182**(9):2629-2634.

McClay, K., B. G. Fox and **R. J. Steffan** . 2000. Toluene monooxygenase-catalyzed epoxidation of alkenes. Appl. Environ. Microbiol. **66**:1877-1882.

Nie, Y., J. Liang, H. Fang, Y.-Q. Tang and **X.-L. Wu.** 2011. Two novel alkane hydroxylase-rubredoxin fusion genes isolated from a *Dietzia* bacterium and the functions of fused rubredoxin domains in long-chain *n*-alkane degradation. Appl. Environ. Microbiol. **77**(20):7279-7288.

Phale, P. S., H. S. Savithri, N. A. Rao and **C. S. Vaidyanathan.** 1995. Production of biosurfactant ''Biosur-Pm'' by *Pseudomonas maltophila* CSV89: Characterization and role in hydrocarbon uptake. Arch. Microbiol. **163**:424-431.

Rojo, F. 2009. Degradation of alkanes by bacteria. Environ. Microbiol. **11**(10):2477-2490.

van Beilen, J. B., M. Neuenschwander, T. H. M. Smits, C. Roth, S. B. Balada and **B. Witholt.** 2002. Rubredoxins involved in alkane oxidation. J. Bacteriol. **184:**1722-1732.

van Beilen, J. B. and **E. G. Funhoff.** 2007. Alkane hydroxylases involved in microbial alkane degradation. Appl. Microbiol. Biotechnol. **74**(1):13-21.

Wentzel, A., T. Ellingsen, H. K. Kotlar, S. Zotchev and **M. Throne-Holst.** 2007. Bacterial metabolism of long-chain *n*-alkanes. Appl. Microbiol. Biotechnol. **76**(6):1209-1221.

Zhang, Y. M. and **R. M. Miller.** 1995. Effect of rhamnolipid (biosurfactant) structure on solubilization and biodegradation of n-alkanes. Appl. Environ. Microbiol. **61**:2247-2251.

Zhou, N. Y., S. L. Fuenmayor and **P. A. Williams.** 2001. *nag* genes of *Ralstonia* (formerly *Pseudomonas*) sp. strain U2 encoding enzymes for gentisate catabolism. J. Bacteriol. **183**(2):700-708.

| 메탄과 메탄올의 이용

Chistoserdova, L. 2011. Methylotrophy in a lake: from metagenomics to single-organism physiology. Appl. Environ. Microbiol. **77**(14):4705-4711.

Chistoserdova, L. 2011. Modularity of methylotrophy, revisited. Environ. Microbiol. **13**(10):2603-2622.

Chistoserdova, L., S. W. Chen, A. Lapidus and **M. E. Lidstrom.** 2003. Methylotrophy in *Methylobacterium extorquens* AM1 from a genomic point of view. J. Bacteriol. **18:**2980-2987.

Choi, D. W., R. C. Kunz, E. S. Boyd, J. D. Semrau, W. E. Antholine, J. I. Han, J. A. Zahn, J. M. Boyd, A. M. de la Mora and **A. A. DiSpirito.** 2003. The membrane-associated methane monooxygenase (pMMO) and pMMO-NADH:quinone oxidoreductase complex from *Methylococcus capsulatus* Bath. J. Bacteriol. **185:**5755-5764.

Heggeset, T. M. B., A. Krog, S. Balzer, A. Wentzel, T. E. Ellingsen and **T. Brautaset.** 2012. Genome sequence of thermotolerant *Bacillus methanolicus*: Features and regulation related to methylotrophy and production of L-lysine and L-glutamate from methanol. Appl. Environ. Microbiol. **78**(15):5170-5181.

Holmes, A. J., A. Costello, M. E. Lidstrom and **J. C. Murrell.** 1995. Evidence that particulate methane monooxygenase and ammonia monooxygenase may be evolutionarily related. FEMS Microbiol. Lett. **132**:203-208.

Kalyuzhnaya, M. G., K. R. Hristova, M. E. Lidstrom and **L. Chistoserdova.** 2008. Characterization of a novel methanol dehydrogenase in representatives of *Burkholderiales*: Implications for environmental detection of methylotrophy and evidence for convergent evolution. J.of Bacteriol. **190**(11):3817-3823.

Kelly, D. P., C. Anthony and **J. C. Murrell.** 2005. Insights into the obligate methanotroph *Methylococcus capsulatus*. Trends Microbiol. **13:**195-198.

Kolb, S. 2009. Aerobic methanol-oxidizing *Bacteria* in soil. FEMS Microbiol. Lett. **300**(1):1-10.

McDonald, I. R., C. B. Miguez, G. Rogge, D. Bourque, K. D. Wendlandt, D. Groleau and **J. C. Murrell.** 2006. Diversity of soluble methane monooxygenase-containing methanotrophs isolated from polluted environments. FEMS Microbiol. Lett. **255:**225-232.

Nielsen, A. K., K. Gerdes, H. Degn and **J. C. Murrell**. 1996. Regulation of bacterial methane oxidation: Transcription of the soluble methane monooxygenase operon of *Methylococcus capsulatus* (Bath) is repressed by copper ions. Microbiol.-UK **142**:1289-1296.

Orita, I., T. Sato, H. Yurimoto, N. Kato, H. Atomi, T. Imanaka and **Y.Sakai.** 2006. The ribulose monophosphate pathway substitutes for the missing pentose phosphate pathway in the archaeon *Thermococcus kodakaraensis*. J. Bacteriol. **188:**4698-4704.

Reizer, J., A. Reizer and **M. H. Saier**. 1997. Is the ribulose monophosphate pathway widely distributed in bacteria? Microbiol.-UK **143**:2519-2520.

Schrader, J., M. Schilling, D. Holtmann, D. Sell, M. V. Filho, A. Marx and **J. A. Vorholt.** 2009. Methanol-based industrial biotechnology: current status and future perspectives of methylotrophic bacteria. Trends Biotechnol. **27**(2):107-115.

Schubert, C. J., M. J. L. Coolen, L. N. Neretin, A. Schippers, B. Abbas, E. Durisch-Kaiser, B. Wehrli, E. C. Hopmans, J. S. S. Damste, S. Wakeham and **M. M. M. Kuypers.** 2006. Aerobic and anaerobic methanotrophs in the Black Sea water column. Environ. Microbiol. **8:**1844-1856.

Smith, L. M., W. G. Meijer, L. Dijkhuizen and **P. M. Goodwin**. 1996. A protein having similarity with methylmalonyl-CoA mutase is required for the assimilation of methanol and ethanol by *Methylobacterium extorquens* AM1. Microbiol.-UK **142**:675-684.

Studer, A., S. Vuilleumier and **T. Leisinger**. 1999. Properties of the methylcobalamin : H(4)folate methyltransferase involved in chloromethane utilization by Methylobacterium sp strain CM4. Eur. J. Biochem. **264**:242-249.

Theisen, A. R., M. H. Ali, S. Radajewski, M. G. Dumont, P. F. Dunfield, I. R. McDonald, S. N. Dedysh, C. B. Miguez and **J. C. Murrell.** 2005. Regulation of methane oxidation in the facultative methanotroph *Methylocella silvestris* BL2. Mol. Microbiol. **58:**682-692.

Vorholt, J. A., L. Chistoserdova, S. M. Stolyar, R. K. Thauer and **M. E. Lidstrom**. 1999. Distribution of tetrahydromethanopterin-dependent enzymes in methylotrophic bacteria and phylogeny of methenyl tetrahydromethanopterin cyclohydrolases. J. Bacteriol. **181**:5750-5757

Vorholt, J. A., L. Chistoserdova, M. E. Lidstrom and **R. K. Thauer.** 1998. The NADP-dependent methylene tetrahydromethanopterin dehydrogenase in *Methylobacterium extorquens* AM1. J. Bacteriol. **180**(20):5351-5356.

I 불완전 산화

Adachi, O., D. Moonmangmee, H. Toyama, M. Yamada, E. Shinagawa and **K. Matsushita.** 2003. New developments in oxidative fermentation. Appl. Microbiol. Biotechnol. **60:**643-653.

Fukaya, M., H. Takemura, K. Tayama, H. Okumura, Y. Kawamura, S. Horinouchi and **T. Beppu**. 1993. The *aarC* gene responsible for acetic acid assimilation confers acetic acid resistance on *Acetobacter aceti*. J. Ferment. Bioeng. **76**:270-275.

Keliang, G. and **W. Dongzhi.** 2006. Asymmetric oxidation by *Gluconobacter oxydans*. Appl. Microbiol. Biotechnol. **70:**135-139.

Neubeck, M., E. Prenner, P. Horvat, R. Bona, A. Hermetter and **A. Moser**. 1993. Membrane fluidity in glutamic acid-producing bacterium *Brevibacterium* sp ATCC-13869. Arch.Microbiol. **160**:101-107.

| 난분해성 물질의 이용

Charoenpanich, J., A. Tani, N. Moriwaki, K. Kimbara and **F. Kawai.** 2006. Dual regulation of a polyethylene glycol degradative operon by AraC-type and GalR-type regulators in *Sphingopyxis macrogoltabida* strain 103. Microbiol.-UK. **152:**3025-3034.

Crawford, R., C. Jung and **J. Strap.** 2007. The recent evolution of pentachlorophenol (PCP)-4-monooxygenase (PcpB) and associated pathways for bacterial degradation of PCP. Biodegradation **18**(5):525-539.

Ebbs, S. 2004. Biological degradation of cyanide compounds. Curr. Opin. Biotechnol. **15:**231-236.

Ebert, S., P. G. Rieger and **H. J. Knackmuss**. 1999. Function of coenzyme F_{420} in aerobic catabolism of 2,4, 6-trinitrophenol and 2,4-dinitrophenol by *Nocardioides simplex* FJ2-1A. J. Bacteriol. **181**:2669-2674.

Hawari, J., S. Beaudet, A. Halasz, S. Thiboutot and **G. Ampleman.** 2000. Microbial degradation of explosives: biotransformation versus mineralization. Appl. Microbiol. Biotechnol. **54:**605-618.

Jendrossek, D. and **R. Handrick,** 2002. Microbial degradation of polyhydroxyalkanoates. Annu. Rev. Microbiol. **56:**403-432.

Karpouzas, D. G. and **B. K. Singh,** 2006. Microbial degradation of organophosphorus xenobiotics: metabolic pathways and molecular basis. Adv. Microb. Physiol. **51:**119-225.

Kutsu-Shigeno, Y., Y. Adachi, C. Yamada, K. Toyoshima, N. Nomura, H. Uchiyama and **T. Nakajima-Kambe.** 2006. Isolation of a bacterium that degrades urethane compounds and characterization of its urethane hydrolase. Appl. Microbiol. Biotechnol. **70:**422-429.

Martin, V. J. J., Z. T. Yu and **W. W. Mohn**. 1999. Recent advances in understanding resin acid biodegradation: microbial diversity and metabolism. Arch. Microbiol. **172**:131-138.

Mooney, A., P. G. Ward and **K. E. O'Connor.** 2006. Microbial degradation of styrene: biochemistry, molecular genetics, and perspectives for biotechnological applications. App. Microbiol. Biotechnol. **72:**1-10.

Shimao, M. 2001. Biodegradation of plastics. Curr. Opin. Biotechnol. **12**:242-247.

Stenuit, B. and **S. Agathos.** 2010. Microbial 2,4,6-trinitrotoluene degradation: could we learn from (bio) chemistry for bioremediation and vice versa? App. Microbiol. Biotechnol. **88**(5):1043-1064.

Vaillancourt, F. H., M. A. Haro, N. M. Drouin, Z. Karim, H. Maaroufi and **EL. D. ltis.** 2003. Characterization of extradiol dioxygenases from a polychlorinated biphenyl-degrading strain that possess higher specificities for chlorinated metabolites. J. Bacteriol. **185:**1253-1260.

Vimr, E. R., K. A. Kalivoda, E. L. Deszo and **S. M. Steenbergen.** 2004. Diversity of microbial sialic acid metabolism. Microbiol. Mol. Biol. Rev. **68:**132-153.

8장

혐기성 발효

산소의 공급이 여의치 않은 혐기 상태의 환경에서도 많은 종류의 유기물이 완전히 분해된다. 따라서 외부로부터 유입되거나 생태계 안에서 생산되는 유기물이 혐기 상태에서도 축적되지 않는다. 발효(fermentation)로 생장하는 미생물과 혐기적 호흡(anaerobic respiration)으로 생장하는 미생물의 작용을 통해서 유기물이 혐기 상태에서 완전히 분해된다. 혐기적 호흡으로 생장하는 미생물은 유기물을 완전히 이산화탄소와 메탄으로 전환시키지만 발효균은 발효 산물을 생산한다. 본 장에서는 발효를, 그리고 다음 장에서 혐기적 호흡을 통한 유기물의 분해를 공부한다.

미생물학에서 발효라는 단어는 두 가지 뜻으로 사용된다. 일반적으로 미생물을 이용하여 유용한 물질을 생산하는 모든 공정을 발효라 하지만, 산소와 빛이 없는 상태에서 substrate-level phosphorylation(SLP) 메커니즘을 통해 ATP를 생산하여 생장하는 미생물 작용만을 발효라 하기도 한다. 본 장에서는 빛이 없는 혐기 상태에서 SLP 메커니즘으로 ATP를 합성하는 미생물의 생장 현상을 살펴보기로 한다.

8.1 혐기성 미생물의 전자 수용체

8.1.1 발효와 혐기성 호흡

일반적으로 호기성 생물이 기질을 산화할 때 환원되는 NADH 등 전자 전달체를 최종 전자 수용체인 산소를 이용하여 산화적 인산화(oxidative phosphorylation) 과정을 통해 ATP를 생산하여 생장하는 과정을 호흡(respiration)이라 한다. 혐기적 조건에서도 대사 외부에서 공급되는 산소 이외의 전자 수용체를 이용하여 산화적 인산화 과정을 통해 ATP를 생산하는 미생물의 생장이 있다. 이러한 미생물 작용을 혐기적 호흡(anaerobic respiration)이라 정의한다. 따라서 발효는 SLP 메커니즘으로 ATP를 생산하고, 이때 발생하는 전자는 대사에서 발생하는 대사 중간 산물을 전자 수용체로 이용하는 과정을 뜻한다. 혐기적 호흡은 ETP 메커니즘이 주가 되는 ATP 생산 경로이며, 이때 이용되는 최종 전자 수용체는 대사 외부에서 공급된다.

혐기 상태에서 발효로 생장하는 미생물은 SLP 과정을 통해 ATP를 생산할 때 기질을 산화하면서 전자 전달체를 환원시킨다. 이때 환원되는 전자 전달체는 ETP 과정을 통해 산화되지 못하므로 다른 방법으로 산화되어야만 다음 대사를 계속할 수 있다. 혐기 상태에서 발효로 생장하는 많은 미생물은 기질의 산화로 생산되는 대사 중간 산물을 전자 수용체로 이용하여 환원된 전자 전달체를 산화시킨다. 혐기 상태에서 생장하는 미생물이 이용하는 최종 전자 수용체를 표 8.1에 수록하였다.

탈질 반응에 관여하는 세균은 질산염을 최종 전자 수용체로 이용하는 통성 혐기성 세균이다. 이 세균들이 기질을 완전히 이산화탄소로 산화시킬 때 발생하는 환원력은 질산염을 최종 전자 수용체로 이용하는 electron transport phosphorylation(ETP) 메커니즘을 통해 ATP 합성에 이용된다. 메탄 생산균(methanogens)이나 황화수소 생산균(sulfidogens)도 이산화탄소나 황산염(유황)을 각각 최종 전자 수용체로 이용하여 ETP 메커니즘으로 ATP를 생산한다. 저자에 따라서 후자들을 발효에 포함시키나 여기서는 이들을 모두 혐기적 호흡으로 간주하여 다음 장(제9장)에서 다루기로 한다.

6탄당 1분자를 발효하여 3분자의 acetate를 생산하는 homoacetogen(제9장, 9.5)은 당을 발효할 때

표 8.1 혐기성 미생물이 이용하는 전자 공여체(기질)와 최종 전자 수용체.

발효/미생물	전자 공여체	최종 전자 수용체
발효		
알코올 발효	당	Pyruvate
젖산 발효	당	Pyruvate
saccharolytic clostridia	당	H^+, Acetyl-CoA
proteolytic clostridia	아미노산	아미노산
propionate fermentation	젖산	젖산
호흡		
탈질반응	유기물	질산염
금속 이온 환원	유기물	Fe^{3+}, Mn^{4+} 등
황화수소 생산	젖산	황산염
	Acetate	유황
dehalorespiration	유기물	유기할로겐 화합물
메탄 생산	수소	이산화탄소
	일산화탄소	일산화탄소
	methanol	methanol
	HCOOH	HCOOH
	CH_3COOH	CH_3COOH
homoacetogens	당, 일산화탄소	이산화탄소
	수소	Acetyl-CoA

생산하는 NADH를 이산화탄소를 acetate로 환원시키는데 이용하며, 수소 + 이산화탄소를 기질로 이용하여 chemolithotrophic하게도 생장한다. 이들은 해당 과정에서 SLP 메커니즘으로 ATP를 생산하며, 또한 이산화탄소를 환원시키면서 메탄 생산균과 비슷한 ETP 메커니즘으로 ATP를 생산한다. 따라서 homoacetogen도 혐기성 호흡에서 다룬다.

발효에 있어서 ATP 합성은 모두 SLP로만 이루어지는 것으로 믿어져 왔으나, 최근 fumarate reductase, Na^+-요구성 decarboxylase, lactate/H^+ symport 등에 의한 proton motive force의 형성 메커니즘이 알려졌음을 제5장, 5.8.6에서 이미 설명하였다.

8.1.2 발효와 수소 대사

생물의 대사에서 $NAD(P)^+$가 가장 보편적으로 이용되는 전자 전달체이며, 발효 대사 과정에서도 NAD(P)H로 환원된다. 그리고 세포내 $NAD(P)^+$의 농도는 일정하므로 NAD(P)H가 다시 산화되어야 대사가 계속될 수 있다. 그러므로 NAD(P)H/$NAD(P)^+$ 비율이 중요한 대사 조절 인자로 작용한다. 따라서 발효에서 수소 또는 전자의 대사도 대단히 중요한 연구의 대상이 되며, 혐기성 미생물에서 적당한 전자 수용체가 없으면 생장이 중단되는 것은 이때문이다.

발효로 생장하는 미생물 중에는 그림 8.1에서 보는 바와 같이 단일 발효 산물(linear pathway)을 생산하는 경우와 복수의 발효 산물(branched pathway)을 생산하는 경우가 있다. 전자의 예로서는 *Zymomonas*와 효모에 의한 ethanol 발효와 homofermentative 젖산 발효를 들 수 있으며, 후자의 예로는 *Clostridium*에 의한 butyrate 발효를 들 수 있다.

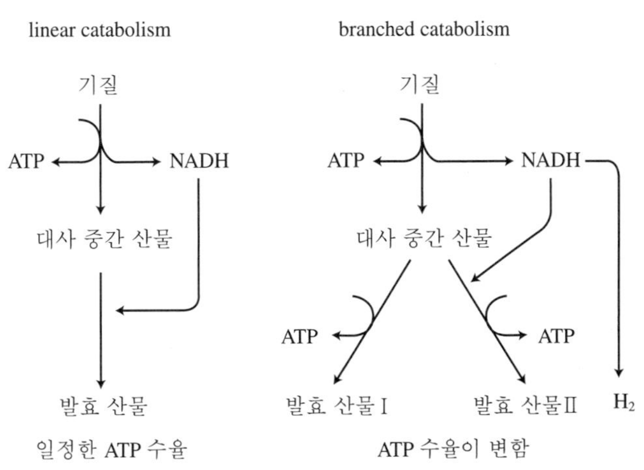

그림 8.1 단일 산물 발효와 복수 산물 발효.

Ethanol 발효는 단일의 발효 산물을 생산하는 linear pathway의 예이며, *Clostridium*에 의한 butyrate-acetate 발효는 branched pathway의 예이다. 복수의 산물을 생산하는 발효균은 주어진 조건에서 가장 잘 생장할 수 있는 경로를 통해 대사하기 위한 조절 메커니즘을 갖는다. 복수의 산물을 생산하는 발효에서 발생하는 환원력이 분자 상태의 수소 생산에 이용되면 더 많은 ATP가 합성된다.

복수의 산물을 생산하는 발효에서 NAD(P)H의 산화 경로는 유전 정보와 생장 조건에 따라 여러 형태로 나타나며, 대사 과정에서 합성되는 ATP의 수율도 NAD(P)H의 산화 경로에 따라 결정된다. 주어진 환경 조건에서 가장 높은 ATP 수율을 얻기 위해 대사를 조절한다. 발효에서 발생하는 환원력이 분자 상태의 수소 생산에 이용되면 더 많은 ATP가 합성된다. 수소를 소비하는 혐기성 호흡 세균이 생장하는 혐기 생태계는 수소 분압이 낮게 유지된다. 이러한 조건에서 발효 세균에 의한 수소 생산이 많아지기 때문에 발효 세균의 균체 수율이 높아진다(제9장, 9.8).

8.2 혐기성 미생물과 산소

제2장에서 정의한 바와 같이, 미생물을 분자상태의 산소(O_2)에 대한 반응에 따라 호기성(aerobe), 통성 혐기성(facultative anaerobe) 그리고 편성 혐기성(obligate anaerobe)으로 분류하며, 편성 혐기성 미생물 중에는 산소가 있는 환경에서도 생장할 수 있는 aerotolerant anaerobe와 그렇지 못한 strict anaerobe가 있다.

공기 중의 산소 농도는 약 20%이며, 미생물이 생장할 수 있는 액체 배지의 기체 용해도는 용질(solute)의 농도에 따라 달라진다. 25°C에서 공기로 포화시키면 7~8mg/l의 산소가 배지 중에 용해된다. 산소를 최종 전자 수용체로 이용하면서 낮은 용존산소 농도(0.1~3mg O_2/l)에서만 생장이 가능한 microaerophile이 많이 알려지고 있다. Strict anaerobe와 microaerophile의 생장은 분자 상태의 산소, 또는 이의 유도체에 의해 저해된다. 이 저해 현상을 설명하기 위해 많은 가설이 제안되었다.

분자 상태의 산소가 환원된 flavoprotein, Fe-S 단백질, cytochrome 등과 반응하면 과산화수소(H_2O_2), superoxide(O_2^-) 등이 생산된다. 이들은 강력한 산화제로[$E^{\circ\prime}(O_2^-/H_2O_2) = +0.98V$, $E^{\circ\prime}(H_2O_2/H_2O) = +1.35V$] 반응력이 강해 DNA, RNA, 단백질 등 생체 고분자 물질들과 반응하여 이들을 분해시키므로 호기성 생물은 이들을 제거하는 superoxide dismutase(SOD)와 catalase를 생산한다(표 8.2). Peroxidase도 과산화수소를 분해하는 역할을 담당한다. 이들의 반응은 다음과 같다.

$$2O_2^- + 2H^+ \xrightarrow{\text{SOD}} H_2O_2 + O_2$$

$$2H_2O_2 \xrightarrow{\text{Catalase}} 2H_2O + O_2$$

$$H_2O_2 + RH_2 \xrightarrow{\text{Peroxidase}} 2H_2O + R$$

오랫동안 strict anaerobe는 catalase와 SOD를 생산하지 않는 것으로 알려져 왔으나 유전체 서열을 완전히 해독한 strict anaerobe에서 SOD와 catalase의 유전자가 발견되었으며, *Clostridium butyricum, Desulfovibrio gigas, Methanosarcina barkeri, Pyrococcus furiosus, Archaeoglobus fulgidus* 등 많은 strict anaerobe에서 SOD와 catalase 또는 이들과 유사한 활성을 갖는 단백질이 알

표 8.2 호기성 세균 및 혐기성 세균에 있어서 Superoxide Dismutase와 Catalase의 활성.

세균	Specific activity(U/mg)		
	Superoxide dismutase	Catalase	Peroxidase[a]
호기성 및 통성 혐기성			
Escherichia coli	1.8	6.1	
Salmonella typhimurium	1.4	2.4	
Rhizobium japonicum	2.6	0.7	
Micrococcus radiodurans	7.0	289	
Pseudomonas species	2.0	22.5	
Aerotolerant anaerobes			
Eubacterium limosum	11.6	0	
Enterococcus(Streptococcus) faecalis	0.8	0	
Lactococcus(Streptococcus) lactis	1.4	0	
Clostridium oroticum	0.6	0	
Lactobacillus plantarum	0	0	
Strict anaerobes			
Veillonella alcalescens	0	0	
Clostridium pasteurianum	0	0	
Clostridium butyricum	1.4	0	5.8
Clostridium sticklandii	0	0	
Butyrivibrio fibrisolvens	0	0.1	
Methanosarcina barkeri	+[b]	40.0	
Desulfovibrio gigas	3.4	52.6	

a : 보고된 균주
b : 활성은 측정되지 않았으나 정제됨.

려지고 있다.

산소에 대한 내성이 가장 약한 것으로 알려진 메탄 생산 archaea에서도 SOD와 catalase의 활성이 발견되었다. *Methanosarcina barkeri*는 SOD와 catalase 활성이 있으며, *Methanobacterium bryantii*와 *Methanobacterium thermoautotrophicum*에서는 SOD 유전자가 확인되었다. *Methanosarcina mezei*에서 확인된 methanoferredoxin은 superoxide를 산소를 거치지 않고 물로 분해하는 superoxide reductase로 작용한다.

*Desulfovibrio*속 세균 등 황산염 환원 세균은 메탄 생산 archaea보다 산소에 대한 내성이 강한 것으로 알려져 있다. *Desulfovibrio gigas, Desulfovibrio vulgaris* 등은 SOD와 catalase를 보유하고 있을 뿐 아니라 rubredoxin, desulfoferredoxin, neelaredoxin, rubrerythrin 등 철을 함유하는 전자 전달 단백질들이 superoxide 등 반응성이 강한 산소 유도체를 물로 분해한다. 이들 중에서 특히 neelaredoxin은 *Desulfovibrio gigas*에서 superoxide reductase로 작용하며, 비슷한 단백질이 *Desulfovibrio desulfuricans*, 초고온성 archaea인 *Archaeoglobus fulgidus*와 *Pyrococcus furiosus*

에서, 그리고 *Clostridium acetobutylicum*에서도 확인되었다. Chromate에 대한 내성을 갖는 세균 *Ochrobactrum tritici*에서 chromate 내성에 관여하는 여러 단백질 중 하나가 SOD 활성을 갖는 것으로 알려졌다.

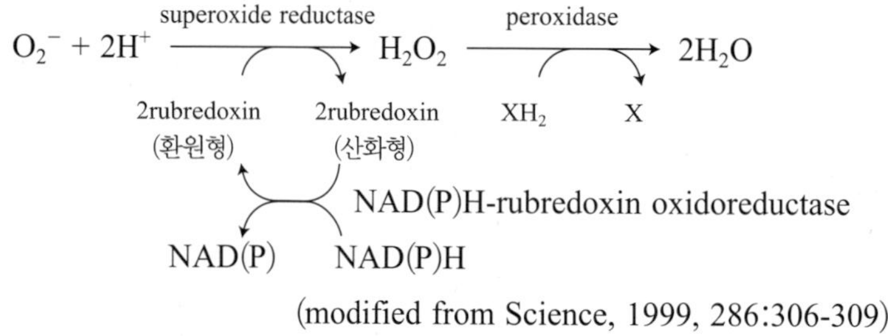

(modified from Science, 1999, 286:306-309)

표 8.2에서 보는 바와 같이 *Clostridium butyricum* 등 많은 종류의 *Clostridium*속 세균이 SOD와 catalase를 보유한다.

이처럼 strict anaerobe들도 독성이 강한 산소 대사 산물을 분해하는 효소를 보유하고 있지만 실험실 환경에서 이들이 호기적 조건에서 생장하지 못하는 이유가 산소의 또 다른 성질 때문으로 생각된다.

용존산소는 용액의 산화 · 환원 전위를 높인다. 높은 산화 · 환원 전위도 strict anaerobe의 생장을 저해하는 요인이 된다. 메탄생산 archaea는 산화 · 환원 전위가 −0.3 V 이하에서만 생장이 가능하다.

산소 대사 산물의 유독성과 높은 산화 · 환원 전위에 의한 생장 저해 뿐만 아니라 산소 그 자체도 유독하다. 많은 종류의 혐기성 세균에서 탄소 대사에 필수적인 pyruvate:ferredoxin oxidoreductase의 활성을 위해 [Fe-S] cluster가 cofactor로 작용한다. [Fe-S] cluster 구조가 산소에 의해 쉽게 분해되기 때문에 이 효소가 작용할 수 없다. 또한 산소는 생체 내 필수적인 −SH기를 산화시켜 -S-S-상태로 유지시키거나, 생체내 환원력이 산소의 환원에 우선적으로 이용되어 생합성이 저해되는 등 여러 메커니즘으로 설명되고 있으며, 이러한 메커니즘은 균주에 따라 서로 다른 것으로 생각된다.

8.3 Ethanol 발효

효모 특히 *Saccharomyces cerevisiae*는 혐기 상태에서 당을 EMP 경로를 통해 분해하여 ethanol을 생산하고, 편성 혐기성 세균인 *Zymomonas mobilis*는 ED 경로를 통해 해당하여 ethanol을 생산한다. 이들은 해당 경로의 산물인 pyruvate를 acetaldehyde로 탈탄산시키고, 이를 SLP 메커니즘으로 ATP를 생산하는 해당 경로에서 환원되는 NADH의 산화를 위한 전자 수용체로 이용한다(그림 8.2). 효모는 6 탄당으로부터 2ATP를 생산하며, *Zymomonas*는 1ATP를 생산한다.

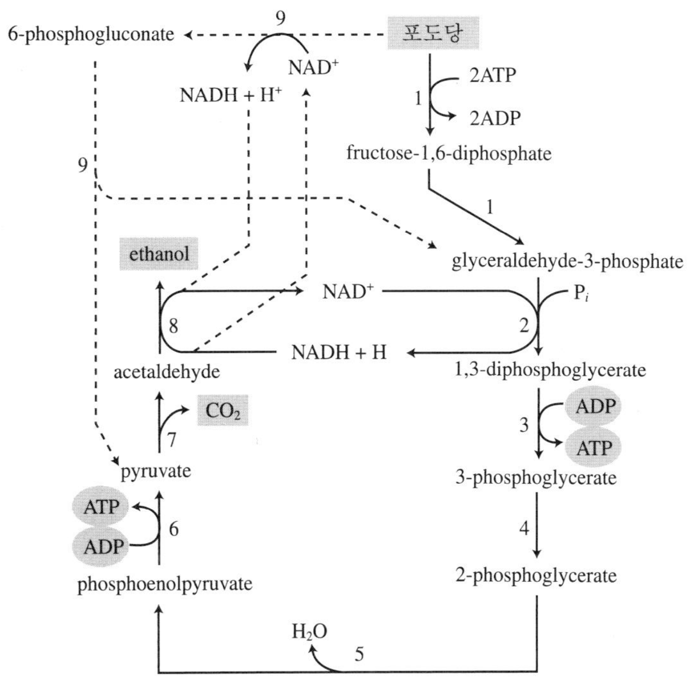

그림 8.2 효모와 *Zymomonas*에 의한 Ethanol 발효.
1-6. EMP 경로의 효소; **7.** pyruvate decarboxylase; **8.** alcohol dehydrogenase; **9.** ED 경로.

$$CH_3\text{-}CO\text{-}COOH \xrightarrow{\text{pyruvate decarboxylase}} CH_3CHO + CO_2$$

$$CH_3CHO + NADH + H^+ \xrightarrow[\text{dehydrogenase}]{\text{alcohol}} CH_3CH_2OH + NAD^+$$

Pyruvate decarboxylase도 산화적 탈탄산 반응의 pyruvate dehydrogenase에서와 같이 thiamine pyrophosphate를 prosthetic group으로 갖고 있다. Pyruvate decarboxylase는 주로 진핵세포 생물에서 알려진 효소로서 세균에서는 *Zymomonas* 외에 pH 2~4 정도의 낮은 pH에서 잘 생장하는 strict anaerobe인 *Sarcina ventriculi*, 통성 혐기성인 *Erwinia amylovora*에서만 그 존재가 알려져 있다.

Ethanol 발효의 특징은 pyruvate가 acetaldehyde로 탈탄산되는 반응이며, 이 반응을 촉매하는 pyruvate decarboxylase가 ethanol 발효의 key enzyme이 된다. Acetaldehyde는 alcohol dehydrogenase의 작용으로 NADH로부터 전자를 받아 ethanol로 환원된다.

이들 외에 saccharolytic clostridia, heterofermentative lactic acid bacteria, 장내 세균 등도 ethanol을 생산하지만, 이들은 pyruvate를 acetyl-CoA로 산화시킨 후 ethanol로 환원시키므로 pyruvate decarboxylase의 활성은 갖지 않는다. *Clostridium*의 ethanol 발효는 acetyl-CoA를 통해

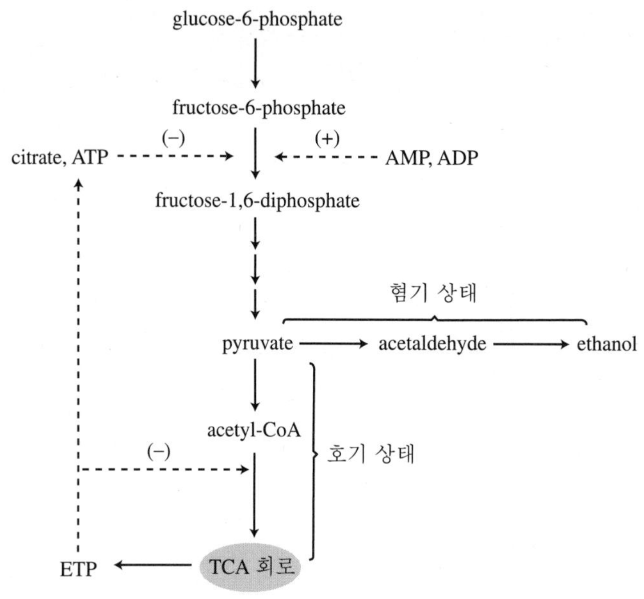

그림 8.3 효모에서 Pasteur Effect.

혐기 상태에서 발효로 생장하는 효모를 호기 상태로 생장 조건을 변화시키면 당의 소비 속도가 낮아진다. 이러한 현상은 호기 상태에서 기질이 TCA 회로를 통해 완전히 산화되면서 환원되는 NAD(P)H가 ETP 메커니즘을 통해 ATP 합성에 이용되어 adenylate energy charge를 높게 유지할 수 있으므로해서 phosphofructokinase의 활성이 낮게 유지되기 때문이다. +,촉진; −,저해

다음과 같이 이루어진다.

$$CH_3\text{-}CO\text{-}COOH + Fd \xrightleftharpoons[\text{CoA-SH} \quad CO_2]{\text{pyruvate:ferredoxin oxidoreductase}} CH_3\text{-}CO\text{-}CoA + Fd \cdot H_2$$

$$CH_3\text{-}CO\text{-}CoA + NADH + H^+ \xrightarrow{\text{aldehyde dehydrogenase}} CH_3\text{-}CHO + NAD^+$$

$$CH_3\text{-}CHO + NADH + H^+ \xrightarrow{\text{alcohol dehydrogenase}} CH_3CH_2OH + NAD^+$$

Pyruvate decarboxylase를 통하는 ethanol 발효는 발효 부산물이 거의 발생하지 않는 단일 산물을 생산하는 발효(linear pathway)이며, acetyl-CoA를 통해 ethanol을 생산하는 발효는 lactate, acetate, 수소 등 ethanol 외에 많은 종류의 산물을 생산하는 발효(branched pathway)이다.

Ethanol을 대체 에너지로 이용하기 위해 전분이나 cellulose를 ethanol 발효에 효과적으로 이용하려는 연구가 진행되고 있다. 이들 연구에서 부산물을 많이 생산하는 *Thermoanaerobium brockii,*

Thermoanaerobacter ethanolicus, Clostridium thermocellum 등을 이용하려는 연구도 활발하다. 그 이유는 이들이 고온균으로서 발효 속도가 빠르며, 발효 온도가 높으므로 발효 과정에서 ethanol을 동시에 회수할 수 있고, 효모나 *Zymomonas*가 이용하지 못하는 전분, cellulose 등 다당류와 5탄당을 직접 발효하기 때문이다.

효모를 호기 조건에서 배양하면 ethanol의 생산이 낮고 당을 이산화탄소와 물로 완전히 산화한다. 혐기 상태에서는 호기적 조건에서 보다 당 소비 속도가 3~4배 증가한다. 이를 Pasteur effect라 한다. 이러한 현상은 adenylate energy charge(EC)가 대사 조절에 관여하는 좋은 예이다(제5장, 5.6.2). 즉, 호기 조건에서는 ETP 메커니즘을 통해 많은 양의 ATP가 생산되므로 EC값이 높게 유지된다. EC 값이 높게 유지되면 높은 농도의 ATP가 해당 과정의 phosphofructokinase를 저해하므로 당 소비 속도가 낮아진다. 반대로 혐기 조건에서는 ETP 메커니즘을 통해 ATP가 생산되지 않기 때문에, SLP 메커니즘으로 생산되는 적은 양의 ATP 만으로는 EC값이 낮게 유지된다. EC값이 낮을 때는 AMP 및 ADP의 농도가 높아지고, 이들에 의해 해당 경로의 phosphofructokinase의 활성이 증진되기 때문에 혐기 상태에서는 당의 소비 속도가 높아진다(그림 8.3).

모든 발효 미생물과 같이 ethanol을 발효, 생산하는 미생물도 TCA 회로를 촉매하는 효소의 하나인 2-ketoglutaraldehyde dehydrogenase를 합성하지 않는다. 2-ketoglutarate dehydrogenase를 생산하지 않는 미생물은 생합성에 필요한 TCA 회로의 중간 산물을 공급하기 위해 PEP로부터 합성되는 oxaloacetate를 불완전 TCA 경로를 통해 대사하여 2-ketoglutarate, succinate, succinyl-CoA 등을 합성한다(제5장, 5.4.1).

8.4 젖산 발효

많은 미생물이 발효로 생장할 때 발효 산물로 젖산을 생산한다. 특히 일부 세균들이 많은 양의 젖산을 생산하기도 하는데, 이들을 젖산 발효균이라 한다. 젖산 발효균은 일반적으로 균체를 구성하는 여러 종류의 구성 성분(monomer)을 합성하는 능력이 없기 때문에 많은 종류의 growth factor를 필요로 한다. 젖산 발효균은 편성 혐기성이며, 산소가 있어도 생장할 수 있는 aerotolerant anaerobe들이다. Cytochrome을 형성하는 데 필요한 hemin과 menaquinone을 공급할 경우 cytochrome을 합성하여 산소를 최종 전자 전달체로 이용하는 예도 있다. 생산되는 발효 산물에 따라 젖산 발효를 homofermentative와 heterofermentative로 구분한다(표 8.3).

모든 homofermentative 젖산균은 당을 EMP 경로로 분해하며, heterofermentative는 phosphoketolase 경로로 분해한다(제4장, 4.5).

8.4.1 Homofermentative 젖산 발효

대부분의 *Lactobacillus*속 세균과 모든 *Sporolactobacillus, Pediococcus, Enterococcus,*

표 8.3 젖산 발효균과 이들의 젖산 발효 경로.

균주	발효 경로	
	Homofermentative	Heterofermentative
Lactobacillus		
L. delbrueckii	+	−
L. lactis	+	−
L. bulgaricus	+	−
L. casei	+	−
L. plantarum	+	−
L. curvatus	+	−
L. brevis	−	+
L. fermentum	−	+
Sporolactobacillus		
S. inulinus	+	−
Enterococcus		
E. faecalis	+	−
Lactococcus		
L. cremoris	+	−
L. lactis	+	−
Leuconostoc		
L. mesenteroides	−	+
L. dextranicum	−	+
Pediococcus		
P. damnosus	+	−
Bifidobacterium		
B. bifidum	−	+

*Bifidobacterium*은 분류학적으로 젖산 발효균에 속하지 않는다.

*Lactococcus*속의 세균은 당을 EMP 경로로 해당하여 생산된 pyruvate와 NADH를 lactate dehydrogenase의 작용을 통해 lactate를 합성하여 발효를 종결시킨다(그림 8.4). Ethanol 발효에서처럼 해당 과정에서 환원된 NADH는 대사 중간 산물인 pyruvate를 전자 수용체로 이용하여 산화된다.

Lactate dehydrogenase는 산성에서 활성이 높다. 발효가 진행되면 lactate가 축적되어 주위 환경의 pH가 내려가면서 세포내 pH 또한 내려가게 된다. 따라서 lactate dehydrogenase의 활성이 강하게 유지된다. 그러나 세포내 pH가 높게 유지되는 조건에서 젖산균을 배양하면 lactate dehydrogenase의 활성이 낮아져서 homofermentative 세균도 acetate를 많이 생산한다. Homofermentaice lactic acid bacteria인 *Lactococcus lactis, Enterococcus faecalis* 그리고 *Streptococcus pyogenes*의 lactate dehydrogenase negative 변이주는 젖산을 생산하지 못하고 pyruvate를 acetate, ethanol, acetoin 등으로 대사한다. 단백질체 분석을 통해 *E. faecalis*의 lactate dehydrogenase 변이주에서 NADH/NAD 비율이 높아지면 다양한 유전자의 발현이 조절되어 acetoin 등의 생산이 증가되는 것으로 나타났다.

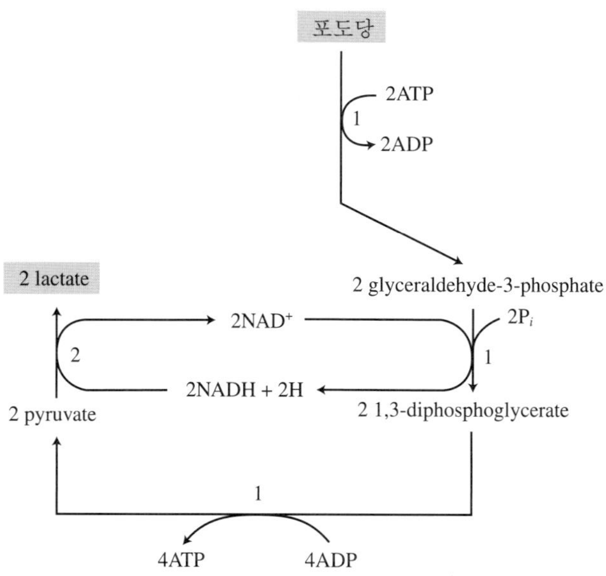

그림 8.4 Homofermentative 젖산 발효 경로.
1. EMP 경로; **2.** lactate dehydrogenase.

8.4.2 Heterofermentative 젖산 발효

젖산 발효균 중에서 젖산 외에 ethanol, acetate 등을 동시에 생산하는 *Leuconostoc, Bifidobacterium* 속 등에 속하는 세균은 다른 생물에서는 거의 알려지지 않은 경로를 통해 당을 분해한다. 이 경로에서는 특징적인 효소인 phosphoketolase가 관여하므로, 이들의 해당 경로를 phosphoketolase 경로라 한다(제4장, 4.5).

*Leuconostoc mesenteroides*는 glucose-6-phosphate를 탈수소/탈탄산시켜 xylulose-5-phosphate로 전환시킨 다음, phosphoketolase의 작용으로 glyceraldehyde-3-phosphate와 acetyl-CoA로 분해한다(제4장 4.5). 여기서 생산된 glyceraldehyde-3-phosphate는 homofermentative 경로와 같은 경로를 통해 젖산으로 대사되고, acetyl-phosphate는 acetaldehyde를 거쳐 glucose-6-phosphate의 탈수소 반응에서 환원되는 NADH를 산화하면서 ethanol로 환원된다.

Heterofermentative 젖산 발효균은 5탄당을 kinase와 isomerase의 작용을 통해서 xylulose-5-phosphate로 대사하기 때문에 6탄당의 대사와는 달리 NAD^+를 환원시키지 않고 phosohoketolase의 작용을 받는다. 따라서 acetyl-phosphate는 전자 수용체로 이용될 필요가 없기 때문에 acetate kinase의 작용을 통해 ATP 생산에 이용된다. 이때문에 *L. mesenteroides*는 6탄당으로부터 1ATP를, 5탄당에서 2ATP를 생산한다. 이러한 사실로부터 혐기성 발효에서 과잉의 전자를 처리하기 위해 ATP의 생산도 감소됨을 알 수 있다.

*Bifidobacterium bifidum*은 당을 발효하여 젖산과 acetate를 생산한다. 이 대사 경로에는 2종의 phosphoketolase가 관여한다. 이들은 fructose-6-phosphate와 xylulose-5-phosphate를 각각 기질로 하는 효소로, 2분자의 포도당으로부터 2분자의 젖산과 3분자의 acetate를 생산하면서 5ATP를 생산한다(제4장 4.5). *B. bifidum*의 대사는 포도당을 탈수소나 탈탄산 작용이 없이 acetyl-phosphate로 대사하여 ATP를 생산하므로 ATP 수율이 높음을 알 수 있다. *Bifidobacterium*은 분류학적으로 젖산 발효균에 속하지 않는다.

8.4.3 젖산균의 생합성

젖산균은 각종 아미노산, 비타민, 핵산 염기 등 많은 종류의 growth factor를 요구하며, 이는 젖산 발효균이 이들을 생합성하는 능력을 갖지 못하기 때문임을 전술하였다. Homofermentative 경로로 젖산을 생산하는 세균은 젖산 생산 과정에서 acetyl-CoA 또는 acetyl-phosphate를 합성하지 않는다. 그러나 젖산균은 이들이 생산할 수 있는 적은 수의 monomer를 합성하기 위해 acetyl-CoA를 생산한다. 대부분의 *Lactococcus*와 *Enterococcus*속 세균은 호기성 생물에서와 같이 pyruvate dehydrogenase multienzyme complex의 작용을 통해 acetyl-CoA를 합성하고, *Enterococcus faecalis, Bifidobacterium bifidum, Lactobacillus casei* 등은 장내 세균들이 혐기 상태에서 pyruvate를 대사하는 pyruvate:formate lyase를 이용하여 acetyl-CoA를 합성한다(8.6).

$$\underset{\text{pyruvate}}{CH_3\text{-CO-COOH}} \xrightarrow[\text{CoA-SH}]{\text{pyruvate:formate lyase}} \underset{\text{acetyl CoA}}{CH_3\text{-CO-CoA}} + \underset{\text{formate}}{HCOOH}$$

한편 *Lactobacillus delbrueckii, L. plantarum* 등은 pyruvate oxidase와 phosphotransacetylase를 이용하여 pyruvate를 acetyl-CoA로 전환시킨다.

$$CH_3\text{-CO-COOH} \xrightarrow[\text{FAD}\ \ P_i \quad \text{FADH}_2]{\text{pyruvate oxidase}} CH_3\text{-CO-O-Ph} + CO_2$$

$$CH_3\text{-CO-O-ph} \xrightarrow[\text{CoA-SH} \quad P_i]{\text{phosphotransacetylase}} CH_3\text{-CO-CoA}$$

이때 환원된 $FADH_2$는 lactate dehydrogenase에 의해 다시 산화된다.

$$\text{pyruvate} + FADH_2 \xrightarrow{\text{lactate dehydrogenase}} \text{lactate} + FAD$$

8.4.4 젖산균의 산소 대사

젖산 발효균은 대부분 aerotolerant obligate anaerobe로서 superoxide dismutase를 보유하며,

catalase를 생산하지 않지만 peroxidase를 생산하므로 superoxide(O_2^-)와 과산화수소(H_2O_2)를 해독할 수 있다.

$$H_2O_2 + NADH + H^+ \xrightarrow{\text{peroxidase}} 2H_2O + NAD^+$$

효모를 이용하는 ethanol 발효에서 젖산균이 오염되면 효모의 생장이 저해되고 ethanol의 수율이 떨어진다. 특히 균체를 순환하는 연속 공정에서는 젖산균의 오염이 많은 경제적 손실을 가져온다. 아황산이 peroxidase의 작용을 받으면 반응성이 강한 sulfite radical을 형성하지만 catalase는 이러한 활성이 없다. 이러한 성질을 이용하여 주정 발효에서 아황산을 이용하면 catalase를 보유하는 효모에는 영향을 주지 않고 peroxidase를 보유하는 오염되는 발효균을 선택적으로 제어할 수 있다.

Enterococcus faecalis, Lactobacillus brevis, L. plantarum 등은 환경에 hemin이 공급되면 catalase를 생산한다. 이들 세균은 catalase의 apoprotein을 합성할 수 있으나 prosthetic group, 즉 hemin을 합성하지 못하기 때문이다. 따라서 젖산균을 동정하기 위한 catalase test에서는 hemin이 없는 배지를 선택하여야 한다.

*Enterococcus faecalis*의 $Y_{glucose}$는 혐기 상태에서 22g이며, 호기 상태에서는 52g까지 증가한다. 이처럼 호기 상태에서 균체 수율이 높아지는 이유는 *Enterococcus faecalis*가 cytochrome의 apoprotein을 합성하며, hemin을 공급하면 산소를 최종 전자 수용체로 이용하는 cytochrome을 합성하여 electron transport phosphorylation으로도 ATP를 합성할 수 있기 때문이다.

*Lactobacillus plantarum*의 경우 menaquinone과 hemin을 공급하면 산소와 질산염을 전자 수용체로 이용할 수 있다. 이때 질산염은 아질산염 또는 암모니아로 환원된다. *Lactococcus lactis* 등 젖산균의 일부는 quinone을 생산하는 능력이 있다.

또한 heterofermentative 젖산균이 생장할 때 peroxidase 등의 작용으로 NADH가 산소에 의해 산화되면 전자 수용체로 이용되는 acetyl-phosphate가 ethanol로 환원될 필요가 없으므로 substrate-level phosphorylation 메커니즘으로 ATP 합성에 이용되기 때문에 cytochrome이 없어도 젖산균의 균체 수율이 호기 상태에서 높아진다. Homofermentative인 *Lactococcus lactis*는 호기적 조건에서 물을 생산하는 NADH oxidase(H_2O-forming NADH oxidase)의 작용으로 NADH를 NAD^+로 산화시킬 수 있다. 따라서 pyruvate를 전자 수용체로 이용하여 lactate로 환원시키는 대신 acetate 또는 acetoin으로 대사한다.

$$\text{pyruvate} \xrightarrow{\text{pyruvate dehydrogenase}} \text{acetyl-CoA} \xrightarrow{\text{phosphotransacetylase}} \text{acetyl-P}_i \xrightarrow[\text{ADP} \rightarrow \text{ATP}]{\text{acetate kinase}} \text{acetate}$$

$$\text{2pyruvate} \xrightarrow{\text{2-acetolactate synthase}} \text{2-acetolactate} \xrightarrow{\text{2-acetolactate decarboxylase}} \text{acetoin}$$

8.4.5 Lactate/H^+ symport

전술한 바와 같이 *Lactococcus cremoris*에서 세포내 젖산 농도가 세포외 농도보다 높을 때, lactate는 $2H^+$과 symport되어 proton motive force를 형성하는 능력이 있다고 알려지고 있다(제5장, 5.8.6.3).

8.4.6 발효 식품과 젖산균

발효 우유 제품, 김치 등은 대표적인 젖산 발효 식품으로 발효 동안에 원료 중의 당이 젖산균의 작용에 의해 lactate로 발효된다. 젖산 발효균은 여러 종류의 발효 식품에서 젖산을 생산할 뿐 아니라 발효 식품 특유의 향미 성분 합성에도 관여한다.

간장 발효 초기에 합성되는 citrate는 발효 후기에 acetate로 발효된다. Butter 발효에 관여하는 젖산균은 우유 중에 약 1.5g/l 함유되어 있는 citrate를 butter 특유의 향미 성분인 diacetyl과 acetoin 생산에 이용한다. 또한 포도주 숙성 과정에서 malate는 lactate로 분해된다.

간장의 후발효 과정에서 분리되는 *Pediococcus halophilus*는 citrate를 발효하여 acetate와 formate를 생산한다(그림 8.5). 먼저 citrate가 citrate lyase의 작용으로 acetate와 oxaloacetate로 분해되고, oxaloacetate는 pyruvate로 탈탄산된다. 이 세균에서 oxaloacetate의 탈탄산 반응에서 발

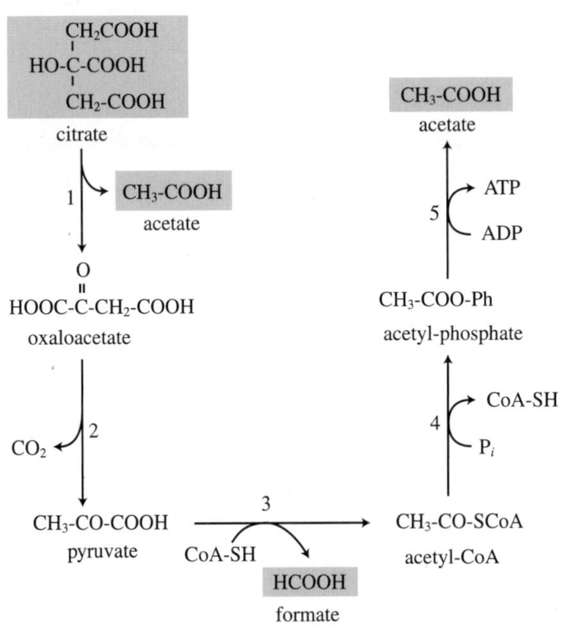

그림 8.5 간장 발효 중에 *Pediococcus halophilus*가 Citrate를 Acetate로 발효하는 경로.

1. citrate lyase; **2.** oxaloacetate decarboxylase; **3.** pyruvate:formate lyase; **4.** phosphotransacetylase; **5.** acetate kinase.

생하는 자유 에너지 변화가 ATP 합성에 연결되는지는 알려지지 않았으나, 다른 젖산 발효균에서는 이 에너지가 ATP 합성에 연결되지 않는다. 이상의 대사 과정에서는 환원력이 발생하지 않으므로 pyruvate가 lactate로 환원되지 못하고 pyruvate:formate lyase의 작용으로 acetyl-CoA와 formate로 분해된다. *P. halophilus*에 의한 citrate의 발효를 다음과 같이 요약할 수 있다.

$$\text{citrate} + \text{ADP} + \text{P}_i \longrightarrow \text{2acetate} + \text{formate} + \text{ATP}$$

Lactococcus lactis subsp. *diacetylactis, Leuconostoc cremoris, L. oenos, L. mesenteroides* 등은 wine과 butter 발효 과정 중에 citrate를 diacetyl, acetate, lactate 그리고 acetoin으로 발효한다(그림 8.6). Citrate의 발효에 관여하는 효소는 산성 조건에서 citrate 의해 발현된다. 이 발효에서도 citrate는 citrate lyase의 작용을 받아 acetate와 oxaloacetate로 분해된다. Oxaloacetate의 탈탄산으로 생산되는 pyruvate는 NADH/NAD$^+$의 비율에 따라 두 경로로 대사된다. NADH/NAD$^+$ 비율이

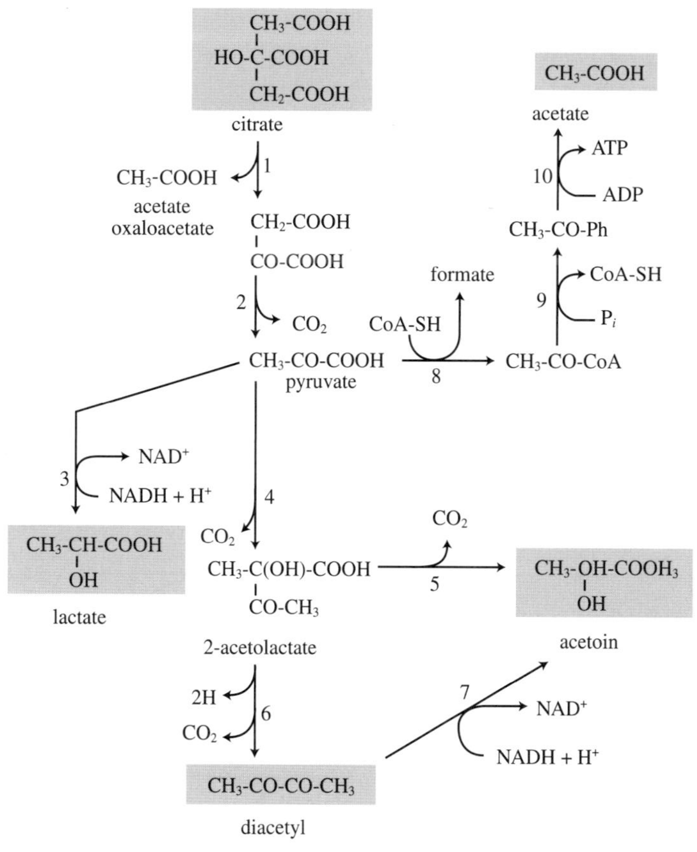

그림 8.6 Butter와 Wine 발효에 관여하는 젖산균에 의해 Citrate가 Acetoin으로 발효되는 경로.

1. citrate lyase; **2.** oxaloacetate decarboxylase; **3.** lactate dehydrogenase; **4.** 2-acetolactate synthase; **5.** 2-acetolactate decarboxylase; **6.** 화학 반응; **7.** acetoin dehydrogenase; **8.** pyruvate dehydrogenase complex; **9.** phosphotransacetylase; **10.** acetate kinase

높을 때, 즉 NADH의 농도가 높을 때는 lactate로 환원되고, 그 반대의 조건에서는 2-acetolactate를 거쳐 acetoin으로 합성된다.

Cheese 발효 과정에 생장하는 *Lactococcus lactis*는 aspartate, alanine 등 아미노산을 발효하여 diacetal과 acetoin을 생산한다. 이 경우 아미노산이 탈아민된 다음 pyruvate을 통해 생산된다.

오랫동안 젖산 발효균에 의한 diacetyl과 acetoin 발효 생산이 *Bacillus subtilis*(제7장, 7.11.2)나 장내 세균(그림 8.16)의 대사 과정과는 달리 diacetyl synthase라는 효소가 pyruvate에 작용하여 diacetyl을 합성하고 이어서 acetoin으로 환원되는 것으로 믿어 왔다. 그러나 이들 세균에서 diacetyl synthase가 발견되지 않았으며, 2-acetolactate synthase가 정제되었다. 따라서 젖산균에 의한 acetoin 생산 경로도 이들 두 종류의 세균과 같은 것을 알 수 있다.

젖산 발효균에 의한 citrate 대사 경로에서 ATP의 합성은 acetate kinase에 의해 이루어지고, oxaloacetate의 탈탄산 반응에서는 ATP가 합성되지 않는다. 또한 citrate/lactate 교환에서 ΔpH가 형성된다(제5장, 5.8.6).

포도주의 숙성 중에 malate가 lactate로 분해되어 산도가 낮아진다. 이를 malolactic 발효라 하며, 이 발효는 젖산균 *Lactobacillus plantarum, L. casei, Leuconostoc mesenteroides, L. oenos, Lactococcus lactis* 등에 의해 이루어진다.

$$\text{malate}^{2-} \longrightarrow \text{lactate}^{-} + CO_2$$

Malate가 탄소원 및 에너지원으로 이용되지 못하므로 이 발효는 당이 있을 때에만 일어난다. Malolactic 발효는 낮은 pH에서 산으로부터 자신을 보호하기 위한 대사 경로로 proton motive force를 형성한다. Malate가 lactate로 탈탄산될 때 원형질체의 H^+을 소비하여 ΔpH를 형성하고, malate^{2-}와 lactate^{-}가 교환되면서 $\Delta\psi$를 형성한다(제5장, 5.8.6).

Heterofermentative *Lactobacillus* 속 세균은 당을 발효할 때 glycerol을 전자 수용체로 이용할 수 있기 때문에 glycerol이 있을 때는 해당 경로에서 생산되는 pyruvate를 lactate와 ethanol로 환원시키지 않고 acetate로 산화시키면서 ATP를 생산한다.

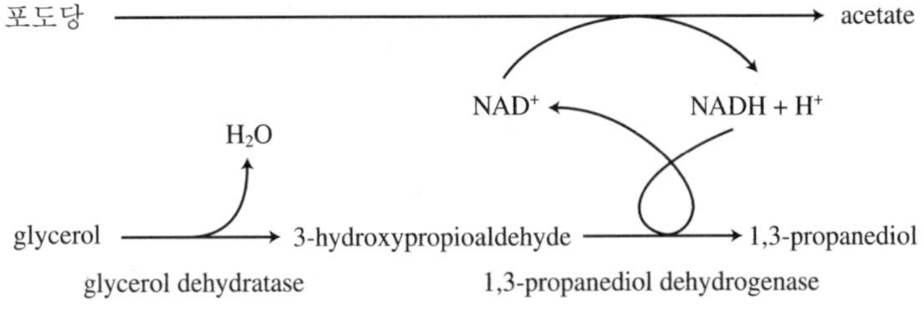

따라서 heterofermentative 젖산균이 당을 발효할 때 glycerol을 첨가하면 생장 속도와 균체 수율이 높아진다. Glycerol의 대사 경로는 장내 세균에 의한 발효 경로(그림 8.17)와 유사하다.

8.5 Butyrate와 Acetone-Butanol-Ethanol 발효

그람양성의 편성 혐기성 세균 중에서 황산염을 환원하지 않고 포자를 형성하는 모든 세균을 *Clostridium*속으로 분류한다. *Clostridium*속 세균을 이용하는 기질에 따라 당을 이용하는 saccharolytic clostridia와 단백질을 이용하는 proteolytic clostridia로 분류할 수 있다. Proteolytic clostridia는 대부분 병원성 세균이다.

당을 이용하는 대부분의 saccharolytic clostridia는 발효 산물로서 butyrate나 butanol을 생산한다. Clostridia 외에도 *Butyrivibrio, Eubacterium, Fusobacterium*속에 속하는 혐기성 세균들이 butyrate를 생산한다(표 8.4). Butyrate를 주된 발효산물로 생산하는 세균은 모두 편성 혐기성이다.

8.5.1 Butyrate 발효

*Clostridium butyricum*에 의한 butyrate 발효에서는 PEP를 이용하는 group translocation으로 흡수된 당이 EMP경로를 통해 pyruvate까지 대사된다. Pyruvate는 pyruvate:ferredoxin oxidoreductase의 작용을 받아서 acetyl-CoA로 합성된다. 이 반응은 이미 공부한 pyruvate의 산화적 탈탄산 반응이나 ethanol 발효의 탈탄산 반응과는 완전히 다르다. 이때 환원된 ferredoxin은 hydrogenase의 작용으로 산화되면서 수소(H_2)를 생산하는 데 이용될 수 있다. 이 반응을 phosphoroclastic reaction이라 한다.

8.5.1.1 Phosphoroclastic Reaction

Pyruvate:ferredoxin oxidoreductase도 다른 pyruvate 대사 효소들과 같이 thiamine pyrophosphate를 함유하는 단백질로서 다음 반응을 촉매한다.

$$CH_3\text{-CO-COOH} + \text{TPP-enzyme} \rightleftharpoons CH_3\text{-CHOH-TPP-enzyme} + CO_2$$

$$CH_3\text{-CHOH-TPP-enzyme} + \text{Ferredoxin} + \text{CoA-SH} \rightleftharpoons \text{TPP-enzyme} + CH_3\text{-CO-CoA} + \text{Ferredoxin}\cdot H_2$$

위 반응식에서 보는 바와 같이 phosphoroclastic reaction은 pyruvate의 산화적 탈탄산 반응에서

표 8.4 Butyrate를 주되는 발효 산물로 생산하는 혐기성 세균.

Butyribacterium methylotrophicum
Butyrivibrio fibrisolvens
Clostridium butyricum
C. kluyveri
C. pasteurianum
Eubacterium limosum
Fusobacterium nucleatum

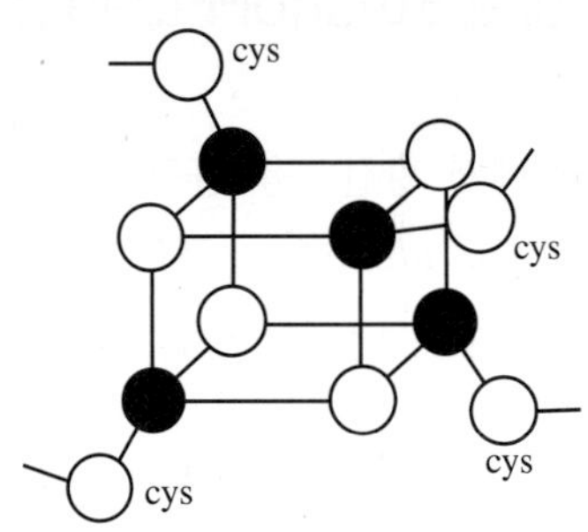

그림 8.7 Ferredoxin의 산화-환원 부위인 [4Fe-4S] Cluster의 구조.
○, 유황 원자; ●, 철 원자.

와는 달리 가역 반응으로서 acetyl-CoA로부터 pyruvate가 합성될 수 있다. 이 반응에서 이용되는 전자 전달체인 ferredoxin의 산화 · 환원 전위가 acetyl-CoA + CO_2/pyruvate와 비슷하기 때문에 pyruvate:ferredoxin oxidoreductase는 역반응을 촉매할 수 있다.

$2H^+/H_2$	$E^{\circ\prime} = -0.41V$
Fd(산화형)/Fd(환원형)	$E^{\circ\prime} = -0.41V$
NAD^+/ NAD + H^+	$E^{\circ\prime} = -0.32V$
Acetyl-CoA + CO_2/Pyruvate	$E^{\circ\prime} = -0.42V$

환원된 ferredoxin은 hydrogenase의 작용으로 수소를 생산하면서 산화된다.

$$\text{ferredoxin}\cdot H_2 \xrightleftharpoons{\text{hydrogenase}} \text{ferredoxin} + H_2$$

Ferredoxin의 산화 · 환원 전위가 수소와 비슷하기 때문에 수소 농도가 높은 조건에서도 수소의 생산이 가능하다. 따라서 수소가 축적되어 있는 조건에서도 phosphoroclastic reaction이 계속될 수 있다.

Ferredoxin은 [4Fe-4S] cluster를 갖는 단백질(그림 8.7)로서 이를 산성 용액으로 처리하면 황화수소가 분리된다. 따라서 ferredoxin의 [Fe-S] cluster 중에 있는 유황을 acid-labile sulfur라 한다. Ferredoxin 외에 [Fe-S] cluster를 갖는 단백질로서 mitochondria나 호기성 세균에서 전자 전달에 관여하는 [Fe-S] 단백질(제5장, 5.8.2.2), 그리고 여러 종류의 산화 · 환원 효소인 hydrogenase, formate dehydrogenase, pyruvate:ferredoxin oxidoreductase, nitrogenase 등이 있다. 앞에서 언급한 바와 같이 산소가 [Fe-S] cluster를 산화하기 때문에 pyruvate:ferredoxin oxidoreductase가 중심 대사에 작용하는 혐기성 세균이 산소에 대한 내성이 약하다.

8.5.1.2 Butyrate 발효 경로

Phosphoroclastic reaction으로 합성된 acetyl-CoA는 acetyl-phosphate를 거쳐 acetate로 분해되

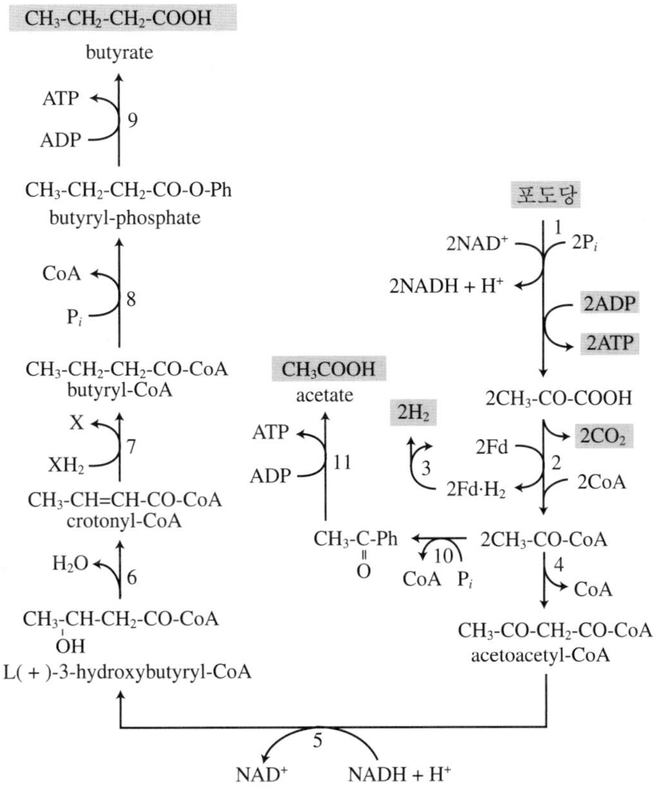

그림 8.8 포도당을 기질로 이용하는 Butyrate-Acetate의 발효 경로.

1. EMP 경로; **2.** pyruvate:ferredoxin oxidoreductase; **3.** hydrogenase; **4.** acetyl-CoA-acetyltransferase(thiolase); **5.** L(+)-3-hydroxybutyryl-CoA dehydrogenase; **6.** 3-hydroxyacyl-CoA hydrolase(crotonase); **7.** butyryl-CoA dehydrogenase; **8.** phosphotransbutyrylase; **9.** butyrate kinase; **10.** phosphotransacetylase; **11.** acetate kinase.

거나, 두 분자가 acetoacetyl-CoA로 축합되어 butyrate로 환원된다(그림 8.8). EMP 경로에서 발생하는 NADH는 butyrate를 생산할 때는 acetoacetyl-CoA를 환원하는 데 이용되며, acetate로 발효될 때는 ferredoxin:pyridine nucleotide oxidoreductase의 작용으로 NADH의 전자가 ferredoxin으로 전달되어 수소 생산에 이용된다.

*Clostridium butyricum*의 정상적인 발효에서는 100mole의 포도당으로부터 76mole의 butyrate, 42mole의 acetate가 생산되나(표 8.6) 생장 환경으로부터 수소를 제거하면 acetate와 butyrate의 생산 비율이 1:1까지 되어 acetate의 생산이 증가한다. 그 이유는 환경에 수소의 농도가 낮으면 아래 반응식에서 hydrogenase의 반응이 정방향으로 기울게 되고, 그 결과 NADH에 의한 ferredoxin의 환원이 쉽게 일어나기 때문이다.

$$\text{NADH} + \text{H}^+ \xrightleftharpoons{\text{NADH:Fd oxidoreductase}} \text{Fd} \cdot \text{H}_2 \xrightleftharpoons{\text{hydrogenase}} \text{H}_2$$

포도당으로부터 acetate만을 생산하면 EMP 경로에서 생산되는 2ATP와 acetate kinase의 작용으로 2ATP가 생산되므로 총 4ATP를 생산하게 되며, butyrate를 생산하는 경로에서는 3ATP 밖에 생산하지 못한다.

Acetoacetyl-CoA가 butyrate로 환원되는 과정에 있어 crotonyl-CoA/butyryl-CoA의 산화·환원 전위는 +0.19V로서 NAD+/NADH의 −0.32V 보다 훨씬 높다. 현재까지 butyryl-CoA dehydrogenase의 활성은 인공 전자 전달체를 이용해서 butyryl-CoA 산화 쪽으로 밖에 측정되지 않았으며, 이 효소의 실제 전자 전달체는 알려지지 않고 있다.

Acetoacetyl-CoA가 butyryl-CoA로 환원되는 과정에 있어 crotonyl-CoA/butyryl-CoA의 산화·환원 전위는 −0.10V로서 NAD^+/NADH의 −0.32V 보다 훨씬 높다. 많은 경우 butyryl-CoA dehydrogenase의 활성은 인공 전자 전달체를 이용해서 butyryl-CoA 산화 쪽으로 측정되었다. 그 이유는 이 반응에서 아래에서 보는 바와 같이 NADH가 직접적으로 이 효소와 작용하지 않고 flavin을 함유하는 단백질이 NADH로부터 전자를 받아서 이 효소로 전자를 공급하기 때문이다. 이때 두 분자의 NADH가 관여하며 반응에 이용되지 않는 전자는 산화·환원 전위가 NAD^+/NADH보다 낮은 ferredoxin을 거쳐 수소 생산에 이용된다.

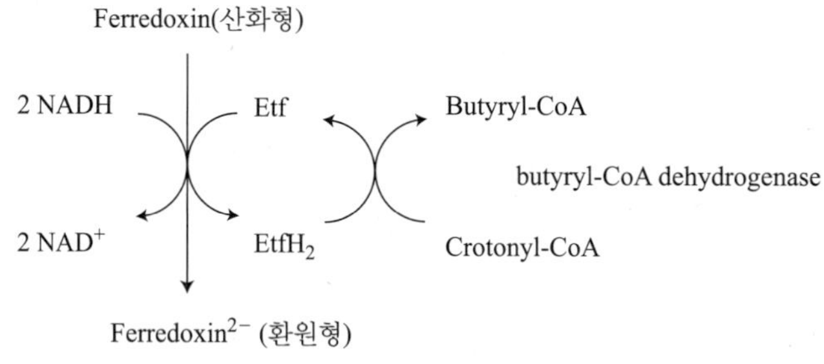

Etf; electron transferring flavoprotein

이러한 반응을 통해 발효과정에서 발생하는 잉여의 전자를 소비하면서 acetyl-CoA를 전자 수용체로 이용하는 대신 ATP 생산에 이용한다. 이처럼 두 분자의 NADH가 동시에 기질과 ferredoxin을 환원할 수 있는 것은 전자 전달에 관여하는 flavin의 특징으로 가능하다. Flavin은 두 개의 전자를 운반하며, 각각의 전자 중 하나는 −0.6V의 낮은, 그리고 다른 하나는 −0.2V 높은 서로 다른 산화·환원 전위를 가지며 낮은 전위의 전자는 ferredoxin의 환원에 이용되고 높은 전위의 전자는 crotonyl-CoA의 환원에 이용된다. 이처럼 하나의 전자 운반체로부터 두 개의 전자가 각각 다른 반응에 이용되는 것을 전자의 분기(electron bifurcation)이라 부른다. *C. butyricum*의 발효에서 포도당 100mmole 당 pyruvate:ferredoxin oxidoreductase에 의해 환원되는 ferredoxin보다 많은 235mmole의 수소가 생산되는 것(표 8.6)이 electron bifurcation에 유래하는 것인지 NADH:ferredoxin oxidoreductase에 의한 것인지는 더 많은 연구가 필요하다.

Electron bifurcation이 hydrogenotrophic methanogen(제9장, 9.4.3)과 homoacetogen(제9장, 9.5)에서도 보고되었다.

8.5.1.3 *Clostridium butyricum*에 의한 Lactate의 발효

Ensilage는 우리나라 전통 발효 식품인 김치의 발효처럼 젖산 발효로 만들어진다. 관리가 잘못된 ensilage에서 butyrate가 생산되어 사료 가치가 떨어지는 예가 많다. 이는 lactate와 acetate를 기질로 butyrate를 생산하는 *Clostridium butyricum*과 *C. tyrobutyricum*이 생장하기 때문이다. 이들 butyrate 발효균은 lactate 만은 발효할 수 없으나 acetate를 첨가하면 lactate를 발효하여 butyrate를 생산한다(그림 8.9). 이때 발효 산물은 표 8.5에서 보는 바와 같이 소비되는 lactate 100mmole에 대해 acetate는 32mmole이 소비되며, butyrate 65mmole과 수소 59mmole이 생산된다. 포유동물의 장내에서도 lactate가 butyrate로 발효되는 것으로 알려지고 있으며, butyrate가 대장 조직의 에너지원으로 이용되기 때문에 이러한 발효가 동물의 건강에 유용하다는 보고도 있다.

다음 식들에서 보는 바와 같이 lactate와 acetate가 1:1로 소비되어 butyrate를 생산할 경우, 환원력과 ATP의 생산과 소비가 일치하므로 수소 생산이나 ATP 합성은 이루어지지 않는다.

$$
\begin{array}{l}
\text{2lactate} + \text{ADP} \longrightarrow \text{butyrate} + \text{ATP} + 4\text{H} \\
+\ \text{2acetate} + \text{ATP} + 4\text{H} \longrightarrow \text{butyrate} + \text{ADP} \\
\hline
\text{2lactate} + \text{2acetate} \longrightarrow \text{2butyrate}
\end{array}
$$

따라서 fermentation balance에서 59mmole의 수소가 발생한 것은 59/2mmole butyrate가 순수하게 lactate로부터 생산된다는 계산이며, 65−59/2=35.5mmole의 butyrate는 lactate와 acetate로부터 생산된다는 계산이다. 따라서 lactate-acetate 발효에서 소비되는 lactate 100mmole에 대해 59/2mmole의 ATP가 생산된다.

*Clostridium butyricum*에 의한 lactate-acetate 발효의 balance는 다음과 같다.

$$\text{acetate} + \text{3lactate} + \text{ADP} + P_i \longrightarrow \text{2butyrate} + 2H_2 + \text{ATP}$$

*C. butyricum*이 lactate만으로는 생장하지 못하는 이유는 lactate dehydrogenase의 작용으로 발생하는 환원력이 수소 생산이나 acetoacetyl-CoA, 또는 crotonyl-CoA 환원에 이용되지 못하기 때문인 것으로 생각된다.

표 8.5 *Clostridium butyricum*에 의한 Lactate–Acetate의 발효 Balance

(mmole/소비되는 기질 100mmole)

	lactate + acetate	pyruvate	포도당
Acetate	−32	33	42
Butyrate	65	33	76
이산화탄소	100	93	188
수소	59	30	235

−, 소비를 뜻한다.

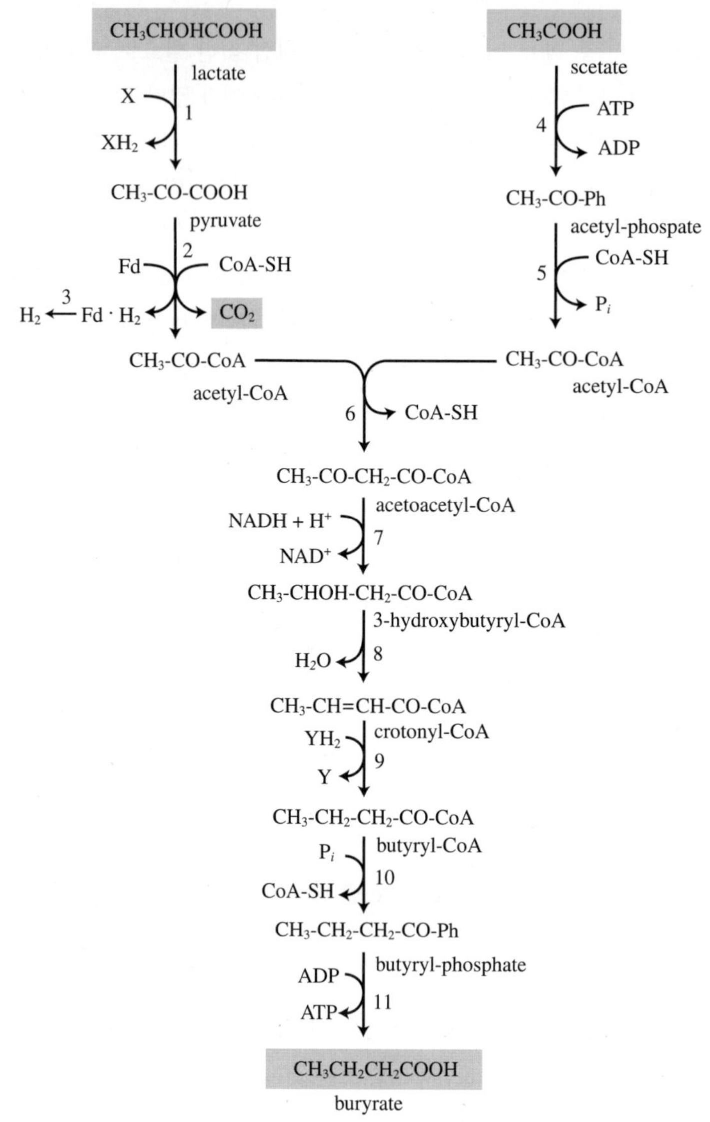

그림 8.9 *Clostridium butyricum*에 의한 Lactate-Acetate의 발효 경로.

1. lactate dehydrogenase; **2.** pyruvate:ferredoxin oxidoreductase; **3.** hydrogenase; **4.** acetate kinase; **5.** phosphotransacetylase; **6-11.** butyrate 발효 경로.

8.5.1.4 *Clostridium kluyveri*에 의한 Ethanol-Acetate의 발효

*C. butyricum*이 lactate와 acetate를 발효하여 butyrate를 생산하는 것과 같이 *C. kluyveri*는 ethanol과 acetate, 또는 ethanol과 propionate를 발효하여 butyrate와 caproate를 생산하는 능력이 있다. *C. butyricum*이 lactate에서만 생육할 수 없듯이 *C. kluyveri*도 ethanol만은 발효시키지 못한

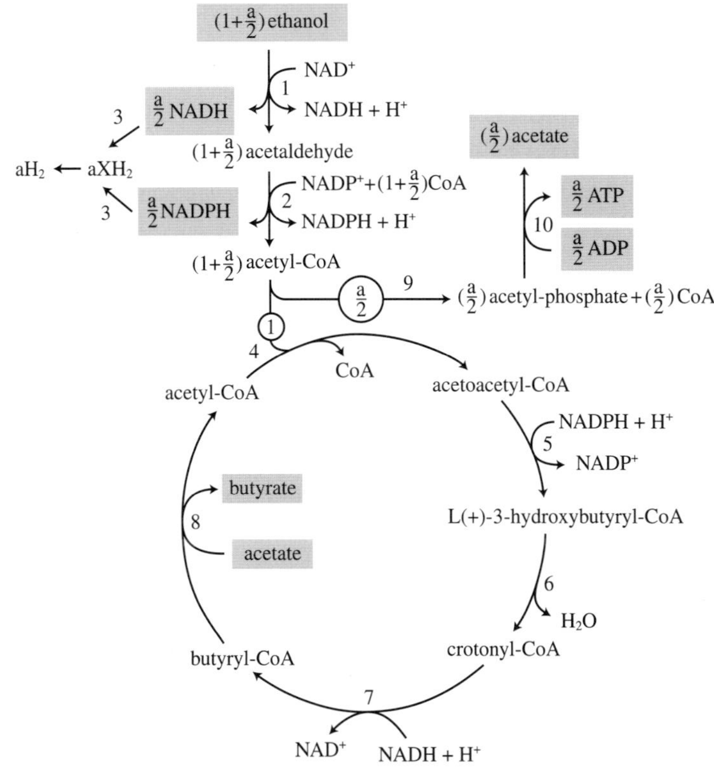

그림 8.10 *Clostridium kluyveri*가 Ethanol과 Acetate를 발효하여 Butyrate를 생산하는 발효 경로.

Ethanol 산화에서 발생되는 환원력이 acetyl-CoA와 acetate가 butyryl-CoA로 환원될 때 필요한 환원력과 동일하므로, 분자 상태의 수소를 발생시키는 만큼의 환원력은 acetyl-CoA를 전자 수용체로 이용하지 않기 때문에 acetyl-CoA는 ATP 합성에 이용된다.

1. alcohol dehydrogenase; **2.** aldehyde dehydrogenase; **3.** pyridine nucleotide:ferredoxin oxidoreductase; **4–7.** butyrate 발효 경로; **8.** coenzyme A transferase; **9.** phosphotransacetylase; **10.** acetate kinase.

다. Ethanol-acetate발효의 balance는 다음과 같다.

$$6\text{ethanol} + 3\text{acetate} \longrightarrow 3\text{butyrate} + \text{caproate} + 2H_2 + 4H_2O + H^+$$

Ethanol은 alcohol dehydrogenase와 aldehyde dehydrogenase의 작용으로 산화되어 acetyl-CoA로 합성된다. 이때 전자는 NAD^+와 $NADP^+$에 전달되어 그 일부는 hydrogenase에 의한 수소 생산에 이용되고, 나머지는 acetoacetyl-CoA를 butyryl-CoA로 환원시키는 데 이용된다(그림 8.10).

Ethanol이 acetyl-CoA로 산화될 때 2×2의 전자가 발생하고 기존의 acetate와 acetyl-CoA가 butyryl-CoA로 환원될 때는 같은 수의 전자가 소비된다. 따라서 ethanol에서 합성되는 모든 acetyl-CoA가 acetoacetyl-CoA로 합성되어 NAD(P)H의 산화에 필요한 전자 수용체로 이용되면 ATP의 합성에는 이용될 수 없다. 그러나 NAD(P)H의 환원력이 수소 생산에 이용되면 전자 수용체로 이용될 필요가 없는 acetyl-CoA는 phosphotransacetylase, acetate kinase의 작용을 받아서 ATP 합성에 이용될 수 있다. 즉, 발생하는 수소 2분자에 대하여 1분자의 acetyl-CoA가 acetyl-phosphate를 통해 ATP 합성에 이용된다.

Butyryl-CoA가 Coenzyme A transferase의 작용을 받기 전에 acetyl-CoA와 thiolase의 작용을 받으면 3-ketocaproyl-CoA를 거쳐 caproate가 생산된다.

*C. kluyveri*는 ethanol과 succinate에서도 생장할 수 있다. 이때 ethanol은 acetyl-phosphate를 통해 acetate로 대사되면서 ATP 합성에 이용되고 이 과정에서 발생하는 환원력은 succinate를 전자 수용체로 하여 succinyl-CoA, succinate semialdehyde, 4-hydroxybutyrate 등의 과정으로 환원된다. 이 발효에서도 ethanol-acetate에서와 같이 acetate, butyrate, caproate 등이 산물로 생산된다.

Lactate와 acetate를 발효하여 생장하는 *C. butyricum*이나, ethanol과 acetate에서 생장하는 *C. kluyveri*는 이들이 사용하는 기질로부터 생합성에 필요한 모든 탄소 골격을 합성하여야 한다. 이들 세균은 acetyl-CoA로부터 phosphoroclastic reaction을 통해 이산화탄소를 고정하여 pyruvate를 합성한다.

$$CH_3\text{-CO-CoA} + Fd \cdot H_2 + CO_2 \xrightleftharpoons[\text{oxidoreductase}]{\text{pyruvate:ferredoxin}} CH_3\text{-CO-COOH} + \text{CoA-SH} + Fd$$

Pyruvate는 gluconeogenesis를 통한 glucose-6-phosphate의 합성과 oxaloacetate를 통한 TCA 회로의 대사 중간 산물의 합성에 이용된다(그림 8.11).

$$\text{pyruvate} + HCO_3^- + \text{ATP} \xrightleftharpoons{\text{pyruvate carboxylase}} \text{oxaloacetate} + \text{ADP} + P_i$$

제5장에서 공부한 바와 같이 TCA 회로는 생합성에 필요한 탄소 골격을 공급하는 분해 반응, 즉 amphibolic 대사 경로이다. 그러나 혐기 상태에서 발효로 생장하는 세균은 2-ketoglutarate dehydrogenase를 합성하지 못하므로 TCA 회로를 통해서는 생합성에 필요한 탄소 골격을 공급받지 못한다. 따라서 이들은 불완전 TCA 경로(제5장, 5.4.1)를 통해 생합성에 필요한 탄소 골격을 합성한다. Pyruvate가 pyruvate carboxylase의 작용으로 oxaloacetate로 합성된 다음 acetyl-CoA와 함께 citrate로 합성되는 과정은 호기 상태에서의 TCA 회로와 유사하다. Succinyl-CoA는 oxaloacetate로부터 TCA 회로의 반대 방향으로 합성된다.

8.5.1.5 *Clsotridium butyricum*에 의한 glycerol의 발효

Glycerol을 1,3-propanediol로 발효하는 혐기성 세균이 오래 전부터 알려져 왔으며, 최근 유지를 원료로 biodiesel을 생산할 때 발생하는 부산물인 glycerol을 이용하기 위해 새롭게 연구되고 있다. *Klebsiella pneumoniae* 등 통성혐기성 세균 등 많은 세균에서 이러한 발효가 알려지고 있으나 발효 속도나 수율에서 *Clostridium butyricum*이 가장 우수하다. 이 발효는 glycerol이 acetate와 butyrate로 산화되면서 ATP를 생산하고 여기서 발생하는 환원력을 나머지 glycerol을 전자 수용체로 이용하여 1,3-propanediol로 환원시키는 전형적인 disproportionation 경로이다(그림 8.12). Succinate-

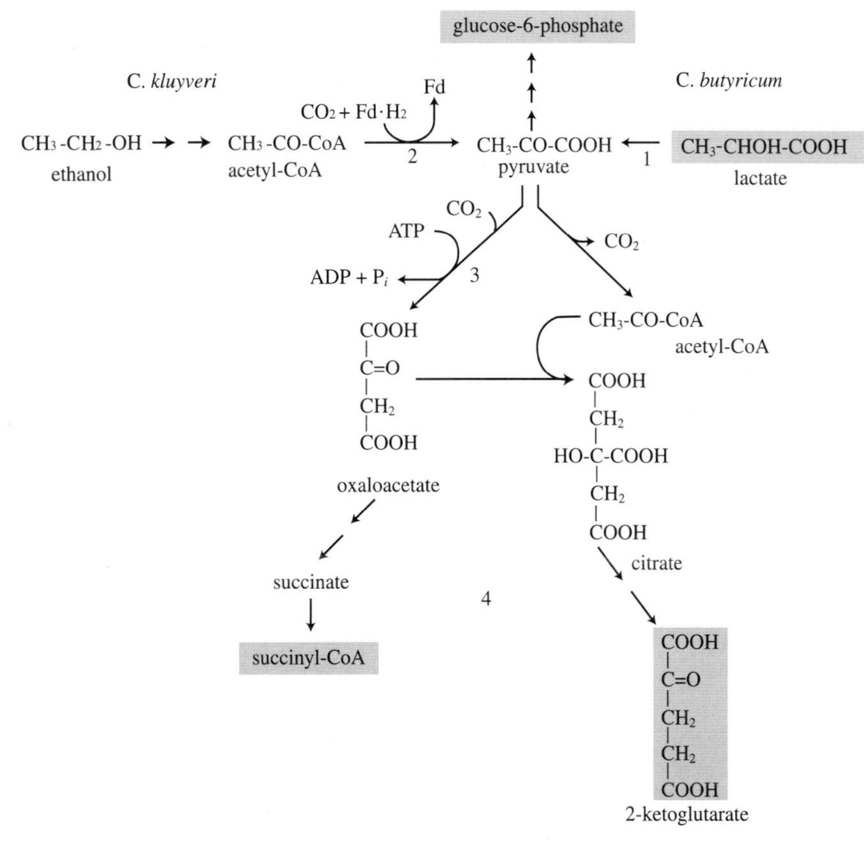

그림 8.11 *Clostridium butyricum*과 *C. kluyveri*가 Lactate 및 Ethanol로부터 불완전 TCA 경로를 통해 생합성에 필요한 탄소 골격을 생산하는 경로.

1. lactate dehydrogenase; **2.** pyruvate:ferredoxin oxidoreductase; **3.** pyruvate carboxylase; **4.** 불완전 TCA 경로 (incomplete TCA fork)

propionate 경로로 발효하는 propionate 발효 세균은 glycerol을 발효하여 propionate를 생산한다 (8.7.3).

8.5.1.6 *Clostridium butyricum*의 정장 작용

앞에서 기술한 바와 같이 butyrate가 대장 조직의 에너지원으로 작용하여 동물의 건강에 유익할 뿐 아니라 이를 생산하는 *Clostridium butyricum*은 정장 작용도 갖는다. 전리된 상태의 유기산은 원형질막을 투과할 수 없으나 전리되지 않은 상태의 유기산은 친유성이 강해 원형질을 쉽게 통과한다. Butyrate, acetate, lactate의 p*Ka*는 각각 4.82, 4.75, 3.86이다. 이들을 생산하는 세균들의 발효가 진행되면 발효액의 pH가 발효 산물의 p*Ka*보다 낮아진다. 이 상태에서는 전리되지 않은 발효 산물의 농도가 높아지며, 전리되지 않은 유기산의 세포 내외 농도가 평형을 이루는 쪽으로, 즉 전리되지 않은

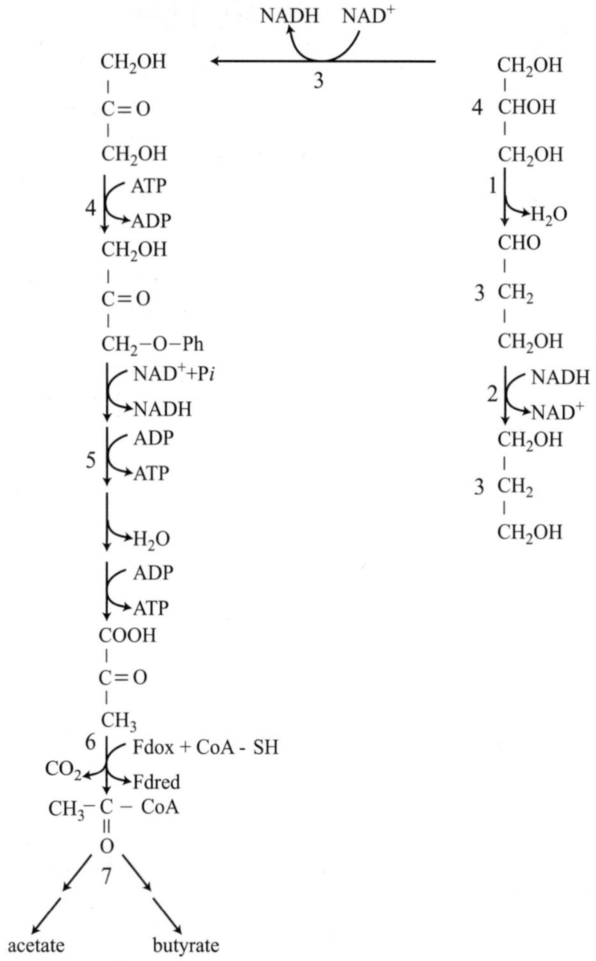

NADH NAD$^+$

CH_2OH ← 3 ← CH_2OH

$C=O$ | 4 $CHOH$

CH_2OH | CH_2OH

4 ATP → ADP | 1 → H_2O

CH_2OH | CHO

$C=O$ | 3 CH_2

CH_2-O-Ph | CH_2OH

$NAD^+ + Pi$ → NADH | 2 NADH → NAD^+

5 ADP → ATP | CH_2OH

H_2O | 3 CH_2

ADP → ATP | CH_2OH

COOH

$C=O$

CH_3

6 Fdox + CoA - SH → Fdred, CO_2

$CH_3-C(=O)-CoA$

7

acetate butyrate

그림 8.12 *Clostridium butyricum*에 의한 glycerol 발효 경로.

Glycerol 한 분자가 acetyl-CoA로 산화될 때 발생하는 환원력을 3분자의 glycerol이 1,3-propanediol로 환원될 때 소비된다.
1. glycerol dehydratase; **2.** 1,3-propanediol dehydrogenase; **3.** glycerol dehydrogenase; **4.** dihydroxyacetone kinase;
5. EMP 경로의 일부; **6.** pyruvate:ferredoxin oxidoreductase; **7.** butyrate 발효 경로의 일부

유기산이 세포 안으로 이동한다. Proton motive force를 유지하는 세포의 내부 pH는 외부보다 높기 때문에 세포 안으로 이동한 유기산은 다시 전리된다. 따라서 유기산은 낮은 pH에서 uncoupler 또는 protonophore로 작용한다(그림 8.13).

이들 유기산을 생산하는 젖산균, *Clostridium butyricum, C. acetobutylicum* 등은 자신이 생산하는 유기산의 저해 작용에 대한 내성이 있다. 이러한 메커니즘으로 lactate 또는 젖산균, *C. butyricum*을 복용하면 장내 비정상적인 세균의 생장이 억제되어 정장 작용을 하게된다.

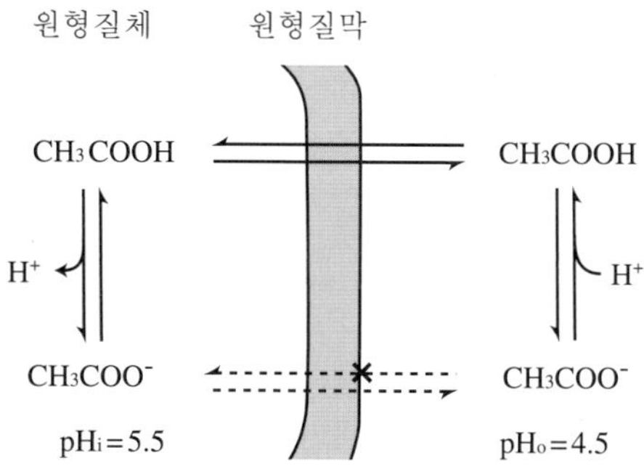

그림 8.13 약산이 Protonophore로 작용하는 메커니즘.
환경에 약산(acetate, butyrate, 젖산 등)의 농도가 높아지고 pH가 내려가면 전리되지 않은 산의 농도가 증가하여 세포 안으로 들어간다. 세포 안의 pH가 높기 때문에 산이 전리되므로 약산은 uncoupler로 작용한다.

8.5.2 Acetone-Butanol-Ethanol 발효

대부분의 butyrate를 생산하는 saccharolytic clostridia들은 소량의 butanol을 생산하지만, *C. acetobutylicum, C. beijerinckii, C. saccharobutylicum,* 그리고 *C. saccharoperbutylacetonicum* 등은 많은 양의 butanol과 함께 acetone(또는 isopropanol)과 ethanol을 생산한다.

Butanol을 생산하는 세균들도 발효 초기에는 butyrate 발효와 마찬가지로 butyrate와 acetate만을 생산하며, 이들 산이 축적되는 발효 중기 이후에는 butanol, acetone, ethanol 등 solvent의 생산이 시작된다(그림 8.14).

산 생산기에는 대부분의 당이 butyrate와 acetate로 발효되지만, solvent 생산기에는 발효되는 당이 butanol을 위시한 solvent의 생산에 이용되며, 산 생산기에서 환경에 축적된 acetate와 butyrate도 solvent로 전환된다. Acetate와 butyrate는 acetoacetyl-CoA:acetate coenzyme A transferase 또는 kinase, phosphotransacetylase의 작용을 통해 acetyl-CoA와 butyryl-CoA로 합성되어서 aldehyde dehydrogenase와 alcohol dehydrogenase의 작용을 받아 ethanol과 butanol로 환원된다. Acetoacetate는 decarboxylase의 작용을 받아서 acetone으로 탈탄산된다(그림 8.15). Butanol 생산균 중 *C. beijerinckii*의 alcohol dehydrogenase는 ketone에도 작용할 수 있기 때문에 생산된 acetone이 isopropanol까지 환원된다.

Butanol 발효에서 산 생산기로부터 solvent 생산기로 전환될 때 탄소 대사의 전환과 더불어 전자 대사도 변한다. 즉, butanol과 ethanol을 생산할 때는 산을 생산할 때보다 많은 환원력을 필요로 하므로 산 생산기에서 H^+을 전자 수용체로 이용하여 수소 생산에 이용되는 환원력이 aldehyde dehydrogenase와 alcohol dehydrogenase의 작용을 위해 이용된다. 산 생산기에서는 해당 과정에서 환원된 NADH에서 전자가 ferredoxin으로 전달되어 수소 생산으로 연결되고, solvent 생산기에는 ferredoxin으로부터 NAD^+ 또는 $NADP^+$ 쪽으로 전자가 전달된다. 이들 반응은 NAD(P):ferredoxin

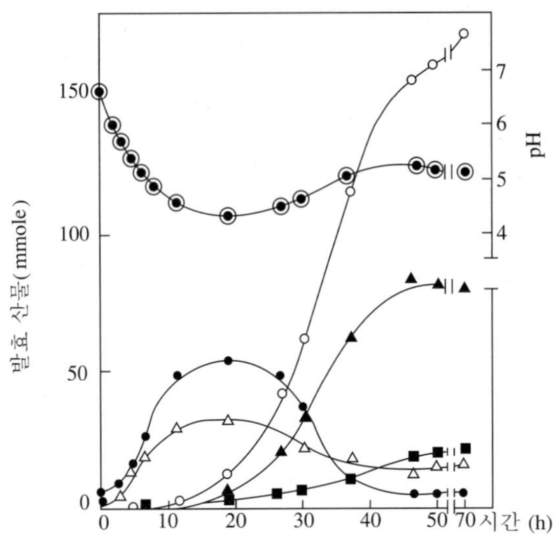

그림 8.14 *Clostridium acetobutylicum*의 Acetone-Butanol-Ethanol 발효.

발효 초기에 당이 발효되어서 butyrate와 acetate가 축적되면 발효액의 pH가 내려간다. 이때부터 산 생산이 중단되고, butanol, acetone, ethanol 등 solvent의 생산이 시작되며, 유기산이 소비된다.

○ : butanol; ▲ : acetone; ■ : ethanol; ● : butyrate; △ : acetate ⦿ : pH.

oxidoreductase에 의해 촉매된다. Solvent 생산을 위해 해당 경로에서 발생하는 환원력보다 더 많은 환원력이 필요할 때는 수소가 수소 이용 hydrogenase의 작용을 통해서 이용된다. 이를 위해 butanol 생산균은 2종 이상의 hydrogenase를 생산한다.

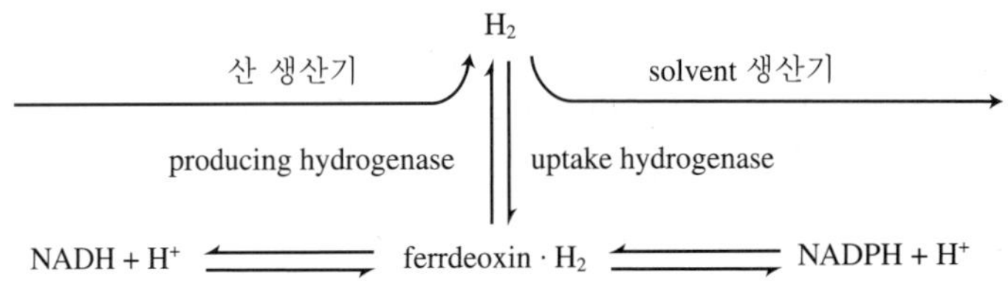

위의 반응에서 수소의 분압이 높을 경우에는 전자가 $NAD(P)^+$의 환원 쪽으로 흘러 solvent 합성이 촉진되며, 수소를 생산하는 hydrogenase의 활성을 저해해도 같은 효과가 나타난다.

이처럼 생장 환경의 변화에 따라 탄소 대사가 변하여 발효 산물이 달라지는 발효를 branched pathway라 하였다(그림 8.1). Butanol 발효에서 탄소의 대사가 유기산 생산 쪽으로 이루어지면 acetyl-CoA와 butyryl-CoA가 산까지 분해되면서 ATP를 생산할 수 있지만, solvent로 대사되면 ATP는 EMP 경로에서만 생산된다(그림 8.15). 환경의 변화에 따라 다른 경로를 통해 기질을 대사하여 생장하는 미생물은 주어진 환경에 가장 잘 생장할 수 있는 경로를 통해 대사하기 때문에 ATP의 수율이 낮을 수도 있다.

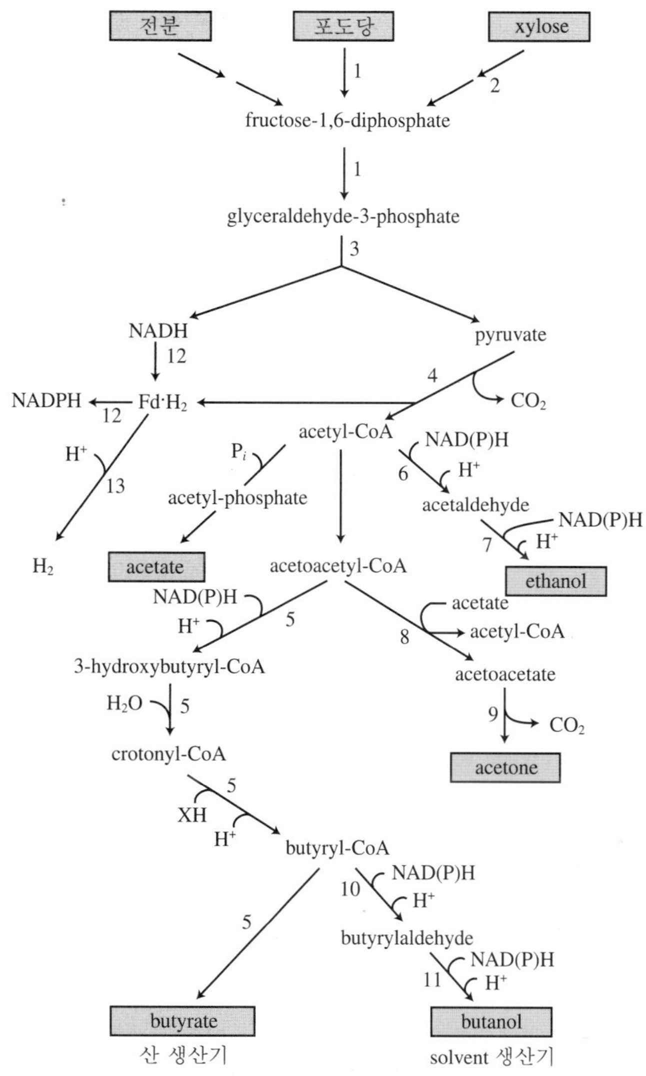

그림 8.15 Acetone-Butanol-Ethanol 발효의 대사 경로.

1. EMP 경로; **2.** transketolase와 transaldolase; **3.** glyceraldehyde-3-phosphate dehydrogenase; **4.** pyruvate:ferredoxin oxidoreductase; **5.** butyrate 발효 경로; **6.** acetaldehyde dehydrogenase; **7.** alcohol dehydrogenase; **8.** acetoacetyl-CoA:acetate coenzyme A transferase; **9.** acetoacetate decarboxylase; **10.** butyraldehyde dehydrogenase; **11.** butanol dehydrogenase.

*C. acetobutylicum*에서 butanol 등 solvent를 생산하는 효소의 일부 유전자는 plasmid에 있다.

Branched pathway에서 생장 조건의 어떠한 정보가 어떠한 메커니즘을 통해 대사 경로를 결정하는지 잘 알려지지 않고 있다. Butanol 발효에서 산 생산기로부터 solvent 생산기로 전이되는 메커니즘을 설명하기 위해 많은 가설이 제안되었다. 전술한 바와 같이 전리되지 않은 유기산이 원형질막을 자유롭게 통과할 수 있기 때문에 세포 안에 높은 농도로 축적되는 유기산이 solvent 생산을 유도한다는 가설도 있다.

Acetyl-CoA와 butyryl-CoA를 acetate와 butyrate로 대사하는 효소들, 즉 phosphotransbutyrylase, butyrate kinase, phosphotransacetylase, acetate kinase가 촉매하는 반응들은 모두 가역 반응으로서 세포내 butyrate와 acetate의 농도가 높아지면 butyryl-CoA와 acetyl-CoA의 농도도 높아져서 phosphoroclastic reaction에 관여할 coenzyme A의 농도가 낮아진다. Butanol을 비롯한 solvent의 생산은 acyl-CoA 형태로 존재하는 coenzyme A를 회수하는 메커니즘으로 설명하는 예가 있다.

$$\text{Butyrate} \underset{\text{ATP} \quad \text{ADP} + \text{P}_i}{\rightleftharpoons} \text{Butyrylphosphate} \underset{\text{Co-ASH} \quad \text{P}_i}{\rightleftharpoons} \text{Butyryl-CoA}$$

모든 생물은 세포내 pH를 일정하게 유지하기 위한 조절 작용(homeostasis)을 갖고 있으나 유기산을 생산하는 발효 과정에서는 uncoupler로 작용하는 유기산으로 인해 세포내 pH가 낮게 유지될 수도 있다. 이 낮은 세포내 pH가 solvent 생산을 유도하여 유기산을 환원시켜 세포내 pH를 조절한다는 가설도 있다.

*Clostridium acetobutylicum*에서 solvent가 생산될 때 세포내 ppGpp의 농도가 높아지는 것으로 보아 이 operon은 stringent control(제12장, 12.2.1) 메커니즘으로 조절된다는 보고도 있다.

Solvent 생산은 생장이 끝나면서 이루어지며, 포자 형성과 밀접한 관계가 있다. 유기산의 축적으로 생장이 멈추면 세포 모양이 간균 형태에서 glycogen과 비슷한 저장 물질인 granulose를 축적하면서 시가 모양으로 변한다. 그리고 시간이 지나면 포자를 형성하게 된다. 이러한 변화는 포자 형성에 관여하는 각종 sigma factor의 작용으로 각 단계에 작용하는 단백질이 합성되기 때문이다. 포자 형성 초기에 작용하는 σ^F mutant도 solvent를 생산하는 것으로 보아 포자 형성 전 단계에서 solvent의 생산이 시작되는 것을 알 수 있다.

*Clostridium acetobutylicum*은 lactate를 이용할 수 없으나 당이 있을 때는 이를 대사한다. Butanol 발효에 lactate를 첨가하면 butanol의 생산이 증가한다. 이 이유는 protonophore로 작용하는 lactate를 제거할 필요가 있으며, 산화 · 환원 전위가 높은 lactate가 pyruvate로 산화될 때 발생하는 전자를 제거하기 위해 acetoacetyl-CoA를 전자 수용체로 이용하기 때문에 acetone의 생산은 감소하고 butanol의 생산이 증가한다.

8.5.3 Fermentation Balance

Ethanol 발효나 homofermentative 젖산 발효에서처럼 단일 발효 산물을 생산하는 발효(linear pathway)와는 달리 saccharolytic clostridia는 당을 branched pathway로 발효하여 butyrate나 butanol 외에 acetate, 이산화탄소, 수소, lactate, ethanol 등 다양한 산물을 생산한다(표 8.6).

혐기성 발효에서는 ATP를 합성하는 해당 경로에서 발생하는 환원력을 효과적으로 처리하여야

표 8.6 *Clostridium*속 세균의 당 발효 산물 비교.

(mmole / 소비된 기질 100mmole)

산물	*C. butyricum*	*C. perfringens*	*C. acetobutylicum*
butyrate	76	34	4
acetate	42	60	14
lactate	–	33	–
이산화탄소	188	176	221
수소	235	214	135
ethanol	–	26	7
butanol	–	–	56
acetone	–	–	22

대사가 계속될 수 있기 때문에 탄소 대사와 더불어 전자 대사도 대단히 중요한 연구의 대상이 된다. 따라서 기질의 발효에서 생산되는 산물의 탄소 수율과 전자의 수율을 계산할 필요성이 생긴다. Branched pathway에서 생산되는 발효 산물들의 산화 · 환원 상태가 다양하여 발효의 전자 수율의 계산은 탄소 수율의 계산보다 어렵다. 이를 간단히 하기 위해 산화/환원 balance(O/R balance)를 계산한다.

기질과 발효 산물의 환원된 정도나 산화된 정도를 표시하기 위해 formaldehyde(CH_2O) 또는 이들의 배수, 예를 들어 5탄당, 6탄당의 산화 · 환원 balance를 인위적으로 0으로 정하고, 이들보다 환원된 발효 산물은 환원된 정도를 2H가 결합한 것을 −1로 계산하고, 산화된 경우 2H가 적은 것을 +1로 계산한다. 예를 들어 ethanol(C_2H_6O)의 경우 H_2O 1분자를 합치면 $C_2H_8O_2$가 되므로 −2가 되고, acetate($C_2H_4O_2$)는 0, 이산화탄소는 $C(-H_2O)O$로 되므로 +2가 된다(표 8.7).

표 8.7 Acetone–Butanol–Ethanol 발효의 탄소 및 수소 수율과 산화 · 환원 Balance.

기질 또는 발효 산물	mole/기질 100mole	탄소 mole	산화 · 환원(O/R) Balance		기질과 발효 산물의 수소 함량	
			각 물질의 O/R	O/R 값 합계	각 물질의 수소	총 수소 함량
포도당	100	600	0	–	24	2,400
butyrate	4	16	−2	−8	20	80
acetate	14	28	0	–	8	112
이산화탄소	221	221	+2	+442	0	–
수소	135	–	−1	−135	2	270
ethanol	7	14	−2	−14	12	84
butanol	56	224	−4	−224	24	1,344
acetone	22	66	−2	−44	16	352
합계		569		−425 +442		2,242

탄소 회수율: 569/600 × 100 = 94.8 %

기질의 산화 · 환원 balance 산화/환원=425/442 = 1.04

수소 회수율: 2242/2400 × 100 = 93 %

발효 과정에서 균체 합성에 이용되는 기질의 양은 발효 산물로 대사되는 양에 비해 극히 미량이며, 균체 유기물의 산화 · 환원 정도가 당과 비슷하므로 이를 무시할 수 있다. 따라서 기질 O/R 값의 합과 발효산물 O/R 값의 합은 비슷한 값을 갖게 되며, 포도당을 기질로 사용하면 발효 산물 O/R 값의 합은 0이 된다.

8.6 통성 혐기성 세균의 혼합산 발효

8.6.1 혼합산 발효

장내 세균인 *Aeromonas, Escherichia, Salmonella, Shigella, Enterobacter, Serratia, Dickeya(Erwinia), Klebsiella* 등은 통성 혐기성 세균으로서 호기 상태에서 당을 완전히 산화하지만, 적절한 전자 수용체가 공급되지 않는 혐기 상태에서는 당을 발효하여 lactate, acetate, succinate, formate, 이산화탄소, 수소 등 다양한 발효 산물을 생산한다. *Serratia, Erwinia, Klebsiella*는 이들 외에 많은 양의 ethanol과 2,3-butanediol을 생산한다. *Aeromonas hydrophila*와 *Serratia marcescens*의 butanediol 생산은 quorum sensing(제12장, 12.2.9)에 의해 조절되며, acetate 등 유기산의 축적으로부터 자신을 보호하는 기능을 갖는다. 또한 *Dickeya dadantii* (*Erwinia chrysanthemi*) 등 식물 병원성 세균에서 butanediol 생산이 병원성에도 관여한다. 이들은 EMP 경로로 당을 분해하여 각 산물을 다음의 경로로 생산한다(그림 8.16).

해당 경로의 PEP가 PEP carboxylase의 작용으로 oxaloacetate로 대사되고 TCA 회로의 반대 방향으로 succinate까지 환원된다. Pyruvate는 lactate dehydrogenase에 의해 lactate로 환원되기도 하며, pyruvate:formate lyase의 작용으로 acetyl-CoA와 formate로 분해되고, acetyl-CoA는 acetone-butanol 발효에서와 같이 acetate 또는 ethanol로 대사된다. 또한 pyruvate는 *Bacillus polymyxa*(제7장, 7.11.2)와 비슷한 경로를 통해 2-acetolactate synthase의 작용을 받아 acetoin을 거쳐 2,3-butanediol까지 대사된다.

2-acetolactate synthase는 thiamine pyrophosphate를 포함하는 효소로서 다음과 같은 반응을 통해 2분자의 pyruvate로부터 탈탄산 반응을 거쳐 2-acetolactate를 합성한다.

$$CH_3\text{-CO-COOH} + \text{E-TPP} \longrightarrow CH_3\text{-CHOH-TPP-E} + CO_2$$

$$CH_3\text{-CHOH-TPP-E} + CH_3\text{-CO-COOH} \longrightarrow \begin{array}{l} CH_3\text{-C=O} \\ \quad\;\; | \\ CH_3\text{-C-COOH} + \text{E-TPP} \\ \quad\;\; | \\ \quad\; OH \end{array}$$

2-acetolactate

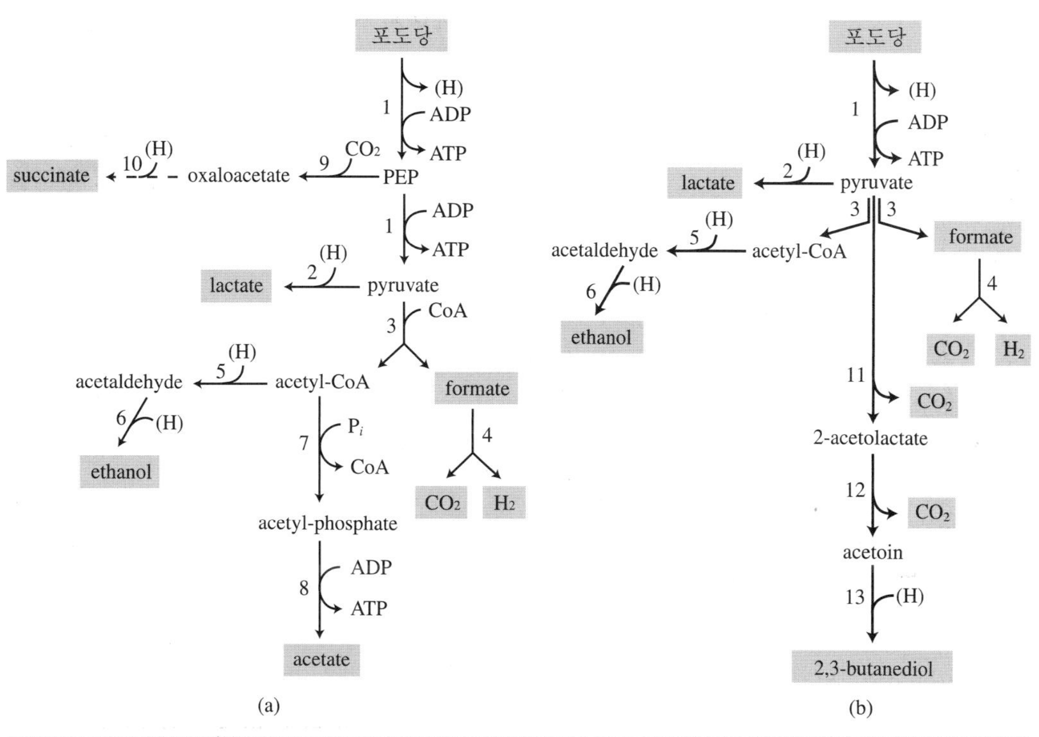

그림 8.16 장내 세균에 의한 혼합산 발효(a)와 2,3-Butanediol 발효 경로(b).

Escherichia, Salmonella, Shigella, Enterobacter 등 통성 혐기성 세균은 적절한 전자 수용체가 공급되지 않는 혐기 상태에서 당을 발효하여 lactate, acetate, formate, succinate, ethanol 등을 생산하고(a), *Serratia, Klebsiella, Dickeya*(*Erwinia*) 등은 이들 외에 2,3-butanediol을 생산한다 (b).

1. EMP경로; **2.** lactate dehydrogenase; **3.** pyruvate:formate lyase; **4.** formate:hydrogen lyase; **5.** acetaldehyde dehydrogenase; **6.** alcohol dehydrogenase; **7.** phosphotransacetylase; **8.** acetate kinase; **9.** PEP carboxylase; **10.** TCA 회로 효소들; **11.** 2-acetolactate synthase; **12.** 2-acetolactate decarboxylase; **13.** 2,3-butanediol dehydrogenase.

이 효소의 활성은 pH 6.0 정도의 산성에서 가장 강하다. 혐기 상태에서 당이 발효되어서 acetate, lactate, formate 등 유기산이 축적되면 환경의 pH가 내려가며, 이로 인해 세포내 pH도 내려가게 된다. 세포내 pH가 산성으로 되면 2-acetolactate synthase의 활성이 강하게 유지되므로 pyruvate는 2,3-butanediol의 합성에 이용된다. 따라서 pyruvate로부터 합성되는 유기산의 합성이 중단되므로 환경의 pH가 더 이상 내려가지 않게 된다. L-valine 합성에 작용하는 2-acetolactate synthase는 pH 8.0 부근에서 가장 활성이 강해 pH 8.0 효소라 하며(제6장, 6.4.1), 2,3-butanediol의 합성에 이용되는 pH 6.0 효소와 구분한다. Acetoin과 butanediol 생산은 세포 내 낮은 pH 조건에서 *N*-acyl-homoserine lactone이 작용하는 quorum sensing 메커니즘으로 활성화 된다(제12장, 12.2.9).

오랫동안 호기성 세균으로 알려져 온 *Bacillus subtilis*도 전자 공여체가 공급되지 않는 환경에서는 *Klebsiella, Dickeya*(*Erwinia*) 등과 같이(그림 8.16b) 당을 lactate, ethanol, butanediol 등으로 발

효한다.

Anaerobiospirillum succiniciproducens, Actinobacillus succinogenes 등은 당을 발효하여 거의 같은 양의 succinate를 생산한다. 이들을 이용하여 당으로부터 succinate를 생산하기 위한 연구가 활발히 진행 중이다. 이처럼 succinate의 수율이 높은 것은 pyruvate 또는 PEP가 oxaloacetate로 탄산화되어 succinate로 환원되기 때문이다.

Klebsiella pneumoniae, K. oxytoca, Enterobacter aerogenes 등 장내 세균은 glycerol을 발효하여 일부를 pyruvate로 산화하여 혼합산 발효와 유사한 발효 산물로 대사하고, 이때 발생하는 환원력을 이용하여 나머지 기질을 3-hydroxypropionaldehyde를 거쳐 1,3-propanediol로 환원시킨다(그림 8.17). Glycerol의 환원 경로는 heterofermentative 젖산균과 유사하다(8.4.6). 1,3-propanediol은 석유화학에서 많이 생산되는 원료 물질로 이를 biodiesel 생산의 부산물인 glycerol로부터 생물공학적으로 생산하는 방법을 개발하기 위해 연구가 진행되고 있다.

장내 세균은 다른 혐기성 미생물과 같이 전자 공여체가 공급되지 않는 조건에서 2-ketoglutarate dehydrogenase를 합성할 수 없기 때문에 citrate를 TCA 회로로 산화하지 못하고 succinate와 acetate로 발효한다(그림 8.18). *Salmonella typhimurium*과 *Klebsiella pneumoniae*는 citrate lyase의 작용으로 acetate와 oxaloacetate로 분해하고 이어서 oxaloacetate를 탈탄산 반응으로 pyruvate를 통해 acetate까지 산화한다. *Escherichia coli*는 citrate 운반체가 없어 이를 이용하지 못하나 citrate 운반체의 유전 정보를 갖는 plasmid를 보유하는 균주는 포도당 등 발효성 기질이 있을 때 citrate를 전자 수용체로 이용한다. *Providencia rettgeri*는 전자 공여체가 공급되지 않는 조건에서도 TCA 회로의 모든 효소를 생산하지만 환원되는 NAD(P)H를 산화할 수 없기 때문에 TCA 회로로 산화하지 못한다. 대신 일부의 citrate를 TCA 회로의 정방향으로 succinate까지 산화하고, 이때 환원되는 NAD(P)H는 citrate lyase의 작용으로 생산되는 oxaloacetate를 succinate까지 환원하는 데 사용한다. Citrate의 발효에서 acetate kinase와 succinate thiokinase의 작용에서 기지 수준 인산화 반응으로 ATP가 합성되며, oxaloacetate decarboxylase의 작용으로 sodium motive force가 fumarate reductase의 작용으로 proton motive force가 각각 형성된다.

8.6.2 혐기성 효소

장내 세균은 호기 상태에서 pyruvate dehydrogenase complex의 작용으로 pyruvate를 대사하지만, 혐기 상태에서는 이 효소가 생산되지 않으며, 이미 생산된 효소도 NADH의 농도가 높아지면서 활성이 저해된다. 상기한 pyruvate:formate lyase는 혐기 상태에서 생산되며, 호기 상태에서는 비가역적으로 불활성화되므로 혐기 상태에서만 작용한다. 이처럼 혐기 상태에서 pyruvate dehydrogenase 대신 pyruvate:formate lyase가 작용하면 NAD^+를 환원시키지 않고도 acetyl-CoA를 합성할 수 있고, 해당 경로에서 환원된 NADH를 산화시키기 위해 acetyl-CoA를 전자 수용체로 사용할 수 있으므로 이들 장내 세균들은 혐기 상태에서도 대사를 왕성히 유지할 수 있다.

혐기 상태에서 전자 수용체로 이용될 수 있는 질산염이나 fumarate가 없을 때 formate는 formate

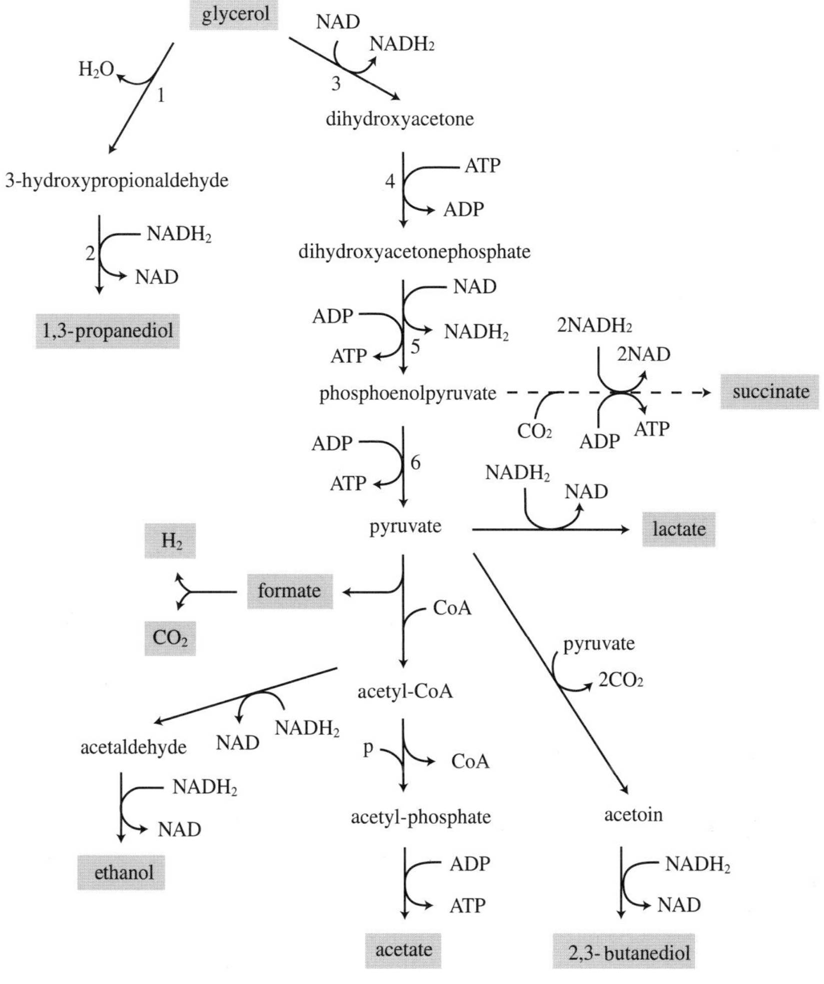

그림 8.17 *Klebsiella pneumoniae*에 의한 Glycerol의 발효 경로.

일부의 glycerol이 pyruvate를 거쳐 혼합산 발효와 유사한 경로로 대사되고, 이때 발생하는 환원력은 나머지 기질을 1,3-propanediol로 환원시키는 데 이용된다.

1. glycerol dehydratase; **2.** 1,3-propanediol dehydrogenase; **3.** glycerol dehydrogenase; **4.** dihydroxyacetone kinase; **5, 6.** EMP 경로의 효소; 그 밖의 반응은 그림 8.16과 동일.

dehydrogenase II(FDH II)와 hydrogenase의 복합체인 formate:hydrogen lyase의 작용을 받아서 이산화탄소와 수소로 분해되며, 이들 전자 수용체가 주어진 조건에서는 FDH I의 작용을 통해 이산화탄소를 생산하면서 전자는 nitrate reductase 또는 fumarate reductase로 전달되어 혐기성 호흡 메커니즘을 통해 ATP의 합성에 이용된다. 이들의 전자 전달 과정을 그림 8.19에 나타내었다.

$$HCOO^- + H^+ \xrightarrow{\text{formate:hydrogen lyase}} CO_2 + H_2$$

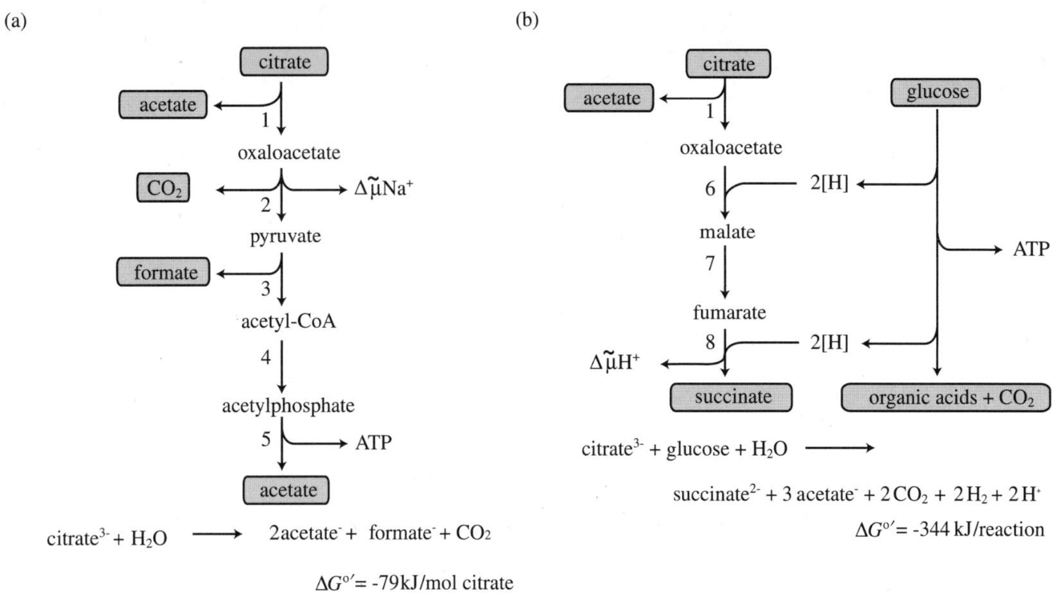

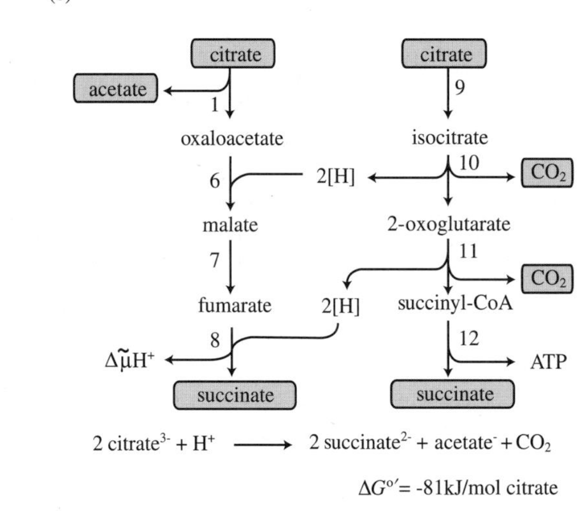

그림 8.18 장내 세균에 의한 Citrate의 발효 경로.

전자 수용체가 공급되지 않는 조건에서는 정상적인 TCA 회로가 불가능하기 때문에 장내 세균은 citrate를 acetate와 succinate로 발효한다. *Klebsiella pneumoniae*와 *Salmonella typhimurium*은 citrate를 acetate로 분해하며(a), *Escherichia coli*는 발효 기질이 있을 때 citrate를 전자 수용체로 이용한다(b). Citrate를 이용하는 *E. coli*에서 citrate의 운반에 필요한 유전 정보는 plasmid에 있다. *Providencia rettgeri*는 TCA 양방향으로 citrate를 대사하여 succinate를 생산한다(c)

1. citrate lyase; **2.** oxaloacetate decarboxylase; **3.** pyruvate:formate lyase; **4.** phosphotransacetylase; **5.** acetate kinase; **6.** malate dehydrogenase; **7.** fumarase; **8.** fumarate reductase; **9.** aconitase; **10.** isocitrate dehydrogenase; **11.** 2-ketoglutarate dehydrogenase complex; **12.** succinate thiokinase

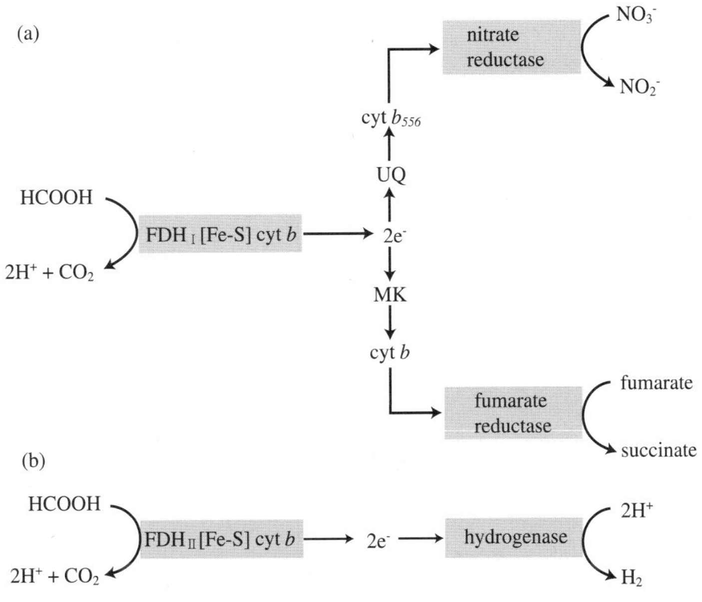

그림 8.19 통성 혐기성 세균의 Formate 대사 경로.

혐기 상태에서 pyruvate:fomate lyase의 작용으로 생산되는 formate는 전자 수용체로 이용되는 질산염 또는 fumarate를 이용하여 혐기성 호흡을 통해 대사되기도 하며(a), 전자 수용체가 없는 조건에서는 이산화탄소와 수소로 분해된다(b). 상세한 메커니즘은 그림 8.21(fumarate reductase)과 제9장, 그림 9.1(nitrate reductase)에서 설명한다.

$$HCOO^- + NAD^+ \xrightarrow{\text{formate dehydrogenase I}} CO_2 + NADH$$

Escherichia coli 등 통성 혐기성 세균이 혐기 상태에서 생장할 때에만 생산하는 pyruvate:formate lyase, hydrogenase, nitrate reductase, fumarate reductase 등 여러 효소의 합성은 *fnr* 유전자로부터 생산되는 단백질에 의해 조절된다(제12장, 12.2.5). 이들 효소를 혐기성 효소라 한다.

8.7 Propionate 발효

*Propionibacterium*속 세균을 비롯하여 *Clostridium propionicum, Megasphaera elsdenii* 등은 당이나 lactate를 발효하여 propionate, acetate, 이산화탄소를 생산한다.

$$3\text{포도당} \longrightarrow 4\text{propionate} + 2\text{acetate} + 2CO_2$$

$$3\text{lactate} \longrightarrow 2\text{propionate} + \text{acetate} + CO_2$$

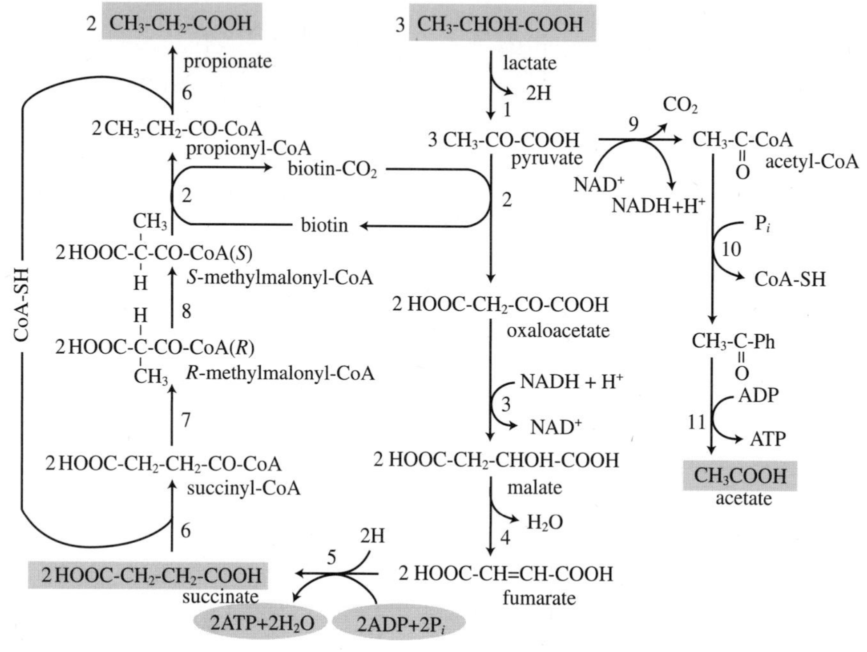

그림 8.20 *Propionibacterium*속 세균이 Lactate를 Propionate로 발효하는 Succinate-Propionate 경로.

1. lactate dehydrogenase; **2.** methylmalonyl-CoA:pyruvate transcarboxylase; **3.** malate dehydrogenase; **4.** fumarase; **5.** fumarate reductase; **6.** coenzyme A transferase; **7.** methylmalonyl-CoA mutase; **8.** methylmalonyl-CoA racemase; **9.** pyruvate dehydrogenase; **10.** phosphotransacetylase; **11.** acetate kinase.

대부분의 propionate 발효 세균은 lactate를 포도당보다 쉽게 이용한다. Propionate 발효 세균은 acrylate 경로나 succinate-propionate 경로를 통해 propionate를 생산한다.

*Propionispora vibrioides*는 mannitol, sorbitol, xylitol 등 당 알코올을 propionate와 acetate로 발효한다.

8.7.1 Succinate-Propionate 경로

Propionibacterium 속에 속하는 세균이 이 경로를 통해 lactate로부터 succinate를 거쳐 propionate를 생산한다(그림 8.20). 3분자의 lactate가 flavin을 전자 전달체로 이용하는 탈수소효소에 의해 pyruvate로 산화된다. 이중 한 분자의 pyruvate는 acetyl-CoA를 거쳐 acetate로 분해되면서 이산화탄소, NADH, ATP를 각각 1분자씩 생산하고, 나머지 2분자의 pyruvate는 3분자의 lactate와 1분자의 pyruvate가 탈수소화되면서 발생하는 환원력을 소비하여 2분자의 propionate로 환원된다. 이 경로에서 특이한 효소는 biotin을 조효소로 작용하는 transcarboxylase, ATP가 합성되는 fumarate reductase, 조효소 B_{12}가 함유된 methylmalonyl-CoA mutase 등이다.

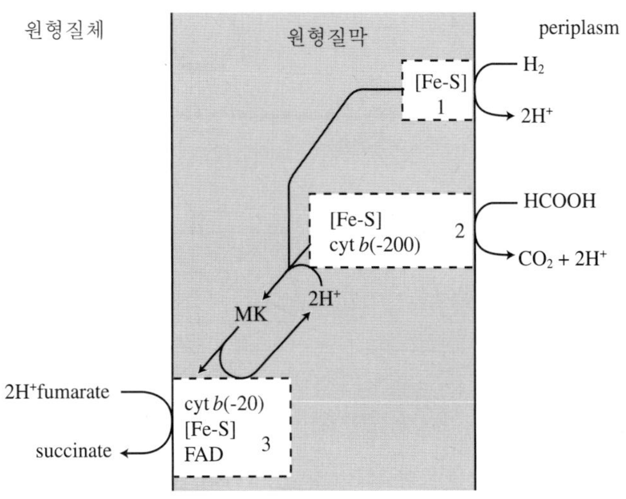

그림 8.21 혐기성 세균이 Fumarate를 전자 수용체로 이용하는 메커니즘.
괄호 안의 숫자는 cytochrome *b*의 산화·환원 전위를 mV로 표시한다.
1. hydrogenase; **2.** formate dehydrogenase; **3.** fumarate reductase

8.7.1.1 Methylmalonyl-CoA:Pyruvate Transcarboxylase

Methylmalonyl-CoA와 pyruvate에 작용하여 propionyl-CoA와 oxaloacetate를 생산하는 methylmalonyl-CoA:pyruvate transcarboxylase는 이산화탄소 전달체로 이용되는 biotin을 prosthetic group으로 보유하고 있다.

8.7.1.2 Fumarate Reductase

제5장(5.8.6)에서 소개한 것처럼 fumarate reductase는 NADH의 전자를 fumarate로 전달하면서 발생하는 free energy를 이용하여 proton motive force 형성에 연결하고 이를 ATP 합성에 이용한다. 이 반응에 NADH 외에 수소, formate 등의 전자도 이용된다. Fumarate reductase의 조효소로 menaquinone과 cytochrome *b*가 관여하며, 이들은 막 단백질이다(그림 8.21).

*Bacteroides fragilis*는 젖산균 *Lactococcus*처럼 cytochrome의 apoprotein을 합성하지만, heme을 합성할 수 없다. 따라서 hemin이 없을 때는 fumarate reductase가 작용할 수 없으므로 당을 lactate, acetate 등으로 발효하지만 hemin을 공급하면 cytochrome이 합성되어 propionate를 생산한다.

이상의 대사 과정에서 *Propionibacterium*은 3분자의 lactate로부터 acetate kinase의 작용으로 1분자의 ATP, 그리고 fumarate reductase의 반응에서 2분자의 ATP를 합성할 수 있다.

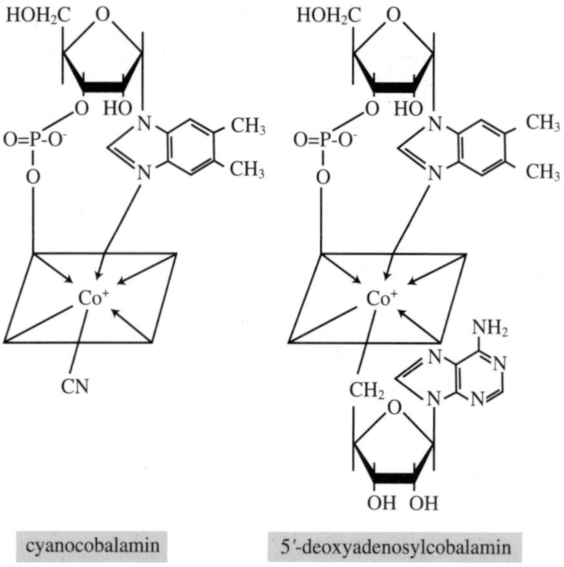

HOH$_2$C O ... cyanocobalamin / 5′-deoxyadenosylcobalamin

그림 8.22 Cobalamin과 Coenzyme B_{12}의 구조.

8.7.1.3 Methylmalonyl-CoA Mutase

Succinyl-CoA의 카르복시기를 분자 내에서 이동시켜 methylmalonyl-CoA를 합성하는 이 methylmalonyl-CoA mutase는 coenzyme B_{12}를 조효소로 이용한다. 산업적인 vitamin B_{12}의 생산에 *Propionibacterium shermanii* 등 수종의 propionate 발효 세균이 이용된다. 그 이유는 methylmalonyl-CoA mutase의 조효소로 coenzyme B_{12}가 이들 균에서 합성되기 때문이다. 생화학 반응에서 methylmalonyl-CoA mutase를 위시한 탄소 구조의 재조합을 촉매하는 많은 효소들은 vitamin B_{12}(cyanocobalamin)에 adenosine이 결합된 coenzyme B_{12}(그림 8.22, 5′-deoxyadenosylcobalamin)를 조효소로 이용한다.

8.7.1.4 Succinate의 생산

Succinate-propionate 경로를 통한 propionate 발효에서 succinate가 세포 밖으로 소량 분비된다. Succinate가 세포 밖으로 분비되면 methylmalonyl-CoA의 농도가 낮아지므로 methylmalonyl-CoA:pyruvate transcarboxylase가 계속 작용할 수 없다(그림 8.20의 2반응). 이를 보충하기 위해 PEP 또는 pyruvate가 직접 이산화탄소와 작용하여 oxaloacetate로 합성된다.

$$\text{Pyruvate} + \text{ATP} + \text{P}_i \xrightarrow{\text{pyruvate orthophosphate dikinase}} \text{PEP} + \text{AMP} + \text{PP}_i$$

$$\text{PEP} + \text{CO}_2 + \text{ADP} \xrightarrow{\text{PEP carboxykinase}} \text{oxaloacetate} + \text{ATP}$$

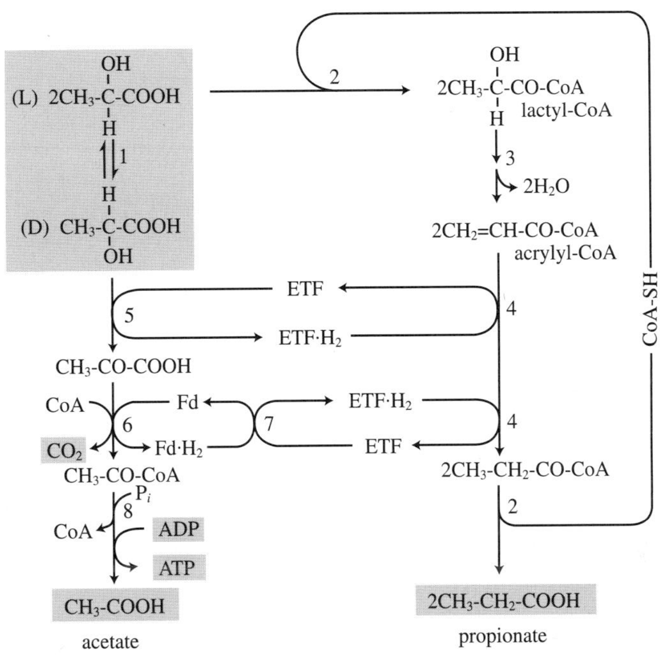

그림 8.23 *Megasphaera elsdenii*와 *Clostridium propionicum*이 Lactate를 Propionate와 Acetate로 발효하는 Acrylate 경로.

1. lactate racemase; **2.** coenzyme A transferase; **3.** lactyl-CoA dehydratase **4.** 작용이 확실하지 않는 효소; **5.** lactate dehydrogenase; **6.** pyruvate:ferredoxin oxidoreductase; **7.** transhydrogenase; **8.** phosphotransacetylase와 acetate kinase.
ETF: unknown electron transfer factor

$$\text{PEP} + CO_2 + P_i \xrightarrow{\text{PEP carboxytransphophorylase}} \text{oxaloacetate} + PP_i$$

*Propionibacterium*속 세균은 pyrophosphatase의 활성이 낮기 때문에 위의 반응에서 생산되는 pyrophosphate는 당이나 serine 등의 인산화에 이용되므로 전체적으로 볼 때 ATP의 에너지가 잘 보전된다.

8.7.2 Acrylate 경로

대부분의 propionate 발효균은 succinate-propionate 경로로 propionate를 생산하지만, *Clostridium propionicum, Megasphaera elsdenii*는 lactate로부터 lactyl-CoA, acrylyl-CoA를 거쳐 propionate를 생산한다. 이때 필요한 환원력은 lactate가 acetate로 산화될 때 발생하는 것을 이용한다(그림 8.23). 이 경로에서 ATP 수율은 1ATP/3lactate로서 succinate-propionate의 그것보다 훨씬 낮다.

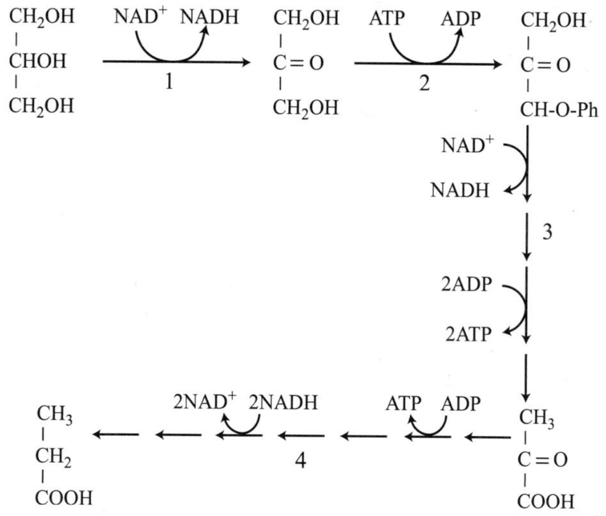

$CH_2OH-CHOH-CH_2OH$ —(1; NAD^+ → NADH)→ $CH_2OH-C{=}O-CH_2OH$ —(2; ATP → ADP)→ $CH_2OH-C{=}O-CH\text{-}O\text{-}Ph$

—(NAD^+ → NADH)→ 3 —(2ADP → 2ATP)→ $CH_3-C{=}O-COOH$

$CH_3-C{=}O-COOH$ —(ATP ← ADP)→ 4 —($2NAD^+$ ← 2NADH)→ CH_3-CH_2-COOH

그림 8.24 Propionate 발효 세균의 의한 Glycerol의 발효.
1. glycerol dehydrogenase; **2.** dihydroxyacetone kinase; **3.** EMP 경로의 일부; **4.** Succinate-propionate 경로의 일부

8.7.3 Glycerol의 propionate 발효

Succinate-propionate 경로로 발효하는 propionate 발효 세균은 glycerol을 발효하여 propionate를 생산한다. Glycerol이 dihydroxyacetone으로 산화된 다음 EMP 경로의 일부를 통해 ATP를 생산하면서 pyruvate로 산화되고 이때 발생하는 환원력은 pyruvate가 propionate로 환원될 때 소비된다(그림 8.24).

8.8 아미노산 및 핵산 염기의 혐기적 분해

지금까지 당이나 유기산을 발효하여 생장하는 혐기성 미생물의 대사 경로를 공부하였다. 아미노산, 핵산 염기 등 질소 화합물도 혐기성 발효 미생물에 의해 대사된다. 단일 아미노산이 혐기성 발효에서 기질로 이용되기도 하고, 두 종류 이상의 아미노산이 동시에 대사되기도 한다.

두 종류 이상의 아미노산이 동시에 대사되는 발효에서 어떤 종류의 아미노산(전자 공여체)은 ATP 생산 대사에서 산화되면서 전자 전달체를 환원시키며, 다른 종류(전자 수용체)는 환원된 전자 전달체로부터 전자를 받아 환원된다. 이러한 발효를 이를 밝힌 사람의 이름을 따라 Stickland reaction이라 한다.

아미노산의 발효는 주로 *Clostridium*속 세균에 의해 이루어진다. 이들을 proteolytic clostridia라하

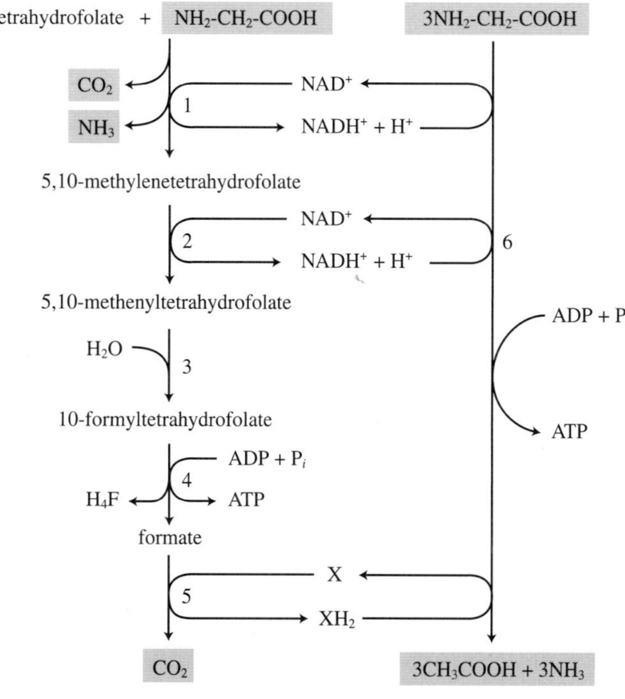

그림 8.25 *Peptostreptococcus micros*가 Glycine을 발효하는 경로.

1. glycine decarboxylase; **2.** methylenetetrahydrofolate dehydrogenase; **3.** methenyltetrahydrofolate cyclohydrolase; **4.** formyltetrahydrofolate synthetase; **5.** formate dehydrogenase; **6.** glycine reductase.

며, 당을 발효하는 saccharolytic clostridia로부터 구분한다.

8.8.1 단일 아미노산의 발효

아미노산이 혐기적으로 발효될 때도 호기적 분해에서와 같이 탈아민 반응이 일어난 다음에 유기산 형태로 대사된다. 혐기 상태에서도 아미노산은 산화적 탈아민 반응(oxidative deamination)과 transamination 반응을 통해 대사되기도 하나, 주로 환원에 의한 탈아민 반응(reductive deamination)이 이루어진다.

$$\underset{\displaystyle\;\;|\atop\displaystyle NH_2}{\text{R-CH-COOH}} + 2H \longrightarrow RCH_2\text{-COOH} + NH_3$$

8.8.1.1 Alanine의 발효

*Clostridium propionicum*은 alanine을 pyruvate로 탈아민시킨 다음에 acrylate 경로를 통해

propionate와 acetate로 발효한다(그림 8.23).

8.8.1.2 Glycine의 발효

*Peptostreptococcus micros*는 glycine을 다음 반응식과 같이 발효한다.

$$4\text{glycine} + 2H_2O \longrightarrow 3\text{acetate} + 2CO_2 + 4NH_3$$

Glycine 1분자가 tetrahydrofolate(H_4F)와 결합하여 산화되면서 발생하는 6H는 3분자의 glycine이 glycine reductase에 의해 acetate로 환원될 때 이용된다(그림 8.25). 이 경로에서 ATP는 glycine reductase와 formate를 생산하는 formyltetrahydrofolate synthetase의 작용에 의해 substrate-level phosphorylation 메커니즘으로 합성된다.

8.8.1.3 Threonine의 발효

Threonine은 *Clostridium propionicum*이나 *Peptostreptococcus prevotii* 등에서 dehydratase의 작용을 통해 2-ketobutyrate로 탈아민된다. 이어서 2-ketobutyrate는 pyruvate:ferredoxin oxidoreductase와 유사한 효소의 작용을 통해 propionyl-CoA, 이산화탄소, 수소로 분해된다. Propionyl-CoA는 ATP를 합성하면서 propionate로 분해된다.

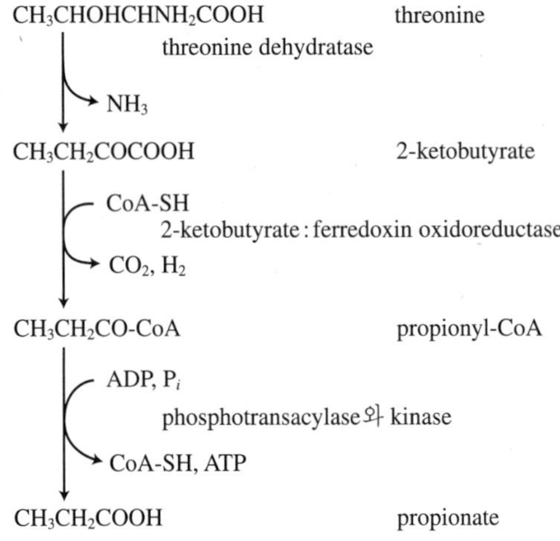

8.8.1.4 Glutamate의 발효

*Clostridium tetanomorphum*은 coenzyme B_{12}를 함유하는 glutamate mutase의 작용을 통해 glutamate를 대사하여 acetate와 pyruvate로 분해한다. Pyruvate는 acetate와 butyrate로 대사되면서 각각의 kinase에 의해 ATP를 합성한다(그림 8.26). 한편 *Acidaminococcus fermentans*와 *Peptostreptococcus asaccharolyticus*는 glutamate를 glutaconyl-CoA를 통해 acetate와 butyrate로

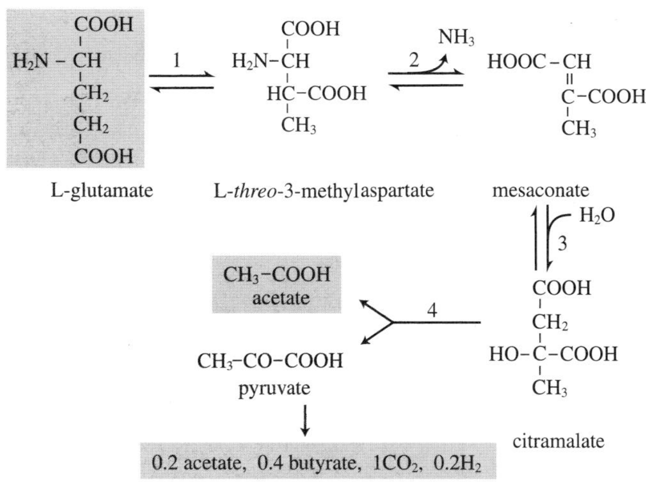

그림 8.26 *Clostridium tetanomorphum*에 의한 Glutamate의 발효 경로.

1. glutamate mutase; **2.** 3-methylaspartase; **3.** citramalate dehydratase; **4.** citramalate lyase.

대사하면서 Na^+-요구성 decarboxylase와 kinase의 작용으로 ATP를 생산한다(그림 8.27).

8.8.1.5 Aspartate의 발효

*Bacteroides melaninogenicus*를 비롯한 편성 및 통성 혐기성 세균은 aspartate를 acetate와 succinate로 발효한다. Aspartate는 fumarate로 탈아민되고, 이 중 1/3의 fumarate가 acetate로 산화되면서 발생하는 환원력이 나머지 2/3의 fumarate가 fumarate reductase에 의해 환원될 때 이용된다. Aspartate를 발효하는 세균은 menaquinone, cytochrome *b*를 합성하여 그림 8.21에서 설명한 메커니즘으로 ATP를 합성한다.

8.8.1.6 Lysine의 발효

*Clostridium sticklandii*와 *C. subterminale*는 lysine을 발효하여 acetate와 butyrate를 생산한다(그림 8.28). Lysine의 두 $-NH_2$기가 mutase의 작용으로 분자 내에서 이동하여 3,5-diaminohexanoate로 전환된 다음 탈아민된다. 탈아민 반응으로 생산되는 3-keto-5-aminohexanoate는 acetyl-CoA와 작용하여 acetoacetate와 3-aminobutyryl-CoA로 분해된다. 이어서 3-aminobutyryl-CoA는 butyrate로 대사되고, acetoacetate는 acetyl-CoA로 대사되어서 acetate kinase의 작용을 통해 ATP의 합성에 이용된다.

8.8.1.7 Arginine의 발효

Arginine은 그림 8.29의 경로를 통해 발효된다. 이 발효 경로는 *Mycoplasma*에서 처음 밝혀졌으며,

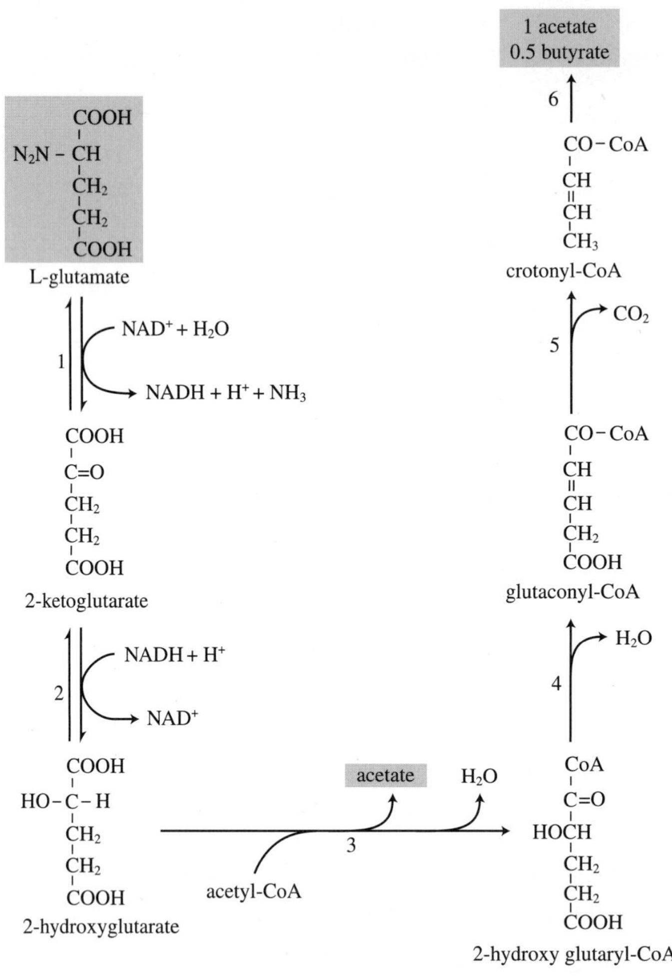

그림 8.27 *Acidaminococcus fermentans, Peptostreptococcus asaccharolyticus*에 의한 Glutamate의 발효 경로.
1. glutamate dehydrogenase; **2.** 2-hydroxyglutamate dehydrogenase; **3.** coenzyme A transferase; **4.** 2-hydroxyglutaryl-CoA dehydratase; **5.** glutaconyl-CoA decarboxylase; **6.** butyrate 발효와 유사한 경로.

Clostridium sticklandii, C. botulinum, Halobacterium salinarium 등도 같은 경로로 arginine을 발효한다. Arginine이 arginine deiminase의 작용을 받아 citrulline이 되고, citrulline은 P_i와 작용하여 ornithine과 carbamoylphosphate로 분해된다. Carbamoylphosphate는 carbamate kinase의 작용으로 ATP를 생산하면서 이산화탄소와 암모니아로 분해된다. 포도주의 숙성 중에 *Leuconostoc oenos* 등 heterofermentative 젖산균도 같은 경로로 arginine을 대사하여 포도주의 flavor 합성에 관여한다.

지금까지 살펴본 아미노산 외에도 많은 단일 아미노산이 여러 종류의 세균에 의해 발효될 것으로 생각되나 확실한 발효 경로가 알려지지 않고 있다. 대부분이 병원성 세균인 proteolytic clostridia를

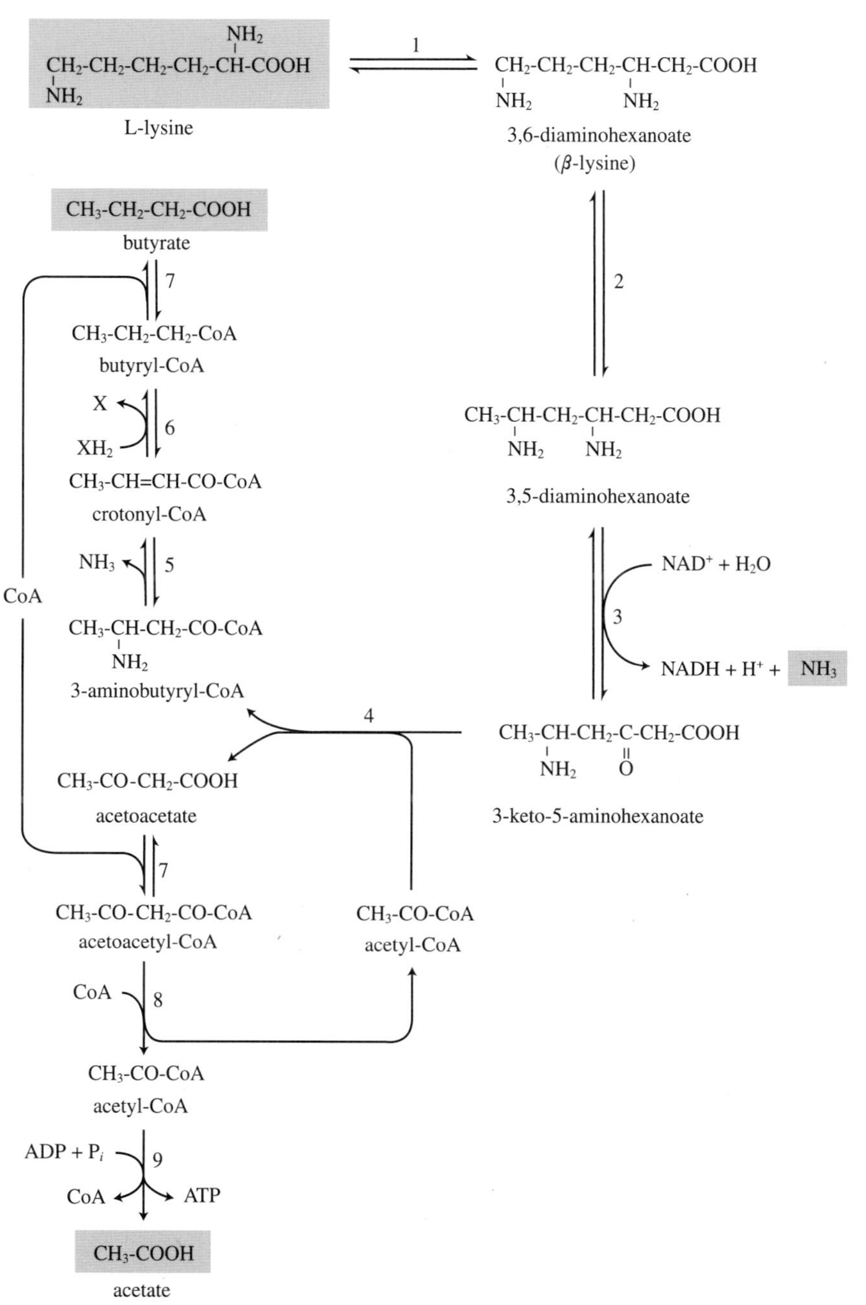

그림 8.28 *Clostridium sticklandii*가 Lysine을 발효하는 경로.

1. lysine-2,3-aminomutase; **2.** β-lysine mutase; **3.** 3,5-diaminohexanoate dehydrogenase; **4.** 3-keto-5-aminohexanoate 분해 효소; **5.** 3-aminobutyryl-CoA deaminase; **6.** butyryl-CoA dehydrogenase; **7.** coenzyme A transferase; **8.** β-ketothiolase; **9.** phophotransacetylase와 acetate kinase.

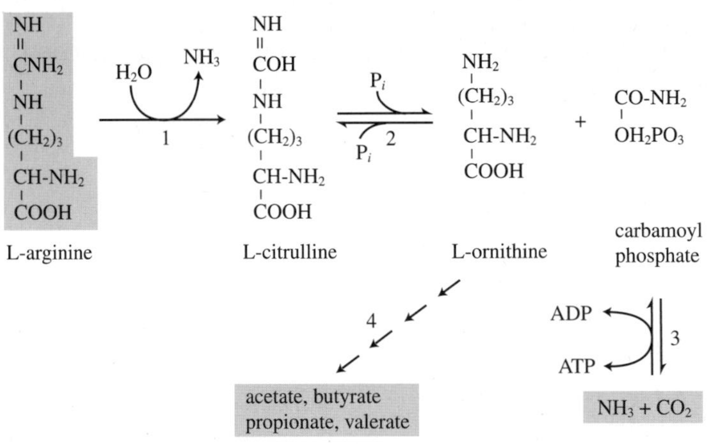

그림 8.29 혐기성 세균에 의한 Arginine의 발효.

1. arginine deiminase; **2.** ornithine carbamoyltransferase; **3.** carbamate kinase; **4.** *Clostridium botulinum*에 의한 발효

비롯한 아미노산 발효균들은 많은 종류의 growth factor를 요구하기 때문에 발효 경로를 밝히는 데 큰 어려움이 있다.

8.8.2 Stickland Reaction

많은 혐기성 세균들이 단일 아미노산을 발효 기질로 이용하여 생장할 수 있지만, 대부분은 아미노산 혼합물에서 더 잘 생장한다. 그 이유는 한 종류의 아미노산이 전자 공여체로, 다른 종류가 전자 수용체로 작용할 수 있기 때문이다. 아미노산 혼합물에서 alanine, valine 등은 주로 전자 공여체로, glycine, proline 등은 전자 수용체로 이용되며, phenylalanine, tryptophan 등 방향족 아미노산과 leucine은 전자 공여체 및 전자 수용체 양쪽으로 이용된다(표 8.8).

전자 공여체로 이용되는 아미노산은 산화적 탈아민 반응으로 2-keto 산을 거쳐 pyruvate:ferredoxin oxidoreductase와 유사한 반응으로 acyl-CoA를 합성하여 SLP 메커니즘을 통해 ATP의 합성에 이용된다.

$$\underset{\displaystyle |\atop NH_2}{R\text{-}CH\text{-}COOH} \xrightarrow[2H,\ NH_3]{H_2O} \underset{\displaystyle \|\atop O}{R\text{-}C\text{-}COOH} \xrightarrow[CO_2\quad H_2]{CoA\text{-}SH} \underset{\displaystyle \|\atop O}{R\text{-}C\text{-}CoA} \xrightarrow{ADP\ \rightarrow\ ATP} R\text{-}COOH$$

전자 수용체로 작용하는 아미노산은 glycine reductase에서처럼 SLP 메커니즘을 통해 ATP를 합성할 수도 있으며, proline의 경우 ATP 합성은 이루어지지 않는다. 최근에는 proline이나 phenylalanine이 전자 수용체로 작용할 때 ETP 메커니즘을 통해 ATP가 생산될 가능성도 있다고 발표되었다.

표 8.8 Stickland Reaction에서 전자 공여체와 전자 수용체로 이용되는 아미노산.

전자 공여체		전자 수용체	
기질	발효 산물	기질	발효 산물
alanine	acetate+CO_2+NH_3	glycine	acetate+NH_3
leucine	3-methylbutyrate+CO_2+NH_3	proline	5-aminovalerate
isoleucine	2-methylbutyrate+CO_2+NH_3	phenylalanine	phenylpropionate+NH_3
valine	2-methylpropionate+CO_2+NH_3	tryptophan	indolpropionate+NH_3
phenylal-anine	phenylacetate+CO_2+NH_3	ornithine	5-aminovalerate+NH_3(proline)을 거침
tryptophan	indolacetate+CO_2+NH_3	leucine	4-methylvalerate
histidine	glutamate+CO_2+NH_3	betaine	acetate+trimethylamine
		sarcosine	acetate+monomethylamine

8.8.3 핵산 염기의 발효

Purine 염기는 *Clostridium acidiurici, C. cylindrosporum, C. purinolyticum* 등에 의해 acetate, 이산화탄소, 암모니아 등으로 발효된다. *Clostridium glycolicum, C. oroticum* 등은 pyrimidine 염기를 발효한다.

8.8.3.1 Purine 염기의 발효

Adenine, guanine, urate 등 purine 염기들은 xanthine으로 대사되어서 여러 차례의 탈아민 반응과 탈탄산 반응을 받으면 formiminoglycine까지 분해된다(그림 8.30).

Purine 염기의 발효에서 생산되는 formiminoglycine은 glycine formimino transferase의 작용을 통해 glycine으로 분해되면서 formimino기를 tetrahydrofolate에 결합시킨다. Tetrahydrofolate에 결합한 formimino기가 이산화탄소로 산화되면서 발생하는 환원력은 glycine을 acetate로 환원시키는 데 이용된다(그림 8.31).

8.8.3.2 Pyrimidine 염기의 발효

Purine 염기를 발효하는 혐기성 세균보다는 흔하지 않지만 pyrimidine 염기도 여러 종류의 *Clostridium*속 세균에 의해 발효된다. *Clostridium glycolicum*은 uracil을 β-alanine, 이산화탄소 그리고 암모니아로 발효하며, *C. oroticum*은 pyrimidine 염기의 분해 산물인 orotate를 acetate, 이산화탄소 그리고 암모니아로 발효한다.

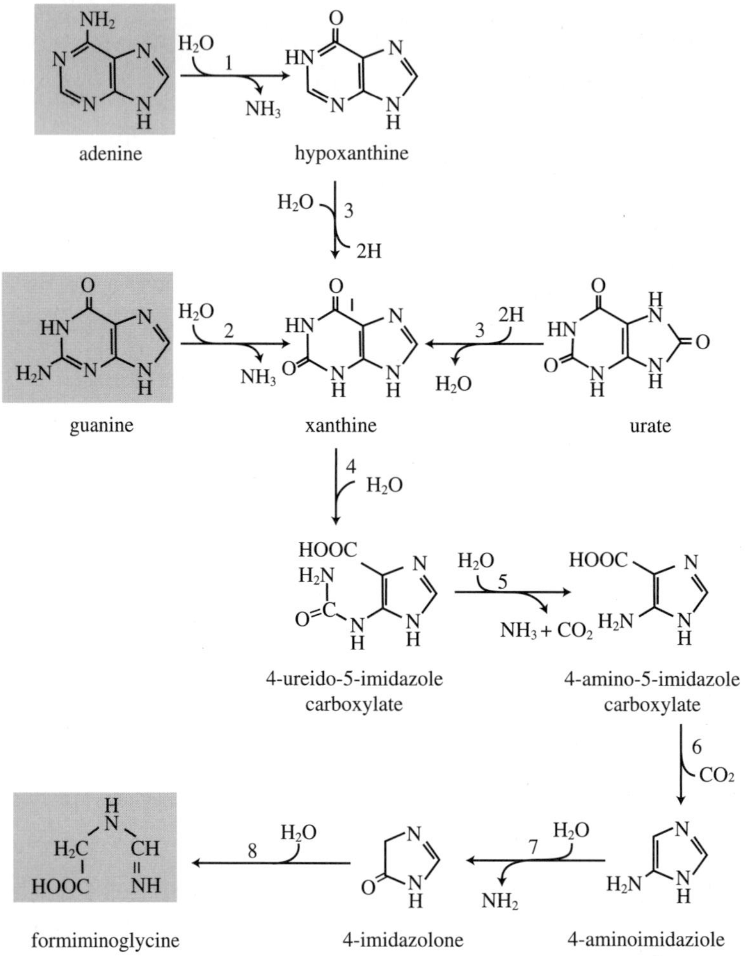

그림 8.30 *Clostridium purinolyticum*에 의한 Purine 염기의 발효 경로.

1. adenine deaminase; **2.** guanine deaminase; **3.** xanthine dehydrogenase; **4.** xanthine amidohydrolase; **5.** 4-ureido-5-imidazole carboxylate amidohydrolase; **6.** 4-amino-5-imidazole carboxylate decarboxylase; **7.** 4-aminoimidazole deaminase; **8.** 4-imidazolonase.

8.9 기타 유기산의 분해 발효

Lactate가 propionate 발효에서 기질로 이용되는 것은 발효 산물이 다른 발효에 이용되는 드문 예이다. Dicarboxylate인 succinate, malonate, oxalate 등을 분해 발효하는 혐기성 세균도 알려졌다. *Succinispira mobilis*는 succinate를 acetate 등으로 발효하며, *Malonomonas rubra*는 malonate를, *Oxalobacter formigenes*는 oxalate를 발효한다. 이들은 모두 dicarboxylate의 탈탄산 반응에서 발

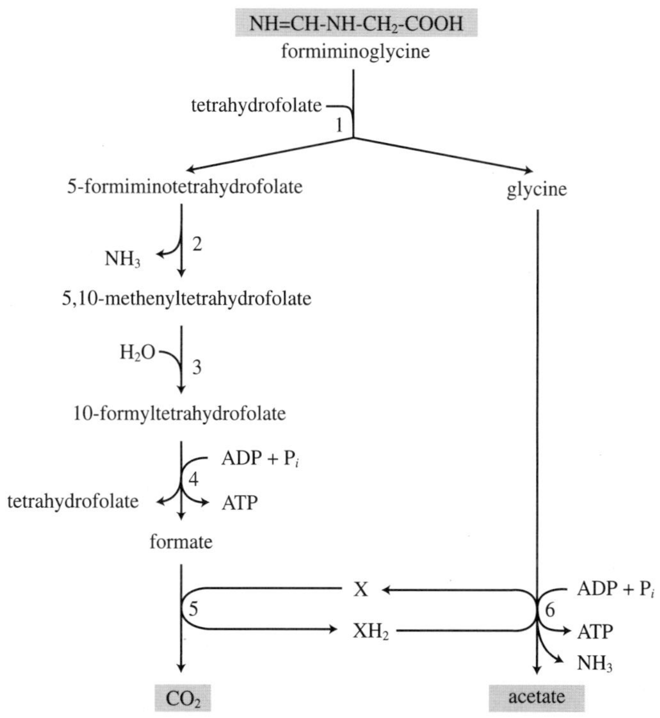

그림 8.31 Purine 염기로부터 생산된 Formiminoglycine의 발효 경로.
1. glycine formimino transferase; **2.** formiminotetrahydrofolate cyclodeaminase; **3.** methenyltetrahydrofolate cyclohydrolase; **4.** formyltetrahydrofolate synthase; **5.** formate dehydrogenase; **6.** glycine reductase.

생하는 자유에너지를 sodium motive force 형태로 보전한다. Oxalate의 발효에서는 소량의 acetate가 탄소원으로 이용된다. 이외 이들 혐기성 세균의 대사 경로는 아직 규명되지 않았다. *Oxalobacter formigenes*는 사람을 위시한 포유동물의 대장에서 발견되는 혐기성 세균으로 calcium oxalate의 축적으로 일어나는 요로 결석증 환자에서 이 세균이 없는 예가 높은 것으로 보아 이 세균이 장내에서 oxalate를 분해하여 흡수를 방지하는 것으로 판단하고 있다.

8.10 발효로 생장하는 호열성 Archaea

1980년대 초 심해 온천수에서 물이 끓는 온도인 100°C에서 생장할 수 있는 초고온성 미생물이 분리되었다. 이들은 대부분 archaea로 밝혀졌으며, 이후 지금까지 많은 종류의 호열성 archaea가 분리

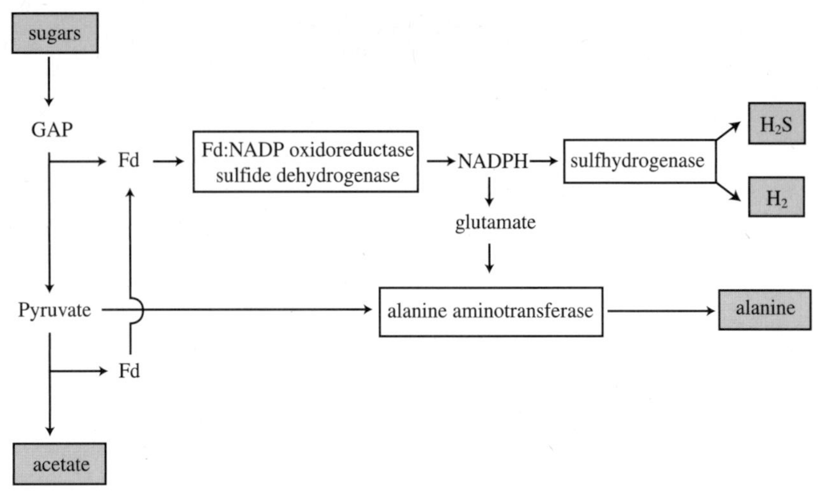

그림 8.32 *Pyrococcus furiosus* 등 호열성 Archaea의 발효 경로(FEMS Microbiol. Rev. 1996, 18:119-137).

발효로 생장하는 혐기성 archaea는 NADPH를 산화하면서 H^+과 S^0를 환원시키는 sulfhydrogenase(3)를 보유하고 있어 이들을 전자 수용체로 이용한다. EMP 변형 경로로 당을 대사하는 이들은 세균과 달리 glutamate를 이용하는 간접적인 경로를 통해 pyruvate를 전자 수용체로 이용한다. Alanine aminotransferase(4)의 작용으로 glutamate에서 amine기를 받아 pyruvate가 alanine으로 환원되고 glutamate dehydrogenase(5)가 2-ketoglutarate를 glutamate로 재생한다. Pyruvate:ferredoxin oxidoreductase의 작용으로 생산되는 acetyl-CoA는 세균에서와 달리 acetyl-CoA synthetase(6)의 작용으로 ATP를 합성하면서 acetate로 분해된다.

되고 있다. 이들은 *Sulfolobus* 등 호기성인 것도 있으나, 대부분 혐기성이다. 온천수에 용해되어 있는 유황을 에너지 대사에 이용하기 때문에 이들을 유황 의존성 archaea(sulfur dependent archaea)라 한다. 황산염을 환원하는 *Archeaoglobus*속 archaea는 혐기성 호흡으로 생장하는 것이 확실하지만 유황을 황화수소로 환원시키는 다른 호열성 archaea의 경우 유황을 과잉의 환원력을 제거하기 위해 electron sink로 이용하는 발효성 유황 환원에 이용한다(제9장, 9.3).

Pyrococcus furiosus, Pyrococcus woesei, Thermococcus litoralis 등은 단백질이나 전분을 유황이 없을 때도 발효하여 생장한다. *P. furiosus*는 당을 EMP 변형 경로로 대사한다(제4장, 4.1.3.2). Glyceraldehyde-3-phosphate와 pyruvate는 각각 ferredoxin oxidoreductase의 작용을 통해 산화되며, 이때 발생하는 전자는 환원된 ferredoxin과 NADPH를 거쳐 H_2S, H_2 그리고 alanine의 생산에 이용된다(그림 8.32). 이들 호열성 archaea는 NADPH로부터 전자를 H^+ 또는 S^0로 전달할 수 있는 archaea 특유의 sulfhydrogenase를 보유하고 있다. 또한 pyruvate를 전자 수용체로 이용하는 경로도 세균에서와는 달리 alanine aminotransferase의 작용으로 glutamate로부터 아민기를 받아 alanine으로 전환되고 2-ketoglutarate를 glutamate로 재생하는 데 NADPH 형태의 환원력을 소비한다.

Pyruvate는 pyruvate:ferredoxin oxidoreductase의 작용으로 acetyl-CoA로 합성된다. Acetyl-CoA는 acetyl-CoA synthetase의 작용으로 ADP를 인산화하면서 acetylphosphate를 거치지 않고 직

접 acetate로 분해된다.

$$\text{acetyl-CoA} + \text{ADP} + \text{P}_i \xrightarrow{\text{acetyl-CoA synthetase}} \text{acetate} + \text{CoA-SH} + \text{ATP}$$

이들은 당을 변형된 ED 경로를 통해 분해하지만 아미노산을 기질로 생장할 때 생합성에 필요한 당은 EMP 경로의 효소가 관여하는 정상적인 gluconeogenesis를 통해 합성된다(제4장, 4.2).

8.11 난분해성 물질의 발효

화학 공업의 발달로 자연계에서 발견되지 않는 많은 종류의 화합 물질이 합성되어 이용되고 있다. 이들은 미생물에 의해 잘 분해되지 않기 때문에 난분해성(xenobiotic) 물질이라 한다. 여러 종류의 난분해성 물질이 미생물에 의해 분해되는 것으로 밝혀지고 있으며, 혐기 조건에서도 이들의 분해가 알려지고 있다. 난분해성 물질의 혐기적 분해는 대개 황산염 환원이나 메탄 생산 등 혐기적 호흡 반응에 의해 이루어지지만(제9장, 9.9), 발효로 생장하는 세균도 중요한 역할을 갖는다.

부동액 등 다양한 용도로 이용되고 있는 polyethylene glycol은 *Pelobacter venetianus*에 의해 ethanol, acetate 등으로 분해된다. 단일 균주에 의한 발효는 속도가 느리지만 발효 산물을 소비하는 혐기적 호흡 세균과 혼합된 상태에서는 난분해성 물질의 분해 속도가 훨씬 빨라진다(제9장, 9.9).

요점 정리

1. 혐기 조건에서도 발효와 혐기성 호흡으로 생장하는 미생물에 의해 많은 종류의 유기물이 완전히 분해된다.

2. 전자 공여체의 산화로 발생하는 전자를 대사 내부에서 공급되는 전자 수용체를 환원하는 데 사용하는 대사를 발효라 하고 대사 외부에서 공급되는 산소, 질산염, 황산염, 금속 이온, 유기 할로겐 화합물 등을 환원하는 대사를 호흡이라 한다.

3. 편성 혐기성 미생물이 분자 상태의 산소가 있을 때 생장하지 못하는 이유는 이들이 유독한 산소 대사 산물인 superoxide와 과산화수소를 분해하는 능력이 없고, 산소가 생화학 반응에서 필수적인 −SH기를 산화하며, 산소가 생장 환경의 산화 · 환원 전위를 높이기 때문이라는 등의 여러 가설이 있다. Strict anaerobe인 methanogen과 sulfidogen에서 catalase와 superoxide dismutase가 확인되었다.

4. 발효로 생장하는 미생물은 기질을 산화하면서 SLP 메커니즘을 통해서 ATP를 생산하고, 이때 발생하는 환원력은 전자 수용체로 이용되는 대사 중간 산물을 환원시키는 데 이용한다.

5. 혐기성 미생물의 발효는 단일 발효 산물을 생산하는 linear pathway와 복합 발효 산물을 생산하는 branched pathway로 분류되며, $NADH/NAD^+$의 비율이 branched pathway의 발효 경로를 결정한다.

6. 젖산균 중에서 homofermentative 젖산균은 EMP 경로로 당을 대사하며, heterofermentative 젖산균은 PK 경로로 당을 분해한다. Homofermentative 젖산균은 ethanol 발효에서와 같이 pyruvate를 전자 수용체로 이용하며, heterofermentative 젖산균은 pyruvate와 acetyl-CoA를 전자 수용체로 이용한다.

7. 젖산균은 당을 발효할 뿐만 아니라 식품의 발효 중에 citrate나 malate를 acetate, lactate, acetoin 등으로 발효하여 발효 식품 고유의 향미를 증진시킨다.

8. Saccharolytic clostridia는 pyruvate를 산화하여 acetyl-CoA를 합성하면서 ferredoxin을 환원시킨다. Pyruvate:ferredoxin oxidoreductase에 의해 촉매되는 이 반응을 phosphoroclastic reaction이라 하며, 생리 조건에서 가역 반응이다.

9. Saccharolytic clostridia는 acetyl-CoA와 H^+을 전자 수용체로 이용하여 해당 경로에서 환원되는 전자 전달체를 산화시키면서, acetate, butyrate,수소, butanol, ethanol, acetone 등의 발효 산물을 생산한다. *Clostridium butyricum, C. tyrobutyricum*은 lactate-acetate 혼합물을, *C. kluyveri*는 ethanol-acetate 혼합물을 발효하여 생장하면서 butyrate를 생산하지만 단일 기질은 이용하지 못한다.

10. 전리되지 않은 유기산은 uncoupler로 작용하며, 유기산을 발효, 생산하는 혐기성 세균은 유기산에 대한 내성이 다른 미생물보다 강하다.

11. 당을 발효하여 butanol, ethanol, acetone 등의 solvent를 생산하는 clostridia도 발효 초기에는 acetate와 butyrate 만을 생산하지만 산이 축적되면 이들을 중성의 solvent로 환원시킨다.

12. 통성 혐기성인 장내 세균은 혐기 상태에서 *fnr* 유전자와 *arc* 유전자로부터 생산되는 단백질의 조절을 받는 fumarate reductase, nitrate reductase, hydrogenase 등의 혐기성 효소를 생산한다. 이들은 혐기 상태에서 전자 수용체가 있을 때에는 혐기적 호흡을 통해 기질을 완전히 산화하며, 그렇지 않을 때는 lactate, acetate, succinate, formate, acetoin, butanediol 등을 발효 산물로 생산한다.

13. Propionate 발효균은 succinate-propionate 경로 혹은 acrylate 경로를 통해 당이나 lactate를 발효하여 propionate를 생산한다.

14. 일부의 장내 세균과 *Clostridium*속 세균은 glycerol을 1,3-propanediol과 acetate로 대사한다. 이처럼 일부의 기질은 산화하면서 ATP를 합성하고, 이때 발생하는 전자를 나머지 기질의 환원에 이용하는 대사를 disproportionation이라 한다.

15. 아미노산이 혐기 상태에서 발효될 때도 탈아민 반응을 받은 후에 유기산 형태로 대사된다.

16. 두 가지 종류 이상의 아미노산이 발효될 때 어떤 아미노산은 전자 공여체로, 다른 종류는 전자 수용체로 이용된다. 혼합 아미노산의 발효를 Stickland reaction이라 한다.

17. 발효로 생장하는 archaea는 eubacteria와 다른 경로를 통해 당을 분해한다.

18. 혐기 상태에서 난분해성 물질은 대개 복수의 세균의 작용으로 분해되며, 이때 발효로 생장하는 세균도 작용한다.

참고 문헌

| 산소의 영향

Brioukhanov, A. L., A. I. Netrusov and **R. I. L. Eggen.** 2006. The catalase and superoxide dismutase genes are transcriptionally up-regulated upon oxidative stress in the strictly anaerobic archaeon *Methanosarcina barkeri*. Microbiol.-UK. **152:**1671-1677.

Chang, I. S., B. H. Kim and **P. K. Shin**. 1997. Use of sulfite and hydrogen peroxide to control bacterial contamination in ethanol fermentation. Appl. Environ. Microbiol. **63**:1-6.

Coulter, E. D. and **D. M. Kurtz.** 2001. A role for rubredoxin in oxidative stress protection in *Desulfovibrio vulgaris*: catalytic electron transfer to rubrerythrin and two-iron superoxide reductase. Arch. Biochem. Biophys. **394:**76-86.

Dolla, A., M. Fournier and **Z. Dermoun.** 2006. Oxygen defense in sulfate-reducing bacteria. J. Biotechnol. **126:**87-100.

Fones, H. and **G. M. Preston.** 2012. Reactive oxygen and oxidative stress tolerance in plant pathogenic *Pseudomonas*. FEMS Microbiol. Lett. **327**(1):1-8.

Frey, A. D. and **P. T. Kallio.** 2003. Bacterial hemoglobins and flavohemoglobins: versatile proteins and their impact on microbiology and biotechnology. FEMS Microbiol. Rev. **27:**525-545.

Grunden, A. M., F. E. Jenney, Jr., K. Ma, M. Ji,, M. V. Weinberg and **M. W. W. Adams.** 2005. *In vitro* reconstitution of an NADPH-dependent superoxide reduction pathway from *Pyrococcus furiosus*. Appl. Environ. Microbiol. **71:**1522-1530.

Imlay, J. A. 2002. How oxygen damages microbes: oxygen tolerance and obligate anaerobiosis. Adv. Microb. Physiol. **46:**111-153.

Imlay, J. A. 2006. Iron-sulphur clusters and the problem with oxygen. Mol. Microbiol. **59:**1073-1082.

Jenney, F. E., M. F. J. M. Verhagen, X. Y. Cui and **M. W. W. Adams**. 1999. Anaerobic microbes: Oxygen detoxification without superoxide dismutase. Science **286**:306-309.

Jovanovic, T., C. Ascenso, K. R. Hazlett, R. Sikkink, C. Krebs, R. Litwiller, L. M. Benson, I. Moura, J. J. Moura, J. D. Radolf, B. H. Huynh, S. Naylor and **F. Rusnak.** 2000. Neelaredoxin, an iron-binding protein from the syphilis spirochete, *Treponema pallidum*, is a superoxide reductase. J. Biol. Chem. **275:**28439-28448.

Kim, J. H. and **K. H. Suh.** 2005. Light-dependent expression of superoxide dismutase from cyanobacterium *Synechocystis* sp. strain PCC6803. Arch. Microbiol. **183:**218-223.

Krätzer, C., C. Welte, K. Dörner, T. Friedrich and **U. Deppenmeier.** 2011. Methanoferrodoxin represents a new class of superoxide reductase containing an iron–sulfur cluster. FEBS J. **278**(3):442-451.

Le Gall, J. and **A. V. Xavier**. 1996. Anaerobes response to oxygen: The sulfate-reducing bacteria. Anaerobe **2**:1-9.

Lumppio, H. L., N. V. Shenvi, A. O. Summers, G. Voordouw and **D. M. Kurtz.** 2001. Rubrerythrin and rubredoxin oxidoreductase in *Desulfovibrio vulgaris*: a novel oxidative stress protection system. J. Bacteriol. **183:**101-108.

Sawers, G. 1999. The aerobic/anaerobic interface. Curr. Opin. Microbiol. **2**:181-187.

Silva, G., J. Legall, A. V. Xavier, M. Teixeira and **C. Rodrigues-Pousada.** 2001. Molecular characterization of *Desulfovibrio gigas* neelaredoxin, a protein involved in oxygen detoxification in anaerobes. J. Bacteriol. **183:**4413-4420.

Storz, G. and **J. A. Imlay**. 1999. Oxidative stress. Curr. Opin. Microbiol. **2**:188-194.

Wildschut, J. D., R. M. Lang, J. K. Voordouw and **G. Voordouw.** 2006. Rubredoxin:oxygen oxidoreductase enhances survival of *Desulfovibrio vulgaris* Hildenborough under microaerophilic conditions. J. Bacteriol. **188:**6253-6260.

| 젖산 발효

Brooijmans, R. J. W., B. Poolman, G. K. Schuurman-Wolters, W. M. de Vos and **J. Hugenholtz.** 2007. Generation of a membrane potential by *Lactococcus lactis* through aerobic electron transport. J. Bacteriol. **189**(14):5203-5209.

Brooijmans, R. J. W., W. M. de Vos and **J. Hugenholtz.** 2009. *Lactobacillus plantarum* WCFS1 electron transport chains. Appl. Environ. Microbiol. **75**(11):3580-3585.

de Vos, W. M., P. A. Bron and **M. Kleerebezem.** 2004. Post-genomics of lactic acid bacteria and other food-grade bacteria to discover gut functionality. Cur. Opin. Biotechnol. **15:**86-93.

Diaz-Muniz, I. and **J. L. Steele.** 2006. Conditions required for citrate utilization during growth of *Lactobacillus casei* ATCC334 in chemically defined medium and Cheddar Cheese extract. Antonie van Leeuwenhoek. **90:**233-243.

Garcia-Quintans, N., G. Repizo, M. Martin, C. Magni and **P. Lopez.** 2008. Activation of the diacetyl/acetoin pathway in Lactococcus lactis subsp. lactis bv. diacetylactis CRL264 by acidic growth. Appl. Environ. Microbiol. **74**(7):1988-1996.

Hugenholtz, J. 1993. Citrate metabolism in lactic acid bacteria. FEMS Microbiol. Rev. **12**:165-178.

Martin, M. G., P. D. Sender, S. Peiru, D. de Mendoza and **C. Magn.** 2004. Acid-inducible transcription of the operon encoding the citrate lyase complex of *Lactococcus lactis* biovar diacetylactis CRL264. J. Bacteriol. **186:**5649-5660.

Nyanga-Koumou, A. P., L. I. I. Ouoba, S. C. Kobawila and **D. Louembe.** 2012. Response mechanisms of lactic acid bacteria to alkaline environments: A review. Crit. Rev. Microbiol. **38**(3):185-190.

Ouwehand, A. C., S. Salminen and **E. Isolauri.** 2002. Probiotics: an overview of beneficial effects. Antonie van Leeuwenhoek **82**,279-289.

Rezaiki, L., G. Lamberet, A. Derre, A. Gruss and **P. Gaudu.** 2008. *Lactococcus lactis* produces short-chain quinones that cross-feed Group B *Streptococcus* to activate respiration growth. Mol. Microbiol. **67**(5):947-957.

Smit, G., B. A. Smit and **W. J. M. Engels.** 2005. Flavour formation by lactic acid bacteria and biochemical flavour profiling of cheese products. FEMS Microbiol. Rev. **29:**591-610.

Vido, K., D. le Bars, M. Y. Mistou, P. Anglade, A. Gruss and **P. Gaudu.** 2004. Proteome analyses of heme-dependent respiration in *Lactococcus lactis*: involvement of the proteolytic system. J. Bacteriol. **186:**1648-1657.

Versari, A., G. P. Parpinello and **M. Cattaneo**. 1999. *Leuconostoc oenos* and malolactic fermentation in wine: a review. J. Ind. Microbiol. Biotechnol. **23**:447-455.

Zaunmueller, T., M. Eichert, H. Richter and **G. Unden.** 2006. Variations in the energy metabolism of biotechnologically relevant heterofermentative lactic acid bacteria during growth on sugars and organic acids. Appl. Microbiol. Biotechnol. **72:**421-429.

| 에탄올 발효

Bakker, B. M., K. M. Overkamp, A. J. A. van Maris, P. Kotter, M. A. H. Luttik, J. P. van Dijken and **J. T. Pronk**. 2001. Stoichiometry and compartmentation of NADH metabolism in *Saccharomyces cerevisiae*. FEMS Microbiol. Rev. **25**:15-37.

Geddes, C. C., I. U. Nieves and **L. O. Ingram.** 2011. Advances in ethanol production. Curr. Opin. Biotechnol. **22**(3):312-319.

Kalnenieks, U. 2006. Physiology of *Zymomonas mobilis*: some unanswered questions. Adv. Microb. Physiol. **51:**73-117.

Strazdina, I., Z. Kravale, N. Galinina, R. Rutkis, R. Poole and **U. Kalnenieks.** 2012. Electron transport and oxidative stress in *Zymomonas mobilis* respiratory mutants. Arch. Microbiol. **194**(6):461-471.

Widiastuti, H., J. Y. Kim, S. Selvarasu, I. A. Karimi, H. Kim, J.-S. Seo and **D.-Y. Lee.** 2011. Genome-scale modeling and in silico analysis of ethanologenic bacteria *Zymomonas mobilis*. Biotechnol. Bioeng. **108**(3):655-665.

| Butyrate, Butanol 발효

Alsaker, K. V. and **E. T. Papoutsakis.** 2005. Transcriptional program of early sporulation and stationary-phase events in *Clostridium acetobutylicum*. J. Bacteriol. **187:**7103-7118.

Armstrong, F. A. 2004. Hydrogenases: active site puzzles and progress. Curr. Opin. Chem. Biol. **8:**133-140.

Chen, J. S. 1995. Alcohol dehydrogenase: Multiplicity and relatedness in the solvent-producing clostridia. FEMS Microbiol. Rev. **17**:263-273.

Colin, T., A. Bories, C. Lavigne and **G. Moulin.** 2001. Effects of acetate and butyrate during glycerol fermentation by *Clostridium butyricum*. Curr. Microbiol. **43**,:238-243.

Dürre, P. 2011. Fermentative production of butanol academic perspective. Curr. Opin. Biotechnol. **22**(3):331-336.

Girbal, L., C. Croux, I. Vasconcelos and **P. Soucaille**. 1995. Regulation of metabolic shifts in *Clostridium acetobutylicum* ATCC 824. FEMS Microbiol. Rev. **17**:287-297.

Gonzalez-Pajuelo, M., I. Meynial-Salles, F. Mendes, P. Soucaille and **I. Vasconcelos.** 2006. Microbial conversion of glycerol to 1,3-propanediol: physiological comparison of a natural producer, *Clostridium butyricum* VPI3266, and an engineered strain, *Clostridium acetobutylicum* DG1(pSPD5). Appl. Environ. Microbiol. **72:**96-101.

Hillmann, F., R. J. Fischer and **H. Bahl.** 2006. The rubrerythrin-like protein Hsp21 of *Clostridium acetobutylicum* is a general stress protein. Arch. Microbiol. **185:**270-276.

Lee, S. Y., J. H. Park, S. H. Jang, L. K. Nielsen, J. Kim and **K. S. Jung.** 2008. Fermentative butanol production by clostridia. Biotechnol. Bioeng. **101**(2):209-228.

Louis, P. and **Harry J. Flint.** 2009. Diversity, metabolism and microbial ecology of butyrate-producing bacteria from the human large intestine. FEMS Microbiol. Lett. **294**(1):1-8.

Lütke-Eversloh, T. and **H. Bahl.** 2011. Metabolic engineering of *Clostridium acetobutylicum*: recent advances to improve butanol production. Curr. Opin. Biotechnol. **22**(5):634-647.

Mitchell, W. J., K. A. Albasheri and **M. Yazdanian**. 1995. Factors affecting utilization of carbohydrates by clostridia. FEMS Microbiol. Rev. **17**:317-329.

Papoutsakis, E. T. 2008. Engineering solventogenic clostridia. Curr. Opin. Biotechnol. **19**(5):420-429.

Saint-Amans, S., L. Girbal, J. Andrade, K. Ahrens and **P. Soucaille.** 2001. Regulation of carbon and electron flow in *Clostridium butyricum* VPI3266 grown on glucose-glycerol mixtures. J. Bacteriol. **183:**1748-1754.

Thormann, K., L. Feustel, K. Lorenz, S. Nakotte and **P. Duerre.** 2002. Control of butanol formation in *Clostridium acetobutylicum* by transcriptional activation. J. Bacteriol. **184:**1966-1973.

Tummala, S. B., S. G. Junne and **E. T. Papoutsakis.** 2003. Antisense RNA downregulation of coenzyme A transferase combined with alcohol-aldehyde dehydrogenase overexpression leads to predominantly alcohologenic *Clostridium acetobutylicum* fermentations. J. Bacteriol. **185:**3644-3653.

| 혼합산 발효

Altaras, N. E., M. R. Etzel and **D. C. Cameron.** 2001. Conversion of sugars to 1,2-propanediol by *Thermoanaerobacterium thermosaccharolyticum* HG-8. Biotechnol. Progress. **17:**52-56.

Bagramyan, K., A. Galstyan and **A. Trchounian.** 2000. Redox potential is a determinant in the *Escherichia coli* anaerobic fermentative growth and survival: effects of impermeable oxidant. Bioelectrochem. **51:**151-156.

Berrios-Rivera, S. J., K.-Y. San and **G. N. Bennett.** 2003. The effect of carbon sources and lactate dehydrogenase deletion on 1,2-propanediol production in *Escherichia coli*. J. Ind. Microbiol. Biotechnol. **30:**34-40.

Cecchini, G., I. Schroder, R. P. Gunsalus and **E. Maklashina.** 2002. Succinate dehydrogenase and fumarate reductase from *Escherichia coli*. Biochim. Biophys. Acta-Bioenerg. **1553:**140-157.

Chen, X., D.-J. Zhang, W.-T. Qi, S.-J. Gao, Z.-L. Xiu and **P. Xu.** 2003. Microbial fed-batch production of 1,3-propanediol by *Klebsiella pneumoniae* under micro-aerobic conditions. Appl. Microbiol. Biotechnol.

63:143-146.

Hasona, A., Y. Kim, F. G. Healy, L. O. Ingram and **K. T. Shanmugam.** 2004. Pyruvate formate lyase and acetate kinase are essential for anaerobic growth of *Escherichia coli* on xylose. J. Bacteriol. **186:**,7593-7600.

Kim, P., M. Laivenieks, C. Vieille and **J. G. Zeikus.** 2004. Effect of overexpression of *Actinobacillus succinogenes* phosphoenolpyruvate carboxykinase on succinate production in *Escherichia coli*. Appl. Environ. Microbiol. **70:**1238-1241.

Laurinavichene, T. V., N. A. Zorin and **A. A. Tsygankov.** 2002. Effect of redox potential on activity of hydrogenase 1 and hydrogenase 2 in *Escherichia coli*. Arch. Microbiol. **178:**437-442.

Lee, P. C., S. Y. Lee, S. H. Hong and **H. N. Chang.** 2002. Isolation and characterization of a new succinic acid-producing bacterium, *Mannheimia succiniciproducens* MBEL55E, from bovine rumen. Appl. Microbiol. Biotechnol. **58:**663-668.

Nakamura, C. E. and **G. M. Whited.** 2003. Metabolic engineering for the microbial production of 1,3-propanediol. Curr. Opin. Biotechnol. **14:**454-459.

Sawers, G. 1994. The hydrogenases and formate dehydrogenases of *Escherichia coli*. Anton. Leeuwenhoek Int. J. Gen. Microbiol. **66**:57-88.

Skibinski, D. A. G., P. Golby, Y. S. Chang, F. Sargent, R. Hoffman, R. Harper, J. R.Guest, M. M. Attwood, B. C. Berks and **S. C. Andrews.** 2002. Regulation of the hydrogenase-4 operon of *Escherichia coli* by the s^{54}-dependent transcriptional activators FhlA and HyfR. J. Bacteriol. **184:**6642-6653.

van Houdt, R., P. Moons, M. Hueso Buj and **C. W. Michiels.** 2006. *N*-Acyl-L-Homoserine lactone quorum sensing controls butanediol fermentation in *Serratia plymuthica* RVH1 and *Serratia marcescens* MG1. J. Bacteriol. **188:**4570-4572.

Wang, W., J. Sun, M. Hartlep, W. D. Deckwer and **A. P. Zeng.** 2003. Combined use of proteomic analysis and enzyme activity assays for metabolic pathway analysis of glycerol fermentation by *Klebsiella pneumoniae*. Biotechnol. Bioeng. **83**:525-536.

| Propionate 발효

Abou-Zeid, D. M., H. Biebl, C. Sproer and **R. J. Muller.** 2004. *Propionispora hippei* sp. nov., a novel Gram-negative, spore-forming anaerobe that produces propionic acid. Int. J. System. Evolution. Microbiol. **54:**951-954.

Biebl, H., H.Schwab-Hanisch, C. Sproer and **H. Lunsdorf.** 2000. *Propionispora vibrioides*, nov. gen., nov. sp., a new Gram-negative, spore-forming anaerobe that ferments sugar alcohols. Arch. Microbiol. **174:**239-247.

Cardoso, F. S., R. F. Castro, N. Borges and **H. Santos.** 2007. Biochemical and genetic characterization of the pathways for trehalose metabolism in *Propionibacterium freudenreichii*, and their role in stress response. Microbiol.-UK **153**(1):270-280.

Deborde, C. and **P. Boyaval.** 2000. Interactions between pyruvate and lactate metabolism in *Propionibacterium freudenreichii* subsp shermanii: *in vivo* C-13 nuclear magnetic resonance studies. Appl. Environ. Microbiol. **66:**2012-2020.

Janssen, P. H. and **W. Liesack.** 1995. Succinate decarboxylation by *Propionigenium maris* sp nov, a new anaerobic bacterium from an estuarine sediment. Arch. Microbiol. **164:**29-35.

Koussemon, M., Y. Combet-Blanc and **B. Ollivier.** 2003. Glucose fermentation by *Propionibacterium microaerophilum*: effect of pH on metabolism and bioenergetics. Curr. Microbiol. **46:**141-145.

Seeliger, S., P. H. Janssen and **B. Schink.** 2002. Energetics and kinetics of lactate fermentation to acetate and propionate via methylmalonyl-CoA or acrylyl-CoA. FEMS Microbiol. Lett. **211:**65-70.

Quesada-Chanto, A., M. M. Silveira, A. C. Schmidmeyer, A. G. Schroeder, J. P. C. L. Dacosta, J. Lopez, M. F. Carvalhojonas, M. J. Artolozaga and **R. Jonas.** 1998. Effect of oxygen supply on pattern of growth, and corrinoid and organic acid production of *Propionibacterium shermanii*. Appl. Microbiol. Biotechnol. **49:**732-736.

Tholozan, J. L., J. P. Grivet and **C. Vallet.** 1994. Metabolic pathway to propionate of *Pectinatus frisingensis*, a strictly anaerobic beer-spoilage bacterium. Arch. Microbiol. **162:**401-408.

Ye, K. M., M. Shijo, K. Miyano and **K. Shimizu.** 1999. Metabolic pathway of *Propionibacterium* growing with oxygen: Enzymes, C-13 NMR analysis, and its application for vitamin B-12 production with periodic fermentation. Biotechnol. Progress. **15:**,201-207.

| 아미노산 발효

Andreesen, J. R. 1994. Glycine metabolism in anaerobes. Anton. Leeuwenhoek Int. J. Gen. Microbiol. **66** :223-237.

Buckel, W. 2001. Unusual enzymes involved in five pathways of glutamate fermentation. Appl. Microbiol. Biotechnol. **57:**263-273.

Kamoun, P. 1992. Valine is a precursor of propionyl-CoA. Trends Biochem. Sci. **17**:175-176.

Liu, S. Q. and **G. J. Pilone**. 1998. A review–Arginine metabolism in wine lactic-acid bacteria and its practical significance. J. Appl. Microbiol. **84**:315-327.

Lan, J. and **E. B. Newman.** 2003. A requirement for anaerobically induced redox functions during aerobic growth of *Escherichia coli* with serine, glycine andl eucine as carbon source. Res. Microbiol. **154:**191-197.

Sawers, G. 1998. The anaerobic degradation of L-serine and L-threonine in enterobacteria: networks of pathways and regulatory signals. Arch. Microbiol. **171**:1-5.

| 기타

Berg, M., H. Hilbi and **P. Dimroth**. 1997. Sequence of a gene cluster from *Malonomonas rubra* encoding components of the malonate decarboxylase Na+ pump and evidence for their function. Eur. J Biochem. **245**:103-115.

Bott, M. 1997. Anaerobic citrate metabolism and its regulation in enterobacteria. Arch. Microbiol. **167**:78-88.

Cecchini, G., I. Schroder, R. P. Gunsalus and **E. Maklashina**. 2002. Succinate dehydrogenase and fumarate reductase from *Escherichia coli*. Biochim. Biophys. Acta **1553**:140-157.

Cornick, N. A. and **M. J. Allison**. 1996. Anabolic incorporation of oxalate by *Oxalobacter formigenes*. Appl. Environ. Microbiol. **62**:3011-3013.

Dehning, I. and **B. Schink**. 1994. Anaerobic degradation of malonate via malonyl-CoA by *Sporomusa malonica*, *Klebsiella oxytoca*, and *Rhodobacter capsulatus*. Anton. Leeuwenhoek Int. J. Gen. Microbiol. **66**:343-350.

Dimroth, P. and **H. Hilbi**. 1997. Enzymic and genetic basis for bacterial growth on malonate. Mol. Microbiol. **25**:3-10.

Dimroth, P. and **B. Schink**. 1998. Energy conservation in the decarboxylation of dicarboxylic acids in fermenting bacteria. Arch. Microbiol. **170**:69-77.

Hylemon, P. B. and **J. Harder**. 1999. Biotransformation of monoterpenes, bile acids, and other isoprenoids in anaerobic ecosystems. FEMS Microbiol. Rev. **22**:475-488.

Janssen, P. H. and **K. A. O'Farrell**. 1999. *Succinispira mobilis* gen. nov., sp nov., a succinate-decarboxylating anaerobic bacterium. Int. J. System. Bacteriol. **49**:1009-1013.

Kengen, S. W. M., A. J. M. Stams and **W. M. Devos**. 1996. Sugar metabolism of hyperthermophiles. FEMS Microbiol.Rev. **18**:119-137.

Kuhner, C. H., P. A. Hartman and **M. J. Allison**. 1996. Generation of a proton motive force by the anaerobic oxalate-degrading bacterium *Oxalobacter formigenes*. Appl. Environ. Microbiol. **62**:2494-2500.

9장

혐기성 호흡

혐기 상태에서 substrate level phosphorylation(SLP)으로 ATP를 합성하고 대사 중간 산물을 전자 수용체(electron acceptor)로 이용하는 미생물 생장을 발효라 하고, 산소 이외의 전자 수용체를 이용하여 proton motive force를 거치는 혐기적 electron transport phosphorylation(ETP)으로 ATP를 합성하는 미생물 생장을 혐기성 호흡이라고 앞장에서 정의하였다. 발효 과정에서도 decarboxylase에 의한 sodium gradient의 형성, 젖산 발효에서 lactate/H^+ symport, fumarate reductase에 의한 H^+의 방출 등 proton motive force를 거치는 ATP 합성 메커니즘이 많이 알려지고 있다(제5장, 5.8.6).

저자에 따라서는 황산염 환원(sulfate reduction)이나 메탄 생산의 ETP 과정에서 발생하는 free energy가 극히 적으며, 탈질반응(denitrification, dissimilatory nitrate reduction)은 통성 혐기성 세균에 의해 이루어지므로(표 9.1), 탈질반응만을 혐기적 호흡으로 취급하는 예도 있으나 정의에 맞지 않는다. 여기서는 정의에 따라 외부에서 공급되는 전자 수용체를 이용하여 ETP 경로를 통해 ATP를 생산하는 탈질반응, 금속 이온 환원, 황화수소 생산, 유기염소화합물 환원 그리고 메탄 생산을 모두 혐기성 호흡으로 취급하였으며, homoacetogen 발효는 methane 발효와 유사하여 본 장에서 취급하기로 한다.

지구 상에는 산소의 공급이 여의치 않은 생태계가 광범위하게 산재하고 있다. 따라서 혐기성 호흡이 탄소 순환에 중요한 역할을 담당한다. 생명 현상은 에너지를 필요로 하며, 주어진 환경에서 에너지를 가장 효율적으로 이용하는 미생물이 우세하게 생장한다. 황산염이 있는 환경에서 메탄 생산균이 생장하지 못하는 이유는 전자 공여체가 황산염 환원에 우선적으로 이용되기 때문이다(표 9.1). Fe^{3+} 등 금속 이온을 전자 수용체로 이용하는 호흡의 에너지 수율이 탈질반응 수준으로 높다. 따라서 지구 상의 모든 환경에 골고루 분포되어 있는 철이나 망간이 특정 환경에 한정되어 있는 질산염보다 혐기성 호흡에서 더 중요한 전자 수용체로 이용된다. 탈질반응과 같이 다양한 유기물을 이산화탄소로 완전히 산화하는 금속 이온 환원 세균이 분리되기 전에는 메탄 생산과 황화수소 생산이 혐기성 생태계

표 9.1 NADH의 산화에 의한 호기적 및 혐기적 호흡의 Free Energy 변화($\Delta G^{\circ\prime}$).

환원 반응		$\Delta G^{\circ\prime}$(KJ/2e$^-$)
O_2	$\longrightarrow$ $2H_2O$	−219.07
$2NO_3^-$	$\longrightarrow$ N_2	−206.12
Fe^{3+}	$\longrightarrow$ Fe^{2+}	−209.46
CH_3Cl	$\longrightarrow$ $CH_4 + HCl$	−135.08
MnO_2	$\longrightarrow$ Mn^{2+}	−134.52
Se(VI)	$\longrightarrow$ Se(IV)	−129.96
Cr(VI)	$\longrightarrow$ Cr(III)	−90.04
As(VI)	$\longrightarrow$ As(0)	−46.11
SO_4^{2-}	$\longrightarrow$ HS^-	−20.24
CO_2	$\longrightarrow$ CH_4	−14.58

의 주된 유기물 산화 과정으로 알고 있었으나, 최근의 연구 결과 금속 이온 환원이 혐기성 생태계에서 유기물의 50%이상을 이산화탄소로 산화하는 것으로 추정되고 있다. 메탄이 이산화탄소보다 온실 효과가 크고, 대기 중에서 쉽게 산화되지 않기 때문에 메탄 생산보다 열역학적으로 우세한 금속 이온의 환원이 지구 환경에 큰 영향을 미친다는 것을 알 수 있다. 난분해성 물질로 알려진 유기 할로겐 화합물 중에서 많은 종류가 혐기적 조건에서 전자 수용체로 이용되는 것이 최근에 밝혀졌다.

9.1 탈질반응

질소 비료를 토양에 시비하였을 때 탈질반응 때문에 질소 비료가 손실되기도 하며, 폐수 처리 과정에서 이 반응을 이용하여 질소 성분을 제거할 수도 있으므로 수자원의 부영양화(eutrofication)를 방지할 수 있다. 이처럼 탈질반응은 경제적 및 환경 보전의 측면에서 중요한 의의를 갖는 미생물 반응이다. 통성 혐기성 세균의 일부는 산소의 공급이 여의치 않은 조건에서 질산염 또는 아질산염을 최종 전자 수용체로 이용하여 호흡한다. 대단히 많은 종류의 세균이 탈질반응을 통해 혐기 조건에서 호흡하는 것이 알려지고 있다(표 9.2). 이들 중 자연계에서 탈질반응에 가장 중요한 역할을 담당하는 세균은 *Alcaligenes, Cupriavidus*(*Ralstonia*), *Paracoccus* 그리고 *Pseudomonas*속에 속하는 세균들이다.

탈질반응을 통해 혐기적 호흡으로 생장하는 세균은 호기 상태에서 생장하는 세균과 마찬가지로 당을 대사하여 pyruvate와 acetyl-CoA를 거쳐 TCA 회로를 통해 산화한다. 이 과정에서 발생하는 환원력은 최종 전자 수용체로 산소 대신 질산염 등을 이용하여 proton motive force를 형성하고 이를 ATP 합성에 이용한다.

표 9.2 탈질반응을 하는 세균.

세 균	전자 공여체(기질)	전자 수용체
Alcaligenes cycloclastes	유기물	NO_2^-[a]
Alcaligenes faecalis	유기물	NO_3^-
Cupriavidus necator(Ralstonia eutrophus)	H_2	NO_3^-
Bacillus licheniformis	유기물	NO_3^-
Bacillus azotoformans	유기물	NO_2^-
Hyphomicrobium vulgare	CH_4	NO_3^-
Paracoccus denitrificans	유기물, H_2	NO_3^-
Propionibacterium pentosaceum	유기물	NO_3^-
Pseudomonas fluorescens	유기물	NO_3^-
Thiobacillus denitrificans	S^{2-}	NO_3^-
Pyrobaculum aerophilum[b]	유기물, H_2	NO_3^-

a: NO_3^-는 이용 불가
b: archaea

9.1.1 탈질반응의 생화학

탈질반응이란 통성 혐기성 세균이 혐기 상태에서 유기물을 산화할 때 발생하는 환원력을 산화적 인산화를 통해서 ATP 합성에 이용하기 위해 질산염(NO_3^-)이나 아질산염(NO_2^-)을 최종 전자 수용체로 이용하여 기체 상태인 N_2나 NO(nitric oxide), N_2O(nitrous oxide)로 환원시키는 작용을 말한다. 탈질반응에 이용되는 전자는 전자 전달계의 quinone이나 cytochrome *c* 수준에서 공급된다(그림 9.1). 이들은 산소를 이용하는 전자 전달계에서와 같이 기질이 산화되면서 환원된 NADH 및 $FADH_2$에서 유래된다.

질산염(NO_3^-)은 nitrate reductase(NaR)의 작용으로 quinol로부터 전자를 공급받아 아질산염(NO_2^-)으로 환원된다. 이어서 nitrite reductase(NiR)는 cytochrome *c*로부터 전자를 공급받아 아질산염을 nitirc oxide로 환원시킨다. 이어서 nitric oxide reductase가 두 분자의 NO를 N_2O로 환원한다(그림 9.2). 마지막으로 nitrous oxide reductase가 N_2O를 N_2로 환원한다. *Paracoccus denitrificans*에서 nitrate reductase와 nitric oxide reductase는 원형질막 단백질이며, nitrite reductase와 nitrous oxide reductase는 periplasm에서 작용한다.

9.1.1.1 Nitrate Reductase

Nitrate reductase는 α, β, γ subunit로 이루어진 복합 단백질로 몰리브덴(Mo)과 철, 유황을 가지고 있는 [Fe-S] 단백질로서 Mo와 [Fe-S] 모두 전자 전달에 관여하며, 효소 내에 *b*형의 cytochrome을 갖고 있다(그림 9.3). α subunit는 molybdopterin과 [4Fe-4S] cluster 하나씩을 보유하며, 다음 반응을 촉매한다.

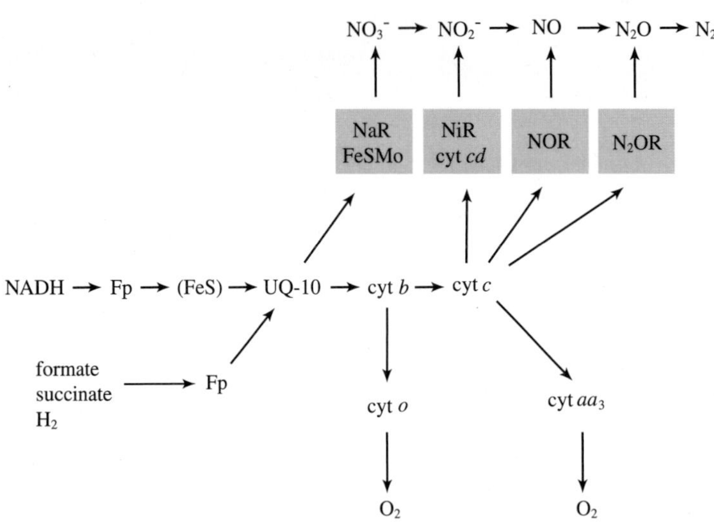

그림 9.1 탈질반응에 연결되는 *Paracoccus denitrificans*의 전자 전달계.

산소를 최종 전자 수용체로 이용할 때는 cytochrome aa_3를 cytochrome oxidase로 이용하는 *P. denitrificans*가 질산염을 최종 전자 수용체로 이용하여 혐기적 호흡을 통해 생장할 때는 NADH 또는 $FADH_2$로부터 전자가 quinol을 통해 nitrate reductase(NaR)로 전달되고, cytochrome *c*를 통해 nitrite reductase(NiR), nitric oxide reductase(NOR) 그리고 nitrous oxide reductase(N_2OR)로 전달된다.
Fp: flavoprotein, UQ: ubiquinone

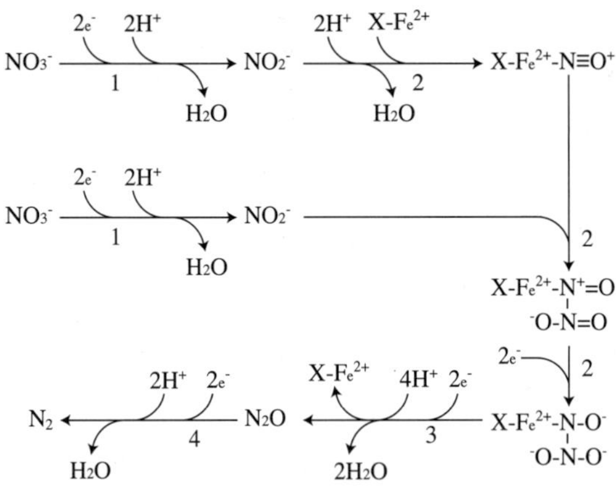

그림 9.2 탈질반응의 질산염 환원 경로.

질산염은 quinol로부터 전자를 받아 환원된 nitrate reductase(1)의 작용을 통해 아질산염으로 환원되고, 아질산염은 nitrite reductase(2)에 의해 nitric oxide로 환원된다. Nitric oxide reductase(3)는 2분자의 nitric oxide를 nitrous oxide로 환원한다. 이어서 nitrous oxide reductase(4)가 작용하여 N_2로 환원한다. 2, 3, 4번 효소 반응에서 필요한 전자는 cytochrome *c*에서 공급된다. 탈질반응에 관여하는 모든 효소는 원형질막이나 periplasm에서 작용한다.

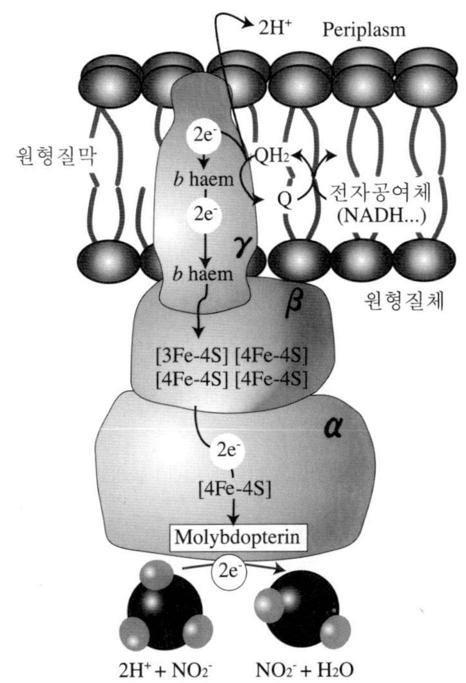

그림 9.3 *Escherichia coli*의 dissimilatory nitrate reductase 모형(Biochim. Biophy. Acta-Gene Struct. Express. 1999, 1446:1-23).

Quinol을 산화하며 H^+를 원형질막 밖으로 방출하는 γ subunit는 전자를 β subunit의 [Fe-S] cluster를 통해 질산염을 환원하는 a subunit로 전달한다.

$$NO_3^- + 2H^+ + 2e^- \longrightarrow NO_2^- + H_2O$$

[3Fe-3S] cluster 하나와 [4Fe-4S] cluster 3개를 갖는 β subunit는 원형질막에 묻혀 있는 γ subunit와 α subunit를 연결하며, 전자를 γ subunit로부터 α subunit로 전달한다. 두 종류의 b형 cytochrome을 가지고 있는 γ subunit는 quinol을 산화하면서 H^+를 원형질막 밖으로 방출한다. *Paracoccus denitrificans*에는 원형질막 효소 외에 periplasm에 또 다른 nitrate reductase를 보유한다.

혐기 상태에서 ATP를 생산하기 위해 탈질반응에 이용되는 이 효소를 질산염을 생합성에 필요한 NH_3로 환원하는 데 이용되는 assimilatory(동화형) nitrate reductase와 구분하기 위해 dissimilatory(이화형) nitrate reductase라 한다(제6장, 6.2.2). 이화형 효소는 원형질막에 위치하며, 극히 일부의 예외는 있으나 대개 산소에 의해 저해된다(9.1.3). 원형질체에 위치하는 동화형 효소는 암모니아 등에 의해 저해되며, 그 작용으로 proton motive force를 형성하지 않는다.

9.1.1.2 Nitrite Reductase

원형질체에서 생산되는 아질산염은 막에 있는 운반체를 통해 periplasm으로 운반되어 환원된다.

아질산염을 nitric oxide로 환원하는 두 종류의 nitrite reductase가 있다. 많은 종류의 그람음성 탈질 세균에서는 *c* 형과 *d* 형의 cytochrome을 보유하는 효소(cdNiR)가 작용하며, 구리를 함유하는 효소(CuNiR)는 그람양성(*Bacillus*속), 그람음성(*Pseudomonas aureofaciens*), archaea(*Haloarcula*속)에 두루 분포한다. cdNiR가 아질산염을 nitric oxide로 환원할 뿐 아니라 nitric oxide를 nitrous oxide로 환원할 수 있기 때문에 오랫동안 아질산염이 직접 nitrous oxide로 환원되는 것으로 알려져 왔으나, 많은 탈질 세균에서 nitric oxide reductase의 활성과 유전자가 분리되었으며, 이 유전자의 돌연변이주는 탈질반응으로 생장할 수 없다.

동일한 단백질 2분자로 이루어진 원형질막 효소인 cdNiR은 cytochrome *c* 또는 구리를 함유하는 저분자 단백질인 pseudoazurin에서 전자를 공급받아 아질산염을 NO로 환원한다. 이 효소의 cytochrome *c* 부분은 전자를 공급받는 역할을 담당하며, cytochrome *d* 부분에서 기질이 환원된다.

9.1.1.3 Nitric Oxide Reductase와 Nitrous Oxide Reductase

Nitrite reductase의 작용으로 생산되는 nitric oxide는 독성이 강해 생산되는 즉시 nitric oxide reductase의 작용을 받아서 nitrous oxide로 환원된다. Nitric oxide reductase는 *c* 형 cytochrome 한 분자를 갖는 small subunit와 *b* 형 cytochrome 두 분자를 갖는 large subunit로 이루어진 복합 단백질이다. 이 효소는 cytochrome *c*로부터 전자를 공급받아 두 분자의 NO를 N_2O와 물로 환원한다. 이 반응에서 원형질막을 통한 proton의 이동은 없다.

N_2O는 nitrous oxide reductase에 의해 분자 상태의 질소(N_2)로 환원되며, 세포 내에서 $2H^+$이 소비되어 proton motive force를 형성한다. 이 반응에서도 전자는 cytochrome *c*에서 공급된다.

미생물이 생합성에 필요한 암모니아를 얻기 위해 아질산염을 환원시키는 assimilatory nitrite reduction 경로에서는 원형질체 내에 존재하는 효소가 원형질체에서 아질산염을 직접 암모니아로 환원시킨다(제6장, 6.2.2).

$$NO_2^- + 3NADH + 5H^+ \longrightarrow NH_4^+ + 3NAD^+ + 2H_2O$$

9.1.2 탈질반응의 ATP 수율

호기 상태에서 환원된 NADH로부터 산소까지 전자가 전달되는 호흡 반응에서 관련되는 전자 전달체에 따라 차이가 있으나 H^+/O ratio가 10 정도로 판단된다(제5장, 5.8.4). 표 9.3에 보는 것과 같이 탈질반응의 처음 두 반응은 산소보다 산화 · 환원 전위가 낮으며, 다음 두 반응은 산소보다 높다. 호기적 호흡에서 NADH로부터 전자가 산소로 전달될 때 3ATP가 생산된다고 가정하면 탈질반응의 첫 두 반응에서는 각각 2ATP가 그리고 나머지 반응에서는 각각 3ATP가 생산되는 것을 알 수 있다.

9.1.3 탈질반응의 대사 조절

최근에 알려지기 시작한 호기적 조건에서 질산염을 호흡으로 환원하는 일부의 예를 제외하면 탈

표 9.3 탈질반응의 산화 · 환원 전위와 ATP 수율.

반응	$E^{\circ\prime}$(mV)	P/2e⁻
½ O_2 / H_2O	+815	3
NO_3^- / NO_2^-	+421	2
NO_2^- / NO	+337	2
NO_2 / ½ N_2O	+1180	3
N_2O / N_2	+1350	3

질반응은 통성 혐기성 세균이 산소가 없는 조건에서 호기적 호흡을 대체하는 경로로서, 산소에 의해 강하게 저해를 받을 뿐 아니라 호기 상태에서 혐기 상태로 배양 조건을 변화시킨 후 40~120분 후에야 이 경로를 촉매하는 효소들의 활성이 나타난다. 혐기 상태에서는 산화된 질소 화합물, 즉 탈질반응에 이용되는 최종 전자 전달체가 없어도 효소들이 합성되는 것으로 보아 이들 효소의 합성은 산소에 의해 저해되는 것이 확실하다. 이미 합성된 효소들의 활성이 산소에 의해 저해되는 것은 산소에 의해 불활성화되는 것이 아니라, 이들 효소들의 전자에 대한 친화도가 cytochrome aa_3 등 산소로 연결되는 효소들보다 낮기 때문에 나타나는 현상이며, 상당량의 효소는 호기 상태에서 서서히 비가역적으로 불활성화된다.

질산염을 환원하는 이들 통성 혐기성 세균은 산소, 질산염, dimethyl sulfoxide(DMSO), dimethyl sulfide(DMS), fumarate 등 다양한 화합물을 최종 전자 수용체로 이용할 수 있다. 이들 화합물의 산화 · 환원 전위는 서로 다르다. 이들을 전자 수용체로 이용하는 세균, 특히 *Escherichia coli* 등 장내 세균은 주어진 조건에서 가장 많은 ATP를 합성하기 위해 산화 · 환원 전위가 높은 것부터 이용할 수 있도록 복잡한 조절 작용을 갖는다. 호기적 조건에서는 *arc* 유전자로부터 생산되는 단백질에 의해 산소를 이용하는 효소의 생산이 촉진되고, 혐기적 조건에서는 *fnr* 유전자의 산물이 혐기성 효소의 생산을 촉진한다(제12장, 12.2.5). 이때 질산염이 있으면 다른 전자 수용체를 이용할 수 있는 효소의 생산은 억제된다.

FNR이 혐기적 조건에서 활성이 있는 dimer로 구조 유전자의 upstream에 있는 FNR box에 결합하여 RNA polymerase가 promoter와 작용하는 것을 촉진한다. 이때 질산염이 공급되면 two-component system의 sensor인 막 단백질 NarX가 ATP로부터 인산을 받아 인산화되고 이어서 인산기를 regulator인 NarL로 전달한다. 인산화된 NarL이 nitrate reductase의 transcription을 촉진한다. 아질산염도 유사한 two-component system인 NarQ/NarP를 인산화하여 nitrite reductase, nitric oxide reductase 그리고 nitrous oxide reductase 유전자의 transcription을 촉진한다. 이러한 조절 메커니즘에 대해서는 제12장에서 상세하게 기술한다.

9.1.4 다른 미생물에 의한 탈질반응

탈질반응은 표 9.2에 열거한 균주를 포함하는 통성 혐기성 세균에 국한된 반응으로 믿어져 왔으나 *Fusarium oxysporum*과 이와 관련되는 곰팡이 *Cylindrocarpon tonkinense*, *Fusarium solani*, *Gibberella fujikuroi*, *Talaromyces flavus*, *Trichoderma hamatum*, *Trichosporon cutaneumm* 등도 질산염이나 아질산염을 최종 전자 수용체로 이용하여 N_2, 또는 N_2O로 환원시키는 혐기성 호흡 경로로 생장할 수 있는 것으로 알려지고 있다.

Chemolithotroph 중에서 일부가 질산염을 전자 수용체로 이용하여 혐기적으로 생장할 수 있다. *Thiobacillus denitrificans*와 *Thiomicrospira denitrificans*는 유황을 전자 공여체로 이용하여 질산염을 환원한다. 이러한 자력 영양 대사는 담수 및 해수 생태계에 널리 분포한다. 또한 *Thiobacillus denitrificans*는 유황 화합물이나 우라늄(IV)을 산화하여 질산염을 환원하는 능력도 있다. 많은 종류의 호알칼리성 세균들 또한 유황을 산화하여 질산염이나 아질산염을 전자 수용체로 환원한다. *Thioalkalivibrio denitrificans*와 *Thioalkalivibrio nitratireducens*는 thiosulfate를 전자 공여체로 이용하여 질산염을 환원하며, *Thioalkalivibrio thiocyanodenitrificans*는 thiocyanate 또는 thiosulfate를 황산염으로 산화하여 질산염을 환원하는 자력 영양 대사 능력이 있다. 이들은 모두 통성 혐기성이다(제10장, 10.3.1).

Pseudomonas carboxydoflava 등 일산화탄소를 유일한 탄소원 및 에너지원으로 생장하는 호기성 세균인 carboxydobacteria (제10장, 10.6) 중 일부도 유기물 또는 수소를 전자 공여체로 생장할 때는 질산염을 최종 전자 수용체로 이용하여 혐기적으로 생장할 수 있다. 분류학적으로 다양한 수소 산화 세균과 archaea도 질산염을 전자 수용체로 이용한다. 고온성 자력 영양성 수소 세균인 *Hydrogenobacter thermophilus*는 산소와 질산염을 전자 수용체로 이용할 수 있다(제10장, 10.5.1). 해저열수구(hydrothermal vents)에서 분리된 일군의 고온성 세균은 수소를 전자 공여체로 이용하여 질산염을 암모니아로 환원한다. *Caminibacter* spp., *Desulfurobacterium crinifex*, *Thermovibrio ruber*, *Thermovibrio ammonificans* 그리고 *Hydrogenomonas thermophila* 등이 여기에 속한다. 이들은 유황을 전자 수용체로 이용하여 황화수소로 환원한다(9.3). *Caminibacter* spp.와 *Hydrogenomonas thermophila*는 microaerophile로 낮은 용존산소 조건에서 산소를 전자 수용체로 이용할 수 있다. 편성 혐기성 archaea인 *Ferroglobus placidus*도 수소를 전자 공여체로 이용하면서 질산염을 환원한다. 이외에 원자 상태의 철[Fe(0)], 제1철이온[Fe(II)], arsenite, 황화수소 등을 전자 공여체로 질산염을 환원하는 미생물의 존재가 확인되고 있다.

Chemolithotrophic denitrifier 중에서 NH_4^+를 전자 공여체로 아질산염을 환원하는 대사 경로가 특히 관심의 대상이 되고 있다.

$$NH_4^+ + NO_2^- \longrightarrow N_2 + 2H_2O \ (\Delta G^{\circ\prime} = -358\text{KJ/mol } NH_4^+)$$

이러한 반응에서 발생하는 자유에너지로 생장하는 미생물은 아직 순수 분리되지 않았으나 높은 농도의 NH_4^+를 함유하는 폐수에서 질소를 제거하는 공정(anaerobic ammonia oxidation, ANAMMOX process)에서 이들의 존재가 확인되었다. 이들로부터 분리한 시료의 16S RNA 유전자의 분석 등 분자생물학적 기법을 통한 연구 결과를 바탕으로 *Anammoxoglobus propionicus*, *Brocadia anammoxidans, Brocadia sinica*, *Kuenenia stuttgartiensis, Scalindua brodae, Scalindua wagneri* 등의 이름이 제안되었으며, 이들과 유사한 균주가 자연 및 인공 생태계에서 널리 확인되고 있다. ANAMMOX에 관여하는 효소작용은 anammoxosome이라는 세포내 소기관에서 이루어진다(제10장, 10.2.3). ANAMMOX 세균은 원핵세포 생물 중 특이하게 복잡한 세포내 소기관을 갖고 있다(제2장, 2.3.5.1).

편성 혐기성 세균인 *Denitrovibrio acetiphilus, Thauera selenatis, Wolinella succinogenes* 등은 질산염을 환원하여 NH_4^+를 생산한다. 이러한 성질은 황산염 환원 세균(9.3)인 *Desulfovibrio gigas*에서도 관찰되었다. 이처럼 NH_4^+를 생산하는 질산염 환원을 dissimilatory nitrate reduction 이라 하는 것은 이 반응에서 ATP가 생산되고 NH_4^+에 의해 저해되지 않기 때문이다. 이를 nitrate ammonification이라 한다. 이들 외에 *Bacillus subtilis, Moorella thermoacetica*(*Clostridium thermoaceticum*) 등도 질산염을 NH_4^+까지 환원한다. 일산화탄소 또는 H_2를 전자 공여체로 이용하여 CO_2를 acetate로 환원시키는 homoacetogen(9.5)인 *Moorella thermoacetica*를 포도당-질산염 배지에서 배양하면 질산염을 사용하지 않을 때보다 acetate의 생산량이 1/3 감소한다. 이 이유는 해당 경로에서 발생하는 환원력이 질산염 환원에 이용되어 CO_2의 환원에 이용되지 못하기 때문이다.

Filamentous 유황 세균인 *Thioploca*와 *Beggiatoa*속 세균과 이들과 관련이 있는 *Thiomargarita namibiensis* 등도 질산염을 암모니아로 환원한다(제10장, 10.3.1). 이들은 질산염을 세포질 내 vacuole에 저장하는 능력이 있으며, 산소 공급이 제한되는 조건에서 유황이나 황화수소를 전자 공여체로 질산염을 암모니아로 환원한다.

*Clostridium perfringens*와 propionate 발효균 등도 발효에서 발생하는 환원력을 이용하여 질산염을 암모니아로 환원시킨다. 이때 proton motive force는 형성되지 않지만 발효 중간 산물인 acetyl-CoA가 전자 수용체로 이용되지 않기 때문에 ATP 생산에 이용된다. Propionate 발효균이 lactate에서 생장할 때 질산염이 공급되면 propionate를 생산하지 않고 아세트산만을 생산한다(제8장, 8.7). 이러한 질산염 환원을 발효성 질산염 환원(fermentative nitrate reduction)이라 하며, 이때 질산염을 electron sink라 한다.

최근에 탈질 작용을 갖는 것으로 알려진 이들 미생물의 전자 전달 과정은 아직 잘 밝혀지지 않고 있다. *Desulfovibrio gigas*는 periplasm에서 hydrogenase의 작용으로 수소를 이용하여 cytochrome c_3를 환원시키고, 이 전자를 원형질 쪽으로 이동시켜서 nitrite reductase가 다음 반응을 촉매하므로 proton motive force를 형성한다.

탈질반응에 작용하는 유전자가 혐기적 조건에서 만 발현된다는 연구 결과에도 불구하고 호기적 조건에서도 탈질반응이 이루어진다는 사실이 꾸준히 보고되었다. 메탄 발효조에서 분리된 통성 혐기성 세균 *Microvigula aerodenitrificans*는 공기로 포화된 생태계에서 산소와 질산염을 동시에 전자 수용체로 이용한다. 이외에도 *Alcaligenes faecalis, Citrobacter diversus, Pseudomonas nautica,*

Thiospaera pantotropha 등도 호기적 조건에서 질산염을 전자 수용체로 사용한다.

9.1.5 탈질반응과 난분해성 물질 분해

Benzene, toluene, alkylbenzene, xylene, phenol, resorcinol 등 방향족 화합물과 제초제 atrazine, 3-chlorobenzoate 등 유기 염소 화합물 등 난분해성 물질이 질산염 환원 조건에서 분해된다(9.9).

9.2 금속 이온 환원

많은 종류의 미생물이 각종 금속 이온을 에너지원으로 산화하거나(제10장, 10.4) 혐기적 조건에서 환원한다. 따라서 탄소, 질소, 유황 등 생물체를 이루는 원소 뿐 아니라 철(Fe), 망간(Mn) 등 금속의 순환에 미생물이 중요한 역할을 담당한다. 미생물에 의한 금속의 환원을

1) 전자 수용체로 이용하는 혐기성 호흡,
2) 생합성을 위한 이화형 금속 이온 환원,
3) 유해한 중금속을 독성이 낮은 상태로 해독하는 작용

그리고, 4) 알려지지 않은 기능 등으로 나눌 수 있다.

산화된 금속 이온이 혐기성 호흡에서 최종 전자 수용체로 이용되는 것은 1980년대 Fe^{3+}를 Fe^{2+}로, Mn^{4+}를 Mn^{2+}로 환원시키는 *Shewanella putrefaciens*가 분리되면서 알려지기 시작하였다(표 9.4). 이러한 미생물이 분리되기 전에는 산화된 금속 이온이 혐기 생태계에서 미생물의 작용으로 생산되는 황화수소(H_2S) 등에 의해 화학적으로 환원되는 것으로 생각되었다.

철과 망간 이외에도 많은 종류의 금속 이온이 미생물에 의해 환원되는 것으로 밝혀지고 있다. 이 중 일부의 금속 이온을 환원하는 미생물은 이들 반응에서 발생하는 자유에너지를 보전하여 생장에 이용하는 예도 있으나, Au(III)을 Au(0)로 환원하는 등의 반응은 그 기능이 알려지지 않았다. 제2철 이온 등 미생물에 의해 환원되는 일부의 금속 이온은 물에 대한 용해도가 극히 낮아 이를 세포 안으로 운반하는 대신 세포 밖에서 환원하기 때문에 전자가 세포 밖으로 운반되는 메커니즘에 많은 연구가 진행되고 있으며, 이들을 이용하여 Cr(VI), As(VI), U(VI), Tc(VII) 등 독성이 강한 수용성의 중금속을 제거하는 기술도 개발되고 있다.

9.2.1 철과 망간의 환원

Acidiphilum cryptum, Shewanella saccharophilia 등 당을, 그리고 *Aeromonas hydrophila*와 같이 glycerol을 전자 공여체로 이용하는 예도 있으나, 철이나 망간을 환원하는 많은 미생물은 lactate, acetate 등 발효 산물을 전자 공여체로 이용한다. 철 환원에서 전자 공여체로 이용되는 당이나

표 9.4 대표적인 금속 이온 환원 세균과 Archaea.

전자 수용체	균주	전자 공여체
Fe(III)	*Acidicaldus organivorus*	유황
	Acidiphilum cryptum	탄수화물
	Aciditerrimonas ferrireducens	
	Aeromonas hydrophila	glycerol
	Carboxydothermus (Thermoterrabacterium) ferrireducens	탄수화물, glycerol, amino acids
	Deferribacter thermophilus	acetate, amino acids
	Desulfuromonas acetoxidans	acetate
	*Ferroglobus placidusa**	acetate
	*Ferroplasma acidarmanus**	탄수화물
	Geobacter chapellei	acetate
	Geobacter hydrogenophilus	acetate, propionate, H_2
	Geobacter metallireducens	acetate
	Geobacter sulfurreducens	acetate
	Geoglobus ahangari	acetate
	Geothrix fermentans	acetate
	Geovibrio ferrireducens	acetate
	Pantoea agglomerans	acetate
	Pelobacter carbinolicus	ethanol
	*Pyrobaculum islandicum**	H_2
	Shewanella alga	lactate
	Shewanella frigidimarina	탄수화물
	Shewanella oneidensis	lactate
	Shewanella putrefaciens	lactate
	Shewanella saccharophilia	탄수화물
	Thermincola ferriacetica	acetate, H_2
Mn(IV)	*Desulfurimonas acetoxidans*	acetate
	Geobacter metallireducens	acetate
	Geobacter sulfurreducens	acetate
	*Pyrobaculum islandicum**	H_2
	Shewanella oneidensis	lactate
U(VI)	*Anaeromyxobacter dehalogenans*	H_2
	Carboxydothermus (Thermoterrabacterium) ferrireducens	탄수화물, glycerol, amino acids
	Desulfotomaculum reducens	lactate
	Desulfovibrio desulfuricans	lactate
	Geobacter metallireducens	acetate
	*Pyrobaculum islandicum**	H_2
	Shewanella alga	lactate
	Shewanella oneidensis	lactate
Co(III)	*Aeromonas hydrophila*	glycerol
	*Pyrobaculum islandicum**	H_2
Se(VI)	*Aeromonas hydrophila*	glycerol
(selenate)	*Azospira oryzae*	peptone
	Bacillus arsenicoselenatis	lactate

표 9.4 대표적인 금속 이온 환원 세균과 Archaea.(계속)

전자 수용체	균주	전자 공여체
	Bacillus selenitireducens	amino acids
	Desulfotomaculum auripigmentum	lactate
	Desulfurispirillum indicum	acetate
	Enterobacter cloacae	amino acids
	Geospirillum barnesii	amino acids
	*Pyrobaculum aerophilum**	H_2
	Rhizobium selenireducens	glycerol
	Sedimenticola selenatireducens	benzoate
	Selenihalanaerobacter shriftii	acetate, glucose
	Thauera selenatis	acetate
	Wolinella succinogenes	formate, H_2
Cr(VI)	*Bacterium dechromaticans*	lactate
(chromate)	*Enterobacter cloacae*	amino acids
	Ochrobactrum intermedium	acetate
	*Pyrobaculum islandicum**	H_2
	Shewanella oneidensis	lactate
As(V)	*Bacillus arsenicoselenatis*	lactate
(arsenate)	*Chrysiogenes arsenatis*	acetate
	Desulfurispirillum indicum	acetate
	Marinobacter santoriniensis	acetate, lactate
	*Pyrobaculum aerophilum**	H_2
	*Pyrobaculum arsenaticum**	H_2
	Sulfurospirillum barnesii	lactate
	Sulfurospirillum arsenophilum	lactate
Tc(VII)	*Anaeromyxobacter dehalogenans*	H_2
(pertechnetate)	*Geobacter metallireducens*	acetate
	Shewanella oneidensis	lactate
Pu(IV)	*Geobacter metallireducens*	acetate
Plutonium oxide	*Shewanella oneidensis*	lactate
V(V) (vanadate)	*Shewanella oneidensis*	lactate

* Archaea.

glycerol의 대사 경로는 아직 연구되지 않았다.

*Shewanella alga*와 *Shewanella putrefaciens*는 lactate, pyruvate 등을 acetate로 산화하여 발생하는 환원력을 금속 이온 환원에 이용한다. 이들은 황산염을 환원하는 *Desulfovibrio* 속 세균(9.3.1.2)과 같이 acetate를 산화하는 능력이 없는 불완전 산화균이다. 이 세균이 철 환원 환경에서 lactate를 어떠한 경로로 산화하는 지는 연구되지 않았으나, lactate dehydrogenase와 pyruvate:ferredoxin oxidoreductase(또는 pyruvate dehydrogenase)가 작용할 것으로 생각된다.

$$\text{lactate}^- + 4Fe^{3+}(2Mn^{4+}) + 2H_2O \longrightarrow \text{acetate}^- + 4Fe^{2+}(2Mn^{2+}) + HCO_3^- + 5H^+$$

$$\text{pyruvate}^- + 2Fe^{3+}(Mn^{4+}) + 2H_2O \longrightarrow \text{acetate}^- + 2Fe^{2+}(Mn^{2+}) + HCO_3^- + 3H^+$$

Geobacter metallireducens, Geobacter sulfurreducens, Desulfuromonas acetoxidans 등은 acetate를 이산화탄소로 완전히 산화하여 금속 이온을 환원시킨다. 이들은 acetate를 다음에 설명할 변형된 TCA 회로(그림 9.6)로 산화한다.

$$CH_3COO^- + 8Fe^{3+}(4Mn^{4+}) + 4H_2O \longrightarrow 8Fe^{2+}(4Mn^{2+}) + 2HCO_3^- + 9H^+$$

*G. metallireducens*는 acetate 뿐 아니라 산소를 함유하는 방향족 화합물 phenol, benzoate 등은 물론, 산소가 없는 toluene도 혐기 조건에서 이산화탄소로 완전히 산화시킬 수 있다. 오염된 혐기 생태계에서 철 환원 세균이 benzene, toluene, ethylbenzene, xylene 등 방향족 탄화수소, 4염화탄소 등 유기 염소 화합물, trinitrotoluene 등 난분해성 물질을 산화한다(9.9).

Fe(III)와 Mn(IV)는 이들을 환원하는 미생물이 생장하는 환경에서 거의 물에 녹지 않는다. 이들을 전자 수용체로 이용하는 미생물은 이들을 세포 안으로 운반하지 않고 세포 밖에서 환원한다. 물에 녹지 않는 전자 수용체를 세포 밖에서 환원하기 위해 세포와 전자 수용체 간의 직접적인 접촉이 필요하다는 많은 연구 결과가 있으나, 수용성의 전자 전달체가 매개체(mediator)로 작용한다는 연구 결과도 있다. 철을 환원하는 많은 미생물이 quinone 계열의 humic acid를 환원하는 능력이 있으며, 환원된 humic acid는 화학적으로 철을 환원할 수 있어서 생태계에서 humic acid가 전자 운반체로 작용한다. 또한 *Shewanella putrefaciens*는 quinone 화합물을, *Geobacter sulfurreducens*는 *c* 형의 cytochrome을 세포 밖으로 분비하여 전자 운반체로 이용한다.

혐기적인 조건에서 배양한 *Shewanella putrefaciens* 균체가 전극과 전자를 교환하는 전기 화학적으로 활성이 있으며, outer membrane에 *c* 형의 cytochrome을 보유하고 있는 것으로 보아 이들은 불용성의 전자 수용체를 직접 세포 밖에서 환원한다는 주장도 있다. 철을 환원하는 효소 ferric reductase의 활성의 대부분이 outer membrane에 있다. *Geobacter sulfurreducens*의 ferric reductase는 *c* 형 cytochrome과 flavin adenine dinucleotide(FAD)를 함유하는 복합체이다.

혐기성 상태에서 제2철 화합물을 전자 수용체로 이용하는 *Shewanella oneidensis*와 *Geobacter sulfurreducens*의 유전체가 완전히 분석되었으며, cytochrome 유전자가 40 종 이상으로 확인되었다. 이 중에서 *Shewanella oneidensis*의 경우 4 종 이상의 *c*형 cytochrome이 outer membrane에 있는 것으로 밝혀졌다. 이러한 결과를 바탕으로 탄소 대사에서 발생하는 전자가 그림 9.4와 같이 세포 표면으로 전달된다는 가설이 제안되었다. 원형질막에 있는 *c*형 cytochrome인 CymA가 환원된 quinol로부터 전자를 받아 periplasm에 위치하는 *c*형 cytochrome인 MtrA를 통해 outer membrane의 MtrB로 전달한다. 이 전자는 세포 표면에 있는 OmcA-MtrC 복합체의 작용으로 제2철 등 불용성의 전자 수용체를 환원하는 데 이용된다. 여기서 최종 전자 전달 과정이 outer membrane에서 일어나기 때문에 호기적 호흡이나 탈질반응과 달리 마지막 단계에서 에너지 보전이 이루어지지 않는 것으로 판단된다. *Geobacter*속 세균들도 비슷한 메커니즘을 통해 불용성의 전자 수용체를 세포 밖에서 환원하는 것으로 알려지고 있다.

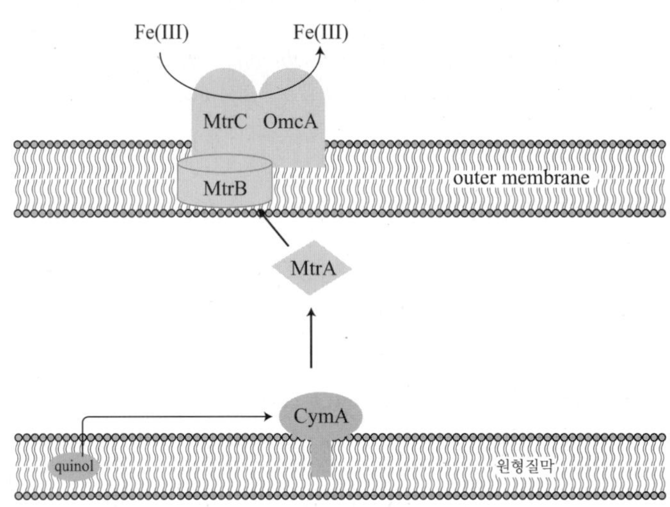

그림 9.4 불용성인 제2철 화합물을 전자 수용체로 이용하는 *Shewanella oneidensis*의 전자 전달 경로.
원형질막에 있는 *c*형 cytochrome인 CymA가 환원된 quinol로부터 전자를 받아 periplasm에 위치하는 *c*형 cytochrome인 MtrA를 통해 outer membrane의 MtrB로 전달한다. 이 전자는 세포 표면에 있는 OmcA-MtrC 복합체의 작용으로 제2철 등 불용성의 전자 수용체를 환원하는 데 이용된다.

제2철이 지구 표면의 주요 구성 성분이며, 이를 환원하는 세균들이 여러 종류의 난분해성 물질을 산화하는 능력이 있기 때문에 이들이 생태계의 자정 능력에 큰 역할을 담당하는 것으로 생각되며, 이들을 이용하여 오염된 환경을 복원하는 데 이용하기 위한 연구가 진행되고 있다. 또한 이들이 벼를 재배하는 논에서 온실 효과가 이산화탄소의 20배에 달하는 메탄의 발생을 감소시킨다. Fe(III)를 전자 수용체로 이용하는 금속 환원 세균이 생장할 때는 methanogen에 의한 메탄 생산이 감소된다.

또한 불용성의 전자 수용체를 세포 안으로 운반하지 않고 세포 밖에서 환원하기 위해 전자를 세포 표면으로 전달하는 세균을 이용하면 유기물을 연료로 전기를 생산하는 미생물연료전지를 만들 수 있다. 세포 표면으로 전달되는 전자의 산화 · 환원 전위가 산소보다 낮기 때문에 세균으로부터 음극에 전달되는 전자는 산소를 공급하는 양극으로 이동할 수 있다.

9.2.2 다른 금속의 환원

표 10.4에 나열한 바와 같이 철과 망간 이외에도 As(V), Cr(VI), Mo(VI), Se(VI), U(VI) 등이 혐기성 미생물의 호흡에서 전자 수용체로 이용된다. 이들을 전자 수용체로 이용하지 않는 많은 미생물도 이들을 환원한다. Selenium은 glycine reductase, formate dehydrogenase 등에 selenocysteine(제6장, 6.4.2) 형태로 포함되어 있다. Selenate가 selenocysteine로 합성되기 위해 환원되며, 독성이 있는 As(V), Cr(VI), Se(VI) 등은 많은 미생물에서 해독 작용으로 환원된다. 금, 수은, palladium(II), tellurium((VI), neptunium(V), technetium(VII) 등도 여러 종류의 미생물에 의해 환원된다. 이들의

환원도 자유 에너지를 보전하는 호흡 작용이 아닌 독성을 제거하는 방어 작용인 예가 많다.

As(V), Cr(VI), Mo(VI), Se(VI), U(VI) 등을 혐기성 호흡에서 전자 수용체로 이용하는 미생물이 다양한 환경에서 쉽게 분리되며, 분류학적으로 다양한 세균과 archaea에서 알려지고 있다. 이러한 사실은 자연 생태계에서 이들 미생물이 널리 분포되어 있으며, 주어진 환경에서 활발하게 생장하고 있음을 뜻한다.

지금까지 많은 종류의 금속염 환원 미생물이 분리되고 동정되었으나 이들의 탄소 대사 경로나 전자 전달에 관한 연구는 거의 이루어지지 않았다. 금속 이온이 전자 수용체로 환원되는 대사는 생합성에 필요한 금속 이온을 환원하는 대사와 다르다. 따라서 혐기성 호흡에서 전자 수용체로 환원되는 금속 이온의 환원을 dissimilatory reduction이라 한다. 금속 이온의 dissimilatory reduction에서 이루어지는 전자 대사 경로를 밝히기 위해서는 더 많은 연구가 필요하다.

*Chrysiogenes arsenatis*의 arsenate reductase는 molybdenum과 아연을 함유하는 [Fe-S] 단백질의 일종이다. *Shewanella putrefaciens*에 의한 Cr(VI) 환원이 각종 전자 전달 저해제에 의해 저해되는 것으로 보아, Cr(VI)을 전자 수용체로 이용하는 호흡에 quinone, cytochrome 등이 관여하는 것을 알 수 있다.

As(V), Cr(VI), Mo(VI), Se(VI), U(VI), Np(V), Tc(VII) 등은 수용성이며, 독성이 있거나 방사성 물질이다. 이들로 오염된 폐수를 처리하기 위한 연구가 활발히 진행 중이다. 특히 방사선에 내성이 강한 *Deinococcus radiodurans*도 U(VI), Tc(VII) 등을 환원하여 침전시킬 수 있어서 이를 이용하여 원자력 발전소에서 발생하는 폐수의 생물학적 처리 공정이 개발될 것으로 판단된다.

이들 금속염을 전자 수용체로 이용하는 많은 혐기성 미생물은 유기물을 전자 공여체로 이용하는 chemoorganotroph 뿐 아니라 수소, H_2S 등 무기물을 전자 공여체로 이용하는 chemolithotroph들도 포함한다.

9.2.3 금속 환원과 물질 순환

Fe^{3+}와 Mn^{4+}는 용해도가 극히 낮기 때문에 고체 상태로 미생물에 의해 이용된다. 따라서 대사되는 속도가 수용성의 전자 수용체에 비해 늦다. 그러나 지구 상의 모든 환경에 골고루 분포되어 있기 때문에 자연계에서 이들의 환원이 물질 순환에 큰 역할을 담당한다. 지구의 진화 과정에서 분자 상태의 산소가 축적되기 전에는 유기물의 산화에 이들이 가장 중요한 전자 수용체로 작용하여 탄소 순환을 가능하게 하였으며, 이 과정에서 현재 채광되고 있는 광석으로 농축하였을 것으로 추측하고 있다.

금속 이온을 전자 수용체로 이용하여 호흡하는 세균의 전자 공여체에 대한 친화성이 황산염 환원 세균이나 메탄 생산 archaea보다 높기 때문에 혐기성 환경에서 약 50% 정도의 유기물의 산화가 Fe^{3+}나 Mn^{4+}의 환원에 이용된다. 특히 논, 늪지 등 주기적으로 물이 들었다 빠지는 환경에서 건조기에 산소에 의해 산화된 Fe^{3+}와 Mn^{4+}가 물이 드는 초기에 가장 중요한 전자 수용체로 작용하여 유기물 산화가 주로 이들의 환원에 연결된다.

금속 이온의 환원은 환경적인 측면에서도 중요한 의의를 갖는다. 불용성의 Fe^{3+}와 Mn^{4+}가 환원으로 용해성이 높아지기 때문에 지표수의 Fe^{2+}와 Mn^{2+}의 농도를 높이고, Fe^{3+}와 Mn^{4+}와 복합체를 이루고 있는 인산염과 중금속을 용출시켜 수질을 저하시키는 원인이 된다. 반대로 지하수에 오염되는 각종 유기물, 특히 유해한 방향족 화합물을 제거하는 역할도 있다. 혐기성 호흡 조건에서 전자 공여체로 이용되는 난분해성 물질에 관해서는 다음에 상세히 공부한다(9.9).

9.3 황화수소 생산

황산염(SO_4^{2-})이나 원자 상태의 유황(S^o)을 최종 전자 수용체로 이용하는 다양한 미생물이 알려지고 있다. 이들은 모두 편성 혐기성으로 세균과 archaea 양쪽에 분포되어 있다(표 9.5). 황화수소의 생산은 황산염 환원 세균(sulfate-reducing bacteria)에 의해 이루어지는 것으로 알고 있었으나, 1970년대 유황을 전자 수용체로 이용하는 유황 환원 세균(sulfur reducing bacteria)이 알려지면서 이들을 함께 황화수소 생산균(sulfidogen)이라 부르게 되었다. Sulfidogen은 분류학적으로 1) 그람음성 중온성 세균, 2) 그람양성 포자형성 세균, 3) 고온성 세균 그리고 4) 초고온성 archaea로 나눌 수 있으나, 표 9.5에서는 대사 경로에 따라 황산염 환원과 유황 환원으로 구분하고, 다시 acetate의 이용성에 따라 완전 산화균과 불완전 산화균으로 분류하였다.

황화수소 생산균은 주로 유기물과 황산염의 농도가 높은 진흙에 서식하면서 황산염을 황화수소로 환원시켜 금속의 황화물을 형성하며, 수중 및 지하 구조물을 부식시키는 주된 원인이 되기도 한다. 폐수 처리장이나 석유의 정제 공장과 저장 시설에서 생장하는 황산염 환원균이 생산하는 황화수소에 의해 여러 가지 시설이 부식되어 많은 경제적 손실을 초래하고 있다.

많은 종류의 금속염 환원 세균이 다양한 전자 수용체를 이용하며, 이들 중 *Wolinella, Shewanella, Sulfurospirillum, Geobacter* 등 일부는 유황을 전자 수용체로 이용하지만 황산염은 이용하지 않는다. 많은 종류의 초고온성 archaea도 유황을 환원한다.

표 9.5에서 보는 바와 같이, 황화수소 생산균 중에서 formate 또는 이산화탄소와 수소 혼합물을 기질로 chemolithotrophic하게 생장하는 예도 있으나, 대부분은 혐기 상태에서 발효균의 작용으로 축

표 9.5 황화수소 생산균(Sulfidogens).

분류(종 또는 속)	전자 공여체 (기질)	Acetate 분해 경로	기타
황산염 환원균(sulfate reducers)			
불완전 산화균			
Eubacteria			
Desulfovibrio	lactate, ethanol, malate, H_2, methanol[a], glycerol[a]	–	
Desulfomonas	lactate	–	
Desulfomicrobium	lactate, ethanol, malate, succinate, fumarate, H_2	–	
Desulfobulbus	lactate, ethanol, H_2 propionate	–	

표 9.5 황화수소 생산균(Sulfidogens). (계속)

분류(종 또는 속)	전자 공여체 (기질)	Acetate 분해 경로	기타
Desulfobotulus	lactate, 고급 지방산	–	
Desulfotomaculum nigrificans	lactate, ethanol, H_2	–	
Thermodesulfobacterium	lactate, H_2	–	
완전 산화균			
Eubacteria			
Desulfoarculus	acetate, propionate, 고급 지방산	CO[b]	
Desulfobacca acetoxidans	acetate, propionate, butyrate, ethanol, propanol	CO	
Desulfobacter	acetate, H_2[a], ethanol[a]	TCA[c]	
Desulfobacterium	lactate, acetate, ethanol	CO	
Desulfococcus	lactate, ethanol, propionate, 고급 지방산, benzoate	CO	
Desulfonema	lactate, acetate, H_2, succinate, fumarate, malate, propionate, formate, 고급 지방산, benzoate	CO	
Desulfosarcina	lactate, ethanol, H_2, acetate, propionate, 고급 지방산, benzoate	CO	
Desulfotomaculum acetoxidans	ethanol, butanol, H_2, acetate, butyrate, 고급 지방산	CO	
Desulfovibrio baarsii	acetate, propionate, butyrate, 고급 지방산	CO	
Desulfovirga adipica	acetate, propionate, 고급 지방산, alcohols	?[d]	
Archaea			
Archaeoglobus fulgidus	lactate, malate, H_2, succiante[a], fumarate[a], 포도당[a]	CO	
유황 환원균(sulfur reducers)			
불완전 산화균			
Eubacteria			
Desulfovibrio gigas	lactate, ethanol, malate	–	
Desulfomicrobium	lactate	–	
Wolinella	lactate	–	
Shewanella	lactate	–	
Sulfurospirillum arcachonense	lactate	–	microaerophile
Archaea			
Thermoproteus	H_2, yeast extract	–	발효 생장
Pyrobaculum	H_2, yeast extract	–	발효 생장
Desulfurococcus	H_2, yeast extract	–	발효 생장
완전 산화균			
Eubacteria			
Desulfuromonas	lactate[a], ethanol, acetate, propionate, succinate, glutamate	TCA	
Desulfurella	acetate	TCA	
Desulfuromusa	acetate, propionate, yeast extract, peptone	?[d]	
Geobacter	acetate	TCA	

a: 균주에 따라 이용됨.

b: Carbon monoxide dehydrogenase(acetyl-CoA 또는 Wood-Ljungdahl) 경로.

c: 변형된 TCA 회로.

d: 밝혀지지 않았음.

적되는 유기산이나 ethanol을 기질로 이용한다. 유기물을 전자 공여체로 이용하는 황화수소 생산균은 lactate, ethanol 등을 산화하여 acetate를 생산하는 불완전 산화균과, 기질을 이산화탄소로 완전히 산화시키는 완전 산화균으로 나눌 수 있다. 대부분의 황화수소 생산균은 proton motive force를 형성하는 호흡 경로로 황산염이나 유황을 환원하지만, 유황 환원균 중 불완전 산화 archaea는 발효적 질산염 환원(9.1.4)과 같이 기질을 발효할 때 발생하는 환원력을 제거하기 위해 유황을 환원하기 때문에 이 과정에서 proton motive force는 형성되지 않는다(발효적 황화수소 생산, fermentative sulfidogenesis). 수소를 전자 공여체로 유황을 환원하는 일군의 고온성 편성 chemolithotroph가 해저열수구(hydrothermal vent)에서 분리되었다. *Balnearium lithotrophicum*, *Caminibacter* spp., *Desulfurobacterium crinifex*, *Thermovibrio ruber*, *Thermovibrio ammonificans*, *Hydrogenomonas thermophila* 등이 이들에 속한다. *Hydrogenomonas thermophila*와 *Caminibacter*속 세균은 microaerophile이며, 나머지는 모두 strict anaerobe이다.

9.3.1 황화수소 생산의 생화학

9.3.1.1 황산염과 유황의 환원

황산염은 먼저 ATP와 반응하여 adenosine-5′-phosphosulfate(APS)로 활성화되면서 고에너지 인산 결합 2개를 소비한다. 이 반응은 생합성에 필요한 유황을 공급하기 위한 이화형 황산염 환원(assimilatory sulfate reduction, 제6장, 6.3) 반응과 동일한 반응이나, adenosine-3′-phosphate-5′-phosphosulfate(PAPS)까지는 합성되지 않는다. 황산염이 이처럼 활성화되는 것은 황산염의 환원 반응을 열역학적으로 쉽게 하기 위함이다. SO_4^-/SO_3^-의 산화 · 환원 전위는 −0.454V로서 $2H^+/H_2$의 −0.421V보다 낮다. 따라서 NADH를 비롯한 환원된 상태의 각종 생체 전자 전달체의 전자는 황산염을 직접 아황산염으로 환원시키는 데 이용되기가 어렵다.

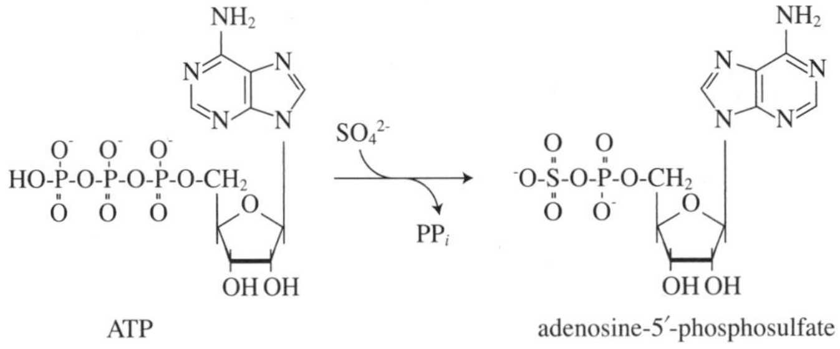

ATP → (SO_4^{2-}, PP_i) → adenosine-5′-phosphosulfate

ATP sulfurylase의 작용으로 생산된 PP*i*는 대부분의 세균에 있어서 phosphatase의 작용을 받아 energy의 보전 없이 분해되지만, *Desulfotomaculum*속 세균은 후술하는 바와 같이 acetyl-phosphate 형태로 PP*i*의 energy를 보전한다.

APS는 APS reductase에 의해 AMP를 분리하면서 아황산염으로 환원되며, 아황산염은 sulfite reductase에 의해 $6e^-$를 소비하면서 S^{2-}까지 환원된다(그림 9.5).

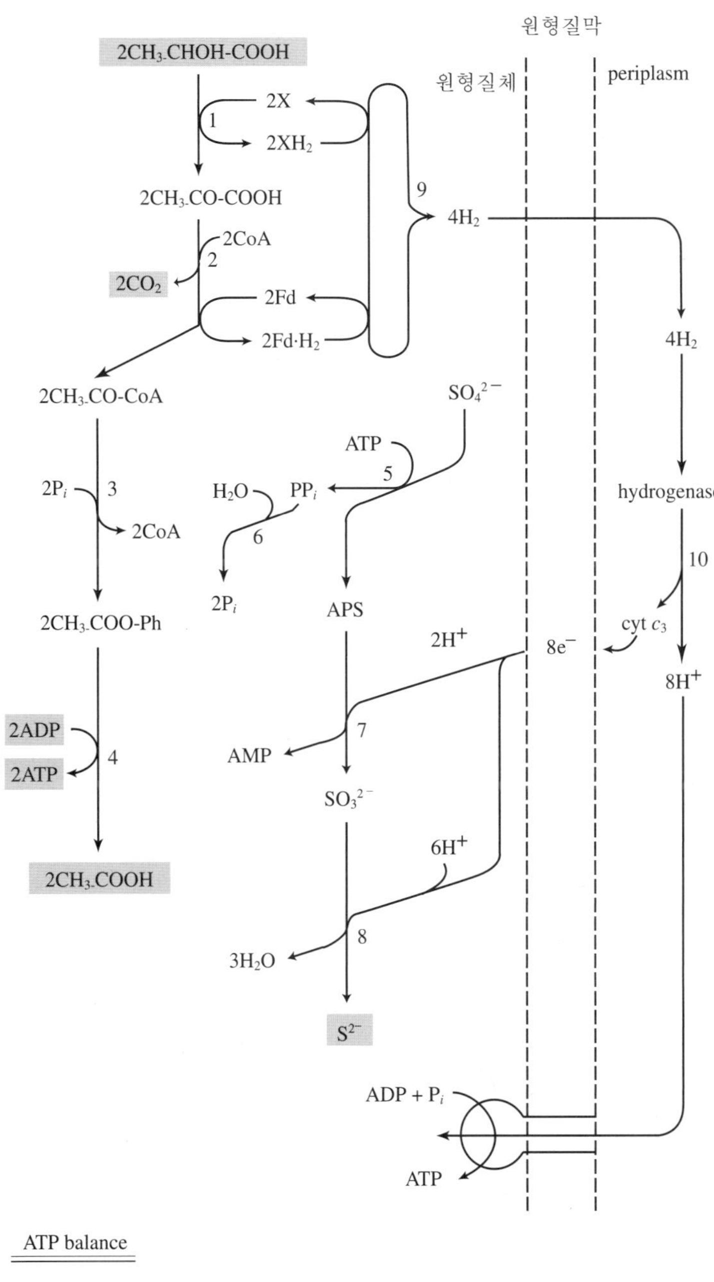

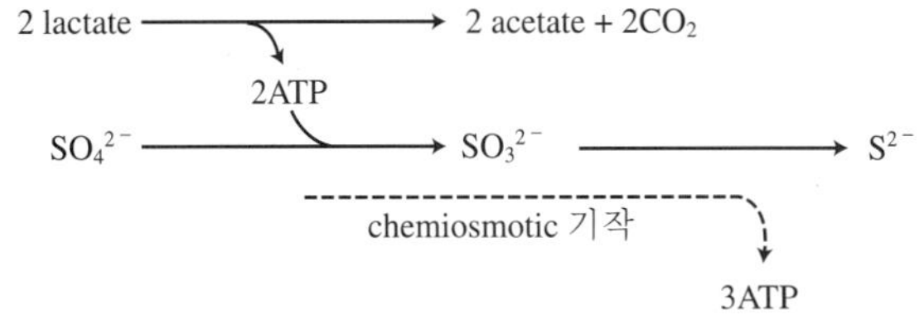

그림 9.5 *Desulfovibrio*속 세균에 의한 황산염 환원 경로와 Hydrogen Cycling 가설.

*Desulfovibrio*를 비롯한 모든 불완전 산화균은 2분자의 lactate를 2분자의 acetate로 산화시키면서 SLP 메커니즘을 통해 2ATP를 생산한다. 이때 발생하는 $8e^-$는 황산염을 S^{2-}까지 환원시키는데 이용된다. 황산염이 환원될 때 ATP가 AMP와 PP*i*로 분해되어 고에너지 인산결합 두 개를 소비하게 되므로 SLP 메커니즘만으로는 생장에 필요한 ATP를 공급하지 못한다. 따라서 *Desulfovibrio*속 세균은 대사 경로에서 ETP 메커니즘을 통해 ATP를 합성한다. Lactate의 산화 과정에서 발생하는 환원력이 원형질체에 있는 hydrogenase(9)의 작용을 통해 수소 형태로 전환되어 periplasm 쪽으로 이동한다. 이 수소가 periplasm에 있는 hydrogenase(10)의 작용을 받아서 H^+을 남기고 전자만 cytochrome c_3와 결합한 형태로 원형질체 안으로 이동되어 H^+을 소비하면서 황산염을 환원시키는데 이용된다. 따라서 황산염 환원에 의해 $8H^+$이 원형질막 밖으로 방출하는 효과를 나타낸다. 이를 hydrogen cycling 가설이라 한다. Pyruvate/lactate 반반응의 산화·환원 전위가 −185mV로 수소 생산에 연결되기 어려운 점을 감안하여 hydrogen cycle의 변형 가설이 제안되었다(그림 9.9).

1. lactate dehydrogenase;
2. pyruvate:ferredoxin oxidoreductase;
3. phosphotransacetylase;
4. acetate kinase;
5. ATP sulfurylase;
6. pyrophosphatase;
7. APS reductase;
8. sulfite reductase;
9. cytoplasmic hydrogenase;
10. periplasmic hydrogenase

유황 환원 세균은 세포막에 있는 sulfur reductase를 이용하여 불용성의 유황을 황화수소로 환원시킨다. 이때 기질의 산화에서 발생하는 전자가 막에 있는 menaquinone과 cytochrome *c*를 거쳐 sulfur reductase로 공급된다. 유황의 물에 대한 용해도가 낮아 이를 전자 수용체에 이용하는 세균은 유황 입자에 붙어서 생장한다. 황화수소는 용액에서 유황과 작용하여 tetrasulfide, pentasulfide 등 polysulfide를 형성한다. 이들의 용해도는 유황보다 높다. 유황을 환원하는 미생물에서 polysulfide가 실제로 이용되는 전자 수용체라는 가설도 있다.

9.3.1.2 탄소 대사

불완전 산화균에서 황산염이나 유황의 환원에 필요한 전자는 lactate나 ethanol이 acetate로 산화되면서 공급된다. Lactate의 산화는 lactate dehydrogenase, pyruvate:ferredoxin oxidoreductase의 작용으로 이루어진다. Lactate가 lactate dehydrogenase에 의해 pyruvate로 산화될 때 이용되는 전자 전달체는 알려지지 않았다. Pyruvate는 saccharolytic clostridia에서와 같이 phosphoroclastic reaction으로 ferredoxin을 환원하면서 acetyl-CoA로 산화된다. *Desulfovibrio*속, *Desulfomonas*속 등에 속하는 세균은 acetyl-CoA를 phosphotransacetylase, acetate kinase의 작용을 통해 acetate로 분해하면서 substrate-level phosphorylation으로 ATP를 생산한다(그림 9.5).

Ethanol은 alcohol dehydrogenase와 acetaldehyde dehydrogenase의 작용을 통해 acetyl-CoA로 산화된다.

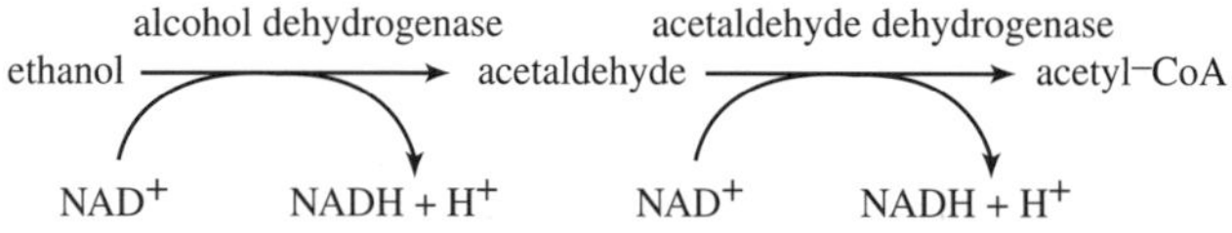

완전 산화균은 변형된 TCA 회로 또는 acetyl-CoA 경로를 통해 acetate를 산화한다(표 9.5). *Desulfobacter*속, *Desulfuromonas*속 그리고 *Desulfurella*속에 속하는 세균은 각각 특유의 변형된 TCA 회로로 acetate를 산화하며(그림 9.6), 그 외의 완전 산화균은 acetyl-CoA 경로를 통해 acetate를 산화한다(그림 9.7).

*Desulfobacter*속과 *Desulfuromonas*속 세균은 succinyl-CoA:acetate CoA transferase의 작용을 통해 acetate를 활성화하며, *Desulfurella*는 acetate kinase와 phosphotransacetylase의 작용으로 ATP를 소비하면서 acetyl-CoA를 합성한다. *Desulfobacter*속 세균은 ATP:citrate lyase의 작용으로 citrate를 합성하면서 ATP를 생산하며, *Desulfuromonas*속과 *Desulfurella*속 세균은 다른 생물에서와 같이 citrate synthase가 작용한다. 2-ketoglutarate의 산화는 2-ketoglutarate:ferredoxin oxidoreductase에 의해 촉매되며, succinate를 산화하는 succinate:menaquinone oxidoreductase는 menaquinone을 환원한다. 환원된 menaquinone은 산화 · 환원 전위가 높기 때문에 유황 환원 세균에서는 reverse electron transport(그림 9.10B, 제10장, 10.1) 과정을 거친 다음 유황 환원에 이용된다.

*Desulfobacter*속 세균을 제외한 모든 완전 산화 황산염 환원 세균은 acetyl-CoA 경로를 통해 acetate를 산화한다. 이 경로에서 핵심이 되는 효소가 carbon monoxide dehydrogenase(CO DH)이

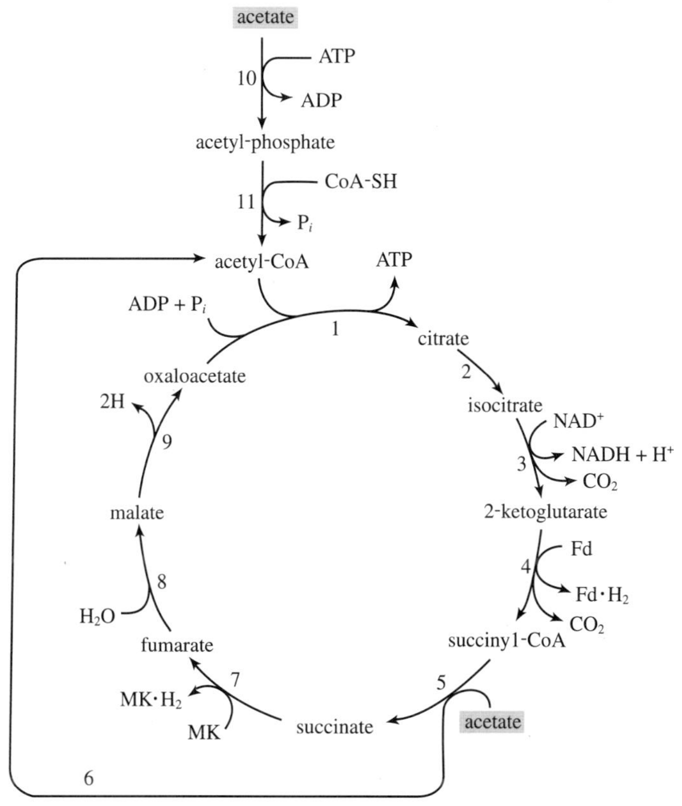

그림 9.6 *Desulfobacter*속, *Desulfuromonas*속 그리고 *Desulfurella*속에 속하는 세균이 Acetate를 산화하는 변형된 TCA 회로.

*Desulfobacter*속과 *Desulfuromonas*속 세균은 succinyl-CoA:acetate CoA-SH transferase(6)의 작용으로 acetate를 활성화하고, *Desulfurella*속에서는 acetate kinase(10)와 phosphotransacetylase(11)가 acetyl-CoA를 합성한다. *Desulfobacter*속에서는 ATP:citrate lyase에 의해, 그리고 *Desulfuromonas*속과 *Desulfurella*속에서는 citrate synthase가 citrate를 합성한다. 이외에도 2-ketoglutarate와 succinate의 산화에 각각 2-ketoglutarate:ferredoxin oxidoreductase(4)와 succinate:menaquinone oxidoreductase(7)가 작용하는 것이 정상적인 TCA 회로와 다른 점이다. Succinate의 산화로 발생하는 전자의 산화 · 환원 전위가 높기 때문에 reverse electron transport(그림 9.10)를 거친 다음 유황 환원에 이용된다.
1. ATP:citrate lyase(*Desulfobacter* 속) 또는 citrate synthase(*Desulfuromonas* 속과 *Desulfurella* 속); **2. 3. 8. 9.** TCA 회로 효소; **4.** 2-ketoglutarate:ferredoxin oxidoreductase; **5.** succinyl-CoA synthetase(*Desulfurella*) **6.** succinyl-CoA:acetate CoA transferase(*Desulfobacter*와 *Desulfuromonas*) **7.** succinate:menaquinone oxidoreductase; **10.** acetate kinase; **11.** phosphotransacetylase

기 때문에 CO DH 경로 또는 이 경로를 밝히는 데 공헌한 사람의 이름을 따라 Wood-Ljungdahl 경로라고도 한다. CO DH가 acetyl-CoA에 작용하여 methyl기를 C_1 carrier인 tetrahydrofolate(H_4F)에 결합시켜 methyl-H_4F를 합성하고 carbonyl기는 이산화탄소로 산화된다(그림 9.7). 이때 archaeon인 *Archaeoglobus*는 H_4F 대신 archaea 특유의 C_1 carrier인 tetrahydromethanopterin(H_4MTP)과 methanofuran(MF)을 이용한다. C_1 carrier에 결합한 methyl기는 formate를 거쳐 이산화탄소로 산화된다. 이 경로를 촉매하는 모든 효소는 역반응을 촉매할 수 있기 때문에 수소와 이산화탄소에서

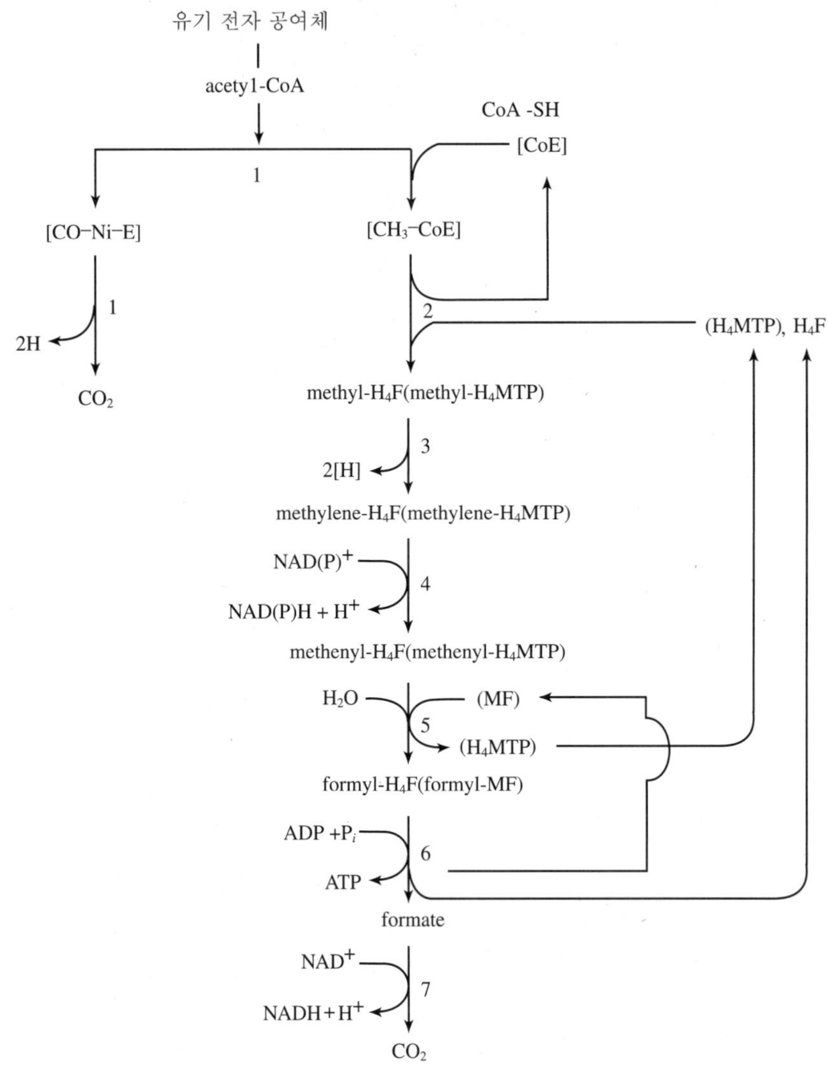

그림 9.7 유기 전자 공여체를 이산화탄소까지 완전히 산화하는 황산염 환원 세균이 Acetate를 산화하는 Acetyl-CoA 경로.

*Desulfobacter*를 제외한 완전 산화 황산염 환원 세균(표 9.5)들은 carbon monoxide dehydrogenase(1, 또는 acetyl-CoA synthase라고도 함)가 작용하는 이 경로를 통해 acetate를 산화한다. Carbon monoxide dehydrogenase 경로 또는 Wood-Ljungdahl 경로로 알려진 이 경로는 homoacetogen(9.5)이 $H_2 + CO_2$에서 acetate를 합성하는 반대 과정이다. *Archaeoglobus* 속에 속하는 archaea는 H_4F(tetrahydrofolate) 대신 archaea 특유의 C_1 carrier인 tetrahydromethanopterin(H_4MTP)과 methanofuran(MF)을 이용한다.

1. carbon monoxide dehydrogenase; **2.** methyltransferase; **3.** methyl-H_4F dehydrogenase; **4.** methylene-H_4F dehydrogenase; **5.** methenyl-H_4F cyclohydrolase; **6.** formyl-H_4F synthetase; **7.** formate dehydrogenase

[CO-Ni-E]: 효소에 결합한 일산화탄소, CoE: corrinoid 효소

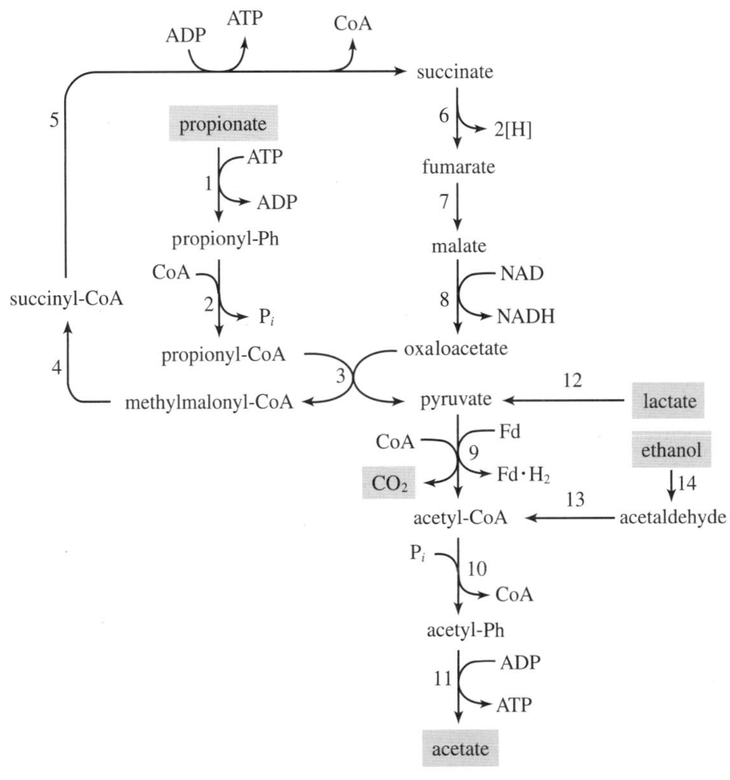

그림 9.8 *Desulfobulbus*속 세균이 Propionate, Lactate, Ethanol을 Acetate로 산화하는 경로.

1. propionate kinase; **2.** phosphotransacylase; **3.** methylmalonyl-CoA:pyruvate transcarboxylase; **4.** methylmalonyl-CoA mutase; **5.** succinyl-CoA synthetase; **6.** succinate dehydrogenase; **7.** fumarase; **8.** malate dehydrogenase; **9.** pyruvate:ferredoxin oxidoreductase; **10.** phosphotransacetylase; **11.** acetate kinase; **12.** lactate dehydrogenase; **13.** aldehyde dehydrogenase; **14.** alcohol dehydrogenase

autotrophic하게 생장하는 혐기성 미생물인 methane 생산균(9.4)과 homoacetogen(9.5), 그리고 일부의 황화수소 생산균(9.3.3)이 acetyl-CoA 경로를 통해 acetate와 균체를 합성한다(제10장, 10.8.5).

불완전 산화균 중에서 propionate를 acetate로 산화하는 *Desulfobulbus* 속 세균은 *Propionibacterium*에 의한 propionate 발효 경로인 succinate-propionate 경로(제8장, 8.7.1)와 유사한 경로로 propionate를 대사한다(그림 9.8). 이 세균이 ethanol을 이용할 때는 acetyl-CoA를 거쳐, 그리고 lactate를 산화할 때는 pyruvate를 통해서 acetate로 산화한다.

9.3.2 황화수소 생산균의 전자 전달 경로와 ATP 수율

9.3.2.1 불완전 산화균

아래 식에서 보는 바와 같이 불완전 산화균 *Desulfovibrio*속 세균은 2분자의 lactate를 대사하여

2ATP를 생산하고, 황산염을 APS로 활성화시키는 데 2ATP를 소비하므로, 이 세균들이 substrate-level phosphorylation 만으로 ATP를 생산한다면 lactate 산화와 황산염 환원 과정에서 ATP가 생산되지 않는다는 계산이다.

$$SO_4^{2-} + 8H^+ + ATP \longrightarrow S^{2-} + AMP + PP_i + 3H_2O$$
$$PP_i + H_2O \longrightarrow 2P_i$$
$$2\text{lactate} + 2ADP + 2P_i \longrightarrow 2\text{acetate} + 8H^+ + 2CO_2 + 2ATP$$
$$ATP + AMP \longrightarrow 2ADP$$
$$SO_4^{2-} + 2\text{lactate} \longrightarrow S^{2-} + 2\text{acetate} + 2H_2O + 2CO_2$$

따라서 불완전 산화 황산염 환원 세균은 황산염의 환원 과정에서 substrate-level phosphorylation (ETP) 이외의 메커니즘, 즉 electron transport phosphorylation(ETP) 메커니즘을 통해 생장에 필요한 ATP를 생산하여야 한다. 이를 위해 이들 세균은 원형질체에 있는 hydrogenase의 작용으로 기질의 산화에서 발생하는 $8e^-$를 소비하여 $8H^+$을 환원시키면서 4분자의 수소를 생산한다. 이 수소는 원

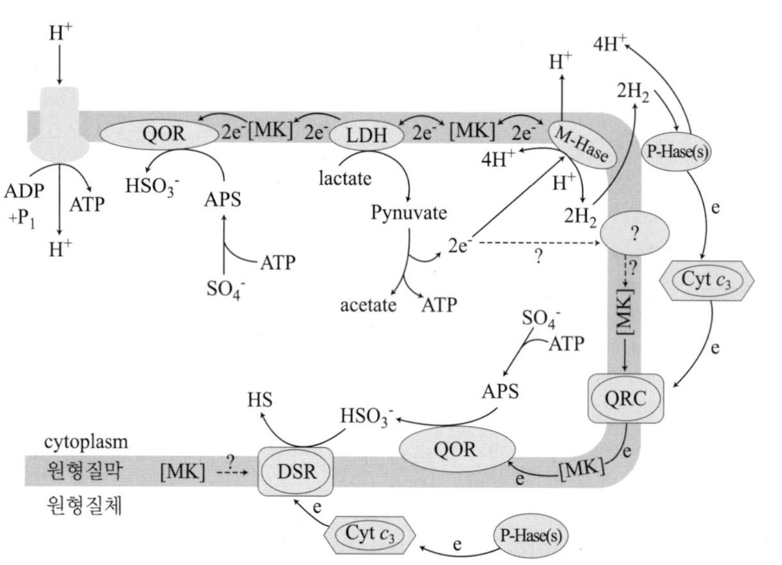

그림 9.9 변형된 Hydrogen Cycling 가설(Frontiers Microbiol. 2011, DOI; 10.3389/fmicb.2011.00135).

Pyruvate/lactate의 산화 · 환원전위가 −185mV로 수소 생산에 이용되기 어렵다는 점을 감하여 수정된 hydrogen cycling 가설. Pyruvate:ferredoxin oxidoreductase의 작용으로 환원된 일부의 ferredoxin의 전자가 수소로 전환되어 periplasm으로 이동한 다음 periplasm에서 작용하는 hydrogenase의 작용으로 cytochrome c_3를 환원한다. 환원된 cytochrome c_3의 전자는 원형질막에 있는 cytochromec_3:menaquinone oxidoreductase의 작용을 통해 quinone으로 전달된 다음 황산염 환원에 이용된다. Lactate가 pyruvate로 산화될 발생하는 전자와 pyruvate의 산화에서 발생하는 일부의 전자는 직접 quinone으로 전달되어 환산염 환원에 이용된다.

Cyt c_3; Cytochrome c_3, DSR; dissimilatory sulfite reductase, LDH; lactate dehydrogenase, M-H2ase; membrane-bound hydrogenase, MK; menaquinone, p-Hase; periplasmic hydrogenase, QOR; quinone oxidoreductase; QRC; cytochromec_3:menaquinone oxidoreductase

형질막을 통과하여 periplasm에 있는 hydrogenase에 의해서 cytochrome c_3를 환원시키고 $8H^+$을 원형질막 밖에 남긴다. Periplasm에서 환원된 cytochrome c_3는 원형질막을 통과하여 원형질체 쪽에서 황산염을 환원시키는 데 이용되면서 $8H^+$을 소비하므로, 이들 세균이 1분자의 황산염을 환원시키면서 $8H^+$를 원형질막 외부로 방출하는 proton motive force를 형성하게 된다. 여기서 형성된 proton motive force는 F_1F_o-ATPase에 의해 ATP를 합성하는 데 이용된다. 이러한 ATP 합성 메커니즘을 hydrogen cycling 가설이라 한다(그림 9.5).

Hydrogen cycling 가설에서 lactate가 acetate로 산화할 때 발생하는 모든 전자가 수소로 전환된다고 가정하지만, pyruvate/lactate의 산화 · 환원전위가 −185mV로 수소 생산에 이용되기 어렵다. 이러한 점을 감안하여 수정된 hydrogen cycling 가설이 제안되었다(그림 9.9). 이 가설에 의하면 원형질막에 있는 hydrogenase가 pyruvate:ferredoxin oxidoreductase의 작용으로 환원된 일부의 ferredoxin을 수소로 전환한다. 이 수소가 periplasm으로 이동한 다음 periplasm에서 작용하는 hydrogenase의 작용으로 cytochrome c_3를 환원한다. 환원된 cytochrome c_3의 전자는 원형질막에 있는 cytochrome c_3:menaquinone oxidoreductase의 작용을 통해 quinone으로 전달된 다음 황산염 환원에 이용된다. 이 가설에 의하면 lactate가 pyruvate로 산화될 발생하는 전자와 pyruvate의 산화에서 발생하는 일부의 전자는 직접 quinone으로 전달되어 황산염 환원에 이용된다.

*Desulfotomaculum*속의 세균에서는 hydrogen cycling 메커니즘이 알려지지 않았다. 이들은 pyrophosphatase의 활성이 낮기 때문에 ATP sulfurylase의 작용으로 생산되는 PP_i를 $2P_i$로 분해시키지 않고 acetate-pyrophosphate kinase를 통해 acetyl-phosphate의 형태로 ATP합성에 이용한다(제13장, 13.2.4.3).

$$\text{ATP} + \text{SO}_4^{2-} \xrightarrow{\text{ATP sulfurylase}} \text{PP}_i + \text{adenosine-5}'\text{-phosphosulfate}$$

$$\text{PP}_i + \text{acetate} \xrightarrow[\text{kinase}]{\text{acetate-pyrophosphate}} \text{acetyl-phosphate} + \text{P}_i$$

$$\text{acetyl-phosphate} + \text{ADP} \xrightarrow{\text{acetate kinase}} \text{acetate} + \text{ATP}$$

따라서 황산염의 활성화에 1ATP만 소비되며, 2분자의 lactate에서 2ATP가 합성되므로 *Desulfotomaculum*속 세균은 proton motive force를 통한 ATP 합성이 없어도 생장이 가능하다.

9.3.2.2 완전 산화균

완전 산화균에서도 SLP 메커니즘을 통해 ATP를 생산하지만, 그 양은 acetate와 sulfate를 활성화하는데 필요한 것보다 적다. 아래 반응식에서 보는 바와 같이 acetate를 완전히 산화하여 발생하는 전자를 황산염이나 유황에 전달할 때 free energy가 발생하며, 이것이 proton motive force 형태로 보전된다.

$$acetate^- + SO_4^{2-} + 3H^+ \longrightarrow 2CO_2 + H_2S + 2H_2O \quad (\Delta G^{0\prime} = -63kJ/mole\ acetate)$$

$$acetate^- + H^+ + 4S^0 + 2H_2O \longrightarrow 2CO_2 + 4H_2S \quad (\Delta G^{0\prime} = -63kJ/mole\ acetate)$$

완전 산화균은 원형질막에 menaquinone을 보유하고 있으며, NAD(P)H 또는 환원된 ferredoxin으로부터 menaquinone으로 전자가 전달되면서 H^+을 막 밖으로 방출하여 proton motive force를 형성하고 이를 ATP 합성에 이용한다(그림 9.10). S^0/H_2S의 산화환원 전위가 menaquinone보다 낮기 때문에 변형된 TCA 회로로 acetate를 산화하는 유황 환원 세균에서 succinate의 산화로 환원되는 menaquinone은 reverse electron transport를 통해 유황 환원에 이용된다(그림 9.10B, 10장, 10.1).

완전 산화 세균의 균체 수율, Y_{ATP} 그리고 maintenance energy(제6장, 6.14.5)로부터 소비되는

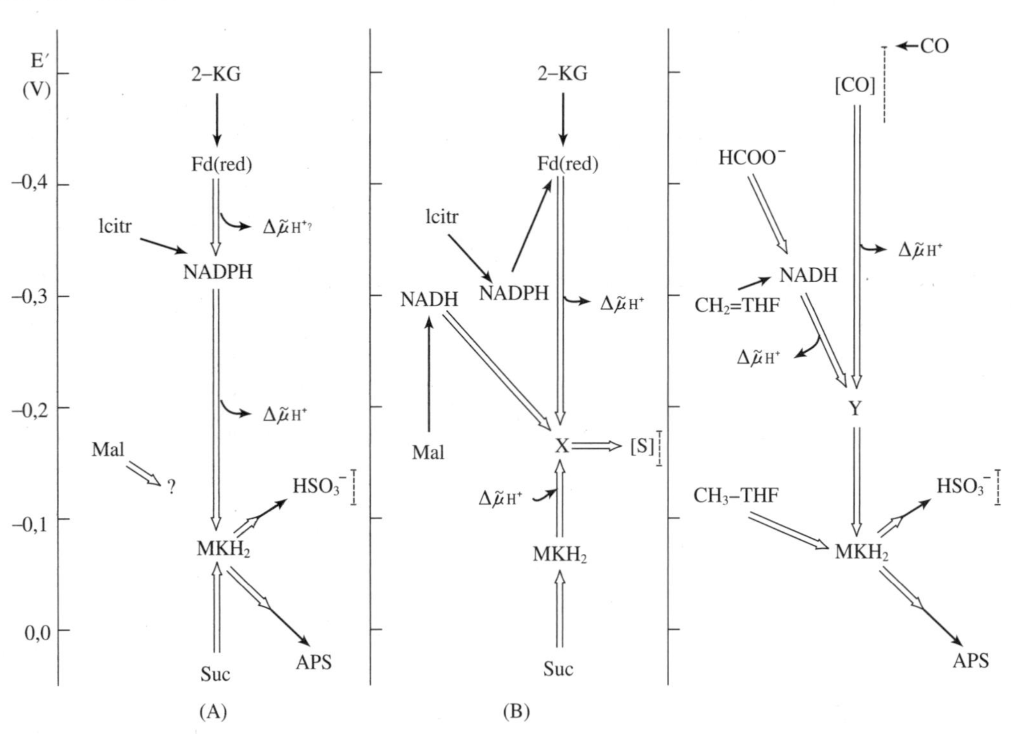

그림 9.10 유기물을 완전히 산화하는 황화수소 생산 세균의 전자 대사 경로.

Acetate를 변형된 TCA 회로로 산화하여 황산염을 환원하는 *Desulfobacter postgatei*(A)와 유황을 환원하는 *Desulfuromonas acetoxidans*(B)의 대사 경로에서 산화되는 2-ketoglutarate(2-KG), isocitrate(Ictr) 그리고 malate로부터 전자는 각각 ferredoxin(Fd), $NAD(P)^+$로 전달되며, Acetyl-CoA 경로로 acetate를 산화하여 황산염을 환원하는 *Desulfotomaculum acetoxidans*(C)의 대사 경로에서 산화되는 methylenetetrahydrofolate(CH_2=THF)와 formate는 NAD^+를 환원시키며, methyltetrahydrofolate(CH_3-THF)는 menaquinone을 환원시키는 데 이용된다. CO dehydrogenase와 NADH의 전자는 proton motive force를 형성하면서 유황화합물을 환원시킨다. 이때 관여하는 전자 전달체 X와 Y는 알려지지 않았다. 그림에서 2중 화살표는 원형질막에서 이루어지는 반응이며, 보통의 화살표는 원형질체에서 이루어지는 반응을 표시한다. 그림 왼쪽의 산화 · 환원 전위는 생장 조건에서의 값을 표시한다.

acetate에 대한 ATP 생산량이 유황 환원(*Desulfuromonas acetoxidans*)에서는 0.6ATP로, 그리고 황산염 환원(*Desulfotomaculum acetoxidans*)에서는 0.8ATP로 계산되었다.

9.3.3 황화수소 생산균의 균체 합성

황화수소 생산균 중 *Desulfobacter hydrogenophilus, Desulfosarcina variabilis, Desulfonema limicola, Desulfotomaculum orientis* 등은 autotroph들로서 H_2 + CO_2를 기질로 생장할 수 있다. *Desulfobacter hydrogenophilus*는 reductive TCA cycle(제5장, 5.4.2, 제10장, 10.8.4)을 통해 이산화탄소를 고정하여 생합성에 필요한 유기물로 합성하며, 나머지 autotrophic 황화수소 생산 세균은 acetyl-CoA 경로를 통해 생합성에 필요한 acetyl-CoA를 합성한다.

이산화탄소의 고정이나 ethanol 등 유기물의 산화로 생산되는 acetyl-CoA는 pyruvate:ferredoxin oxidoreductase의 작용을 통해 pyruvate로 환원되고 불완전 TCA 경로(제5장, 5.4.1)와 gluconeogenesis 경로(제4장, 4.2)를 통해 생합성에 필요한 탄소 골격을 공급한다.

9.3.4 황화수소 생산과 물질 순환

황화수소를 생산하는 혐기성 미생물은 대부분 lactate, acetate 등 발효 산물을 전자 공여체로 사용하는 것으로 알려져 왔으나 최근 지방족은 물론 방향족 탄화수소, 유기 염소화합물 등 다양한 난분해성 물질이 황화수소 생산 조건에서 산화되는 것으로 밝혀지고 있다. 이들의 산화는 황화수소 생산 조건에서 여러 종류의 미생물이 관여하는 것으로 생각되며, 특히 안정한 구조를 갖는 메탄도 혐기적인 조건에서 황화수소 생산균을 포함하는 미생물 군에 의해 산화되는 것으로 보고되었다. 석유로 오염된 환경에서 지방족 탄화수소 또는 toluene 등 방향족 탄화수소를 전자 공여체로 이용하여 생장하는 황산염 환원 세균이 분리되었다. 혐기성 호흡 조건에서 전자 공여체로 이용되는 난분해성 물질에 관해서는 다음에 상세히 공부한다(9.9).

9.4 메탄 생산

유기물 축적이 많은 습지, 반추동물의 제1위(rumen) 등의 환경은 통성 혐기성 미생물의 작용으로 산소가 완전히 소비되어 혐기 상태로 된다. 이러한 환경에서 유기물이 분해되어 메탄(CH_4)으로 전환된다는 것이 오래 전부터 알려져 왔다. 이러한 미생물의 메탄 생산(methanogenesis) 작용을 이용하여 유기성 폐기물로부터 메탄 형태의 에너지를 생산하는 혐기성 소화 시설이 많이 보급되고 있다.

메탄 생산균(methanogen)은 모두 archaea에 속하는 strict anaerobe로서 자연계에서는 유기물이 많이 축적된 혐기적 환경에서 쉽게 생장할 수 있으나, 여러 가지 이유에서 이들을 순수 분리 배양하는 것이 어렵기 때문에 분자 미생물 생태학(molecular microbial ecology) 기법으로 시료에서 추출한 DNA에서 16S RNA 유전자를 증폭하여 이들의 다양성과 분포를 연구하는 예가 많다. 따라서 앞으로 이들을 배양하는 더 좋은 기술이 개발되면 새로운 메탄 생산균이 많이 분리될 것으로 판단된다. 메탄 생산균은 혐기 상태에서 여러 발효균이 생산하는 발효 산물인 수소와 이산화탄소의 혼합물, formate, methanol, acetate, methylamine, 일산화탄소 등을 기질로 생장한다(표 9.6). 최근에 ethanol과 2-propanol, 2-butanol 등 secondary alcohol을 직접 산화하여 발생하는 환원력으로 이산화탄소를 메탄으로 환원시키는 데 이용하는 메탄 생산균이 많이 보고되고 있으며, 이들 중 일부는 생산되는 ketone을 완전히 메탄과 이산화탄소로 대사하는 예도 있다. 메탄 생산균이 이용하는 기질 중에서 수소와 이산화탄소의 혼합물이 가장 잘 이용되며, 황산염의 농도가 높은 환경에서는 황산염 환원균이 우세하므로 메탄 생산균은 황산염의 농도가 낮은 환경에서 많이 서식한다.

9.4.1 메탄 생산균

생장에 필요한 에너지를 얻기 위해 많은 양의 메탄을 생산하는 편성 혐기성인 archaea를 메탄 생산균(methanogen)이라 한다. 지금까지 분리된 메탄 생산균은 archaea 중에서 5개 목(order)에 분포되어 있다(표 9.6). 앞에서 밝힌 바와 같이 이들은 산소에 대한 내성이 극히 약하기 때문에 분리하기가 어렵다. 따라서 앞으로 더 많은 메탄 생산균이 분리될 것으로 믿어진다. 메탄 생산균은 그들이 이용하는 기질에 따라 분류할 수 있다. 메탄 생산균이 이용할 수 있는 탄소원은 이산화탄소, methyl기를 갖는 일탄소 화합물 그리고 acetate로 나눌 수 있다.

9.4.1.1 이산화탄소 환원균(Hydrogentrophic methanogen)

*Methanobacteriales*목, *Methanococcales*목, *Methanomicrobiales*목 그리고 *Methanopyrales*목에 속하는 메탄 생산균이 수소를 에너지원으로 이용하여 이산화탄소를 메탄으로 환원하여 발생하는 free energy를 이용하여 생장한다. 이들을 chemolithotrophic methanogen이라 하며, 이때 얻어지는 free energy 변화는 다음과 같다.

$$CO_2 + 4H_2 \longrightarrow CH_4 + 2H_2O \qquad \Delta G^{\circ\prime} = -136\text{KJ/반응}$$

Formate나 일산화탄소도 이들에 의해 이용된다. Formate는 이산화탄소와 수소로 분해되어 다시 이용되며, 일산화탄소는 이산화탄소로 산화된 다음 이용된다.

$$4HCOOH \longrightarrow CH_4 + 3CO_2 + 2H_2O \qquad \Delta G^{\circ\prime} = -144\text{KJ/반응}$$

$$4CO + 2H_2O \longrightarrow CH_4 + 3CO_2 \qquad \Delta G^{\circ\prime} = -211\text{KJ/반응}$$

이산화탄소를 이용하는 메탄 생산균 중에서 *Methanobacterium, Methanoculleus, Methanogenium, Methanolacinia, Methanospirillum, Methanocorpusculum* 등의 속에 속하는 일부는 ethanol, 2-propanol, 2-butanol 등을 완전히 산화하거나 불완전하게 ketone으로 산화하여 발생하는 환원력을 이용하는 예도 있다(표 9.6)

표 9.6 메탄 생산균의 특징.

Methanogen	이용 기질	특징
*Methanobacteriales*목		
*Methanobacterium*속	$H_2 + CO_2$, formate[a], CO[a] 2ndary alcohol + CO_2[a]	pseudomurein
*Methanobrevibacter*속	$H_2 + CO_2$, formate[a]	pseudomurein, S-layer
*Methanosphaera*속	H_2 + methanol	acetate 또는 CO_2를 탄소원으로 요구, pseudomurein, 포유동물 장관
*Methanothermobacter*속	$H_2 + CO_2$, formate	유황 환원성
*Methanothermus*속	$H_2 + CO_2$	pseudomurein, S-layer, 고온성, 온천
*Methanococcales*목		
*Methanococcus*속	$H_2 + CO_2$, formate[a]	S-layer
*Methanothermococcus*속	$H_2 + CO_2$, formate[a]	S-layer
*Methanocaldococcus*속	$H_2 + CO_2$,	S-layer, 빠른 생장
*Methanotorris*속	$H_2 + CO_2$,	S-layer
*Methanomicrobiales*목		
*Methanomicrobium*속	$H_2 + CO_2$, formate[a]	acetate(탄소원) 요구
*Methanoculleus*속	$H_2 + CO_2$, formate[a] 2ndary alcohol + CO_2[a]	acetate(탄소원) 요구
*Methanofollis*속	$H_2 + CO_2$, formate[a] 2ndary alcohol + CO_2[a]	S-layer acetate(탄소원) 요구
*Methanogenium*속	$H_2 + CO_2$, formate[a] 2ndary alcohol + CO_2[a]	acetate(탄소원) 요구 S-layer
*Methanolacinia*속	$H_2 + CO_2$, 2ndary alcohol	acetate(탄소원) 요구
*Methanoplanus*속	$H_2 + CO_2$, formate	유황 환원성
*Methanocorpusculum*속	$H_2 + CO_2$, formate 2ndary alcohol[a]	yeast extract 또는 peptone 요구
*Methanospirillum*속	$H_2 + CO_2$, formate 2ndary alcohol[a]	chain으로 생장
*Methanocalculus*속	$H_2 + CO_2$	내염성(12% NaCl), disc 모양, S-layer
*Methanosarcinales*목		
*Methanosarcina*속	$H_2 + CO_2$[a], acetate[a], CO[a] methanol, methylamines	집합체 형성
*Methanococcoides*속	methanol, methylamines	호염성(0.2M NaCl), Mg^{2+} 요구성
*Methanohalobium*속	methanol, methylamines	호염성(2.6~5.1M NaCl)
*Methanohalophilus*속	methanol, methylamines	호염성(1.0~2.5M NaCl)
*Methanolobus*속	methanol, methylamines dimethyl sulfide[a]	S-layer
*Methanosalsum*속	methanol, methylamines dimethylsulfide	호염, 호알칼리성, S-layer
*Methanosaeta*속	acetate	chain으로 생장(1~2.5M NaCl)
*Methanopyrales*목		
*Methanopyrus*속	$H_2 + CO_2$	초고온성(110°C), 유황 환원, pseudomurein

a:균주에 따라 이용 가능

9.4.1.2 Methylotrophic Methanogen

Methanol과 methylamine 등 methyl기를 갖는 유기물을 기질로 메탄과 균체를 합성하는 메탄 생산균을 말하며, *Methanosaeta*속을 제외한 모든 *Methanosarcinales*목의 메탄 생산균이 여기에 속한다. 이들 중에서 *Methanolobus*는 methyl sulfide를 이용하는 성질이 있다.

$$4CH_3OH \longrightarrow 3CH_4 + CO_2 + 2H_2O \qquad \Delta G^{\circ\prime} = -319\text{KJ/반응}$$

*Methanosphaera*속에 속하는 메탄 생산균은 methanol을 산화하여 발생하는 환원력을 이산화탄소 환원에 이용하기 때문에 전자 수용체로 이산화탄소가 있을 때에만 methanol을 이용한다.

9.4.1.3 Aceticlastic Methanogen

Chain으로 생장하는 *Methanosaeta*(*Methanothrix*)속에 속하는 메탄 생산균은 acetate를 유일한 탄소원으로 이용하며 다른 기질을 이용하지 못한다. Acetate를 이용하는 *Methanosarcina*속은 secondary alcohol을 제외한 모든 메탄 생산 기질을 이용할 수 있다.

$$CH_3COOH \longrightarrow CH_4 + CO_2 \qquad \Delta G^{\circ\prime} = -37\text{KJ/반응}$$

9.4.2 메탄 생산균의 조효소

Archaea인 메탄 생산균은 이들 특유의 조효소를 대사에 이용한다. 이들 조효소가 초고온성 archaea와 일부 eubacteria에서도 발견되었다. 이처럼 특유의 조효소를 보유하고 있는 것은 대사 경로가 다른 생물과 다르며, 이들이 초기서부터 다른 생물과 다른 과정으로 진화되었기 때문으로 판단된다. 또한 분류학적으로 먼 관계에 있는 세균에서 발견되는 것은 최근에 이들 유전자가 메탄 생산균으로부터 이전된 것으로 생각된다.

Eubacteria와 진핵 세포 생물에서 일탄소(C_1) 화합물의 운반체(제6장, 6.6.2.3)로 이용되는 tetrahydrofolate(H_4F)와 *S*-adenosylmethionine(SAM) 대신 methane 생산균에서는 methanofuran(MF), 5,6,7,8-tetrahydromethanopterin (H_4MTP), coenzyme M이 이용되며, 전자 전달체로 coenzyme F_{420}, coenzyme F_{430}, 7-mercaptoheptanoylthreonine phosphate(HTP) 그리고 methanophenazine 등이 이용된다(그림 9.11).

MF는 formyl기의 운반체로 이용되며, 메탄 생산균 이외의 생물에서는 황산염 환원 archaeon인 *Archaeoglobus*에서만 발견되었다. H_4MTP는 eubacteria의 tetrahydrofolate와 같이 formyl기, methenyl기, methylene기 그리고 methyl기의 운반체이며, coenzyme M은 methyl기의 운반체이다.

다른 생물에서 NAD^+가 갖는 기능을 갖는 것으로 생각되는 Coenzyme F_{420}은 hydrogenase, formate dehydrogenase, carbon monoxide dehydrogenase의 작용으로 환원되어 CO_2가 methyl기로 환원되는 과정에서 산화된다. 또한 Coenzyme F_{420}은 $NADP^+$ reductase, pyruvate synthase, 2-ketoglutarate synthase와도 작용한다. Coenzyme F_{420}은 형광성이 있어서 형광현미경으로 관찰

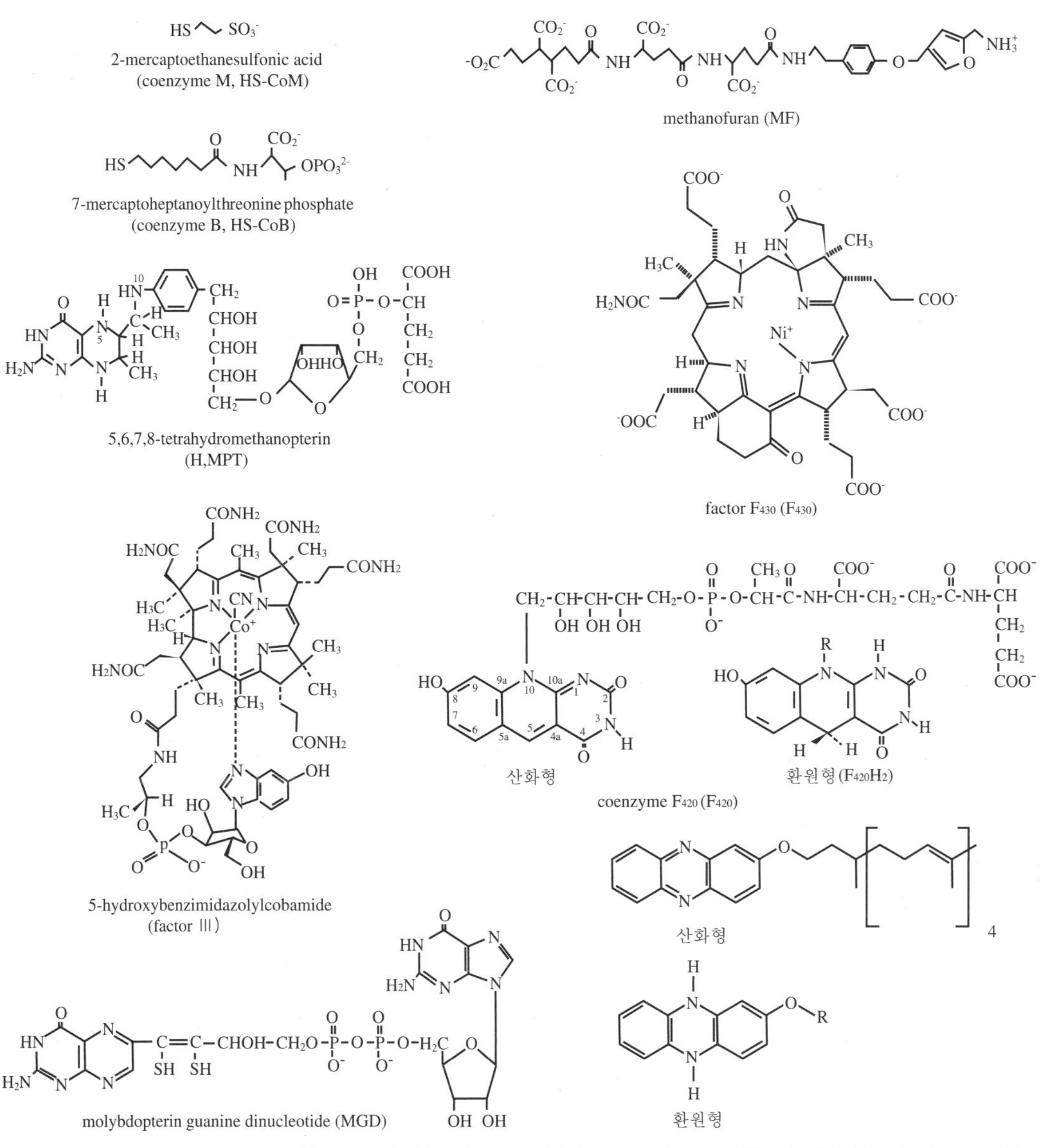

2-mercaptoethanesulfonic acid
(coenzyme M, HS-CoM)

methanofuran (MF)

7-mercaptoheptanoylthreonine phosphate
(coenzyme B, HS-CoB)

5,6,7,8-tetrahydromethanopterin
(H,MPT)

factor F_{430} (F_{430})

5-hydroxybenzimidazolylcobamide
(factor III)

산화형 환원형 ($F_{420}H_2$)

coenzyme F_{420} (F_{420})

산화형

환원형

molybdopterin guanine dinucleotide (MGD)

그림 9.11 Methane 생산 세균 특유의 조효소와 이들의 구조식(FEMS Microbiol. Rev. 1999, 23:13-38).

하면 메탄 생산균 등 이 조효소를 갖는 archaea를 선택적으로 관찰할 수 있다. Coenzyme F_{430}은 methyl-coenzyme M reductase의 작용에 관여하는 전자 전달체이다. 그림 9.11에 표시한 조효소 F_{420}의 구조는 *Methanobacterium thermoautotrophicum*에서 발견되며, 두 분자의 glutamate가 측쇄를 이루고 있어서 이를 F_{420}-2라 부른다. 다른 균주에서는 4~7 분자의 glutamate로 이루어진 측쇄를 갖는다.

Methanogen 특유의 조효소로 알려진 이들 조효소가 초고온성 archaea와 세균에서도 발견되었다. 초고온성 archaea인 *Sulfolobus acidocaldarius, Archaeoglobus fulgidus* 등에서 이들이 작용한다. 세균에서도 이들의 역할이 밝혀지고 있다. 전자 전달체인 F_{420}이 *Streptomyces*속 방선균에서 tetracycline과 lincomycin의 합성에 관여하며, *Mycobacterium smegmatis*와 *Nocardia*속 세균에서는 F_{420}-dependent glucose-6-phosphate dehydrogenase가 작용한다(제4장, 4.3.4). 또한 coenzyme M이 eubacteria인 propylene을 산화하는 *Rhodococcus rhodochrous*와 *Xanthobacter*의 한 균주에서 발견되었으며(제7장, 7.7) methylotroph인 *Methylobacterium extorquens*에서 tetrahydromethanopterin(H_4MTP)이 발견되었다 (제7장, 7.9.2).

9.4.3 메탄 생산 경로

메탄 생산균 자체가 산소에 아주 민감할 뿐 아니라 메탄 생산에 작용하는 여러 종류의 효소가 산소에 의해 활성을 잃게 되기 때문에 메탄 생산의 효소학적 연구에 큰 지장이 되고 있다. 최근 이 효소들의 특성을 밝히고 이들의 유전자를 분석하여 상세한 경로가 알려지고 있으며, 이 과정에서 에너지가 보전되는 전자 전달 경로 또한 밝혀지고 있다.

9.4.3.1 이산화탄소의 환원에 의한 메탄 생산(Hydrogenotrophic Methanogenesis)

이산화탄소는 원형질막 효소인 formyl-MF dehydrogenase의 작용을 통해 methanofuran의 furan 환에 있는 aminomethyl기에 결합하면서 수소를 이용하여 formyl-MF로 환원된다. 이어서 formyl기는 H_4MTP로 전달되어 methyl기까지 환원된다. Methyl기는 methyl-H_4MT:CoM-transferase의 작용을 통해 methyl-CoM으로 전달된다. Methyl-CoM은 methyl-CoM reductase의 작용을 통해 CH_4로 환원되면서 heterodisulfide CoMS-S-CoB를 형성한다. 조효소 F_{430}이 Methyl-CoM reductase의 조효소로 작용한다. Heterodisulfide는 CoM-SH와 CoB-SH로 환원된다(그림 9.12). Formyl-MF를 생산하는 이외의 모든 환원 반응에서는 환원된 F_{420}이 전자 공여체로 이용된다. 원형질체에 있는 F_{420}-reducing hydrogenase가 수소를 산화하면서 F_{420}을 환원한다. 생합성에 필요한 탄소 골격의 공급을 위해서는 methyl-CoM이 carbon monoxide dehydrogenase의 작용을 받아 acetyl-CoA로 합성된다(그림 9.7의 역 반응).

모든 메탄 생산균의 생장과 메탄 생산에 Na^+이 필요하다. 이 이유는 원형질막 효소인 methyl-H_4MT:CoM-methyltransferase 복합체의 활성에 Na^+이 필요하기 때문이다. 이 효소가 methyl-CoM을 합성하는 과정에서 Na^+를 원형질막 밖으로 방출하여 sodium motive force를 형성하여 ATP를 생산한다(그림 9.13). Methyl-H_4MT:CoM-methyltransferase는 균주에 따라 6~8종의 subunit로 이루어진 복합체로 cobalamin(비타민 B_{12}) 유도체인 5-hydroxybenzimidazolyl cobamide와 [4S-4Fe]를 보유하고 있다.

메탄 생산의 마지막 반응을 촉매하는 methyl-CoM reductase는 methyl-CoM과 환원된 7-mercaptoheptanoylthreronine phosphate(HS-CoB)에 작용하여 메탄과 CoM-S-S-CoB

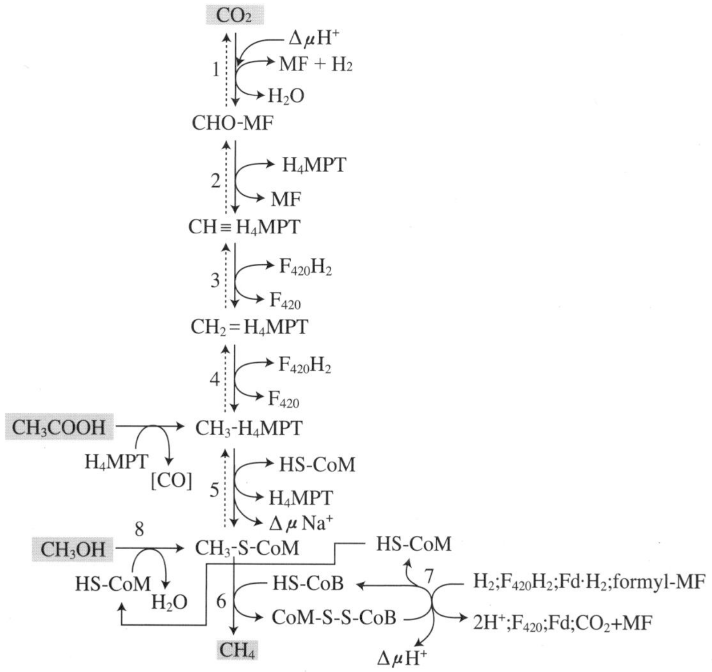

그림 9.12 이산화탄소 또는 methanol이 메탄으로 환원되는 경로.

이산화탄소가 메탄으로 환원될 때 모든 대사 중간 산물은 methanofuran(MF), tetrahydromethanopterin(H_4MTP) 또는 coenzyme M(CoM-SH)에 결합된 상태로 대사되며, 필요한 환원력은 coenzyme F_{420}과 coenzyme F_{430}으로부터 공급된다. formyl-MF dehydrogenase에 의해 촉매되는 (1) 반응에서 proton motive force 형태의 에너지가 소비되며, methyl-H_4MTP:CoM-methyltransferase (5)의 반응에서 Na^+가, heterodisulfide reductase (7)가 촉매하는 반응에서 H^+이 원형질막 밖으로 방출된다. Methanol은 methyltransferase(8)의 작용으로 methyl-CoM으로 합성되며, 일부가 methyl-H_4MTP을 통해 heterodisulfide reductase (7)의 작용에 필요한 환원력을 공급하기 위해 CO_2로 산화된다(점선). 수소, 환원된 F_{420}, formyl-MF 환원된 ferredoxin 등이 heterodisulfide reductase (7)의 작용에 필요한 환원력을 공급한다.

1. formyl-MF dehydrogenase; **2.** formyl-MF:H_4MTP formyltransferase과 methenyl-H_4MTP cyclohydrolase; **3.** F_{420}-dependent methylene-H_4MTP dehydrogenase; **4.** F_{420}-dependent methylene-H_4MTP reductase; **5.** methyl-H_4MT:CoM-methyltransferase; **6.** methyl-CoM reductase; **7.** heterodisulfide reductase; **8.** methyltransferase.

MF: methanofuran, H_4MTP: tetrahydrmethanopterin, HS-CoB: 7-mercaptoheptanoylthreonine phosphate, Fd · H_2: 환원된 ferredoxin

heterodisulfide를 생산한다. 이 효소는 조효소 F_{430}를 포함하고 있다. CoM-S-S-CoB heterodisulfide는 원형질막에 있는 heterodisulfide reductase에 의해 수소로부터 전자 전달계를 거쳐 공급되는 전자에 의해 HS-CoM과 HS-CoB로 환원된다. 이 반응에서 proton motive force를 형성하여 ATP를 생산한다(그림 9.14a).

9.4.3.2 Methylotrophic Methanogenesis

Methanol과 methylamine는 methyltransferase의 작용으로 methyl-CoM으로 합성되어 메탄으로

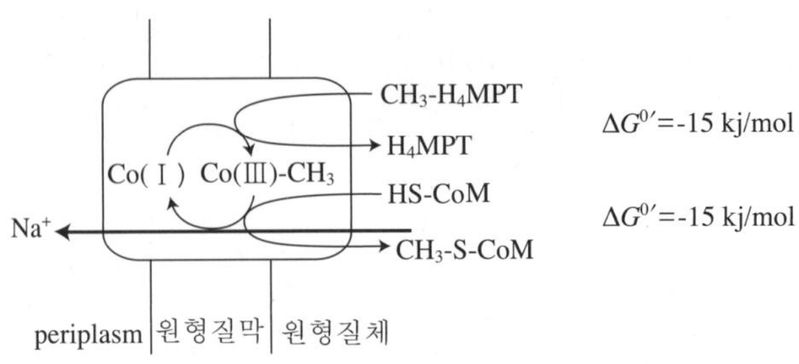

그림 9.13 Methyl-H_4MT:CoM-methyltransferase **복합체의 활성을 통한** sodium motive force**의 형성.**

Methyl-H_4MT:CoM-methyltransferase 복합체는 Na^+를 필요로 하는 원형질막 효소로 보결 분자단인 cobamide가 methyl-H_4MT로부터 methyl기를 받아서 coenzyme M으로 전달한다. 이 과정에서 Na^+를 원형질막 밖으로 방출하여 sodium motive force를 형성한다. Methyl기를 이산화탄소로 환원시키는 methylotrophic methanogen의 경우 반대로 sodium motive force를 소비한다.

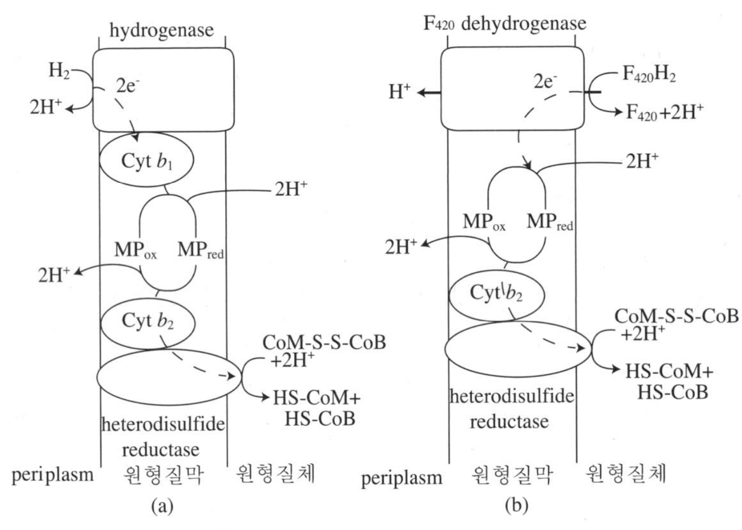

그림 9.14 CO_2 + H_2**와** Methanol**을 기질로 생장하는** *Methanosarcina mazei***에서 전자가** heterodisulfide reductase**로 전달되는 경로와** protonmotive force**의 형성.**

a) CO_2 + H_2에서 생장할 때 원형질막에 있는 hydrogenase가 periplasm에서 수소를 산화하면서 수소이온을 남긴다. 전자는 cytochrome b_1, methanophenazine(MP), 그리고 cytochrome b_2를 거쳐 heterodisulfide reductase로 이전된다. 이 과정에서 수소이온이 방출되어 hydrogenase 작용으로 periplasm에 남는 수소이온과 함께 proton motive force를 형성한다. b) Methanol 등을 이용할 때는 기질을 산화할 때 환원되는F_{420}을 원형질막에 있는 F_{420} dehydrogenase가 산화하면서 전자를 methanophenazine(MP)으로 전달한다.

환원된다(그림 9.12). 이때 수소 등 환원력이 공급되지 않는 조건에서는 일부의 methyl 기가 CO_2로 산화되어서 heterodisulfide reductase 반응에서 필요한 환원력을 공급한다. 이 산화 경로는 CO_2가 환원되는 경로의 반대로 생각하고 있다. CO_2의 환원에서 methyl-H_4MPT:CoM-methyltransferase가 촉매하는 반응에서 sodium motive force가 형성되지만 역반응에서는 sodium motive force를 소비한다(그림 9.13). 이산화탄소를 생산하는 반응을 촉매하는 formyl-MF dehydrogenase의 전자 수용체가 알려지지 않았으며, 이 반응에서 proton motive force가 형성되는지도 알려지지 않았다. Methylotrophic methanogen의 heterodisulfide reductase도 원형질막 효소로 hydrogenotrophic methanogen이 수소를 이용하는 대신 여기서는 $F_{420} \cdot H_2$의 환원력을 이용하여 CoM-S-S-CoB heterodisulfide를 HS-CoM과 HS-CoB로 환원한다. 이 반응에서도 proton motive force를 형성하여 ATP를 생산한다(그림 9.14b).

9.4.3.3 Aceticlastic Methanogenesis

*Methanosarcina*와 *Methanosaeta(Methanothrix)* 속에 속하는 메탄 생산균만이 acetate를 이용할 수 있다. Acetate에 대한 친화성이 높은 *Methanosaeta*는 acetyl-CoA synthetase의 작용으로 acetyl-CoA로 활성화시키며, *Methanosarcina*는 acetate kinase와 phosphotransacetylase의 작용을 통해서 acetate를 활성화시킨다.

$$\text{acetate} + \text{CoA-SH} + \text{ATP} \xrightarrow{\text{acetyl-CoA synthetase}} \text{acetyl-CoA} + \text{AMP} + \text{PP}_i \ (\Delta G^{\circ\prime} = -6\text{KJ/mol})$$

$$\text{acetate} + \text{ATP} \xrightarrow{\text{acetate kinase}} \text{acetyl-phosphate} + \text{ADP} \ (\Delta G^{\circ\prime} = +13\text{KJ/mol})$$

$$\text{acetyl-phosphate} + \text{CoA-SH} \xrightarrow{\text{phosphotransacetylase}} \text{acetyl-CoA} + \text{P}_i \ (\Delta G^{\circ\prime} = -9\text{KJ/mol})$$

Acetyl-CoA는 carbon monoxide dehydrogenase의 작용으로 methyl기는 CH_3-H_4MPT를 거쳐 methyl-CoM으로 합성되고 carbonyl기는 효소에 결합된 상태로 산화되면서 ferredoxin을 환원한다(그림 9.15). *Methanosarcina barkerei*에서는 H_4MPT 대신 구조가 비슷한 tetrahydrosarcinapterin이 작용한다. 환원된 ferredoxin은 cytochrome *b*를 함유하는 원형질막 효소인 ferredoxin:methanophenazine oxidoreductase의 작용을 통해 산화되고 전자는 heterodisulfide reductase의 작용에 이용된다. 이 반응은 methylotrophic methanogen의 전자 전달 반응과 비슷하다. F_{420} 대신 ferredoxin이 작용하는 것이 다르다.

9.4.4 메탄 생산의 에너지 보전

CO_2가 메탄으로 환원되는 각 단계에서 발생하는 free energy의 변화는 표 9.7과 같다. 표에서 보는 바와 같이 각 단계에서 발생하는 에너지가 substrate-level phosphorylation을 통해 ATP를 합성할 수 있는 크기(phosphorylation potential, 51.8KJ/mol, 제5장, 5.6.3)에 미치지 못하며, 메탄 생산 경로에

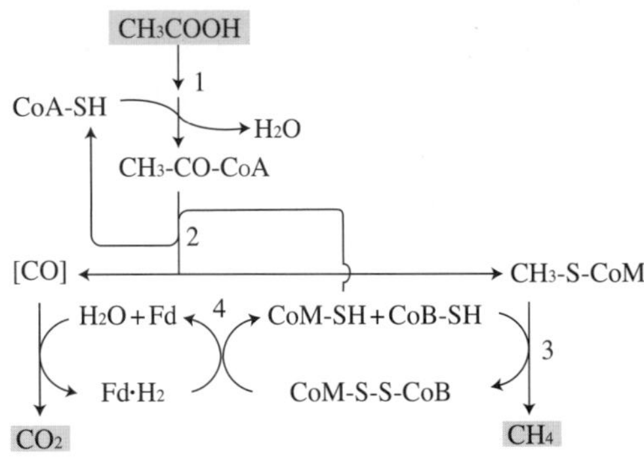

그림 9.15 Acetate가 메탄으로 분해되는 대사 경로.

Acetate는 acetate kinase/phosphotransacetylase(*Methanosarcina*) 또는 acetyl-CoA synthetase(*Methanosaeta*)에 의해 acetyl-CoA로 활성화된다(1). 이어서 acetyl-CoA는 carbon monoxide dehydrogenase(2)의 작용으로 methyl 기는 methyl-S-CoM 합성에 이용되고 carbonyl기는 CO_2로 산화되면서 ferredoxin을 환원한다. Methyl-CoM methylreductase(3)는 methyl-CoM을 환원하면서 HS-CoB를 CoM-S-S-CoB heterodisulfide로 산화한다. 환원된 ferredoxin은 그림 9.14a와 비슷한 전자 전달 경로를 통해 heterodisulfide reductase(4)에 의한 heterodisulfide의 환원에 이용된다.이때 cytochrome *b*를 함유하는 원형질막 효소인 ferredoxin:methanophenazine oxidoreductase가 작용한다.

서 substrate-level phosphorylation으로 ATP를 합성하는 단계가 알려지지 않았다. 따라서 메탄 생산균은 proton(sodium) motive force를 형성하는 호흡 경로로 ATP를 합성하여 생장하는 것을 알 수 있다. Uncoupler와 ATPase 저해제를 이용한 실험에서 이 가설이 증명되었다(그림 9.16).

*Methanosarcina barkeri*의 균체 현탁액에 methanol과 수소를 공급하면 methane이 생산되면서 proton motive force(Δp)가 형성되고 세포내 ATP의 농도가 증가한다. ATPase 저해제(*N,N'*-dicyclohexylcarbodiimide, DCCD)를 첨가하면 ΔP는 증가하지만 ATP 농도는 급격히 감소하고 메탄의 생산 속도가 줄어든다. 이것은 형성된 ΔP가 ATP 합성에 이용되지 못하기 때문에 Δp는 높게 유지되며, 높은 ΔP가 ΔP를 형성하는 methane 생산 과정을 저해하기 때문이다. Uncoupler인 carbonylcyanide *m*-chlorophenylhydrazone(CCCP)이나 carbonylcyanide *p*-trifluoromethoxyphenylhydrazone(FCCP)을 첨가하면 Δp도 급격히 떨어지고 ATP의 농도도 낮게 유지되지만 메탄 생산은 계속된다. 그 이유는 Δp가 낮기 때문에 Δp 형성을 위해 메탄 생산이 촉진되지만 uncoupler로 인해 Δp가 소실되기 때문이다.

앞에서 공부한 것처럼 메탄 생산 경로에서 methyl-H_4MT:CoM-methyltransferase는 sodium motive force를 형성하고 heterodisulfide reductase는 proton motive force를 형성한다. Sodium motive force는 물질 운반, 운동성, ATP 생산 등 다양한 에너지 소비 반응에서 이용된다. 균주에 따라 Na^+/H^+ antiporter의 작용으로 proton motive force로 전환된 다음 H^+-ATPase 작용으로 ATP를 합성에 이용되는 예도 있으며, Na^+-ATPase의 작용으로 직접 ATP 합성에 이용되기도 한다. 많은 종류의 원핵세포 생물에서 V-type ATPase 구조를 갖는 Na^+-ATPase가 알려져 있다 (5장, 5.8.4).

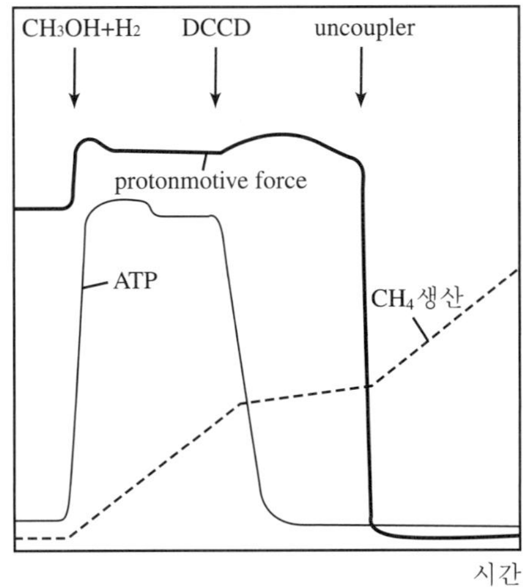

그림 9.16 *Methanosarcina barkeri*가 Methanol을 Methane으로 환원시키면서 형성하는 Proton Motive Force.

M. barkerei 균체 현탁액에 methanol과 수소를 공급하면 메탄이 생산되면서 proton motive force와 ATP의 농도가 급격히 증가한다. 여기에 ATPase 저해제를 가하면 메탄 생산이 정지되면서 ATP의 농도가 감소하고, proton motive force는 증가한다. 또한, uncoupler를 첨가하면 메탄 생산 속도는 증가하지만 proton motive force와 ATP의 농도는 급격히 떨어진다. 이 실험 결과는 메탄 생산균이 ETP 메커니즘을 통해서 ATP를 합성한다는 사실을 증명한다.

9.4.5 메탄 생산균의 균체 합성

메탄 생산균은 모두 CO_2, formate, methanol, acetate 등 간단한 탄소 화합물을 이용하여 생장하면서 생합성에 필요한 탄소 골격을 이들로부터 합성한다. 메탄 생산균이 이용하는 모든 탄소원은 모두 acetyl-CoA를 거쳐 생합성에 이용된다. Acetate를 이용할 때는 메탄 생산에서와 같이 acetyl-CoA로 활성화되고(그림 9.15), 다른 기질을 이용하는 세균은 carbon monoxide dehydrogenase의 작용을 통해 CO_2를 효소 단백질에 결합한 상태로 환원된 [CO]와 methyl-H_4MTP를 결합시켜 acetyl-CoA를 합성한다. 이 반응은 완전 산화 황산염 환원 세균이 acetate를 산화하는 경로(그림 9.7)의 역방향으로 acetyl-CoA 경로 또는 carbon monoxide dehydrogenase 경로라 한다. 이 경로로 CO_2를 고정하는 미생물로 autotrophic methanogen 외에도 완전 산화 황산염 환원 세균(9.3.2.2)과 homoacetogen(9.5.2)이 알려지고 있다. 이 경로에서 eubacteria는 C_1 운반체로 tetrahydrofolate를 이용하며, archaea는 methanofuran과 tetrahydromethanopterin을 이용하는 차이점이 있다.

Acetyl-CoA는 coenzyme F_{420}을 전자 공여체로 이용하는 pyruvate synthase의 작용으로 pyruvate로 합성되어서 phosphoenolpyruvate(PEP)와 oxaloacetate를 거쳐 불완전 TCA 경로(제5장, 5.4.1)를 통해 2-ketoglutarate를 합성한다. *Methanobacterium*속과 *Methanococcus*속에 속하는 archaea는 citrate synthase를 합성하지 않기 때문에 pyruvate로부터 합성되는 oxaloacetate가 incomplete TCA 회로의 환원적 경로만이 운영되고 *Methanosarcina*속에 속하는 archaea는 그 반대로 PEP가 이

표 9.7 메탄 생산 각 단계의 Free Energy 변화.

반응	$\Delta G^{\circ\prime}$(KJ/mol)
$CO_2 + H_2 + MF \longrightarrow HCO\text{-}MF + H_2O$	+16
$HCO\text{-}MF + H_4MPT \longrightarrow HCO\text{-}H_4MPT + MF$	−5
$HCO\text{-}H_4MPT + H^+ \longrightarrow CH{=}H_4MPT^+ + H_2O$	−2
$CH{=}H_4MPT^+ + F_{420}H_2 \longrightarrow CH{=}H_4MPT + F_{420} + H^+$	+6.5
$CH_2{=}H_4MPT + F_{420}H_2 \longrightarrow CH_3\text{-}H_4MPT + F_{420}$	−5
$CH_3\text{-}H_4MPT + HS\text{-}CoM \longrightarrow CH_3\text{-}S\text{-}CoM + H_4MPT$	−29
$CH_3\text{-}S\text{-}CoM + HS\text{-}CoB \longrightarrow CH_4 + CoM\text{-}S\text{-}S\text{-}CoB$	−43
$CoM\text{-}S\text{-}S\text{-}CoB + H_2 \longrightarrow CH_3\text{-}S\text{-}CoM + HS\text{-}CoB$	−42
$CH_3OH + HS\text{-}CoM \longrightarrow H\text{-}S\text{-}CoM + H_2O$	−27.5
$CH_3\text{-}CO\text{-}S\text{-}CoA + H_4MPT \longrightarrow CH_3\text{-}H_4MPT + [CO] + HS\text{-}CoA$	+62
$CoM\text{-}S\text{-}S\text{-}CoB + F_{420}H_2 \longrightarrow CH_3\text{-}S\text{-}CoM + HS\text{-}CoB + F_{420}$	−29

용되는 산화적 경로만이 운영된다(그림 9.17).

메탄 생산균에서 당 합성 경로는 밝혀지지 않았으나, 여러 균주에서 fructose-1,6-diphosphate aldolase 등 몇몇 효소의 활성이 측정되었기 때문에 다른 생물과 같이 EMP 경로의 반대 방향인 gluconeogenesis 경로(제4장, 4.2)를 통해 이루어지는 것으로 생각되고 있다(그림 9.17).

9.5 Homoacetogen에 의한 Acetate 생산

이산화탄소를 acetate로 환원시키면서 발생하는 free energy를 이용하여 생장할 수 있는 편성 혐기성 세균을 homoacetogen이라 한다. 이들은 당, methanol, 이산화탄소와 수소의 혼합물 그리고 일산화탄소(CO)를 대사하여 acetate를 주된 산물로 생산한다. 제8장에서 *Clostridium*을 비롯한 각종 혐기성 발효균이 acetate를 최종 발효 산물로 생산하는 것을 공부하였다. 이들은 acetate 외에도 butyrate, lactate 등의 발효 산물을 생산하지만 homoacetogen은 6탄당으로부터 3분자의 acetate를 생산한다. Homoacetogen은 당을 발효하여 pyruvate를 통해 2분자의 acetate를 생산하고, 이때 발생하는 수소와 이산화탄소를 acetyl-CoA 경로를 통해 한 분자의 acetate로 합성한다. 다른 일탄소 화합물도 이 경로로 대사된다.

분류학적으로 다양한 종류의 세균이 homoacetogen에 속하며, 이들의 공통점은 carbon monoxide dehydrogenase를 보유하는 점이다.

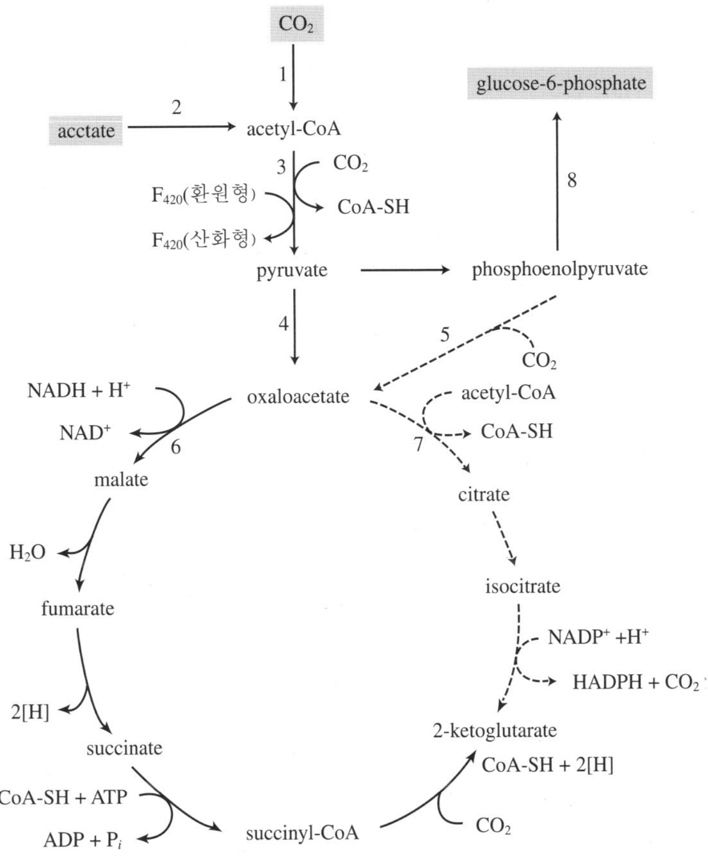

그림 9.17 메탄 생산균에서 균체 합성에 필요한 탄소 골격 공급 경로.

Acetyl-CoA 경로(1) 또는 acetate의 활성화(2)로 합성되는 acetyl-CoA는 pyruvate synthase(3)의 작용을 통해 pyruvate로 환원된다. *Methanosarcina*속에 속하는 archaea(점선 부분)는 PEP carboxylase(5)의 작용을 통해 산화적인 incomplete TCA 경로(7)만을 운영하며, *Methanobacterium* 속과 *Methanococcus* 속에 속하는 archaea(실선 부분)는 pyruvate carboxylase(4)의 작용으로 oxaloacetate를 합성하고 citrate를 합성하지 못하기 때문에 환원적인 incomplete TCA 경로(6)만을 운영한다. 당 합성(8)은 EMP 경로의 반대 방향으로 이루어진다.

석탄이나 목재의 건류(gasification)로 생산되는 syn gas와 제철 산업에서 발생하는 폐기 gas 중에는 일산화탄소가 다량 포함되어 있다. Homoacetogen의 일산화탄소를 acetate로 합성하는 성질을 이용하여 폐자원으로부터 유용한 물질을 생산하기 위해 homoacetogen에 의한 일산화탄소 이용에 관한 연구가 활발히 진행되고 있다.

9.5.1 Homoacetogen

1936년 6탄당을 대사하여 3분자의 acetate를 생산하는 *Clostridium aceticum*이 발표된 후 여러 종류의 homoacetogen이 분리되었다. 분류학적으로 다양한 이들을 표 9.8에 이용하는 기질에 따라 정리하였다.

지금까지 알려진 모든 homoacetogen은 수소(H_2)를 이용하여 이산화탄소(CO_2)를 acetate로 환원할 수 있으며, *Sporomusa*속 세균은 당을 이용할 수 없다. *Clostridium formiaceticum*은 포도당을 이

표 9.8 Homoacetogen과 기질 이용성.

세균	그람 염색	포자	이용 기질[a]
Acetitomaculum ruminis	+	-	CO
Acetobacterium carbinolicum	+	-	methanol, 2,3-butanediol, ethylene glycol, phenylmethylether
Acetobacterium tundrae	+	-	methanol, sugar, formate
Acetobacterium malicum	+	-	malate, 2-methoxyethanol
Acetobacterium wieringae	+	-	phenylmethylether
Acetobacterium woodii	+	-	CO
Acetogenium kivui	+	-	
Butyribacterium methylotrophicum[b]	+	-	CO, methanol
Clostridium aceticum	+	+	
Clostridium formicoaceticum	+	+	methanol, phenylmethylether
Clostridium methoxybenzovorans	+	+	methanol, sugar, lactate, methoxylated aromatics
Clostridium scatologenes	+	+	ethanol, butanol, glycerol, sugar, methoxylated aromatics
Eubacterium limosum[b]	+	-	CO, methanol, betaine, phenylmethylether
Halophaga foetida	-	-	trihydroxybenzenes, trimethoxybenzoate, pyruvate
Moorella glycerini	+	+	glycerol, sugar, pyruvate
Moorella thermoacetica (*Clostridium thermoaceticum*)	+	+	CO, methanol, phenylmethylether
Moorella thermoautotrophica (*Clostridium thermoautotrophicum*)	+	+	CO, phenylmethylether
Ruminococcus hydrogenotrophicus	+	-	
Ruminococcus productus	+	-	CO, phenylmethylether
Sporomusa malonica	+	+	malonate
Sporomusa silvacetica	+	+	vanillate, sugar, fumarate, ethanol
Sporomusa sphaeroides	+	+	
Sporomusa termitida	+	+	CO, phenylmethylether
Syntrophococcus sucromutans[b]	+	-	phenylmethylether
Thermoanaerobacter kivui (*Acetogenium kivui*)	+	-	

a: 모두 수소와 이산화탄소에서 생장하며, *Sporomusa* 이외의 균주는 당을 이용할 수 있다.

b: *Butyribacterium, Eubacterium limosum* 그리고 *Syntrophococcus sucromutans*는 acetate 외에 butyrate를 생산한다.

용하지 못하지만 fructose를 이용한다. Methanol과 일산화탄소도 잘 이용된다. 혐기 조건에서 잘 분해되지 않는 것으로 알려진 lignin을 이루는 방향족 화합물의 methyl ester결합을 분해하여 acetate로 합성하는 homoacetogen도 많이 알려져 있다. Homoacetogen은 여러 가지 종류의 방향족 화합물을 분해할 수 있을 뿐 아니라 난분해성 물질로 알려진 CH_2Cl_2 등 유기 염소 화합물을 탈염소화시키는 능력도 있다.

*Sporomusa*속 세균은 포자를 형성하는 그람음성 세균으로 알려졌으나 최근 firmicute로 분류되었다.

9.5.2 Homoacetogen의 탄소 대사

9.5.2.1 당 대사

대부분의 homoacetogen은 6탄당을 EMP 경로를 통해 pyruvate로 분해하고, 이어서 pyruvate를 phosphoroclastic reaction을 통해 acetyl-CoA와 이산화탄소로 분해한다. *Clostridium aceticum*은 포도당을 ED 변형 경로(제4장, 4.4.3)로 분해한다. Acetyl-CoA는 phosphotransacetylase, acetate kinase의 작용을 받아서 ATP를 합성하면서 acetate로 분해된다. 해당 경로와 phosphoroclastic reaction에서 발생하는 환원력은 이산화탄소를 acetate로 합성하는 데 이용된다(그림 9.18).

Phosphoroclastic reaction에서 발생하는 이산화탄소의 일부는 formate dehydrogenase의 작용을 받아서 formate로 환원된다. 이어서 formate는 tetrahydrofolate(H_4F)와 결합한 상태로 methyl-H_4F까지 환원된다. 나머지 이산화탄소는 carbon monoxide dehydrogenase(CO dehydrogenase)의 작용을 통해 일산화탄소로 환원되면서 효소 단백질에 결합한다. Methyl-H_4F와 효소에 결합된 [CO]가 acetyl-CoA로 합성된다. CO dehydrogenase가 이 반응을 촉매하므로 이 효소를 acetyl-CoA synthase라고도 한다.

CO dehydrogenase가 작용하는 CO_2의 고정 경로(acetyl-CoA 경로)는 homoacetogen 외에도 이미 공부한 autotrophic하게 생장하는 혐기성 세균인 sulfidogen의 일부(9.3.3)와 methanogen(9.4.5)이 균체 합성에 필요한 탄소 골격을 공급하기 위해 이용한다(제10장, 10.8.5).

*Clostridium formicoaceticum*과 *Moorella thermoacetica*(*Clostridium thermoaceticum*)에서 tungsten을 함유하는 aldehyde oxidoreductase(AOR)가 알려져 있다. AOR은 aldehyde를 직접 산으로 산화한다. 당을 인산화하지 않고 발효하는 호열성 archaea(제4장, 4.4.3)인 *Pyrococcus furiosus*에서 이와 비슷한 효소, glyceraldehyde:ferredoxin oxidoreductase가 알려져 있다. Homoacetogen에서 AOR은 lignin의 분해 산물인 aromatic aldehyde를 포함하여 여러 종류의 aldehyde를 산으로 산화한다. 이때 발생하는 전자는 이산화탄소를 아세트산으로 환원하는데 이용된다. 이 효소 이외에 formate dehydrogenase도 tungsten을 함유하는 효소로 알려져 있었다. *Clostridium formicoaceticum*에는 tungsten AOR과 함께 molybdenum을 갖는 AOR도 알려져 있다. Homoacetogen의 AOR은 energy 보전 없이 aldehyde를 산으로 산화한다. 이와 달리 불완전 산화로 생장하는 황산염 환원 세균 등 혐기성 세균이 alcohol을 전자 공여체로 이용할 때 aldehyde와 acyl-CoA를 거쳐 유기산으로 산화하면

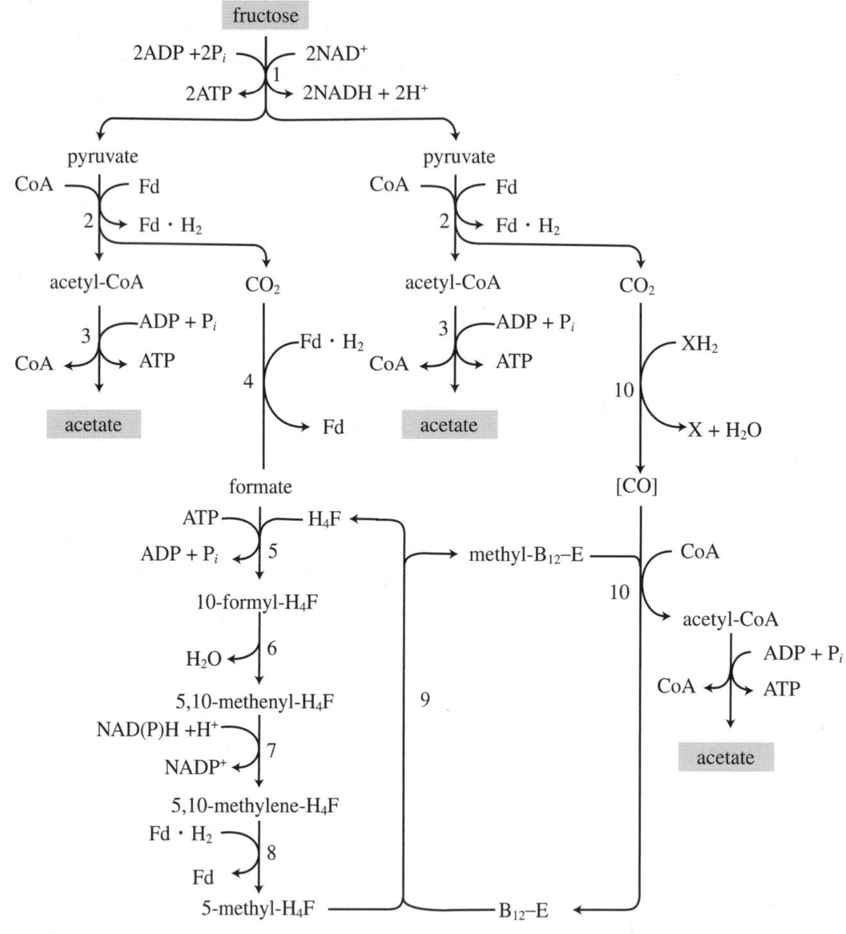

그림 9.18 Homoacetogen에 의한 6탄당의 대사 경로.

Homoacetogen은 6탄당을 해당 경로를 통해 대사하여 3분자의 acetate로 분해시킨다.
1. 해당 경로; **2.** pyruvate:ferredoxin oxidoreductase; **3.** phosphotransacetylase와 acetate kinase; **4.** formate dehydrogenase; **5.** formyl-tetrahydrofolate synthetase; **6.** methenyl-tetrahydrofolate cyclohydrolase; **7.** methylene-tetrahydrofolate dehydrogenase; **8.** methylene-tetrahydrofolate reductase; **9.** tetrahydrofolate:B$_{12}$ methyltransferase; **10.** carbon monoxide dehydrogenase(acetyl-CoA synthase)
[CO]; 효소에 결합한 일산화탄소.

서 ATP를 생산한다(9.3.1.).

$$\text{alcohol} \xrightarrow{\text{alcohol dehydrogenase}} \text{aldehyde} \xrightarrow{\text{aldehyde dehydrogenase}} \text{acyl-CoA} \xrightarrow{\text{phosphotransacylase}} \text{acyl-phosphate} \xrightarrow[\text{ADP} \to \text{ATP}]{\text{kinase}} \text{acid}$$

Acetyl-CoA 경로의 모든 반응은 역반응도 가능하다. Aceticlastic methanogen과 일부의 완전 산화 sulfidogen은 이경로를 통해 acetate를 전자 공여체로 이용하며, 많은 혐기성 chemolithotroph는 같은 경로를 통해 CO_2를 고정한다(제10장, 10.8.5). Syntrophic bacteria인 *Clostridium ultunense*와 *Thermoacetogenium phaeum*는 수소를 소비하는 sulfidogen이나 methanogen과 함께 생장하면서 acetate를 CO_2 and H_2로 산화한다. 이 반응은 열역학적으로 대단히 어려운 반응($\Delta G^{\circ\prime}$ = +107.1KJ/acetate)으로 이 반응을 통해 생장에 필요한 에너지를 얻기 위해서는 수소 분압이 대단히 낮아야 한다(9.8). 반면에 수소 분압이 높은 환경에서는 H_2를 이용하여 CO_2를 acetate로 환원한다. 이러한 세균을 reversibacteria라 부른다.

Moorela thermoacetica(*Clostridium thermoaceticum*)은 질산염의 농도가 높은 환경에서 생장할 때 포도당을 대사하여 2분자의 acetate만을 생산하고 나머지 탄소는 이산화탄소로 발생한다. Methanol, CO 등 일탄소 화합물과 질산염을 기질로 생장할 때는 acetate를 생산하지 않는다(9.1.4). 이때 질산염은 NH_3로 환원된다. 이 세균은 전자 수용체로 질산염을 이산화탄소보다 우선적으로 이용하기 때문이다. 이 과정에서 발생하는 에너지가 보전되는지는 알려지지 않았다.

일산화탄소를 이산화탄소로 산화시키는 carboxydobacteria의 일산화탄소 탈수소효소(CO dehydrogenase)는 ubiquinone 또는 cytochrome *b*를 전자 전달체로 이용하기 때문에 역반응으로 이산화탄소를 환원시키지 못하며, 같은 이유로 장내 세균의 formate dehydrogenase는 역반응을 촉매하지 못하지만 homoacetogen의 formate dehydrogenase는 CO_2를 환원할 수 있다. Homoacetogen이 이산화탄소를 환원시키는 반응에서는 NAD^+ 또는 ubiquinone 보다 산화 · 환원 전위가 낮은 전자 공여체가 이용되므로 이산화탄소가 환원되는 쪽으로 반응이 이루어지는 것으로 생각된다.

HCO_3^- / $HCOO^-$	$E^{\circ\prime} = -0.43V$
CO_2 / CO	$E^{\circ\prime} = -0.54V$
Q / QH_2	$E^{\circ\prime} = 0V$
NAD^+ / NADH + H^+	$E^{\circ\prime} = -0.32V$
Fd / Fd · H_2	$E^{\circ\prime} = -0.41V$

9.5.2.2 일탄소 화합물의 대사와 균체 합성

대부분의 homoacetogen은 이산화탄소와 수소의 혼합물, 일산화탄소, methanol과 이산화탄소 혼합물 등 일탄소 화합물을 acetate로 합성한다. 이들은 모두 acetyl-CoA 경로를 통해 acetate로 대사된다.

일탄소 화합물을 기질로 생장하는 homoacetogen은 methanogen(9.4.5)과 같이 acetyl-CoA 경로와 gluconeogenesis를 통해 일탄소 화합물로부터 생합성에 필요한 탄소 골격을 합성한다.

9.5.3 Homoacetogen의 에너지 보전

Homoacetogen이 당을 대사할 때 해당 경로와 acetate kinase의 작용을 통해 각각 SLP 메커니즘에 의해 ATP를 합성하며, 이산화탄소가 acetate로 합성될 때는 formyl-H_4F synthetase의 반응에서 ATP가 소비된다.

$$4H_2 + 2CO_2 \longrightarrow CH_3COOH + 2H_2O \qquad (\Delta G^{\circ\prime} = -107.1\text{KJ/acetate})$$
$$4CO + 2H_2O \longrightarrow CH_3COOH + 2CO_2 \qquad (\Delta G^{\circ\prime} = -484.4\text{KJ/acetate})$$
$$4CH_3OH + CO_2 \longrightarrow 3CH_3COOH + 2H_2O \qquad (\Delta G^{\circ\prime} = -235.4\text{KJ/acetate})$$
$$C_6H_{12}O_6 \longrightarrow 3CH_3COOH \qquad (\Delta G^{\circ\prime} = -103.5\text{KJ/acetate})$$

위의 식들에서 보는 바와 같이 homoacetogen이 이용하는 모든 기질이 acetate로 대사될 때 ATP를 합성하는데 충분한 free energy의 변화가 일어난다. 이들 세균이 $H_2 + CO_2$에서 생장할 때 acetate kinase(그림 9.18, 3번 반응)의 작용으로 1ATP를 생산하고 formyltetrahydrofolate synthase(그림 9.18, 5번 반응)가 1ATP를 소비하므로 전자 전달을 통해 ATP를 생산하는 것을 알 수 있다. 이산화탄소가 acetyl-CoA로 합성되는 반응에서 원형질막 단백질인 methylene-H_4F reductase(그림 9.18, 8번 반응)가 촉매하는 반응과 tetrahydrofolate:B_{12} methyltransferase가 촉매하는 반응(그림 9.18, 9번 반응)에서 proton(sodium) motive force를 형성할 수 있는 정도의 free energy인 −22KJ과 −38KJ이 각각 발생한다. 그러나 이러한 반응에서 어떤 메커니즘으로 proton(sodium) motive force가 형성되는 지는 확실하지 않다. Methylene-H_4F reductase가 작용하는 반응에서 Na^+이 막 밖으로 방출되어 sodium motive force를 형성하는 것으로 알려져 있으나 tetrahydrofolate:B_{12} methyltransferase가 촉매하는 반응에서 발생하는 free energy가 어떻게 보전되는 지는 알려지지 않았다. H^+-dependent acetogen인 *Moorella thermoacetica*와 *Moorella thermoautotrophica*에는 에너지 보전에 작용할 수 있는 cytochrome과 coenzyme Q가 알려져 있지만, Na^+-dependent acetogen인 *Acetobacterium woodii*, *Thermoanaerobacter kivui* 그리고 *Ruminococcus productus* 등에서는 cytochrome이 알려지지 않았으며, membrane-bound corrinoid가 확인되었다. Corrinoid는 methanogen에서 sodium motive force의 형성에 관여하는 것으로 알려져 있다(그림 9.13). CO_2/CO 반반응의 산화 · 환원 전위가 −524volt로 ferredoxin보다 낮기 때문에 CO_2가 [CO]로 환원될 때(그림 9.18, 10번 반응) proton motive force가 소비되는 것으로 생각된다.

9.6 Dehalorespiration

해양 식물이 많은 종류의 유기 할로겐 화합물을 생산하며, 이들은 자연계에서 분해된다. 또한 농약, 용매 등의 목적으로 많은 종류의 유기 할로겐 화합물이 공업적으로 합성된다. 이들 인공 유기 할로겐 화합물 중에는 자연계에서 쉽게 분해되지 않는 난분해성 물질이 많다. 유기 할로겐 화합물은 독성이 높고 발암성이 있다. 따라서 미생물을 이용하여 이들을 환경에서 제거하기 위해 많은 연구가 진행되고 있다. 유기 할로겐 화합물은 산소가 없는 혐기적 환경에서 보다 쉽게 분해된다. Methanogen, homoacetogen 등 혐기성 미생물에서 작용하는 corrinoids, iron porphyrins, F_{430} 등은 수용 상태에서 유기 할로겐으로부터 할로겐을 분리하는 작용이 있다. 따라서 탈질반응, 황산염 환원 반응, 메탄 생산 등의 미생물 반응 중에 탈할로겐 반응이 일어난다. 이러한 탈할로겐 반응은 이들 미생물 작용에서 다른 반응과 함께 이루어지는 co-metabolism으로 유기 할로겐 화합물이 전자 수용체로 이용되는 dehalorespiration에서보다 분해 속도가 늦다. 표 9.1에서 보는 바와 같이 탈할로겐 반응에서 많은 free energy가 발생한다. R-Cl/R-H 반반응의 표준 산화 · 환원 전위가 물질에 따라 +250~600 mV로 차이가 나며, 이들의 환원에서 발생하는 free energy도 서로 다르다.

$$CH_3Cl + NADH + H^+ \longrightarrow CH_4 + HCl \qquad (\Delta G^{\circ\prime} = -135.08 \text{ KJ/반응})$$

9.6.1 혐기적 탈할로겐 호흡 미생물

유기 할로겐 화합물 중에서 chlorinated benzoate, chlorinated phenol 등 방향족 할로겐 화합물과 chlorinated ethene 등을 단일 균주가 혐기성 호흡에서 전자 수용체로 이용할 수 있다(표 9.9). 이들 외에 polychlorinated biphenyl(PCB), chlorinated benzene 등을 혐기적 환경에서 탈염소화하는 농화배양이 이루어지고 이들의 특성이 연구되고 있다 그러나 이때 작용하는 탈염소화 능력이 있는 단일 균주는 잘 알려지지 않았으며, 이들 혼합 배양의 구성 또한 분석된 예가 적다.

*Desulfomonile*속과 *Desulfitobacterium*속에 속하는 세균은 sulfite와 thiosulfate를 전자 수용체로 이용할 수 있으며, 탈할로겐 효소는 기질에 의해 유도된다. *Desulfomonile tiedjei*의 경우 sulfite와 thiosulfate가 탈할로겐 효소의 활성과 생산을 저해한다. 유황 환원성인 *Desulfuromonas chloroethenica*는 acetate를 modified TCA cycle로 산화하면서 할로겐 화합물을 electron sink로 이용한다. *Anaeromyxobacter dehalogenans*는 유기 할로겐 화합물 이외에 금속염 [Fe(III), Mn(IV), U(VI)], 질산염, 아질산염, fumarate 등 다양한 전자 수용체를 이용한다.

*Dehalospirillum multivorans*는 금속염 환원 세균인 *Geospirillum barnesii*와 분류학적으로 가까운 세균으로 arsenate, selenate 등을 전자 수용체로 이용하며, 이들은 탈할로겐 효소의 활성과 생산을 저해한다. *Dehalococcoides ethenogenes*는 분류학적으로 다른 세균과 관련이 적은 세균으로 지금까지 분리된 순수 배양으로는 유일하게 tetrachloroethene을 ethene까지 완전히 탈염소화하는 능력을 갖고 있다. *Enterobacter agglomerans*는 할로겐 화합물을 전자 수용체로 이용하는 지금까지 알려진 유일한 통성혐기성 세균이다.

독성이 강하고 분해 속도가 극히 낮은 polychlorinated biphenyl(PCB)의 탈할로겐 반응이 혼합 배양에서는 오래전부터 알려져 왔으나 최근에 PCB를 분해하는 단일 균주 *Dehalococcoides* sp.가 분리되었다.

표 9.9 탈할로겐 혐기성 미생물.

균주	전자 수용체	전자 공여체	특징
Gram-positive bacteria			
Desulfitobacterium chlororespirans	2,4,6-TCP	수소, formate	ortho*
Desulfitobacterium dehalogenans	PCE, 2,4,6-TCP	수소, formate	ortho
Desulfitobacterium frappieri	2,4,6-TCP	pyruvate	ortho meta* para*
Desulfitobacterium hafniense	PCP	pyruvate	ortho meta
Dehalobacter restrictus	PCE, TCE	수소,	
Gram-negative bacteria			
Anaeromyxobacter dehalogenans	2-CP	수소, acetate	ortho
Dehalococcoides sp.	PCB		
Dehalococcoides ethenogenes	PCE, TCE	수소	
Dehalospirillum multivorans	PCE, TCE	수소, formate	
Desulfomonile limimaris	3-CB, 황산염, 질산염	lactate	meta
Desulfomonile tiedjei	PCE, TCE, 3-CB	수소, formate	meta
Desulfovibrio dechloracetivorans	2-CP 2,6-DCP	acetate	황산염 환원력 없음 ortho
Desulfuromonas chloroethenica	PCE, TCE	pyruvate, acetate	
Enterobacter agglomerans	PCE, TCE DCE, chloroethene	수소	

2,4,6-TCP; 2,4,6-trichlorophenol, 2-CP; 2-chlorophenol, 2,6-DCP; 2,6-dichlorophenol, 3-CB; 3-chlorobenzoate, PCE; tetrachloroethene, TCE; trichloroethene, PCP; pentachlorophenol, DCE; dichloroethene, PCB; polychlorinated biphenyl
*탈할로겐화 되는 위치

9.6.2 혐기적 탈할로겐 호흡의 에너지 보전

표 9.9에 나열한 대부분의 세균이 수소를 유일한 전자 공여체로 이용할 수 있다는 사실로부터 이들이 수소를 이용하여 유기 할로겐 화합물의 환원에서 발생하는 free energy를 ATP 합성에 연결시킬 수 있다는 것을 알 수 있다.

*Desulfomonile tiedjei*를 탈할로겐 조건에서 배양하면 특유의 cytochrome *c*가 탈할로겐 효소와 함께 유도되며, periplasm에 hydrogenase와 formate dehydrogenase가 있고 quinone 저해제가 탈할로겐 반응을 저해하는 등의 실험 결과로부터 수소로부터 전자가 할로겐 화합물로 전달되면서 proton motive force를 형성함을 알 수 있다. *Desulfitobacterium*속 세균, *Dehalobacter restrictus* 그리고 *Dehalospirillum multivorans* 등은 menaquinone, cytochrome *b*와 *c*를 보유하고 있다.

Dehalorespiration은 최근에 연구가 시작된 분야로 아직 알려진 내용이 많지 않다.

9.7 기타 혐기성 호흡에 이용되는 전자 수용체

지금까지 살펴 본 전자 수용체 이외에 몇 종류의 무기물과 유기물이 혐기성 미생물에서 전자 수용체로 이용된다(표 9.10). Cellulose와 식물 세포벽을 이루는 lignin의 분해로 생산되는 humic acid가 *Geobacter*속 세균 등 철 환원 세균에 의해 전자 수용체로 이용된다. 환원된 humic acid는 제2철 화합물을 화합적으로 환원할 수 있기 때문에 철 환원 세균에서 물에 녹지 않는 제2철 화합물을 환원시키는 과정에서 매개체로 이용된다.

과염소산염(perchlorate)과 염소산염(chlorate)은 산화력이 강한 인공 물질로 독성이 있다. 이들을 전자 수용체로 이용하는 세균이 보고되고 있다. 유사한 할로겐 화합물인 요도산염(iodate)은 해수에 소량 함유되어 있다. 해양 미생물이 요도 화합물을 산화 · 환원한다. 다양한 전자 수용체를 이용하는 *Shewanella putrefaciens*가 요도산염을 전자 수용체로 이용한다.

천연 유기 sulfonate인 taurine을 전자 수용체로 이용하여 sulfide를 생산하는 세균도 있다. Nitropropanol, nitropropionate 등은 식물에서 발견되는 독성이 있는 물질로 초식동물이 이들의 독성에 내성을 갖는 것은 rumen에 서식하는 세균이 이들을 전자 수용체로 이용하여 해독하는 작용이 있기 때문이다. Trinitrotoluene(TNT), nitrobenzene 등 인공적으로 합성된 니트로 화합물도 각종 혐기성 미생물에 의해 전자 수용체로 이용된다. 고성능 폭약으로 군사기지의 토양에 오염된 hexahydro-1,3,5-trinitro-1,3,5-triazine(RDX)을 전자 수용체로 이용하는 *Acetobacterium malicum*과 *Shewanella halifaxensis*가 분리되었다.

유기물이 분해되는 모든 혐기성 생태계에서 환원된 인 화합물인 phosphine이 생산되는 것이 오래전부터 확인되었다. *Lactobacillus casei, Streptococcus lactis, Clostridium acetobutylicum, Aerobacter polymyxa,* 황산염 환원 세균 등 다양한 종류의 혐기성 미생물이 phosphate를 환원하여 phosphine을 생산하는 것으로 알려지고 있다. 그러나 phosphate의 환원 반응의 산화 · 환원 전위가

표 9.10 미생물이 이용하는 기타 전자 공여체.

전자 공여체	균주	특징
Humic acid	철 환원 세균	환원된 humic acid가 제2철 이온을 화학적으로 환원
(per)chlorate	*Dechloromonas agitata* *Dechlorosoma suillum* *Ideonella dechloratans*	
Iodate	*Shewanella putrefaciens* *Desulfovibrio desulfuricans*	
유기 sulfonate	*Bilophila wadsworthia*	electron sink(?)
유기 nitro 화합물	*Denitrobacterium detoxificans*	
hexahydro-1,3,5-trinitro-1,3,5-triazine	*Acetobacterium malicum* *Shewanella halifaxensis*	

낮기 때문에 열역학적인 이유로 phosphate가 전자 공여체로 이용된다고 보기는 어렵다.

$$H_2PO_4^- \xrightarrow{E^{\circ\prime} = -0.65} HPO_3^{2-} \xrightarrow{-0.74} H_2PO^{2-} \xrightarrow{-0.66} PH_3$$

9.8 Syntrophic Association

혐기 생태계로 유입되는 많은 종류의 유기물은 혐기적 발효균에 의해 알코올이나 유기산으로 발효된다(제8장). 질산염, 금속 이온, 황산염 등 전자 수용체의 농도가 높은 환경에서는 혐기성 호흡(anaerobic respiration)을 통해 이들 발효 산물이 완전히 산화되기 때문에 유기물이 축적되지 않는다.

전자 수용체의 공급이 제한되는 혐기 생태계에서는 메탄 생산균이 acetate, methanol 등을 메탄으로 전환하므로 acetate와 methanol은 혐기 생태계에 축적되지 않음을 알 수 있다. 이러한 조건에서 메탄 생산균에 의해 직접 이용되지 않는 ethanol, propionate, butyrate 등도 축적되지 않는다. 이처럼 이산화탄소 이외의 전자 수용체가 공급되지 않는 생태계에서 메탄 생산균이 이용할 수 없는 유기물이 축적되지 않는 이유는 이들을 acetate로 산화시키는 세균이 메탄 생산균과 공생하고 있기 때문이다. 이들을 syntrophic bacteria라 부른다.

9.8.1 Syntrophic Bacteria

메탄 생산균 또는 황화수소 생산균과 공생하면서 발효 산물을 acetate로 산화하는 syntrophic bacteria에 의한 반응은 다음과 같다.

$$\text{Ethanol} + H_2O \longrightarrow \text{acetate} + H^+ + 2H_2 \qquad (\Delta G^{\circ\prime} = +9.6\text{KJ/반응})$$

$$\text{Butyrate} + H_2O \longrightarrow 2\text{acetate} + H^+ + 2H_2 \qquad (\Delta G^{\circ\prime} = +48.1\text{KJ/반응})$$

$$\text{Propionate} + H_2O \longrightarrow \text{acetate} + HCO_3^- + H^+ + 3H_2 \quad (\Delta G^{\circ\prime} = +76.1\text{KJ/반응})$$

위의 반응식에서 보는 바와 같이 ethanol, propionate, butyrate 등이 acetate로 산화되는 반응은 표준 상태에서 자유 에너지 소비 반응이기 때문에 이들 반응에서 ATP의 합성을 비롯한 생장에 필요한 에너지가 발생하지 않는다. 그러나 반응 산물의 농도가 극히 낮게 유지되는 조건에서는 이들 반응도 자유 에너지 형성 반응이 되므로 생장에 필요한 에너지를 얻을 수 있게 된다(제5장, 5.5.1.3). 메탄 생산균 또는 황화수소 생산균은 acetate와 수소를 기질로 이용하므로 이들의 농도를 낮게 유지시킬 수 있다. 특히 메탄 생산균은 acetate보다 이산화탄소와 수소의 혼합물을 잘 이용하기 때문에 수소의 농도가 낮게 유지된다. 따라서 ethanol 등을 acetate로 산화하는 혐기성 세균은 이들과 공생할 수 있다.

표 9.11 Syntrophic Bacteria

균주 명	그람 염색성	이용 기질
Clostridium ultunense	+	acetate
Pelotomaculum thermopropionicum	+	propionate
Pelotomaculum terephthalicum	+	phthalate
Smithella propionica[1]	−	propionate
Syntrophaceticus schinkii	+	acetate
Syntrophobacter fumaroxidans[2]	−	propionate
Syntrophobacter wolinii	−	propionate
Syntrophobotulus glycolicus	+	glycolate
Syntrophomonas sapovorans	−	butyrate 등 지방산(~C_{18})
Syntrophomonas wolfei	−	butyrate 등 지방산(~C_8)
Syntrophorhabdus aromaticivorans	−	phenol
Syntrophospora bryantii	+	butyrate 등 지방산(~C_{11})
Syntrophothermus lipocalidus[3]	−	butyrate 등 지방산(~C_{10})
Syntrophus aciditrophicus[4]	−	benzoate, cyclohexane carboxylate
Syntrophus buswellii[4]	−	benzoate, 3-phenylbenzoate
Syntrophus gentianae	−	benzoate
Tepidanaerobacter acetatoxydans	+	acetate
Thermoacetogenium phaeum[5]	+	acetate
Thermosyntropha lipolytica[1]	−	butyrate 등 지방산(~C_{18})

1. Crotonate에서 단독 배양 가능
2. Fumarate에서 발효로, sulfate 또는 fumarate를 전자 수용체로 생장
3. Fumarate에서 발효로, sulfate, nitrate 또는 fumarate를 전자 수용체로 생장
4. Crotonate 또는 benzoate + crotonate에서 생장
5. 낮은 수소 분압에서 acetate를 산화한다는 reversibacterium과 비슷한 성질

메탄 생산균, 황화수소 생산균 등과 공생하면서 수소 분압이 낮은 환경에서 ethanol 등을 acetate로 산화하는 세균을 syntrophic bacteria 또는 obligate proton reducing acetogen이라 한다(표 9.11).

메탄 생산균과 butyrate, propionate 산화균 간의 혼합 배양은 잘 알려져 있다. 이러한 혼합 배양을 syntrophic association(혐기적 공생 관계)이라 하며, 수소의 생산과 소비가 직접 연결되는 것을 interspecies hydrogen transfer(종간 수소 이전)라 한다.

9.8.2 Syntrophic Bacteria의 탄소 대사

*Syntrophobacter wolinii*와 *Syntrophomonas wolfei*는 수소와 acetate의 농도가 낮은 조건에서 각각 propionate와 butyrate를 기질로 생장한다. 이들은 메탄 생산균 등 수소와 acetate를 소비하는 미생물과 공생하는 편성 공생균(obligate syntroph)들이며, 혼합 배양 이외에는 수소와 acetate의 농도를 충분히 낮게 유지할 수 있는 방법이 개발되지 않았기 때문에 propionate나 butyrate를 기질로 이들을 순수 배양하기가 어렵다. 따라서 이들의 대사 경로는 간접적인 방법으로 연구되었다.

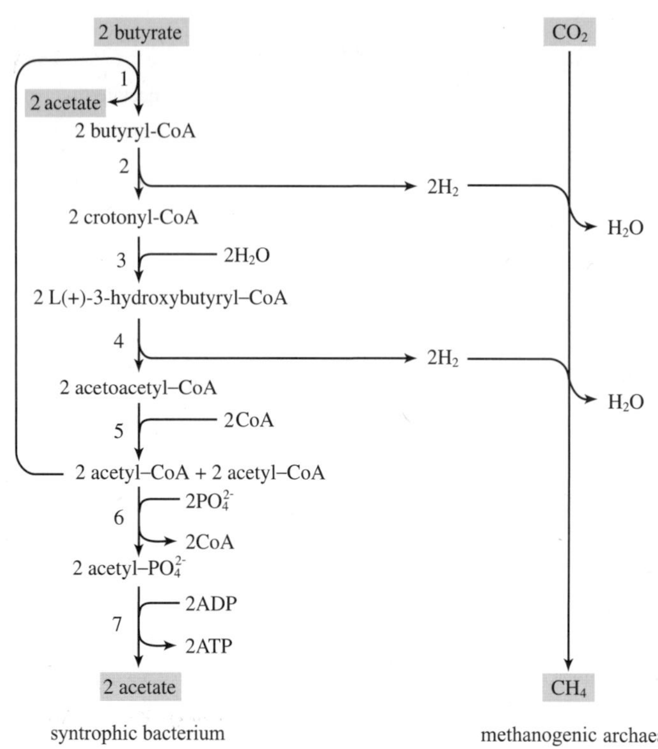

그림 9.19 *Syntrophomonas wolfei*에 의한 Butyrate의 산화 경로와 Interspecies Hydrogen Transfer.

Obligate syntrophic bacterium인 *S. wolfei*는 수소를 소비하는 메탄 생산균과 공생하는 조건(수소 분압이 극히 낮은)에서 butyrate를 acetate로 산화한다. 발생하는 수소는 메탄 생산균 등 수소 소비균에 의해 소비되어 낮은 농도를 유지한다. **1.** coenzyme A transferase; **2.** butyryl-CoA(acyl-CoA) dehydrogenase; **3.** 3-enoyl-CoA hydratase(crotonase); **4.** 3-hydroxybutyryl-CoA dehydrogenase; **5.** 3-ketoacyl-CoA thiolase; **6.** phosphotransacetylase; **7.** acetate kinase.

그람음성 세균인 *Syntrophomonas wolfei*는 lysozyme에 의해 용균되지만, 이와 syntrophic association하는 *Methanospirillum hungatei*는 archaea이므로 lysozyme에 의해 용균되지 않는 성질(제2장, 2.3.3)을 이용하여 *S. wolfei*의 cell-free extract를 만들어 탄소 대사에 관여하는 효소의 활성을 측정하여 butyrate가 acetate로 산화되는 과정을 추정할 수 있다(그림 9.19). *S. wolfei*는 clostridia에 의한 butyrate 생산 경로의 반대 방향으로 butyrate를 산화한다.

Butyrate 대사 경로의 중간 산물인 crotonyl-CoA로 활성화될 수 있는 crotonate를 탄소원으로 이용하면 *S. wolfei*를 순수 배양할 수 있다. Crotonate는 crotonyl-CoA로 활성화되어 일부는 ATP를 생산하면서 acetate로 산화되고 여기서 발생하는 전자를 나머지 crotonyl-CoA를 전자 수용체로 이용하여 butyrate로 환원시킨다. 이러한 반응이 가능한 이유는 그림 9.19에서 2번 반응의 산화 · 환원 전위가 높기 때문에 여기서 발생하는 전자가 순수 배양조건에서 수소 생산에 이용될 수 없나, 4번 반응에서 발생하는 전자는 수소 생산에 이용될 수 있기 때문이다. 메탄 생산균과 공생하면서 propionate

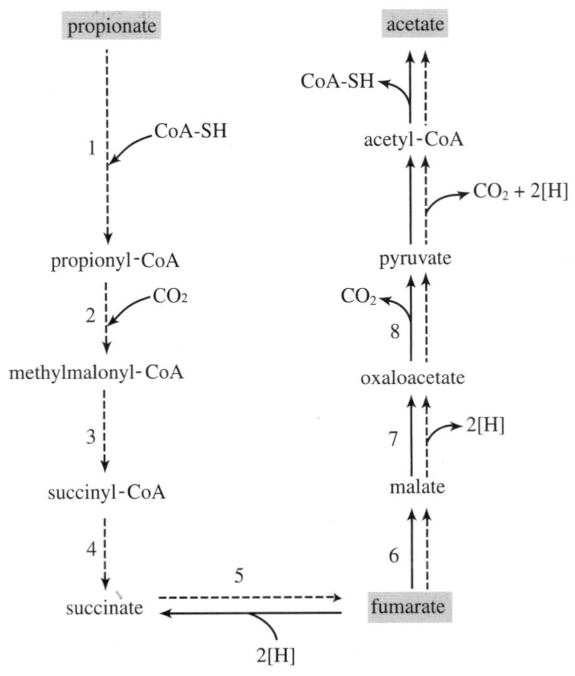

그림 9.20 *Syntrophobacter wolinii*의 fumarate (실선) 대사 경로와 이로부터 추정할 수 있는 propionate (점선) 대사 경로. Propionate의 산화는 열역학적으로 대단히 불리한 반응으로 발생하는 수소를 소비하는 세균과 공생 관계에서만 가능한 대사 경로이다. 수소를 소비하는 미생물과 공생하면서 propionate를 산화하는 *Syntrophobacter wolinii*는 fumarate를 succinate와 아세트산으로 disproportionation시킨다. 이 대사 경로로부터 fumarate가 propionate 산화의 대사 중간 산물인 것을 알 수 있으며, 이 경로로부터 propionate가 대사되는 경로를 추정할 수 있다.
1. propionate kinase/phosphotransacylase; **2.** methylmalonyl-CoA:pyruvate transcarboxylase; **3.** methylmalonyl-CoA mutase; **4.** succinyl-CoA synthetase; **5.** succinate dehydrogenase; **6.** fumarase; **7.** malate dehydrogenase; **8.** oxaloacetate decarboxylase

를 산화하는 *Smithella propionica*, benzoate를 산화하는 *Syntrophus aciditrophicus*와 *Syntrophus buswellii* 등도 crotonate를 발효하여 단독으로 생장할 수 있다. Benzoate를 산화하는 *Syntrophus aciditrophicus*와 *Syntrophus buswellii* 등은 benzoate의 산화에서 발생하는 전자를 crotonate를 환원하는 데 사용하여 단독 생장이 가능하다(표 9.11).

Fumarate를 기질로 이용하면 syntrophic association으로 propionate를 산화하여 생장하는 *Syntrophobacter wolinii*를 순수 배양할 수 있다. *S. wolinii*는 황산염 환원 세균 *Desulfobulus propionicus*와 유사한 경로로 propionate를 산화하며(그림 9.20), fumarate가 이 경로의 중간 산물이기 때문에 fumarate에서 생장할 수 있다. 일부의 fumarate가 ATP를 생산하면서 acetate와 이산화탄소로 산화할 때 발생하는 환원력을 나머지 fumarate를 전자 수용체로 환원시키는 데 이용한다. Syntrophic association으로 propionate를 산화하는 *Syntrophobacter fumaroxidans*와 butyrate 등 지방산을 산화하는 *Syntrophothermus lipocalidus* 등도 fumarate를 발효할 수 있으며, 다른 전자 공

여체를 산화할 때 sulfate, fumarate 등을 전자 수용체로 이용할 수 있다(표 9.11).

Syntrophic bacteria에 의한 crotonate나 fumarate의 대사처럼 일부의 기질을 산화하여 에너지원으로 이용하고, 이때 발생하는 환원력을 나머지 기질을 전자 수용체로 이용하는 발효 경로를 disproportionation이라 한다.

*Clostridium ultunense*와 *Thermoacetogenium phaeum*은 각각 중온성과 고온성 메탄 발효조에서 분리한 syntrophic bacteria로 methanogen과 공생하는 낮은 수소 분압 조건에서 acetate를 수소와 이산화탄소로 산화한다. 이같이 acetate를 산화하는 공생균은 수소 분압이 높을 때는 homoacetogen과 같이 수소와 이산화탄소에서 acetate를 합성하는 능력이 있다. 이러한 세균, reversibacterium이 오래 전부터 알려져 왔으나 최근에 분리되었다(9.5.2).

9.8.3 Facultative Syntrophic Association

Rumen에서 cellulose 등 여러 종류의 당류를 발효하는 *Ruminococcus albus*는 통성 공생균(facultative syntroph)이다. 수소 분압이 낮을 때 수소 생산이 용이하므로 이 세균은 hydrogenase의 작용을 통해 ferredoxin(산화형)/ferredoxin(환원형)의 비를 높게 유지한다. 따라서 해당 경로에서 환원되는 NAD(P)H의 환원력은 ferredoxin을 통해 수소 생산으로 연결하고 그렇지 못할 때는 acetyl-CoA를 전자 수용체로 이용하여 ethanol이나 butyrate로 환원시킨다.

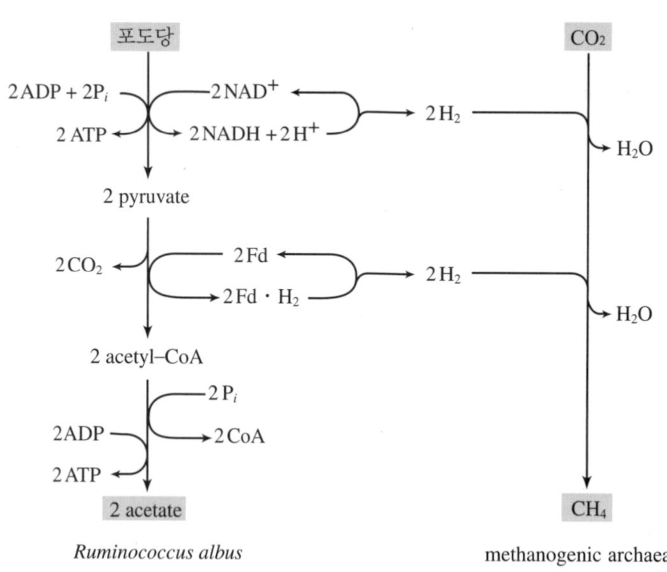

그림 9.21 종간 수소 이전(Interspecies Hydrogen Transfer)에 의한 *Ruminococcus albus*와 메탄 생산균의 Facultative Syntrophic Association.

Rumen에서 생장하는 *Ruminococcus albus*는 수소를 소비하는 메탄 생산균과 혼합된 상태에서는 ATP 수율과 균체 수율이 증가한다. 이러한 관계를 facultative syntrophic association이라 한다.

따라서 *Ruminococcus albus*는 수소를 소비하는 메탄 생산균과 혼합된 조건에서는 수소의 농도가 낮게 유지되므로 대사 중간 산물인 acetyl-CoA를 phosphotransacetylase와 acetate kinase의 작용을 통해 ATP 합성에 이용하고 그렇지 않을 때는 acetyl-CoA를 전자 수용체(electron acceptor)로 이용하여 ethanol과 butyrate를 생산한다(그림 9.21). Ethanol과 butyrate가 생산되면 acetate를 생산할 때보다 수소 생산이 낮아지며, ATP 수율과 균체 수율이 낮아진다.

9.9 혐기성 생태계의 물질 순환

혐기성 생태계에서도 발효와 혐기성 호흡을 통해 다양한 유기물이 CO_2와 CH_4로 완전히 대사되며, 혐기성 호흡에서 전자 수용체로 이용되는 질소 화합물, 금속 이온, 유황 화합물 등은 환원된다. 이와 같은 산화 · 환원 반응을 통해 각종 물질이 수용 상태에서 기체 또는 고체로 되거나, 고체가 수용성 또는 기체로 변하는 등 혐기성 미생물이 물질의 순환에 중요한 역할을 담당한다.

9.9.1 탄화수소와 방향족 화합물의 혐기적 산화

지방족과 방향족 탄화수소의 산화는 분자 상태의 산소(O_2)를 기질로 이용하는 oxygenase(제7장, 7.7, 7.8)의 작용을 통해서 이루어지는 것이 알려지면서 산소가 공급되지 않는 혐기 생태계에서 이들이 산화되지 않는 것으로 생각되었으나, 탈질반응과 금속 이온 환원 등 혐기성 호흡에 의한 각종 방향족 화합물의 산화가 광범위하게 이루어지며, 유기 염소 화합물 등 난분해성 물질의 혐기성 대사도 활발하게 일어난다(표 9.12). 이러한 사실은 방향족 화합물이 각종 전자 수용체 환원조건에서 산

표 9.12 혐기성 호흡에서 전자 공여체로 이용되는 난분해성 물질.

혐기성 호흡	난분해성 전자 공여체
탈질반응	alkane, phenol, *p*-cresol, hydroxybenzoate, benzoate, toluene, resorcinol, phenylacetate, phthalate, polychlorobenzoate, polychlorinated biphenyls, aminobenzoate, vanillate, protocatechuate, ethylbenzene,
금속 이온 환원	benzoate, benzene, toluene, phenol, *p*-cresol, hydroxybenzoates, phthalate, ethylbenzene, *O*-xylene
황화수소 생산	chlorophenols, benzoate, benzene, toluene, xylene, hydroxybenzoate, phenol, indol, phenylacetate, trinitrotoluene, 3-aminobenzoate, catechol, alkane, polycyclic aromatic hydrocarbon, naphthalene
메탄 생산[a]	benzene, toluene, *o*-xylene, benzoate, tetrachloroethanes, 1,2-dichloroethane, CFC-11, dichloromethane, chlorophenol, benzaldehyde, 3-aminobenzoate, phenylpropionate, catechol, vanillate, methylbenzoate, chlorobenzene
Homoacetogenesis	ethylene glycol, phenylmethylether, dichloromethane
발효	3-hydroxybenzoate, polyethylene glycol, hydroxybenzoate, polyphenol

a: 혼합 배양

화될 때 발생하는 free energy의 변화에서도 알 수 있다. Toluene이 산화될 때 발생하는 free energy는 다음과 같다.

탈질반응

$$C_6H_5(CH_3) + 7.2NO_3^- + 0.2H^+ \longrightarrow 7HCO_3^- + 3.6N_2 + 0.6H_2O$$
$$(\Delta G^{\circ\prime} = -493.6 \text{ KJ/mol } NO_3^-)$$

Nitrate ammonification

$$C_6H_5(CH_3) + 4.5NO_3^- + 0.2H^+ + 7.5H_2O \longrightarrow 7HCO_3^- + 4.5NH_4^+$$
$$(\Delta G^{\circ\prime} = -493.1 \text{ KJ/mol } NO_3^-)$$

철 환원

$$C_6H_5(CH_3) + Fe(OH)_3 + 29HCO_3^- + 29H^+ \longrightarrow 36FeCO_3 + 87H_2O$$
$$(\Delta G^{\circ\prime} = -39.1 \text{ KJ/mol Fe})$$

황산염 환원

$$C_6H_5(CH_3) + 4.5SO_4^{2-} + 2H^+ + 3H_2O \longrightarrow 7HCO_3^- + 4.5H_2S$$
$$(\Delta G^{\circ\prime} = -45.6 \text{ KJ/mol } SO_4^{2-})$$

Methanogenesis

$$C_6H_5(CH_3) + 7.5H_2O \longrightarrow 2.5HCO_3^- + 4.5CH_4 + 2.5H^+$$
$$(\Delta G^{\circ\prime} = -29.1 \text{ KJ/mol } CH_4)$$

(FEMS Microbiol. Rev. 1998, 22, 459-473)

탄화수소의 혐기적 산화에는 많은 경우 농화 배양한 혼합 균주가 이용되었으며, 단일 균주를 이용하는 예는 적다. 탈질 세균인 *Thauera aromatica, Azoarcus tolulyticus*, 철 환원 세균 *Geobacter metallireducens, Geobacter grbiciae* 그리고 황산염 환원 세균 *Desulfobacula toluolica, Desulfobacter centonicum* 등이 toluene을 산화한다. 포화 지방족 탄화수소를 이용하는 혐기성 미생물은 잘 알려지지 않았으며, 최근에 sulfidogen인 *Desulfatibacillum aliphaticivorans*가 분리되었다. Benzene은 toluene이나 ethylbenzene 등 akylbenzene보다 분해 속도가 낮다. 최근 탈질 조건에서 benzene을 산화하는 *Dechloromonas*속 세균이 분리되었다.

탈질반응, 금속 이온 환원, 황화 수소 생산, 메탄 생산 등 모든 혐기성 호흡 과정에서 방향족 화합물이 산화된다. Benzoate, gentisate 등 carboxyl 산 뿐만 아니라 toluene, benzene 등 산소가 전혀 결합되지 않은 방향족 화합물도 혐기성 호흡을 통해 완전히 산화된다. 분자 내에 산소를 포함하지 않는 toluene, ethylbenzene, naphthalene 등은 1) fumarate와 결합하거나, 2) 탄산화되는 등 탄소 화합물이 결합하는 반응 또는 3) 탈수소화 반응을 통해 활성화되어 benzoate로 산화된다(그림 9.22). 포화

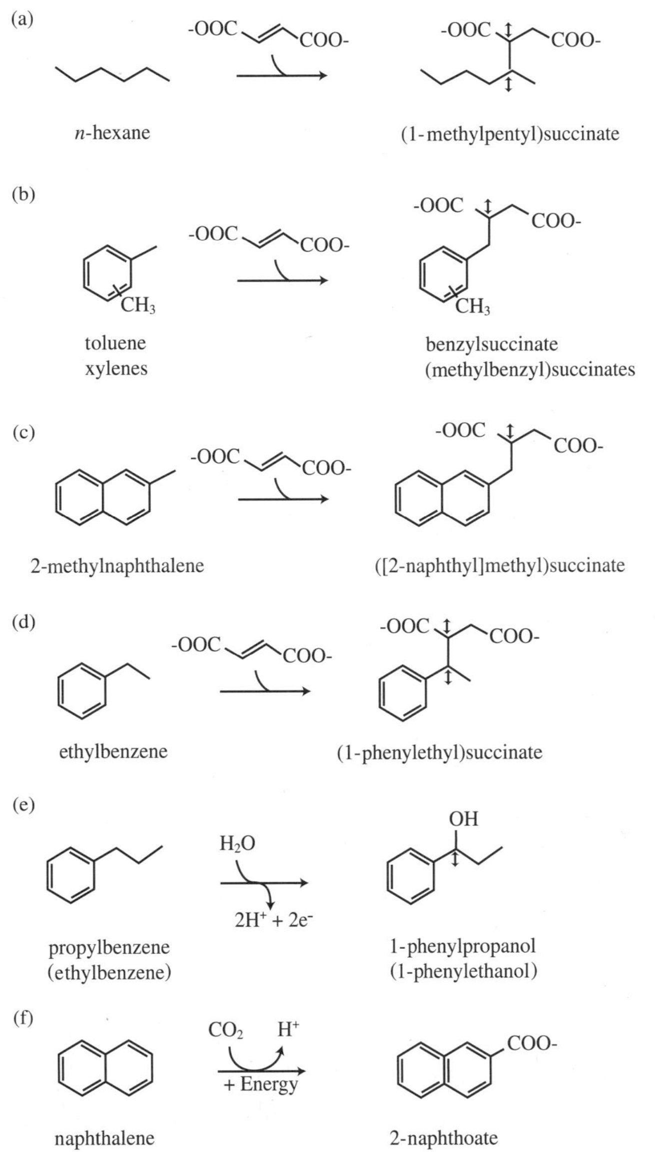

그림 9.22 혐기적 호흡 반응에서 산화되는 탄화수소가 활성화되는 초기 반응(Curr. Opin. Biotechnol. 2001, 12:259-276). a) 포화 지방족 탄화수소, b) toluene과 xylene, c) 2-methylnaphthalene, 그리고 d) ethylbenzene 등을 모든 혐기적 호흡 반응에서 fumarate와 결합하여 활성화되며, e) 탈질반응으로 ethylbenzene이나 propylbenzene을 산화하는 일부의 세균은 이들 akylbenzene을 탈수소화 반응으로 활성화시킨다. f) Naphthalene 등 polyaromatic hydrocarbon(PAH)은 탄산화 반응으로 활성화된다.

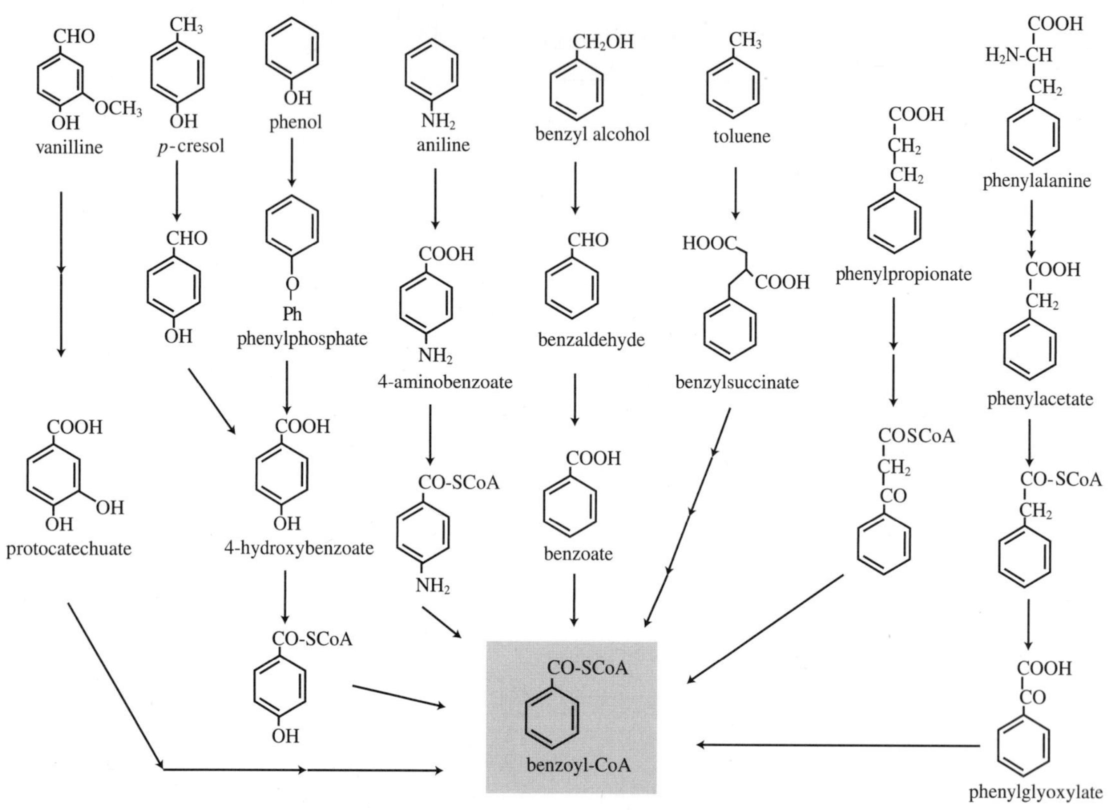

그림 9.23 각종 방향족 화합물이 혐기성 조건에서 Benzoyl-CoA로 대사되는 경로(FEMS Microbiol. Rev. 1998, 22:439-458).

지금까지 알려진 모든 방향족 화합물의 혐기적 대사는 benzoyl-CoA를 거치며, benzoyl-CoA는 Benzoyl-CoA 경로를 통해 acetyl-CoA로 분해된다(그림 9.24).

지방족 탄화수소, toluene, xylene, 2-methylnaphthalene, ethylbenzene 등을 모든 혐기적 호흡 반응에서 fumarate와 결합하여 활성화되며, 탈질반응으로 ethylbenzene이나 propylbenzene을 산화하는 일부의 세균은 이들 akylbenzene을 탈수소화 반응으로 활성화시킨다. Naphthalene 등 polyaromatic hydrocarbon(PAH)은 탄산화 반응으로 활성화된다. Benzene은 phenol과 benzoate를 거쳐 산화되는 것으로 밝혀졌으나 아직 어떤 반응을 통하는 지 알지 못하고 있다.

혐기성 상태에서 방향족 화합물은 benzoyl-CoA, resorcinol, phloroglucinaol, hydroxyhydroquinone 등을 통해 계속 대사된다. 이 중에서 benzoyl-CoA를 통해 분해되는 대사 경로가 가장 잘 알려져 있으나(그림 9.23) 더 많은 연구가 필요하다. 혐기성 광합성 생장에서 방향족 화합물을 이용하는 *Rhodopseudomonas palustris*, 탈질반응에서 toluene 등을 산화하는 *Thauera aromatica, Azoarcus tolulyticus* 그리고 syntrophic bacterium인 *Syntrophus gentianae* 등에서 benzyl-CoA의 대사 중

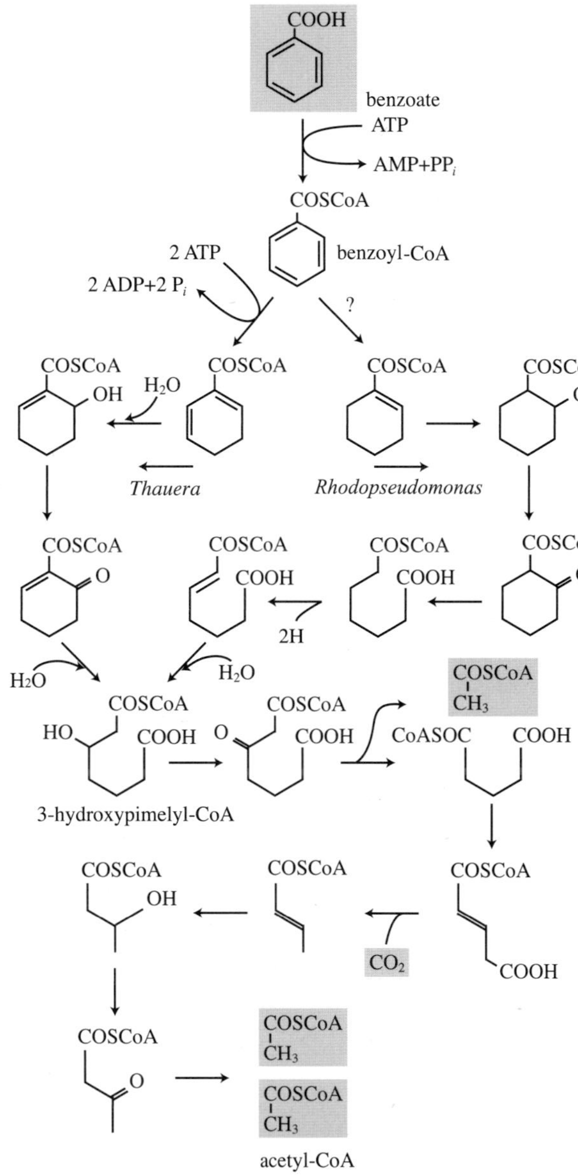

그림 9.24 혐기 조건에서 방향족 화합물이 대사되는 Benzoyl-CoA 경로의 추정(FEMS Microbiol. Rev. 1998, 22:439-458).

Benzoyl-CoA reductase가 촉매하는 환원 반응의 산화 · 환원 전위가 −1.8volt로 대단히 낮다. 이보다 높은 전위의 ferredoxin으로부터 전자를 전달하는데 필요한 에너지를 공급하기 위해 ATP가 AMP와 PPi로 분해된다. 이어서 *Thauera aromatica*는 물을 한 분자 결합시켜 6 위치에 hydroxyl기를 도입한 다음, 3-hydroxypimelyl-CoA를 거쳐 acetyl-CoA까지 대사한다. 이와는 달리 *Rhodopseudomonas palustris*에서는 benzene 환의 이중 결합이 완전히 환원하는 다른 경로를 통해 3-hydroxypimelyl-CoA까지 대사하여 같은 경로로 acetyl-CoA까지 분해한다.

간 산물과 효소 활성을 측정하여 그 대사 경로를 추정하고 있다(그림 9.24). 먼저 benzoyl-CoA reductase가 benzene 환을 환원한다. 이 반응의 산화 · 환원 전위가 −1.8 volt로 대단히 낮다. 이보다 높은 전위의 ferredoxin으로부터 전자를 전달하는 데 필요한 에너지를 공급하기 위해 ATP가 AMP와 PPi로 분해된다. 이어서 *Thauera aromatica*는 물을 한 분자 결합시켜 6 위치에 hydroxyl기를 도입한 다음 3-hydroxypimelyl-CoA를 거쳐 acetyl-CoA까지 대사한다. 이와는 달리 *Rhodopseudomonas palustris*에서는 benzene 환의 이중 결합이 완전히 환원되는 다른 경로를 통해 3-hydroxypimelyl-CoA까지 대사하여 같은 경로로 acetyl-CoA까지 분해한다.

9.9.2 혐기성 생태계의 물질 순환과 환경

호기적 methanotroph에 의해 메탄의 산화는 monooxygenase의 작용으로 시작된다(제7장, 7.9). 혐기성 환경에서도 메탄이 탈질 세균이나 환산염 환원 세균과 archaea의 syntrophic association에 의해 산화되는 것으로 밝혀지고 있다.

산소의 공급이 제한되는 혐기 생태계에서 미생물이 많은 종류의 난분해성 물질을 분해할 뿐 아니라 질소, 유황, 금속 이온 등을 전자 수용체로 이용하기 때문에 지구 상에서 이루어지는 물질 순환에 중요한 역할을 하고 있다.

산업 활동과 인구의 증가로 인하여 많은 종류의 난분해성 화합물이 인공적으로 합성되어 환경에 축적되고 있다. 혐기성 미생물이 여러 종류의 난분해성 물질을 분해하는 성질을 이용하여 오염된 지하수, 토양 등을 정화하기 위한 노력이 있다. 이러한 공정을 bioremediation이라 한다.

난분해성 물질 뿐 아니라 중금속으로 오염된 환경을 금속 이온 환원 세균을 이용하여 용출하거나 침전시켜 제거하는 방법도 연구 중이다. 특히 벼를 재배하는 논에서 이산화탄소보다 지구 온난화 효과가 20배 이상 큰 메탄의 생산을 억제하거나 탈질반응을 통한 질소 성분의 손실을 방지하는 기술도 연구의 대상이 된다.

요점 정리

1. 혐기 상태에서 대사 외부에서 공급되는 산소 이외의 전자 수용체를 이용하여 electron transport phosphorylation (ETP) 메커니즘을 통해 생육하는 미생물 작용을 혐기성 호흡(anaerobic respiration)이라 하며, 대사 중간 산물을 전자 수용체로 이용하는 혐기성 미생물의 생장을 발효(fermentation)라 한다.

2. 혐기성 호흡은 이용하는 전자 수용체에 따라 탈질반응(denitrification, dissimilatory nitrate reduction), 금속 이온 환원(metal ion reduction), 황화수소 생산(sulfidogenesis), 메탄 생산(methanogenesis), 탈할로겐(dehalorespiration), homoacetogenesis 등으로 나뉜다.

3. 탈질반응은 통성 혐기성 세균이 혐기 상태에서 기질을 산화하면서 발생하는 환원력을 호기적 호흡과 유사한 전자 전달계를 통해 질산염으로 전달하는 미생물 작용이다.

4. 탈질반응은 산소에 의해 강하게 저해된다. 이것은 호기성 미생물이 질산염을 질소원으로 이용하는 과정에서 이루어지는 질산염 환원(assimilatory nitrate reduction)이 암모니아에 의해서 저해되는 것과 다르다.

5. Fe^{3+}, Mn^{4+}, U^{6+}, Se^{6+}, Se^{4+} 등 여러 종류의 금속 이온이 혐기성 호흡 작용의 최종 전자 수용체로 이용된다. 이러한 혐기성 호흡을 금속 이온 환원(metal ion reduction)이라 한다.

6. 황화수소 생산균을 이용하는 기질(전자 공여체)과 대사 경로에 따라 불완전 산화균과 완전 산화균으로 분류하며, 이용하는 전자 수용체에 따라 황산염 환원균(sulfate reducers)과 유황 환원균(sulfur reducers)으로 분류한다.

7. 황산염 환원균 중에서 *Desulfovibrio* 속 세균은 기질의 산화에서 발생하는 환원력을 이용하여 수소를 생산하고, 이를 다시 황산염 환원에 이용하는 hydrogen cycling 메커니즘을 통해서 proton motive force를 형성하고, 다른 황화수소 생산균은 특유의 전자 전달 경로를 통해 생장에 필요한 에너지를 얻는다.

8. 황화수소 생산균 중에서 완전 산화균은 acetate를 변형된 TCA 회로 또는 acetyl-CoA 경로를 통해 이산화탄소로 산화한다.

9. 메탄 생산균은 methanol, methylamine, formate, 일산화탄소, 수소와 이산화탄소 혼합물 등 일탄소 화합물과 acetate만을 탄소 및 에너지원으로 이용할 수 있다. 메탄 생산균을 이용하는 기질에 따라 autotrophic, methylotrophic 그리고 aceticlastic methanogen으로 나눌 수 있다. 일부의 메탄 생산균은 ethanol, 2-propanol 등 알코올을 산화하는 능력도 있다.

10. 메탄 생산균은 methyl-H_4MTP:CoM-methyltransferase의 작용을 통해 sodium motive force를, 그리고 heterodisulfide reductase의 작용을 통해 proton motive force를 형성하여 ATP를 생산한다.

11. 메탄 생산균은 acetyl-CoA로부터 incomplete TCA fork와 정상적인 gluconeogenesis를 통해 생합성에 필요한 탄소 골격을 공급한다.

12. 당을 발효하여 3분자의 acetate를 생산하는 homoacetogen은 EMP 경로 또는 변형된 ED 경로를 통해 당을 대사하고, 이때 발생하는 환원력은 이산화탄소를 acetate로 환원시키는데 이용한다. 이산화탄소의 환원 경로를 acetyl-CoA 경로, carbon monoxide dehydrogenase 경로 또는 Wood-Ljungdahl 경로라 한다. 이 경로는 homoacetogen 외에 methanogen, sulfidogen 등 autotrophic하게 생장하는 혐기성 미생물의 균체 합성을 위

한 이산화탄소 고정에 이용되는 경로이다.

13. 천연 유기 할로겐 화합물은 물론 각종 인공 유기 할로겐 화합물이 혐기성 호흡의 전자 수용체로 이용된다. 이를 dehalorespiration이라 한다.

14. 이외에도 humic acid, (per)chlorate, iodate, 유기 sulfone, 유기 니트로 화합물 등이 혐기 생태계에서 전자 수용체로 이용된다.

15. 혐기 생태계에서 메탄 생산균이 직접 이용하지 못하는 ethanol, propionate, butyrate 등 혐기 발효 산물이 축적되지 않는 것은 낮은 수소 농도에서 이들을 acetate로 산화시키는 syntrophic bacteria가 메탄 생산균과 공생하기 때문이다. 이 공생 관계를 interspecies hydrogen transfer(종간 수소 이전)를 통한 syntrophic association(혐기적 공생 관계)이라 한다.

16. 많은 종류의 난분해성 물질은 산소가 없는 혐기 조건에서 더 쉽게 분해되며, 호기적 조건에서는 산소를 제2의 기질로 이용하는 oxygenase의 작용으로 산화를 시작하는 탄화수소도 산소가 없는 혐기적 호흡 조건에서 산화된다.

17. 혐기적 조건에서 탄화수소는 1) fumarate와 결합, 2) 탈수소화 또는 탄산화(carboxylation) 등을 통해 활성화된 다음 산화된다.

18. 많은 종류의 방향족 탄화수소는 혐기성 환경에서 benzoyl-CoA를 통해 산화된다.

참고 문헌

┃탈질반응

Baker, S. C., S. J. Ferguson, B. Ludwig, M. D. Page, O. M. H. Richter and **R. J. M. van Spanning**. 1998. Molecular genetics of the genus *Paracoccus*: Metabolically versatile bacteria with bioenergetic flexibility. Microbiol. Mol. Biol. Rev. **62**:1046-1078.

Braker, G. and **R. Conrad.** 2011. Diversity, structure, and size of N_2O-producing microbial communities in soils—What matters for their functioning? Adv. Appl. Microbiol. **75:**33-70.

Broughton, W. J., S. Jabbouri and **X. Perret**. 2000. Keys to symbiotic harmony. J. Bacteriol. **182**:5641-5652.

Cabello, P., M. D. Roldan and **C. Moreno-Vivian. 2004.** Nitrate reduction and the nitrogen cycle in archaea. Microbiol.-UK. **150:**3527-3546.

Chen, J. and **M. Strous.** 2013. Denitrification and aerobic respiration, hybrid electron transport chains and co-evolution. Biochim. Biophys. Acta–Bioenerg. **1827**(2):136-144.

Cole, J. A. 1996. Nitrate reduction to ammonia by enteric bacteria: Redundancy, or a strategy for survival during oxygen starvation? FEMS Microbiol. Lett. **136**:1-11.

Deboer, A. P. N., W. N. M. Reijnders, J. G. Kuenen, A. H. Stouthamer and **R. J. M. Vanspanning**. 1994. Isolation, sequencing and mutational analysis of a gene cluster involved in nitrite reduction in *Paracoccus denitrificans*. Anton. Leeuwenhoek Int. J. Gen. Microbiol. **66**:111-127.

Gregory, K. B., D. R. Bond and **D. R. Lovley.** 2004. Graphite electrodes as electron donors for anaerobic respiration. Environ. Microbiol. **6:**596-604.

Hendriks, J., A. Oubrie, J. Castresana, A. Urbani, S. Gemeinhardt, and **M. Saraste**. 2000. Nitric oxide reductases in bacteria. Biochim. Biophys. Acta-Bioenerget. **1459**:266-273.

Jetten, M. S. M., M. Strous, K. T. van de Pas-Schoonen, J. Schalk, U. G. van Dongen, A. A. van de Graaf, S. Logemann, G. Muyzer, M. C. van Loosdrecht and **J. G. Kuenen.** 1999. The anaerobic oxidation of ammonium. FEMS Microbiol. Rev. **22:**421-437.

Khan, A. and **D. Sarkar.** 2012. Nitrate reduction pathways in mycobacteria and their implications during latency. Microbiol.-UK. **158**(2):301-307.

Kraft, B., M. Strous and **H. E. Tegetmeyer.** 2011. Microbial nitrate respiration–Genes, enzymes and environmental distribution. J. Biotechnol. **155**(1):104-117.

Park, H. I., J. S. Kim, D. K. Kim, Y. J. Choi and **D. Pak.** 2006. Nitrate-reducing bacterial community in a biofilm-electrode reactor. Enzyme Microb. Technol. **39:**453-458.

Philippot, L. and **O. Højberg.** 1999. Dissimilatory nitrate reductases in bacteria. Biochim. Biophy. Acta-Gene Struct. Express. **1446**(1–2):1-23.

Philippot, L. 2005. Denitrification in pathogenic bacteria: for better or worse? Trends Microbiol. **13:**191-192.

Potter, L., H. Angove, D. Richardson and **J. Cole.** 2001. Nitrate reduction in the periplasm of Gram-negative bacteria. Adv. Microb. Physiol. **45:**51-86.

Richardson, D. J. and **N. J. Watmough**. 1999. Inorganic nitrogen metabolism in bacteria. Curr. Opin. Chem. Biol. **3**:207-219.

Simon, J. 2002. Enzymology and bioenergetics of respiratory nitrite ammonification. FEMS Microbiol. Rev. **26:**285-309.

Stouthamer, A. H., A. P. N. Deboer, J. Vanderoost and **R. J. M. Vanspanning**. 1997. Emerging principles of inorganic nitrogen metabolism in *Paracoccus denitrificans* and related bacteria. Anton. Leeuwenhoek Int. J. Gen. Microbiol. **71**:33-41.

Takaya, N. 2002. Dissimilatory nitrate reduction metabolisms and their control in fungi. J. Biosci. Bioeng. **94:**506-510.

Ward, B. B. 2003. Significance of anaerobic ammonium oxidation in the ocean. Trends Microbiol. **11:**408-410.

Zumft, W. G. and **P. M. H. Kroneck.** 2006. Respiratory transformation of nitrous oxide (N_2O) to dinitrogen by bacteria and archaea. Adv. Microb. Physiol. **52:**,107-227.

| 금속염 환원

Barkay, T. and **J. Schaefer.** 2001. Metal and radionuclide bioremediation: issues, considerations and potentials. Curr. Opin. Microbiol. **4:**318-323.

Carmona, M. and **E. Diaz.** 2005. Iron-reducing bacteria unravel novel strategies for the anaerobic catabolism of aromatic compounds. Mol. Microbiol. **58:**1210-1215.

Cervantes, C., J. Campos-Garcia, S. Devars, F. Gutierrez-Corona, H. Loza-Tavera, J. C. Torres-Guzman and **R. Moreno-Sanchez.** 2001. Interactions of chromium with microorganisms and plants. FEMS Microbiol. Rev. **25:**335-347.

Chang, I. S., H. Moon, O. Bretschger, J. K. Jang, H. I. Park, K. H. Nealson and **B. H. Kim.** 2006.

Electrochemically active bacteria (EAB) and mediator-less microbial fuel cells. J. Microbiol. Biotechnol. **16:**163-177.

Cockell, C. S. 2010. Geomicrobiology beyond Earth: microbe-mineral interactions in space exploration and settlement. Trends Microbiol. **18**(7):308-314.

De Corte, S., T. Hennebel, B. De Gusseme, W. Verstraete and **N. Boon.** 2012. Bio-palladium: from metal recovery to catalytic applications. Microb. Biotechnol. **5**(1):5-17.

Douglas, S. and **T. J. Beveridge**. 1998. Mineral formation by bacteria in natural microbial communities. FEMS Microbiol. Ecol. **26**:79-88.

Ehrlich, H. L. 1999. Microbes as geologic agents: Their role in mineral formation.

Gadd, G. M. 2010. Metals, minerals and microbes: geomicrobiology and bioremediation. Microbiol.-UK. **156**(3):609-643.

Gralnick, J. A. and **D. K. Newman.** 2007. Extracellular respiration. Mol. Microbiol. **65**(1):1-11.

Hernandez, M. E. and **D. K. Newman**. 2001. Extracellular electron transfer. Cell **58**:1562-1571.

Kim, B. H., H. J. Kim, M. S. Hyun and **D. H. Park**. 1999. Direct electrode reaction of an Fe(III)-reducing bacterium, *Shewanella putrefaciens*. J. Microbiol. Biotechnol. **9**:127-131.

Kim, B. H., H. S. Park, H. J. Kim, G. T. Kim, I. S. Chang, J. Lee and **N. T. Phung.** 2004. Enrichment of microbial community generating electricity using a fuel-cell-type electrochemical cell. Appl. Microbiol. Biotechnol. **63:**672-681.

Landa, E. R. 2005. Microbial biogeochemistry of uranium mill tailings. Adv. Appl. Microbiol. **57:**113-130.

Lloyd, J. R. 2003. Microbial reduction of metals and radionuclides. FEMS Microbiol. Rev. **27:**411-425.

Lovley, D. R. 1997. Microbial Fe(III) reduction in subsurface environments. FEMS Microbiol. Rev. **20**:305-313.

Lovley, D. R. 2008. Extracellular electron transfer: wires, capacitors, iron lungs, and more. Geobiol. **6**(3):225-231.

Lovley, D. R., D. E. Holmes and **K. P. Nevin.** 2004. Dissimilatory Fe(III) and Mn(IV) reduction. Adv. Microb. Physiol. **49:**219-286.

Lovley, D. R., T. Ueki, T. Zhang, N. S. Malvankar, P. M. Shrestha, K. A. Flanagan, M. Aklujkar, J. E. Butler, L. Giloteaux, A.-E. Rotaru, D. E. Holmes, A. E. Franks, R. Orellana, C. Risso and **K. P. Nevin.** 2011. *Geobacter*: The microbe electric's physiology, ecology, and practical applications. Adv. Microb. Physiol. **59:**1-100.

Messens, J. and **S. Silver.** 2006. Arsenate reduction: thiol cascade chemistry with convergent evolution. J. Mol. Biol. **362:**1-17.

Mukhopadhyay, R., B. P. Rosen, L. T. Phung and **S. Silver.** 2002. Microbial arsenic: from geocycles to genes and enzymes. FEMS Microbiol. Rev. **26:**,311-325.

Narasingarao, P. and **M. M. Haggblom.** 2007. Identification of anaerobic selenate-respiring bacteria from aquatic sediments. Appl. Environ. Microbiol. **73**(11):3519-3527.

Nealson, K. and **B. Cox.** 2002. Microbial metal-ion reduction and Mars: extraterrestrial expectations? Curr. Opin. Microbiol. **5:**296-300.

Newman, D. K. 2001. Microbiology–How bacteria respire minerals. Science. **292**(5520):1312-1313.

Oremland, R. S., J. F. Stolz and **J. T. Hollibaugh.** 2004. The microbial arsenic cycle in MonoLake, California. FEMS Microbiol. Ecol. **48:**15-27.

Richardson, D. J., J. N. Butt, J. K. Fredrickson, J. M. Zachara, L. Shi, M. J. Edwards, G. White, N.

Baiden, A. J. Gates, S. J. Marritt and **T. A. Clarke.** 2012. The 'porin–cytochrome' model for microbe-to-mineral electron transfer. Mol. Microbiol. **85**(2):201-212.

Richter, K., M. Schicklberger and **J. Gescher.** 2012. Dissimilatory reduction of extracellular electron acceptors in anaerobic respiration. Appl. Environ. Microbiol. **78**(4):913-921.

Shi, L., T. C. Squier, J. M. Zachara and **J. K. Fredrickson.** 2007. Respiration of metal (hydr)oxides by *Shewanella* and *Geobacter*: a key role for multihaem *c*-type cytochromes. Mol. Microbiol. **65**(1):12-20.

Stolz, J. F., P. Basu, J. M. Santini and **R. S. Oremland.** 2006. Arsenic and selenium in microbial metabolism. Annu. Rev. Microbiol. **60:**107-130.

Stolz, J. F. and **R. S. Oremland**. 1999. Bacterial respiration of arsenic and selenium. FEMS Microbiol. Rev. **23**:615-627.

Straub, K. L., M. Benz and **B. Schink**. 2001. Iron metabolism in anoxic environments at near neutral pH. FEMS Microbiol. Ecol. **34**:181-186.

Tsai, S.-L., S. Singh and **W. Chen.** 2009. Arsenic metabolism by microbes in nature and the impact on arsenic remediation. Curr. Opin. Biotechnol. **20**(6):659-667.

Valls, M. and **V. de Lorenzo.** 2002. Exploiting the genetic and biochemical capacities of bacteria for the remediation of heavy metal pollution. FEMS Microbiol. Rev. **26:**327-338.

van Lis, R., W. Nitschke, S. Duval and **B. Schoepp-Cothenet.** 2013. Arsenics as bioenergetic substrates. Biochim. Biophys. Acta-Bioenerg. **1827**(2):176-188.

Wall, J. D. and **L. R. Krumholz.** 2006. Uranium reduction. Annu. Rev. Microbiol. **60:**149-166.

Weber, K. A., L. A. Achenbach and **J. D. Coates.** 2006. Microorganisms pumping iron: anaerobic microbial iron oxidation and reduction. Nature Rev. Microbiol. **4:**752-764.

Zannoni, D., F. Borsetti, J. J. Harrison and **R. J. Turner.** 2007. The bacterial response to the chalcogen metalloids Se and Te. Adv. Microb. Physiol. **53:**1-71.

| 황화수소 생산

Abu Laban, N., D. Selesi, C. Jobelius and **R. U. Meckenstock.** 2009. Anaerobic benzene degradation by Gram-positive sulfate-reducing bacteria. FEMS Microbiol. Ecol. **68**(3):300-311.

Ahn, Y.-B., J.-C. Chae, G. J. Zylstra and **M. M. Haggblom.** 2009. Degradation of phenol via phenylphosphate and carboxylation to 4-hydroxybenzoate by a newly isolated strain of the sulfate-reducing bacterium *Desulfobacterium anilini*. Appl. Environ. Microbiol. **75**(13):4248-4253.

Blum, J., T. Kulp, S. Han, B. Lanoil, C. Saltikov, J. Stolz, L. Miller and **R. Oremland.** 2012. *Desulfohalophilus alkaliarsenatis* gen. nov., sp. nov., an extremely halophilic sulfate- and arsenate-respiring bacterium from Searles Lake, California. Extremophiles. **16**(5):727-742.

Caffrey, S. M., H. S. Park, J. K. Voordouw, Z. He, J. Zhou and **G. Voordouw.** 2007. Function of periplasmic hydrogenases in the sulfate-reducing bacterium *Desulfovibrio vulgaris* Hildenborough. J. Bacteriol. **189**(17):6159-6167.

Castro, H. F., N. H. Williams and **A. Ogram**. 2000. Phylogeny of sulfate-reducing bacteria. FEMS Microbiol. Ecol. **31**:1-9.

Cypionka, H. 2000. Oxygen respiration by *Desulfovibrio* species. Annu. Rev. Microbiol. **54**:827-848.

Fauque, G. D. and **L. L. Barton.** 2012. Hemoproteins in dissimilatory sulfate- and sulfur-reducing prokaryotes. Adv. Microb. Physiol. **60:**1-90.

Grein, F., A. R. Ramos, S. S. Venceslau and **I. A. C. Pereira.** 2013. Unifying concepts in anaerobic respiration: Insights from dissimilatory sulfur metabolism. Biochim. Biophys. Acta-Bioenerg. **1827**(2):145-160.

Hedderich, R., O. Klimmek, A. Kroger, R. Dirmeier, M. Keller and **K. O. Stetter**. 1999. Anaerobic respiration with elemental sulfur and with disulfides. FEMS Microbiol. Rev. **22**:353-381.

Hockin, S. and **G. M. Gadd.** 2006. Removal of selenate from sulphate-containing media by sulphate-reducing bacterial biofilms. Environ. Microbiol. **8:**816-826.

Holmer, M. and **P. Storkholm**. 2001. Sulphate reduction and sulphur cycling in lake sediments: a review. Freshwater Biol. **46**:431-451.

Keller, K. L. and **J. D. Wall.** 2011. Genetics and molecular biology of the electron flow for sulfate respiration in *Desulfovibrio*. Front. Microbiol. **2**. doi;10.3389/fmicb.2011.00135.

Lens, P. N. L., A. Visser, A. J. H. Janssen, L. W. H. Pol and **G. Lettinga**. 1998. Biotechnological treatment of sulfate-rich wastewaters. Crit. Rev. Environ. Sci. Technol. **28**:41-88.

Liesack, W., S. Schnell and **N. P. Revsbech**. 2000. Microbiology of flooded rice paddies. FEMS Microbiol. Rev. **24**:625-645.

Marietou, A., L. Griffiths and **J. Cole.** 2009. Preferential reduction of the thermodynamically less favorable electron acceptor, sulfate, by a nitrate-reducing strain of the sulfate-reducing bacterium *Desulfovibrio desulfuricans* 27774. J. Bacteriol. **191**(3):882-889.

Moura, I., S. Bursakov, C. Costa and **J. J. G. Moura**. 1997. Nitrate and nitrite utilization in sulfate-reducing bacteria. Anaerobe **3**:279-290.

Meyer, B., J. Kuehl, A. M. Deutschbauer, M. N. Price, A. P. Arkin and **D. A. Stahl.** 2013. Variation among *Desulfovibrio* species in electron transfer systems used for syntrophic growth. J. Bacteriol. **195**(5):990-1004.

Muyzer, G. and **A. J. M. Stams.** 2008. The ecology and biotechnology of sulphate-reducing bacteria. Nature Rev. Microbiol. **6**(6):441-454.

Thauer, R. K. 2011. Anaerobic oxidation of methane with sulfate: on the reversibility of the reactions that are catalyzed by enzymes also involved in methanogenesis from CO_2. Curr. Opin. Microbiol. **14**(3):292-299.

Villemur, R., M. Lanthier, R. Beaudet and **F. Lepine.** 2006. The *Desulfitobacterium* genus. FEMS Microbiol. Rev.**30:**706-733.

Walker, C. B., Z. He, Z. K. Yang, J. A., Jr. Ringbauer, Q. He, J. Zhou, G. Voordouw, J. D. Wall, A. P. Arkin, T. C. Hazen, S. Stolyar and **D. A. Stahl.** 2009. The electron transfer system of syntrophically grown *Desulfovibrio vulgaris*. J. Bacteriol. **191**(18):5793-5801.

Weijma, J., J. P. Haerkens, A. J. M. Stams, L. W. H. Pol and **G. Lettinga**. 2000. Thermophilic sulfate and sulfite reduction with methanol in a high rate anaerobic reactor [Review]. Water. Sci. Technol. **42**:251-258.

| 메탄 생산

Amend, J. P. and **E. L. Shock**. 2001. Energetics of overall metabolic reactions of thermophilic and hyperthermophilic Archaea and Bacteria. FEMS Microbiol. Rev. **25**:175-243.

Benedict, M. N., M. C. Gonnerman, W. W. Metcalf and **N. D. Price.** 2012. Genome-scale metabolic reconstruction and hypothesis testing in the methanogenic archaeon *Methanosarcina acetivorans* C2A. J Bacteriol **194**(4):855-865.

Buan, N. R. and **W. W. Metcalf.** 2010. Methanogenesis by *Methanosarcina acetivorans* involves two structurally and functionally distinct classes of heterodisulfide reductase. Mol. Microbiol. **75**(4):843-853.

Conrad, R. 1999. Contribution of hydrogen to methane production and control of hydrogen concentrations in methanogenic soils and sediments. FEMS Microbiol. Ecol. **28**:193-202.

Deppenmeier, U., T. Lienard and **G. Gottschalk**. 1999. Novel reactions involved in energy conservation by methanogenic archaea. FEBS Lett. **457**:291-297.

Deppenmeier, U., V. Muller and **G. Gottschalk**. 1996. Pathways of energy conservation in methanogenic archaea. Arch. Microbiol. **165**:149-163.

Dolfing, J., A. Xu, N. D. Gray, S. R. Larter and **I. M. Head.** 2009. The thermodynamic landscape of methanogenic PAH degradation. Microb. Biotechnol. **2**(5):566-574.

Ferry, J. G. 1999. Enzymology of one-carbon metabolism in methanogenic pathways. FEMS Microbiol. Rev. **23**:13-38.

Ferry, J. 2010. CO in methanogenesis. Annal. Microbiol. **60**(1):1-12.

Garcia, J. L., B. K. C. Patel and **B. Ollivier**. 2000. Taxonomic phylogenetic and ecological diversity of methanogenic Archaea. Anaerobe **6**:205-226.

Hendrickson, E. L. and **J. A. Leigh.** 2008. Roles of coenzyme F 420 -reducing hydrogenases and hydrogen- and F_{420}-dependent methylenetetrahydromethanopterin dehydrogenases in reduction of F_{420} and production of hydrogen during methanogenesis. J. Bacteriol. **190**(14):4818-4821.

Kaster, A.-K., J. Moll, K. Parey and **R. K. Thauer.** 2011. Coupling of ferredoxin and heterodisulfide reduction via electron bifurcation in hydrogenotrophic methanogenic archaea. Proc. Natl. Acad. Sci. USA. **108**(7):2981-2986.

Krätzer, C., C. Welte, K. Dörner, T. Friedrich and **U. Deppenmeier.** 2011. Methanoferrodoxin represents a new class of superoxide reductase containing an iron–sulfur cluster. FEBS J. **278**(3):442-451.

Liu, Y., L. L. Beer and **W. B. Whitman.** 2012. Methanogens: a window into ancient sulfur metabolism. Trends Microbiol. **20**(5):251-258.

Maden, B. E. H. 2000. Tetrahydrofolate and tetrahydromethanopterin compared: functionally distinct carriers in C-1 metabolism. Biochem. J. **350**:609-629.

Major, T. A., Y. Liu and **W. B. Whitman.** 2010. Characterization of energy-conserving hydrogenase B in *Methanococcus maripaludis*. J. Bacteriol. **192**(15):4022-4030.

Matschiavelli, N., E. Oelgeschläger, B. Cocchiararo, J. Finke and **M. Rother.** 2012. Function and regulation of isoforms of carbon monoxide dehydrogenase/acetyl coenzyme A synthase in *Methanosarcina acetivorans*. J. Bacteriol. **194**(19):5377-5387.

Schafer, G., M. Engelhard and **V. Muller**. 1999. Bioenergetics of the archaea. Microbiol. Mol. Biol. Rev. **63**:570-620.

Schlegel, K., C. Welte, U. Deppenmeier and **V. Müller.** 2012. Electron transport during aceticlastic methanogenesis by *Methanosarcina* involves a sodium-translocating Rnf complex. FEBS J. **279**(24):4444-4452.

Sylvestre, M., J. L. Bertrand and **G. Viel.** 1997. Feasibility study for the potential use of biocatalytic systems to destroy chlorofluorocarbons (CFCs). Crit. Rev. Environ.l Sci. Technol. **27**(2):87-111.

Thauer, R. K. 1998. Biochemistry of methanogenesis–A tribute to Stephenson, Marjory. Microbiol.-UK **144**:2377-2406.

Thauer, R. K., A.-K. Kaster, H. Seedorf, W. Buckel and **R. Hedderich,** 2008. Methanogenic archaea:

ecologically relevant differences in energy conservation. Nature Rev. Microbiol. **6**(8):579-591.

Valentine, D. L. and W. S. Reeburgh. 2000. New perspectives on anaerobic methane oxidation. Environ. Microbiol. **2**:477-484.

| Homoacetogenesis

Biegel, E. and **V. Müller** 2010. Bacterial Na^+-translocating ferredoxin:NAD^+ oxidoreductase. Proc. Natl. Acad. Sci. USA. **107**(42):18138-18142.

Davidova, M. N., N. B. Tarasova, F. K. Mukhitova and **I. U. Karpilova**. 1994. Carbon monoxide in metabolism of anaerobic bacteria. Can. J. Microbiol. **40**:417-425.

Diekert, G. and **G. Wohlfarth**. 1994. Metabolism of homoacetogens. Anton. Leeuwenhoek Int. J. Gen. Microbiol. **66**:209-221.

Drake, H. L. and **S. L. Daniel.** 2004. Physiology of the thermophilic acetogen *Moorella thermoacetica*. Res. Microbiol. **155:**422-436.

Huang, H., S. Wang, J. Moll and **R. K. Thauer.** 2012. Electron bifurcation involved in the energy metabolism of the acetogenic bacterium *Moorella thermoacetica* growing on glucose or H_2 plus CO_2. J. Bacteriol. **194**(14):3689-3699.

Jiang, B., A.-M. Henstra, P. Paulo, M. Balk, W. van Doesburg and **A. Stams.** 2009. Atypical one-carbon metabolism of an acetogenic and hydrogenogenic Moorella thermoacetica strain. Arch. Microbiol. **191**(2):123-131.

Kletzin, A. and **M. W. W. Adams**. 1996. Tungsten in biological systems. FEMS Microbiol. Rev. **18**:5-63.

Köpke, M., C. Held, S. Hujer, H. Liesegang, A. Wiezer, A. Wollherr, A. Ehrenreich, W. Liebl, G. Gottschalk and **P. Dürre.** 2010. *Clostridium ljungdahlii* represents a microbial production platform based on syngas. Proc. Natl. Acad. Sci. USA. **107**(29):13087-13092.

Mueller, V. 2003. Energy conservation in acetogenic bacteria. Appl. Environ. Microbiol. **69:**6345-6353.

Nevin, K. P., S. A. Hensley, A. E. Franks, Z. M. Summers, J. Ou, T. L. Woodard, O. L. Snoeyenbos-West and **D. R. Lovley.** 2011. Electrosynthesis of organic compounds from carbon dioxide Is catalyzed by a diversity of acetogenic microorganisms. Appl. Environ. Microbiol. **77**(9):2882-2886.

Ragsdale, S. W. and **C. G. Riordan**. 1996. The role of nickel in acetyl-CoA synthesis by the bifunctional enzyme CO dehydrogenase/acetyl-CoA synthase: Enzymology and model chemistry. J. Biol. Inorg. Chem. **1**:489-493.

Ragsdale, S. 2004. Life with carbon monoxide. Crit. Rev. Biochem. Mol. Biol. **39:**165-195.

Russell, M. J. and **W. Martin.** 2004. The rocky roots of the acetyl-CoA pathway. Trends Biochem. Sci. **29:**358-363.

Tremblay, P.-L., T. Zhang, S. A. Dar, C. Leang and **D. R. Lovley.** 2013. The Rnf complex of *Clostridium ljungdahlii* is a proton-translocating ferredoxin:NAD^+ oxidoreductase essential for autotrophic growth. mBio **4**(1). doi;10.1128/mBio.00406-12.

Wang, S., H. Huang, J. Kahnt and **R. K. Thauer.** 2013. A reversible electron-bifurcating ferredoxin- and NAD-dependent [FeFe]-hydrogenase (HydABC) in *Moorella thermoacetica*. J. Bacteriol. **195**(6):1267-1275.

Wilkins, M. R. and **H. K. Atiyeh.** 2011. Microbial production of ethanol from carbon monoxide. Curr. Opin. Biotechnol. **22**(3):326-330.

| Dehalorespiration

Adrian, L., V. Dudkova, K. Demnerova and **D. L. Bedard.** 2009. "*Dehalococcoides*" sp. strain CBDB1 extensively dechlorinates the commercial polychlorinated biphenyl mixture aroclor 1260. Appl. Environ. Microbiol. **75**(13):4516-4524.

Bisaillon, A., R. Beaudet, F. Lepine and **R. Villemur.** 2011. Quantitative analysis of the relative transcript levels of four chlorophenol reductive dehalogenase genes in *Desulfitobacterium hafniense* PCP-1 exposed to chlorophenols. Appl. Environ. Microbiol. **77**(17):6261-6264.

Bunz, P. V. and **Schmidt, S.** 1997. The microbial degradation of halogenated diaryl ethers. Biotechnol. Adv. **15**:621-632.

Chen, G. 2004. Reductive dehalogenation of tetrachloroethylene by microorganisms: current knowledge and application strategies. Appl. Microbiol. Biotechnol. **63:**373-377.

El Fantroussi, S., H. Naveau and **S. N. Agathos**. 1998. Anaerobic dechlorinating bacteria. Biotechnol. Progr. **14**:167-188.

Fetzner, S. 1998. Bacterial dehalogenation. Appl. Microbiol. Biotechnol. **50**:633-657.

Furukawa, K. 2000. Biochemical and genetic bases of microbial degradation of polychlorinated biphenyls (PCBs). J. Gen. App. Microbiol. **46**:283-296.

Holliger, C., G. Wohlfarth and **G. Diekert**. 1999. Reductive dechlorination in the energy metabolism of anaerobic bacteria. FEMS Microbiol. Rev. **22**:383-398.

Janssen, D. B. 2004. Evolving haloalkane dehalogenases. Curr. Opin. Chem. Biol. **8:**150-159.

Janssen, D. B. and **I. L. Allen.** 2007. Biocatalysis by dehalogenating enzymes. Adv. Appl. Microbiol. **61:**233-252.

Janssen, D. B., J. E. Oppentocht and **G. J. Poelarends**. 2001. Microbial dehalogenation. Curr. Opin. Biotechnol. **12**:254-258.

Lee, M., A. Low, O. Zemb, J. Koenig, A. Michaelsen and **M. Manefield.** 2012. Complete chloroform dechlorination by organochlorine respiration and fermentation. Environ. Microbiol. **14**(4):883-894.

May, H. D., G. S. Miller, B. V. Kjellerup and **K. R. Sowers.** 2008. Dehalorespiration with polychlorinated biphenyls by an anaerobic ultramicrobacterium. Appl. Environ. Microbiol. **74**(7):2089-2094.

McCarty, P. L. 1997. Microbiology–Breathing with chlorinated solvents. Science 276[5318], 1521-1522.

Peng, X., S. Yamamoto, A. Vertès, G. Keresztes, K.-I. Inatomi, M. Inui and **H. Yukawa.** 2012. Global transcriptome analysis of the tetrachloroethene-dechlorinating bacterium *Desulfitobacterium hafniense* Y51 in the presence of various electron donors and terminal electron acceptors. J. Ind. Microbiol. Biotechnol. **39**(2):255-268.

Rahm, B. G. and **R. E. Richardson.** 2008. Correlation of respiratory gene expression levels and pseudo-steady-state PCE respiration rates in *Dehalococcoides ethenogenes*. Environ. Sci. Technol. **42**(2):416-421.

Smidt, H. and **W. M. de Vos.** 2004. Anaerobic microbial dehalogenation. Annu. Rev. Microbiol. **58:**43-73.

Tang, Y. J., S. Yi, W.-Q. Zhuang, S. H. Zinder, J. D. Keasling and **L. Alvarez-Cohen,** 2009. Investigation of carbon metabolism in *Dehalococcoides ethenogenes* strain 195 by use of isotopomer and transcriptomic analyses. J. Bacteriol. **191**(16):5224-5231.

Wiegel, J. and **Q. Z. Wu**. 2000. Microbial reductive dehalogenation of polychlorinated biphenyls. FEMS Microbiol. Ecol. **32**:1-15.

Wittich, R. M. 1998. Degradation of dioxin-like compounds by microorganisms. Appl. Microbiol.

Biotechnol. **49**:489-499.

Ye, L., A. Schilhabel, S. Bartram, W. Boland and **G. Diekert.** 2010. Reductive dehalogenation of brominated ethenes by *Sulfurospirillum multivorans* and *Desulfitobacterium hafniense* PCE-S. Environ. Microbiol. **12**(2):501-509.

| Other electron acceptors

Backlund, A. S., J. Bohlin, N. Gustavsson and **T. Nilsson.** 2009. Periplasmic *c* cytochromes and chlorate reduction in *Ideonella dechloratans*. Appl. Environ. Microbiol. **75**(8):2439-2445.

Cook, A. M., H. Laue and **F. Junker**. 1999. Microbial desulfonation. FEMS Microbiol. Rev. **22**:399-419.

Coates, J. D. and **L. A. Achenbach.** 2004. Microbial perchlorate reduction: rocket-fueled metabolism. Nature Rev. Microbiol. **2:**569-580.

Councell, T. B., E. R. Landa and **D. R. Lovley. 1997.** Microbial reduction of iodate. Water Air Soil Pollut. **100:**99-106.

Esteve-Nunez, A., A. Caballero and **J. L. Ramos**. 2001. Biological degradation of 2,4,6-trinitrotoluene. Microbiol. Mol. Biol. Rev. **65**:335-352.

Farhan, Y. H. and **P. B. Hatzinger.** 2009. Modeling the biodegradation kinetics of perchlorate in the presence of oxygen and nitrate as competing electron acceptors. Bioremed. J. **13**(2):65-78.

Geng, J., X. Jin, Q. Wang, X. Niu, X. Wang, M. Edwards and **D. Glindemann.** 2005. Matrix bound phosphine formation and depletion in eutrophic lake sediment fermentation: simulation of different environmental factors. Anaerobe. **11:**273-279.

Hong, Y., M. Xu, J. Guo, Z. Xu, X. Chen and **G. Sun.** 2007. Respiration and growth of Shewanella decolorationis S12 with an azo compound as the sole electron acceptor. Appl. Environ. Microbiol. **73**(1):64-72.

Kelly, D. P. and **J. C. Murrell**. 1999. Microbial metabolism of methanesulfonic acid. Arch. Microbiol. **172**:341-348.

Lie, T. J., J. R. Leadbetter and **E. R. Leadbetter**. 1998. Metabolism of sulfonic acids and other organosulfur compounds by sulfate-reducing bacteria. Geomicrobiol. J. **15**:135-149.

Kertesz, M. A. 2000. Riding the sulfur cycle–metabolism of sulfonates and sulfate esters in Gram-negative bacteria. FEMS Microbiol. Rev. **24**:135-175.

Lie, T. J., J. R. Leadbetter and **E. R. Leadbetter**. 1998. Metabolism of sulfonic acids and other organosulfur compounds by sulfate-reducing bacteria. Geomicrobiol. J. **15**:135-149.

Roels, J. and **W. Verstraete**. 2001. Biological formation of volatile phosphorus compounds. Bioresour. Technol. **79**:243-250.

Spain, J. C. 1995. Biodegradation of nitroaromatic compounds. Annu. Rev. Microbiol. **49**:523-555.

Sun, Y., R. Gustavson, N. Ali, K. Weber, L. Westphal and **J. Coates.** 2009. Behavioral response of dissimilatory perchlorate-reducing bacteria to different electron acceptors. Appl. Microbiol. Biotechnol. **84**(5):955-963.

Thrash, J., J. Pollock, T. Torok and **J. Coates.** 2010. Description of the novel perchlorate-reducing bacteria *Dechlorobacter hydrogenophilus* gen. nov., sp. nov. and *Propionivibrio militaris*, sp. nov. Appl. Microbiol. Biotechnol. **86**(1):335-343.

Syntrophic association

de Bok, F. A. M., A. J. M. Stams, C. Dijkema and **D. R. Boone.** 2001. Pathway of propionate oxidation by a syntrophic culture of *Smithella propionica* and *Methanospirillum hungatei*. Appl. Environ. Microbiol. **67:**1800-1804.

Gray, N. D., A. Sherry, R. J. Grant, A. K. Rowan, C. R. J. Hubert, C. M. Callbeck, C. M. Aitken, D. M. Jones, J. J. Adams, S. R. Larter and **I. M. Head.** 2011. The quantitative significance of *Syntrophaceae* and syntrophic partnerships in methanogenic degradation of crude oil alkanes. Environ. Microbiol. **13**(11):2957-2975.

Gray, N. D., A. Sherry, R. J. Grant, A. K. Rowan, C. R. J. Hubert, C. M. Callbeck, C. M. Aitken, D. M. Jones, J. J. Adams, S. R. Larter and **I. M. Head.** 2011. The quantitative significance of *Syntrophaceae* and syntrophic partnerships in methanogenic degradation of crude oil alkanes. Environ. Microbiol. **13**(11):2957-2975.

Hatamoto, M., H. Imachi, A. Ohashi and **H. Harada.** 2007. Identification and cultivation of anaerobic, syntrophic long-chain fatty acid-degrading microbes from mesophilic and thermophilic methanogenic sludges. Appl. Environ. Microbiol. **73**(4):1332-1340.

Hattori, S., A. S. Galushko, Y. Kamagata and **B. Schink.** 2005. Operation of the CO dehydrogenase/acetyl coenzyme A pathway in both acetate oxidation and acetate formation by the syntrophically acetate-oxidizing bacterium *Thermacetogenium phaeum*. J. Bacteriol. **187:**3471-3476.

Kim, M., H. Le, M. J. McInerney and **W. Buckel.** 2013. Identification and characterization of re-citrate synthase in *Syntrophus aciditrophicus*. J. Bacteriol. **195**(8):1689-1696.

McInerney, M. J., J. R. Sieber, Jessica. R. Sieber and **R. P. Gunsalus.** 2009. Syntrophy in anaerobic global carbon cycles. Curr. Opin. Biotechnol. **20**(6):623-632.

Meyer, B., J. Kuehl, A. M. Deutschbauer, M. N. Price, A. P. Arkin and **D. A. Stahl.** 2013. Variation among *Desulfovibrio* species in electron transfer systems used for syntrophic growth. J. Bacteriol. **195**(5):990-1004.

Morris, B. E. L., R. Henneberger, H. Huber and **C. Moissl-Eichinger.** 2013. Microbial syntrophy: interaction for the common good. FEMS Microbiol. Rev. **37**(3):384-406.

Mouttaki, H., M. A. Nanny and **M. J. McInerney.** 2008. Use of benzoate as an electron acceptor by *Syntrophus aciditrophicus* grown in pure culture with crotonate. Environ. Microbiol. 10(12):3265-3274.

Qiu, Y. L., S. Hanada, A. Ohashi, H. Harada, Y. Kamagata and **Y. Sekiguchi.** 2008. *Syntrophorhabdus aromaticivorans* gen. nov., sp. nov., the first cultured anaerobe capable of degrading phenol to acetate in obligate syntrophic associations with a hydrogenotrophic methanogen. Appl. Environ. Microbiol. **74**(7):2051-2058.

Qiu, Y. L., Y. Sekiguchi, S. Hanada, H. Imachi, I. C. Tseng, S. S. Cheng, A. Ohashi, H. Harada and **Y. Kamagata.** 2006. *Pelotomaculum terephthalicum* sp. nov. and *Pelotomaculum isophthalicum* sp. nov.: two anaerobic bacteria that degrade phthalate isomers in syntrophic association with hydrogenotrophic methanogens. Arch. Microbiol. **185:**172-182.

Schink, B. 1997. Energetics of syntrophic cooperation in methanogenic degradation. Microbiol. Mol. Biol. Rev. **61**:262-280.

Stams, A. J. M. and **C. M. Plugge.** 2009. Electron transfer in syntrophic communities of anaerobic bacteria and archaea. Nature Rev. Microbiol. **7**(8):568-577.

Summers, Z. M., H. E. Fogarty, C. Leang, A. E. Franks, N. S. Malvankar and **D. R. Lovley.** 2010. Direct exchange of electrons within aggregates of an evolved syntrophic coculture of anaerobic bacteria. Science. **330**(6009):1413-1415.

van der Zaan, B. M., F. T. Saia, A. J. M. Stams, C. M. Plugge, W. M. de Vos, H. Smidt, A. A. M. Langenhoff and **J. Gerritse.** 2012. Anaerobic benzene degradation under denitrifying conditions: *Peptococcaceae* as dominant benzene degraders and evidence for a syntrophic process. Environ. Microbiol. **14**(5):1171-1181.

| Anaerobic degradation of xenobiotics

Bergmann, F., D. Selesi and **R. Meckenstock.** 2011. Identification of new enzymes potentially involved in anaerobic naphthalene degradation by the sulfate-reducing enrichment culture N47. Arch. Microbiol. **193**(4):241-250.

Boll, M., G. Fuchs and **J. Heider.** 2002. Anaerobic oxidation of aromatic compounds and hydrocarbons. Curr.Opin. Chem. Biol. **6:**604-611.

Carmona, M. and **E. Diaz.** 2005. Iron-reducing bacteria unravel novel strategies for the anaerobic catabolism of aromatic compounds. Mol. Microbiol. **58:**1210-1215.

Carmona, M., M. T. Zamarro, B. Blazquez, G. Durante-Rodriguez, J. F. Juarez, J. A. Valderrama, M. J. L. Barragan, J. L. Garcia and **E. Diaz.** 2009. Anaerobic catabolism of aromatic compounds: a genetic and genomic view. Microbiol. Mol. Biol. Rev. **73**(1):71-133.

Gibson, J. and **S. Harwood.** 2002. Metabolic diversity in anaerobic compound utilization by anaerobic microbes. Annu. Rev. Microbiol. **56:**345-369.

Harwood, C. S., G. Burchhardt, H. Herrmann and **G. Fuchs**. 1999. Anaerobic metabolism of aromatic compounds via the benzoyl-CoA pathway. FEMS Microbiol. Rev. **22**:439-458.

Heider, J., A. M. Spormann, H. R. Beller and **F. Widdel**. 1999. Anaerobic bacterial metabolism of hydrocarbons. FEMS Microbiol. Rev. **22**:459-473.

Kaiser, J. P., Y. C. Feng and **J. M. Bollag**. 1996. Microbial metabolism of pyridine, quinoline, acridine, and their derivatives under aerobic and anaerobic conditions. Microbiol. Rev. **60**:483.

Lahme, S., J. Harder and **R. Rabus.** 2012. Anaerobic degradation of 4-methylbenzoate by a newly Isolated denitrifying bacterium, strain pMbN1. Appl. Environ. Microbiol. **78**(5):1606-1610.

Löffler, C., K. Kuntze, J. R. Vazquez, A. Rugor, J. W. Kung, A. Böttcher and **M. Boll,** 2011. Occurrence, genes and expression of the W/Se-containing class II benzoyl-coenzyme A reductases in anaerobic bacteria. Environ. Microbiol. **13**(3):696-709.

Meckenstock, R. U. and **H. Mouttaki.** 2011. Anaerobic degradation of non-substituted aromatic hydrocarbons. Curr. Opin. Biotechnol. **22**(3):406-414.

Meckenstock, R. U., M. Safinowski and **C. Griebler.** 2004. Anaerobic degradation of polycyclic aromatic hydrocarbons. FEMS Microbiol. Ecol. **49:**27-36.

Musat, F., A. Galushko, J. Jacob, F. Widdel, M. Kube, R. Reinhardt, H. Wilkes, B. Schink and **R. Rabus.** 2009. Anaerobic degradation of naphthalene and 2-methylnaphthalene by strains of marine sulfate-reducing bacteria. Environ. Microbiol. **11**(1):209-219.

Spormann, A. M. and **F. Widdel**. 2000. Metabolism of alkylbenzenes, alkanes, and other hydrocarbons in anaerobic bacteria. Biodegradation **11**:85-105.

Weelink, S., M. van Eekert and **A. Stams.** 2010. Degradation of BTEX by anaerobic bacteria: physiology and application. Rev. Environ. Sci. .Biotechnol. **9**(4):359-385.

Widdel, F. and **R. Rabus**. 2001. Anaerobic biodegradation of saturated and aromatic hydrocarbons. Curr. Opin. Biotechnol. **12**:259-276.

Zhang, C. and **G. N. Bennett.** 2005. Biodegradation of xenobiotics by anaerobic bacteria. Appl. Microbiol. Biotechnol. **67:**600-618.

| 기타

Gal'chenko, V. F. 2004. On the problem of anaerobic methane oxidation. Microbiol.-Moscow. **73:**599-608.

Moran, J. J., E. J. Beal, J. M. Vrentas, V. J. Orphan, K. H. Freeman and **C. H. House.** 2008. Methyl sulfides as intermediates in the anaerobic oxidation of methane. Environ. Microbiol. **10**(1):162-173.

Scheller, S., M. Goenrich, R. Boecher, R. K. Thauer and **B. Jaun.** 2010. The key nickel enzyme of methanogenesis catalyses the anaerobic oxidation of methane. Nature. **465**(7298):606-608.

Strous, M. and **M. S. M. Jetten.** 2004. Anaerobic oxidation of methane and ammonium. Annu. Rev. Microbiol. **58:**99-117.

Teske, A. P. 2005. The deep subsurface biosphere is alive and well. Trends Microbiol. **13:**402-404.

Warren, L. A. and **M. E. Kauffman.** 2003. Geoscience: microbial geoengineers. Science. **299**(5609):1027-1029.

10장

호기성 Chemolithotroph

Chemolithotroph란 환원된 무기 화합물을 에너지원으로 이용하는 독립 영양(또는 자력 영양) 생물로서 탄소원으로 이산화탄소를 이용한다. 에너지원으로 이용하는 무기 화합물로는 암모니아를 비롯한 질소 화합물, 황화수소(H_2S)를 비롯한 유황 화합물, Fe^{2+}, 수소, 일산화탄소 등을 들 수 있다.

대부분의 lithotroph들은 Calvin 회로를 통해 이산화탄소를 고정하여 생합성에 이용하며, 일부의 원핵세포 미생물은 그들 특유의 대사 경로인 reductive TCA cycle, acetyl-CoA 회로, 3-hydroxypropionate 회로를 이산화탄소의 고정에 이용한다. 또한 일부 archaea는 3-hydroxypropionate/4-hydroxybutyrate 회로, dicarboxylate/4-hydroxybutyrate 회로를 통해 이산화탄소를 생합성에 이용한다.

10.1 Reverse Electron Transport

이산화탄소를 탄소원으로 이용하는 모든 자력 영양 생물은 이산화탄소를 생체 물질로 환원시키기 위해 ATP와 NAD(P)H를 필요로 한다. 자력 영양 생물이 전자 공여체로 이용하는 무기 화합물들의 산화·환원 전위는 일산화탄소(CO), 아황산염(SO_3^{2-}) 그리고 수소(H_2)를 제외하면 모두 $NAD(P)^+$/NAD(P)H보다 높다(표 10.1). 대부분의 경우 무기 전자 공여체의 산화에서 발생하는 전자는 전자 전달계의 coenzyme Q 또는 cytochrome으로 전달된다. 따라서 $NAD(P)^+$의 환원은 이들 전자 전달계의 중간 전자 전달체로부터 에너지를 소비하면서 정상적인 전자 전달계의 반대 방향으로 전자가 전달되는 reverse electron transport 메커니즘을 통해 이루어진다(그림 10.1).

Reverse electron transport에서 높은 산화·환원 전위의 전자 전달체로부터 낮은 전자 전달체로 전자를 전달하기 위해 필요로 하는 에너지는 proton motive force(Δp)형태로 공급된다. 일산화탄소, 아황산염 그리고 수소를 이용하는 미생물도 낮은 농도의 전자 공여체를 효율적으로 산화하기(제5장,

표 10.1 미생물의 에너지원으로 이용되는 무기 화합물의 산화 · 환원 전위.

무기 화합물의 반응		산화 · 환원 전위(V)
$CO + H_2O$ ⟶	$CO_2 + 2H^+ + 2e^-$	−0.54
$SO_3^{2-} + H_2O$ ⟶	$SO_4^{2-} + 2H^+ + 2e^-$	−0.45
H_2 ⟶	$2H^+ + 2e^-$	−0.41
$NADH + H^+$ ⟶	$NAD^+ + 2H^+ + 2e^-$	−0.32
H_2S ⟶	$S^o + 2H^+ + 2e^-$	−0.25
$S^o + 3H_2O$ ⟶	$SO_3^{2-} + 6H^+ + 4e^-$	0.05
$NO_2^- + H_2O$ ⟶	$NO_3^- + 2H^+ + 2e^-$	0.42
$NH_4^+ + 2H_2O$ ⟶	$NO_2^- + 8H^+ + 6e^-$	0.44
Fe^{2+} ⟶	$Fe^{3+} + e^-$	0.78
$O_2 + 4H^+ + 2e^-$ ⟶	$2H_2O$	0.81

5.5.1.3) 위해 이들의 산화가 coenzyme Q 또는 cytochrome의 환원으로 연결되기 때문에 reverse electron transport가 필요하다.

Cytochrome *c*로부터 reverse electron transport 메커니즘을 통해서 전자를 $NAD(P)^+$로 전달시키기 위해서는 정상적인 forward electron transport를 통해 생성하는 에너지의 약 5배의 에너지를 소모하는데, 이것은 이들 반응의 효율이 100%에 미치지 못하기 때문이다.

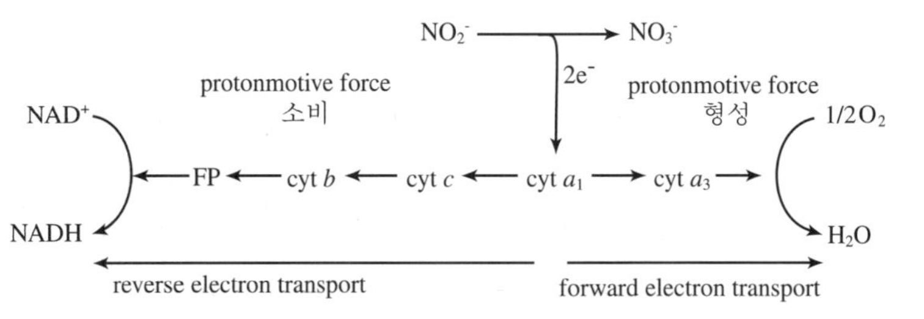

그림 10.1 아질산염 산화균이 $NAD(P)^+$를 환원시키는 Reverse Electron Transport.

*Nitrococcus mobilis*는 전자 공여체로 이용하는 아질산염을 산화하여 cytochrome a_1을 환원한다. 일부의 전자는 정상적인 전자 전달계를 통해 산소를 환원하여 proton motive force를 형성한다(forward electron transport). 나머지 전자는 생합성에 필요한 환원력을 공급하기 위해 proton motive force 형태의 에너지를 소비하면서 전자를 $NAD(P)^+$까지 전달한다. 이처럼 에너지를 소비하면서 정상적인 전자 전달계의 반대 방향으로 전자를 이동시키는 반응을 reverse electron transport라 한다. 대부분의 자력영양 세균은 이 메커니즘을 통해 생합성에 필요한 NAD(P)H 형태의 환원력을 공급한다.

10.2 무기 질소 화합물의 산화

암모니아 또는 아질산염을 산화하면서 얻어지는 free energy를 이용하여 이산화탄소를 균체 성분으로 고정하는 일군의 세균을 질화 세균(nitrifying bacteria)이라 부르며, 이들의 작용을 질화 작용(nitrification)이라 한다. 질화 세균은 호기 상태의 토양, 해양 등에 널리 분포되어 있으며, 이들을 모두 그람음성 세균이다(표 10.2). 이들은 대부분 편성 lithotroph들이며, 세포 내에 많은 막 조직을 보유하는 것이 특징이다. 지구 상의 질소 순환 회로에 중요한 역할을 담당하는 이들은 Calvin 회로를 통해 이산화탄소를 고정한다.

10.2.1 암모니아의 산화: 질화 세균

암모니아는 질화 세균에 의해 다음과 같이 아질산염으로 산화된다.

$$2NH_3 + 3O_2 \longrightarrow 2NO_2^- + 2H^+ + 2H_2O \qquad \Delta G°' = -272 \text{ KJ/mole } NH_3$$

암모니아의 산화는 hydroxylamine(NH_2OH)과 nitroxyl(NOH)을 거쳐 진행된다(그림 10.2). 이들 반응은 각각 ammonia monooxygenase(AMO)와 hydoxylamine oxidoreductase(HAO)에 의해 촉매된다. NH_2OH/NH_3의 산화환원 전위($E°'$)가 +0.899V로 극히 높기 때문에 NH_3의 산화에서 발생하는 전자가 낮은 $E°'$의 생체 전자 전달체로 전달될 수 없으며, 산소와의 반응도 동일한 열역학적인 이유로 일어나기 어렵다.

$$NH_3 + O_2 + 2H^+ + 2e^- \xrightarrow{\text{AMO}} NH_2OH + H_2O \qquad (\Delta G°' = +16\text{kJ/mol } NH_3)$$

$$NH_2OH + H_2O \xrightarrow{\text{HAO}} NO_2^- + 5H^+ + 4e^-$$

표 10.2 대표적인 질화 세균.

균주	특징
$NH_3 \longrightarrow NO_2^-$	
Nitrosomonas europaea	토양, 담수, 해수, 폐수처리장
Nitrosospira (Nitrosovibrio) tenuis	토양
Nitrosococcus nitrosus	토양
Nitrosococcus oceanus	해양
Nitrosospira briensis	토양
Nitrosolobus multiformis	토양
$NO_2^- \longrightarrow NO_3^-$	
Nitrococcus mobilis	해양
Nitrobacter winogradskyi	토양, 담수, 해수, 통성 chemolithotroph
Nitrospira gracilis	해양

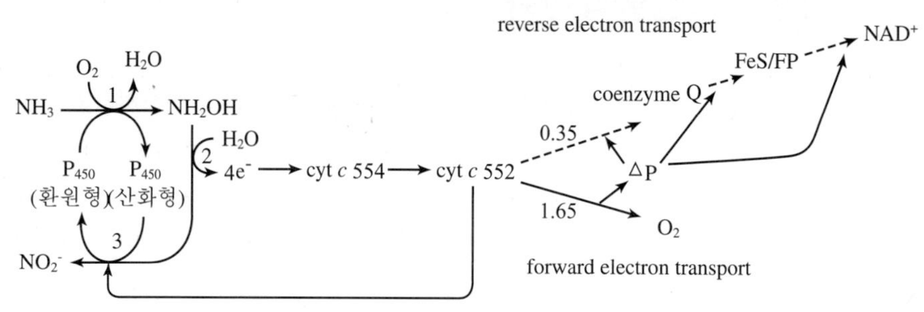

그림 10.2 질화 세균에 의해 암모니아가 아질산염으로 환원되는 경로.

NH_2OH/NH_3의 산화 · 환원 전위(+0.899V)가 $1/2O_2/H_2O$(+0.816V)보다 높기 때문에 암모니아가 monooxygenase(1)의 작용을 통해 산화될 때, cytochrome P-450로부터 cytochrome c_{552}를 통해 받은 두 전자(3)를 소비한다. 다음 반응인 hydroxylamine의 산화에서는 cytochrome c_{554}를 환원시킨다(2). Hydroxylamine-cytochrome *c* reductase(HAO)에 의한 hydroxylamine의 산화에서 4개의 전자가 생성되며, hydroxylamine은 nitroxyl을 거쳐 아질산염까지 산화된다. 이때 생성되는 4개의 전자 중 두 전자는 cytochrome c_{552}를 통해 다시 cytochrome P-450을 환원시키며 AMO에 의한 다음 암모니아 산화 과정에 참여한다(3). 나머지 전자 중 1.65 전자는 cytochrome oxidase로 이동하여 proton motive force를 형성하며, 나머지 0.35 전자는 reverse electron transport를 통해 $NAD(P)^+$로 전달되어 생합성에 필요한 환원력으로 이용된다.

따라서 암모니아는 *b*형의 cytochrome P-450으로부터 membrane-bound cytochrome c_{552}를 통해 전자를 공급받는 ammonia monooxygenase(AMO)가 두 전자를 소모하는 반응을 통해 hydroxylamine으로 산화된다(그림 10.2). 이어서 hydroxylamine은 hydroxylamine-cytochrome *c* reductase(HAO)의 작용으로 산화되어서 중간 형태의 nitroxyl(NOH)을 거쳐 아질산염까지 산화된다. 이 과정에서 환원되는 cytochrome c_{554}로부터 전자가 cytochrome c_{552}로 전달된다.

*Nitrosomonas. europaea*의 HAO는 homotrimer로 구성되어 있으며, 각 subunit는 8개의 *c*-type heme을 갖고 있어 전체 24 heme을 보유한다. 각 subunit에 있는 7 heme은 단백질에 각각 2개의 thioester 결합으로 붙어있는데 반해 나머지 8번째 heme(P-460으로 표현)은 추가로 단백질의 tyrosine기에 공유결합을 하나 더 갖고 있다. P-460 heme이 HAO의 활성부위로 작용한다. 이 활성 부위 P-460으로부터 *c*-heme들을 거쳐 cytochrome c_{554}로 전자가 전달되는 것으로 알려져 있다.

N. europaea HAO에 의한 NH_2OH 산화 때 생성되는 4개의 전자는 cytochrome c_{554}를 통해 cytochrome c_{552}로 전달된다. Cytochrome c_{552}는 세포막에 붙어 있다. 이들 전자 중 두 개는 AMO로 돌아가서 암모니아의 산화에 이용된다. 나머지 2개의 전자 중에서 1.65 전자는 cytochrome oxidase로 전달되어 proton motive force를 형성하며, 나머지 0.35 전자는 reverse electron transport를 통해 $NAD(P)^+$로 전달되어 NAD(P)H로 환원하는 데 이용된다. 암모니아의 산화로 발생하는 전체 3×2의 전자 중에서 2×2 전자는 monooxygenase에 의한 암모니아 산화에 소비되고 나머지 두 개의 전자가 proton motive force와 NAD(P)H를 형성하는 데 사용된다.

암모니아 산화균들이 편성 chemolithotroph로 알려져 있지만, 이들 중 일부는 아미노산과 pyruvate, acetate 등 유기산을 포함한 일부 유기화합물을 사용할 수 있다. 또한 *N. europaea*의 유전체에서 fructose permease가 발견되어 이 세균의 fructose 대사 가능성을 추정할 수 있다.

10.2.2 아질산염의 산화

암모니아가 산화되어 생산된 아질산염은 다른 세균들에 의해 질산염으로 산화된다.

$$2NO_2^- + O_2 \longrightarrow 2NO_3^- \qquad \Delta G^{\circ\prime} = -74.8\text{KJ/mole } NO_3^-$$

이 산화 반응을 매개하는 nitrite oxidoreductase(NOR)는 세포막과 연관되어 있는 Fe-S molybdoprotein으로서 전자를 아질산염으로부터 받아서 O_2까지 전달해주는 전자 전달계를 구성하고 있다. 이 반응에서 아질산염은 질산염으로 산화되고 cytochrome a_1이 환원된다. *Nitrobacter hamburgensis*의 NOR은 α, β 단위체로 이루어진 heterodimer로 구성되어 있고, *Nitrobacter winogradskyi*의 NOR은 세 개의 단위체 heme a_1, heme c 그리고 Fe와 Mo로 이루어져 있다. 이 효소는 전자를 아질산염에서 cytochrome a_1으로 전달하고 이어서 전자는 cytochrome c로 전달되어 cytochrome c oxidase에 의해 산화된다(그림 10.3). 아질산염/질산염의 산화 · 환원 전위가 +0.42V 이며, cytochrome a_1과 c의 산화 · 환원 전위가 각각 +0.35V, +0.27V로서 전자가 아질산염으로부터 a_1으로, 그리고 a_1으로부터 c로 전달되는 반응은 열역학적으로 어렵다. 이때문에 일반적으로 cytochrome c로부터 전자가 산소로 전달될 때 $2H^+$이 세포 밖으로 방출되지만, 아질산염이 산화될 때는 $1H^+$만이 방출된다. Cytochrome a_1으로부터 cytochrome c로 전자가 전달될 때 $2e^-$ 대신 hydride ion(H^-)이 전달되어서 결과적으로 $1H^+$만이 세포 밖으로 운반된다. 이때 세포 밖으로 운반되는 $1H^+$와 더불어 세포 안쪽에서 cytochrome c oxidase의 작용으로 $2H^+$을 동시에 소비하는 메커니즘으로 proton motive force가 형성되어 ATP 합성에 사용된다.

아질산염 산화 세균들은 편성 chemolithotroph이나 *N. winogradskyi*는 통성 chemolithotroph에

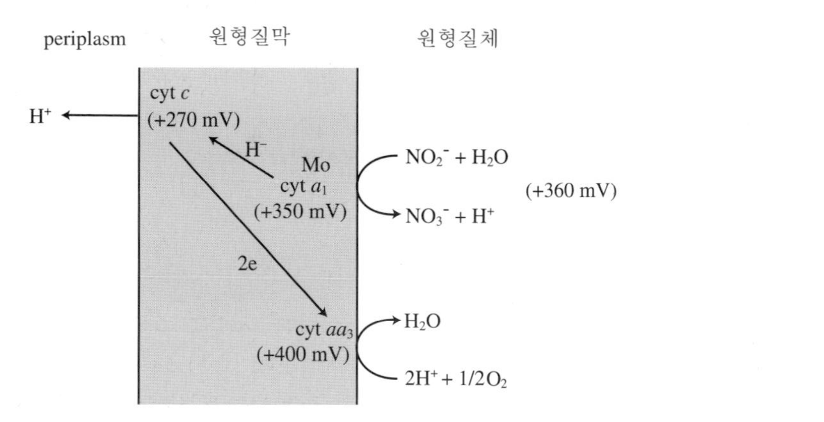

그림 10.3 *Nitrobacter winogradskyi*에 의한 아질산염 산화 경로의 전자 전달 과정.
아질산염의 산화로 발생하는 free energy의 변화를 통해 $1H^+$만이 세포 밖으로 방출된다.

해당한다.

10.2.3 암모니아의 무산소 조건에서의 산화: ANAMMOX

Anammox(anaerobic ammonia oxidation, 제9장, 9.1.4)란 무산소 조건에서의 아질산염을 전자 수용체로 사용하여 암모니아가 질소로 산화되는 과정으로 자연계의 질소 순환에 중요한 역할을 담당하는 것으로 믿어지고 있다. *Planctomycetes*문에 속하는 여러 종류의 세균이 이러한 대사 능력을 가지며, 이들은 해수와 담수에서 두루 발견된다. 아질산염(NO_2^-)이 nitrite reductase(NirS)의 작용으로 일산화질소(NO)로 환원되고, hydrazine synthase(HZS)가 일산화질소(NO)와 암모니움염(NH_4^+)을 기질로 해서 hydrazine (N_2H_4)을 합성한다(그림 10.4). 이렇게 합성된 hydrazine(N_2H_4)은 hydrazine dehydrogenase(HDH)에 의해 산화되어 N_2 gas를 생산하며, 이때 발생하는 전자는 전자 전달계의 quinone으로 전달되어 cytochrome bc_1 복합체를 거쳐 NirS와 HZS의 작용에 필요한 전자를 공급하는 것으로 추정하고 있다. 이러한 산화 · 환원 과정은 anammoxosome이라는 세포내 소기관(제2장, 2.3.5.1)에서 이루어진다. Cytochrome bc_1 복합체의 산화 · 환원 과정에서 proton이 anamoxosome 내부로 운반되어 proton mnotive force를 형성하고 ATP 합성에 이용된다. Hydrazine은 DNA 손상을 줄 수 있는 화학 물질이므로 이 반응은 anammoxosome이라 불리는 공간에서 진행될 필요가 있다. Anamoxosome 막은 접합된 cyclobutane ring을 함유하고 있는 ladderane lipid로 구성되어 있다(그림 10.5, 제2장, 2.3.5.1). 이들은 서로 stacking 되어 매우 촘촘한 구조를 이루기 때문에 hydrazine의 막 투과를 방지하여 DNA를 보호하고, anammox 반응을 anammoxosome안에서 효율적으로 진

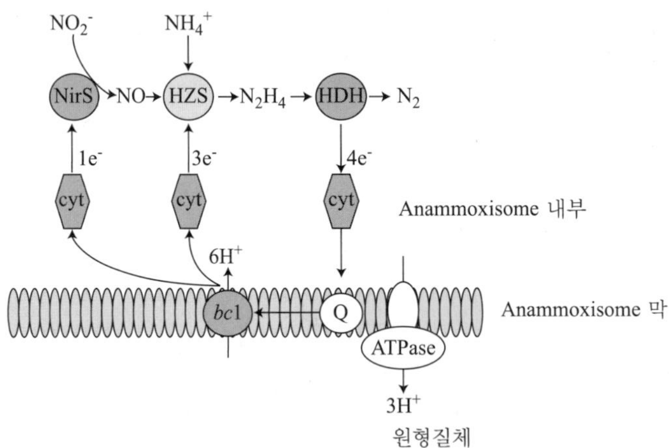

그림 10.4 Anammox 대사에 의한 암모니아의 혐기 조건에서의 산화.

혐기 조건에서 anammox 세균의 anammoxosome에서 진행되는 암모니아의 산화과정을 통해 proton motive force가 형성되고 이를 이용해서 ATP를 형성한다. 진한 회색 배경으로 표시한 효소는 heme을 함유한다.

*bc*1, cytochrome *bc*1 복합체; cyt, cytochrome; HDH, hydrazine dehydrogenase; HZS, hydrazine synthase; NirS, nitrite reductase; Q, coenzyme Q.

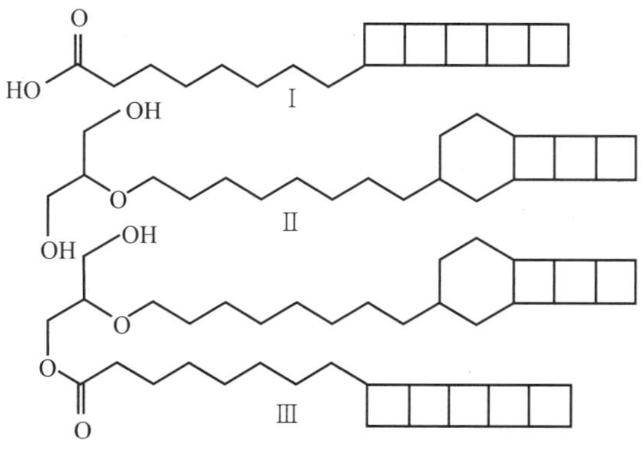

그림 10.5 Anammox 세균에서 발견되는 Ladderane 지질의 구조(Cric. Rev. Biochem. Mol. Biol. 2009, 44:65-84).
세 가지 구조의 ladderane 지질이 알려져 있다. 단순한 cyclobutane ring을 함유한 구조 (I), 하나의 cyclohexane ring 구조를 함유하며 glycerol과 ether 결합으로 연결된 구조 (II), 그리고 II의 구조에 I의 구조가 glycerol에 ester 결합으로 연결된 구조 (III)이다. 이들은 서로가 인접되게 위치하며 cyclobutane ring 구조의 stacking을 통해 이온과 대사산물의 투과를 방지한다.

행될 수 있게 한다.

10.3 유황 세균과 유황 화합물의 산화

유황 화합물 중에서 sulfide(HS^-), elemental sulfur(S^o), thiosulfate($HS_2O_3^-$), 그리고 sulfite(HSO_3^-) 등이 chemolithotroph에 의해 에너지원으로 이용되며, 이런 능력을 갖고 있는 세균을 유황 세균(sulfur bacteria)이라 한다.

10.3.1 유황 세균

유황 화합물을 에너지원으로 이용하는 chemolithotroph들을 빛 에너지를 이용하면서 유황 화합물을 전자 공여체로 이용하는 photolithotroph(제11장)와 구분하기 위해 무색 유황 세균(colourless sulfur bacteria)이라 한다. 다양한 세균들이 무색 유황 세균에 포함되어 있으며, 이들은 sulfide의 산화로 생산되는 원자 상태의 유황이 어디에 축적되는가에 따라 또는 polythionate를 이용하는 능력의 유무에 따라 분류된다(표 10.3).

호기 조건에서 산소에 의해 쉽게 산화되는 sulfide를 에너지원으로 이용하는 호기성 유황 세균들은 황화수소(H_2S) 생산 세균이 생장하는 혐기 부분과 공기층으로부터 산소가 확산되는 호기 부분의 중간층에서 생장한다. 또한 저품위 광에 높은 농도로 함유되어 있는 pyrite(FeS_2)를 산화하는 *Thiobacillus*속 세균은 낮은 pH의 폐광이나 광산 폐수 등에서 쉽게 분리된다. 이들은 그람음성 세

표 10.3 황화수소를 산화하는 유황 세균.

1. 세포 안에 유황을 축적하는 세균.

포복 운동성(gliding), 사상 간균(filamentous); *Beggiatoa, Thiothrix, Thioploca*
포복 운동성, 대형 단세포(very large unicellular); *Achromatium*
운동성이 없거나 flagella로 운동, 단일 나선형 혹은 간균;

운동성 없음, 간균	*Thiobacterium*
편모 운동성 간균	*Macromonas*
편모 운동성 구균	*Thiovulum*
편모 운동성 구부러진 간균	*Thiospira*

2. 세포 밖에 유황을 축적하는 세균

	Thiobacillus	*Thiomicrospira*	*Thioalkalimicrobium*	*Thioalkalivibrio*
형태	간균	구부러진 간균	간균/나선균	간균/나선균
편모	+	+	+	+
DNA의 G+C(%)	34~70	48	61.0~65.6	48.0~51.2
생장 pH	1~8.5	5.0~8.5	7.5~10.6	7.5~10.6
자력 영양성	통성	편성	편성	편성

3. 고온성

	Thermothrix	*Sulfolobus*	*Acidianus*
분류	그람음성	archaeon	archaeon
형태	간균	구균	구균
DNA의 G+C(%)	?	36~38%	약 31%
생장 온도(℃)	40~80	50~85	45~95
자력 영양성	통성	통성	통성

균의 작은 막대 모양이며, sufides, thiosulfate, polythionate, thiocyanate 등 환원된 유황화합물의 산화과정을 통해 에너지를 얻고 Calvin 회로로 이산화탄소를 고정한다. 이들은 16S ribosomal RNA 염기서열, DNA의 G + C 함량, 그리고 DNA 유사성 등 분류학적으로 다양하며, 여러 종류의 세균과 archaea에 분포되어 있다. 많은 유황 세균들이 *Paracoccus*, *Acidiphilium*, *Thiomonas*, *Thermithiobacillus, Acidithiobacillus* 그리고 *Halothiobacillus*로 분류되고 있으나 일부 세균의 분류는 다시 고려될 필요가 있다. 편의상 여기서는 *Thiobacillus*속 세균을 그 대표적인 세균으로 표현하기로 한다. 오래전부터 유황 세균으로 알려진 *Thiobacillus, Beggiatoa, Thiomicrospira* 등에 속하는 세균 외에 많은 다른 일반 세균들이 유황 화합물을 전자 공여체로 이용한다. 이들은 *Aquaspirillum, Aquifex, Bacillus, Paracoccus, Pseudomonas, Starkeya*, *Xanthobacter*에 속하는 세균들과 *Sulfolobus*, *Acidianus*에 속하는 archaea를 포함한다. 그람음성 세균인 *Thermothrix*와 archaea인 *Sulfolobus*와 *Acidianus* 등은 온천수에서 분리된 고온성 미생물이다. *Acidianus brierleyi*는 호기적 조건에서는 원자 상태의 유황(S^o)을 전자 공여체로 이용하나, 산소가 없을 경우에는 이를 전자 수용체로 이용하여 수소를 산화하는 혐기적 호흡으로도 생장할 수 있다.

Thiobacillus 속과 *Thiomicrospira* 속 세균은 토양이나 담수 및 해수 등 다양한 생태계에서 분리될 수 있으며, *Sulfolobus*는 pH가 낮은 고온의 온천수에서 분리되는 archaeon이다. *Thiobacillus ferrooxidans*와 *Sulfolobus acidocaldarius*는 Fe^{2+}를 Fe^{3+}로 산화하여 발생하는 에너지를 이용하여 생장할 수도 있다(10.4).

FeS_2 등 금속의 sulfide 염을 산화하는 *T. ferrooxidans, Thiobacillus thiooxidans* 등은 pH 2 부근에서 가장 잘 생장하며, sulfide를 산화하여 금속을 용출할 수 있기 때문에 저품위 광으로부터 구리, 우라늄, 주석, 안티모니, 갈륨 등을 회수하는 공정에 이용된다. 이러한 공정을 bacterial leaching(세균을 이용한 걸러내기)라고 부른다. 유황 세균의 이러한 성질을 이용하여 석탄 중에 있는 유황 성분의 대부분인 pyrite(FeS_2)를 미생물학적으로 제거하는 탈황 기술도 개발되었다. *Thiobacillus denitrificans*는 질산염을 최종 전자 수용체로 이용하여 혐기적 호흡을 통해 생장한다.

Filament 모양의 *Thioploca*와 *Beggiatoa*속 세균은 내부 주머니(vacuole)에 nitrate를 축적한다. 이들은 sulfide나 sulfur를 전자 공여체로 사용하여 전자 수용체인 nitrate를 암모니아로 환원한다(제9장, 9.1.4). Nitrate를 축적하는 많은 유황 세균은 용존산소 분압이 낮고 수용성 sulfide의 농도가 높은 퇴적층에서 흔히 발견된다. 정상 세균 크기의 약 100배에 달하는 0.75mm로 거대한 *Thiomargarita namibiensis*가 아프리카 남부의 Namibia 해변 퇴적층에서 발견되었으나 아직 순수하게 분리된 적이 없다. 이 세균은 nitrate를 축적하는 vacuole을 가지고 있는 유황 세균으로 확인되었다.

산성과 중성 환경에서 발견되는 유황 세균 외에 *Thioalkalimicrobium*와 *Thioalkalivibrio*속에 속하는 알칼리성 유황 세균이 나트륨 함량이 높은 알칼리성 호수에서 흔히 발견된다. 이들은 sulfide를 산화하여 분자 상태의 유황을 체외에 축적하다가 sulfide의 농도가 낮아지면 이를 이용한다. *Thioalkalimicrobium*속에 속하는 세균은 편성 호기성 세균이나, *Thioalkalivibrio*속에 속하는 세균은 통성 혐기 세균으로서 nitrate를 전자 수용체로 사용할 수 있다(제9장, 9.1.4).

10.3.2 유황 화합물의 산화

유황의 산화 · 환원 반응이 복잡하고 균주에 따라 서로 다른 경로로 대사하는 등의 어려움 때문에 세균에 의한 유황 화합물의 산화 경로는 확실하게 밝혀지지 않은 부분이 있다. 또한 균주에 따라 작용하는 효소의 성질이나 관여하는 전자 전달체가 서로 다른 예가 많다. 비교적 상세히 알려진 *T. ferrooxidans*의 유황 화합물 산화 경로는 그림 10.6과 같이 추정하고 있다. 이 세균은 S^{2-}, S^o, $S_2O_3^{2-}$, SO_3^{2-} 등을 모두 같은 경로로 산화하여 황산염을 생산하며, 전자는 전자 전달계를 통해 산소로 전달하여 proton motive force를 거쳐 ATP를 합성한다.

통성 chemolithotroph이며, 그림음성 세균인 *Paracoccus tentotrophus*에서 무기유황 화합물의 산화효소들이 가장 잘 알려져 있다. 이 세균에서 15개의 유황 산화(sulfur oxidation, Sox) 유전자들은 sox gene cluster로 구성되어 있다. SoxB, SoxCD, SoxXA, SoxYZ로 이루어진 Sox system은 HS^-, S^o, $HS_2O_3^-$, HSO_3^-를 산화하면서 cytochrome *c*를 환원시킨다. 원인은 알려지지 않았으나 이들 단백질 각각은 *in vitro*에서 활성이 없다. 이외에 다른 단백질로는 HS^- 산화효소, *c*-type cytochrome,

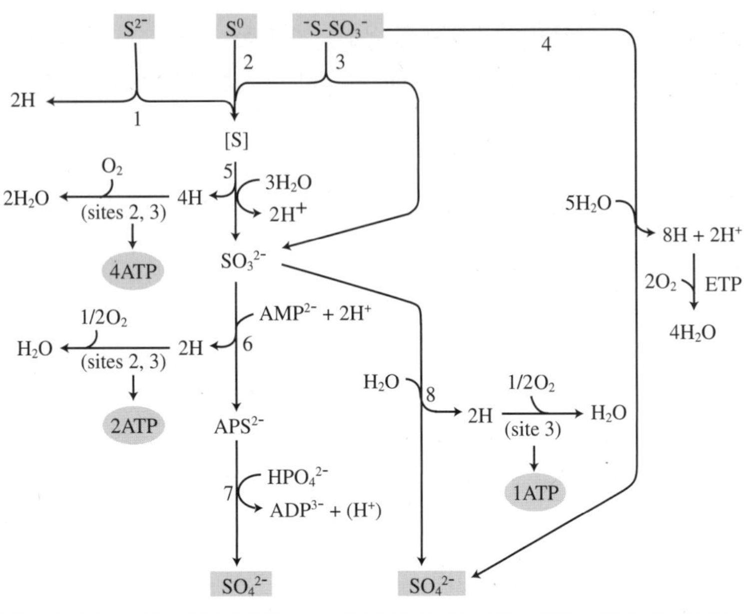

그림 10.6 *Thiobacillus*속 세균에 의한 유황 화합물의 산화 경로.

Sulfide와 유황은 polysulfide 형태로 전환되어서 산화된다. Thiosulfate는 rhodanese(3)의 작용을 통해 polysulfide와 아황산염(sulfite, HSO_3^-)으로 대사되거나, thiosulfate oxidizing multienzyme complex(4)의 작용을 받아서 직접 황산염으로 산화된다. 유황 화합물의 산화가 전자 전달계의 cytochrome *b* 또는 *c* 수준에서 연결되는지는 확실하지 않다. 그림에서 5와 6의 반응은 cytochrome *b* 수준으로, 8의 반응은 cytochrome *c* 수준으로 전자 전달이 이루어진다.
1. sulfide oxidizing enzyme; **2.** polysulfide 형태로 전환; **3.** rhodanese; **4.** thiosulfate oxidizing multienzyme complex; **5.** sulfur oxidizing enzyme; **6.** APS reductase; **7.** ADP sulfurylase; **8.** sulfite cytochrome *c* reductase.
[S]; polysulfide, ETP; 산화적 인산화, APS; adenosine-5'-phosphosulfate

조절단백질 등이 있다. 이들은 그림 10.6의 반응을 매개한다.

S^{2-}와 S^o는 각각 polysulfide 형태[S]로 전환된 다음 sulfate로 산화된다. Sulfide가 polysulfide로 산화될 때 환원된 glutathione(GSH)에 sulfide가 결합된다.

$$nS + GSH \longrightarrow GSnSH + 2ne^-$$

[S]는 sulfur oxidase의 작용을 받아서 아황산염으로 산화된다. 이어서 아황산염은 ATP 수율이 낮은 sulfite cytochrome reductase(SCR)에 의해 직접 황산염으로 산화되는 경로 또는 adenosine-5′-phosphosulfate(APS) reductase와 ADP sulfurylase의 작용을 받아서 APS를 거치는 경로를 통해 황산염으로 산화된다. SCR에 의한 산화가 APS reductase의 작용을 통한 산화 보다 자연계에 더 많이 분포되어 있다. 그 이유는 APS를 거치는 경로에서 더 많은 에너지가 보전되지만 생태계에서 SCR에 의한 산화가 열역학적으로 유리하기 때문으로 판단된다. 한편, 유황 세균의 SCR의 세포내 분포가 다양하다. *Thiobacillus thioparus*의 SCR은 Mo를 함유한 원형질체 효소인데 반해, Mo와 *c*-type heme을 함유하는 *Paracoccus(Thiobacillus) pantotrophicus*의 SCR은 periplasm에서 발견된다. *T. thiooxidans*의 원형질막에 있는 SCR은 Mo를 함유하는지 확실하지 않다. 원형질체와 periplasm에 위치하는 SCR은 아황산염을 산화하면서 *c*-type cytochrome을 환원시키며, 원형질막에 존재하는 SCR은 Fe(III)를 환원시킨다. 유황 화합물의 산화 과정에서 이루어지는 전자 전달 과정은 아직 잘 알려지지 않고 있다. 유황 화합물의 산화 반응의 산화 · 환원 전위는 다음과 같다.

$$S^o/H_2S = -0.25V$$
$$SO_3^{2-}/S = +0.5V$$
$$SO_4^{2-}/SO_3^{2-} = -0.454V$$

산화 · 환원 전위 값으로 판단하면 sulfide와 아황산염의 산화는 cytochrome *b* 수준의 전자 전달체를 환원시킬 수 있으며, 유황(S)의 산화는 cytochrome *c*를 환원시킬 수 있다. 실제로 sulfide가 유황으로 산화되지 않고 [S]로 산화되므로 상기한 산화환원 전위만으로 에너지 수율을 생각할 수는 없다. 유황 화합물의 산화로 발생하는 전자들이 proton motive force를 형성할 때 cytochrome *b* 수준으로 연결된다는 주장과 모두 *c* 수준으로 연결된다는 주장이 있다. 이 같이 서로 다른 주장은 사용한 균주의 차이에서 기인하는 것으로 판단된다.

질산염을 최종 전자 수용체로 이용하면서 혐기적 호흡을 통해 ATP를 합성하는 *T. denitrificans*의 균체 수율이 호기성인 *T. thiooxidans*보다 높은 것으로 보아 *T. denitrificans*의 전자 전달이 cytochrome *b* 수준에서 *T. thiooxidans*에서는 cytochrome *c* 수준에서 이루어지거나 어떤 산화 반응이 에너지를 보전하지 않고 직접 산소와 작용하는 oxidase에 의해 이루어지는 것으로 판단된다.

*Thiospaera pantotropha*에서 *Paracoccus pantotropha*로 다시 분류된 유황 세균은 carbon disulfide(CS_2) 또는 carbonylsulfide(COS)를 산화하며 chemolithotrophic하게 자랄 수 있으며, 유황 산화에 관련되는 유전자가 clone되어 특성이 밝혀지고 있다.

T. ferrooxidans 와 *Sulfolobus acidocaldarius*는 혐기 조건에서 Fe^{3+}를 전자 수용체로 이용하여 S^o를 황산염으로 산화하여 생장한다.

$$S^o + 6Fe^{3+} + 4H_2O \longrightarrow HSO_4^- + 6Fe^{2+} + 7H^+$$

$$\Delta G^o \text{ at pH 2.0} = -314\text{KJ/반응}$$

10.3.3 유황 세균의 균체 합성

무색 유황 세균 중에서 *Thiomicrospira*속의 모든 세균은 편성 lithotroph로서 유기물을 이용할 수 없다. *Thiobacillus*속 세균과 *Sulfolobus*속 archaea의 일부는 편성 lithotroph이지만, 나머지는 유기물을 에너지원 및 탄소원으로 이용하거나, 탄소원으로만 이용하면서 유황 화합물을 산화하여 에너지를 얻는 mixotroph도 있다.

이들은 유황 화합물의 산화로 형성되는 proton motive force 형태의 에너지를 소비하는 reverse electron transport 메커니즘을 통해 환원되는 NAD(P)H와 ATP를 이용하여 이산화탄소를 Calvin 회로를 통해 고정하여 균체 합성에 이용한다. Archaea인 *S. acidocaldarius*는 reductive TCA 회로(10.8.4)를 그리고 *Acidianus brierleyi*는 3-hydroxypropionate 회로(10.8.6)를 통해 이산화탄소를 고정한다.

10.4 철 세균

유기물의 함량이 높고 산소 공급이 제한되는 철 함량이 높은 늪지, 초원 등 수계 환경에서 금속염 환원 세균(제9장, 9.2)에 의해 환원되는 Fe^{2+}와 Mn^{2+}가 표면으로 용출되며, 우물 등 지하에서 표면으로 공급되는 물에도 높은 농도의 Fe^{2+}가 함유되어 있다. 이러한 환경에는 Fe^{2+}를 Fe^{3+}로 또는 Mn^{2+}를 Mn^{4+}로 산화하여 세포 안 또는 밖에 철이나 망간 화합물을 축적하는 많은 종류의 미생물이 서식한다.

자연계의 철 또는 망간의 물질 순환에 중요한 역할을 갖는 이들 미생물은 대부분 유기물을 이용하는 heterotroph들로서 금속의 산화로 발생하는 에너지를 생장에 이용하지 않는 것으로 알려지고 있다. 금속 산화가 이들 미생물에서 어떤 기능을 갖는지도 확실하지 않다. 하지만, 이들 외에 금속염을 산화할 때 발생하는 자유 에너지를 이용하여 생장하는 미생물도 있다.

Gallionella ferruginea, *T. ferrooxidans* 등을 비롯하여 *Leptospirillum*속과 *Ferroplasma*속에 속하는 세균들 그리고 archaea인 *S. acidocaldarius, Acidianus brierleyi* 등은 Fe^{2+}를 산화하여 발생하는 에너지를 CO_2의 고정에 이용하는 lithotroph 들이다. *T. ferrooxidans*, *S. acidocaldarius*, *A. brierleyi*는 유황화합물을 전자 공여체로 이용 편성 chemolithotroph이며 다른 세균들은 통성 lithotroph 들이다. Fe^{2+}는 pH가 4.0 이상인 조건에서 산소에 의해 쉽게 산화된다. 따라서 철 세균은 Fe^{2+}가 화학적으로 산화되는 속도가 낮은 pH가 약 산성인 6.0 부근이고 산화 · 환원 전위가 200~320mV 정도인 낮은 용존 산소 환경에서 잘 자라는 microaerophile이다. Agar gel에 Fe^{2+}와 산소의 gradient를 서로 반대 방향으로 형성해 놓았을 때, agar gel의 중간 부분에서 microaerophilic 철 세균을 분리할 수 있다. *Leptospirillum* 속에 속하는 세균들, *T. ferrooxidans*, *S. acidocaldarius*는 Fe(II)의 화학적 산화가 느린 pH 2.0 근처에서 최적으로 자란다.

물에 녹지 않는 황철석(pyrite)은 산성에서 잘 자라는 철 세균인 *T. ferrooxidans* 등에 의해 전자 공여체로 이용된다. 이들은 전자 공여체를 세포 표면에서 산화하면서 outer membrane에 있는 *c*-type cytochrome을 환원시킨다. 이어서 이 전자는 세포막의 cytochrome을 거쳐 세포막의 안쪽 면에 위치한 최종 산화효소로 이동한다(그림 10.7). 이 전자 전달에는 Cu를 함유한 blue protein인 rusticyanin이 관여한다. 이 단백질은 유황화합물을 산화하는 데에는 작용하지 않는다. Fe^{3+}/Fe^{2+}의 산화 · 환원 전위는 +0.78V로서 O_2/H_2O의 + 0.816V와 거의 같은 수준이기 때문에 Fe^{2+}의 산화로 얻어지는 free energy의 양은 아주 적다.

산성에서 잘 자라는 철 세균은 그들의 내부 pH를 중성으로 유지하므로 원형질막을 사이에 두고 H^+

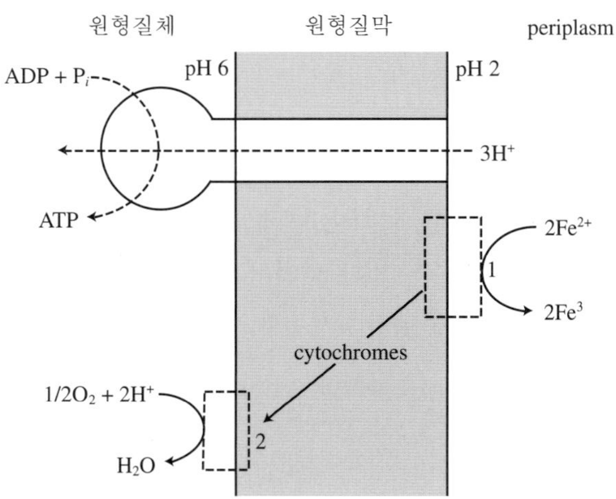

그림 10.7 *Thiobacillus ferrooxidans*가 Fe^{2+}를 산화하여 ATP를 합성하는 메커니즘.
1. rusticyanin; **2.** cytochrome oxidase.

의 농도 차이가 약 10^3~10^6 배 정도가 된다(제5장, 5.7.3). 이와 같은 큰 H^+의 농도 차이 조건에서 일정 수준의 proton motive force를 유지하기 위해 막전위 차이를 일반 세균과 반대인 inside positive로 유지하거나 낮게 유지한다. 전자가 periplasm 지역에서 원형질막의 원형질체 쪽에 위치하는 cytochrome oxidase로 전달되면서 막전위를 형성하며, cytochrome oxidase가 원형질체에서 proton을 소비하여 proton gradient를 추가할 수 있다.

Archaea인 *Ferroglobus placidus*는 무산소 조건에서 nitrate를 전자 수용체로 사용하며 Fe(II)를 산화한다. 이 과정은 전자 공여체 Fe(III)/Fe(II)의 산화 · 환원 전위 ($E°'$ = +0.78V)가 전자 수용체 NO_3^-/NO_2($E°'$ = +0.42V)보다 높다는 것이 매우 특이하다. 이외에 *Dechlorosoma suillum* 등 perchlorate를 전자 수용체로 이용하는 세균도 Fe(II)를 전자 공여체로 이용할 수 있다(제9장, 9.7).

Fe(II) 이외에 As(III), U(IV) 등을 전자 공여체로 이용하는 다양한 세균이 알려지고 있다. 이들에 대해서는 10.7에서 살펴보기로 한다.

고온성 archaeon인 *S. acidocaldarius*도 *T. ferrooxidans*와 같이 sulfide와 Fe^{2+}를 산화하여 산성 조건에서 자라지만 *T. ferrooxidans*는 편성 chemolithotroph이며, *S. acidocaldarius*는 통성 chemolithotroph로서 유기물을 에너지원 및 탄소원으로 이용할 수 있다. *Gallionella ferruginea*와 *T. ferrooxidans*는 Calvin 회로(10.8.1)를 통해 CO_2를 생합성에 필요한 탄소 골격으로 공급하며, archaea인 *S. acidocaldarius*와 *Acidianus brierleyi*는 각각 reductive TCA 회로(10.8.4)와 3-hydroxypropionate 회로(10.8.6)를 CO_2 고정에 이용한다.

10.5 수소 세균

10.5.1 수소 산화 세균

질화 세균이나 유황 세균과 달리 수소를 에너지원으로 이용하는 미생물은 소수의 예외(*Hydrogenobacter thermophilus, Hydrogenovibrio marinus*)를 제외하면 모두 통성 chemolithotroph로서 유기물을 에너지원 및 탄소원으로 이용하여 생장할 수 있다. 따라서 수소 이용균은 수소를 이용하는 성질보다는 organotrophic하게 생장할 때의 성질에 따라 분류된다. 수소를 이용할 수 있는 세균은 그람음성 세

표 10.4 수소 세균과 이들의 Hydrogenase.

균주	Hydroge nase	
	원형질체(NAD⁺ 요구성)	원형질막(cytochrome 요구성)
Facultative chemolithotroph		
그람음성 세균		
Alcaligenes denitrificans	+	−
Ralstonia eutropha(Alcaligenes eutrophus)	+	+
Alcaligenes latus	−	+
Alcaligenes ruhlandii	+	−
Aquaspirillum autotrophicum	−	+
Azospirillum lipoferum	−	+
Derxia gummosa	−	+
Flavobacterium autothermophilum	?	+
Microcyclus aquaticus	−	+
Paracoccus denitrificans	−	+
Pseudomonas facilis	−	+
Pseudomonas hydrogenovara	−	+
Ralstonia eutropha	+	+
Renobacter vacuolatum	−	+
Rhizobium japonicum	−	+
Xanthobacter flavus	−	+
그람양성 세균		
Arthrobacter sp.	−	+
Bacillus schlegelii	−	+
Mycobacterium gordonae	?	+
Nocardia autotrophica	+	−
Rhodococcus opacus	+	−
Obligate Lithotroph		
Hydrogenobacter thermophilus	−	+
Hydrogenovibrio marinus	−	+[a]

[a]이 세균의 hydrogenase는 NAD^+를 요구하며 역반응을 촉매할 수 있다.

균과 양성 세균 모두에서 많이 알려지고 있다(표 10.4). 이들 세균은 산소가 있는 조건과 없는 조건에서 수소를 산화하여 에너지를 얻는 세균으로 나눌 수 있다. 수소의 산화는 Ni-Fe hydrogenase에 의해 촉매된다. 산소가 있는 조건에서 산소를 최종 전자 수용체로 사용하여 수소를 산화하는 세균의 hydrogenase는 산소에 대한 내성을 갖고 있다. 산소의 농도가 높은 환경에서는 비활성화된 상태로 존재하다가 산소의 분압이 낮아지면 활성화되어서 작용하는 것으로 알려져 있다. *Ralstonia eutropha*가 산소가 있는 환경에서 수소를 전자 공여체로 이용하는 세균으로 가장 많이 연구되었다. 반면, 제9장에서 공부한 바와 같이 혐기성 미생물의 hydrogenase는 산소에 대단히 민감하다(10.5.3).

10.5.2 Hydrogenase

수소 세균(표 10.4)은 수소를 산화하면서 발생하는 free energy를 이용하여 ATP와 NAD(P)H를 합성하여 이산화탄소를 고정한다. 수소의 산화는 hydrogenase의 작용으로 이루어진다. 호기적으로 생장하는 수소 세균에서 대부분의 hydrogenase는 원형질막에 존재하며, 수소를 산화하면서 전자를 NAD^+보다 산화 · 환원 전위가 높은 전자 전달체로 직접 전달한다. 이러한 효소를 particulate hydrogenase라 부른다. 그러나 *Ralstonia eutropha*(*Alcaligenes eutrophus*)와 *Nocardia autotrophica* 등은 세포막에 있는 hydrogenase와 더불어 NAD^+를 전자 수용체로 이용하는 원형질체에 존재하는 soluble hydrogenase도 보유하고 있다(표 10.4, 그림 10.8). 한편, *Alcaligenes denitrificans*, *A. ruhlandii*, *Rhodococcus opacus* 등은 soluble hydrogenase 만을 보유하고 있다.

Soluble hydrogenase는 수소를 이용하여 NAD^+를 환원시키는 반면, particulate hydrogenase는 전자를 전자 전달계의 coenzyme Q에 전달한다. *R. eutropha*의 soluble hydrogenase 유전자는 플라스미드에 존재한다. Soluble hydrogenase는 기질 친화도가 낮기 때문에 이 효소는 기질의 농도가 낮을 경우에는 수소를 이용하지 못한다.

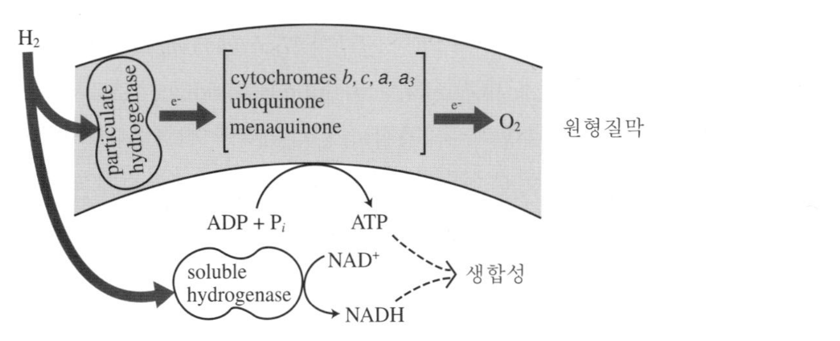

그림 10.8 *Ralstonia eutropha*(*Alcaligenes eutrophus*)가 수소를 에너지원으로 이용하는 경로.

원형질체에 있는 soluble hydrogenase는 수소를 산화하면서 NAD^+를 환원시키며, 원형질막에 있는 particulate hydrogenase는 수소를 산화시키면서 quinone을 환원시킨다. 환원되는 quinone은 전자 전달계를 통해 산소를 환원시키면서 proton motive force를 형성하여 ATP를 합성하는 데 이용된다.

Particulate hydrogenase의 *K*m 값은 30~40μM로서 이 효소를 보유하는 세균은 수소의 농도가 낮은 조건에서도 수소를 잘 이용할 수 있으나 수소의 산화로 발생하는 전자를 quinone으로 전달하기 때문에 proton motive force를 소비하는 reverse electron transport 과정을 통해 생합성에 필요한 NAD(P)H를 얻을 수 있다. 수소의 농도가 높을 때 직접 NAD^+를 환원시키는 soluble hydrogenase는 낮은 농도의 수소를 이용하지 못한다

대부분의 수소 산화 세균의 hydrogenase는 그 반응의 평형이 수소 이용으로 치우쳐 있으므로 수소를 생성하지 못한다. 따라서, 이러한 hydrogenase를 uptake hydrogenase라고 한다. 반면, 그 반응의 평형이 수소 생성으로 치우쳐 있는 hydriogenase를 evolution (또는 production) hydrogenase라고 하며 혐기성 세균에 많이 알려져 있다. Evolution hydrogenase의 기능은 무산소 조건에서 생성되는 잉여의 전자(NADH와 환원된 ferredoxin)를 수소 생산을 통해 처리하기 위함이다(제8장, 8.5). 고온성 수소 세균인 *Hydrogenovibrio marinus*의 particulate hydrogenase는 수소를 산화할 수도 있으며, H^+을 환원하여 수소를 생산할 수도 있다.

$$2H^+ + 2e^-(\text{환원된 ferredoxin}) \xrightleftharpoons{\text{Evolution hydrogenase}} H_2$$

$$H_2 + \text{전자 전달체(산화형)} \xrightarrow{\text{Uptake hydrogenase}} \text{전자 전달체(환원형)}$$

10.5.3 혐기적 수소 산화 세균

혐기적 호흡으로 생장하는 일부 미생물은 적절한 전자 수용체가 있을 때, $H_2 + CO_2$를 이용하여 생장할 수 있다. 이들은 sulfidogen(제9장, 9.3), methanogen(제9장, 9.4) 그리고, homoacetogen(제9장, 9.5) 등 혐기성 chemolithotroph들이다. 편성 혐기성 세균인 *Desulfurobacterium crinifex*, *Thermovibrio ammonificans*, *T. ruber* 등은 H_2를 전자 공여체로 사용하여 유황(elemental sulfur, S^o)을 sulfide(HS^-)로 또는 질산염을 암모니아로 환원시킨다. 다른 혐기성 세균인 *Balnearium lithotrophicum*은 수소를 산화하면서 질산염을 암모니아로 환원시키지만 유황을 전자 수용체로 사용하지 못한다. 반면, *Caminibacter* 속의 한 균주와 *Hydrogenomonas thermophila*는 산소의 농도가 낮은 환경에서 생장하는 수소 세균(microaerophilic H_2-oxidizers)으로서 산소, 질산염 또는 유황(elemental sulfur, S^o)을 전자 수용체로 사용할 수 있다(제9장, 9.1.4, 9.3). 이외에 하수로부터 분리된 *Dechloromonas* 속의 한 균주는 수소를 이용하여 chemolithotrophic하게 자라면서 perchlorate를 전자 수용체로 이용한다. 혐기 archaea인 *Ferroglobus placidus*는 수소를 이용하여 chemolithotrophic하게 자라며 질산염을 환원시킨다.

10.5.4 수소 산화 세균의 CO_2 고정

편성 chemolithotroph인 *Hydrogenobacter thermophilus*는 reductive TCA cycle(10.8.4)을 이

용하여 CO_2를 고정하나 대부분의 수소 산화 세균들은 Calvin cycle을 이용하여 CO_2를 고정한다 (10.8.1).

10.6 일산화탄소 산화균(Carboxydobacteria)

인간을 비롯한 고등 생물에 대단히 유독한 일산화탄소는 식물의 광합성 등 생물학적 및 화학적 반응으로, 그리고 인간의 산업 활동으로 지구 상에서 연간 약 1×10^9ton 생산되며, 거의 같은 양이 분해되어 대기 중 농도는 0.1ppm 정도로 일정하게 유지된다. 산업 활동이 많은 대도시 주변의 대기 중 일산화탄소의 농도는 50~100ppm까지 높은 예도 있다. 대기 중에서 일산화탄소는 태양광에 의한 광화학적 분해 등 여러 메커니즘을 통해 분해되지만, 토양 중의 미생물에 의한 분해도 대기 중 일산화탄소의 농도를 낮게 유지하는 데 큰 공헌을 한다.

일산화탄소를 에너지원으로 chemolithotrophic하게 생장할 수 있는 세균을 일산화탄소 산화균(carboxydobacteria)이라 한다(표 10.5). 이들은 수소 산화 세균처럼 통성 chemolithotroph에 해당한다.

지금까지 알려진 carboxydobacteria는 모두 그람음성 세균이며, *Alcaligenes carboxidus*를 제외하고는 모두 수소를 에너지원으로 이용할 수 있으나, 모든 수소 세균이 일산화탄소를 이용하는 것은 아니다. *Mycobacterium tuberculosis*를 위시하여 많은 *Mycobacterium* 속 세균이 일산화탄소를 유일한 탄소원 및 에너지원으로 하여 chemolithotrphic하게 생장할 수 있다는 사실이 국내 연구진에 의해 밝혀졌다. 수소를 에너지원으로 이용할 수 있는 일산화탄소 산화균은 lithotrophic 조건에서 수소와 일산화탄소를 이용하기 위한 효소가 동시에 유도된다. 이들은 일산화탄소를 에너지원으로 이용하기 위해 일산화탄소 탈수소효소(carbon monoxide dehydrogenase)를 생산한다. 이 호기성 효소는 methanogen과 homoacetogen이 생산하는 혐기성 일산화탄소 탈수소효소(CO dehydrogenase)와는 그 성질이 다르다(제9장, 9.4.3, 9.5.2).

$$CO + H_2O \xrightarrow{\text{CO dehydrogenase}} CO_2 + 2H^+ + 2e^-$$

표 10.5 대표적인 일산화탄소 산화 세균.

Acinetobacter sp. Strain IC-1
Alcaligenes(Carbophilus) carboxidus
Comamonas(Zavarginia) compransoris
Pseudomonas(Oligotropha) carboxidovorans
Pseudomonas carboxidoflava(Hydrogenovibrio pseudoflava)
Pseudomonas carboxidohydrogena
Pseudomonas gazotropha

Methanogen이나 homoacetogen은 위의 반응에서 발생하는 전자를 산화 · 환원 전위가 낮은 조효소 F_{420}이나 ferredoxin을 환원시키며, CO 산화하고, CO_2를 환원할 수 있을 뿐 아니라 acetyl-CoA의 합성도 촉매한다(제9장, 9.5.2, 10.8.5). 이 효소는 원형질체에 존재한다. 반면, carboxydobacteria의 호기성 효소는 원형질막 효소로 CO를 산화하면서 coenzyme Q를 환원하며 역 반응을 촉매할 수 없다.

Carboxydobacteria의 세포막에 있는 CO dehydrogenase는 산화 · 환원 전위가 0V 부근인 ubiquinone 수준의 전자 전달체에 전자를 전달한다. 이 전자는 직접 전자 전달계를 통해서 산소까지 전달되면서 proton motive force의 형성에 이용된다. CO_2/CO의 산화 · 환원 전위가 −0.54V로 대단히 낮지만 CO dehydrogenase가 $NAD(P)^+$를 환원시키지 못하므로, 생합성에 필요한 NAD(P)H는 일산화탄소의 산화로 형성되는 proton motive force를 이용하여 reverse electron transport 메커니즘을 통해서 합성된다.

Carboxydobacteria는 Calvin 회로를 통해 이산화탄소를 고정하여 생합성에 이용한다.

10.7 이외의 Lithotroph

제9장에서 공부한 methanogen, homoacetogen 그리고 일부의 sulfidogen은 수소와 이산화탄소에서 생장하는 혐기성 lithotroph이다. 여러 종류의 금속염 산화에서 발생하는 에너지를 이용하여 생장하는 세균이 일부 분리되었다. *Pseudomonas arsenitoxidans*가 다음 반응의 arsenite 에너지를 이용하여 이산화탄소를 고정하여 생장한다.

$$2H_3AsO_3 + O_2 \longrightarrow HAsO_4^{2-} + H_2AsO_4^- + 3H^+ \qquad (\Delta G^{\circ\prime} = -256\text{kJ/반응})$$

Pseudomonas arsenitoxidans 외에도 As(III)를 에너지원으로 생장하는 미생물이 다수 분리되거나 확인되었다 담수에서 분리된 *Agrobacterium albertimagni*을 비롯하여, pH가 낮은 폐광 폐수에서 *Thiomonas* 속에 속하는 한 균주가 그리고 온천에서 *Hydrogenobaculum* 속에 속한 균주가 분리되었으며, 금광에서는 여러 종류의 α-proteobacteria가 분리되었다. 온천에서 분리된 *Thermus* 속의 한 세균은 호기적 조건에서 빠른 속도로 As(III)를 As(V)로 산화하는 성질이 있으나 이 과정에서 에너지는 보전되지 않는다. 이 균주는 혐기적 조건에서 As(V)를 전자 수용체로 이용한다.

Mn(II)는 해수, 담수, 토양, 퇴적층, 수도관, Mn 단괴(Mn nodule), 온천수 등 다양한 환경에서 서식하는 세균에 의해 산화된다. Mn(II) 산화 세균은 분류학적으로 다양해서 low G+C 그람양성 세균, actinobacteria, proteobacteria 등에 분포되어 있다. 가장 잘 알려진 Mn(II) 산화 세균은 *Leptothrix discophora*, *Pedomicrobium manganicum*, *Pseudomonas putida*, *Bacillus* 속의 한 균주 등이다. 이들은 Mn(II)의 산화에서 발생하는 에너지를 보전하지 못하는 것으로 알려져 있다. 호기적 무산소 광합성 세균인 *Erythrobacter* sp.는 Mn(II)을 산화할 때 더 빨리 자라는 것으로 보아 Mn(II) 산화 에너지를 이용하는 것으로 추정하고 있다. *Thiobacillus denitrificans*는 nitrate 환원과 연관된 uranium(IV) 산화로부터 얻은 에너지를 이용할 수 있다.

10.8 Lithotroph의 균체 합성

이상에서 살펴 본 호기성 chemolithotroph와 photolithotroph들은 이산화탄소를 유일한 탄소원으로 이용하여 생체를 합성한다. 많은 lithotroph들은 Calvin 회로를 통해 이산화탄소를 생체 유기물로 합성하며, green sulfur bacterium인 *Chlorobium tepidum*을 포함하는 일부는 reductive TCA 회로를 통해 이산화탄소를 고정한다. 제9장에서 공부한 바와 같이 혐기성 lithotroph인 sulfidogen, methanogen 그리고 homoacetogen은 acetyl-CoA 경로(CO dehydrogenase 경로 또는 Wood-Ljungdahl 경로라고도 함)를 통해 CO_2를 고정하며, 광합성 세균인 *Chloroflexus aurantiacus*와 유황을 산화하는 archaea인 *Acidianus brierleyi*는 acetyl-CoA와 propionyl-CoA를 CO_2 수용체로 사용하는 3-hydroxypropionate 회로를 통해 CO_2를 고정한다. 최근에는 일부의 chemolithotrophic archaea의 CO_2 고정 경로로 3-hydroxypropionate/4-hydroxybutyrate 회로와 dicarboxylate/4-hydroxybutyrate 회로가 알려졌다. 이들 경로 중 Calvin 회로는 진핵세포 생물, 세균과 archaea 모두에서 알려져 있으며, reductive TCA 회로는 세균에서만 발견된다. 3-hydroxypropionate 회로는 세균과 archaea에서 알려지고 있으며, 3-hydroxypropionate/4-hydroxybutyrate 회로와 dicarboxylate/4-hydroxybutyrate 회로는 aerhaea에서만 알려져 있다. 진핵세포 생물에서는 Calvin 회로만이 알려져 있다.

10.8.1 Calvin 회로에 의한 이산화탄소의 고정

Calvin 회로를 통해서 이산화탄소가 고정되는 경로는 그림 10.9와 같다. Ribulose-1.5-diphosphate carboxylase(Ribulose-1.5-bisphosphate carboxylase/oxygenase, RuBisCO)의 작용에 의해 이산화탄소는 ribulose-1.5-diphosphate와 작용하여 고정되면서 2분자의 3-phosphoglycerate로 된다. 이어서 3-phosphoglycerate는 3-phosphoglycerate kinase, glyceraldehyde-3-phosphate dehydrogenase의 작용을 받아 glyceraldehyde-3-phosphate로 환원되고, 그 일부는 triose phosphate isomerase의 작용을 받아 dihydroxyacetone-phosphate로 이성화된다. 이어서 이 두 triose phosphate가 fructose-1.6-diphosphate aldolase의 작용을 받아서 fructose-1.6-diphosphate로 합성된다. 이 과정은 EMP

CH_2-O-Ph
|
C=O
|
HCOH
|
HCOH
|
CH_2-O-Ph
ribulose-1,5-diphosphate

ribulose-1,5-diphosphate carboxylase →
CO_2

CH_2-O-Ph
|
HOCH
|
COOH
+
COOH
|
HCOH
|
CH_2-O-Ph
3-phosphoglycerate

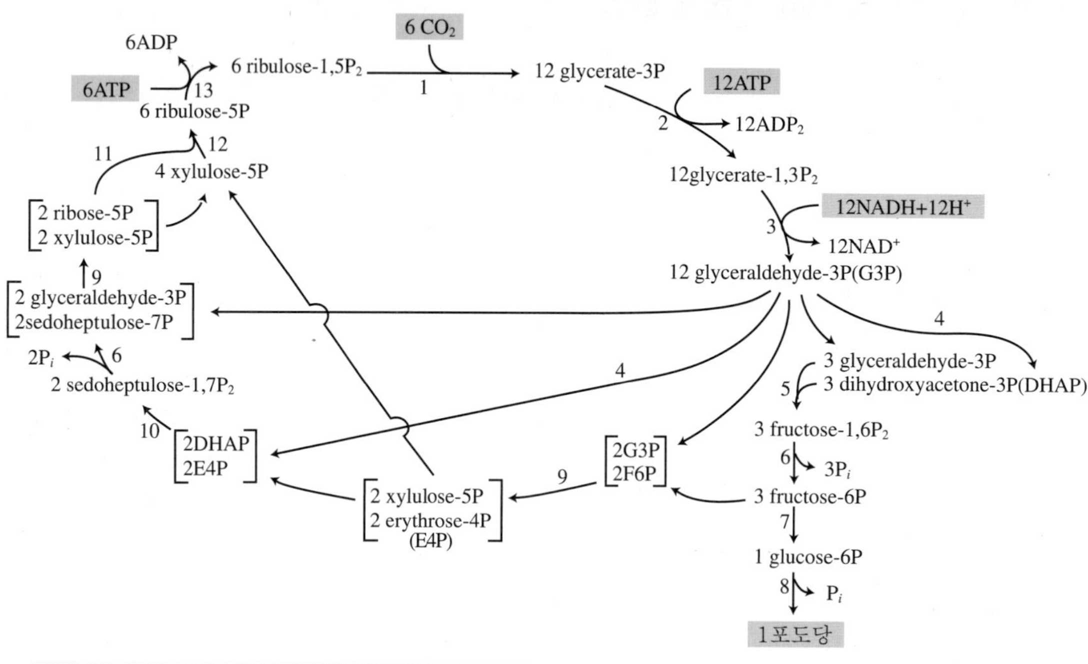

그림 10.9 Calvin 회로의 대사 경로.

1. ribulose-1,5-diphosphate carboxylase; **2.** 3-phosphoglycerate kinase; **3.** glyceraldehyde-3-phosphate dehydrogenase; **4.** triose phosphate isomerase; **5.** fructose-1,6-diphosphate aldolase; **6.** fructose-1,6-diphosphatase; **7.** glucose-6-phosphate isomerase; **8.** glucose-6-phosphatase; **9.** transketolase; **10.** sedoheptulose-1,7-diphosphate aldolase (the same as number 5); **11.** ribose-5-phosphate isomerase; **12.** ribose-5-phosphate-3-epimerase; **13.** phosphoribulokinase.

3-phosphoglycerate kinase　　glyceraldehyde-3-phosphate dehydrogenase

COOH	ATP → ADP	COO-Ph	NADH+H^+ → NAD^+, P_i	CHO
HCOH	→	HCOH	→	HCOH
CH_2-O-Ph		CH_2-O-Ph		CH_2-O-Ph
3-phosphoglycerate		1,3-diphosphoglycerate		glyceraldehyde-3-phosphate

경로의 역반응에 해당한다.

EMP 경로의 phosphofructose kinase는 역반응을 촉매할 수 없으므로 fructose-1.6-diphosphate는 phosphatase의 작용을 받아서 fructose-6-phosphate로 분해된다.

Fructose-6-phosphate는 glyceraldehyde-3-phosphate와 같이 HMP 경로에서 공부한 transketolase와 transaldolase의 작용을 통해서 4탄당과 7탄당을 거쳐 5탄당인 ribulose-5-phosphate로 대사된다. 이어서 ribulose-5-phosphate는 phosphoribulokinase(ribulose-5-phosphate kinase라고도 함)의 작용을 받아서 ribulose-1.5-diphosphate로 합성되어 다음 회로가 시작된다.

dihydroxyacetone phosphate + glyceraldehyde-3-phosphate

↓

fructose-1,6-diphosphate

H_2O → P_i

↓

fructose-6-phosphate

이상의 복잡한 경로를 통해 6분자의 이산화탄소가 한 분자의 fructose-6-phosphate로 환원된다. 이때 소비되는 ATP와 NAD(P)H를 다음과 같은 반응식으로 나타낼 수 있다.

$$6CO_2 + 18ATP + 12NAD(P)H + 12H^+ \longrightarrow \text{fructose-6-phosphate} + 18ADP + 18P_i + 12NAD(P)^+$$

ATP는 3-phosphoglycerate kinase와 phosphoribulokinase의 반응에서 소비되며, NAD(P)H는 glyceraldehyde-3-phosphate dehydrogenase의 조효소로 이용된다.

10.8.2 Calvin 회로의 Key Enzyme

Ribulose-1.5-diphosphate carboxylase(Ribulose-1.5-bisphosphate carboxylase/oxygenase, RuBisCO)와 phosphoribulokinase은 Calvin 회로에서만 작용하는 효소로서 이 대사 경로의 key enzyme이다. 이 두 효소 유전자의 전사가 조절될 뿐 아니라 합성된 효소의 활성도 조절된다. 이 효소들은 *cbb* operon의 *cbb* 유전자들에 코딩되어 있다. 통성 chemolithotroph인 *Ralstonia eutropha*에서 이 operon의 전사는 chemolithotroph 조건에서 발현이 유도되고 heterotroph 조건에서는 그 발현이 억제된다. CbbR은 *cbb* operon의 전사 조절 인자로서 *cbb* operon의 바로 옆에 위치하고 있다. Phosphoenolpyruvate가 CbbR의 negative effctor로 작용하고 NADPH가 coactivator로 작용한다. Photolithotroph인 *Rhodobacter capsulatus*와 *Rhodobacter sphaeroides*에서는 two-component 신호전달 체계인 RegBA가 이와 유사한 기능을 수행한다.

Phosphoribulokinase의 활성도 NADH에 의해 촉진되며, AMP와 phosphoenolpyruvate(PEP)에 의해 저해된다. NADH의 농도가 증가하면 생합성을 위한 에너지가 충분하므로 Calvin 회로가 촉진된다.

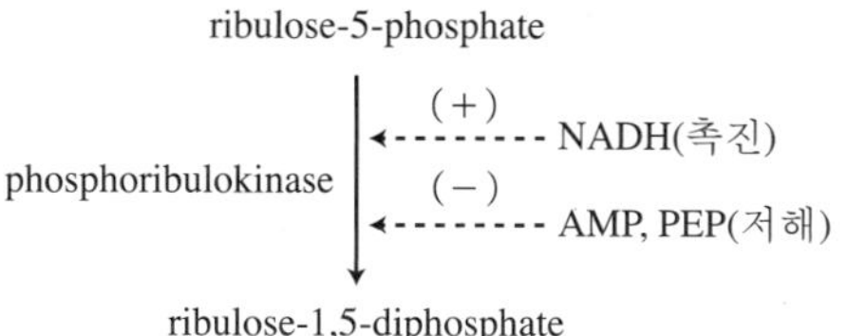

그 반대로 AMP가 축적되면 에너지 공급이 충분치 못하여 생합성이 더 이상 계속될 수 없으므로 ribulose-1.5-diphosphate가 합성될 필요가 없다. 통성 lithotroph에서 다른 유기 탄소원의 공급이 충

분하여 PEP가 축적되면, 많은 에너지를 투자해야 하는 Calvin 회로를 통한 생합성의 필요성이 없어지기 때문에 phosphoribulokinase의 활성이 저해된다. 또한 6-phosphogluconate도 같은 이유로 RuBisCO를 저해한다.

RuBisCO는 식물을 비롯한 거의 모든 광합성 생물과 lithotroph들이 공통으로 갖는 단백질로서 단일 단백질로는 지구 상에서 가장 양이 많을 것으로 추정되고 있다. Calvin 회로에 작용하는 두 종류의 RuBisCO(type I과 II)가 알려져 있으며, Calvin 회로가 알려지지 않은 세균과 archaea에서 유사한 유전자(type III와 IV)가 확인되고 있다. 모든 식물과 대부분의 chemolithotroph는 큰 peptide와 작은 peptide 각각 8분자(L_8S_8)로 이루어지는 type I RuBisCO를 보유하고 있으며, 큰 peptide(Lx, x는 균주에 따라 2, 4 또는 8)로만 이루어진 type II RuBisCO는 혐기적 광합성으로 생장하는 purple bacteria와 일부의 chemolithotroph 그리고 archaeon인 *Pyrococcus kodakaraensis* 등에서 알려져 있다. 유황세균인 *Halothiobacillus neapolitanus*(*Thiobacillus neapolitanus*), *Thiomonas intermedia*(*Thiobacillus intermedius*), *Thiobacillus denitrificans*, 광합성 세균인 *Rhodobacter sphaeroides*, *Rhodobacter capsulatus*, 그리고 편성 chemolithotroph이면서 수소 산화 세균인 *Hydrogenovibrio marinus*. *Thiobacillus denitrificans, T. intermedius, T. neopolitanus* 그리고 *Hydrogenovibrio marinus*는 두 type을 모두 보유하고 있다.

RuBisCO의 유전자와 유사한 염기 서열이 Calvin 회로가 알려지지 않은 일부의 archaea와 세균의 genome 유전체 서열 분석에서 발견되었다. 이들을 type III와 type IV RuBisCO라 한다. Type III RuBisCO 유전자가 *Thermococcus kodakaraensis*, *Methanococcus jannaschii*, *Archaeoglobus fulgidus* 등 호열성 archaea에서 발견되었다. *T. kodakaraensis*의 type III RuBisCO 유전자를 *E. coli*에 clone하여 생산되는 단백질이 carboxylase 활성을 기지는 것으로 확인했으나 그 역할은 아직 규명되어 있지 않다. 호열성 archaea 뿐 아니라 *Methanosarcina acetivorans*, *Methanosarcina mazei*, *Methanosarcina barker* 등 중온성 heterotrophic 메탄 생산 archaea에서도 type III RuBisCO 유전자가 확인되었으나 acetyl-CoA 경로로 CO_2를 고정하는 *Methanobacterium thermoautotrophicum*과 *Methanococcus maripaludis* 등 lithotrophic 메탄 생산 archaea에는 없는 것으로 확인되었다.

*Bacillus subtilis*와 green sulfur 광합성 세균의 유전체에서도 RuBisCO와 유사한 단백질을 coding하는 유전자가 발견되었다. 이 단백질을 type IV RuBisCO라 한다. Type IV RuBisCO의 기능은 oxidative stress 대응 또는 sulfur 대사에 관여하는 것으로 추정하고 있다. Green sulfur 광합성 세균은 reductive TCA 회로를 통해서 CO_2를 고정한다.

모두는 아니지만 많은 chemolithotoroph에서 RuBisCO는 carboxysome이라 부르는 세포내 소기관에 싸여져 있다. 이렇게 싸여 있는 구조를 통해 CO_2를 농축해서 효소에 공급해 줌으로써 효소의 CO_2 고정 속도가 더욱 향상된다.

10.8.3 광호흡

식물이 빛이 충분하고 이산화탄소의 농도가 낮을 때 광호흡(photorespiration) 작용을 통해 유기물을 분해하는 것과 같이, 미생물에 있어서도 산소의 농도가 높고 이산화탄소의 농도가 낮을 때 RuBisCO는 oxygenase로 작용한다. Oxygenase 활성은 기질인 ribulose-1,5-diphosphate를 산소와 반응시켜 3-phosphoglycerate와 2-phosphoglycolate로 분해한다. 2-phosphoglycolate는 glycolate로 탈인산화되어 환경으로 배출되거나 glyoxylate로 산화된 다음 대사된다(제7장, 7.3.2).

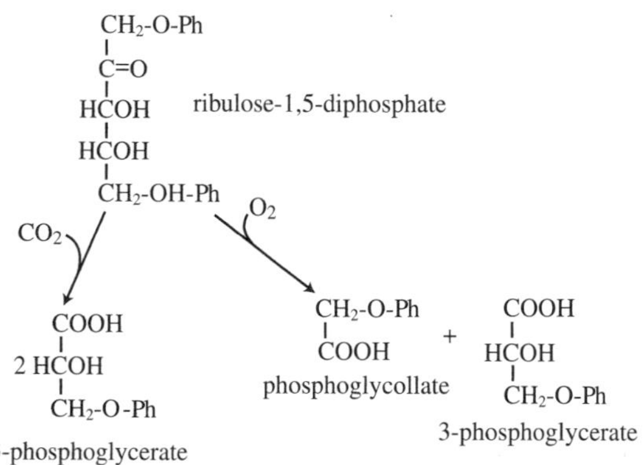

RuBisCO의 특징을 이산화탄소 고정과 산화 반응의 비율을 나타내는 τ로 표시한다. 이 값이 높은 효소는 이산화탄소 고정 능력이 높고 낮은 효소는 상대적으로 산화 반응의 활성이 높다는 뜻이다. Type II 효소의 τ값이 10~20인데 비해 type I 효소는 식물에서 80 정도이며, 원핵세포는 30~60 정도의 τ값을 갖는 효소를 보유한다. 광합성 세균이 호기적인 조건에서 광합성으로 생장하지 못하는 이유를 이들이 보유하는 type II 효소의 τ값이 낮기 때문이라는 가설이 있다. 두 종류의 효소를 생산하는 유전자를 모두 보유하는 *Hydrogenovibrio marinus, Rhodobacter sphaeroides*는 높은 이산화탄소 농도에서는 type II 효소를 생산하고 낮은 농도에서는 type I 효소를 생산하는 것을 같은 이유로 설명한다.

10.8.4 Reductive TCA 회로에 의한 이산화탄소의 고정

고온성 수소 산화 세균인 *Hydrogenobacter thermophilus,* archaea에 속하는 *Thermoproteus*와 *Sulfolobus* 그리고 광합성 세균 중에서 green sulfur bacteria는 이산화탄소를 고정하여 생체를 합성하지만 Calvin 회로의 key enzyme을 보유하지 않는다. 이들은 reductive TCA 회로를 통해 이산화탄소를 고정한다(그림 10.10).

Reductive TCA 회로에서 이용되는 대부분의 효소들은 TCA 회로의 효소와 같으나, TCA 회로에서 역반응을 촉매하지 못하는 효소들은 다음과 같이 TCA 회로의 효소와 다른 효소들이 대신한다.

1) Citrate가 oxaloacetate와 acetyl-CoA로 분해되는 반응은 ATP를 소비하면서 일어난다. 이 반응은 TCA 회로의 citrate synthase 대신 ATP:citrate lyase에 의해 촉매된다.
2) Fumarate가 succinate로 환원되는 반응은 NADH를 전자 공여체로 한다. 이 반응은 TCA 회로

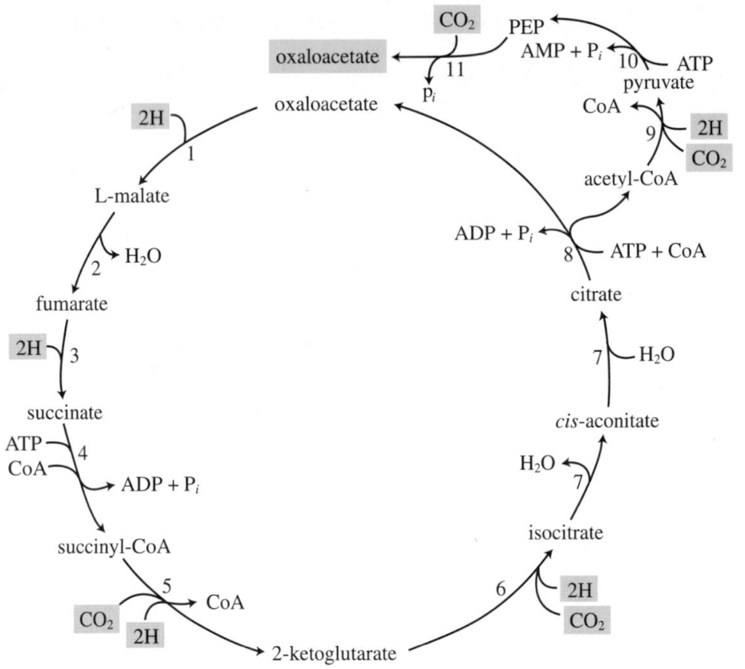

그림 10.10 Reductive TCA 회로를 통한 이산화탄소의 고정.

수소 산화 세균인 *Hydrogenobacter thermophilus,* archaea에 속하는 *Thermoproteus*와 *Sulfolobus* 그리고 광합성 세균 중에서 green sulfur bacteria는 TCA 회로의 반대 경로를 통해 이산화탄소를 acetyl-CoA로 환원시킨다. TCA 회로에서 역반응을 촉매하지 못하는 citrate synthase, 2-ketoglutarate dehydrogenase 그리고 succinate dehydrogenase의 작용은 각각 ATP:citrate lyase(8), 2-ketoglutarate synthase(5) 그리고 fumarate reductase(3)에 의해서 촉매된다.

1. malate dehydrogenase; **2.** fumarase; **3.** fumarate reductase; **4.** succinyl-CoA synthetase; **5.** 2-ketoglutarate synthase; **6.** isocitrate dehydrogenase; **7.** aconitase; **8.** ATP:citrate lyase; **9.** pyruvate synthase; **10.** PEP synthetase; **11.** PEP carboxylase.

의 succinate dehydrogenase 대신 fumarate reductase에 의해 촉매된다.

3) TCA 회로에서 2-ketoglutarate를 succinyl-CoA로 환원시키는 반응은 NAD^+나 $NADP^+$를 전자 수용체로 이용하는 2-ketoglutarate dehydrogenase complex에 의해 촉매되는 비가역 반응이다. 그러나 reductive TCA 회로에서 2-ketoglutarate는 산화 · 환원 전위가 낮은 환원된 ferredoxin이 전자를 공급하는 2-ketoglutarate synthase (2-ketoglutarate:ferredoxin oxidoreductase)의 작용으로 합성된다. 이 반응은 *Clostridium*의 phosphoroclastic reaction과 유사한 반응이다(제 8장, 8.5.1.1).

Reductive TCA 회로의 결과는 다음 식과 같이 정리된다.

$$2CO_2 + 3NADH + 3H^+ + Fd \cdot H_2 + CoASH + 2ATP \longrightarrow CH_3CO\text{-}CoA + 3NAD^+ + 3H_2O + Fd + 2ADP + 2P_i$$

여기에서 생산된 acetyl-CoA는 pyruvate:ferredoxin oxidoreductase의 작용을 받아서 환원된 ferredoxin의 환원력을 이용하여 pyruvate를 합성하는 데 이용된다. Pyruvate는 PEP synthase, PEP carboxylase의 작용으로 oxaloacetate를 거쳐서 gluconeogenesis 경로를 통해 fructose-6-phosphate까지 합성된다.

10.8.5 Acetyl-CoA 경로를 통한 이산화탄소 고정

혐기성 chemolithotroph인 황화수소 생산 세균, 메탄 생산균 그리고 homoacetogen은 acetyl-CoA 경로를 통해 CO_2를 고정하여 생합성에 필요한 탄소 골격을 공급한다(그림 10.11).

이산화탄소가 formate dehydrogenase의 작용을 통해 formate로 환원된다. Formate는 일탄소

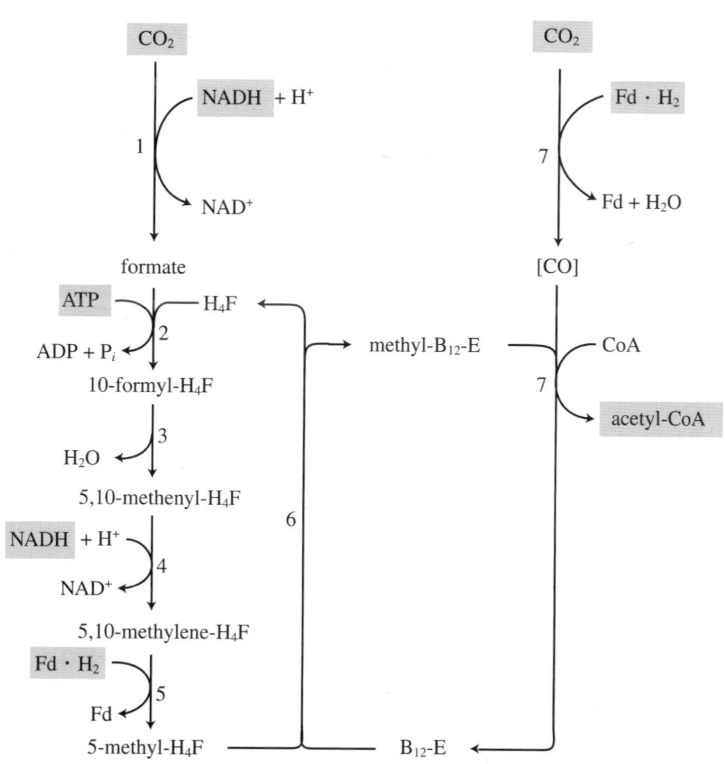

그림 10.11 혐기성 Chemolithotroph의 일부가 이산화탄소를 고정하는 Acetyl-CoA 경로.

이산화탄소를 일산화탄소 수준으로 환원하여 결합하고 있는 carbon monoxide(CO) dehydrogenase(7)가 corrinoid 단백질에 결합한 methyl기와 작용하여 acetyl-CoA를 합성한다. 이 경로를 CO dehydrogenase 경로 또는 Wood-Ljungdahl 경로라고도 한다.

1. formate dehydrogenase; **2.** formyl-tetrahydrofolate(H_4F) synthetase; **3.** methenyl-H_4F cyclohydrolase; **4.** methylene-H_4F dehydrogenase; **5.** methylene-H_4F reductase; **6.** H_4F:B_{12} methyltransferase; **7.** carbon monoxide dehydrogenase

[CO] : 효소에 결합한 일산화탄소, methyl-B_{12}-E : methyl corrinoid

화합물 운반체인 tetrahydrofolate(H_4F)에 결합된 상태로 methyl기로 환원되고 이어 coenzyme B_{12}(corrinoid)로 전달된다. 다른 한 분자의 이산화탄소는 carbon monoxide dehydrogenase(CODH)에 결합하여 일산화탄소(CO)로 환원된다. [CO]와 결합한 CODH가 corrinoid에 결합한 methyl기와 작용하여 acetyl-CoA를 합성한다. Acetyl-CoA synthase라고도 하는 CODH는 CO 산화/CO_2 환원 그리고 acetyl-CoA 합성/분해를 할 수 있는 두 기능을 모두 갖고 있다.

이 경로에서 이산화탄소가 acetyl-CoA로 합성되기 때문에 acetyl-CoA 경로라 하며, CODH가 중심적 역할을 하기 때문에 CODH 경로라고도 한다. 또한 이 경로를 밝히는 데 공헌이 큰 사람의 이름을 따라 Wood-Ljungdahl 경로라고도 한다. Acetyl-CoA는 각 미생물의 특이한 경로로 생합성에 이용된다(제9장, 9.3.3, 9.4.5, 9.5.2).

Acetyl-CoA 경로의 결과는 다음 식과 같이 정리된다.

$$2CO_2 + 2NADH + 2H^+ + 2Fd \cdot H_2 + CoASH + ATP \longrightarrow CH_3CO\text{-}CoA + 2NAD^+ + 3H_2O + 2Fd + ADP + P_i$$

위의 식에서 볼 수 있는 것과 같이 acetyl-CoA 경로에서는 reductive TCA 회로에서보다 1분자의 ATP가 덜 소비되며, methylene-tetrahydrofolate reductase의 작용으로 sodium motive force가 형성되므로(제9장, 9.5.3) acetyl-CoA 회로를 통한 이산화탄소의 고정은 에너지가 더 효율적으로 이용된다는 것을 알 수 있다. Acetyl-CoA 경로가 다른 경로에 비해 이산화탄소 고정에 소모되는 에너지가 가장 적다.

10.8.6 3-Hydroxypropionate 회로에 의한 이산화탄소 고정

Archaeon인 *Acidianus brierleyi*와 green gliding(non-sulfur) bacteria의 한 균주로 분류되는 광합성 세균 *Chloroflexus aurantiacus*는 또 다른 회로인 3-hydroxypropionate 회로를 통해 이산화탄소를 고정한다(그림 10.12). Calvin 회로에서는 triose-phosphate가 합성되고, reductive TCA 회로와 acetyl-CoA 회로에서는 acetyl-CoA가 합성되는 데 비해 이 회로에서는 pyruvate가 생산된다.

이 회로에서는 ATP-dependent acetyl-CoA carboxylase가 acetyl-CoA를 CO_2 수용체로 이용하여 malonyl-CoA로 carboxylation하고 이어서 malonyl-CoA reductase에 의해 3-hydroxypropionate로 환원된다. 3-Hydroxypropionate는 propionyl-CoA synthase에 의해 NADPH와 ATP(AMP + PP*i*)를 소모하며 3-hydroxypropionyl-CoA, acryloyl-CoA를 거쳐 propionyl-CoA로 환원된다. 이어서 propionyl-CoA는 carboxylation되어 methylmalonyl-CoA로 전환된 다음, 이성질화되어 succinyl-CoA로 전환된다. Succinyl-CoA는 succinate, fumarate, malate를 거치서 malyl-CoA로 산화된다. Malyl-CoA는 malyl-CoA lyase의 작용을 받아 actyl-CoA와 glyoxylate로 분해된다.

두 번째 회로에서 glyoxylate와 또 한 분자의 CO_2를 사용하여 pyruvate를 합성한다. 이를 위해 glyoxylate는 propionyl-CoA와 중합하여 methylmalyl-CoA로 합성된 다음 mesaconyl-CoA, citramalate, citramalyl-CoA를 거쳐 acetyl-CoA와 pyruvate로 분해된다. 이때 생성된 acetyl-CoA

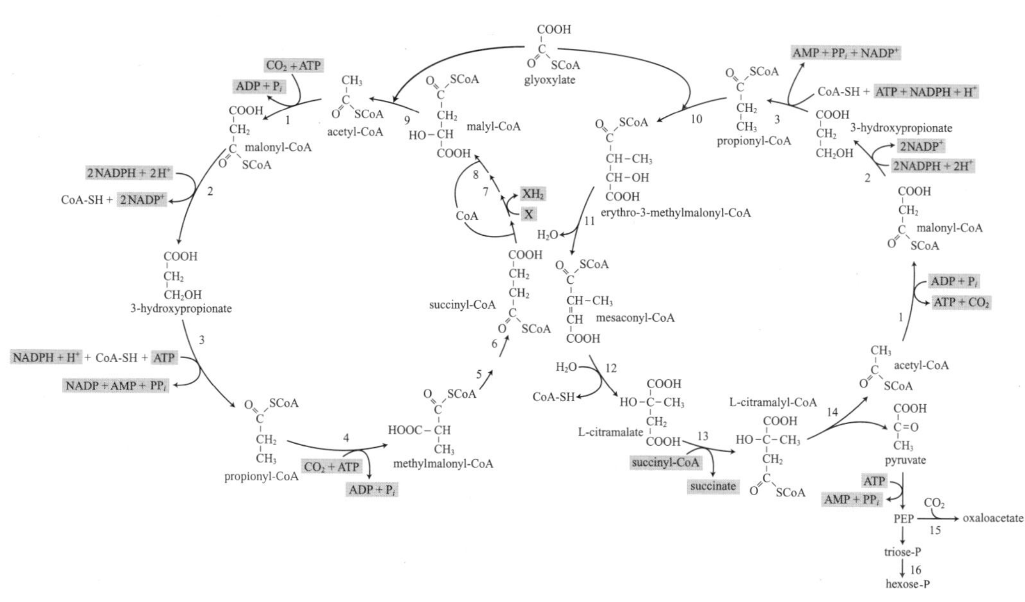

그림 10.12 광합성 세균의 일종인 *Chloroflexus aurantiacus* 등이 이산화탄소를 고정하는 3-hydroxypropionate 회로(J. .Bacteriol. 2002, 184:5999-6006).

(왼쪽) 3-hydroxypropionate 회로를 통해 두 분자의 CO_2가 고정되어 그 산물로서 glyoxyate가 합성된다. 이 회로에는 TCA 회로의 일부가 포함되어 있다. 이 경로의 대사 중간 산물 중에서 3-hydroxypropionate가 처음 분리되었기 때문에 3-hydroxypropionate 회로라 한다. (오른쪽) glyoxylate 자화 회로를 통해 glyoxylate가 CO_2 한 분자를 고정하면서 pyruvate가 생산된다. 이와 같은 전체 대사 과정인 3-hydroxypropionate 회로는 *C. aurantiacus*와 archaeon인 *Acidianus brierleyi, Acidianus ambivalens, Metallosphaera sedula, Sulfolobus metallicusAcidianus brierleyi*에서 발견된다.

1. acetyl-CoA carboxylase; **2.** malonyl-CoA reductase (bifunctional); **3.** propionyl-CoA synthase; **4.** propionyl-CoA carboxylase; **5.** methylmalonyl-CoA epimerase; **6.** methylmalonyl-CoA mutase; **7.** citrate cycle enzymes (succinate dehydrogenase, fumarate hydratase); **8.** succinyl-CoA:L-malate CoA transferase; **9.** L-malyl-CoA lyase; **10.** *erythro*-3-methylmalyl-CoA lyase; **11.** 3-methylmalyl-CoA dehydratase; **12.** mesaconyl-CoA hydratase; **13.** succinyl-CoA:L-citramalate CoA transferase **14.** citramalyl-CoA lyase; **15.** phosphoenolpyruvate carboxylase; **16.** gluconeogenesis enzymes.

는 CO_2와 결합하여 glyoxylate 수용체인 propionyl-CoA를 형성하여 다음 회로를 시작할 수 있다.

3-hydroxypropionate 회로의 결과는 다음과 같이 정리할 수 있다.

$$3CO_2 + 6NADPH + 6H^+ + X + 5ATP \longrightarrow$$
$$\text{pyruvate} + 6NADP^+ + 3H_2O + XH_2 + 3ADP + 2AMP + 2PP_i + 3P_i$$

여기서 X는 알려지지 않은 succinate dehydrogenase의 전자 전달체를 나타낸다.

10.8.7 4-Hydroxybutyrate 회로

지금까지 알려지지 않은 이산화탄소 고정 경로가 Crenarchaeota문의 호열성 archaea에서 밝혀졌다. 이들은 호기성 호열성 archaea의 dicarboxylate/4-hydroxybutyrate(DC/HB) 회로와 혐기성 호열성 archaea에서 알려진 3-hydroxypropionate/4-hydroxybutyrate(HP/HB) 회로이다. 4-Hydroxybutyrate가 공통적으로 발견되는 중간 산물이기 때문에 이들 두 회로를 묶어서 4-hydroxybutyrate 회로라 부르기도 한다.

10.8.7.1 Dicarboxylate/4-hydroxybutyrate(DC/HB) 회로

Pyrolobus fumarii 등 *Pyrodictiaceae*과와 *Ignicoccus hospitalis* 등 *Desufurococcaceae*과에 속하는 *Desulfurococcales*목 그리고 *Thermoproteales*목의 혐기성 archaea는 acetyl-CoA와 pyruvate가 이산화탄소 또는 탄산염의 수용체로 작용하는 DC/HB 회로를 통해 CO_2를 고정한다(그림 10.13). 이 회로에서는 산소에 의해 쉽게 불활성화되는 pyruvate:ferredoxin oxidoreductase의 작용으로 acetyl-CoA가 pyruvate로 탄산화되고 phosphoenolpyruvate를 거쳐 oxaloacetate로 합성된다. Oxaloacetate는 reductive TCA 회로에서와 같이 succinyl-CoA로 대사된다. Succinyl-CoA는 succinic semialdehyde를 거쳐 4-hydroxybutyrate로 환원되고 다시 acetoacetyl-CoA로 산화된 다음 두 분자의 acetyl-CoA로 분해되어 한 회로가 끝난다. 이 중 한 분자의 acetyl-CoA는 다음 회로에서 이산화탄소의 수용체로 이용되고 나머지 한 분자는 생합성에 사용된다.

DC/HB 회로의 결과를 다음과 같이 요약할 수 있다. 따라서 한 분자의 acetyl-CoA를 합성하기 위해 5개의 고에너지 인산 결합이 소비되는 것을 알 수 있다.

$$CO_2 + HCO_3^+ + Fd \cdot H_2 + NAD(P)H + 2XH_2 + CoA\text{-}SH + 3ATP \longrightarrow$$
$$\text{acetyl-CoA} + Fd + NAD(P)^+ + 2X + ADP + 2AMP + PP_i + 3P_i$$

Fd; ferredoxin, X; 알려지지 않은 전자 전달체

10.8.7.2 3-Hydroxypropionate/4-hydroxybutyrate(HP/HB) 회로

산소 농도가 낮은 환경에서 잘 생장하는 *Metallosphaera sedula*, *Acidianus brierleyi*, *Stygiolobus azoricus* 등 *Sulfolobaceae* 과에 속하는 여러 호열성 archaea는 acetyl-CoA와 propionyl-CoA를 탄산염의 수용체로 이용하는 HP/HB 회로로 탄소를 고정하여 생장한다(그림 10.14). 이 회로에서도 acetyl-CoA가 두 분자의 탄산염과 함께 succinyl-CoA로 합성되지만 DC/HB 회로와 달리 malonyl-CoA, 3-hydroxypropionate, methylamlonyl-CoA를 거친다. 여기서 합성된 succinyl-CoA는 DC/HB 회로와 같은 반응을 통해 두 분자의 acetyl-CoA로 대사된다.

HP/HB 회로의 결과를 다음과 같이 요약할 수 있다. 다음 빈응식에서 한 분자의 acetyl-CoA를 합성하기 위해 6개의 고에너지 인산 결합이 소비되는 것을 알 수 있다. DC/HB 회로에서 HP/HB 회로에 비해 더 많은 ATP가 소비된다. 이는 HP/HB회로의 NAD(P)H 대신 DC/HB에서는 산화·환원 전위가 낮은 환원된 ferredoxin이 이용되기 때문으로 생각된다.

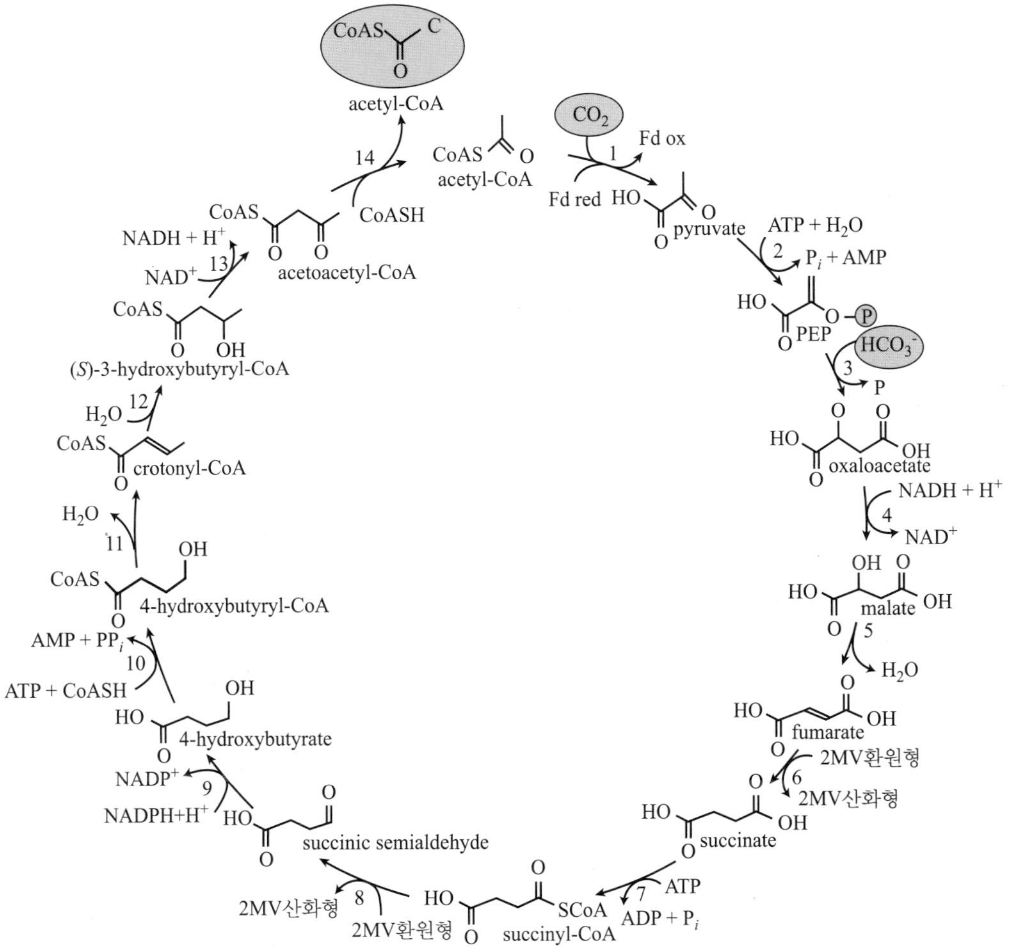

그림 10.13 *Pyrolobus fumarii* 등 혐기성 Crenarchaeota가 CO_2를 고정하는 Dicarboxylate/4-hydroxybutyrate 회로
Microbiol.-UK. 2010, 156:256-269

1. pyruvate:ferredoxin oxidoreductase; **2.** pyruvate:water dikinase; **3.** PEP carboxylase; **4.** malate dehydrogenase; **5.** fumarate hydratase; **6.** fumarate reductase; **7.** succinyl-CoA synthetase; **8.** succinyl-CoA reductase; **9.** succinic semialdehyde reductase; **10.** 4-hydroxybutyrate-CoA ligase; **11.** 4-hydroxybutyryl-CoA dehydratase; **12.** crotonyl-CoA hydratase; **13.** (*S*)-3-hydroxybutyryl-CoA dehydrogenase; **14.** acetoacetyl-CoA-ketothiolase.
Fd, ferredoxin, PEP; phosphoenolpyruvate, MV; methyl viologen

$$2HCO_3^+ + 3NADPH + XH_2 + CoA\text{-}SH + 4ATP \longrightarrow acetyl\text{-}CoA + NADP^+ + X + 2ADP + 2AMP + 2PP_i + 2P_i$$

X; 알려지지 않은 전자 전달체

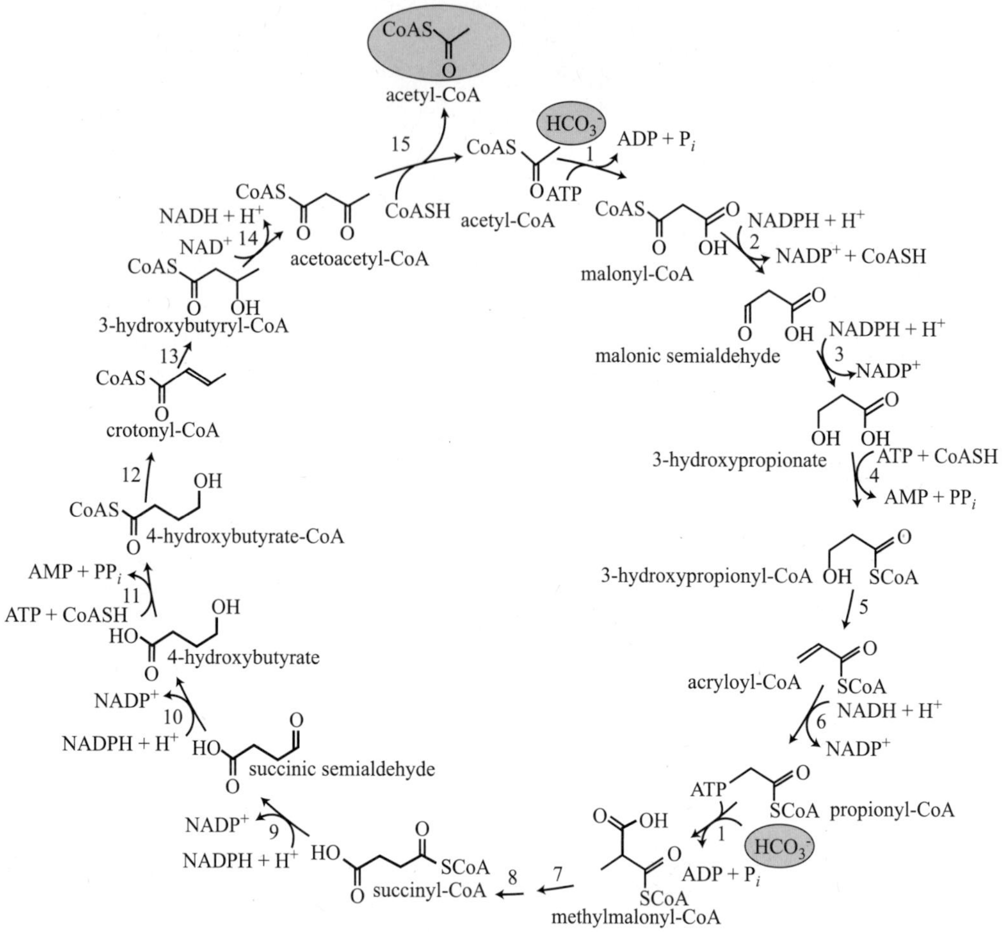

그림 10.14 호기성 Crenarchaeota가 CO_2를 고정하는 3-Hydroxypropionate/4-hydroxybutyrate 회로 Microbiol.-UK. 2010, 156:256-269

1. acetyl-CoA/propionyl-CoA carboxylase; **2.** malonyl-CoA reductase; **3.** malonic semialdehyde reductase; **4.** 3-hydroxypropionate-CoA ligase; **5.** 3-hydroxypropionyl-CoA dehydratase; **6.** acryloyl-CoA reductase; **7.** methylmalonyl-CoA epimerase; **8.** methylmalonyl-CoA mutase; **9.** succinyl-CoA reductase; **10.** succinic semialdehyde reductase; **11.** 4-hydroxybutyrate-CoA ligase; **12.** 4-hydroxybutyryl-CoA dehydratase; **13.** crotonyl-CoA hydratase; **14.** (*S*)-3-hydroxybutyryl-CoA dehydrogenase; **15.** acetoacetyl-CoA *β*-ketothiolase.

10.8.8 이산화탄소 고정 경로의 소요 에너지

이산화탄소를 고정에서 소비되는 전자의 에너지 상태가 동일하다고 가정하면 각 회로의 에너지 효율을 acetyl-CoA의 합성에 소요되는 ATP(고에너지 인산 결합) 수로 비교할 수 있다. Calvin 회로에서 18 ATP를 소모하면서 fructose-1,6-phosphate가 합성되고, 이것이 EMP 경로를 통해 2 pyruvate로 대사되고, 이어서 2 acetyl-CoA로 산화된다면 4 ATP가 합성된다. 따라서, Calvin 회로의 경우

acetyl-CoA 한 분자 당 7 ATP가 net로 소비된다고 할 수 있다. 비슷한 계산을 통해 acetyl-CoA 한 분자를 생산하기 위해 reductive TCA 회로의 경우 2 ATP, acetyl-CoA 경로의 경우 1 ATP가 소비되는 것을 알 수 있다. 3-Hydroxypropionate 회로의 경우 pyruvate를 생성하기 위해 5 ATP가 소모되는데 2 ATP는 2 AMP로 까지 분해된다. 따라서, PP*i*가 에너지 보전 없이 2 P_i로 분해된다고 가정하면 acetyl-CoA 한 분자 당 7 ATP가 소비된다고 볼 수 있다. 또한 DC/HB 회로를 통해 한 분자의 acetyl-CoA를 합성하기 위해 5 ATP가 그리고 HP/HB 회로로는 6 ATP가 소비된다. 원핵세포 생물에서 이산화탄소를 고정하는 여러 경로 중에서 acetyl-CoA 한 분자 당 1 ATP를 소비하는 acetyl-CoA 경로가 가장 효율적이며, 7 ATP를 소비하는 Calvin 회로가 가장 비효율적이다. 이처럼 에너지 효율이 낮은 이산화탄소 경로가 진화 과정에서 도태되지 않은 것은 에너지 효율은 낮지만 각각 다른 환경에서 진화하는 동안 가장 잘 적응할 수 있는 경로로 고정되었기 때문으로 생각된다.

이상의 여러 CO_2 고정 경로를 표 10.6에 요약하였다.

표 10.6 CO_2 고정 경로 요약

경로	CO_2 고정 효소	산물 당 소비되는 고에저니 인산 결합	생물
Calvin 회로	RubisCO	24/ 3-phospho-glycerate	식물, Cyanobacteria, Purple 광합성 세균 (*Rhodobacter, Rhodopseudomonas, Rhodospirillum, Allochromatium, Thiocapsa*etc.)
Reductive TCA 회로	2-Oxoglutarate synthase Isocitrate dehydrogenase (or 2-Oxoglutarate carboxylase)* Pyruvate synthase	11/acetyl-CoA	Green 광합성 세균 (*Chlorobium tepidum*)
Acetyl-CoA 경로	CO dehydrogenase /acetyl-CoA synthase Formate dehydrogenase (Formylmethano-furane dehydrogenase)* Pyruvate synthase	12/acetyl-CoA	Clostridia (*Moorella thermoacetica*)
3-Hydroxy propionate 회로	Acetyl-CoA carboxylase Propionyl-CoA carboxylase	21/pyruvate	Green 광합성 세균 (*Chloroflexus aurantiacus*)
3-Hydroxy propionate/ 4-hydroxy butyrate 회로	Acetyl-CoA/propionyl-CoA carboxylase	14/acetyl-CoA	*Sulfolobales* (*Metallosphaera sedula*)
Dicarboxylate/ 4-hydroxy butyrate cycle	Pyruvate synthase PEP carboxylase	14/acetyl-CoA	*Desulfurococcales* (*Ignicoccus hospitalis*)

*동일 반응을 매개하는 두 개 이상의 경로가 있을 경우, 다른 경로를 괄호 안에 표시했음

10.9 Chemolithotroph의 특성

지금까지 공부한 chemolithotroph를 유기물을 탄소 및 에너지원으로 이용할 수 없는 편성(obligate) lithotroph와 무기물도 에너지원으로 이용할 수 있으며, 유기물이 주어지면 이들도 에너지원 및 탄소원으로 이용할 수 있는 통성(facultative) lithotroph로 분류할 수 있다. 무기 질소 화합물 산화균은 거의 모두 편성 lithotroph들이며, 유황 세균 중에서 *Thiobacillus*속의 *T. thiooxidans, T. denitrificans, T. thioparus, T. neopolitanus* 등은 편성 lithotroph이다. 다른 유황 세균은 거의 통성 lithotroph이다. *Hydrogenobacter thermophilus*와 *Hydrogenovibrio marinus*를 제외하면 지금까지 알려진 모든 수소 세균과 carboxydobacteria는 통성 lithotroph들이다.

편성 chemolithotroph들이 유기물을 에너지원 또는 탄소원으로 이용하지 못하는 이유에 대해 많은 가설이 제안되었다.

1. 편성 chemolithotroph들은 유기물을 흡수할 수 없기 때문에 이들을 에너지원 및 탄소원으로 이용하지 못한다는 가설이 있다. 그러나 많은 chemolithotroph에서 아미노산 등 많은 유기물은 세포 안으로 확산된 다음 생합성에 이용된다.
2. 유기물을 이용하여 ATP를 합성하지 못한다는 가설이 있다. 이 가설에 의하면 유기물이 대사되면서 전자가 거의 대부분 NAD^+로 전달되지만 편성 chemolithotroph의 전자 전달계는 cytochrome으로부터 시작되므로 NADH로부터는 ATP를 합성할 수 없다고 주장한다.
3. 유기물이 주어진 조건에서도 편성 lithotroph들은 그들이 이용하는 무기 에너지원을 먼저 이용하기 때문에 암모니아 산화균이나 황화수소 산화균의 경우 유기물을 이용하려고 해도 암모니아와 유황의 부족으로 생장이 불가능하다는 가설도 있다.

편성 chemolithotroph들도 환경에 주어진 아미노산이나 acetate 등을 생합성에 상당량 이용하는 것이 밝혀졌기 때문에 편성 chemolithotroph라는 용어가 잘못되었다는 주장도 있으나, 이들 유기물이 생합성에 이용되는 것은 세포 안으로 확산(diffuse)된 유기물이 세포내 유기물 pool로 합쳐졌기 때문이며, 편성 lithotroph들이 생합성을 위해 이들 유기물을 organotroph처럼 능동 운반 메커니즘을 통해 흡수하지는 않는다.

편성 chemolithotroph는 2-ketoglutarate dehydrogenase 활성이 없으며, incomplete TCA 경로를 통해 생합성에 필요한 oxaloacetate, succinate, 2-ketoglutarate 등 TCA 회로의 중간 산물을 생산한다. 따라서 편성 lithotroph는 TCA 회로를 통해 유기물을 산화하면서 NAD^+를 환원시키지 못한다.

통성 lithotroph인 수소 세균 *Ralstonia eutropha*(*Alcaligenes eutrophus*)의 경우 유기물 대사에 필요한 효소의 활성이 수소에 의해서 저해된다. 수소가 없을 때 *R. eutropha*는 fructose를 ED 경로를 통해 대사하여 생장하지만 fructose에서 생장할 때 H_2/O_2 혼합 기체를 공급하면 생장이 중단된다. 그 이유는 수소를 공급하면 fructose의 대사가 저해되고, 이산화탄소가 없으므로 균체를 합성하지 못하기 때문이다. 여기에서 $H_2/CO_2/O_2$ 혼합 기체를 공급하면 균체 합성이 가능하다.

이상의 가설이 편성 lithtroph가 유기물을 탄소원으로 생장하지 못하는 것에 대해 확실한 설명을 하지 못한다. 아마도 그 메커니즘이 훨씬 더 복잡할 것으로 생각된다.

요점 정리

1. Chemolithotroph들이 에너지원으로 이용하는 무기 화합물은 다음과 같다.
1) 암모니아를 비롯한 질소 화합물
2) 황화수소를 비롯한 유황 화합물
3) 수소
4) Fe^{2+} 등 금속 이온
5) 일산화탄소 등이다.

2. 예외는 있으나 수소 또는 일산화탄소를 이용하는 세균은 통성 chemolithotroph로서 유기물을 탄소 및 에너지원으로 이용할 수 있지만 다른 무기물을 이용하는 세균들은 대부분이 편성 chemolithotroph들이다.

3. 에너지원으로 이용하는 전자 공여체의 산화·환원 전위가 $NAD(P)^+$보다 높을 때는 생합성에 필요한 환원력을 공급하기 위해 protonmotive force를 소비하면서 전자 공여체로부터 전자를 $NAD(P)^+$까지 전달한다. 이를 reverse electron transport라 한다. 수소와 일산화탄소 등 산화 · 환원 전위가 $NAD(P)^+$보다 높은 전자 공여체를 이용하는 chemolithotroph도 이들을 산화할 때 cytochrome 등을 환원시키는 경우에는 reverse electron transport로 $NAD(P)^+$를 환원시킨다.

4. 암모니아와 아질산염을 에너지원으로 이용하는 세균은 기질을 산화하면서 cytochrome *c*를 환원시켜서 protonmotive force를 형성한다.

5. 암모니아의 산화는 monooxygenase의 작용을 통해 이루어지며, 환원된 cytochrome P-450을 co-substrate로 이용한다.

6. 유황 화합물을 산화하는 세균은 기질의 산화 과정에서 cytochrome *b* 또는 *c*를 환원시키며, 철 세균은 Fe^{2+}를 Fe^{3+}로 산화하면서 원형질막에 있는 rusticyanin을 환원한다.

7. 수소를 에너지원으로 이용하는 세균은 *Hydrogenobacter thermophilus*와 *Hydrogenovibrio marinus*를 제외하면 모두 통성 chemolithotroph이다. 수소를 산화하는 hydrogenase는 quinone을 전자 전달체로 이용하는 원형질막 효소와 NAD^+를 환원시키는 원형질체 효소 두 종류가 있다.

8. 일산화탄소를 산화하는 carboxydobacteria의 일산화탄소 탈수소 효소(carbon monoxide dehydrogenase)는 ubiquinone을 전자 전달체로 이용한다. 거의 모든 carboxydobacteria는 수소를 이용할 수 있다.

9. 대부분의 chemolithotroph들은 Calvin 회로를 통해서 이산화탄소를 고정하여 균체 합성에 이용하며, *Hydrogenobacter thermophilus, Sulfolobus acidocaldarius* 등은 reductive TCA 회로를 통해 이산화탄소를 고정한다.

10. Reductive TCA 회로는 진핵세포 생물에서 알려지지 않았으며, 혐기성 lithotroph 중의 일부가 CO_2를 고정하는 acetyl-CoA 회로와 광합성 세균 *Chloroflexus aurantiacus*의 3-hydroxypropionate 회로도 원핵세포 생물에서만 발견된다.

11. 지금까지 알려지지 않은 이산화탄소 고정 경로가 Crenarchaeota문의 호열성 archaea에서 밝혀졌다. 이들은 호기성 호열성 archaea의 dicarboxylate/4-hydroxybutyrate(DC/HB) 회로와 혐기성 호열성 archaea에서 알

려진 3-hydroxypropionate/4-hydroxybutyrate(HP/HB) 회로이다. 4-Hydroxybutyrate가 공통적으로 발견되는 중간 산물이기 때문에 이들 두 회로를 묶어서 4-hydroxybutyrate 회로라 부르기도 한다.

참고 문헌

| Chemolithotroph 일반

Cockell, C. S. 2010. Geomicrobiology beyond Earth: microbe-mineral interactions in space exploration and settlement. Trends Microbiol. **18**(7):308-314.

Ehrlich, H. L. 1999. Microbes as geologic agents: their role in mineral formation. Geomicrobiol. J. **16:**135-153.

Gadd, G. M., K. T. Semple and **H. M. Lappin-Scott.** 2005. *Micro-organisms and Earth Systems: Advances in Geomicrobiology.* Cambridge University Press, Cambridge.

He, Z. and **L. T. Angenent.** 2006. Application of bacterial biocathodes in microbial fuel cells. Electroanalysis **18**(19-20):2009-2015.

Li, H., P. H. Opgenorth, D. G. Wernick, S. Rogers, T.-Y. Wu, W. Higashide, P. Malati, Y.-X. Huo, K. M. Cho and **J. C. Liao.** 2012. Integrated electromicrobial conversion of CO_2 to higher alcohols. Science **335**(6076):1596.

Maden, B. E. H. 1995. No soup for starters? Autotrophy and the origins of metabolism. *Trends in Biochemical Sciences* **20:**337-341.

Marshall, C. W., D. E. Ross, E. B. Fichot, R. S. Norman and **H. D. May.** 2012. Electrosynthesis of commodity chemicals by an autotrophic microbial community. Appl. Environ. Microbiol. **78**(23):8412-8420.

Martin, W., J. Baross, D. Kelley and **M. J. Russell.** 2008. Hydrothermal vents and the origin of life. Nature Rev. Microbiol. **6**(11):805-814.

Nevin, K. P., T. L. Woodard, A. E. Franks, Z. M. Summers and **D. R. Lovley.** 2010. Microbial electrosynthesis: Feeding microbes electricity to convert carbon dioxide and water to multicarbon extracellular organic compounds. mBio. **1**(2):e00103-00110-e00103-00110.

Srinivasan, V., H. Morowitz and **H. Huber.** 2012. What is an autotroph? Arch. Microbiol. **194**(2):135-140.

Stevens, T. O. 1997. Lithoautotrophy in the subsurface. FEMS Microbiol. Rev. **20**, 327-337.

| Reverse Electron Transport

Elbehti, A., G. Brasseur and **D. Lemesle-Meunier.** 2000. First evidence for existence of an uphill electron transfer through the $bc_1$and NADH-Q oxidoreductase complexes of the acidophilic obligate chemolithotrophic ferrous ion-oxidizing bacterium *Thiobacillus ferrooxidans*. J. Bacteriol. **182:**3602-3606.

Jin, Q. and **C. M. Bethke.** 2003. A new rate law describing microbial respiration. Appl. Environ. Microbiol. **69**, 2340-2348.

질소 화합물의 산화

Arp, D. J., L. A. Sayavedra-Soto and **N. G. Hommes.** 2002. Molecular biology and biochemistry of ammonia oxidation by *Nitrosomonas europaea*. Arch. Microbiol. **178:**250-255.

Bothe, H., G. Jost, M. Schloter, B. B. Ward and **K. P. Witzel.** 2000. Molecular analysis of ammonia oxidation and denitrification in natural environments. FEMS Microbiol. Rev. **24:**673-690.

Cantera, J. J. and **L. Y. Stein.** 2007. Molecular diversity of nitrite reductase genes (*nirK*) in nitrifying bacteria. Environ. Microbiol. **9**(3):765-776.

Costa, E., J. Perez and **J. U. Kreft.** 2006. Why is metabolic labour divided in nitrification? Trends Microbiol. **14:**213-219.

Erguder, T. H., N. Boon, L. Wittebolle, M. Marzorati and **W. Verstraete.** 2009. Environmental factors shaping the ecological niches of ammonia-oxidizing archaea. FEMS Microbiolo. Rev. **33**(5):855-869.

Hooper, A. B., T. Vannelli, D. J. Bergmann and **D. M. Arciero.** 1997. Enzymology of the oxidation of ammonia to nitrite by bacteria. Antonie van Leeuwenhoek. **71:**59-67.

Kartal, B., W. J. Maalcke, N. M. de Almeida, I. Cirpus, J. Gloerich, W. Geerts, H. J. M. Op den Camp, H. R. Harhangi, E. M. Janssen-Megens, K.-J. Francoijs, H. G. Stunnenberg, J. T. Keltjens, M. S. M. Jetten and **M. Strous.** 2011. Molecular mechanism of anaerobic ammonium oxidation. Nature. **479**(7371):127-130.

Kowalchuk, G. A. and **J. R. Stephen.** 2001. Ammonia-oxidizing bacteria: a model for molecular microbial ecology. Ann. Rev. Microbiol. **55:**485-529.

Kuenen, J. G. 2008. Anammox bacteria: from discovery to application. Nature Rev. Microbiol. **6**(4):320-326.

Leininger, S., T. Urich, M. Schloter, L. Schwark, J. Qi, G. W. Nicol, J. I. Prosser, S. C. Schuster and **C. Schleper.** 2006. Archaea predominate among ammonia-oxidizing prokaryotes in soils. Nature **442**(7104):806-809.

Nicol, G. W. and **C. Schleper.** 2006. Ammonia-oxidising Crenarchaeota: important players in the nitrogen cycle? Trends Microbiol. **14:**207-212.

Richardson, D. J. and **N. J. Watmough.** 1999. Inorganic nitrogen metabolism in bacteria. Curr. Opin. Chem. Biol. **3:**207-219.

Schleper, C. and **G. W. Nicol.** 2010. Ammonia-oxidising *Archaea*–Physiology, ecology and evolution. Adv. Microb. Physiol. **57:**1-41.

Strous M, E. Pelletier, S. Mangenot, T. Rattei, A. Lehner, M. W. Taylor, M. Horn, H. Daims, D. Bartol-Mavel, P. Wincker, V. Barbe, N. Fonknechten, D. Vallenet, B. Segurens, C. Schenowitz-Truong, C. Medigue, A. Collingro, B. Snel, B. E. Dutilh, H. J. M. op den Camp, C. van der Drift, I. Cirpus, K. van de Pas-Schoonen, H. R. Harhangi, L. van Niftrik, M. Schmid, J. Keltjens, J. van de Vossenberg, B. Kartal, H. Meier, D. Frishman, M. A. Huynen, H. W. Mewes, J. Weissenbach, M. S. M. Jetten, M. Wagner and **D. le Paslier.** 2006. Deciphering the evolution and metabolism of an anammox bacterium from a community genome. Nature **440:**790–94.

Van Niftrik L. and **M. S. Jetten.** 2012. Anaerobic ammonium-oxidizing bacteria: unique microorganisms with exceptional properties. Microbiol. Mol. Biol. Rev. **76:**585-596.

Whittaker, M., D. Bergmann, D. Arciero and **A. B. Hooper.** 2000. Electron transfer during the oxidation of ammonia by the chemolithotrophic bacterium *Nitrosomonas europaea*. Biochim. Biophys. Acta-Bioenerg. **1459:**346-355.

Ye, R. W. and **S. M. Thomas.** 2001. Microbial nitrogen cycles: physiology, genomics and applications. Curr. Opin. Microbiol. **4:**307-312.

| 유황 화합물의 산화

Bardischewsky, F., J. Fischer, B. Holler and **C. G. Friedrich.** 2006. SoxV transfers electrons to the periplasm of *Paracoccus pantotrophus*–an essential reaction for chemotrophic sulfur oxidation. Microbiol-UK **152**(2):465-472.

Barrie Johnson, D., K. B. Hallberg and **R. K. Poole**. 2008. Carbon, iron and sulfur metabolism in acidophilic micro-organisms. Adv. Microbial Physiol. **54:**201-255.

Chan, L.-K., R. M. Morgan-Kiss and **T. E. Hanson.** 2009. Functional analysis of three sulfide:quinone oxidoreductase homologs in *Chlorobaculum tepidum*. J. Bacteriol. **191**(3):1026-1034.

Dopson, M. and **D. B. Johnson.** 2012. Biodiversity, metabolism and applications of acidophilic sulfur-metabolizing microorganisms. Environ. Microbiol. **14**(10):2620-2631.

Friedrich, C. G. 1998. Physiology and genetics of sulfur-oxidizing bacteria. Adv. Microb. Physiol. **39:**235-289.

Ghosh, W. and **B. Dam.** 2009. Biochemistry and molecular biology of lithotrophic sulfur oxidation by taxonomically and ecologically diverse bacteria and archaea. FEMS Microbiol. Rev. **33**(6):999-1043.

Kelly, D. P. 1999. Thermodynamic aspects of energy conservation by chemolithotrophic sulfur bacteria in relation to the sulfur oxidation pathways. Arch. Microbiol. **171:**219-229.

Klotz, M. G., D. A. Bryant and **T. E. Hanson.** 2011. The microbial sulfur cycle. Frontiers Microbiol. **2**. doi;10.3389/fmicb.2011.00241

Lenk, S., J. Arnds, K. Zerjatke, N. Musat, R. Amann and **M. Mußmann.** 2011. Novel groups of Gammaproteobacteria catalyse sulfur oxidation and carbon fixation in a coastal, intertidal sediment. Environ. Microbiol. **13**(3):758-774.

Liu, Y., L. L. Beer and **W. B. Whitman.** 2012. Sulfur metabolism in archaea reveals novel processes. Environ. Microbiol. **14**(10):2632-2644.

Mangold, S., J. Valdés, D. Holmes and **M. Dopson.** 2011. Sulfur metabolism in the extreme acidophile *Acidithiobacillus caldus*. Frontiers Microbiol. **2**. doi;10.3389/fmicb.2011.00017

Schippers, A., P. G. Jozsa and **W. Sand.** 1996. Sulfur chemistry in bacterial leaching of pyrite. Appl. Environ. Microbiol. **62:**3424-3431.

Sorokin, D. Y. 2011. The microbial sulfur cycle at extremely haloalkaline conditions of soda lakes. Frontiers Microbiol. **2**:44. doi;10.3389/fmicb.2011.00044

| 철 이온과 금속 이온의 산화

Amouric, A., C. Brochier-Armanet, D. B. Johnson, V. Bonnefoy and **K. B. Hallberg.** 2011. Phylogenetic and genetic variation among Fe(II)-oxidizing acidithiobacilli supports the view that these comprise multiple species with different ferrous iron oxidation pathways. Microbiol-UK **157**(1):111-122.

Andreoni, V., R. Zanchi, L. Cavalca, A. Corsini, C. Romagnoli and **E. Canzi.** 2012. Arsenite oxidation in *Ancylobacter dichloromethanicus* As3-1b strain: detection of genes involved in arsenite oxidation and CO_2 fixation. Curr. Microbiol. **65**(2):212-218.

Bird, L. J., V. Bonnefoy and **D. K. Newman.** 2011. Bioenergetic challenges of microbial iron metabolisms. Trends Microbiol. **19**(7):330-340.

Blake, R. C., E. A. Shute, M. M. Greenwood, G. H. Spencer and **W. J. Ingledew.** 1993. Enzymes of aerobic respiration on iron. FEMS Microbiol. Rev. **11:**9-18.

Bonnefoy, V. and **D. S. Holmes.** 2012. Genomic insights into microbial iron oxidation and iron uptake strategies in extremely acidic environments. Environ. Microbiol. **14**(7):1597-1611.

Chakraborty, A. and **F. Picardal.** 2013. Induction of nitrate-dependent Fe(II) oxidation by Fe(II) in *Dechloromonas* sp. strain UWNR4 and *Acidovorax* sp. strain 2AN. Appl. Environ. Microbiol. **79**(2):748-752.

Dubinina, G., A. Sorokina, M. Gapeeva and **A. Dolotov.** 2012. Communities of neutrophilic iron-oxidizing microorganisms of ferruginous springs of various types and their involvement in fractionation of stable iron isotopes. Microbiol-Moscow. **81**(1):90-97.

Duquesne, K., A. Lieutaud, J. Ratouchniak, D. Muller, M. C. Lett and **Bonnefoy, V.** 2008. Arsenite oxidation by a chemoautotrophic moderately acidophilic *Thiomonas* sp.: from the strain isolation to the gene study. Environ. Microbiol. **10**(1):228-237.

Ehrlich, H. L. 2008. Are Gram-positive bacteria capable of electron transfer across their cell wall without an externally available electron shuttle? Geobiol. **6**(3):220-224.

Garcia-Dominguez, E., A. Mumford, E. D. Rhine, A. Paschal and **L. Y. Young.** 2008. Novel autotrophic arsenite-oxidizing bacteria isolated from soil and sediments. FEMS Microbiol. Ecol. **66**(2):401-410.

Hafenbradl, D., M. Keller, R. Dirmeier, R. Rachel, P. Rossnagel, S. Burggraf, H. Huber and **K. O. Stetter.** 1996. *Ferroglobus placidus* gen, nov., sp, nov., a novel hyperthermophilic archaeum that oxidizes Fe^{2+} at neutral pH under anoxic conditions. Arch. Microbiol. **166:**308-314.

Hedrich, S., M. Schlömann and **D. B. Johnson.** 2011. The iron-oxidizing proteobacteria. Microbiol.-UK **157**(6):1551-1564.

Lehr, C. R., D. R. Kashyap and **T. R. McDermott.** 2007. New insights into microbial oxidation of antimony and arsenic. Appl. Environ. Microbiol. **73**(7):2386-2389.

Santini, J. M., L. I. Sly, R. D. Schnagl and **J. M. Macy.** 2000. A new chemolithoautotrophic arsenite-oxidizing bacterium isolated from a gold mine: Phylogenetic, physiological, and preliminary biochemical studies. Appl. Environ. Microbiol. **66:**92-97.

Sugio, T., K. Hirayama, K. Inagaki, H. Tanaka and **T. Tano.** 1992. Molybdenum oxidation by *Thiobacillus ferrooxidans*. Appl. Environ. Microbiol. **58**, 1768-1771.

Summers, Z. M., J. A. Gralnick and **D. R. Bond.** 2013. Cultivation of an obligate Fe(II)-oxidizing lithoautotrophic bacterium using electrodes. mBio **4**(1). doi;10.1128/mBio.00420-12.

Weber, K. A., J. C. Thrash, J. I. van Trump, L. A. Achenbach and **J. D. Coates.** 2011. Environmental and taxonomic bacterial diversity of anaerobic uranium(IV) bio-oxidation. Appl. Environ. Microbiol. **77**(13):4693-4696.

Yamanaka, T. and **Y. Fukumori.** 1995. Molecular aspects of the electron transfer system which participates in the oxidation of ferrous ion by *Thiobacillus ferrooxidans*. FEMS Microbiol. Rev. **17:**401-413.

| 수소와 일산화탄소의 산화

Fritsch, J., O. Lenz and **B. Friedrich.** 2013. Structure, function and biosynthesis of O_2-tolerant hydrogenases.

Nature Rev. Microbiol. **11**:106-114.

Dobbek, H., L. Gremer, O. Meyer and **R. Huber.** 1999. Crystal structure and mechanism of CO dehydrogenase, a molybdo iron-sulfur flavoprotein containing S-selanylcysteine. Proc. Nat. Acad. Sci., USA **96:**8884-8889.

Fritsch, J., O. Lenz and **B. Friedrich.** 2013. Structure, function and biosynthesis of O_2-tolerant hydrogenases. Nature Rev, Microbiol. **11**(2):106-114.

Gonzalez, J. M. and **F. T. Robb.** 2000. Genetic analysis of *Carboxydothermus hydrogenoformans* carbon monoxide dehydrogenase genes *cooF* and *cooS*. FEMS Microbiol. Lett. **191:**243-247.

Grzeszik, C., K. Ross, K. Schneider, M. Reh and **H. G. Schlegel.** 1997. Location, catalytic activity, and subunit composition of NAD-reducing hydrogenases of some *Alcaligenes* strains and *Rhodococcus opacus* MR22. Arch. Microbiol. **167:**172-176.

Kim, Y. and **S. Park.** 2012. Microbiology and genetics of CO utilization in mycobacteria. Antonie van Leeuwenhoek. **101**(4):685-700.

King, G. M. and **C. F. Weber.** 2007. Distribution, diversity and ecology of aerobic CO-oxidizing bacteria. Nature Rev. Microbiol. **5**(2):107-118.

Nishihara, H., T. Yaguchi, S. Y. Chung, K. Suzuki, M. Yanagi, K. Yamasato, T. Kodama and **Y. Igarash.** 1998. Phylogenetic position of an obligately chemoautotrophic, marine hydrogen-oxidizing bacterium, *Hydrogenovibrio marinus*, on the basis of 16S rRNA gene sequences and two form I RuBisCO gene sequences. Arch. Microbiol. **169:**364-368.

Oh, J.-I., S.-J. Park, S.-J. Shin, I.-J. Ko, S. J. Han, S. W. Park, T. Song and **Y. M. Kim.** 2010. Identification of *trans*- and *cis*-control elements involved in regulation of the carbon monoxide dehydrogenase genes in *Mycobacterium* sp. strain JC1 DSM 3803. J. Bacteriol. **192**(15):3925-3933.

Parkin, A. and **F. Sargent.** 2012. The hows and whys of aerobic H_2 metabolism. Curr. Opin. Chem. Biol. **16**(1–2):26-34.

Suzuki, M., Z. J. Cui, M. Ishii and **Y. Igarashi.** 2001. Nitrate respiratory metabolism in an obligately autotrophic hydrogen-oxidizing bacterium, *Hydrogenobacter thermophilus* TK-6. Arch. Microbiol. **175:**75-78.

| 이산화탄소의 고정

Beller, H. R., T. E. Letain, A. Chakicherla, S. R. Kane, T. C. Legler and **M. A. Coleman.** 2006. Whole-genome transcriptional analysis of chemolithoautotrophic thiosulfate oxidation by *Thiobacillus denitrificans* under aerobic versus denitrifying conditions. J. Bacteriol. **188:**7005-7015.

Berg, I. A. 2011. Ecological aspects of the distribution of different autotrophic CO_2 fixation pathways. Appl. Environ. Microbiol. **77**(6):1925-1936.

Berg, I. A., D. Kockelkorn, W. Buckel and **G. Fuchs.** 2008. A 3-hydroxypropionate/4-hydroxybutyrate autotrophic carbon dioxide assimilation pathway in Archaea. Science **318**(5857):1732-1733.

Berg, **I. A., D. Kockelkorn, W. H. Ramos-Vera, R. F. Say, J. Zarzycki, M. Hügler, B. E. Alber** and **G. Fuchs.** 2010. Autotrophic carbon fixation in archaea. Nature Rev. Microbiol. **8**(6):447-460.

Boyle, N. R. and **J. A. Morgan.** 2011. Computation of metabolic fluxes and efficiencies for biological carbon dioxide fixation. Metabolic Eng. **13**(2):150-158.

Cannon, G. C., S. H. Baker, F. Soyer, D. R. Johnson, C. E. Bradburne, J. L. Mehlman, P. S. Davies, Q.

L. Jiang, S. Heinhorst and J. M. Shively. 2003. Organization of carboxysome genes in the thiobacilli. Curr. Microbiol. **46:**115-119.

Estelmann, S., W. H. Ramos-Vera, N. Gad'on, H. Huber, I. A. Berg and **G. Fuchs.** 2011. Carbon dioxide fixation in *Archaeoglobus lithotrophicus*: are there multiple autotrophic pathways? FEMS Microbiol. Lett. **319**(1):65-72.

Friedmann, S., B. E. Alber and **G. Fuchs.** 2006. Properties of succinyl-coenzyme A:D-citramalate coenzyme A transferase and its role in the autotrophic 3-hydroxypropionate cycle of *Chloroflexus aurantiacus*. J. Bacteriol. **188:**6460-6468.

Herter, S., G. Fuchs, **A. Bacher** and **W. Eisenreich. 2002.** A bicyclic autotrophic CO_2 fixation pathway in *Chloroflexus aurantiacus*. J. Biol. Chem. **277:**20277-20283.

Hugler, M., H. Huber, S. J. Molyneaux, C. Vetriani, and **S. M. Sievert.** 2007. Autotrophic CO_2 fixation via the reductive tricarboxylic acid cycle in different lineages within the phylum *Aquificae*: evidence for two ways of citrate cleavage. Environ. Microbiol. **9**(1):81-92.

Hugler, M. and **S. M. Sievert.** 2011. Beyond the Calvin cycle: autotrophic carbon fixation in the ocean. Annu. Rev. Mar. Sci. **3:**261–289.

Hugler, M., C. O. Wirsen, G. Fuchs, C. D. Taylor and **S. M. Sievert.** 2005. Evidence for autotrophic CO_2 fixation via the reductive tricarboxylic acid cycle by members of the e-subdivision of Proteobacteria. J. Bacteriol. **187:**3020-3027.

Klatt, C. G., D. A. Bryant and **D. M. Ward.** 2007. Comparative genomics provides evidence for the 3-hydroxypropionate autotrophic pathway in filamentous anoxygenic phototrophic bacteria and in hot spring microbial mats. Environ. Microbiol. **9**(8):2067-2078.

Kockelkorn, D. and **G. Fuchs.** 2009. Malonic semialdehyde reductase, succinic semialdehyde reductase, and succinyl-coenzyme A reductase from *Metallosphaera sedula*: Enzymes of the autotrophic 3-hydroxypropionate/4-hydroxybutyrate cycle in *Sulfolobales*. J. Bacteriol. **191**(20):6352-6362.

Ramos-Vera, W. H., M. Weiss, E. Strittmatter, D. Kockelkorn and **G. Fuchs.** 2011. Identification of missing genes and enzymes for autotrophic carbon fixation in *Crenarchaeota*. J. Bacteriol. **193**(5):1201-1211.

Russell, M. J. and **W. Martin.** 2004. The rocky roots of the acetyl-CoA pathway. Trends Biochem Sci **29:**358-363.

Shively, J. M., G. Vankeulen and **W. G. Meijer.** 1998. Something from almost nothing: carbon dioxide fixation in chemolithophs. Ann. Rev. Microbiol. **52:**191-230.

Singh, J. and **F. R. Tabita.** 2010. Roles of RubisCO and the RubisCO-like protein in 5-methylthioadenosine metabolism in the nonsulfur purple bacterium *Rhodospirillum rubrum*. J. Bacteriol. **192**(5):1324-1331.

Tabita, F. R., T. E. Hanson, H. Li, S. Satagopan, J. Singh and **S. Chan.** 2007. Function, structure, and evolution of the RubisCO-like proteins and their RubisCO homologs. Microbiol. Mol. Biol. Rev. **71**(4):576-599.

Tourova, T. P., E. M. Spiridonova, I. A. Berg, B. B. Kuznetsov and **D. Y. Sorokin.** 2006. Occurrence, phylogeny and evolution of ribulose-1,5-bisphosphate carboxylase/oxygenase genes in obligately chemolithoautotrophic sulfur-oxidizing bacteria of the genera *Thiomicrospira* and *Thioalkalimicrobium*. Microbiol.-UK **152:**2159-2169.

Yoshizawa, Y., K. Toyoda, H. Arai, M. Ishii and **Y. Igarashi.** 2004. CO_2-responsive expression and gene organization of three ribulose-1,5-bisphosphate carboxylase/oxygenase enzymes and carboxysomes in

Hydrogenovibrio marinus strain MH-110 . J. Bacteriol. **186:**5685-5691.

Zarzycki, J., V. Brecht, M. Müller and **G. Fuchs.** 2009. Identifying the missing steps of the autotrophic 3-hydroxypropionate CO_2 fixation cycle in *Chloroflexus aurantiacus*. Proc. Natl. Acad. Sci., USA. **106**(50):21317-21322.

Zarzycki, J. and **G. Fuchs.** 2011. Coassimilation of organic substrates via the autotrophic 3-hydroxypropionate bi-cycle in *Chloroflexus aurantiacus*. Appl. Environ. Microbiol. **77**(17):6181-6188.

11장

광합성

광합성이란 빛 에너지를 생합성에 이용하는 반응을 말한다. 광합성에는 물을 전자 공여체로 이용하여 산소를 생산하는 산소 생산 광합성(oxygenic photosynthesis)과 유기물이나 유황 화합물을 전자 공여체로 이용하여 산소를 생산하지 않고 무산소 상태에서만 빛 에너지를 이용하는 무산소 광합성(anoxygenic photosynthesis)이 있다. 식물, 조류 그리고 cyanobacteria는 산소 생산 광합성으로, 광합성 세균(photosynthetic bacteria)은 무산소 광합성으로 빛 에너지를 이용한다. Bacteriochlorophyll을 보유하는 호기 광합성 세균에 의한 준광합성(quasi-photosynthesis, 호기적 무산소 광합성(aerobic anoxygenoc photosynthesis)과 호염성 archaea의 광인산화(photophosphorylation) 반응도 미생물이 빛 에너지를 이용하는 반응이다.

11.1 광합성 미생물의 분류

빛 에너지를 이용할 수 있는 미생물에는 진핵세포 생물인 조류(algae)와 원핵세포 생물인 cyanobacteria 그리고 광합성 세균이 있다. 준광합성 세균(quasi-photosynthetic bacteria)은 호기적 조건에서 유기영양적으로 생장하면서 생장에 필요한 일부의 에너지를 에너지로부터 공급받으며, 호염성 archaea도 빛 에너지를 이용하여 ATP를 합성하는 능력이 있으나 광합성 기구를 보유하지 않으므로 이들을 진정한 광합성 미생물로 취급하지 않는다.

조류와 cyanobacteria는 chlorophyll을 보유하고 있으며, 그 광합성 메커니즘이 식물의 그것과 유사하여 전통적으로 식물로 취급되어 왔다. Cyanobacteria는 그 세포 구조나 ribosomal RNA의 서열로 보아 그람음성 세균인 원핵세포 생물이다.

광합성 세균은 이들이 보유하는 광합성 색소(bacteriochlorophyll), 이용하는 전자 공여체 등이 식

표 11.1 Cyanobacteria의 분류.

	형태	분열*	Heterocyst	질소 고정
단세포 (Unicellular)				
Cyanobacteria	단세포	단	−	+**
Pleurocapsa Group	단세포	복	−	+**
Oscillatoria Group	filamentous	단	−	−
Heterocystous Cyanobacteria	filamentous	단	+	+

*; 세포 분열에서 2개의 자세포로 분열하는 것(단)과 둘 이상의 자세포로 분열하는 것(복)이 있다.,
**; 균주에 따라서 질소 고정 능력이 없는 것도 있다.

물이나 cyanobacteria와 다르며, 대부분 빛이 없으면 호기적 호흡을 통해 chemorganotrophic하게 생장할 수 있다.

11.1.1 Cyanobacteria

Cyanobacteria는 blue green algae라고도 부르는 그람음성 세균으로서 빛 에너지와 이산화탄소로 생장이 가능한 photolithotroph이다. 이산화탄소의 고정은 Calvin 회로를 통해 이루어지며, growth factor에 대한 요구성이 거의 없지만 일부는 생장을 위해 vitamin B_{12}를 필요로 한다. Cyanobacteria는 주로 형태에 따라 분류되고 있으며, 단세포 cyanobacteria, *Pleurocapsa* group, *Oscillatoria* group 그리고 heterocystous group으로 대별된다(표 11.1).

이들 중 단세포 cyanobacteria와 *Oscillatoria* group의 일부, 그리고 heterocystous group에 속하는 세균은 질소 고정(제6장, 6.2.1) 능력을 갖는다. 특히 heterocystous group에 속하는 세균은 호기적 조건에서 산소에 극히 예민하게 저해를 받는 nitrogenase(제6장, 6.2.1.2)를 보호하기 위해 질소원의 공급이 낮을 때는 filament로 연결된 세포 중 일부가 heterocyst로 변형되어 산소 생산 없이 질소를 고정한다.

11.1.2 광합성 세균

혐기 상태에서만 광합성을 하는 광합성 세균은 그들이 생산하는 광합성 색소, 이용하는 전자 공여체에 따라 purple bacteria와 green bacteria, 그리고 *Heliobacteraiceae*로 대별하며, purple bacteria는 purple nonsulfur bacteria와 purple sulfur bacteria로, green bacteria는 green sulfur bacteria와 green non-sulfur bacteria로 세분한다(표 11.2).

*Heliobacterium*속, *Heliobacillus*속 그리고 *Heliophilum*속을 포함하는 *Heliobacteriaceae*과에 속하는 광합성 세균은 편성 혐기성으로서 빛이 없는 조건에서 호기적으로 생장하지 못하며, 질소를 고정하는 능력이 있고 구조가 특이한 bacteriochlorophyll *g*를 보유하고 있다. 또한 광합성 소기관이 없기 때문에 광합성 색소가 원형질막에서 발견되는 점과 토양에서 주로 서식하는 점 등이 다른 광합성

표 11.2 광합성 세균[1]의 분류.

특징	Purple Bacteria		Green Bacteria		*Heliobacteriaceae*	AAPB[2]
	Nonsulfur	Sulfur	Nonsulfur	Sulfur		
Bacteriochlorophyll	*a, b*	*a, b*	*a, c, d*	*a, c, d, e*	*g*	*a*
유화수소 이용성 (전자 공여체)	–[3]	+	+[4]	+	–	–
유황 축적	–	세포내	–	세포외	–	–
수소 이용성	+	+	+	+	–	–
유기 전자 공여체 이용성	+	+	+	–	+	+
탄소원	CO_2 유기물	CO_2 유기물	CO_2 유기물	CO_2 유기물	유기물	유기물
호기적 호흡	+	–	+	–	–	+
이산화탄소 고정	Calvin 회로	Calvin 회로	Calvin 회로[5]	Reductive TCA 회로	–	–

Purple non-sulfur bacteria; *Rhodospirillum*속 등
Purple sulfur bacteria; *Chromatium*속 등
Green non-sulfur bacteria; *Chloroflexus*속 등
Green sulfur bacteria; *Chlorobium*속 등
[1]이들 외에 준광합성 세균과 호염성 archaea도 빛 에너지를 이용함
[2]호기적 무산소 광합성 세균(aerobic anoxygenic photosynthetic bacteria)
[3]균주에 따라 이용하는 예도 있음
[4]유화수소를 전자 공여체로 사용할 수 있으나 관례상 non-sulfur 세균이라 함
[5]*Chloroflexus*속 세균은 3-hydroxypropionate 회로

세균과 다르다. 이들은 유기물을 전자 공여체로 이용하는 photoheterotroph이다.

11.1.3 호기적 무산소 광합성 세균

전통적으로 광합성 세균을 혐기적 조건에서 빛 에너지를 이용하는 세균으로 정의하였다. 최근 호기적인 조건에서만 bacteriochlorophyll *a*와 carotenoid 등 광합성 색소를 생산하는 많은 종류의 세균이 알려지고 있다. 이들은 혐기적 환경에서는 광합성 색소를 생산하지 않는다. 이들은 유기물을 호기적 호흡으로 이용하면서 생장에 필요한 에너지의 일부를 빛 에너지로부터 얻기 때문에 준광합성 세균(quasi-photosynthetic bacteria) 또는 cyanobacteria와 구분하기 위해 호기적 무산소 광합성 세균(aerobic anoxygenic photosynthetic bacteria)이라 한다. 바닷물 또는 소금을 함유하는 호수에서 *Erythrobacter, Roseibium, Roseivivax, Roseobacter, Roesvarius, Rubrimonas*속의 호기적 무산소 광합성 세균이 분리되었으며, 담수에서 *Sandaracinobacter, Erythromonas, Erythromicrobium, Roseococcus, Porphyrobacter, Acidiphilium*속의 호기적 무산소 광합성 세균이 분리되었다. 또한 열대 지방에 서식하는 콩과식물의 줄기에 공생하는 *Bradyrhizobium*(제6장, 6.2.1)속 세균도 호기적 조

표 11.3 광합성 미생물의 광합성 색소.

색소	Cyanobacteria	Purple Bacteria	Green Bacteria	Heliobacteria	AAPB[1]
Reaction centre 색소	CHL *a*	BCHL *a, b*	BCHL *a* CHL *a*	BCHL *g*	BCHL a
Antenna 색소	phycobilin CHL *a*	BCHL *a* 또는 *b*	BCHL *c, d* 또는 *e*	BCHL *g*	BCHL a
주된 carotenoid	Dicyclic	Aliphatic	Aryl	Aliphatic	Dicyclic, Aliphatic[2]

[1]호기적 무산소 광합성 세균
[2]균주에 따라 다양한 carotenoid를 보유

건에서 무산소 광합성 능력을 갖고 있다. 이들 외에도 많은 생태계에서 이들이 분리되었다. 바다 모래사장 시료를 배양한 결과 복합 배지에서 생장하는 총 세균 수의 1.2~6.3%가 호기적 무산소 광합성 세균으로 분류되었다. 이러한 결과로부터 이 종류의 세균이 모래사장 생태계에서 가장 왕성하게 생장하는 미생물인 것을 알 수 있다.

11.2 광합성 색소

광합성에 관여하여 색소는 크게 나누어 chlorophyll, carotenoid 그리고 phycobilin을 들 수 있다. 식물이나 cyanobacteria는 3종 모두를 광합성 색소로 이용하며, 광합성 세균은 phycobilin을 합성하지 않는다(표 11.3).

11.2.1 Chlorophyll

Chlorophyll은 4분자의 pyrrole이 환상으로 결합하여 그 내부에 Mg^{2+}가 결합되어 있는 광합성 색소(그림 11.1)로서 광합성 구조물의 막에 존재하는 단백질과 비공유 결합 상태로 존재한다. Chlorophyll(CHL)은 pyrrole에 결합된 side chain에 따라 chlorophyll *a*, bacteriochlorophyll(BCHL) *a, b, c, d, e, g*로 분류된다(표 11.4). 호기적 무산소 광합성 세균에서 Mg^{2+}대신 Zn^{2+}가 결합된 bacteriochlorophyll도 발견되었다.

Cyanobacteria는 식물과 같은 형태의 chlorophyll *a*를 보유하는 데 비해, green bacteria는 BCHL *a*를 비롯하여 BCHL *c, d, e*를 광합성 색소로 이용할 뿐만 아니라 특이하게 CHL *a*가 BCHL *a*와 함께 reaction centre에서 빛 에너지를 생물학적 에너지로 전환시키는 데 관여한다(표 11.3). BCHL *a*나 *b*는 purple bacteria에 존재한다. Chlorophyll *a*를 갖는 cyanobacteria는 비교적 짧은 파장의 빛을 이용하며, BCHL을 이용하는 광합성 세균은 700nm 이상의 긴 파장의 광을 흡수할 수 있다. 특히 BCHL *a*나 *b*를 주된 광합성 색소로 이용하는 purple bacteria는 800nm 이상 적외선 부근의 광을 이

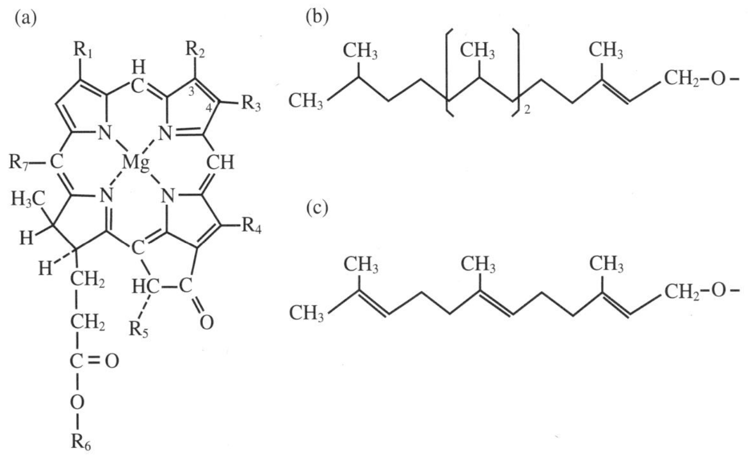

그림 11.1 Chlorophyll의 구조.
(a) Chlorophyll (b) Phytyl기 (c) Farnesyl기

용한다(표 11.4). 호기적 무산소 광합성 세균은 BCHL *a*만을 보유한다.

11.2.2 Carotenoid

모든 광합성 생물은 chlorophyll 외에 isoprenoid계 화합물인 carotenoid를 생산하여 광합성 색소로 이용한다. Carotenoid는 파장이 400~600nm 사이의 광을 흡수하여 이 에너지를 chlorophyll로 전달한다. Carotenoid는 광합성에 있어서 빛 에너지를 흡수하는 기능과 함께 호기 상태에서 빛 에너

표 11.4 Chlorophyll의 구조와 최고 흡광도.

잔기[1]	CHL *a*	BCHL					
		a	*b*	*c*	*d*	*e*	*g*
R1	$-CH=CH_2$	$-CO-CH_3$	$-CO-CH_3$	$-CHOH-CH_3$	$-CHOH-CH_3$	$-CHOH-CH_3$	$-CH=CH_2$
R2	$-CH_3$	$-CH_3$	$-CH_3$	$-CH_3$	$-CH_3$	-CHO	$-CH_3$
R3	$-C_2H_5$	$-C_2H_5$	$=CH-CH_3$	$-C_2H_5$	$-C_2H_5$	$-C_2H_5$	$=CH-CH_3$
R4	$-CH_3$	$-CH_3$	$-CH_3$	$-C_2H_5$	$-C_2H_5$	$-C_2H_5$	$-CH_3$
R5	$-CO-OCH_3$	$-CO-OCH_3$	$-CO-OCH_3$	-H	-H	-H	$-CO-OCH_3$
R6	phytyl	phytyl	phytyl	farnesyl	farnesyl	farnesyl	geranyl-geranyl
R7	-H	-H	-H	$-CH_3$	-H	$-CH_3$	-H
최고흡광 (nm)	680~685	850~910	1020~1035	745~760	725~745	715~725	788, 670

[1]잔기의 기호는 그림 11.1에 표시된 것이다.
CHL: chlorophyll BCHL: bacteriochlorophyll

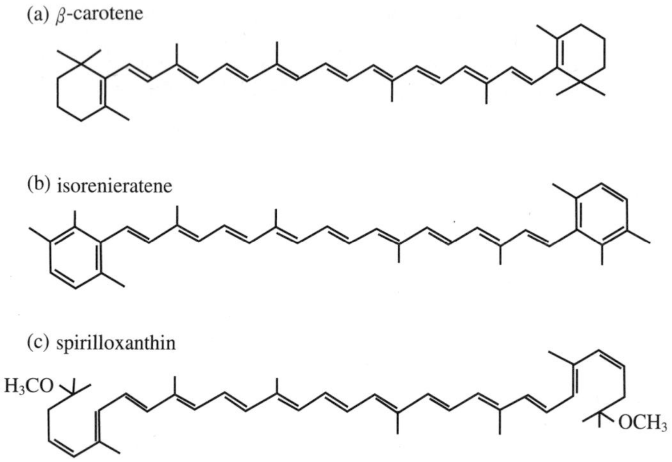

(a) β-carotene

(b) isorenieratene

(c) spirilloxanthin

H_3CO OCH_3

그림 11.2 광합성 미생물의 가장 일반적인 Carotenoid.
Cyanobacteria(a), green bacteria (b), purple bacteria(c)의 주된 carotenoid.

지에 의해 발생하는 singlet 상태의 산소에 의해 생체 물질이 photooxidation되는 것을 방지하는 중요한 역할도 한다.

Cyanobacteria에서 가장 일반적인 carotenoid는 β-carotene이다. Purple bacteria에서 발견되는 carotenoid의 종류는 다양해서 30종 이상이 알려지고 있으며, 이중 가장 대표적인 것이 benzene 환이 없는 spirilloxanthin이다. Green bacteria의 대표적인 carotenoid는 isorenieratene으로서 이들의 구조는 그림 11.2와 같다.

11.2.3 Phycobiliprotein

Phycobiliprotein은 cyanobacteria와 광합성 진핵세포에만 있는 광합성 색소 단백질이다. 이들은 4분자의 pyrrole이 연결된 bilin(그림 11.3)이 결합되어 있는 수용성의 단백질이다. Cyanobacteria에는 청색을 띠는 allophycocyanin과 phycocyanin이 존재하며, 이들은 파장이 500~650nm인 광을 흡수한다. 붉은 색을 띠는 cyanobacteria는 phycoerythrin을 가지고 있기 때문이다.

11.2.4 Pheophytin

Pheophytin은 Mg^{2+}가 없는 chlorophyll *a*의 구조를 갖는 색소로서 광합성 진핵세포와 cyanobacteria에 존재하며, 광합성 세균, 특히 purple bacteria의 reaction centre에서 중요한 전자 전달체로 작용한다. 광합성 세균의 pheophytin은 cyanobacteria와 식물의 그것과 다르게 bacteriochlorophyll *a*로부터 유래되기 때문에 bacteriopheophytin이라 한다.

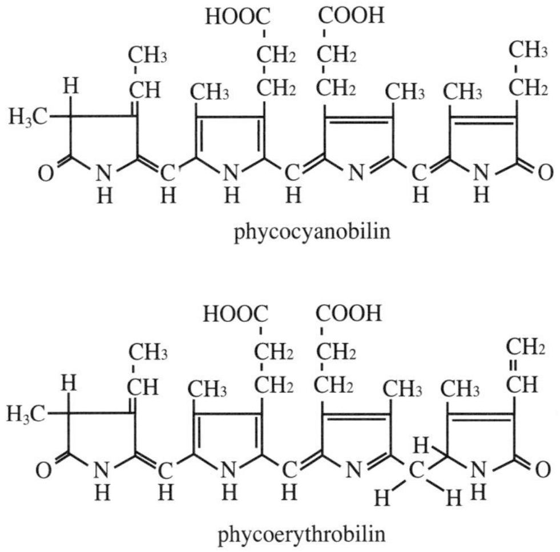

phycocyanobilin

phycoerythrobilin

그림 11.3 Phycobiliprotein의 색소 부분을 이루는 Bilin의 구조.

11.2.5 광합성 미생물의 흡광 Spectrum

광합성에 이용되는 각종 색소는 광합성 생물의 종류에 따라 다르며, 그 함량도 다르기 때문에 이들이 이용할 수 있는 빛의 파장도 다르다(그림 11.4). Chlorophyll *a*, carotenoid, phycobiliprotein 등의 광합성 색소를 갖는 cyanobacteria는 700nm 이하의 광을 흡수할 수 있다. Green bacteria는 700~800nm에서 최대 흡광도를 갖는 BCHL *a*, *d*, *e* 와 carotenoid를 light harvesting centre에 보유하므로 600nm 이하 그리고 700~800nm의 광을 흡수한다. Purple bacteria는 긴 파장의 광을 흡수하는 BCHL *a*나 *b*를 이용하여 800nm이상의 빛과 carotenoid에 의한 600nm 이하의 빛을 에너지원으로 이용한다. Bacteriochlorophyll *g*를 보유하는 *Heliobacteriaceae*는 788nm에서 최대 흡광도를 갖는다. Carotenoid와 BCHL *a*만을 보유하는 호기적 무산소 광합성 세균도 purple bacteria와 같이 carotenoid에 의한 450nm와 BCHL *a*의 800nm 부근의 광을 흡수한다.

11.3 광합성 소기관

광합성 생물들은 광합성 색소가 흡수한 빛 에너지를 이용하여 생합성에 필요한 $NAD(P)^+$를 환원시키거나 proton motive force를 통해 ATP를 합성한다. 이를 위해 각 광합성 생물의 광합성 색소들이 이들 특유의 광합성 소기관(photosynthetic organelle)에 배열되어 있다. *Heliobacteriaceae*와 호기적 무산소 광합성 세균에는 별도의 광합성 소기관이 없기 때문에 원형질막에서 광합성이 이루어진다.

Reaction centre(광반응 중심체)는 빛 에너지를 생물학적 에너지로 전환하는 구조물로서 전자 수용

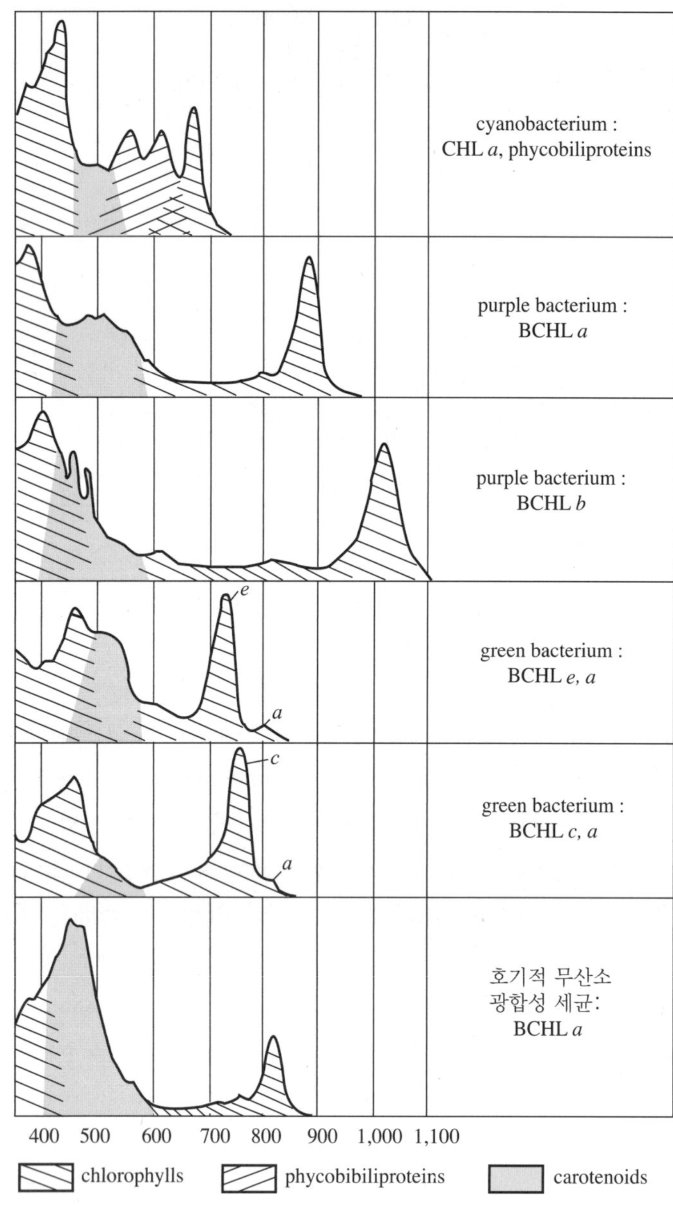

그림 11.4 광합성 미생물의 흡광 Spectrum.

광합성 미생물 균체의 흡광 spectrum은 이들이 보유하는 광합성 색소에 따라 다르다. Cyanobacteria는 chlorophyll *a*와 phycobiliprotein을 보유하고 있기 때문에 700nm 이하의 빛을 강하게 흡수하며, bacteriochlorophyll *a*와 *b*를 주된 광합성 색소로 이용하는 purple bacteria와 호기적 무산소 광합성 세균은 800nm 이상의 장파장을 흡수한다. Green bacteria는 bacteriochlorophyll *c*와 *e* 때문에 700~800nm의 빛을 흡수한다.

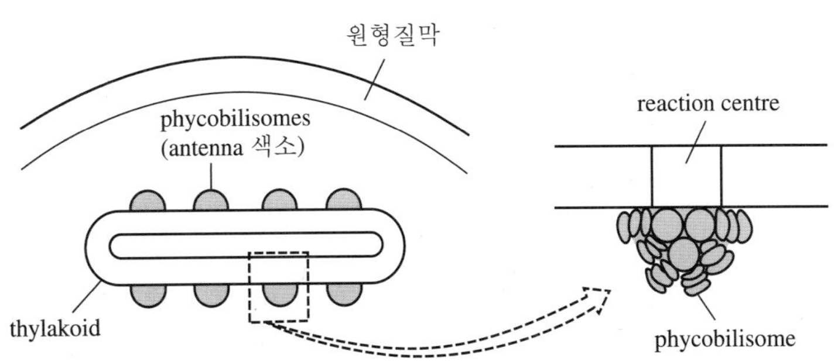

그림 11.5 Cyanobacteria의 광합성 소기관 Thylakoid.

Cyanobacteria의 원형질체에는 galactosyl diglyceride로 이루어진 이중막의 세포내 구조물 thylakoid가 광합성 소기관으로 작용한다. Thylakoid의 표면에는 빛 에너지를 흡수하는 phycobilisome이 있고, phycobilisome이 연결되어 있는 막 부분이 빛 에너지를 생물학적 에너지로 전환시키는 reaction centre이다. Reaction centre 주위의 막에는 reaction centre에서 전자를 받아 proton motive force를 형성하거나 $NAD(P)^+$를 환원시키는 전자 전달체가 위치한다.

방식에 따라 두 유형으로 구분한다. Purple bacteria, green nonsulfur bacteria, 그리고 cyanobacteria의 photosystem II는 pheophytin-quinone type의 reaction centre를 보유하며, green sulfur bacteria, heliobacteria, 그리고 cyanobacteria의 photosystem I은 iron-sulfur type의 reaction centre를 보유한다.

11.3.1 Cyanobacteria

전술한 바와 같이 cyanobacteria의 광합성 색소는 진핵세포의 그것과 유사하며, 광합성 소기관도 진핵세포의 chloroplast 안에 thylakoid가 있는 것과 같이 이들의 원형질체에 thylakoid가 있어서 빛 에너지를 생물학적 에너지로 변환시킨다(그림 11.5). Thylakoid는 다른 생물 막과 같이 이중의 지질로 이루어져 있다. 원형질막이 인지질인 데 비해 thylakoid의 막은 인지질의 인산 위치에 galactose 1분자 또는 2분자가 결합된 galactosyl diglyceride로 이루어져 있다.

Thylakoid 막에는 chlorophyll *a*와 단백질로 이루어진 reaction centre가 있다. Reaction centre의 원형질체 쪽에는 빛 에너지를 흡수하는 light harvesting complex 또는 antenna molecule이라 불리는 색소들이 있다. 전체 chlorophyll의 극히 일부만 reaction centre에 포함되어 있으며, 대부분은 phycobiliprotein, carotenoid와 함께 antenna molecule로서 작용한다. Thylakoid에는 광합성 색소를 포함하는 phycobilisome과 reaction centre 외에도 빛 에너지에 의해 일어나는 산화 · 환원 반응의 에너지를 proton motive force로 전환시키는 전자 전달체가 존재한다.

11.3.2 Green Bacteria

Green bacteria는 원형질막에 chlorosome이라는 광합성 소기관을 갖고 있지만, 이 소기관은

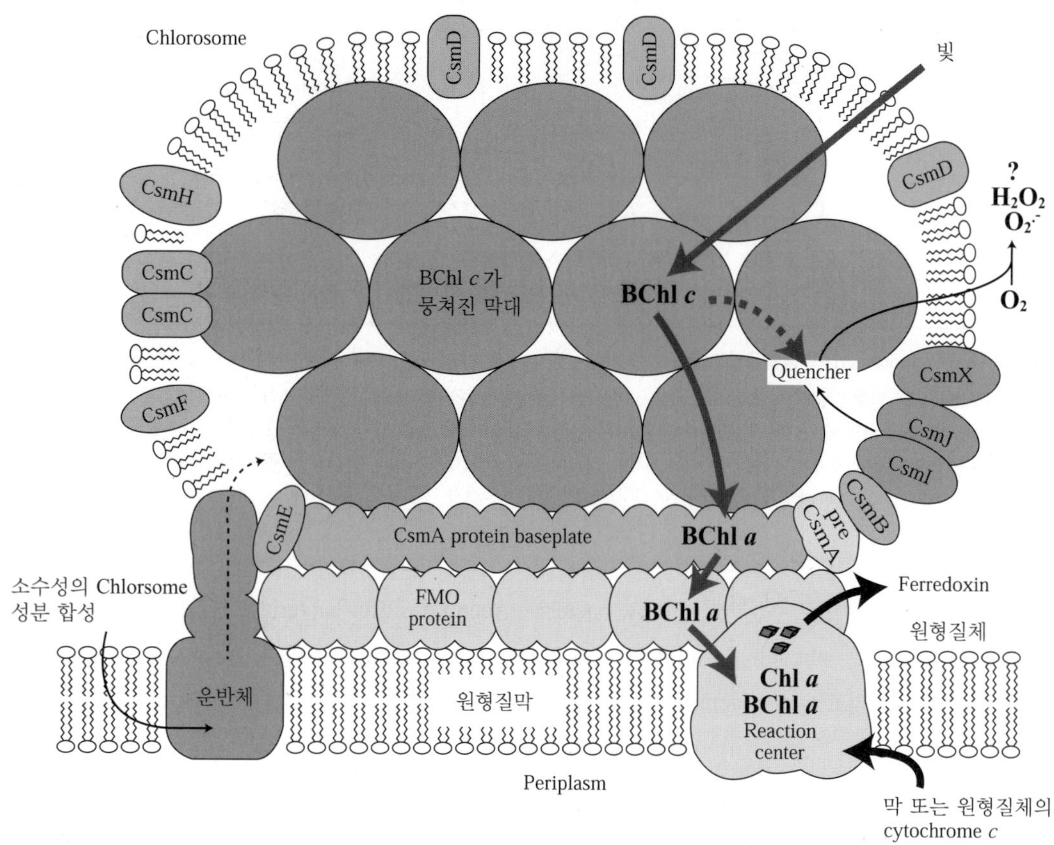

그림 11.6 Green Bacteria의 Chlorosome이 원형질막에 연결되어 있는 모형(Arch. Microbiol. 2004, 182:265-276).
Chlorosome은 단일 막으로 싸여 있으며, BChl *c*가 막대 모양으로 뭉쳐진 형태의 antenna molecule을 포함한다. Green bacteria의 reaction centre는 baseplate를 통해 chlorosome이 연결되어 있는 원형질막에 있다. Fenna-.Matthews-Olson(FMO) 복합체를 제외한 BChl을 포함하는 모든 복합체에는 carotenoid가 있다. 산소가 있을 때는 quencher가 BChl *c*로부터 exiton(11.4.2)이 reaction centre로 전달되는 것을 저해하여 광합성이 이루어지지 않는다. Quencher는 chlorosome(Csm) 단백질로부터 전자를 받아 산소를 환원하고, 산소가 완전히 없어진 다음 환원된 quencher는 그 활성이 없어진다.
굵은 화살표; Exiton의 전달 경로, 얇은 화살표; 전자 전달 경로

antenna molecule만을 보유한다. Chlorosome은 baseplate로서 원형질막에 연결되어 있다(그림 11.6).

Chlorosome은 monogalactosyl diglyceride를 주축으로 하는 단일 막(monolayer)으로 싸여 있으며, antenna 색소들인 BCHL *c, d, e* 와 carotenoid가 막대 모양으로 배열되어 있다. Chlorosome을 원형질막에 연결시키는 baseplate는 BCHL *a*를 포함하고 있지만 reaction centre는 아니며, antenna 색소로부터 reaction centre로 에너지를 전달하는 역할을 한다. Baseplate가 연결된 원형질막 부분에는 BCHL *a*와 CHL *a*를 갖는 reaction centre가 있으며, 전자 전달체도 그 주위에 존재한다. Green

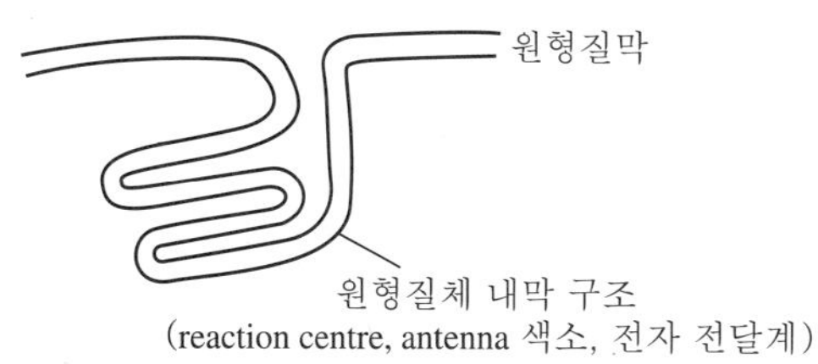

그림 11.7 Purple Bacteria의 광합성 소기관.
원형질막에 연결된 세포 안의 막 구조에 reaction centre, antenna 색소, 그리고 전자 전달계가 존재한다.

nonsulfur bacteria의 경우에는 bacteriopheopytin이, green sulfur bacteria의 경우에는 [Fe-S] protein이 reaction centre에서 발견된다.

Green sulfur bacteria인 *Chlorobium tepidum*의 경우, 빛이 매우 약하고 sulfide가 있는 심층 수계 환경에서 서식한다. 이들은 빛을 효율적으로 포착하기 위해 1 세포 당 약 200~250개의 chlorosome을 갖고 있다. 하나의 chlorosome에는 200×10^3 이상의 BCHL *c* 분자가 있다. 따라서, 한 세포 당 5×10^7 이상의 BCHL *c* 분자를 갖고 있다.

11.3.3 Purple Bacteria

Heliobacteria와 호기적 무산소 광합성 세균을 제외한 광합성 세균 중에서 빛을 흡수하는 기구가 가장 덜 분화된 purple bacteria는 원형질막과 연결된 원형질체 안의 막 구조에서 빛에너지를 proton motive force로 전환하는 cyclic electron transport의 모든 반응이 일어난다. 이 막 조직은 인지질 이중막으로 이루어져 있어서 원형질막이 원형질체로 함입된 것으로 보이며, 종에 따라 막대형, 판형, 원형 등의 형태가 있다(그림11.7).

11.3.4 Heliobacteria와 호기적 무산소 광합성 세균

이들의 광합성 기구는 분화가 가장 덜 되어 있어 chlorosome이나 원형질막이 함입된 원형질체 내막 구조와 같은 분화 구조가 없다. 이들의 antenna 색소와 reaction centre는 원형질막에 있다.

11.4 광반응

전술한 바와 같이 광합성이란 빛 에너지를 생합성에 이용하는 반응을 말한다. 광합성은 빛 에너지를 생물학적 에너지로 변환시키는 반응(명반응, light reaction)과 이 생물학적 에너지를 이용하여 환

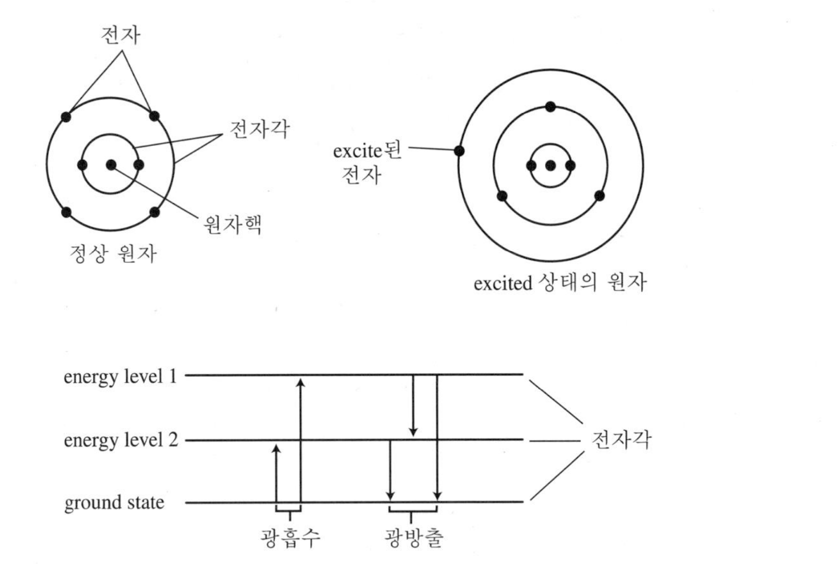

그림 11.8 광전 효과.

광전 효과는 photon이 갖는 에너지의 크기와 excited되는 전자의 에너지 양이 동일할 때만 일어난다. 이는 각 파장의 빛이 광전 효과를 유발할 수 있는 물질이 서로 다르다는 것을 말한다. 이미 살펴본 각 광합성 색소들은 각각 다른 흡광 spectrum을 갖는다. 각 색소가 흡수하는 빛만이 그 색소에서 광전 효과를 유발하여 광합성의 광반응을 일으킨다.

원된 생체물질을 합성하는 반응(암반응, dark reaction)으로 구분한다.

11.4.1 빛의 성질

빛이란 원자가 어떤 양의 에너지를 발산할 때 발생하는 일정한 파장을 이루는 입자로서, 이 입자를 photon이라 한다. 빛의 강도는 초당 방출되는 photon의 숫자로 표시한다. Photon이 갖는 에너지는 그 주파수에 비례하므로 파장이 짧을수록 많은 에너지를 갖는다. Photon이 어떤 종류의 물질에 흡수되면 전자가 분리되는 광전 효과(Photoelectric effect)는 잘 알려진 현상이다. 이는 이들 물질 표면에 있는 원자가 빛 에너지를 받으면 이를 전자의 kinetic energy로 전환되기 때문이다(그림 11.8). 정상 상태의 원자 내 전자 배열은 에너지 상태가 낮지만 물질이 빛 에너지를 흡수하면 전자가 정상적인 전자각보다 외측 각으로 이동되어 높은 kinetic energy 상태로 된다. 이러한 전자를 excited 상태의 전자라 한다.

11.4.2 광합성 색소의 광전 효과

Antenna 색소가 빛을 흡수하면 광전 효과로 인해 excited된다. 이 excited된 색소가 갖는 에너지를 exciton이라 한다. 광합성 색소는 excited된 상태로 오래 지속되지 못하며, 다음과 같은 반응이 일어난다.

1) 인접한 분자 중의 전자를 excite 시키거나,
2) 전자각을 이동한 전자 자체가 다른 분자로 이동하여 산화된다.
3) 그렇지 못하면 스스로 빛을 받기 전의 상태로 돌아가면서 흡수한 에너지를 형광으로 분산시킨다.

1)의 반응은 antenna 색소에서 흡수한 빛 에너지를 reaction centre로 전달할 때 이용되는 현상이다. 이는 전자 간의 공명 현상으로 인해 일어나기 때문에 이 상태의 에너지를 resonance energy라고 한다.

2)의 반응은 reaction centre에서 antenna 색소가 흡수한 에너지를 받아 excited된 전자가 전자 전달체로 이전될 때 일어난다. Antenna 색소 사이의 에너지 이전은 excited된 상태에서 높은 에너지를 갖는 분자로부터 낮은 에너지를 가지는 분자로 이루어진다. 이때문에 cyanobacteria의 phycobilisome에는 각 색소가 정확한 순서에 따라 배열되어 reaction centre 쪽으로 갈수록 낮은 에너지를 가지는 색소가 연결되어 있다. Reaction centre의 BCHL *a* 등 특정 색소로부터 전자가 전달될 때는 자신보다 높은 산화 · 환원 전위의 전자 전달체로 전자가 이동된다. 이때 색소는 전자를 잃고 산화된 상태가 된다. 이 산화된 상태의 색소는 비순환적 전자 전달(non-cyclic electron transport) 경로를 통해 전자 공여체로부터 전자를 받거나, 일련의 전자 전달체를 거치는 순환적 전자 전달(cyclic electron transport) 경로를 통해 되돌아오는 전자를 받아 원래의 상태로 환원된다. H_2O가 산소 생산 광합성으로 생장하는 cyanobacteria의 비순환적 전자 전달 경로에서 전자 공여체로 이용되며, 무산소 광합성 세균에서는 H_2S 등 유황 화합물이나 유기산 등 유기물이 이용된다.

빛 에너지로 excited된 antenna 색소가 인접한 색소로 에너지를 이전하는 데에는 약 1×10^{-13}초(약 0.1 pico second)가 소요되며, reaction centre까지는 약 1×10^{-11}초(약 10 ps)가 소요된다.

11.4.3 전자 전달

Photon에 의해 활성화된 antenna 색소로부터 resonance energy 형태로 reaction centre까지 에너지가 전달된다. Reaction centre에서는 이 에너지를 이용하여 한 쌍의 (B)CHL *a*로부터 전자가 분리되어서 낮은 산화 · 환원 전위의 전자 전달체로 전달된다. 빛 에너지에 의해 산화된 (B)CHL *a* 쌍이 다시 환원될 때 전자를 외부로부터 공급받는 반응계를 non-cyclic electron transport라 하며, 처음 chlorophyll을 떠난 전자가 전자 전달계를 통해 다시 원위치로 되돌아오는 반응계를 cyclic electron transport라 한다. 각 광합성 생물의 reaction centre와 전자 전달계가 다르기 때문에 각 생물의 광합성에 있어서 전자 전달 경로도 다르다.

11.4.3.1 Cyanobacteria

Cyanobacteria의 광합성은 광합성 진핵세포 생물과 같이 두 종류의 reaction centre에 의해서 이루어진다. Chlorophyll *a*가 양 reaction centre의 광합성 색소로 이용되지만, reaction centre의 복합체

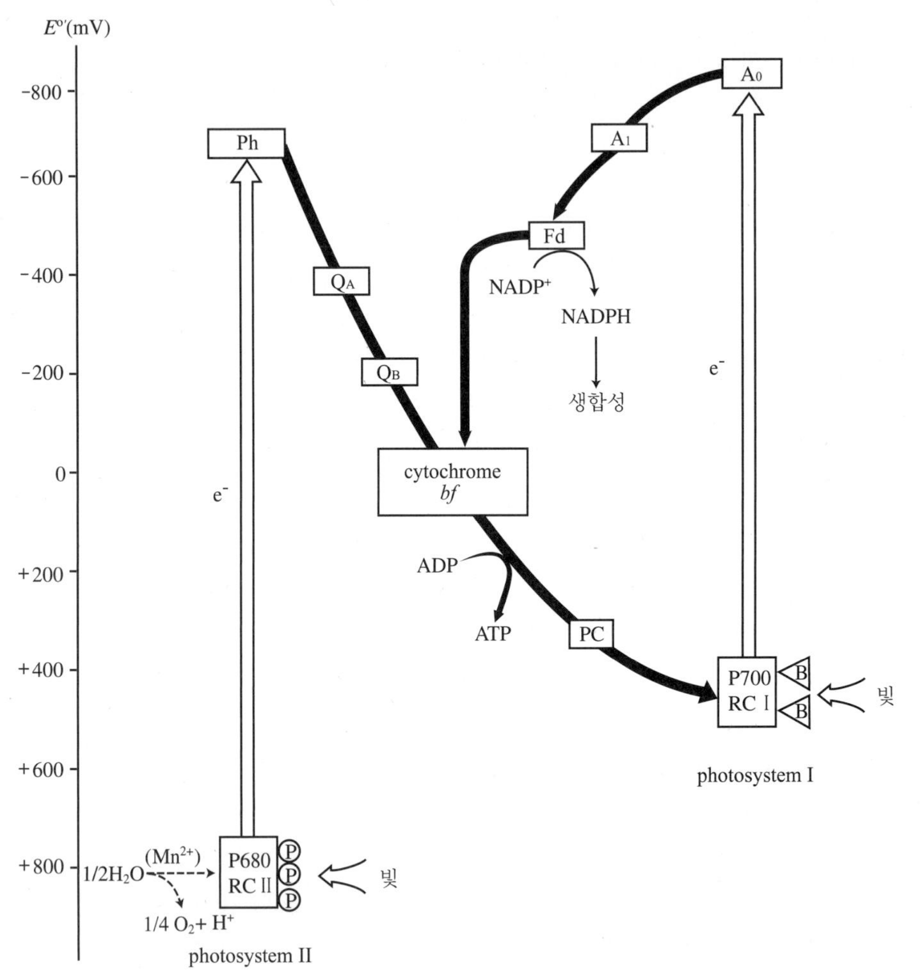

그림 11.9 Cyanobacteria의 광합성 과정에서 일어나는 전자 전달 경로.

Photosystem I(P700)을 이루는 chlorophyll *a*-단백질 복합체가 빛 에너지를 받으면 별도의 chlorophyll *a*인 A_0에 전자를 주고 그 전자는 phylloquinone(A_1)을 거쳐 ferredoxin(Fd)으로 전달된다. Ferredoxin의 전자는 cytochrome *bf* 복합체와 plastocyanin (PC)을 거쳐 산화되었던 P700을 환원시키며 cyclic electron transport를 완성한다. 이 과정에서 발생하는 에너지는 proton motive force로 전환되어 ATP 합성에 이용된다. 생합성에 필요한 환원력을 공급하기 위해 환원된 ferredoxin으로부터 전자가 $NADP^+$로 전달되기도 한다. $NADP^+$ 쪽으로 전달된 전자를 보충하기 위해 photosystem II(P680)에서 non-cyclic electron transport 경로를 통해 물로부터 전자를 받아 산화된 photosystem I을 환원시킨다.
Ph : pheophytin, Q_A와 Q_B : plastoquinone A와 B, PC : plastocyanin, A_0 : 1차 전자 수용체(CHL *a*), A_1: phylloquinone
Fd : ferredoxin

를 이루는 단백질 등의 영향으로 최고 흡광도가 각각 680nm와 700nm로 서로 다르다. 따라서 이들을 photosystem II(PS II, P680)와 photosystem I(PS I, P700)이라 한다.

PS I의 P700은 빛 에너지를 받지 않은 상태에서 산화 · 환원 전위가 +0.5V 부근이지만 exciton을 받으면 −1.0V 부근까지 내려간다. 환원력이 강해진 P700은 자신의 전자를 전자 수용체인 A_0(CHL *a*)에 주게 되고 그 전자는 phylloquinone(A_1)을 거쳐 ferredoxin(Fd)으로 전달된다. Ferredoxin의 전자는 cytochrome *bf* 복합체와 plastocyanin을 거쳐 산화되었던 P700을 환원시키며 cyclic electron transport를 완성한다(그림 11.9).

전자가 cyclic electron transport를 통해 전달되는 과정에서 발생하는 free energy는 mitochondria의 electron transport에서와 유사한 메커니즘으로 H^+을 thylakoid 내부로 이동시킨다. 이 과정에서 thylakoid 막을 사이에 두고 proton motive force가 형성되어서 ATP의 합성에 이용된다. 또한 환원된 ferredoxin으로부터 전자가 $NADP^+$로 전달되어 NADPH 형태의 환원력도 형성한다. 이 cyclic electron transport 반응계를 photosystem I이라 한다.

$NADP^+$로 전달된 전자를 보충하기 위해 photosystem II가 운영된다. PS II의 P680에 빛 에너지가 공급되면 산화 · 환원 전위가 +1.0V 부근에서 −0.8V까지 내려간다. 빛 에너지로 excited된 P680으로부터 전자가 pheophytin을 거쳐 plastoquinone으로 전달되고, 이어서 cytochrome *bf* 복합체와 plastocyanin을 거쳐 산화되었던 PS I인 P700을 환원시킨다.

산화된 P680의 산화 · 환원 전위는 +1.0V로 O_2/H_2O의 산화 · 환원 전위인 +0.816V보다 높기 때문에 물에서 전자를 받아 자신은 환원되며 산소를 생성한다. 이 반응은 Mn^{2+}를 함유하는 manganoprotein에 의해 촉매된다. 이와 같이, 물을 전자 공여체로 이용하여 산소를 생산하는 광합성 반응을 산소 생산 광합성(oxygenic photosynthesis)이라 한다. 한편, photosystem II의 P680은 thylakoid 표면에 결합되어 있는 antenna complex인 phycobilisome과 연결되어 있어 phycobilisome으로부터 exciton을 공급받고, photosystem I의 P700은 chlorophyll *a*와 단백질로 이루어진 antenna complex와 연결되어 exciton을 받는다.

11.4.3.2 Green Bacteria

Green bacteria는 BCHL *a*를 주축으로 하는 P840을 reaction centre로 하여 photosystem I의 anoxygenic cyclic electron transport 방식을 통해서 빛 에너지를 이용한다(그림 11.10). Chlorosome에 있는 antenna 색소들이 빛 에너지를 받아서 baseplate의 BCHL *a*를 통해 exciton을 원형질막에 있는 P840으로 전달한다.

빛 에너지를 받지 않은 상태의 P840은 산화 · 환원 전위가 +0.3V 부근이며, 빛 에너지를 받으면 산화 · 환원 전위가 −1.0V 보다 낮아져 primary acceptor인 A_0(BCHL *a*)를 환원시킬 수 있게 된다. 이 전자는 A_1을 거쳐 cytochrome *bc* 복합체로 전달되며 proton motive force를 형성한 다음 cytochrome c_{553}을 통해 산화된 상태의 P840까지 전달되어 cyclic electron transport를 완결시킨다. 생합성에 필요한 환원력을 공급하기 위해 일부의 전자는 A_1으로부터 ferredoxin으로 전달되고 ferredoxin은 이 전자를 $NAD(P)^+$로 전달하여 NAD(P)H로 환원한다. 이때 사용된 전자는 유황 화합물이나 유기물을 전자 공여체로 이용하여 non-cyclic electron transport 방식으로 보충한다(그림 11.10). 이 전자 전달 과정은 산소를 생산하지 않기 때문에 광합성 세균에 의한 광합성을 무산소 광합

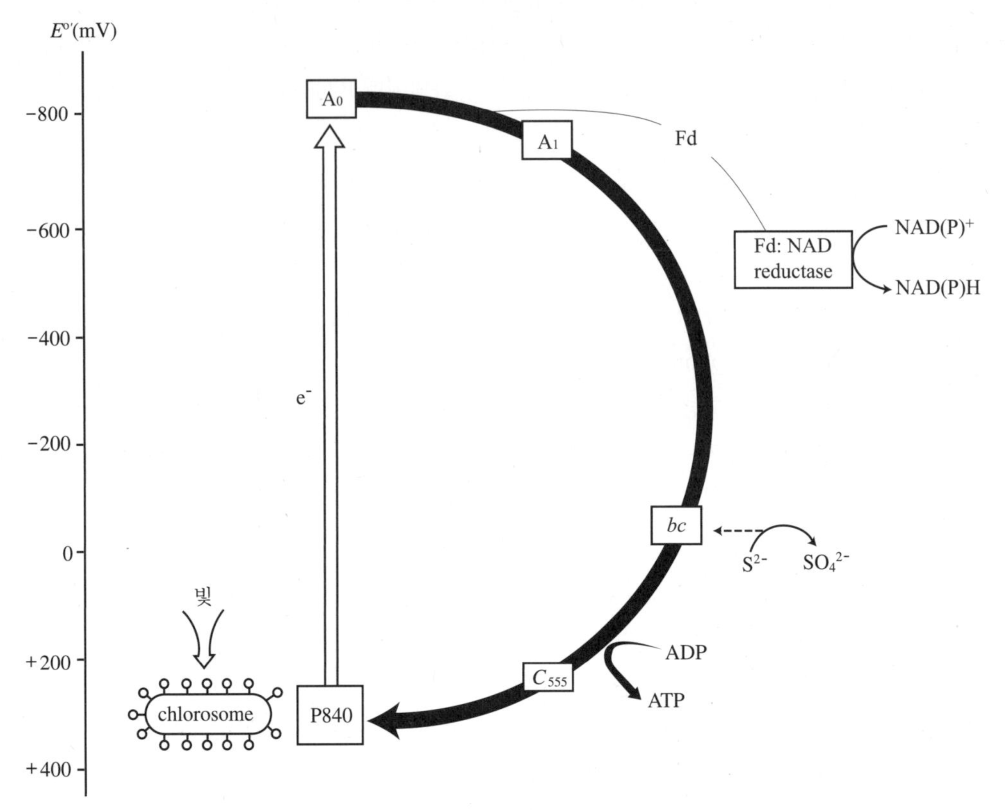

그림 11.10 광합성 Green Bacteria의 광반응 경로.

Green bacteria는 cyclic electron transport 경로만을 보유하고 있기 때문에 $NADP^+$ 쪽으로 전달되는 전자는 환원된 유황화합물이나 유기물로부터 공급받는다.

A_0: primary electron acceptor (BCHL *a*), A_1: a quinone compound, *bc*: cytochrome *bc* complex, c_{553}: cytochrome c_{553}

Fd: ferredoxin, Fd:$NAD(P)^+$ reductase: ferredoxin-dependent $NAD(P)^+$ oxidoreductase

성(anoxygenic photosynthesis)이라 한다. Green bacteria는 호기 조건에서는 광합성을 통해 생장할 수 없다. Green sulfur bacteria는 chemoorganotrophic하게 생장할 수도 없다. 그러나 다세포 green non-sulfur bacteria는 호기 상태에서 chemoorganotrophic하게 생장한다.

*Heliobacteriaceae*의 reaction centre는 P788로 green bacteria와 다르나, 유사한 광반응과 전자전달 방식으로 빛 에너지를 이용한다.

11.4.3.3 Purple Bacteria

Purple bacteria의 reaction centre는 광합성 생물 중에서 가장 긴 파장의 빛을 흡수하기 때문에 P870으로 명명된다. 정상 상태의 P870의 산화 · 환원 전위는 +0.44V이나, 빛에너지를 받아서 excited되면 −0.9V까지 내려가기 때문에 자신의 전자를 bacteriopheophytin을 거쳐 산화 · 환원

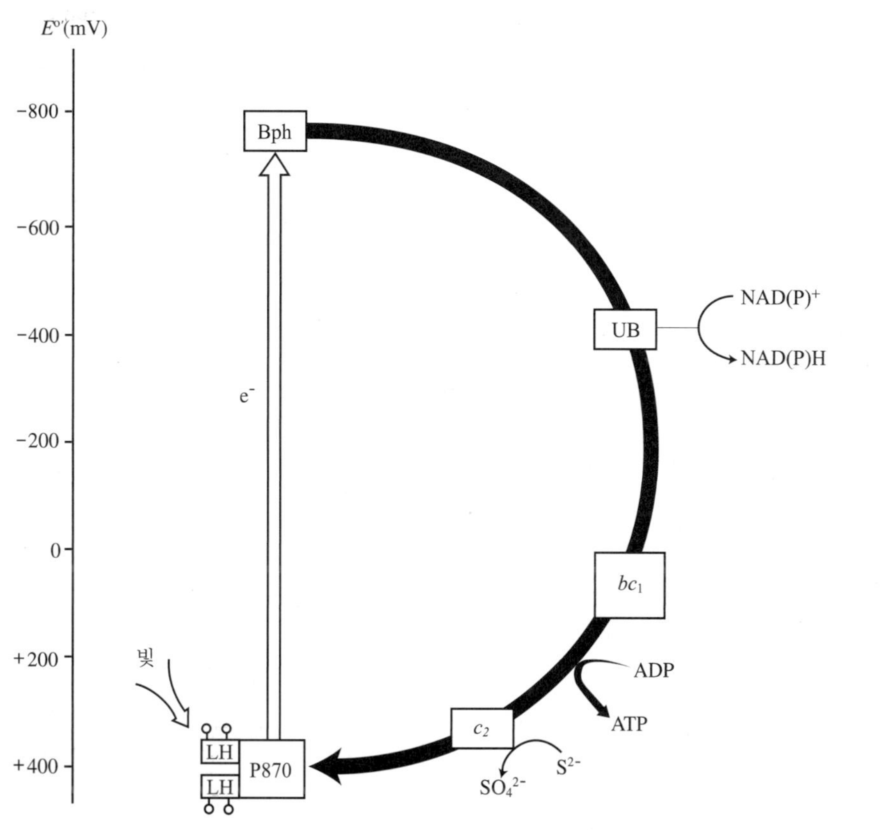

그림 11.11 광합성 Purple Bacteria의 광반응.

Purple bacteria는 빛에너지를 이용하여 protonmotive force를 형성하고, 이를 이용하여 ATP를 합성하거나, 전자 공여체에서 공급되는 전자를 reverse electron transport 메커니즘을 통해 $NAD(P)^+$까지 전달하는 데 이용한다.
LH: light-harvesting 복합체, Bph: bacteriopheophytin, UB : ubiquinone, bc_1 :cytochrome bc_1 complex
c_2 : cytochrome c_2

전위가 이보다 높은 cytochrome bc_1 복합체로 이동하게 한다. 이때, H^+을 세포 밖으로 방출하여 proton motive force를 형성하게 되며 이를 이용해서 ATP가 합성된다. 이어 전자는 세포막과 연관된 mobile-electron carrier인 cytochrome c_2를 통해 P870으로 되돌아가면서 산화된 P870을 원래의 상태로 환원시킨다(그림 11.11).

$NAD(P)^+$의 환원은 광반응으로 환원된 quinol을 proton motive force를 이용하여 reverse electron transport(제10장, 10.1) 메커니즘을 통해 산화시키면서 일어나고 여기서 소비되는 전자는 유황 화합물(sulfur bacteria)이나 유기물(non-sulfur bacteria)로부터 cytochrome c_2를 통해 보충 받는다.

Purple bacteria도 호기 상태에서는 광합성을 할 수 없으며, purple sulfur bacteria는 호기 상태에서 생장하지 못하나 nonsulfur bacteria는 호기 상태에서 chemoorganotroph로서 생장한다.

11.4.3.4 호기적 무산소 광합성 세균(Aerobic Anoxygenic Photosynthetic Bacteria)

지금까지 살펴본 광합성 세균은 혐기적 환경에서만 광합성이 가능하다. 비교적 최근에 알려지기 시작한 많은 종류의 그람음성 세균은 호기적 환경에서만 광합성 색소로 bacteriochlorophyll *a*와 carotenoid를 합성하여 유기물을 이용하면서 빛 에너지를 동시에 이용한다. 이들을 호기적 무산소 광합성 세균(aerobic anoxygenic photosynthetic bacteria)이라 한다. 이들은 산소가 없을 때는 광합성 색소를 합성하지 않는다. 이들은 purple bacteria와 매우 유사한 pheophytin-quinone 유형의 reaction center와 광 흡수체들을 갖고 있는 것으로 알려져 있으나, 분화된 광합성 기관은 알려지지 않았다. 따라서, light harvesting 복합체와 reaction centre가 원형질막에서 작용하는 것으로 판단하고 있다. 이들은 purple bacteria와 같이(그림 11.11) cyclic electron transport를 통해 빛 에너지를 이용하여 proton motive force를 형성하지만, $NAD(P)^+$를 환원하지 못한다. 대신, 유기물의 대사를 통해 $NAD(P)^+$를 환원한다.

11.5 광합성 미생물의 탄소 대사

광합성 미생물 중에는 광반응으로 얻어지는 ATP와 NADPH를 이용하여 유기물로부터 균체를 합성하는 photoorganotroph와 이산화탄소를 고정하는 photolithotroph가 있다. Cyanobacteria는 극히 일부를 제외하면 photolithotroph이며, green bacteria와 purple bacteria는 유기물을 이용하여 균체를 합성하면서도 이산화탄소를 고정하는 성질이 있다. 호기적 무산소 광합성 세균은 이산화탄소를 고정하는 능력이 없다.

11.5.1 이산화탄소의 고정

Cyanobacteria, purple bacteria 그리고 green non-sulfur bacteria는 Calvin 회로(제10장, 10.8.1)를 통해서 이산화탄소를 유기물로 합성한다(표 11.2 참조).

Green non-sulfur bacteria의 일종인 *Chloroflexus aurantiacus*와 green sulfur bacteria는 이산화탄소를 고정하는 능력은 있지만 Calvin 회로의 key enzyme인 phosphoribulokinase와 ribulose-1.5-diphosphate carboxylase/oxygenase(RuBisCO)를 합성하지 못한다. 따라서 이들은 Calvin 회로를 통해 이산화탄소를 고정하지 않는다. Green sulfur bacteria는 TCA 회로의 반대 경로인 reductive TCA 회로를 통해 이산화탄소를 acetyl-CoA로 합성한다(제10장, 10.8.4). 또한 *Chloroflexus aurantiacus*는 3-hydroxypropionate 회로를 통해 이산화탄소를 고정한다(제10장, 10.8.6).

11.5.2 Photoorganotroph의 탄소 대사

대부분의 광합성 세균은 빛 에너지를 이용하여 ATP와 NAD(P)H를 합성하면서 간단한 유기물을 생합성에 이용할 뿐만 아니라 전자 공여체로도 이용한다. 광합성으로 생장하면서 유기물을 이용하는 경로를 공부하기로 한다(표 11.2 참조).

11.5.2.1 Purple Bacteria와 호기적 무산소 광합성 세균

Purple nonsulfur bacteria는 photoorganotroph의 일종으로서 유기물을 우선적으로 생합성에 이용한다. 당은 EMP 경로나 ED 경로를 통해 이용되며, 해당 경로에서 발생하는 이산화탄소는 Calvin 회로를 통해 고정된다(제10장, 10.8.1). Purple nonsulfur bacteria는 빛이 없는 조건에서 호기적 호흡, 혐기적 호흡, 발효 등 다양한 대사 경로로 생장할 수 있다.

Rhodobacter capsulatus, *Rhodobacter sphaeroides*, *Rhodospirillum rubrum*의 경우 acetate는 ethylmalonyl-CoA 경로를 통해 균체 합성에 이용된다(제5장, 5.3.3). 광합성 조건에서 유기물을 이용하면서 발생하는 과잉의 환원력은 Calvin 회로를 통해 이산화탄소를 고정하는 데 소모된다. 따라서 acetate보다 더 환원된 상태의 유기물을 광합성 조건에서 이용하며 성장하기 위해서는 이산화탄소의 고정을 통한 환원력 소모가 필수적으로 필요하다. 그 이유는 혐기 상태에서 기질의 대사에서 발생하는 전자를 이산화탄소를 전자 수용체로 이용하여 소비해야 균체 생장이 가능하기 때문이다. Butyrate의 대사가 가장 좋은 예이다(그림 11.12).

*Heilobacteria*와 호기적 무산소 광합성 세균도 purple bacteria처럼 다양한 유기물을 이용할 수 있으나 광합성의 명반응을 통해 필요한 에너지의 일부분을 보충할 수 있다. 당은 많은 그람음성 세균처럼 ED 경로로 분해한다.

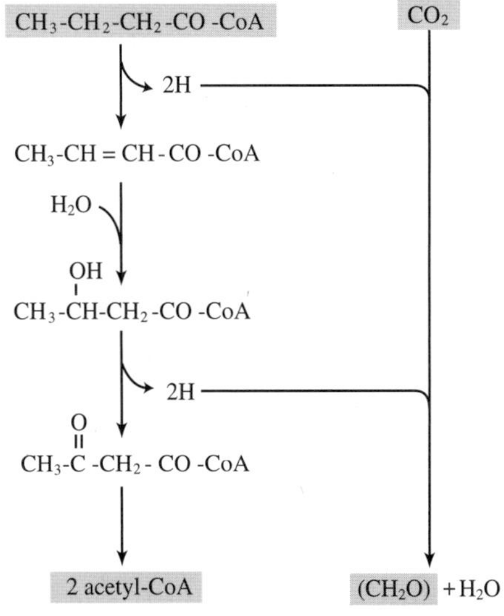

그림 11.12 Purple Bacteria에 의한 Butyrate의 대사

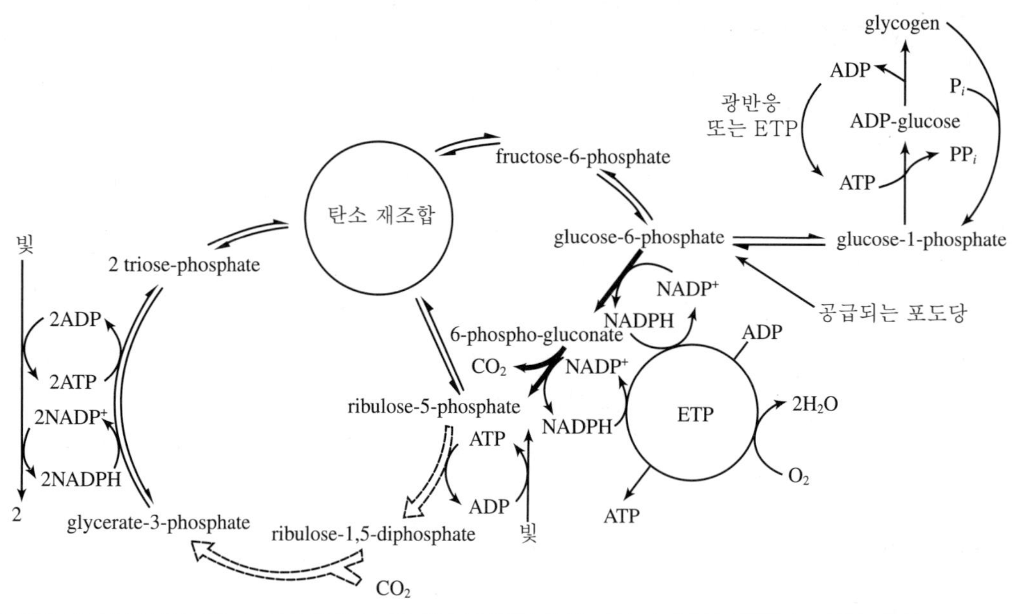

그림 11.13 Cyanobacteria의 광합성 경로와 포도당을 산화적 HMP 회로를 통해 대사하는 경로.

Cyanobacteria가 포도당을 이용할 때는 산화적 HMP 회로를 통해 대사하며(검고 굵은 선과 탄소 재조합 과정), 광합성을 통해서 생장할 때는 Calvin 회로(굵은 점선)를 통해 이산화탄소를 고정한다. 이 두 경로의 일부분은 동일한 효소에 의해서 촉매된다.

11.5.2.2 Green Bacteria

생장에 필요한 에너지를 혐기적 광합성 메커니즘을 통해 공급하는 green bacteria 중에서 황화수소를 전자 공여체로 이용하는 green sulfur bacteria는 이산화탄소를 reductive TCA 회로로 고정하면서 acetate 등 간단한 유기물을 탄소원으로 이용할 수 있지만 전자 공여체로는 이용하지는 못한다.

Green non-sulfur bacteria는 purple nonsulfur bacteria와 같이 chemoheterotrophic하게 생장할 수도 있으며, 광합성 과정에서도 유기물을 전자 공여체로 이용한다.

11.5.2.3 Cyanobacteria

대부분의 cyanobacteria는 빛 에너지를 이용하면서 lithotrophic하게 생장할 수 있으나 극히 소수의 cyanobacteria만이 heterotrophic하게 생장할 수 있다. 대다수의 cyanobacteria는 glycogen을 저장 물질로 이용할 수 있으므로, 이들은 당을 이용할 수 있는 효소계를 보유하고 있다. 그럼에도 불구하고 당을 이용하여 chemoorganotrophic하게 생장할 수 없는 이유는 이들 당을 배지로부터 세포 안으로 흡수하는 메커니즘이 없기 때문이다. 당을 이용하여 생장할 수 있는 cyanobacteria들도 다른 유기물을 이용하지 못한다. 그 이유는 *Thiobacillus novellus* 등과 같이 TCA 회로의 2-ketoglutarate dehydrogenase를 합성하지 못하므로 당을 산화적 HMP 회로(제4장, 4.3.2.2)를 통해 분해하여 에너지를 얻기 때문이다(그림 11.13). 일부의 cyanobacteria는 2-ketoglutarate dehydrogenase 대신 2-ketoglutarate decarboxylase와 succinic semialdehyde dehydrogenase의 작용을 통한 변형된 TCA 회로를 운영한다(제5장, 5.2.2).

11.6 호염성 Archaea의 Rhodopsin

*Halobacterium*을 위시한 대부분의 호염성 archaea는 사해 또는 염전 등 소금의 농도가 2.5M 이상일 때 가장 잘 생장한다. 이들은 전자 공여체와 전자 수용체인 산소의 농도가 높을 때는 빛으로부터 멀어지는 운동성을 가진다. 한편 용존산소의 농도가 낮아지면 빛을 향하는 운동성을 가지며, 빛 에너지를 이용하여 수소 이온과 염소 이온을 원형질막을 통해 이동시켜 proton motive force를 형성한다. 이와 같이 운동성을 결정하며 빛 에너지를 이용하는 성질은 모두 주어진 조건에서 합성되는 막 단백질의 역할이다. 이러한 단백질을 모두 rhodopsin이라 부른다.

산소의 농도가 높을 때 호염성 archaea는 sensory rhodopsin II를 합성하여 빛으로부터 멀어지는 운동성을 나타낸다. 산소의 농도가 낮은 조건에서는 sensory rhodopsin I을 합성하여 빛을 향하는 이동성을 갖게 되며, bacteriorhodopsin과 halorhodopsin을 합성한다. 빛 에너지를 받아 bacteriorhdopsin은 수소 이온을 원형질막 밖으로 운반하여 proton motive force를 형성하고 halorhodopsin은 염소 이온을 막 안으로 운반하여 membrane potential을 형성한다. 이들 rhodopsin

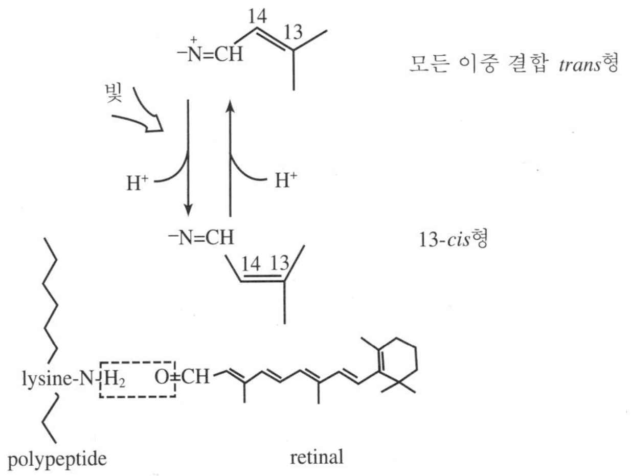

그림 11.14 *Halobacterium*의 Rhodopsin에 결합한 Retinal의 구조.

Rhodopsin은 색소인 retinal이 apoprotein(bacteriorhodopsin) 중 lysine의 ε-amino기와 결합한 Schiff 염기의 일종이다. Bacteriorhodopsin의 경우 이 Schiff 염기가 어두운 조건에서는 trans 형태이나, 빛을 받으면 cis 형태로 바뀌며 동시에 H^+을 세포 밖으로 방출하는 일련의 과정이 진행된다. 이때, Schiff 염기는 다시 trans 형태로 되어 빛이 존재하는 조건에서 다음의 cycle을 반복하게 된다.

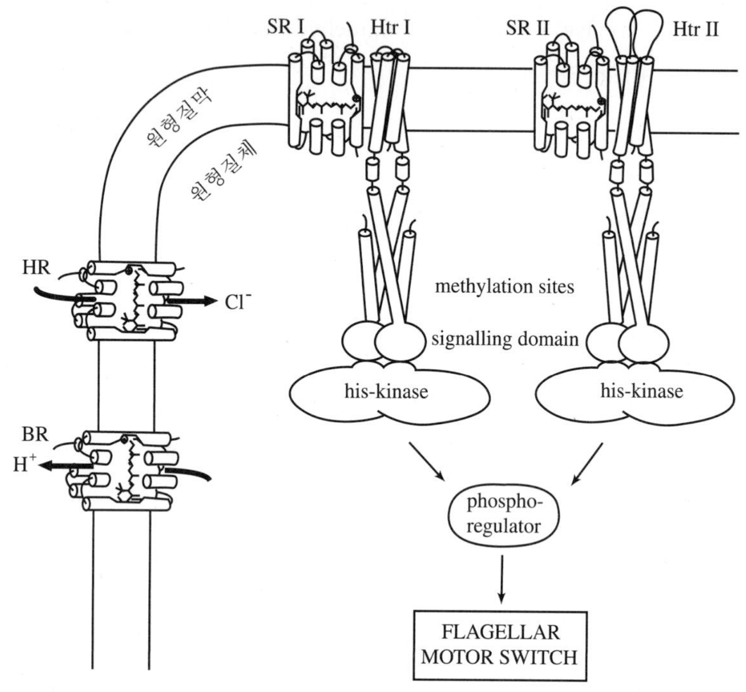

그림 11.15 호염성 Archaea의 Rhodopsin과 이들의 작용(Mol. Microbiol. 1998, 28:1051-1058).

호염성 archaea는 phototaxis를 조절하는 sensory rhodopsin I과 II 그리고 빛 에너지를 이용하는 bacteriorhodopsin과 halorhodopsin 등 4종류의 rhodopsin을 용존산소의 농도에 따라 합성한다. 이들 rhodopsin은 모두 retinal이 결합되어 있는 비슷한 구조의 단백질이다. 빛을 받으면 bacteriorhodopsin은 수소 이온을 세포 밖으로 운반하고 halorhodopsin은 염소 이온을 세포 안으로 운반한다. 비슷한 구조를 가진 sensory rhodopsin은 이온을 운반하는 대신 이 정보를 복합체를 이루는 transducer 단백질에 전달하여 phototaxis를 조절한다. 용존산소의 농도가 낮은 조건에서는 sensory rhodopsin I과 transducer I의 상호작용을 통해 빛을 향하는 운동성을 가지며, bacteriorhodopsin 그리고 halorhodopsin을 이용하여 빛 에너지를 생물학적 에너지(proton motive force)로 전환한다. 반면, 용존산소의 농도가 충분한 조건에서는 sensory rhodopsin II를 합성하고 transducer II와의 상호작용을 통해 빛으로부터 멀어지는 운동성을 가진다.

BR; bacteriorhodopsin, HR; halorhodopsin, SRI; sensory rhodopsin I, HtrI; transducer I, SRII; sensory rhodopsin II, HtrII; transducer II

은 모두 retinal이 결합된 보라색의 단백질이다(그림 11.14).

모든 rhodopsin은 retinal이 결합된 비슷한 구조의 단백질로 빛을 받으면 수소 이온이 분리된다. Bacteriorhodopsin의 경우 분리되는 수소 이온이 원형질막 밖으로 운반되지만 phototaxis의 receptor로 작용하는 sensory rhodopsin의 경우 복합체를 이루는 transducer 단백질이 이 정보를 받아서 운동성을 조절한다(그림 11.15).

요점 정리

1. 광합성 작용을 하는 미생물은 진핵세포 생물인 조류(algae)와 원핵세포 생물인 cyanobacteria, 그리고 광합성 세균이 있다. *Halobacterium* 등 호염성 archaea와 준광합성 세균(quasi-photosynthetic bacteria)도 빛 에너지를 생물학적 에너지로 전환시킬 수 있다.

2. 광합성 세균은 green bacteria, purple bacteria 그리고 *Heliobacteriaceae*로 분류되며, 이들은 다시 green sulfur bacteria, green non-sulfur bacteria, purple sulfur bacteria, purple non-sulfur bacteria로 분류된다. Chemoorganotroph 중에서 bacteriochlorophyll *a*를 함유하는 세균이 바닷물에 많이 서식한다. 이들은 호기성 조건에서 이 광합성 색소를 합성하며, 생장에 필요한 일부의 에너지를 광반응으로 공급한다. 이들을 준광합성 세균 또는 호기적 무산소 광합성 세균(aerobic anoxygenic photosynthetic bacteria)이라 한다.

3. 광합성 미생물은 빛 에너지를 광전 효과를 통해 생물학적 에너지로 전환시키기 위해 chlorophyll, carotenoid, phycobiliprotein, pheophytin을 광합성 색소로 이용한다.

4. 광합성 진핵세포 미생물은 광합성 기관 chloroplast를 보유하며, 원핵세포 미생물인 cyanobacteria는 thylakoid를, green bacteria는 chlorosome을 광합성 소기관으로 이용하지만, purple bacteria는 원형질막이 원형질체 쪽으로 함입된 구조에 광합성 색소를 보유한다. *Heliobacteriaceae*에는 광합성 색소가 원형질막에 있다.

5. 조류와 cyanobacteria는 물을 광합성의 전자 공여체로 이용하는 산소 생산(oxygenic) 광합성을 통해 산소를 발생시키고, 광합성 세균은 유기물이나 유황 화합물을 전자 공여체로 이용하므로 산소를 발생시키지 않는 무산소(anoxygenic) 광합성 메커니즘을 통해 빛 에너지를 이용한다. 생합성에 필요한 에너지의 일부를 호기적 조건에서 빛으로부터 공급받는 호기적 무산소 광합성 세균의 광합성 메커니즘은 알려지지 않았다.

6. 광합성 미생물은 대부분 Calvin 회로를 통해 이산화탄소를 균체 합성에 이용하지만, green sulfur bacteria는 reductive TCA cycle을 통해 이산화탄소를 고정한다. Green non-sulfur bacteria의 일종인 *Chloroflexus*속 세균은 3-hydroxypropionate 회로를 이산화탄소 고정에 이용한다.

7. 모든 광합성 세균은 유기물을 균체 합성에 이용할 수 있으며, green sulfur bacteria를 제외한 모든 광합성 세균은 유기물을 광합성에서 전자 공여체로 이용한다. Green non-sulfur bacteria와 purple non-sulfur bacteria는 호기 상태에서 유기물을 에너지원 및 탄소원으로 이용하여 생장한다.

8. Cyanobacteria는 저장 물질인 glycogen의 분해 산물인 glucose-6-phosphate를 산화적 HMP 회로를 통해 대사하며, 당을 흡수하는 능력이 있는 cyanobacteria는 당을 같은 메커니즘을 통해 대사한다.

9. *Halobacterium* 등 호염성 archaea는 원형질막에 있는 bacteriorhodopsin을 이용하여 빛 에너지를 protonmotive force 형태로 전환시킨다.

참고 문헌

| 광합성 미생물

Buchan, A., J. M. Gonzalez and **M. A. Moran.** 2005. Overview of the marine *Roseobacter* lineage. Appl. Environ. Microbiol. **71:**5665-5677.

Fleischman, D. and **D. Kramerb.** 1998. Photosynthetic rhizobia. Biochim. Biophys. Acta–Bioenerg. **1364:**17-36.

Gupta, R. S., T. Mukhtar and **B. Singh.** 1999. Evolutionary relationships among photosynthetic prokaryotes (*Heliobacterium chlorum, Chloroflexus aurantiacus*, cyanobacteria, *Chlorobium tepidum* and proteobacteria): implications regarding the origin of photosynthesis. Mol. Microbiol. **32:**893-906.

Hiraishi, A. and **K. Shimada.** 2001. Aerobic anoxygenic photosynthetic bacteria with zinc-bacteriochlorophyll. J. Gen. Appl. Microbiol. **47:**161-180.

Imhoff, J. F. 2001. True marine and halophilic anoxygenic phototrophic bacteria. Arch. Microbiol. **176:**243-254.

Lehto, K. M., H. J. Lehto and **E. A. Kanervo.** 2006. Suitability of different photosynthetic organisms for an extraterrestrial biological life support system. Res. Microbiol. **157:**69-76.

Madigan, M. T. and **D. O. Jung.** 2009. An overview of purple bacteria: systematics, physiology, and habitats. p. 1–15. *In* C. N. Hunter, F. Daldal, M. C. Thurnauer & J. T. Beatty (eds), The Purple Phototrophic Bacteria, Springer Science & Business Media B.V.

Morgan-Kiss, R. M., J. C. Priscu, T. Pocock, L. Gudynaite-Savitch and **N. P. A. Huner.** 2006. Adaptation and acclimation of photosynthetic microorganisms to permanently cold environments. Microbiol. Mol. Biol. Rev. **70:**222-252.

Yurkov, V. V. and **J. T. Beatty.** 1998. Aerobic anoxygenic phototrophic bacteria. Microbiol. Mol. Biol. Rev. **62:**695-724.

Zhang, C. C., S. Laurent, S. Sakr, S. Peng and **S. Bedu. 2006.** Heterocyst differentiation and pattern formation in cyanobacteria: a chorus of signals. Mol. Microbiol. **59:**367-375.

| 광합성 기구 및 색소

Barber, J. 2002. Photosystem II: a multisubunit membrane protein that oxidises water. Curr. Opin. Struct. Biol. **12:**523-530.

Elsen, S., L. R. Swem, D. L. Swem and **C. E. Bauer.** 2004. RegB/RegA, a highly conserved redox-responding global two-component regulatory system. Microbiol. Mol. Biol. Rev. **68:**263-279.

Elsen, S., M. Jaubert, D. Pignol and **E. Giraud,.** 2005. PpsR: a multifaceted regulator of photosynthesis gene expression in purple bacteria. Mol. Microbiol. **57:**17-26.

Frigaard, N.-U. and **D. A. Bryant.** 2004. Seeing green bacteria in a new light: genomics-enabled studies of the photosynthetic apparatus in green sulfur bacteria and filamentous anoxygenic phototrophic bacteria. Arch. Microbiol. **182:**265-276.

Jones, M. R., P. K. Fyfe, A. W. Roszak, N. W. Isaacs and **R. J. Cogdell.** 2002. Protein-lipid interactions in the purple bacterial reaction centre. Biochim. Biophys. Acta-Biomembr. **1565**(2):206-214.

Kim, E. J., J. S. Kim, I. H. Lee, H. J. Rhee and **J. K. Lee.** 2008. Superoxide generation by chlorophyllide a reductase of *Rhodobacter sphaeroides*. J. Biol. Chem. **283**:3718-3730.

Kim, E. J. and **J. K. Lee.** 2010. Competitive inhibitions of the chlorophyll synthase of *Synechocystis* sp. PCC6803 by bacteriochlorophyllide a and the bacteriochlorophyll synthase of *Rhodobacter sphaeroides* by chlorophyllide a. J Bacteriol. **192**:198-207.

MaCcoll, R. 2004. Allophycocyanin and energy transfer. Biochim. Biophys. Acta-Bioenerg. **1657:**73-81.

Samsonoff, W. A. and **R. MacColl.** 2001. Biliproteins and phycobilisomes from cyanobacteria and red algae at the extremes of habitat. Arch. Microbiol. **176:**400-405.

Scheer, H. and **K. H. Zhao.** 2008. Biliprotein maturation: the chromophore attachment. Mol. Microbiol. **68**(2):263-276.

Tavano, C. L. and **T. J. Donohue.** 2006. Development of the bacterial photosynthetic apparatus. Curr. Opin. Microbiol. **9:**625–631.

Umeno, D., A. V. Tobias and **F. H. Arnold.** 2005. Diversifying carotenoid biosynthetic pathways by directed evolution. Microbiol. Mol. Biol. Rev. **69:**51-78.

l광합성의 명반응

Berry, S. and **B. Rumberg.** 2001. Kinetic modeling of the photosynthetic electron transport chain. Bioelectrochemi. **53:**35-53.

Bryant, D. A. and **N. U. Frigaard.** 2006. Prokaryotic photosynthesis and phototrophy illuminated. Trends Microbiol. **14:**488-496.

Iverson, T. M. 2006. Evolution and unique bioenergetic mechanisms in oxygenic photosynthesis. Curr. Opin. Chem. Biol. **10:**91-100.

Krauss, N. 2003. Mechanisms for photosystems I and II. Curr. Opin. Chem. Biol. **7:**540-550.

Oprian, D. D. 2003. Phototaxis, chemotaxis and the missing link. Trends Biochem. Sci. **28:**167-169.

Roegner, M., E. J. Boekema and **J. Barber.** 1996. How does photosystem 2 split water? The structural basis of efficient energy conversion. Trends Biochem. Sci. **21:**44-49.

Vredenberg, W. J. 1997. Electrogenesis in the photosynthetic membrane: fields, fact and features. Bioelectrochem. Bioenerg. **44:**1-11.

l광합성 미생물의 탄소 대사

Berg, I. A., O. I. Keppen, E. N. Krasil'nikova, N. V. Ugol'kova and **R. N. Ivanovsky.** 2005. Carbon metabolism of filamentous anoxygenic phototrophic bacteria of the family *Oscillochloridaceae*. Microbiol.-Moscow. **74:**258-264.

Garcia-Fernandez, J. M. and **J. Diez,** 2004. Adaptive mechanisms of nitrogen and carbon assimilatory pathways in the marine cyanobacteria *Prochlorococcus*. Res. Microbiol. **155:**795-802.

Hartman, F. C. and **M. R. Harpel.** 1994. Structure, function, regulation, and assembly of D- ribulose-1,5-bisphosphatecarboxylase/oxygenase. Ann. Rev. Biochem. **63:**197-234.

Hugler, M. and **S. M. Sievert.** 2011. Beyond the Calvin cycle: autotrophic carbon fixation in the ocean. Annu. Rev. Marine Sci. **3:**261–289.

| 호염성 archaea의 광 반응

Enami, N., K. Yoshimura, M. Murakami, H. Okumura, K. Ihara and **T. Kouyama.** 2006. Crystal structures of archaerhodopsin-1 and -2: common structural motif in archaeal light-driven proton pumps. J. Mol. Biol. **358**(3):675-685.

Fuhrman, J. A., M. S. Schwalbach and **U. Stingl.** 2008. Proteorhodopsins: an array of physiological roles? Nature Rev. Microbiol. **6**(6):488-494.

Grote, M. and **M. A. O'Malley.** 2011. Enlightening the life sciences: the history of halobacterial and microbial rhodopsin research. FEMS Microbiol. Rev. **35:**1082–1099.

Neutze, R., E. Pebay-Peyroula, K. Edman, A. Royant, J. Navarro and **E. M. Landau.** 2002. Bacteriorhodopsin: a high-resolution structural view of vectorial proton transport. Biochim. Biophys. Acta-Biomembr. **1565:**144-167.

Schertler, G. F. 2005. Structure of rhodopsin and the metarhodopsin I photo intermediate. Curr. Opin. Struct. Biol. **15:**408-415.

Spudich, J. L. 2006. The multitalented microbial sensory rhodopsins. Trends Microbiol. **14:**480-487.

Spudich, J. L. 1998. Variations on a molecular switch–Transport and sensory signalling by archaeal rhodopsins [Review]. Mol. Microbiol. **28**(6):1051-1058.

12장

미생물의 대사 조절

생명 현상의 궁극적인 목표는 생명 유지를 통한 자기 복제이다. 이를 위하여 생명체는 환경에서 공급되는 에너지와 영양 물질을 가장 효율적으로 이용한다. 지금까지 환경에서 공급되는 탄소가 중심 대사 경로를 통해 생합성에 필요한 탄소 골격으로 전환되고, 이 탄소 골격이 세포 구성에 필요한 단량체로 합성되어 세포 구조를 형성하는 경로를 공부하였다. 이 과정에서 세포는 효율적인 생장을 위하여 과잉의 단량체를 합성하지 않는다. 또한 많은 종류의 세포 구성 성분 중에서 부족한 것이 있을 때는 정상적인 생장이 일어나지 않는다. 그러므로 빠른 속도로 생장하는 미생물은 분해 반응(catabolism)과 합성 반응(anabolism)을 이루는 수많은 반응이 조화를 이루고 있음을 알 수 있다.

단세포로 이루어진 미생물은 다세포로 이루어진 고등 생물과 달리 세포가 직접 환경에 노출되어 있으므로, 항상 변화하는 환경에 적응하여 주어진 환경에서 가장 경제적으로 생장하고 생존할 수 있어야 한다. 이처럼 주어진 환경에 대응하여 정상적인 생장을 위한 대사 반응의 조화를 이루고 환경 변화에 대처하기 위해 미생물은 자신이 보유하는 유전 정보 중에서 주어진 환경에서 가장 경제적으로 생장할 수 있는 유전 정보만을 발현하며, 이미 발현된 효소 단백질의 경우에는 주어진 환경의 변화에 따라 그 활성을 조절하기도 한다.

이러한 각 단계의 조절은 생체 반응을 촉매하는 효소의 합성과 그 활성의 조절을 통하여 이루어진다(표 12.1). 이 장에서는 가장 많이 연구되고 잘 알려진 *Escherichia coli*의 대사 조절 메커니즘을 중심으로 공부한다.

12.1 효소 합성 조절의 여러 메커니즘

생체 반응은 거의 모두 효소에 의해 촉매되므로 일차적인 대사 조절은 효소 합성의 촉진과 저해로

표 12.1 대사 조절을 위해 효소의 합성과 활성이 조절되는 메커니즘.

단계	조절 메커니즘
효소 합성	
Transcription	Promoter의 구조와 sigma factor
	Activator – positive control
	Repressor – negative control
	Termination과 anti-termination
Translation	Attenuation
	Autogenous translational repression
	mRNA의 안정성
효소 활성	Feedback inhibition
	Feedforward activation
	화학적 변형
	물리적 변형
	분해

이루어진다. 단백질의 합성은 여러 가지 복잡한 메커니즘으로 조절된다. 여기서는 하나의 대사 경로에 관여하는 효소의 생산 조절에 관해 살펴보고 다음 항에서 하나의 조절 인자가 여러 가지 대사 경로를 조절하는 메커니즘을 공부한다.

12.1.1 Promoter와 Sigma Factor의 구조에 의한 조절

단백질 합성에 필요한 mRNA는 DNA를 template로 하는 RNA polymerase에 의해 합성되는데, RNA polymerase의 σ-factor가 DNA의 특정 부위인 promoter를 인지하여 합성이 시작된다(제6장, 6.11). Housekeeping sigma factor인 $\sigma^{D}(\sigma^{70})$의 경우 transcription start site의 upstream 쪽 −35와 −10 부위의 각각 대략 6염기가 promoter로 작용한다. 많은 양의 단백질이 합성되어야 하는 유전자는 σ-factor와 친화성이 강한 promoter에 연결되어 있으며, 반대로 친화성이 약한 promoter에 연결된 유전자에서는 적은 양의 단백질이 합성된다.

원핵세포 생물은 하나 이상의 σ-factor를 합성한다. 각각의 σ-factor가 인지하는 promoter의 염기배열이 서로 다르다. *E. coli*에서 7 가지의 sigma factor가 알려져 있으며 이중 σ^{D}가 housekeeping σ-factor이다. 이외에 $\sigma^{S}(\sigma^{38})$는 stringent response 등에 관여하며, $\sigma^{F}(\sigma^{28})$는 flagella의 합성에 작용한다. $\sigma^{H}(\sigma^{32})$는 heat shock 단백질의 합성에 작용하며, 변성된 원형질막 외측 단백질에 의해 발현되는 효소의 생산에는 $\sigma^{E}(\sigma^{24})$가 작용한다. FecI(σ^{19})는 철 운반 관련 단백질을 생산하며, 질소 결핍 환경에서 생산되는 효소 합성에는 $\sigma^{N}(\sigma^{54})$이 관여한다. 이들은 70 family와 54 family로 분류된다. $\sigma^{N}(\sigma^{54})$는 54 family에 속하며, 나머지 6종의 sigma factor들은 70 family로 분류된다. 70 family에 속하는 sigma factor들은 group 1~4로 세분된다(표 12.2).

유전체의 분석 결과 sigma factor의 수와 종류는 세균의 종류에 따라 다양하다. 예를 들어

*E. coli*의 경우 7종인데 비해 *Pseudomonas aeruginosa*에서는 24종, 장내 세균인 *Bacteroides thetaiotaomicron*에서는 50 종 이상이 확인되었다.

*E. coli*에서 housekeeping σ-factor인 σ^D가 인지하는 promoter는 −35 부위에 TTGACA, 그리고 −10 부위에 TATAAT 또는 이들과 유사한 염기 서열로 이루어진다. 일반적으로 이 염기 서열이 가장 강한 promoter로 작용하며 유사성이 낮을수록 σ^D sigma factor에 대한 친화성이 낮아진다. 다른 σ-factor들도 이들이 인지하는 각각의 promoter 서열이 있다. $\sigma^S(\sigma^{38})$가 인지하는 promoter는 −35 부위가 없는 대신 −10 부위가 다른 promoter에 비해 길다. 이를 extended−10 부위라 부른다. Promoter의 활성은 앞으로 설명하는 바와 같이 repressor, activator 등 여러 조절인자에 의해서도 조절된다.

같은 기능의 σ-factor가 세균마다 다른 이름을 갖는다. 예를 들어 그람음성 세균의 σ^D에 해당하는 housekeeping σ-factor를 그람양성 세균에서는 σ^A로, *Streptomyces*속 방선균에서는 HrdB라 부른다. 또한 같은 이름도 다른 세균에서는 다른 기능의 σ-factor를 표시한다. σ^D는 그람음성 세균에서는 housekeeping σ-factor를, *Bacillus subtilis*에서는 flagella를 합성하는 σ-factor를 표시한다.

Alternative σ-factor가 인지하는 promoter가 여러 종류의 유전자에 연결되어 있기 때문에 이들의 기능은 대부분 질소 제한, 고온 shock 반응(heat shock response), 운동성 조절 등 global regulation system(12.2)에서 중요한 역할을 담당한다. *E. coli*의 σ^E는 고온이나 용매 등에 의해 outer membrane 단백질이 변형되었을 때 발현되는 σ-factor로 extracytoplasmic function σ-factor라고도 부른다. *Bacillus*속 세균이 포자를 형성할 때 각 단계에서 특이적인 단백질이 생산되는 것은 각 단계에서 다

표 12.2 *Escherichia coli* RNA polymerase의 sigma factor.

Sigma Factor	유전자	기능	Promoter consensus sequence		Anti-sigma factor
			−35	−10	
70 family					
Group 1					
$\sigma^D(\sigma^{70})$	*rpoD*	Housekeeping	TTGACA	TATAAT	AsiAa
Group 2					
$\sigma^S(\sigma^{38})$	*rpoS, katF*	Stringent response General stress response	−	CTATACT	RssB
Group 3					
$\sigma^F(\sigma^{28})$	*rpoF, fliA*	Chemotaxis	TAAA	GCCGATAA	FlgM
$\sigma^H(\sigma^{32})$	*rpoH, htpR*	Heat shock protein	CTTGAAA	CCCATnT	DnaK
Group 4					
$\sigma^E(\sigma^{24})$	*rpoE*	Stress response	GAACTT	TCTRA	RseA
FecI(s^{19})	*fecI*	철 운반			
54 family					
$\sigma^N(\sigma^{54})$	*rpoN, ntrA*	질소 대사	TGGCAC	TTGCW	

R; A 또는 G, n: A, T, G, 또는 C, W: A 또는 T

* Bacteriophage T4

른 종류의 σ-factor가 작용하기 때문이다(제13장, 13.3.1).

σ-Factor와 결합하여 이들의 활성을 저해하는 단백질도 알려져 있다. 이들을 anti-sigma factor라 부른다. Bacteriophage T4로 감염된 *E. coli*의 housekeeping σ^D는 phage에서 유래하는 anti-sigma factor인 AsiA에 의해 저해되어 모든 RNA polymerase가 phage의 유전자를 transcribe하도록 조절한다. 다른 sigma factor를 저해하는 anti-sigma factor도 알려지고 있다(표 12.2). 원형질체에서 작용하는 다른 anti-sigma factor와 달리 extracytoplasmic function σ-factor의 활성을 저해하는 anti-sigma factor인 RseA는 원형질막에 결합되어 있다. Anti-sigma factor와 복합체를 이루고 있는 sigma factor의 활성이 필요할 때는 anti-anti-sigma factor가 작용하기도 하며, 단백질 분해효소가 anti-sigma factor를 분해하기도 한다. σ^F의 활성이 필요할 때 flagellin을 운반하는 mechanism을 통해 anti-sigma factor인 FlgM이 세포 밖으로 운반된다. *E. coli*에서 정지기(stationary phase) 또는 각종 stress를 받을 때 작용하는 σ^S의 활성이 필요치 않을 때 RssB 단백질이 결합하고, 이어서 ATP-dependent protease(ClpXP)에 의해 분해된다.

염색체에 결합하는 단백질과 세균의 생장기에 따른 염색체의 super helix 구조에 따라서도 promoter의 활성이 변한다. H-NS, Fis, Lrp(leucine-responsive regulatory protein), StpA 등 각종 DNA-binding protein들이 sigma factor와 promoter의 상호 작용을 조절한다. 정지기에 작용하는 σ^S는 DNA의 helix 구조가 풀린 상태에서 promoter에 대한 친화성이 높아진다.

12.1.2 효소의 유도

12.1.2.1 유도효소와 구성효소

포도당에서 배양한 *E. coli*를 유당(lactose)을 함유하는 배지로 옮기면 유당을 galactose와 포도당으로 분해하는 β-galactosidase의 합성이 유도되는 것을 볼 수 있다(그림 12.1). 이처럼 기질에 의해 유도되는 효소를 유도효소(inducible enzyme)라 하며, 효소 합성을 유도하는 기질을 유도물질

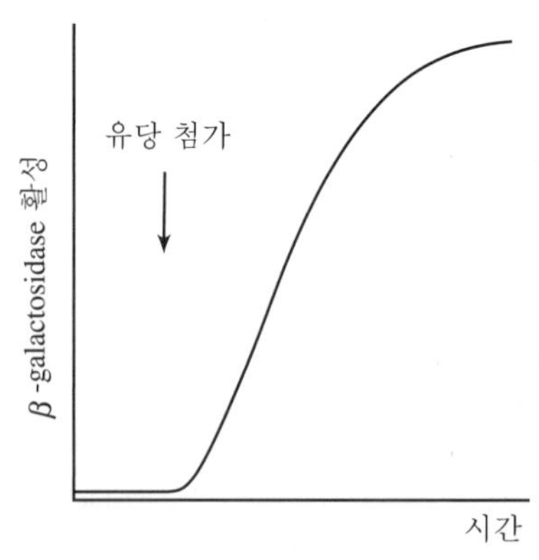

그림 12.1 *E. coli*에서 유당을 공급할 때 생산되는 β-glucosidase의 발현 유도.

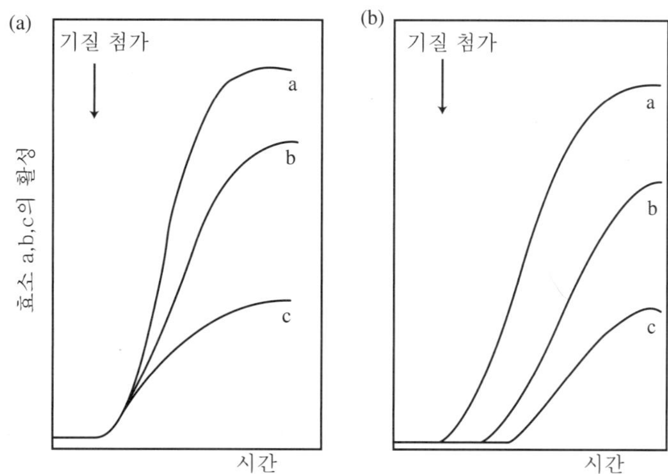

그림 12.2 2종 이상의 유도효소가 유도되는 순서.

(a)는 유도물질을 공급하면 2종 이상의 유도효소가 동시에 생산되는 경우(coordinate induction)이며, (b)는 차례로 생산되는 경우(sequential induction)이다. 첫 효소의 반응 산물이 다음 효소의 유도 물질로 작용하면 차례로 효소가 유도된다.

(inducer)이라 한다. 유도효소와 달리 항상 합성되는 효소를 구성효소(constitutive enzyme)라고 한다. 유도효소는 주로 분해 대사(catabolism)를 촉매하는 효소에서 많이 알려지고 있으며, cellulose, 전분 등의 다당류, lactose, trehalose, raffinose 등의 과당류와 arabinose, rhamnose 등의 단당류를 포함하는 당류, 그리고 방향족 화합물 등 많은 기질이 이들을 이용하는 미생물에서 유도 물질로 작용한다.

유도 물질로 이용되는 기질을 중심 대사 경로(central metabolic pathway)의 중간 대사산물로 대사하기 위해서 두 단계 이상의 반응이 일어 날 때 이들 반응을 촉매하는 복수의 유도효소가 동시에 유도되기도 하고(coordinate induction) 차례대로 유도되기도 한다(sequential induction)(그림 12.2). 효소가 sequential induction을 통해 유도되는 이유는 처음 효소의 반응 산물이 다음 단계를 촉매하는 효소의 유도 물질로 작용하기 때문이다. 이러한 효소의 유전자는 각각 다른 promoter와 연결되어 있는(복수의 operon) 경우이며, 동시에 유도되는 것을 여러 효소의 유전자가 하나의 promoter에 연결되어있기(단일 operon) 때문이다.

12.1.2.2 유도효소의 생산

효소의 발현 유도는 mRNA를 생산하는 transcription과정의 조절을 통하여 이루어진다. 유당이 공급되면 전술한 β-galactosidase 외에 기질을 흡수하는 permease, 그리고 transacetylase가 유도된다. 이들 효소를 합성하는 데 필요한 DNA(structural gene)는 서로 연결되어 있으며, 이들의 transcription을 위해 RNA polymerase가 결합하는 promoter(P), 그리고 조절에 관여하는

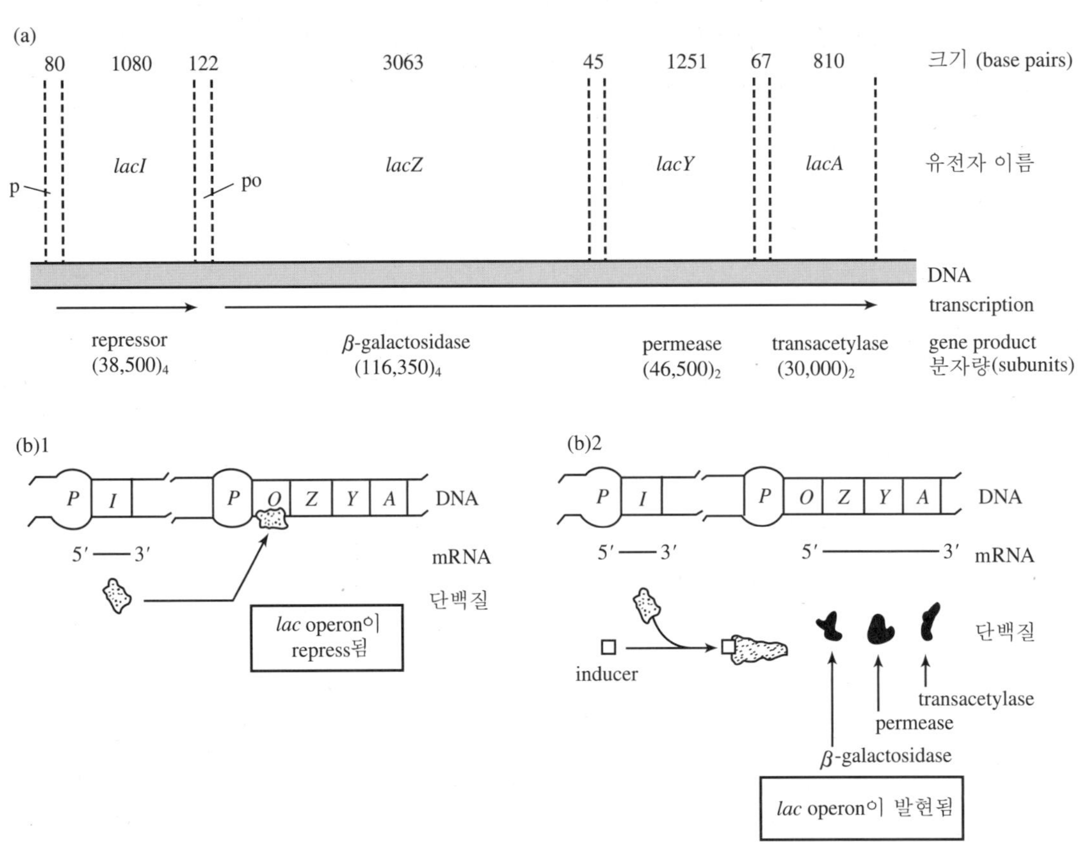

그림 12.3 *E. coli*의 유당 대사 효소의 발현유도 메커니즘.

*E. coli*에서 유당 대사에 필요한 효소의 유전 정보는 *lac* operon에 모여 있다(a). Repressor를 생산하는 *lacI* 유전자는 별도의 promoter에 의해 조절되므로 repressor는 항상 생산된다. 유도 물질이 없을 때는 repressor가 *lac* operon의 operator 부분에 결합하여 구조 유전자의 발현이 저해된다(b1). 유도물질과 이 repressor가 결합하면 operator와 결합할 수 없는 복합체가 되므로 유당을 대사하는 효소들이 생산된다(b2). *lacI* 변이주는 repressor를 생산하는 능력을 상실하였기 때문에 유당을 대사하는 효소들을 구성효소처럼 항상 생산한다. 이처럼 repressor에 의해 효소의 합성이 조절되는 메커니즘을 negative control이라 한다.

operator(O)와 함께 operon(이 경우 *lac* operon)을 이룬다(그림 12.3a). P와 O 부분의 5′쪽에 있는 repressor를 생산하는 regulator 유전자(*lacI*)는 별개의 promoter를 갖고 있으며, *lacI* 유전자는 항상 발현된다. 유도 물질이 없을 때는 repressor 단백질(LacI)이 *lac* operon의 operator에 결합하여 있기 때문에, RNA polymerase가 promoter로부터 구조 유전자 쪽으로 이동할 수 없다. 따라서 mRNA가 합성되지 못한다(그림 12.3b1).

12.1.2.3 Positive Control과 Negative Control

유도 물질이 없을 때 repressor가 transcription을 저해하는 *lac* operon이 negative control의 대

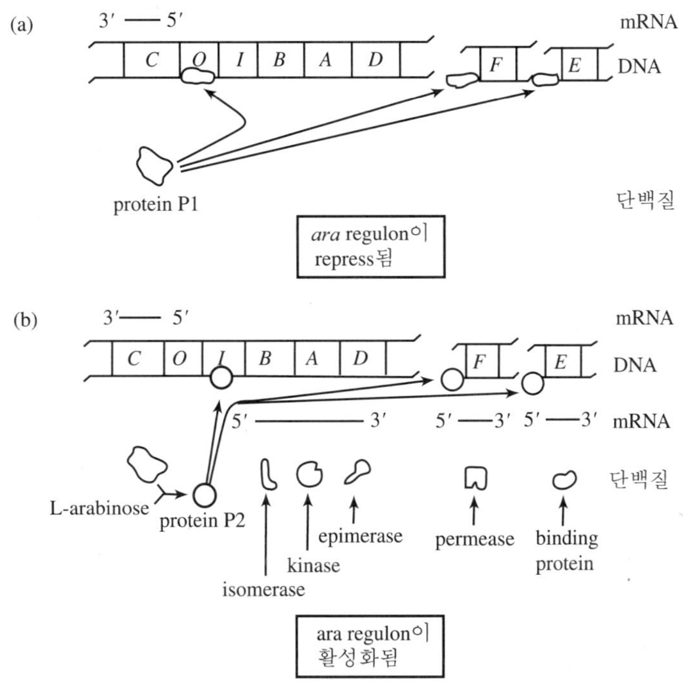

그림 12.4 *E. coli*에서 Arabinose 대사에 이용되는 효소들의 유도 생산 메커니즘.

*araC*에서 생산되는 단백질은 유도 물질인 arabinose가 없을 때는 P1 형태로 operator 부분에 결합하여 구조 유전자의 발현을 저해한다(a). 유도 물질인 arabinose가 단백질 P1과 작용하면 P2 형태로 변하여 operator와 결합하는 능력을 상실하고, *I*부분에 결합하여 구조 유전자의 발현을 촉진한다(b). 유도 물질과 결합하여 효소의 활성을 촉진하는 activator를 생산하는 *araC*의 변이주는 arabinose를 이용하는 능력을 상실한다. 이처럼 activator에 의해 효소의 생산이 촉진되는 메커니즘을 positive control이라 한다.

표적인 예이다. Negative control의 경우 repressor를 생산하는 유전자에 돌연 변이가 일어나면 이 repressor의 조절을 받는 효소들은 구성효소와 같이 항상 생산된다.

Arabinose, maltose, rhamnose 등을 대사하는 효소들은 이들 유도 물질에 의해 positive control 메커니즘을 통해 유도된다. Arabinose 대사에 필요한 효소는 서로 연결되어 있는 *araA, B, C, D*와 이들과 다른 위치에 존재하는 *araE, F*에서 합성된다. *araC*는 조절 유전자로서 *araC* 돌연변이주는 arabinose를 이용할 수 없다. 그 이유는 *araC*에서 유래된 단백질이 arabinose와 결합하여 구조 유전자의 발현을 가능하게 하기 때문이다(그림 12.4). 같은 regulator의 작용을 받는 단일 대사 경로의 유전자들이 한 곳에 모여 있는 것을 operon이라 하며, arabinose를 대사하는 유전자들처럼 chromosome의 여러 곳에 분산되어 있는 것을 regulon이라 한다.

그림 12.4에서 *araC*는 오른쪽에서 왼쪽으로, 다른 유전자들은 왼쪽에서 오른쪽으로 transcription 되는 것으로 표시되어있다. 이는 *araC*와 다른 유전자들이 핵 물질을 이루는 두 가닥의 DNA에 분산되어 있음을 뜻한다. 두 가닥의 DNA 구조에서 어느 한쪽만이 유전 정보를 갖는 것이 아니고 양쪽 모

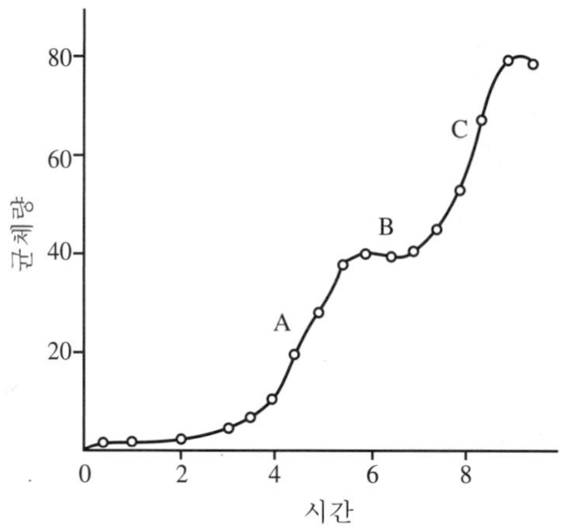

그림 12.5 *E. coli*가 포도당과 유당을 기질로 이용할 때의 성장 곡선.
포도당과 유당을 동시에 공급하여 세균을 배양하면, 먼저 포도당만을 이용하여 생장하면서 유당의 이용에 필요한 효소의 생산이 억제된다(A). 포도당이 완전히 이용된 후에 유도기를 거쳐(B), 유당을 이용하여 세균의 생장이 계속된다(C). 이러한 현상을 diauxic growth라하며, 이것은 포도당이 유당을 대사하는 효소의 합성을 저해하기 때문에 일어난다. 이러한 저해 현상을 carbon catabolite repression(CCR)이라 한다.

두가 유전 정보를 가지며, transcription은 promoter 유무에 따라 결정된다.

12.1.3 Carbon Catabolite Repression

E. coli, Bacillus subtilis 등을 포도당과 유당을 함유하는 무기염류 배지에서 배양하면 그림 12.5에서 보는 바와 같이 그 생장이 두 단계로 나누어진다. 이와 같은 현상을 diauxic growth 또는 diauxie라 한다. Diauxic growth가 일어나는 이유는 생장 초기에 포도당이 생장에 이용될 때는 유당을 이용하는 효소의 생산이 억제되었기 때문이다. 이처럼 쉽게 대사되는 기질이나 이의 대사산물이 존재할 때 제2의 기질 이용에 필요한 효소의 생산이 억제되는 현상을 carbon catabolite repression(CCR)이라 한다.

장내 세균에서 CCR은 잘 알려진 cAMP-CRP 복합체에 의한 조절과 더불어 catabolite repressor/activator(Cra 단백질)에 의한 조절 등 두 가지가 있으며, *Pseudomonas*속의 그람음성 세균에서는 Crc(catabolite repression control) 단백질에 의한 CCR이 보고되었다. 또한 그람양성 세균에서는 catabolite control protein A(CcpA)에 의한 CCR이 알려지고 있다.

12.1.3.1 cAMP-CRP **복합체에 의한** Carbon Catabolite Repression

Carbon catabolite repression에 의한 효소의 생산 저해 현상은 세포내 cyclic AMP(cAMP)의 농도가 낮을 때 일어난다. 쉽게 이용되는 기질이 공급되면 cAMP의 농도가 낮아지고, 그 반대의 조건에서는 cAMP의 농도가 증가한다. cAMP는 catabolite activator protein(CAP 또는 cAMP receptor protein, CRP)과 결합하여 여러 operon과 regulon의 발현을 조절한다(12.2).

E. coli 등 많은 세균은 group translocation 메커니즘을 통해 포도당을 세포 안으로 운반한다. 환경에 포도당의 농도가 낮아지면 포도당 운반에 관여하는 enzyme II_A가 인산화된 상태로 존재한다(제3장, 3.5). 이 인산화된 enzyme II_A는 아래와 같은 반응을 촉매하는 막 단백질인 adenylate cyclase의 활성을 촉진하여 cAMP의 생산 속도를 높게 유지한다.

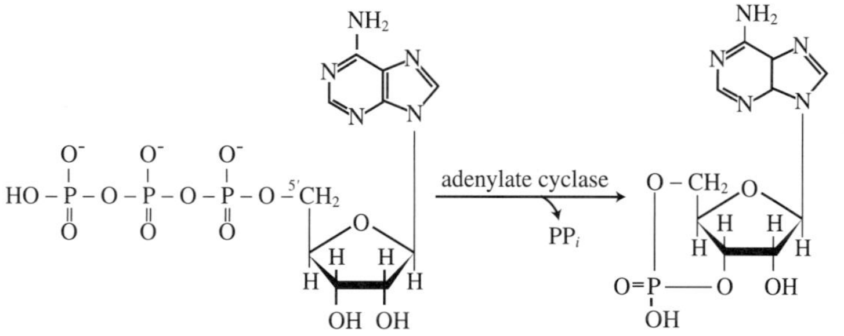

ATP —adenylate cyclase→ adenosine-3′,5′-monophosphate (cyclic AMP) + PP_i

원형질체에는 cAMP를 분해하는 phosphodiesterase가 활성이 낮은 상태로 존재한다. 포도당의 운반이 활발히 이루어 질 때 막에 있는 adenylate cyclase의 활성 또한 낮으므로 세포내 cAMP의 농도가 낮게 유지되고, 그렇지 않을 때에는 cAMP의 생산 속도가 분해 속도보다 높아지기 때문에 cAMP의 농도가 높게 유지되어 유도효소의 합성을 촉진한다. 병원성 세균 *Vibrio vulnificus*의 경우 cAMP phosphodiesterase 코딩 유전자인 *cpdA*의 발현은 cAMP 또는 cAMP-CRP 복합체의 의해 촉진된다.

$$\text{cAMP} + H_2O \xrightarrow{\text{phosphodiesterase}} \text{AMP}$$

cAMP의 세포내 농도가 높아지면 cAMP receptor protein(CRP)과 복합체를 만들고, 이것이 *lac* operon의 operator 부위에 결합하면 RNA polymerase가 promoter에 쉽게 결합할 수 있어서 구조유전자의 발현이 가능해진다. 이때 유도물질인 유당이 존재하면 repressor가 operator부위에 결합되어 있지 않기 때문에 transcription이 일어난다(그림 12.6). cAMP-CRP 복합체는 유당을 비롯하여, maltose, galactose, arabinose 등 당 대사와 tryptophan, serine 등 아미노산 대사 경로의 유전자를 조절한다.

CRP나 adenylate cyclase의 변이주를 이용한 연구 결과 cAMP-CRP 복합체는 200 종 이상의 효소 생산에 positive effector로서 작용하는 것으로 알려지고 있다. 뿐만 아니라, cAMP-CRP 복합체는 앞에서 언급한 sigma factor σ^{54}의 발현을 억제함으로써 간접적으로 여러 유전자의 발현을 조절한다는 보고도 있다. 따라서 이러한 cAMP-CRP 복합체는 global regulation(12.2)의 대표적인 예이다.

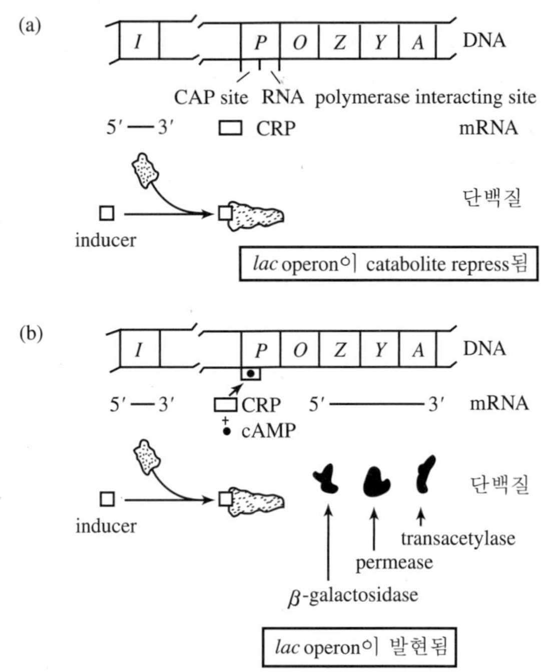

그림 12.6 유당 대사에 이용되는 효소들의 합성이 유도 물질과 cAMP-CRP 복합체에 의해 촉진되는 메커니즘.
유도 물질이 있는 경우에도 RNA polymerase는 *lac* operon의 promoter에 강하게 결합하지 못하기 때문에 구조 유전자가 발현되지 않는다(a). cAMP의 농도가 높아지면 cyclic AMP receptor protein(CRP 또는 catabolite activator protein, CAP)이 cAMP와 복합체를 형성하여 promoter 부위에 결합한다. cAMP-CRP 복합체가 promoter에 결합하면 RNA polymerase가 promoter에 강하게 결합할 수 있기 때문에 구조 유전자가 발현된다(b). 이처럼 유도 물질이 있어도 구성효소에 의해 대사되는 기질이 있을 때는 이 유도 물질을 대사하는 유도효소가 생산되지 않는 현상을 carbon catabolite repression이라 한다.

12.1.3.2 Catabolite Repressor/Activator

E. coli 등 장내 세균은 Cra 단백질(catabolite repressor/activator)이 제2의 carbon catabolite repressor로 작용한다. 이 단백질을 합성하지 못하는 변이주는 야생주에 비해 해당 경로의 효소를 더 많이 생산하고 반대로 gluconeogenesis 경로, TCA 회로, 전자 전달계의 효소, PEP carboxykinase 등의 생산은 억제된다. 이러한 현상은 포도당 등 쉽게 이용되는 탄소원(catabolite)이 없을 때, gluconeogenesis 경로를 통해 대사하는 다른 탄소원을 이용하는 효소의 합성은 촉진하고 포도당 등을 이용하는 효소의 합성은 억제하는 기능을 갖는 Cra 단백질이 생산되지 않기 때문이다(그림 12.7). 아세트산, 에탄올 등의 탄소원에서 생장할 때 생합성에 필요한 당을 합성하기 위해 Cra 단백질이 activator로 작용하여 gluconeogenesis 효소(fructose-1,6-diphosphatase), anaplerotic sequence 효소(PEP carboxykinase) 등의 합성을 촉진하고 해당 경로의 효소(phosphofructokinase)의 transcription에는 repressor로 작용하는 Cra 단백질이 이들 효소의 합성을 저해한다. 포도당에서 생장할 때는 그 반대의 조절 작용을 갖는다.

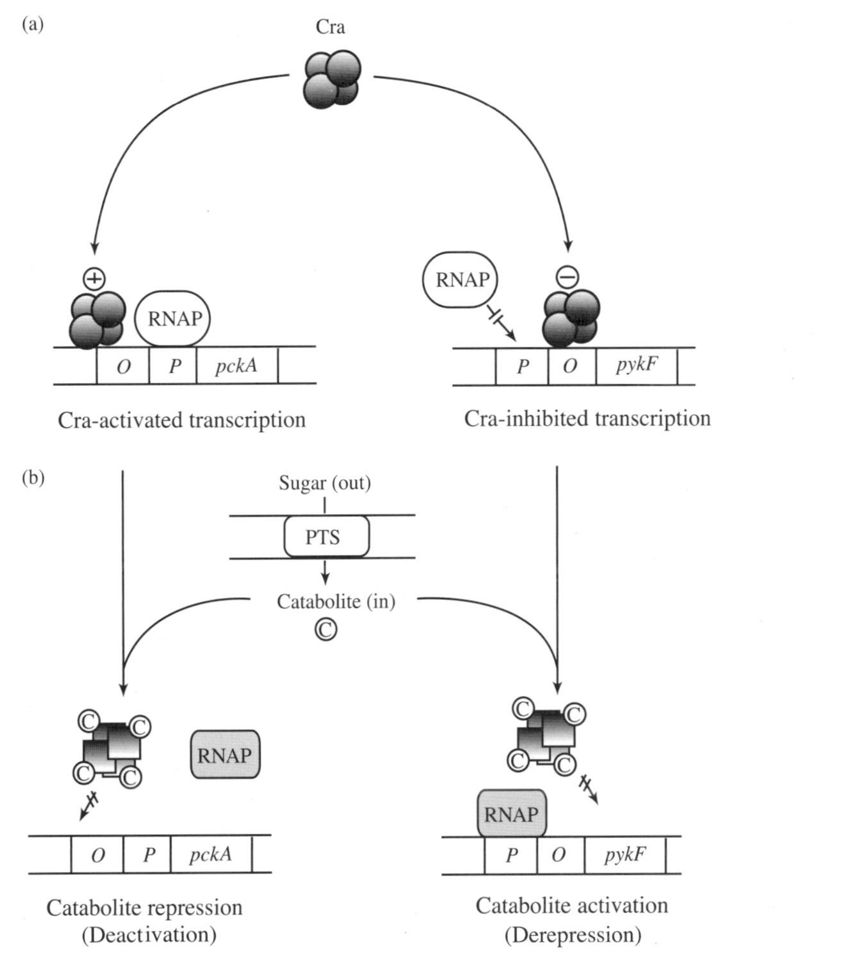

그림 12.7 *E. coli* 등 장내 세균에서 cAMP-CRP Independent Carbon Catabolite Repression 작용을 담당하는 Catabolite Repressor/Activator(Cra)의 역할(Environ. Microbiol. 2013, 15:121-132).

Cra 단백질은 장내 세균에서 제2의 carbon catabolite repression 기능을 갖는다. 당 이외의 탄소원에서 생장할 때(a) Cra 단백질이 PEP carboxykinase 유전자(*pckA*)의 operator에 결합하여 RNA polymerase(RNAP)가 promoter와 작용하는 것을 촉진하여 activator로 작용하며, pyruvate kinase 유전자(*pykA*)에서는 repressor로 작용하여 대사를 조절한다. 포도당에서 생장할 때(b)는 Cra 단백질이 불활성화되어 activator/repressor의 작용을 상실한다.

12.1.3.3 *Pseudomonas* 속 세균의 Carbon Catabolite Repression

포도당을 acitve transport하는 *Pseudomonas*속 세균의 경우, *E. coli* 등 장내 세균과 다른 CCR 메커니즘이 알려져 있다. *P. aeruginosa*의 경우에는 탄소원이 세포내 cAMP 농도에는 영향을 주지 않는다. 이 세균의 경우에 succinate 등 유기산을 우선적으로 이용하며, 방향족 화합물 등은 포도당에 비해 늦게 이용되는 CCR 메커니즘이 있다. 이러한 대사 조절은 Crc(catabolite repression control)

(a) sRNA, CrcZ에 의한 CRC 단백질의 격리

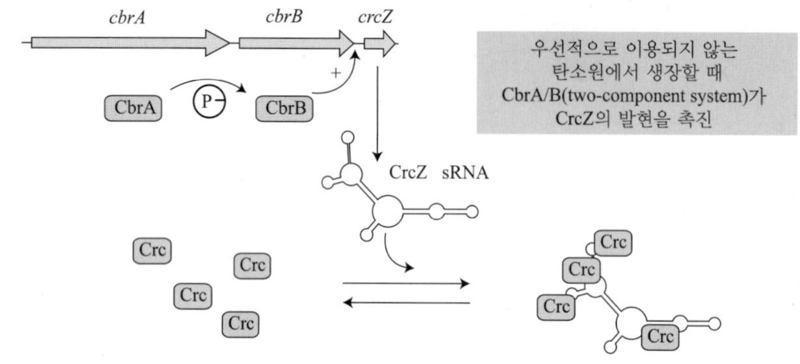

(b) Crc 단백질의 작용 메커니즘

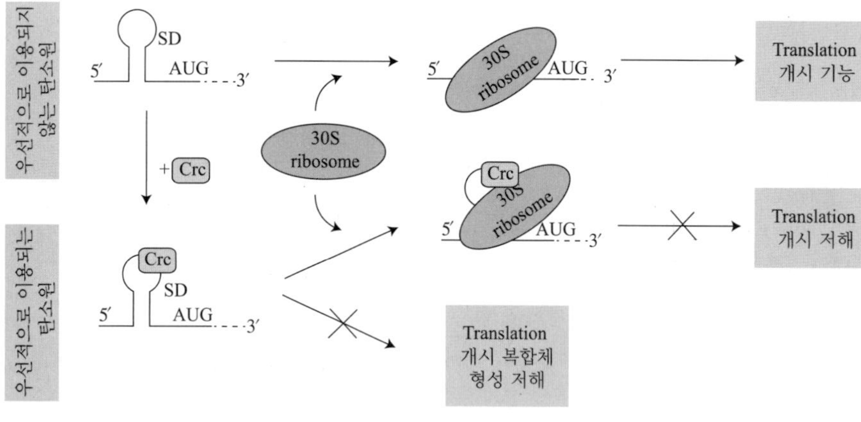

(c) Crc 단백질의 효과

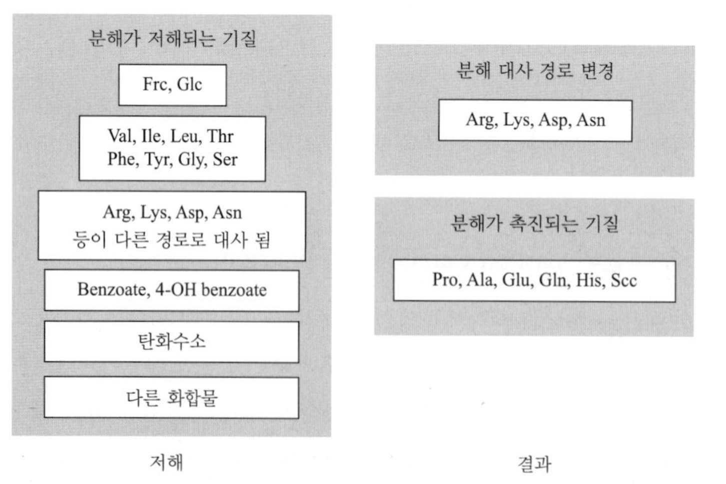

그림 12.8 *Pseudomonas* 속 세균에서 Carbon Catabolite Repression (FEMS Microbiol. Rev. 2010, 34:658-684).

(a) CrbA/B two-component system이 small RNA인 CrcZ 유전자의 발현을 조절한다. CrcZ sRNA는 Crc 단백질과 결합하여 그 활성을 저해한다. (b) 우선적으로 대사되는 기질과 CRC 메커니즘으로 대사가 조절되는 기질을 혼합한 배지에서 생장할 때 Crc 단백질이 CrcZ sRNA와 분리되어 조절되는 기질을 대사하는 효소 mRNA의 ribosome binding site(SD, Shine-Dalgarno sequence)에 결합하여 translation initiation complex의 형성을 저해하거나 translation initiation을 저해한다. (c) 모든 종류의 아미노산을 첨가한 복합 배지에서 자랄 때 fructose, 포도당 등의 당과 valine, isoleucine 등 일부의 아미노산, 방향족 화합물, 탄화수소 등의 운반과 이용이 저해되고 arginine, lysine, aspartate 등 여러 경로로 대사되는 아미노산의 경우 특정 경로로만 대사되며, proline, alanine, glutamate, glutamine 그리고 histidine 등이 우선적으로 이용된다.

단백질의 작용으로 이루어진다. Small RNA인 CrcZ는 Crc 단백질과 결합하여 이 단백질의 활성을 저해하며, CrbA/B two-component system이 CrcZ 유전자의 발현을 조절한다. 우선적으로 대사되는 기질이 있을 때에는 CrcZ sRNA의 발현이 억제된다. 그러면 Crc 단백질은 분리되어 CCR 메커니즘으로 조절 받는 기질에 작용하는 효소의 mRNA에 결합하여 translation을 억제한다. 반대로 우선적으로 대사되는 기질이 없을 때는 Crc 단백질이 CrcZ sRNA와 결합하여 translation이 저해되지 않는다. Crc 단백질이 CrcZ sRNA와 분리되어 조절되는 기질을 대사하는 효소 mRNA의 ribosome binding site(SD, Shine-Dalgarno sequence)에 결합하여 translation initiation complex의 형성을 저해하거나 translation initiation을 저해한다(그림 12.8). 하지만 plasmid에 포함되어 있는 일부의 방향족 화합물 대사 관련 유전자는 이러한 CCR의 조절 작용을 받지 않는다.

12.1.3.4 그람양성 세균의 Carbon Catabolite Repression

cAMP-CRP 복합체에 의한 catabolite repression은 일부 그람음성 세균에서 알려진 조절 메커니즘으로 그람양성 세균은 이와 다른 메커니즘을 갖는다. 그람양성 세균의 경우, 그람음성 세균에서와 같이 group translocation에 관여하는 HPr 단백질이 phosphoenolpyruvate(PEP)로부터 인산기를 받아 enzyme II를 통해 인산화할 때 15번 아미노산인 histidine이 인산화된다. 그람음성 세균과의 차이는 *Bacillus subtilis* 등 그람양성 세균의 HPr 단백질은 46번 아미노산이 인산화될 수 있는 serine이다. Fructose-1,6-diphosphate 등 포도당 대사산물의 세포내 농도가 높을 때 활성화되는 HPr(Ser) kinase는 ATP로부터 이 단백질의 46번 아미노산 serine에 인산을 전달한다. 이 같은 HPr의 ATP-dependent phosphorylation은 그람음성 세균에서는 일어나지 않는다. HPr kinase의 작용으로 인산화된 HPr은 CcpA(catabolite control protein A)와 결합하여 gluconate, glucitol, mannitol 등을 대사하는 효소 유전자의 발현을 억제한다(그림 12.9). CcpA-HPr(S46-P) 복합체는 이들 유전자의 promoter 부근에 위치하는 *cre*(catabolite responsive element)에 결합하여 transcription을 억제한다.

장내 세균에서 cAMP-CRP 복합체처럼 CcpA-HPr(Ser-P) 복합체는 *Bacillus subtilis*에서 중요한 조절 물질로 작용한다. 실험적으로 28개 이상의 유전자와 operon이 직접적으로 이 복합체의 조절을 받는 것으로 밝혀졌다. 또한 *Bacillus subtilis* 유전체의 분석 결과, 약 10%의 유전자가 *cre*(catabolite responsive element)를 보유하고 있는 것으로 파악되었다.

CcpA-HPr(S46-P) 복합체는 *Bacillus* 외에도 *Staphylococcus, Streptococcus, Lactococcus, Enterococcus, Mycoplasma, Clostridium, Listeria* 등 GC 함량이 낮은 염색체를 갖는 그람양성 세균에서 catabolite repression/activation에 작용한다. HPr(S46-P)는 catabolite repression에 작용할 뿐 아니라 inducer exclusion/expulsion 작용도 갖는다. 포도당을 대사하는 과정에서 유당 운반체 유전자의 발현을 억제하며(inducer exclusion) 이미 세포 안으로 운반된 유당을 세포 밖으로 방출한다(inducer expulsion).

포도당의 농도가 높을 때 *Bacillus subtilis*의 levanase와 β-glucosidase 등 다당류를 분해하는 효소의 생산도 억제된다. 이들 효소의 생산 억제는 CcpA가 작용하지 않으며, 포도당의 농도가 낮

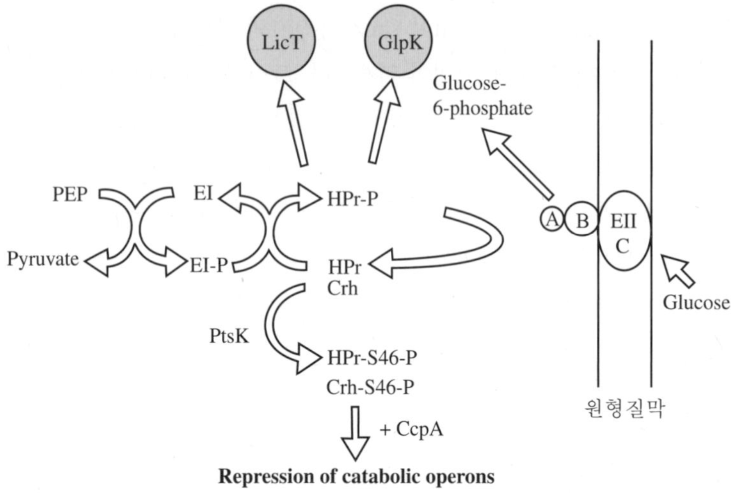

그림 12.9 *Bacillus subtilis*에서 포도당에 의한 carbon catabolite repression 메커니즘(Curr. Opin. Microbiol. 1999, 2(2):195-201).

cAMP-CRP 복합체가 알려지지 않은 그람양성 세균의 경우, 그람음성 세균과 달리 당의 group translocation에 작용하는 HPr 단백질의 46번 serine이 인산화된다. 포도당의 농도가 높고 활발히 대사되는 조건에서는 fructose-1,6-diphosphate 등 포도당 대사산물이 15번 histidine이 인산화되지 않은 HPr을 인산화하는 ATP-dependent HPr kinase의 활성을 촉진하여 46번 serine을 인산화한다. HPr(S46-P)는 catabolite control protein A(CcpA)와 복합체를 형성하여 대사 속도가 낮은 탄소원을 대사하는 효소 유전자의 catabolite responsive element(*cre*)에 결합하여 transcription을 억제한다. CcpA-HPr(S46-P) 복합체는 그람음성 세균의 cAMP-CRP 복합체와 같이 다양한 유전자의 발현을 조절한다. 그람양성 세균의 HPr은 CcpA와 무관하게 다당류 분해효소 유전자의 발현을 조절하며, inducer exclusion/expulsion 작용에도 관여한다. 포도당의 농도가 낮아지면 15번 histidine이 인산화된 HPr의 농도가 높아지고, 이것이transcription antiterminator(LicT), glycerol kinase(GlpK)를 인산화하여 활성화시킨다.

LicT : Transcription antiterminator, GlpK : Glycerol kinase, PtsK : HPr kinase, Crh : Catabolite repression HPr

아 15번 histidine이 인산화된 HPr의 농도가 높아지면 transcription regulatory protein(LevR) 또는 transcription antiterminator(LicT)를 인산화하고 인산화된 이들 단백질이 activator로 작용하여 transcription을 촉진하고 포도당의 농도가 높을 때는 반대로 transcription이 억제된다. 이러한 조절 작용을 terminator/anti-terminator라 한다(12.1.6).

장내 세균의 CRP-dependent CCR과 그람양성세균의 CcpA-dependent CCR의 차이는 PTS에 의한 당의 운반과 조절 작용의 상관관계에 있다. CRP-dependent 메커니즘에서는 인산화된 engyme II_A가 adenylate cyclase를 활성화하는 반면 CcpA-dependent 메커니즘에서는 해당경로의 중간산물이 HPr(ser) kinase를 활성화한다. HPr(ser) kinase 유전자와 유사한 DNA sequence가 그람양성 세균 뿐 아니라 그람음성 세균과 mycoplasma에서도 발견되었다.

여러 종류의 유전자의 발현을 조절하는 CcpA-HPr(S46-P)와 Cra 단백질의 작용도 global regulation(12.2)의 예이다.

HPr 단백질과 유사한 조절 작용을 하는 단백질들이 *B. subtilis*에서 알려지고 있다. HPr과 비슷한 구조를 가지나 group translocation에는 작용하지 않는 Crh(Catabolite repression HPr) 단백질이 catabolite repression에 작용한다. Crh는 당 이외의 기질에 의한 catabolite repression에 작용하는 것으로 알려지고 있다. 또한 CcpB는 포도당, mannitol, sucrose 등이 있을 때 gluconate(*gnt*)와 xylose(*xyl*) operon의 발현의 저해에 작용하며, TCA 회로의 효소 유전자는 CcpC에 의해 transcription이 조절된다. *Bacillus subtilis*를 포도당을 기질로 배양하면 futile cycle을 방지하기 위해 gluconeogenesis가 억제된다. 이는 단백질 CcpN(catabolite control protein of gluconeogenic genes)이 repressor로 작용하여 gluconeogenesis에 관여하는 유전자, *gapB*(glyceraldehyde-3-phosphate dehydrogenase)와 *pckA* (phosphoenolpyruvate carboxykinase) 그리고 *sr1*(small RNA)의 발현을 억제하기 때문이다.

12.1.3.5 효모의 Catabolite Repression

Saccharomyces cerevisiae 등 효모에서도 세균과 비슷한 catabolite repression에 의한 조절 메커니즘이 알려지고 있다. 포도당 등 발효가 가능한 당이 공급되면 1) Glucose-6-phosphate를 합성하는 gluconeogenesis를 촉매하는 효소, 2) Maltose, galactose 등 다른 당의 이용에 필요한 효소, 그리고 3) TCA 회로의 효소와 cytochrome oxidase 등 호흡에 관여하는 단백질의 생산 저해 등을 포함하여 다양한 대사 조절이 이루어진다. 이 조건에서 gluconeogenesis의 효소의 생산을 억제하여 futile cycle을 방지할 수 있으며(제4장, 4.2.4), 호흡 관련 단백질 합성 저해는 Crabtree 효과로 나타난다. 세균에서 catabolite repression은 catabolite의 농도가 높을 때 이 신호로 생산되는 cAMP 또는 HPr(S46-P) 등이 직접 transcription의 modulator로 작용한다. 이와 달리 효모에서는 포도당 또는 이의 대사 산물의 농도가 높아지면 이 신호가 여러 종류의 단백질이 관여하는 signal transduction을 통해 transcription을 조절한다. 포도당이 공급되면 일종의 protein kinase인 Snf1과 adenylate cyclase(Cyr1)의 활성이 높아진다. Adenylate cyclase에 의해 생산되는 cAMP는 cAMP-dependent protein kinase(Tpk1) 복합체를 활성화 시킨다. Snf1과 Tpk1 복합체는 여러 종류의 activator와 repressor를 인산화하여 transcription을 조절한다.

*Saccharomyces cerevisiae*에서 발효당의 농도가 높을 때 TCA 회로의 효소와 cytochrome oxidase 등 호흡에 관여하는 단백질의 mRNA의 수명이 짧다(12.1.9). 이들 단백질의 합성 조절은 catabolite repression과 mRNA의 안정성에 의해 이루어진다.

12.1.4 최종 산물에 의한 Repression과 Attenuation

미생물이 주어진 환경에서 가장 효율적으로 자기 복제를 하기 위해서는 균체를 이루는 각 물질을 그 비율에 따라 합성하여야 한다. 그렇지 못한 경우에는 많은 ATP의 손실이 불가피하므로 지금까지 공부한 분해 반응에서 뿐만 아니라 합성 반응에서도 조절이 이루어진다. 이화작용에 관여하는 효소가 유도 물질에 의해서 유도되는 반면에 생합성에 필요한 아미노산 등의 합성과 같이 동화 작용에 관여하는 효소의 합성은 산물의 농도가 높을 때 저해된다. *E. coli*가 포도당-무기염류 배지에서 생장할 때,

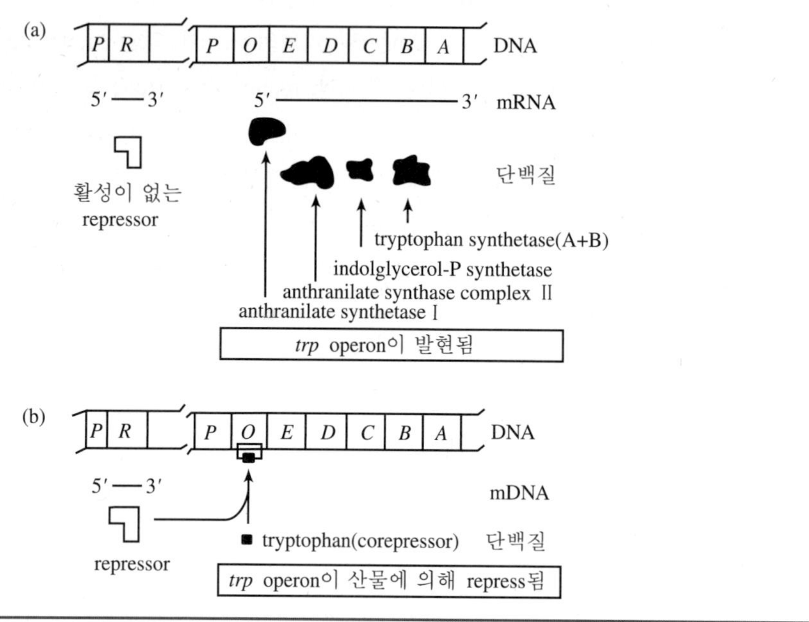

그림 12.10 Repression 메커니즘을 통한 Tryptophan 합성 효소의 생산 조절.

Tryptophan operon의 최종 산물인 tryptophan의 세포내 농도가 낮을 때 repressor는 조절 기능을 갖지 않는 상태(inactive form)이므로 tryptophan의 합성을 촉매하는 효소들이 생산되며(a), co-repressor인 tryptophan이 축적되면 repressor와 결합하여 구조 유전자의 발현을 저해한다(b).

균체를 이루는 각종 아미노산, 핵산 염기 등 모든 세포 구성 성분을 포도당으로부터 합성한다. 이때 각 구성 성분의 합성이 조절되어야 하며, 특히 이들 구성 성분이 환경에 공급되면 주어진 성분의 합성을 억제하여 ATP 소비를 방지한다. 최종 산물에 의한 효소의 합성 저해는 repression과 attenuation 메커니즘을 통해 이루어진다. Repression에 의한 조절은 repressor 단백질이 작용하며, attenuation의 경우에는 단백질이 관여하지 않는다.

12.1.4.1 Repression

*E. coli*에서 각종 아미노산의 합성에 관여하는 효소의 생산은 최종 산물인 아미노산의 농도에 따라서 repression과 attenuation 메커니즘을 통해 조절된다. Repression 메커니즘을 통해 조절되는 효소의 생산은 별도의 promoter에 연결된 repressor 유전자로부터 생산된 repressor가 co-repressor인 최종 산물과 결합하여 구조 유전자의 5′ 쪽에 있는 operator에 결합하여 이 유전자의 발현을 억제한다(그림 12.10). Co-repressor(최종 대사산물)의 농도가 낮을 때는 repression이 일어나지 않는다.

12.1.4.2 Attenuation

세균에서 유전자 발현의 조절은 대개 생장 조건에 따라 transciption의 시작 시점에서 이루어진다. 세균의 mRNA의 수명이 짧기 때문(12.1.9)에 이러한 메커니즘으로 특정 단백질의 생산 조절이 효율적으로 이루어진다. 이미 공부한 바와 같이 많은 경우 sigma factor, repressor, activator 등에 의해 transcription의 개시 여부를 조절함으로써 유전자의 발현을 조절한다. 그러나 일부 operon의 경우, transcription의 시작은 항상 이루어지고 대신 mRNA의 elongation 단계에서 조절함으로서 유전자 발현을 조절하는 예가 있다. 이 경우 새로 만들어지는 mRNA가 생장 조건에 따라서 RNA polymerase를 DNA로부터 분리하여 elongation을 중단시킨다. 이때 저분자 단백질, 대사산물, tRNA 등이 보조로 작용하는 예도 있다. 모든 경우 새로 만들어지는 mRNA는 조건에 따라 terminator 또는 antiterminator로 알려진 hairpin을 형성한다. 편의상 여기서는 다른 물질의 도움 없이 새로 만들어지는 mRNA가 직접 환경을 감지하는 attenuation을 공부하고 보조 물질이 관여하는 termination/anti-termination에 대해서는 다음에 공부한다(12.1.6).

*E. coli*에서 histidine operon에 작용하는 repressor protein은 확인되지 않았으며, repression과는 다른 메커니즘을 통해 histidine의 농도가 높은 조건에서는 이 아미노산을 합성하는 효소의 생산이 억제된다. 이는 원핵세포 특유의 조절 메커니즘인 attenuation에 의해 이루어진다. Tryptophan operon은 repression과 attenuation 두 가지 작용을 다 받는다. *trp* operon은 일차적으로 repression에 의해 조절되고 2차적으로 attenuation 작용을 통해 조절된다. *trp* operon이 완전히 derepress된 상태에서도 transcription을 시작한 RNA polymerase의 90% 정도는 구조 유전자에 도달하지 못하고 중도에서 DNA로부터 분리된다. 이러한 현상은 attenuation 때문이다. *trp* operon에서 operator 부분과 *trpE* 유전자 사이에 약 160 염기 정도의 leader sequence가 있다. 이 leader sequence가 attenuation 작용을 갖는다(그림 12.11).

Attenuation은 전술한 바와 같이 원핵세포 특유의 조절 작용으로서 이 작용은 원핵세포에서 transcription과 동시에 translation이 이루어지기 때문에 가능하다. RNA polymerase에 의해 leader sequence의 mRNA가 합성되면서 ribosome이 translation을 시작한다. Leader sequence의 mRNA는 tryptophan codon UGG를 다수 포함하고 있으며, hairpin의 2차 구조를 형성할 수 있는 4부분의 염기서열로 되어 있다(그림 12.12).

Leader mRNA가 translation될 때 tryptophan의 세포내 농도가 높으면 tryptophan이 charged된 t-RNA, 즉 tryptophanyl-tRNA가 leader peptide 합성에 참가하여 translation이 계속된다. Peptide의 합성이 이루어지면 ribosome이 hairpin을 형성하는 염기 서열 1, 2, 3, 4부분 중 1, 2부분을 지나서 transcription pause site까지 이동하므로 3, 4번 배열이 hairpin을 형성한다. 이 hairpin과 여기에 바로 연결된 7개의 U 염기 배열은 RNA polymerase를 DNA로부터 분리시키는 terminator 역할을 하기 때문에 구조 유전자의 transcription이 이루어지지 않는다. 이렇게 되면 leader mRNA의 3, 4번으로 형성된 hairpin은 전형적인 rho-independent transcription terminator의 모양을 띄게 되는데, 이를 attenuator 또는 terminator라 한다.

Leader peptide가 합성될 때 tryptophan의 농도가 낮으면 tryptophanyl-tRNA가 ribosome-mRNA 복합체에 공급되지 않기 때문에 ribosome이 hairpin을 이룰 수 있는 2번 배열 앞쪽에서 멈춘

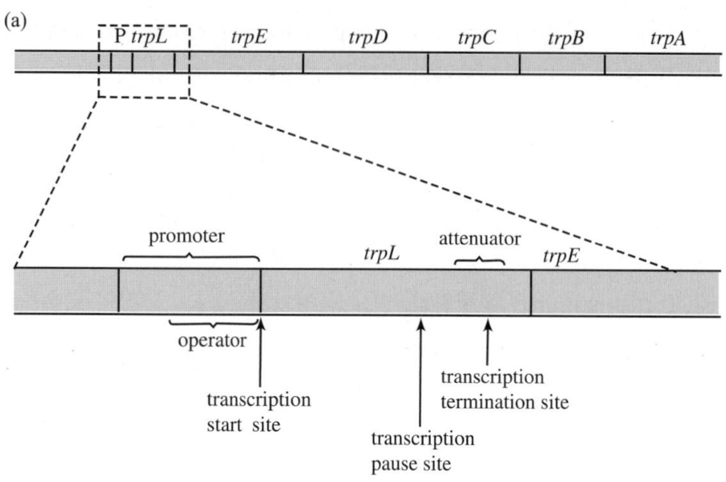

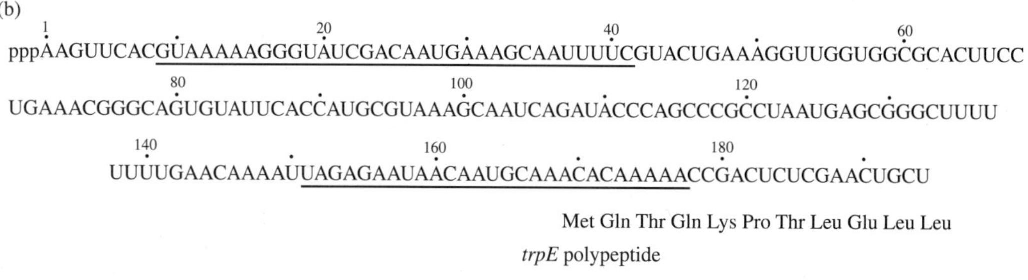

그림 12.11 Attenuation 메커니즘을 통해 Transcription이 조절되는 *trp* Operon의 구조.

trp operon의 promoter와 구조 유전자 사이는 약 160 염기 정도의 거리가 있다. 이 부분이 attenuation 메커니즘을 통해 유전자의 발현을 조절하는 leader sequence(*trpL*)이다. 이 leader sequence에서 생산되는 mRNA는 분자 내 base pair에 의해 hairpin을 형성할 수 있는 4부분의 염기 서열이 있다.
(a) *trp* operon
(b) leader sequence의 염기 배열

다. 이 조건에서는 2, 3번 배열 사이에 hairpin을 형성하므로 attenuator(3, 4번 hairpin)를 형성하지 못한다. 따라서 구조 유전자는 계속 transcription된다.

만약 아미노산의 농도가 전반적으로 낮을 경우에는, leader peptide의 합성이 전혀 이루어지지 않기 때문에 ribosome이 1번 배열까지도 이동하지 못하며, 1, 2번과 3, 4번이 hairpin을 형성하여 3, 4번 hairpin이 attenuator로 작용하므로 구조 유전자가 transcribe되지 않는다.

RNA 합성은 매 초당 40~50 nucelotide 정도의 속도로 빨리 이루어진다. 특정 아미노산의 합성이 필요한 조건에서 hairpin을 형성하는 4번째 부분 서열이 합성되기 전에 anti-terminator로 작용하는 2~3번간의 hairpin이 형성되어야 한다. 이를 위해 leader sequence 중간에 transcription이 잠깐 멈

(a) tryptophan의 농도가 높을 때

translation termination codon
3, 4번 배열이 terminator로 작용한다.
leader peptide
leader RNA
1
2
3
4

(b) tryptophan의 농도가 낮을 때

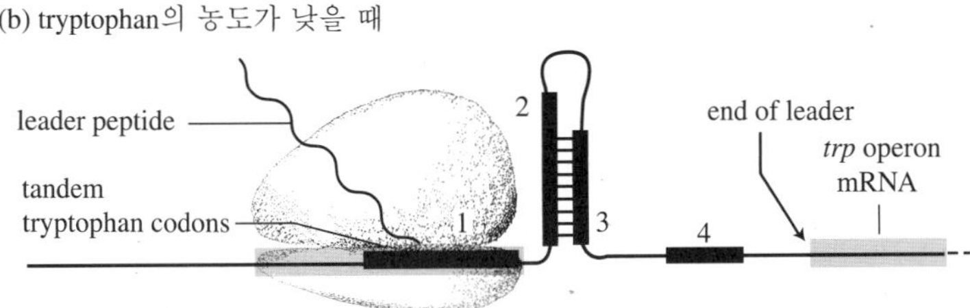

2번 배열 앞에서 ribosome이 정지하여 2, 3번 hair pin을 형성한다.

(c) 모든 아미노산의 농도가 낮을 때

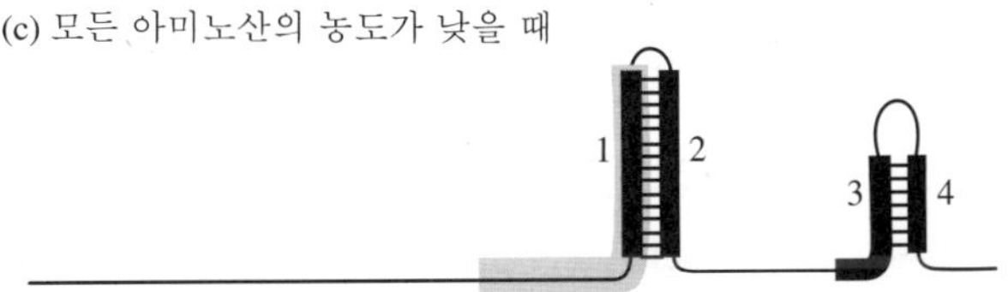

아미노산이 없을 때에는 1, 2번 그리고 3, 4번 hair pin이 형성되어 3, 4번이 terminator로 작용한다.

그림 12.12 *trp* operon이 Attenuation을 통해 조절되는 메커니즘.

trp operon에서 합성되는 leader mRNA에는 tryptophan codon(UGG)이 있으며, hairpin을 형성하는 4부분의 염기 서열(그림에서 1, 2, 3, 4 번으로 표시된 굵은 선)이 있다. 이 4부분의 염기 서열에서 마지막 두 염기 서열이 hairpin을 형성하면 RNA polymerase를 DNA로 분리할 수 있는 terminator로 작용한다.

(a) tryptophan이 세포내에 축적되면 leader mRNA에 결합한 ribosome이 tryptophan codon(UGG)을 지나서 stop codon(UGA, 그림 12.10)까지 peptide를 합성하기 때문에 3, 4번의 hairpin이 형성되어 구조 유전자의 transcription이 일어나지 않는다.

(b) 세포내 tryptophan의 농도가 낮을 때에는 ribosome이 peptide의 합성을 계속할 수 없으므로 tryptophan codon에서 멈춘다. Tryptophan codon이 hairpin을 이루는 2번 염기 배열 바로 앞쪽에 위치하므로, 이때 leader mRNA의 2, 3번 사이에 hairpin이 형성된다. 따라서 terminator로 작용하는 3. 4번 사이에 hairpin이 형성되지 않기 때문에 RNA polymerase에 의한 구조 유전자의 transcription이 이루어진다.

(c) 세포내의 모든 아미노산의 농도가 낮을 때는 leader mRNA가 translation되지 못하기 때문에 1, 2, 3, 4번 사이에 두개의 hairpin이 형성된다. 그리고 3, 4번 hairpin이 terminator로 작용하기 때문에 구조 유전자가 transcription되지 않는다.

추는 transcription pause site가 있다.

*E. coli*의 경우 많은 아미노산과 pyridine nucleotide의 합성이 attenuation 메커니즘을 통해 조절된다. Repression에 의해 합성이 조절되는 여러 아미노산도 attenuation 메커니즘 또는 repression과 함께 이중으로 조절되며, histidine의 합성은 attenuation 메커니즘만으로 조절된다.

12.1.5 둘 이상의 최종 산물을 생산하는 효소의 합성 조절

하나의 전구물질로부터 둘 이상의 최종 산물이 합성되는 대사 경로에서 어느 하나의 산물이 과량 존재할 때, 이 전구물질을 합성하는 효소의 합성이 저해되면 다른 산물의 부족 현상이 나타날 수 있다. 이러한 현상을 피하기 위해 둘 이상의 대사 산물을 합성하는 데 이용되는 전구물질을 합성하는 효소의 생산은 다음과 같은 조절을 받는다.

1) 최종 산물 각각에 의해 생산이 조절되며, 동일한 촉매 작용을 갖는 다수의 효소(isoenzyme)를 생산하거나,
2) 모든 최종 산물들에 의해 생산이 조절되는 단일 효소를 가져야 한다.

같은 반응을 촉매하는 다른 형태의 복수의 효소를 isoenzyme이라 한다. Isoenzyme들은 활성도 각각 다른 메커니즘을 통해 조절되는 별개의 단백질이다. Aspartate는 lysine과 methionine, 그리고 threonine을 통한 isoleucine의 합성에 이용되는 전구물질이다(제6장, 6.4.1). 이 합성 경로의 첫 반응을 촉매하는 aspartate kinase에는 3종류의 isoenzyme이 있다(그림 12.13).

복수의 산물을 생산하는 데 이용되는 전구물질의 합성을 촉매하는 단일 효소의 생산은 복수의 산물들이 동시에 작용하는 attenuation을 통해 조절된다. 그림 12.13에서 threonine을 거쳐 isoleucine의 합성 경로에 작용하는 3종의 aspartate kinase 중 하나의 isoenzyme과 2종의 homoserine dehydrogenase 중 하나의 isoenzyme, 그리고 homoserine kinase와 threonine synthase의 생산은 threonine과 isoleucine이 작용하는 divalent attenuation 메커니즘을 통해 조절된다. Threonine이 탈아민되어 생산되는 2-ketobutyrate로부터 isoleucine이 합성되는 경로와 pyruvate를 valine과 leucine으로 합성하는 경로에 같은 효소가 작용한다(제6장, 6.4.1). 이 효소들의 생산은 isoleucine, valine, leucine이 동시에 작용하는 attenuation을 통해 조절된다(그림 12.14).

12.1.5.1 Isoenzyme

Isoenzyme이라 함은 한 세포에서 동일한 촉매 기능을 갖는 다른 종류의 효소 단백질을 말한다. 그림 12.13에서 보는 바와 같이 lysine, methionine, threonine 등을 합성하기 위해 aspartate를 aspartate-4-phosphate로 인산화하는 aspartate kinase에는 3종의 isoenzyme이 있다. 이 isoenzyme들은 각 아미노산의 세포내 농도에 따라 생산이 조절되는 서로 다른 단백질이며, 이들의 효소 활성도 각 아미노산의 농도에 따라 다르게 조절된다(12.3.1).

Aspartate는 aspartate-4-phosphate를 거쳐 aspartate semialdehyde에서 lysine의 합성과 나머지

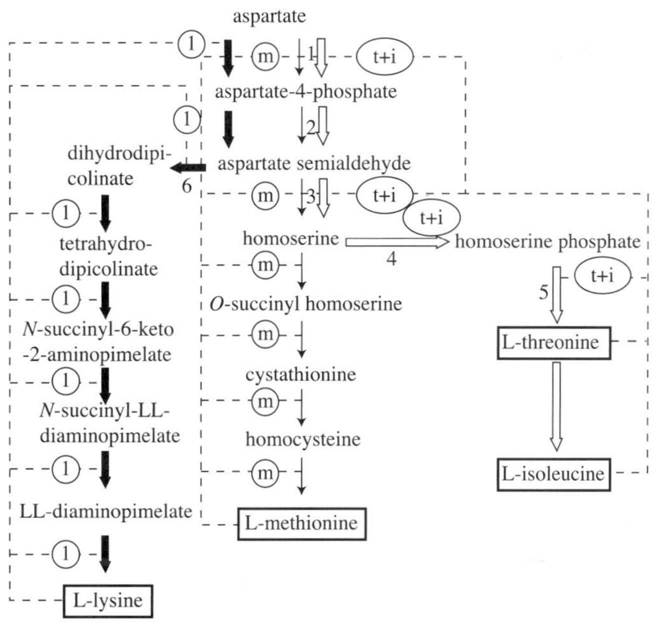

그림 12.13 Repression과 Attenuation 메커니즘을 통한 Aspartate 계열 아미노산 합성 효소의 생산 조절.

*E. coli*는 단백질 합성에 필요한 아미노산의 세포내 농도를 적당한 수준으로 유지하기 위해 각 아미노산의 세포내 농도에 따라 각 아미노산 합성을 촉매하는 효소의 생산을 repression과 attenuation 메커니즘을 통해서 조절한다.

Aspartate로부터 lysine과 methionine, threonine을 거쳐서 isoleucine을 생산하는 대사 경로에서 첫 반응을 촉매하는 aspartate kinase는 3종의 isoenzyme으로 이루어져 있다. Lysine과 methionine에 의해 합성이 조절되는 두 isoenzyme은 repression(그림 12.9)을 통해서, 그리고 threonine과 isoleucine에 의해 조절되는 단일 isoenzyme은 이들 두 아미노산이 동시에 작용하는 attenuation(divalent attenuation)을 통해서 생산이 조절된다.

이 대사 경로에서 aspartate semialdehyde와 homoserine은 대사의 분기점이 되기 때문에 여기에 작용하는 효소의 합성도 조절을 받는다. 그 이유는 3종(isoleucine이 threonine을 거쳐서 합성되므로)의 아미노산 중에서 1~2종의 아미노산을 합성할 필요가 있을 때, 합성되는 aspartate semialdehyde와 homoserine이 합성할 필요가 없는 아미노산으로 대사되는 것을 방지하기 위함이다. 그림 중에서 l, m 표시는 효소의 합성이 lysine과 methionine이 각각 co-repressor로 작용하는 repression 메커니즘을 통해 조절되는 것을 나타내며, t+i 표시는 threonine과 isoleucine이 divalent attenuation 메커니즘을 통해 효소의 합성을 조절하는 것을 나타낸다(제6장, 6.4.1).

1. aspartate kinase; **2.** aspartate semialdehyde dehydrogenase; **3.** homoserine dehydrogenase; **4.** homoserine kinase; **5.** threonine synthase; **6.** dihydrodipicolinate cyclohydrolase.

아미노산의 합성 경로가 나누어진다. Homoserine에서는 methionine과 threonine의 합성 경로가 분리된다. Aspartate에서 합성되는 각 아미노산의 세포내 농도를 일정하게 유지하기 위해서 aspartate kinase의 생산과 더불어 이들 분기점에 작용하는 효소의 생산도 조절되어야한다.

예를 들어, methionine과 threonine이 충분하고 lysine을 합성할 필요가 있을 때, aspartate kinase isoenzyme 중에서 lysine에 의해 생산이 조절되는 효소가 생산되어서 aspartate semialdehyde를 합성하면 이를 lysine 합성에만 이용하여야 한다. 따라서 이러한 경우에는 aspartate semialdehyde를 methionine이나 threonine으로 대사하는 homoserine dehydrogenase의 생산이 저해되어야 한다. 같

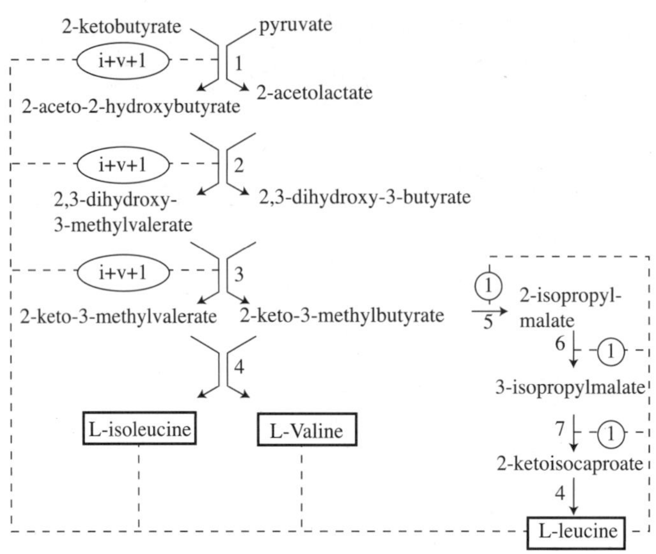

그림 12.14 Isoleucine, Valine 그리고 Leucine 합성 효소의 생산이 조절되는 attenuation 메커니즘.

Salmonella typhimurium 등 그람음성 세균의 아미노산 생합성 경로에서 isoleucine, valine, histidine 등을 합성하는 효소의 생산을 조절하는 repressor는 발견되지 않았다. 이들 효소의 생산은 모두 attenuation을 통해 조절된다. i+v+l 표시는 효소의 합성이 isoleucine, valine, leucine이 동시에 작용하는 attenuation을 통해 조절되는 것을 뜻하며, 1로 표시된 효소의 생산은 leucine이 co-repressor로 작용하는 repression을 통해서 조절되는 것을 뜻한다(제6장, 6.4.1).

1. Acetohydroxy acid synthase; **2.** Acetohydroxy acid isomeroreductase; **3.** Dihydroxy acid dehydratase; **4.** Transaminase; **5.** 2-Isopropylmalate sythase; **6.** Isopropylmalate isomerase; **7.** 3-Isopropylmalate dehydrogenase.

은 이유로 homoserine에 작용하는 효소들의 생산도 조절된다.

12.1.5.2 Multivalent Attenuation

Threonine이 탈아민되어 생산되는 2-ketobutyrate로부터 합성되는 isoleucine과, pyruvate에서 합성되는 valine과 leucine은 그 전구물질은 서로 달라도 구조가 비슷하기 때문에 같은 효소의 작용을 받는다(제6장, 6.4.1). 이들 아미노산의 합성을 촉매하는 효소는 모두 단일 단백질이며, isoenzyme이 없다. 따라서 이 경로를 촉매하는 효소의 mRNA가 합성될 때에는 이 3종류의 아미노산이 동시에 attenuation을 통해서 조절에 참여한다. 이처럼 하나의 효소 생산에 복수의 물질이 attenuation에 참여하는 것을 multivalent attenuation이라 한다.

12.1.6 Termination/Anti-termination-Riboswitch

*E. coli*에서 아미노산의 합성을 촉매하는 유전자 발현의 조절이 attenuation 메커니즘으로 이루어지는 것이 알려진 이후 많은 유전자의 transcription이 비슷한 메커니즘으로 조절되는 것으로 알려지

고 있다. 그 후 단백질, 대사산물, tRNA, anti-sense RNA 등이 mRNA 상에 물리적으로 결합함으로써 전사 또는 단백질 합성의 개시가 조절되는 여러 메커니즘들이 발견되었다. mRNA 상에 이들 물질이 결합함으로써 termination/anti-termination을 일으키는 메커니즘을 "riboswitch"라 하는데, 좁은 의미에서는 mRNA 상에 있는 그들 물질들이 결합하는 부위를 "riboswitch"라 부르기도 한다.

12.1.6.1 단백질이 작용하는 termination/anti-termination

단백질이 작용하는 termination/anti-termination 메커니즘의 예로 *Bacillus subtilis*의 TRAP (*trp* RNA binding attenuation protein)을 들 수 있다. Tryptophan의 세포내 농도가 단백질 합성에 충분할 때, tryptophan이 TRAP과 결합하여 이를 활성화한다. 활성화된 TRAP 단백질은 새로 합성되고 있는 *trp* mRNA의 leader sequence에 결합하여 anti-terminator의 형성을 저해한다. 이때 활성화된 TRAP이 leader sequence에 결합하는 데 충분한 시간을 주기 위해 DNA 상에 RNA polymerase가 잠깐 멈추는 pause site가 있다. 활성화된 TRAP이 leader sequence에 결합하면 RNA polymerase가 leader sequence를 완전히 transcribe하므로 terminator가 형성되어 RNA polymerase를 DNA로부터 분리하기 때문에 구조 유전자의 transcription이 이루어지지 않는다(그림 12.15b). 반면에 tryptophan의 농도가 제한되는 조건에서는 TRAP이 활성화되지 못하기 때문에 leader sequence에 결합할 수 없어 anti-terminator가 형성되어 RNA polymerase가 구조 유전자를 transcribe한다(그림 12.15a). *trp* mRNA에서 terminator hairpin을 형성하는 부분에 ribosome-binding site인 Shine-Dalgarno sequence가 포함되기 때문에 tryptophan의 농도가 충분한 경우에 terminator의 작용을 받지 않고 합성되더라도 mRNA의 translation이 이루어지지 않는다.

trp operon의 transcription은 uncharged $tRNA^{Trp}$/charged $tRNA^{Trp}$의 비율에 의해서도 조절된다. Uncharged $tRNA^{Trp}$는 또 다른 단백질(anti-TRAP, AT)과 결합하여 이를 활성화한다. 활성화된 AT는 tryptophan과 결합한 TRAP의 활성을 저해하기 때문에 anti-terminator가 형성되어 *trp* operon의 transcription이 가능해진다. AT유전자도 uncharged $tRNA^{Trp}$의 작용으로 발현이 촉진된다. 이러한 조절은 다음에 기술하는 T-box와 같은 메커니즘으로 이루어진다.

암모니아의 농도가 낮을 때 *Klebsiella oxytoca*는 질산염이나 아질산염을 질소원으로 이용한다. 이 세균에서 (아)질산염을 운반하고 암모니아로 환원하는 단백질을 암호화하는 *nasFEDCBA* operon도 단백질이 작용하는 termination/anti-termination 메커니즘으로 조절된다. 이 operon은 질산염 또는 아질산염을 질소원으로 이용해야하는 조건에서 이들과 결합한 조절단백질 NasR이 terminater의 형성을 방지하여 transcription이 이루어진다.

*Bacillus subtilis*에서 β-glucan(*lic*) operon의 발현 조절도 단백질이 관여하는 terminator/anti-terminator의 한 예이다. 이 세균은 lichenan, salicin 등 β-glucan을 탄소원으로 이용할 수 있으나 쉽게 이용될 수 있는 포도당 등의 탄소원이 있을 때는 β-glucanase를 생산하지 않는다. 이 조절 작용은 효소 생산에 이용되는 mRNA의 일부가 hairpin을 형성하여 terminator로 작용하는 메커니즘을 통해 이루어진다. 이 조절은 인산화된 HPr(그림 12.9)에 의해 활성화되는 anti-terminator에 의해 이루

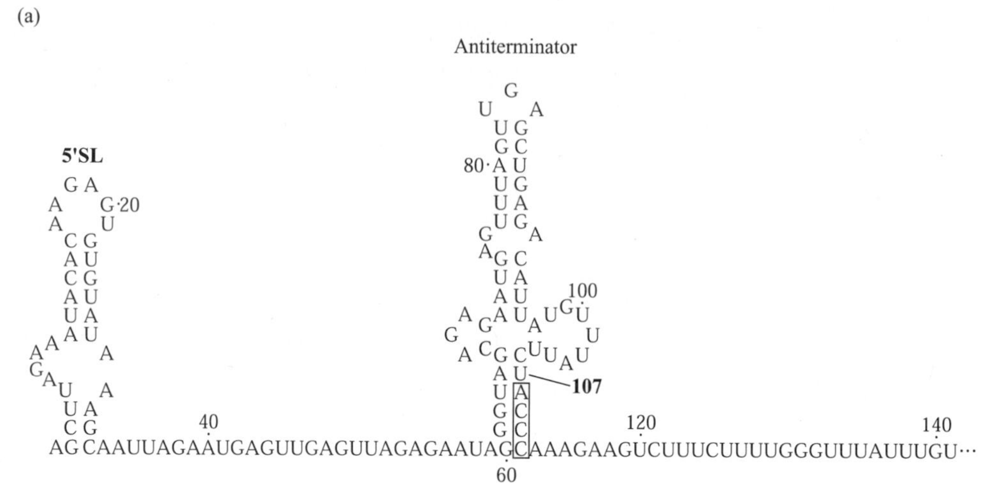

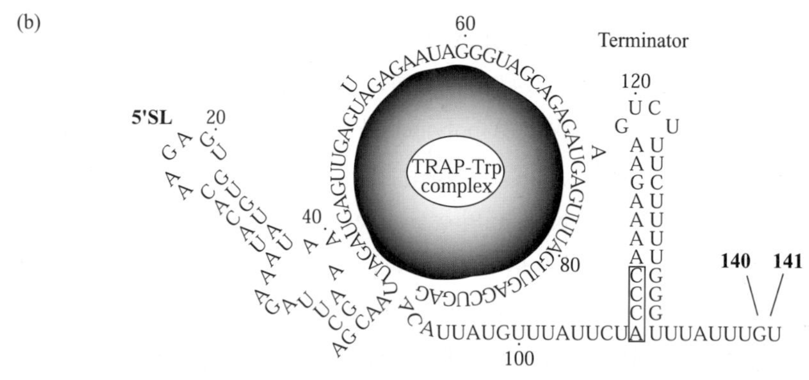

그림 12.15 Attenuation에 의한 *Bacillus subtilis trp* Operon의 조절 메커니즘(Curr. Opin. Microbiol. 2004, 7:132-139).
(a) Tryptophan이 제한되는 조건에서 TRAP가 활성화되지 않고 새로 만들어지는 *trp* mRNA의 leader sequence에 결합하지 못한다. 따라서 anti-terminator가 형성되어 terminator가 형성되지 않기 때문에 구조유전자가 transcription된다.
(b) Tryptophan의 농도가 충분한 조건에서는 trytophan이 TRAP 단백질과 결합하여 이를 활성화시킨다. 활성화된 TRAP은 새로 만들어지고 있는 *trp* mRNA의 leader sequence에 결합하여 anti-terminator의 형성을 저해하여 terminator가 형성된다. Terminator는 RNA polymerase를 DNA로부터 분리하여 구조 유전자의 transcription을 방지한다. Box로 표시된 부분은 terminator와 anti-terminator 양쪽에 다 포함된다.

어진다. *Bacillus subtilis*의 extracellular β-glucanase operon은 *licT*(transcription anti-terminator LicT)와 *licS*(β-glucanase)로 이루어진다(그림 12.16). 환경에 포도당이 있을 때 인산화된 HPr은 당의 운반에 이용되기 때문에 그 농도가 낮아 LicT 단백질을 활성화되지 않는다. 이때 *licT*와 *licS* 사이에 있는 terminator sequence의 transcript(RNA)가 terminator로 작용하는 hairpin을 형성하여 β-glucanase의 생산을 억제한다. 반대의 경우 세포내 인산화된 HPr의 농도가 높아지면 transcription anti-terminator LicT가 활성화되어 terminator 부위에 결합하여 hairpin의 형성을 억제한다. 따라서

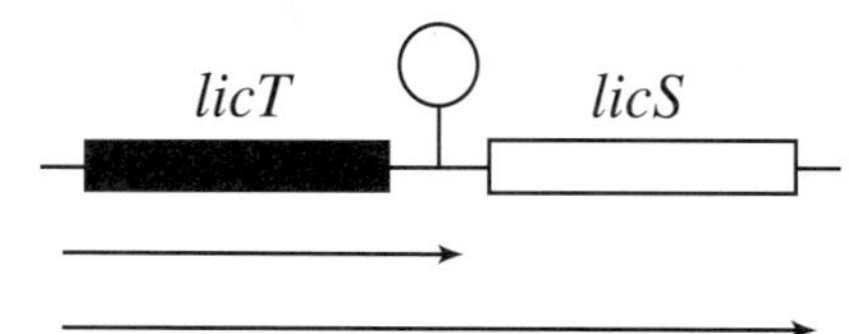

그림 12.16 *Bacillus subtilis*의 β-glucanase(*lic*) Operon의 구조(Mol. Microbiol. 1997, 23:413-421).

β-Glucanase operon은 transcription anti-terminator 유전자(*licT*)와 β-glucanase 유전자(*licS*)로 이루어진다. 이들 두 유전자 사이에는 mRNA 상에서 hairpin을 형성하여 terminator로 작용하는 염기 서열이 있다. 이들은 하나의 transcript로 합성된다. 포도당 등 쉽게 이용되는 기질이 공급되는 조건에서는 transcript가 hairpin을 형성하여 terminator로 작용하기 때문에 *licS* 부분이 transcribe되지 않는다. 포도당의 농도가 낮을 때는 group translocation에 작용하는 HPr 단백질이 인산화된다. 인산화된 HPr 단백질이 transcription anti-terminator인 LicT 단백질을 활성화하고 활성화된 LicT 단백질이 mRNA의 terminator에 결합하여 그 작용을 억제한다. 따라서 활성화된 LicT 단백질을 transcription anti-terminator라 부른다.

terminator의 작용이 없어지고 *licS*(β-glucanase)의 transcription이 계속된다. Anti-terminator가 결합하는 부위를 ribonucleic anti-terminator(RAT)라 부른다.

*E. coli*의 6-phospho-β-glucosidase, *B. subtilis*의 sucrose, glycerol, histidine 또는 β-glucan을 대사하는 데 필요한 operon 등이 anti-terminator의 조절을 받는다. Hairpin을 형성하는 RNA sequence는 palindromic DNA sequence에서 유래한다. Palindromic sequence는 GC 함량이 높은 12 염기 배열이 대칭적으로 2중 가닥을 이룬다.

이 조절 메커니즘은 분해 반응 뿐 아니라 합성 반응을 촉매하는 효소의 생산에서도 알려지고 있다.

12.1.6.2 tRNA가 작용하는 Termination/anti-termination

*Bacillus subtilis*에서 aminoacyl-tRNA synthetases와 몇 종의 아미노산 합성에 관여하는 효소 유전자의 발현이 tRNA-dependent transcription antitermination으로 알려진 또 다른 메커니즘을 통해 조절된다. 이때 아미노산이 결합하지 않은 tRNA(uncharged tRNA)가 조절인자(effector)로 작용한다. Tyrosyl-tRNA synthetase mRNA의 전반부에 tyrosine codon이 있고, 또한 uncharged $tRNA^{Tyr}$의 아미노산 결합 부위의 단일 가닥과 결합할 수 있는 부위(leader region)가 있다(그림 12.17a). Tyrosine이 충분하고 효소의 활성이 높은 조건에서는 조절인자(uncharged $tRNA^{Tyr}$)의 농도가 낮아서 charged $tRNA^{Tyr}$가 mRNA leader region의 tyrosine codon에 결합한다. 이때 아미노산 결합 부위는 tyrosine이 결합되어 있어 mRNA에 결합하지 못한다. 이 경우 RNA는 anti-terminator가 형성되지 않는 2차 구조로 terminator를 형성하기 때문에 tyrosyl-tRNA synthetase 유전자의 transcription이 중단된다(그림 12.17a 왼쪽). 반대의 조건에서는 uncharged $tRNA^{Tyr}$의 농도가 증가한다. 이때 uncharged $tRNA^{Tyr}$의 anticodon과 tyrosine 결합 부위가 mRNA의 leader region에 결합하여 mRNA 상에 anti-terminator를 형성하게 되어 tyrosyl-tRNA synthetase가 합성된다(그림 12.17a 오른쪽). Uncharged tRNA가 결합하는 부위를 T-box라 하며, 이러한 조절 메커니즘을 T-box

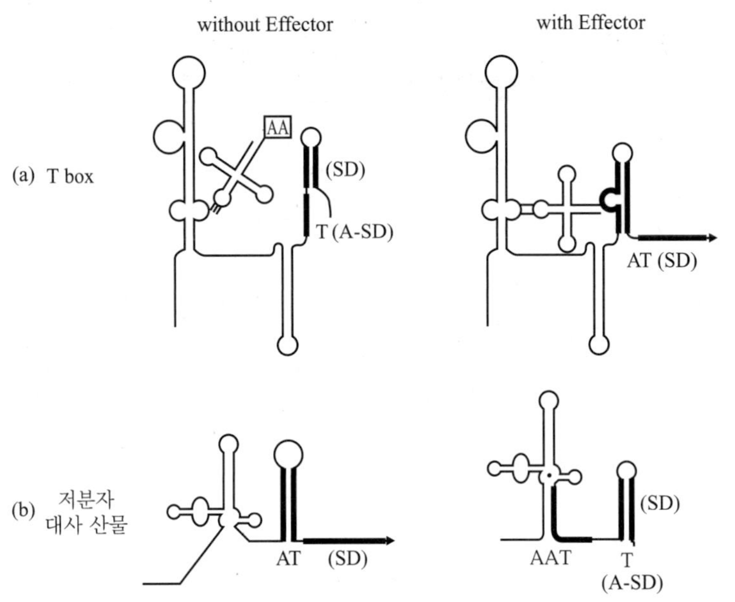

그림 12.17 조절인자(effector)가 RNA의 Leader Region에 결합하는 Termination/anti-termination(Curr. Opin. Microbiol. 2004, 7:126-131).

(a) tRNA에 의한 transcription/antitermination

(b) 대사산물에 의한 termination/antitermination

(a) tRNA에 의한 조절 메커니즘(T-box)에서는 아미노산이 결합하지 않은 tRNA가 조절인자로 작용한다. 조절받는 RNA의 5′-쪽(leader sequence)에 해당 tRNA의 codon과 uncharged tRNA의 아미노산 결합 부위의 단일 가닥과 결합할 수 있는 부위가 있다. 조절인자의 농도가 낮을 때(charged tRNA의 농도가 높은 때) charged tRNA가 codon과 결합하여 ribosome-binding site인 Shine-Dalgarno(SD) sequence를 포함하는 terminator hairpin을 형성하여 transcription과 translation이 저해된다(그림 a 왼쪽). 반면에 조절인자인 아미노산이 결합하지 않은 tRNA의 농도가 높을 때는 이 조절인자의 anti-codon이 codon과 결합하고 아미노산 결합 부위의 단일 가닥 부위 또한 leader sequence의 일부와 결합한다. 이때 anti-terminator가 형성되고 SD sequence가 hairpin을 형성하지 않기 때문에 transcription과 translation이 가능해진다(그림 a 오른쪽).

(b) 대사산물에 의한 termination/antitermination의 경우 조절인자의 농도가 낮을 때 anti-terminator(AT)가 형성되어 유전자의 transcription이 계속된다(그림 b 왼쪽). 반대로 해당 대사산물의 농도가 높아 leader region에 결합하면 anti-terminator를 형성하는 부위를 포함하는 hairpin(anti-anti-terminator, AAT)이 만들기 때문에 anti-terminator의 형성이 저해된다. 이때 Shine-Dalgarno sequence가 포함되는 terminator가 형성되어 transcription과 translation이 저해된다.

transcription termination control system이라 부른다. 이 경우에도 TRAP 단백질에 의한 tryptophan 생합성 효소의 조절(그림 12.15)에서와 같이 terminator에 ribosome-binding site인 Shine-Dalgarno sequence가 포함되어 있어 terminator가 형성되는 조건에서 mRNA가 합성되어도 translation되지 않는다.

T-box transcription termination control system과 유사한 유전자 발현 조절 메커니즘이 그람양성 세균의 아미노산 관련 유전자에서 널리 알려져 있으나 그람음성 세균에서는 많이 알려지지 않았다. 유전체 분석에서 이들의 leader region은 유사성이 매우 높은 것으로 나타났다. 비슷한 조절 메커니

즘으로 methionine과 *S*-adenosyl methionine(SAM)의 대사에 관련된 S-box가 알려져 있다. S-box도 T-box와 같이 transcription이 중단되는 것은 같지만 S-box에서는 effector(methionine)의 농도가 높을 때 leader region에 결합하여 만들어지는 anti-anti-terminator가 terminator를 형성하는 데 관여한다.

12.1.6.3 대사산물에 의한 Termination/anti-termination

*Bacillus subtilis*에서 riboflavin 합성 유전자들의 발현이 위와 유사한 메커니즘을 통해 조절된다. 이들 유전자의 transcript의 5′쪽에 t-box와 유사한 RFN element를 포함하는 leader region이 있다. 농도가 충분할 때 riboflavin이 leader region의 RFN element에 결합하면 anti-terminator의 형성을 저해하는 hair pin(anti-anti-terminator, AAT)이 만들어지고 Shine-Dalgarno sequence를 포함하는 leader sequence가 terminator를 형성하여 이들 유전자의 transcription과 translation이 저해된다(그림 12-17b, 오른쪽). 반대로 해당 대사산물의 농도가 낮을 때는 anti-terminator가 만들어져 terminator의 형성이 저해되어 transcription과 translation이 촉진된다(그림 12.17b, 왼쪽). 다양한 대사산물의 생산에 관여하는 유전자의 transcription 또는 translation이 유사한 메커니즘을 통해 조절된다. *E. coli*에서 cobalamin(B12-box), *Rhizobium etli*의 thiamine(THI-box), *Bacillus subtilis*의 guanine(G-box)과 lysine(L-box) 등이 여기에 속한다.

12.1.7 Sensor-Response Regulator가 작용하는 Two-Component System

미생물은 생장 환경의 변화에 적응하기 위해 여러 가지 대사를 조절한다. 환경의 변화에 따라 대사를 조절하기 위해서는 환경 변화를 감지하고 이 정보를 단백질 합성 경로에 전달하여야 한다. 이러한 정보의 전달(signal transduction)은 막에 있는 sensor 단백질과 원형질체에 있는 soluble protein인 regulator 단백질에 의해 이루어진다.

Sensor 단백질은 환경 변화에 따라 ATP를 이용하여 인산화된다. 원형질체 쪽에 있는 sensor 단백질의 histidine기에 인산이 결합하며, 이 인산기를 regulator 단백질의 aspartate기로 전달하면 활성이 있는 regulator로 되어 유전자의 repressor 또는 activator로 작용한다. Two-component system은 대부분 복수의 operon을 조절하기 때문에 global regulation에 속한다. 이에 대해서는 다음 절(12.2.3, 12.2.5, 12.2.11)에 상세히 기술한다.

12.1.8 Autogenous Regulation

일부의 단백질은 자신의 유전자의 transcription이나 translation을 스스로 조절한다. 장내 세균의 proline dehydrogenase와 ribosome 단백질 등이 여기에 속한다.

Ribosome은 55종의 단백질과 3종의 RNA(rRNA)로 이루어진다(제6장, 6.12.3). 이처럼 많은 종류의 단백질이 하나의 구조를 형성하지만 각 단백질의 합성이 매우 정교하게 조절되기 때문에 잉여의 단백질이 합성되지 않는다. Ribosome 단백질(*r*단백질)은 ribosome을 형성하기 위해 rRNA와 결합하는 성질이 있다. 잉여의 *r*단백질이 생산되면 rRNA와 결합하지 못하기 때문에 자신의 생산에 이용되는 mRNA와 결합하여 단백질 합성의 initiation을 방지하는 메커니즘으로 더 이상 동일 단백질의 합성을 억제한다. 이러한 조절 작용을 autogenous regulation이라 한다. DNA와 RNA 등 핵산에 관련되는 많은 단백질의 합성이 autogenous regulation 메커니즘으로 조절된다.

*r*단백질 이외에도 비슷한 메커니즘으로 자신의 유전자의 발현을 조절하는 예가 있다. S-layer는 많은 원핵세포에서 발견되며, 이를 이루는 S-layer 단백질은 세포에서 단일 단백질로는 그 양이 5~10% 정도로 가장 많다(제2장, 2.3.3.1). *E. coli*에서 단일 유전자로부터 많은 단백질을 생산하기 위해 S-layer 단백질 mRNA는 반감기가 10~22분으로 mRNA로는 대단히 안정하다. 이 mRNA의 5′ 쪽에 있는 untranslated region(5′UTR)은 hairpin을 형성하여 그 안정성을 높인다(12.1.9). 필요 이상의 S-layer 단백질이 생산되면 이 단백질이 5′UTR에 결합하여 translation을 저해한다. 이러한 조절은 단백질에 의한 translation 저해(negative regulation)의 한 예이다. *E. coli*에서 apo-aconitase가 자신의 mRNA 3′UTR에 결합하여 그 안정성을 높이는 positive regulation의 예도 있다.

아미노산 proline을 유일한 탄소원 및 에너지원으로 이용할 때 장내 세균이 이용하는 proline dehydrogenase와 proline permease의 생산이 또한 autogenous regulation으로 조절된다(제7장, 7.5.6). Proline이 기질로 제공되면 proline dehydrogenase는 원형질막에 결합한 상태로 기질과 작용하므로 DNA와 결합하지 않는다. 따라서 *put* operon은 derepress되며, proline이 없을 때 proline dehydrogenase는 *put* operon의 operator에 결합하여 transcription을 억제한다(그림 12.18). 기질과 결합한 proline dehydrogenase가 원형질막의 결합 부위보다 많을 때에도 DNA와 결합하여 transcription을 저해한다.

Proline dehydrogenase의 autogenous regulation은 DNA와 결합하여 transcription 단계에서 조절이 이루어지며, *r*단백질의 합성 조절은 mRNA와 결합하여 translation 단계에서 이루어진다.

12.1.9 mRNA의 분해와 변형에 의한 조절

유전자 발현의 조절은 이미 공부한 transcription 과정 뿐 아니라 translation 과정에서도 이루어질 수 있다. 이 같은 조절을 통해 주어진 조건에서 생물이 보유하고 있는 유전 정보를 효율적이고 복합적으로 발현할 수 있다. RNA의 turnover와 translation 조절 등으로 이루어지는 transcription 후 조절 작용은 대사 조절의 한 축이다. 이미 공부한 ribosomal 단백질 합성 조절(autogenous regulation)이 여기에 속한다. 효율적인 대사 조절을 위해 여러 가지 메커니즘을 통해 mRNA의 합성이 조절된다. 만약 세포 안에서 mRNA가 합성되고 분해되지 않으면 transcription 수준의 조절이 무의미해진다. Translation 수준의 조절은 단백질 합성의 template인 mRNA의 분해와 더불어 mRNA와 결합하는 각종 단백질과 small noncoding RNA(sRNA)에 의해서도 이루어진다. mRNA의 분해 속도는 염기 서열과 hairpin을 형성하는 2차 구조, 그리고 RNA에 결합하는 각종 단백질과 저분자 RNA에 의해 결정된다. mRNA에 결합하는 단백질과 RNA는 ribosome과 경쟁하거나 ribosome이 mRNA와

(a) proline이 기질로 이용될 때

putP 조절부위 putA put operon

mRNA

proline permease

proline dehydrogenase

Δ

원형질막에 결합

(b) 기질로 이용될 proline이 없을 때

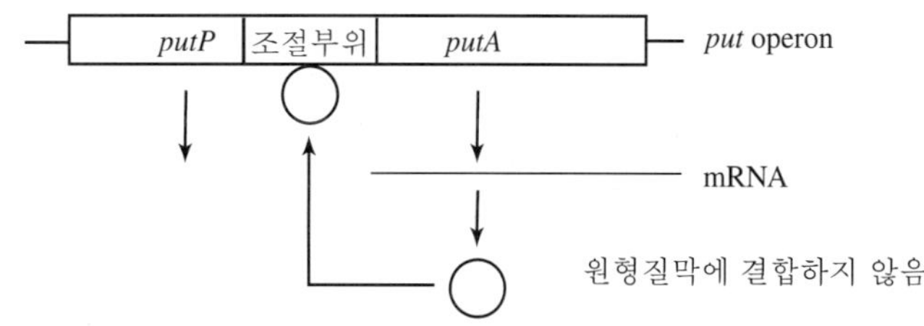

그림 12.18 Autogenous Regulation 메커니즘을 통한 Proline Dehydrogenase의 합성 조절.

Proline dehydrogenase 단백질에는 기질을 산화하는 활성 부위와 DNA와 결합하는 부위가 각각 있다. Proline이 공급되는 조건(a)에는 기질과 결합한 상태로 원형질막에 결합하여 proline을 산화하며, 기질이 없을 때(b)에는 *put* operon의 operator 부위에 결합하여 transcription을 억제한다. 화살표는 transcription 방향을 표시한다.

결합을 촉진하는 메커니즘을 통해 translation을 조절할 뿐 아니라 이러한 결합이 mRNA의 분해를 촉진하거나 저해하는 조절 기능도 갖는다.

미생물을 이용하여 유용한 단백질을 생산하기 위한 유전자 조작에서 목표로 하는 단백질의 생산성을 높이기 위해 강력한 promoter의 사용 등 주로 transcription을 증가시키는 노력이 많았다. 이때 생산되는 많은 양의 mRNA의 안정성을 높여 단백질의 생산을 높이기 위한 방법도 연구의 대상이 되고 있다.

12.1.9.1 mRNA의 안정성

일반적으로 세균 mRNA의 반감기는 수분 정도로 진핵세포의 반감기에 비해 매우 짧다. 반면에 세균에서도 rRNA와 tRNA는 안정하기 때문에 이들을 stable RNA라 부른다. mRNA의 안정성은 자체의 구조와 여기에 결합하는 단백질과 sRNA에 의해 결정된다. mRNA의 빠른 turnover를 통해 transcription에 의한 조절이 가능해 진다. *E. coli*는 endo 형과 exo 형의 RNase를 보유하고 있으며, mRNA의 분해는 주로 endonuclease인 RNase E에 의해 이루어진다. 이 효소는 RNA 상의 AU-rich

부분을 인식하여 분해한다.

광합성 세균 *Rhodobacter capsulatus*의 광합성 단백질인 antenna 단백질과 reaction centre 단백질의 유전자는 하나의 *puf* operon을 이룬다. Reaction centre 하나에 15 antenna의 비율로 단백질이 합성된다(제11장, 11.3). 이처럼 하나의 transcript로부터 생산되는 단백질의 양이 다른 것은 mRNA 각 부위의 안정성이 다르기 때문이다.

puf operon의 transcript는 5′쪽 단백질의 합성에 이용되지 않는 부분(5′-untranslated region, 5′UTR)에 3개의 hairpin을 형성하는 약 500 염기 서열이 있다. 또한 antenna 단백질을 translate하는 염기 서열과 reaction centre 단백질을 translate하는 염기 서열 사이 그리고 3′쪽에 각각 hairpin을 형성할 수 있는 염기 서열이 있다. 그리고 5′UTR에 있는 500 염기서열과 reaction centre 단백질을 translate하는 mRNA부위에는 endonuclease RNase E가 작용할 수 있는 염기 서열이 있다. 이들이 각각의 단백질을 translate하는 mRNA의 안정성을 결정한다(그림 12.19).

Transcription 직후 전체 mRNA의 반감기가 0.5분 미만이며, RNase E가 작용할 수 있는 5′UTR 부분이 분리된 다음에는 8분으로 안정화된다. 또한 antenna 단백질의 mRNA 크기로 짧아지면 반감기가 33분으로 길어진다. Antenna 단백질 mRNA의 수명이 긴 이유는 5′UTR에 RNase로부터 자신을 보호하는 hairpin이 있으며, mRNA의 분해에 가장 중요한 역할을 담당하는 endonuclease인

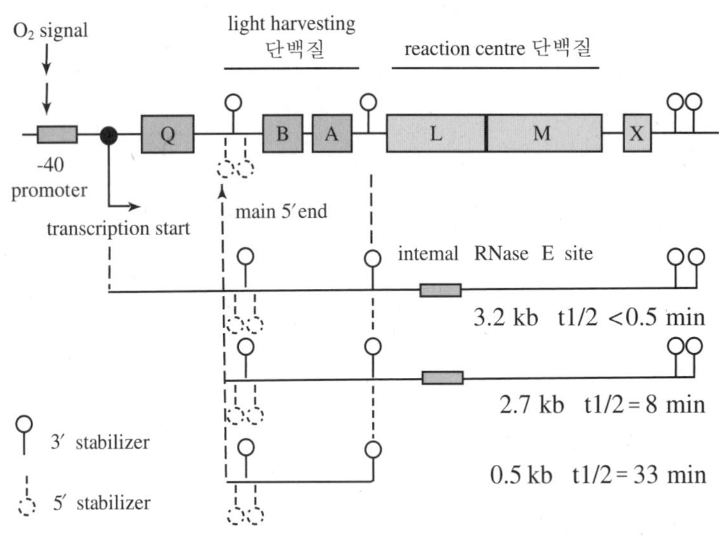

그림 12.19 광합성 세균 *Rhodobacter capsulatus*의 광합성 유전자 *puf* operon에서 합성되는 mRNA의 수명(FEMS Microbiol. Rev. 1999, 23:353-370).

효율적인 광반응을 위해 하나의 reaction centre 당 15 antenna의 비율로 생산되는 이들 광합성 기관의 단백질은 하나의 *puf* operon으로부터 생산된다. 이처럼 하나의 operon으로부터 생산되는 단백질의 생산량이 서로 다른 것은 각 단백질을 translate하는 mRNA의 수명이 서로 다르기 때문이다. 5′-untranslated region의 앞쪽 끝에 있는 hairpin은 mRNA의 분해하는 endonuclease RNase E의 작용으로부터 자신을 보호하는 능력이 있으며, 염기 서열 중 RNase E가 작용하는 서열이 있는 mRNA는 쉽게 분해된다. 3′-untranslated region도 mRNA를 보호하는 hairpin을 형성한다.

RNase E가 작용하는 염기서열을 포함하고 있지 않기 때문이다. 반면 보호 작용을 갖는 hairpin 앞에 500 염기가 있어서 hairpin의 보호 작용이 없으며, RNase E의 작용 염기 서열을 갖는 초기 transcript의 수명은 매우 짧으며, RNase E의 작용 염기 서열만을 갖는 reaction centre 단백질을 translate하는 2.7kb의 mRNA의 수명을 그 중간이 된다.

효모(*Saccharomyces cerevisiae*)는 포도당의 농도가 높은 조건에서는 당을 완전히 산화하지 않고 ethanol로 발효한다. 이러한 현상을 Crabtree effect라 한다. 발효당의 농도가 높을 때 이 효모는 TCA 회로와 electron transport에 작용하는 효소의 합성이 억제되기 때문이다. 발효당의 농도가 낮을 때 이 효모의 succinate dehydrogenase와 cytochrome c의 mRNA 반감기가 각각 60분과 12분인데 비해 발효당의 농도가 높을 때 각각 10분과 2분으로 짧아진다. 이들 효소의 생산은 carbon catabolite repression으로도 조절된다(12.1.3).

12.1.9.2 Shine-Dalgarno 서열 노출 조절을 통한 Translation 개시조절

*E. coli*의 배양 온도를 30°C에서 42°C로 올리면 sigma H(σ^H) 등 heat shock proteins(HSP, 12.2.7)로 알려진 많은 종류의 단백질을 생산한다. 많은 HSP의 합성은 transcription의 활성화로 이루어지지만, σ^H의 합성은 translation의 활성화로 이루어진다. *E. coli*의 σ^H mRNA는 30°C에서 Shine-Dalgarno sequence를 포함하는 hairpin을 형성하고 있기 때문에 trasnlation되지 않는다. 그러나 높은 온도에서는 이 hairpin이 풀리고 Shine-Dalgarno sequence가 노출되어 ribosome이 translation을 시작할 수 있다(12.2.7).

12.1.9.3 mRNA의 안정성과 Translation을 조절하는 단백질

mRNA의 안정성과 translation을 조절하는 많은 종류의 단백질이 알려져 있다. *Escheichia coli*의 CsrA(carbon storage regulator) 단백질과 *Erwinia carotovora*의 RsmA(repressor of stationary phase metabolites) 단백질이 여기에 속한다.

E. coli 등 spore를 생산하지 않는 세균은 대수증식기(exponential phase)에서 정지기(stationary phase)로 접어들 때 남아 있는 기질을 효율적으로 대사하거나 각종 stress에 대한 내성을 높이기 위해 생리학적인 성질이 크게 변한다. 이러한 표현형의 변화는 σ-factor(12.1.1), stringent response (12.2.1), 그리고 Csr system 등에 의해 나타난다. *E. coli*에서 glycogen의 합성은 탄소원 이외의 영양성분이 제한되는 조건에서 정지기로 접어들 때 주로 이루어진다. CsrA 단백질은 저장 물질인 glycogen의 합성과 분해 그리고 gluconeogenesis의 효소 생산을 저해하며, glycolysis와 아세트산 이용을 위한 효소 생산을 촉진한다.

Glycogen의 합성은 *glgCAP* operon에서 생산되는 ADP-glucose pyrophosphorylase (GlgC), glycogensynthase(GlgA) 그리고 glycogen phosphorylase(GlgP)에 의해 촉매된다. *glgCAP* operon의 transcription은 cAMP-CRP 복합체(12.1.3.1)와 ppGpp(또는 pppGpp)를 통한 stringent response(12.2.1)에 의해 활성화된다. CsrA 단백질은 ribosome-binding site(Shine-Dalgarno

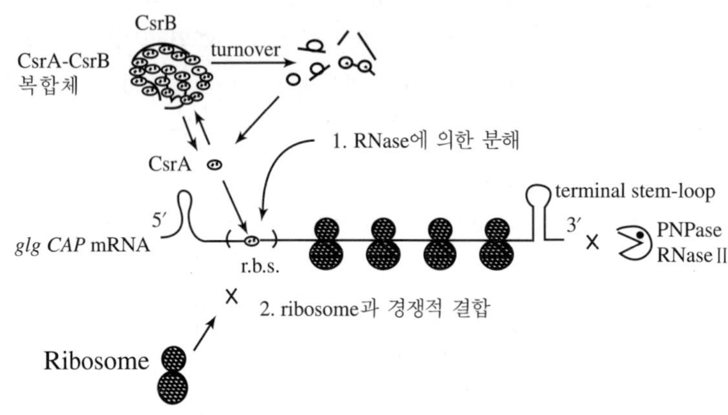

그림 12.20 *E. coli*에서 CsrA/CsrB System이 Glycogen 대사 효소 mRNA의 분해를 조절하는 메커니즘(Mol. Microbiol. 1998, 29(6):1321-1330).

CrsA(carbon storage regulator) 단백질은 ADP glucose synthetase(GlgC), glycogen synthase(GlgA) 그리고 glycogen phosphorylase(GlgP)의 mRNA ribosome binding site에 결합하여 translation을 억제하고 RNase의 작용을 쉽게 하여 이들 효소의 합성을 저해한다. 저분자 RNA인 CsrB 한분자가 12분자의 CsrA와 결합하여 CsrA의 작용을 억제한다.

sequence)에 결합하여 *glgCAP* transcript의 translation을 저해하고 RNase II에 의한 분해를 촉진한다(그림 12.20). Noncoding sRNA (sRNA)의 일종인 CsrB는 CsrA 단백질과 결합하여 그 활성을 저해한다. CsrB 한 분자는 18분자의 CsrA와 결합할 수 있으며, 다른 sRNA, CsrC도 비슷한 역할을 담당한다. *E. coli*에서 50종 이상의 sRNA가 알려지고 있으며, 이에 대해서는 다음에 공부한다(12.1.9.4).

*Erwinia carotovora*의 경우 CsrA와 유산한 단백질 RsmA가 pectinase mRNA의 분해를 촉진하고 translation을 저해한다. 식물 병원성 세균인 *E. carotovora*는 숙주에 침입한 다음 세균의 농도가 일정 이상이 될 때까지 숙주를 공격하는 pectinase 등의 효소 생산을 억제한다. 이들의 생산은 RsmA 단백질에 의해 저해되며, quorum sensing의 signal인 homoserine lactone에 의해 촉진된다(12.2.9). sRNA의 일종인 AepH가 RsmA 단백질의 활성을 저해한다.

CsrA와 RsmA 단백질은 중심 대사 경로와 식물 병원성에 관여하는 효소 생산 이외에 운동성, biofilm 형성, 세포외 다당류 생산, 2차 대사산물 생산 등 다양한 대사에 조절 작용을 갖는다. 저온에서 발현되는 cold shock protein(CSP)의 일종인 CspA는 낮은 온도에서 mRNA에 translation이 어려울 정도의 과도한 2차 구조가 형성되는 것을 방지한다. 낮은 온도에 의한 대사 조절은 다음 항에서 상세히 기술한다(12.2.8). Toxin/antitoxin system 중에서 mRNA를 분해하는 toxin(mRNA interferase, 제13장, 13.4.2)도 translation을 조절하는 단백질의 한 예이다.

12.1.9.4 sRNA와 sRNA-단백질 복합체에 의한 mRNA의 안정성과 Translation 조절; Riboregulation

전술한 바와 같이 *E. coli*에는 50종 이상의 small noncoding RNA가 확인되었으며, 이들의 크기는 40~400 nucleotide이다. 이들을 sRNA(small RNA) 또는 ncRNA(noncoding RNA)라 부른다. 이들은 세균, archaea, 진핵생물 등 모든 생물에서 알려져 있으며, 이들 중 일부는 mRNA의 안정성과 translation을 조절하는 것으로 알려지고 있다(표 12.3). 이들의 역할에 대한 연구가 현재 활발히 진행 중이다. 이들은 (1) 단백질의 막 통과에 작용하는 signal recognition particle (SRP, 제3장, 3.9.1)의 4.5S RNA와 같이 단백질과 복합체를 이루거나, (2) CsrB(그림 12.20)처럼 다른 RNA와 유사한 구조를 갖기도 하며, (3) 다른 RNA와 base pairing을 형성하는 메커니즘을 통해 작용한다. DsrA, MicF, OxyS, Spot42, RyhB 등 대사 조절에 작용하는 많은 sRNA들은 base pairing을 통해 mRNA의 안정성과 translation을 조절한다(그림 12.21). 이 같은 sRNA에 의한 대사 조절 작용을 riboregulation이라 한다.

*E. coli*의 배양 온도를 37°C에서 25°C로 낮추면 sRNA의 일종인 DrsA의 세포내 농도가 25배 이상 증가한다. 이 sRNA는 stationary phase sigma factor σ^S의 mRNA인 *rpoS*의 5′UTM 부위에 base pairing으로 결합하여 이의 translation을 촉진한다. 이 같은 translation의 촉진은 sRNA가 base pairing을 통해 ribosome-binding site가 포함되는 hairpin의 형성을 억제하여 이루어진다. 또한 DrsA는 H-NS 단백질의 mRNA의 분해를 촉진하여 이 단백질의 합성을 저해한다. 낮은 온도에서

표 12.3 기능이 알려진 *E. coli*의 basepairing sRNA

(Curr. Opin. Microbiol. 2004, 7:140-144).

sRNA	크기(nucleotide)	작용하는 mRNA	효과
MicC	109	OmpC	translation 저해
DicF	53	FtsZ	translation 저해
RprA	105	RpoS	translation 활성화
DsrA	85	RpoS	translation 활성화
		Hns, RbsD	translation 저해
MicF	93	OmpF	translation 저해
GcvB	204	OppA, DppA	translation 저해
RyhB	90	SodB	translation 저해
			mRNA 분해
		SdhCDAB	mRNA 분해
Spot42	109	GalETKM	translation 저해
OxyS	109	FhlA, RpoS	translation 저해

OmpC; Outer membrane 단백질, FtsZ; 세포분열에 작용하는 GTPase, RpoS; σ^S, Hns; histone-like DNA-결합 단백질, RbsD; D-Ribose high-affinity transport system, OmpF; Outer membrane 단백질 F, OppA; Oligopeptide transport; periplasmic binding 단백질, DppA; Dipeptide binding protein, SodB; Iron superoxide dismutase, SdhCDAB, Succinate dehydrogenase, GalETKM; Galactose operon, FhlA; Transcriptional activator for formate hydrogen-lyase operon.

세균들은 cold-shock proteins(CSPs)으로 알려진 많은 종류의 단백질을 생산한다. 이러한 생리학적 변화를 cold-shock response라 하며 다음에 상세히 공부한다(12.2.8).

*E. coli*는 stress condition에서 sRNA인 MicF와 OxyS를 많이 생산한다(표 12.3). OxyS sRNA는 과산화수소 등 산화제에 의해 강하게 유도되며, 혐기성 효소(제8장, 8.6.2)인 formate-hydrogen lyase의 transcriptional activator인 *fhlA* mRNA와 base pairing으로 결합하여 translation을 억제한다. 삼투압이 높은 환경에서는 MicF sRNA는 *ompF* mRNA와 base pairing으로 결합하여 OmpF porin의 합성을 억제하며, MicC sRNA는 다른 porin OmpC의 합성을 저해한다. OmpF와 OmpC의 합성을 삼투압 변화를 인식하는 two-component system(12.2.11)에 의해 조절되며, sRNA인 MicF와 MicC에 의한 조절은 two-component system으로 인식할 수 없는 영역에서의 조절로 생각된다. OmpF/OmpC의 비율 변화로 outer membrane을 통한 저분자 물질의 세포내 이동이 조절된다(제2장, 2.3.3.2).

Spot42는 galactose 대사에 관여하는 sRNA이다. Galactose operon, *galETKM*은 galactose를 이용할 때 필요한 효소 UDP-galactose epimerase, galactose-1-phosphate uridylyltransferase, galactokinase 그리고 aldose-1-epimerase를 코딩한다. UDP-galactose epimerase(GalE)는 galactose를 이용할 때 뿐 아니라 포도당에서 자랄 때도 세포벽과 capsule 층을 생산하는 데 필요한 UDP-galactose의 합성에 필요하다. 포도당에서 자랄 때 galactose operon 중에서 UDP-galactose epimerase(GalE)만을 생산하기 위해 Spot42가 작용한다. Spot42의 발현은 CRP-cAMP 복합체에 의해 저해된다. 포도당에서 생장할 때 CRP-cAMP 복합체의 농도가 낮기 때문에 그 농도가 높고 galactose에서 배양하면 농도가 낮아진다. Spot42는 *galE* mRNA의 translation을 저해하지 않으면서 *galK* 등 다른 mRNA의 translation을 선택적으로 저해한다. Spot42는 하나의 operon에서 생산되는 복수의 mRNA 중에서 특정 mRNA의 translation을 선택적으로 저해하는 특이한 성질이 있다.

대부분의 *E. coli* sRNA는 그 기능을 위해 Hfq라는 단백질을 필요로 한다. Hfq는 *E. coli*의 phage, QRNA replicase의 작용에 필요한 host factor(일명 HF-1)로 처음 알려졌다. Hfq는 RNA chaperone의 일종으로 sRNA의 2차 구조의 형성을 억제하여 대상 mRNA와 효율적으로 base pairing하는 것을 돕는다. Hfq는 많은 세균에서 발견되었다.

Hfq를 필요로 하는 sRNA는 다양한 메커니즘을 통해 대상 mRNA의 translation과 안정성을 조절한다(그림 12.21). Shine-Dalgarno (SD) sequence에 결합하여 translation을 저해하기도 하며(그림 12.21a), 다른 경우에는 SD sequence가 포함되는 hairpin 이차 구조의 형성을 억제하여 translation을 촉진한다(그림 12.21b). Hfq-sRNA 복합체의 결합으로 RNase E에 의한 mRNA의 분해가 촉진되거나(그림 12.21c) 억제된다(그림 12.21d).

sRNA의 또 다른 작용 메커니즘은 ribosome이 대상 mRNA의 Shine-Dalgarno sequence로 쉽게 접근하게 하기도 하고 저해하기도 함으로써 translation을 조절하며, RNase E의 접근성을 조절하여 대상 mRNA의 분해를 조절하기도 한다.

대부분의 sRNA가 transcription 후 조절, 즉 mRNA의 안정성과 translation을 조절하는 데 비해

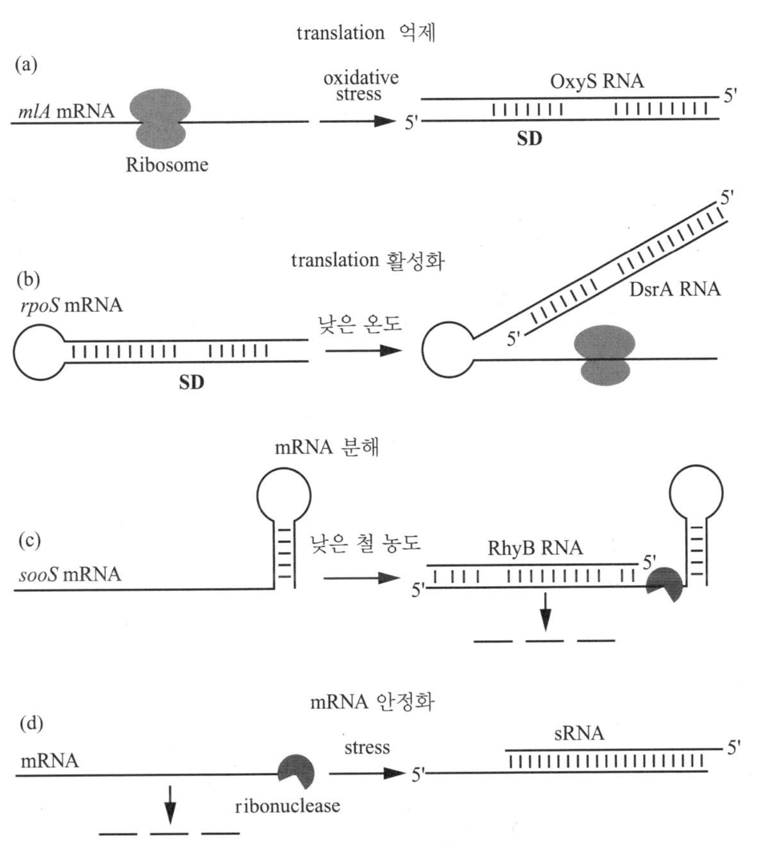

그림 12.21 sRNA와 base-pair를 통해 대상 mRNA의 translation과 안정성이 조절되는 메커니즘(Curr. Opin. Microbiol. 2004, 7:140-144).

6S RNA는 transcription 과정에 작용한다. *E. coli*가 정지기로 들어가면 그 양이 증가하는 6S RNA는 housekeeping σ^D (σ^{70})와 결합한 RNA polymerase의 활성을 저해하고 σ^S (σ^{38})와 결합한 효소의 활성을 촉진한다.

지금까지 공부한 sRNA는 다른 operon에서 유래하는 mRNA에 작용하는 *trans*-형 조절의 예이며, *cis*-형 조절 sRNA도 있다. 이들은 대상 mRNA 유전자와 같은 위치의 다른 DNA 가닥에서 유래한다. *Clostridium acetobutylicum*의 glutamine synthetase(GlnA)를 예로 들 수 있다(그림 12.22). 암모니아의 농도가 낮은 조건에서 *glnA* 유전자가 transcribe되고 sRNA에 의해 translation이 조절된다. *glnA*가 transcribe되는 조건에서는 mRNA의 농도가 sRNA의 6배 정도로 높지만 반대의 경우 sRNA의 농도가 1.6배 높게 분석되었다. Cis-형으로 조절하는 sRNA를 전통적으로 'anti-sense RNA'라 불렀으나 지금은 sRNA와 anti-sense RNA를 같은 뜻으로 사용한다.

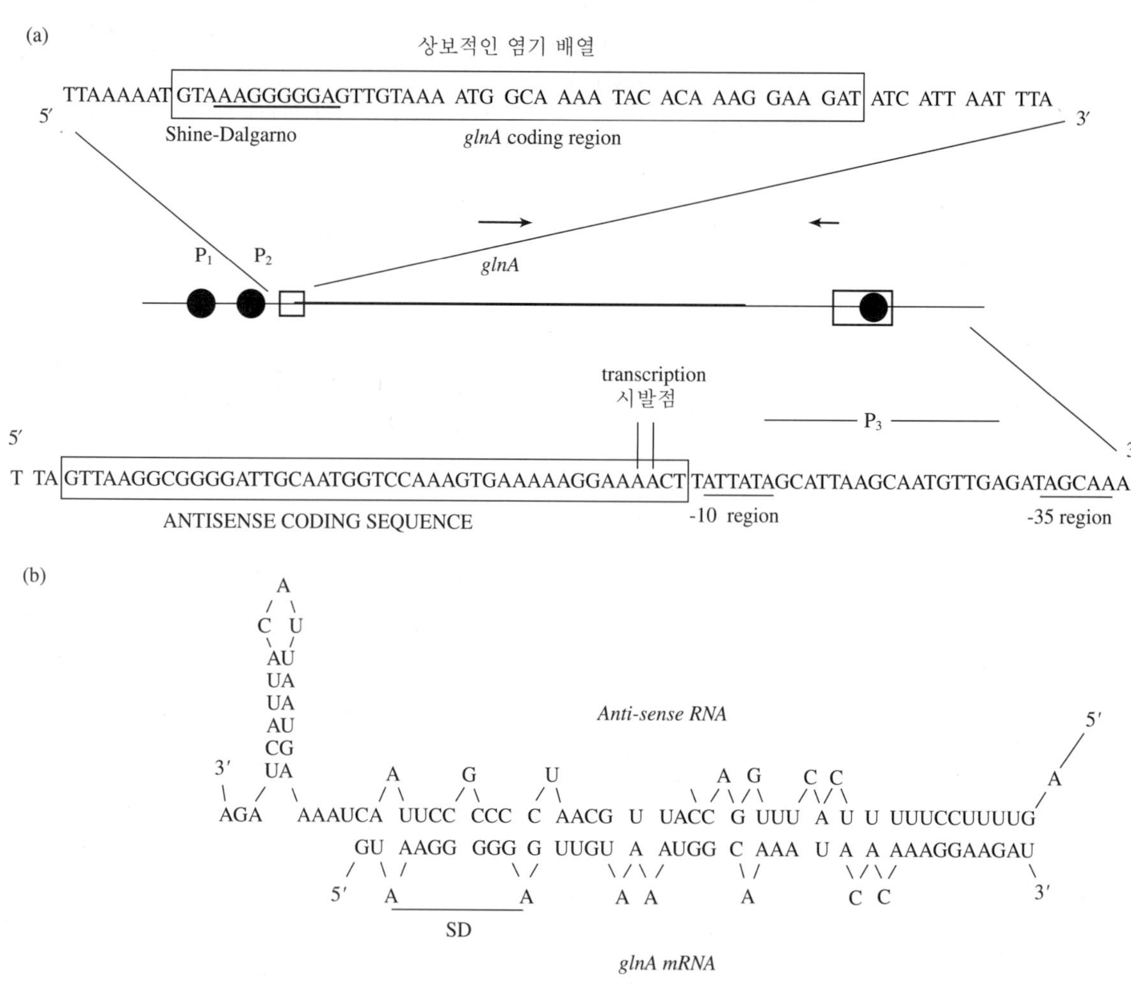

그림 12.22 *Clostridium acetobutylicum*의 glutamine synthetase(GlnA)의 합성 조절에 작용하는 anti-sense RNA. mRNA와 2중 가닥을 이룰 수 있는 염기 배열을 갖는 작은 분자량의 RNA는 mRNA와 결합하여 translation을 억제하는 작용이 있다. 이러한 RNA를 anti-sense RNA라 한다. *C. acetobutylicum*의 *glnA* 유전자 끝 부분에 반대 방향으로 transcribe 되는 *glnA* 유전자와 상보적인 염기 배열을 갖는 open reading frame이 있다(a). 여기서 생산되는 RNA는 *glnA* mRNA와 이중 가닥을 형성하여(b) translation을 억제한다.

12.1.10 RNA에 의한 유전자 발현 조절 (sRNA, Riboswitch, RNA Chaperone)

본 장의 여러 곳에서 RNA, 특히 small non-coding RNA가 transcription과 translation 과정에 작용하여 유전자의 발현을 조절하는 것을 나열하였다.

6S RNA는 housekeeping σ^D (σ^{70})와 결합한 RNA polymeraase의 활성을 저해하는 메커니즘으로 transcription을 조절한다(12.1.9). *Pseudomonas*의 carbon catabolite repression에서 sRNA인 CrcZ가 carbon repression control(Crc) 단백질에 결합하여 그 활성을 조절한다(12.1.3). 비슷하게 *E. coli*

에서 *glgCAP* mRNA의 translation을 저해하는 CsrA 단백질의 활성은 sRNA인 CsrB의 작용을 받는다(12.1.9). 또한 termination/anti-termination에서 tRNA(12.1.6)가 작용하며, 또는 anti-sense RNA가 translation을 조절한다(12.1.9). 이들 외에도 각종 mRNA의 안정성과 translation을 조절하는 여러 종류의 sRNA가 알려지고 있다(12.1.9).

12.1.11 대사 조절에 작용하는 Nucleotide 유도체(cAMP, CD-GMP, ppGpp/pppGpp)

미생물의 대사 조절에 다양한 nucleotide 유도체가 작용한다. 이들은 cyclic adenosine monophosphate (cAMP), guanosine pentaphosphate (또는 tetraphosphate, pppGpp/ppGpp), cyclic dimeric guanosine monphosphate (cdGMP), cyclic dimeric adenosine monophosphate (cdAMP) 그리고 cyclic guanosine monophosphate (cGMP) 등이다. 그람음성 세균의 carbon catabolite repression에 작용하는 cAMP가 가장 잘 알려진 예이다(12.1.3). 또한 세균의 stringent response에서 작용하는 ppGpp(또는 pppGpp, 이하 ppGpp로 총칭함)도 그 기능이 잘 알려져 있다(12.2.1).

cAMP와 ppGpp에 비해 cdGMP, cdAMP 그리고 cGMP의 기능은 잘 알려지지 않았다. 진핵세포에서 다양한 기능을 갖는 것으로 알려진 cdAMP와 cGMP가 세균에서도 작용하는 것으로 알려지고 있다. cdAMP는 *Bacillus subtilis*에서 DNA 손상에 따른 cell-cycle 조절에 작용하며, 병원성 세균인 *Listeria monocystogenes*의 숙주 세포에서의 생존에 관여한다. cGMP는 alpha-proteobacterium인 *Rhodospirillum centenum*의 cyst 형성에 작용하기도 한다. 다양한 세균에서 cGMP가 분석되었으며, 이를 생산하는 guanulate cyclase도 확인되었으나 cGMP가 어떠한 대사 조절에 어떻게 작용하는 지는 연구 중이다.

12.2 Global Regulation; 각종 stress에 의한 대사 조절

지금까지 하나의 대사 경로에 관여하는 operon이나 regulon이 조절되는 메커니즘을 공부하였다. 일부의 경우 단일 operon이나 regulon을 조절하지만, 많은 경우 복수의 operon이나 regulon을 조절한다. 예를 들어 carbon catabolite repression에 작용하는 cAMP-CRP 복합체는 200종 이상의 대사 경로를 조절한다. 이처럼 하나의 조절 인자가 2종 이상의 대사 경로의 조절에 관여하는 것을 global regulation 또는 multigene system이라 한다. 여러 가지 형질이 영향을 받는다는 뜻으로 pleiotrophic control이라고도 한다.

Global regulation 메커니즘으로 조절되는 유전자들은 regulon(*nif, ara* 등)과 하나의 조절인자에 의해 조절되는 chromosome의 여러 곳에 산재된 유전자의 집합체이지만, 하나의 대사 경로에 관여하는 유전자의 집합체인 regulon과 달리 이들은 서로 다른 대사 경로를 촉매하는 효소를 생산한다. 이처럼 하나의 조절 인자에 의해 조절되는 operon 또는 regulon의 집합체를 표시하기 위해 modulon이라는 용어가 사용된다. cAMP-CRP 복합체에 의해 조절되는 operon과 regulon을 합쳐 *crp* modulon이라 한다. *lac* operon에서 cAMP-CRP 복합체와 *lac* repressor가 따로 있는 것과 같이 modulon 전체를 조절하는 activator나 repressor 외에 각각 operon이나 regulon을 조절하는 조절인자가 따로 있다.

생장 환경의 온도 상승(heat shock)과 같은 자극에 의해서도 많은 수의 operon이나 regulon이 조절을 받는다. 환경의 자극에 의해 조절을 받는 유전자 군을 표시하기 위해 stimulon이라는 용어도 사용된다. Modulon에는 공통의 조절인자가 작용하는 반면에 stimulon에서는 하나 이상의 조절인자가 작용하는 것이 일반적이다. 따라서 여러 종류의 modulon이 하나의 stimulon에 포함될 수 있다. 하나의 조절 단백질이 관여하는 modulon일지라도 이것이 증명될 때까지는 stimulon이라 한다.

이상의 용어를 간단히 정리하면 다음과 같다.

Operon : 하나의 promoter에 연결된 단일 대사 경로의 효소를 생산하는 유전자의 집합체(예; *lac* operon).

Regulon : 단일 대사 경로의 효소를 생산하는 operon의 집합체(예; *nif* regulon).

Modulon : 하나의 조절 단백질의 조절을 받는 operon이나 regulon의 집합체(예; *crp* modulon).

Stimulon : 하나의 외부 자극으로 동시에 조절되는 modulon, regulon, operon의 집합체(예; *hsp* stimulon).

Global regulation(multigene system) : Modulon과 stimulon의 통칭.

원핵세포 생물, 특히 세균에서 많은 종류의 global regulation이 알려져 있다(표 12.4).

12.2.1 Stringent Response

E. coli 등 세균은 생장 정지기에 30~50종의 새로운 단백질을 합성한다. 정지기에 들면서 세포의 형태와 크기가 변하며, 열이나 살균제 등 여러 가지 stress에 대한 내성이 증가한다. 이처럼 기질의 농도가 낮아지면 미생물에서 여러 가지 표현 형질이 변한다. 이러한 변화는 정지기 이후 생명을 유지하기 위한 조절 메커니즘이다(제13장). 뿐만 아니라 모든 미생물은 기질의 종류와 농도 등 환경 조건에 따라 생장 속도가 다르다. 높은 생장 속도에서는 생합성 속도가 빨라야 하며, 빠른 생합성 속도가 낮은 생장 속도에서는 에너지의 낭비를 초래한다. Ribosome 등 생합성에 필요한 세포 구성 성분과 효소의 농도를 생장 속도에 따라 조절할 필요가 있다. 이렇듯 생장에 필요한 주요 물질의 결핍 환경에 의한 조절 작용을 stringent response라 하며, 아미노산의 농도가 낮아 질 때 이루어지는 ribosomal pathway와 탄소원 및 에너지원의 농도가 낮아 질 때 일어나는 탄소 결핍 경로(carbon starvation pathway)가 알려져 있다. 두 경우 모두 guanosine-3′-diphosphate-5′-triphosphate(guanosine pentaphosphate, pppGpp) 또는 guanosine-3′-diphosphate-5′-diphosphate(guanosine tetraphosphate, ppGpp)가 생산되어 대사 조절에 작용한다. 지금까지 조사된 모든 archaea에서는 (p)ppGpp가 발견되지 않았다.

표 12.4 세균의 대표적인 global regulation.

환경	이름	세균	조절 유전자	조절되는 유전자	조절 메커니즘
기질 이용					
탄소 결핍	catabolite repression	장내 세균	*crp*(activator)	유당, maltose 등 당대사 외 다수	cAMP-CRP 복합체가 activator로 작용(그림 12.6 참조)
아미노산 또는 에너지원 결핍	stringent response	장내 세균 등	*relA, spoT, relV* (p) ppGpp 대사 효소 *katF*(*rpoS*, σ^S)	stationary phase에서 나타나는 효소	ppGpp가 σ^S의 생산 촉진
기질 결핍	spore 형성	*Bacillus*	*spoOA*(activator) *spoOF*(modulator)	spore관련 s와 효소	여러 종류의 σ factor에 의한 조절
기질 농도 차이 형성	chemotaxis	장내 세균 등	*rpoF*(σ^F)	flagella 등 운동성 관련 단백질	σ^F에 의한 조절
암모니아 결핍	Ntr system	장내 세균	*glnB,D,G,L*	glutamine synthetase	(그림 12.23 참조)
암모니아 결핍	Nif system	질소 고정 세균	*ntrA* 등	*nif* regulon	σ^N, enhancer 등 (그림 6.9 참조)
인산염 결핍	Pho system	장내 세균	*phoB,R,U*	alkaline phosphatase	sensor-modulator (그림 12.24)
전자 전달계					
호기 상태	Arc system (호기적 호흡)	*E. coli*	*arcA,B*	호기적 호흡 효소	sensor-modulator (그림 12.25)
혐기 상태	혐기적 대사	*E. coli*	*fnr*	혐기적 호흡 효소	Fnr에 의한 촉진 (그림 12.26)
유해 환경					
자외선 등 DNA 손상	SOS 반응	*E. coli* 등	*lexA, recA*	DNA 손상 회복 효소	LexA에 의한 억제
고온	heat shock	*E. coli* 등	*rpoH*(σ^{32})	molecular chaperone 등	σ^H에 의한 새로운 단백질 합성
고온 또는 solvent	Extracytoplasmic function σ	*E. coli* 등	*rpoE*(σ^{24})	세포 표면 단백질	
저온	cold shock	*E. coli* 등	CSP	많은 종류의 단백질	RNA chaperone 등 (그림 12.30)
균체농도					
균체 농도	quorum sensing	발광 세균 등	homoserine lactone 등	발광, 병원성 등	Population density (그림 12.31, 32)

각종 아미노산이 포함된 복합 배지에서 제한 배지로 이식하거나, 기질의 농도가 낮아져서 세포 내 아미노산의 농도가 낮아지면, 아미노산의 공급 속도보다 단백질의 합성 속도가 빠르기 때문에 mRNA에 결합하여 peptide를 합성 중인 ribosome에 아미노산이 결합하지 않은 tRNA가 들어 갈 수 있다. 이때 ribosome에 있는 RelA 단백질(*rel*은 기질 결핍 상태에서도 정상적인 대사를 계속하는 'relaxed' 변이주에서 유래)이 ATP로부터 PP_i를 GTP(GDP)로 이전하여 pppGpp 또는 ppGpp를 생

산한다(이하 ppGpp라 총칭함). 이처럼 아미노산의 농도가 낮아 질 때 이루어지는 조절을 ribosomal pathway라 한다.

기질의 농도가 낮아질 때도 RelA와 관계없이 ppGpp가 합성된다. RelA를 ppGpp synthetase I이라 하고, 기질의 농도가 낮을 때 ppGpp를 합성하는 효소를 ppGpp synthetase II라 한다. ppGpp synthetase II에 의한 조절을 탄소 결핍 경로라 한다. 또 다른 효소 SpoT 단백질(ppGpp 3′-pyrophosphohydrolase)은 ppGpp를 합성하기도하고 분해하여 환경에 따라 ppGpp의 농도를 적정하게 유지한다.

세포내 ppGpp의 농도가 높아지면 stable RNA(rRNA와 tRNA)와 housekeeping σ^D에 의해 transcribe되는 유전자의 transcription이 저해되고 RpoS 단백질(σ^S)의 합성이 촉진되어 정지기 단백질이 합성되는 등의 작용을 통해 전반적으로 생장 속도가 낮아진다. 이 같은 대사 조절은 (p)ppGpp가 RNA polymerase의 β-subunit에 결합하여 promoter에 대한 친화도를 변화시키는 메커니즘을 통해 이루어진다. 이 같은 (p)ppGpp에 의한 대사 조절은 대부분의 경우 transcription에서 이루어지며, DNA의 복제에도 관여한다. 이러한 stringent response 외에 ppGpp는 세포 모양의 변화, 동식물에서의 병원성, 이차 대사산물의 합성 등에도 작용한다. 또한 stringent 조건에서 생성된 ppGpp는 DksA라는 단백질과 함께 RNA polymerase에 결합하여 transcription을 저해함으로써 ribosomal protein에 발현을 억제하고 이를 통하여 리보좀의 형성을 억제한다.

높은 삼투압, 낮은 pH, 온도의 변화, oxidative stress 등 다양한 환경 조건에서도 (p)ppGpp를 통해 σ^S가 합성된다. 이러한 현상을 general stress response라 한다. 따라서 σ^S의 기능은 stationary phase 이후 생존에 필요한 대사 조절과 악조건에서 살아남기 위한 단기 및 장기적인 대사 조절 작용이다.

Stringent response에 작용하는 σ^S가 RNA polymerase complex를 이루는 조건에서는 housekeeping σ^D와 형성된 RNA polymerase는 small non-coding RNA인 6S RNA와 복합체를 형성하여 그 활성이 없어진다. 또한 σ^S chaperone인 Crl 단백질은 σ^S와 결합하여 σ^S의 core RNA polymerase에 대한 친화도를 높여준다. 대수생장기 중 stress 조건에서 합성된 σ^S는 조건이 호전되면 anti-sigma factor인 RssB와 결합한 상태에서 ClpXP protease의 작용으로 분해된다. 한편 stress 조건이 계속되면 anti-anti-sigma protein인 Ira(inhibitor of RssB activity)가 RssB와 결합하여 σ^S의 분해를 방지하고 그 작용을 유지시킨다.

전술한 바와 같이 σ^S와 σ^S 관련 유전자는 생장 정지기 뿐 아니라 각종 stress 조건에서도 생산된다. 따라서 σ^S는 각종 stress에 의해 유발되는 대사 조절(general stress response)의 master regulator로 여겨진다. σ^S의 생산과 함께 대개 생장 속도가 낮아지거나 멈추게 되며, 이러한 변화로 주어진 stress 조건에서 생명을 유지하는 능력과 또 다른 stress에 대한 내성, 즉 cross-protection의 능력도 생긴다. Stress 조건에서 σ^S를 생산하여 각 stress를 극복하는 데 필요한 특이한 단백질을 생산한다. 각 stress에 대한 특이 단백질이 해당 stress를 극복하고 이미 일어난 손상을 복구하는 데 비해 general stress response는 각종 stress에 의한 손상을 예방하는 역할이 있다.

σ^S에 의해 발현되는 유전자의 작용으로 세포 표면에 변화가 오며, 세포의 크기가 작아지면서 모양

도 막대 형태에서 타원형으로 된다. 대사 또한 빠른 증식에서 maintenance로 되며, programmed cell death가 유도되기도 한다. 이를 통해 집단의 일부가 용해되어서 나머지의 생존에 필요한 영양 성분을 공급할 수 있다(제13장, 13.4.1). 병원성 장내 세균의 경우 병원성(virulence) 유전자가 σ^S에 의해 조절된다. 이는 숙주가 침입하는 병원성 세균에 stress 환경을 조성하는 것으로 판단할 수 있다.

Bacillus subtilis 등 그람양성 세균에는 σ^S와 비슷한 역할을 갖는 σ^B가 있다. 비슷한 역할을 담당하는 이들의 아미노산 서열은 서로 다르다. 포자를 형성하는 *Bacillus*속 세균은 기질의 농도가 낮아지면 포자 생산에 특이적인 여러 종류의 σ factor를 생산하여 여러 단계로 이루어지는 포자 형성에 필요한 단백질을 순서에 따라 생산한다(제13장, 13.3.1).

12.2.2 암모니아의 부족에 의한 조절

아미노산과 핵산 염기 등 유기 질소 화합물을 합성하기 위해 암모니아를 고정하는 반응은 glutamate dehydrogenase와 glutamine synthetase에 의해 이루어진다. Glutamate dehydrogenase는 기질에 대한 친화성이 낮기 때문에 암모니아의 농도가 낮아지면 친화성이 높은 glutamine synthetase가 작용한다(제6장, 6.2.4). 질소를 고정하는 세균에서는 암모니아의 농도가 높을 때는 *nif* regulon의 발현이 억제된다(제6장, 6.2.1.3). 이러한 대사 조절은 많은 operon의 발현을 조절하는 σ^N에 의해 이루어진다. 이들 operon 각각은 별도의 메커니즘을 통해 다른 조절 작용을 받는다.

*E. coli*의 glutamine synthetase 유전자(*glnA*)는 housekeeping $\sigma^D(\sigma^{70})$에 의해서도 일부 발현되지만 암모니아의 농도가 낮을 때는 $\sigma^N(\sigma^{54})$과 결합한 RNA polymerase에 의해 transcribe된다. σ^N이 *glnA*의 promoter와 결합하여 mRNA를 합성하기 위해서는 인산화된 NR_I 단백질(GlnG)이 upstream에 있는 특수한 염기 배열을 갖는 enhancer에 결합하여야 한다.

NR_I 단백질의 인산화는 복잡한 조절 작용을 받는다. *glnL* 유전자 산물인 NR_{II}는 유리된 상태에서는 NR_I의 kinase로 작용하고 또 다른 단백질인 P_{II}(GlnB)와 결합한 상태에서는 phosphatase로 작용한다. 암모니아의 농도가 높을 때는 2-ketoglutarate(2-KG)가 쉽게 glutamate로 합성되기 때문에 세포내 농도가 낮고 그렇지 않을 때는 세포내 농도가 높아진다. 암모니아가 모자랄 때 2-KG/glutamine(2-KG/gln) 비율이 높아지면 P_{II}가 UTP와 작용하여 $P_{II}(UMP)_4$ 형태로 NR_{II}와 분리되고, 2-KG/gln 비율이 낮아지면 UMP가 분리되면서 P_{II}-NR_{II} 복합체로 된다. 따라서 암모니아의 농도가 낮아지면 NR_{II}가 NR_I을 인산화하여 enhancer에 결합할 수 있게 하며 그렇지 않은 조건에서는 탈인산화하여 *glnA*의 transcription을 억제한다(그림 12.23).

하나의 효소가 2-KG/gln 비율에 따라 P_{II}의 uridylylation과 탈 uridylylation 반응을 촉매하며, P_{II}/P_{II}(UMP)는 이미 생산된 glutamine synthetase를 adenylylation하거나 탈 adenylylation하여 그 활성을 조절하는 데도 작용한다(12.3.2). P_{II} 또는 이와 비슷한 단백질이 세균과 archaea 그리고 고등 식물에서 알려지고 있다. 이들은 P_{II}가 *E. coli* 등 장내 세균에서 암모니아의 농도를 감지하여 이 정보를 일련의 반응을 통해 transcription과 효소의 활성을 조절하는 것처럼 다양한 정보를 대사 조절에 연결하는 signal transduction에 중요한 역할을 담당한다.

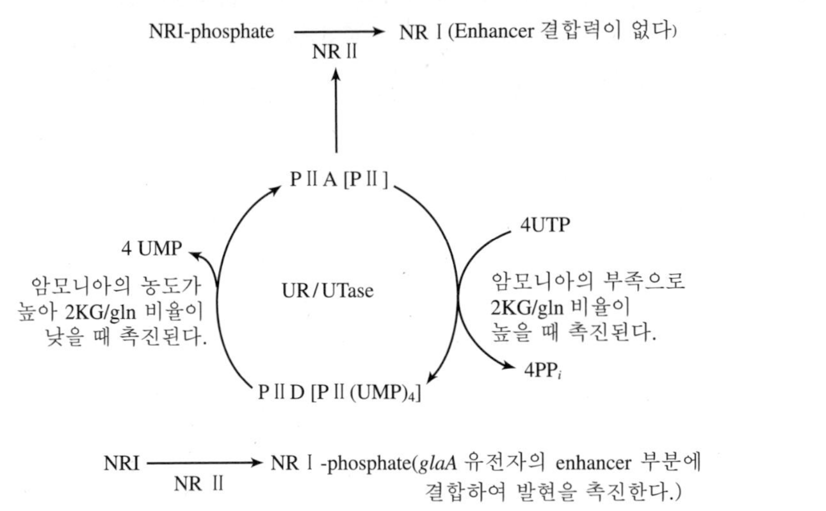

그림 12.23 암모니아의 농도가 Glutamine Synthetase(GlnA)의 합성을 조절하는 메커니즘.

암모니아의 농도가 높을 때 2-ketoglutarate(2-KG)가 glutamate로 합성되기 때문에 2-KG/glutamine(2-GK/gln) 비율이 낮아지며, 반대의 조건에서는 이 비율이 높아진다. 2-KG/gln 비율이 높을 때 P_{II}(UMP)를 형성하여 NR_{II}가 분리된다. 유리형의 NR_{II}는 NR_I을 인산화하여 *glnA*의 enhancer에 결합하여 σ^N의 작용을 가능하게 한다.

질소를 고정하는 세균에서 암모니아의 농도가 낮아지면 NtrA(σ^{54})와 NtrC(enhancer 결합 단백질)가 작용하여 *nif* regulon의 transcription을 가능하게 한다(제6장, 6.2.1.3). 이미 합성된 nitrogenase의 활성도 ammonia의 농도에 따라 조절된다.

σ^{54}(σ^N)은 glutamine synthetase(*glnALG*) operon 외에도 많은 종류의 유전자를 transcribe하는 데 작용한다. Arginine(*argT*), histidine(*hisJQMP*) 그리고 glutamine(*glnHPQ*)의 운반과 arginine(*astCADBE*) 이용 등 아미노산의 대사와 관련되는 operon, acetoacetate(*atoDAEB*), propionate(prpBCDE) 등 탄소원의 이용에 관련되는 operon, 그리고 hydrogenase(*hycABCDEFGHI, hydN-hycF, hypABCDE-fhlA*) operon이 여기에 속한다. σ^{54}는 구성(constitutive) 단백질로 항상 생산되며, 이들 operon의 transcription에는 각각의 regulator가 작용한다.

Low G+C 그람양성 세균인 *Bacillus subtilis*는 암모니아를 이용하는 효소로 glutamine synthetase(GS) 만을 보유하고 있으며, glutamate dehydrogenase 활성은 없다. 이 세균에서 glutamine synthetase (*gltAB*) operon은 transcriptional regulator로 작용하는 GlnR과 TnrA에 의해 조절된다. 유기질소 화합물의 공급이 충분한 조건에서는 GlnR과 TnrA가 *gltAB* operon의 발현을 억제한다. 반대의 경우 TnrA가 *gltAB* operon을 위시하여 arginine 분해, urease, 질산이나 아질산 이용, 암모니아 흡수 등을 촉매하는 질소 대사 관련 유전자의 발현을 촉진한다.

당류의 group translocation에 작용하는 phosphotransferase system(PTS)의 단백질과 유사성이 높은 nitrogen PTS(PTS^{Ntr})도 질소 대사 조절에 작용하는 것으로 알려지고 있다(제3장, 3.5).

PTS^{Ntr}는 당 PTS의 E1, HPr 그리고 EIIA의 유사체인 $E1^{Ntr}$, NPr 그리고 $EIIA^{Ntr}$로 이루어지며, phosphoenolpyruvate로부터 인산기가 $E1^{Ntr}$와 NPr을 통해 $EIIA^{Ntr}$로 전달된다. 인산화된 $EIIA^{Ntr}$이 여러 종류의 유전자의 발현과 각종 효소의 활성을 조절하여 탄소 대사와 질소 대사를 조화시킨다. 그람음성 세균에서만 알려진 PTS^{Ntr}의 정확한 작용 메커니즘에 대한 연구가 현재 진행 중이다.

12.2.3 인산염 제한 조건에서 작용하는 *pho* System

자연계에서 인산염의 공급은 풍부한 편이나 용해도가 낮아 환경에 따라서는 미생물이 이용하지 못하는 예도 있다. 인산이 결핍되는 조건에서 장내 세균은 유기 인산을 가수분해하는 alkaline phosphatase(PhoA)를 위시한 100여 종의 새로운 단백질을 합성한다. 이들 단백질의 합성은 *pho* system에 의해 조절된다.

pho system의 조절은 sensor인 PhoU, PhoR 단백질과 modulator 단백질인 PhoB 단백질이 작용하는 two-component system으로 이루어진다. 무기 인산염의 농도가 낮아서 PstS, PstC, PstA, PstB로 이루어지는 PST(inorganic phosphate specific transport) 운반체가 작용할 수 없으면 이 정보를 막 단백질인 PhoU를 통해 PhoR로 전달한다. 이때 PhoR은 ATP를 소비하면서 인산화되고, 이 인산을 PhoB로 이전하여 활성이 있는 activator로 만든다(그림 12.24).

12.2.4 Iron Regulator, Fur

제3장(3.7)에서 밝힌 바와 같이 호기성 생태계에서 제2철 이온의 용해도가 낮기 때문에 철을 운반하기 위해 많은 미생물은 chelating 화합물인 siderophore를 생산하고 Fe^{3+}-siderophore 복합체는 ATP-binding cassette에 의해 흡수된다. *Escheichia coli* 등 장내 세균의 경우 세포 안의 철 농도가 충분한 환경에서는 ferric uptake regulator(Fur) 단백질의 작용을 통해 철 운반과 대사에 관여하는 많은 단백질의 생산이 저해된다. Fur 단백질에 의해 조절되는 유전자(Fur regulon)는 promoter에 Fur box라는 Fur 단백질이 인식하는 서열을 갖는다.

Fur 단백질의 생산은 Fur와 Fe^{2+}에 의해 autogenous regulation(12.1.8)될 뿐 아니라 oxidative stress(12.2.6)에서 작용하는 OxyR과 SoxRS에 의해서도 조절된다. 이처럼 oxidative stress response에 의해서 Fur의 생산이 조절되는 것은 세포내 산소 농도가 높을 때 생산되는 과산화수소와 Fe^{2+}에 의해 fenton reaction에서 발생하는 radical로부터 자신을 보호하는 메커니즘으로 판단된다.

12.2.5 산소에 의한 통성 혐기성 세균의 대사 조절

E. coli 등 통성 혐기성 세균은 호기 상태에서 중심 대사 경로(central metabolic pathway)인 EMP 경로와 TCA 회로를 통해 ATP와 균체 합성에 필요한 탄소 골격을 생산한다. 이들이 혐기 상태에서 생장할 때에는 발효성 편성 혐기성 세균과 같이 acetyl-CoA를 TCA 회로를 통해 대사하지 않고 생합

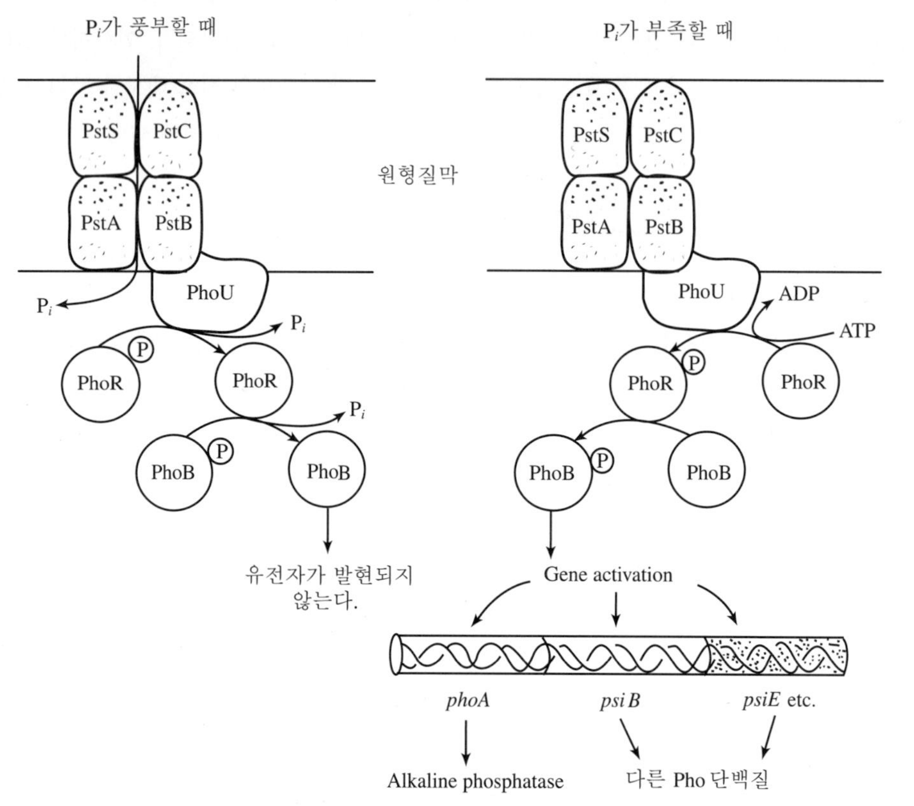

그림 12.24 무기 인산염의 결핍 조건에서 활성화되는 *pho* System의 조절.

인산염의 특이 PST 운반체가 인산염의 농도가 낮은 때 이 정보를 sensor인 PhoU 단백질과 PhoR 단백질에 전달한다. PhoR은 modulator인 PhoB를 인산화하여 *pho* system의 여러 유전자를 발현시킨다. 무기 인산이 풍부한 조건에서는 PhoR과 PhoB는 탈인산화되어 활성이 없는 상태로 된다.

성에 필요한 탄소 골격을 생산하기 위해서 불완전 TCA 경로를 통해서 대사한다. 이를 위해 TCA 회로의 효소 활성을 조절하여야 한다(표 12.5).

표 12.5 호기 또는 혐기 상태에서 생장하는 *E. coli*가 합성하는 TCA 회로 효소의 활성.

효소	활성 U/mg 단백질	
	호기적 생장	혐기적 생장
citrate synthase	51.5	10.5
aconitase	317	16.1
isocitrate dehydrogenase	1,416	138
2-ketoglutarate dehydrogenase	17.4	0

혐기성 조건에서 TCA cycle 효소 이외에도 다른 효소의 합성도 조절된다. Acetyl-CoA의 합성도 NAD^+를 환원시키는 pyruvate dehydrogenase에 의해 이루어지지 않고, pyruvate:formate lyase의 작용에 의해 이루어진다(제8장, 8.6.2). 이러한 변화 외에도 혐기 상태에서는 fumarate reductase, nitrate reductase, hydrogenase 등의 혐기성 효소들이 합성된다. 이러한 변화는 혐기 상태에서 *arc*(aerobic respiration control) 유전자와 *fnr* (fumarate nitrate reductase) 유전자의 산물에 의해 종합적으로 조절된다.

12.2.5.1 *arc* System

산소의 공급이 낮아지면 전자 전달계의 ubiquinol에서 전자가 cytochrome으로 전달되지 못하기 때문에 ubiquinone의 많은 부분이 ubiquinol로 환원된 상태가 된다. 이 신호가 막에 있는 sensor 단백질인 ArcB 단백질이 인지하여 ATP를 소비하면서 인산화된다. 이어서 인산이 원형질체에 있는 modulator 단백질인 ArcA로 전달된다. 인산화된 ArcA-P는 활성이 있는 modulator로 호기적 호흡에 관여하는 효소의 합성을 저해하고 산소에 대한 친화성이 높은 cytochrome *d*의 발현을 촉진한다(그림 12.25). Cytochrome oxidase, TCA 회로와 glyoxylate 경로, 지방산 대사 효소 등 최소 30 regulon 이상이 ArcB/ArcA의 조절 작용을 받는다. 막에 있는 sensor 단백질 ArcB의 histidine 잔기

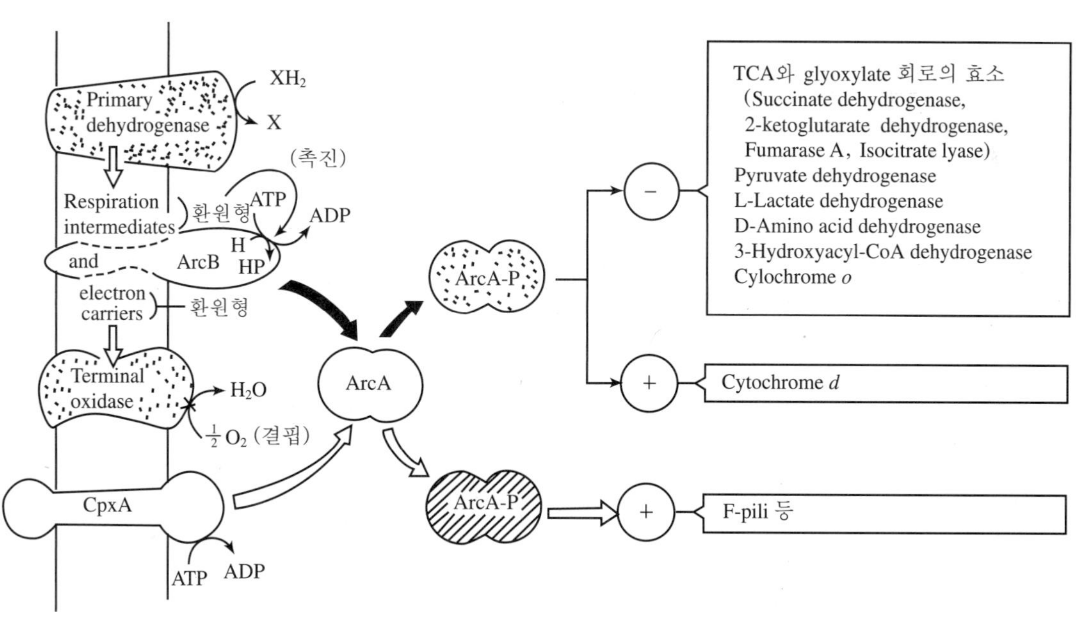

그림 12.25 호기적 호흡(*arc*) System의 조절 메커니즘.

산소의 공급이 결핍되어 전자 전달계의 전자 전달체가 환원된 상태로 되면 막에 있는 sensor 단백질인 ArcB가 인산화되고, 이 인산이 원형질체의 modulator인 ArcA로 전달된다. 인산화된 ArcA-P는 활성이 있는 modulator로 호기적 호흡의 여러 효소를 합성하는 유전자의 transcription을 억제한다. 인산화된 Arc는 F-pili의 합성을 촉진한다.

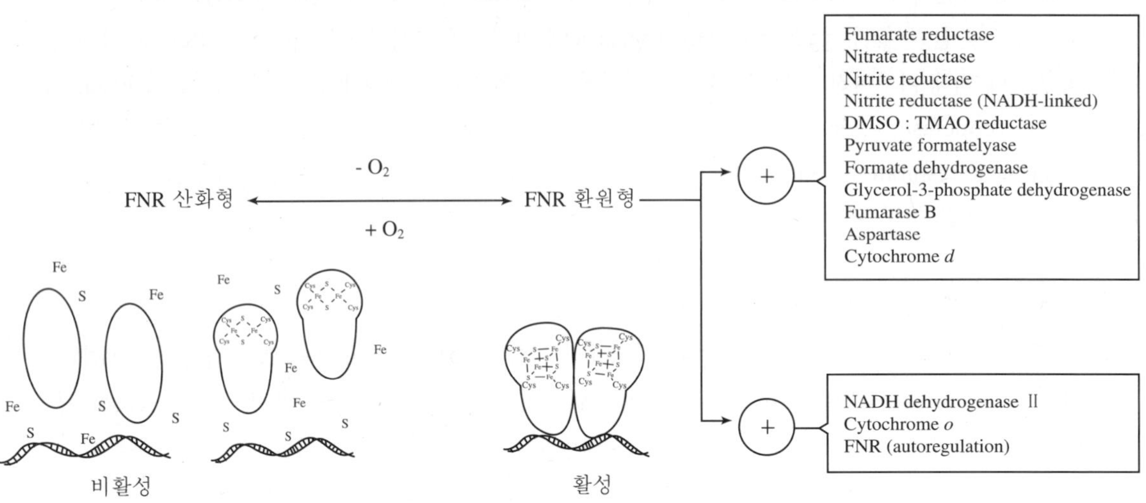

그림 12.26 *E. coli*에서 FNR 단백질이 혐기적 조건에서 혐기성 효소의 생산을 촉진하고 호기성 효소의 생산을 억제하는 메커니즘(Annu. Rev. Microbiol. 1999, 53:495-523).

산소의 농도와 관계없이 생산되는 FNR 단백질은 혐기적 조건에서 환원되어 [4Fe-4S] 구조를 가지며 두 분자가 결합하여 homodimer 형태로 DNA 결합 능력이 있어서 각종 유전자의 activator(+) 또는 repressor(−)로 작용한다. [4Fe-4S] 구조의 FNR 단백질이 산소에 노출되면 [4Fe-4S] 구조가 [2Fe-2S] 구조를 거쳐 완전히 분해된다.

가 인산화되고 이 인산이 조절 단백질 ArcA의 aspartate로 이전된다. *arc* 유전자는 conjugation에 관여하는 F-pili의 합성에도 작용한다.

12.2.5.2 *fnr* System

*E. coli*의 *fnr*(fumarate and nitrate reductase) 변이주는 혐기적 조건에서 질산염이나 fumarate를 전자 수용체로 이용하지 못한다. FNR 단백질은 혐기적 조건에서 질산염과 fumarate reductase 외에 120종 이상의 단백질 생산을 촉진하거나 저해한다. FNR은 산소의 공급과 관계없이 생산되어 호기적 조건에서는 산화되어 활성을 나타내지 않지만, 혐기적 조건에서 환원되면 조절하는 유전자의 activator 또는 repressor로 작용한다(그림 12.26). FNR은 혐기성 조건에서 산소에 의해 쉽게 [2Fe-2S]로 분해되는 [4Fe-4S] 구조를 갖고 있다. 환원된 [4Fe-4S] 구조의 FNR은 homodimer를 형성하여 DNA에 결합하는 성질이 있다. [2Fe-2S] 구조의 산화된 FNR은 dimer를 형성하지 못하며, DNA 결합 능력도 없다. [2Fe-2S] 구조의 FNR이 장시간 산소에 노출되면 [2Fe-2S] 구조도 분해된다. FNR 단백질은 항상 생산되며, 호기적성에서 혐기성으로 배양 조건이 변하면 바로 작용하는 것으로 보아 [Fe-S] 구조가 완전히 분해된 다음에도 혐기적 조건에서 [4Fe-4S] 구조로 쉽게 전환되는 것으로 판단된다.

혐기적 조건에서 질산염이 공급되면 fumarate, dimethylsulfoxide(DMSO), trimethylamine-*N*-oxide(TMNO) 등을 전자 수용체로 이용하는 효소의 합성이 저해되고 질산염이 없는 조건에서는 탈질반응의 효소가 생산되지 않는다. 이러한 현상은 가장 많은 에너지를 얻을 수 있는 전자 공여체를 우선적으로 이용하기 위한 조절 작용의 결과이며, FNR 이외에 각각의 operon이나 regulon에 작용하는 다른 조절 메커니즘이 필요함을 나타낸다. 전자 수용체가 전혀 공급되지 않으면 *E. coli* 등 장내 세균은 발효로 생장한다(제8장, 8.6).

질산염에 의한 조절 작용은 *arc* system과 유사한 two-component system으로 이루어진다. 질산염이 공급되면 막에 있는 NarX 단백질에 의해 원형질체 단백질인 NarL이 인산화되어 활성이 있는 modulator로 된다. NarL-P는 질산염을 이용하는 효소의 생산을 촉진하고 DMSO 등 다른 전자 수용체의 이용에 필요한 단백질의 합성을 저해한다.

12.2.5.3 Purple Non-sulfur Photosynthetic Bacteria의 RegB/RegA System

Purple non-sulfur bacteria는 혐기성 조건에서 광합성으로 생장하며, 호기적 조건에서는 유기 전자 공여체를 이용한다(제11장, 11.1.2). 이들의 광합성 기관은 혐기성 조건에서만 합성된다. *Rhodobacter capsulatus*와 *R. sphaeroides*에서 이러한 조절은 RgeB/RegA system에 의해서 이루어진다. RgeB/RegA system은 광합성 기관 뿐만 아니라 이산화탄소 고정, 질소 고정, 수소 이용, 호기적 호흡, 혐기적 호흡 등 다양한 에너지 대사를 조절한다. 이들을 RegB/RegA modulon이라 한다. *arc* system에서와 같이 막 단백질 RegB가 산화 · 환원 상태를 인지하여 산소 제한 상태에서 ATP로부터 인산기를 받아 histidine 잔기가 인산화된다. 이어서 이 인산기를 RegA의 aspartate 잔기로 전달한다. 인산화되거나 인산화되지 않은 RegA 모두 여러 operon과 regulon의 activator 또는 repressor로 작용한다. RegB/RegA와 유사성이 높은 단백질이 광합성 세균 뿐만 아니라 많은 종류의 세균에서 알려지고 있다. 이러한 사실은 RegB/RegA와 유사한 단백질이 많은 세균에서 산화 · 환원과 관련되는 유전자의 발현에 작용한다는 것을 의미한다.

12.2.6 Oxidative Stress

호기적 전자 전달 과정에서 산소가 전자 수용체로 이용되면서 대부분 물로 환원되지만 일부는 단백질, DNA, RNA, 지질 등 세포 구성 성분을 파괴할 수 있는 superoxide(O_2^-), hydrogen peroxide(H_2O_2) 그리고 hydroxyl radical($OH^\cdot$) 등으로 환원된다. 이들을 reactive oxygen species(ROS)라 부른다. 정상적인 생장 조건에서는 각종 효소에 의해 ROS의 농도가 무해한 수준으로 유지된다. 혐기적으로 배양하던 혐기성 세균을 공기에 노출시키면 ROS의 생산 속도가 분해 속도보다 빨라 세포 기능이 손상된다. 이를 통상 oxidative stress라 부른다. Oxidative stress 환경에서 미생물은 ROS를 분해하고 손상된 기능을 회복하기 위해 다양한 대응 메커니즘을 활성화한다. 세균 배양에 H_2O_2를 가하면 30가지 이상의 새로운 단백질이 생산된다. Superoxide에 대해서도 비슷한 반응을 나타낸다. 이러한 조절 작용을 oxidative stress response라 하며, 이러한 조절 작용을 통해 hypochlorous acid(HOCl), nitricoxide(NO ·) 등 다른 유해한 산화제에 대한 내성도 증가시킨다.

*E. coli*에서 OxyR(hydrogen peroxide-inducible genes activator) 단백질이 H_2O_2를 감지하고 관련 유전자의 발현을 활성화시킨다. OxyR 단백질은 산화되면 disulfide-bond를 형성할 수 있는 2개의 cysteine를 갖고 있다. 산화 · 환원 전위가 −185mV인 OxyR은 정상적인 생장 환경에서 산화 · 환원 전위가 약 −280mV인 원형질체에서는 환원된 상태를 유지한다. 그러나 세포내 H_2O_2의 농도가 증가하여 원형질체의 산화 · 환원 전위가 높아지면 OxyR이 산화되어 disulfide bond를 형성한다. 산화된 OxyR은 *katG*(catalase), *ahpCF*(alkyl hydroperoxide reductase), *gorA*(glutathione reductase), *grxA*(glutaredoxin 1) 등 많은 유전자의 transcription을 활성화 시킨다. Catalase 등의 작용으로 세포내 H_2O_2의 농도가 정상으로 회복되면 산화된 OxyR이 glutathione과 glutaredoxin 1에 의해 환원된다. *Bacillus subtilis*에도 OxyR과 유사한 단백질 PerR과 OhrR이 알려져 있다.

SoxRS system은 원형질체의 superoxide 농도에 따라 다양한 유전자의 transcription을 조절한다. SoxR은 산화 · 환원 전위를 감지하여 transcription을 촉진하는 단백질이며. SoxS는 조절 단백질이다. 환경 조건에 관계없이 생산되는 SoxR은 2개의 [2Fe-2S] cluster를 가지고 있어 산화 · 환원 전위가 높을 때 산화되어 *soxS*의 transcription을 촉진한다. SoxS 단백질은 다시 *sox* operon을 활성화하여 SoxS 단백질의 농도를 더욱 높인다. 이어서 SoxS 단백질은 *sodA*(manganese superoxide dismutase), *zwf*(glucose-6-phsophate dehydrogenase), *fpr*(ferredoxin reductase), *nfo*(endonuclease IV) 등 많은 종류의 oxidative stress response 단백질 유전자를 활성화한다. SodA는 superoxide를 분해하고 Zwf와 Fpr은 SodA의 작용에 필요한 환원력을 공급하며, Nfo는 손상된 DNA를 복원한다.

12.2.7 Heat Shock Response

정상적인 생장 온도인 37°C에서 배양하던 *E. coli* 등 장내 세균의 배양 온도를 42°C로 올리면 많은 종류의 새로운 단백질이 합성된다. 높은 온도에서 정상적으로 생장하기 위해 필요한 단백질을 생산하는 이러한 현상을 heat shock response(HSR)라 하며, 이때 생산되는 단백질을 heat shock protein(HSP)이라 한다.

온도가 상승하면 먼저 새로운 σ-factor(σ^H)가 합성되고 σ^H(σ^{32})가 인지하는 promoter에 연결된 HSP가 합성된다(그림12.27). 이렇게 합성된 HSP는 세포 구조와 각종 단백질이 열에 의해 denature되는 것을 방지한다. σ^H의 합성은 주로 translation에서 조절된다. 정상적인 생장 온도에서 생산되는 *rpoH*의 mRNA는 hairpin을 형성하는 구조를 이루고 있기 때문에 ribosome이 결합할 수 없어 translation이 이루어지지 않지만, 온도가 상승하면 분자 내 base pair로 이루어지는 hairpin이 풀리게 되어(melt) translation이 가능해진다(12.1.9).

HSP 합성의 특징은 1) 온도 상승 수초 안에 급속히 그 속도가 빨라지고, 2) 4~5분 후에 최고 속도에 도달한 다음, 3) 15분 후에 새로운 수준으로 일정한 속도에 도달한다는 점이다(그림 12.28). 이 같은 현상은 HSP가 필요 이상으로 생산되는 것을 방지하기 위해 HSP가 자신의 합성을 촉진하는 σ^H의

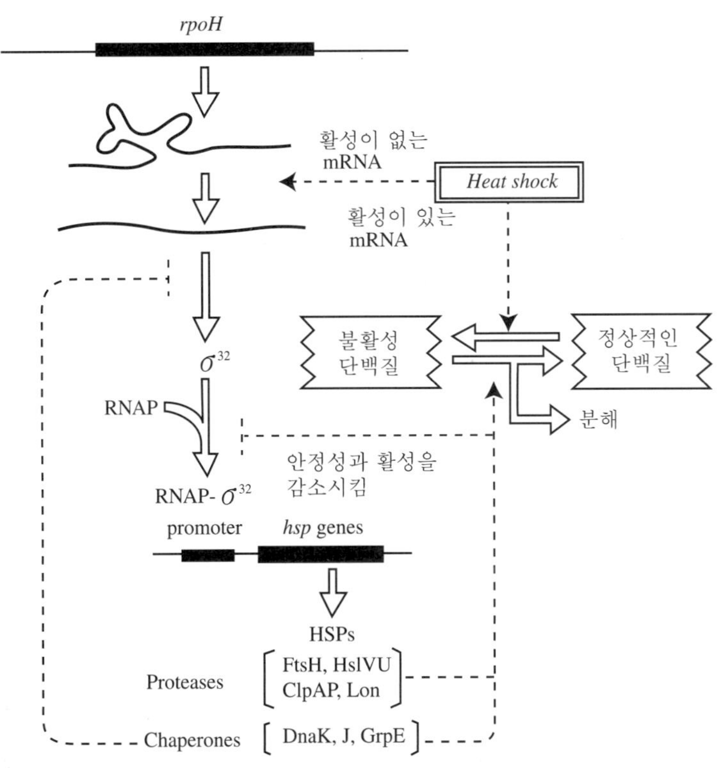

그림 12.27 *E. coli*에서 배양 온도의 상승으로 생산되는 Heat Shock Protein의 생산 조절 메커니즘(Curr. Opin. Microbiol. 1999, 2:153-158).

배양 온도가 상승하면 정상적인 온도에서 2차 구조를 형성하여 ribosome과 결합하지 못하는 *rpoH*의 mRNA가 melting되어 translation된다. 농도가 높아진 σ^H가 RNA polymerase와 결합하여 heat shock protein(HSP)의 유전자를 더 많이 transcribe 한다. 생산되는 HSP가 온도 상승으로 denature되는 단백질을 보호하고 이미 denature된 단백질을 원래 상태로 복원하거나 분해한다. 이때 HSP가 필요 이상으로 많이 생산되는 것을 방지하기 위해 HSP가 RNA polymerase로부터 σ^H를 분리하고 분해할 뿐 아니라 σ^H의 mRNA와 작용하여 translation을 방해하기 때문에 생산 속도가 낮아진다. 따라서 온도가 상승하면 σ^H와 HSP의 양이 급격히 증가한 다음 다시 감소한다(그림 12.28).

합성과 활성을 조절할 뿐 아니라 분해도하기 때문이다(그림 12.27).

HSP은 정상적인 생장 온도에서도 소량이지만 합성되어 생명 현상에서 다음과 같은 중요한 역할을 담당한다.

1) Peptide가 합성될 때 misfolding을 방지하여 2, 3, 4차 구조의 형성에 관여한다(제6장, 6.12.4).
2) 세포외 단백질이 합성되어 운반되기 전에 folding되는 것을 방지하여 세포외 운반을 용이하게 하며 막 통과 후 다시 정상적으로 folding되는 것을 돕기도 한다(제3장, 3.9).
3) 온도가 높거나 ethanol 등 유기 용매의 농도가 높을 때 단백질, ribosome 등의 구조를 유지시킨다.

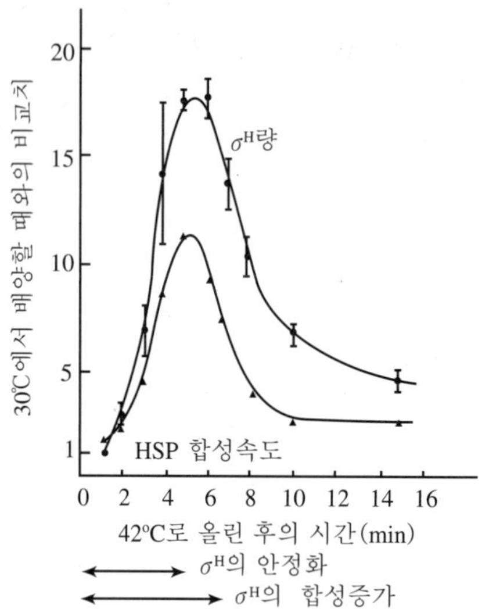

그림 12.28 *E. coli*의 HSP 생산 조절.

온도 상승으로 σ^H와 HSP의 생산이 급격히 증가하면 misfold된 단백질이 없어지기 때문에 σ^H가 더 이상 생산되지 않으며, σ^H가 분해되어 일정 수준으로 유지된다. 따라서 HSP의 합성도 일정 수준으로 유지된다. 낮은 농도의 HSP는 단백질의 막 통과, folding 등 정상적인 생장 온도에서 필요한 기능을 유지한다.

HSP가 이처럼 세포 안에서 다른 분자를 보호하는 역할을 갖기 때문에 이들을 molecular chaperone이라고도 한다. Molecular chaperone은 "peptide를 정상적인 3차원 구조를 가진 기능성 있는 단백질로 조립하며, 이 단백질의 일부로 되지 않는 일군의 단백질"로 정의된다. Molecular chaperone의 아미노산 배열이 세균 간에는 물론 prokaryote와 eukaryote 간에도 높은 수준의 유사성이 있기 때문에 이들을 분자량과 기능에 따라 chaperone과 chaperonin으로 분류한다(표 12.6). Molecular chaperone이 작용하기 위해 에너지를 필요로 할 때 ATP를 분해한다. 일부의 chaperone은 ATPase 활성도 갖는다.

12.2.7.1 Extracytoplasmic Sigma Factor

*E. coli*에서 σ^H와 비슷한 기능을 갖는 다른 sigma factor가 있다. 높은 온도 또는 ethanol 등 용매에 의해 원형질막 밖의 단백질이 denature될 때 활성이 나타나는 이 sigma factor를 extracytoplasmic function sigma factor(σ^E)라 부른다. *E. coli*에서 σ^E를 생산할 수 없는 변이주는 아직 분리되지 않았다. 이러한 사실로 미루어 보아 σ^E가 정상적인 생장 조건에서 필수적인 역할을 갖는 것을 알 수 있다. σ^E가 인지하는 유전자가 최소 10종이 있으나 일부 기능은 아직 밝혀지지 않고 있다. σ^E의 활성이 필요하지 않은 때는 σ^E는 periplasm 쪽에 RseB 단백질에 결합되어 있는 원형질막의 anti-sigma factor, RseA에 결합하여 그 활성이 저해된다. 한편 변형된 outer membrane 단백질이 막에 있는 단

표 12.6 Bacterial molecular chaperones과 진핵세포 chaperone과의 관계.

Family	단백질	기능	세균	진핵세포
Chaperone				
Hsp70	Hsp70	Unfolded peptide의 aggregation 방지	DnaK	Hsp72
		단백질의 운반		Hsp73
		Heat shock response 조절		Hsp70
		ATPase 활성		BiP
	Hsp40	DnaK 활성을 조절하는 co-chaperone	DnaJ	Hsp40
	GrpE	ATP/ADP의 DnaK 결합을 조절하는 Co-chaperone		GrpE
Hsp90		General chaperone	HtpG	Hsp90
Hsp33		열과 oxidative shock response	Hsp33	
Chaperonin				
Hsp60	Chaperonin 60	ATP-dependent protein folding	GroEL	Hsp60
	Chaperonin 10	Chaperonin 60의 co-chaperonin		
TRiC		ATP-dependent protein folding	TriC (TF55)	TriC (TCP1)

백질분해효소 DegS와 더불어 ResB와 복합체를 이루면 periplasm 쪽의 RseA를 분해한다. 이어서 일부 분해된 RseA는 다른 막에 있는 단백질분해효소 RseP에 의해 cytoplasm 쪽이 분해된다. 마지막으로 원형질체에 있는 각종 단백질분해효소가 σ^E에 결합되어 있는 RseA 절편을 분해하면 σ^E가 활성화된다(그림 12.29).

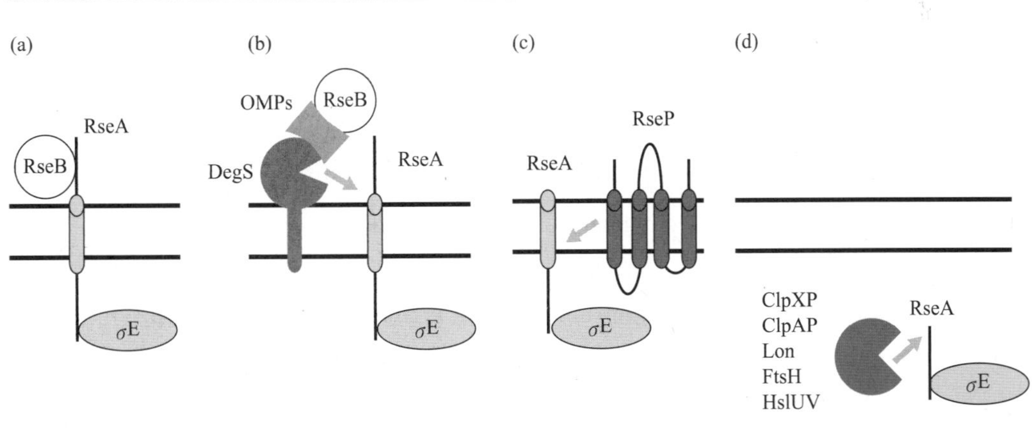

그림 12.29 Extracytoplasmic function sigma factor σ^E의 **활성 조절**(Cur. Opin. Microbiol. 2012, 15:182-188).

정상적인 환경에서 σ^E는 원형질막에 있는 anti-sigma factor인 RseA에 결합된 상태로 활성이 없으나(a), 높은 온도나 유기용매 등에 의해 변형되는 outer membrane protein 등 세포 외부 구조의 단백질이 막에 있는 단백질분해효소 DegS 그리고 RseB와 복합체를 이루고 DegS가 periplasm 쪽의 RseA를 분해한다(b). 일부 분해된 RseA는 다시 다른 막 단백질분해효소인 RseP의 작용으로 cytoplasm 쪽이 분해된다(c). 이렇게 막으로부터 분리된 σ^E에 결합되어 있는 RseA 절편이 원형질체에 있는 단백질분해효소의 작용으로 분해되면 σ^E가 활성을 갖게 된다(d).

*Bacillus subtilis*의 경우 7종의 extracytoplasmic function (ECF) sigma factor가 알려져 있으며, 이들을 모두 생산하지 못하는 변이주는 *E. coli*에서와 달리 생장과 포자 형성이 wild type과 차이를 보이지 않으나 stress에 대한 내성이 낮은 것으로 나타났다.

12.2.8 Cold Shock Response

37°C에서 exponential하게 생장하는 *E. coli*는 배양 온도를 15℃로 낮추면 다양한 기능을 갖는 cold induced protein(CIP)으로 알려진 많은 종류의 새로운 단백질을 생산하는 적응기를 거쳐 다시 생장한다. 이러한 현상을 cold shock response(CSR)라 한다. 세균 뿐 아니라 많은 생물이 이러한 조절 작용을 갖는다. 낮은 온도에서 1) mRNA가 hairpin을 형성하기 때문에 단백질 합성이 저해되며, 2) DNA 구조가 안정화되어 transcription과 replication이 어려워진다. 3) 또한 막과 단백질의 유동성이 낮아져서 그 기능을 못하게 된다. CIP는 낮은 온도에서 이러한 문제를 해결한다. CIP 중에서 cold shock proteins(CSPs)으로 알려진 저분자 단백질이 모든 CIP의 합성을 조절한다. 많은 경우 낮은 온도에서 유도되는 모든 단백질을 표현하기 위해 CIP와 CSP가 혼용되는 예가 많다.

CIP는 낮은 온도에서 생산이 촉진되는 정도에 따라 두 종류로 분류된다. 정상적인 생장 온도에서는 생산되지 않거나 극히 소량 생산되지만 낮은 온도에서 생산이 촉진되는 class I CIP와 정상적인 온도에서도 생산되지만 낮은 온도에서는 10배 미만으로 생산이 증가되는 class II CIP가 그들이다. CspA(Cold shock protein A), CspB, CdsA(Cysteine sulfinate desulfinase), NusA(N utilization substance protein A, termination과 anti-termination에 관여), PNP(Polynucleotide phosphorylase), RbfA(Ribosome-binding factor A) 등이 class I CIP에 속한다. Class II CIP에는 RecA(Recombinase A), initiation factor IF-2, DNA-binding protein H-NS, RNase R 등 replication, transcription 그리고 translation에 관여하는 단백질이 포함된다.

CSP의 생산이 촉진되는 것은 낮은 온도에서 이들의 mRNA가 안정화되고 translation이 쉬워지며 transcription도 활성화되기 때문이다. *cspA*를 비롯한 많은 CSP 단백질 유전자에는 promoter −35 부위 상단에 AT 함량이 높은 부위(UP region)와 promoter와 단백질 합성에 이용되는 부위 사이에 150 염기 정도로 긴 5′ untranslated region(5′ UTR)이 있다. mRNA의 5′ UTR에는 CSP가 결합할 수 있는 특정 부위가 있다. 이를 cold shock(CS) box라 한다. UP region은 낮은 온도에서 이 유전자의 transcription을 촉진하고, CS는 terminator(12.1.6)로 transcription을 조절하는 기능과 정상적인 생장온도에서 mRNA의 분해를 촉진하고 낮은 온도에서는 이를 보호하는 기능도 갖는다. 또한 단백질의 합성에 이용되는 mRNA에는 ribosome의 16S RNA와 친화성이 높은 부위(downstream box, DB)가 있어서 낮은 온도에서 CSP의 translation을 촉진한다(그림 12.30).

UP region을 갖는 유전자의 transcription은 낮은 온도에서 원활해지고, *csp* mRNA는 CS box 부위에서 2차 구조를 형성하기 때문에 안정화된다. 또한 안정화된 mRNA는 DB 부분의 ribosome에 대한 친화력으로 인해 translation이 효율적으로 이루어진다. 낮은 온도에서 생산되는 CSP는 mRNA와 작용하여 2차 구조를 없애 주고 ribosome의 기능도 회복시켜 주기 때문에 이 조건에서도 많은

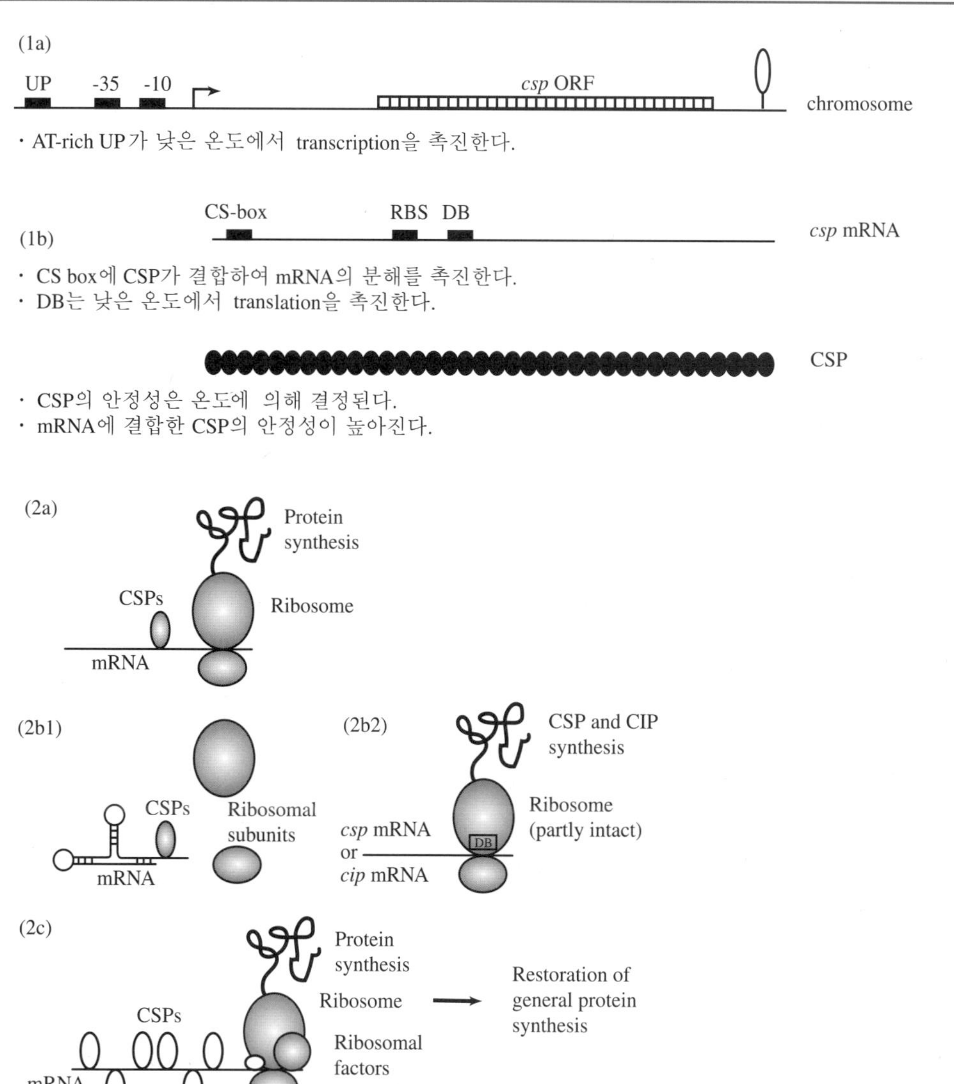

그림 12.30 *cspA* 유전자의 구조와 cold shock protein의 합성(System. Appl. Microbiol. 2000, 23:165-173).

*cspA*에는 promoter의 앞 부분에 AT 함량이 높은 UP region(1a)이 있으며, transcript의 5′ UTR에 cold shock(CS) box, 그리고 단백질 coding 부위에 downstream box(DB)가 있다(1b). UP region은 낮은 온도에서 CSP 유전자의 transcription을 촉진하며, CB는 mRNA의 안정성에 관여한다. 또한 DB는 낮은 온도에서 CSP의 translation을 촉진한다. 정상적인 생장 온도에서 translation되는 mRNA(2a)가 낮은 온도에서는 2차 구조를 형성하여 ribosome이 작용할 수 없을 뿐 아니라 ribosome의 구조도 변하여 translation이 이루어지지 않는다(2b1). 낮은 온도에서 ribosome에 대한 친화력이 높은 DB가 ribosome(낮은 온도에서 부분적으로 변형되거나 정상적인상태)과 작용하여 CSP를 합성한다(2b2). 생산된 CSP는 mRNA와 ribosome에 작용하여 낮은 온도에서도 정상적인 단백질 합성을 가능하게 한다(2c). CSP가 mRNA의 기능을 유지시키기 때문에 이들을 RNA chaperone이라 부른다.

종류의 단백질 합성이 가능해진다. mRNA와 작용하여 translation을 가능하게 하는 CSP를 RNA chaperone이라 부른다. *Helicobacter pylori*, *Campylobacter jejuni*, *Mycobacterium genitalium* 등 전체 유전체가 알려진 일부 세균에는 CSP 유전자가 없는 것으로 조사되었다.

낮은 온도에서 원형질막의 유동성을 높이기 위해 불포화 지방산의 함량이 높은 인지질이 합성된다. 불포화 지방산은 균주에 따라 aerobic route와 anaerobic route를 통해 합성된다(제6장, 6.6.1). Anaerobic route는 일부의 세균에서만 알려졌으며, aerobic route는 일부의 세균과 진핵세포에서 작용한다. *E. coli*의 경우 anaerobic route로 불포화 지방산을 생산하며, 여기에 작용하는 효소는 낮은 온도에서 안정성이 증가하는 것이 알려졌다 Aerobic route로 불포화 지방산을 생산하는 *Bacillus subtilis*의 fatty acid desaturase는 낮은 온도에서 합성이 촉진된다.

*E. coli*의 원형질막 인지질은 포화 지방산 palmitic(hexadecanoic) acid와 두 종류의 불포화 지방산 palmitoleic(*cis*-9-hexadecenoic) acid와 *cis*-vaccenic(*cis*-11-octadecenoic) acid 등, 3 종류의 지방산을 함유한다. 생장 온도가 낮아지면 불포화 지방산 *cis*-vaccenic acid의 함량이 증가하고, 포화 지방산 palmitic acid의 함량은 감소한다. 이러한 조절 작용은 불포화 지방산을 생산하는 효소, hydroxyacyl-ACP synthase I (FabB)의 활성이 낮은 온도에서 안정화되기 때문에 가능하며(제6장, 6.6.1.4.), 이를 통해 생장 온도에 따라 원형질막의 유동성을 적절히 유지할 수 있다.

반면에 그람양성 세균 *Bacillus subtilis*의 경우 불포화 지방산의 합성은 transcription 수준의 조절로 이루어진다. 온도가 내려가면 *des*(membrane-bound desaturase) 유전자가 활성화되어 불포화 지방산의 함량이 증가한다. Des는 O_2를 소비하면서 인지질을 이루고 있는 포화 지방산에 작용하여 *cis*-형의 이중 결합을 형성한다. 이러한 조절은 막단백질인 kinase DesK와 조절 단백질인 DesR로 이루어지는 two-component system의 작용을 통해 이루어진다. 막의 유동성이 낮아지면 DesK가 이를 감지하여 ATP로부터 인산기를 받아 인산화된다. 이어서 이 인산기가 DesR로 이전되고 인산화된 DesR이 *des* 유전자의 activator로 작용한다.

12.2.9 Quorum Sensing

빛을 발생하는 발광 세균은 균체 농도가 일정 이상일 때만 빛을 발생한다(제5장, 5.9.1). 이러한 현상은 발광 세균이 생장하면서 분비하는 저분자의 신호물질의 농도가 일정 수준에 도달하면 발광에 관여하는 유전자가 발현되어서 일어나며, 이를 quorum sensing이라 부른다. 많은 종류의 세균에서 quorum sensing이 알려졌으며, 빛의 생산을 비롯하여, 운동성, 항생물질 생산, conjugation, 병원성, biofilm 형성 등 다양한 생리 현상의 조절에 관여한다. *N*-acyl homoserine lactone(AHL)이 그람음성 세균에서 quorum sensing의 신호 물질로 작용하는 대표적인 저분자 물질이며, 그람양성 세균은 peptide 계통의 저분자 물질을 같은 기능에 이용한다. 이들 저분자 물질을 autoinducer라 부른다. AHL 물질 이외에도 그람음성 세균 중에서 furanosyl borate diester, hydroxytridecan, cyclic dipeptide 등도 quorum sensing의 신호 물질로 작용함이 밝혀졌다. 이러한 autoinducer는 같은 종의 세균에는 물론 다른 속에 속하는 세균에도 작용한다. 따라서 quorum sensing을 cell-cell

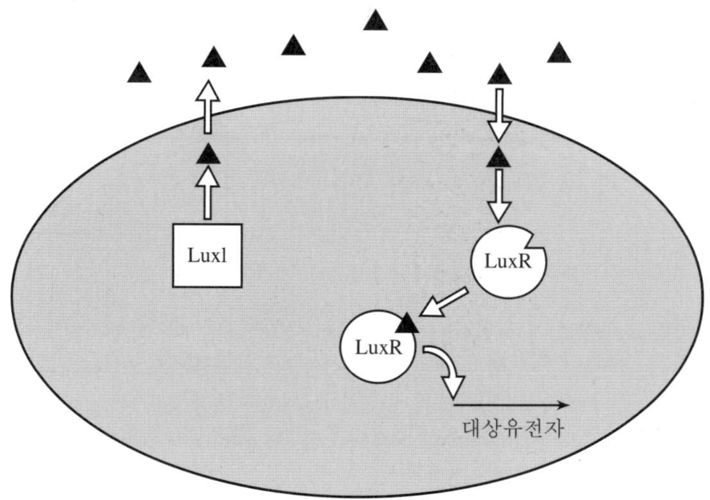

그림 12.31 그람음성 세균의 quorum sensing에 의한 대사 조절(Curr. Opim. Microbiol. 1999, 2:582-587).
Autoinducer synthase(LuxI)에 의해 생산되는 autoinducer(삼각형)는 막을 통과하여 환경에 축적되고 일정 농도에 도달하면 transcriptional regulator(LuxR)와 결합하여 많은 유전자의 발현을 촉진한다.

communication이라고도 한다. 한 세균에서 두 종류 이상의 신호 물질에 의한 quorum sensing이 작용하는 예도 있다.

그람음성 세균 중 quorum sensing에 관하여 가장 대표적으로 연구되어온 *Vibiro fisheri*의 경우 autoinducer synthase(LuxI)와 transcriptional regulator(LuxR)의 직용으로 quorum sensing이 이루어지는 것으로 밝혀졌다 (그림 12.31). Autoinducer synthase에 의해 생산되는 autoinducer는 원형질막을 확산으로 통과할 수 있어서 환경에 축적되고 일정 농도에 도달하면 원형질체에서 transcriptional regulator, LuxR과 결합하여 여러 종류의 유전자 발현을 촉진한다. *Vibro harveyi, V. cholerae, V. vulnificus*와 같은 병원성 세균에서도 quorum sensing이 활발히 연구되고 있다. 이들의 경우 *V. fischeri*와는 달리 확산성 신호 물질이 two-component system을 활성화하여 대상 유전자들의 발현을 조절함이 밝혀졌다.

이러한 quorum-sensing 조절 메커니즘은 매우 다양한 세균에서 발견되는데, 현재까지 quorum-sensing 조절 메커니즘이 확인된 세균들 중 광합성 세균인 *Rhodobacter sphaeroids*를 제외한 거의 모든 세균들은 식물이나 동물 등과 같은 다세포 생명체에 공생 또는 기생하며, 이 중 많은 세균들은 숙주에 질병을 일으키는 것으로 알려지고 있다. 특히 이들 병원성 세균들은 숙주에 감염하는 단계에서 체내에서 biofilm을 형성한다. Biofilm의 밀폐된 공간 안에 autoinducer가 축적되어 quorum sensing이 이루어진다. 또한 이들 세균들에서 quorum-sensing에 의하여 발현 유도되는 많은 유전자들이 병원성 인자(virulence factor)를 코딩하는 것을 알 수 있다. 따라서 quorum-sensing은 숙주 체내에서 병원성세균들의 생존과 발병에 있어서 매우 중요한 역할을 하는 것으로 나타내며, 이에 많은

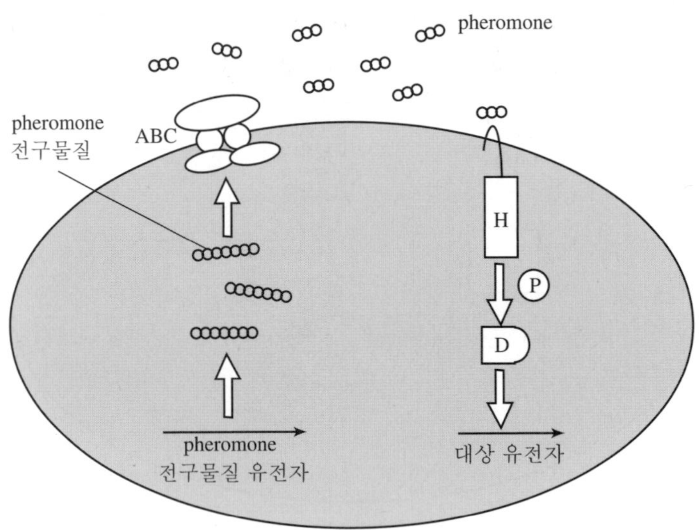

그림 12.32 그람양성 세균의 quorum sensing에 의한 대사 조절(Curr. Opin. Microbiol. 1999, 2:582-587).
그람양성 세균에서 autoinducer로 작용하는 peptide 또는 변형된 peptide가 ABC 경로를 통해 세포 밖으로 운반되어 일정 농도 이상으로 축적되면 원형질막에 있는 sensor/kinase 단백질(H)의 histidine이 인산화된 다음 인산기를 원현질체에 있는 regulator 단백질(D)의 aspartate 잔기로 이전한다. 인산화된 regulator 단백질이 대상 유전자의 발현을 조절한다.

병원성 미생물학에서 연구의 대상이 되고 있다.

많은 종류의 세균이 AHL을 효소적으로 분해한다. 그람음성 세균인 *Agrobacterium tumefaciens, Pseudomonas aeruginosa, Comamonas testosterone* 등은 물론 그람양성 세균인 *Bacillus thuringiensis, B. cereus, B. mycoides* and *Arthrobacter* sp. 등도 AHL을 분해한다. AHL을 분해하는 효소는 실험실에서 뿐 아니라 토양에서도 확인되었다. AHL을 분해하는 세균을 이용하여 동 · 식물 병원균의 제어에 이용할 수 있는 가능성이 제시되었다.

한편, 그람양성 세균은 peptide 또는 변형된(post-translationally modified) peptide를 autoinducer로 이용한다. Autoinducer가 ATP-binding cassette(ABC, 제3장, 3.4) 경로를 통해 세포 밖으로 운반되고, 일정 농도에 도달하면 원형질막에 있는 sensor/kinase 단백질이 ATP를 소비하면서 인산화된다. 이 인산기를 전달받는 regulator 단백질이 대상 유전자의 발현을 조절한다(그림 12.32). 여기서 작용하는 sensor/kinase와 regulator는 전형적인 two-component system의 한 예이다.

항생 물질 streptomycin을 생산하는 방선균 *Streptomyces griseus*는 A-factor로 알려진 autoinducer를 생산하여 일정 농도에 도달하면 two-component system으로 이를 감지하고 기균사(aerial mycelium)에 이어 포자를 형성하면서 2차 대사산물인 항생 물질을 생산한다.

12.2.10 삼투압 변화에 의한 조절 작용

E. coli 등 장내 세균은 outer membrane에 기질이 통과할 수 있는 porin이 있다(제2장, 2.3.3). 낮은 삼투압에서 생장할 때는 *ompF*(outer membrane protein F) 유전자가 발현되어 OmpF가 주된 porin으로 작용하며, 삼투압이 높은 환경에서는 투과공이 작은 OmpC가 주된 porin으로 합성된다. 이와 같은 조절은 원형질막에 있는 EnvZ 단백질이 삼투압이 높은 환경에서 인산화되고, 이어서 인산기를 modulator인 원형질체 단백질 OmpR로 이전하여 시작된다. 인산화된 OmpR은 *ompF*에 repressor로 작용하고, *ompC*에는 activator로 작용한다(그림 12.33). EnvZ/OmpR system이 OM 단백질 외에도 여러 형질의 조절에 작용한다. EnvZ/OmpR에 의한 transcriptional control과 함께 OmpC와 OmpF의 합성은 sRNA인 s*micC* and *micF*에 의해서 translation 수준의 조절도 받는다 (12.1.9).

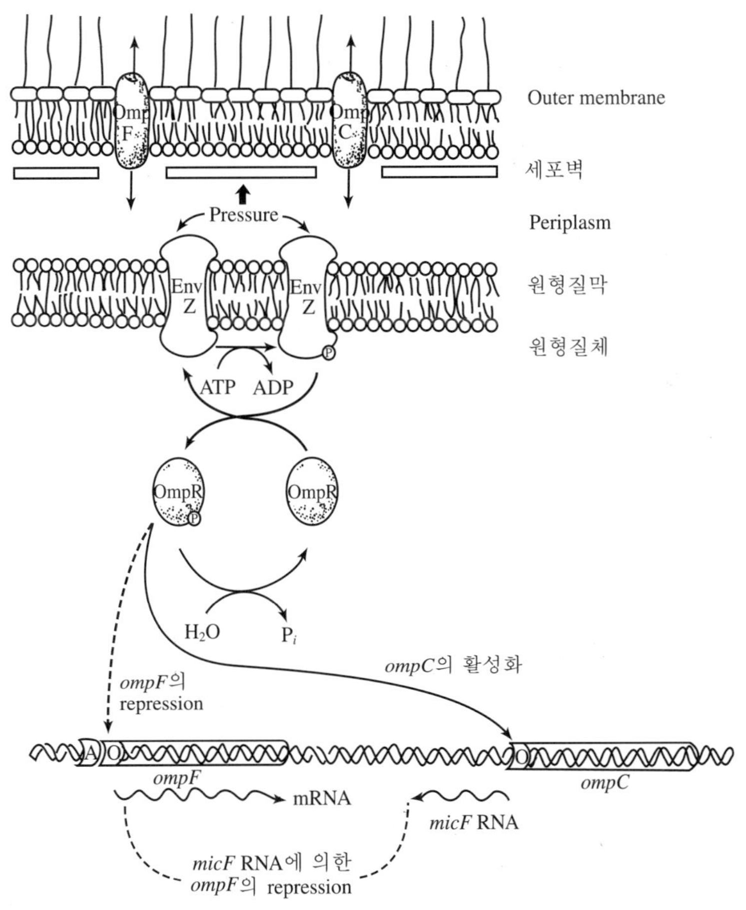

그림 12.33 삼투압의 변화에 따른 Porin 단백질의 합성을 조절하는 EnvZ/OmpR의 Two-component System.

원형질막에 있는 sensor 단백질인 EnvZ가 삼투압이 높은 환경에서는 이를 감지하여 인산화되고, 이어서 인산기가 원형질체의 OmpR로 이전되어 활성이 있는 modulator로 작용한다. 인산화된 OmpR은 *ompF*에 repressor로 작용하고, *ompC*에는 activator로 작용한다.

12.2.11 그 밖의 Two-component System

인산 결핍에서 발현되는 *pho* system, 혐기 조건에서의 *arc* system, 그람양성 세균의 quorum sensing, 삼투압 변화에서의 EnvZ/OmpR system, 탈질반응의 NarC/NarL과 NarQ/NarP(제9장, 9.1.3) 등이 지금까지 공부한 two-component system에 의한 대사 조절의 예이다. 이 조절 작용에서는 histidine 잔기를 갖는 원형질막의 sensor 단백질과 aspartate 잔기를 갖는 원형질체 regulator 단백질이 관여한다. Sensor 단백질의 막 바깥 부분(signal recognition domain)이 외부 환경 변화를 감지하면 원형질체 쪽의 autokinase domain이 ATP로부터 인산기를 받아 histidine 잔기를 인산화하고 이를 regulator 단백질이 받아 자신의 aspartate잔기를 인산화한다. 인산기를 전달받는 regulator 단백질이 대상 유전자의 transcription 조절 인자로 작용한다.

미생물의 유전체 분석 결과 two-component system의 sensor/regulator 염기 배열이 많이 발견되었으나 아직 그 기능이 알려진 예는 적다. *E. coli*에서 fumarate, succinate 등 4탄소 dicarboxylate를 운반하고 대사하는 단백질의 생산 조절이 sensor 단백질인 DcuS와 regulator 단백질 DcuR에 의해 이루어진다. 황산염 결핍 조건에서 유기 유황 화합물인 합성 세제를 분해하여 유황 원으로 이용하는 *E. coli, Pseudomonas putida, Staphylococcus aureus* 등에서 황산염의 농도가 낮을 때 *pho* system과 비슷한 조절 작용이 있는 것으로 생각된다.

*Bacillus subtilis*에서 포자 형성을 시작하는 대사 조절 작용은 인산화된 Spo0A에 의해 이루어진다. ATP를 소비하면서 인산화되는 KinA 또는 KinB로부터 인산기가 Spo0F와 Spo0B를 거쳐 Spo0A로 전달된다. 이러한 조절 작용을 phosphorelay라 부른다. KinB(KinA)와 Spo0B는 two-component system의 sensor 단백질과 같이 histidine 잔기가 인산화되고, phosphorelay의 2번, 4번 단백질인 Spo0F와 Spo0A는 regulator 단백질과 같이 aspartate 잔기가 인산화된다(제13장, 13.3.1).

12.2.12 Sigma Cascade

운동성이 있는 세균은 기질의 농도가 낮아지면 flagella 등 chemotaxis에 필요한 단백질을 합성한다. 세균의 flagella는 basal body, hook 그리고 filament로 이루어진다(제2장, 2.3.1). Hook와 filament를 형성하는 단백질은 basal body를 통해서 원형질막을 통과한다. 따라서 basal body를 이루는 단백질은 hook나 filament를 이루는 단백질보다 먼저 합성되어야한다.

Flagella의 합성과 기능 등 chemotaxis를 위해 최소 17 operon에 산재해 있는 50종 이상의 유전자의 발현이 필요하다. 이들 operon들은 순서에 따라 발현된다. *E. coli* 와 *Salmonella typhimurium*에서 이들 operon은 기질의 농도와 flagella의 형성 과정에 따라 transcription과 post-transcription에 의한 조절을 통해 3단계로 발현된다. 기질의 농도가 낮아지면 cAMP-CRP복합체가 *flhDC* operon의 두 초기 유전자를 활성화한다. FlhD 단백질과 FlhC 단백질은 중기 operon을 활성화하는 trancriptional activator들이다. σ^{28}(σ^{F})을 암호화하는 *fliA* 유전자가 중기 operon에 속한다. 마지막으로 σ^{28}과 결합한 RNA polymerase가 말기 유전자인 hook와 filament를 암호화하는 유전자를 transcribe한다(그림

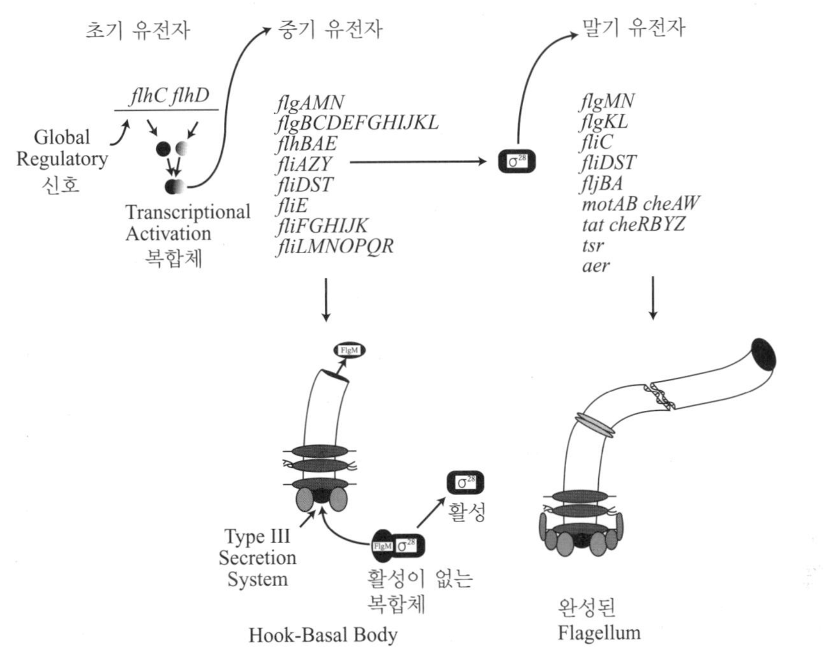

그림 12.34 3단계로 이루어지는 flagella regulon의 transcription.

Flagella의 합성과 기능 등 chemotaxis에 필요한 50종 이상의 유전자는 최소 17 operon에 산재해 있다. 이들 operon은 발현되는 순서에 따라 초기, 중기 그리고 말기 유전자로 분류된다. 초기 유전자에 속하는 *flhDC*의 발현 산물인 FlhC와 FlhD 단백질은 중기 유전자의 발현을 촉진하는 transcriptional activator이다. 중기 유전자에는 basal body 유전자와 말기 유전자 flagellin 등을 transcribe하는 σ^{28}(FliA, σ^{F}) 등이 포함된다. 중기에 생산되는 anti-s factor FlgM은 σ^{28}과 결합하여 basal body가 형성될 때까지 말기 유전자의 transcription을 방지한다. Basal body가 형성되면 anti sigma factor MlgM은 basal body를 통해 세포 밖으로 방출되어 σ^{28}이 작용할 수 있게 된다.

12.34). *Bacillus subtilis*에는 σ^{28}과 유사한 기능을 갖는 σ^{D}가 있다. 이와 같이 sigma factor의 연속적인 발현을 통해 시차적으로 일어나는 유전자 발현 조절을 sigma cascade라고 한다.

Basal body가 형성되기 전에 생산되는 σ^{28}는 anti-σ factor, FlgM과 결합하여 말기 유전자의 transcription을 저해한다. Basal body의 형성이 끝나면 이를 통해 FlgM은 세포 밖으로 방출되어 σ^{28}이 RNA polymerase와 결합하여 flagellin 등 말기 유전자를 transcribe한다. 이 같은 transcription 수준의 조절과 더불어 anti-sigma factor와 hook 단백질의 생산 조절은 translation 수준에서 이루어진다.

12.2.13 Chemotaxis

Flagella 구조가 완성된 다음 flagella의 회전을 통해 유인 물질(attractant) 또는 반발 물질(repellant)의 농도 차이에 따라 운동성이 결정된다. 세균은 3차원 공간에서 무작위적인 운동을 통해 움직인다. Flagella에 의해 운동을 하는 세균은 주행 운동(run)과 무정형 운동(tumble)을 반복한다. 세균의 flagella의 구조는 시계 방향으로 꼬인 나선 구조를 하고 있다. 따라서 flagella가 시계 반대 방향으로 회전하면 여러 flagella들이 뭉쳐서 다발을 형성하며 회전하게 되고, 이러한 추진력으로 인해 세균은 똑바로 주행 운동을 하게 된다. 반면에 flagella가 시계 방향으로 회전하면의 묶음이 흩어진 상태에서 세포는 무정형으로 움직이게 된다. 세포가 유인 물질의 농도가 높은 방향 또는 반발 물질의 농도가 낮은 방향으로 움직일 때는 부정형 운동보다 주행 운동이 길어지기(혹은 부정형 운동이 억제되기) 때문에 주행 운동이 한 방향으로 이루어질 수 있다.

주행 운동의 길이는 3종류의 단백질 즉 막에 있는 receptor 단백질, 원형질체 신호 전달체 그리고 adaptive methylation 효소에 의해 결정된다. Receptor 단백질은 periplasm 쪽에 기질 결합 부위(ligand interaction domain)와 원형질체 쪽에 signaling and adaptation 부위의 구조로 이루어져 있다. 원형질체 쪽의 siganling and adaptation 부위에는 methyl기와 결합할 수 있는 5개의 glutamate 잔기가 있다. 따라서 receptor 단백질을 methyl-accepting chemotaxis proteins(MCPs)라 부른다.

Receptor 단백질이 유인 물질(또는 반발 물질)의 농도를 감지하면 이 신호가 4종류의 단백질에 의해 flagella로 전달된다. 이들은 histidine kinase CheA, response regulator CheY, receptor-coupling factor CheW 그리고 CheY 탈인산 촉진인자 CheZ이다. Receptor 단백질이 유인물질과 결합하지 않은 상태에서는 CheA의 인산화가 촉진되고 CheA-P의 인산기가 CheY로 이전된다. 인산화된 CheY-P는 flagella의 basal body에 있는 motor-switch 복합체에 결합하여 flagella를 시계 방향으로 회전시키면 세포는 무정형(tumble)으로 움직이게 된다. 이때 CheZ는 탈 인산화를 촉진하여 CheY-P의 축적을 방지한다. 한편 receptor 단백질의 periplasm쪽에 있는 기질(유인물질) 결합 부위에 기질이 결합하면 이 단백질의 구조가 변하여 CheA의 인산화 활성을 저해한다. 이 결과 CheY-P의 농도가 낮아져서 무정형 운동이 줄고 세포는 주행 운동을 함으로써 한 방향으로 계속 움직일 수 있다(그림 12.35).

이상의 설명으로 농도가 증가하는 방향으로 움직이는 세포가 왜 무정형(tumble) 운동을 되풀이하는 가를 알 수 없다. 그러한 '적응(adaptation) 반응'은 유인 물질의 농도에 적응하여 receptor 단백질의 원형질체 쪽에 있는 MCP(methyl-accepting chemotaxis proteins) 부위의 methyl화 정도를 계속적으로 변화시키는 CheR과 CheB의 작용을 통해 이루어진다. CheR은 구성 효소로 *S*-adenosylmethionine로부터 receptor 단백질의 glutamate 잔기로 methyl 기를 이전시키는 methyltransferase이며, CheB는 methylesterase로 CheA로부터 인산기를 받아 CheB-P 형태는 receptor 단백질의 glutamate 잔기로부터 methyl기를 분리하는 활성을 갖는다. 환경의 유인 물질 농도가 높게 유지되면 CheA의 활성이 낮아져 인산화된 CheB-P의 농도가 낮아지고 탈methyl 반응이 CheR에 의한 methyl화 반응보다 낮아지기 때문에 receptor 단백질에 많은 methyl기가 결합하게 된다. Methyl 화 정도가 높은 receptor 단백질은 유인 물질이 결합하고 있을 때에도 CheA를 활성화하기 때문에 CheY-P 농도가 높아져서 tumble이 일어난다.

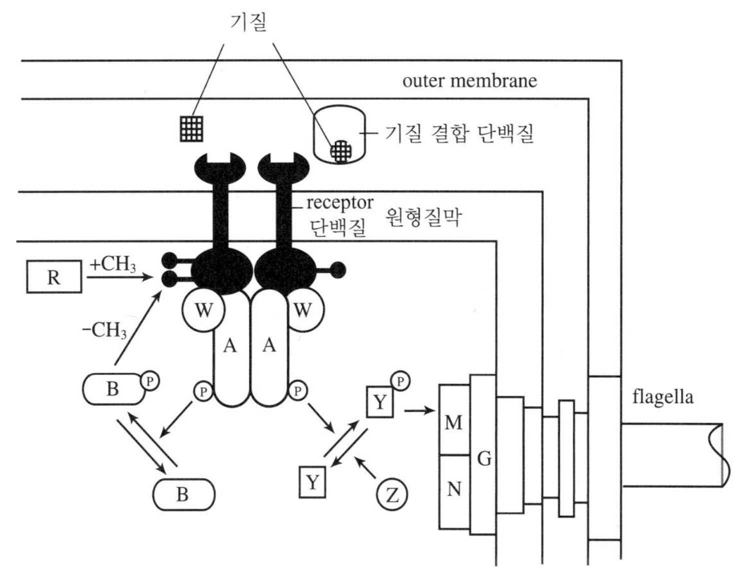

그림 12.35 Chemotaxis의 신호전달 체계.

운동성이 있는 세균은 기질 농도가 낮아지면 flagella를 만들고 run-tumble을 반복하며 기질의 농도를 감지하고 그 농도가 높은 방향으로 움직인다. 이러한 운동은 막에 있는 receptor 단백질(두 개의 렌치 모양 단백질), 원형질체 신호 전달체 (CheA, CheW, CheY, CheZ) 그리고 adaptive methylation 효소 (CheB, CheR) 등 3 종류의 단백질에 의해 결정된다. Receptor 단백질은 CheA, CheW와 복합체를 이루며, 유인물질의 농도가 낮아 periplasm 부위에 결합하지 않은 상태에서 CheA의 인산화를 촉진한다. 인산화된 CheA-P로부터 인산기가 CheY로 이전되고 인산화된 CheY-P는 flagella motor-switch의 FliM에 결합하면 flagella가 시계 방향으로 회전하여 tumble이 일어나 세균의 운동 방향을 바꾼다. 반대로 유인 물질의 농도가 높을 때는 CheA의 안산화가 저해되고 인산화된 CheY의 농도가 낮아 flagella가 시계 반대 방향으로 회전하여 세균는 run한다. 기질의 농도가 높은 방향으로 이동 중인 세균이 tumble하는 이유는 새로운 유인 물질 농도에 따라 작용하는 adaptive methylation 효소(CheB, CheR)의 활성 때문이다. CheA의 활성이 낮을 때 인산화된 CheB-P의 농도가 낮아져 CheR에 의해 더 많은 methyl기가 receptor 단백질에 결합한다. 많은 methyl기가 결합한 receptor 단백질은 유인 물질이 결합한 상태에서도 CheA의 활성을 촉진할 수 있기 때문에 CheY-P의 농도가 높아져 tumble이 일어난다.

A, CheA; W, CheW; Y, CheY; Z, CheZ; R, CheR; B, CheB; G, FliG; M, FliM; N, FliN; p, 인산기; CH_3, methyl 기 (receptors의 원형질체 쪽에 막대사탕 모양)

12.2.14 Adaptive Mutation

*E. coli*의 alkaline phosphatase 변이주를 인산 제한 조건에서 배양하면 인산이 충분한 환경에서보다 reversion율이 15~20배 높게 관찰된다. 인산 제한 조건에서는 alkaline phosphatase(*phoA*)를 위시한 많은 유전자가 발현된다(12.2.3). Transcription 중에 유전자의 일부가 단일 가닥으로 되면서 그 주위의 DNA는 supercoiling 형태로 된다. 이러한 구조의 DNA에서는 쉽게 변이가 일어날 수 있다. 인산 제한 조건에서 alkaline phosphatase의 reversion이 높게 일어나는 이유가 여기에 있다.

지금까지 살펴 본 바와 같이 각종 stress 조건에서 많은 유전자가 발현된다. 이러한 stress 들이 돌연변이의 원인이 될 수 있다. 사용 가능한 탄소원이 소진된 다음 비슷한 구조를 갖는 사용할 수 없었던 탄소원이 있을 경우 이를 이용할 수 있는 방향으로 돌연변이가 일어난다. 이는 효소의 기질 특이성이 변하는 돌연변이이며, 또한 유도 효소가 발현되는 조건에서 constitutive 효소로 돌연변이가 일어나기도 한다. 이러한 돌연변이를 adaptive mutation이라 한다.

12.3 효소 활성 조절-Fine Regulation

효소의 합성에 의한 대사 조절은 각 효소의 세포내 안정성(stability)이 높을 때는 그 효과가 낮다. 또한 효소의 합성은 시간을 요하며, 단백질의 합성과 분해가 거듭되면 많은 ATP를 소모한다. 따라서 미생물 대사에서 짧은 시간 안에 효율적으로 대사를 조절을 위해 이미 합성된 효소의 활성이 조절된다. 효소의 활성 조절은 feedback inhibition, feedforward(precursor) activation, 효소의 물리적 및 화학적 변형, 효소의 분해 등의 메커니즘을 통해서 이루어진다.

12.3.1 Feedback Inhibition과 Feedforward Activation

여러 단계의 효소 작용으로 합성되는 아미노산 등 생합성에 이용되는 단량체(monomer)가 과량으로 합성되었을 때, 최종 산물이 최초의 반응을 촉매하는 효소의 활성을 저해하는 현상을 feedback inhibition이라 한다. Threonine으로부터 2-ketobutyrate를 거쳐 합성되는 isoleucine의 세포내 농도가 높아지면 threonine dehydratase(제6장, 6.4.1)의 활성이 저해되고, AMP나 GMP는 purine nucleotide 합성의 시발 효소인 amidophosphoribosyl transferase(제6장, 6.5.3)의 활성을 feedback inhibition 메커니즘으로 조절한다.

최종 산물에 의한 효소 합성의 repression(12.1.4)에서와 같이 하나의 전구물질로부터 2종 이상의 산물을 생산할 때 작용하는 isoenzyme들은 각각의 산물에 의해 feedback inhibition 작용을 받는다(그림 12.36). 그림에서 보는 바와 같이, lysine과 methionine은 직접 그리고 isoleucine은 threonine을 통해 aspartate로부터 합성된다. Aspartate kinase는 이들 4종류의 아미노산 합성 경로의 첫 반응을 촉매한다. Aspartate kinase에는 3종류의 isoenzyme이 있다. 하나의 isoenzyme은 lysine의 조절을 받으며, threonine과 isoleucine이 함께 두 번째 효소를 조절한다. 나머지 하나는 조절 받지 않는 대신 methionine이 그 합성의 첫 효소인 homoserine acyltransferase의 활성을 조절한다. Threonine과 lysine이 축적되어 methionine의 합성이 필요할 때, threonine이나 lysine에 의해서 조절되는 aspartate kinase의 활성은 저해되지만 조절 받지 않는 isoenzyme에 의해 aspartate-4-phosphate가 생산되고 methionine이 합성된다. 이때 lysine 및 threonine으로 대사되는 경로가 저해를 받아야 methionine 합성이 원만히 이루어질 수 있다. 이를 위해 중간 산물인 homoserine이 threonine으로 대사되는 경로가 저해된다.

2종 이상의 최종 산물을 생산하는 대사 경로의 첫 반응이 isoenzyme에 의해 촉매되는 경로도 있

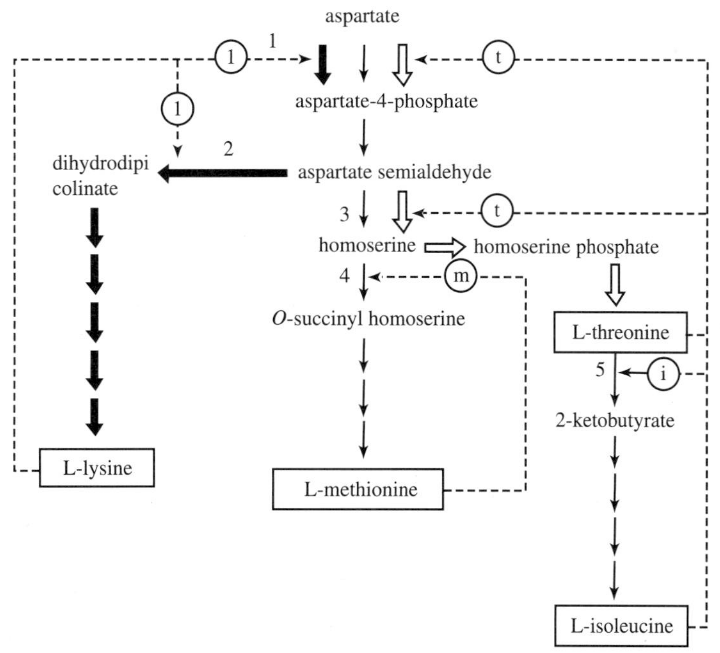

그림 12.36 Feedback Inhibition 메커니즘을 통한 아미노산 합성효소의 활성 조절.

Lysine, methionine 그리고 threonine과 isoleucine 합성 경로의 전구물질인 aspartate에 작용하는 aspartate kinase(1)는 3종의 isoenzyme으로 이루어지며, 이들은 각각의 최종 산물의 농도가 높아지면 feedback inhibition 메커니즘을 통해 저해된다. 저해되지 않은 isoenzyme에 의해 합성되는 중간 대사산물이 합성할 필요가 없는 최종 산물로 합성되는 것을 방지하기 위해서 대사의 분기점에 작용하는 dihydrodipicolinate synthase(2)는 lysine에 의해, homoserine dehydrogenase(3)는 threonine에 의해, homoserine acyltransferase(4)는 methionine에 의해 각각 조절된다. Isoleucine은 threonine dehydratase(5)를 feedback inhibition 메커니즘을 통해 조절한다.

지만, 단일 효소에 의해 촉매되는 예도 있다. 방향족 아미노산 생합성 경로(제6장, 6.4.4)의 첫 효소인 3-deoxy-D-arabinoheptulosonate(DAHP) synthase를 예로 들면 *E. coli*는 isoenzyme 형태로 이 효소의 활성을 조절한다. 그러나 수소 이용 세균인 *Ralstonia eutropha*(*Alcaligenes eutrophus*)는 단일 효소를 생산하여 최종 산물 각각에 의해서도 조절을 받으며, 이들의 혼합물에 의해 더 강하게 저해를 받아 조절된다. 이러한 조절 현상을 cumulative inhibition이라 한다.

Feedback inhibition에 의해 조절되는 효소의 기질은 일반적으로 조절 작용을 갖는 물질과는 완전히 다른 구조를 갖는다. 따라서 feedback inhibition은 기질과 저해제가 효소의 active site에 경쟁적으로 결합하기 때문에 이루어지는 competitive inhibition과는 다른 메커니즘으로 이루어진다. Feedback inhibition의 조절 작용을 하는 저해제는 효소의 active site가 아닌 부위에 결합하여 효소의 구조를 변경시켜 활성을 조절한다. 최종 산물이 결합하는 부위를 allosteric site라 하며, allosteric site를 갖는 효소를 allosteric enzyme이라 한다.

Feedback inhibition은 효소 반응의 산물이 축적되었을 때 산물에 의한 효소의 저해 현상이

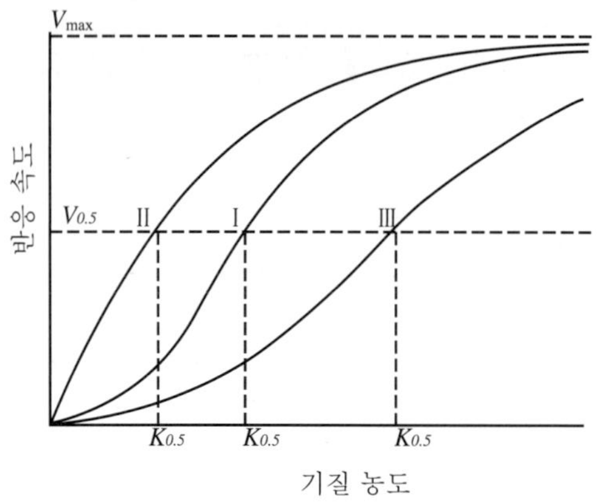

그림 12.37 기질 농도에 따른 Allosteric 효소의 활성 변화.

Allosteric 효소는 두 개 이상의 subunit로 이루어지며, 기질의 농도가 증가함에 따라 효소 활성을 S 자형(I 곡선)으로 증가한다. 이러한 활성 증가는 Michaelis-Menten 공식을 따르는 일반 효소와 다른 형태이다. 활성을 촉진하는 물질(activator)이 있을 때는 정상적인 Michaelis-Menten 공식을 따르는 효소 활성(II 곡선)을 나타내며, 저해제가 있을 때는 효소 활성이 현저히 감소한다(III 곡선).

다. 이와 반대로 전구물질이 축적될 때 이 전구물질을 대사하는 반응이 촉진될 필요가 있다. 이와 같이 반응 초기 물질이 최종 반응의 효소 활성을 촉진하는 현상을 feedforward activation 또는 precursor activation이라 한다. 제4장(4.1.4)에서 살펴본 바와 같이 EMP 경로에서 fructose-1.6-diphosphate(FDP)가 축적되면 pyruvate kinase가 촉진되는 것이 그 예이다. 젖산균의 lactate dehydrogenase도 FDP에 의해 촉진된다.

12.3.1.1 Allosteric 조절

Feedback inhibition을 받는 효소에는 일반적으로 active site 외에 저해 물질이 결합할 수 있는 allosteric site가 있다고 하였다. 기질의 농도가 증가하면 allosteric 조절을 받는 효소의 활성은 S자형으로 증가한다(그림 12.37, I 곡선). 이와 같은 효소 반응 형태는 Michaelis-Menten 공식에 따르는 효소 반응과 다르다. 이러한 현상은 allosteric 효소의 특징과 관계가 있다. Allosteric 조절에 의한 효소 활성의 조절은 저해제에 의한 feedback inhibition과 촉진제에 의한 feedforward activation 메커니즘이 있다.

Allosteric 효소는 두 개 이상의 subunit로 이루어진 효소로서, 12개 이상의 subunit로 이루어진 예도 있다. 기질의 농도가 낮을 때 subunit들의 active site는 기질과 결합할 수 없는 상태로 존재한다. 기질의 농도가 증가하면서 active site-기질 결합이 증가하기 때문에 모든 active site가 기질과 작용할 수 있게 되어 기질의 농도가 증가함에 따라 효소 활성은 S자형으로 증가한다.

Pyridine nucleotide 합성(제6장, 6.5.2)의 첫 효소인 aspartate transcarbamoylase는 allosteric 효

소로서, inhibitor인 CTP가 없을 때의 기질 농도에 따른 효소 활성은 그림 12.37의 I 곡선과 같이 나타나며, CTP가 있을 때는 III 곡선의 활성을 나타낸다. 또한 isoleucine 합성의 첫 효소인 threonine dehydratase의 활성은 activator로 작용하는 valine이 없을 때에는 I 곡선과 같이 증가하며, 있을 때에는 II 곡선과 같은 활성을 나타낸다. 이처럼 allosteric 효소들은 activator나 inhibitor가 allosteric site에 결합하면 기질 농도의 증가에 따른 활성 증가 형태가 다르다. Allosteric 효소들에는 Michaelis-Menten공식을 적용할 수 없으므로 1/2 V_{max}를 나타내는 기질의 농도를 *K*m이라 표시하지 않고 $K_{0.5}$로 표시한다.

12.3.2 효소 구조 변형에 의한 활성 조절

Allosteric 효소 외에도 많은 효소의 활성이 조절된다. 효소는 단백질로서 각 효소 단백질 특유의 구조에 의해 효소의 활성을 나타낸다. 효소 단백질의 구조가 변화하여 활성이 조절되기도 한다. 효소의 구조 변경은 화학적 변형(chemical modification)과 물리적 변형(physical modification)으로 나눌 수 있다. 화학적 변형이란 효소 단백질이 인산화, methyl화, adenylyl화, acetyl화 등의 작용을 받아 그 활성이 변하는 것을 말하며, 물리적 변형이란 세포 내 양이온의 농도 pH 등에 따라 효소의 구조가 변하는 것을 말한다.

12.3.2.1 인산화에 의한 활성 조절

*E. coli*가 acetate를 기질로 생장할 때는 ATP 생산을 위한 TCA 회로와 함께 탄소 골격을 공급하기 위해 glyoxylate 회로로도 acetyl-CoA가 대사되어야 한다. 이 두 회로의 분기점이 되는 isocitrate를 기질로 하는 TCA 회로의 dehydrogenase와 glyoxylate 회로의 lyase 중에서 기질에 대한 친화성이 훨씬 강한 isocitrate dehydrogenase는 kinase에 의해 인산화되어 활성이 없는 형태가 되거나, 탈인산화되어 활성이 있는 형태가 됨을 제5장에서 공부하였다(제5장, 5.3.2).

*Neurospora crassa*와 *Saccharomyces cerevisiae* 등과 같은 진핵세포 미생물의 glycogen phosphorylase도 인산화에 의해 그 활성이 조절된다. Glycogen phosphorylase는 저장 물질인 glycogen을 분해하여 glucose-1-phosphate를 생산하는 효소이다.

$$\underset{\text{Glycogen}}{(\text{Glucose})_n} + \text{P}_i \xrightarrow{\text{glycogen phosphorylase}} \underset{\text{Glycogen}}{(\text{Glucose})_{n-1}} + \text{glucose-1-phosphate}$$

Glycogen phosphorylase는 kinase-phosphatase의 작용을 통해 활성이 강한 a형(인산화된 phosphorylase)이나 활성이 낮은 b형(탈인산화된 phosphorylase)으로 필요에 따라 변화되어서 glycogen의 분해가 조절된다.

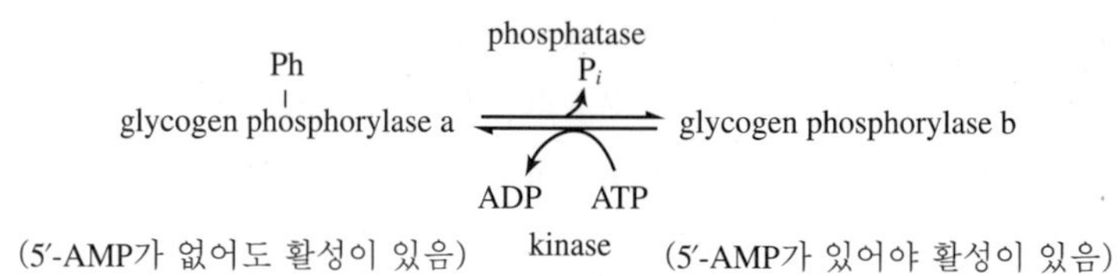

탈인산화된 b형은 5′-AMP가 축적되면 활성을 나타내는 데 비해 a형은 활성을 위해 5′-AMP를 필요로 하지 않는다. 원핵세포 생물의 glycogen phosphorylase는 조절을 받지 않는다. 곰팡이가 저장물질로 이용하는 trehalose를 분해하는 효소 trehalase(제13장, 13.2.1) 등의 활성도 인산화-탈인산화에 의해 조절된다.

12.3.2.2 Adenylylation에 의한 활성 조절

*E. coli*를 비롯한 많은 미생물은 glutamate dehydrogenase와 glutamine synthetase의 작용을 통해 암모니아를 glutamate 또는 glutamine의 형태로 합성한다. 암모니아의 농도가 높을 때에는 기질에 대한 친화도가 낮은 glutamate dehydrogenase가 작용할 수 있으나, 암모니아의 농도가 낮을 때에는 glutamate synthase와 함께 기질에 대한 친화도가 높은 glutamine synthetase의 작용을 통해 ATP를 소비하면서 암모니아를 이용할 수 있다(제6장, 6.2.4).

암모니아의 농도가 높을 때에는 ATP의 소비를 방지하기 위해 glutamine synthetase의 합성도 저해되며(12.2.2), 이미 합성된 효소의 활성도 저해된다. Glutamine synthetase의 활성 조절도 합성 조절과 같이 대단히 복잡한 메커니즘을 통해 이루어진다. 암모니아의 농도가 낮을 때에도 생장이 왕성하지 않을 때는 glutamine synthetase의 활성이 낮게 조절된다.

$$\text{2-Ketoglutarate} + NH_3 + \text{NADPH} + H^+ \xrightarrow{\text{Glutamate dehydrogenase}} \text{Glutamate} + \text{NADP}^+$$

$$\text{Glutamate} + NH_3 + \text{ATP} \xrightarrow{\text{glutamine synthetase}} \text{Glutamine} + \text{ADP} + P_i$$

$$\text{Glutamine} + \text{2-Ketoglutarate} + \text{NADPH} + H^+ \xrightarrow{\text{Glutamate synthase}} \text{2 Glutamate} + \text{NADP}^+$$

동일한 monomer 12분자로 이루어진 glutamine synthetase의 활성은 암모니아의 농도에 따라 결정되는 2-ketolutarate/glutamoine의 비율에 따라 효소 단백질의 adenylylation을 통해 조절된다. Glutamine synthetase의 활성 조절에는 adenylyltransferase(ATase 또는 glutamine synthetase adenylyltransferase/removase, GlnE), PII 단백질(GlnB) 그리고 uridylyltransferease(UTase)/uridylyl removing(UR) 효소(GlnD)가 작용한다. UTase/UR이 암모니아의 농도가 낮아 2-ketoglutarate가 축적되면 PII 단백질에 uridylyl기를 결합시키고, 반대로 암모니아의 농도가 충분하여 glutamine이 축적되면 UMP를 분리한다. 암모니아의 농도가 낮을 때 합성되는 PIID-UMP는 ATase를 활성화하여 glutamine synthetase로부터 AMP를 분리하여 활성이 높은 상태로 전환시킨

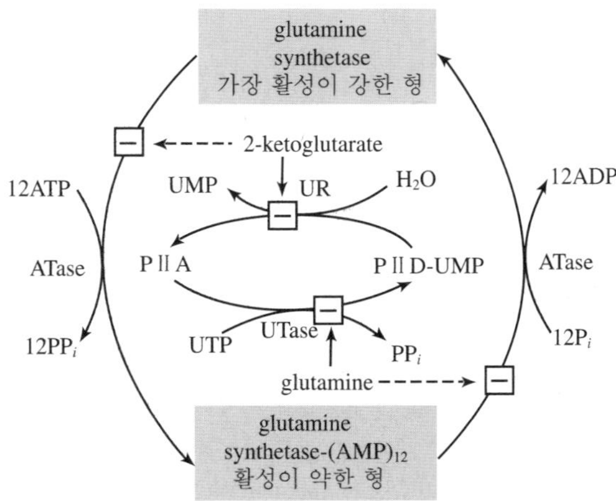

그림 12.38 효소 단백질의 Adenylylation과 Deadenylylation에 의해 활성이 조절되는 *E. coli*의 Glutamine Synthetase. 세포내 glutamine의 농도가 높아지면 glutamine synthetase는 유리형의 P_{IIA}가 갖는 adenylyltransferase(ATase)의 작용을 받아서 ATP로부터 공급되는 AMP와 결합하여 활성이 낮아진다. 2-Ketoglutarate의 농도가 증가하면 같은 단백질 P_{IIA}가 P_{IID}-UMP로 되어 glutamine synthetase(AMP)$_{12}$로부터 AMP를 분리하여 활성이 있는 효소로 조절한다. P_{IIA}/P_{IID}-UDP는 같은 메커니즘을 통해 glutamine synthetase의 합성도 조절한다(12.2.2).

다. 반면에 암모니아의 농도가 충분한 조건에서는 UR이 UMP를 분리하여 PIID-UMP를 PIIA로 전환시킨다. 이어서 PIIA가 ATase를 활성화하여 glutamine synthetase에 adenylyl 기를 첨가하면 활성이 낮은 상태로 된다 (그림 12.38). PIIA/PIID-UMP는 이 효소의 합성 조절에도 작용한다(12.2.2).

Glutamine synthetase의 활성은 암모니아의 농도 뿐만 아니라 glutamine으로부터 amine기를 받아 합성되는 AMP, CTP, histidine, tryptophan 등 많은 산물에 의해 feedback inhibition 메커니즘을 통해 조절된다(제6장, 6.2.4).

12.3.2.3 Acetylation에 의해 효소의 활성 조절

Purple nonsulfur bacteria인 *Rhodopseudomonas gelatinosa*는 호기적 호흡, 혐기적 발효, 혐기적 광합성 등 다양한 대사 능력을 보유하고 있으며, 이 과정에서 많은 종류의 유기물을 기질로 이용할 수 있다. 혐기적 광합성 과정에서 Calvin 회로를 통해 이산화탄소를 고정한다.

이 세균이 citrate를 탄소원 및 에너지원으로 생장할 때는 citrate lyase의 작용을 통해서 citrate를 oxaloacetate와 acetate로 분해한다. Citrate 이외의 유기물을 탄소원 및 에너지원으로 이용할 때는 불완전 TCA 경로를 통해 glutamate를 생산하기 위해 oxaloacetate와 acetyl-CoA로부터 citrate synthase의 작용을 이용하여 citrate를 합성한다.

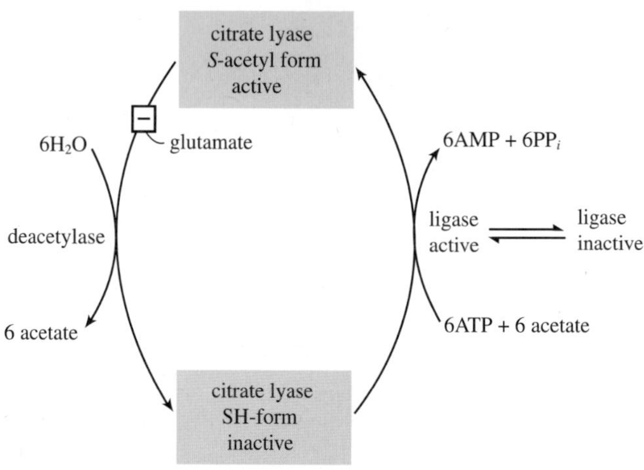

그림 12.39 Acetyl화와 탈acetyl화에 의한 *Rhodopseudomonas gelatinosa*의 Citrate Lyase 활성 조절.

*R. gelatinosa*가 citrate를 탄소원 및 에너지원으로 이용하여 생장할 때는 citrate lyase의 작용을 통해 oxaloacetate와 acetate로 분해하며, citrate 이외의 기질을 이용할 때는 생합성에 필요한 glutamate(2-ketoglutarate)를 합성하기 위해 불완전 TCA 경로를 운영한다. 이때 citrate lyase의 활성이 유지되면 불완전 TCA 경로의 citrate synthase는 acetyl-CoA를 소비하면서 citrate를 합성하고, citrate lyase는 citrate를 분해하여 acetate를 생산하므로 futile cycle이 형성된다. 이를 방지하기 위해서 glutamate가 충분한 조건에서는 citrate lyase를 acetyl화된 활성이 강한 상태로 유지시켜 citrate를 분해하고, 그 반대의 조건에서는 탈acetyl화시켜 활성이 없는 상태로 만든다. Acetyl화는 ATP를 소비하는 ligase의 작용으로, 탈acetyl화는 deacetylase의 작용을 통해 이루어진다.

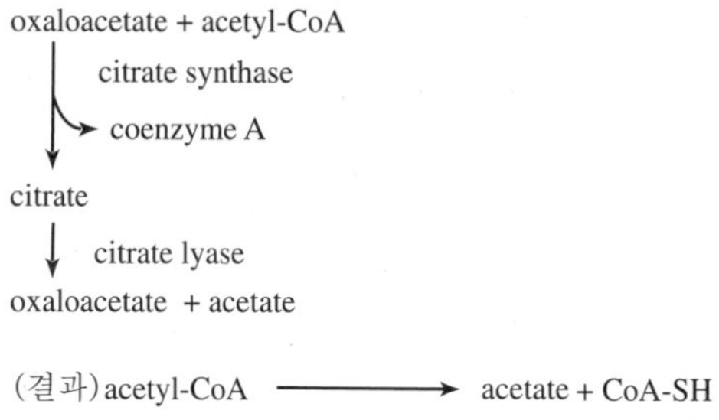

위의 반응식에서 보는 바와 같이 citrate synthase와 citrate lyase가 조절을 받지 않고 한 세포 안에서 계속 작용하면 고에너지 결합을 갖는 acetyl-CoA가 acetate로 분해되는 futile cycle이 일어날 것이다. 이러한 futile cycle을 방지하기 위해서 세포 안에 glutamate가 축적되면 citrate lyase의 활성을 높게 유지하고 그 반대의 조건에서는 효소 활성을 저해하기 위한 조절이 이루어진다. 이 효소는 acetylation 또는 deacetylation에 의해 조절된다(그림 12.39).

12.3.2.4 그 밖의 화학적 변형에 의한 조절

Nitrogenase가 ammonia switch에 의해 조절될 때는 NAD^+로부터 ADP-ribose를 받아 결합하여

표 12.7 화학적 변형에 의한 효소 활성의 조절.

결합되는 물질	Donor	예
인산염	ATP	isocitrate dehydrogenase
아세틸기	acetyl-CoA	citrate lyase
AMP	ATP	glutamine synthetase
UMP	UTP	P_{II}(암모니아 대사 조절)
ADP-ribose	NAD^+	nitrogenase
메틸기	SAM	chemotaxis 단백질

활성을 잃는다(제6장, 6.2.1.3). 질소 대사의 조절에 관여하는 P_{II} 단백질은 UMP와 결합하여 NR_{II}와 분리된다(12.2.2). 화학적 변형에 의한 효소 활성의 조절을 요약하면 표 12.7과 같다.

12.3.2.5 Dissociation/Association에 의한 조절

이상에서 공부한 화학적 구조 변형에 의한 효소의 활성 조절 이외에 효소의 물리적 구조 변형을 통해서도 활성이 조절된다. 물리적인 구조 변형을 통해 활성이 조절되는 효소는 복수의 subunit로 이루어지는 것이 특징이다.

*Clostridium*속 세균의 lactate dehydrogenase는 동일한 단백질 tetramer가 결합한 상태일 때 활성을 가지며, 이 효소가 dimer로 분리되면 활성을 잃게 된다. 혐기적 발효를 통해서 생장하는 *Clostridium*속 세균의 세포 안에 fructose-1.6-diphosphate의 농도가 높아지면 NADH를 NAD^+로 산화하여 lactate dehydrogenase의 활성을 높게 유지함으로써 EMP 경로를 촉진하며, fructose-1,6-diphosphate의 농도가 낮을 때는 해당 경로에서 발생하는 pyruvate를 acetate 또는 butyrate로 대사하여 ATP를 합성하기 위해 ATP 수율이 낮은 lactate dehydrogenase의 활성을 낮게 유지한다.

Glutamate dehydrogenase는 Mn^{2+}가 결합된 상태에서 활성을 나타내며, Mn^{2+}가 제거되면 활성을 잃는다. 이러한 조절은 표면이 음성 전하를 띈 glutamate dehydrogenase subunit들에 Mn^{2+}가 결합하여 활성이 있는 taut 형으로 유지하기 때문이다. 반면 Mn^{2+}가 없으면 subunit 들이 서로 배척하여 활성이 없는 relaxed 형으로 된다.

12.3.2.6 분해에 의한 활성 조절

효모 *Saccharomyces cerevisiae*가 당 이외의 기질에서 생장할 때 gluconeogenesis를 위해 fructose-1.6-diphosphatase를 합성한다. 이때 포도당을 첨가하면 이 효소의 농도가 급격히 감소한다. 이 감소 속도는 다른 단백질의 정상적인 turn over보다 훨씬 빠르다. 그 이유는 이 효소가 그 이상 필요치 않을 때 vacuole로 운반된 다음 특이한 단백질 분해효소에 의해 분해되기 때문이다. Fructose-1.6-diphosphatase의 활성이 필요할 때 이 단백질 분해효소는 열 안전성이 높은 특이한 단백질에 결합하여 저해를 받으며, 그 반대의 조건에서는 단백질 분해효소가 저해제로부터 분리되어서 활성을 갖는다. *S. cerevisiae*의 tryptophan synthase도 환경에 높은 농도의 tryptophan이 주어지면 특이한 효소에 의해 분해된다.

12.4 생장과 생존을 위한 조절

제6장에서 공부한 바와 같이 생장 조건이 다를 때 생장 속도와 균체 수율이 다르게 나타난다. 이 이유는 사용하는 탄소원을 균체 합성에 이용하는 효율과 maintenance energy의 차이때문이다. 생장 조건이 다르면 균체 수율뿐 아니라 생장 속도가 달라지며, 생장 속도의 변화는 지금까지 공부한 각종 조절 작용의 결과로 나타난다.

12.4.1 효소 활성 조절에 의한 중심 대사 경로의 조절

주어진 조건에서 가장 잘 생장하거나 생명을 유지하기 위해 다양한 메커니즘으로 유전자의 발현 뿐 아니라 효소의 활성의 조절을 통해 분해 반응과 합성 반응이 조화를 이루게 된다. 해당 경로와 TCA 회로로 이루어지는 중심 대사 경로(central metabolic pathway)에서도 각종 대사의 저해제와 촉진제에 의해서 대사 조절이 이루어진다(그림 12.40). AMP와 ADP가 축적되어 adenylate energy charge(EC, 제5장, 5.6.2) 값이 낮아지면 분해 반응을 촉매하는 효소는 활성화되고 gluconeogenesis, glycogen 합성 등 합성 반응의 효소는 저해된다. 또한 환원된 NAD(P)H가 축적되면 TCA 회로가 저해된다. 이 외에도 fructose-1,6-diphosphate, dihydroxyacetone phosphate, phosphoenolpyruvate, acetyl-CoA, 2-ketoglutarate 등 다양한 중심 대사 중간 산물의 농도에 따라 대사 조절이 이루어진다. 이러한 조절을 통해 중심 대사 경로에서 futile cycle이 일어나지 않는다.

12.4.2 Regulatory Network

유전자의 발현은 세포의 증식, 분화, 발달 등 모든 단계의 조절에 적용되는 핵심적인 과정이다. 앞에서 공부한 바와 같이 주어진 조건에서 적절한 활성을 위해 transcription과 translation 단계에서 유전자의 발현이 조절될 뿐 아니라 효소의 활성도 조절된다. 이러한 조절을 위해 세포 내 · 외부의 정보를 종합적으로 분석하고 이를 토대로 모든 대사 경로가 조정된다. 이러한 종합적 대사 조정 기능을 갖는 예로 탄소와 질소의 대사를 조정하는 그람음성 세균의 PTS^{Ntr}(12.2.2)와 그람양성 세균의 CcpA-HPr(Ser-P) 복합체를 들 수 있다.

CcpA-HPr(Ser-P) 복합체는 *Bacillus subtilis*에서 전체 유전자의 약 10%를 조절하는 중요한 조절 인자이다(12.1.3). 이 세균의 *ccpA* 변이주는 포도당과 암모니아를 함유하는 최소 배지에서 생장할 수 없다. 이 세균은 암모니아를 이용하는 glutamate dehydrogenase를 보유하지 않으며, glutamine synthetase(GS)만을 갖고 있다. Glutamine synthetase 유전자(*gltAB* operon)는 GlnR과 TnrA에 의해 조절될 뿐 아니라(12.2.2) CcpA-HPr(Ser-P) 복합체가 작용하는 메커니즘을 통해 포도당과 그 대

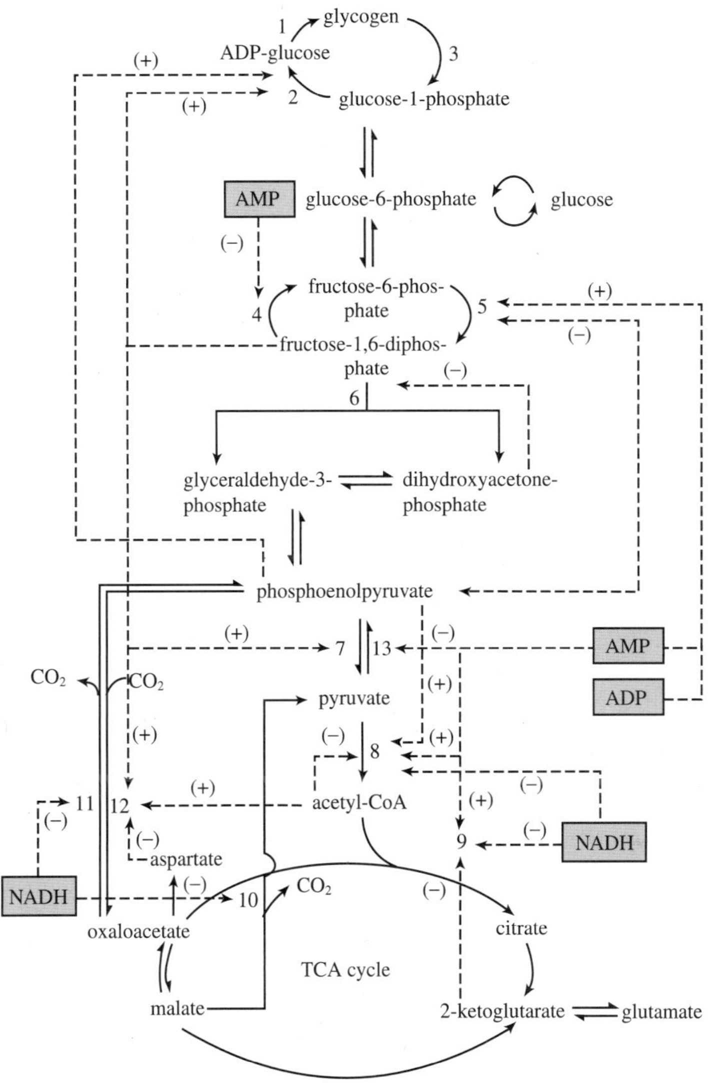

그림 12.40 세균에 있어서 중심 대사 경로의 조절.

세균의 종류에 따라 조절 메커니즘이 조금씩 다르다. 예를 들어 그람음성 세균의 citrate synthase(9)는 NADH에 의해 저해되지만 그람양성 세균에서는 영향을 받지 않으며, 그람양성 세균의 일부는 진핵세포와 같이 ATP에 의해 저해되는 citrate synthase를 생산한다. 세균의 glycogen phosphorylase(3)는 조절을 받지 않지만 진핵세포의 glycogen 분해효소는 복잡한 조절 작용을 받는다.

+; 촉진, −; 저해

1. Glycogen synthase; **2.** ADP-glucose pyrophosphorylase; **3.** Phosphorylase; **4.** Fructose-1,6-diphosphatase; **5.** Phosphofructokinase; **6.** Fructose-1,6-diphosphate aldolase; **7.** Pyruvate kinase; **8.** Pyruvate dehydrogenase; **9.** Citrate synthase; **10.** Malate enzyme; **11.** PEP carboxykinase; **12.** PEP carboxylase; **13.** PEP synthetase

사산물에 의해서도 조절된다. 이러한 예들은 복수의 대사 경로가 종합적으로 조정되는 것을 나타내며, 더 많은 예들이 systems biology 분야의 연구를 통해 밝혀질 것으로 판단된다.

12.4.3 생장 속도에 따른 대사 조절

미생물의 생장 속도는 기질의 종류와 농도에 따라 변한다. 영양이 풍부하여 빠른 속도로 생장할 때는 필요한 효소의 활성이 높게 유지될 뿐 아니라 많은 양의 효소가 필요하다. 이때는 필요한 유전자의 mRNA가 많이 생산될 뿐 아니라 단백질의 합성을 위해 ribosome의 수 또한 증가한다. 기질의 공급이 감소하면 autogenous regulation(12.1.8)에 의해 ribosome 단백질의 합성이 억제되고, 생장이 정지될 정도로 기질의 농도가 낮아지면 stringent response를 통해 정지기의 단백질을 합성한다(12.2.1). 이때 필요 이상의 RNA나 단백질은 분해되어 에너지원으로 이용되는 내재 호흡을 통해 생존하게 된다(제13장, 13.2). 이 이외에도 앞서 공부하였던 stringent response에 의한 발현 조절, RpoS에 의한 발현 조절, quorum-sensing에 의한 발현 조절 등을 통하여 생장에 불리한 조건에 대응하여 적응하고 생존하기 위한 일련의 유전자 조절을 하게 된다.

12.5 2차 대사산물

2차 대사산물(secondary metabolites)이란 생장에는 직접 필요치 않는 물질이면서, 생장이 저해된 상태나 포자 형성 등 세포 분화(cell differentiation) 과정에서 생산되는 대사산물을 총칭한다. 대표적인 2차 대사산물은 각종 항생 물질, *Bacillus*가 생산하는 amylase, *Fusarium*이 생산하는 gibberellin, *Clostridium acetobutylicum*이 생산하는 butanol 등을 예로 들 수 있다. 표 12.8에서 보는 바와 같이 모든 2차 대사산물의 생산이 포자 형성 등 세포 분화와 연결되어 이루어진다.

항생 물질 streptomycin을 생산하는 *Streptomyces griceus*와 *Streptomyces bikiniensis* 등은 2차 대사를 유도하는 물질 A-factor를 생산한다. A-factor 생산 능력이 없는 변이주는 포자 형성 능력뿐 아니라 항생물질 생산 능력도 없다. 그러나 A-factor를 첨가하면 이 변이주도 정상적으로 포자를 형성하면서 2차 대사산물도 생산한다. 방선균에서 A-factor는 quorum sensing의 autoinducer

표 12.8 미생물의 세포 분화 과정에서 생산되는 2차 대사산물.

2차 대사산물	생산균	세포 분화
actinomycin D	*Streptomyces antibioticus*	포자 형성
amylase	*Bacillus subtilis*	포자 형성
butanol	*Clostridium acetobutylicum*	포자 형성
pamamycin	*Streptomyces alboniger*	기균사 형성
tyrocidin	*Bacillus brevis*	포자 형성

로 이 화합물의 농도가 일정 수준에 도달하면 two-component system 메커니즘을 통해 포자를 형성하면서 2차 대사산물을 생산하기 위한 대사 조절이 이루어진다(12.2.9). 많은 종류의 그람양성 세균이 bacteriocin으로 알려진 peptide계 항생 물질을 생산한다. *Lactococcus lactis*가 생산하는 bacteriocin인 nisin도 quorum sensing의 autoinducer로 작용하여 많은 유전자의 발현을 조절한다.

12.6 대사 조절과 발효 공업

발효란 산소, 질산염 등 전자 수용체가 없고 빛이 없는 상태에서 substrate-level phosphorylation 메커니즘을 통해 ATP를 생산하여 생장하는 미생물 생장을 말하며(제8장), 다른 의미로는 미생물을 이용하여 유용한 물질을 생산하는 공정을 뜻하기도 한다. 미생물을 이용하여 유용한 물질을 생산할 때 주어진 조건에서 되도록 많은 양을 생산하는 것이 경제적이다. 그러나 미생물 대사는 여러 종류의 메커니즘을 통해 조절을 받기 때문에 필요 이상의 산물을 생산하지 않는다. 이를 극복하기 위해 발효 공업에서 조절 작용을 상실한 변이주가 많이 이용되고 있다.

12.6.1 항생 물질 발효 생산

1929년 Fleming이 발견한 penicillin 생산균인 *Penicillium notatum*은 1.2mg/l 정도의 penicillin을 생산하였다. 이는 penicillin 생합성이 feedback inhibition과 repression으로 조절되기 때문이다. 현재 penicillin 발효에 이용되는 균주는 50g/l 이상의 항생 물질을 생산한다. 이들 균주는 인공 돌연변이법을 통하여 얻어진 조절 메커니즘을 상실한 변이주이기 때문에 많은 양의 2차 대사산물을 생산할 수 있다.

Penicillin 뿐만 아니라 현재 산업적으로 이용되고 있는 대부분의 항생 물질 생산 균주들은 돌연변이법으로 육종된 과량 생산 균주들이다. 최근 DNA 재조합 기술의 발달로 항생 물질 생산균의 육종이 시도되고 있으며, 앞으로 큰 진전이 이루어지리라 판단된다.

12.6.2 아미노산 발효

Micrococcus 속에 속하는 세균이 당을 이용하여 생장할 때 많은 양의 glutamate를 세포 밖으로 방출한다는 사실이 밝혀진 후 발효에 의한 아미노산 생산에 많은 발전이 이루어졌다. 현재 아미노산의 발효에는 *Brevibacterium, Corynebacterium* 등 coryne형 세균이 주로 이용된다. Biotin의 공급이 낮은 조건에서는 이들 세균의 원형질막은 각종 아미노산을 쉽게 통과시키는 성질을 갖고 있다. 세포 안에서 아미노산의 농도가 높을 때에도 저해를 받지 않는, 조절 작용을 상실한 변이주를 이용하면 많은 양의 아미노산을 생산할 수 있다. 따라서 아미노산의 생산에 이용하기 위해 산물과 유사한 구조를 갖는 analogue에 내성을 갖는 변이주, 즉 feedback inhibition과 repression 메커니즘을 상실한 변이

표 12.9 각종 아미노산 생산 균주.

아미노산	생산 균주	유전적 특성*	생산 수율(g/L)
DL-alanine	*Microbacterium ammoniaphilum*	ArgHx^r	60
L-alanine	*Streptomyces coelicolor* 3-19	wild type	9
L-arginine	*Brevibacterium flavum*	Gua$^-$, TA^r	35
L-glutamate	*Corynebacterium glutamicum*	wild type	>100
	Brevibacterium flavum		98
	Arthrobacter paraffineus		82
L-glutamine	*Corynebacterium glutamicum*	wild type of glutamic acid producer	40
L-histidine	*B. flavum*	TA^r, SM^r, Eth^r, ABT^r	10
L-isoleucine	*B. flavum*	AHV^r, OMT^r	15
L-leucine	*Brevibacterium lactofementum*	Ile$^-$, Met$^-$, TA^r	28
L-lysine	*C. glutamicum*	Hom$^-$, Leu$^-$, AEC^r	39
	B. flavum FA1-30	AEC^r	57
	B. flavum	Hom^{leaky}, Thre$^-$	75
L-methionine	*C. glutamicum* KY 9276	Thr$^-$, Eth^r, MetHx^r	2
L-ornithine	*C. glutamicum*	Arg$^-$	26
L-phenylalanine	*C. glutamicum*	Tyr$^-$, PEP^r, PAP^r	9
L-proline	*B. flavum*	Ile$^-$, SC$^-$, DHP^r	29
L-threonine	*B. flavum*	Met$^-$ AHV^r	18
			27
	E. coli K-12	increased gene copy	55
L-tryptophan	*C. glutamicum*	number, Phe$^-$ Tyr$^-$ 5MT^r,	12
	Px-115-97	TrpHx^r 6FT^r 4MT^r, PFP^r, PAP^r	
L-tyrosine	*C. glutamicum*	TyrHx^r	18
	Pr-20	PheHx^r	
L-valine	*Brevibacterium*	Phe$^-$, PFP^r, PAP^r	31
	lactofermentum	PAT^r, TyrHx^r	
	No.487	TA^r	

ABT: 2-aminobenzthiazole
AEC: S-(3-aminoethyl)-L-cysteine
AHV: 2-amino-3-hydroxyvaerate
ArgHx: arginine hydroxamate
DHP: 3,4-dehydroproline
Eth: ethionine
6FT: 6-fluorotryptophan
MetHx: methionine hydroxamate
4MT: 4-methyltryptophan
5MT: 5-methyltryptophan
OMT: *O*-methylthreonine
PAP: *p*-aminophenylalanine
PAT: *p*-aminotyrosine
PFP: *p*-fluorophenylalanine
PheHx: phenylalanine hydroxamate
SG: sulfaguanidine
SM: selenomethionine
TA: 2-thiazolalanine
TyrHx : tyrosine hydroxamate
TrpHx: tryptophan hydroxamate

*: r로 표시된 물질에 대한 내성, −로 표시된 대사 산물의 영양 요구성

주를 인공 돌연변이법으로 육종하였다. 또한 같은 전구물질로부터 생산되는 다른 물질의 생합성 경로를 상실한 영양 요구성 변이주도 아미노산 생산 균주로 육종되었다(표 12.9). 핵산계 조미료로 이용되는 5′-IMP, 5′-GMP도 유사한 변이주를 이용하여 발효 생산된다.

아미노산 등은 항생 물질보다 간단한 대사 경로를 통해 합성된다. 최근 유용한 산물을 생산하거나 원하는 성질을 갖는 미생물을 육종하기 위해 DNA 재조합 기술이 응용되고 있다. 이때 1) 효소의 활성을 증진시키고, 2) 원하는 형질이 조절 작용으로 저해되지 않으며, 3) 막을 통한 운반 성을 증진시키는 방향으로 미생물을 육종한다. 이러한 육종을 대사공학(metabolic engineering)이라 부른다.

요점 정리

1. 미생물은 주어진 환경에서 가장 효율적으로 생장하기 위해서 대사를 조절한다. 대사의 조절은 반응을 촉매하는 효소의 농도와 활성을 조절하여 이루어진다.

2. 효소의 농도는 합성과 분해에 의해 조절된다.

3. 효소 합성은 transcription 단계와 translation 단계에서 이루어질 수 있다. Transcription의 조절은 promoter의 RNA polymerase(σ-factor)에 대한 친화도와 activator, repressor, enhancer 등 단백질의 작용을 통해 이루어지며, translation은 attenuation, autogenous control, mRNA의 안정성 등의 메커니즘을 통해 조절된다.

4. 여러 종류의 세균에서 여러 종류의 σ-factor가 확인되었으며, 이들은 각기 다른 σ-factor에 의해 인식되는 여러 종류의 promoter 염기서열을 갖고 있다.

5. 하나의 대사 경로에 관여하는 유전자가 하나의 promoter에 연결되어 있는 것을 operon이라 하며, 한 대사 경로의 유전자로 하나의 조절 인자의 조절을 받는 2 이상의 operon으로 나누어진 것을 regulon이라 한다. 한 조절 인자의 조절을 받는 operon이나 regulon의 집합체를 modulon이라 하고, stimulon이란 외부 환경 변화에 영향을 받는 modulon의 집합체를 뜻한다.

6. 기질에 의해 생산이 유도되는 효소를 유도효소라 하며, 항상 생산되는 효소를 구성효소라 한다. 구성효소에 의해 대사되는 기질이 풍부할 때는 같은 목적으로 대사되는 기질의 유도효소는 생산이 억제된다. 이를 catabolite repression이라 한다.

7. 그람음성 세균에서는 cAMP-CRP 복합체가 그리고 그람양성 세균에서는 catabolite control 단백질 A(CcpA)가 catabolite repressor로 작용한다. 장내 세균에서는 cAMP-CRP 복합체 외에 catabolite repressor/activator(Cra) 단백질을 통한 catabolite repression도 이루어진다. 또한 *Pseudomonas* 속세균에서는 catabolite repression control 메커니즘이 알려지고 있다.

8. 그람음성과 양성 세균에서 분해 반응에 관여하는 여러 효소의 합성이 또 다른 catabolite repression 메커니즘인 termination/anti-termination을 통해 조절된다.

9. 합성 경로에서 최종 산물이 최초의 반응을 촉매하는 효소의 생산을 조절하여 대사 중간 산물의 축적을 방지한다. 원핵세포 미생물은 repression과 attenuation 메커니즘을 통해 최종 산물이 환경에 주어지면 최초 반응을 촉매하는 효소의 생산을 저해한다.

10. mRNA의 안정성에 의해 단백질의 합성이 조절된다. mRNA의 종류에 따라 수명이 서로 다를 뿐 아니라 translation 속도 또한 서로 다르다. 이러한 차이는 mRNA의 구조와 여기에 결합하는 단백질과 저분자 RNA에 의해 결정된다.

11. 이 외에도 세균에서 유전자의 발현을 조절하는 많은 메커니즘이 확인되었다. 이들은 단백질이나 tRNA 또는 대사산물이 각각 작용하는 termination/anti-termination, sensor-response regulator가 작용하는 two-component system, autogenous regulation 등을 포함하며, sRNA, nucleotide 유도체 등이 작용하는 메커니즘도 많다.

12. 단일 전구물질로부터 여러 종류의 최종 산물이 합성되는 경로에서 최초의 반응을 촉매하는 효소의 생산은 각

각의 산물에 의해 생산이 조절되는 isoenzyme 형태로 조절되거나, multivalent attenuation 메커니즘을 통해 조절된다.

13. Modulon과 stimulon에서 전 유전자에 영향을 주는 modulator가 있으며, 각각의 operon이나 regulon에 작용하는 modulator가 따로 있다.

14. Modulon이나 stimulon의 조절 작용을 표현하기 위해 global regulation, multigene system, pleiotrophic control 등의 용어를 사용한다.

15. 기질의 공급, 생장 환경의 변화 등에 영향을 받는 여러 가지 global regulation이 알려져 있다. 이 중에서 heat shock response로 생산되는 heat shock protein은 다른 단백질이나 ribosome 등에 결합하여 이들을 보호하는 역할이 갖기 때문에 이들을 molecular chaperone이라 한다. Molecular chaperone은 정상적인 생장 온도에서도 생산되어 단백질의 세포외 운반과 folding에 작용한다.

16. 이미 합성된 효소의 활성은 효소 단백질의 화학적 혹은 물리적 변형을 통해 조절된다. 효소 단백질의 화학적 변형에는 인산화, acetyl화, adenylyl화 등이 있으며, 물리적으로는 단백질이 taut형과 relaxed형으로 변화되어 활성이 조절된다. Allosteric 효소는 allosteric site에 촉진제 혹은 저해제가 결합하여 단백질의 구조가 변하는 feedforward activation 혹은 feedback inhibition 메커니즘을 통해 활성이 조절된다.

17. 조절이 필요한 중심 대사 경로의 반응은 allosteric 효소에 의해서 촉매된다. 이들의 활성 조절을 통해서 futile cycle을 방지한다. 기질의 농도가 낮아지면 stringent response를 통해 생명 유지에 필요한 단백질을 합성한다.

18. 2차 대사산물은 이를 생산하는 미생물의 생장에는 필수적이 않은 대사 산물이며, 보통 세포 분화과정에서 생산된다.

19. 발효 공업에서 보다 많은 미생물 대사 산물을 생산하기 위해 조절 작용을 상실한 변이주가 많이 이용된다. 대사공학을 통한 균주 육종이 가능하다.

참고 문헌

| Promoter와 Sigma Factor

Ades, S. E. 2008. Regulation by destruction: design of the s^{E} envelope stress response. Cur. Opin. Microbiol. **11**(6):535-540.

Barnard, A., A. Wolfe and **S. Busby.** 2004. Regulation at complex bacterial promoters: how bacteria use different promoter organizations to produce different regulatory outcomes. Curr. Opin. Microbiol. **7:**102-108.

Bell, S. D. 2005. Archaeal transcriptional regulation–variation on a bacterial theme? Trends Microbiol. **13:**262-265.

Borukhov, S. and **K. Severinov.** 2002. Role of the RNA polymerase sigma subunit in transcription initiation. Res. Microbiol. **153:**557-562.

Brooks, B. E. and **S. K. Buchanan.** 2008. Signaling mechanisms for activation of extracytoplasmic function

(ECF) sigma factors. Biochim. Biophys. Acta.–Biomembr. **1778**(9):1930-1945.

Buck, M., M. T. Gallegos, D. J. Studholme, Y. L. Guo and **J. D. Gralla**. 2000. The bacterial enhancer-dependent sigma(54) (s^N) transcription factor. J. Bacteriol. **182**:4129-4136.

Busby, S. and **R. H. Ebright**. 1997. Transcription activation at class II CAP-dependent promoters. Mol. Microbiol. **23**:853-859.

Cases, I. and **V. Delorenzo**. 1998. Expression systems and physiological control of promotor activity in bacteria. Curr. Opin. Microbiol. **1**:303-310.

Dehaseth, P. L., M. L. Zupancic and **M. T. Record**. 1998. RNA polymerase-promoter interactions–The comings and goings of RNA polymerase. J. Bacteriol. **180**:3019-3025.

de Haseth, P. L. and **J. M. Gott.** 2010. Conformational flexibility of s^{70} in anti-terminator loading. Mol. Microbiol. **75**(3):543-546.

Gourse, R. L., W. Ross and **T. Gaal**. 2000. UPs and downs in bacterial transcription initiation: the role of the alpha subunit of RNA polymerase in promoter recognition. Mol. Microbiol. **37**:687-695.

Gourse, R. L., W. Ross and **S. T. Rutherford.** 2006. General pathway for turning on promoters transcribed by RNA polymerases containing alternative s factors. J. Bacteriol. **188:**4589-4591.

Gruber, T. M. and **C. A. Gross.** 2003. Multiple sigma subunits and the partitioning of bacterial transcription space. Annu. Rev. Microbiol. **57:**441-466.

Haugen, S. P., W. Ross and **R. L. Gourse.** 2008. Advances in bacterial promoter recognition and its control by factors that do not bind DNA. Nature Rev. Microbiol. **6**(7):507-519.

Hengge, R. 2009. Proteolysis of s^S (RpoS) and the general stress response in *Escherichia coli*. Res. Microbiol. **160**(9):667-676.

Helmann, J. D. 1999. Anti-sigma factors. Curr. Opin. Microbiol. **2**:135-141.

Helmann, J. D. 2002. The extracytoplasmic function (ECF) sigma factors. Adv. Microb. Physiol. **46:**47-110.

Ho, T. D. and **C. D. Ellermeier.** 2012. Extra cytoplasmic function s factor activation. Curr. Opin. Microbiol. **15**(2):182-188.

Hughes, K. T. and **K. Mathee**. 1998. The anti-sigma factors. Annu. Rev. Microbiol. **52**:231-286.

Kazmierczak, M. J., M. Wiedmann and **K. J. Boor.** 2005. Alternative sigma factors and their roles in bacterial virulence. Microbiol. Mol. Biol. Rev. **69:**527-543.

Pátek, M. and **J. Nesvera.** 2011. Sigma factors and promoters in *Corynebacterium glutamicum*." J. Biotechnol. **154**(2-3):101-113.

Potvin, E., F. Sanschagrin and **R. C. Levesque.** 2008. Sigma factors in *Pseudomonas aeruginosa*. FEMS Microbiol. Rev. **32**(1):38-55.

Sharma, U. K. and **D. Chatterji.** 2010. Transcriptional switching in *Escherichia coli* during stress and starvation by modulation of s^{70} activity. FEMS Microbiol. Rev. **34**(5):646-657.

Woesten, M. M. S. M. 1998. Eubcterial sigma-factors. FEMS Microbiol. Rev. **22**:127-150.

| Catabolite Repression

Chauvaux, S. 1996. CcpA and HPr(ser-P): Mediators of catabolite repression in *Bacillus subtilis*. Res. Microbiol. **147**:518-522.

Deutscher, J. 2008. The mechanisms of carbon catabolite repression in bacteria. Curr. Opin. Microbiol. **11**(2):87-93.

Gancedo, J. M. 1998. Yeast carbon catabolite repression. Microbiol. Mol. Biol. Rev. **62**:334-361.

Gorke, B. and **J. Stulke.** 2008. Carbon catabolite repression in bacteria: many ways to make the most out of nutrients. Nature Rev. Microbiol. **6**(8):613-624.

Lee, H.J., S.J. Park, S. H. Choi and **K.H. Lee.** 2008. *Vibro vulnificus rpoS* expression is repressed by direct binding of cAMP-cAMP receptor protein complex to its two promoter regions. J. Biol. Chem. **283**:30438-30450.

Rojo, F. 2010. Carbon catabolite repression in Pseudomonas: optimizing metabolic versatility and interactions with the environment. FEMS Microbiol. Rev. **34**(5):658-684.

Saier, M. H. and **T. M. Ramseier**. 1996. The catabolite repressor/activator (Cra) protein of enteric bacteria. J. Bacteriol. **178**:3411-3417.

Stulke, J. and **W. Hillen**. 1999. Carbon catabolite repression in bacteria. Curr. Opin. Microbiol. **2**:195-201.

| Repression과 Attenuation

Babitzke, P. 2004. Regulation of transcription attenuation and translation initiation by allosteric control of an RNA-binding protein: the *Bacillus subtilis* TRAP protein. Curr. Opin. Microbiol. **7:**132-139.

Beck, L. L., T. G. Smith and **T. R. Hoover.** 2007. Look, no hands! Unconventional transcriptional activators in bacteria. Trends Microbiol. **15**(12):530-537.

Geiduschek, E. P. and **M. Ouhammouch.** 2005. Archaeal transcription and its regulators. Mol. Microbiol. **56:**1397-1407.

Gollnick, P., P. Babitzke, A. Antson and **C. Yanofsky.** 2005. Complexity in regulation of tryptophan biosynthesis in *Bacillus subtilis*. Annu. Rev. Genet. **39:**47-68.

Henkin, T. M. 2000. Transcription termination control in bacteria. Curr. Opin. Microbiol. **3**:149-153.

Lewis, M. 2011. A tale of two repressors. J. Mol. Biol. **409**(1):14-27.

Mullerhill, B. 1998. Some repressors of bacterial transcription. Curr. Opin. Microbiol. **1:**145-151.

Rhodius, V. A. and **S. J. W. Busby**. 1998. Positive activation of gene expression. Curr. Opin. Microbiol. **1**:152-159.

Rojo, F. 1999. Repression of transcription initiation in bacteria. J. Bacteriol. **181**:2987-2991.

Rutberg, B. 1997. Antitermination of transcription of catabolic operons. Mol. Microbiol. **23**:413-421.

Turnbough, C. L., Jr. and **R. L. Switzer.** 2008. Regulation of pyrimidine biosynthetic gene expression in bacteria: Repression without repressors. Microbiol. Mol. Biol. Revi. **72**(2):266-300.

Vicente, M., K. F. Chater and **V. de Lorenzo**. 1999. Bacterial transcription factors involved in global regulation. Mol. Microbiol. **33**:8-17.

Weisberg, R. A. and **M. E. Gottesman**. 1999. Processive antitermination. J. Bacteriol. **181**:359-367.

Yanofsky, C. 2004. The different roles of tryptophan transfer RNA in regulating trp operon expression in *E. coli* versus *B. subtilis*. Trends Genet. **20:**367-374.

Yarmolinsky, M. 2000. Transcriptional silencing in bacteria. Curr. Opin. Microbiol. **3**:138-143.

| Termination/Antitermination

Amster-Choder, O. 2005. The *bgl* sensory system: a transmembrane signaling pathway controlling transcriptional antitermination. Curr. Opin. Microbiol. **8:**127-134.

Baker, K. A. and **M. Perego.** 2011. Transcription antitermination by a phosphorylated response regulator and cobalamin-dependent termination at a B_{12} riboswitch contribute to ethanolamine utilization in *Enterococcus faecalis*. J. Bacteriol. **193**(10):2575-2586.

Chatzidaki-Livanis, M., M. J. Coyne and **L. E. Comstock.** 2009. A family of transcriptional antitermination factors necessary for synthesis of the capsular polysaccharides of *Bacteroides fragilis*. J. Bacteriol. **191**(23):7288-7295.

de Haseth, P. L. and **J. M. Gott.** 2010. Conformational flexibility of s^{70} in anti-terminator loading. Mol. Microbiol. **75**(3):543-546.

Green, N. J., F. J. Grundy and **T. M. Henkin.** 2010. The T box mechanism: tRNA as a regulatory molecule. FEBS Lett. **584**(2):318-324.

Gollnick, P. and **P. Babitzke.** 2002. Transcription attenuation. Biochim. Biophys. Acta–Gene Struct. Express. **1577:**240-250.

Grundy, F. J. and **T. M. Henkin.** 2004. Regulation of gene expression by effectors that bind to RNA. Curr. Opin. Microbiol. **7**(2):126-131.

Johnson Jr, J. E., F. E. Reyes, J. T. Polaski and **R. T. Batey.** 2012. B12 cofactors directly stabilize an mRNA regulatory switch. Nature. **492**(7427):133-137.

Santangelo, T. J. and **I. Artsimovitch.** 2011. Termination and antitermination: RNA polymerase runs a stop sign. Nature Rev. Microbiol. **9**(5):319-329.

Santangelo, T. J. and **J. W. Roberts.** 2002. RfaH, a bacterial transcription antiterminator. Mol. Cell. **9:**698-700.

Shu, C. J. and **I. B. Zhulin.** 2002. ANTAR: an RNA-binding domain in transcription antitermination regulatory proteins. Trends Biochem. Sci. **27:**3-5.

Weisberg, R. A. and **M. E. Gottesman.** 1999. Processive antitermination. J. Bacterio. **181:**359-367.

| Two-Component Systems

Alexandre, G. and **I. B. Zhulin.** 2001. More than one way to sense chemicals [Review]. J. Bacteriol. **183:**,4681-4686.

Backert, S. and **M. Selbach.** 2005. Tyrosine-phosphorylated bacterial effector proteins: the enemies within. Trends Microbiol. **13:**476-484.

Beier, D. and **R. Gross.** 2006. Regulation of bacterial virulence by two-component systems. Curr. Opin. Microbiol. **9:**143-152.

Bretl, D. J., C. Demetriadou and **T. C. Zahrt.** 2011. Adaptation to environmental stimuli within the host: two-component signal transduction systems of *Mycobacterium tuberculosis*. Microbiol. Mol. Biol. Rev. **75**(4):566-582.

Buckler, D. R., G. S. Anand and **A. M. Stock.** 2000. Response-regulator phosphorylation and activation: a two-way street? Trends Microbiol. **8:**153-156.

Buelow, D. R. and **T. L. Raivio.** 2010. Three (and more) component regulatory systems–auxiliary regulators of bacterial histidine kinases. Mol. Microbiol. **75**(3):547-566.

Casino, P., V. Rubio and **A. Marina.** 2010. The mechanism of signal transduction by two-component systems. Curr. Opini. Struct. Biol. **20**(6):763-771

Cheung, J. and **W. A. Hendrickson.** 2010. Sensor domains of two-component regulatory systems. Curr.

Opin. Microbiol. **13**(2):116-123.

Dunny, G. M. and **B. A. B. Leonard.** 1997. Cell-cell communication in Gram-positive bacteria. Annu. Rev. Microbiol. **51**:527-564.

Fabret, C., V. A. Feher and **J. A. Hoch.** 1999. Two-component signal transduction in *Bacillus subtilis*: how one organism sees its world. J. Bacteriol. **181:**1975-1983.

Galperin, M. Y. 2004. Bacterial signal transduction network in a genomic perspective. Environ. Microbiol. **6:**552-567.

García Véscovi, E., M. I. Sciara and **M. E. Castelli.** 2010. Two component systems in the spatial program of bacteria. Curr. Opin. Microbiol. **13**(2):210-218.

Gooderham, W. J. and **R. E. W. Hancock.** 2009. Regulation of virulence and antibiotic resistance by two-component regulatory systems in *Pseudomonas aeruginosa*. FEMS Microbiol. Rev. **33**(2):279-294.

Göpel, Y. and **B. Görke.** 2012. Rewiring two-component signal transduction with small RNAs. Curr. Opin. Microbiol. **15**(2):132-139.

Goulian, M. 2010. Two-component signaling circuit structure and properties. Curr. Opin. Microbiol. **13**(2):184-189.

Hancock, L. and **M. Perego.** 2002. Two-component signal transduction in *Enterococcus faecalis*. J. Bacteriol. **184:**5819-5825.

Hazelbauer, G. L. and **W.-C. Lai.** 2010. Bacterial chemoreceptors: providing enhanced features to two-component signaling. Curr. Opin. Microbiol. **13**(2):124-132.

Hoch, J. A. and **K. I. Varughese.** 2001. Keeping signals straight in phosphorelay signal transduction. J. Bacteriol. **183:**4941-4949.

Hoskisson, P. A. and **M. I. Hutching.** 2006. MtrAB-LpqB: a conserved three-component system in actinobacteria? Trends Microbiol. **14:**444-449.

Hutchings, M. I., P. A. Hoskisson, G. Chandra and **G. Chandra.** 2004. Sensing and responding to diverse extracellular signals? Analysis of the sensor kinases and response regulators of *Streptomyces coelicolor* A3(2). Microbiol.-UK. **150:**2795-2806.

Huynh, T. N. and **V. Stewart.** 2011. Negative control in two-component signal transduction by transmitter phosphatase activity. Mol. Microbiol. **82**(2):275-286.

Jung, K., L. Fried, S. Behr and **R. Heermann.** 2012. Histidine kinases and response regulators in networks. Curr. Opin. Microbiol. **15**(2):118-124.

Lux, R. and **W. Shi.** 2005. A novel bacterial signalling system with a combination of a Ser/Thr kinase cascade and a His/Asp two-component system. Mol. Microbiol. **58:**345-348.

Mikkelsen, H., M. Sivaneson and **A. Filloux.** 2011. Key two-component regulatory systems that control biofilm formation in *Pseudomonas aeruginosa*. Environ. Microbiol. **13**(7):1666-1681.

Novick, R. P. 2003. Autoinduction and signal transduction in the regulation of staphylococcal virulence. Mol. Microbiol. **48:**1429-1449.

Ruiz, N. and **T. J. Silhavy.** 2005. Sensing external stress: watchdogs of the *Escherichia coli* cell envelope. Curr. Opin. Microbiol. **8:**122-126.

Stock, A. M. and **J. Guhaniyogi.** 2006. A new perspective on response regulator activation. J. Bacteriol. **188:**7328-7330.

Stock, A. M., V. L. Robinson and **P. N. Goudreau.** 2000. Two-component signal transduction. Annu. Revi. Biochem. **69:**183-215.

Varughese, K. 2002. Molecular recognition of bacterial phosphorelay proteins. Curr. Opin. Microbiol. **5:**,142-148.

West, A. H. and **A. M. Stock.** 2001. Histidine kinases and response regulator proteins in two-component signaling systems. Trends Biochem. Sci. **26:**369-376.

| Autogenous Control

Aseev, L. and **I. Boni.** 2011. Extraribosomal functions of bacterial ribosomal proteins. Mol. Biol. **45**(5):739-750.

Lindner, C., M. Hecker, D. Le Coq and **J. Deutscher.** 2002. *Bacillus subtilis* mutant LicT antiterminators exhibiting enzyme I- and HPr-independent antitermination affect catabolite repression of the *bglPH* operon. J. Bacteriol. **184:**4819-4828.

Schneider, D. A., W. Ross and **R. L. Gourse.** 2003. Control of rRNA expression in *Escherichia coli*. Curr. Opin. Microbiol. **6:**151-156.

| Translation 수준의 대사 조절

Altuvia, S. and **E. G. Wagner**. 2000. Switching on and off with RNA. Proc. Natl. Acad. Sci. U S A **97**:9824-9826.

Arraiano, C. M., J. M. Andrade, S. Domingues, I. B. Guinote, M. Malecki, R. G. Matos, R. N. Moreira, V. Pobre, F. P. Reis, M. Saramago, I. J. Silva and **S. C. Viegas.** 2010. The critical role of RNA processing and degradation in the control of gene expression. FEMS Microbiol. Rev. **34**(5):883-923.

Belasco, J. G. 2010. All things must pass: contrasts and commonalities in eukaryotic and bacterial mRNA decay. Nature Rev. Mol. Cell Biol. **11**(7):467-478.

Bouvier, M. and **A. J. Carpousis.** 2011. A tale of two mRNA degradation pathways mediated by RNase E. Mol. Microbiol. **82**(6):1305-1310.

Condon, C. 2007. Maturation and degradation of RNA in bacteria. Curr. Opi. Microbiol. **10**(3):271-278.

Condon, C. and **D. H. Bechhofer.** 2011. Regulated RNA stability in the Gram positives. Curr. Opin. Microbiol. **14**(2):148-154.

Ding, S. W. 2000. RNA silencing. Curr. Opin. Biotechnol. **11**:152-156.

Doherty, E. A. and **J. A. Doudna**. 2000. Ribozyme structures and mechanisms. Annu. Rev. Biochem. **69**:597-615.

Franch, T. and **K. Gerdes**. 2000. U-turns and regulatory RNAs. Curr. Opin. Microbiol. **3**:159-164.

Gartenberg, M. R. 2000. The Sir proteins of *Saccharomyces cerevisiae*: mediators of transcriptional silencing and much more. Curr. Opin. Microbiol. **3**:132-137.

Gillet, R. and **B. Felden**. 2001. Emerging views on tmRNA-mediated protein tagging and ribosome rescue. Mol. Microbiol. **42**:879-885.

Gingold, H. and **Y. Pilpel.** 2011. Determinants of translation efficiency and accuracy. Mol. Syst. Biol. **7**. doi;10.1038/msb.2011.14.

Larsson, E., C. Sander and **D. Marks.** 2010. mRNA turnover rate limits siRNA and microRNA efficacy. Mol. Syst. Biol. **6**:433. doi;10.1038/msb.2010.89.

Lease, R. A. and **M. Belfort**. 2000. Riboregulation by DsrA RNA: trans-actions for global economy. Mol.

Microbiol. **38**:667-672.

Moll, I. and **H. Engelberg-Kulka.** 2012. Selective translation during stress in *Escherichia coli.* Trends Biochem. Sci. **37**(11):493-498.

Nogueira, T. and **M. Springer**. 2000. Post-transcriptional control by global regulators of gene expression in bacteria. Curr. Opin. Microbiol. **3**:154-158.

Rauhut, R. and **G. Klug**. 1999. mRNA degradation in bacteria. FEMS Microbiol. Rev. **23**:353-370.

Romeo, T. 1998. Global regulation by the small RNA-binding protein CsrA and the non-coding RNA molecules CsrB [Review]. Molecular Microbiology **29**(6):1321-1330.

Romeo, T., C. A. Vakulskas and **P. Babitzke.** 2013. Post-transcriptional regulation on a global scale: form and function of Csr/Rsm systems. Environ. Microbiol. **15**(2):313-324.

Storz, G., J. A. Opdyke and **A. Zhang.** 2004. Controlling mRNA stability and translation with small, noncoding RNAs. Curr. Opin. Microbiol. **7**(2):140-144.

Takayama, K. and **S. A. Kjelleberg**. 2000. The role of RNA stability during bacterial stress responses and starvation. Environ. Microbiol. **2**:355-365.

Tanner, N. K. 1999. Ribozymes: the characteristics and properties of catalytic RNAs. FEMS Microbiol. Rev. **23**:257-275.

Wassarman, K. M., A. Zhang and **G. Storz**. 1999. Small RNAs in *Escherichia coli.* Trends Microbiol. **7**:37-45.

Winker W. C. and **R. R. Breaker.** 2005. Regulation of bacterial gene expression by riboswitches. Annu. Rev. Microbiol. **59**:487-517.

sRNA, Riboswitch, RNA Chaperone

Altuvia, S. 2007. Identification of bacterial small non-coding RNAs: experimental approaches. Curr. Opin. Microbiol. **10**(3):257-261.

Ansari, A. Z. 2009. Riboactivators: Transcription activation by noncoding RNA. Crit. Rev. Biochem. Mol. Biol. **44**(1):50–61.

Baek, D., J. Villen, C. Shin, F. D. Camargo, S. P. Gygi and **D. P. Bartel.** 2008. The impact of microRNAs on protein output. Nature. **455**(7209):64-71.

Bastet, L., A. Dubé, E. Massé and **D. A. Lafontaine.** 2011. New insights into riboswitch regulation mechanisms. Mol. Microbiol. **80**(5):1148-1154.

Beisel, C. L. and **G. Storz.** 2010. Base pairing small RNAs and their roles in global regulatory networks. FEMS Microbiol. Rev. **34**(5):866-882.

Brennan, R. G. and **T. M. Link.** 2007. Hfq structure, function and ligand binding. Curr. Opin. Microbiol. **10**(2):125-133.

Brosnan, C. A. and **O. Voinnet.** 2009. The long and the short of noncoding RNAs. Curr. Opin. Cell Biol. **21**(3):416-425.

Coppins, R. L., K. B. Hall and **E. A. Groisman.** 2007. The intricate world of riboswitches. Cur. Opin. Microbiol. **10**(2):176-181.

Edwards, T. E., D. J. Klein and **A. R. Ferre-D'Amare.** 2007. Riboswitches: small-molecule recognition by gene regulatory RNAs. Curr. Opin. Struct. Biol. **17**(3):273-279.

Froehlich, K. S. and **J. Vogel.** 2009. Activation of gene expression by small RNA. Curr. Opin. Microbiol.

12(6):674-682.

Jousselin, A., L. Metzinger and **B. Felden.** 2009. On the facultative requirement of the bacterial RNA chaperone, Hfq. Trends Microbiol. **17**(9):399-405.

Levine, E. and **T. Hwa.** 2008. Small RNAs establish gene expression thresholds. Curr. Opin. Microbiol. **11**(6):574-579.

Liu, J. M. and **A. Camilli.** 2010. A broadening world of bacterial small RNAs. Curr. Opin. .Microbiol. **13**(1):18-23.

Marchfelder, A., S. Fischer, J. Brendel, B. Stoll, L.-K. Maier, D. Jäger, D. Prasse, A. Plagens, R. Schmitz and **L. Randau.** 2012. Small RNAs for defence and regulation in archaea. Extremophiles. **16**(5):685-696.

Sesto, N., O. Wurtzel, C. Archambaud, R. Sorek and **P. Cossart.** 2013. The excludon: a new concept in bacterial antisense RNA-mediated gene regulation. Nature Rev. Microbiol. **11**(2):75-82.

Sobrero, P. and **C. Valverde.** 2012. The bacterial protein Hfq: much more than a mere RNA-binding factor. Crit. Rev. Microbiol. **38**(4):276-299.

Vogel, J. and **B. F. Luisi.** 2011. Hfq and its constellation of RNA. Nature Rev. Microbiol. **9**(8):578-589.

| General Stress

Foster, J. W. 1999. When protons attack: Microbial strategies of acid adaptation [Review]. Curr. Opin. Microbiol. **2**:170-174.

Hecker, M. and **U. Voelker**. 1998. Non-specific, general and multiple stress resistance of growth-restricted *Bacillus subtilis* cells by the expression of the s^B regulon. Mol. Microbiol. **29**:1129-1136.

Hengge-Aronis, R. 1999. Interplay of global regulators and cell physiology in the general stress response of *Escherichia coli*. Curr. Opin. Microbiol. **2**:148-152.

Ramos, J. L., M. T. Gallegos, S. Marques, M. I. Ramos-Gonzalez, M. Espinosa-Urgel and **A. Segura**. 2001. Responses of Gram-negative bacteria to certain environmental stressors. Curr. Opin. Microbiol. **4**:166-171.

| Stringent Response

Balsalobre, C. 2011. Concentration matters!! ppGpp, from a whispering to a strident alarmone. Mol. Microbiol. **79**(4):827-829.

Boutte, C. C. and **S. Crosson.** 2013. Bacterial lifestyle shapes stringent response activation. Trends Microbiol. **21**(4):174-180.

Braeken, K., M. Moris, R. Daniels, J. Vanderleyden and **J. Michiels.** 2006. New horizons for (p)ppGpp in bacterial and plant physiology. Trends Microbiol. **14:**45-54.

Chandrangsu, P., J. J. Lemke and **R. L. Gourse.** 2011. The dksA promtoer is negatively feedback regulated by DksA and ppGpp. 2011. Mol. Microbiol. **80**:1337-1348.

Ferenci, T. 1999. Regulation by nutrient limitation. Curr. Opin. Microbiol. **2**:208-213.

Gralla, J. D. 2005. *Escherichia coli* ribosomal RNA transcription: regulatory roles for ppGpp, NTPs, architectural proteins and a polymerase-binding protein. Mol. Microbiol. **55:**973-977.

Hengge-Aronis, R. 2002. Signal transduction and regulatory mechanisms involved in control of the s^S (RpoS) subunit of RNA polymerase. Microbiol. Mol. Biol. Rev. **66:**373-395.

Kanjee, U., K. Ogata and **W. A. Houry.** 2012. Direct binding targets of the stringent response alarmone (p) ppGpp. Mol. Microbiol. **85**(6):1029-1043.

Lemke. J J. P. Sanchez-Vazquez, H. L. Burgos, G. Hedberg, W. Ross and **R. L. Gourse. 2011.** Direct regulation of *Escherichia coli* ribosomal protein promoters by the transcription factors ppGpp and DksA. Proc. Natl. Acad.Sci.USA.**108**:5712-5717.

Loewen, P. C., B. Hu, J. Strutinsk, and **R. Sparling**. 1998. Regulation in the *rpoS* regulon of *Escherichia coli*. Can. J. Microbiol. **44**:707-717.

Sharma, U. K. and **D. Chatterji.** 2010. Transcriptional switching in *Escherichia coli* during stress and starvation by modulation of s^{70} activity. FEMS Microbio. Revi. **34**(5):646-657.

Srivatsan, A. and **J. D. Wang.** 2008. Control of bacterial transcription, translation and replication by (p) ppGpp. Curr. Opin. Microbiol. **11**(2):100-105.

❙질소 대사 조절

Amon, J., F. Titgemeyer and **A. Burkovski.** 2010. Common patterns–unique features: nitrogen metabolism and regulation in Gram-positive bacteria. FEMS Microbiol. Rev. **34**(4):588-605.

Arcondeguy, T., R. Jack and **M. Merrick.** 2001. P-II signal transduction proteins, pivotal players in microbial nitrogen control. Microbiol. Mol. Biol. Rev. **65:**80-105.

Bender, R. A. 2010. A NAC for regulating metabolism: the nitrogen assimilation control protein (NAC) from *Klebsiella pneumoniae*. J. Bacteriol. **192**(19):4801-4811.

Burkovski, A. 2003. Ammonium assimilation and nitrogen control in *Corynebacterium glutamicum* and its relatives: an example for new regulatory mechanisms in actinomycetes. FEMS Microbiol. Rev. **27:**617-628.

Charbit, A. 1996. Coordination of carbon and nitrogen metabolism. Res. Microbiol. **147:**513-518.

Commichau, F. M., K. Forchhammer and **J. Stulke.** 2006. Regulatory links between carbon and nitrogen metabolism. Curr. Opin. Microbiol. **9:**167-172.

Fisher, S. H. 1999. Regulation of nitrogen metabolism in *Bacillus subtilis*: vive la difference! Mol. Microbiol. **32:**223-232.

Forchhammer, K. 2004. Global carbon/nitrogen control by P_{II} signal transduction in cyanobacteria: from signals to targets. FEMS Microbiol. Rev. **28:**319-333.

Forchhammer, K. 2008. P_{II} signal transducers: novel functional and structural insights. Trends Microbiol. **16**(2):65-72.

Huergo, L. F., G. Chandra and **M. Merrick.** 2013. P_{II} signal transduction proteins: nitrogen regulation and beyond. FEMS Microbiol. Rev. **37**(2):251-283.

Ninfa, A. J. and **P. Jiang,** 2005. PII signal transduction proteins: sensors of a-ketoglutarate that regulate nitrogen metabolism. Curr. Opin. Microbiol. **8:**168-173.

Pflüger-Grau, K. and **B. Görke.** 2010. Regulatory roles of the bacterial nitrogen-related phosphotransferase system. Trends Microbiol. **18**(5):205-214.

Reitzer, L. 2003. Nitrogen assimilation and global regulation in *Escherichia coli*. Annu. Rev. Microbiol. **57:**155-176.

Shingler, V. 2011. Signal sensory systems that impact s^{54}-dependent transcription. FEMS Microbiol. Rev. **35**(3):425-440.

Silberbach, M. and **A. Burkovski,** 2006. Application of global analysis techniques to *Corynebacterium glutamicum*: new insights into nitrogen regulation. J. Biotechnol. **126:**101-110.

| 인산염과 철의 대사 조절

Groisman, E. A. 2001. The pleiotropic two-component regulatory system PhoP-PhoQ. J. Bacteriol. **183:**1835-1842.

Hsieh, Y.-J. and **B. L. Wanner.** 2010. Global regulation by the seven-component Pi signaling system. Curr. Opin. Microbiol. **13**(2):198-203.

Hulett, F. M. 1996. The signal-transduction network for Pho regulation in *Bacillus subtilis*. Mol. Microbiol. **19:**933-939.

Lamarche, M. G., B. L. Wanner, S. Crepin and **J. Harel.** 2008. The phosphate regulon and bacterial virulence: a regulatory network connecting phosphate homeostasis and pathogenesis. FEMS Microbiol. Rev. **32**(3):461-473.

Lenburg, M. E. and **E. K. Oshea.** 1996. Signaling phosphate starvation. *Trends in Biochemical Sciences* **21**, 383-387.

Martin, J. F. 2004. Phosphate control of the biosynthesis of antibiotics and other secondary metabolites is mediated by the PhoR-PhoP system: an unfinished story. J. Bacteriol. **186:**5197-5201.

Masse, E., H. Salvail, G. Desnoyers and **M. Arguin.** 2007. Small RNAs controlling iron metabolism. Curr. Opin. Microbiol. **10**(2):140-145.

Osman, D. and **J. S. Cavet.** 2011. Metal sensing in Salmonella: implications for pathogenesis. Adv. Microb. Physiol. **58:**175-232.

Ryndak, M., S. Wang and **I. Smith.** 2008. PhoP, a key player in *Mycobacterium tuberculosis* virulence. Trends Microbiol. **16**(11):528-534.

Vershinina, O. A. and **L. V. Znamenskaya.** 2002. The *pho* regulons of bacteria. Microbiol.-Moscow. **71:**497-511.

Vickery, L. E. and **J. R. Cupp-Vickery.** 2007. Molecular chaperones HscA/Ssq1 and HscB/Jac1 and their roles in iron-sulfur protein maturation. Crit. Rev. Biochem. Mol. Biol. **42**(2):95-111.

Yu, C. and **C. A. Genco.** 2012. Fur-mediated global regulatory circuits in pathogenic *Neisseria* species. J. Bacteriol. **194**(23):6372-6381.

Wen, Y., I. H. Kim, J. S. Son, B. H. Le, and **K. S. Kim.** 2012. Iron and quorum sensing coordinately regulate the expression of vulnibatin biosynthesis in *Vibrio vulnificus*. J. Biol. Chem. **287:**26727-26739.

| 산소에 의한 대사 조절

Bauer, C. E., S. Elsen and **T. H. Bird**. 1999. Mechanisms for redox control of gene expression. Annu. Rev. Microbiol. **53**:495-523.

Bekker, M., S. Alexeeva, W. Laan, G. Sawers, J. Teixeira de Mattos and **K. Hellingwerf.** 2010. The ArcBA two-component system of *Escherichia coli* is regulated by the redox state of both the ubiquinone and the menaquinone pool. J. Bacteriol. **192**(3):746-754.

Bose, J. L., U. Kim, W. Bartkowski, R. P. Gunsalus, A. M. Overley, N. L. Lyell, K. L. Visick and **E. V. Stabb.** 2007. Bioluminescence in *Vibrio fischeri* is controlled by the redox-responsive regulator ArcA.

Mol. Microbiol. **65**(2):538-553.

Boulette, M. L. and **S. M. Payne.** 2007. Anaerobic regulation of *Shigella flexneri* virulence: ArcA regulates *fur* and Iron acquisition genes. J. Bacteriol. **189**(19):6957-6967.

Elsen, S., L. R. Swem, D. L. Swem and **C. E. Bauer.** 2004. RegB/RegA, a highly conserved redox-responding global two-component regulatory system. Microbiol. Mol. Biol. Rev. **68:**263-279.

Fink, R. C., M. R. Evans, S. Porwollik, A. Vazquez-Torres, J. Jones-Carson, B. Troxell, S. J. Libby, M. McClelland and **H. M. Hassan.** 2007. FNR is a gobal regulator of virulence and anaerobic metabolism in *Salmonella enterica* serovar *typhimurium* (ATCC 14028s). J Bacteriol **189**(6):2262-2273.

Gomelsky, L., O. V. Moskvin, R. A. Stenzel, D. F. Jones, T. J. Donohue and **M. Gomelsky.** 2008. Hierarchical regulation of photosynthesis gene expression by the oxygen-responsive PrrBA and AppA-PpsR systems of *Rhodobacter sphaeroides*. J. Bacteriol. **190**(24):8106-8114.

Green, J. and **M. S. Paget.** 2004. Bacterial redox sensors. Nature Rev. Microbiol. **2:**954-966.

Imlay, J. A. 2006. Iron-sulphur clusters and the problem with oxygen. Mol. Microbiol. **59:**1073-1082.

Jervis, A. J. and **J. Green.** 2007. In vivo demonstration of FNR dimers in response to lower O_2 availability. J. Bacteriol. **189**(7):2930-2932.

Kiley, P. J. and **H. Beinert**. 1999. Oxygen sensing by the global regulator, FNR, the role of the iron-sulfur cluster. FEMS Microbiol. Rev. **22**:341-352.

Kiley, P. J. and **H. Beinert.** 2003. The role of Fe-S proteins in sensing and regulation in bacteria. Curr. Opin. Microbiol. **6:**181-185.

Mettert, E. L. and **P. J. Kiley.** 2007). Contributions of [4Fe-4S]-FNR and integration host factor to *fnr* transcriptional regulation. J. Bacteriol. **189**(8):3036-3043.

Nesbit, A. D., A. S. Fleischhacker, S. J. Teter and **P. J. Kiley.** 2012. ArcA and AppY antagonize IscR repression of hydrogenase-1 expression under anaerobic conditions, revealing a novel mode of O_2 regulation of gene expression in *Escherichia coli*. J. Bacteriol. **194**(24):6892-6899.

Tolla, D. A. and **M. A. Savageau.** 2010. Regulation of aerobic-to-anaerobic transitions by the FNR cycle in *Escherichia coli*. J. Mol. Biol. **397**(4):893-905.

Tolla, D. A. and **M. A. Savageau.** 2011. Phenotypic repertoire of the FNR regulatory network in *Escherichia coli*. Mol. Microbiol. **79**(1):149-165.

Tribelli, P. M., P. I. Nikel, O. J. Oppezzo and **N. I. López.** 2013. Anr, the anaerobic global regulator, modulates the redox state and oxidative stress resistance in *Pseudomonas extremaustralis*. Microbiol.-UK. **159**(2):259-268.

Unden, G. 1998. Transcriptional regulation and energetics of alternative respiratory pathways in facultatively anaerobic bacteria. Biochim. Biophys. Acta-Bioenerget. **1365**:220-224.

Zigha, A., E. Rosenfeld, P. Schmitt and **C. Duport.** 2007. The redox regulator Fnr is required for fermentative growth and enterotoxin synthesis in *Bacillus cereus* F4430/73. Journal of Bacteriology **189**(7):2813-2824.

| Oxidative stress response

Bowman, L. A. H., S. McLean, R. K. Poole and **J. M. Fukuto.** 2011. The diversity of microbial responses to nitric oxide and agents of nitrosative stress: close cousins but not identical twins. Adv. Microb. Physiol. **59:**135-219.

Dubbs, J. M. and **S. Mongkolsuk.** 2012. Peroxide-sensing transcriptional regulators in bacteria. J. Bacteriol. **194**(20):5495-5503.

Glaeser, J., A. M. Nuss, B. A. Berghoff and **G. Klug.** 2011. Singlet oxygen stress in microorganisms. Adv. Microb. Physiol. **58:** 141-173.

Imlay, J. A. 2003. Pathways of oxidative damage. Annu. Rev. Microbiol. **57**(1):395-418.

Mols, M. and **T. Abee.** 2011. Primary and secondary oxidative stress in *Bacillus*. Environmental Microbiology **13**(6):1387-1394.

Paget, M. S. B. and **M. J. Buttner.** 2003. Thiol-based regulatory switches. Annu. Rev. Genet. **37**(1):91-121.

Reiter, R. J., S. D. Paredes, L. C. Manchester and **D.-X. Tan.** 2009. Reducing oxidative/nitrosative stress: a newly-discovered gene for melatonin. Crit. Rev. Biochem. Mol. Biol. **44**(4):175–200.

Slade, D. and **M. Radman.** 2011. Oxidative stress resistance in *Deinococcus radiodurans*. Microbiol. Mol. Biol. Rev. **75**(1):133-191.

Thamsen, M. and **U. Jakob.** 2011. The redoxome: Proteomic analysis of cellular redox networks. Curr. Opin. Chem. Biol. **15**(1):113-119.

Yesilkaya, H., V. F. Andisi, P. W. Andrew and **J. J. E. Bijlsma.** 2013. *Streptococcus pneumoniae* and reactive oxygen species: an unusual approach to living with radicals. Trends Microbiol. **21**(4):187-195.

| Heat Shock

Chhabra, S. R., Q. He, K. H. Huang, S. P. Gaucher, E. J. Alm, Z. He, M. Z. Hadi, T. C. Hazen, J. D. Wall, J. Zhou, A. P. Arkin and **A. K. Singh.** 2006. Global analysis of heat shock response in *Desulfovibrio vulgaris* Hildenborough. J. Bacteriol. **188:**1817-1828.

Crapoulet, N., P. Barbry, D. Raoult and **P. Renesto.** 2006. Global transcriptome analysis of *Tropheryma whipplei* in response to temperature stresses. J. Bacteriol. **188:**5228-5239.

Feldman, D. E. and **J. Frydman**. 2000. Protein folding in vivo: the importance of molecular chaperones. Curr. Opin. Struct. Biol. **10**:26-33.

Genevaux, P., C. Georgopoulos and **W. L. Kelley.** 2007. The Hsp70 chaperone machines of *Escherichia coli*: a paradigm for the repartition of chaperone functions. Mol. Microbiol. **66**(4):840-857.

Gottesman, M. E. and **W. A. Hendrickson**. 2000. Protein folding and unfolding by *Escherichia coli* chaperones and chaperonins. Curr. Opin. Microbiol. **3**:197-202.

Guisbert, E., T. Yura, V. A. Rhodius and **C. A. Gross.** 2008. Convergence of molecular, modeling, and systems approaches for an understanding of the Escherichia coli heat shock response. Microbiol. Mol. Biol. Rev. **72**(3):545-554.

Helmann, J. D., M. F. W. Wu, P. A. Kobel, F. J. Gamo, M. Wilson, M. M. Morshedi, M. Navre and **C. Paddon.** 2001. Global transcriptional response of *Bacillus subtilis* to heat shock. J. Bacteriol. **183:**7318-7328.

Ho, T. D. and **C. D. Ellermeier.** 2012. Extra cytoplasmic function s factor activation. Curr. Opin. Microbiol. **15**(2):182-188.

Kortmann, J. and **F. Narberhaus.** 2012. Bacterial RNA thermometers: molecular zippers and switches. Nature Rev. Microbiol. **10**(4):255-265.

Laksanalamai, P., D. L. Maeder and **F. T. Robb.** 2001. Regulation and mechanism of action of the small heat shock protein from the hyperthermophilic archaeon *Pyrococcus furiosus*. J. Bacteriol. **183:**5198-

5202.

Lund, P. A. 2009. Multiple chaperonins in bacteria–why so many? FEMS Microbiol. Rev. **33**(4):785-800.

Meyer, A. S. and **T. A. Baker.** 2011. Proteolysis in the *Escherichia coli* heat shock response: a player at many levels. Curr. Opin. Microbiol. **14**(2):194-199.

Missiakas, D. and **S. Raina**. 1998. The extracytoplasmic function sigma factors–Role and regulation. Mol. Microbiol. **28**:1059-1066.

Porankiewicz, J., J. M. Wang and **A. K. Clarke**. 1999. New insights into the ATP-dependent Clp protease: *Escherichia coli* and beyond. Mol. Microbiol. **32**:449-458.

Raivio, T. L. and **T. J. Silhavy**. 2001. Periplasmic stress and ecf sigma factors. Annu. Rev. Microbiol. **55**:591-624.

Raivio, T. L. and **T. J. Silhavy**. 1999. The sigma(E) and Cpx regulatory pathways: Overlapping but distinct envelope stress responses. Curr. Opin. Microbiol. **2**:159-165.

Yura, T. and K. Nakahigashi. 1999. Regulation of the heat-shock response. Curr. Opin. Microbiol. **2**:153-158.

| Cold Shock Responses

Feller, G. 2007. Life at low temperatures: is disorder the driving force? Extremophiles. **11**(2):211-216.

Giaquinto, L., P. M. G. Curmi, K. S. Siddiqui, A. Poljak, E. DeLong, S. DasSarma and **R. Cavicchioli.** 2007. Structure and function of cold shock proteins in archaea. J. Bacteriol. **189**(15):5738-5748.

Graumann, P. and **M. A. Marahiel**. 1996. Some like it cold: Response of microorganisms to cold shock. Arch. Microbiol. **166**:293-300.

Graumann, P. L. and **M. A. Marahiel**. 1998. A superfamily of proteins that contain the cold-shock domain. Trends Biochem.Sci. **23**:286-290.

Hankins, J. S., H. Denroche and **G. A. Mackie.** 2010. Interactions of the RNA-binding protein Hfq with *cspA* mRNA, encoding the major cold shock protein. J. Bacteriol. **192**(10):2482-2490.

Hankins, J. S., C. Zappavigna, A. Prud'homme-Genereux and **G. A. Mackie.** 2007. Role of RNA structure and susceptibility to RNase E in regulation of a cold shock mRNA, cspA mRNA. J. Bacteriol. **189**(12):4353-4358.

Shivaji, S. and **J. Prakash.** 2010. How do bacteria sense and respond to low temperature? Arch. Microbiol. **192**(2):85-95.

Uppal, S., S. R. Maurya, R. S. Hire and **N. Jawali.** 2011. Cyclic AMP receptor protein regulates *cspE*, an early cold-inducible gene, in *Escherichia coli*. J. Bacteriol. **193**(22):6142-6151.

Wouters, J. A., F. M. Rombouts, O. P. Kuipers, W. M. de Vos and **T. Abee**. 2000. The role of cold-shock proteins in low-temperature adaptation of food-related bacteria . Syst. Appl. Microbiol. **23**:165-173.

| Quorum Sensing

Antunes, L. C. M., R. B. R. Ferreira, M. M. C. Buckner and **B. B. Finlay.** 2010. Quorum sensing in bacterial virulence. Microbiol-UK. **156**(8):2271-2282.

Atkinson, S., R. E. Sockett, M. Camara and **P. Williams.** 2006. Quorum sensing and the life style of *Yersinia*. Curr. Issues Mol. Biol. **8:**1-10.

Bandara, H. M. H. N., O. L. T. Lam, L. J. Jin and **L. Samaranayake.** 2012. Microbial chemical signaling: a current perspective. Crit. Rev. Microbiol. **38**(3):217-249.

Bassler, B. L. 1999. How bacteria talk to each other: Regulation of gene expression by quorum sensing [Review]. Curr. Opin. Microbiol. **2**(6):582-587.

Bauer, W. and **J. Robinson.** 2002. Disruption of bacterial quorum sensing by other organisms. Curr. Opin. Biotechnol. **13:**234-237.

Bejerano-Sagie, M. and **K. B. Xavier.** 2007. The role of small RNAs in quorum sensing. Curr. Opin. Microbiol. **10**(2):189-198.

Boyer, M. and **F. Wisniewski-Dye.** 2009. Cell-cell signalling in bacteria: not simply a matter of quorum. FEMS Microbiol. Ecol. **70**(1):1-19.

Choudhary, S. and **C. Schmidt-Dannert.** 2010. Applications of quorum sensing in biotechnology. Appl. Microbiol. Biotechnol. **86**(5):1267-1279.

Daniels, R., J. Vanderleyden and **J. Michiels.** 2004. Quorum sensing and swarming migration in bacteria. FEMS Microbiol. Rev. **28:**261-289.

De Keersmaecker, S. C. J., K. Sonck and **J. Vanderleyden.** 2006. Let LuxS speak up in AI-2 signaling. Trends Microbiol. **14:**114-119.

Dunny, G. M. and **B. A. B. Leonard**. 1997. Cell-cell communication in gram-positive bacteria. Annu. Rev. Microbiol. **51**:527-564.

Frederix, M. and **A. J. Downie.** 2011. Quorum sensing: regulating the regulators. Adv. Microb. Physiol. **58:**23-80.

Fuqua, C. 2006. The QscR quorum-sensing regulon of *Pseudomonas aeruginosa*: an orphan claims its identity. J. Bacteriol. **188:**3169-3171.

Galloway, W. R. J. D., J. T. Hodgkinson, S. Bowden, M. Welch and **D. R. Spring.** 2012. Applications of small molecule activators and inhibitors of quorum sensing in Gram-negative bacteria. Trends Microbiol. **20**(9):449-458.

Gonzalez, J. E. and **M. M. Marketon.** 2003. Quorum sensing in nitrogen-fixing rhizobia. Microbiol. Mol. Biol. Rev. **67:**574-592.

Higgins, D. A., M. E. Pomianek, C. M. Kraml, K. T. Ronald, M. F. Semmelhack and **B. L. Bassler.** 2007. The major *Vibrio cholerae* authoinducer and its role in virulence factor production. Nature **450**(7171):883-886.

Jacob, E. B., I. Becker, Y. Shapira and **H. Levine.** 2004. Bacterial linguistic communication and social intelligence. Trends Microbiol. **12:**366-372.

Kalia, V. C. and **H. J. Purohit.** 2011. Quenching the quorum sensing system: potential antibacterial drug targets. Crit. Rev. Microbiol. **37**(2):121-140.

Keller, L. and **M. G. Surette.** 2006. Communication in bacteria: an ecological and evolutionary perspective. Nature Rev. Microbiol. **4:**249-258.

Kjelleberg, S. and **S. Molin.** 2002. Is there a role for quorum sensing signals in bacterial biofilms? Curr. Opin. Microbiol. **5:**254-258.

Klose, K. E. 2006. Increased chatter: cyclic dipeptides as molecules of chemical communication in *Vibrio* spp. J. Bacteriol. **188:**2025-2026.

Lee, S. J., S. Y. Park, J. J. Lee, D. Y. Yum, B. T. Koo and **J. K. Lee.** 2002 Genes encoding the *N*-acyl homoserine lactone-degrading enzyme are widespread in many subspeies of *Bacillus thuringiensis.* Appl.

Environ. Microbiol. **68**:3919-3924.

Miller, M. B. and **B. L. Bassler.** 2001. Quorum sensing in bacteria. Annu. Rev. Microbiol. **55:**165-199.

Pacheco, A. R. and **V. Sperandio.** 2009. Inter-kingdom signaling: chemical language between bacteria and host. Curr. Opin. Microbiol. **12**(2):192-198.

Pappas, K. M., C. L. Weingart and **S. C. Winans.** 2004. Chemical communication in proteobacteria: biochemical and structural studies of signal synthases and receptors required for intercellular signalling. Mol. Microbiol. **53:**755-770.

Park, D. K., K. E. Lee, C. H. Baek, I. H. Kim, J. H. Kwon, W. K. Lee, K. H. Lee, K. S. Kim, S. H. Choi and **K. S. Kim. 2006.** Cyclo(Phe-Pro) modulates the expression of *ompU* in *Vibrio* spp. J. Bacteriol. **188**:2214-2221.

Parsek, M. R. and **E. P. Greenberg.** 2005. Sociomicrobiology: the connections between quorum sensing and biofilms. Trends Microbiol. **13:**27-33.

Rasmussen, T. B. and **M. Givskov.** 2006. Quorum sensing inhibitors: a bargain of effects. Microbiol.-UK. **152:**895-904.

Reading, N. C. and **V. Sperandio.** 2006. Quorum sensing: the many languages of bacteria. FEMS Microbiol. Lett. **254:**1-11.

Roche, D. M., J. T. Byers, D. S. Smith, F. G. Glansdorp, D. R. Spring and **M. Welch.** 2004. Communications blackout? Do *N*-acylhomoserine-lactone-degrading enzymes have any role in quorum sensing? Microbiol.-UK. **150:**2023-2028.

Rumbaugh, K. P. and **G. F. Kaufmann.** 2012. Exploitation of host signaling pathways by microbial quorum sensing signals. Curr. Opin. Microbiol. **15**(2):162-168.

Schaefer, A. L., E. P. Greenberg, C. M. Oliver, Y. Oda, J. J. Huang, G. Bittan-Banin, C. M. Peres, S. Schmidt, K. Juhaszova, J. R. Sufrin and **C. S. Harwood.** 2008. A new class of homoserine lactone quorum-sensing signals. Nature. **454**(7204):595-599.

Sturme, M. H., M. Kleerebezem, J. Nakayama, A. D. Akkermans, E. E. Vaugha and **W. M. de Vos.** 2002. Cell to cell communication by autoinducing peptides in Gram-positive bacteria. Antonie van Leeuwenhoek. **81:**233-243.

Suntharalingam, P. and **D. G. Cvitkovitch.** 2005. Quorum sensing in streptococcal biofilm formation. Trends Microbiol. **13:**3-6.

Srivastava, D. and **C. M. Waters.** 2012. A tangled web: regulatory connections between quorum sensing and cyclic di-GMP. J. Bacteriol. **194**(17):4485-4493.

Venturi, V. 2006. Regulation of quorum sensing in *Pseudomonas*. FEMS Microbiol. Rev. **30:**274-291.

Whitehead, N. A., A. M. L. Barnard, H. Slater, N. J. L. Simpson and **G. P. C. Salmond.** 2001. Quorum-sensing in Gram-negative bacteria. FEMS Microbiol. Revi. **25:**365-404.

Withers, H., S. Swift and **P. Williams.** 2001. Quorum sensing as an integral component of gene regulatory networks in Gram-negative bacteria. Curr. Opin. Microbiol. **4:**186-193.

Zhang, L. H. and **Y. H. Dong.** 2004. Quorum sensing and signal interference: diverse implications. Mol. Microbiol. **53:**1563-1571.

| Osmotic Stress

Akai, M., K. Onai, M. Morishita, H. Mino, T. Shijuku, H. Maruyama, F. Arai, S. Itoh, A. Hazama,

V. Checchetto, I. Szabò, Y. Yukutake, M. Suematsu, M. Yasui, M. Ishiura and **N. Uozumi.** 2012. Aquaporin AqpZ is involved in cell volume regulation and sensitivity to osmotic stress in *Synechocystis* sp. strain PCC 6803. J. Bacteriol. **194**(24):6828-6836.

Baños, R. C., J. Martínez, C. Polo, C. Madrid, A. Prenafeta and **A. Juárez.** 2011. The *yfeR* gene of *Salmonella enterica* serovar Typhimurium encodes an osmoregulated LysR-type transcriptional regulator. FEMS Microbiol. Lett. **315**(1):63-71.

Bohin, J. P. 2000. Osmoregulated periplasmic glucans in Proteobacteria. FEMS Microbiol. Lett. **186:**11-19.

Gerken, H., E. S. Charlson, E. M. Cicirelli, L. J. Kenney and **R. Misra.** 2009. MzrA: a novel modulator of the EnvZ/OmpR two-component regulon. Mol. Microbiol. **72**(6):1408-1422.

Kramer, R. and **S. Morbach.** 2004. BetP of *Corynebacterium glutamicum*, a transporter with three different functions: betaine transport, osmosensing, and osmoregulation. Biochim. Biophys. Acta-Bioenerg. **1658:**31-36.

Leonardo, M. R. and **S. Forst.** 1996. Re-examination of the role of the periplasmic domain of EnvZ in sensing of osmolarity signals in *Escherichia coli*. Mol. Microbiol. **22:**405-413.

Poolman, B., J. J. Spitzer and **J. M. Wood.** 2004. Bacterial osmosensing: roles of membrane structure and electrostatics in lipid-protein and protein-protein interactions. Biochim. Biophys. Acta-Biomembr. **1666:**88-104.

Sleator, R. D. and **C. Hill.** 2002. Bacterial osmoadaptation: the role of osmolytes in bacterial stress and virulence. FEMS Microbiol. Rev. **26:**49-71.

Wood, J. M. 1999. Osmosensing by bacteria: signals and membrane-based sensors. Microbiol. Mol. Biol. Rev. **63:**230-262.

| Chemotaxis

Aizawa, S., C. S. Harwood and **R. J. Kadner.** 2000. Signaling components in bacterial locomotion and sensory reception. J. Bacteriol. **182:**1459-1471.

Alexandre, G., S. Greer-Phillips and **I. B. Zhulin.** 2004. Ecological role of energy taxis in microorganisms. FEMS Microbiol. Revi. **28:**113-126.

Blair, D. F. 1995. How bacteria sense and swim. Annu. Rev. Microbiol. **49:**489-522.

Bren, A. and **M. Eisenbach.** 2000. How signals are heard during bacterial chemotaxis: protein-protein interactions in sensory signal propagation. J. Bacteriol. **182:**6865-6873.

Chilcott, G. S. and **K. T. Hughes.** 2000. Coupling of flagellar gene expression to flagellar assembly in *Salmonella enterica* serovar *typhimurium* and *Escherichia coli*. Microbiol. Mol. Biol. Rev. **64:**694-708.

De Lay, N. and **S. Gottesman.** 2012. A complex network of small non-coding RNAs regulate motility in *Escherichia coli*. Mol. Microbiol. **86**(3):524-538.

Hazelbauer, G. L., J. J. Falke and **J. S. Parkinson.** 2008. Bacterial chemoreceptors: high-performance signaling in networked arrays. Trends Biochem. Sci. **33**(1):9-19.

Kim, S. M., D. H. Lee and **S. H. Choi**. 2012. Evidence that the *Vibrio vulnificus* flagellar regulator FlhF is regulated by a quorum sensing master regulator SmcR. Microbiol.-UK. **158**(8):2017-2025.

Levit, M. N., Y. Liu and **J. B. Stock.** 1998. Stimulus response coupling in bacterial chemotaxis: receptor dimers in signalling arrays. Mol. Microbiol. **30:**459-466.

Liu, X. and **R. E. Parales.** 2008. Chemotaxis of Escherichia coli to pyrimidines: a new role for the signal transducer Tap. J. Bacteriol. **190**(3):972-979.

MaCnab, R. M. 1999. The bacterial flagellum: reversible rotary propeller and type III export apparatus. J. Bacteriol. **181:**7149-7153.

Manson, M. D., J. P. Armitage, J. A. Hoch and **R. M. Macnab.** 1998. Bacterial locomotion and signal transduction. J. Bacteriol. **180:**1009-1022.

Mitchell, J. G. and **K. Kogure.** 2006. Bacterial motility: links to the environment and a driving force for microbial physics. FEMS Microbiol. Ecol. **55:**3-16.

Parkinson, J. S. 2003. Bacterial chemotaxis: a new player in response regulator dephosphorylation. J. Bacteriol. **185:**1492-1494.

Parkinson, J. S., P. Ames and **C. A. Studdert.** 2005. Collaborative signaling by bacterial chemoreceptors. Curr. Opin. Microbiol. **8:**116-121.

Sourjik, V. 2004. Receptor clustering and signal processing in *E. coli* chemotaxis. Trends Microbiol. **12:**569-576.

Szurmant, H. and **G. W. Ordal.** 2004. Diversity in chemotaxis mechanisms among the bacteria and archaea. Microbiol. Mol. Biol. Rev. **68:**301-319.

Taylor, B. L., I. B. Zhulin and **M. S. Johnson.** 1999. Aerotaxis and other energy-sensing behavior in bacteria. Annu. Rev. Microbiol. **53:**103-128.

| Adaptive Mutation

Aertsen, A. and **C. W. Michiels.** 2005. Diversify or die: generation of diversity in response to stress. Crit. Rev. Microbiol. **31:**69-78.

Amzallag, G. N. 2004. Adaptive changes in bacteria: a consequence of nonlinear transitions in chromosome topology? J. Theoret. Biol. **229:**361-369.

Cusumano, Z. and **M. Caparon.** 2013. Adaptive evolution of the *Streptococcus pyogenes* regulatory aldolase LacD.1. J. Bacteriol. **195**(6):1294-1304.

Dubnau, D. and **R. Losick,** 2006. Bistability in bacteria. Mol. Microbiol. **61:**564-572.

Foster, P. L. 2007. Stress-induced mutagenesis in bacteria. Crit. Rev. Biochem. Mol. Biol. **42**(5):373-397.

Galhardo, R. S., P. J. Hastings and **S. M. Rosenberg.** 2007. Mutation as a stress response and the regulation of evolvability. Crit. Revi. Biochem. Mol. Biol. **42**(5):399-435.

Lee, D.-H. and **B. O. Palsson.** 2010. Adaptive evolution of *Escherichia coli* K-12 MG1655 during growth on a nonnative carbon source, L-1,2-propanediol. Appl. Environ. Microbiol. **76**(13):4158-4168.

Osorio, G. and **C. A. Jerez,** 1996. Adaptive response of the archaeon *Sulfolobus acidocaldarius* BC65 to phosphate starvation. Microbiol.-UK. **142:**1531-1536.

Wright, B. E. 2004. Stress-directed adaptive mutations and evolution. Mol. Microbiol. **52:**643-650.

| Enzyme Activity Modulation and Metabolic Flux

Arcondeguy, T., R. Jack and **M. Merrick.** 2001. P-II signal transduction proteins, pivotal players in microbial nitrogen control. Microbiol. Mol. Biol. Rev. **65:**80-105.

Bishop, A. and **V. Chen.** 2009, Brought to life: targeted activation of enzyme function with small molecules. J. Chem. Biol. **2**(1):1-9.

Commichau, F. M., K. Forchhammer and **J. Stulke.** 2006. Regulatory links between carbon and nitrogen metabolism. Curr. Opin. Microbiol. **9:**167-172.

Dougan, D. A., K. N. Truscott and **K. Zeth.** 2010. The bacterial *N*-end rule pathway: expect the unexpected. Mol. Microbiol. **76**(3):545-558.

Edwards, J. S., M. Covert and **B. Palsson.** 2002. Metabolic modelling of microbes: the flux-balance approach. Environ. Microbiol. **4:**133-140.

Ehrmann, M. and **T. Clausen.** 2004. Proteolysis as a regulatory mechanism. Annu. Rev. Genet. **38:**709-724.

El-Mansi, M., A. J. Cozzone, J. Shiloach and **B. J. Eikmanns.** 2006. Control of carbon flux through enzymes of central and intermediary metabolism during growth of *Escherichia coli* on acetate. Curr. Opin. Microbiol. **9:**173-179.

Forchhammer, K. 2004. Global carbon/nitrogen control by P_{II} signal transduction in cyanobacteria: from signal stotargets. FEMS Microbiol. Rev. **28:**319-333.

Hengge, R. and **R. L. Gourse.** 2004. Cell regulation: tying together the cellular regulatory network. Curr. Opin. Microbiol. 7:99-101.

Herrero, A. 2004. New targets of the P_{II} signal transduction protein identified in cyanobacteria. Mol. Microbiol. **52:**1225-1228.

Hu, L. I., B. P. Lima and **A. J. Wolf**e. 2010. Bacterial protein acetylation: the dawning of a new age. Mol. Microbiol. **77**(1):15-21.

Jenal, U. and **R. Hengge-Aronis.** 2003. Regulation by proteolysis in bacterial cells. Curr. Opin. Microbiol. **6**,163-172.

Ninfa, A. J. and **P. Jiang.** 2005. P_{II} signal transduction proteins: sensors of a-ketoglutarate that regulate nitrogen metabolism. Curr. Opin. Microbiol. **8:**168-173.

Noirot, P. and **M. F. Noirot-Gros.** 2004. Protein interaction networks in bacteria. Curr. Opin. Microbiol. **7:**505-512.

Russell, R. B., F. Alber, P. Aloy, F. P. Davis, D. Korkin, M. Pichaud, M. Topf and **A. Sali.** 2004. A structural perspective on protein-protein interactions. Curr. Opin. Struct. Biol. **14:**313-324.

Soufi, B., N. C. Soares, V. Ravikumar and **B. Macek.** 2012. Proteomics reveals evidence of cross-talk between protein modifications in bacteria: focus on acetylation and phosphorylation. Curr. Opin. Microbiol. **15**(3):357-363.

Thao, S. and **J. C. Escalante-Semerena.** 2011. Control of protein function by reversible N^{ϵ}-lysine acetylation in bacteria. Curr. Opin. Microbiol. **14**(2):200-204.

| 대사 조절과 발효 공업

Bonarius, H. P. J., G. Schmid and **J. Tramper**. 1997. Flux analysis of underdetermined metabolic networks: The quest for the missing constraints. Trends Biotechnol. **15**:308-314.

Carrier, T. A. and **Keasling, J. D.** 1997. Controlling messenger RNA stability in bacteria: Strategies for engineering gene expression. Biotechnol. Prog. 13[6], 699-708.

Choudhary, S. and **C. Schmidt-Dannert.** 2010. Applications of quorum sensing in biotechnology. Appl. Microbiol. Biotechnol. **86**(5):1267-1279.

Donachie, W. D. 2001. Co-ordinate regulation of the *Escherichia coli* cell cycle or The cloud of unknowing. Mol. Microbiol. **40**:779-785.

Gancedo, J. M. 1998. Yeast Carbon Catabolite Repression. Microbiol. Mol. Biol. Rev. **62**:334-361

Kholodenko, B. N., M. Cascante, J. B. Hoek, H. V. Westerhoff and **J. Schwaber**. 1998. Metabolic design–How to engineer a living cell to desired metabolite concentrations and fluxes. Biotechnol. Bioeng. **59**:239-247.

Levit, M. N., Y. Liu and **J. B. Stock**. 1998. Stimulus response coupling in bacterial chemotaxis–Receptor dimers in signalling arrays. Mol. Microbiol. **30**:459-466.

Malumbres, M. and **J. F. Martin**. 1996. Molecular control mechanisms of lysine and threonine biosynthesis in amino acid-producing corynebacteria: Redirecting carbon flow. FEMS Microbiol. Lett. **143**:103-114.

Manson, M. D., J. P. Armitage, J. A. Hoch and **R. M. Macnab**. 1998. Bacterial locomotion and signal transduction. J. Bacteriol. **180**:1009-1022.

Nielsen, J. 1998. The role of metabolic engineering in the production of secondary metabolites. Curr. Opin. Microbiol. **1**:330-336.

Sanchez, S. and **A. L. Demain.** 2008. Metabolic regulation and overproduction of primary metabolites. Microb. Biotechnol. **1**(4):283-319.

Sonnleitner, E. and **D. Haas.** 2011. Small RNAs as regulators of primary and secondary metabolism in *Pseudomonas* species. Appl. Microbiol. Biotechnol. **91**(1):63-79.

13장

미생물의 저장 물질과 생존

생존과 자기 복제를 통한 종족 보존이 생명 현상의 궁극적인 목표이다. 생존과 자기 복제에는 에너지를 필요로 한다. 식품, 동물의 장내 등 일부 고영양 상태(copiotrophic)의 예를 제외하면 미생물이 서식하는 자연 환경은 이들이 이용할 수 있는 영양분의 농도가 극히 낮다(oligotrophic). 이러한 저영양성 생태계에서 미생물은 간헐적으로 공급되는 높은 농도의 기질을 이용하여 생장하면서 저장 물질을 합성하고 이를 낮은 영양 상태에서 필요한 에너지원으로 이용하여 생명을 유지하게 된다. 이러한 저영양 환경에서 잘 생장할 수 있도록 진화되어온 미생물을 저영양성이라 한다.

고등 생물과 달리 단일 세포인 미생물은 영양 상태를 비롯하여 온도, H^+ 농도(pH), 수분 농도 등 외부 환경에 직접적으로 노출되어 있기 때문에 환경의 변화에 민감하게 영향을 받는다. 미생물은 외부 환경이 좋을 때 왕성히 생장하며, 그렇지 못할 때는 사멸하거나 최소한의 대사로 생명을 유지하여 생존하다가 환경이 호전되면 다시 증식한다.

각종 stress로 손상된 세포 중에서 정상 상태로 돌아가지 못하는 세포는 apoptosis라는 autolysis를 통해 정상 상태의 세포가 이용할 수 있는 영양성분을 공급하는 예도 있다. 이는 개별 세포가 아닌 집단의 생존 전략으로 이해할 수 있다.

지금까지 공부한 내용은 거의 모두 배양을 통해 밝혀진 내용으로 실험실 환경은 실제 자연계와는 다를 수가 있다. 또한 자연계에서는 거의 예외 없이 복수의 미생물이 상호 작용하며, 식물과 동물 등의 다세포 생물과도 작용하여 생명을 영위하는 등 실험실의 순수 배양과 다를 수 있다. 지금까지 실험실에서 분리 배양된 미생물은 자연계에 서식하는 전체 미생물의 1~5% 미만으로 알려지고 있다. 이처럼 많은 미생물을 실험실에서 배양할 수 없는 것은 자연 생태계의 조건을 실험실에서 재현할 수 없기 때문으로 판단된다.

이 장에서는 세균의 저장 물질과 저영양 상태, 그리고 각종 stress 조건에서 세균이 생존하는 메커니즘을 공부하기로 한다.

13.1 생존과 에너지

전술한 바와 같이 살아 있는 미생물은 adenylate energy charge(EC) 값을 0.5 이상으로, 그리고 proton motive force도 어느 수준 이상으로 유지한다(제5장, 5.7). 미생물이 생존 중에 ATP와 proton motive force 형태의 에너지를 필요로 하는 이유는 필요한 물질의 막 투과와 생체 구성 물질의 turn over 등 생명 유지에 필수적인 에너지(maintenance energy, 제6장, 6.14.5)를 공급할 수 있어야 생명 현상이 유지되기 때문이다(그림 13.1). 환경에서 에너지원이 공급되지 않으면 세포내 물질을 소비하여 에너지를 얻어야 한다. 생체 구성 물질을 에너지원으로 이용하는 대사를 endogeneous metabolism(내재 대사)이라 한다.

저영양 상태에서 생존에 필요한 최소한의 에너지를 얻기 위해서는 저영양 상태에서 생장하거나 생존하는 데 필수적이 아닌 RNA, 단백질 등과 같은 고분자 물질을 대사하거나, 저장 물질이 있을 때는 이를 분해한다.

13.2 미생물의 저장 물질

내재 대사(endogeneous metabolism)에 이용되는 생체 구성 물질 중에서 RNA나 단백질 등은 저장 물질이라 하지 않는다. 그 이유는 이들이 내재 대사의 기질로 이용될 수도 있지만 그들 고유의 기능을 갖고 있기 때문이다. 다음과 같은 성질을 갖는 생체 구성 물질을 저장 물질이라 한다.

1) 생장에 필요한 양보다 많은 잉여의 에너지원이 환경에 공급될 때 합성되는 물질

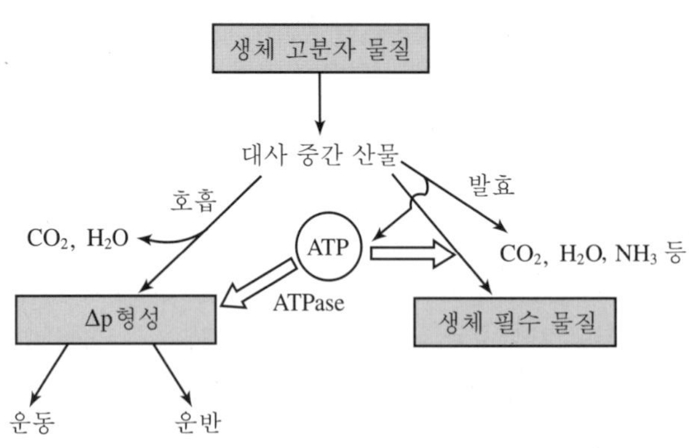

그림 13.1 미생물이 생명을 유지하기 위해 에너지를 소비하는 대사 경로.

외부로부터 영양 물질이 공급되지 않으면 미생물은 생체 구성 물질을 분해하여 생명 유지에 필수적인 에너지를 공급한다. 이 때 저장 물질 또는 생명 유지에 필수적이 아닌 생체 구성 물질이 이용되는데, 이 대사를 내재 대사(endogeneous metabolism)라 한다.

2) 에너지원의 공급이 여의치 않을 때 내재 대사의 기질로 이용되는 물질
3) 생장에 필수적으로 필요한 다른 기능을 갖지 않는 생체 구성 물질.

미생물이 생산하고 이용하는 저장 물질은 성질에 따라 4종류로 분류되는데, glycogen 등과 같은 당류, poly-β-hydroxybutyrate(PHB) 등과 같은 지질, polypeptide, 그리고 polyphosphate가 그들이다.

13.2.1 당류 저장 물질

미생물에서 가장 일반적인 당류 저장 물질은 동물에서와 같이 glycogen이며, 포도당이 α-1,1 결합을 한 비환원성 2당류인 trehalose도 진핵세포 미생물 특히 곰팡이류에서 저장 물질로 이용된다.

13.2.1.1 Glycogen

Glycogen은 포도당이 α-1,4 결합과 α-1,6 결합으로 이루어진 다당류로서 진핵세포 미생물에서는 물론 많은 종류의 원핵세포 미생물에서도 저장 물질로 이용된다(표 13.1). Glycogen은 에너지 공급이 충분하지만 질소 등 다른 영양분의 공급이 제한된 조건에서 저장 물질로 합성된다.

모든 다당류 합성이 당-nucleotide를 기질로 이루어지는 것과 같이 세균의 glycogen도 ADP-glucose로부터 포도당이 기존의 glycogen에 축합되어 합성된다(그림 13.2, 제6장, 6.9.1). ADP-

표 13.1 Glycogen을 저장 물질로 합성하는 세균.

Eubacteria	Archaebacteria
Acetivibrio cellulolyticus	*Desulfurococcus mobilis*
Anacystis nidulans	*Desulfurococcus mucosus*
Arthrobacter globiformis	*Sulfolobus acidocaldarius*
Bacteroides amylogenes	*Sulfolobus solfataricus*
Bacteroides fragilis	*Themofilum pendens*
Clostridium pasteurianum	*Thermoplasma acidophilum*
Enterobacter aerogenes	*Thermoproteus tenax*
Escherichia coli	
Klebsiella aerogenes	
Mycobacterium tuberculosis	
Nocardia asteroides	
Rhizobium trifolii	
Rhodospirillum rubrum	
Ruminococcus albus	
Selenomonas ruminantium	
Streptococcus mutans	
Streptomyces viridochromogenes	
Thiobacillus neapolitans	

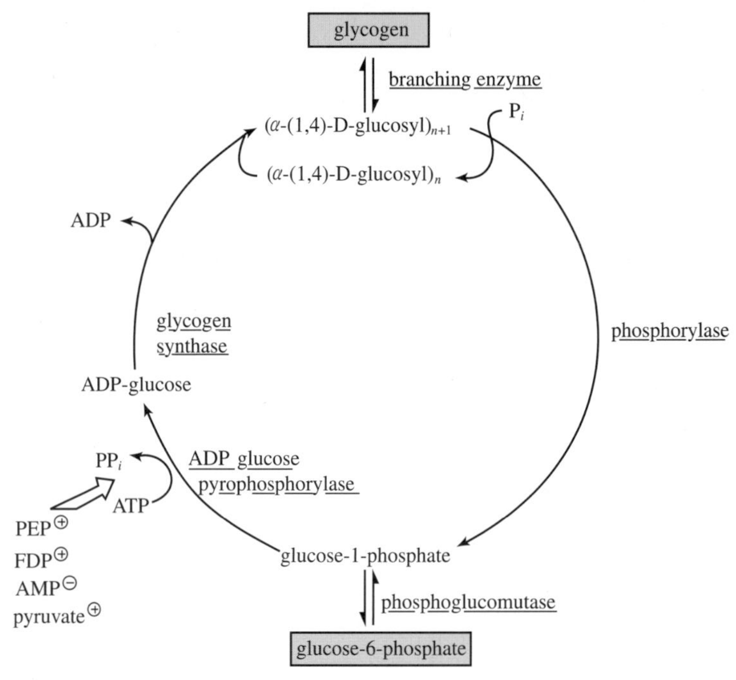

그림 13.2 세균에서 Glycogen의 합성과 분해 경로의 조절.
PEP;phosphoenolpyruvate, FDP;fructose-1,6-diphosphate
+(촉진), −(저해)

glucose를 합성하는 효소 ADP-glucose pyrophosphorylase는 에너지 공급 상태가 좋을 때 축적되는 fructose-6-phosphate, fructose-1,6-diphosphate, phosphoenolpyruvate, pyruvate 등에 의해 활성이 촉진되어 glycogen의 합성에 이용된다. 반면 에너지 공급이 제한될 때에는 AMP가 이 효소를 저해하여 glycogen 합성이 저해된다.

Glycogen을 에너지원으로 이용하기 위해서는 debranching enzyme과 glycogen phosphorylase가 필요하다. Glycogen을 저장 물질로 합성하는 *Escherichia coli*는 이들 두 효소의 활성을 강하게 유지하기 때문에 에너지 공급이 낮은 조건에서 glycogen을 빠른 속도로 이용하므로 기질이 결핍되는 조건에서 생존 기간이 짧다. 같은 조건에서 생존 기간이 긴 *Arthrobacter globiformis*는 debranching enzyme의 활성이 낮기 때문에 glycogen의 이용 속도가 극히 느리다. 따라서 저장 물질을 서서히 이용하여 오랫동안 생존할 수 있다.

13.2.1.2 Trehalose

Trehalose는 효모와 곰팡이 등에서 저장 물질로 합성되고 이용된다. 곰팡이는 균사 증식이 되지 않는 저양양 상태나 세포 분화 과정에서 trehalose를 합성한다. 특히 포자를 형성할 때 많이 합성되어 포자 내에 축적된 trehalose는 포자가 발아할 때 에너지원으로 이용된다. Trehalose의 저장량이 많을수록 포자의 고온에 대한 내성이 강하다.

Trehalose-6-phosphate synthase가 UDP-glucose와 glucose-6-phosphate를 결합하여 trehalose-6-phosphate를 합성하고 이어서 trehalose-6-phosphatase가 인산기와 trehalose로 분리한다. 효모와 곰팡이에서 이들 두 효소는 제3의 단백질과 복합체를 이룬다.

Trehalose는 균주에 따라 서로 다른 세 경로로 이용된다. Trehalase는 trehalose를 두 분자의 포도당으로 가수분해하며, trehalose phosphorylase는 포도당과 glucose-1-phosphate로 인산분해한다(제7장, 7.1.3). 또 다른 경우 trehalsoe-6-phsophate로 인산화된 다음 포도당과 glucose-6-phosphate로 분해된다. 효모와 곰팡이에서 두 종류의 trehalase, 즉 neutral trehalase와 acidic trehalase가 알려져 있다. Acidic trehalase는 외부에서 공급되는 trehalose를 이용하는 효소이며, neutral trehalase는 원형질체의 저장 물질인 trehalose를 분해하는 기능을 갖는다. Neutral trehalase의 활성은 세포내 에너지 공급 상태에 따라 조절된다. 에너지의 공급이 필요할 때 세포내에 축적되는 cAMP가 trehalase의 활성을 촉진하고, 그렇지 않으면 trehalase의 활성이 저해된다. 이 조절은 trehalase 효소 단백질이 인산화 · 탈인산화되는 메커니즘을 통해서 이루어진다(제12장, 12.3.2.1).

13.2.2 지방성 저장 물질

미생물의 저장 물질로 알려진 지방성 물질로는 poly-β-hydroxybutyrate (PHB)를 비롯한 poly-β-hydroxyalkanoate (PHA), triacylglyceride, wax ester, 탄화수소 등이 있다. PHB는 생분해가 가능한 plastic의 제조에 이용될 수 있으며, 탄화수소를 저장 물질로 합성하는 광합성 조류(algae)는 태양 에너지를 액체 연료로 전환시킬 수 있는 등 산업적인 이용 가능성 때문에 지방성 저장 물질에 관한 연구가 많이 이루어지고 있다.

이러한 지방성 저장 물질은 원형질체에서 inclusion체로 저장되며, 이 inclusion체에는 이를 대사하는 많은 종류의 효소 단백질이 포함되어 있다. 원핵세포에서 가장 일반적인 저장 물질인 PHA는 진핵세포에서는 알려지지 않았다. 반면에 진핵세포의 일반적인 저장 물질인 triglyceride는 극히 일부의 원핵세포에서 발견된다. Wax ester와 탄화수소는 주로 세균에서 알려져 있다.

13.2.2.1 Poly-β-hydroxyalkanoate

PHB를 포함하여 모든 poly-β-hydroxyalkanoate(PHA)는 세균과 archaea에서만 알려진 저장 물질로서 다음의 구조식을 갖는다.

$$
\begin{array}{l}
\text{HO-CH-CH}_2\text{-C-[O-CH-CH}_2\text{-C]}_n\text{-O-CH-CH}_2\text{-COOH} \\
\quad\;\;\,|\qquad\qquad\;\,\|\quad\;\;\,|\qquad\qquad\;\,\|\quad\;\;\,| \\
\quad\;\;\text{R}\qquad\qquad\text{O}\quad\;\text{R}\qquad\qquad\text{O}\quad\;\text{R}
\end{array}
$$

위의 구조식에서 R = CH_3인 PHA가 PHB이다. PHA를 형성하는 단량체의 조성은 합성하는 세균

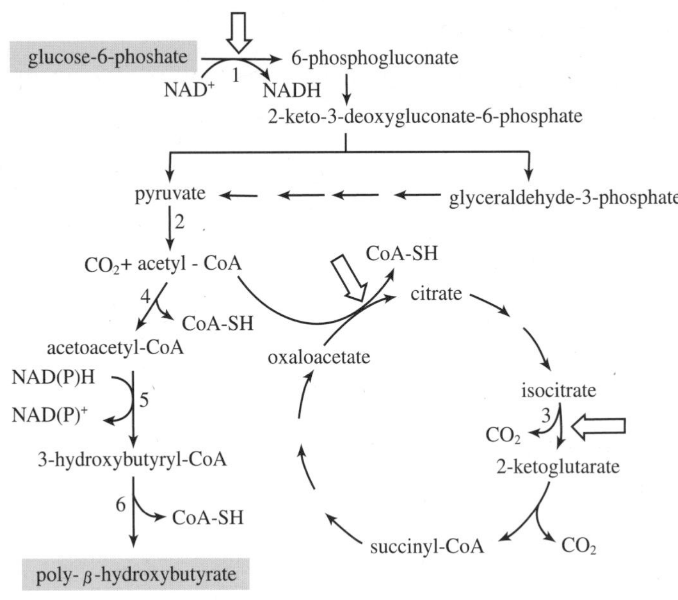

그림 13.3 *Azotobacter beijerinckii*의 중심 대사와 PHB 합성 경로.

산소의 공급이 제한된 조건에서 NAD/NADH의 비율이 낮아지면 ED 경로의 glucose-6-phosphate dehydrogenase(1)를 비롯하여 pyruvate dehydrogenase(2), isocitrate dehydrogenase(3) 등 NAD^+를 조효소로 이용하는 효소들이 저해되므로, acetyl-CoA는 TCA 회로로 대사되지 못하고 acetoacetyl-CoA를 통해서 PHB의 합성에 이용된다. PHB 합성 과정에서 NADH가 산화되므로 PHB의 합성은 에너지원의 저장 역할과 함께 산소가 결핍한 조건에서 해당 경로를 유지시켜 주는 NADH의 산화(electron sink) 역할도 한다. 화살표(⇨)의 반응이 저해될 때 PHB가 합성된다.

1. Glucose-6-phosphate dehydrogenase; **2.** Pyruvate dehydrogenase; **3.** Isocitrate dehydrogenase; **4.** Acetyl-CoA acetyltransferase(thiolase); **5.** 3-Hydroxybutyryl-CoA dehydrogenase; **6.** 3-Hydroxybutyryl-CoA polymerase.

에 따라 약간의 차이가 있으나 모든 경우 3-hydroxybutyrate가 90% 이상을 차지하며, 그 외에는 탄소수가 5, 6, 7 또는 8인 3-hydroxyalkanoate들이 약간 포함되어 있다. 따라서 이 저장 물질을 일반적으로 poly-β-hydroxybutyrate라 한다. 보통 PHB는 분자량이 10^6 이상인 고분자로 존재하여 물에 불용성이기 때문에 세포 내에서 삼투압을 증가시키지 않을 뿐만 아니라 당보다 에너지 함량이 높은 더욱 환원된 상태이므로 저장 물질로서 적합하다.

Ralstonia eutropha(*Alcaligenes eutrophus*)나 *Azotobacter beijerinckii* 등은 산소와 질소원의 제한 상태에서 균체 중량의 80% 이상을 PHB로 합성한다. *R. eutrophus*를 이용하여 PHB를 생산하고, 이것을 생물에 의해 쉽게 분해되는 plastic으로 제조하는 공정이 개발되었다.

전술한 바와 같이 저장 물질인 PHB는 탄소 이외의 영양이 제한될 때 합성이 유도된다. 많은 종류의 세균은 질소 등 영양이 제한된 조건에서 균체 중량의 3% 정도의 PHB를 축적하지만, 산소가 결핍된 상태에서는 80%까지도 축적한다.

PHB는 acetyl-CoA가 혐기성 세균의 butyrate 발효와 유사한 경로를 통해 3-hydroxybutyrate로

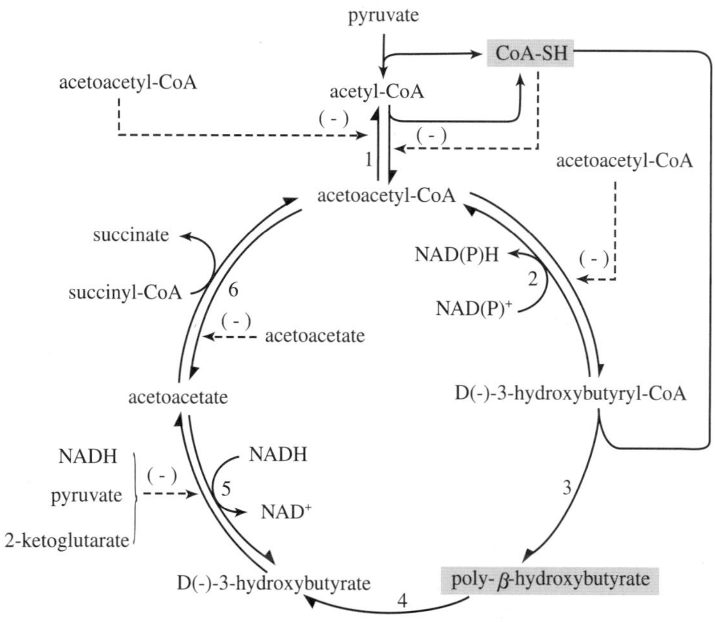

그림 13.4 *Azotobacter beijerinckii*의 PHB 분해 경로와 조절.

저장 물질로서 합성되는 PHB는 산소의 공급이 제한되는 조건에서 electron sink로도 작용하기 때문에 PHB의 분해는 pyruvate, 2-ketoglutarate 등 중심 대사 경로의 대사 중간 산물에 의해서도 저해되지만, NADH에 의해서도 저해된다. PHB는 acetoacetate로 분해되어서 succinyl-CoA로부터 coenzyme A를 받아 acetoacetyl-CoA로 합성된다. Acetoacetyl-CoA는 PHB의 합성에도 이용되기 때문에 합성과 분해 반응이 잘 조절되어야만 succinyl-CoA 형태의 고 에너지 결합을 상실하는 futile cycle을 방지할 수 있다.

1. Acetoacetyl-CoA acetyltransferase; **2.** 3-Hydroxybutyryl-CoA dehydrogenase; **3.** 3-Hydroxybutyryl-CoA polymerase; **4.** PHB depolymerase; **5.** 3-Hydroxybutyrate dehydrogenase; **6.** Coenzyme A transferase.
－ : 저해

중합되고 환원되어서 합성된다(그림 13.3).

*Azotobacter beijerinckii*는 당을 Entner-Doudoroff(ED) 경로로 대사하며, 산소의 공급이 충분할 때는 NADH를 전자 전달계를 통해 산화하여 ATP를 생산한다. 산소 공급이 제한된 상태에서는 NADH가 축적되므로 NAD^+를 조효소로 이용하는 glucose-6-phosphate dehydrogenase, citrate synthase, isocitrate dehydrogenase 등이 저해를 받게 된다. 이러한 조건에서 acetyl-CoA acetyltransferase를 비롯한 PHB 합성 경로의 효소들이 acetyl-CoA로부터 PHB를 생산하면서 NADH를 산화시킨다. 따라서 PHB는 acetyl-CoA를 저장 물질로 축적할 뿐 아니라, 산소의 공급이 부족할 때는 해당 경로에서 발생하는 전자를 제거하는 electron sink의 역할도 한다.

PHB가 분해될 때는 합성될 때와 달리 coenzyme A를 이용하지 않고 PHB depolymerase의 작용을 받아 3-hydroxybutyrate를 생산한다. 3-Hydroxybutyrate는 탈수소화되어 acetoacetate로 환원되며, 이어서 succinyl-CoA로부터 coenzyme A를 받아 acetoacetyl-CoA가 되어 acetyl-CoA를 통해

대사된다. Acetoacetyl-CoA는 합성과 분해 반응 모두에 관여하므로 futile cycle을 방지하기 위해 acetoacetyl-CoA를 합성하거나 분해하는 반응은 각종 대사 산물의 농도에 따라 조절된다(그림 13.4)

13.2.2.2 Triacylglyceride

Triacylglyceride의 축적은 세균, 효모, 곰팡이 등 모든 종류의 미생물에서 이루어진다(표 13.2). *Mycobacterium*, *Nocardia*, *Rhodococcus*, *Streptomyces*, *Micromonospora, Gordonia* 등 actinomycetes에 속하는 세균이 triacylglyceride를 저장 물질로 이용하며, 이 중 *Rhodococcus opacus*는 triacylglyceride를 건조 균체 중량의 87%까지 축적한다. 효모가 축적하는 triacylglyceride의 조성과 성질이 식물성 유지와 유사하여 식용유지 생산을 위한 연구가 많이 진행되였다.

Triacylglyceride의 합성은 제6장, 6.6.2.1에서 공부한 phosphatidic acid의 합성과 같이 glycerol-3-phosphate와 acetyl-CoA로부터 시작된다. Triacylglycerol의 합성을 위해 phosphatidate

표 13.2 Triacylglyceride를 저장 물질로 합성하는 미생물.

미생물	지방 함량	미생물	지방 함량
세균		곰팡이	
Arthrobacter AK19	78	*Phycomycetes*	
조류		*Blakeslea trispora*	37
Chlorella pyrenoidosa	37	*Cunninghamella echinulata*	45
C. vulgaris	40	*C.elegans*	56
Dunaliella salina	47	*Entomophthora coronata*	47
Monalanthus salina	70	*Mortierella isabellina*	63~86
Neochloris oleoabundans	35~54	*M. vinacea*	66
Ochromonas danica	39~71	*Mucor circinelloides*	65
Scenedesmus dimorphus	16~40	*M. ramannianus*	56
S. obliquus	49	*Pythium ultimum*	48
효모		*Asomycetes*	
Candida curvata	57~58	*Aspergillus nidulans*	51
Candida sp.107	42	*A. terreus*	57
(NCYC 911)		*Fusarium bulbigenum*	50
Cryptococcus albidus	55~63	*Gibberella fujikuroi*	48
C. terricolus	65	*Penicillium lilacinum*	56
Endomycopsis vemalis	65	*P. spinulosum*	64
Geotrichum candidum	50	*Hyphomycetes*	
Lipomyces lipofer	64	*Cladosporium herbarum*	49
L. starkeyi	63	*Ustilaginaceae*	
Rhodosporidium toruloides	66	*Spacelotheca reiliana*	41
Rhodotorula glutinis	71	*Tolyposporium ehrenbergii*	41
R. graminis	41	*Ustilago zeae*	59
Trichosporon cutaneum	45		
T. pullulans	65		

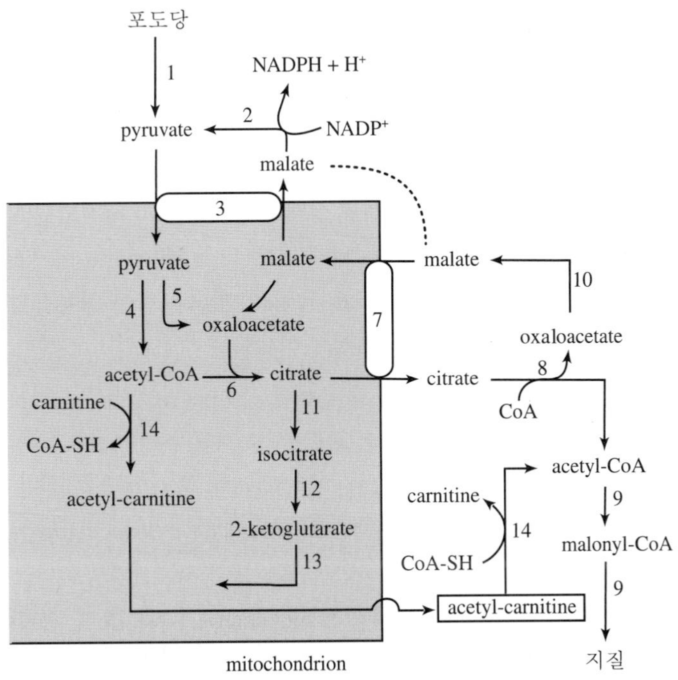

그림 13.5 효모가 Triacylglyceride를 합성하는 대사 경로.

진핵세포 생물은 mitochondria 안에서 pyruvate를 acetyl-CoA로 산화시키며, 원형질체에서 acetyl-CoA를 이용하여 지방산을 합성하기 때문에 acetyl-CoA가 원형질체 쪽으로 운반되어야 한다(제3장, 3.11.2). Triacylglyceride를 저장 물질로 합성하는 효모는 acetyl group shuttle 메커니즘을 통해서 acetyl기를 운반하며, 그렇지 않은 효모는 carnitine을 acetyl기의 운반체로 이용하기 때문에 acetyl group shuttle의 ATP:citrate lyase가 효모에 있어서 triacylglyceride 합성의 key enzyme이 된다. **1.** EMP 경로; **2.** Malate enzyme; **3.** Dicarboxylate translocase; **4.** Pyruvate dehydrogenase; **5.** Ppyruvate carboxylase; **6.** Citrate synthase; **7.** Tricarboxylate translocase; **8.** ATP:citrate lyase; **9.** 지방산 합성 경로; **10.** Malate dehydrogenase; **11－13.** TCA 회로; **14.** Carnitine acyltransferase.

phosphatase가 phosphatidic acid를 탈인산화하고, diacylglycerol acyltransferase가 acyl-ACP로부터 acyl기를 diacylglycerol로 이전한다.

원핵세포 생물에서는 pyruvate를 acetyl-CoA로 탈탄산시키는 반응과 지방산 합성이 다 같이 원형질체에서 이루어진다. 그러나 진핵세포에서 pyruvate의 탈탄산 반응은 mitochondria에서, 그리고 지방산의 합성은 원형질체에서 이루어지므로 지방산이 합성되기 위해서는 acetyl-CoA가 mitochondria로부터 원형질체로 운반되어야 한다(제3장, 3.11.2).

Acetyl-CoA를 비롯한 coenzyme A와 acyl-CoA는 mitochondria의 내막을 통과할 수 없으므로 acetyl-CoA로부터 acetyl기가 carnitine으로 이전되어 carnitine에 결합한 상태로 운반되거나, acetyl group shuttle 메커니즘을 통해 citrate 형태로 운반된다(제3장, 3.11.2).

Triacylglyceride를 축적하지 않는 진핵세포 미생물들은 동물에서 지방산 잔기를 mitochondria

안으로 운반하는 carnitine을 acetate 운반체로 이용하지만, triacylglyceride를 축적하는 미생물은 acetyl-CoA를 citrate형태로 mitochondria로부터 원형질체로 운반한다(그림 13.5). Citrate는 ATP:citrate lyase의 작용으로 ATP의 에너지를 이용하여 acetyl-CoA와 oxaloacetate로 분해된다. 따라서 ATP:citrate lyase는 triacylglyceride를 축적하는 진핵세포 미생물의 고유한 효소이다.

Triacylglyceride는 탄소원이 충분한 상태에서 다른 영양분, 특히 질소원이나 산소의 공급이 제한될 때 축적된다. 질소원이나 산소의 공급이 제한된 상태에서 NADH가 축적되면 NAD^+에 의해 활성이 촉진되는 isocitrate dehydrogenase가 활성을 잃게 되므로 mitochondria 내에 citrate 농도가 높아진다. 이 citrate가 원형질체로 이동하여 ATP:citrate lyase의 작용을 받아 원형질체 중 acetyl-CoA의 농도를 높이게 된다. 이 acetyl-CoA는 지방산 합성에 이용된다.

13.2.2.3 탄화수소와 wax ester

Acinetobacter, *Moraxella*, *Micrococcus*, *Corynebacterium, Nocardia* 등 많은 세균이 질소 제한 조건에서 wax ester를 저장 물질로 합성한다. 특히 *Acinetobacter calcoaceticus*는 건조 균체 중량의 25% 까지 이 저장 물질을 합성한다.

탄화수소(hydrocarbon)도 triacylglyceride처럼 cyanobacteria, 세균, 효모, 곰팡이 등 모든 종류의 미생물에서 발견되며, 특히 조류(algae)에서 많이 알려지고 있다. 탄화수소가 이들 미생물의 저장 물질로 작용하는지는 확실치 않으며, 어떠한 조건에서 축적되는 지도 밝혀지지 않았다. 다만 저영양 상태에서 광합성으로 생장하는 조류에서 많이 발견되고 있으므로 저장 물질로 판단된다. 미생물에서 발견되는 탄화수소는 isoprenoid 계통과 비 isoprenoid 계통으로 분류된다. 표 13.3에 탄화수소를 축적하는 조류와 이들의 탄화수소를 나열하였다.

호주의 Darwin 강에 있는 상수원에서 갈조 현상(brown algal bloom)이 일어났을 때 분리된 *Botrycoccus braunii*는 isoprenoid 계열의 탄화수소를 균체량의 80% 이상 축적하는 것으로 밝혀져 태양열을 이용한 액체 연료 생산에 관한 연구가 진행되고 있다.

하수 처리장에서 분리한 *Vibrio furnissii*에 속하는 한 균주는 균체 중량의 1.2배에 달하는 세포외 lipid를 생산하며, 이 중에서 반 정도가 탄소수 15~24인 지방족 탄화수소(alkane)로 분석되었다. 이 세균에서 탄화수소가 저장 물질로 이용되는지는 알려지지 않았다.

13.2.3 Polypeptide계 저장 물질

Cyanobacteria는 glycogen, poly-β-hydroxybutyrate(PHB), polyphosphate 등 다른 미생물에서와 같은 저장 물질을 축적하며, polypeptide 계의 저장 물질도 이용한다. 대부분의 cyanobacteria는 질소와 탄소의 저장 물질로서 polyaspartate 분자에 aspartate 한 분자 당 arginine 한 분자가 결합한 cyanophycin을 축적한다.

표 13.3 조류 (Algae)에 의해 축적되는 탄화수소의 조성.

조류	주된 탄화수소													
녹조류(green algae)	15:0	15:1	17:0	17:1	17:2	17:3	19:5	19:6	21:5	21:6	23:0	24:0	25:0	26:0
Enteromorpha compressa				96										
Ulva lactuca				88					2.2	4.0				
Spongomorpha arcta							9.4	6.7	22.0	60.0				
Codium fragile			89.0	5.9										
갈조류(brown algae)														
Ectocarpus fasciculatus	7.0									91.0				
Pilayella littorales										98.0				
Leathesia difformis	59.0		3.6								5.7	13.0	6.0	5.4
Punctaria latifolia	85.0									5.9				
Scytosiphon lomentaria	38.0		11.0	15.0		4.2	19.0							
Chorda filum	38.0		2.3						37.0	10.0				
Chorda tomentosa	31.0						2.5	2.7	17.0	47.0				
Laminaria agardhii	73.0								2.8	3.8	2.4		4.2	5.0
Laminaria digitata	64.0						17.0	9.7						
Ascophyllum nodosum	56.0				23.0	4.6		5.8						
Fucus distichus	98.0													
적조류(red algae)														
Porphyra leucosticta		15.0	17.0											
Dumontia incrassata			98.0				62.0							
Chondrus crispus			99.0											
Rhodymenia palmata			99.0											
Ceramium rubrum			96.0											
Polysiphonia urceolata			96.0											

13.2.3.1 Cyanophycin

Cyanophycin의 구조는 그림 13.6에서 보는 바와 같이 aspartate의 직쇄상 고분자에 arginine이 결합되어 있는 형태로 분자량이 25,000~125,000 정도이다. 질소 공급이 과다하거나 빛이 불충분할 때, 또는 인산염, 황산염 등의 공급이 제한된 상태에서 이 polypeptide가 합성된다. 단백질이나 핵산 등 질소를 함유하고 있는 고분자 물질의 합성을 저해하여도 cyanophycin의 축적이 촉진된다.

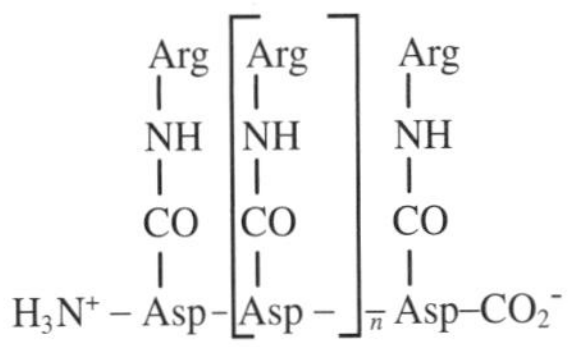

```
          Arg  ┌Arg ┐  Arg
           |   | |  |   |
           NH  | NH |   NH
           |   | |  |   |
           CO  | CO |   CO
           |   | |  |   |
H3N+ – Asp–└Asp –┘n Asp–CO2-
```

그림 13.6 Cyanobacteria의 Peptide계 저장 물질인 Cyanophycin의 구조.

Cyanophycin의 합성은 단백질 합성 저해제인 tetracycline에 의해서 저해를 받지 않는다. 이 사실로부터 cyanophycin은 일반적인 리보좀에 의한 단백질의 합성과는 다른 메커니즘을 통해서 합성되는 non-ribosomal peptide합성(제6장, 6.8.2)의 한 예이다.

기존의 cyanophycin에 aspartate와 arginine을 결합시키는 효소가 정제되었다. 이 효소가 반응할 때 ATP, KCl, $MgCl_2$, −SH기를 갖는 화합물 등을 필요로 한다는 것 외에는 이 화합물의 합성 메커니즘은 알려지지 않고 있다.

빛이 충분하고 질소 공급이 제한될 때, 즉 cyanophycin의 합성이 촉진되는 조건과 반대되는 조건에서는 cyanophycin이 분해되어 암모니아와 이산화탄소를 생산한다. 이때 탄소 부분이 단지 광합성에 필요한 이산화탄소만을 공급하는지 또는 분해 과정에서 ATP가 합성되는지는 확실하지 않다. 이 저장 물질의 분해 조절 작용은 잘 알려져 있지 않으나, 질소 고정 능력이 있는 heterocyst에서 cyanophycin의 합성효소와 분해효소의 활성이 질소 고정 능력이 없는 vegetative cell에서보다 높다는 것이 알려져 있다.

13.2.3.2 Phycocyanin

질소의 공급이 제한된 조건에서 cyanobacteria가 생장할 때는 antenna molecule로 작용하는 phycocyanin을 분해하여 질소원으로 이용한다. Cyanobacteria가 phycocyanin을 정상적인 농도로 유지할 때는 푸른색에 가까운 초록색을 띠지만, 질소 제한 조건에서 생장하면 청색을 띠는 phycocyanin이 분해되어 황색에 가까운 초록색으로 변한다. 엄밀한 의미에서 phycocyanin은 저장 물질이라기 보다는 광합성 기구의 구성 물질이다.

13.2.4 Polyphosphate

오래전부터 toluidine blue 등 염기 색소로 염색할 때 세포 내 granule로 존재하는 polyphosphate가 진핵세포는 물론 원핵세포 미생물에서 알려졌다. Polyphosphate는 인산이 탈수 결합한 직쇄상의 구조를 갖고 있으며, 인산기의 수가 2~100만까지로 분자의 크기가 다양하다(그림 13.7). 이 인산 화합물은 인산이 부족한 조건에서 핵산 합성에 이용되며, 여러 가지 반응에서 ATP를 대체하는 에너지원으로 이용되므로 인산 및 에너지 저장 물질로 작용하는 것이 확실하다. Polyphosphate가 강한 음이온성으로 1) 저장 물질의 기능 외에도, 2) 세포 안의 무기 양이온의 농도를 조절하고, 3) 세포막 구

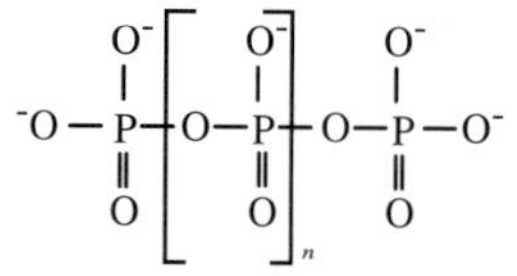

$$^{-}O-\overset{\overset{O^-}{|}}{\underset{\underset{O}{\|}}{P}}-\left[O-\overset{\overset{O^-}{|}}{\underset{\underset{O}{\|}}{P}}\right]_n-O-\overset{\overset{O^-}{|}}{\underset{\underset{O}{\|}}{P}}-O^-$$

그림 13.7 Polyphosphate의 구조.

조를 안정화시키며, 4) 유전자의 발현과 효소 활성을 조절하는 등의 역할을 갖는다.

13.2.4.1 Polyphosphate의 합성

Polyphosphate는 ATP나 EMP 경로의 대사 중간 산물인 1,3-diphosphoglycerate에서 인산기가 기존의 polyphosphate로 이전되어 합성된다. ATP로부터 polyphosphate를 합성하는 반응을 촉매하는 효소는 ATP-polyphosphate phosphotransferase(polyphosphate kinase)로서 ATP의 인산기를 기존의 polyphosphate로 이전한다. 이 반응은 가역 반응으로 역반응에서 ADP 뿐만 아니라 GDP, UDP 그리고도 CDP도 기질로 작용한다.

$$(P)_n + ATP \xrightarrow{\text{polyphosphate kinase}} (P)_{n+1} + ADP$$

1.3-diphosphoglycerate-polyphosphate phosphotransferase는 EMP 경로의 중간 산물인 1.3-diphosphoglycerate를 인산 공여체로 이용하여 다음과 같이 polyphosphate를 합성한다.

```
         CH2–O–PO3^2-                       CH2–O–PO3^2-
         |                                  |
(P)n +   CHOH          ———————→   (P)n+1 +  CHOH
         |                                  |
         C–O–PO3^2-                         C–O^-
         ||                                 ||
         O                                  O

1,3-diphosphoglycerate              3-phosphoglycerate
```

*Escherichia coli*에서 polyphosphate의 합성은 stringent response(제12장, 12.2.1)에서 생산되는 (p)ppGpp의 농도가 높은 조건에서 이루어지며, two-component system의 하나인 *pho* system(제12장, 12.2.3)의 regulator로 작용하는 PhoB를 생산하지 않는 변이주는 이를 생산하지 못한다. 이러한 결과는 polyphosphate의 합성이 복잡한 조절 작용으로 이루어지는 것을 알 수 있다.

13.2.4.2 Polyphosphate의 분해

Polyphosphate로부터 인산이 가수분해될 때 일어나는 free energy 변화는 약 −38KJ로서 ATP와 1.3-diphosphoglycerate 각각의 분해로 얻어지는 free energy 변화인 −30.5KJ과 −49.4KJ의 중간이다. 앞에서 밝힌 바와 같이 ATP-polyphosphate phosphotransferase(polyphosphate kinase)는 polyphosphate의 합성은 물론 ATP 등 nucleoside triphosphate를 합성하면서 polyphosphate를 분해하기도 한다. 이 효소 외에 여러 종류의 미생물에는 polyphosphate를 분해하는 효소가 알려지고 있다. Mycobacteria와 corynebacteria에 속하는 몇몇 세균들은 AMP phosphotransferase를 보유하고 있어서 polyphosphate로부터 AMP로 인산을 이전시켜 ADP를 합성하는 능력이 있다. 그러나 이 효소의 AMP에 대한 *Km* 값이 정상적인 상태의 세포 내의 AMP 농도보다 훨씬 높은 20mM 정도이기 때문에 이 효소의 생리적인 역할은 분명하지 않다. Polyphosphate를 축적하는 *Acinetobacter*속 세균의 한 균주는 AMP에 대한 *Km* 값이 0.26mM로 낮은 polyphosphate:AMP phosphotransferase를 보유하고 있다.

$$(P)_n + AMP \xrightarrow{\text{AMP phosphotransferase}} (P)_{n-1} + ADP$$

Polyphosphate glucokinase는 polyphosphate의 말단 인산기를 포도당으로 이전시켜 glucose-6-phosphate를 생산한다. 이 효소는 *Propionibacterium, Micrococcus*속에 속하는 세균에서 발견되었다.

$$(P)_n + Glucose \xrightarrow{\text{Polyphosphate glucokinase}} (P)_{n-1} + Glucose\text{-}6\text{-}phosphate$$

Klebsiella pneumoniae(*Krebsiella aerogenes*)는 polyphosphatase를 보유하고 있기 때문에 에너지를 보전하지 않고, polyphosphate를 인산으로 분해하여서 생합성에 이용한다. 이 효소가 없는 변이주도 정상적으로 생장하므로 이 효소의 생리적 역할도 확실치 않다.

$$(P)_n + H_2O \xrightarrow{\text{Polyphosphatase}} (P)_{n-1} + P_i$$

13.2.4.3 Pyrophosphate

인산 2분자가 결합한 pyrophosphate(PP_i)는 핵산 합성 등 nucleoside triphosphate가 관여하는 많은 합성 반응에서 생산되어 phosphatase에 의해 분해된다. 이 반응의 free energy 변화는 −28.8 KJ로서 ATP나 polyphosphate보다 낮다. 그러나 몇몇 미생물에 있어서는 pyrophosphate가 ATP와 유사한 역할을 담당하는 예도 있다.

제9장 9.3.2에서 공부한 바와 같이 *Desulfotomaculum*속 세균은 phosphatase의 활성을 낮게 유지하며, pyrophosphate와 acetate에 작용하여 acetyl-phosphate를 합성하는 acetate:pyrophosphate kinase를 보유하고 있기 때문에 pyrophosphate는 acetyl-phosphate를 거쳐 ATP합성에 이용된다.

Purple nonsulfur bacteria의 일종인 *Rhodospirillum rubrum*의 원형질막에는 pyrophosphate의 분해와 합성을 촉매하는 pyrophosphate phosphohydrolase가 있다. 이 효소는 광합성 작용으로 이루어지는 전자 전달 과정에서 발생하는 에너지를 이용하여 PP_i를 합성하며, 이를 분해하면서 H^+을 막 밖으로 방출하는 역할을 한다.

*Propionibacterium shermanii*는 당을 EMP 경로로 대사하여 pyruvate를 생산하고 succinate-propionate경로(제8장, 8.7.1)를 통해서 propionate를 생산한다. EMP 경로의 phosphofructokinase와 pyruvate kinase에 의해 촉매되는 반응이 이 세균에서는 PP_i를 이용하는 효소에 의해 이루어진다.

$$Fructose\text{-}6\text{-}phosphate + PP_i \xrightarrow{\text{Pyrophosphate fructokinase}} Fructose\text{-}1.6\text{-}diphosphate + P_i$$

$$PEP + AMP + PP_i \xrightleftharpoons{\text{Pyruvate phosphate dikinase}} Pyruvate + ATP + P_i$$

13.3 휴면 상태의 세균 세포

영양 성분의 부족 등 환경 조건이 생장에 적합하지 않을 때 많은 종류의 미생물에서 세포 분화(differentiation)가 일어난다. 공생으로 질소를 고정하는 *Rhizobium* 속 세균이 숙주 식물의 뿌리혹에서 형성하는 bacteroid(제6장, 6.2.1.2), *Anabaena*속 cyanobacteria가 호기적 조건에서 질소를 고정할 때 일부의 세포가 heterocyst로 되는 형태 변화(제6장, 6.2.1.2,), 방선균과 *Bacillus, Clostridium* 등의 포자, 그람음성 세균이 형성하는 viable but non-culturable cell(VBNC), *Caulobacter cereus*의 swarmer cell, myxobateria의 fruiting body와 포자 등 많은 예가 알려지고 있다. 포자를 형성할 때 모세포(mother cell)는 용균(lysis)되며, bacteroid와 heterocyst는 vegetative cell로 되돌아가지 못하기 때문이 이러한 세포 분화를 programmed cell death라 부른다. 진핵세포 생물의 발생(development)에서 기능을 다한 세포 또는 열, 독성 물질 등으로 손상된 세포를 제거하여 조직이나 개체를 보존하기 위한 세포 자살(apoptosis)처럼 세균의 programmed cell death를 전체 population 중에서 일부의 생존을 돕기 위해 나머지 세포가 사멸하는 현상으로 해석한다. 이러한 견해는 단세포 미생물도 자연계에서 다세포 고등 생물처럼 여러 세포가 하나의 군집으로 생장한다는 가설과 일치한다. 미생물이 고체 표면에서 특유의 형태를 형성하는 biofilm을 이러한 예로 들 수 있다. 이 biofilm에서 분리되는 단세포는 식물의 씨앗과 같은 번식 현상으로 보고 있다. Biofilm, swarmer cell 그리고 포자의 형성에서 two-component system(제12장, 12.2.11)이 중요한 역할을 담당한다.

13.3.1 *Bacillus subtilis*의 포자 형성

Bacillus, Clostridium 등 몇 종류의 세균은 기질의 공급이 제한되는 등 생장이 어려운 환경에 이르면 포자를 형성하여 필요한 maintenance energy를 줄일 수 있다. 포자 형태의 세포는 생명을 유지하는 능력이 강하다. Butanol을 생산하는 *Clostridium* 속 세균의 butanol 생산성을 유지시키기 위해 일반적으로 포자를 건조 상태의 토양과 혼합하여 보존한다. 토양에 보존한 *Clostridium* 속 세균의 포자를 45년 이상 생명을 유지한다.

많은 세포의 분화(differentiation)에서처럼 포자의 형성도 환경인자와 세포 대사 및 세포 주기의 각종 인자가 복잡한 신호 전달(signal transduction)계를 통해 조절된다. 포자가 형성되는 과정에서는 세균이 증식할 수 없다. 이러한 조절은 phosphorelay로 알려진 일련의 인산기의 전달로 인산화되는 Spo0A(two-component response regulator)가 포자 형성에 관여하는 유전자의 발현을 촉진하고 세포 분열에 관여하는 유전자의 발현을 억제하는 기능을 통해 이루어진다(그림 13.8). Phosphorelay의 여러 단계가 각종 신호에 따라 조절된다.

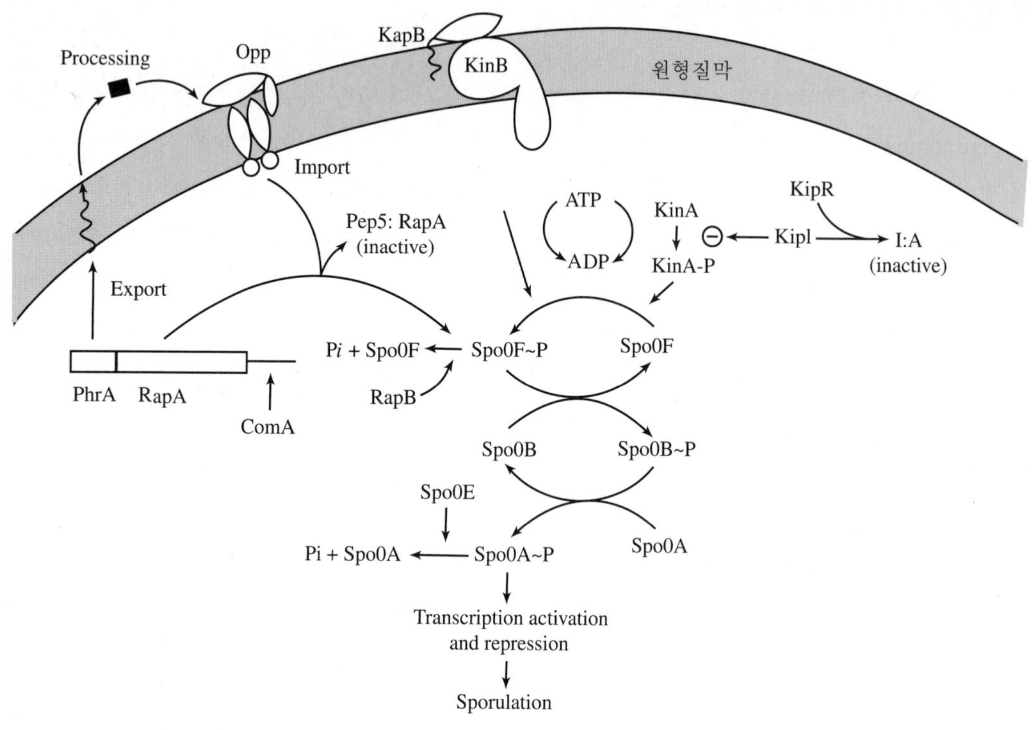

그림 13.8 *Bacillus subtilis*의 포자 형성 조절(Trends Microbiol. 1998, 6:366-370, Curr. Opin. Microbiol. 1998, 1:170-174).

Sporulation kinase A(KinA)와 B(KinB)가 ATP를 소비하면서 인산화되고 이 인산기가 Spo0F와 Spo0B를 통해 Spo0A까지 전달된다. 이러한 인산기 전달을 phosphorelay라 부르며, 인산화된 Spo0A가 포자 형성에 관여하는 유전자의 발현을 촉진하고 생장에 관여하는 유전자의 발현을 억제한다. 원형질막 단백질인 KinB의 인산화는 KapB에 의해 조절된다. KapB가 어떤 환경 변화의 신호로 KinB의 인산화를 조절하는지는 알려지지 않았다. 원형질체 단백질인 다른 sporulation kinase A(KinA)의 활성을 조절하는 anti-kinase(KipI)와 anti-anti-kinase(KipR)도 어떤 신호에 의해 조절되는지 알려지지 않았다. 인산화된 Spo0F를 탈인산화하여 phosphorelay를 저해하기도하며, Spo0E는 인산화된 Spo0A를 탈인산화하는 phosphatase 활성을 갖는다. RapA와 RapB가 Spo0F-P를 탈인산화한다. *phrA*에서 생산되는 peptide가 원형질막 밖으로 운반되면서 signal peptide가 분리되고 다시 세포 안으로 운반된 다음 RapA의 활성을 저해한다. 마찬가지로 어떤 신호가 PhrA, RapB, Spo0E의 활성을 조절하는지 알려지지 않았다.

KapB : Kinase-associated protein B,
KinB : Sporulation kinase B,
KipR : Anti-anti-kinas(*kip* operon transcriptional regulator),
RapB : Response regulator aspartate phosphatase B,
Spo0A : Two-component response regulator,
Spo0E : Negative sporulation regulatory phosphatase,
SpoIIGA : Sporulation sigma-E factor processing peptidase
KinA : Sporulation kinase A,
KipI : Anti-kinase(KinA inhibitor),
RapA : Response regulator aspartate phosphatase A,
PhrA : Phosphatase (RapA) inhibitor,
Spo0B : Sporulation initiation phosphotransferase,
Spo0F : Two-component response regulator

13.3.2 포자 이외의 휴면 세포

13.3.2.1 Cysts

포자 외에도 *Azotobacter, Cytophaga*속 등에 속하는 세균은 휴면 세포인 포낭(cyst)을 형성한다. 포낭은 보통 vegetative cell과 형태가 다르고 열에 대한 내성이 없다는 것이 포자와 다르나 건조한 상태, 자외선 등에는 포자와 같이 내성을 갖는다. Cyst의 외벽은 주로 alginate와 단백질로 이루어진다(제2장, 2.3.6). Cyst의 형성에 관해서는 외벽(exine)의 주성분이 되는 alginate의 합성에 관여하는 유전자가 σ^E에 의해 transcribe된다는 정도이다.

13.3.2.2 Viable but Non-culturable (VBNC) Cells

해양이나 토양 등에 서식하는 세균 중에는 영양 상태가 나쁠 때 또는 실험실에서 배양하는 미생물이 장기간 방치되었을 때 1) 아미노산 흡수, 2) 단백질, RNA 등의 합성, 3) 호흡 등의 방법으로 측정할 수 있는 대사 능력은 있으나 한천 고체 배지에서 증식하지 못하는 예를 볼 수 있다. 이러한 상태의 미생물을 viable but non-culturable(VBNC) 세포라 한다. VBNC 세포는 일반적으로 왕성하게 생장할 때보다 세포의 크기가 작으며, 주로 그람음성 세균에서 알려지고 있다. 최근 일부의 VBNC를 배양하는 기술이 개발되는 등의 사실로부터 이들을 yet-to-be-cultured라고 표현하기도 한다. 미생물은 기질의 농도가 낮아지면 stringent response를 통한 대사 조절로 각종 stress에 대한 내성을 증가시킨다(제12장, 12.2.1). 포자 또는 cyst를 형성하지 않는 미생물에서 stringent response가 휴면 세포로 변형되는 한 형태로 볼 수 있다. VBNC 세포가 휴면 세포의 한 형태인지 사멸되는 과정에 있는 세포인지는 더 많은 연구가 필요하다.

일반 고체 배지에서 생장하지 못하는 성질 이외에도 VBNC 세포는 정상적으로 생장하는 세포와 형태학적, 생리학적으로 다른 점이 많다. VBNC 세포는 크기가 작고 세포벽의 교차결합이 더 많으며, 원형질막의 지방산 조성이 다르다. 또한 cold shock protein과 정지기 단백질의 발현이 증가하며, 물질 운반, 호흡, 고분자 합성 등의 활성이 낮다. VBNC 세포가 일반 배지에서 생장하지 못하는 이유를 설명하지 위해 여러 가설이 제안되었다. 이 중 영양 성분의 농도가 높은 조건이 반응성이 높은 radical이 합성을 촉진하기 때문이라는 가설도 있다.

그람양성 세균인 *Micrococcus luteus*가 정지기에 생산하는 단백질이 자신을 포함하여 여러 종류의 high G+C 그람양성 세균에서 VBNC의 생장을 촉진하는 것으로 보고되었다. 이 단백질을 resuscitation-promoting factor(Rpf) 또는 bacterial cytokine이라 부른다. Rpf를 생산하는 유전자와 유사한 유전자가 *Mycobacterium tuberculosis, Corynebacterium glutamicum, Streptomyces* sp. 등 여러 종류의 high G+C 그람양성 세균에서 확인되었다.

13.3.2.3 Nanobacteria

바닷물이나 토양에서 0.2μm 이하의 극히 작은 세포가 오래 전부터 알려져 왔으며, 이들 또한 정상적인 방법으로 배양하면 한천 고체 배지의 표면에서 생장하지 못한다. 이들을 ultramicrobacteria 또는 nanobacteria라 부른다. 이들은 정상적인 크기의 세균이 영양 상태가 낮은 조건에서 변형된 VBNC의 일종으로 알려져 왔으나 바닷물에서 분리한 *Sphingomonas alaskensis*는 왕성하게 생장할 때도 세포의 크기가 비슷하며, 유전체의 크기가 다른 세균에 비해 월등히 적은 저영양성 세균으로 밝혀졌다. 이 세균은 편성 저영양성 세균으로 높은 기질 농도에서는 사멸하며, 고영양성 미생물이 정지기에서 갖는 열, 과산화수소, ethanol 등 각종 stress에 대한 내성을 갖는다.

13.4 미생물 집단(Population)의 생존

13.4.1 세균의 Programmed Cell Death(PCD)

Apoptosis로도 알려진 PCD는 다세포 생물의 일부 세포가 사멸하는 현상이다. 발달 단계에서 더 이상 그 기능이 필요하지 않는 세포 또는 열 등으로 손상된 세포는 조직이나 개체의 생존을 위해 단백질의 분해를 통해 파괴된다. PCD가 진핵세포 특이 현상으로 알려져 왔으나 세균에서도 비슷한 현상이 알려지고 있다. 식물과 공생하면서 질소를 고정하는 bacteroid 또는 cyanobacteria의 heterocyst(제6장, 6.2.1) 등은 분열하지도 않으며, 그 기능이 필요하지 않을 때는 정상 세포로 돌아가지 않고 포자 생산에서 모세포(13.3.1)처럼 분해된다. 이러한 현상들은 PCD의 예로 생각할 수 있다.

열 등으로 손상된 세균 세포는 진핵세포처럼 PCD를 통해 용균된다. PCD를 분열할 수 없을 정도로 손상된 세포가 영양 성분의 농도가 낮은 조건에서 정상 세포와 경쟁하지 않고 용균되어 정상 세포에 영양 성분으로 이용되는 과정으로 해석할 수 있다. 이러한 관점에서 PCD를 개별 세포의 생존이 아닌 집단 생존의 전략으로 생각할 수 있다. 이처럼 세균도 다세포 생물에서처럼 세포 간 상호작용(social behavior)을 갖는다. 특히 고체의 표면에서 막을 형성하여 생장하는 biofilm은 상호작용하는 많은 미생물이 거대 집단을 이루고 있는 예이다. Biofilm은 다양한 메커니즘을 통해 형성된다. 이 중에서 고분자 DNA가 중요한 역할을 담당한다. 집단 중에서 일부의 세포가 PCD를 통해 용균되면서 방출되는 유전체 DNA가 biofilm의 형성과 안정성을 증가시킨다. 이 또한 세균의 상호작용으로 생각할 수 있다. 원핵세포 생물이 형성하는 biofilm은 서로 다른 기능을 갖는 세포의 집단으로, 많은 경우 개별 세포가 아닌 이러한 형태로 자연 생태계에서 생장하는 것으로 판단된다.

*Staphylococcus aureus*에서 용균과 murein 가수분해를 조절하는 여러 종류의 유전자가 확인되었다. 이들은 PCD와 관련되는 조절 단백질을 암호화하는 것으로 믿어지고 있다. 왕성하게 대사하는 세포는 일정 수준 이상의 proton motive force를 유지하기 때문에 세포 표면 미세 환경의 pH가 비교적 낮게 유지된다(제5장, 5.7.2). 그러나 세포가 손상을 받아 proton motive force가 소실되면 세포 표면의 pH가 상승한다. 이러한 pH 변화를 autolysin sensor kinase(LytS)와 sensory transduction protein(LytR)으로 구성되는 two-component system에 의해 감지되어 원형질체로 이 신호가 전

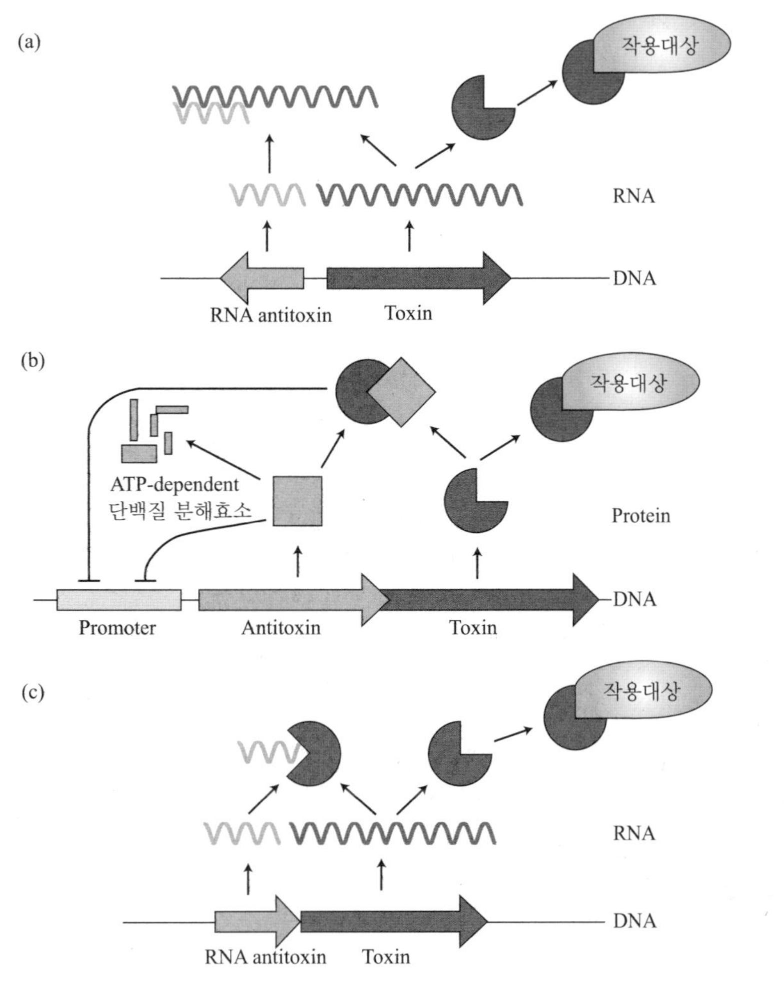

그림 13.9 Toxin/antitoxin(TA) System의 작용 메커니즘(Nat. Rev. Microbiol. 2011, 9:779-790).

a. Antitoxin이 antisense RNA인 type I TA system에서 toxin과 RNA antitoxin 유전자가 별도로 transcribe된 다음 antitoxin RNA가 toxin의 mRNA와 결합하여 toxin 단백질의 합성을 억제한다. Stress 환경에서 antitoxin이 분해되면 toxin mRNA가 toxin 단백질 합성에 이용된다.

b. Type II TA system의 antitoxin과 toxin mRNA는 하나의 promoter에 의해 transcribe되어 단백질 합성에 이용된다. Antitoxin 단백질이 toxin 단백질과 복합체를 형성하여 그 독성을 억제하며, TA operon의 transcription을 autoregulate(제12장, 12.1.8)한다. Stress 환경에서 antitoxin 단백질이 분해되면 TA 복합체로부터 toxin 단백질이 분리되어 작용한다.

c. Type III TA system의 RNA antitoxin은 toxin 단백질과 결합하여 그 독성을 억제한다.

달된다. 이 신호가 murein 가수분해효소의 활성을 저해하는 antiholin-like protein A(LrgA)와 B(LrgB)의 활성을 억제하고 murein 가수분해효소의 활성을 촉진하는 holin-like protein A(CidA)와 B(CidB)를 활성화하여 세포를 용해시킨다. *lrgAB*와 유사한 유전자가 archaea, 그람양성 세균, 그람음성 세균 등 많은 원핵세포에서 확인되었다. 이러한 사실로부터 PCD가 원핵세포에서도 보편적 현상임을 알 수 있다.

13.4.2 Toxin/antitoxin에 의한 Stress 반응

많은 종류의 세균과 archaea의 경우 각종 stress 환경에서 자신의 생장을 억제하거나 죽이는 toxin이 알려지고 있다. 이 toxin은 항상 생산되지만 정상 상태에서 작용하지 않는 것은 그 작용을 억제하는 antitoxin과 복합체를 이루고 있기 때문이다. 일반적으로 antitoxin은 toxin에 비해 안정성이 낮아서 각종 stress 환경에서 쉽게 분해되면서 toxin이 유리되어 작용할 수 있게 된다. Toxin/antitoxin(TA) system은 항생물질 내성, 병원성, biofilm 형성, 진화 등 생리학적으로 중요한 역할을 담당하는 것으로 알려지고 있다. *E. coli*의 경우 8종의 T/A system이 알려져 있으며, 유전체 분석에서 더 많은 TA system이 확인되었다. 다른 세균과 archaea에서도 많은 경우 수십 종의 TA system이 확인되었다.

TA system은 그 조성에 따라 type I, II, III로 분류한다. 모든 type의 toxin은 단백질이며, type I과 III의 antitoxin은 RNA이고 type II antitoxin은 단백질이다. Type I antitoxin은 antisense RNA로 toxin mRNA와 결합하여 단백질 합성을 저해한다. Type III antitoxin RNA는 toxin 단백질과 결합하여 그 활성을 저해한다. 단백질인 type II antitoxin은 toxin 단백질과 복합체를 형성한다(그림 13.9).

Stress환경에서 antitoxin이 분해되어 TA 복합체로부터 유리되는 toxin은 DNA replication, 단백질 합성 등을 저해하여 세포의 생장을 정지시키거나 사멸에 이르게 한다. 앞에서 살펴본 programmed cell death(PCD)처럼 stress환경에서 분열할 수 없을 정도로 손상된 세포는 TA system에 의해서도 용균된다. Toxin이 작용하는 여러 세포 기능 중에서 mRNA를 분해하여 단백질 합성을 저해하는 예가 가장 많으며, 이러한 기능을 갖는 toxin을 mRNA interferase라 부른다. mRNA interferase 중에서 독립적으로 mRNA 상의 특정 서열을 인식하여 분해하는 ribosome independent한 것과 translation 중에 ribosome의 A site에서 mRNA를 분해하는 ribosome dependent mRNA interferase가 있다. 이 같은 mRNA interferase는 mRNA의 안정성에 의한 대사 조절(제12장, 12.1.9)의 한 예이다.

TA system의 발현은 TA 복합체 또는 antitoxin에 의해 저해되며, 불안정한 antitoxin의 농도가 낮아지면 antitoxin의 발현이 이루어진다.

13.5 Bacterial Immune System

세균과 archaea가 외부로부터 침입하는 phage나 plasmid의 DNA와 RNA를 분해하여 자신을 보호하는 bacterial immune system에 여러 단백질과 함께 non-coding sRNA가 작용한다. 동일한 염기서열이 반복되는(clustered regularly interspaced short palindromic repeat, CRISPR) 유전자에서 유래하는 sRNA와 Cas(CRISPR-associated) 유전자에서 유래하는 단백질이 이러한 작용에 관여한

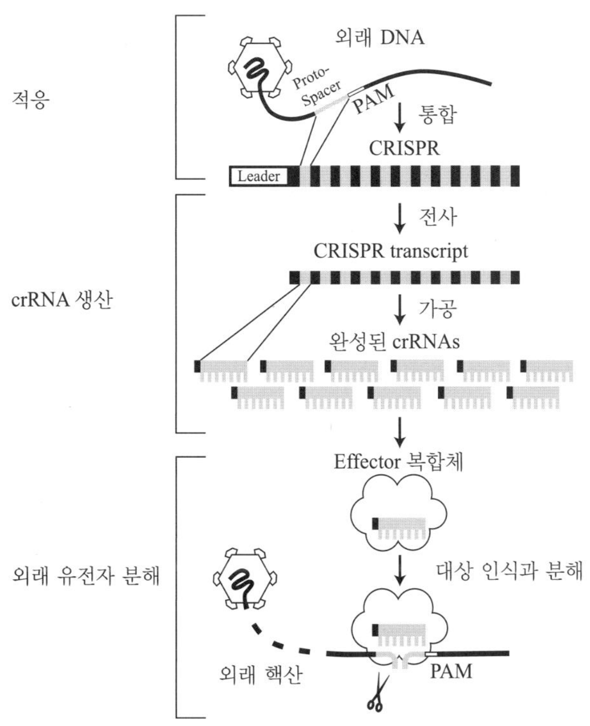

그림 13.10 원핵세포 생물에서 CRISPR-Cas 복합체를 통해 외래 유전물질을 분해하는 Bacterial Immune System(Curr. Opin. Microbiol. 2011, 14:321-327).

적응단계(adaptation phase)에서 외래 유전물질의 일부(protospacer)가 CRISPR의 반복서열 사이에 삽입되고, CRISPR 유전자가 transcribe 된 다음 transcript가 crRNA로 분해된다. 이 crRNA가 Cas 단백질과 복합체를 이루고 같은 외래 유전물질이 침입하면 crRNA가 이를 인식하고 Cas 단백질이 분해한다. 외래 유전자에서 protospacer로 이용되는 서열 부근에 protospacer adjacent motifs (PAMs)가 있다.

다. CRISPR 유전자는 30-40 nucleotide 크기의 반복서열과 이들 사이에 비슷한 크기의 protospacer로 이루어져 있다. Protospacer 부분은 CRISPR가 외래의 phage, plasmid 등의 서열 일부를 취한 것으로 같은 서열을 갖는 외래 핵산을 인식하고 CRISPR-Cas 복합체가 이를 분해하거나 발현을 억제한다.

Bacterial immune system을 3단계로 나누어 생각할 수 있다. 처음 단계는 외래 유전물질이 세포 안으로 들어오면 그 일부가 CRISPR의 반복서열 사이에 삽입되는 적응단계(adaptation)이다. 다음 단계인 crRNA 생산에서는 CRISPR 유전자가 transcribe되고 반복서열 일부를 포함하는 protospacer로 분해된다. 마지막 외래 유전물질 분해 단계에서는 Cas 단백질과 복합체를 이룬 crRNA가 외래 유전물질을 인식하고 Cas 단백질이 이를 분해한다(그림 13.10).

13.6 Competence

Bacterial immune system과 달리 많은 세균에서 어떤 생장 조건에서 외래 DNA를 흡수하고 이를 유전체에 삽입하는 능력인 competence가 알려지고 있다. Competence가 가장 먼저 알려진 그람양성 세균, *Streptococus pneumoniae*의 경우 균체 농도가 높을 때 quorum sensing 메커니즘(제12장, 12.2.9)을 통해 DNA를 흡수하고 유전체에 삽입하는 단백질을 coding하는 competence 유전자의 발현이 이루어진다. 다른 그람양성 세균의 quorum sensing과 같이 변형된 peptide인 competence-stimulating peptide(CSP)가 autoinducer로 작용하며, CSP의 세포외 농도가 일정 수준 이상이 되면 two-component system의 sensor인 ComD가 인산화되고 이 인산기를 받은 regulator, ComE가 alternative sigma factor, ComX(s^X)의 생산을 촉진하며, ComX가 competence 유전자를 transcribe한다(그림 13.11). Competence를 통한 외래 DNA의 흡수를 통해 DNA 손상 등 각종 stress 조건에서 적응하는 진화가 이루어진다. 따라서 competence 현상도 생존을 위한 한 메커니즘으로 생각할 수 있다.

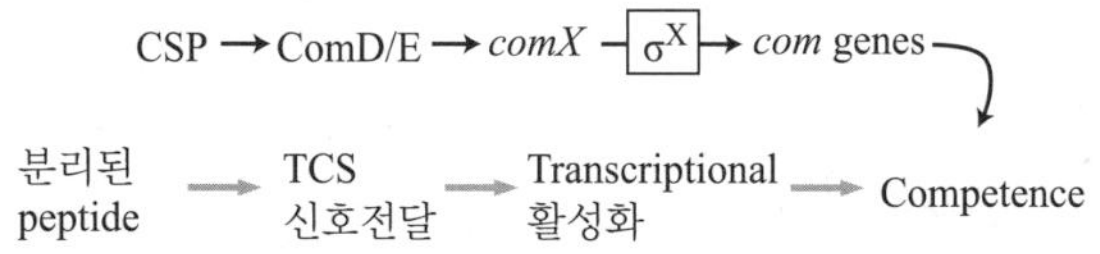

CSP → ComD/E → *comX* ⊣ σ^X → *com* genes → Competence

분리된 peptide → TCS 신호전달 → Transcriptional 활성화 → Competence

그림 13.11 *Streptococus pneumoniae*의 competence 유전자의 발현 조절.

Autoinducer인 competence-stimulating peptide(CSP)의 세포 외 농도가 일정 수준 이상이 되면 two-component system(TCS)의 sensor인 ComD가 인산화되고 이 인산기를 받은 regulator, ComE가 alternative sigma factor, ComX(σ^X)의 생산을 촉진하며, ComX가 competence 유전자를 transcribe한다.

CSP: competence-stimulating peptide(autoinducer)

TCS: two-component system

요점 정리

1. 미생물이 서식하는 생태계를 영양 공급 상태에 따라 호영양(copiotrophic) 상태와 저영양(oligotrophic) 상태로 나눈다.
2. 외부로부터 에너지가 공급되지 않으면 생체 구성 물질을 에너지원으로 이용하는 내재 대사(endogeneous metabolism)를 통해 생명을 유지한다. 저장 물질이나 생명을 유지하는 데 필수적이 아닌 고분자 물질이 내재 대사에서 이용된다.
3. 저영양 상태에서 생장하는 미생물은 일시적으로 기질이 높은 농도로 공급되면 저장 물질을 합성하여 저영양 상태에서 에너지원으로 이용한다.
4. 미생물이 합성하는 저장 물질은 다음과 같다.
   당류 저장 물질; glycogen, trehalose
   지방성 저장 물질; poly-β-hydroxyalkanoate, triacylglyceride, 탄화수소
   Peptide 계 저장 물질; cyanophycin
   Polyphosphate
5. 모든 생물은 생명을 유지하기 위해 maintenance energy를 필요로 하며, 많은 미생물은 에너지원의 공급이 제한되는 조건에서는 포자(spore), cyst 등 휴면 세포로 변형된다.
6. 토양, 해수 등 많은 자연 생태계에는 살아 있으나 실험실에서 배양할 수 없는 상태의 미생물이 있다. 이를 viable-but-not-culturable(VBNC) 또는 yet-to-be-cultured라 부른다.
7. High G+C 그람양성 세균에서 VBNC의 생장을 촉진하는 단백질이 분리되었다, 이를 bacterial cytokine 또는 resuscitation-promoting factor(Rpf)이라 부른다.
8. 해수 중에는 저영양성이며, 세포의 크기가 0.2μm 정도로 작은 ultramicrobacterium인 *Sphingomonas alaskensis*가 분리되었다.
9. 원핵세포 생물도 고등 생물처럼 다세포 집단으로 자연계에서 생장하며, stress 환경에서는 programmed cell death, toxin/antitoxin system 등을 통해 집단의 생존을 위한 메커니즘을 갖고 있다.
10. 원핵세포 생물은 외래 핵산 물질을 인식하고 분해하여 자신의 유전 정보를 보호하는 bacterial immune system을 보유하고 있으며, 외래 유전물질을 자신의 유전체에 삽입하는 competence 메커니즘을 통해 DNA 손상 등 각종 stress 조건에서 적응하고 진화한다.

참고 문헌

❙생존과 에너지

Hoehler, T. M. and **B. B. Jorgensen.** 2013. Microbial life under extreme energy limitation. Nature Rev.

Microbiol. **11**(2):83-94.

Jewett, M. C., M. L. Miller, Y. Chen and **J. R. Swartz.** 2009. Continued protein synthesis at low [ATP] and [GTP] enables cell adaptation during energy limitation. J. Bacteriol. **191**(3):1083-1091.

Lu, H., J. Keller and **Z. Yuan.** 2007. Endogenous metabolism of *Candidatus* Accumulibacter phosphatis under various starvation conditions. Water Res. **41**(20):4646-4656.

Lazazzera, B. A. 2000. Quorum sensing and starvation: signals for entry into stationary phase. Curr. Opin. Microbiol. **3:**177-182.

Mukamolova, G. V., A. S. Kaprelyants, D. B. Kell and **M. Young.** 2003. Adoption of the transiently non-culturable state–a bacterial survival strategy? Adv. Microb. Physiol. **47:**65-129.

Nystrom, T. 2004. Growth versus maintenance: a trade-off dictated by RNA polymerase availability and sigma factor competition? Mol. Microbiol. **54:**855-862.

Peterson, C. N., M. J. Mandel and **T. J. Silhavy.** 2005. *Escherichia coli* starvation diets: essential nutrients weigh in distinctly. J. Bacteriol. **187:**7549-7553.

Roszak, D. B. and **R. R. Colwell** 1987. Survival strategies of bacteria in the natural environment. Microbiol. Rev. **51**:365-379.

Wai, S. N., Y. Mizunoe and **S. Yoshida.** 1999. How *Vibrio cholerae* survive during starvation. FEMS Microbiol. Lett. **180:**123-131.

| 당류 저장 물질

Arguelles, J. C. 2000. Physiological roles of trehalose in bacteria and yeasts: a comparative analysis. Arch. Microbiol. **174**:217-224.

Chandra, G., K. F. Chater and **S. Bornemann.** 2011. Unexpected and widespread connections between bacterial glycogen and trehalose metabolism. Microbiol.-UK. **157**(6):1565-1572.

Francois, J. and **J. L. Parrou.** 2001. Reserve carbohydrates metabolism in the yeast *Saccharomyces cerevisiae*. FEMS Microbiol. Rev. **25**:125-145.

Wilson, W. A., P. J. Roach, M. Montero, E. Baroja-Fernández, F. J. Muñoz, G. Eydallin, A. M. Viale and **J. Pozueta-Romero.** 2010. Regulation of glycogen metabolism in yeast and bacteria. FEMS Microbiol. Rev. **34**(6):952-985.

Woo, H. M., S. Noack, G. M. Seibold, S. Willbold, B. J. Eikmanns and **M. Bott.** 2010. Link between phosphate starvation and glycogen metabolism in *Corynebacterium glutamicum*, revealed by metabolomics. Appl. Environ. Microbiol. **76**(20):6910-6919.

| 지방성 저장 물질

Aldor, I. S. and **J. D. Keasling.** 2003. Process design for microbial plastic factories: metabolic engineering of polyhydroxyalkanoates. Curr. Opin. Biotechnol. **14:**475-483.

Alvarez, H. M. and **A. Steinbuchel.** 2002. Triacylglycerols in prokaryotic microorganisms. Appl. Microbiol. Biotechnol. **60:**367-376.

Ayub, N., P. Tribelli and **N. López.** 2009. Polyhydroxyalkanoates are essential for maintenance of redox state in the Antarctic bacterium *Pseudomonas* sp. 14-3 during low temperature adaptation. Extremophiles. **13**(1):59-66.

Budde, C. F., A. E. Mahan, J. Lu, C. K. Rha and **A. J. Sinskey.** 2010. Roles of multiple acetoacetyl coenzyme A reductases in polyhydroxybutyrate biosynthesis in *Ralstonia eutropha* H16. J. Bacteriol. **192**(20):5319-5328.

Han, J., J. Hou, H. Liu, S. Cai, B. Feng, J. Zhou and **H. Xiang.** 2010. Wide distribution among halophilic *Archaea* of a novel polyhydroxyalkanoate synthase subtype with homology to bacterial type III synthases. Appl. Environ. Microbiol. **76**(23):7811-7819.

Jendrossek, D. 2009. Polyhydroxyalkanoate granules are complex subcellular organelles (carbonosomes). J. Bacteriol. **191**(10):3195-3202.

Ladygina, N., E. G. Dedyukhina and **M. B. Vainshtein.** 2006. A review on microbial synthesis of hydrocarbons. Process Biochem. **41:**1001-1014.

Legat, A., C. Gruber, K. Zangger, G. Wanner and H. Stan-Lotter. 2010. Identification of polyhydroxyalkanoates in Halococcus and other haloarchaeal species. Appl. Microbiol. Biotechnol. **87**(3):1119-1127.

Luengo, J. M., B. Garcia, A. Sandoval, G. Naharro and **E. R. Olivera.** 2003. Bioplastics from microorganisms. Curr. Opin. Microbiol. **6:**251-260.

Park, M. O., M. Tanabe, K. Hirata and **K. Miyamoto**. 2001. Isolation and characterization of a bacterium that produces hydrocarbons extracellularly which are equivalent to light oil. Appl. Microbiol. Biotechnol. **56**:448-452.

Reusch, R. N. 1992. Biological complexes of poly-β-hydroxybutyrate. FEMS Microbiol. Rev. **103**:119-130.

Schlebusch, M. and **K. Forchhammer.** 2010. Requirement of the nitrogen starvation-induced protein Sll0783 for polyhydroxybutyrate accumulation in *Synechocystis* sp. strain PCC 6803. Appl. Environ. Microbiol. **76**(18):6101-6107.

Stubbe, J., J. Tian, A. He, A. J. Sinskey, A. G. Lawrence and **P. Liu.** 2005. Nontemplate-dependent polymerization processes: polyhydroxyalkanoate synthases as a paradigm. Ann. Rev. Biochem. **74:**433-480.

Waltermann, M. and **A. Steinbuchel.** 2005. Neutral lipid bodies in prokaryotes: recent insights into structure, formation, and relationship to eukaryotic lipid depots. J. Bacteriol. **187:**3607-3619.

Zhao, Y. H., H. M. Li, L. F. Qin, H. H. Wang and **G. Q. Chen.** 2007. Disruption of the polyhydroxyalkanoate synthase gene in Aeromonas hydrophila reduces its survival ability under stress conditions. FEMS Microbiol. Lett. **276**(1):34-41.

| 기타 저장 물질

Bonting, C. C., G. J. J. Kortstee and **A. J. B. Zehnder,** 1991. Properties of polyphosphate:AMP phosphotransferase of *Acinetobacter* strain 2120A. J. Bacteriol. **173:**6484-6488.

Brown, M. R. and **A. Kornberg.** 2004. Inorganic polyphosphate in the origin and survival of species. Proc. Natl. Acad. Sci., USA. **101:**16085-16087.

Brown, M. R. W. and **A. Kornberg.** 2008. The long and short of it–polyphosphate, PPK and bacterial survival. Trends Biochem Sci **33**(6):284-290.

Garcia-Contreras, R., H. Celis and **I. Romero.** 2004. Importance of *Rhodospirillum rubrum* H^+-pyrophosphatase under low-energy conditions. J. Bacteriol. **186:**6651-6655.

Kulaev, I. and **T. Kulakovskaya.** 2000. Polyphosphate and phosphate pump. Annu. Rev. Microbiol. **54:**709-734.

Toso, D. B., A. M. Henstra, R. P. Gunsalus and **Z. H. Zhou.** 2011. Structural, mass and elemental analyses of storage granules in methanogenic archaeal cells. Environ. Microbiol. **13**(9):2587-2599.

Yamanaka, K., N. Kito, Y. Imokawa, C. Maruyama, T. Utagawa and **Y. Hamano.** 2010. Mechanism of e-poly-L-lysine production and accumulation revealed by identification and analysis of an e-poly-L-lysine-degrading enzyme. Appl. Environ. Microbiol. **76**(17):5669-5675.

❙휴면 세포

Errington, J. 2001. Septation and chromosome segregation during sporulation in *Bacillus subtilis*. Curr. Opin. Microbiol. **4**:660-666.

González-Pastor, J. E. 2011. Cannibalism: a social behavior in sporulating *Bacillus subtilis*. FEMS Microbiol. Rev. **35**(3):415-424.

Higgins, D. and **J. Dworkin.** 2012. Recent progress in *Bacillus subtilis* sporulation. FEMS Microbiol. Rev. **36**(1):131-148.

Hilbert, D. W. and **P. J. Piggot.** 2004. Compartmentalization of gene expression during *Bacillus subtilis* spore formation. Microbiol. Mol. Biol. Rev. **68:**234-262.

Hoch, J. A. 1998. Initiation of bacterial development. Curr. Opin. Microbiol. **1**:170-174.

Jouper-Jaan, A., A. E. Goodman and **S. Kjelleberg** 1992. Bacteria starved for prolonged periods develop increased protection against lethal temperatures. FEMS Microbiol. Rev. **101**:229-236.

Kaprelyants, A. S., J. C. Gottschal and **D. B. Kell.** 1993. Dormacy in non-sporulating bacteria. FEMS Microbiol. Rev. **104**:271-286.

Keep, N. H., J. M. Ward, M. Cohen-Gonsaud and **B. Henderson.** 2006. Wake up! Peptidoglycan lysis and bacterial non-growth states. Trends Microbiol. **14:**271-276.

McKenney, P. T., A. Driks and **P. Eichenberger.** 2013. The *Bacillus subtilis* endospore: assembly and functions of the multilayered coat. Nature Rev. Microbiol. **11**(1):33-44.

Moir, A. 2003. Bacterial spore germination and protein mobility. Trends Microbiol. **11:**452-454.

Nystrom, T. 2004. Stationary-phase physiology. Annu. Rev. Microbiol. **58:**161-181.

Paredes, C. J., K. V. Alsaker and **E. T. Papoutsakis.** 2005. A comparative genomic view of clostridial sporulation and physiology. Nature Rev. Microbiol. **3:**969-978.

Paredes-Sabja, D., P. Setlow and **M. R. Sarker.** 2011. Germination of spores of *Bacillales* and *Clostridiales* species: mechanisms and proteins involved. Trends Microbiol. **19**(2):85-94.

Perego, M. 1998. Kinase-phosphatase competition regulates *Bacillus subtilis* development. Trends Microbiol **6**:366-370.

Setlow, P. 2003. Spore germination. Curr. Opin. Microbiol. **6:**550-556.

Setlow, P. 2007. I will survive: DNA protection in bacterial spores. Trends Microbiol. **15**(4):172-180.

Stephenson, K. and **J. A. Hoch.** 2002. Evolution of signalling in the sporulation phosphorelay. Mol. Microbiol. **46:**297-304.

Vainshtein, M. B. and **E. B. Kudryashova.** 2000. Nanobacteria. Microbiol.-Moscow. **69:**129-138.

Zhang, C. C., S. Laurent, S. Sakr, L. Peng and **S. Bédu.** 2006. Heterocyst differentiation and pattern formation in cyanobacteria: a chorus of signals. Mol. Microbiol. **59:**367-375.

Viable–But–Not–Culturable

Alain, K. and **J. Querellou.** 2009. Cultivating the uncultured: limits, advances and future challenges. Extremophiles. **13**(4):583-594.

Arana, I., M. Orruno, D. Perez-Pascual, C. Seco, A. Muela and **I. Barcina.** 2007. Inability of *Escherichia coli* to resuscitate from the viable but nonculturable state. FEMS Microbiol. Ecol. **62**(1):1-11.

Cohen-Gonsaud, M., N. H. Keep, A. P. Davies, J. Ward, B. Henderson and **G. Labesse.** 2004. Resuscitation-promoting factors possess a lysozyme-like domain. Trends Biochem. Sci. **29:**7-10.

del Mar Lleo, M., D. Benedetti, M. C. Tafi, C. Signoretto and **P. Canepari.** 2007. Inhibition of the resuscitation from the viable but non-culturable state in *Enterococcus faecalis*. Environ. Microbiol. **9**(9):2313-2320.

Du, M., J. Chen, X. Zhang, A. Li and **Y. Li.** 2007. Characterization and resuscitation of viable but nonculturable *Vibrio alginolyticus* VIB283." Arch. Microbiol. **188**(3):283-288.

Kana, B. D., B. G. Gordhan, K. J. Downing, N. Sung, G. Vostroktunova, E. E. Machowski, L. Tsenova, M. Young, A. Kaprelyants, G. Kaplan and **V. Mizrahi.** 2008. The resuscitation-promoting factors of *Mycobacterium tuberculosis* are required for virulence and resuscitation from dormancy but are collectively dispensable for growth in vitro. Mo. Microbiol. **67**(3):672-684.

Kell, D. B. and **M. Young**. 2000. Bacterial dormancy and culturability: the role of autocrine growth factors–Commentary. Curr. Opin. Microbiol. **3**:238-243.

Leadbetter, J. R. 2003. Cultivation of recalcitrant microbes: cells are alive, well and revealing their secrets in the 21st century laboratory. Curr. Opin. Microbiol. **6:**274-281.

Nystrom, T. 2001. Not quite dead enough: on bacterial life, culturability, senescence, and death. Arch. Microbiol. **176**:159-164.

Oliver, J. D. 2005. The viable but nonculturable state in bacteria. J. Microbiol. **43:**93-100.

Oliver, J. D. 2010. Recent findings on the viable but nonculturable state in pathogenic bacteria. FEMS Microbiol. Rev. **34**(4):415-425.

Tyson, G. W. and **J. F. Banfield.** 2005. Cultivating the uncultivated: a community genomics perspective. Trends Microbiol. **13:**411-415.

Vartoukian, S. R., R. M. Palmer and **W. G. Wade.** 2010. Strategies for culture of 'unculturable' bacteria. FEMS Microbiol Let **309**(1):1-7.

집단 생존

González-Pastor, J. E. 2011. Cannibalism: a social behavior in sporulating *Bacillus subtilis*. FEMS Microbiol. Rev. **35**(3):415-424.

Prozorov, A. and **V. Danilenko.** 2011. Allolysis in bacteria. Microbiol.-Moscow. **80**(1):1-9.

Programmed Cell Death

Bayles, K. W. 2007. The biological role of death and lysis in biofilm development. Nature Rev. Microbiol. **5**(9):721-726.

Chandramohan, L., J.-S. Ahn, K. E. Weaver and **K. W. Bayles.** 2009. An overlap between the control of programmed cell death in *Bacillus anthracis* and sporulation. J. Bacteriol. **191**(13):4103-4110.

Engelberg-Kulka, H. and **G. Glaser**. 1999. Addiction modules and programmed cell death and antideath in bacterial cultures. Annu. Rev. Microbiol. **53**:43-70.

González-Pastor, J. E. 2011. Cannibalism: a social behavior in sporulating *Bacillus subtilis*. FEMS Microbiol. Rev. **35**(3):415-424.

Lewis, K. 2000. Programmed death in bacteria. Microbiol. Mol. Biol. Rev. **64**:503-514.

Rice, K. C. and **K. W. Bayles.2003.** Death's toolbox: examining the molecular components of bacterial programmed cell death. Mol. Microbiol. **50:**729-738.

Rice, K. C. and **K. W. Bayles.** 2008. Molecular control of bacterial death and lysis. Microbiol. Mol. Biol. Rev. **72**(1):85-109.

Sadykov, M. R. and **K. W. Bayles.** 2012. The control of death and lysis in staphylococcal biofilms: a coordination of physiological signals. Curr. Opin. Microbiol. **15**(2):211-215.

Tanouchi, Y., A. Pai, N. E. Buchler and **L. You.** 2012. Programming stress-induced altruistic death in engineered bacteria. Mol. Syst. Biol. **8**. doi:10.1038/msb.2012.57.

| Toxin/Antitoxin System

Brinkman, C. L., R. Bumgarner, W. Kittichotirat, P. M. Dunman, L. J. Kuechenmeister and **K. E. Weaver.** 2013. Characterization of the effects of an *rpoC* mutation that confers resistance to the Fst peptide toxin-antitoxin system toxin. J. Bacteriol. **195**(1):156-166.

Chan, W. T., I. Moreno-Córdoba, C. C. Yeo and **M. Espinosa.** 2012. Toxin-antitoxin genes of the Gram-positive pathogen *Streptococcus pneumoniae*: So few and yet so many. Microbiol. Mol. Biol. Rev. **76**(4):773-791.

Gerdes, K. and **E. G. Wagner.** 2007. RNA antitoxins. Curr. Opin. Microbiol. **10**(2):117-124.

Kolodkin-Gal, I. and **H. Engelberg-Kulka.** 2009. The stationary-phase sigma factor s^S is responsible for the resistance of *Escherichia coli* stationary-phase cells to *mazEF*-mediated cell death. J. Bacteriol. **191**(9):3177-3182.

Prozorov, A. and **V. Danilenko.** 2010. Toxin-antitoxin systems in bacteria: Apoptotic tools or metabolic regulators? Microbiol.-Moscow **79**(2):129-140.

Schuster, C. F. and **R. Bertram.** 2013. Toxin–antitoxin systems are ubiquitous and versatile modulators of prokaryotic cell fate. FEMS Microbiol. Lett. **340**(2):73-85.

Tsilibaris, V., G. Maenhaut-Michel, N. Mine and **L. van Melderen.** 2007. What is the benefit to *Escherichia coli* of having multiple toxin-antitoxin systems in its genome? J. Bacteriol. **189**(17):6101-6108.

Van Melderen, L. 2010. Toxin-antitoxin systems: why so many, what for? Curr. Opin. Microbiol. **13**(6):781-785.

Williams, J. J. and **P. J. Hergenrother.** 2012. Artificial activation of toxin–antitoxin systems as an antibacterial strategy. Trends Microbiol. **20**(6):291-298.

Yamaguchi, Y. and **M. Inouye.** 2011. Regulation of growth and death in *Escherichia coli* by toxin–antitoxin systems. Nature Rev. Microbiol. **9**(11):779-790.

Yamaguchi, Y., J.-H. Park and **M. Inouye.** 2011. Toxin-antitoxin systems in bacteria and archaea. Annu. Rev. Genet. **45**(1):61-79.

| Bacterial Immune System

Bondy-Denomy, J., A. Pawluk, K. L. Maxwell and **A. R. Davidson.** 2013. Bacteriophage genes that inactivate the CRISPR/Cas bacterial immune system. Nature. **493**(7432):429-432.

Deng, L., R. A. Garrett, S. A. Shah, X. Peng and **Q. She.** 2013. A novel interference mechanism by a type IIIB CRISPR-Cmr module in *Sulfolobus*. Mol. Microbiol. **87**(5):1088-1099.

Garneau, J. E., M.-E. Dupuis, M. Villion, D. A. Romero, R. Barrangou, P. Boyaval, C. Fremaux, P. Horvath, A. H. Magadan and **S. Moineau.** 2010. The CRISPR/Cas bacterial immune system cleaves bacteriophage and plasmid DNA. Nature. **468**(7320):67-71.

Hooper, L. V., D. R. Littman and **A. J. Macpherson.** 2012. Interactions between the microbiota and the immune system. Science **336**(6086):1268-1273.

Jiang, W., D. Bikard, D. Cox, F. Zhang and **L. A. Marraffini.** 2013. RNA-guided editing of bacterial genomes using CRISPR-Cas systems. Nature Biotechnol. **31**(3):233-239.

Jorth, P. and **M. Whiteley.** 2012. An evolutionary link between natural transformation and CRISPR adaptive immunity. mBio **3**(5). doi:10.1128/mBio.00309-12.

Pougach, K. S., A. V. Lopatina and **K. V. Severinov.** 2012. CRISPR adaptive immunity systems of prokaryotes. Mol. Biol. **46**(2):175-182.

Seed, K. D., D. W. Lazinski, S. B. Calderwood and **A. Camilli.** 2013. A bacteriophage encodes its own CRISPR/Cas adaptive response to evade host innate immunity. Nature. **494**(7438):489-491.

Sun, C. L., R. Barrangou, B. C. Thomas, P. Horvath, C. Fremaux and **J. F. Banfield.** 2013. Phage mutations in response to CRISPR diversification in a bacterial population. Environ. Microbiol. **15**(2):463-470.

Terns, M. P. and **R. M. Terns.** 2011. CRISPR-based adaptive immune systems. Curr. Opin. Microbiol. **14**(3):321-327.

| Competence

Claverys, J.-P. and **B. Martin.** 2003. Bacterial 'competence' genes: signatures of active transformation, or only remnants? Trends Microbiol. **11**(4):161-165.

Claverys, J. P., M. Prudhomme and **B. Martin.** 2006. Induction of competence regulons as a general response to stress in Gram-positive bacteria. Annu. Revi. Microbiol. **60**(1):451-475.

Martin, B., C. Granadel, N. Campo, V. Hénard, M. Prudhomme and **J.-P. Claverys.** 2010. Expression and maintenance of ComD-ComE, the two-component signal-transduction system that controls competence of *Streptococcus pneumoniae*. Mol. Microbiol. **75**(6):1513-1528.

Martin, B., Y. Quentin, G. Fichant and **J. P. Claverys.** 2006. Independent evolution of competence regulatory cascades in streptococci? Trends Microbiol. **14**(8):339-345.

Okinaga, T., G. Niu, Z. Xie, F. Qi and **J. Merritt.** 2010. The *hdrRM* operon of *Streptococcus mutans* encodes a novel regulatory system for coordinated competence development and bacteriocin production. J. Bacteriol. **192**(7):1844-1852.

찾아보기

[국문]

| ㄱ |

| ㄴ |

| ㄷ |

| ㅁ |

| ㅂ |

| ㅅ |

| ㅇ |

| B |

| C |

| D |

| G |

| H |

| I |

| K |

| L |

| M |

| N |

| O |

| P |

| Q |

| R |

| S |

| T |

| U |

| V |

| W |

| X |

| Y |

| Z |

[기타]

• 저자소개 •

김병홍	한국과학기술연구원 명예연구원	bhkim@kist.re.kr
김건수	서강대학교 생명과학과 교수	kskim@sogang.ac.kr
방성호	한서대학교 생명과학과 교수	bang342@hanseo.ac.kr
신재호	경북대학교 응용생명과학부 교수	jhshin@knu.ac.kr
이정국	서강대학교 생명과학과 교수	jgklee@sogang.ac.kr
장인섭	광주과학기술원 환경과학부 교수	ischang@gist.ac.kr
G. M. Gadd	영국 Dundee Universty 교수	g.m.gadd@dundee.ac.uk